国家电网
STATE GRID

国家电网公司
生产技能人员职业能力培训专用教材

输电线路运行 上

国家电网公司人力资源部 组编

金龙哲 主编

中国电力出版社
CHINA ELECTRIC POWER PRESS

内 容 提 要

　　《国家电网公司生产技能人员职业能力培训教材》是按照国家电网公司生产技能人员模块化培训课程体系的要求，依据《国家电网公司生产技能人员职业能力培训规范》（简称《培训规范》），结合生产实际编写而成。

　　本套教材作为《培训规范》的配套教材，共72册。本册为专用教材部分的《输电线路运行》，全书共14个部分38章145个模块，主要内容包括电力网的基本知识及简单计算，输电线路导线受力分析与计算，输电线路杆塔的结构型式与受力分析，电气识、审图，输电线路的测量，电气设备及电工测量，规程、规范及标准，线路竣工检查与验收，架空线路状态巡视及检修，输电线路生产管理及信息系统应用，新技术的应用，输电线路继电保护及自动装置，线路的运行要求、事故预防及维护，线路巡视检查及运行管理。

　　本书可作为供电企业输电线路运行工作人员的培训教学用书，也可作为电力职业院校教学参考书。

图书在版编目（CIP）数据

　　输电线路运行. 上/国家电网公司人力资源部组编. —北京：中国电力出版社，2010.12（2022.9重印）

　　国家电网公司生产技能人员职业能力培训专用教材

　　ISBN 978-7-5123-0872-5

　　Ⅰ. ①输…　Ⅱ. ①国…　Ⅲ. ①输电线路–电力系统运行–技术培训–教材　Ⅳ. ①TM726

　　中国版本图书馆 CIP 数据核字（2010）第 189228 号

中国电力出版社出版、发行
（北京市东城区北京站西街 19 号　100005　http://www.cepp.sgcc.com.cn）
北京雁林吉兆印刷有限公司印刷
各地新华书店经售
*
2010 年 12 月第一版　　2022 年 9 月北京第七次印刷
880 毫米×1230 毫米　16 开本　50.25 印张　1594 千字
印数 26001—27000 册　　定价 **82.00** 元（上、下册）

《国家电网公司生产技能人员职业能力培训专用教材》

编　委　会

前　言

为大力实施"人才强企"战略，加快培养高素质技能人才队伍，国家电网公司按照"集团化运作、集约化发展、精益化管理、标准化建设"的工作要求，充分发挥集团化优势，组织公司系统一大批优秀管理、技术、技能和培训教学专家，历时两年多，按照统一标准，开发了覆盖电网企业输电、变电、配电、营销、调度等 34 个职业种类的生产技能人员系列培训教材，形成了国内首套面向供电企业一线生产人员的模块化培训教材体系。

本套培训教材以《国家电网公司生产技能人员职业能力培训规范》（Q/GDW 232—2008）为依据，在编写原则上，突出以岗位能力为核心；在内容定位上，遵循"知识够用、为技能服务"的原则，突出针对性和实用性，并涵盖了电力行业最新的政策、标准、规程、规定及新设备、新技术、新知识、新工艺；在写作方式上，做到深入浅出，避免烦琐的理论推导和验证；在编写模式上，采用模块化结构，便于灵活施教。

本套培训教材涵盖 34 个职业的通用教材和专用教材，共 72 个分册、5018 个模块，每个培训模块均配有详细的模块描述，对该模块的培训目标、内容、方式及考核要求进行了说明。其中：通用教材涵盖了供电企业多个职业种类共同使用的基础、专业基础、基本技能及职业素养等知识，包括《电工基础》、《电力安全生产及防护》等 38 个分册、1705 个模块，主要作为供电企业员工全面系统学习基础理论和基本技能的自学教材；专用教材涵盖了单一职业种类专用的所有专业知识和专业技能，按照供电企业生产模式分职业单独成册，每个职业分为Ⅰ、Ⅱ、Ⅲ 3 个级别，包括《变电检修》、《继电保护》等 34 个分册、3313 个模块，可以分别作为供电企业生产一线辅助作业人员、熟练作业人员和高级作业人员的岗位技能培训教材，也可作为电力职业院校的教学参考书。

本套培训教材的出版是贯彻落实国家人才队伍建设总体战略，充分发挥企业培养高技能人才主体作用的重要举措，是加快推进国家电网公司发展方式和电网发展方式转变的迫切要求，也是有效开展电网企业教育培训和人才培养工作的重要基础，必将对改进生产技能人员培训模式，推进培训工作由理论灌输向能力培养转型，提高培训的针对性和有效性，全面提升员工队伍素质，保证电网安全稳定运行、支撑和促进国家电网公司可持续发展起到积极的推动作用。

本套教材共 72 个分册，本册为专用教材部分的《输电线路运行》。

本书中第一部分电力网的基本知识及简单计算，由江苏省电力公司陶安余编写；第二部分输电线路导线受力分析与计算，由江苏省电力公司陶安余编写；第三部分输电线路杆塔的结构型式与受力分析，由江苏省电力公司陶安余编写；第四部分电气识、审图，由陕西省电力公司谌章宝编写；第五部分输电线路的测量，由江苏省电力公司陶安余编写；第六部分电气设备及电工测量，由黑龙江省电力有限公司张智编写；第七部分规程、规范及标准，由黑龙江省电力有限公司张智和山东电力集团公司朱德祎编写；第八部分线路竣工检查与验收，由山东电力集团公司许孟全编写；第九部分架空线路状态巡视及检查，由浙江省电力公司应伟国编写；第十部分输电线路生产管理及信息系统应用，由江西省电力公司张红乐、涂松明和福建省电力有限公司叶色亮及黑龙江省电力有限公司金龙哲分别编写；第十一部分新技术的应用，由江苏省电力公司陶安余和辽宁省电力有限公司陶文秋编写；第十二部分输电线路继电保护及自动装置，由山西省电力公司贾雷亮和黑龙江省电力有限公司张智编写；第十三部分线路的运行要求、事故预防及维护，由黑龙江省电力有限公司金龙哲和山西省电力公司贾雷亮及福建省电力有限公司叶色亮分别编写；第十四部分线路巡视检查及运行管理，由山西省电力公司贾雷亮和西北电网有限公司顿连彪及陕西省电力公司谌章宝分别编写。全书由黑龙江省电力有限公司金龙哲担任主编。浙江省电力公司陆益民担任主审，国家电网公司生产技术部吕军、浙江省电力公司方玉群、丰柏生参审。

由于编写时间仓促，本套教材难免存在疏漏之处，恳请各位专家和读者提出宝贵意见，使之不断完善。

目　录

第五部分　输电线路的测量

第六部分　电气设备及电工测量

第七部分　规程、规范及标准

下　册

第八部分　线路竣工检查与验收

第九部分　架空线路状态巡视及检修

第十部分　输电线路生产管理及信息系统应用

第十一部分 新技术的应用

第十二部分 输电线路继电保护及自动装置

第十三部分 线路的运行要求、事故预防及维护

第十四部分　线路巡视检查及运行管理

第一部分

电力网的基本知识及简单计算

第一章　电力网基本知识、参数及等值电路

模块 1　电力系统和电力网的基本知识（GYSD00101001）

【模块描述】本模块包含电能基本生产过程、电力系统和电力网的组成，介绍了电力网和电力系统等基本概念。通过要点介绍，概念解释，了解电能的基本生产过程，熟悉电力网额定电压，掌握对电力系统的基本要求及电力网电气计算的基本概念。

【正文】

由于电能的生产、输送、分配和使用的全过程实际上是在同一瞬间实现的，因此要保证供电的安全与可靠，除了要了解供电系统的概况外，还需首先了解供电系统电源方向的发电厂和电力系统的一些知识。

一、发电厂及其电能生产过程

发电厂又称发电站，是将自然界蕴藏的各种一次能源转换为电能（二次能源）的工厂。发电厂按其所利用的能源不同，分为水力发电厂、火力发电厂、核能发电厂以及风力发电厂、地热发电厂、太阳能发电厂等类型。

水力发电厂简称水电厂或水电站，它利用水流的位能来生产电能，如图 GYSD00101001-1 所示。

当控制水流的闸门打开时，水流沿进水管进入水轮机蜗壳室，冲动水轮机，带动发电机发电。其能量转换过程是：水流位能→机械能→电能。由于水电厂的发电容量与水电厂所在地点上下游的水位差（即落差，又称水头）及流过水轮机的水量（即流量）的乘积成正比，所以建造水电厂必须用人工的办法来提高水位。最常用的办法是在河流上建筑一个很高的拦河坝，形成水库，提高上游水位，使坝的上下游形成尽可能大的落差，电厂就建在堤坝的后面。这类水电厂称为坝后式水电厂。我国一些大型水电厂包括建设中的三峡水电厂都属于这种类型。另一种提高水位的办法，是在具有相当坡度的弯曲河段上游，修筑低坝拦住河水，然后利用沟渠或隧道，将上游水流直接引至建在河段末端的水电厂。这类水电厂称为引水式水电厂。还有一类水电厂，是上述两种方式的综合，由高坝和引水渠道分别提高一部分水位。这类水电厂称为混合式水电厂。

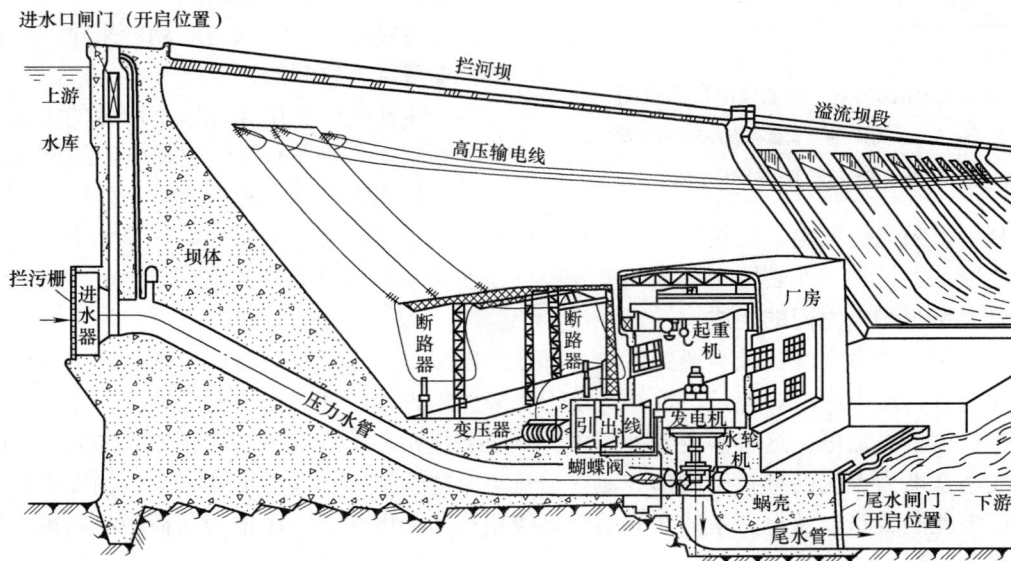

图 GYSD00101001-1　坝后式水电厂生产过程示意图

火力发电厂简称火电厂或火电站，它利用燃料的化学能来生产电能，如图 GYSD00101001-2 所示。

我国的火电厂以燃煤为主。为了提高燃料的效率，现代火电厂都将煤块粉碎成煤粉燃烧。煤粉在锅炉的炉膛内充分燃烧，将锅炉内的水烧成高温高压的蒸汽，推动汽轮机转动，使与它联轴的发电机旋转发电。其能量转换过程是：燃料的化学能→热能→机械能→电能。现代火电厂一般都考虑了"三废"（废水、废气、废渣）的综合利用，不仅发电，而且供热。这类兼供热能的火电厂，称为热电厂或热电站。

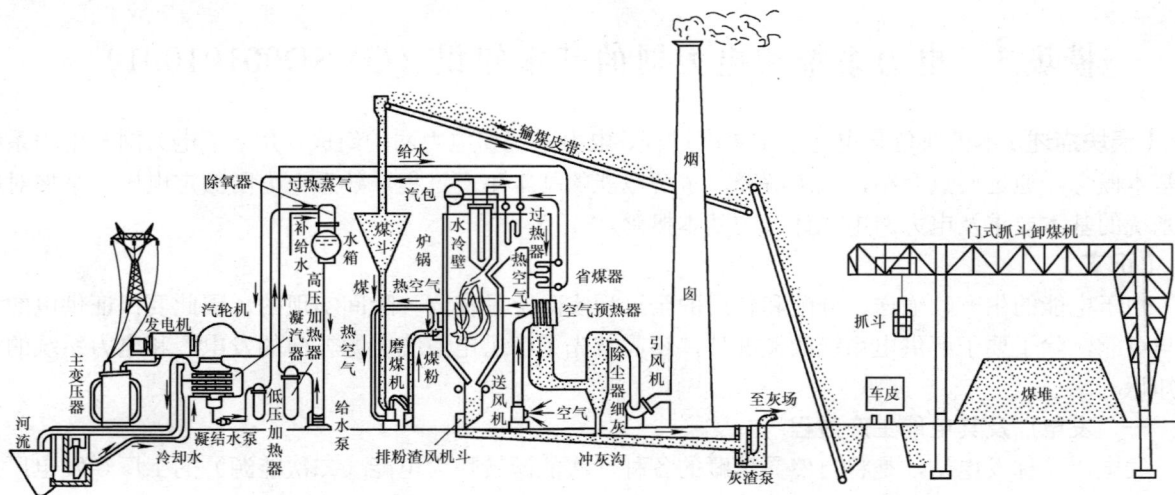

图 GYSD00101001-2 火力发电厂生产过程示意图

核能发电厂通常称为核电站，曾称原子能发电厂，如图 GYSD00101001-3 所示。它主要是利用原子核的裂变能来生产电能。其生产过程与火电厂基本相同，只是以核反应堆（俗称原子锅炉）代替了燃煤锅炉，以少量的核燃料代替了大量的煤炭。其能量转换过程是：核裂变能→热能→机械能→电能。由于核能是巨大的能源，而且核电站的建设具有重要的经济和科研价值，所以世界上很多国家都很重视核电建设，核电在整个发电量的比重逐年增长，我国在 20 世纪 80 年代就确定要适当发展核电，并已兴建了几座大型核电站。

风力发电厂利用风力的动能来生产电能。它建在有丰富风力资源的地方。

地热发电厂利用地球内部蕴藏的大量地热能来生产电能。它建在有足够地热资源的地方。

太阳能发电就是利用太阳光能或太阳热能来生产电能。利用太阳光能发电，是通过光电转换元件如光电池等直接将太阳光能转换为电能，这已广泛应用于人造地球卫星和宇航装置上。太阳能发电厂建在常年日照时间长的地方。

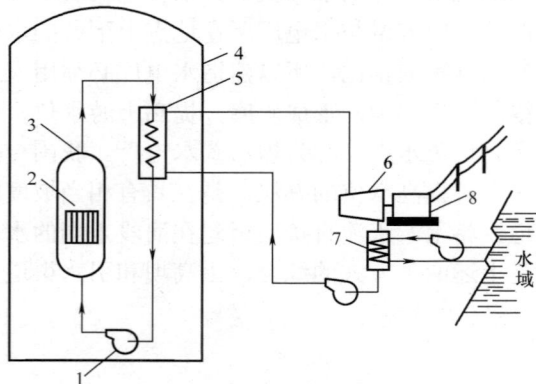

图 GYSD00101001-3 核能发电厂示意图

1—泵；2—堆芯；3—反应堆；4—安全岛壳；5—蒸气发生器；

6—汽轮机；7—冷凝器；8—发电机

二、电力系统和电力网的组成

为了充分利用动力资源，减少燃料运输，降低发电成本，在有水力资源的地方建造水电站，在有燃料资源的地方建造火电厂。但是，这些有动力资源的地方，往往离用电中心地区较远，必须用高压输电线路进行远距离输电。这就需要各种升压、降压变电站和电力线路（见图 GYSD00101001-4）。

电力线路是电力系统的重要组成部分，它担负着电能输送和电能分配的任务。由发电厂向电力负荷中心输送电能的线路以及电力系统之间的联络线路称为输电线路；由电力负荷中心向电力用户分配电能的线路称为配电线路。

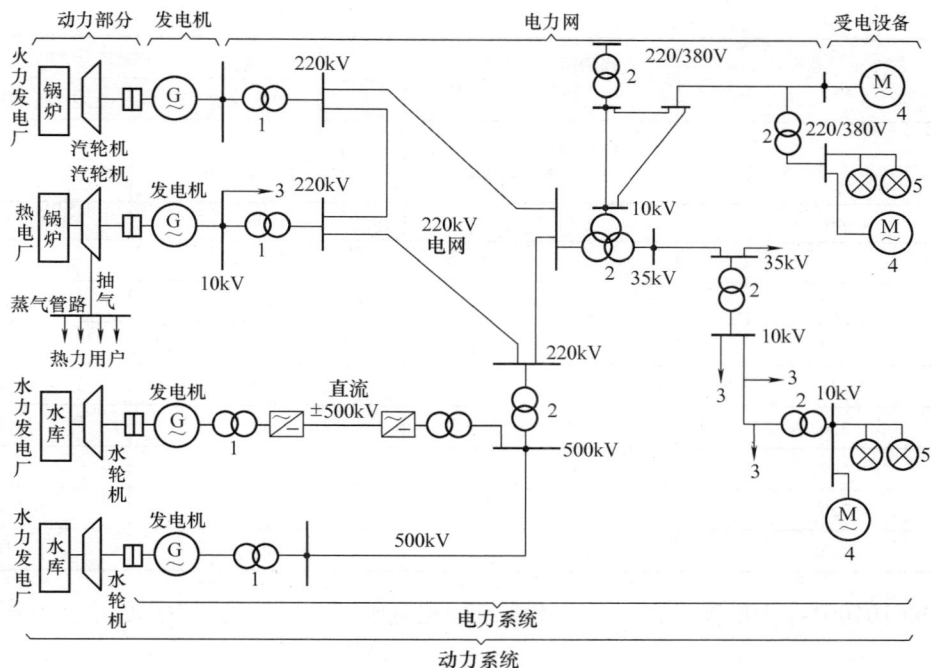

图 GYSD00101001-4 电力系统和电力网示意图
1—升压变压器；2—降压变压器；3—负荷；4—电动机；5—电灯

在各个发电厂、变电站和电力用户之间，用不同电压的电力线路按一定规律将它们连接起来，这些不同电压的电力线路和变电站的组合，称为电力网。由发电厂的电气设备、不同电压的电力网和电力用户的用电设备所组成的一个发电、变电、输电、配电和用电的整体，称为电力系统。

在现代电力系统中，电能的输送除采用传统的交流输电外，还有采用直流输电。在直流输电系统中，只有输电环节是直流电，发电系统和用电系统仍然是交流电。在直流输电线路的始端，发电系统的交流电经换流变压器升压后，送到整流器中去。整流器的主要部件是晶闸管变流器和进行交直流变换的整流阀，它的功能是将高压交流电变为高压直流电后，送入输电线路，直流电通过输电线路送到逆变器中。逆变器的结构与整流器相同而作用刚好相反，它把高压直流电变为高压交流电。再经过换流变压器降压，交流系统的电能就输送到了交流系统中。在直流输电系统中，通过改变换流器的控制状态，也可以把交流系统中的电能送到直流系统中去，即整流器和逆变器是可以互相转换的。

三、电力网的额定电压

电力设备的额定电压是能使发电机、变压器及各种电力设备正常工作的电压。各种电气设备在额定电压下运行时，其技术性能和经济效果最好。为了使电力设备生产实现标准化和系列化，规定了电力设备的统一额定电压等级。

按照 GB 156—2007《标准电压》规定，我国三相交流电网和发电机的额定电压，如表 GYSD00101001-1 所示。

表 GYSD00101001-1   我国三相交流电网和电力设备的额定电压

分类	电网和用电设备额定电压（kV）	发电机额定电压（kV）	电力变压器额定电压（kV）	
			一次绕组	二次绕组
低压	0.38	0.40	0.38	0.40
	0.66	0.69	0.66	0.69
高压	3	3.15	3 及 3.15	3.15 及 3.3
	6	6.3	6 及 6.3	6.3 及 6.6
	10	10.5	10 及 10.5	10 及 10.5

续表

分 类	电网和用电设备额定电压（kV）	发电机额定电压（kV）	电力变压器额定电压（kV）	
			一次绕组	二次绕组
高压	—	13.8, 15.75, 18, 20, 22, 24, 26	13.8, 15.75, 18, 20, 22, 24, 26	—
	20		20	
	35	—	35	38.5
	66	—	66	72.6
	110	—	110	121
	220	—	220	242
	330	—	330	363
	500	—	500	550
	750	—	750	800
	1000	—	1000	1100

表 GYSD00101001-1 中的变压器一、二次绕组额定电压，是依据我国生产的电力变压器标准产品规格确定的。

电网的额定电压等级是国家根据国民经济发展的需要和电力工业的水平，经全面的技术经济分析后确定的。它是确定各类电力设备额定电压的基本依据。

由于线路运行时（有电流通过时）要产生电压降，所以线路上各点的电压都略有不同，如图 GYSD00101001-5 中虚线所示。但是成批生产的用电设备，其额定电压不可能按使用处线路的实际电压来制造，而只能按线路首端与末端的平均电压即电网的额定电压 U_N 来制造，因此用电设备的额定电压规定与同级电网的额定电压相同。

发电机的额定电压。由于电力线路允许的电压偏差一般为 ±5%，即整个线路允许有 10% 的电压损耗值，因此为了维持线路的平均电压在额定值，线路首端（电源端）的电压可较线路额定电压高 5%，而线路末端则可较线路额定电压低 5%，如图 GYSD00101001-5 所示。所以发电机额定电压规定高于同级电网额定电压 5%。

电力变压器一次绕组的额定电压分两种情况：①当变压器直接与发电机相连时，如图 GYSD00101001-6 中的变压器 T1，其一次绕组额定电压应与发电机额定电压相同，即高于同级电网额定电压 5%。②当变压器不与发电机相联而是连接在线路上时，如图 GYSD00101001-6 中的变压器 T2，则可看作是线路的用电设备，因此其一次绕组额定电压应与电网额定电压相同。

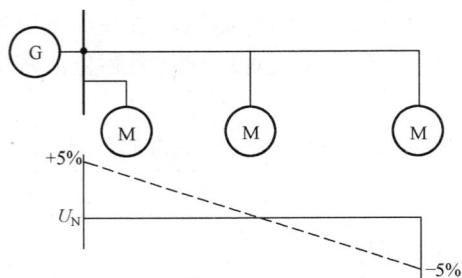

图 GYSD00101001-5 用电设备和发电机的额定电压

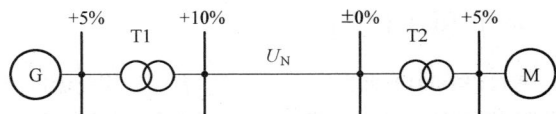

图 GYSD00101001-6 电力变压器的额定电压

电力变压器二次绕组的额定电压分两种情况：①变压器二次侧供电线路较长（如为较大的高压电网）时，如图 GYSD00101001-6 中的变压器 T1，其二次绕组额定电压应比相联电网额定电压高 10%，其中有 5% 是用于补偿变压器满负荷运行时绕组内约 5% 的电压降，因为变压器二次绕组的额定电压是指变压器一次绕组加上额定电压时二次绕组开路的电压；此外变压器满负荷时输出的二次电压还要高于所联电网额定电压 5%，以补偿线路上的电压降。②变压器二次侧供电线路不长（如为低压电网，或直接供电给高低压用电设备）时，如图 GYSD00101001-6 中的变压器 T2，其二次绕组额定电压只需高于所联电网额定电压 5%，仅考虑补偿变压器满负荷运行时绕组内部 5%的电压降。

此外，在变压器的高压绕组上具有改变变比的分接头，可根据电力网电压损耗的大小及变电站对实际电压的要求，进行电压调整。

四、电力系统的基本要求

（一）电能在生产技术上的主要特点

（1）电能的生产、输送、分配和使用是在同一瞬间完成的。电能不能储存，也不容许间断，电能的生产量决定于用户的需求量，发电和用电始终是平衡的。因此，电力系统每个环节中，任何一部分或任何一点发生故障或运行方式改变时，都会影响供电，甚至影响整个电力系统电能的生产和供应。

（2）电力系统的运行的过渡过程（例如发生突然短路、稳定运行破坏等过程）非常短暂，因而电能的生产靠人工操作和调整达不到满意的效果，甚至是不可能的。必须采取专用的自动装置才能迅速而准确地完成电能生产的任务，因而对电力系统自动化的程度要求要高。

（3）电力工业和工农业生产各行业以及人民生活密切相关，如果电能供应不足或中断，会直接影响工农业的生产和人民的正常生活，甚至造成生产停顿和生产设备的损坏。

（二）电力系统的基本要求

1. 保证供电的可靠性

为了保证电力系统对用户供电的可靠性，首先必须保证电力系统每个设备和元件运行可靠。因此，要求对电力系统中各个设备均要经常进行监视、维护、定期运行试验和检修，使设备处于完好的运行状态，并应在系统中建立必要的备用容量以备急需。

由于电力工业与各行各业紧密相连，供电的中断将会引起生产的停顿和人民生活秩序的破坏，甚至会造成人身和设备的损伤。因此，电力系统应尽可能保证对用户连续不断的供电。

衡量供电可靠性指标，一般以全部用户平均供电时间占全年时间（8760h）的百分数来表示。例如用户每年平均停电（包括事故和检修停电）时间为 17.52h，则停电时间占全年的 0.2%，即供电可靠率为 99.8%。

电力负荷应根据供电可靠性及中断供电在政治经济上所造成的损失或影响的程度分为一级负荷、二级负荷及三级负荷。

一级负荷：中断供电将造成人身伤亡、重大政治影响、重大经济损失及公共场所秩序严重混乱。

二级负荷：中断供电将造成较大政治影响、较大经济损失、公共场所秩序混乱。

三级负荷：所有不属于一级和二级的电力负荷。

对于一级负荷，应由两个电源供电，当一个电源发生故障时另一个电源应不会同时受到损坏。一级负荷中特别重要负荷除上述两个电源外，还必须增设应急电源。为保证对特别重要负荷的供电，严禁将其他负荷接入应急供电系统。对于二级负荷，应尽量由不同变压器或两段母线供电。三级负荷对供电无特殊要求。

2. 保证电能质量

电压和频率是衡量电能质量的重要指标。电压和频率的过高或过低将影响电力设备的使用和工厂企业正常生产，影响电力系统的稳定。

为此，按照 GB/T 12325—2008《电能质量　供电电压允许偏差》规定，电力系统电压变动的范围为：

（1）35kV 及以上供电电压正、负偏差的绝对值之和不超过标称系统电压的 10%。如电压上下偏差同号（均为正或负）时，按较大的偏差绝对值作为衡量依据。

（2）10kV 及以下三相供电电压允许偏差为标称系统电压的 ±7%。

（3）220V 单相供电电压允许偏差为标称系统电压的 +7%、−10%。

（4）对供电电压允许偏差有特殊要求的用户，由供用电双方协议确定。

根据 GB/T 15945—2008《电能质量　电力系统频率偏差》规定，电力系统正常运行条件下频率偏

差限值为 ±0.2Hz。当系统容量较小时,偏差限值可以放宽到 ±0.5Hz。

电能质量标准、除电压和频率外,还有电压波形。由于现代用电设备,如轧钢机、电弧炉、电焊机、晶闸管控制的电动机、整流装置、电气化铁路、彩电等,都是电网的谐波源,对电网的电能质量影响很大,会造成电网电压的畸变,即谐波对电网的污染。当谐波超过规定的极限值时,将对发供电设备、继电保护及自动装置、用户的用电设备、通信线路产生不同程度的危害,严重影响用户的正常生产,并危及电力系统的安全、经济运行。

3. 保证电力系统运行的经济性

提高电力系统运行的经济性,就是使电力系统在运行中耗费少、效率高、成本低,主要以如下三个经济指标来衡量:

(1)标准耗煤量。指每千瓦时电能所消耗的标准煤量(按规定发热量为 29310kJ/kg 的煤为标准煤)。

(2)厂用电率。指发电厂在电力生产过程中耗用的电量与发电量之百分比。目前我国火电厂的厂用电率为 6%~10%。

(3)线路损耗率。指电能在各级电网环节中的损耗量占供电量之百分比。目前我国各级电网的线损率约为 3%~10%。

在运行中应该力争将全电力系统的各项经济指标降低到最小。

为保证向用户提供可靠、优质、经济的电能,首先要做到安全生产和安全用电。

五、电力网电气计算的基本概念

(一)电压选择的基本原则

在进行电力网电气计算时,首先应确定输送功率及电力网的额定电压。三相交流电的线电流 I、线电压 U 和功率 P 的关系是

$$P = \sqrt{3}UI\cos\varphi$$

所以

$$I = \frac{P}{\sqrt{3}U\cos\varphi}$$

上式表明,当输送容量一定时,线路电压越高,电流就越小,不仅可以使用较小的导线截面,而且可以降低线路的功率损耗和电能损耗。但是,若电压过高,对线路的绝缘要求就高,用于绝缘方面的投资就要增加。

电力网电压的选择是一个涉及面很广的综合性问题,除考虑输送容量、输送距离、运行方式等各种因素外,还应根据一次能源的分布、国家的规划发展情况,进行全面的技术经济比较,合理选择电力网电压。其基本原则是:

(1)选定的电压等级应符合国家电压标准,我国目前现行的电力网额定电压标准为:380/220V,10、35、66、110、220、330、500、750、1000kV。

(2)电压等级的选择应满足近期过渡的可能性,同时也能适应远景规划发展的需要。故在选择电压等级时,应了解一次能源的分布和工业布局,考虑电力负荷的增长和新建的电厂容量。

(3)同一地区、同一电力网内,电压等级应少,以减少重复容量;各级电压间的级差不宜太小,按国内外的经验,电压等级差一般为 2~3 倍。例如,110kV 及其以上的电力网电压等级为 110/220/500kV 或 110/330/750kV;110kV 及其以下的电力网电压等级为 10/35/110kV。

(4)在选择电力网电压等级时应考虑到与主系统及地区系统联网的可能性。在选择大容量发电厂向系统送电电压时,应考虑是采用单回线还是采用多回线送电。若采用单回线送电时,应选择高一级电压;采用多回线送电时,可采用低一级电压。

(5)在实际应用中,照明电力网及容量为 50~100kW 的动力设备,其电压采用 380/220V;对于厂矿企业大型动力设备,如 200kW 及其以上的电动机可由 6~10kV 电网供电;大城市及矿区电力网采用的电压为 35~110kV。

（二）输送容量和输送距离的关系

在表 GYSD00101001-2 中，列出由实际经验所得到的各电压等级输电线路的输送容量和距离。

表 GYSD00101001-2　　　　　　各电压等级输电线路的输送容量和距离

线路电压（kV）	输送容量（MW）	输送距离（km）	线路电压（kV）	输送容量（MW）	输送距离（km）
0.38	0.1 以下	0.6 以下	110	10 ~ 50	50 ~ 150
3	0.1 ~ 1.0	1 ~ 3	220	100 ~ 500	100 ~ 300
6	0.1 ~ 1.2	4 ~ 15	330	200 ~ 1000	200 ~ 600
10	0.2 ~ 2.0	6 ~ 20	500	1000 ~ 1500	150 ~ 850
35	2.0 ~ 10	20 ~ 50	750	2000 ~ 3500	500 以上

（三）电力网电气计算项目

在电力网设计和运行中，为了保证电力系统供电可靠、运行经济和电能质量良好的要求，除了合理的选择电力网的额定电压等级外，还需要对电力网进行以下的基本计算：

（1）功率和电能损耗计算，详细内容见模块 GYSD00101003。

（2）电压损耗及电压偏移计算，详细内容见模块 GYSD00101004。

通过电能损耗和电压损耗计算，可以正确选择电力网的设计方案和合理的运行方式。

【思考与练习】

1. 什么叫做电力系统、电力网？什么叫输电线路、配电线路？

2. 电力网的额定电压是如何确定的?为什么短路电压较大的变压器，其次级绕组的额定电压比电力网额定电压高出 10%?

3. 试标出图 GYSD00101001-7 中各元件的额定电压。

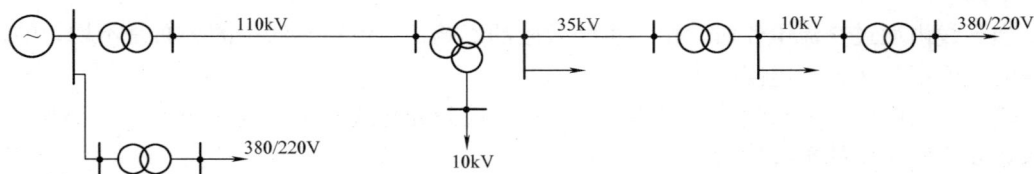

图 GYSD00101001-7　题 3 图

4. 电能在生产技术上有哪些特点？电力系统有哪些基本要求？

5. 什么叫做供电可靠率、厂用电率？

6. 选择电力网电压等级的基本原则是什么？

模块 2　电力网参数和等值电路（GYSD00101002）

【模块描述】本模块介绍电力网参数和等值电路知识。通过对电力网参数和等值电路知识的分析介绍，掌握线路参数、变压器参数的计算，并能熟练作出等值电路图。

【正文】

一、线路的参数和等值电路

线路参数是描述线路电磁状态的物理量。电力线路的电气参数有电阻、电抗、电导和电纳四个，是电力网电能损耗计算和电压损耗计算的基础。线路的这些参数均是沿线路长度均匀分布的，故称为分布参数，对于频率为 50Hz、长度不超过 300km 的架空线路和长度不超过 50 ~ 100km 的电缆线路，用集中参数代替均布参数，所引起的误差很小，可以满足工程计算中所要求的精度。本模块仅介绍集中参数线路。对于长度超过 300km 的架空线路和长度超过 50 ~ 100km 的电缆线路，其等值电路中参数仍用集中参数表示时，则需要乘以修正系数。若线路每千米的电阻、电抗、电导和电纳分别以 r_0、z_0、g_0 和 b_0 表示，则一般线路可用图 GYSD00101002-1 表示。

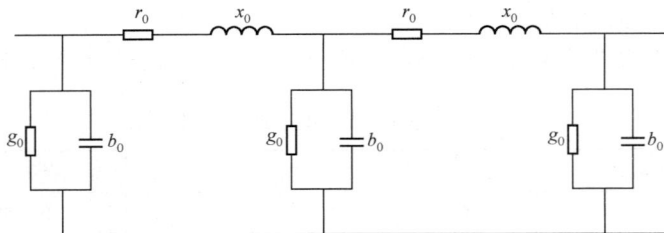

图 GYSD00101002-1　线路参数的分布

（一）线路的电阻

线路每相导线的电阻

$$R = \frac{\rho L}{A} = \frac{L}{\gamma A} \times 10^3 = r_0 L \qquad (\text{GYSD00101002-1})$$

式中　R——线路的直流电阻，Ω；

ρ——导线的电阻系数，$\Omega \cdot mm^2/km$；

γ——导线的导电系数，$m/(\Omega \cdot mm^2)$；

A——导线的标称截面积，mm^2；

L——导线的长度，km；

r_0——为每千米长度的每相导线电阻，Ω。

$$r_0 = \frac{\rho}{A} = \frac{1}{\gamma A} \times 10^3 \qquad (\text{GYSD00101002-2})$$

在电力系统计算时，考虑一些工程因素的影响，导线的电阻率和导电率作适当修正。主要考虑的因素有以下四点：

（1）当导线内通过交流电流时，由于集肤效应的影响，电流在导线中的分布是不均匀的，因而同截面导线的交流电阻比直流电阻略大。

（2）输电线路中所用的导线都是多股绞线，由于扭绞使导线实际长度增加了 2%~3%，因而它们的电阻系数要比同长度的单股线大 2%~3%。

（3）在电力线路参数计算中，都是根据导线额定截面（标称截面）进行的，但导线实际截面常比标称截面小。

（4）导线的电阻系数是随温度增加而增加的，随着季节和导线载流量的变化，导线的电阻系数也在变化，计算时通常取导线的平均温度为 20℃，所以式（GYSD00101002-1）中的电阻系数和导电系数是 20℃时的数值。

根据上述原因，在实际计算中的电阻系数和导电系数，必须加以修正，修正后的电阻系数和导电系数见表 GYSD00101002-1。

表 GYSD00101002-1　计算用电阻系数和导电系数

导 线 材 料	铜	铝
$\rho\ (\Omega \cdot mm^2/km)$	18.8	31.5
$\gamma\ [m/(\Omega \cdot mm^2)]$	53.0	32.0

（二）线路的电抗

由电工基础课得知，交流电流通过导线时，在导线材料中及周围空间产生交变电磁场，磁通量与导线匝数的乘积称为磁链，单位电流产生的磁链称为电感，电感与交流电流角频率的乘积称为感抗。

三相工频交流架空线路，经过循环换位，每千米长度每相导线的电抗为

$$x_0 = 0.1445 \lg \frac{D_{jj}}{r} + 0.0157 \quad (\Omega/km) \qquad (\text{GYSD00101002-3})$$

式中　D_{jj}——导线相间几何均距，m；

r——每根导线的实际半径，cm。

每相导线在线路全长 L 上的总电抗为

$$X = x_0 L \quad （\Omega）$$

各种不同排列方式的三相输电线路，其相间几何均距是不同的，下面分别介绍。

1. 等边三角形排列的三相输电线路

等边三角形排列的三相输电线路如图 GYSD00101002-2 所示，式（GYSD00101002-3）中相间几何均距为

$$D_{jj} = D$$

式中　D——导线 A、B 相间，B、C 相间，C、A 相间的距离。

2. 任意排列的三相输电线路

任意排列的三相输电线路如图 GYSD00101002-3 所示，式（GYSD00101002-3）中相间几何均距为

$$D_{jj} = \sqrt[3]{D_{12}D_{23}D_{31}}$$

式中　D_{12}、D_{23}、D_{31}——导线 A、B 相间，B、C 相间，C、A 相间的距离。

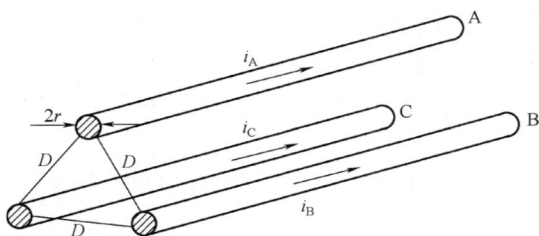

图 GYSD00101002-2　等边三角形排列的三相输电线路　　　图 GYSD00101002-3　任意排列的三相输电线路

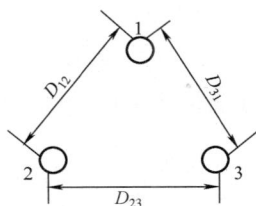

3. 水平排列的三相输电线路

水平等距排列的三相输电线路如图 GYSD00101002-4 所示，式（GYSD00101002-3）中相间几何均距为

$$D_{jj} = \sqrt[3]{D_{12}D_{23}D_{31}} = \sqrt[3]{DD \cdot 2D} = 1.26D$$

4. 同杆架设的双回路输电线路

同杆塔架设的双回路输电线路六角形排列，如图 GYSD00101002-5 所示。考虑双回路间的互感影响，式（GYSD00101002-3）中的几何均距为

$$D_{jj} = \sqrt[12]{D_{12}D_{13}D_{15}D_{16}D_{21}D_{23}D_{24}D_{26}D_{31}D_{32}D_{34}D_{35}}$$

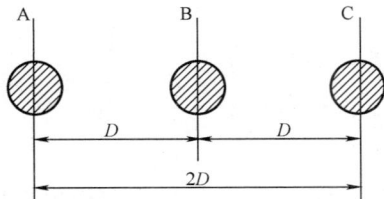

图 GYSD00101002-4　水平排列　　　　　　图 GYSD00101002-5　六角形排列

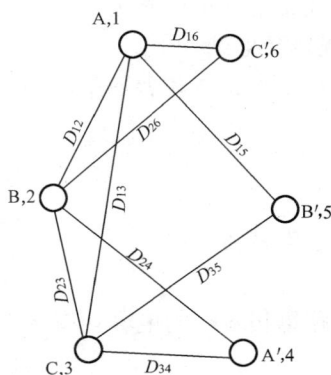

5. 分裂导线

对于电压在 220kV 及其以上的输电线路，为了提高线路的输送能力，减少电晕损耗和线路电抗，多采用分裂导线，如图 GYSD00101002-6 所示。其每相导线都是由一束子导线组合而成，子导线间的距离 d 一般为 20～40cm。因此在应用式（GYSD00101002-3）计算线路电抗时，式中导线半径 r 即为分裂导线的等值半径，式中第二项需要除以分裂导线的子导线数。分裂导线的等值半径 r_{dz} 为

$$r_{dz} = \sqrt[n]{rd_{jj}^{n-1}}$$

式中　　r_{dz}——分裂导线等值半径，cm；

　　　　r——每根导线的实际半径，cm；

　　　　d_{jj}——分裂导线的子导线间的几何均距，cm，$d_{jj} = \sqrt[n]{d_{12}d_{23}\ldots d_{n-1}d_n}$，双分裂导线 $d_{jj} = d$，三分

　　　　　　裂导线 $d_{jj} = d$，四分裂导线 $d_{jj} = \sqrt[6]{2}d$；

　　　　d——分裂导线的子导线间距，cm；

　　　　n——分裂导线的子导线数。

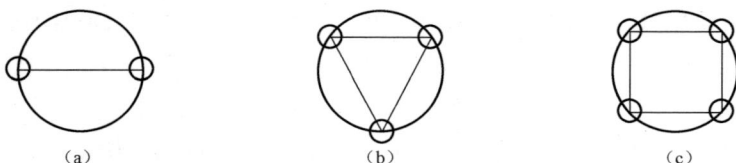

（a）　　　　　　　　　　　（b）　　　　　　　　　　　（c）

图 GYSD00101002-6　分裂导线

（a）双分裂导线；（b）三分裂导线；（c）四分裂导线

所以，分裂导线每相单位长度的电抗为

$$x_0 = 0.1445\lg\frac{D_{jj}}{r_{dz}} + \frac{0.0157}{n} \quad (\Omega/km) \qquad (GYSD00101002-4)$$

（三）线路的电导

对于架空输电线路，除了导线电阻的有功损耗外，还有电晕损耗和沿绝缘子漏电所致的有功损耗；对电缆线路，主要是介质损耗。这些损耗可以用电导参数来说明。

一般架空线路绝缘良好，由于绝缘子泄漏电流而产生的有功损耗小，可忽略不计，所以对架空线路主要考虑电晕损耗。

当已知架空输电线路的电晕损耗和电缆线路的介质损耗为 ΔP_r，便可求出输电线路的电导，即

$$g_0 = \frac{\Delta P_r}{U_N^2} \times 10^{-3} \quad (S/km) \qquad (GYSD00101002-5)$$

在线路设计中，凡选用大于规程规定的线号的线路，均可不必验算电晕。因而，在电力网计算中为了简化，线路电导可以略去不计，即可认为 $g_0 \approx 0$。

（四）线路的电纳

当 $f = 50Hz$ 时，三相普通架空线路每相每千米的电纳为

$$b_0 = \varpi c_0 = \frac{7.58}{\lg\dfrac{D_{jj}}{r}} \times 10^{-6} \quad (S/km) \qquad (GYSD00101002-6)$$

每相导线的总电纳为

$$B = b_0 L \quad (S)$$

输电线路每相导线的电容功率（无功功率）为

$$Q_0 = \sqrt{3}U_N I_C = U_N^2 b_0 L \quad (Mvar) \qquad (GYSD00101002-7)$$

式中　　U_N——线路的额定线电压，kV；

　　　　b_0——每千米的电纳，S/km；

　　　　L——线路总长度，km。

当每相采用分裂导线时，仍用式（GYSD00101002-6）计算其容纳，只是这时导线的半径以等值半径替代。

（五）线路等值电路

等值电路的意义是用一个简单的电路系统代替一个复杂的电路系统，不影响系统之外的工作状态，这两个电路系统互为等值。三相线路是对称的电路，一般只需研究其中一相的参数即可。

电力线路的参数 r_0、x_0、b_0、g_0 实际上是沿线路均匀分布的。一般对于长度在 300km 以内的架空线路，通常可以不计线路的这种分布参数的特性，可用集中参数 R、X、G、B 的等值电路代替。在电力网计算中常采用 Π 型，如图 GYSD00101002-7 所示，即将全线阻抗集中在中央，电纳平均分置在线路两端（有时将线路电纳用电容功率代替）。

对于 35kV 以下的架空线路和 10kV 以下的电缆线路，由于线路短，线路电容影响极小，电纳也可以忽略不计，这样等值电路可简化为如图 GYSD00101002-8 所示的形式。

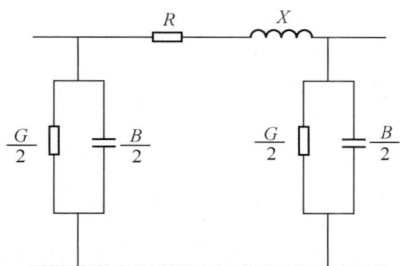

图 GYSD00101002-7 Ⅱ型等值电路

图 GYSD00101002-8 简化等值电路

例 GYSD00101002-1 有一条长度为 100km，额定电压为 220kV 架空线路，导线水平排列，线间距离为 7.5m，每相采用 2×LGJ-300/25 分裂导线，分裂间距 d12 为 0.3m，求线路参数并绘出其等值电路。

解 （1）线路每相每千米参数：

每千米的电阻 $r_0 = \dfrac{10^3}{\gamma A} = \dfrac{10^3}{32 \times 2 \times 300} = 0.052$ （Ω/km）

每千米的电抗 $x_0 = 0.1445 \lg \dfrac{D_{ij}}{r} + 0.0157 = 0.1445 \lg \dfrac{1.26D}{\sqrt{r d_{12}}} + 0.0157$

$$= 0.1445 \lg \dfrac{1.26 \times 750}{\sqrt{1.1865 \times 30}} + 0.0157 = 0.334 \ (\Omega/km)$$

每千米电纳 $b_0 = \dfrac{7.58}{\lg \dfrac{D_{ij}}{r}} \times 10^{-6} = \dfrac{7.58 \times 10^{-6}}{\lg \dfrac{1.26 \times 750}{\sqrt{1.1865 \times 30}}} = 3.46 \times 10^{-6}$ （S/km）

（2）线路每相参数：

$$R = r_0 L = 0.052 \times 100 = 5.2 \ (\Omega)$$
$$X = x_0 L = 0.334 \times 100 = 33.4 \ (\Omega)$$
$$B = b_0 L = 3.46 \times 10^{-6} \times 100 = 346 \times 10^{-6} \ (S)$$
$$Q_0 = U_N^2 B = 220^2 \times 346 \times 10^{-6} = 16.74 \ (Mvar)$$

图 GYSD00101002-9 为根据所求线路参数作出的该线路的等值电路。

二、双绕组变压器的参数和等值电路

变压器的参数包括电阻、电抗、电导和电纳四部分。这四种参数可以从表征变压器特性的短路试验、空载试验的四个特性数据计算得到。这四个电气特性数据：短路损耗 ΔP_d、短路电压百分数 $U_d\%$、空载损耗 ΔP_0 和空载电流百分数 $I_0\%$。这四个数据标在产品铭牌上或出厂试验报告中，也可由有关资料中查到。在电力网计算中，变压器多采用"Γ"型等值电路，如图

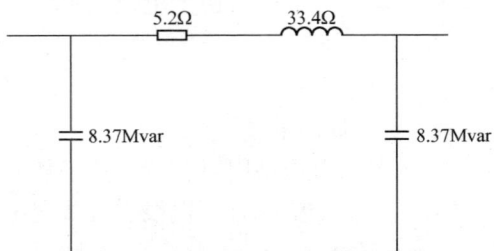

图 GYSD00101002-9 例 GYSD00101002-1 图

GYSD00101002-10（a）所示，"Γ"型等值电路中的阻抗，是高、低压侧绕组的阻抗向同一侧电压归算后的等值总阻抗；变压器导纳，一般接在变压器的功率输入端。变压器的电导和电纳中的有功功率和无功功率损耗分别是变压器的铁损和励磁损耗。因此，常将等值电路中的电导和电纳用有功功率损耗和无功功率损耗来代替。这样，"Γ"型等值电路即可简化为图 GYSD00101002-10（b）的形式。对于地方电力网，变压器导纳的影响可以略去不计，这时"Γ"型等值电路如图 GYSD00101002-10（c）所示。

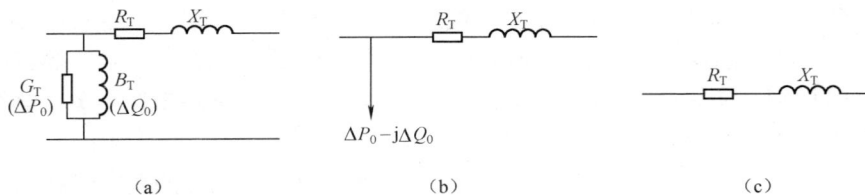

图 GYSD00101002-10　双绕组变压器的等值电路

（a）"Γ"型等值电路；（b）简化的"Γ"型等值电路；（c）简化等值电路

1. 变压器的等值电阻

由于变压器的短路损耗 ΔP_d 近似等于变压器在额定负荷时，高低压绕组电阻上的总损耗，即

$$\Delta P_d = 3I_N^2 R_T \times 10^{-3} = \frac{S_N^2}{U_N^2} R_T \times 10^{-3} \quad (kW) \qquad (GYSD00101002-8)$$

式中　　I_N——变压器的额定电流，A；

　　　　U_N——变压器某一侧额定线电压，kV；

　　　　S_N——变压器的额定容量，kVA；

　　　　R_T——变压器两侧绕组归算至某一侧电压的等值总电阻，Ω。

由式（GYSD00101002-8）得

$$R_T = \frac{\Delta P_d U_N^2}{S_N^2} \times 10^3 \quad (\Omega) \qquad (GYSD00101002-9)$$

2. 变压器的等值电抗

根据电路电压的定义，变压器在额定负荷时，每相绕组的电抗压降，对其额定电压的百分数为

$$U_x\% = \frac{\sqrt{3}I_N X_T \times 10^{-3}}{U_N} \times 100 = \frac{S_N X_T}{U_N^2} \times 10^{-1} \qquad (GYSD00101002-10)$$

变压器每相两侧绕组归算至某一侧电压的总电抗为

$$X_T = \frac{U_x\%}{100} \times \frac{U_N^2 \times 10^3}{S_N} = \frac{U_x\% U_N^2}{S_N} \times 10 \quad (\Omega) \qquad (GYSD00101002-11)$$

电抗压降百分数 $U_x\%$ 为

$$U_x\% = \sqrt{(U_d\%)^2 - (U_R\%)^2}$$

式中　　$U_d\%$——变压器短路电压百分数；

　　　　$U_R\%$——变压器电阻压降百分数。

在大型变压器中，由于电抗比电阻大得多，可以认为 $U_x\% = U_d\%$，所以

$$X_T = \frac{U_d\% U_N^2}{S_N} \times 10 \quad (\Omega) \qquad (GYSD00101002-12)$$

3. 变压器的电导

变压器的电导是用以表示铁芯损耗的。而变压器空载损耗包括铁芯损耗和空载电流引起的绕组中的铜损，又由于空载时铜损很小，故变压器的铁损近似等于变压器空载损耗 ΔP_0。

因为

$$\Delta P_0 = U_N^2 G_T \times 10^3 \quad (kW)$$

所以

$$G_T = \frac{\Delta P_0 \times 10^{-3}}{U_N^2} \quad (S) \qquad (GYSD00101002-13)$$

4. 变压器的电纳

变压器的电纳决定于它的励磁功率 ΔQ_0。变压器的空载电流包括有功电流分量和无功电流分量，其中无功电流分量与励磁功率对应。由于有功电流分量很小，则无功分量和空载电流几乎相等。于是励磁功率 ΔQ_0 可根据特性数据 I_0（%）求得。

因为

$$I_0\% = \frac{I_0}{I_N} \times 100 = \frac{\sqrt{3}I_0U_N}{\sqrt{3}I_NU_N} \times 100 = \frac{\Delta Q_0}{S_N} \times 100$$

由此可得

$$\Delta Q_0 = \frac{I_0\%}{100}S_N \qquad\qquad （GYSD00101002\text{-}14）$$

又因为

$$\Delta Q_0 = U_N^2 B_T \times 10^3 \quad（kvar）$$

所以得

$$B_T = \frac{I_0\%S_N \times 10^{-5}}{U_N^2} \quad（S） \qquad\qquad （GYSD00101002\text{-}15）$$

式中　　$I_0\%$——变压器空载电流占额定电流的百分数。

例 GYSD00101002-2　在一降压变电站中，装有两台 S10-10000/110 型双绕组变压器，电压为 110/11kV，求两台变压器并联运行归算到高压侧的参数，并绘出等值电路。

解　从由变压器资料可查出：短路损耗 $\Delta P_d = 59kW$；空载损耗 $\Delta P_0 = 16.5kW$；短路电压 $U_d\% = 10.5$；空载电流 $I_0\% = 1.0$。

按式（GYSD00101002-9），求得两台并联变压器的电阻为

$$R_T = \frac{1}{2} \times \frac{\Delta P_d U_N^2}{S_N^2} \times 10^3 = \frac{1}{2} \times \frac{59 \times 110^2}{10000^2} \times 10^3 = 3.57 \quad（\Omega）$$

按式（GYSD00101002-12），求得两台并联变压器的电抗为

$$X_T = \frac{1}{2} \times \frac{U_d\%U_N^2}{S_N} \times 10 = \frac{1}{2} \times \frac{10.5 \times 110^2}{10000} \times 10 = 63.5 \quad（\Omega）$$

两台变压器并联运行时的铁损为

$$\Delta P_0 = 2 \times 16.5 = 33 \quad（kW）$$

两台变压器并联运行时的励磁功率为

$$\Delta Q_0 = \frac{2 \times I_0\%S_N}{100} = \frac{2 \times 1.0 \times 10000}{100} = 200 \quad（kvar）$$

$$\Delta \dot{S}_0 = \Delta P_0 - j\Delta Q_0 = 33 - j200 \quad（kV \cdot A）$$

等值电路如图 GYSD00101002-11 所示。

【思考与练习】

1．为什么要用线间几何均距计算 x_0、c_0、b_0？

2．一条 110kV、70km 长的单回路输电线路，导线型号为 LGJ-240/30，线间几何均距为 5.5m，试求出该输电线路参数，并画出等值电路图。若改为双回路线路，其线路参数又为多少？

3．某工厂由一条 10kV 电力线路供电，导线型号为 LGJ-120/25，导线排列为等边三角形，线间距离为 1m，线路长 3km，试求线路的等值参数，并作出等值电路图。

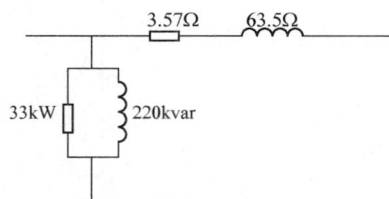

图 GYSD00101002-11　例 GYSD00101002-2 的等值电路

模块 3　电力网功率和电能损耗的计算（GYSD00101003）

【模块描述】本模块涉及电力网功率和电能损耗的计算。通过定义讲解、定量分析和计算举例，了解降低线损的措施，熟悉电力负荷曲线，掌握线路的功率损耗与电能损耗计算、变压器的功率损耗与电能损耗计算。

【正文】

一、概述

电力网输送电能时，将在线路和变压器中产生功率损耗和电能损耗。在电力网的电阻和电导中，

产生有功损耗；在电力网的电抗和电纳中，用于建立磁场和电场的那部分功率，称无功损耗。

电力网的损耗分可变损耗和固定损耗两种。可变损耗就是指与电力网输送的功率有关，且其损耗与电流平方成正比，与导体本身的电阻值成正比；对一定截面导线来说，其损耗的大小取决于通过的电流大小。固定损耗则与电力网输送的功率大小无关，只与外施电压有关。只要设备接通电源，电力网就有损耗，当电源电压变化不大时，其损耗基本上是固定的。

电力网电能损耗通常是根据电能表所计量的总"供电量"和总"售电量"相减得出，即

$$损耗电量 = 供电量 - 售电量$$

所谓供电量是指发电厂或电力网向用户供给的电量，其计算式为

$$电力网的供电量 = 本地区或本网内发电厂的发电量 - 发电厂厂用电量$$
$$+ 从其他电力网输入的电量（包括购入电量）$$
$$- 向其他电力网输出的电量$$

所谓售电量是指用户的用电量，其表达式为

$$电力网的售电量 = 用户电能表计量的总和$$

同一时间内，电力网损耗电量占供电量的百分比称为电力网的损耗率，简称网损率或线损率，即

$$线损率 = \frac{损耗电量}{供电量} \times 100\%$$

线损率是衡量供电企业管理水平的一项重要的综合性的经济技术指标。

二、负荷曲线

所谓负荷曲线就是把负荷随时间的变化规律以曲线的形式表示。负荷曲线按纵横坐标表示的物理量不同，可以分为有功功率日负荷曲线、无功功率日负荷曲线、有功功率年负荷曲线等。

（一）日负荷曲线

日负荷曲线，它们表示电力负荷在一日 24h 内变化的情况。如图 GYSD00101003-1（a）所示。分有功（P）日负荷曲线和无功（Q）日负荷曲线两种。

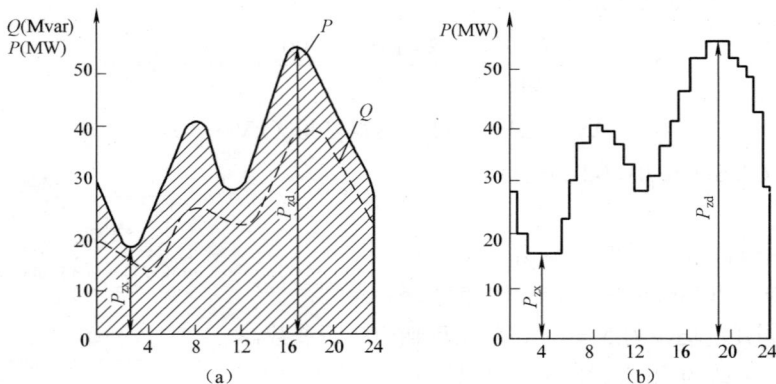

图 GYSD00101003-1 日负荷曲线

由于功率与时间的累积就是电能，因此，日负荷曲线除了表现负荷随时间变化外，同时也表示了用户在一日内使用的电能 W_r，即

$$W_r = \sum_1^{24} P\Delta t \quad (kW \cdot h) \tag{GYSD00101003-1}$$

很明显，这就是有功日负荷曲线下面所包围的面积，如图 GYSD00101003-1（a）所示斜线的部分。

（二）年最大负荷曲线

在计算电能损耗时，不仅要知道一日之内负荷变化的规律，还要了解一年之中最大负荷的变化规律，如图 GYSD00101003-2 所示为某地区年最大负荷曲线。从图中可见，该地区夏季的最大负荷比较小些，而年终负荷比年初大。

（三）年持续负荷曲线

在电力系统的分析计算中，除要知道一日之内负荷变化的规律外，还要了解负荷在一年之中的变化规律，如图 GYSD00101003-3 所示，年持续负荷曲线是根据负荷在一年（8760h）之中的累计持续变化情况绘制的。根据年持续负荷曲线，可以计算全年负荷的用电量 W_n 为

$$W_n = \sum_1^{8760} P\Delta t \quad (kW \cdot h) \qquad (GYSD00101003-2)$$

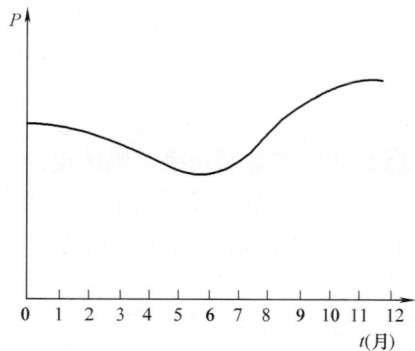

图 GYSD00101003-2　年最大负荷曲线

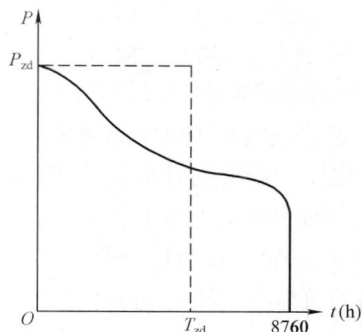

图 GYSD00101003-3　年持续负荷曲线

可见，电能 W_n 的数值就是年持续负荷曲线下面 0～8760h 所包围的面积。

（四）最大负荷使用时间 T_{zd} 的确定

由于一年之中负荷是随时间不断变化的，难以按实际变化的负荷来计算电力网的电能损耗，而是按最大负荷和最大负荷利用时间 T_{zd} 进行计算，即

$$T_{zd} = \frac{W_n}{P_{zd}} = \frac{\sum_1^{8760} P\Delta t}{P_{zd}} \quad (h) \qquad (GYSD00101003-3)$$

在图 GYSD00101003-3 中，负荷所消耗的电能为年持续负荷曲线 0～8760h 所围成的面积，如果将这面积用一与其相等的矩形面积表示，则矩形的高代表最大负荷 P_{zd}，矩形的底 T_{zd} 就是最大负荷利用小时。它的意义是：如果电力网始终以最大负荷 P_{zd} 运行，在 T_{zd} 内所输送的电能，恰好等于全年按实际负荷曲线运行所输送的电能。

根据规范规定，各类负荷年最大负荷利用小时可按表 GYSD00101003-1 取用。

表 GYSD00101003-1　各类负荷的最大负荷利用小时

负荷类型	T_{zd}（h）
户内照明及生活用电	2000～3000
单班制企业用电	1500～2200
两班制企业用电	3000～4500
三班制企业用电	6000～7000

三、线路的功率损耗与电能损耗

（一）线路的功率损耗

当电力线路输送电能时，在线路中就产生功率损耗，此功率损耗与线路参数和通过线路的负荷大小密切相关。

在电力网计算中，负荷可以用电流表示，也可以用功率表示。一般情况下，负荷以功率表示，更接近生产实际，运算也较为简单。由电工理论知，电路的复功率可表示为

$$\dot{S} = P - jQ \quad (感性负荷)$$

或

$$\dot{S} = P + jQ \quad (容性负荷)$$

式中　$\dot{S}$——三相电路复数功率；

　　　P——三相电路有功功率；

　　　Q——三相电路无功功率。

$$P = \sqrt{3}UI\cos\varphi$$

$$Q = \sqrt{3}UI\sin\varphi$$

若已知三相线路的视在功率 S，有功功率 P 和无功功率 Q，则 $I = \dfrac{S}{\sqrt{3}U}$，将此式代入上式，得

$$\Delta P = \frac{P^2 + Q^2}{U^2}R \quad (\text{MW}) \tag{GYSD00101003-4}$$

$$\Delta Q = \frac{P^2 + Q^2}{U^2}X \quad (\text{Mvar}) \tag{GYSD00101003-5}$$

式中 U——电力网的线电压，kV；

       P——三相有功功率，MW；

       Q——三相无功功率，Mvar；

       R、X——每相线路中导线的电阻与电抗，Ω。

应用上式时，功率和电压必须采用同一点的值。若所用功率是线路首端功率，则所用的电压也必须是首端的电压；若所用功率取自线路末端，则电压也应取自末端。若电力网各点电压尚为未知数，此时可用电力网的额定电压 U_N 来计算功率损耗，其结果一般能满足工程上要求的准确度。

（二）线路电能损耗的理论分析及计算方法

当线路的负荷在一段时间 t 不变时，则在 t 时间内线路中的电能损耗为

$$\Delta W_t = \Delta P t = 3I^2 R t \times 10^{-3} \quad (\text{kW} \cdot \text{h}) \tag{GYSD00101003-6}$$

$$= \frac{R}{U^2 \cos^2 \varphi} P^2 t \times 10^{-3} \quad (\text{kW} \cdot \text{h}) \tag{GYSD00101003-7}$$

上两式中 R——线路一相的电阻，Ω；

       ΔP——线路电阻中的有功功率损耗，kW；

       I——线路通过的电流，A；

       P——线路通过的功率，kW；

       U——线路实际电压，kV；

       $\cos\varphi$——功率因数；

       t——计算电能损耗的时间，h。

一般情况下，线路中的负荷是随时间变化的。因此，就不能用式（GYSD00101003-6）或式（GYSD00101003-7）来计算电能损耗，其计算方法如下。

若已知电力网的负荷曲线或已知实测负荷记录，可用均方根电流法来计算电力网的电能损耗。计算时，将负荷曲线时间 t 分成若干个时间间隔 Δt，并使 Δt 都相等，在 Δt 时间内的负荷认为不变，这样式（GYSD00101003-6）可改写为

$$\Delta W_t = 3R\left(I_1^2 + I_2^2 + \cdots + I_n^2\right)\Delta t \times 10^{-3}$$

若 $\Delta t = 1\text{h}$，则 1 日（24h）内的电能损耗为

$$\Delta W_t = 3R\frac{I_1^2 + I_2^2 + \cdots + I_{24}^2}{24} \times 24 \times 10^{-3}$$

$$= 3I_{jf}^2 R \times 24 \times 10^{-3} \quad (\text{kW} \cdot \text{h}) \tag{GYSD00101003-8}$$

式中 I_1，I_2，$\cdots$，I_{24}——日每小时的电流，A；

       I_{jf}——日均方根电流，A。

$$I_{jf} = \sqrt{\frac{I_1^2 + I_2^2 + \cdots + I_{24}^2}{24}} \tag{GYSD00101003-9}$$

在 t 时间内的电能损耗为

$$\Delta W_t = 3I_{jf}^2 R t \times 10^{-3} \quad (\text{kW} \cdot \text{h}) \tag{GYSD00101003-10}$$

（三）输电线路电能损耗计算

当输电线路导线的型号确定时，每相导线电阻 R 与导线的温度有关，而导线温度是由通过导线的负荷电流及周围空气温度决定的。考虑这个因素的影响，可认为输电线路电能损耗包括基本损耗 ΔW_1、

附加损耗 ΔW_2 和损耗校正值 ΔW_3 三部分。

基本损耗是根据每相导线在 20℃ 时的电阻值按式（GYSD00101003-10）计算的损耗。

附加损耗是当电流通过导线时，由于导线发热、温度升高增加的电阻 ΔR_{fr} 引起的电能损耗，即

$$\Delta W_2 = 3I_{jf}^2 \Delta R_{fr} t \times 10^{-3} \quad (\text{kW} \cdot \text{h}) \qquad (\text{GYSD00101003-11})$$

导线通过电流发热增加的电阻 ΔR_{fr} 为

$$\Delta R_{fr} = R_{20} \alpha \left(Q_{r2} - 20\right) \left(\frac{I_{jf}}{I_{r2}}\right)^2 \quad (\Omega) \qquad (\text{GYSD00101003-12})$$

上两式中 α——导线电阻温度系数，对铜、铝及钢芯铝线，一般取 $\alpha = 0.004$；

R_{20}——导线在环境温度为 20℃ 时的电阻，Ω；

Q_{r2}——导线最高允许温度，对铝线和钢芯铝线，Ω，$Q_{r2} = 70℃$；

I_{r2}——周围空气温度为 20℃ 时，导线达到最高允许温度时所通过的载流量，A。

I_{r2} 可由相关资料查出环境温度为 25℃ 时载流量，再乘以修正系数 K，即换算为空气温度为 20℃ 时的载流量，$K = \sqrt{\dfrac{70-20}{70-25}} = 1.05$。

将 α、Q_{r2} 值代入式（GYSD00101003-12），则

$$\Delta R_{fr} = R_{20} \alpha \left(Q_{r2} - 20\right) \left(\frac{I_{jf}}{I_{r2}}\right)^2 = R_{20} \times 0.2 \left(\frac{I_{jf}}{I_{r2}}\right)^2 \qquad (\text{GYSD00101003-13})$$

损耗校正值是由于周围空气温度非 20℃ 时，导线电阻变化值 $\Delta R_{f\alpha}$ 引起的电能损耗，即

$$\Delta W_3 = 3I_{jf}^2 \Delta R_{f\alpha} t \times 10^{-3} \quad (\text{kW} \cdot \text{h}) \qquad (\text{GYSD00101003-14})$$

$\Delta R_{f\alpha}$ 为环境温度不为 20℃ 时，导线电阻变化值，其值为

$$\Delta R_{f\alpha} = R_{20} \alpha \left(Q_q - 20\right) \quad (\Omega)$$

则损耗校正值

$$\Delta W_3 = 3I_{jf}^2 \Delta R_{20} \alpha \left(Q_q - 20\right) t \times 10^{-3} = \Delta W_1 \alpha \left(Q_q - 20\right) \quad (\text{kW} \cdot \text{h}) \qquad (\text{GYSD00101003-15})$$

式中 Q_q——测计期平均环境温度。

所以输电线路电能损耗为

$$\Delta W = \Delta W_1 + \Delta W_2 + \Delta W_3$$

四、变压器的功率损耗与电能损耗

（一）变压器的功率损耗计算

1. 用等值阻抗计算

变压器的有功功率损耗包括两部分：一部分是与变压器负荷平方成正比的铜损；另一部分是与所加电压有关的铁损。对于双绕组变压器，变压器有功功率损耗

$$\Delta P_T = 3I^2 R_T + \Delta P_{ti} = \frac{P^2 + Q^2}{U_N^2} R_T + \Delta P_{ti} \quad (\text{MW}) \qquad (\text{GYSD00101003-16})$$

式中 ΔP_{ti}——变压器的铁损，可近似地等于变压器的空载损耗；

R_T——变压器每一相的等值电阻，Ω。

变压器的无功功率损耗也包括两部分：一部分是正比于变压器负荷平方的变压器绕组的漏抗损耗；另一部分是与负荷无关的励磁损耗。对于双绕组变压器无功功率损耗

$$\Delta Q_T = 3I^2 X_T + \Delta Q_{lc} = \frac{P^2 + Q^2}{U_N^2} X_T + \Delta Q_{lc} \quad (\text{Mvar}) \qquad (\text{GYSD00101003-17})$$

式中 ΔQ_{lc}——变压器的励磁损耗；

X_T——变压器每一相的等值电抗，Ω。

2. 直接用变压器的特性数据进行计算

变压器在额定电流 I_N 时的铜损为 $\Delta P_{CuN} = 3I_N^2 R_T$；变压器通过负荷电流 I 时的铜损为 $\Delta P_{Cu} = 3I^2 R_T$。

由此可得

$$\Delta P_{\text{Cu}} = \Delta P_{\text{CuN}} \frac{I^2}{I_{\text{N}}^2} = \Delta P_{\text{CuN}} \left(\frac{S}{S_{\text{N}}} \right)^2 \text{（MW）}$$

所以變壓器的總有功功率損耗為

$$\Delta P_{\text{T}} = \Delta P_{\text{CuN}} \left(\frac{S}{S_{\text{N}}} \right)^2 + \Delta P_{\text{ti}} \text{（MW）} \qquad \text{（GYSD00101003-18）}$$

如果將 $X_{\text{T}} = \dfrac{U_{\text{d}}\% U_{\text{N}}^2}{100 S_{\text{N}}}$ 代入式（GYSD00101003-17）中，則

$$\Delta Q_{\text{T}} = \frac{P^2 + Q^2}{U_{\text{N}}^2} \cdot \frac{U_{\text{d}}\% U_{\text{N}}^2}{100 S_{\text{N}}} + \Delta Q_{\text{lc}} = \frac{S^2}{S_{\text{N}}} \cdot \frac{U_{\text{d}}\%}{100} + \Delta Q_{\text{lc}} \text{（Mvar）} \qquad \text{（GYSD00101003-19）}$$

其中

$$\Delta Q_{\text{lc}} = \frac{\Delta Q_{\text{lc}}\%}{100} S_{\text{N}} = \frac{\Delta Q_0\%}{100} S_{\text{N}} = \frac{\Delta I_0\%}{100} S_{\text{N}}$$

式中　　P——三相有功功率，MW；

Q——三相無功功率，Mvar；

S——三相視在功率，MV·A；

S_{N}——變壓器額定容量，MV·A；

ΔP_{CuN}——變壓器額定負荷時的銅損，可近似地等於變壓器的短路損耗。

例 GYSD00101003-1 某降壓變電站，有兩台並聯運行的 S9-20000/110 型變壓器，其電壓為 110/10.5kV、低壓側負荷為 25MW、$\cos\varphi = 0.8$，試計算變壓器的功率損耗。

解 先由變壓器資料查出其特性數據：$\Delta P_{\text{CuN}} \approx \Delta P_{\text{d}} = 104 \text{（kW）}$、$\Delta P_{\text{ti}} = \Delta P_0 = 27.5 \text{（kW）}$、$U_{\text{d}}\% = 10.5$、$I_0\% = 0.9$，然後進行如下計算。

低壓側視在功率為

$$S = \frac{P}{\cos\varphi} = \frac{25}{0.8} = 31.3 \text{（MV·A）}$$

由式（GYSD00101003-18）可得

$$\Delta P_{\text{T}} = \Delta P_{\text{CuN}} \left(\frac{S}{n S_{\text{N}}} \right)^2 n + n \Delta P_{\text{ti}} = 104 \times \left(\frac{31.3}{2 \times 20} \right)^2 \times 2 + 2 \times 27.5 = 182.4 \text{（kW）}$$

由式（GYSD00101003-19）可得

$$\Delta Q_{\text{T}} = \frac{S^2}{n S_{\text{N}}} \cdot \frac{U_{\text{d}}\%}{100} + n \frac{\Delta I_0\%}{100} S_{\text{N}}$$

$$= \frac{31.3^2}{2 \times 20} \cdot \frac{10.5}{100} + 2 \times \frac{0.9}{100} \times 20 = 2.93 \text{（Mvar）}$$

變壓器的總功率損耗為

$$\Delta \dot{S}_{\text{T}} = \Delta P_{\text{T}} - j\Delta Q_{\text{T}} = 0.18 - j2.93 \text{（MV·A）}$$

（二）變壓器電能損耗計算

變壓器的電能損耗由固定損耗和可變損耗兩部分組成，固定損耗主要和電壓有關，指的是變壓器的鐵損；可變損耗主要與負荷電流有關，主要是指變壓器繞組電阻中的銅損。變壓器電能損耗可用均方根電流法、平均電流法、最大電流法進行計算。在此僅介紹用均方根電流法計算，其固定損耗 ΔW_{gd} 可變損耗 ΔW_{kb} 分別為

$$\Delta W_{\text{gd}} = \Delta P_{\text{ti}} t \approx \Delta P_0 t$$

$$\Delta W_{\text{kb}} = \Delta P_{\text{CuN}} \left(\frac{I_{\text{jf}}}{I_{\text{N}}} \right)^2 t = \Delta P_{\text{d}} \left(\frac{I_{\text{jf}}}{I_{\text{N}}} \right)^2 t = 3 I_{\text{N}}^2 R_{\text{T}} \left(\frac{I_{\text{jf}}}{I_{\text{N}}} \right)^2 t \times 10^{-3}$$

式中　　ΔW_{gd}——變壓器固定損耗，kW·h；

ΔW_{kb}——变压器可变损耗，$kW \cdot h$；

ΔP_{ti}——变压器铁损，kW；

ΔP_0——变压器空载损耗，kW；

ΔP_{CuN}——变压器额定电流时的铜损，kW；

ΔP_d——变压器短路损耗，kW；

I_{jf}——均方根电流，A；

I_N——变压器额定电流，A；

R_T——变压器等值总电阻，Ω。

所以，双绕组变压器的总电能损耗

$$\left.\begin{aligned}\Delta W_T &= \Delta W_{gd} + \Delta W_{kb} \\ &= \left[\Delta P_{CuN}\left(\frac{I_{jf}}{I_N}\right)^2 + \Delta P_{ti}\right]t(kW \cdot h) \\ \text{或}\quad \Delta W_T &= \left(3I_{jf}^2 R_T \times 10^{-3} + \Delta P_0\right)t(kW \cdot h)\end{aligned}\right\}\quad (GYSD00101003\text{-}20)$$

例 GYSD00101003-2　某变电站有一台 S9-31500/110 型变压器，其电压为 110/11kV，高压侧额定电流为 184 A，并从铭牌得知 $\Delta P_0 = 34.8kW$、$\Delta P_d = 140kW$、$I_0\% = 0.77$、$U_d\% = 10.5$，日实测负荷电流见表 GYSD00101003-2，试求变压器当月的电能损耗。

表 GYSD00101003-2　　　　　　　变压器日实测电流记录

实测时间（h）	电　流（A）	实测时间（h）	电　流（A）	实测时间（h）	电　流（A）
1	125	9	135	17	125
2	125	10	135	18	140
3	125	11	135	19	140
4	125	12	135	20	140
5	130	13	135	21	130
6	130	14	135	22	130
7	130	15	135	23	125
8	135	16	125	24	125

解　变压器接入电网的时间，$t = 30 \times 24 = 720$（h）

变压器低压侧的均方根电流为

$$I_{jf} = \sqrt{\frac{I_1^2 + I_2^2 + \cdots + I_{24}^2}{24}}$$

$$= \sqrt{\frac{125^2 \times 8 + 130^2 \times 4 + 135^2 \times 8 + 140^2 \times 4}{24}} = 131.7\ (A)$$

变压器当月的电能损耗可由式（GYSD00101003-20）求得

$$\Delta W_T = \left[\Delta P_{CuN}\left(\frac{I_{jf}}{I_N}\right)^2 + \Delta P_{ti}\right]t = \left[\Delta P_d\left(\frac{I_{jf}}{I_N}\right)^2 + \Delta P_0\right]t$$

$$= \left[140.6 \times \left(\frac{131.7}{184}\right)^2 + 34.8\right] \times 720 = 77226\ (kW \cdot h)$$

五、降低线损的措施

电力网的电能损耗，不仅额外消耗了部分能源，而且占用一部分发供电设备容量。因此，降低电力网的功率损耗和电能损耗（线损）是电力网设计和运行中的一项重要任务。

为了降低线损，首先必须做好供电的技术管理、计量管理和用电管理工作，不断提高电力网的运行水平。同时，还必须采取一些技术措施和组织措施来降低线损。

（一）降低线路损耗的技术措施

降低线路损耗的方法主要是：对电力网建设要合理的规划；调整现有电网的运行方式，使其运行经济合理；调整现有电网的运行电压；增加无功补偿装置和采用同步电动机，以提高功率因数等。

1. 合理选择导线截面

一定的导线截面，其电阻 R 值也是一定的。导线截面越大，导线电阻 R 就越小，电力网在输送电能时，线路导线中的电能损耗就越小。但导线截面的增加，线路建设投资将增加。综合考虑技术经济方面的要求，合理选择导线截面可以降低电力网电能损耗。

2. 合理确定供电中心提高线路电压等级

无论是变电站或是配电变压器，均应尽量设置在用电负荷中心。这样，减少了供电半径，使较大电流通过较短的导线送到用户，以使线路损耗最小。

随着城市和工业负荷的不断增长，原有 35kV 或 10kV 电网的负荷越来越重，从而使线损也随着增加。因此，近年来有的城市对原有电网进行了改造，采用了 110kV 或 220kV 的高压线路，向工业负荷中心供电。这样，不但提高了供电能力，减少了线损，而且改善了电压质量。

3. 提高功率因数减少线路中的无功功率

由式（GYSD00101003-7）可知，$\cos\varphi$ 增加，其电能损耗降低。若功率因数由 $\cos\varphi_1$ 提高到 $\cos\varphi_2$ 时，减少的电能损耗百分数为

$$\Delta W_\mathrm{n}\% = \left[1 - \left(\frac{\cos\varphi_1}{\cos\varphi_2}\right)^2\right] \times 100\% \qquad \text{（GYSD00101003-21）}$$

如功率因数由 0.7 提高到 0.95，其线路损耗电能可减少

$$\Delta W_\mathrm{n}' = \left[1 - \left(\frac{0.7}{0.95}\right)^2\right] \times 100\% = 46\%$$

从式（GYSD00101003-4）可知，若减少线路中通过的无功功率 Q，其功率损耗 ΔP 也就减少了。

4. 合理调整负荷提高负荷率

电力系统在运行时，合理调整负荷曲线提高负荷率，使负荷曲线平稳，不但可以提高供电设备利用率，而且可以降低电力网的电能损耗。

5. 合理确定电力网运行电压

从 $\Delta P = \dfrac{P^2 + Q^2}{U^2} R$、$\Delta W_\mathrm{n} = \dfrac{R}{U^2 \cos^2\varphi_1} P^2 t \times 10^{-3}$ 可知，电力网输送同样的功率，提高电力网运行电压，可减少可变损耗。但是当运行电压升高后，变压器、电动机等电气设备的漏磁感抗增加，系统的功率因数降低，可变损耗反而增加。另外，由于电压升高，固定损耗也要增加。所以如何调整运行电压，具体视可变损耗（铜损）和固定损耗（铁损）的比值而定。

无论哪一类电力网，运行电压的调整都应限制在电压偏移允许的范围内。

6. 增加并列线路或减少线路迂回

在原线路上增加一条或几条线路并列运行可以降低电能损耗，其值为

$$\Delta W_\mathrm{t2} = \Delta W_\mathrm{t1}\left(1 - \frac{R_2}{R_1 + R_2}\right) \quad \text{（kW·h）} \qquad \text{（GYSD00101003-22）}$$

（二）降低变压器损耗的技术措施

降低变压器损耗的主要技术措施是改善功率因数，合理控制变压器运行台数，停用轻载变压器等。

1. 改善功率因数

由 $\Delta P_\mathrm{T} = \dfrac{P^2 + Q^2}{U_\mathrm{N}^2} R_\mathrm{T} + \Delta P_\mathrm{ti}$ 可见，提高功率因数，变压器的输送无功功率 Q 减少，变压器功率损耗 ΔP_T 也就减少了。

2. 并联变压器的经济运行

经济运行就是通过改变并联变压器容量，使变压器总的功率损耗最小的运行方式。根据变压器的效率和负荷关系的分析可知，当变压器的铜损等于铁损时，变压器效率最高。

通过控制并联运行变压器台数，根据不同负荷时投入运行的变压器台数，使其经济运行。

3. 停用空载变压器，采用变容量变压器

有的变压器，特别是农村以排灌为主的配电变压器，有时处于无负荷状态，在这种情况下，及时停止空载变压器的运行，是一项行之有效的降损措施。例如一台 10kV、100kVA 的变压器，其空载损耗为 730W，停运一个月少损耗的电能为

$$\Delta W_t = 730 \times 24 \times 30 \times 10^{-3} = 525.6 \text{（kW · h）}$$

对于有明显季节性的用电负荷，可以采用变容量变压器，通过改变接线方式以变换变压器容量，从而适应负荷的变化，减少电能损耗。

4. 降低变压器的运行温度

从电工基础可知，变压器绕组中电阻值随着变压器温度的变化而变化，对于铜线，每增减 1℃，电阻值相应增减 0.32%~0.39%。如果改进变压器通风，改善变压器散热条件，提高散热系数，就可以使变压器的温度下降，导线电阻值降低，从而使有功功率损耗降低。

（三）降低电力网电能损耗的组织措施

降低电能损耗，除上述的技术措施外，还必须有相应的组织措施保证，具体有：

（1）开展线损理论计算工作，制定线损管理制度，健全线损管理机构。通过线损的理论计算，可以预测出实际损耗的高低，同时可发现损耗特别高的环节，以便采取相应的措施来降低线损。

（2）拟订合理的检修计划，尽量推广带电作业。当线路停电检修时，一般要影响用户的供电，为了确保用户供电，就需要有双回路供电。当一回线路停电检修，由另一回线路供电时，使有功功率损耗增加。因此，对损耗较大的线路检修时，就应集中力量缩短检修时间，或采用带电作业。

【思考与练习】

1. 什么叫做可变损耗和固定损耗？

2. 试述日负荷曲线、年最大负荷曲线、年持续负荷曲线及最大负荷使用时间的意义。

3. 如图 GYSD00101003-4 所示，有一额定电压为 110kV、长度为 38km 的双回输电线路向变电站供电，导线型号为 LGJ-185/30，水平排列，

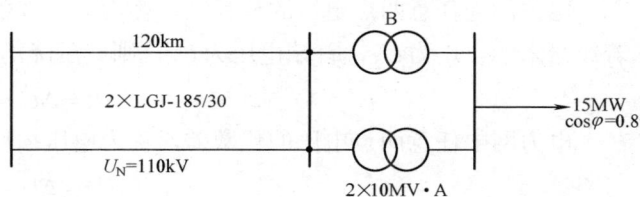

图 GYSD00101003-4　题 3 图

几何均距为 4m，变电站装有两台并列运行的 S9-1000/110 型双绕组变压器，电压为 110/11kV，变电站低压母线上最大负荷为 15MW，$\cos\varphi = 0.8$，试计算变压器中的功率损耗和线路全年中的基本电能损耗。

4. 有一条额定电压为 110kV、长度为 80km、导线为 LGJ-150/25 型架空输电线路，水平排列，几何均距为 4m，日负荷最大电流记录见表 GYSD00101003-3，平均气温为 25℃，试求当月（30 天）的线路电能损耗。

表 GYSD00101003-3　　　　　日 实 测 电 流 记 录

实测时间（h）	最大电流（A）	实测时间（h）	最大电流（A）	实测时间（h）	最大电流（A）
1	105	9	100	17	105
2	105	10	100	18	105
3	105	11	105	19	105
4	105	12	105	20	105
5	105	13	100	21	105
6	105	14	100	22	95
7	105	15	100	23	95
8	100	16	100	24	95

5. 某变电站装设一台 S9-20000/35 型变压器，电压为 35/10.5kV，二次侧日负荷数据见表 GYSD00101003-4，求变压器当月的电能损耗。

表 GYSD00101003-4　　　　　　　　　　　日 负 荷 记 录

时　间（h）	1～7	8～11	12～14	15～18	19～21	22～24
电　流（A）	200	270	220	270	300	200

6. 降低线路电能损耗的主要技术措施有哪些?

模块 4　电力网功率分布与电压计算（GYSD00101004）

【模块描述】本模块涉及电力网功率分布与电压计算。通过定义讲解、定量分析和计算举例，能够掌握电力网电压损耗计算、电力网功率分布的计算，熟悉电力网电压调整的方法。

【正文】

一、概述

电力系统在运行时，在电源电势激励之下，电流或功率从电源通过系统各元件流入负荷，分布于电力网各处，称为潮流分布。

潮流分布计算的目的：①选择电力网的电气设备和导线截面；②在电力系统运行时，用于确定运行方式；制订检修计划；确定调整电压的措施；③为继电保护整定提高数据。

电力系统的功率分布主要决定于负荷的分布、电力网的参数以及电源间的关系。根据系统在各种运行方式下的功率分布计算，可正确地选择接线方式，合理地调整负荷，以保证电力网的电能质量，并使整个电力系统获得最大的经济性。

电力网在运行时，电流将在系统元件的阻抗中产生电压降落，因而电力网各点电压是不同的。

电力网电压的变化情况，常应用电压降落、电压损耗及电压偏移的概念来说明。电压降落和电压损耗可用图 GYSD00101004-1 来说明。

电力网中任意两点电压的相量差，称为电压降落，用符号 $\Delta \dot{U}_{12}$ 表示。在图 GYSD00101004-1 中，若线路末端电压为 $\dot{U}_2$，首端电压为 $\dot{U}_1$，则电压降落为

$$\overline{AB} = \Delta \dot{U} = \dot{U}_1 - \dot{U}_2$$

电力网中任意两点电压的代数差，称为电压损耗，用符号 ΔU 表示。

$$\overline{AD} = \Delta U = U_1 - U_2$$

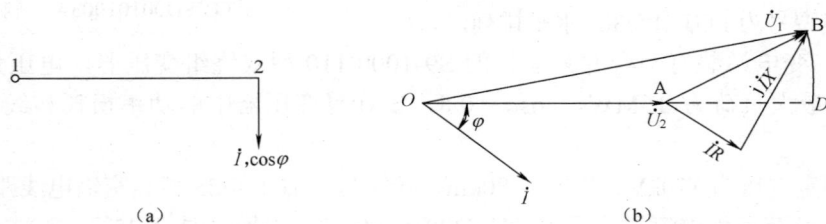

图 GYSD00101004-1　有一个集中负荷的线路

（a）示意图；（b）相量图

电力网中某点的实际电压 U 与电力网额定电压 U_N 之差叫做电压偏移，常用百分数表示，即

$$m\% = \frac{U - U_N}{U_N} \times 100\%$$

二、线路末端有集中负荷电力网电压损耗的计算

图 GYSD00101004-2 为某线路的等值电路，其中 $R + jX$ 为电力网环节，末端有一个集中负荷 $\dot{S}_2 = P_2 - jQ_2$，负荷电流为 I。环节首端和末端的电压分别为 $\dot{U}_1$ 和 $\dot{U}_2$，则首、末端电压平衡关系如下。

1. 已知环节末端电压求首端电压

$$\dot{U}_1 = \dot{U}_2 + \dot{I}_2 Z = \dot{U}_2 + \dot{I}_2 R + j\dot{I}_2 X$$

当选择 $\dot{U}_2$ 为参考相量时，$\dot{U}_2 = U_2$，则

$$\dot{U}_1 = U_2 + \Delta U_2 + j\delta U_2 \qquad \text{（GYSD00101004-1）}$$

$$U_1 = \sqrt{\left(U_2 + \Delta U_2\right)^2 + \delta U_2^2} \qquad \text{（GYSD00101004-2）}$$

图 GYSD00101004-2 集中负荷的线路

其中

$$\Delta U_2 = \frac{P_2 R + Q_2 X}{U_2} \qquad \text{（GYSD00101004-3）}$$

$$\delta U_2 = \frac{P_2 X - Q_2 R}{U_2} \qquad \text{（GYSD00101004-4）}$$

2. 已知环节首端电压求末端电压

如果已知线路首端的功率 $\dot{S}_1 = P_1 - jQ_1$ 和电压 $\dot{U}_1$，选择 $\dot{U}_1$ 为参考相量，同样可得相应的公式

$$\dot{U}_2 = U_1 - \Delta U_1 - j\delta U_1 \qquad \text{（GYSD00101004-5）}$$

$$U_2 = \sqrt{\left(U_1 - \Delta U_1\right)^2 + \delta U_1^2} \qquad \text{（GYSD00101004-6）}$$

$$\Delta U_1 = \frac{P_1 R + Q_1 X}{U_1} \qquad \text{（GYSD00101004-7）}$$

$$\delta U_1 = \frac{P_1 X - Q_1 R}{U_1} \qquad \text{（GYSD00101004-8）}$$

实际计算中，一般只有在 220kV 及以上的超高压线路才必须计及 δU 对电压损耗的影响。对于 110kV 及以下的电力线路，可忽略 δU 的影响，则电压损耗就等于电压降的纵分量，即

$$U_1 - U_2 = \Delta U_2 = \frac{P_2 R + Q_2 X}{U_2} \qquad \text{（GYSD00101004-9）}$$

或

$$U_1 - U_2 = \Delta U_1 = \frac{P_1 R + Q_1 X}{U_1} \qquad \text{（GYSD00101004-10）}$$

上列各式中 P_1、P_2——线路首、末端有功功率，MW；

$\quad\quad\quad\quad\quad$ Q_1、Q_2——线路首、末端无功功率，Mvar；

$\quad\quad\quad\quad\quad$ R、X——线路的电阻和电抗，Ω；

$\quad\quad\quad\quad\quad$ ΔU_1、ΔU_2——用线路首端数据和用线路末端数据计算电压降的纵分量，kV；

$\quad\quad\quad\quad\quad$ δU_1、δU_2——用线路首端数据和用线路末端数据计算电压降的横分量，kV。

三、开式电力网的功率分布

（一）电力网环节的功率分布

凡是由一个电源供电，并且只能从一个方向给用户输送电能的电力网，称为开式电力网，如图 GYSD00101004-3（a）所示。该电力网首端 A 经线路 AB 向带有负荷 $\dot{S}_2'$ 的末端进行供电。其等值电路如图 GYSD00101004-3（b）所示。

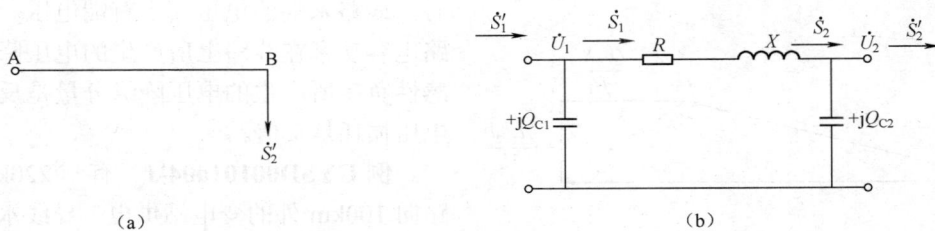

（a）

（b）

图 GYSD00101004-3 开式电力网

（a）示意图；（b）等值电路

在等值电路图中，每一个电流不变的分段称为电力网的一个环节。例如，图 GYSD00101004-3（b）中两个电容间的一段就是一个环节。电力网是由若干个环节组成的，电力网功率分布计算是按环节逐段进行的。因此，首先讨论一个环节的功率分布计算。

由图 GYSD00101004-3 可知，线路末端功率（即末端的负荷功率）为 $\dot{S}_2' = P_2 - jQ_2'$，环节末端功率 $\dot{S}_2$ 为

$$\dot{S}_2 = P_2 - jQ_2 = \dot{S}_2' + jQ_{C2}$$
$$= P_2 - jQ_2' + jQ_{C2} = P_2 - j(Q_2' - Q_{C2})$$

式中　Q_{C2}——线路后半段的电容功率，$Q_{C2} = \dfrac{B}{2}U_2^2$；

　　　U_2——环节末端电压（与线路末端电压相等）。

环节首端功率 $\dot{S}_1$ 为

$$\dot{S}_1 = P_1 - jQ_1$$

或

$$\dot{S}_1 = \dot{S}_2 + \Delta\dot{S}$$

$$= (P_2 - jQ_2) + (\Delta P - j\Delta Q) = (P_2 + \Delta P) - j(Q_2 + \Delta Q)$$

式中　ΔP——环节中的有功功率损耗，$\Delta P = \dfrac{P_2^2 + Q_2^2}{U_N^2}R$；

　　　ΔQ——环节中的无功功率损耗，$\Delta Q = \dfrac{P_2^2 + Q_2^2}{U_N^2}X$；

　　　U_N——电力网额定电压；

　　　$\Delta\dot{S}$——环节中的功率损耗，$\Delta\dot{S} = \Delta P - j\Delta Q$。

线路首端功率 $\dot{S}_1'$ 为

$$\dot{S}_1' = P_1 - jQ_1'$$

或

$$\dot{S}_1' = \dot{S}_1 + jQ_{C1} = (P_1 - jQ_1) + jQ_{C1} = P_1 - j(Q_1 - Q_{C1})$$

式中　Q_{C1}——线路前半段的电容功率，$Q_{C1} = \dfrac{B}{2}U_1^2$；

　　　U_1——环节首端电压（与线路首端电压相等）。

当线路空载时，负荷功率 $\dot{S}_2' = 0$，环节末端功率只有线路后半段的电容功率，即

$$\dot{S}_2 = -jQ_2 = +jQ_{C2} \quad (Q_2 = -Q_{C2})$$

根据式（GYSD00101004-1），有

$$\dot{U}_1 = U_2 + \Delta U_2 + j\delta U_2 = U_2 + \frac{Q_2 X}{U_2} + j\frac{-Q_2 R}{U_2} = U_2 - \frac{Q_{C2} X}{U_2} + j\frac{Q_{C2} R}{U_2} \quad \text{（GYSD00101004-11）}$$

其相量图如图 GYSD00101004-4 所示。分析相量图和式（GYSD00101004-11）可知，当线路空载时，线路末端的电压高于首端电压。这是因为线路电容功率在线路上所产生的电压降的纵分量与感性负荷所产生的电压降纵分量是反向的，因而电压损耗是负值。

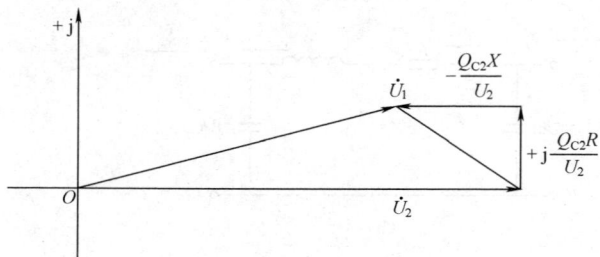

图 GYSD00101004-4　线路空载时电压相量图

例 GYSD00101004-1　有一 220kV 的输电线路向 100km 外的变电站供电。导线水平排列，线间距离为 7.5m，每相采用 2×LGJ-300/25 分裂导线，分裂间距 d_{12} 为 0.3m。变电站高压母线的负

荷为 150MW，$\cos\varphi = 0.9$，电压为 210kV，试计算该电力网功率分布和线路始端电压。

解　（1）确定线路参数，并作出等值电路图（接线图及等值电路见图 GYSD00101004-5）。

线路末端功率

$$P_2 = 150 \text{（MW）}$$

$$Q_2' = P_2\tan\varphi = 150\tan(\arccos 0.9) = 72.65 \text{（Mvar）}$$

$$\dot{S}_2' = 150 - \text{j}72.65 \text{（MV·A）}$$

由例 GYSD00101002-1 计算结果得 $r_0 = 0.052$ Ω/km，$x_0 = 0.334\Omega/\text{km}$，$b_0 = 3.46 \times 10^{-6}$（S/km）。

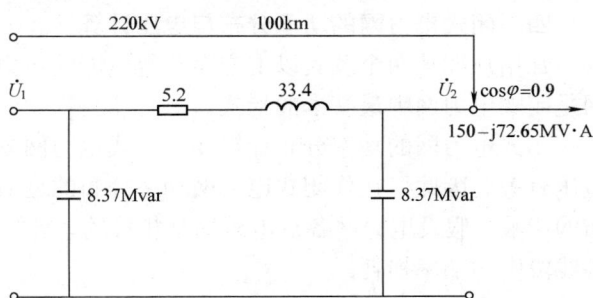

图 GYSD00101004-5　接线图及等值电路图

线路电阻为　$R = r_0 L = 0.052 \times 100 = 5.2$（$\Omega$）

线路电抗为　$X = x_0 L = 0.334 \times 100 = 33.4$（$\Omega$）

线路电纳为　$B = b_0 L = 3.46 \times 10^{-6} \times 100 = 346 \times 10^{-6}$（S）

$$\frac{B}{2} = \frac{346 \times 10^{-6}}{2} = 173 \times 10^{-6} \text{（S）}$$

线路电容功率的一半为

$$Q_{C2} = \frac{B}{2}U_N^2 = 173 \times 10^{-6} \times 220^2 = 8.37 \text{（Mvar）}$$

（2）功率分布计算。环节末端功率为

$$\dot{S}_2 = P_2 - \text{j}Q_2' + \text{j}Q_{C2}$$
$$= 150 - \text{j}72.65 + \text{j}8.37 = 150 - \text{j}64.28 \text{（MV·A）}$$

线路阻抗中的功率损耗

$$\Delta P = \frac{P_2^2 + Q_2^2}{U_N^2}R = \frac{150^2 + 64.28^2}{220^2} \times 5.2 = 2.86 \text{（MW）}$$

$$\Delta Q = \frac{P_2^2 + Q_2^2}{U_N^2}X = \frac{150^2 + 64.28^2}{220^2} \times 33.4 = 18.38 \text{（Mvar）}$$

$$\Delta\dot{S} = \Delta P - \text{j}\Delta Q = 2.86 - \text{j}18.38 \text{（MV·A）}$$

环节首端的功率

$$\dot{S}_1 = \dot{S}_2 + \Delta\dot{S} = 150 - \text{j}64.28 + 2.86 - \text{j}18.38$$
$$= 152.86 - \text{j}45.9 \text{（MV·A）}$$

线路首端的功率为

$$\dot{S}_1' = \dot{S}_1 + \text{j}Q_{C1} = 152.86 - \text{j}45.9 + \text{j}\,8.37$$
$$= 152.86 - \text{j}37.53 \text{（MV·A）}$$

（3）电压计算。由式（GYSD00101004-3）和式（GYSD00101004-4）可得

$$\Delta U_2 = \frac{P_2 R + Q_2 X}{U_2} = \frac{150 \times 5.2 + 64.28 \times 33.4}{210} = 13.94 \text{（kV）}$$

$$\delta U_2 = \frac{P_2 X - Q_2 X}{U_2} = \frac{150 \times 33.4 - 64.28 \times 5.2}{210} = 25.45 \text{（kV）}$$

由式（GYSD00101004-2）可得

$$U_1 = \sqrt{(U_2 + \Delta U_2)^2 + \delta U_2^2} = \sqrt{(210 + 13.94)^2 + 25.45^2} = 225.4 \text{（kV）}$$

（二）区域电力网的功率分布与电压计算

在进行开式区域电力网的功率分布及电压计算时，已知原始资料一般为：在最大负荷和最小负荷运行情况下，降压变电站低压侧的负荷；输电线路和变压器的参数；发电厂高压母线或低压母线上的电压。计算步骤是从开式电力网的末端到首端，按照电力网环节首端和末端的功率的关系，计算整个电力网的功率分布；然后按照环节首端和末端的电压的关系，并根据电力网中某点的已知电压，计算

电力网各点的电压。

四、闭式电力网的功率分布与电压计算

凡用户能从两个及其以上方向获得电能的电力网，称为闭式电力网。两端供电和环形供电的电力网是闭式电力网中最基本的形式。

闭式电力网的功率分布计算要比开式电力网复杂。它与电网的结构、负荷的大小与分布及电源的电压有关。因此，在作闭式电力网功率分布的近似计算时，可先不考虑各线段中的功率损耗对功率分布的影响，假设电力网各点电压均是相等的，且等于电力网的额定电压 U_N，求出功率分布后，再计算各线段中的功率损耗。

五、电压调整的方法

电力网运行时，一方面由于电力网负荷的变动引起电力网电压损耗的变动；另一方面由于电力系统运行方式的改变所引起的功率分布和电力网阻抗的改变，从而导致电力网电压损耗的变动。使电力网的电压偏移超出了允许范围，对受电设备的运行具有很大的影响。所以，在电力网中，若不采取特殊措施，很难做到使所有用户的电压质量都满足要求，必须采取相应的调压措施。

电压的调整，必须根据电力网具体要求，在不同的接点采用不同的方法，具体如下。

（一）利用变压器分接头进行调压

合理选择变压器的分接头来改变变压器变比进行调压是电力系统调压措施中应用最为广泛的措施之一。当系统无功功率充足时，采用有载调压变压器调压，非常灵活有效。但这种调压措施不增加系统的无功功率，在系统无功功率不足时，不能单靠这种措施来提高系统的电压水平。

我国制造的大型电力变压器的高压绕组上，除有主分接头外，还有-5%、-2.5%、+2.5%和+5% 4个附加分接头。

变压器分接头的用途是调整变电站母线上电压，使电压偏移不超过容许范围。对于不具有带负荷切换装置的变压器，改变分接头时需要停电，还要进行一系列的倒闸操作。所以，这种调压方式一般仅适用于具有停电条件的供给季节性用户的变电站，或有多台变压器并列运行，且容许经常进行切投操作的变电站。

为了保证连续供电和随时调压，现已广泛地采用有载调压变压器。这种变压器的结构，和一般的电力变压器差别不大，仅分接头个数较多。

普通双绕组变压器的高压绕组，一般都具有几个分接头供选择使用，除主分接头两边，还有几个附加分接头。而有载调压变压器的高压侧除主绕组外，还有一个可调节分接头的调压绕组，它可以在带负荷情况下手动或电动操作改变分接头，也能远方电动控制，便于实现自动调压。例如，电压为110kV及以下有载调压器，高压绕组在主分接头两边各具有3个分接头；电压为220kV的有载调压器在主分接头两边各具有4个分接头，调压范围分别为±7.5%～±10%。

图 GYSD00101004-6 为有载调压变压器接线图，它的高压主绕组上连接一个具有若干个分接头的调压绕组，依靠特殊的切换装置可以在负荷电流下切换分接头。切换装置有两个可动触头 S_a 和 S_b。改变分接头时，先将一个可动触头移动到所选定的分接头上，然后再把另一个可动触头也移动到该分接头上。这样，在分接头切换过程中才不致使变压器开路，为了防止可动触头在切换过程中产生电弧，在可动触头 S_a、S_b 前面接入两个接触器 KM_a、KM_b，并将它们放在单独的油箱里。当变压器需要从一个分接头（例如分接头7）切换到另一个分接头上（例如分接头6）时，首先断开 KM_a，将 S_a 切换到另一个分接头6上，然后再将 KM_a

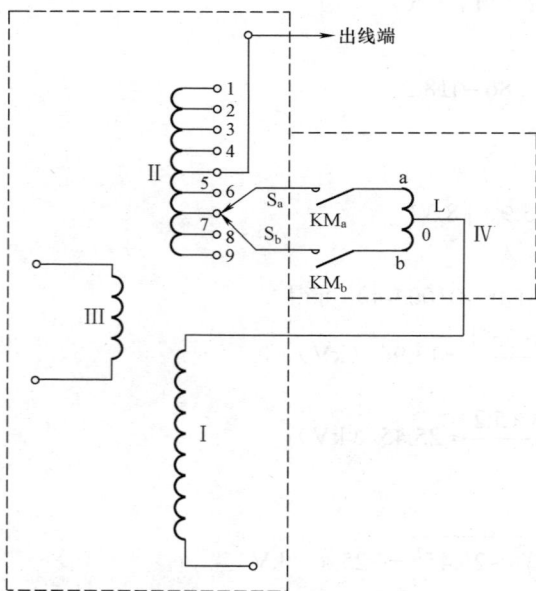

图 GYSD00101004-6　有载调压变压器接线图

I—高压主绕组；II—调压绕组；III—低压绕组

接通。另一个触头也采用相同的切换程序，即断开 KM_b，再将 S_b 切换到与 S_a 相同的一个分接头 6 上，再接通 KM_b，完成切换过程。

切换装置中的电抗器 L 是用于当切换过程中两个可动触头在不同的分接头上时，限制两个分接头间的短路电流的。在正常运行时，变压器的负荷电流是经由电抗器的绕组 a 点及 b 点流向 0 点，因电流所产生的磁势互相抵消，所以正常运行时，电抗器的电抗是非常小的。在图 GYSD00101004-6 中，如将切换装置分别放在 1~9 中的各个分接头上，就可接入不同的绕组匝数。分接头 1~5 间绕组的作用，与主绕组的作用一致；而分接头 5~9 间的绕组作用，则与主绕组的作用相反（抵消主绕组的一部分作用）。对电压为 110kV 及其以上的变压器，一般将调压绕组放在变压器中性点侧。因为 110kV 及更高电压等级的电力网，变压器的中性点是接地的，中性点侧对地电压很低，所以调节装置的绝缘比较容易解决。

（二）改变电力网参数调压

用户电压过低有两个原因：①系统无功功率不足，系统被迫降低运行电压，以维持系统无功功率的平衡，可以通过投入无功补偿和发电机增发无功来提高系统电压；②电力网的电压损耗过大。电力网的电压损耗近似计算公式为

$$\Delta U = \frac{PR + QX}{U}$$

可见，改变电力网的电阻 R 和电抗 X，均可改变 ΔU 的数值，提高用户的端电压，达到调整电压的目的。

1. 改变电力网参数的方法

（1）改变电力网的导线截面。对于 10kV 及以下的配电线路，由于原导线截面较小，R 占阻抗中比例较大，电压损耗中 PR 起主导作用，增加导线截面，能起到明显的调压效果；但对于 35kV 及以上的线路，由于原导线截面一般较大，R 占总阻抗中的比例较小，电压损耗中 QX 起主导作用。此时，增加导线截面，不但增加了投资，且对降低电压损耗的效果不大。

（2）改变电力网的接线方式，可以减少电力网的阻抗，从而减少电力网的电压损耗。主要有将单回路供电改为双回路线路供电；切除或投入变电站中一部分并列运行的变压器；将开环运行的电网改造为闭环运行的电网。

（3）在线路上串联电容器（或称串联电容补偿）。

2. 串联电容补偿调压原理

对于长距离输电线路，由于线路感抗较大，产生较大的电压损耗和无功功率损耗，同时也限制了线路的输送容量。为了减小线路感抗，缩短线路电气距离，可采用串联电容器，补偿线路感抗、降低电压损耗、提高线路末端电压达到调压的目的。

图 GYSD00101004-7（a）为串联电容补偿接线图。U_1 为线路首端电压，U_2 为线路末端电压，负荷 $P_2 - jQ_2$（线路首端的功率）集中在末端。则线路末端电压为

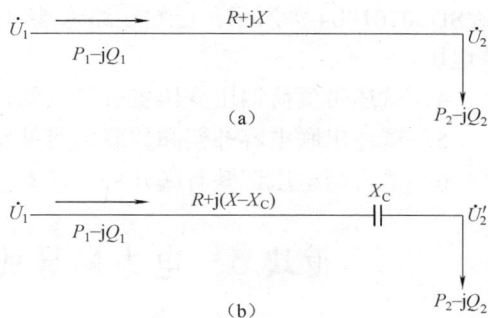

图 GYSD00101004-7　串联电容补偿接线图

（a）装有串联电容补偿前；（b）装有串联电容补偿后

$$U_2 = \sqrt{(U_1 - \Delta U_1)^2 + \delta U_1^2}$$
$$= \sqrt{\left(U_1 - \frac{P_1 R + Q_1 X}{U_1}\right)^2 + \left(\frac{P_1 X - Q_1 R}{U_1}\right)^2}$$

图 GYSD00101004-7（b）为该线路在末端安装了串联电容补偿后的接线图，此时，线路末端电压应为

$$U_2' = \sqrt{\left[U_1 - \frac{P_1 R + Q_1(X - X_C)}{U_1}\right]^2 + \left[\frac{P_1(X - X_C) - Q_1 R}{U_1}\right]^2}$$

模块 4

GYSD00101004

比较上面两式，可以看到串联电容补偿以后，线路末端电压提高了。

（三）改变电力网无功功率进行调压

当系统无功电源不足时，必须用增加无功电源的办法调压。系统所需的无功功率除了发电机供给外，还有静电电容器、同期调相机等。后者不但可减少电网的电压损耗，同时还可以减少电网功率和能量损耗。

（a）

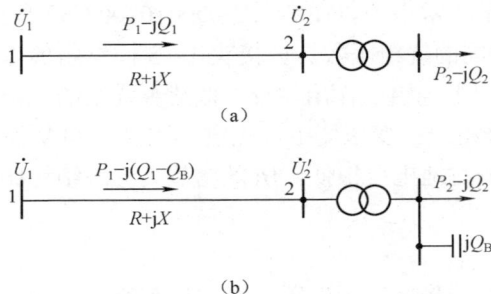

（b）

图 GYSD00101004-8 并联电容补偿接线图

（a）装有并联电容补偿前；（b）装有并联电容补偿后

并联电容补偿以后，线路末端电压提高了。

利用并联静电电容器（即并联电容补偿）调压，是在负荷侧安装并联电容器以提高负荷功率因数。这样，便可减少通过线路上的无功功率，达到调压目的，如图 GYSD00101004-8 所示。

图中 U_1 为首端电压，U_2 为未并联电容时线路末端电压，$P_2 - jQ_2$ 为变压器二次侧负荷，$P_1 - jQ_1$ 为首端功率，Q_B 为并联电容器容量，U_2' 为并联电容后线路末端电压。

由于在负荷侧并联电容 Q_B，因此线路首端无功功率由 Q_1 减少到 $Q_1 - Q_B$，线路中的电压损耗减少了，可以看到并联电容补偿以后，线路末端电压提高了。

同期调相机有比并联电容器优越得多的调压特性。调相机不仅能在系统电压低时供给无功功率而将电压调高，并且能在系统电压偏高时吸收系统多余无功功率而将电压调低。

【思考与练习】

1．什么叫潮流分布？潮流分布计算目的是什么？什么叫电压降落？什么叫电压损耗？什么叫电压偏移？

2．什么是开式电力网？什么叫电力网的环节？在何种情况下线路末端的电压高于首端电压，原因是什么？

3．一条额定电压为 110kV 的输电线路采用 LGJ-185/30 型导线，线间几何平均距离为 5.5m，如图 GYSD00101004-9 所示。已知线路末端负荷为 $50 - j40$MV·A，线路首端电压为 115kV，试求线路末端电压。

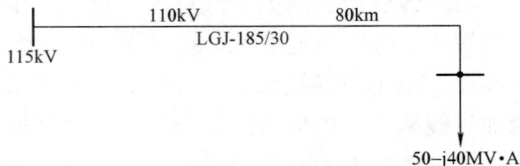

图 GYSD00101004-9 题 3 图

4．试述带负荷调压变压器分接头的切换过程。

5．试述串联电容补偿和并联电容补偿的调压原理。

6．电力网电压调整有哪几种方法？改变电力网参数调压具体有哪几种措施？

模块 5 电力网导线截面的选择（GYSD00101005）

【模块描述】本模块介绍电力网导线截面的选择方法。通过概念介绍、定性分析、计算举例，掌握导线截面选择的程序、方法。

【正文】

电力网中所用的导线，不仅对电力网所需的有色金属消耗量及投资有很大关系，而且在电力网运行中对供电的安全可靠和电能质量有重大意义。

导线选择截面过大，不仅将增加投资，而且将增加有色金属消耗量；选择截面过小的导线，在运行时将在电力网中造成过大的电压损耗和电能损耗，致使导线接头处温度过高、线路末端电压过低，并导致用电设备不正常运行状态，所以正确选择导线截面，对电力网运行的经济性和技术上的合理性具有重要意义。

一、导线截面选择考虑的主要问题

输电线路导线截面的选择，对线路运行的经济性和技术上的合理性有很大影响。通常要考虑以下问题：

（1）为了安全可靠的供电，要保证导线有足够的机械强度。

（2）要使线路在正常气候条件下不产生电晕。

（3）要尽可能降低线路投资，选取经济的导线截面。

（4）要把线路电压损耗限制在允许范围内（一般指地方电力网）。

（5）导线在运行中的温度不超过允许温度等。

另外选择导线截面对采用的负荷资料，一般要考虑 5～10 年电力系统的远景发展，避免线路架设后由于导线截面选择不当而限制负荷的增加，不得不重新换线或架设第二条线路。

二、按机械强度要求的导线的最小允许截面

为了保证架空线路安全可靠的运行，线路的导线和架空地线承受的最大运行应力应小于其容许使用应力。为此导线和架空地线应具有足够的机械强度，按此要求的最小允许截面如表 GYSD00101005-1 所示。

表 GYSD00101005-1　　　　　按机械强度要求的导线和避雷线最小允许截面　　　　　　　mm²

导 线 种 类		架空线路等级		
导线结构	导线材料	I	II	III
单股线	铜	不使用	10	6
	钢、铁	不使用	$\phi 3.5mm$	$\phi 2.75mm$
	铝及铝合金	不使用	不使用	10
多股线	铜	16	10	6
	钢、铁	16	10	10
	铝及铝合金	25	16	16

注　35kV 以上线路为 I 级线路；1～35kV 线路为 II 级线路；1kV 以下线路为 III 级线路。

三、按电晕损耗条件要求的导线最小允许直径

在高压架空线路中，当靠近导线表面的电场强度超过了空气的耐压强度时，靠近导线表面的空气层就会产生游离而放电。空气中带电离子的移动构成电晕电流，引起有功功率损耗。此时可以听到放电的声音，并产生臭氧，黑夜还可以看到导线周围发生淡蓝色的光晕，称之为电晕现象。

电晕的产生不仅消耗电能，增加线路损耗，而且烧蚀导线及金具表面。特别是对通信、电视、广播的干扰影响严重，必须采取限制措施。

导线发生电晕的情况与气候条件、海拔高度有很大关系；当这些外界条件相同时，导线是否发生电晕，还与导线半径有关，导线半径越大，越不容易发生电晕。因此，为防止在线路正常运行情况下，晴好天气不出现全面电晕，对海拔高度不超过 1000m 地区的架空线路导线的最小直径见表 GYSD00101005-2。

表 GYSD00101005-2　　　　按电晕要求的导线最小允许直径（海拔不超过 1000m）

额定电压（kV）	66 以下	110	154	220	330		500		
导线外径（mm）	不受限制	9.6	13.87	21.6	33.6	2×21.6	2×36.24	3×26.82	4×21.6

对于高海拔地区的超高压线路的导线截面选择，电晕条件则是主要的。

四、按经济电流密度选择导线截面

1. 经济电流密度

维持电力网正常运行时每年所支出的费用称为电力网年运行费。电力网年运行费包括电能损耗费、折旧费、修理费、维护费。其中电能损耗费、折旧费及修理费是随导线截面而改变的，维护费则基本与导线截面积无关。

如果导线截面积越大，导线中的功率损耗和电能损耗就越小，但线路的初建投资增加，同时线路的折旧费、修理费和有色金属的消耗量也就增加。如果导线截面积越小，则线路初建投资和有色金属消耗量就越小，而线路中的功率损耗和电能损耗将必增加。由此可见，线路中的电能损耗和初建投资都影响年运行费，若只强调一个侧面，片面增加或减少导线截面积都是不经济的。综合考虑各方面因素定出的符合总的经济利益的导线截面，称为经济截面。对应于经济截面的电流密度，称为经济电流密度。我国现行的经济电流密度见表 GYSD00101005-3。

表 GYSD00101005-3　　　　　　　　　　经济电流密度 J 值　　　　　　　　　　A/mm²

导 线 材 料	最大负荷使用时间 T_{zd}（h）		
	3000 以下	3000～5000	5000 以上
铜裸导线和母线	3.0	2.25	1.75
铝裸导线和母线、钢芯铝绞线	1.65	1.15	0.9
铜芯电缆	2.5	2.25	2.0
铝芯电缆	1.92	1.73	1.54

2. 按经济电流密度选择导线截面积

架空输电线路的导线截面积，一般是按经济电流密度来选择的。

选择步骤：

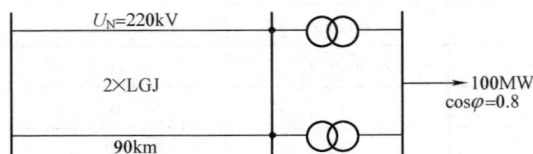

图 GYSD00101005-1　例 GYSD00101005-1 图

（1）首先必须确定电力网的计算传输容量（电流）。传输容量的确定实质上是确定计算年限，应考虑电网投入运行后 5～10 年的发展远景。

（2）电力网的最大负荷使用时间，一般是根据电力网所输送负荷的性质确定的，可由表 GYSD00101003-1 查出。

（3）导线截面积 $A = \dfrac{I_{zd}}{J}$，根据计算的导线截面积，再选择最适当的标称导线截面。

例 GYSD00101005-1　某变电站负荷为 100MW，$\cos\varphi = 0.8$，$T_{zd} = 6000h$，由 90km 外的发电厂以 220kV 的双回路线路供电，如图 GYSD00101005-1 所示，试按经济电流密度选择钢芯铝线的截面积。

解　线路需输送的电流

$$I_{zd} = \frac{P}{\sqrt{3}\,U\cos\varphi} = \frac{100000}{\sqrt{3} \times 220 \times 0.8} = 328 \text{（A）}$$

由表 GYSD00101005-3 查得，当 $T_{zd} = 6000h$，$J = 0.9\text{A/mm}^2$，则

$$A = \frac{I_{zd}}{J} = \frac{328}{0.9} = 364 \text{（mm}^2\text{）}$$

由于采用双回路供电，所以每一回路的导线截面积应为 $\dfrac{364}{2} = 182$（mm²），并应选择 LGJ-185 型的钢芯铝线。

五、按发热条件校验导线截面

（一）导线的发热

当线路运行，有电流通过导线时，导线中就产生电能损耗，结果使导线发热，温度上升，因而使导线与周围介质产生一定温差。温差大小与通过导线的电流有关，电流越大，导线与周围介质的温差越大。当温差达到一定数值时，导线所发生的热量等于向周围介质散发的热量，此时导线的温度不再上升，达到热稳定状态。

（二）发热条件

由于导线的温度过高，使导线连接处加速氧化，从而增加了导线的接触电阻。接触电阻的增大，使导线连接处发热增强引起温度升高的恶性循环。对于架空导线，温度升高，会使弛度过大，结果使导线对地距离不能满足安全距离的要求，可能发生事故。对于电缆和其他绝缘导体，温升过高，会使导线周围介质加速老化，甚至损坏。所以，在选择导线截面时，为了使电力网能安全可靠地运行，导

线在运行中的温度不应超过其最高容许温度。

根据规定，铝及钢芯铝绞线在正常情况下的最高温度不超过 70℃，事故情况下的最高温度不超过 90℃。对各类绝缘导线，其容许工作温度为 65℃。

为了使用方便，工程上都预先根据各类导线容许长期工作的最高允许温度+70℃，制定其长期容许载流量且绘制成表格，以供使用时查取。表中长期容许载流量值，对应于敷设在空气中的裸导线和绝缘导线，其周围环境温度按 25℃ 计算。

当介质的实际温度（最热月平均最高温度）不同于上述值时，各类导线的长期容许载流量应乘以修正系数 $K = \sqrt{\dfrac{70-t}{70-25}}$；当导线的长期工作的最高运行温度不是+70℃时，各类导线的长期容许载流量应乘以修正系数 $K = \sqrt{\dfrac{\theta-25}{70-25}}$，当 $\theta = 90$℃时，$K = 1.2$。

验算导线允许载流量时，导线的允许温度：钢芯铝绞线和钢芯铝合金绞线一般采用+70℃，必要时可采用+80℃；大跨越可采用+90℃；钢芯铝包钢绞线（包括铝包钢绞线）可采用+80℃（大跨越可采用+100℃），或经试验决定；镀锌钢绞线可采用+125℃。环境气温宜采用最热月平均最高温度；风速采用 0.5m/s（大跨越采用 0.6m/s）；太阳辐射功率密度采用 0.1W/cm^2。

例 GYSD00101005-2　条件同例 GYSD00101005-1，试按发热条件选择导线截面。

解　由例 GYSD00101005-1 知 $I_{zd} = 328\text{A}$。

在正常两回路供电情况下，每一回路输送电流为 164A。

为了保证供电可靠性，要求当一回路发生事故而断开时，另一回路能输送全部电流。此时钢芯铝线的最高容许温度为 90℃，因此应将资料中的长期容许载流量乘以修正系数 1.2。

由资料查得，LGJ-185 型导线在周围空气温度为 25℃时，其长期容许载流量应为 $515 \times 1.2 = 618$（A），大于 328A。所以选择两回路为 LGJ-185 型导线，当一回路发生事故而断开时，满足发热条件的要求。

由例 GYSD00101005-1 按经济电流密度选择导线为 LGJ-185 型，这远比本例选择的截面大，故一定能满足发热条件的要求。

六、按电压损耗选择导线截面

在地方电力网中，为了保证负荷端的电压偏移不超过容许范围，就必须按电压损耗来选择导线截面。一般的配电网，特别是农村电网其导线截面均按容许电压损耗选择。

（一）电压损耗的计算

$$\Delta U = \sqrt{3} \sum (Ir\cos\varphi + Ix\sin\varphi)$$

$$= \frac{\sum(Pr+Qx)}{U_N} = \frac{\sum(pR+qX)}{U_N} = \Delta U_r + \Delta U_x \quad \text{（GYSD00101005-1）}$$

由式（GYSD00101005-1）可见，电压损耗是由导线的电阻和电抗决定的。导线的电阻与导线截面成反比，而电抗与导线截面的关系复杂。但当导线截面变化时，其电阻成比例跟着变化，而电抗却变化的很少。对一般架空配电线路，平均电抗约为 $x_0 = 0.35 \sim 0.40\Omega/\text{km}$，它的变化范围很小。因此，在计算电压损耗时，通常在导线截面未知情况下，先假定导线的电抗为这类线路的平均电抗（对于低压线路 $x_0 = 0.35\Omega/\text{km}$ 左右；对应 10kV 线路 $x_0 = 0.38\Omega/\text{km}$ 左右；对应 35kV 线路 $x_0 = 0.42\Omega/\text{km}$ 左右）。即

$$\Delta U_x = \sqrt{3} \sum (Ix\sin\varphi)$$

$$= \sqrt{3}l\sum Ix_0\sin\varphi = x_0\frac{\sum Ql}{U_N} = x_0\frac{\sum qL}{U_N} \quad \text{（GYSD00101005-2）}$$

若总的容许电压损耗为 ΔU_{xu}，则电阻上的容许电压损耗为

$$\Delta U_r = \Delta U_{xu} - \Delta U_x \quad \text{（GYSD00101005-3）}$$

（二）导线截面的选择

当线路干线导线截面相等时，其导线截面可根据导线电阻中的电压损失 ΔU_r 直接选择。

因为

$$\Delta U_r = \sqrt{3} \sum Ir\cos\varphi$$

$$= \sqrt{3}\, r_0 l \sum I \cos\varphi = \frac{10^3 \sqrt{3}}{\gamma A} \sum I l \cos\varphi \qquad \text{(GYSD00101005-4)}$$

或

$$\Delta U_r = \frac{10^3 \sum Pl}{\gamma A U_N}$$

所以

$$A = \frac{10^3 \sqrt{3}}{\gamma \Delta U_r} \sum I l \cos\varphi = \frac{10^3 \sum Pl}{\gamma \Delta U_r U_N} = \frac{10^3 \sum pL}{\gamma \Delta U_r U_N} \qquad \text{(GYSD00101005-5)}$$

按电压损耗要求选择导线截面的步骤：

（1）采用一定的平均电抗值；

（2）按式 $\Delta U_x = x_0 \dfrac{\sum Ql}{U_N}$ 或 $\Delta U_x = x_0 \dfrac{\sum qL}{U_N}$ 计算电抗中的电压损耗为 ΔU_x；

（3）由线路总的容许电压损耗 ΔU_{xu}，按式 $\Delta U_r = \Delta U_{xu} - \Delta U_x$ 求出电阻中的允许电压损耗；

（4）按 $A = \dfrac{10^3 \sum Pl}{\gamma \Delta U_r U_N}$ 或 $A = \dfrac{10^3 \sum pL}{\gamma \Delta U_r U_N}$ 计算导线的截面，并选出最接近的标称截面，一般应使标称截面略大于计算截面；

（5）按求得的导线标称截面的实际 r_0、x_0 值，计算线路中的实际电压损耗；如果实际电压损耗不大于容许电压损耗，所选的截面可用，否则应改变导线截面再进行计算，直至求出合适的导线截面。

例 GYSD00101005-3 有一条额定电压为 10kV 线路，用钢芯铝导线架设，线间几何均距为 1m，容许电压损耗为 5%。线路各段长度（km）和负荷（kW）及功率因数都标在图 GYSD00101005-2 中，全用同一截面的导线，试按容许电压损耗选择导线截面。

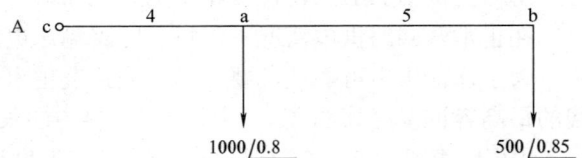

图 GYSD00101005-2　例 GYSD00101005-3 图

解 将给定的负荷分为有功和无功功率，即

$$\dot{S}_{aa} = 1000 - j750 \ (kV \cdot A)$$
$$\dot{S}_{bb} = 500 - j310 \ (kV \cdot A)$$
$$\dot{S}_{Aa} = 1500 - j1060 \ (kV \cdot A)$$

容许电压损耗为

$$\Delta U_{xu} = \Delta U_{xu}\% \times U_N = 0.05 \times 10000 = 500 \ (V)$$

取平均电抗 $x_0 = 0.38\,\Omega/km$，电抗中的电压损耗为

$$\Delta U_x = x_0 \frac{\sum Ql}{U_N} = 0.38 \times \frac{1060 \times 4 + 310 \times 5}{10} = 220 \ (V)$$

计算电阻中的电压损耗为

$$\Delta U_r = \Delta U_{xu} - \Delta U_x = 500 - 220 = 280 \ (V)$$

导线截面为

$$A = \frac{10^3 \sum Pl}{\gamma \Delta U_r U_N} = \frac{10^3 \times (1500 \times 4 + 500 \times 5)}{32 \times 280 \times 10} = 94.8 \ (mm^2)$$

所以选用 LGJ-95 型导线，其单位长度阻抗为 $r_0 = 0.33\,\Omega/km$；$x_0 = 0.334\,\Omega/km$。由此验算该线路上实际的电压损耗为

$$\Delta U = \frac{\sum l(Pr_0 + Qx_0)}{U_N}$$

$$= \frac{4 \times (1500 \times 0.33 + 1060 \times 0.334) + 5 \times (500 \times 0.33 + 310 \times 0.334)}{10} = 474 \ (V)$$

故选用 LGJ-95 型导线即为所求。因为实际上的 $x_0 = 0.334\,\Omega/km$，小于所取的平均电抗 $x_0 = 0.38\,\Omega/km$，所以实际电压损耗一定小于容许值。

按发热条件进行校验：Aa 段的最大输送电流为

$$I_{Aa} = \frac{S_{Aa}}{\sqrt{3}U_N} = \frac{\sqrt{1500^2 + 1060^2}}{\sqrt{3} \times 10} = 106 \quad (A)$$

由相关资料可查得 LGJ-95 型导线容许的载流量为 335A > 106A，故选定的导线满足发热条件。

七、架空线路导线截面选择方法的应用

以上介绍了各种选择导线截面的方法，在具体应用时，需根据不同情况，各种选择方法配合应用。对于 35kV 以上的架空输电线路，一般按经济电流密度选择导线截面。而按电压损耗选择导线截面的方法，主要用于没有特殊调压设备的配电网中。但不论采用哪种方法，所选择的导线截面必须满足机械强度和发热的要求，按经济电流密度选择的导线截面还必须满足容许电压损耗的要求。

对于 110kV 及以上的架空线路，应根据临界电晕电压来校验导线截面。避免电晕损耗则是 330kV 以上的超高压线路决定导线截面的主要控制条件。

例 GYSD00101005-4 有一条额定电压为 220kV 的双回架空线路，线路长度为 60km，线间几何均距为 9.5m，线路末端负荷为 100MW，功率因数 $\cos\varphi = 0.85$，年最大负荷利用时间 $T_{zd} = 5500h$，试选择导线的截面。

解 （1）按经济电流密度选择导线截面。线路需输送的电流为

$$I = \frac{100000}{\sqrt{3} \times 220 \times 0.85} = 309 \quad (A)$$

按已知，$T_{zd} = 5500h$，从表 GYSD00101005-3 选择经济电流密度，$J = 0.9A/mm^2$，计算每回导线的截面为

$$A = \frac{I}{2 \times J} = \frac{309}{2 \times 0.9} = 172 \quad (mm^2)$$

因此选择 LGJ-185/30 型导线。

（2）按容许的电压损耗（$\Delta U_{xu}\% = 10$）校验。由于 $r_0 = \frac{10^3}{32 \times 185} = 0.169$ （Ω/km）；$x_0 = 0.1445\lg\frac{950}{9.44} + 0.0157 = 0.305$（$\Omega/km$）。线路实际电压损耗为

$$\Delta U = \frac{PR + QX}{U_N} = \frac{(Pr_0 + Qx_0)L}{U_N}$$

$$= \frac{(100 \times 0.169 + 62 \times 0.305) \times 60}{220} = 9.77 \quad (kV)$$

$$\Delta U\% = \frac{\Delta U}{U_N} \times 100 = \frac{9.77}{220} \times 100 = 4.44 < \Delta U_{xu}\%$$

故实际电压损耗小于容许值，因此满足容许电压损耗的要求。

（3）按发热条件校验。当环境温度为 25℃、导线最高容许温度为 90℃时，LGJ-185/30 型导线的长期容许载流量为 $1.2 \times 515 = 618$（A）；而线路实际输送的电流为 309A（当一回路断开时，另一回路输送全部电流），因此满足发热条件的要求。

（4）机械强度和电晕校验。按表 GYSD00101005-1 和表 GYSD00101005-2 的规定，所选用的 LGJ-185/30 型导线，均能满足机械强度和线路在正常运行情况下不出现电晕的要求。

【思考与练习】

1．什么叫经济电流密度？按经济电流密度和电压损耗选择导线截面积的步骤分别是什么？

2．额定电压为 110kV 的架空线路，输送功率为 40MW，$\cos\varphi = 0.85$，周围环境温度为 10℃，试按发热条件选择所用钢芯铝线的截面。

3．某降压变电站负荷为 120MW，$\cos\varphi = 0.8$，$T_{zd} = 5000h$，由 100km 外的区域变电站以 220kV 的双回线路供电，线间几何均距为 7.5m，容许电压损耗为 10%，试按经济电流密度选择钢芯铝线截面，并按发热条件、容许电压损耗及电晕条件校验。

第二章 电力系统过电压及其预防

模块 1 电力系统中性点接地方式（GYSD00102001）

【模块描述】本模块介绍电力系统中性点几种接地方式及使用范围。通过对电力系统中性点几种接地方式的原理分析，了解电力系统中性点接地方式的基本概念，掌握系统在不同的接地方式下故障时电位的变化情况及各种接地方式的使用范围。

【正文】

在三相交流电力系统中，作为供电电源的发电机和变压器的中性点有三种运行方式：①电源中性点不接地；②中性点经阻抗接地；③中性点直接接地。前两种合称为小接地电流系统，也称为中性点非直接接地系统或中性点非有效接地系统；后一种中性点直接接地系统，称为大接地短路电流系统，也称为中性点有效接地系统。

我国 3～66kV 系统，特别是 3～10kV 系统，一般采用中性点不接地的运行方式。如单相接地电流大于一定数值时（3～10kV 系统中接地电流大于 30A、20kV 及以上系统中接地电流大于 10A 时），则应采用中性点经消弧线圈接地的运行方式。我国 110kV 及以上的系统、220/380V 低压配电系统都采用中性点直接接地的运行方式。

电力系统电源中性点的不同运行方式，对电力系统的运行特别是在系统发生单相接地故障时有明显的影响，而且将影响系统二次侧的继电保护及监测仪表的选择与运行，因此有必要予以讨论。

一、中性点不接地的电力系统

图 GYSD00102001-1 是电源中性点不接地的电力系统在正常运行时的电路图和相量图。

为了讨论问题简化起见，假设图 GYSD00102001-1（a）所示三相系统的电源电压和线路参数（指其 R、L、C）都是对称的，而且将相与地之间存在的分布电容用一个集中电容 C 来表示；由于相间存在的电容对所讨论的问题无影响而予以略去。

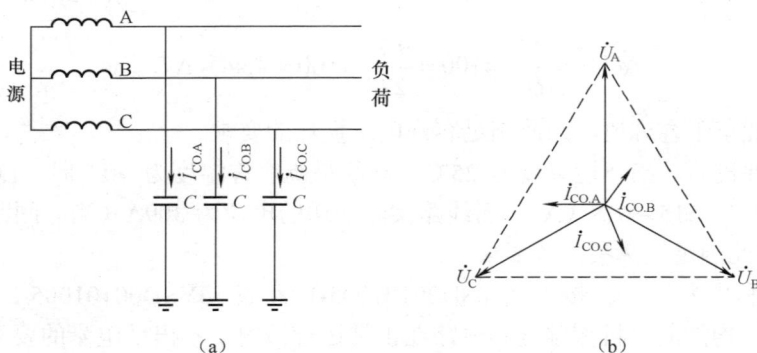

图 GYSD00102001-1　正常运行时的中性点不接地的电力系统

（a）电路图；（b）相量图

系统正常运行时，三个相的相电压 $\dot{U}_A$、$\dot{U}_B$、$\dot{U}_C$ 是对称的，三个相的对地电容电流 $\dot{I}_{CO}$ 也是平衡的，因此三个相的电容电流的相量和为零，没有电流在地中流动。各相对地的电压等于各相的相电压。

系统发生单相接地时，例如 C 相接地，如图 GYSD00102001-2（a）所示。这时 C 相对地电压为零，而 A 相对地电压 $\dot{U}'_A = \dot{U}_A + (-\dot{U}_C) = \dot{U}_{AC}$，B 相对地电压 $\dot{U}'_B = \dot{U}_B + (-\dot{U}_C) = \dot{U}_{BC}$，如图 GYSD00102001-2（b）所示。由相量图可见，C 相接地时，完好的 A、B 两相对地电压都由原来的相

电压升高到线电压，即升高为原对地电压的 $\sqrt{3}$ 倍。

C 相接地时，系统的接地电流（电容电流）$\dot{I}_{\mathrm{C}}$ 应为 A、B 两相对地电容电流之和。由于一般习惯将从电源到负荷的方向及从相线到大地的方向取为电流的正方向，因此

$$\dot{I}_{\mathrm{C}} = -(\dot{I}_{\mathrm{CA}} + \dot{I}_{\mathrm{CB}}) \qquad \text{（GYSD00102001-1）}$$

由图 GYSD00102001-2（b）的相量图可知，$\dot{I}_{\mathrm{C}}$ 在相位上正好超前 $\dot{U}_{\mathrm{C}}$ 90°；而在量值上，由于 $I_{\mathrm{C}} = \sqrt{3} I_{\mathrm{CA}}$，而 $I_{\mathrm{CA}} = \dfrac{U'_{\mathrm{A}}}{X_{\mathrm{C}}} = \dfrac{\sqrt{3} U_{\mathrm{A}}}{X_{\mathrm{C}}} = \sqrt{3} I_{\mathrm{CO}}$，因此

$$I_{\mathrm{C}} = 3 I_{\mathrm{CO}} \qquad \text{（GYSD00102001-2）}$$

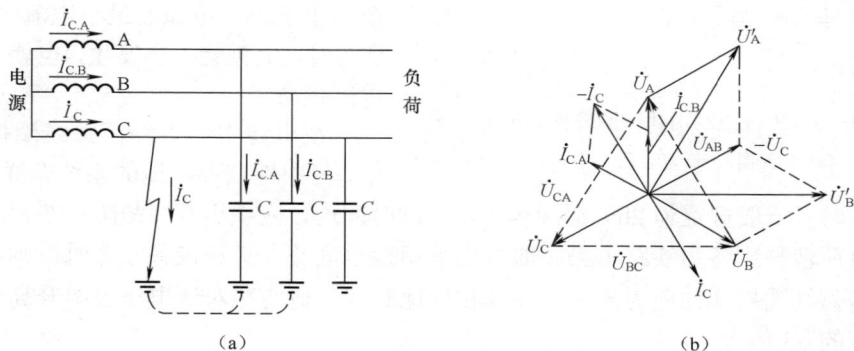

图 GYSD00102001-2 单相接地时的中性点不接地的电力系统

（a）电路图；（b）相量图

即一相接地的电容电流为正常运行时每相对地电容电流的 3 倍。

由于线路对地的电容 C 不好准确确定，因此 I_{CO} 和 I_{C} 也不好根据 C 来精确计算。通常采用下列经验公式来确定中性点不接地系统的单相接地电容电流，即

$$I_{\mathrm{C}} = \frac{U_{\mathrm{N}}\left(L_{\mathrm{oh}} + 35 L_{\mathrm{cab}}\right)}{350} \qquad \text{（GYSD00102001-3）}$$

式中　I_{C} ——系统的单相接地电容电流，A；

$\quad\quad U_{\mathrm{N}}$ ——系统的额定电压，V；

$\quad\quad L_{\mathrm{oh}}$ ——同一电压 U_{N} 的具有电的联系的架空线路总长度，km；

$\quad\quad L_{\mathrm{cab}}$ ——同一电压 U_{N} 的具有电的联系的电缆线路总长度，km。

当系统发生不完全接地（即经过一些接触电阻接地）时，故障相的对地电压值将大于零而小于相电压，而其他完好相的对地电压值则大于相电压而小于线电压，接地电容电流 I_{C} 值也较式（GYSD00102001-3）计算值略小。

必须指出：当电源中性点不接地的电力系统中发生单相接地时，三相用电设备的正常工作并未受到影响，因为线路的线电压无论其相位和量值均未发生变化，这从图 GYSD00102001-2（b）的相量图可以看出，因此三相用电设备仍能照常运行。但是这种线路不允许在单相接地故障情况下长期运行，因为如果再有一相又发生接地故障时，就形成两相接地短路，短路电流很大，这是不能允许的。因此在中性点不接地的系统中，应该装设专门的单相接地保护或绝缘监视装置，在系统发生单相接地故障时，给予报警信号，提醒供电值班人员注意，及时处理；当危及人身和设备安全时，单相接地保护则应动作于跳闸。

二、中性点经消弧线圈接地的电力系统

在上述中性点不接地的电力系统中，有一种情况是比较危险的，即在发生单相接地时如果接地电流较大，将出现断续电弧，这就可能使线路发生电压谐振现象。由于电力线路既有电阻和电感，又有电容，因此在线路发生单相弧光接地时，可形成一个 RLC 的串联谐振电路，从而使线路上出现危险的过电压（可达相电压的 2.5～3 倍），这可能导致线路上绝缘薄弱地点的绝缘击穿。为了防止单相接地时接地点出现断续电弧，引起过电压，因此在单相接地电容电流大于一定值（如前面所述）的电力系

统中，电源中性点必须采取经消弧线圈接地的运行方式。

图 GYSD00102001-3 是电源中性点经消弧线圈接地的电力系统单相接地时的电路图和相量图。

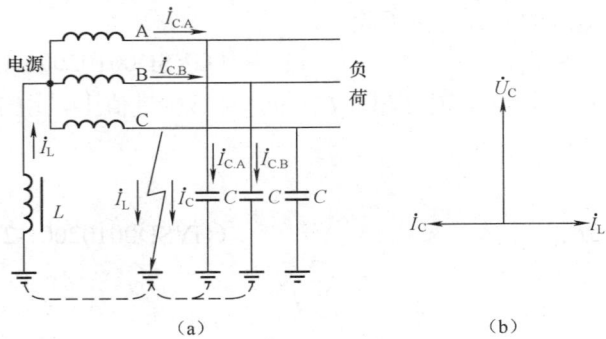

图 GYSD00102001-3 中性点经消弧线圈接地的电力系统
(a) 电路图；(b) 相量图

消弧线圈实际上就是铁芯线圈，其电阻很小，感抗很大。

当系统发生单相接地时，流过接地点的电流是接地电容电流 $\dot{I}_C$ 与流过消弧线圈的电感电流 $\dot{I}_L$ 之和。由于 $\dot{I}_C$ 超前 $\dot{U}_C$ 90°，而 $\dot{I}_L$ 滞后 $\dot{U}_C$ 90°，所以 $\dot{I}_L$ 与 $\dot{I}_C$ 在接地点互相补偿。当 $\dot{I}_L$ 与 $\dot{I}_C$ 的量值差小于发生电弧的最小电流（称为最小生弧电流）时，电弧就不会发生，也就不会出现谐振过电压现象了。

在电源中性点经消弧线圈接地的三相系统中，与中性点不接地的系统一样，允许在发生单相接地故障时短时（一般规定为 2h）继续运行。在此时间内，应积极查找故障；在暂时无法消除故障时，应设法将负荷转移到备用线路上去。如发生单相接地危及人身和设备安全时，则应动作于跳闸。

中性点经消弧线圈接地的电力系统，在单相接地时，其他两相对地电压也要升高到线电压，即升高为原对地电压的 $\sqrt{3}$ 倍。

三、中性点直接接地的电力系统

图 GYSD00102001-4 为电源中性点直接接地的电力系统发生单相接地的电路图。这种系统的单相接地，即通过接地中性点形成单相短路，用符号 $k^{(1)}$ 表示。单相短路电流 $I_k^{(1)}$ 比线路的正常负荷电流大得多，因此在系统发生单相短路时保护装置应动作于跳闸，切除短路故障，使系统的其他部分恢复正常运行。

中性点直接接地的系统发生单相接地时，其他两完好相的对地电压不会升高，这与上述中性点不直接接地的系统不同。因此，凡中性点直接接地的系统中的供用电设备的绝缘只需按相电压考虑，而无需按线电压考虑。这对 110kV 及以上的超高压系统是很有经济技术价值的。因为高压电气设备特别是超高压电气设备，其绝缘问题是影响电气设备设计和制造的关键问题。电气设备绝

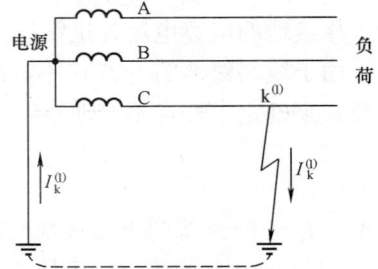

图 GYSD00102001-4 中性点直接接地的电力系统发生单相接地的电路

缘要求的降低，直接降低了电气设备的造价，同时改善了电气设备的性能。因此我国 110kV 及以上的高压、超高压系统的电源中性点通常都采取直接接地的运行方式。

四、中性点各种接地方式的使用范围

对各级电压的电力系统，应采用哪一种中性点接地方式，是一个综合性的技术经济比较问题。根据我国具体情况，结合运行经验，已总结出中性点的各种接地方式的使用范围，现按各种电压的电力系统分述如下。

（一）110kV 及其以上的电力系统

对于 110kV 及其以上的电力系统，在一般情况下应采用中性点直接接地方式。因为从内过电压倍数来看，中性点直接接地系统的内过电压是在相电压作用下产生的，而中性点不接地系统，则是在线电压作用下产生的。因此前者比后者的内过电压数值要低 20%～30%，绝缘水平也可降低 20% 左右。在额定电压越高时，降低绝缘水平和降低设备造价的经济意义就越重大。同时，因为 110kV 及其以上电压的线路，耐雷水平高，很少发生一相瞬时接地故障，加上有线路自动重合闸保护配合，故中性点直接接地系统对运行可靠性的影响不大。但在雷电活动较强的山区及丘陵地区，使用杆塔结构较简单的 110kV 线路，若采用中性点直接接地方式，不能满足供电可靠性的要求时，可改用中性点经消弧线圈接地方式。

采用中性点直接接地方式时，单相接地故障的短路电流较大，这个电流是以输电线路导线及大地为回路的，该电流产生的磁力线对靠近和平行输电线路的通信线路干扰很强，会感应出危险的电压或扰乱铁路信号，需要做好保护工作。

（二）35kV 的电力系统

对于 35kV 电力系统的中性点，应采用何种接地方式，可分下列两种情况考虑。

1. 接地电流不超过 10A

对于接地电流不超过 10A 的 35kV 电力系统，可采用中性点不接地方式，原因如下：

（1）35kV 线路每相对地间隙较小，容易发生接地故障。采用中性点不接地方式，绝缘水平是按线电压考虑的，有利于自动消除瞬时接地故障，减少停电次数。

（2）接地电流不超过 10A，不易产生间歇电弧，不需要装设消弧线圈。

（3）若采用中性点直接接地方式，绝缘水平按相电压考虑，从而降低设备费用，效果已不甚显著，但对接地故障引起的停电次数，却会显著增加。

2. 接地电流超过 10A

对于接地电流超过 10A 的 35kV 电力系统，应采用中性点经消弧线圈接地方式。因为接地电流超过 10A 时，容易产生间歇电弧，引起内过电压，危及线路和电气设备的绝缘，采用消弧线圈就能将故障点电流大大减少，便于消弧。

（三）10kV 电力系统

对于 10kV 电力系统，通常采用中性点不接地方式。这是因为该系统线路绝缘在成本费中所占比例很小，若采用中性点直接接地方式，其经济价值不大；又由于线路的绝缘较弱，单相瞬时接地的机会较多，若接地电流较小，瞬时接地故障能可靠地自动消除，所以在 10kV 电力系统中，多采用中性点不接地方式。只有当接地电流大于 30A、单相接地时产生的稳定电弧较大且不易熄灭时，才考虑采用中性点经消弧线圈接地的方式或中性点直接接地方式。

在 10kV 的发电机（或调相机）直配线系统，一般采用中性点不接地方式。但当接地电流大于 5A 时，发电机应装设动作于跳闸的继电保护装置。若要求发电机（或调相机）能带内部一相接地故障运行，则应装设消弧线圈。

（四）380/220V 低压系统

对于 380/220V 低压系统一般采用中性点直接接地方式。这是因为在接地故障时，短路电流能及时切断电源，以免未接地相电压升高，影响人身和设备安全。

当安全条件要求较高，且装有能迅速可靠地自动切除接地故障的装置时，也可采用中性点不接地方式。但这时为了防止变压器高、低压绕组间绝缘击穿引起的危险，变压器低压侧的中性线或一个相线上必须装设击穿熔断器。

【思考与练习】

1. 三相交流电力系统的电源中性点有哪些运行方式？中性点不直接接地的电力系统与中性点直接接地的电力系统在发生单相接地时各有什么不同特点？

2. 中性点不接地的电力系统在发生一相弧光接地时有什么危险？中性点经消弧线圈接地后为何能消除单相接地故障点的电弧？

3. 电力系统中性点各种接地方式的使用范围如何？为什么？

模块 2　电力系统过电压的产生 （GYSD00102002）

【模块描述】本模块包含气体放电、大气过电压、内部过电压。通过概念描述、原理讲解、定性分析，掌握电力系统各种过电压产生的原因及过程。

【正文】

一、气体放电

在电力工程中，空气是一种广泛应用的绝缘材料，如架空输电线路、变电站的母线、隔离开关的断口处等都是依靠空气作为绝缘的。因此，为了保证电力系统安全可靠运行，了解气体特性和放电规律是十分必要的。

（一）气体放电的基本知识

气体在电压的作用下而发生导通电流的现象称为气体放电。

处于正常状态未受到外部能量作用的气体是不导电的。由于宇宙射线及地层放射性物质的作用，其中少量的带电质点（包括电子、离子），在电场作用下作定向运动，间隙中形成了微弱的电流。当两极电压升高时，带电质点运动速度会加大，放电电流便增加，如图 GYSD00102002-1 所示曲线的 Oa 段。当电压继续提高，但小于 U_b 时，电流维持不变，这时由于宇宙射线及地层放射性物质的作用下，气体间隙中单位体积、单位时间内产生的带电粒子数是不变的，如图 GYSD00102002-1 中曲线 ab 段，此段内的电流也极小，所以气体的电导极小，这说明气体可作绝缘材料使用。当电压升高大于 U_b 时，由于较高的电场作用，使气体中产生了新的带电粒子，电流又继续增大。当电压增加达 U_j 时，间隙中流过的电流剧增，并伴有声、光、热、气味等现象，此时空气完全失去了绝缘性能，形成导体，这种现象称为气体击穿或气体放电。此时加在两极间的电压 U_j 称为击穿电压。

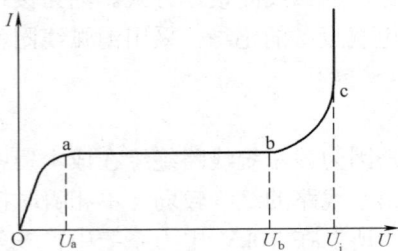

图 GYSD00102002-1　气体伏安特性　　　　图 GYSD00102002-2　气体击穿电压与 Pd 乘积的关系

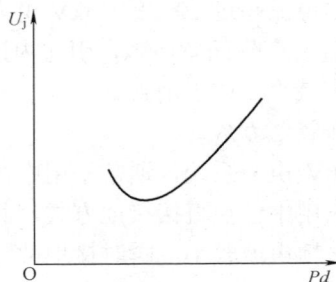

根据巴申定律，在低气压下，当气体成分和电极材料一定时，气体的击穿电压（U_j）是气体压力（P）与两电极之间距离（d）乘积的函数，即

$$U_j = f(Pd)$$

其关系曲线如图 GYSD00102002-2 所示。由曲线可知，击穿电压 U_j 有一最小值，可解释如下。

（1）当电极距离 d 一定而改变压力 P 时，若压力太低，气体密度小，带电质点在运动中碰撞的机会少，此时只有提高电压，增加带电质点的能量才能产生足够的碰撞游离，使气体击穿，因此气体击穿电压提高。当气体压力太大时，气体密度大，虽然碰撞机会增加了，但也正由于碰撞过于频繁，能量不断消耗，不易积聚起足以引起碰撞游离的能量，因而只有提高电压才能使气体发生碰撞游离，因此气体击穿电压也会提高。

（2）当压力 P 一定而改变电极间距离 d 时，若距离太大，只有提高电压，增加电场强度，增加质点碰撞游离的能量，才能使气体击穿，因此气体击穿电压也要提高。若距离太小，小到与质点运动行程相近时，质点运动时与原子碰撞次数减少，不易使气体击穿，因而必须提高电压，增加质点运动的能量，使与原子碰撞次数增加，以致气体击穿，因此气体击穿电压增加。可见，只有在某个 Pd 值时带电质点碰撞游离的机会和能量都较大时，气体才容易击穿，击穿电压才出现最小值。

气体放电主要有以下四种形式：

（1）火花放电。在气体间隙的两极，电压升高到一定值时，气体突然发生明亮的火花，火花向对面电极伸展出细光束。在电源功率不大时，这种火花会瞬时熄灭，接着又突然发生。

（2）辉光放电。当外施电压增加到一定值后，通过气体的电流明显增加，两极间整个空间忽然出现发光现象，这种现象称为辉光放电。霓虹灯管中的放电就属于辉光放电。

（3）电晕放电。当电极的曲率半径很小，电场很不均匀，随外施电压的升高，在电极尖端附近会出现蓝色的放电微光，并发出声音，这种现象叫电晕放电，在电力系统中经常发生。

（4）电弧放电。当气体间隙两极的电源功率足够大时，气体在发生火花放电后，便立即发展到对面电极，出现明亮的连续弧光，形成电弧放电。发生电弧放电时，电弧温度很高，电焊就属于此种。

（二）不均匀电场中的气体放电（电晕放电）

上面讲的气体放电是在均匀电场中，所谓均匀电场，就是气体间隙各处的电场强度大小相等、方向相同，如平板面积比极间距离大得多的平行板电极间的电场属于均匀电场。但在电力系统中，常遇到电极尺寸小而距离为几十厘米甚至数米的不均匀电场。如架空输电线路导线间，导线对杆塔接地部分间都是不均匀电场。实验室中通常用棒对棒、棒对平板之间也属于不均匀电场。

在不均匀电场中，如棒对平板的电极施加电压，随着电压的提高，在棒电极附近电场强度最大，当超过空气的击穿电场强度（空气的击穿电场强度约为 30kV/cm）时，棒电极附近的空气层首先放电，若外加电压不再增加，两极间其他区域电场强度较小，放电只限在棒电极附近的区域里，放电时发出淡蓝色的荧光和"咝咝"的放电声，此现象称电晕放电，简称电晕。发生电晕的起始电压称为电晕的临界电压，其电场强度为临界电场强度。在高压架空输电线路中，电晕时有发生。随着线路电压的升高，电晕首先从电场强度最大处（一般在导线尖角不光滑处）开始，随后扩大到导线全部表面，夜间就可见到导线的周围的蓝色晕光。这时，导线上的线电压称为线路电晕临界电压 U_{Lj}，导线表面的电场强度为临界电场强度 E_{Lj}。线路电晕临界电压可由下式求得

$$U_{Lj} = 84m_1m_2K\delta r\left(1+\frac{0.301}{\sqrt{\delta r}}\right)\lg\frac{D_{jj}}{r}\ (kV) \tag{GYSD00102002-1}$$

式中　m_1——导线表面粗糙系数，对表面完好的多股导线，$m_1 = 0.83\sim0.966$，当股数在 20 股以上时，m_1 均大于 0.9；

m_2——天气状况系数，对于干燥晴朗天气，取 $m_2 = 1$，有雾、雨、雪时，取 $m_2 = 0.8$；

K——导线布置系数，导线等边三角形排列时为 1，水平排列时为 0.96；

δ——空气相对密度，$\delta = \dfrac{3.86P}{273+t}$，$\delta$ 值可见表 GYSD00102002-1，当 $t = 25℃$ 时，$\delta = 1$；

D_{jj}——导线的几何均距，cm；

r——导线的计算半径，cm。

表 GYSD00102002-1　　　　不同海拔高度的 δ 值

海拔高度（m）	δ	海拔高度（m）	δ
100	1.000	1600	0.833
200	0.977	1800	0.814
400	0.955	2000	0.796
600	0.933	2200	0.778
800	0.912	2400	0.760
1000	0.892	2600	0.742
1200	0.872	2800	0.725
1400	0.852	3000	0.709

注　表中 δ 值按海平面处标准气温 25℃，海拔每增加 100m，温度减少 0.5℃计。

电晕放电对在电力生产中有许多危害，首先电晕放电时，在回路中有电晕电流流过，同时有发光、声、热，造成线路的功率损耗；其次，电晕放电还使空气发生化学反应，生成臭氧及氧化氮等化学物，引起绝缘腐蚀；另外，电晕电流是一个断断续续的高频冲击电流，可对无线电和高频通信产生严重的干扰，所以应力求防止或限制电晕的发生。从式（GYSD00102002-1）可知，提高线路电晕的临界电压，使其高于线路的运行电压，为此必须增大导线间的距离（不明显）和导线半径（扩径或采用分裂导线）。

（三）冲击电压下气体放电的特点

冲击电压就是作用时间极为短暂（以 μs 计）的电压，雷电波电压是一种冲击电压。

实验证明：当冲击电压作用于气体间隙时，它的击穿电压比工频电压（持续电压）作用时的击穿电压高。图 GYSD00102002-3 为冲击电压波形，假设持续电压作用时的击穿电压为 U_1，那么冲击电压作用时并不在

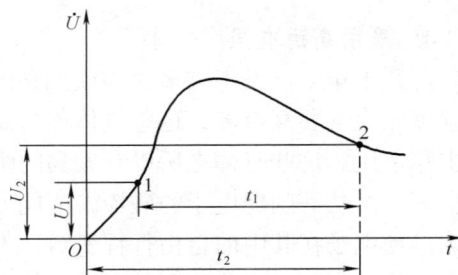

图 GYSD00102002-3　冲击电压波形

点 1 击穿,而是在点 2,即冲击电压加到 U_2 时才击穿。由此可知,间隙从加压到击穿需要一定时间,此时间称放电时间 t_1。从点 1 到点 2 所经过的时间称放电时延 t_1,即冲击电压值达到 U_1 值时起至击穿的时间。

在冲击电压作用下的间隙击穿电压为什么比在持续电压作用下的高,原因如下:气体放电的基本条件是在外界因素作用下产生少量的带电质点(电子和离子),这些带电质点在外电场作用下不断发生碰撞游离,产生更多的带电质点,形成电子流,最后导致击穿。但初始带电质点并不是都能引起游离,有的回到电极而复合,有的扩散到间隙以外去,这样能引起气体游离并最终导致击穿的带电质点(有效质点)数不多,为此需要一定时间,才能出现导致气体击穿的有效质点,所以冲击电压作用时的击穿电压比持续电压作用时高。

(四)提高气体间隙击穿电压的措施

提高气体间隙击穿电压的措施,实质是采取措施阻碍气体放电的形成和发展。主要措施如下。

1. 改进电极形状,使电场分布均匀

一般来说,电场分布愈均匀,间隙的平均气体击穿场强越高。因此,改进电极的形状,增大电极曲率半径,保持电极光洁度,尽量避免变形、棱角,以消除电场不均匀的现象,可提高气体击穿电压。

2. 利用屏障提高击穿电压

屏障能阻止带电质点的迅速运动,能阻止碰撞游离及电子流的发展,同时屏障也对电场起均匀作用,从而可提高击穿电压。例如,正棒—负极电场,若屏障靠近正棒,正棒与屏障间的电场强度减弱,屏障上聚集了大量的正空间电荷,如图 GYSD00102002-4 所示,屏障与负极间的电场变得均匀,从而提高了气体击穿电压。屏障与负极间的距离愈大,则击穿电压提高愈多,若屏障距正棒太近,屏障在强电场作用下易产生小孔,击穿电压明显提高。实验证明,当屏障离正棒约 15%～20%间隙距离时,击穿电压提高得最大,可达到无屏障时的 200%～250%。

3. 提高气体压力

由巴申实验得知,提高气体压力可提高气体间隙的击穿电压。图 GYSD00102002-5 为击穿电压与气体压力的关系曲线。在均匀电场中,气压在 1MPa 以下,其击穿电压按气体压力增加而成线性地增加,若超过 1MPa 以后,气体压力再继续增加而击穿电压呈现饱和状态。不均匀电场中击穿电压与气体压力的关系比较复杂,这里不作介绍。

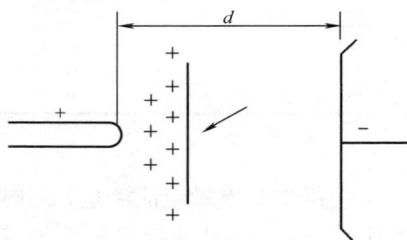

图 GYSD00102002-4　屏障对电场的影响

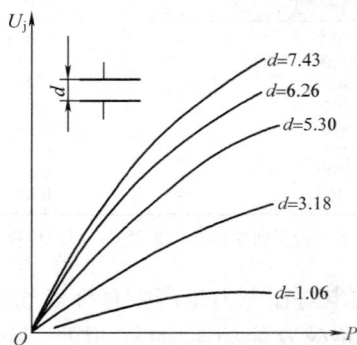

图 GYSD00102002-5　击穿电压与气体压力关系

4. 采用高耐电强度气体

近几十年来,发现许多含卤族元素的气体化合物,如六氟化硫(SF_6)、氟利昂(CCl_2)等。其耐电强度比空气要高得多,这些气体称为高耐电强度气体。在电气设备中采用六氟化硫等气体,可以提高击穿电压。这些气体之所以有较高的耐电强度,是因为它们具有很强的负电性,容易与电子结合成为负离子,从而削弱电子的碰撞游离能力,又加强了复合过程。另外,这些气体的分子量和分子直径较大,使电子在其中的自由行程变短,不易积聚能量,减少碰撞游离的能力,不易发展到击穿,故其击穿电压较高。六氟化硫还具有较高的灭弧能力。

5. 高真空的采用

提高空气的真空度可以提高击穿电压,因为空气稀薄,碰撞游离的机会大大减少,不易发展为击

穿。在电力工程中采用了真空断路器等设备。

（五）沿面放电

沿固体介质表面的气体放电现象称沿面放电。沿面放电发展到固体介质整个表面空气击穿时称为沿面击穿或沿面闪络，简称闪络。使固体介质表面的气体发生闪络时的电压称为固体介质的沿面闪络电压。实践证明，固体介质的沿面闪络电压要比同一间隙没有固体介质时纯空气的击穿电压降低得多。主要原因是，闪络电压与电场均匀程度、固体介质的表面状况及气象条件有关。例如，固体介质与电极表面接触不良，在它们之间存在空气隙，空气的介电系数比固体介质的小，于是气隙部分的电场强度大，而首先发生局部放电，使闪络电压降低；若固体介质表面吸附水分形成水膜，由于水分具有电导，从而降低了闪络电压；若固体介质表面电阻不均匀或有裂纹，使电场分布变形，也会降低沿面闪络电压；若固体介质表面上有污秽，以及在雨、雪等天气时，闪络电压都大大降低。

二、大气过电压

过电压是指超过正常运行电压并可使电力系统绝缘或保护设备损坏的电压升高。在电力系统各种事故中，很大一部分是由于绝缘损坏造成的。

过电压分为大气过电压和内部过电压两大类。由于雷云放电产生的过电压，称外部过电压，或称大气过电压。由于电力系统内部进行操作，或发生事故而产生的过电压，称为内过电压，或称操作过电压。

（一）雷电的形成

当地面的温度较高，地面的水分化为为水蒸气，向上升起到高空，遇到冷空气，凝成水滴。这一过程继续发展下去，最后形成浓黑的乌云。在乌云的形成过程中，由于水滴破坏效应、吸收电荷效应和水滴结冰效应，使乌云中带有大量的电荷，从而形成带电的雷云。雷云对大地有静电感应作用，所感应出电荷为异性。两者之间形成很强的电场。由于电荷在雷云中分布是不均匀的，电荷积聚较多时，即形成的电场强度就大，当超过 30kV/cm 时，空气开始游离放电，这种现象称为雷云放电，可分为以下三个阶段。

1. 先导放电

当雷云中某处电荷较多，并与大地之间的电场强度达到足以使空气绝缘破坏的程度（约 $25 \sim 30$ kV/cm）时，雷云与大地之间的空气便开始游离。当某一段空气游离以后，这段空气就原来的绝缘状态变为导电性的通道，这个导电性通道称为先导放电通道，它是由雷云中的电荷中心向地面发展的，这个通道的一端和雷云中某一带电中心相连，且又具有导电性，故雷云中的电荷就沿着这个通道向下运动，形成先导放电。先导放电是分级跳跃进行的，每级发展到约 50m 的长度，就有 $30 \sim 90\mu s$ 的间歇，当向下移动电荷逐渐增多，电场强度足以使下一级的空气电离时，又向下一级通道继续进行先导放电，先导放电的平均速度约 $100 \sim 1000$ km/s，这就是雷云放电第一阶段。

2. 主放电

当先导通道的头部与大地上感应电荷的集中点间的距离很小时，由于其一段约为雷云的对地电位（可高达 10MV），而另一端为地电位，故先导通道的头部与大地之间的电场强度达到极高数值，使这段距离中的空气急剧游离。游离后产生的正、负电荷分别向上下运动，去中和先导通道及被击点的电荷，这时就开始了放电的第二阶段，即主放电阶段。主放电阶段的时间很短，共约 $50 \sim 100\mu s$，其速度可达光速的 $0.05 \sim 0.5$ 倍，电流可达到数百千安，这就是雷电流的主要组成部分。由于主放电过程中，电荷高速运动时的强烈摩擦以及复合等原因，使通道发出耀眼的强光，这就是"雷闪"。又由于通道骤然受热和冷却而形成的猛烈膨胀和压缩，以及高压放电火花作用下，使水和空气分解产生瓦斯爆炸，于是就发生了强烈的雷鸣。

3. 余辉放电

主放电结束后，雷云中残余电荷还会沿着主放电通道进入大地，这是通道尚维持着一定的余辉，称为第三阶段，即余辉放电阶段。此阶段的时间较长，约 $0.03 \sim 0.15$s。余辉放电阶段的电流也是雷电流一部分，约数百安。

雷云中可能同时存在着几个密集的电荷中心，当第一个电荷中心的主放电完成后，可能引起第二个或第三个电荷中心向第一个电荷中心形成的主放电通道放电。因此，雷电往往是多重性的，称重复雷击。大约有 50%的雷云具有重复放电的性质，每次放电相隔 600μs～0.8s。主放电的次数平均约 2～3次，最多曾记录到 42 次，但第二次以后的放电电流较小，一般不超过 30kA。雷击总持续时间很少超过 0.5～1s。

（二）直击雷过电压和感应过电压

电气设备上的大气过电压包括两种情况：一种是由于雷电直接对设备放电，在设备上造成的直接雷击电压；另一种是雷电对设备附近的物体或大地放电时，在设备上造成的感应雷过电压。

下面以雷云向线路附近地面放电为例，叙述感应过电压产生的物理概念。

当雷击于输电导线附近的地面时，会在线路的三相导线上产生感应雷过电压。这是因为在雷电放电的先导阶段，先导通道中充满了电荷，它对导线产生静电感应，在先导通道附近的导线上积聚大量与雷云极性相反的束缚电荷，如图 GYSD00102002-6（a）所示。由于先导放电发展速度较慢，导线上没有明显的电流，可忽略不计。当雷击大地，主放电开始后，先导通道上的负电荷自下而上被中和，失去了对导线正电荷的束缚作用。因此，导线上的正电荷形成了自由电荷，并以光速向导线两侧流动。由于主放电的速度很高，故导线中电流也很大，由此形成过电压，此过电压就是感应过电压，如图 GYSD00102002-6（b）所示。

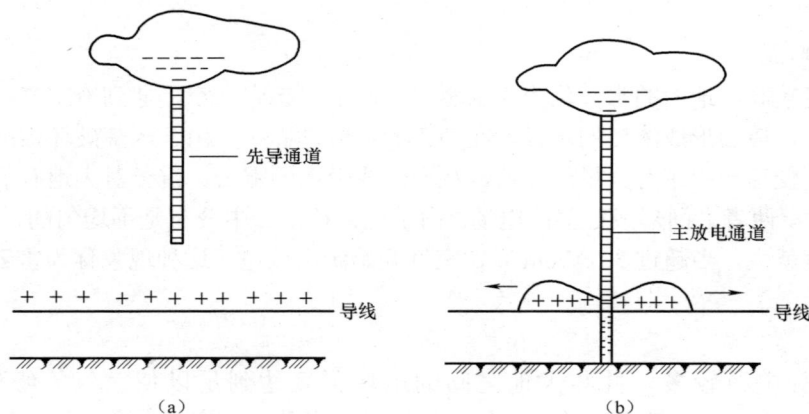

图 GYSD00102002-6 感应过电压的产生

（a）放电前；（b）放电后

由感应过电压产生的过程可知，感应过电压的幅值 U_g 将与雷云主放电电流幅值 I 成正比，与雷击地面点至导线距离 s 成反比。导线的高度 h_d 也影响到 U_g 的大小。在同样的感应电荷下，当导线离地面越近时，电压就越小；当导线离地面越高时，电压就越大。实际测量结果证实，当 $s > 65m$ 时，感应过电压的幅值 U_g 可以近似地按下式求得

$$U_g = 25 + \frac{Ih_d}{s} \quad \text{（kV）} \qquad \text{（GYSD00102002-2）}$$

式中 I——雷电流幅值，kA；

h_d——导线悬挂点的平均高度，m；

s——直接雷击点至导线的距离，m。

实践证明，感应过电压幅值达 300～400kV，足以使 60～80cm 的空气间隙击穿或 3 个 XP-70 型悬式绝缘子串闪络，所以对钢筋混凝土杆的 35kV（3 个 XP-70 型绝缘子串）及其以下的线路会引起一定的闪络事故。

（三）雷电参数

1. 雷电波的陡度

主放电时的雷电流的波形如图 GYSD00102002-7 所示。图中 I 为雷电流最大值或幅值。雷电流由零开始达到幅值所用的时间为波前 τ_1，一般为 1～4μs，目前我国取 $\tau_1 = 2～6μs$。由零开始经过电流幅值后，降到电流幅值的 1/2 共需用的时间为波长 τ_2，约为 40～50μs。

雷电流在波前部分的上升速度 $\dfrac{\mathrm{d}i}{\mathrm{d}t}$ 为雷电流陡度，最大陡度 $\left(\dfrac{\mathrm{d}i}{\mathrm{d}t}\right)_{\mathrm{zd}}$ 发生在 $i=\dfrac{I}{2}$ 处。

为了简化计算，一般采用无穷长直角波或斜角波来表示雷电波，此时可利用雷电波平均陡度作为斜角波的斜率，如图 GYSD00102002-8 所示。

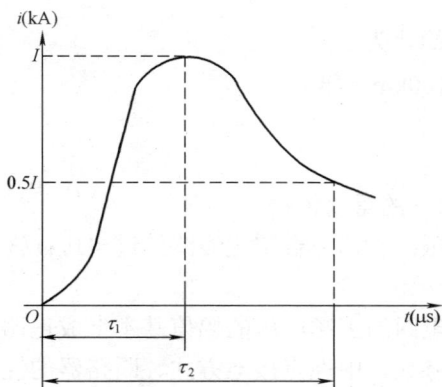

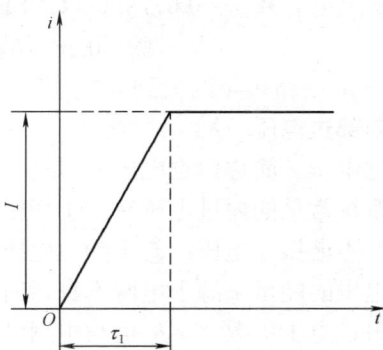

图 GYSD00102002-7　主放电时雷电流波形　　　　图 GYSD00102002-8　简化的雷电波

2. 雷电流幅值

雷电流一般是指雷直接击于低接地电阻的物体时流过该物体的电流。但由于雷电流的测量不够精确，故一般是指被击物接地电阻小于 30Ω 时流过被击物的电流。

当雷直接击中地面，由于没有人为的接地体，被击点的电阻很高，约达百余欧，此时的雷电流只有低接地电阻的 70% 或更低一些。但击于低接地电阻的物体时，雷电流的最大值超过 200kA 的很少，故雷击地面时的雷电流一般不超过它的 1/2，即按 100kA 考虑。

3. 波阻抗

主放电时，雷电通道是个充满离子的导体，对电流波呈一定的阻抗，称波阻抗。波阻抗为主放电通道的电压波和电流波的幅值之比，表示为 Z，在进行防雷计算时可近似取 $Z=300\sim400\Omega$。

4. 雷暴日、雷暴小时

一个地区雷电活动的频繁程度，常以该地区多年统计得到的年平均雷暴日或雷暴小时来表示。

通常将发电厂、变电站所在地区及输配电线路通过的地区一年中有雷电的日数称为雷暴日，即在一天内只要听到雷声就算作一个雷暴日。雷暴小时是一年中有雷电的小时数，就是在 1h 内只要听到雷声就算作一个雷暴小时。据统计，我国大部分地区每一雷暴日约有 3 个雷暴小时。

各个地区雷电活动的强弱因纬度、气象等情况的不同而有很大的差别。在我国，以海南岛和雷州半岛的雷电活动最为频繁，平均雷暴日可达 100~133 天/年；长江以南至北回归线的大部分地区为 40~80 天/年；长江流域和华北某些地区为 40 天/年；长江以北大部分地区（包括华北大部分地区和东北地区）多在 20~40 天/年；西北地区多数不超过 20 天/年。一般把平均雷暴日少于 15 天/年的地区称为少雷区，超过 40 天/年为多雷区，超过 90 天/年的为强雷区。

5. 地面落雷密度和输电线路落雷次数

地面落雷密度是指每一雷暴日每平方千米地面遭受雷击的次数，以 γ 表示。它与雷暴日数有关，可用下式表示

$$\gamma = 0.023T_{\mathrm{d}}^{0.3} \qquad\qquad (\text{GYSD00102002-3})$$

式中　T_{d}——雷暴日数。

为了评价不同地区防雷系统的防雷性能，须将 T_{d} 换算到同样的雷电频度条件下进行比较。DL/T 620 取 40 个雷暴日作为基准。

对于输电线路，由于高出地面，有引雷作用，其吸引范围与最容易受雷击的导线高度有关。根据模拟试验和运行经验，一般高度线路的等值受雷面的宽度为 $4h_{\mathrm{b}}+b$。设 N 为每 100km 线路每年遭受雷击的次数，则 N 可按下式计算

$$N = \gamma \frac{b + 4h_b}{1000} \times 100 \times T_d \qquad [\text{次/（100km·年）}] \qquad \text{（GYSD00102002-4）}$$

式中　h_b——避雷线的平均高度，m，无避雷线时为最上层导线的平均高度；

　　　　b——两避雷线之间的距离，m，若为单根避雷线，则 $b=0$，若无避雷线，则 b 为边相导线间的距离。

对于 $T_d = 40$，得 $\gamma = 0.07$，式（GYSD00102002-4）可简化为

$$N = 0.28（b + 4h_b） \qquad [\text{次/（100km·年）}]$$

即 100km 线路每年约受到 $0.28（b + 4h_b）$ 次雷击。

三、内部过电压

内部过电压（简称内过电压），是决定电力系统绝缘水平的重要依据。

电力系统常见的内过电压有：①切空载变压器的过电压；②切、合空载线路的过电压；③电弧接地过电压；④谐振过电压；⑤工频过电压。

内过电压的能量来源于电网本身，所以它的幅值是和电网的工频电压的幅值基本上成正比的，其比值称为内过电压倍数 K。K 值与电网结构、系统容量和参数、中性点接地方式、断路器的性能、母线上的出线数目以及电网运行接线操作方式等因素有关。

根据运行经验统计，常见的过电压 K 值如下：

（1）在中性点直接接地系统中，切断 110～330kV 空载变压器的过电压，一般 K 值不超过 3.0；在中性点非直接接地的 35～154kV 电力网中，一般 K 值不超过 4.0。

（2）在中性点直接接地系统中，操作 110～220kV 空载线路时，使用电弧重燃次数较少的空气断路器，K 值不超过 2.6；使用少油断路器，K 值不超过 2.8；使用有中值或低值并联电阻的空气断路器，K 值不超过 2.2。操作 330kV 空载线路时，K 值不应超过 2.0。在中性点非直接接地的 60kV 及其以下的电力网中，操作空载线路时，K 值一般不超过 3.5。

（3）此外，在中性点非直接接地的电力网中，间歇性电弧接地过电压倍数 K 值一般不超过 3.0，个别可达 3.5。铁谐振过电压 K 值一般不超过 1.5～2.5，个别达 3.5 以上。工频过电压的 K 值应限制在 1.3～1.4。

在决定线路及设备的对地绝缘及相间绝缘时，不能根据上述产生内过电压的各种原因，分别选取不同的过电压倍数，而是采取统一的内过电压的计算倍数。各级电压的内过电压的计算倍数，一般应取下列数值：

（1）对地绝缘，以设备的最高运行相电压 U_{xg} 为基准：

1）15～60kV 及以下（非直接接地），$4.0U_{xg}$。

2）110～154kV（非直接接地），$3.5U_{xg}$。

3）110～220kV（直接接地），$3.0U_{xg}$。

4）330kV（直接接地），$2.75U_{xg}$。

5）500kV（直接接地），$2.5U_{xg}$。

（2）相间绝缘：3～220kV 的电力网，相间内过电压应取对地内过电压的 1.3～1.4 倍；330kV 的电力网，相间内过电压可取对地内过电压的 1.4～1.45 倍。

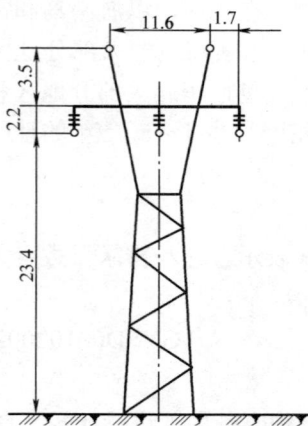

图 GYSD00102002-9　某 220kV 线路的杆塔（图中单位为 m）

【思考与练习】

1．什么是气体放电？试述气体放电的物理过程。什么叫击穿电压？

2．试述电晕放电的产生及其危害。

3．什么叫内过电压？什么叫外过电压？什么叫直击雷过电压和感应过电压？

4．什么叫雷电波陡度？什么叫雷暴日、雷暴小时？什么叫地面落雷密度？什么叫输电线路落雷次数？

5．某 220kV 线路直线塔如图 GYSD00102002-9 所示，避雷线和导线的弧垂为 7m 和 12m，线路

经过地区的雷暴日数为 40 天，试计算该地区地面落雷密度和输电线路落雷次数。

6. 在决定线路及设备的对地绝缘时，各级电压的内过电压的计算倍数一般如何取值？

模块 3　过电压保护设备（GYSD00102003）

【模块描述】本模块涉及线路几种常用的过电压保护设备。通过原理讲解、定量分析，掌握各种过电压保护设备的保护原理、保护范围确定以及接地装置的构成及要求。

【正文】

一、避雷针、架空地线

对直击雷的防护措施通常是装设避雷针或架空地线。避雷针（线）高于被保护的物体，其作用是吸引雷电击于自身，并将雷电流迅速泄入大地，从而使避雷针（线）附近的物体得到保护。

在先导放电自雷云向下发展的初始阶段，先导头部离地面较高，放电的发展方向不受地面物体的影响。因避雷针（线）较高且有良好的接地，在其顶端因静电感应而积聚了与先导通道中电荷极性相反的电荷，使其附近空间电场显著增强。当先导头部发展到距地面某一高度时，该电场即开始影响先导头部附近的电场，使其向避雷针（线）定向发展。随着先导通道的定向延伸，避雷针（线）顶端的电场将大大增强，有可能产生自避雷针（线）向上发展的迎面先导，更增强了避雷针（线）的引雷作用。

避雷针（线）的保护范围可以通过模拟试验并结合运行经验来确定。由于雷电放电受很多偶然因素的影响，因此要保证被保护物体绝对不遭受直击雷的危害是不现实的。通常，保护范围是指具有 0.1%左右雷击概率的空间范围。实践证明，此雷击概率是可以接受的。

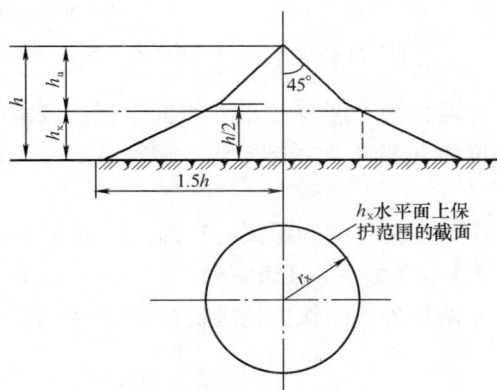

图 GYSD00102003-1　单支避雷针的保护范围

（一）避雷针的保护范围

1. 单支避雷针

单支避雷针的保护范围如图 GYSD00102003-1 所示。在高度为 h_x 的水平面上，其保护半径 r_x 可按下式计算

当 $h_x \geqslant \dfrac{h}{2}$ 时，有

$$r_x = (h - h_x)p \quad (\text{m}) \qquad\qquad (\text{GYSD00102003-1})$$

当 $h_x < \dfrac{h}{2}$ 时，有

$$r_x = (1.5h - 2h_x)p \quad (\text{m}) \qquad\qquad (\text{GYSD00102003-2})$$

上两式中　h——避雷针高度，m；

　　　　　h_x——被保护物体的高度，m；

　　　　　r_x——避雷针在 h_x 水平面上的保护半径，m；

　　　　　p——高度影响系数，$h \leqslant 30\text{m}$ 时，$p=1$，$30 < h \leqslant 120\text{m}$ 时，$p = \dfrac{5.5}{\sqrt{h}}$。

2. 双支等高避雷针

双支等高避雷针的保护范围见图 GYSD00102003-2（a），确定两针外侧保护范围的方法与单支避雷针的相同，两针间的保护范围可通过两针顶点及保护范围上部边缘的最低点的圆弧来确定，O 点的高度 h_O 按下式计算

$$h_O = h - \dfrac{D}{7p} \quad (\text{m}) \qquad\qquad (\text{GYSD00102003-3})$$

式中　D——两针间的距离，m；

p——高度影响系数，$h \leqslant 30\text{m}$ 时，$p=1$，$30 < h \leqslant 120\text{m}$ 时，$p = \dfrac{5.5}{\sqrt{h}}$。

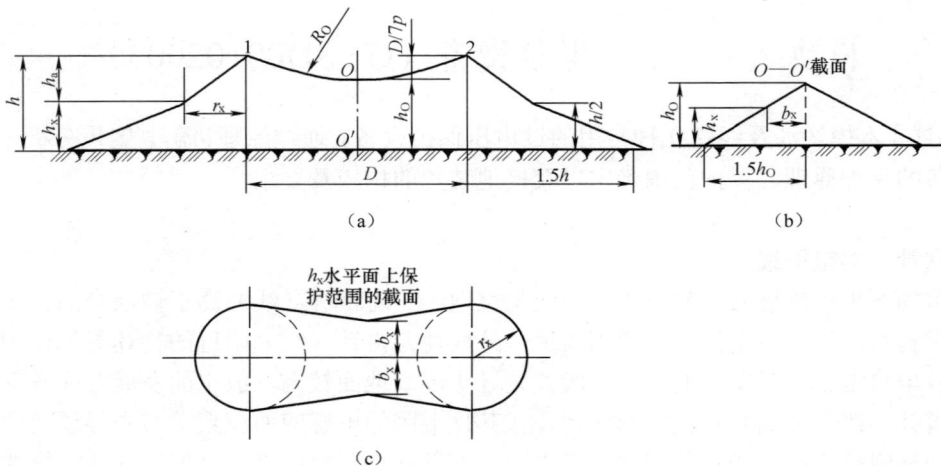

图 GYSD00102003-2 两支等高避雷针的保护范围

（a）两支等高避雷针的保护范围；（b）两针间高度为 h_x 的水平面上保护范围的截面；（c）高度为 h_x 的平面保护范围

两针间高度为 h_x 的水平面上保护范围的截面如图 GYSD00102003-2（b）所示，在 $O—O'$ 截面上，高度为 h_x 的平面保护范围一侧宽度 b_x ［见图 GYSD00102003-2（c）］可按下式计算

$$b_x = 1.5\,(h_O - h_x) \qquad \text{(GYSD00102003-4)}$$

一般两针间的距离与针高之比 D/h 不宜大于 5。

3. 两支不等高避雷针

两针外侧的保护范围仍按单针的方法确定。两针内侧的保护范围（见图 GYSD00102003-3）按以下方法确定：先按单针作出高针 1 的保护范围，然后经过较低针 2 的顶点作水平线与之交于点 3，再设点 3 为一假想针的顶点，作出 2 和 3 两等高避雷针在 h_x 水平面上的保护距离变为 D'。图中

$$f = \frac{D'}{7p}$$

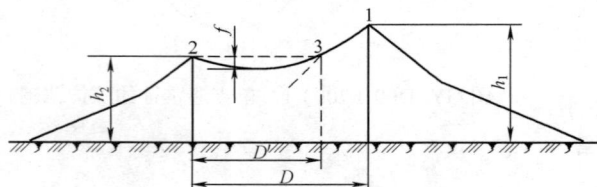

图 GYSD00102003-3 两支不等高避雷针的保护范围

4. 多支等高避雷针

3 支等高避雷针的保护范围见图 GYSD00102003-4，3 支针的安装地点 1、2、3 形成的三角形的外侧保护范围分别按两支等高针的方法确定，如果在三角形内被保护物最大高度 h_x 的水平面上各相邻避雷针保护范围的外侧宽度 $b_x \geqslant 0$，则曲线所围的平面全部得到保护。4 支及以上等高避雷针，可先将其分成两个或几个三角形，然后按确定 3 支等高避雷针在 h_x 水平面上保护范围的方法计算，见图 GYSD00102003-5。

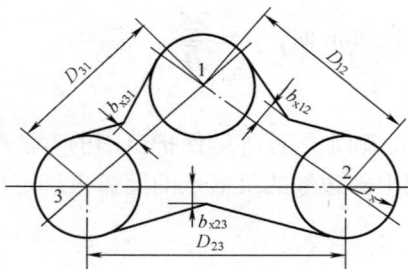

图 GYSD00102003-4 3 支等高避雷针的保护范围

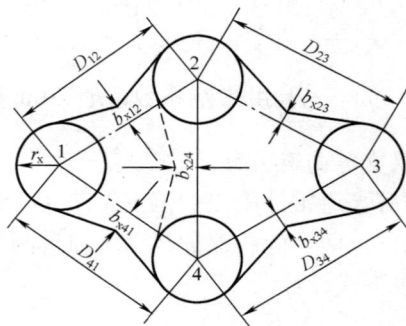

图 GYSD00102003-5 3 支等高避雷针的保护范围

（二）地线（又称架空地线）的保护范围

1. 单根架空地线的保护范围

确定单根架空地线的保护范围的方法见图 GYSD00102003-6。由架空地线两侧向下作与其铅垂面成 25°的斜面，构成上部的保护空间。在 $\frac{h}{2}$ 处转折，与地面上离地线水平距离为 h 的直线端相连的斜面，构成下部的保护空间。

在被保护高度为 h_x 的水平面上，架空地线两侧的保护范围或架空地线端部的保护半径，均可按式（GYSD00102003-5）、式（GYSD00102003-6）计算

当 $h_x \geq \frac{h}{2}$ 时，有

$$r_x = 0.47(h - h_x)p \quad （\text{m}） \tag{GYSD00102003-5}$$

当 $h_x < \frac{h}{2}$ 时，有

$$r_x = (h - 1.53h_x)p \quad （\text{m}） \tag{GYSD00102003-6}$$

系数 p 同前。

2. 两根架空地线的保护范围

两根等高平行架空地线的联合保护范围如图 GYSD00102003-7 所示。

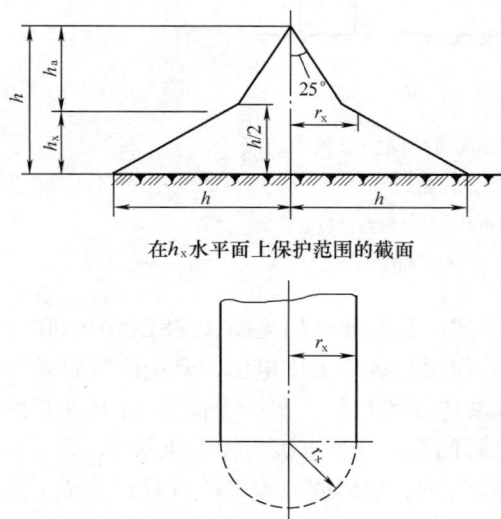

在 h_x 水平面上保护范围的截面

图 GYSD00102003-6　单根架空地线的保护范围

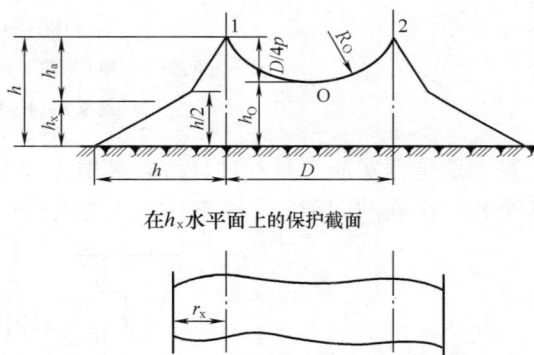

在 h_x 水平面上的保护截面

图 GYSD00102003-7　两平行架空地线 1、2 的保护范围

两线外侧的保护范围按单根架空地线计算，两线内侧保护范围横截面则通过两线之 1、2 点及保护范围上部边缘最低点 O 的圆弧确定。O 点的高度按式（GYSD00102003-7）计算

$$h_O = h - \frac{D}{4p} \quad （\text{m}） \tag{GYSD00102003-7}$$

式中　D——两架空地线间的距离，m；

　　　h——架空地线的高度，m；

　　　h_O——O 点的高度，m；

　　　p——高度影响系数，$h \leq 30\text{m}$ 时，$p = 1$，$30 < h \leq 120\text{m}$ 时，$p = \dfrac{5.5}{\sqrt{h}}$。

架空地线一般用于输电线路的直击雷防护，常用保护角的大小来表示其对导线的保护程度。保护角是指地线和边相导线的连线与经过地线的垂直线之间的夹角。雷击导线的概率随保护角减小而降低，所以按线路重要程度的不同，通常在 10°～25°之间选用不同的保护角，对重覆冰线路的保护角可适当加大。目前，实际的线路工程中，有些塔型也有采用负保护角的。

二、避雷器

避雷器的作用是限制过电压以保护电气设备。避雷器的类型主要有保护间隙、管型避雷器、阀型

避雷器和氧化锌避雷器等几种。保护间隙和管型避雷器主要用于限制大气过电压，一般用于配电系统、线路和发、变电站进线段的保护。阀型避雷器用于变电站和发电厂的保护，在220kV及以下系统主要用于限制大气过电压，在超高压系统中还用来限制内过电压或作内过电压的后备保护。

1. 保护间隙与管型避雷器

保护间隙由两个间隙（即主间隙和辅助间隙）组成，常用的角型间隙及其与被保护设备相并联的接线如图GYSD00102003-8所示。为使被保护设备得到可靠保护，间隙的伏秒特性上限应低于被保护设备绝缘的冲击放电伏秒特性的下限，并有一定的安全裕度。当雷电波入侵时，间隙先击穿，工作母线接地，避免了被保护设备上的电压升高，从而保护了设备。过电压消失后，间隙中仍有由工作电压所产生的工频电弧电流（称为续流），此电流是间隙安装处的短路电流，由于间隙的熄弧能力较差，往往不能自行熄灭，将引起断路器的跳闸。这样，虽然保护间隙限制了过电压，保护了设备，但将造成线路跳闸事故，这是保护间隙的主要缺点。为此可将间隙配合自动重合闸使用。

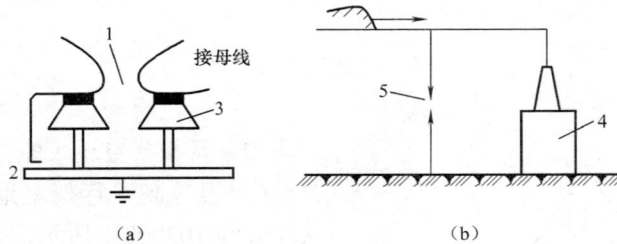

图 GYSD00102003-8 角型保护间隙及其与被保护设备的连接

（a）结构；（b）与被保护设备的连接

1—主间隙；2—辅助间隙（为防止主间隙被外界物体短路而装设）；

3—绝缘子；4—被保护设备；5—保护间隙

管型避雷器实质上是一种具有较高熄弧能力的保护间隙，其原理结构见图 GYSD00102003-9。它有两个相互串联的间隙，一个在大气中称为外间隙 S_2，其作用是隔离工作电压，避免产气管被流经管子的工频泄漏电流所烧坏；另一个间隙 S_1 装在管内称为内间隙或灭弧间隙，一个电极为棒形电极2，另一为环形电极3。管由纤维、塑料或橡胶等产气材料制成。雷击时内外间隙均被击穿，雷电流经间隙流入大地；过电压消失后，内外间隙的击穿状态将由导线上的工作电压所维持，此时流经间隙的工频电弧电流为工频续流，其值为管型避雷器安装处的短路电流，工频续流电弧的高温使管内产气材料分解出大量气体，管内压力升高，气体在高压力作用下由环形电极的开口孔喷出，形成强烈的纵吹，从而使工频续流在第一次经过零值时就被切断。管

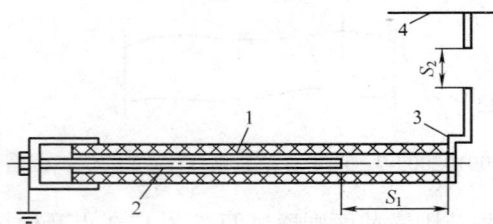

图 GYSD00102003-9 管型避雷器

1—产气管；2—棒形电极；3—环形电极；

4—工作母线；S_1—内间隙；S_2—外间隙

型避雷器的熄弧能力与工频续流大小有关，续流太大产气过多，管内气压太高将造成管子炸裂；续流太小产气过少，管内气压太低不足以熄弧，故管型避雷器切断工频续流有上下限的规定，通常在型号中表明，如 $GXS\dfrac{U_N}{I_{min}-I_{max}}$ 中，U_N 为额定电压，I_{max}、I_{min} 为熄弧电流上下限（有效值）。

管型避雷器的熄弧能力还与管子材料、内径和内间隙大小有关。使用时必须核算安装处在系统各种运行情况下短路电流的最大值，管型避雷器的熄弧电流上下限应分别大于和小于短路电流的最大值和最小值。

管型避雷器目前只用于线路保护（如大跨越和交叉档距以及变电站的进线保护）。

2. 阀型避雷器

阀型避雷器在220kV及以下系统主要用于限制大气过电压,在超高压系统还将用来限制内过电压。阀型避雷器基本原件为火花间隙和非线性电阻（即阀片）。间隙元件由多个统一规格的单个火花间

隙串联而成。同样，非线性电阻也是由多个非线性阀片电阻盘串联而成的。间隙与非线性电阻又互相串联，如图 GYSD00102003-10 所示。阀片的电阻随电流而变化，电流越大，电阻越小；反之，电流越小，电阻越大。

图 GYSD00102003-10 为阀型避雷器的工作原理示意图。当电力系统正常时，间隙 1 将阀片 2 和工作母线 3 隔离，这是由于间隙有足够的绝缘强度，在工作电压作用下，间隙不会击穿。当系统中出现了过电压，且幅值超过火花间隙的击穿电压，间隙先击穿，冲击电流通过阀片后流入大地。由于阀片具有电流大、电阻小的特性。因此，当冲击电流通过时电阻变得很小，在阀片上产生的压降（称为残压）不会很高，并低于被保护设备的绝缘耐压值，从而保护设备。当过电压消失后，阀片在工作电压作用下，有工频续流流过避雷器，但工频续流比冲击电流小得多，阀片电阻值变得很大，并使间隙能在工频续流第一次过零时将电弧切断，电网恢复正常运行。

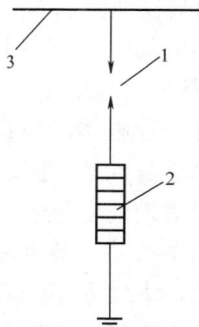

图 GYSD00102003-10　阀型避雷器的
工作原理示意图
1—间隙；2—阀片；3—母线

3. 磁吹避雷器

磁吹避雷器是利用磁场对电弧的电动力的作用，使电弧运动（拉长或缩短），以提高间隙的灭弧能力。

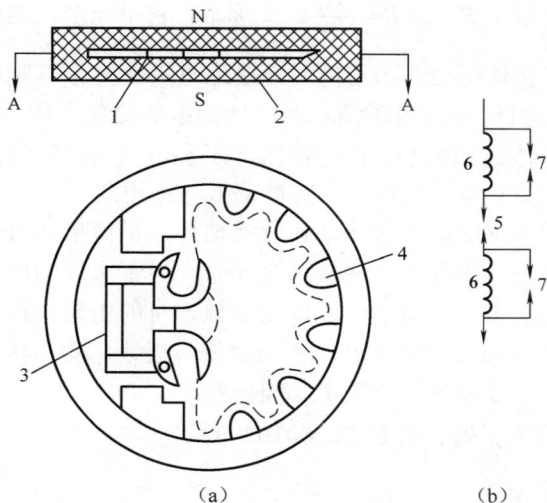

图 GYSD00102003-11　磁吹避雷器
（a）拉长电弧型的磁吹间隙；（b）等值电路图
1—电极；2—灭弧盒；3—分路电阻；4—灭弧栅；
5—主间隙；6—磁场线圈；7—分流间隙

磁吹避雷器与阀型避雷器的区别在于间隙的结构形状不同。它的间隙由一对装在灭弧盒上的角型电极组成，且在间隙上串联了两个线圈，如图 GYSD00102003-11 所示。这样，当过电压消失、间隙击穿、工频续流流过线圈时，产生磁场。电弧在磁场力作用下被拉入灭弧栅中，电弧被拉长，最终长度可达起始长度的几十倍，从而大大地提高了间隙的灭弧能力。同时，由于电弧被拉得很长，而且处在去游离很强的灭弧栅中，所以电弧电阻很大，可起到限制续流的作用。

4. 氧化锌避雷器

氧化锌避雷器仅由阀片构成，而没有间隙。阀片以氧化锌为主要原料烧结制成的多晶半导体陶瓷非线性元件，具有很理想的伏安特性。在工作电压作用下，流经氧化锌阀片的电流仅有 1mA，实际上相当于绝缘体。当作用在阀片上的电压超过某一值（此值称为动作电压）时，阀片将发生"导通"，冲击电流通过阀片泄入大地，从而保护了设备。"导通"后阀片上的残压与流过它的电流基本无关，而为一定值。当过电压消失后，阀片截止，无工频续流流过。

无间隙、无续流、阀片残压与电流无关是氧化锌避雷器的主要特点。此外，氧化锌避雷器还具有体积小、质量轻、结构简单、通流能力较高的特点。目前，氧化锌避雷器在线路上已有大量应用。

三、接地装置

接地可分为工作接地、保护接地和防雷接地。下面以介绍防雷接地为主，但是接地的基本概念三者都是共同的，而且在工程实施中也常常互相联系，所以也要提及工作接地和保护接地。

接地装置是接地体和接地线的总称。接地体是指埋入地中并直接与土壤接触的金属导体，分为单个接地体及多个接地体。

接地装置敷设方式有水平和垂直两种。水平接地体是用圆钢或扁钢水平敷设在地面以下的

0.5~1m 的坑槽内，由于雷电流等值频率甚高，考虑到接地体电感的影响，一般单根接地体的总长应不超过 100m。两水平接地体间的平行距离不应小于 5m。垂直接地体是用圆钢、角钢或钢管垂直埋入地下，其顶端在地面以下约 0.5~1m，垂直接地体的长度一般为 2.5m，为减少相邻接地体的屏蔽作用，垂直接地体的间距应不小于其长度的两倍。

1. 接地和接地电阻的基本概念

大地是个导电体，当其中没有电流流通时是等电位的，通常人们认为大地具有零电位。如果地面上的金属物体与大地牢固连接，在没有电流流通的情况下，金属物体与大地之间没有电位差，该物体也就具有了大地的电位——零电位，这就是接地的含义。换句话说，接地就是指将地面上的金属物体或电气回路中的某一节点通过导体与大地相连，使该物体或节点与大地保持等电位。

实际上，大地并不是理想导体，它具有一定的电阻率，如果有电流流过，则大地就不再保持等电位。被强制流进大地的电流是经过接地导体注入的，进入大地以后的电流以电流场的形式向四处扩散，如图 GYSD00102003-12 所示。设土壤电阻率为 ρ，大地内的电流密度为 δ，则大地中必然呈现相应的电场分布，其电场强度为 $E = \rho\delta$。离电流注入点愈远，地中电流的密度就愈小，因此可以认为在相当远（或者叫无穷远）处，地中电流密度 δ 已接近零，电场强度 E 也接近零，该处的电位为零电位。由此可见，当接地点有电流流入大地时该点相对于远处的零电位来说，将具有确定的电位升高，图 GYSD00102003-12 中画出了此时地表面的电位分布情况。

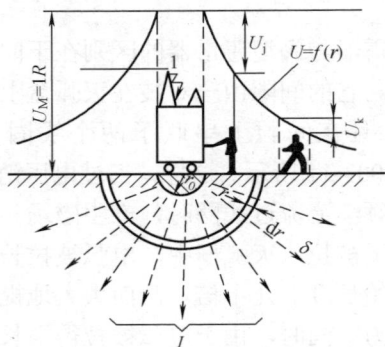

图 GYSD00102003-12　接地装置原理图

U_M—接地点电位；I—接地电流；U_j—接触电压；U_k—跨步电压

把接地点处的电位 U_M 与接地电流 I 的比值定义为接地电阻 R，即 $R = \dfrac{U_M}{I}$。实际上，它是一个接地阻抗。当接地电流，为定值时，接地电阻 R 愈小，则电位 U_M 愈低，反之则愈高。此时地面上的接地物体（如变压器外壳）也具有了电位 U_M，不利电气设备的绝缘以及人身安全，所以要尽可能降低接地电阻。

埋入地中的金属接地极或接地体，最简单的可以是单独的金属管、金属板或金属带。由于金属的电阻率远小于土壤电阻率，所以接地体本身的电阻在接地电阻 R 中可以忽略不计。R 的数值与接地体的形状、尺寸大小以及土壤电阻率等因素有关。

大地表面的土壤有多种类型，各种土壤电阻率的数值 ρ 列于表 GYSD00102003-1。

表 GYSD00102003-1　　　　　　　　　　土　壤　电　阻　率

土 壤 类 别	电阻率 ρ（$\Omega \cdot m$）	土 壤 类 别	电阻率 ρ（$\Omega \cdot m$）
沼泽地	5~40	砂砾土	2000~3000
泥土、黏土、腐植土	20~200	山地	500~3000
沙土	200~2500		

2. 工作接地、保护接地与防雷接地

电力系统中各种电气设备的接地可分为以下三种。

（1）保护接地。为了人身安全，电力系统中电气设备的金属外壳都需接地，这样就可以保证金属外壳经常固定为地电位，一旦设备绝缘损坏而使外壳带电时不致有危险的电位升高以避免工作人员触电伤亡。在正常情况下接地点没有电流入地，金属外壳保持地电位，但当设备发生故障有接地短路电流流入大地时，接地点和与它紧密相连的金属导体的电位都会升高，有可能威胁到人身的安全。

人所站立的地点与接地设备之间的电位差称为接触电压（取人手摸设备的 1.8m 高处，人脚离设备的水平距离为 0.8m），如图 GYSD00102003-12 中 U_j 所示。人的两脚着地点之间的电位差称为跨步电压（取跨距为 0.8m），如图 GYSD00102003-12 中 U_k 所示。它们都可能有甚高的数值使通过人体的电流超过危险值（一般规定为 10mA），减小接地电阻或改进接地装置的结构形式可以降低接触电压和

跨步电压，通常要求此两电压不超过 $\dfrac{250}{\sqrt{t}}$（t 为作用时间，s）。

（2）工作接地。这是根据电力系统正常运行方式的需要而接地的，如将系统的中性点接地。

在电力系统对地短路时，为使流过接地网的短路电流，在接地网上造成的电压 IR 不致太大，在中性点直接接地的系统中，要求

$$IR \leqslant 2000V \qquad\qquad （GYSD00102003\text{-}8）$$

如 $I > 4000A$ 时，可取 $R \leqslant 0.5\Omega$。在大地电阻率 ρ 值太高，按 $R \leqslant 0.5\Omega$ 的条件在技术经济上极不合理时，允许将 R 值提高到 $R \leqslant 5\Omega$，但在这种情况下，必须验算威胁人身安全的接触电压和跨步电压。

（3）防雷接地。这是针对防雷保护的需要而设置的，目的是减小雷电流通过接地装置时的地电位升高。

从物理过程看，防雷接地与前两种接地有两点区别：①雷电流的幅值大；②雷电流的等值频率高。雷电流的幅值大，就会使地中电流密度 δ 增大，因而提高了土壤中的电场强度（$E = \delta\rho$），在接地体附近尤为显著。若此电场强度超过土壤击穿场强（约 8.5kV/cm），则在接地体周围的土壤中便会发生局部火花放电，使土壤导电性增强，接地电阻减小。因此，同一接地装置在幅值甚高的冲击电流作用下，其接地电阻要小于工频电流下的数值。这种效应称为火花效应。

另一方面，由于雷电流的等值频率极高，这就使接地体自身电感的影响增大，阻碍电流向接地体远端流通。对于长度长的接地体，这种影响更加明显，结果会使接地体得不到充分利用，使接地装置的冲击接地电阻值大于工频接地电阻值，这种现象简称为电感影响。

单个接地体的冲击接地电阻 R_{ch} 与工频接地电阻 R_g 的关系为

$$R_{ch} = \alpha R_g \qquad\qquad （GYSD00102003\text{-}9）$$

式中　R_{ch}——冲击电流下的电阻称为冲击接地电阻，Ω；

　　　R_g——工频电流下的电阻称为工频接地电阻，Ω；

　　　α——接地体的冲击系数，与接地体的几何尺寸、雷电流的幅值和波形以及土壤电阻率等因素有关，一般为 0.2～1.25。

3. 输电线路的防雷接地

输电线路在每一杆塔下一般都设有接地体，并通过引线与地线相连，其目的是使击中地线的雷电流通过较低的接地电阻而进入大地。

在接地装置中，各接地体的连接应牢固可靠。在有强烈腐蚀的情况时，应采用镀铜或镀锌的接地体。接地装置除必须断开处以螺栓连接外，均须焊接。焊接时应搭接的长度：圆钢为直径的 6 倍，并双面焊牢；扁钢为带宽的 2 倍，并三面焊牢。接地装置与杆塔的连接方式如图 GYSD00102003-13 所示。引下线 7，一般采用 $\phi 12mm$ 镀锌圆钢，暴露在大气中的接地引下线，多采用镀锌钢绞线。

为了降低输电线路杆塔和地线的接地电阻，应首先尽可能利用杆塔金属基础，钢筋水泥基础，水泥杆的底盘、卡盘、接线盘等自然接地。当接地电阻不满足要求时，再增加人工接地体。人工接地体应尽量利用杆塔基础坑及施工时已使用的坑来埋设，以便减少土方量，减低成本，还可使接地体深埋，避免地表干湿变化的影响。

接地体应尽可能埋设在土壤电阻率较低的土

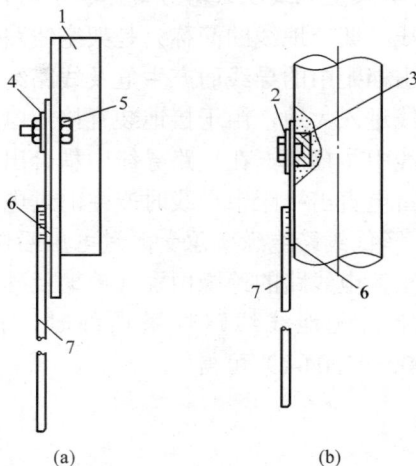

图 GYSD00102003-13　接地装置与杆塔的连接方法

（a）方法一；（b）方法二

1—杆塔的角钢腿；2—M16 镀锌螺钉；3—预先焊接在水泥杆
主筋上的 M16 螺母；4—垫圈；5—铁塔螺栓；
6—4×45 镀锌扁铁；7—引下线

层内。如杆塔处土壤电阻率很高，而附近有较低土壤电阻率的土层时，可以用接地带引至较低土壤电阻率处再做集中接地，但引线不宜超过 60m。此外，对于土壤电阻率极高处可考虑用换土的方法，即在接地沟内换用土壤电阻率较低的土壤。如果附近没有电阻率较低的土壤，可使用化学处理的方法。即在接地体周围土壤中加入化学物，如食盐、木炭、炉灰、氮肥渣、电石渣、石灰等，提高接地体周围土壤的导电性。这种方法虽然工程造价较低且效果明显，但土壤经人工处理后，会降低接地的热稳定性、加速接地体的腐蚀、减少接地体的使用年限。也有采用接地电阻降阻剂的，即在接地体周围敷设降阻剂，可以起到增大接体极外形尺寸、降低接地体与土壤的接触电阻的作用。

【思考与练习】

1．输电线路两根架空地线的保护范围如何确定？

2．电力系统中的接地有哪几种，具体说明。

3．什么叫接地装置？什么叫接地体？试表述接地的概念。什么叫接地电阻，其数值与哪些因素有关？

4．什么叫接触电压？什么叫跨步电压？

5．什么叫工频接地电阻？什么叫冲击接地电阻？其数值有什么不同，为什么？

6．如何降低接地电阻值？

模块 4　输电线路过电压的保护措施（GYSD00102004）

【模块描述】 本模块介绍架空输电线路过电压保护与绝缘配合。通过原理讲解和定性分析，掌握避雷线在线路防雷保护中的作用、输电线路的耐雷水平和雷击跳闸的概念、绝缘配合确定的方法，熟悉架空输电线路过电压保护的措施。

【正文】

输电线路大多地处旷野，易受雷击。在电网事故中，雷击线路造成的跳闸事故占有很大百分比。同时，雷击线路时，由线路入侵变电站的雷电波也是威胁变电站的主要因素，因此，对线路的防雷保护应予充分重视。

一、架空输电线路过电压保护

（一）架空地线在线路防雷保护中的作用

地线（架空地线的简称）是架空线路直击雷保护的最好措施。输电线路装设架空地线目的是防止雷电直击档距中的导线而产生危及线路绝缘的过电压。装设架空地线后，雷电流就可沿架空地线经接地引下线进入大地，由于接地装置接地电阻大小不同，在杆塔顶部会造成不同的电位；同时雷电波在架空地线中传播时，在线路导线中耦合出一个雷电波。但这雷电波及杆塔顶部电位对线路绝缘的作用都比在雷电直击档距中导线时产生的过电压幅值低得多。

1．降低线路绝缘所承受的过电压幅值

架空输电线路的绝缘由瓷（玻璃及硅橡胶）绝缘和空气绝缘构成。

当雷击无地线线路杆塔顶部时，杆塔顶部的电位 U_{td}（即杆塔上绝缘子的电位）根据式（GYSD00102004-1）可得

$$U_{td} = IR_{ch} + hL_0 \frac{di_{gt}}{dt}$$

$$= IR_{ch} + L_{gt} \frac{di_{gt}}{dt} \qquad \text{（GYSD00102004-1）}$$

式中　I——雷电流幅值；

　　　R_{ch}——杆塔的冲击接地电阻；

　　　h——杆塔顶部高；

　　　L_0——杆塔单位长度电感；

L_{gt}——杆塔等值电感，见表 GYSD00102004-1；

$\dfrac{\mathrm{d}i_{gt}}{\mathrm{d}t}$——雷电流上升的速度。

表 GYSD00102004-1　　　　　杆 塔 的 电 感 和 波 阻

杆 塔 型 式	杆塔电感（μH/m）	杆塔波阻（Ω）	杆 塔 型 式	杆塔电感（μH/m）	杆塔波阻（Ω）
钢筋混凝土单杆（无拉线）	0.84	250	有四条引下线的 AH 型木杆	0.60	180
钢筋混凝土单杆（有拉线）	0.42	125	塔型铁塔	0.50	150
钢筋混凝土双杆（无拉线）	0.42	125	门型铁塔	0.42	125
有两条引下线的门型木杆	0.84	250			

当雷击有架空地线线路杆塔顶部时，雷电流的大部分 i_{gt} 经过被击杆塔入地，小部分电流则经过地线由相邻杆塔入地，如图 GYSD00102004-1 所示。

流经被击杆塔入地的电流 i_{gt} 与雷电流 i 的关系为

$$I_{gt}=\beta I \qquad （GYSD00102004-2）$$

式中　β——杆塔的分流系数，它小于 1。

对一般档距的架空线路，杆塔的分流系数 β 值见表 GYSD00102004-2。

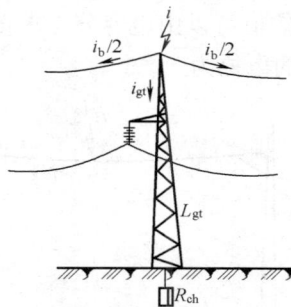

图 GYSD00102004-1　雷击杆塔顶部或附近地线

表 GYSD00102004-2　　　　　一般长度档距的线路杆塔的分流系数 β

线路额定电压（kV）	地线根数	β 值	线路额定电压（kV）	地线根数	β 值
330 ~ 500	2	0.88	110	1	0.90
220	1	0.92		2	0.86
	2	0.88			

这样，雷击杆塔顶部时，杆塔顶部电压 U_{td} 为

$$U_{td}=I_{gt}R_{ch}+L_{gt}\dfrac{\mathrm{d}i_{gt}}{\mathrm{d}t}$$

$$=\beta I R_{ch}+\beta L_{gt}\dfrac{\mathrm{d}i}{\mathrm{d}t} \qquad （GYSD00102004-3）$$

比较式（GYSD00102004-3）和式（GYSD00102004-1）可知，由于架空地线的分流作用，降低了雷击杆塔顶部的电位。若分流系数 β 愈小，杆塔顶部电位愈低。

取雷电波波头长度为 2.6μs，于是

$$\dfrac{\mathrm{d}i}{\mathrm{d}t}=\dfrac{I}{2.6}$$

则塔顶电位的幅值 U_{td} 为

$$U_{td}=\beta I\left(R_{ch}+\dfrac{L_{gt}}{2.6}\right) \qquad （GYSD00102004-4）$$

当雷击无架空地线线路档距中部的导线 A 点时，如图 GYSD00102004-2 所示。若导线波阻抗 Z 等于雷电通道的波阻抗 Z_1，雷直击于架空线路时，一侧导线流过的电流约为统计测量雷电流的 1/2，即为 $I/2$。此时加于杆塔上绝缘子的电位为 A 点的最大电位，可用下式计算

$$U_A=\dfrac{Z}{2}\times\dfrac{I}{2}=\dfrac{IZ}{4} \qquad （GYSD00102004-5）$$

取 $R_{ch}=10\Omega$，$Z=400\Omega$，$I=15kA$，$L_{gt}=0.42\mu H/m\times16m=6.72\mu H$，$\beta=0.90$。根据式（GYSD00102004-4），可计算雷击有架空地线线路杆塔顶部时，杆塔顶部电位 U_{td}（即杆塔上绝缘子电

位）为

$$U_{td} = 0.9 \times 15 \times \left(10 + \frac{6.72}{2.6}\right) = 170 \quad (kV)$$

根据式（GYSD00102004-5），可计算雷击无架空地线线路档距中部导线 A 点时的电位 U_A（即杆塔上绝缘子的电流）为

$$U_A = \frac{15 \times 400}{4} = 1500 \quad (kV)$$

比较上面计算的结果，可见采用架空地线时加于线路绝缘子串的电位比无架空地线时约降低 8 倍。

2. 耦合作用

图 GYSD00102004-3 中，当雷击于输电线路的导线 1、幅值为 U 的电压波在导线 1 中进行时，与导线 1 平行的导线 2，处在导线 1 的电压波的电磁场内，而获得了一定的电位 U_2，这种现象称为耦合作用。U_2 的值可以由电容分压求得，图中 C_{12}、C_{22} 分别为导线线间的电容和导线的对地电容。显然导线 2 各点的电位为

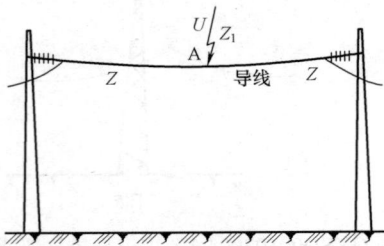

图 GYSD00102004-2　雷击档距中部导线　　　　图 GYSD00102004-3　耦合作用

$$U_2 = U \frac{C_{12}}{C_{12} + C_{22}}$$
$$U_2 = K_0 U \quad\quad\quad (GYSD00102004-6)$$

式中　K_0——几何耦合系数。

工程计算中 K_0 值可取：110kV 以上的线路，$C_{22} \approx 4C_{12}$，$K_0 \approx 0.2$；35kV 及以下的线路，$C_{22} \approx 3C_{12}$，$K_0 \approx 0.25$。

当导线 1 受直接雷击后，由于雷电压幅值 U 较大，导线 1 将产生强烈的电晕，相当于使导线 1 的直径增大，称为电晕效应，此时两导线间的耦合系数由 K_0 增大到 K，且为

$$K = K_1 K_0 \quad\quad\quad (GYSD00102004-7)$$

式中　K_1——电晕效应校正系数，其值和导线 1 本身的电位有关，但永远大于 1，见表 GYSD00102004-3。

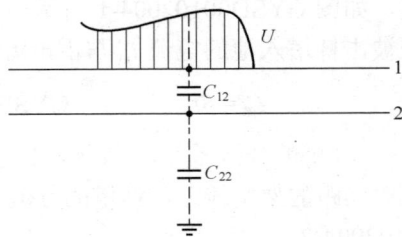

表 GYSD00102004-3　　　　　　耦合系数的电晕效应校正系数

线路额定电压（kV）	20～35	60～110	220～330	500
单地线	1.15	1.25	1.3	—
双地线	1.1	1.2	1.25	1.28

注　当雷直击地线档距中央时，由于电位极高，取 $K_1 = 1.5$；35kV 及以下线路无地线时可取 $K_1 = 1.15$。

求得导线 2 由导线 1 耦合而得的电压 U_2 后，即可求出导线 1 和导线 2 之间绝缘所受电压 U_{12} 为

$$U_{12} = U - U_2 = U(1 - K) \quad\quad\quad (GYSD00102004-8)$$

由上可知，由于导线的耦合作用，导线 2 上的电位及导线 1 和导线 2 之间绝缘所受的电压都比雷电压幅值小。显然，雷击架空地线时，由于架空地线耦合作用，将使线路绝缘上所受的电压降低。

3. 屏蔽作用

由 GYSD00102002 内容可知，感应过电压对水泥杆的 35kV 及其以下的线路会引起一定的闪络事故。如果线路上装有架空地线，由于架空地线对导线有屏蔽作用，导线上的感应电压由 U_g 下降到 $U_g(1-K)$。这是因为，先导电荷产生的电力线有一部分被架空地线截住，导线上感应的束缚电荷减

小，感应过电压也减小。

式（GYSD00102002-2）是在 $s > 65m$ 时使用的。如果 $s < 65m$ 雷击，就被架空地线或杆塔所吸引而击于线路本身。当雷击于杆塔或输电线路附近的架空地线（针）时，空中迅速变化的电磁场将在导线上感应出符号相反的过电压。在无架空地线时，对一般高度的线路，这一感应过电压的最大值可用下式计算

$$U_g = \alpha h_d \ （kV） \tag{GYSD00102004-9}$$

式中　h_d——导线悬挂的平均高度，m；

　　　　α——系数，其值等于以 kA/μs 为单位的雷电流平均陡度，一般取 $\dfrac{I}{2.6}$。

在有架空地线时，由于它的屏蔽效应，式（GYSD00102004-9）的 U_g 值将下降为

$$U'_g = U_g \ (1-K) = \alpha h_d \ (1-K) \tag{GYSD00102004-10}$$

（二）输电线路的耐雷水平和雷击跳闸率

输电线路防雷性能的优劣主要由耐雷水平及雷击跳闸率来衡量。雷击线路时线路绝缘不发生闪络的最大雷电流幅值称为"耐雷水平"，以 kA 为单位，低于耐雷水平的雷电流击于线路不会引起闪络，反之，则必然发生闪络。每 100km 线路每年由雷击引起的跳闸次数称为"雷击跳闸率"，这是衡量线路防雷性能的综合指标。

1. 耐雷水平

根据式（GYSD00102004-4），雷击有地线线路杆塔顶部时，杆塔顶部的电位为

$$U_{td} = \beta I \left(R_{ch} + \frac{L_{gt}}{2.6} \right)$$

由于架空地线的耦合作用，根据式（GYSD00102004-8）架空地线与导线间的电压，即导线绝缘子串所承受的电压为

$$U_{td}(1-K) = \beta I \left(R_{ch} + \frac{L_{gt}}{2.6} \right)(1-K)$$

此外，当雷击杆塔顶部（或架空地线）时，在导线上产生感应过电压，根据式（GYSD00102004-10）可知，感应过电压最大值为

$$U'_g = U_g \ (1-K) = \alpha h_d \ (1-K) = \frac{I}{2.6} h_d \ (1-K)$$

所以导线绝缘子串所承受的电压最大值为

$$
\begin{aligned}
U_j &= U_{td} \ (1-K) + \alpha h_d \ (1-K) \\
&= \beta I \left(R_{ch} + \frac{L_{gt}}{2.6} \right)(1-K) + \frac{I}{2.6} h_d (1-K) \\
&= I \left(\beta R_{ch} + \frac{\beta L_{gt}}{2.6} + \frac{h_d}{2.6} \right)(1-K)
\end{aligned}
\tag{GYSD00102004-11}
$$

式（GYSD00102004-11）中，当 U_j 值不小于某一相绝缘子串的 $U_{50\%}$ 时（$U_{50\%}$ 为绝缘子 50% 的冲击放电电压值），将会产生杆顶对该相导线闪络反击。此时，雷击杆塔顶部的耐雷水平为

$$I_1 = \frac{U_{50\%}}{\left(\beta R_{ch} + \dfrac{\beta L_{gt}}{2.6} + \dfrac{h_d}{2.6} \right)(1-K)} \tag{GYSD00102004-12}$$

DL/T 620—1997 规定，不同电压等级输电线路，雷击杆塔时的耐雷水平 I_1 不应低于表 GYSD00102004-4 所列数值。

表 GYSD00102004-4　　　　　　　　　有地线线路的耐雷水平　　　　　　　　　　　　　　　kA

额　定　电　压	35	60	110	220	330	500
耐　雷　水　平	20~30	30~60	40~75	75~110	100~150	125~175

模块
4

GYSD00102004

由式（GYSD00102004-12）可知，雷击杆塔顶部的耐雷水平与架空地线和导线间的耦合系数 K、分流系数 β、冲击接地电阻 R_{ch} 杆塔等值电感 L_{gt} 及绝缘子串的冲击放电电压 $U_{50\%}$ 有关。在电力工程上常采用降低接地电阻 R_{ch} 和提高耦合系数 K 来提高线路的耐雷水平。提高耦合系数的方法是将单架空地线改为双架空地线；或在导线下方增设架空地线，又称耦合地线。其作用增强导、架空地线间耦合作用。

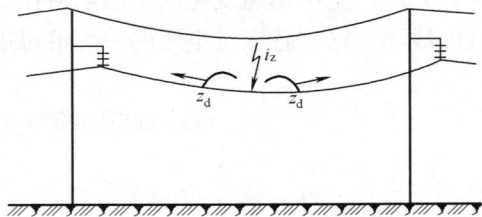

图 GYSD00102004-4　绕击导线

装设架空地线的线路仍然有雷绕过架空地线而击于导线的可能性，虽然绕击的概率很小，但一旦出现此情况，则往往会引起线路绝缘子串的闪络。

如图 GYSD00102004-4 所示，绕击时雷击点阻抗为 $z_d/2$（z_d 为导线波阻抗），则流经雷击点的雷电流 i_z 为

$$i_z = \frac{i}{1 + \dfrac{z_d/2}{z_0}}$$

导线的电压为

$$u_d = i_z \frac{z_d}{2} = i \frac{z_0 z_d}{2z_0 + z_d}$$

其幅值为

$$U_d = I \frac{z_0 z_d}{2z_0 + z_d} \tag{GYSD00102004-13}$$

从式（GYSD00102004-13）可知，绕击时导线上电压幅值 U_d 随雷电流幅值 I 的增加而增加，若超过线路绝缘子串的冲击闪络电压，则绝缘子串将发生闪络，绕击时的耐雷水平 I_2 可令 U_d 等于绝缘子串 50%闪络电压（$U_{50\%}$）来计算，即

$$I_2 = U_{50\%} \frac{2z_0 + z_d}{z_0 z_d} \tag{GYSD00102004-14}$$

DL/T 620—1997 认为 $z_0 \approx \dfrac{z_d}{2}$，故

$$I_2 \approx U_{50\%} \frac{4}{z_d} \approx \frac{U_{50\%}}{100} \tag{GYSD00102004-15}$$

例 GYSD00102004-1　平原地区 220kV 双地线线路如图 GYSD00102004-5 所示，导线的弧垂为 12m，架空地线对外侧导线的几何耦合系数 $K_0 = 0.237$，绝缘子串由 $13 \times$ XP-70 组成，其正极性 $U_{50\%}$ 为 1410kV，杆塔冲击接地电阻 R_{ch} 为 7Ω，求该线路的耐雷水平。

解　导线的平均高度 $h_d = 23.4 - \dfrac{2}{3} \times 12 = 15.4$（m）

由表 GYSD00102004-3 查得电晕效应校正系数 $K_1 = 1.25$，故经电晕修正后耦合系数为

$$K = K_0 K_1 = 1.25 \times 0.237 = 0.296$$

由表 GYSD00102004-1 查得每米杆塔的等值电感为 $0.5\mu H/m$，则整基杆塔的等值电感为

$$L_{gt} = 29.1 \times 0.5 = 14.5 \quad (\mu H)$$

由表 GYSD00102004-2 查得杆塔的分流系数 $\beta = 0.88$，根据式（GYSD00102004-12）得雷击杆塔的耐雷水平为

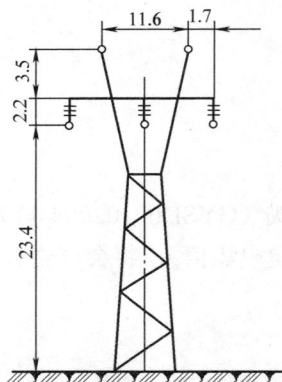

图 GYSD00102004-5　某 220kV 线路的杆塔（图中单位为 m）

$$I_1 = \frac{U_{50\%}}{\left(\beta R_{ch} + \dfrac{\beta L_{gt}}{2.6} + \dfrac{h_d}{2.6}\right)(1-K)}$$

$$= \frac{1410}{\left(0.88 \times 7 + \dfrac{0.88 \times 14.5}{2.6} + \dfrac{15.4}{2.6}\right) \times (1-0.296)} = 118 \text{（kA）}$$

根据式（GYSD00102004-15）得绕击得耐雷水平为

$$I_2 \approx \frac{U_{50\%}}{100} = \frac{1410}{100} = 14.1 \text{（kA）}$$

2. 雷击跳闸率

输电线路雷击后，即发生绝缘闪络，但是否能引起线路跳闸与系统中性点接地方式有关。在中性点直接接地的电力系统中，因为一相对地接地电流很大，故会引起跳闸。对于中性点不直接接地的电力系统，当一相对地闪络时，工频接地电流很小，就不会引起线路跳闸，仍能继续送电；如果再向第二相反击，将形成相间短路的较大电流，引起线路跳闸。

绝缘发生闪络的原因，一是由于雷击有架空地线线路的杆塔顶部或架空地线；二是由于雷电绕过架空地线直击于导线（即绕击）。

雷击杆塔及杆塔附近的架空地线时，雷电流从杆塔顶部入地，杆塔顶部产生较高的电位，此电位对一相导线反击使绝缘子串闪络。另外，雷击架空地线档距中央时，雷击点离杆塔接地点较远，雷电波遇到很大的阻抗，因此雷击点电压升高，将可能使架空地线和导线间空气绝缘击穿，而发生闪络。但运行经验证明，当空气距离 S 满足式（GYSD00102004-16）时，就不会发生架空地线与导线空气绝缘闪络。

$$S \geq 0.012\, l + 1 \tag{GYSD00102004-16}$$

式中　S——空气距离，m；

　　　l——档距，m；

　　　1——常数，m。

又雷击架空地线档距中央时，因为雷电流是经两侧的杆塔入地，这个雷电流流过杆塔时，产生的杆塔顶部电位比雷直击杆塔顶部时小得多，也很难引起绝缘子串的闪络。因此我们只考虑雷击杆塔及其附近的架空地线时，发生闪络，引起的跳闸的情况。

（1）雷击杆塔时的跳闸率。如 GYSD00102002 内容所述，每 100km 有架空地线的线路每年（40个雷暴日）落雷次数为 $N = 0.28(b + 4h_b)$ 次。则每 100km 线路每年雷击杆塔次数为 $0.28(b + 4h_b)g$ 次，每 100km 线路每年雷击杆塔跳闸次数为

$$n_1 = 0.28(b + 4h_b)g\eta p_1 \tag{GYSD00102004-17}$$

式中　h_b——架空地线的平均高度；

　　　g——击杆率，即雷击杆塔次数与雷击线路总次数的比，规程 DL/T 620—1997 建议击杆率按表 GYSD00102004-5 取值；

　　　η——建弧率，闪络转变为稳定工频电弧的概率；

　　　p_1——雷击杆塔时雷电流大于耐雷水平的概率。

表 GYSD00102004-5　　　　　　　　击　杆　率　g

地　形 ＼ 架空地线根数	1	2	3
平　原	1/2	1/4	1/6
山　区	—	1/3	1/4

（2）绕击跳闸率。架空地线对线路的保护并非绝对的，雷电有可能绕过架空地线直击于导线，即

具有一定的绕击率，因此每100km线路每年的绕击跳闸次数 n_2 为

$$n_2 = 0.28(b + 4h_b)\eta p_a p_2 \qquad \text{（GYSD00102004-18）}$$

式中　p_a——绕击率；

　　　　p_2——雷绕击导线时雷电流大于耐雷水平的概率。

（3）线路雷击跳闸率。如前述，若架空地线与导线在档距中央处的空气间隙距离 S 满足式（GYSD00102004-16），则雷击地线档距中央一般不会发生击穿事故，故其跳闸率可视为零。

所以，有架空地线的线路每100km线路雷击（40个雷暴日）总跳闸率 n 为

$$
\begin{aligned}
n &= n_1 + n_2 \\
&= 0.28(b + 4h_b)g\eta p_1 + 0.28(b + 4h_b)\eta p_a p_2 \\
&= 0.28(b + 4h_b)\eta(gp_1 + p_a p_2) \quad \text{［次/（100km·年）］} \qquad \text{（GYSD00102004-19）}
\end{aligned}
$$

（三）输电线路的防雷措施

在确定输电线路的防雷方式时，应全面考虑线路的重要程度、系统运行方式、线路经过地区雷电活动的强弱、地形地貌的特点、土壤电阻率的高低等条件，结合当地原有线路的运行经验，根据技术经济比较的结果，因地制宜，采取合理的保护措施。

1. 架设架空地线

架空地线是高压和超高压输电线路最基本的防雷措施，其主要目的是防止雷直击导线，此外，架空地线对雷电流还有分流作用，可以减小流入杆塔的雷电流，使塔顶电位下降；对导线有耦合作用，可以降低导线上的感应过电压。

我国规程规定：500kV 及以上应全线架设双架空地线；年平均雷暴日数超过 15 的地区220~330kV 输电线路应全线架设架空地线，山区宜架设双架空地线；110kV 线路宜沿全线架设架空地线，在年平均雷暴日数不超过 15 或运行经验证明雷电活动轻微的地区可不架设架空地线。无架空地线的输电线路，宜在变电站的进出线架设 1~2km 架空地线。

杆塔上地线对边导线的保护角，对于同塔双回或多回路，220kV 及以上线路的保护角均不大于 0°，110kV 线路不大于 10°；对于单回路，500~750kV 线路的保护角不大于 10°，330kV 及以下线路不大于 15°；单地线线路不大于 25°。对重覆冰线路的保护角可适当加大。

为了降低正常工作时架空地线中电流所引起的附加损耗和将架空地线兼作通信用，可将架空地线经小间隙对地绝缘起来，雷击时此小间隙击穿，架空地线接地。

2. 降低杆塔接地电阻

对于一般高度的杆塔，降低杆塔接地电阻是提高线路耐雷水平防止反击的有效措施。规程规定，有架空地线的线路，每基杆塔（不连地线）的工频接地电阻，在雷季干燥时不宜超过表 GYSD00102004-6所列数值。

表 GYSD00102004-6　　　　装有地线的线路杆塔工频接地电阻值（上限）

土壤电阻率 ρ（Ω·m）	土壤工频接地电阻（Ω）	土壤电阻率 ρ（Ω·m）	土壤工频接地电阻（Ω）
100 及以下	10	1000 以上至 2000	25
100 以上至 500	15	2000 以上	30，或敷设 6~8 根总长不超过 500m 的放射线，或用两根连续伸长接地线，阻值不作规定
500 以上至 1000	20		

土壤电阻率低的地区，应充分利用杆塔的自然接地电阻，采用与线路平行的地中伸长地线的办法可以因其与导线间的耦合作用而降低绝缘子串上的电压，从而使线路的耐雷水平提高。

3. 架设耦合地线

在降低杆塔接地电阻有困难时，可以采用在导线下方架设架空地线的措施，其作用是增加架空地线与导线间的耦合作用以降低绝缘子串上的电压。此外，耦合地线还可增加对雷电流的分流作用。运行经验证明，耦合地线对降低雷击跳闸率的作用是很显著的。

4. 采用不平衡绝缘方式

在现代高压及超高压线路中，同杆架设的双回路线路日益增多，对此类线路在采用通常的防雷措施尚不能满足要求时，还可采用不平衡绝缘方式来降低双回路雷击同时跳闸率，以保证不中断供电。不平衡绝缘的原则是使两回路的绝缘子串片数有差异，这样，雷击时绝缘子串片数少的回路先闪络，闪络后的导线相当于地线，增加了对另一回路导线的耦合作用，提高了另一回路的耐雷水平使之不发生闪络以保证继续供电，一般认为，两回路绝缘水平的差异宜为 $\sqrt{3}$ 倍相电压（峰值），差异过大将使线路总故障率增加，差异究竟为多少，应从各方面技术经济比较来决定。

5. 装设自动重合闸

由于雷击造成的闪络大多能在跳闸后自行恢复绝缘性能，所以重合闸成功率较高，据统计，我国 110kV 及以上高压线路重合成功率为 75%～95%，35kV 及以下线路约为 50%～80%，因此各级电压的线路应尽量装设自动重合闸。

6. 采用消弧线圈接地方式

对于雷电活动强烈、接地电阻又难以降低的地区，可考虑采用中性点不接地或经消弧线圈接地的方式，绝大多数的单相着雷闪络接地故障能被消弧线圈所消除。而在两相或三相着雷时，雷击引起第一相导线闪络并不会造成跳闸，闪络后的导线相当于地线，增加了耦合作用，使未闪络相绝缘子串上的电压下降，从而提高了耐雷水平。

7. 装设避雷器

一般在线路交叉处和高杆塔上装设避雷器以限制过电压。

8. 加强绝缘

在冲击电压作用下木材是较良好的绝缘，因此可以采用木横担来提高耐雷水平和降低建弧率，我国受客观条件限制一般不采用木绝缘。

对于高杆塔，可以采取增加绝缘子串片数的办法来提高其防雷性能。高杆塔的等值电感大，感应过电压大，绕击率也随高度而增加，因此规程规定，全高超过 40m 有地线的杆塔，每增高 10m 应增加一片绝缘子；全高超过 100m 的杆塔，绝缘子片数应结合运行经验通过计算确定。

二、绝缘配合

（一）概述

合理地绝缘配合是电力系统安全可靠运行的保证。电力系统绝缘配合是指综合考虑电气设备在电力系统中可能承受的各种作用电压（工作电压、内过电压及外过电压）、保护装置的特性和设备绝缘对作用电压的耐受特性之间的关系。

电力网的绝缘包括电气设备的绝缘、导线的绝缘以及线路的绝缘。

各种过电压可能先受到各种限压措施（例如架空地线、避雷器、断路器的并联电阻等）的限制，然后作用在绝缘上。绝缘配合就是根据线路及设备所在电网中可能出现的各种电压（正常工作电压和过电压）、考虑各种限压措施及投资费、维护费，以确定线路及设备必要的绝缘水平。

对于 220kV 及其以下电压的线路绝缘，一般应能耐受通常可能出现的内过电压，不需采用专门的限制内部过电压的措施，且能避免在正常工作时，由于绝缘污秽引起的闪络事故。还应按规定的耐雷水平进行校验，以保证耐受大气过电压的作用。

330kV 及其以上电压的线路绝缘，由于送电距离很长，可能引起很大的工频电压升高及内部过电压，所以应采取措施限制工频电压升高及内部过电压，如采用并联电抗器或装有并联电阻的断路器等。

对于输电线路绝缘和变电站电气设备绝缘之间不存在绝缘配合问题。通常，线路绝缘水平远高于变电站电气设备的绝缘水平，因为变电站是专靠避雷针、避雷器及进线段等保护的，如降低线路绝缘使之与变电站配合，则会使线路事故大为增多。

（二）线路的绝缘配合

架空导线的绝缘包括绝缘子串和导线对杆塔（或构架）的空气间隙。线路的绝缘配合就是根据大气过电压、内过电压及工作电压的要求，决定线路绝缘子串中绝缘子的个数和正确选择导线对杆塔（或构架）的空气间隙。

1．线路绝缘子串中绝缘子个数

线路绝缘子串中绝缘子个数的决定，在海拔 1000m 及以下地区，直线杆塔线路绝缘子串中绝缘子个数 n，应先按最高工作电压下污秽条件规定的爬电比距和内过电压倍数初步选定，爬电比距 s 的定义为电力设备外绝缘的爬电距离对最高工作电压有效值之比。根据现行设计规范中所给的高压架空线路污秽分级标准，其中线路爬电比距计算取系统最高工作线电压。即

$$\lambda = \frac{nL_{01}}{U_m} \quad (\text{cm/kV}) \qquad (\text{GYSD00102004-20})$$

式中　U_m——最高工作电压，取额定线电压的 1.15 倍，kV；

　　　L_{01}——单片悬式绝缘子的几何爬电距离，cm。

长期运行经验证明，在不同污秽地区的线路，当 λ 值小于一定值 λ_0 时，清晨极易出现雾闪，有时甚至大面积闪络。λ_0 与空气中的污秽情况和水分多少有关，为满足线路运行可靠性的要求，我国按外绝缘污秽程度不同，将污秽划分为 5 个等级，表 GYSD00102004-7 给出了各种污秽情况的 λ_0 值。将表中 λ_0 值代入式（GYSD00102004-20），且考虑绝缘子爬电距离有效系数 K_e 后，即可求得最高工作电压下每串绝缘子的个数 n_g，即

$$n_g \geqslant \frac{\lambda_0 U_m}{K_e L_{01}} \qquad (\text{GYSD00102004-21})$$

表 GYSD00102004-7　　　　　　　　　　高压架空线路污秽等级和爬电比距

污秽等级	污湿特征	盐密（mg/cm²）	线路爬电比距（cm/kV）	
			220kV 及以下	330kV 及以上
0	大气清洁地区及离海岸盐场 50km 以上无明显污染地区	≤0.03	1.39（1.60）	1.45（1.60）
I	大气轻度污染地区，工业区和人口低密集区，离海岸盐场 10~50km 地区。在污闪季节中干燥少雾（含毛毛雨）或雨量较多时	>0.03~0.06	1.39~1.74（1.60~2.00）	1.45~1.82（1.60~2.00）
II	大气中等污染地区，轻盐碱和炉烟污秽地区，离海岸盐场 3~10km 地区，在污闪季节中潮湿多雾（含毛毛雨）但雨量较少时	>0.06~0.10	1.74~2.17（2.00~2.50）	1.82~2.27（2.00~2.50）
III	大气污染较严重地区，重雾和重盐碱地区，近海岸盐场 1~3km 地区，工业与人口密度较大地区，离化学污源和炉烟污秽 300~1500m 的较严重污秽地区	>0.10~0.25	2.17~2.78（2.50~3.20）	2.27~2.91（2.50~3.20）
IV	大气特别严重污染地区，离海岸盐场 1km 以内，离化学污源和炉烟污秽 300m 以内的地区	>0.25~0.35	2.78~3.30（3.20~3.80）	2.91~3.45（3.20~3.80）

注　爬电比距计算时取系统最高工作电压。上表括号内数值为按标称电压计算的值。

绝缘子爬电距离的有效系数，主要由各种绝缘子几何爬电距离在试验和运行中提高污秽耐压的有效性来确定；并以 XP-70、XP-160 型绝缘子为基础，其 K_e 值取为 1。

几种常见绝缘子爬电距离有效系数 K_e 如下表 GYSD00102004-8 所示。

表 GYSD00102004-8　　　　　　　常见绝缘子爬电距离有效系数 K_e

绝缘子型号	盐密			
	0.05（mg/cm²）	0.10（mg/cm²）	0.20（mg/cm²）	0.40（mg/cm²）
浅钟罩型绝缘子	0.90	0.90	0.80	0.80
双伞型绝缘子（XWP2-160）	1.0			
长棒型瓷绝缘子	1.0			
三伞型绝缘子	1.0			
玻璃绝缘子（普通型 LXH-160）	1.0			
深钟罩玻璃绝缘子	0.8			
复合绝缘子	≤2.5（cm/kV）		>2.5（cm/kV）	
	1.0		1.3	

例 GYSD00102004-2 某经过为 0 级污秽区的 220kV 线路，采用 XP-70 型悬式绝缘子（爬电距离 $L_{01}=29\text{cm}$），试按工作电压要求确定绝缘子串的绝缘子片数。

解 由式（GYSD00102004-21）得

$$n_g \geq \frac{\lambda_0 U_m}{K_e L_{01}} = \frac{1.39 \times (220 \times 1.15)}{1 \times 29} = 12.13，取 13 片。$$

由于式（GYSD00102004-21）是线路运行经验得总结，其中已经计及可能存在的零值绝缘子，因此所得 n_g 值即为实际应取值，不需再加零值片数。

中性点非直接接地系统可能带单相接地故障运行，此时非故障相的电压可升到线电压，因此中性点非直接接地系统的爬电比距较大。在污秽Ⅲ、Ⅳ级地区，宜采用防污绝缘子或将绝缘子涂刷有机硅等防污涂料。

按工作电压要求初步选定每串绝缘子个数 n_g，还应根据内部过电压（操作过电压）的要求进行校验，即绝缘子串的湿闪电压要大于可能出现的内过电压，并留有 10% 的裕度。故有

$$U_{sh} = 1.1 K_0 U_{xm} \tag{GYSD00102004-22}$$

式中　　U_{sh}——绝缘子串工频湿闪电压，kV；

　　　　U_{xm}——系统最高运行相电压幅值，kV；

　　　　K_0——操作过电压计算倍数（以电网最高运行相电压幅值为基数），66kV 及以下，K_0 取 4.0；110kV 及 220kV，K_0 取 3.0；330kV 及 500kV，K_0 分别取 2.2 和 2.0。

此时应考虑到内部过电压是波及整个电网的，每条线路都难免有零值绝缘子存在，所以应保证在每串去除一个零值绝缘子（对 330~500kV 去除 2 个）后，在没有完整的绝缘子串操作波湿闪电压数据时，只能近似用绝缘子串工频湿闪电压代替。对常用的 XP-70 型 m 片绝缘子串的工频湿闪电压幅值为

$$U_{sh} = 60m + 14 \quad (\text{kV}) \tag{GYSD00102004-23}$$

例 GYSD00102004-3 某 220kV 线路，采用 XP-70 型悬式绝缘子，试按操作过电压要求确定绝缘子串的绝缘子片数。

解（1）绝缘子串的工频湿闪电压应满足

$$U_{sh} = 1.1 \times 3 \times \frac{1.15 \times 220\sqrt{2}}{\sqrt{3}} = 681.7 \quad (\text{kV})$$

（2）满足工频湿闪电压所需绝缘子片数为

$$n'_{ne} = \frac{681.7 - 14}{60} = 11.13，取 12 片$$

（3）考虑零值绝缘子后所需绝缘子片数为

$$n_{ne} = n'_{ne} + n_0 = 12 + 1 = 13 片$$

所以，按操作过电压要求所需绝缘子串的绝缘子片数为 13 片。

最后，每串绝缘子片数还要按线路大气过电压进行校验。一般情况下，爬电比距及操作过电压选定的片数能满足耐雷水平的要求。在特殊高杆塔或高海拔地区，按电气过电压要求的绝缘子片数会大于 n_g 和 n_{ne}，此时电气过电压成为确定绝缘子片数的决定因素。

对线路耐张杆来说，考虑到耐张绝缘子串所受机械荷载较大，易于损坏，所以预留零值绝缘子个数应比直线杆多 1 个，故耐张杆每串绝缘子个数应比表 GYSD00102004-7 所示直线杆的 n 值多 1 个。

海拔在 1000m 及其以上时，因为空气密度降低，绝缘子串的闪络电压会有所下降，此时每串绝缘子的数量 n_H 应按下式选取

$$n_H = n [1 + 0.1 (H - 1)] \tag{GYSD00102004-24}$$

式中　　H——线路所在地海拔高度，km，此式在 $H = 1 \sim 3.5\text{km}$ 时适用。

从运行经验来看：采用上述方法确定的线路每串绝缘子个数，能避免工作电压下的雾闪和内部过电压下的闪络，而且在接地电阻合格时，能满足对线路跳闸率的要求。

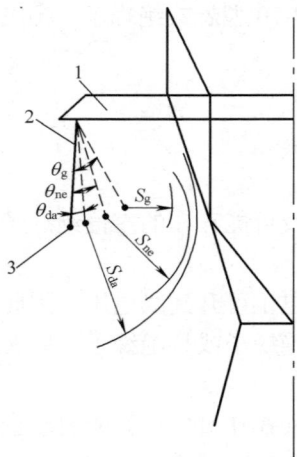

图 GYSD00102004-6　绝缘子串风偏
角 θ 及导线对杆塔的距离 s

1—杆塔；2—绝缘子串；3—导线

2. 导线对杆塔的空气间隙

为了使绝缘子串和空气间隙的绝缘能力都能充分发挥，应选择空气间隙的放电电压与绝缘子串的闪络放电电压基本相等。导线对杆塔的空气间隙承受的电压，一般以大气过电压幅值最高，内过电压幅值次之，工作电压幅值最低，但就作用的持续时间来说，次序却相反。在确定间隙大小时，还需考虑风吹导线使绝缘子串摆动的不利因素。在海拔 1000m 及其以下地区，对工作电压来说，计算用风速 v_g 显然应取线路的最大计算风速 v_m。对内部过电压来说，考虑其持续时间较短，计算用风速 v_{ne} 采用线路最大计算风 v_m 的50%。对大气过电压来说，其持续时间极短，因此计算用风速 v_{da} 一般采用 10m/s；只在气象恶劣时，才采用 15m/s。在计算出上述三种情况下的风偏角 θ_g、θ_{ne} 和 θ_{da} 后，画间隙圆图检查空气间隙，如图 GYSD00102004-6 所示。

按工作电压确定线路的空气间隙 s_g 时，应满足下式要求

$$U_{gf} = K_1 U_{xg}$$

式中　U_{gf}——考虑风偏角后，间隙 s_g 在工频电压下的放电电压，kV；

　　　U_{xg}——额定相电压，kV；

　　　K_1——综合考虑工频电压升高、气象条件变化以及其他不利因素后，采取的安全系数。

对中性点直接接地的 220kV 及其以下线路，$K_1=1.6$；对 330kV 及其以下线路，$K_1=1.7$；对中性点非直接接地的电网，$K_1=2.5$（计及单相接地运行）。

按内部过电压确定线路空气间隙 s_{ne} 时，应满足

$$U_{ne} = 1.2KU_{xg}$$

式中　U_{ne}——按内部过电压要求考虑风偏角后，间隙 s_{ne} 的工频放电电压或操作冲击波下的 50%放电电压，kV；

　　　K——内过电压倍数；

　　　U_{xg}——额定相电压。

按大气过电压确定线路空气间隙 s_{da} 时，应使 s_{da} 的冲击绝缘强度与非污秽地区的绝缘子串的冲击放电电压相适应。

一般来说，在 220k 及其以下线路中，大气过电压对空气间隙选择起决定作用。

按照以上要求所得各级电压输电线路的最小空气间隙应符合表 GYSD00102004-9 的要求。

表 GYSD00102004-9　　　　　　　　输电线路的最小空气间隙　　　　　　　　　　　　　　cm

| 额定电压
（kV） | 20 | 35 | 66 | 110 | | 154 | | 220 | 330 | 500 | 备注 |
				直接接地	非直接接地	直接接地	非直接接地				
XP-70 型绝缘子个数	2	3	5	7	7	10	10	13	19	28	
按大气过电压（s_{da}）	35	45	65	100	100	140	140	190	260	370	
接内部过电压（s_{ne}）	12	25	50	70	80	100	110	145	220	270	
按最大工作电压（s_g）	5	10	20	25	40	35	55	55	100	125	

3～10kV 输电线路当采用悬式绝缘子时，其空气间隙可参照表 GYSD00102004-8 中 20kV 级的数据。

在确定空气间隙时，应注意留有一定裕度，以考虑杆塔尺寸误差、横担变形和拉线施工误差等不利因素。

当线路所在地区海拔高度超过 1000m 时，应按有关规定进行校正，适当增大间距。

【思考与练习】

1. 什么叫输电线路的耐雷水平、雷击跳闸率？

2．耐雷水平和哪些因素有关？如何提高线路的耐雷水平？

3．输电线路绝缘发生闪络的原因是什么？

4．架空输电线路防雷措施有哪些？

5．线路的绝缘配合是指什么？什么叫泄漏比距？线路绝缘子串中绝缘子个数如何确定？

6．如何确定导线对杆塔的空气间隙？

第二部分

输电线路导线受力分析与计算

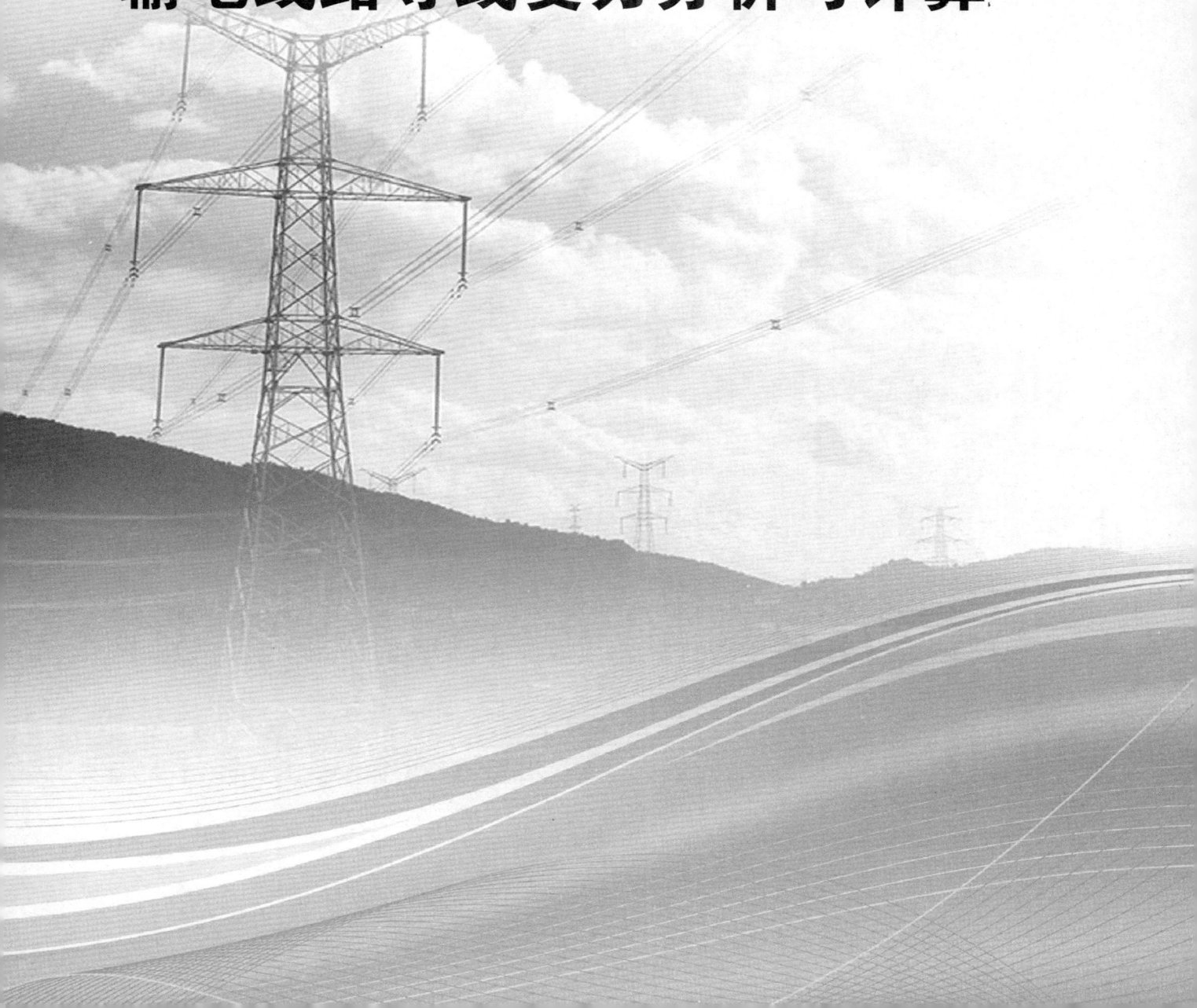

第三章 输电线路的基本知识

模块1 电力线路的分类与构成（GYSD00201001）

【模块描述】本模块涵盖电力线路的分类、架空输电线路的构成。通过要点介绍、概念描述，掌握电力线路的种类和架空输电线路的主要构成元件及其作用。

【正文】

一、电力线路的分类

现代大型发电厂大部分均建在能源基地附近，如水力发电厂建在水力资源点，即集中在江河流域水位落差大的地方；火力发电厂大都集中在煤炭、石油等能源产地，而大电力负荷中心则多集中在工业区和大城市。因而发电厂至电力负荷中心间往往相距很远，从而发生了电能输送与分配的问题，承担这一任务的就是电力线路。

由发电厂向电力负荷中心输送电能的线路以及电力系统之间的联络线路称为输电线路；由电力负荷中心向电力用户分配电能的线路称为配电线路。输配电线路通称为电力线路。为了减少电能在输送过程中的损耗，根据输送距离和输送容量的大小，输配电线路采用各种不同的电压等级。目前，我国采用的电压等级有：交流 380/220V，10、35、66、110、220、330、500、750、1000kV；直流 ±500、±660、±800kV。通常把 1kV 以下的线路称为低压配电线路，10、20kV 称为中压配电线路，35、66、110kV 的线路称为高压配电线路，110、220kV 线路称为高压输电线路，330、500（交、直流）、直流 ±660、750kV 的线路称为超高压输电线路，直流 ±800、1000kV 及以上称为特高压输电线路。

电力线路按其结构又可分为电缆线路和架空线路。架空线路与电缆线路相比有许多优点，如结构简单、施工周期短、建设费用低、技术要求不高、维护检修方便、散热性能好、输送容量大。本书只介绍架空线路的基本知识。

二、架空电力线路的构成

架空电力线路构成的主要元件有导线、地线（又称架空地线，简称地线）、金具、绝缘子、杆塔、拉线和基础，如图 GYSD00201001-1 所示。

它们的作用分述如下：

（1）导线用来传导电流，输送电能；

（2）架空地线是当雷击线路时把雷电流引入大地，以保护线路绝缘免遭大气过电压的破坏；

（3）杆塔用来支撑导线和地线，并使导线和导线之间，导线和地线之间，导线和杆塔之间以及导线和大地、公路、铁轨、水面、通信线路等被跨越物之间，保持一定的安全距离；

（4）绝缘子是用来固定导线，并使导线与杆塔之间保持绝缘状态；

（5）金具在架空输电线路中主要用于固定、连接、接续、调节及保护作用；

（6）拉线是用来加强杆塔的强度，承担外部荷载的作用力，以减少杆塔的材料消耗量，降低杆塔的造价；

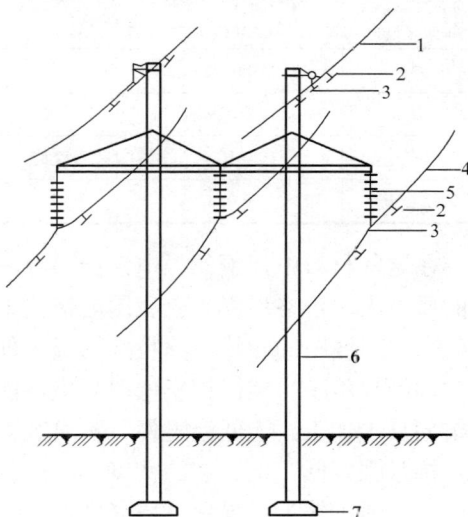

图 GYSD00201001-1 架空电力线路的构成

1—架空地线；2—防振锤；3—线夹；4—导线；
5—绝缘子；6—杆塔；7—底盘

（7）杆塔基础是将杆塔固定于地下，以保证杆塔不发生倾斜、下沉、上拔及倒塌。

【思考与练习】

1．什么叫输电线路？什么叫配电线路？电力线路按电压等级可分为哪几类？有哪几种电压等级？

2．架空输电线路的主要组成元件有哪些？各有何用途？

模块 2　导线和架空地线（GYSD00201002）

【模块描述】 本模块包含导线和架空地线两部分知识。通过概念描述和原理讲解，熟悉导线应具备的特性，掌握导线的常用材料、构成和架空地线的构成、架设的规定。

【正文】

一、导线

架空电力线路的导线应具备以下特性：

（1）导电率高，以减少线路的电能损耗和电压降；

（2）耐热性能高，以提高输送容量；

（3）具有良好的耐振性能；

（4）机械强度高、弹性系数大、有一定柔软性、容易弯曲，以便于加工制造；

（5）耐腐蚀性强，能够适应自然环境条件和一定的污秽环境，使用寿命长；

（6）质量轻、性能稳定、耐磨、价格低廉。

常用的导线材料有铜、铝、铝镁合金和钢。这些材料的物理特性如表 GYSD00201002-1 所示。

表 GYSD00201002-1　　　　　　　　　　导线材料的物理性能

材　料	20℃时的电阻率（$\Omega \cdot mm^2/m$）	密度（g/cm^3）	抗拉强度（MPa）	腐蚀性能及其他
铜	0.0182	8.9	390	表面易形成氧化膜，抗腐蚀能力强
铝	0.029	2.7	160	表面氧化膜可防继续氧化，但易受酸碱盐的腐蚀
钢	0.103	7.85	1200	在空气中易锈蚀，须镀锌防锈
铝镁合金	0.033	2.7	300	抗腐蚀性能好，受振动时易损坏

在这些材料中，铜的导电性能最好，机械强度高、耐腐蚀性强，是一种理想的导线材料。但是，铜的质量大，价格昂贵。就我国的情况来看，铜的储量少、产量低，而且其他工业需要大量铜材，所以架空输电线路的导线，除特殊情况之外，都不采用铜线。

铝的导电率虽然比铜稍低，导电性能差，但也是一种导电性能较好的材料。铝的导热性能好、质地柔韧易于加工、无低温脆性、耐腐蚀性较强、质量轻，而且铝矿资源丰富产量高，价格低廉。其缺点是抗张强度低。由于铝的密度小，采用铝线时杆塔受力较小。但铝的机械强度低，允许应力小，导线施放时弧垂较大，导致杆塔高度增加。所以，铝导线只能用在档距较小的 10kV 及以下的线路。对于档距较大电压较高的线路，则需用铝和其他金属配合，以提高导线的机械强度。此外，铝的抗酸、碱、盐的能力较差，故沿海地区和化工厂附近地区不宜采用。

铝镁合金材料的密度和铝相等，也是一种很轻的金属材料。其抗张强度很大，几乎比铝高一倍。铝镁合金的导电率比铝低 10%左右，所以从电气和机械两方面来看，铝镁合金也是制造导线的较好材料。但铝镁合金导线受振动而断股的现象较严重，使其使用受到限制。随着断股问题的解决，铝镁合金将成为一种很有前途的导线材料。

铝和铝镁合金材料的导电率虽然比铜低，但是，由于它们的质量很轻，所以在相同的抗张强度和相同的导电性能条件下，采用铝或铝镁合金导线可以节省大量材料。表 GYSD00201002-2 为在相同的抗张强度和相同的导电性能条件下，铜、铝、铝镁合金各量的对比。

对 比 条 件	铜:铝:铝镁合金		
	导 线 截 面	导 线 直 径	导 线 质 量
相同的抗张强度	1:2.5:1.3	1:1.6:1.14	1:0.71:0.4
相同的导电性能	1:1.65:1.8	1:1.29:1.34	1:0.5:0.55

表 GYSD00201002-2 铜、铝、铝镁合金的对比

从表 GYSD00201002-2 可看出，在相同的导电性能和相同的抗张强度下，用铝制造导线，材料用量较省，加之铝的价格便宜故采用铝导线最经济。

钢的导电率是最低的，但它的机械强度很高，且价格较有色金属低廉，在线路跨越山谷、江河等特大档距且电力负荷较小时可采用钢导线。钢线需要镀锌以防锈蚀。

架空电力线路一般都是用裸导线架设的。其结构基本都由多股圆线同心绞合而成，各种架空导线的结构示于图 GYSD00201002-1 中。

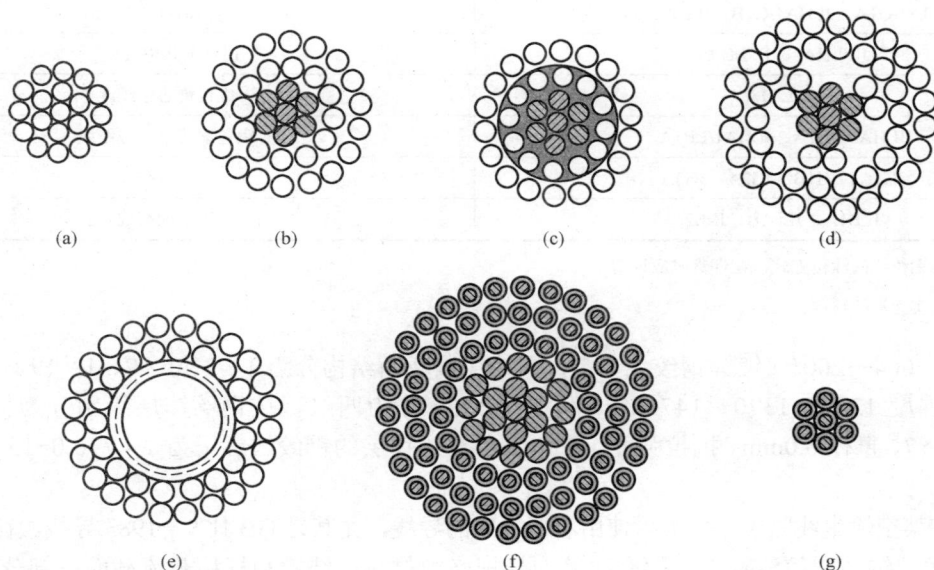

图 GYSD00201002-1 各种架空导线和地线断面的结构

(a) 单一金属绞线；(b) 钢芯铝绞线；(c) 防腐钢芯铝绞线；(d) 扩径钢芯铝绞线；

(e) 空心导线（腔中为蛇形管）；(f) 钢芯铝包钢绞线；(g) 铝包钢绞线

若架空线路的输送功率大，导线截面大，对导线的机械强度要求高，而多股单金属铝绞线的机械强度仍不能满足要求时，则把铝和钢两种材料结合起来制成钢芯铝绞线，不仅有较好的机械强度，且有较高的电导率。由于交流电的趋肤效应，使铝线截面的载流作用得到充分的利用，而其所承受的机械荷载则由钢芯和铝线共同负担。这样，既发挥了两种材料的各自优点，又补偿了它们各自的缺点。因此，钢芯铝线被广泛地应用在 35kV 及以上的线路中。

架空导线现行国家标准为 GB/T 1179—2008《圆线同心绞架空导线》。在该标准中，导线用型号、标称截面、绞合结构及本标准编号表示。型号第一个字母均用 J，表示同心绞合；单一导线在 J 后面为组成导线的单线代号，组合导线在 J 后面为外层线（或外包线）和内层线（或线芯）的代号，二者用"/"分开；在型号尾部加防腐代号 F，表示导线采用涂防腐油结构。标称截面表示构成导线的截面，单位为 mm^2。单一导线直接用其截面数，组合导线采用前面为外层铝线的导电截面，后面为内层加强芯线的截面，中间用"/"分开。绞合结构用构成导线的单线根数表示。单一导线直接用单线根数，组合导线采用前面为导电铝线根数，后面为内层加强芯线根数，中间用"/"分开。绞线常用的单线有硬铝线（L）、高强度铝合金线（LHA1、LHA2）、镀锌钢线（G1A、G1B、G2A、G2B、G3A，其中 1、2、3 分别表示普通强度、高强度、特高强度镀铸钢线，A、B 表示镀层厚度普通、加厚）、铝包钢线（LB1A、LB2B、LB2）。如，JL-400-37 表示由 37 根硬铝线制成的铝绞线，硬铝线的标称截面为

400mm²；JL/G1A-400/35-48/7 表示由 48 根硬铝线和 7 根 A 级镀层普通强度镀锌钢线绞制成的钢芯铝绞线，硬铝线的标称截面为 400mm²，钢的标称截面为 35mm²；又如，JG1A-250-19 为由 19 根 A 级镀层普通强度镀锌钢线绞制成的镀锌钢绞线，钢线的标称截面为 250mm²。

标准包括的各类圆线同心绞架空导线产品的型号和名称见表 GYSD00201002-3。

表 GYSD00201002-3　　　　　　　　　导线的型号和名称

型　号	名　称
JL	铝绞线
JLHA2、JLHA1	铝合金绞线
JL/G1A、JL/G1B、JL/G2A、JL/G2B、JL/G3A	钢芯铝绞线
JL/G1AF、JL/G2AF、JL/G3AF	防腐性钢芯铝绞线①
JLHA2/G1A、JLHA2/G1B、JLHA2/G3A	钢芯铝合金绞线
JLHA1/G1A、JLHA1/G1B、JLHA1/G3A	钢芯铝合金绞线
JL/LHA2、JL/LHA1	铝合金芯铝绞线②
JL/LB1A	铝包钢芯铝绞线
JLHA2/LB1A、JLHA1/LB1A	铝包钢芯铝合金绞线
JG1A、JG1B、JG2A、JG3A	钢绞线
JLB1A、JLB1B、JLB2	铝包钢绞线

①防腐型钢芯铝绞线的涂覆方式，在订货时应说明。

②个别小规格实为混绞线。

在 YB/T 5004—2001《镀锌钢绞线》中，钢绞线按断面结构分为 1×3、1×7、1×19、1×37 四种，按公称抗拉强度 1270、1370、1470MPa 和 1570MPa 分为四级，按钢丝锌层级别分为特 A、A、B 三级。结构 1×7、直径 6.0mm、抗拉强度 1370MPa、A 级锌层的钢绞线标记为 1×7-6.0-1370-A-YB/T 5004—2001。

目前，在架空输电线路中，仍大量使用着旧标准的导线，尤其是 GB 1179—1983 导线。在 GB 1179—1983《铝绞线及钢芯铝绞线》中，架空线的型号规格由材料、结构和标称载流截面三部分组成。材料和结构以汉语拼音的第一个字母大写表示，载流截面以 mm² 为单位表示。如：T—铜线；L—铝线；G—钢线；J—多股绞线；TJ—铜绞线；LJ—铝绞线；GJ—钢绞线；HLJ—铝合金绞线；LGJ—钢芯铝绞线。如，LJ-240 表示标称截面为 120mm² 的铝绞线；LGJ-300/25 表示标称截面铝 300mm²、钢 25mm² 的钢芯铝绞线；LGJF-150/25 则表示标称截面铝 150mm²、钢 25mm² 的防腐型钢芯铝绞线。

在 GB 1179—1974 中，按铝钢截面比的不同，将钢芯铝绞线分为普通型（LGJ，铝钢截面比为 5.3~6.1）、加强型（LGJJ，铝钢截面比约为 4~4.5）和轻型（LGJQ，铝钢截面比约为 7.6~8.3）三种。

为了减小电晕以降低损耗和对无线电、电视等的干扰以及为了减小电抗以提高线路的输送能力，高压和超高压输电线路的导线，应采用扩径导线、空芯导线或分裂导线。因扩径导线和空芯导线制造和安装不便，故输电线路多采用分裂导线。分裂导线每相分裂的根数一般为 2~4 根，近几年投运的 800kV 直流特高压输电线路采用了 6×720 分裂导线，1000kV 的特高压输电线路采用了 8×500 分裂导线，国外有考虑采用多至 12 根的分裂导线。

分裂导线由数根导线组成一相，每一根导线称为次导线，两根次导线间的距离称为次线间距离，一个档距中，一般每隔 30~80m 装一个间隔棒，使次导线间保持次线间距离，两相邻间隔棒间的水平距离称为次档距。

在一些线路的特大跨越档距中，为了降低杆塔高度，要求导线具有很高的抗拉强度和耐振强度。

近年来，耐热铝合金导线、钢芯软铝绞线、碳纤维复合芯铝绞线等新型架空导线，由于有较多优越性能，在输电线路改造和新建中也得到应用。

二、架空地线

架空地线一般多采用钢绞线，但近年来，在超高压输电线路上有采用良导体作架空地线的趋势。架空地线一般都通过杆塔接地，但也有采用所谓的"绝缘地线"的。绝缘地线即采用带有放电间隙的绝缘子把地线和杆塔绝缘起来，雷击时利用放电间隙引雷电流入地。这样做对防雷作用毫无影响，而且还能利用架空地线作载流线；用于架空地线溶冰；作为载波通信的通道；在线路检修时，可作为电动机的电源；此外还可对小功率用户供电等。绝缘地线还可减小地线中由感应电流而引起的附加电能损耗。

对超高压和特高压输电线路，为了减小其对邻近的通信线路的危险影响和干扰影响，以及降低超高压线路的潜供电流，常用铝包钢绞线或其他有色金属线作绝缘地线。

目前，对双地线架空线路，大多采用一根钢绞线，另一根复合光缆。复合光缆的外层铝合金绞线起到防雷保护，芯部的光导纤维起通信作用。

各级电压的输电线路，架设架空地线的要求有如下规定：

（1）500～750kV 输电线路应沿全线架设双地线。

（2）220～330kV 输电线路应沿全线架设地线，年平均雷暴日数不超过 15 的地区或运行经验证明雷电活动轻微的地区，可架设单地线，山区宜架设双地线。

（3）110kV 输电线路宜沿全线架设地线，在年平均雷暴日数不超过 15 或运行经验证明雷电活动轻微的地区，可不架设地线。

（4）66kV 线路，年平均雷暴日数为 30 日以上的地区，宜沿全线架设架空地线。

（5）35kV 线路及不沿全线架设架空地线的线路，宜在变电站或发电厂的进线段架设 1～2km 架空地线，以防护导线及变电站或发电厂的设备免遭直接雷击。

架空地线的型号一般配合导线截面进行选择，其配合表见表 GYSD00201002-4。

表 GYSD00201002-4　　　　　地线采用镀锌钢绞线时与导线的配合表

导 线 型 号		LGJ-185/30 及以下	LGJ-185/45～LGJ-400/50	LGJ-400/65 及以上
镀锌钢绞线最小标称截面（mm²）	无冰区	35	50	80
	覆冰区	50	80	100

500kV 及以上输电线路无冰区、覆冰区地线采用镀锌钢绞线时最小标称截面应分别不小于 80、100mm²。

各种常用架空导线和架空地线的性能见表 GYSD00201002-5～表 GYSD00201002-12。

表 GYSD00201002-5　　　　LJ 型铝绞线的规格和机械物理特性（GB 1179—1983）

标称截面（mm²）	结构根数/直径（根/mm）	计算截面（mm²）	外径（mm）	直流电阻不大于（Ω/km）	计算拉断力（N）	计算质量（kg/km）	交货长度不小于（m）
16	7/1.70	15.89	5.10	1.802	2840	43.5	4000
25	7/2.15	25.41	6.45	1.127	4355	69.6	3000
35	7/2.50	34.36	7.50	0.8332	5760	94.1	2000
50	7/3.00	49.48	9.00	0.5786	7930	135.5	1500
70	7/3.60	71.25	10.80	0.4018	10950	195.1	1250
95	7/4.16	95.14	12.48	0.3009	14450	260.5	1000
120	19/2.85	121.21	14.25	0.2373	19120	333.5	1500
150	19/3.15	148.07	15.75	0.1943	23310	407.4	1250
185	19/3.50	182.80	17.50	0.1574	28440	503.0	1000
210	19/3.75	209.85	18.75	0.1371	32260	577.4	1000
240	19/4.00	238.76	20.00	0.1205	36260	656.9	1000
300	37/3.20	297.57	22.40	0.09689	46850	820.4	1000
400	37/3.70	397.83	25.90	0.07247	61150	1097.0	1000
500	37/4.16	502.90	29.12	0.05733	76370	1387.0	1000
630	61/3.63	631.80	32.67	0.04577	91940	1744.0	800
800	61/4.10	805.36	36.90	0.03588	115900	2225.0	800

表 GYSD00201002-6　钢绞线内钢丝的破断拉力总和对应表（GB 1200—1988）

结构	钢丝直径（mm）	钢绞线直径（mm）	钢绞线断面积（mm²）	公称抗拉强度（N/mm²）					参考质量 kg/100m
				1175	1270	1370	1470	1570	
				钢丝破断拉力总和，不小于（kN）					
1×7	2.00	6.0	21.99	25.84	29.73	30.13	32.32	34.52	17.46
	2.30	6.9	29.08	34.17	36.93	39.84	42.75	45.66	23.09
	2.60	7.8	35.17	43.60	47.20	50.92	54.63	58.35	29.51
	2.90	8.7	46.24	54.33	58.72	63.35	67.97	72.60	36.71
	3.20	9.6	56.30	66.15	71.50	77.13	82.76	88.39	44.70
	3.50	10.5	67.35	79.14	85.85	92.27	99.00	105.74	53.48
	3.80	11.4	79.39	93.28	100.84	108.76	116.70	124.64	63.04
	4.00	12.0	87.96	103.35	111.71	120.50	129.30	138.10	69.84
1×19	1.60	8.0	38.20	44.88	48.51	52.33	56.15	59.97	30.40
	1.80	9.0	48.35	56.81	61.40	66.24	71.07	75.91	38.49
	2.00	10.0	59.69	70.14	75.81	81.78	87.74	93.71	47.51
	2.30	11.5	78.94	92.75	100.25	108.15	116.04	123.94	62.84
	2.60	13.0	100.88	118.53	128.12	138.20	148.29	158.38	80.30
	2.90	14.5	125.50	147.46	159.38	171.93	184.48	197.03	99.90
	3.20	16.0	152.81	179.55	194.06	209.35	224.63	239.91	121.64
	3.50	17.5	182.80	214.79	232.16	250.44	268.72	287.00	145.51
	4.00	20.0	238.76	280.54	303.23	327.10	350.98	374.86	190.05

注　标记示例：结构 1×7、直径 6mm、抗拉强度 1270N/mm、A 级锌层的钢绞线标记为 1×7-6.0-1270-A-GB1200-88。

表 GYSD00201002-7　LGJ、LGJF 型钢芯铝绞线的规格和机械物理特性（GB 1179—1983）

标称截面 铝/钢（mm²）	结构根数/直径（根/mm）		计算截面（mm²）			外径（mm）	计算拉断力（N）	计算质量（kg/km）	交货长度不小于（m）
	铝	钢	铝	钢	总计				
10/2	6/1.50	1/1.50	10.60	1.77	12.37	4.50	4120	42.9	3000
16/3	6/1.85	1/1.85	16.13	2.69	18.82	5.55	6130	65.2	3000
25/4	6/2.32	1/2.32	25.36	4.23	29.59	6.96	9290	102.6	3000
35/6	6/2.72	1/2.72	34.86	5.81	40.67	8.16	12630	141.0	3000
50/8	6/3.20	1/3.20	48.25	8.04	56.29	9.60	16870	195.1	2000
50/30	12/2.32	7/2.32	50.73	29.59	80.32	11.60	42620	372.0	3000
70/10	6/3.80	1/3.80	68.05	11.34	79.39	11.40	23390	275.2	2000
70/40	12/2.72	7/2.72	69.73	40.67	110.40	13.60	58300	511.3	2000
95/15	26/2.15	7/1.67	94.39	15.33	109.72	13.61	35000	380.8	2000
95/20	7/4.16	7/1.85	95.14	18.82	113.96	13.87	37200	408.9	2000
95/55	12/3.20	7/3.20	96.51	56.30	152.81	16.00	78110	707.7	2000
120/7	18/2.90	1/2.90	118.89	6.61	125.50	14.50	27570	379.0	2000
120/20	26/2.38	7/1.85	115.67	18.82	134.49	15.07	41000	466.8	2000
120/25	7/4.72	7/2.10	122.48	24.25	146.73	15.74	47880	526.6	2000
120/70	12/3.60	7/3.60	122.15	71.25	193.40	18.00	98370	895.6	2000
150/8	18/3.20	1/3.20	144.76	8.04	152.80	16.00	32860	461.4	2000
150/20	24/2.78	7/1.85	145.68	18.82	164.50	16.67	46630	549.4	2000
150/25	26/2.70	7/2.10	148.86	24.25	173.11	17.10	54110	601.0	2000
150/35	30/2.50	7/2.50	147.26	34.36	181.62	17.50	65020	676.2	2000

续表

| 标称截面铝/钢（mm2） | 结构根数/直径（根/mm） | | 计算截面（mm²） | | | 外径（mm） | 计算拉断力（N） | 计算质量（kg/km） | 交货长度不小于（m） |
	铝	钢	铝	钢	总计				
185/10	18/3.60	1/3.60	183.22	10.18	193.40	18.00	40880	584.0	2000
185/25	24/3.15	7/2.10	187.04	24.25	211.29	18.90	59420	706.1	2000
185/30	26/2.98	7/2.32	181.34	29.59	210.93	18.88	64320	732.6	2000
185/45	30/2.80	7/2.80	184.73	43.10	227.83	19.60	80190	848.2	2000
210/10	18/3.80	1/3.80	204.14	11.34	215.48	19.00	45140	650.7	2000
210/25	24/3.33	7/2.22	2.9.02	27.10	236.12	19.98	65990	789.1	2000
210/35	26/3.22	7/2.50	211.73	34.36	246.09	20.38	74250	853.9	2000
210/50	30/2.98	7/2.98	209.24	48.82	258.06	20.86	90830	960.8	2000
240/30	24/3.60	7/2.40	244.29	31.67	275.96	21.60	75620	922.2	2000
240/40	26/3.42	7/2.66	238.85	38.90	277.75	21.66	83370	964.3	2000
240/55	30/3.20	7/3.20	241.27	56.30	297.57	22.40	102100	1108	2000
300/15	42/3.00	7/1.67	296.88	15.33	312.21	23.01	68060	939.8	2000
300/20	45/2.93	7/1.95	303.42	20.91	324.33	23.43	75680	1002	2000
300/25	48/2.85	7/2.22	306.21	27.10	333.31	23.76	83410	1058	2000
300/40	24/3.99	7/2.66	300.09	38.90	338.99	23.94	92220	1133	2000
300/50	26/3.83	7/2.98	299.54	48.82	348.36	24.26	103400	1210	2000
300/70	30/3.60	7/3.60	305.36	71.25	376.61	25.20	128000	1402	2000
400/20	42/3.51	7/1.95	406.40	20.91	427.31	26.91	88850	1286	1500
400/25	45/3.33	7/2.22	391.91	27.10	419.01	26.64	95940	1295	1500
400/35	48/3.22	7/2.50	390.88	34.36	425.24	26.82	103900	1349	1500
400/50	54/3.07	7/3.07	399.73	51.82	451.55	27.63	123400	1511	1500
400/65	26/4.42	7/3.44	398.94	65.06	464.00	28.00	135200	1611	1500
400/95	30/4.16	19/2.50	407.75	93.27	501.02	29.14	171300	1860	1500
500/35	45/3.75	7/2.50	497.01	34.36	531.37	30.00	119500	1642	1500
500/45	48/3.60	7/2.80	488.58	43.10	531.68	30.00	128100	1688	1500
500/65	54/3.44	7/3.44	501.88	65.06	566.94	30.96	154000	1897	1500
630/45	45/4.20	7/2.80	623.45	43.10	666.55	33.60	148700	2060	1200
630/55	48/4.12	7/3.20	639.92	56.30	696.22	34.32	164400	2209	1200
630/80	54/3.87	19/2.32	635.19	80.32	715.51	34.82	192900	2388	1200
800/55	45/4.80	7/3.20	814.30	56.30	870.60	38.40	191500	2690	1000
800/70	48/4.63	7/3.60	808.15	71.25	879.40	38.58	207000	2791	1000
800/100	54/4.33	19/2.60	795.17	100.88	896.05	38.98	241100	2991	1000

注 LGJF 型的计算质量，应在表规定数值中增加防腐涂料的质量，其增值为：钢芯涂防腐涂料者增加 2%，内部铝钢各层间涂防腐涂料者增加 5%。

表 GYSD00201002-8 铝绞线的弹性系数和线膨胀系数（GB 1179—1983）

单根导线	最终弹性系数（实际值）（MPa）	线膨胀系数（1/℃）	单根导线	最终弹性系数（实际值）（MPa）	线膨胀系数（1/℃）
7	59000	23.0×10^{-6}	37	56000	23.0×10^{-6}
19	56000	23.0×10^{-6}	61	54000	23.0×10^{-6}

表 GYSD00201002-9　　　钢芯铝绞线的弹性系数和线膨胀系数（GB 1179—1983）

结 构		铝钢截面比	最终弹性系数（实际值）（MPa）	线膨胀系数（计算值）（1/℃）	结 构		铝钢截面比	最终弹性系数（实际值）（MPa）	线膨胀系数（计算值）（1/℃）
铝	钢				铝	钢			
6	1	6.00	79000	19.1×10^{-6}	30	19	4.37	78000	18.0×10^{-6}
7	7	5.06	76000	18.5×10^{-6}	42	7	19.44	61000	21.4×10^{-6}
12	7	1.71	105000	15.3×10^{-6}	45	7	14.46	63000	20.9×10^{-6}
18	1	18.00	66000	21.2×10^{-6}	48	7	11.34	65000	20.5×10^{-6}
24	7	7.71	73000	19.6×10^{-6}	54	7	7.71	69000	19.3×10^{-6}
26	7	6.13	76000	18.9×10^{-6}	54	19	7.90	67000	19.4×10^{-6}
30	7	4.29	80000	17.8×10^{-6}					

注　1. 弹性系数的精确度为±3000MPa。

　　2. 弹性系数适用于受力在 15%～50% 计算拉断力的钢芯铝绞线。

表 GYSD00201002-10　　　JL 铝绞线的性能（GB/T 1179—2008）

标称截面铝	面积（mm²）	单线根数 n	直径（mm）		单位长度质量（kg/km）	额定抗拉力（kN）	直流电阻（20℃）/（Ω/km）
			单线	绞线			
35	34.36	7	2.50	7.50	94.0	6.01	0.8333
50	49.48	7	3.00	9.00	135.3	8.41	0.5787
70	71.25	7	3.60	10.8	194.9	11.40	0.4019
95	95.14	7	4.16	12.5	260.2	15.22	0.3010
120	121.21	19	2.85	14.3	333.2	20.61	0.2374
150	148.07	19	3.15	15.8	407.0	24.43	0.1943
185	182.80	19	3.50	17.5	502.4	30.16	0.1574
210	209.85	19	3.75	18.8	576.8	33.58	0.1371
240	238.76	19	4.00	20.0	656.3	38.20	0.1205
300	297.57	37	3.20	22.4	819.8	49.10	0.0969
500	502.90	37	4.16	29.1	1385.5	80.46	0.0573

表 GYSD00201002-11　　　JL/G1A 钢芯铝绞线性能（GB/T 1179—2008）

标称截面铝/钢	钢比（%）	面积（mm²）			单线根数		单线直径（mm）		直径（mm）		单位长度质量（kg/km）	额定抗拉力（kN）	直流电阻（20℃）/（Ω/km）
		铝	钢	总和	铝	钢	铝	钢	钢芯	绞线			
10/2	17	10.60	1.77	12.37	6	1	1.50	1.50	1.50	4.50	42.8	4.14	2.7062
16/3	17	16.13	2.69	18.82	6	1	1.85	1.85	1.85	5.55	65.1	6.13	1.7791
35/6	17	34.86	5.81	40.67	6	1	2.72	2.72	2.72	8.16	140.8	12.55	0.8230
50/8	17	48.25	8.04	56.30	6	1	3.20	3.20	3.20	9.60	194.8	16.81	0.5946
50/30	58	50.73	29.59	80.32	12	7	2.32	2.32	6.96	11.6	371.1	42.61	0.5693
70/10	17	68.05	11.34	79.39	6	1	3.80	3.80	3.80	11.4	274.8	23.36	0.4217
70/40	58	69.73	40.67	110.40	12	7	2.72	2.72	8.16	13.6	510.2	58.22	0.4141
95/15	16	94.39	15.33	109.73	26	7	2.15	1.67	5.01	13.6	380.2	34.93	0.3059
95/20	20	95.14	18.82	113.96	7	7	4.16	1.85	5.55	13.9	408.2	37.24	0.3020
95/55	58	96.51	56.30	152.81	12	7	3.20	3.20	9.60	16.0	706.1	77.85	0.2992
120/7	6	118.89	6.61	125.50	18	1	2.90	2.90	2.90	14.5	378.5	27.74	0.2422
120/20	16	115.67	18.82	134.49	26	7	2.38	1.85	5.55	15.1	466.1	42.26	0.2496
120/25	20	122.48	24.25	146.73	7	7	4.72	2.10	6.30	15.7	525.7	47.96	0.2346
120/70	58	122.15	71.25	193.40	12	7	3.60	3.60	10.8	18.0	893.7	97.92	0.2364
150/8	6	144.76	8.04	152.80	18	1	3.20	3.20	3.20	16.0	460.9	32.73	0.1990

续表

标称截面 铝/钢	钢比 (%)	面积（mm²）			单线 根数		单线直径 （mm）		直径（mm）.		单位长 度质量 （kg/km）	额定 抗拉力 （kN）	直流电阻 （20℃）/ （Ω/km）
		铝	钢	总和	铝	钢	铝	钢	钢芯	绞线			
150/20	13	145.68	18.82	164.50	24	7	2.78	1.85	5.55	16.7	548.5	46.78	0.1981
150/25	16	148.86	24.25	173.11	26	7	2.70	2.10	6.30	17.1	600.1	53.67	0.1940
150/35	23	147.26	34.36	181.62	30	7	2.50	2.50	7.50	17.5	675.0	64.94	0.1962
185/10	6	183.22	10.18	193.40	18	1	3.60	3.60	3.60	18.0	583.3	40.51	0.1572
185/25	13	187.03	24.25	211.28	24	7	3.15	2.10	6.30	18.9	704.9	59.23	0.1543
185/30	16	181.34	29.59	210.93	26	7	2.98	2.32	6.96	18.9	731.4	64.56	0.1592
185/45	23	184.73	43.10	227.83	30	7	2.80	2.80	8.40	19.6	846.7	80.54	0.1564
210/10	6	204.14	11.34	215.48	18	1	3.80	3.80	3.80	19.0	649.9	45.14	0.1411
210/25	13	209.02	27.10	236.12	24	7	3.33	2.22	6.66	20.0	787.8	66.19	0.1380
210/35	16	211.73	34.36	246.09	26	7	3.22	2.50	7.50	20.4	852.5	74.11	0.1364
210/50	23	209.24	48.82	258.06	30	7	2.98	2.98	8.94	20.9	959.0	91.23	0.1381
240/30	13	244.29	31.67	275.96	24	7	3.60	2.40	7.20	21.6	920.7	75.19	0.1181
240/40	16	238.84	38.90	277.74	26	7	3.42	2.66	7.98	21.7	962.8	83.76	0.1209
240/55	23	241.27	56.30	297.57	30	7	3.20	3.20	9.60	22.4	1105.8	101.74	0.1198
300/15	5	296.88	15.33	312.21	42	7	3.00	1.67	5.01	23.0	938.7	68.41	0.0973
300/20	7	303.42	20.91	324.32	45	7	2.93	1.95	5.85	23.4	1000.8	76.04	0.0952
300/25	9	306.21	27.10	333.31	48	7	2.85	2.22	6.66	23.8	1057.0	83.76	0.0944
300/40	13	300.09	38.90	338.99	24	7	3.99	2.66	7.98	23.9	1131.0	92.36	0.0961
300/50	16	299.54	48.82	348.37	26	7	3.83	2.98	8.94	24.3	1207.7	103.58	0.0964
300/70	23	305.36	71.25	376.61	30	7	3.60	3.60	10.8	25.2	1399.6	127.23	0.0946
400/20	5	406.40	20.91	427.31	42	7	3.51	1.95	5.85	26.9	1284.3	89.48	0.0710
400/25	7	391.91	27.10	419.01	45	7	3.33	2.22	6.66	26.6	1293.5	96.37	0.0737
400/35	9	390.88	34.36	425.24	48	7	3.22	2.50	7.50	26.8	1347.5	103.67	0.0739
400/65	16	398.94	65.06	464.00	26	7	4.42	3.44	10.3	28.0	1608.7	135.39	0.0724
400/95	23	407.75	93.27	501.02	30	19	4.16	2.50	12.5	29.1	1856.7	171.56	0.0709
500/45	9	488.58	43.10	531.68	48	7	3.60	2.80	8.40	30.0	1685.5	127.31	0.0591
630/55	9	639.92	56.30	696.22	48	7	4.12	3.20	9.60	34.3	2206.4	164.31	0.0452
800/55	7	814.30	56.30	870.60	45	7	4.80	3.20	9.60	38.4	2687.5	192.22	0.0355
800/70	9	808.15	71.25	879.40	48	7	4.63	3.60	10.8	38.6	2787.6	207.68	0.0358

表 GYSD00201002-12 镀锌钢绞线（YB/T 5004—2001）

结构	直 径（mm）		全部钢丝 断面积 （mm²）	参考质量 （kg/km）	公称抗拉强度（MPa）			
	钢绞线	钢丝			1270	1370	1470	1570
					钢绞线最小破断拉力（kN）			
	3.0	1.00	5.50	4.58	6.42	6.92	7.43	7.94
	3.3	1.10	6.65	5.54	7.77	8.38	8.99	9.60
	3.6	1.20	7.92	6.59	9.25	9.97	10.70	11.40
	3.9	1.30	9.29	7.73	10.80	11.70	12.50	13.40
	4.2	1.40	10.78	8.97	12.50	13.50	14.50	15.50
1×7	4.5	1.50	12.37	10.30	14.40	15.50	16.70	17.80
	4.8	1.60	14.07	11.71	16.40	17.70	19.00	20.30
	5.1	1.70	15.89	13.23	18.50	20.00	21.40	22.90
	5.4	1.80	17.81	14.83	20.80	22.40	24.00	25.70
	6.0	2.00	21.99	18.31	25.60	27.70	29.70	31.70
	6.6	2.20	26.61	22.15	31.00	33.50	35.90	38.40

模块 2

GYSD00201002

续表

结构	直 径（mm）		全部钢丝断面积（mm²）	参考质量（kg/km）	公称抗拉强度（MPa）			
	钢绞线	钢丝			1270	1370	1470	1570
					钢绞线最小破断拉力（kN）			
1×7	7.2	2.40	31.67	25.36	37.00	39.90	42.80	45.70
	7.8	2.60	37.16	30.93	43.40	46.80	50.20	53.60
	8.4	2.80	43.10	35.88	50.30	54.30	58.20	62.20
	9.0	3.00	49.48	41.19	57.80	62.30	66.90	71.40
	9.6	3.20	56.30	46.87	65.70	70.90	76.10	81.30
	10.5	3.50	67.35	56.07	78.60	84.80	91.00	97.20
	11.4	3.80	79.39	66.09	92.70	100.00	107.00	114.00
	12.0	4.00	87.96	73.22	102.00	110.00	118.00	127.00
1×19	5.0	1.00	14.92	12.42	17.00	18.40	19.70	21.00
	5.5	1.10	18.06	15.03	20.60	22.20	23.80	25.50
	6.0	1.20	21.49	17.89	24.50	26.50	28.40	30.30
	6.5	1.30	25.22	20.99	28.80	31.00	33.30	35.60
	7.0	1.40	29.25	24.35	33.40	36.00	38.60	41.30
	8.0	1.60	38.20	31.80	43.60	47.10	50.50	53.90
	9.0	1.80	48.35	40.25	55.20	59.60	63.90	68.30
	10.0	2.00	59.69	49.69	68.20	73.60	78.90	84.30
	11.0	2.20	72.22	60.12	82.50	89.00	95.00	102.00
	12.0	2.40	85.95	71.55	98.20	105.00	113.00	121.00
	12.5	2.50	93.27	77.64	106.00	114.00	123.00	131.00
	13.0	2.60	100.88	83.98	115.00	124.00	133.00	142.00
	14.0	2.80	116.99	97.36	133.00	144.00	154.00	165.00
	15.0	3.00	134.30	118.80	153.00	165.00	177.00	189.00
	16.0	3.20	152.81	127.21	174.00	188.00	202.00	215.00
	17.5	3.50	182.80	152.17	208.00	225.00	241.00	258.00
	20.0	4.00	238.76	198.76	272.00	294.00	315.00	337.00
1×37	7.0	1.00	29.06	24.19	31.30	33.80	36.30	38.70
	7.7	1.10	35.16	29.27	37.90	40.90	43.90	46.90
	9.1	1.30	49.11	40.88	53.00	57.10	61.30	65.50
	9.8	1.40	56.96	47.42	61.40	66.30	71.10	76.00
	11.2	1.60	74.39	61.92	80.30	86.60	92.90	99.20
	12.6	1.80	94.15	78.38	101.00	109.00	117.00	125.00
	14.0	2.00	116.24	96.76	125.00	135.00	145.00	155.00
	15.5	2.20	140.65	117.08	151.00	163.00	175.00	187.00
	16.8	2.40	167.38	139.34	180.00	194.00	209.00	223.00
	17.5	2.50	181.62	151.19	196.00	211.00	226.00	242.00
	18.2	2.60	196.44	163.53	212.00	228.00	245.00	262.00
	19.6	2.80	227.83	189.66	245.00	265.00	284.00	304.00
	21.0	3.00	261.54	217.72	282.00	304.00	326.00	349.00
	22.4	3.20	297.57	247.72	321.00	346.00	371.00	397.00
	24.5	3.50	355.98	296.34	384.00	414.00	444.00	475.00
	28.0	4.00	464.95	387.06	501.00	541.00	580.00	620.00

注 1. 镀锌层厚度分 3 级：特 A、A、B。

　　2. 标记示例：结构 1×7、直径 6.0mm、抗拉强度 1370MPa、A 级锌层的钢绞线标记为 1×7-6.0-1370-A-YB/T 5004—2001。

【思考与练习】

1. 在 GB/T 1179—2008《圆线同心绞架空导线》中，导线用哪几部分表示？为什么要制成钢芯铝绞线？在超高压输电线路上为什么要使用分裂导线？

2．指出下列导线型号的意义：JL-70-7，JL/G1A-185/30，1×19-11.5-1270-A-GB 1200-88。

3．架空地线一般用何种导线、与地之间如何连接？所谓的绝缘架空地线如何构成、有何用途？

模块 3　导线的排列与换位（GYSD00201003）

【模块描述】本模块介绍导线在杆塔上的各种排列、导线排列方式的选择和导线换位。通过概念描述和原理分析，能够了解导线各种排列方式、导线排列方式的选择依据，熟悉导线换位的原因、要求和有关导线换位的规定。

【正文】

一、导线在杆塔上的排列

架空输电线路分为单回路、双回路并架或多回路并架输电线路。由于线路回路数的不同，导线在杆塔上的排列方式也是多种多样的。一般单回路输电线路，导线排列方式有三角形、上字形、水平排列三种方式。双回路并架或多回路并架的输电线路，导线排列方式有伞形、倒伞形、干字形、六角形（又称鼓形）四种方式。图 GYSD00201003-1 为导线在杆塔上的七种排列方式。

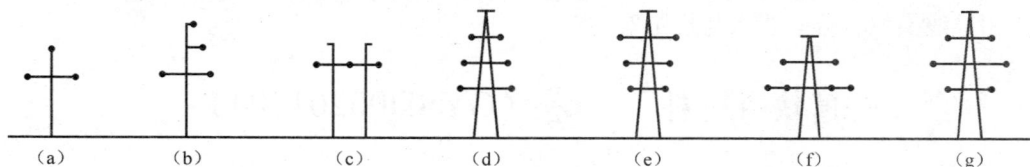

图 GYSD00201003-1　导线在杆塔上的各种排列方式

（a）三角形；（b）上字形；（c）水平形；（d）伞形；（e）倒伞形；（f）干字形；（g）六角形

二、导线排列方式的选择

选择导线的排列方式时，主要看其对线路运行的可靠性，对施工安装、维护检修是否方便，能否简化杆塔结构，减小杆塔头部尺寸。运行经验表明，三角形排列的可靠性较水平排列差，特别是在重冰区、多雷区和电晕严重地区，这是因为下层导线在因故向上跃起时，易发生相间闪络和上下层导线碰线故障，且水平排列的杆塔高度较低，可减少雷击的机会。但水平排列的杆塔结构上比三角形排列者复杂，使杆塔投资增大。

因此，一般说来，对于重冰区、多雷区的单回线路，导线应采用水平排列。对于其余地区可结合线路的具体情况采用水平或三角形排列。从经济观点出发，电压在 220kV 以下、导线截面不特别大的单回线路，宜采用三角形排列。对双回线路的杆塔，倒伞形排列［见图 GYSD00201003-1（e）］的优点是便于施工和检修，但它的缺点是防雷差，故目前多采用六角形排列［见图 GYSD00201003-1（g）］。

双回路同杆架设的两个回路，通常采用互逆的相序排列。

三、导线的换位

导线的各种排列方式（包括等边三角形），均不能保证三相导线的线间距离或导线对地距离相等，因此，三相导线的电感、电容及三相阻抗均不相等，这会造成三相电流的不平衡，这种不平衡，对发电机、电动机和电力系统的运行以及对输电线路附近的弱电线路均会带来一系列的不良影响。为了避免这些影响，各相导线应在空间轮流地改换位置，以平衡三相阻抗。三相导线的换位顺序如图 GYSD00201003-2 所示，图中 l 为线路长度。

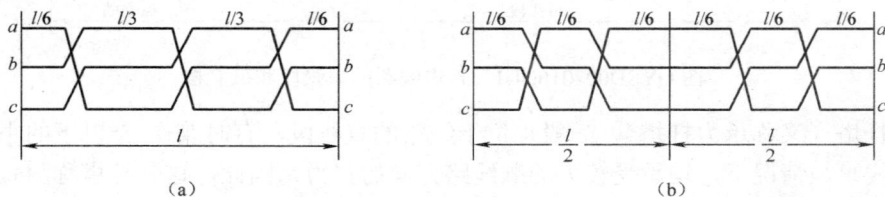

图 GYSD00201003-2　输电线路换位示意图

（a）单循环换位；（b）双循环换位

经过完全换位的线路，其各相在空间每一位置的各段长度之和相等。进行一次完全换位的线路称为完成了一个换位循环。

GB 50545《110kV~500kV 架空输电线路设计规范》关于线路换位的规定：

在中性点直接接地的电力网，长度超过 100km 的线路，宜换位。换位循环长度不宜大于 200km。

中性点非直接接地的电力网，为降低中性点长期运行中的电位，可用换位或变换输电线路相序排列的方法来平衡不对称电容电流。

一个变电站某级电压的每回出线虽小于 100km，但其总长度超过 200km，可采用换位或变换各回输电线路的相序排列的措施来平衡不对称电流。

为使三相导线对地的感应电压降至最小，绝缘地线也要进行换位。两地线的换位点和导线的换位点错开，两线在空间每一位置的总长度应相等。

【思考与练习】

1．导线的排列方式有哪几种？在选择导线排列方式时需考虑哪些因素，一般说来导线的排列方式如何选择？

2．输电线路的三相导线为什么要进行换位，什么叫换位循环？

3．三相导线换位有哪些要求与规定？

模块 4 杆 塔（GYSD00201004）

【模块描述】本模块涉及杆塔类型、特点。通过定义讲解、列表对比，掌握不同杆塔类型的特点、用途。

【正文】

一、按用途分类

架空线路的杆塔，按其在线路上的用途可分为：悬垂型杆塔、耐张直线杆塔、耐张转角杆塔、耐张终端杆塔、跨越杆塔和换位杆塔等。

悬垂型杆塔（又称中间杆塔），一般位于线路的直线段，在架空线路中的数量最多，约占杆塔总数的 80%左右，如图 GYSD00201004-1 中 6 号、7 号、8 号杆塔均为悬垂型杆塔。在线路正常运行的情况下，悬垂型杆塔不承受顺线路方向的张力，而仅承受导线、地线、绝缘子和金具等的质量和风压，所以，其绝缘子串是垂直悬挂的，称做悬垂串（见图 GYSD00201004-1 中的悬垂直线杆 6 号、7 号、8 号的绝缘子串），只有在杆塔两侧档距相差悬殊或一侧发生断线时，悬垂型杆塔才承受相邻两档导线的不平衡张力，悬垂型杆塔，一般不承受角度力，因此悬垂型杆塔对机械强度要求较低，造价也较低廉。

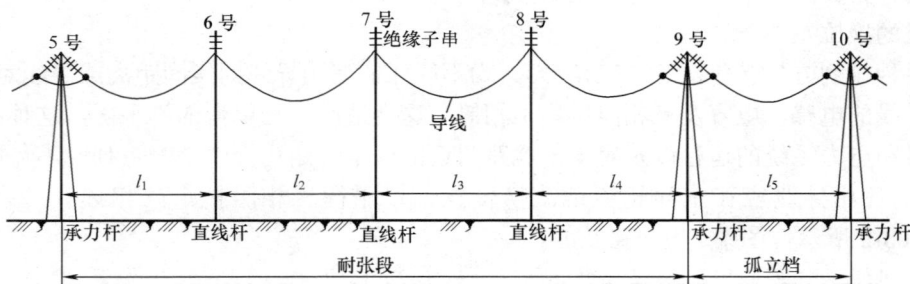

图 GYSD00201004-1 输电线路的耐张段和孤立档

耐张直线杆塔（又称承力杆塔），一般也位于线路的直线段，有时兼作 5°以下的小转角。在线路正常运行和断线事故情况下，均承受较大的顺线路方向的张力，因此，这种杆塔称耐张直线杆塔。在耐张直线杆塔上是用耐张绝缘子串和耐张线夹来固定导线的（参见图 GYSD00201004-1 两端的杆塔）。如图 GYSD00201004-1 中 5 号、9 号、10 号杆塔均为耐张直线杆塔。

两相邻耐张杆塔间的一段线路称为一个耐张段；两相邻耐张杆塔间各档距的和称为耐张段的长度。当线路发生断线故障时，不平衡张力很大，这时悬垂型杆塔因顺线路方向的强度较差而可能逐个被拉倒。耐张杆塔强度大，可将倒杆事故限制在一个耐张段内。所以，耐张杆塔也有称做"锚型杆塔"或"断连杆塔"的。

耐张转角杆塔位于线路转角处。线路转向内角的补角称为"线路转角"（见图 GYSD00201004-2）。耐张转角杆塔两侧导线的张力不在一条直线上，因而须承受角度合力，见图 GYSD00201004-2。耐张转角杆塔除应承受垂直荷载和风压荷载以外，还应能承受较大的导线张力角度合力；角度合力决定于转角的大小和导地线水平张力。

跨越杆塔位于线路与河流、山谷、铁路等交叉跨越的地方。跨越杆塔也分悬垂型和耐张型两种。当跨越档距很大时，就得采用特殊设计的耐张型跨越杆塔，其高度也较一般杆塔高得多。

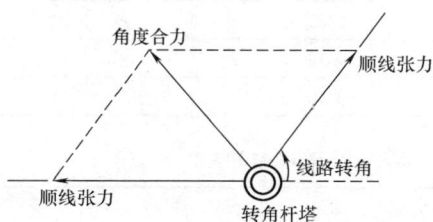

图 GYSD00201004-2　转角杆塔的受力图

耐张终端杆塔位于线路的首、末端，即变电站进线、出线的第一基杆塔。耐张终端杆塔是一种承受单侧张力的耐张杆塔。

换位杆塔是用来进行导线换位的。高压输电线路的换位杆塔分滚式换位用的悬垂型换位杆塔和耐张型换位杆塔两种。

二、按材料分类

杆塔按使用的材料可分为：钢筋混凝土杆、钢管杆、角钢塔和钢管塔。

钢筋混凝土杆的混凝土和钢筋粘结牢固严如一体，且二者具有几乎相等的温度膨胀系数，不会因膨胀不等产生温度应力而破坏，混凝土又是钢筋的防锈保护层。所以，钢筋混凝土是制造电杆的好材料。

钢筋混凝土杆的优点是：

（1）经久耐用，一般可用 50～100 年之久；

（2）维护简单，运行费用低；

（3）较铁塔节约钢材 40%～60%；

（4）比铁塔造价低，施工期短。

其缺点主要是笨重，运输困难，因此对较高的水泥杆，均采用分段制造，现场进行组装，这样可将每段电杆质量限制在 500～1000kg 以下。

混凝土的受拉强度较受压强度低得多，当电杆杆柱受力弯曲时，杆柱截面一侧受压另一侧受拉，虽然拉力主要由钢筋承受，但混凝土与钢筋一起伸长，这时混凝土的外层即受一拉应力而产生裂缝。裂缝较宽时就会使钢筋锈蚀，缩短寿命。防止产生裂缝的最好方法，就是在电杆浇铸时将钢筋施行预拉；使混凝土在承载前就受到一个预压应力。这样，当电杆承载时，受拉区的混凝土所受的拉应力与此预压应力部分地抵消而不致产生裂缝。这种电杆叫做预应力钢筋混凝土电杆。

预应力钢筋混凝土杆能充分发挥高强度钢材的作用，比普通钢筋混凝土杆可节约钢材 40% 左右，同时水泥用量也减少，电杆的质量也减轻了。由于它的抗裂性能好，所以延长了电杆的使用寿命。

近年来，城区线路广泛采用钢管杆。

目前生产的钢筋混凝土电杆（或预应力、部分预应力钢筋混凝土电杆），有等径环形截面和拔梢环形截面两种。等径电杆的直径分别为 $\phi 300$、$\phi 400$、$\phi 500$、$\phi 550$mm，杆段长度有 3.0、4.5、6.0、9.0m 四种。

拔梢电杆的锥度为 $\dfrac{1}{75}$，杆段规格系列较多，常用的拔梢电杆规格如表 GYSD00201004-1 所示。

根据工程需要，可以用上述杆段连接成所需要的杆高。一般可采用表 GYSD00201004-2 所列的组装杆段长度。

表 GYSD00201004-1　　　　　　常用拔梢电杆杆段规格

杆段梢径（mm）	杆段长度	杆段梢径（mm）	杆段长度
$\phi190$	6、7、8、9、10、11、12、15	$\phi390$	6、9
$\phi230$	6、9、12	$\phi430$	6
$\phi270$	6、9	$\phi470$	6
$\phi283$	6	$\phi510$	6、9
$\phi310$	6、9	$\phi550$	6
$\phi350$	6、9		

表 GYSD00201004-2　　　　　　常用拔梢电杆组装杆段长度

杆长（m）	杆段组装种类			
	1	2	3	4
13	$\phi190mm \times 7 + \phi283mm \times 6$	—	—	—
15	$\phi190mm \times 9 + \phi310mm \times 6$	—	—	—
18	$\phi190mm \times 9 + \phi310mm \times 9$	$\phi190mm \times 12 + \phi350mm \times 6$	$\phi230mm \times 12 + \phi390mm \times 6$	$\phi230mm \times 6 + \phi310mm \times 6 + \phi390mm \times 6$
21	$\phi190mm \times 12 + \phi350mm \times 9$	$\phi230mm \times 12 + \phi390mm \times 9$		
24	$\phi230mm \times 12 + \phi390mm \times 6 + \phi470mm \times 6$	$\phi230mm \times 9 + \phi350mm \times 9 + \phi470mm \times 6$	$\phi270mm \times 9 + \phi390mm \times 9 + \phi510mm \times 6$	

　　角钢塔是用角钢焊接或螺栓连接的（个别有铆接的）钢架，钢管塔是用钢管由螺栓连接的钢架。它们的优点是坚固、可靠，使用期限长，但钢材消耗量大，造价高，施工工艺较复杂，维护工作量大。因此，铁塔多用于交通不便和地形复杂的山区，或一般地区的荷载较大的耐张终端、耐张直线、耐张转角、大跨越等特种杆塔。

【思考与练习】

　　1．架空线路的杆塔按其用途可分为哪几类、各自的受力特点如何？

　　2．拔梢电杆的锥度是多少？若已知杆顶直径为 D_0，则距杆顶 h 处的直径为多少？

模块 5　线路绝缘子（GYSD00201005）

【模块描述】本模块介绍线路绝缘子的种类、绝缘子的选择。通过概念陈述、图文讲解、计算举例，了解线路对绝缘子的要求，掌握线路绝缘子选择方法。

【正文】

　　架空线路的绝缘子，是用来支持导线并使之与杆塔绝缘的。它应具有足够的绝缘强度和机械强度，同时对化学杂质的侵蚀具有足够的抗御能力，并能适应周围大气条件的变化，如温度和湿度变化对它本身的影响等。

　　架空输电线路上所用的绝缘子有悬式、棒式和硅橡胶合成绝缘子等数种。

　　悬式绝缘子形状多为圆盘形，故又称盘形绝缘子，绝缘子以往都是陶瓷的，所以又叫做瓷瓶。现在我国也有使用钢化玻璃悬式绝缘子，这种绝缘子尺寸小、机械强度高、电气性能好、寿命长不易老化、维护方便（当绝缘子有缺陷时，由于冷热剧变或机械过载，即自行破碎，巡线人员很容易用望远镜检查出来）。盘形悬式绝缘子有普通型［见图 GYSD00201005-1（a）］、耐污型［见图 GYSD00201005-1（b）］两种。悬式绝缘子广泛用于 35kV 及以上的线路上。在沿海地区和化工厂附近的线路，使用防污型悬式绝缘子。

　　棒式绝缘子的形状如图 GYSD00201005-1（f）所示，它是一个瓷质整体，可以代替悬垂绝缘子串。它的优点是质量轻、长度短、省钢材且降低了杆塔的高度。但棒式绝缘子制造工艺较复杂，成本较高，且运行中易于由振动而断裂。

　　复合绝缘子是棒形悬式复合绝缘子的简称，由伞套、芯棒组成，并带有金属附件，如图

GYSD00201005-1（g）所示。伞套由硅橡胶为基体的高分子聚合物制成，具有良好的憎水性，抗污能力强，用来提供必要的爬电距离，并保护芯棒不受气候影响。芯棒通常由玻璃纤维浸渍树脂后制成，具有很高的抗拉强度和良好的减振性、抗蠕变性以及抗疲劳断裂性。根据需要，复合绝缘子的一端或者两端可以制装均压环。复合绝缘子适用于海拔 1000m 以下地区，尤其用于污秽地区，能有效地防止污闪的发生。

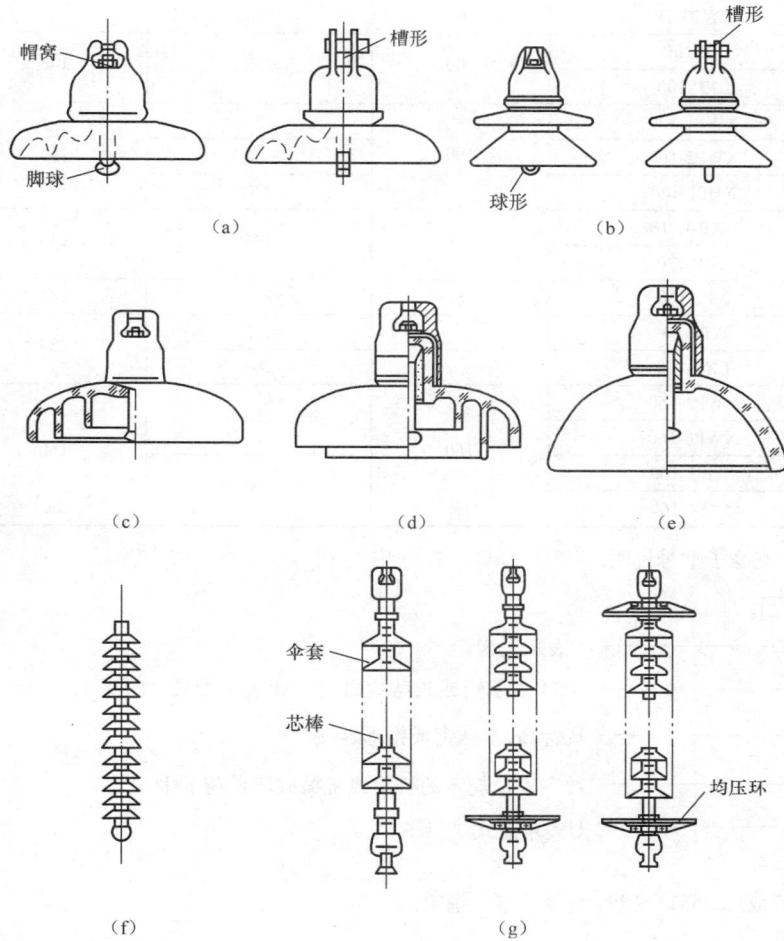

图 GYSD00201005-1 绝缘子

（a）悬式绝缘子；（b）耐污悬式绝缘子；（c）钟罩防污型悬式绝缘子；（d）直流悬式绝缘子；

（e）球面悬式绝缘子；（f）棒形悬式绝缘子；（g）棒形复合绝缘子

　　输电线路大都采用悬式绝缘子。目前线路悬式绝缘子现行标准为 GB T 7253—2005《标称电压高于 1000V 的架空线路绝缘子交流系统用瓷或玻璃绝缘子元件盘形悬式绝缘子元件的特性》，但现有线路中，还有大量的 GB/T 7253—1987 和 JB 9681—1999 标准的盘形悬式绝缘子在使用。

　　由于 GB/T 7253—2005 标准与 GB/T 7253—1987 和 JB 9681—1999 标准中绝缘子的型号编制方法差异较大，为了便于标准的实施使用，将 GB T 7253—2005 标准与 GB/T 7253—1987 和 JB 9681—1999 中机械和尺寸特性类同的绝缘子列于表 GYSD00201005-1 中，供型号转换时参考。

表 GYSD00201005-1　GB T 7253—2005 与 GB/T7253—1987 和 JB 9681—1999 典型

盘形悬式绝缘子串元件参数及型号对照

本附录型号	GB/T 7253—1987 或 JB 9681—1999 型号	机电或机械破坏负荷（kN）	绝缘件最大公称或公称直径（mm）	公称结构高度（mm）	最小公称爬电距离（mm）
U70BS	XP-70	70	255	127	295
U70BL	XP1-70	70	255	146	295
	LXP1-70				

续表

本附录型号	GB/T 7253—1987 或 JB 9681—1999 型号	机电或机械破坏负荷（kN）	绝缘件最大公称或公称直径（mm）	公称结构高度（mm）	最小公称爬电距离（mm）
U70BL	XWP2-70	70	255	146	400
U70BEL	XWP1-70	70	255	160	400
	XHP1-70				
U70BELP	XWP3-70	70	280	160	450
U100BL	XP-100	100	255	146	295
	LXP-100				
U100BEL	XWP1-100		255		400
U100BELP	XWP2-100	100	280	160	450
U100BEL	XHP1-100		270		400
U120B	XP-120	120	255	146	295
	LXP-120				
U160BS	XP2-160	160	280	146	330
U160BM	XP-160	160	255	155	305
	LXP-160		280		330
U160BM	XWP1-160	160	280	160	400
	XWP6-160				
	XHP1-160		300		
	XAP1-160				

a GB/T 7253—2005 绝缘子型号说明：

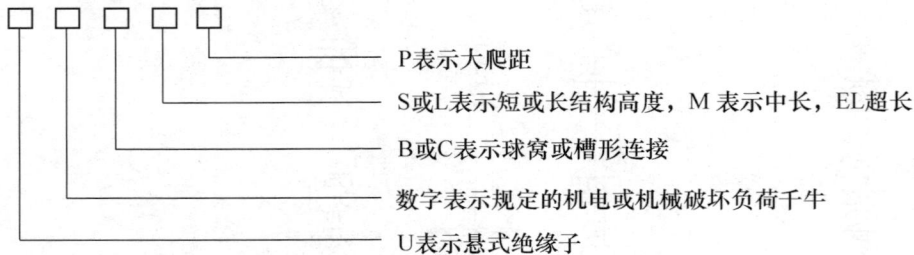

□ □ □ □ □

P表示大爬距

S或L表示短或长结构高度，M 表示中长，EL超长

B或C表示球窝或槽形连接

数字表示规定的机电或机械破坏负荷千牛

U表示悬式绝缘子

b GB/T 7253—1987或JB 9681—1999绝缘子型号说明：

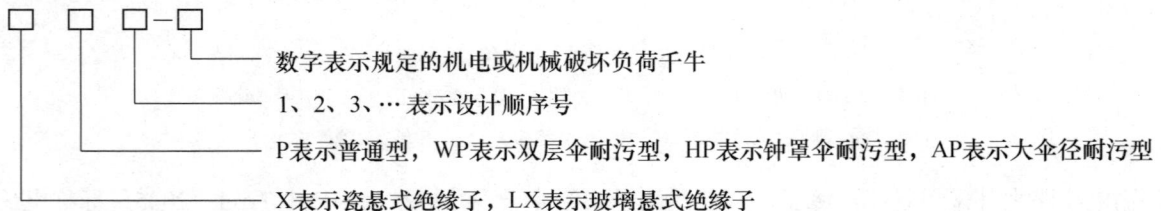

□ □ □—□

数字表示规定的机电或机械破坏负荷千牛

1、2、3、…表示设计顺序号

P表示普通型，WP表示双层伞耐污型，HP表示钟罩伞耐污型，AP表示大伞径耐污型

X表示瓷悬式绝缘子，LX表示玻璃悬式绝缘子

主要绝缘子类型的优、缺点比较见表 GYSD00201005-2。

表 GYSD00201005-2　　　　　主要绝缘子类型的优、缺点比较

绝缘子类型	优　点	缺　点
盘形悬式瓷质绝缘子	瓷质绝缘子使用历史悠久，介质的机械性能、电气性能良好，产品种类齐全，使用范同广。盘形悬式瓷质绝缘是输电线路最早使用的一种绝缘子	在污秽潮湿条件下，绝缘子在工频电压作用时绝缘性能急剧下降，常产生局部电弧，严重时会发生闪络；绝缘子串或单个绝缘子的分布电压不均匀，在电场集中的部位常发生电晕，产生无线电干扰，并容易导致瓷体老化
盘形悬式玻璃钢绝缘子	成串电压分布均匀，玻璃的介电常数为 7～8，比瓷的介电常数 5～6 大一些，因而玻璃绝缘子具有较大的主电容。自洁能力好，积污容易清扫，耐污性能好。耐电弧性能好。机械强度高，钢化玻璃的机械强度可达到 80～120MPa，是陶瓷的 2～3 倍。长期运行后机械性能稳定。由于玻璃的透明性。外形检查时容易发现细小裂纹和内部损伤等缺陷。玻璃钢绝缘子零值或低值时会发生自爆，无需进行人工检测。耐弧性能好，老化过程缓慢	早期产品运行初期自爆率高，现在的产品已基本克服这缺点。自爆后的残锤必须尽快更换，否则会因残锤内部玻璃受潮而烧熔，发生断串掉线事故

续表

绝缘子类型	优 点	缺 点
棒形悬式复合绝缘子	质量轻、体积小，质量只有瓷质或玻璃钢绝缘子的10%～15%，方便安装、更换和运输。复合绝缘子属于棒形结构，内外极间距离几乎相等，一般不发生内部绝缘击穿，也不需要零值检测。绝缘子表面具有很强的憎水性，防污效果好，延长了清扫周期，大大降低了劳动强度	投运时间短，使用寿命有待确定。抗弯、抗扭性能差，承受较大横向压力时，容易发生脆断。伞盘强度低，不允许踩踏、碰撞。早期产品老化速度快于瓷质或玻璃钢绝缘子。积污不易清扫，长期下去会逐步丧失憎水性。芯棒与护套、护套与伞盘、芯棒与金属端头、金属端头与伞盘多次形成结合面，每一个界面空气未排干净就会留有气泡或水分，在强电场作用下会首先放电炭化，并逐步扩大直至形成贯穿通道而击穿

悬式绝缘子在直线型杆塔上组成悬垂串。悬垂串在正常运行时仅支承导线自重、冰重和风力，在断线时，还要承受断线张力。大跨越档距或重冰区导线的荷载很大，超过悬垂串的允许荷载时，可采用双联悬垂串和多联悬垂串（如图 GYSD00201005-2）。为了减小悬垂串的风偏摇摆角，以达到减小杆塔头部尺寸的目的，可采用"V"型、"人"型及"人"字型组合悬垂串。

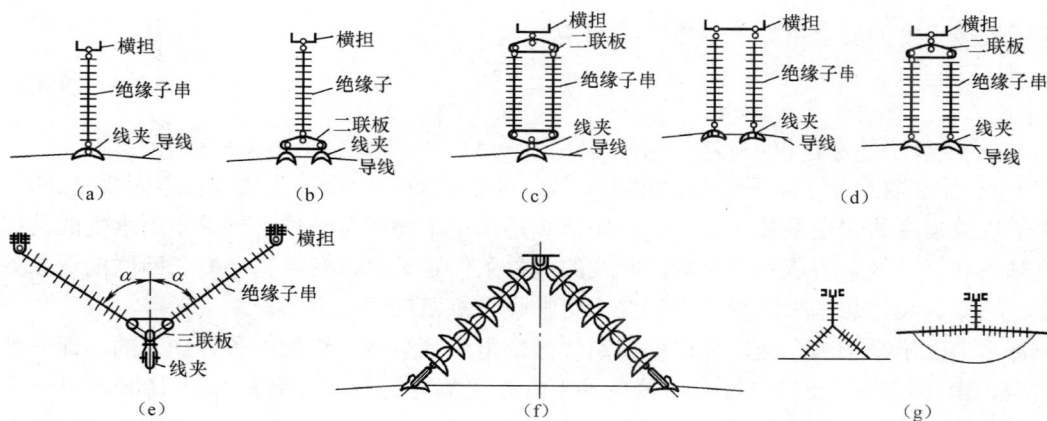

图 GYSD00201005-2 悬垂串

（a）单线夹单联悬垂串；（b）双线夹单联悬垂串；（c）单线夹双联悬垂串；（d）双线夹双

联悬垂串；（e）"V"型悬垂串；（f）"人"字型悬垂串；（g）"人"型组合悬垂串

悬式绝缘子在耐张杆塔上组成耐张串，耐张串除支承导线自重、冰重和风力外，还要承受正常情况和断线情况下顺线路方向导线的张力。当大跨越档距中的导线张力很大时，可采用双联或多联耐张串（其结构见图 GYSD00201005-3）。耐张串两侧的导线通过跳线（又称引流线）连接，见图GYSD00201005-4。

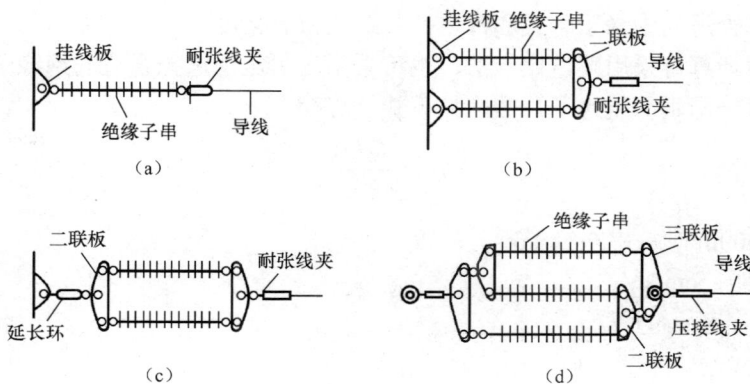

图 GYSD00201005-3 耐张串

（a）单联耐张串；（b）双联耐张串之一；（c）双联耐张串之二；（d）三联耐张串

绝缘子机械强度的安全系数，应符合表 GYSD00201005-3 的规定。双联及多联绝缘子串应验算断一联后的机械强度，其荷载及安全系数按断联情况考虑。

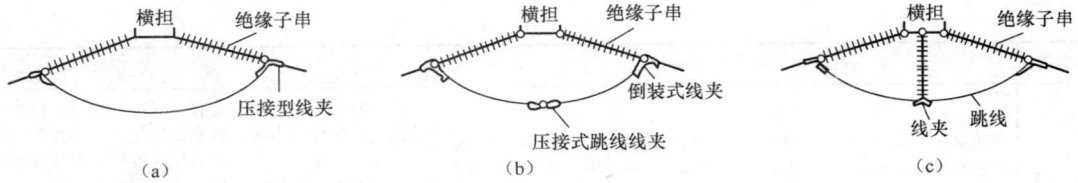

图 GYSD00201005-4 跳线与耐张串的连接

（a）用压接型线夹与耐张串连接；（b）用倒装式线夹与耐张串连接；（c）跳线中央用悬垂串限制摇摆

表 GYSD00201005-3　　　　　　　　　绝缘子机械强度的安全系数

情　况	最大使用荷载		常年荷载	验　算	断　线	断　联
	盘型绝缘子	棒型绝缘子				
安全系数	2.7	3.0	4.0	1.5	1.8	1.5

绝缘子机械强度的安全系数 K_{I} 应按下式计算

$$K_{\mathrm{I}} = \frac{T_{\mathrm{R}}}{T}$$ （GYSD00201005-1）

式中　T_{R} ——绝缘子的额定机械破坏负荷，kN；

T ——分别取绝缘子承受的最大使用荷载、断线、断联、验算荷载或常年荷载，kN。

绝缘子机械强度的安全系数计算时：常年荷载是指年平均气温条件下绝缘子所承受的荷载。验算荷载是验算条件下绝缘子所承受的荷载。断线的气象条件是无风、有冰、−5℃，断联的气象条件是无风、无冰、−5℃。设计悬垂串时导、地线张力可按设计规范的规定取值。

每一悬垂串上绝缘子的个数，是根据线路的额定电压等级按绝缘配合条件选定的。即应使线路能在工频电压、操作过电压及雷电过电压等条件下安全可靠地运行。在海拔高度 1000m 以下地区，操作过电压及雷电过电压的要求的悬垂绝缘子串的绝缘子片数，应不少于表 GYSD00201005-4 中的规定数。

表 GYSD00201005-4　　　　　　　直线杆塔上悬垂串绝缘子的最少用量表

标称电压（kV）	35	66	110	220	330	500	750
单片绝缘子的高度（mm）	146	146	146	146	146	155	170
绝缘子片数（片）	3	5	7	13	17	25	32

绝缘子串的片数应以审定的污区分布图为基础，结合线路附近的污秽和发展情况，综合考虑环境污秽变化因素，选择合适的绝缘子型式和片数，并适当留有裕度。

绝缘子串的片数计算可采用爬电比距法，也可采用污耐压法选择合适的绝缘子型式和片数。当采用爬电比距法时，每一悬垂串绝缘子片数应按下式计算

$$n \geqslant \frac{\lambda U_{\mathrm{N}}}{K_{\mathrm{e}} L_{01}}$$ （GYSD00201005-2）

式中　n ——海拔 1000m 时每串绝缘子所需片数；

λ ——爬电比距，cm/kV；

U_{N} ——系统标称电压，kV；

L_{01} ——单片悬式绝缘子的几何爬电距离，cm；

K_{e} ——绝缘子爬电距离的有效系数，主要由各种绝缘子几何爬电距离在试验和运行中污秽耐压的有效性来确定；并以 XP-70、XP-160 型绝缘子为基础，其 K_{e} 值取为 1。

几种常见绝缘子爬电距离有效系数 K_{e} 如表 GYSD00201005-5 所示。

表 GYSD00201005-5　　　　　常见绝缘子爬电距离有效系数 K_e

绝缘子型号	盐 密			
	0.05（mg/cm²）	0.10（mg/cm²）	0.20（mg/cm²）	0.40（mg/cm²）
浅钟罩型绝缘子	0.90	0.90	0.80	0.80
双伞型绝缘子（XWP2-160）	1.0			
长棒型瓷绝缘子	1.0			
三伞型绝缘子	1.0			
玻璃绝缘子（普通型 LXH-160）	1.0			
深钟罩玻璃绝缘子	0.8			
复合绝缘子	≤2.5（cm/kV）		>2.5（cm/kV）	
	1.0		1.3	

　　由于耐张串在正常运行中经常承受较大的导线张力，绝缘子容易劣化以及耐张串可靠性要求高等的缘故。对 110～330kV 输电线路，每串耐张串的绝缘子片数应比每串悬垂串同型号绝缘子的个数多 1 片；500kV 输电线路增加 2 片，对 750kV 输电线路不需增加片数。

　　为保持高杆塔的耐雷性能，全高超过 40m 有地线的杆塔，高度每增加 10m，应比表 GYSD00201005-4 所列值增加一片同型绝缘子，全高超过 100m 的杆塔，绝缘子的片数应根据运行经验结合计算确定。由于高杆塔而增加绝缘子片数时，雷电过电压最小间隙也应相应增大；750kV 杆塔全高超过 40m 时，可根据实际情况进行验算，确定是否需要增加绝缘子片数和间隙。

　　对于架设在空气中含有工业污秽地带或接近海岸、盐场、盐湖和盐碱地区的线路，应根据运行经验和可能污染的程度，增加绝缘子的泄漏距离。这时宜采用防污型绝缘子或增加普通绝缘子的片数。

　　在轻、中污区复合绝缘子的爬电距离不宜小于盘型绝缘子；在重污区其爬电距离不应小于盘型绝缘子最小要求值的 3/4 且不小于 2.8 cm/kV；用于 220kV 及以上输电线路复合绝缘子两端都应加均压环，其有效绝缘长度需满足雷电过电压的要求。

　　高海拔地区悬垂绝缘子串的片数，宜按下式计算

$$n_H = ne^{0.1215m_1(H-1)} \qquad \text{（GYSD00201005-3）}$$

式中　n_H——高海拔地区每串绝缘子所需片数；

　　　　H——海拔高度，km；

　　　　m_1——特征指数，它反映气压对于污闪电压的影响程度，由试验确定。各种绝缘子 m_1 值可按表 GYSD00201005-6 取值。

表 GYSD00201005-6　　　　　各种绝缘子的 m_1 参考值

材 料	盘径（mm）	结构高度（mm）	爬电距离（cm）	表面积（cm²）	机械强度（kN）	m_1 值		
						盐密 0.05mg/cm²	盐密 0.2mg/cm²	平均值
瓷	280	170	33.2	1730.27	210	0.66	0.64	0.65
	300	170	45.9	2784.86	210	0.42	0.34	0.38
	320	195	45.9	3025.98	300	0.28	0.35	0.32
	340	170	53.0	3627.04	210	0.22	0.40	0.31
玻璃	280	170	40.6	2283.39	210	0.54	0.37	0.45
	320	195	49.2	3087.64	300	0.36	0.36	0.36
	320	195	49.3	3147.4	300	0.45	0.59	0.52
	380	145	36.5	2476.67	120	0.30	0.19	0.25
复合						0.18	0.42	0.30

模块 5

GYSD00201005

【思考与练习】

1. 根据绝缘子的用途对绝缘子应有哪些要求？悬式绝缘子串有哪些组装方式，各用于什么场合？

2. 悬式瓷绝缘子、悬式玻璃绝缘子和硅橡胶合成绝缘子各有什么优缺点？悬式绝缘子串的片数是根据什么条件来确定的？一般来讲耐张串的绝缘子片数比同型号悬垂串的片数多 1~2 片，为什么？

第四章 导线（地线）弧垂应力计算

模块 1 架空输电线路设计气象条件（GYSD00202001）

【模块描述】 本模块包含气象条件三要素对线路运行的影响、气象条件的组合和典型气象区。通过概念描述和原理讲解，熟悉气象条件三要素对线路运行的影响，正确进行气象条件组合。

【正文】

架空线路的设计用气象条件，广义的是指那些与架空线路的电气强度和机械强度有关的气象参数，如风速、覆冰情况、气温、湿度、雷电参数等。但机械计算的气象参数主要指风速、覆冰厚度和气温，称为设计用气象条件三要素。

一、气象条件三要素对线路的影响

1. 风速

风对架空线路的影响主要有三方面：首先，风吹在导线、杆塔及其附件上，增加了作用在导线和杆塔上的荷载；其次，导线在由风引起的垂直线路方向的荷载作用下，将偏离无风时的铅垂面，从而改变了带电导线与横担、杆塔等接地部件的距离；最后，导线在稳定的微风（$0.5 \sim 8\,\mathrm{m/s}$）的作用下将引起振动，在稳定的中速风（$8 \sim 15\mathrm{m/s}$）的作用下将引起舞动，导线的振动和舞动都将危及线路的安全运行。为此，必须充分考虑风的影响。

输电线路设计中所采用的基本风速，应按当地气象台、站 10min 时距平均的年最大风速为样本，并宜采用极值 I 型分布作为概率模型。统计风速应取以下高度：

（1）110～750kV 输电线路，离地面 10m。

（2）各级电压大跨越，离历年大风季节平均最低水位 10m。

（3）山区输电线路，宜采用统计分析和对比观测等方法，由邻近地区气象台、站的气象资料推算山区的最大基本风速，并结合实际运行经验确定。如无可靠资料，宜将附近平原地区的统计值提高 10% 选用。

（4）110～330kV 输电线路的基本风速，不宜低于 23.5m/s；500～750kV 输电线路，基本风速不宜低于 27m/s。必要时还宜按稀有风速条件进行验算。

基本风速的重现期：110～330kV 输电线路及其大跨越取 30 年；500、750kV 输电线路及其大跨越取 50 年。在线路设计时和运行过程中均需广泛搜集、积累沿线风速资料。但应注意，目前气象台站的风仪高度及测记方法不一定符合输电线路采用的要求，如风仪高为 8m，测记方法为一天四次定时 2min 平均风速，此时就需经过一定方法，将其换算到输电线路的设计风速。另外，在离地不同的高度其风速大小是不同的，当导线高度较高，如跨越江河等地段，其风速还应计及高度影响。

在运行中可根据地面物的现象，按表 GYSD00202001-1 估计风速大小。

2. 覆冰厚度

导线覆冰对线路安全运行的威胁主要有如下几方面：一是由于导线覆冰，荷载增大，引起断线、连接金具破坏，甚至倒杆等事故；二是由于覆冰严重，使导线弧垂显著增大，造成导线与被跨越物或对地距离过小，引起放电闪络事故等；三是由于不同时脱冰使导线跳跃，易引起导线间以及导线与地线间闪络，烧伤导线或地线。发生冰害事故时，往往正值气候恶劣、冰雪封山、通信中断、交通受阻、检修十分困难之时，从而造成电力系统长时间停电。

导线上的冰层是空气中的"过冷却"水滴降落时，碰到低于 0℃ 的导线后形成的。由于输电线路经过地区的气象条件和地理条件不同，覆冰大致分为雾凇冰和雨凇冰两类。雾凇冰密度较小（约 $0.1\sim0.4g/cm^3$），呈针状或羽毛状结晶，冻结不密集。雨凇冰密度较大（约 $0.5\sim0.9g/cm^3$），冻成浑然一体的透明状冰壳，附着力很强。输电线路导线覆冰指的是雨凇冰。

表 GYSD00202001-1 　　　　　　　　　　　风 级 表

风力等级	名　称	地面物的特征	相当风速（m/s）
0	无风	静，烟直上	0～0.2
1	软风	烟能表示风向，但风向标不能转动	0.3～1.5
2	轻风	树叶及微枝摇动不息，旌旗展开	1.6～3.3
3	微风	人面感觉有风，树叶微响，风向标能转	3.4～5.4
4	和风	能吹起地面灰尘和纸张，小树枝摇动	5.5～7.9
5	清劲风	有叶的小树摇摆，内湖的水有波	8.0～10.7
6	强风	大树枝动摇，电线呼呼有声，举伞困难	10.8～13.8
7	疾风	全树动摇，迎风步行感觉不便	13.9～17.1
8	大风	微枝折断，人向前感觉阻力甚大	17.2～20.7
9	烈风	烟囱顶部及屋瓦被吹掉	20.8～24.4
10	狂风	内陆很少出现，可掀起树木或摧毁建筑物	24.5～28.4
11	暴风	陆上很少，有大的破坏	28.5～32.6
12	飓风	陆上绝少，很大规模的破坏	大于32.6

覆冰形成的气候条件一般是周围空气温度为$-2\sim-10℃$，空气相对湿度在90%左右，风速在$5\sim15m/s$ 范围内。覆冰的形成还与地形、地势条件及导线离地高度有关。如平原的突出高地、暴露的丘陵顶峰和高海拔地区迎风山坡，特别是坡向朝河流、湖泊及水库等地区，其覆冰情况均相对较严重。在同一地点，导线悬挂点距地面越高覆冰也越严重。覆冰的形成，空气湿度是必要条件，在我国北方，虽然气温较低，但由于空气相对较干燥，覆冰反而不如南方有些地区严重。南方有些地区导线积雪有时可达直径十多厘米，这种现象在北方是极少的。

输电线路设计时覆冰按等厚中空圆形考虑，其密度取 $0.9g/cm^3$，且取：110～330kV 输电线路及其大跨越取 30 年一遇的最大值；500、750kV 输电线路及其大跨越取 50 年一遇的最大值。

3. 气温

气温的变化，引起导线热胀冷缩，从而影响导线的弧垂和应力。显然，输电线路经过地区的历年来最高气温和最低气温是我们特别关心的。因为，气温越高，导线由于热胀引起的伸长量越大，弧垂增加越多，所以需考虑导线对被交叉跨越物距离和对地距离应满足要求；反之，气温越低，线长缩短越多，应力增加越多，所以需考虑导线机械强度应满足要求。另外，年平均气温、基本风速时的气温也必须适当选择。

二、气象条件的组合和典型气象区

所谓气象条件的组合即把可能同时出现的气象组合在一起。设计气象条件由风速、气温和覆冰组合而成，这种组合除在一定程度上反映自然界的气象规律外，还应考虑输电线路结构和技术经济的合理性。因此，对气象资料，应进行合理的组合，不能把所有严重的情况都组合在一起。例如考虑基本风速的气象条件组合时，由于空气对流，冷热交换，不会出现最低温度，而且基本风速时也不会出现覆冰现象。所以不能把基本风速、最低温度和覆冰作为一种气象条件组合在一起而应把可能同时出现的气象组合在一起。

为了设计、制造上的标准化和统一性，据我国不同地区的气象情况和多年的运行经验，列出了全国典型气象区的气象条件，如表 GYSD00202001-2 所示。当设计的线路实际气象数据与典型气象区的其中一种气象数据接近时，最好采用典型气象区的数值进行设计。

表 GYSD00202001-2　　　　　　　全国典型气象区的气象参数

气象区			I	II	III	IV	V	VI	VII	VIII	IX
大气温度（℃）	最高		+40								
	最低		−5	−10	−10	−20	−10	−20	−40	−20	−20
	覆冰		−5								
	基本风速		+10	+10	−5	−5	+10	−5	−5	−5	−5
	安装		0	0	−5	−10	−5	−10	−15	−10	−10
	雷电过电压		+15								
	操作过电压、年平均气温		+20	+15	+15	+10	+15	+10	−5	+10	+10
风速（m/s）	基本风速		31.5	27	23.5	23.5	27	23.5	27	27	27
	覆冰		10*							15	
	安装		10								
	雷电过电压		15	10							
	操作过电压		0.5×基本风速折算至导线平均高度处的风速（不低于15m/s）								
覆冰厚度（mm）			0	5	5	5	10	10	10	15	20
冰的密度（g/cm³）			0.9								

* 一般情况下覆冰同时风速 10m/s，当有可靠资料表明需加大风速时可取为 15m/s。

【思考与练习】

1. 什么叫架空线路设计用气象条件，其三要素是什么？三要素对输电线路各有什么影响？

2. 什么叫气象条件的组合，是哪些内容的组合，在进行组合时需考虑哪些因素？

3. 试进行第Ⅲ、第Ⅴ气象区，平均气温、最低温度、基本风速、最高温度以及覆冰时气象条件的组合。

模块 2　导线的机械物理特性及比载（GYSD00202002）

【模块描述】本模块包含导线的机械物理特性及比载。通过概念讲解、定量分析、计算举例，掌握导线特性参数的计算和导线各种比载的计算。

【正文】

一、导线的机械物理特性

导线的机械物理特性，一般系指瞬时破坏应力、弹性系数、温度热膨胀系数及比重。

（一）导线的瞬时破坏应力

对导线作拉伸试验，将测得的瞬时拉断力，除以导线的截面积，就得到瞬时破坏应力。即

$$\sigma_{\mathrm{p}} = \frac{T_{\mathrm{p}}}{A} \qquad\qquad （GYSD00202002-1）$$

式中　T_{p}——导线的瞬时拉断力 N，取计算拉断力 T_{i} 的 95%；

　　　A——导线截面积，mm^2；

　　　σ_{p}——导线瞬时破坏应力，MPa。

（二）导线弹性系数

导线的弹性系数，指在弹性限度内，导线受拉力作用时，其应力与相对变形的比例系数，可表示为

$$E = \frac{\sigma}{\varepsilon} = \frac{Tl}{A\Delta l} \qquad\qquad （GYSD00202002-2）$$

式中　T——导线拉力，N；

　　　l、Δl——导线的原长和伸长，m；

σ——导线的应力，MPa；

ε——导线的相对变形；

E——导线的弹性系数，MPa。

在导线的力学计算中，常常采用弹性系数的倒数，称为导线的弹性伸长系数，可表示为

$$\beta = \frac{1}{E} = \frac{\varepsilon}{\sigma}$$ （GYSD00202002-3）

式中　β——导线的弹性伸长系数。

其他符号与式（GYSD00202002-2）相同。

从式（GYSD00202002-3）可见，导线的弹性伸长系数在数值上就是单位应力所引起的相对变形，它表示导线受拉力后易于伸长的程度。

铝绞线、钢芯铝绞线的弹性系数见表 GYSD00201002-8 和表 GYSD00201002-9，镀锌钢绞线的弹性系数 181400MPa。

（三）导线的温度热膨胀系数及比重

导线温度变化 1℃所引起的相对变形，称为导线的温度热膨胀系数，可表示为

$$\alpha = \frac{\varepsilon}{\Delta t}$$ （GYSD00202002-4）

式中　ε——温度变化引起的导线相对变形；

Δt——温度变化量，℃；

α——导线的温度热膨胀系数，1/℃。

铝绞线、钢芯铝绞线的热膨胀系数见表 GYSD00201002-8 和表 GYSD00201002-9，镀锌钢绞线的热膨胀系数 11.5×10^{-6}/℃。

导线是由单质材料构成的多股绞线，其比重就是原材料的比重。钢芯铝绞线，由于钢部、铝部截面之比不同，其导线比重不定，故一般不列出比重。

架空输电线路的导线和地线的机械物理特性，应根据国家标准或试验求得。对我国生产的标准导线和镀锌钢绞线的机械物理特性，当无试验数据时，可查找厂家出厂资料。

二、导线的比载

在进行导线受力计算时，为了便于计算，总是用比载来计算导线所受的风、冰及自重荷载。

导线单位长度、单位截面积的荷载称为比载。在线路的设计中，常用的比载共有七种，计算如下。

（一）自重比载

导线自重引起的比载称为自重比载，按下式计算

$$g_1 = \frac{9.807 G_1}{A} \times 10^{-3}$$ （GYSD00202002-5）

式中　G_1——导线自重，kg/km；

A——导线截面积，mm^2；

g_1——导线的自重比载，N/（m·mm^2）。

（二）冰重比载

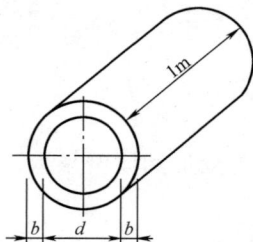

导线覆冰时，一般假定沿导线表面的覆冰厚度是均匀的而且呈圆柱形，如图 GYSD00202002-1 所示。

则 1m 长导线上覆冰的体积和重力分别为

$$V = \frac{\pi}{4} \left[(d + 2b)^2 - d^2 \right] = \pi b(d + b) \quad （cm^3/m）$$

$$G_2 = 9.807 V \gamma \times 10^{-3} = 9.807 \pi b(d + b) \gamma \times 10^{-3} \quad （N/m）$$

当冰的密度为 $\gamma = 0.9 \, g/cm^3$ 时，冰的重力为

$$G_2 = 27.728 b(d + b) \times 10^{-3} \quad （N/m）$$

图 GYSD00202002-1　覆冰的圆柱体

一般将 1m 长导线的覆冰重力折算到每平方毫米导线截面上的荷载数值称为冰重比载，可按下式计算

$$g_2 = \frac{G_2}{A} = \frac{27.728b(d+b)}{A} \times 10^{-3} \qquad \text{（GYSD00202002-6）}$$

式中　g_2——冰重比载，$N/(m \cdot mm^2)$；

G_2——1m 长导线上覆冰的重力，N；

b——覆冰厚度，mm；

d——导线直径，mm；

A——导线截面，mm^2。

（三）垂直总比载

导线覆冰时的垂直总比载可按下式计算

$$g_3 = g_1 + g_2 \qquad \text{（GYSD00202002-7）}$$

式中　g_3——导线自重和冰重总比载，$N/(m \cdot mm^2)$。

（四）无冰时导线风压比载

无冰时导线每米长、每平方毫米截面上的风压荷载称为无冰时导线风压比载，可按下式计算

$$g_4 = 0.613\alpha C d \frac{v^2}{A} \times 10^{-3} \qquad \text{（GYSD00202002-8）}$$

式中　g_4——无冰时导线风压比载，$N/(m \cdot mm^2)$；

C——风载体型系数，当导线直径 <17mm 时 $C=1.2$，当导线直径≥17mm 时 $C=1.1$；

d——导线、架空地线或覆冰的计算外径，mm；

v——设计风速，m/s；

A——导线截面积，mm^2；

α——风速不均匀系数，采用表 GYSD00202002-1 所列数值。

表 GYSD00202002-1　　　　　　　　　风速不均匀系数 α 值

风速 V（m/s）	< 20	20≤V < 27	27≤V < 31.5	≥31.5
计算杆塔荷载	1.00	0.85	0.75	0.70
设计杆塔（风偏计算用）	1.00	0.75	0.61	0.61

注　对跳线等档距较小者的计算，α 宜取 1.0。

（五）覆冰时的风压比载

覆冰导线每米长、每平方毫米截面上的风压荷载，可按下式计算

$$g_5 = 0.613\alpha C(d+2b) \frac{v^2}{A} \times 10^{-3} \qquad \text{（GYSD00202002-9）}$$

式中　g_5——覆冰风压比载，$N/(m \cdot mm^2)$；

C——体型系数，在此取 $C=1.2$。

其他符号同前。

（六）无冰有风时的综合比载

无冰有风时，导线上作用着垂直方向的比载 g_1 和水平方向的比载 g_4，按向量合成可得综合比载 g_6，如图 GYSD00202002-2 所示。g_6 称为无冰有风时的综合比载，可按下式计算。

$$g_6 = \sqrt{g_1^2 + g_4^2} \qquad \text{（GYSD00202002-10）}$$

式中　g_6——无冰有风时的综合比载，$N/(m \cdot mm^2)$。

（七）有冰有风时的综合比载

导线覆冰有风时，覆冰导线上作用着覆冰的风压，故导线上作用有垂直比载 g_3 和水平风压比载 g_5，故有冰有风时的综合比载 g_7（如图 GYSD00202002-3 所示）可按下式计算

模块
2

GYSD00202002

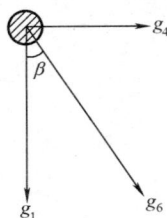

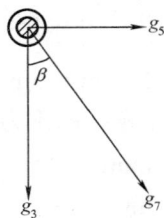

图 GYSD00202002-2　无冰有风综合比载　图 GYSD00202002-3　覆冰有风综合比载

$$g_7 = \sqrt{g_3^2 + g_5^2} \qquad\qquad (\text{GYSD00202002-11})$$

式中　　g_7——有冰有风时的综合比载，N/（m·mm²）。

例 GYSD00202002-1　设某架空输电线路通过第 Ⅱ 典型气象区，导线为 LGJ-300/25 试计算其比载。

解　由表 GYSD00201002-11 查得 JL/G1A-300/25-48/7 导线的相关资料：计算截面 $A = 333.31\text{mm}^2$，外径 $d = 23.8\text{mm}$，每千米质量 $G = 1057\text{kg}$。根据式（GYSD00202002-5）~式（GYSD00202002-11）计算导线的各种比载。

导线自重比载

$$g_1 = \frac{9.807 G_1}{A} \times 10^{-3} = \frac{9.807 \times 1057}{333.31} \times 10^{-3} = 31.100 \times 10^{-3} \ [\text{N/(m·mm}^2)]$$

导线冰重比载

$$g_{2(5)} = 27.728 \frac{b(d+b)}{A} \times 10^{-3}$$

$$= 27.728 \times \frac{5 \times (23.8+5)}{333.31} \times 10^{-3} = 11.979 \times 10^{-3}$$

$$= 27.728 \times \frac{5 \times (23.8+5)}{333.31} \times 10^{-3} = 11.979 \times 10^{-3} \ [\text{N/(m·mm}^2)]$$

导线垂直总比载

$$g_{3(5)} = g_1 + g_2 = 31.100 \times 10^{-3} + 11.979 \times 10^{-3} = 43.079 \times 10^{-3} \ [\text{N/(m·mm}^2)]$$

风速为 10m/s 时的风压比载

$$g_{4(10)} = 0.613 \alpha C d \frac{v^2}{a} \times 10^{-3}$$

$$= 0.613 \times 1.0 \times 1.1 \times 23.8 \times \frac{10^2 \times 10^{-3}}{333.31} = 4.815 \times 10^{-3} \ [\text{N/(m·mm}^2)]$$

风速为 15m/s 时的风压比载

$$g_{4(15)} = 0.613 \times 1.0 \times 1.1 \times 23.8 \times \frac{15^2 \times 10^{-3}}{333.31} = 10.833 \times 10^{-3} \ [\text{N/(m·mm}^2)]$$

风速为 27m/s 时的风压比载

$$g_{4(27)} = 0.613 \times 0.75 \times 1.1 \times 23.8 \times \frac{27^2 \times 10^{-3}}{333.31} = 26.325 \times 10^{-3} \ [\text{N/(m·mm}^2)]$$

覆冰时的风压比载

$$g_{5(5,10)} = 0.613 \times \alpha C(d+2b) \frac{v^2}{A} \times 10^{-3}$$

$$= 0.613 \times 1.0 \times 1.2 \times (23.8 + 2 \times 5) \times \frac{10^2 \times 10^{-3}}{333.31} = 7.460 \times 10^{-3} \ [\text{N/(m·mm}^2)]$$

风速为 10m/s 时的综合比载

$$g_{6(10)} = \sqrt{g_1^2 + g_{4(10)}^2} = \sqrt{31.100^2 + 4.815^2} \times 10^{-3} = 31.471 \times 10^{-3} \ [\text{N/(m·mm}^2)]$$

风速为 15m/s 时的综合比载

$$g_{6(15)} = \sqrt{g_1^2 + g_{4(15)}^2} = \sqrt{31.100^2 + 10.833^2} \times 10^{-3} = 32.933 \times 10^{-3} \left[\text{N} / \left(\text{m} \cdot \text{mm}^2 \right) \right]$$

风速为 27m/s 时的综合比载

$$g_{6(27)} = \sqrt{g_1^2 + g_{4(27)}^2} = \sqrt{31.100^2 + 26.325^2} \times 10^{-3} = 40.746 \times 10^{-3} \left[\text{N} / \left(\text{m} \cdot \text{mm}^2 \right) \right]$$

覆冰有风时的综合比载

$$g_{7(5,10)} = \sqrt{g_3^2 + g_5^2} = \sqrt{43.079^2 + 7.460^2} \times 10^{-3} = 43.720 \times 10^{-3} \left[\text{N} / \left(\text{m} \cdot \text{mm}^2 \right) \right]$$

【思考与练习】

1．什么叫导线的比载，有哪几种比载？这些比载分别有哪些荷载所引起？

2．计算 JL/G1A-95/20-7/7 型导线分别经过第Ⅲ、第Ⅴ气象区，试分别计算平均气温、最低温度、基本风速、最高温度以及覆冰时的综合比载。

模块3 导线悬链线解析方程式（GYSD00202003）

【模块描述】本模块包含导线悬链线解析方程式、导线长度和应力计算式。通过概念描述和原理推导，掌握导线长度和应力计算的基本方法。

【正文】

一、悬链线解析方程式

架空线路导线两点悬挂，当悬挂点间距离足够大时，导线的刚度对悬挂曲线形状的影响就可忽略，故可把悬挂在杆塔上的导线看成是一条理想柔韧的而且荷载均匀分布的悬链线。这样，作用在导线上的荷载只引起导线的伸长，且导线上任意一点的拉力方向与该点的曲线方向一致。如图 GYSD00202003-1 所示，假设有一导线悬

图 GYSD00202003-1 导线在档距中的受力状态

挂在 A、B 两点，导线最低点 O 的应力为 σ_0，沿导线的均布比载为 g，当在导线悬挂曲线最低点 O 处建立直角坐标系时，则导线悬链线方程式为

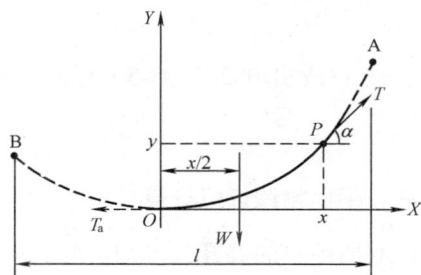

$$y = \frac{\sigma_0}{g} \text{ch} \frac{gx}{\sigma_0} - \frac{\sigma_0}{g} \tag{GYSD00202003-1}$$

式中 x——任意点 P 的横坐标，m；

y——任意点 P 的纵坐标，m。

式（GYSD00202003-1）是精确计算导线弧垂和应力的基础公式。

二、导线长度和应力计算式

导线最低点 O 至任意一点 P 的线长（即弧长）L_x，可按下式计算

$$L_x = \frac{\sigma_0}{g} \text{sh} \frac{gx}{\sigma_0} \tag{GYSD00202003-2}$$

导线任意一点 P 的应力 σ，可按下式计算

$$\sigma = \sigma_0 \text{ch} \frac{gx}{\sigma_0} \tag{GYSD00202003-3}$$

式（GYSD00202003-3）可改写为

$$\sigma = \sigma_0 + \left(\sigma_0 \text{ch} \frac{gx}{\sigma_0} - \sigma_0 \right)$$

$$= \sigma_0 + g \left(\frac{\sigma_0}{g} \text{ch} \frac{gx}{\sigma_0} - \frac{\sigma_0}{g} \right) = \sigma_0 + gy \tag{GYSD00202003-4}$$

从式（GYSD00202003-4）看出，曲线上任意一点的应力 σ，较最低点的应力 σ_0 大 gy 的数值。

上述导线悬链方程式及应力、线长计算式，均可以展开为无穷级数，然后根据工程的精度要求，采用展开式的若干项进行导线的应力、弧垂及线长等的计算，以达到简化计算的目的。

在数学上，有

$$\mathrm{ch}\,\theta = \frac{\mathrm{e}^{\theta} + \mathrm{e}^{-\theta}}{2}$$

$$\mathrm{sh}\,\theta = \frac{\mathrm{e}^{\theta} - \mathrm{e}^{-\theta}}{2}$$

$$\mathrm{e}^{\theta} = 1 + \frac{\theta}{1!} + \frac{\theta^2}{2!} + \frac{\theta^3}{3!} + \cdots$$

$$\mathrm{e}^{-\theta} = 1 - \frac{\theta}{1!} + \frac{\theta^2}{2!} - \frac{\theta^3}{3!} + \cdots$$

对我们所讨论的问题，$\theta = \dfrac{gx}{\sigma_0}$，据此可将式（GYSD00202003-1）展开为

$$y = \frac{gx^2}{2\sigma_0} + \frac{g^3 x^4}{24\sigma_0^3} + \frac{g^5 x^6}{720\sigma_0^5} + \cdots \qquad （\text{GYSD00202003-5}）$$

将式（GYSD00202003-2）任意一点至最低点的线长公式展开为

$$L_x = x + \frac{g^2 x^3}{6\sigma_0^2} + \frac{g^4 x^5}{120\sigma_0^4} + \cdots \qquad （\text{GYSD00202003-6}）$$

将式（GYSD00202003-3）任意一点的应力公式展开为

$$\sigma = \sigma_0 + \frac{g^2 x^2}{2\sigma_0} + \frac{g^4 x^4}{24\sigma_0^3} + \cdots \qquad （\text{GYSD00202003-7}）$$

三、平抛物线近似计算

由双曲函数的展开式可知，由于 $\theta = \dfrac{gx}{\sigma_0} < 1$，因此展开式中任意后一项比前一项小的多。因此在工程设计中，一般取式（GYSD00202003-5）的第 1 项精度已足够，即

$$y = \frac{gx^2}{2\sigma_0} \qquad （\text{GYSD00202003-8}）$$

式（GYSD00202003-8）即为导线悬挂曲线的平抛物线式或称近似计算式。

导线最低点 O 至任意一点 P 的线长近似计算式，可取式（GYSD00202003-6）的前两项

$$L_x = x + \frac{g^2 x^3}{6\sigma_0^2} \qquad （\text{GYSD00202003-9}）$$

导线任意一点的应力平抛物线近似计算式，可取式（GYSD00202003-7）的前两项

$$\sigma = \sigma_0 + \frac{g^2 x^2}{2\sigma_0} \qquad （\text{GYSD00202003-10}）$$

上述近似计算式，实质上是把沿导线实长 L_x 分布的均匀比载 g，近似地当作沿 L_x 的水平投影长度 x 均匀分布而推得的，公式简单，能满足一般工程设计的精度要求。

平抛物线近似式的适用条件为两悬点高差 h 和档距 l 的比值 $h/l < 10\%$。否则是没有意义的。

上列各式都是假设在导线最低点处建立直角坐标系而导出的，故使用上述各式中的条件是在导线最低点建立直角坐标系，其中 x、y 是该坐标系中的纵横坐标值。

【思考与练习】

1．导线上各点应力的方向如何确定？任意一点应力的水平分量与最低点应力之间有什么关系？

2．使用各式的条件是什么？

模块 4　悬点等高弧垂、应力及线长计算（GYSD00202004）

【模块描述】本模块包含悬点等高弧垂、应力及线长计算。通过概念描述、定量分析、计算举例，熟悉线路的常用名词概念，掌握悬点等高时导线的弧垂、应力及线长计算方法。

【正文】

线路工程中，通常将相邻两杆塔中心线之间的水平距离称为档距。

弧垂（工程上所称），是指档距中央，导线两悬挂点连线至导线之间的铅直距离。任意点的弧垂，是指导线悬挂曲线在任意点处导线两悬挂点连线至导线之间的铅直距离。工程上所说的弧垂，除了特别指明者外，均指中点弧垂。如图 GYSD00202004-1 所示，f_x 为任意点 x 处的弧垂，f 为中点 $l/2$ 处弧垂，简称为弧垂。

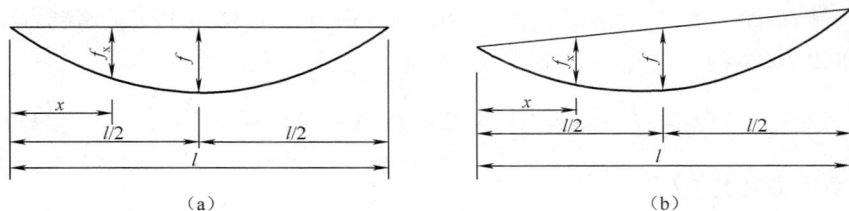

图 GYSD00202004-1 导线的弧垂

（a）水平弧垂；（b）斜弧垂

弧垂有水平弧垂和斜弧垂之分，如果两悬挂点的连线是水平的，如图（GYSD00202004-1）（a）所示，其相应各点的弧垂称水平弧垂；如果两悬点的连线是倾斜的，如图（GYSD00202004-1）（b）所示，则相应的弧垂称斜弧垂。显然水平弧垂只是斜弧垂在悬点等高时的一种特殊情况，计算证明，水平弧垂和斜弧垂是相等的。因此，所谓弧垂均可泛指为斜弧垂。

下面讨论在一定气象条件下，档距为 l，最低点应力为 σ_0，比载为 g，悬点等高时的导线弧垂、应力及线长的计算。

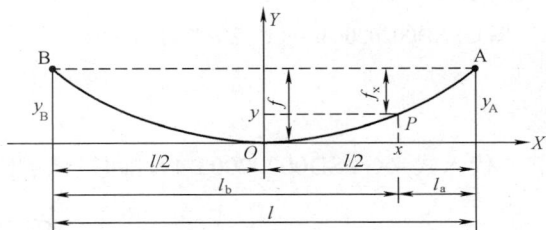

图 GYSD00202004-2 悬点等高的弧垂

一、导线的弧垂计算

（一）中点弧垂计算

如图 GYSD00202004-2 所示的悬点等高情况，将式（GYSD00202003-1）中的 x 以 $l/2$ 代入，则得中点弧垂 f 的精确计算式（悬链线式）如下

$$f = y_A = y_B = \frac{\sigma_0}{g} \text{ch} \frac{gl}{2\sigma_0} - \frac{\sigma_0}{g} \qquad \text{（GYSD00202004-1）}$$

式中 f——档距中央导线的弧垂，m；

σ_0——导线最低点的应力，MPa；

g——导线比载，N/m·mm²；

l——档距，m。

近似计算时，可将式（GYSD00202003-8）中的 x 以 $l/2$ 代入，得中点弧垂的近似计算式

$$f = \frac{g}{2\sigma_0}\left(\frac{l}{2}\right)^2 = \frac{gl^2}{8\sigma_0} \qquad \text{（GYSD00202004-2）}$$

（二）任意一点弧垂的计算

如图 GYSD00202004-2 所示，任意一点的弧垂 f_x 可表示为

$$f_x = f - y$$

利用式（GYSD00202004-1）和式（GYSD00202003-1）精确计算，经整理得任意一点的弧垂精确计算式

$$f_x = \frac{2\sigma_0}{g} \text{sh} \frac{gl_a}{2\sigma_0} \text{sh} \frac{gl_b}{2\sigma_0} \qquad \text{（GYSD00202004-3）}$$

同样，可利用式（GYSD00202004-2）和式（GYSD00202003-8）进行运算，就可得任意一点弧垂的近似计算式

$$f_x = \frac{gl^2}{8\sigma_0} - \frac{gx^2}{2\sigma_0}$$

$$= \frac{g}{2\sigma_0}\left(\frac{l}{2}+x\right)\left(\frac{l}{2}-x\right) = \frac{g}{2\sigma_0}l_a l_b \qquad (\text{GYSD00202004-4})$$

实际工程中，在进行交叉跨越垂距测量时，一般只能测量档距中点弧垂，但进行交叉跨越限距验算时，需要根据中点弧垂计算出交叉点的弧垂才能进行交叉垂距验算。

设某交叉跨越档档距为 l，且已测量出该档距中点弧垂为 f，该档距中交叉跨越点距某一杆塔为 X。根据式（GYSD00202004-4），设 $l_a = X$，则 $l_b = (l - X)$，交叉点的弧垂为

$$f_x = \frac{g}{2\sigma_0}l_a l_b = \frac{g}{2\sigma_0} \times X \times (l - X) = 4f\left(\frac{X}{l} - \frac{X^2}{l^2}\right) \qquad (\text{GYSD00202004-5})$$

二、导线悬点应力及允许档距

（一）悬点应力

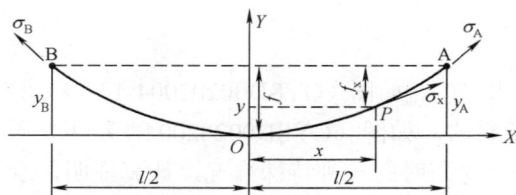

图 GYSD00202004-3　悬点等高时的应力

如图 GYSD00202004-3 所示，导线悬挂点等高时，其悬点应力计算如下。

将式（GYSD00202003-3）中的 x 以 $l/2$ 代入，即得导线悬点应力的精确计算式

$$\sigma_A = \sigma_B = \sigma_0 \text{ch}\frac{gx}{\sigma_0} = \sigma_0 \text{ch}\frac{gl}{2\sigma_0} \qquad (\text{GYSD00202004-6})$$

当以悬点的 y 坐标近似式

$$y_A = y_B = f = \frac{gl^2}{8\sigma_0}$$

代入式（GYSD00202003-4），即得悬点应力的近似计算式

$$\sigma_A = \sigma_B = \sigma_0 + \frac{g^2 l^2}{8\sigma_0} \qquad (\text{GYSD00202004-7})$$

式中　σ_A、σ_B——分别为悬点 A、B 的导线应力，MPa。

其他符号意义同前。

（二）允许档距

1. 导线的许用应力

在工程力学中，导线的强度许用应力按下式计算

$$[\sigma] = \frac{\sigma_p}{K} \qquad (\text{GYSD00202004-8})$$

式中　σ_p——导线的瞬时破坏应力，MPa，对于各类钢芯铝线，是指综合瞬时破坏应力，可按式（GYSD00202002-1）计算；

　　　K——导线的安全系数。

《设计规范》规定，输电线路导线的设计安全系数不应小于 2.5；架线安装时不应小于 2.0。同杆塔架设的地线安全系数宜大于导线的安全系数。

2. 允许档距

一般导线最低点应力不得大于导线的许用应力（即导线最低点安全系数 K 不得小于 2.5），则导线最低点的应力为

$$\sigma_0 = \frac{\sigma_p}{K} \leqslant \frac{\sigma_p}{2.5}$$

所以

$$\sigma_p = K\sigma_0 \qquad (\text{GYSD00202004-9})$$

式中　σ_p——导线瞬时破坏应力，MPa；

　　　σ_0——导线最低点的应力，MPa。

由式（GYSD00202004-7）可见，导线悬点应力总是大于最低点的应力 σ_0，而且档距越大，悬点应力越大。

根据有关规程的规定，导线悬点应力可比最低点的应力大 10%。根据这一规定，我们可以求出一个档距限值，此档距称为导线的允许档距。其计算如下

$$\sigma_{Am} = 1.1\sigma_0 = 1.1\frac{\sigma_p}{2.5} = 0.44\sigma_p = 0.44K\sigma_0 \qquad (\text{GYSD00202004-10})$$

根据式（GYSD00202004-6）可得

$$\sigma_{Am} = \sigma_0 \text{ch}\frac{gl_m}{2\sigma_0} \qquad (\text{GYSD00202004-11})$$

所以

$$l_m = \frac{2\sigma_0}{g}\text{ch}^{-1}(0.44K) \qquad (\text{GYSD00202004-12})$$

式中　l_m——悬点等高时导线允许的最大档距，m；

　　　K——实际取用的导线安全系数；

　　　σ_0——导线最大使用应力，MPa；

　　　g——出现最大使用应力气象条件下的导线比载，N/（m·mm^2）。

利用式（GYSD00202004-7）和式（GYSD00202004-10），可求得导线最大允许档距的近似计算式

$$l_m = \sqrt{(0.44K-1)\frac{8\sigma_0^2}{g^2}} = 2.83\times\frac{\sigma_0}{g}\sqrt{(0.44K-1)} \qquad (\text{GYSD00202004-13})$$

当 $K=2.5$ 时，则有

$$l_m = 0.9\frac{\sigma_0}{g} \qquad (\text{GYSD00202004-14})$$

式（GYSD00202004-14）为施工中常用公式。

三、导线长度计算

根据式（GYSD00202003-2），将其 x 以 $l/2$ 代入，则得悬点等高时两悬点间导线长度 L 的精确计算式为

$$L = 2L_x = 2\frac{\sigma_0}{g}\text{sh}\frac{gl}{2\sigma_0} \qquad (\text{GYSD00202004-15})$$

根据式（GYSD00202003-6），取其前两项，将 x 以 $l/2$ 代入，则得导线长度近似计算式

$$L = l + \frac{g^2l^3}{24\sigma_0^2} = l + \frac{8f^2}{3l} \qquad (\text{GYSD00202004-16})$$

例 GYSD00202004-1　已知某架空线路的导线为 JL/G1A-300/25-48/7 型，导线安全系数 $K=2.5$，覆冰时导线的应力为最大使用应力 $\sigma_0 = 95.49$MPa，覆冰比载 $g_7 = 43.720\times10^{-3}$ N/（m·mm^2），试求悬点等高时的导线允许最大档距。

解　由式（GYSD00202004-12）得

$$l_m = \frac{2\sigma_0}{g}\text{ch}^{-1}(0.44K)$$

$$= \frac{2\times95.49}{43.720\times10^{-3}}\text{ch}^{-1}(0.44\times2.5)$$

$$= 1938 \text{（m）}$$

故允许最大档距为 2040 m。

如按式（GYSD00202004-13）的近似计算公式得

$$l_m = 2.83\times\frac{\sigma_0}{g}\sqrt{(0.44K-1)}$$

$$= 2.83\times\frac{95.49}{43.720\times10^{-3}}\times\sqrt{(0.44\times2.5-1)}$$

$$= 1955 \text{（m）}$$

如按式（GYSD00202004-14）的近似计算公式得

$$l_m = 0.9 \times \frac{\sigma_0}{g} = 0.9 \times \frac{95.49}{43.720 \times 10^{-3}} = 1966 \quad （m）$$

由此看出，利用近似计算式计算的结果比精确式计算的结果仅大 0.88% 及 1.44%，故在一般工程中采用近似计算式求允许最大档距就可满足工程精度的要求。

【思考与练习】

1. 什么叫档距？什么叫弧垂？

2. 为什么要提出允许最大档距？悬点等高时，允许最大档距的决定原则是什么？导线的许用应力如何确定？

3. 某 110kV 线路，导线为 JL/G1A-95/20-7/7 型，其中某耐张段导线的应力在最低温度时最大，试计算在该气象条件下耐张段中一悬点等高、档距为 360m 的导线：①档距中点弧垂；②距某一杆塔 100m 处的弧垂；③档中导线的长度；④悬点应力；⑤该档导线的档距是否超过允许最大档距。

模块 5　悬点不等高弧垂、应力及线长计算（GYSD00202005）

【模块描述】 本模块包含悬点不等高弧垂、应力及线长计算。通过概念描述、定量分析，掌握悬点不等高时导线弧垂、应力及线长计算方法。

【正文】

如图 GYSD00202005-1 所示，导线悬挂点不等高时，设档距为 l、悬点高差为 Δh、在某种气象条件下导线比载为 g、最低点 O 的应力为 σ_0。这时导线最低点不在档距中央，而是偏向悬点 B 侧，偏离的水平距离为 m。

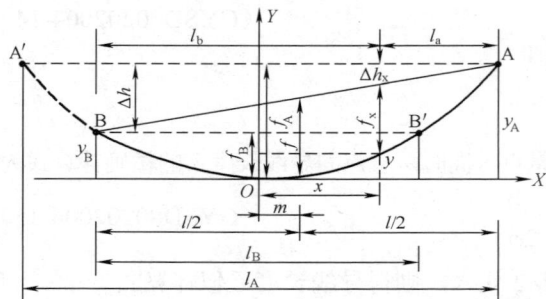

图 GYSD00202005-1　悬点不等高的导线

利用悬链线关于最低点两侧对称的特性，在曲线上取一点 A′ 与 A 对称，取一点 B′ 与 B 对称，则 AA′ 之间的悬挂曲线称为悬点 A 的等效悬挂曲线，其相应的档距 l_A 称为悬点 A 的等效档距，中点弧垂 f_A 称为悬点 A 的水平弧垂。同理，BB′ 的导线悬挂曲线称为 B 点的等效悬挂曲线，l_B 称为悬点 B 的等效档距，f_B 称为悬点 B 的水平弧垂。这里 l_A、l_B 的中点就是等效档距的导线最低点。

一、导线的弧垂计算

根据式（GYSD00202003-8）可得

$$y_A = \frac{g}{2\sigma_0} x_A^2$$

$$y_B = \frac{g}{2\sigma_0} x_B^2$$

$$\Delta h = y_A - y_B = \frac{g}{2\sigma_0}(x_A^2 - x_B^2) \tag{GYSD00202005-1}$$

其中 x_A、x_B 为 O 点至 A、B 点铅直线的水平距离。

根据图 GYSD00202005-1 的几何关系，可得

$$\Delta h_x = \frac{x_A - x}{x_A + x_B} \Delta h$$

将式（GYSD00202005-1）代入上式，经整理可得

$$\Delta h_x = \frac{g}{2\sigma_0}(x_A - x_B)(x_A - x)$$

由图 GYSD00202005-1 可见

$$f_x = y_A - \Delta h_x - y \quad （GYSD00202005-2）$$

将以上各关系式代入式（GYSD00202005-2），经整理可得

$$f_x = \frac{g}{2\sigma_0}(x + x_B)(x_A - x) = \frac{g}{2\sigma_0}l_a l_b \quad （GYSD00202005-3）$$

式（GYSD00202005-3）为悬点不等高时，任意一点的斜弧垂近视计算式。

以 $l_a = l_b = \dfrac{l}{2}$ 代入式（GYSD00202005-3），即得悬点不等高时的中点斜弧垂为

$$f = \frac{gl^2}{8\sigma_0} \quad （GYSD00202005-4）$$

将式（GYSD00202005-3）、式（GYSD00202005-4）
与式（GYSD00202004-2）、式（GYSD00202004-4）相比
可知其公式的型式及符号意义完全相同，只是前者指斜弧
垂而后者指水平弧垂。因此可以得到一个应用上很重要的
结论：当采用近似计算式计算弧垂时，其计算式与高差无
关，无论悬点等高与否，均可采用式（GYSD00202005-3）
和式（GYSD00202005-4）计算导线任意一点的弧垂和中
点弧垂。此外还外可看出，悬点不等高时的斜弧垂与悬点
等高时的水平弧垂相等，即 $f_1 = f_1'$、$f_2 = f_2'$、$\cdots$，如图

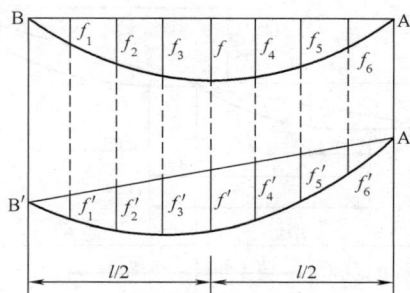

图 GYSD00202005-2　斜弧垂和水平弧垂的关系

GYSD00202005-2 所示。当然用精确计算式计算的结果，两者是不相等的。

二、等效档距的计算

如图 GYSD00202005-1 所示，导线悬点高差为

$$\Delta h = y_A - y_B = \frac{g}{2\sigma_0}(x_A^2 - x_B^2) \quad （GYSD00202005-5）$$

因为 $\qquad\qquad\qquad x_A + x_B = l$

所以 $\qquad\qquad\qquad x_B = l - x_A \quad （GYSD00202005-6）$

将式（GYSD00202005-6）代入式（GYSD00202005-5），经整理可得

$$x_A = \frac{l}{2} + \frac{\sigma_0 \Delta h}{gl} \quad （GYSD00202005-7）$$

由此得悬点 A 的等效档距为

$$l_A = 2x_A = l + \frac{2\sigma_0 \Delta h}{gl} \quad （GYSD00202005-8）$$

$$m = x_A - \frac{l}{2} = \frac{\sigma_0 \Delta h}{gl}$$

对低悬点 B，其 x_B 为

$$x_B = \frac{l}{2} - m = \frac{l}{2} - \frac{\sigma_0 \Delta h}{gl} \quad （GYSD00202005-9）$$

所以 B 悬点的等效档距 l_B 为

$$l_B = 2x_B = l - \frac{2\sigma_0 \Delta h}{gl} \quad （GYSD00202005-10）$$

等效档距的意义是：档距为 l、悬点不等高的导线对悬点的作用，可以等效地看作档距为等效档
距，悬点为等高时的导线对悬点的作用。

三、悬点的水平弧垂计算

悬点的水平弧垂，广义的定义是指导线各点至通过悬点水平线的垂直距离，在没有指明时，系指
导线最低点与悬点水平弧垂，在数值上等于两个悬点纵坐标的值。实质上就是两个悬点对应等效悬挂

曲线中点的弧垂，通常高悬点的弧垂称为最大弧垂，低悬点的弧垂称为最小弧垂，用近似计算式表示为

$$f_A = \frac{gl_A^2}{8\sigma_0} \qquad f_B = \frac{gl_B^2}{8\sigma_0}$$

式中的 l_A、l_B 分别以式（GYSD00202005-8）和式（GYSD00202005-10）代入，即得悬点水平弧垂的近似计算式

$$\left.\begin{array}{l} f_A = \dfrac{gl^2}{8\sigma_0} + \dfrac{\sigma_0 \Delta h^2}{2gl^2} + \dfrac{\Delta h}{2} \\[3mm] f_B = \dfrac{gl^2}{8\sigma_0} + \dfrac{\sigma_0 \Delta h^2}{2gl^2} - \dfrac{\Delta h}{2} \end{array}\right\} \qquad \text{（GYSD00202005-11）}$$

四、水平档距和垂直档距计算

如图 GYSD00202005-3 所示，悬点 A 的水平档距和垂直档距如下。

相邻两档距中点之间的水平距离称为水平档距，数值上就是相邻两档距之和的算术平均值，以下式表示

$$l_h = \frac{l_1 + l_2}{2}$$

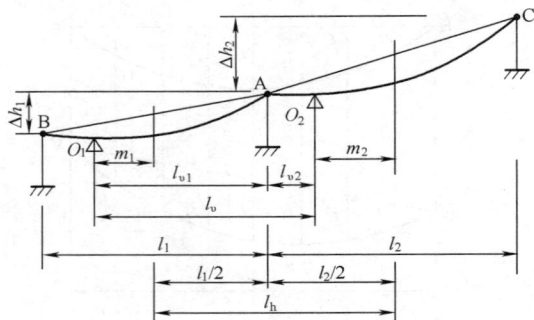

图 GYSD00202005-3　水平档距和垂直档距

式中　l_1、l_2 ——分别为两相邻档距，m；

　　　l_h ——水平档距，m。

水平档距是用于计算杆塔的水平荷载，即导线的风压荷载在杆塔间的分布。

相邻两档导线最低点 O_1 和 O_2 之间的水平距离称为垂直档距。即

$$l_v = l_{v1} + l_{v2} \qquad \text{（GYSD00202005-12）}$$

从图 GYSD00202005-3 看出，垂直档距就是相邻两档导线最低点之间的水平距离。由式（GYSD00202005-7）和式（GYSD00202005-9）得悬点 A 的垂直档距分量为

$$\left.\begin{array}{l} l_{v1} = \dfrac{l_1}{2} \pm \dfrac{\sigma_0 \Delta h_1}{gl_1} = \dfrac{l_1}{2} \pm m_1 \\[3mm] l_{v2} = \dfrac{l_2}{2} \pm \dfrac{\sigma_0 \Delta h_2}{gl_2} = \dfrac{l_2}{2} \pm m_2 \end{array}\right\} \qquad \text{（GYSD00202005-13）}$$

将式（GYSD00202005-13）代入式（GYSD00202005-12），可得悬点 A 的垂直档距计算式

$$l_v = \left(\frac{l_1}{2} + \frac{l_2}{2}\right) + \left(\pm \frac{\sigma_0 \Delta h_1}{gl_1} \pm \frac{\sigma_0 \Delta h_2}{gl_2}\right) \qquad \text{（GYSD00202005-14）}$$

$$= l_h + (\pm m_1 \pm m_2)$$

式中　l_v ——悬点 A 的垂直档距，m；

　　　l_h ——悬点 A 的水平档距，m；

　　l_1、l_2 ——相邻两档的档距，m；

Δh_1、Δh_2 ——相邻两档的悬点高差，m。

其他符号意义同前。

垂直档距是用于计算杆塔的垂直荷载，即导线的重力荷载在杆塔间的分布。

式（GYSD00202005-13）中，m_1 和 m_2 的正负号选取原则：对高于悬点 A 的档距侧取 "−" 号，对低于悬点 A 的档距侧取 "+" 号。

由于悬点的垂直档距分量数值可以有正有负，因此垂直档距亦可能出现正、负数值。当垂直档距为正值时，即表示导线对杆塔有下压力；当垂直档距为负值时，即表示导线对杆塔有上拔力。

五、悬点应力及允许档距

如图 GYSD00202005-1 所示，当悬点不等高时，由式（GYSD00202003-4）得悬点应力分别为

$$\left.\begin{array}{l} \sigma_A = \sigma_0 + g y_A \\ \sigma_B = \sigma_0 + g y_B \end{array}\right\} \qquad (\text{GYSD00202005-15})$$

从图 GYSD00202005-1 可见，$y_A = f_A$，$y_B = f_B$。将式（GYSD00202005-11）代入式（GYSD00202005-15），经整理得悬点应力的计算

$$\left.\begin{array}{l} \sigma_A = \sigma_0 + \dfrac{g^2 l^2}{8\sigma_0} + \dfrac{\sigma_0 \Delta h^2}{2l^2} + \dfrac{g\Delta h}{2} \\[3mm] \sigma_B = \sigma_0 + \dfrac{g^2 l^2}{8\sigma_0} + \dfrac{\sigma_0 \Delta h^2}{2l^2} - \dfrac{g\Delta h}{2} \end{array}\right\} \qquad (\text{GYSD00202005-16})$$

式中　σ_A、σ_B——分别为悬点 A 和悬点 B 的应力，MPa。

悬点不等高时的允许最大档距 l 仍以导线高悬点应力不大于最低点应力的 1.1 倍为原则。可按高悬点的等效档距 l_A 等于该悬点等高时的最大允许档距 l_m 求得，即当导线安全系数 $K = 2.5$ 时，则

由于

$$l_m = 0.9 \frac{\sigma_0}{g}$$

$$l_A = l + \frac{2\sigma_0 \Delta h}{gl}$$

所以

$$0.9 \frac{\sigma_0}{g} = l + \frac{2\sigma_0 \Delta h}{gl}$$

经整理后得悬点不等高时的允许最大档距

$$l = 0.45 \frac{\sigma_0}{g} + \sqrt{0.2 \left(\frac{\sigma_0}{g}\right)^2 - 2\Delta h \left(\frac{\sigma_0}{g}\right)} \qquad (\text{GYSD00202005-17})$$

悬点不等高时的允许最大高差

$$\Delta h \leqslant 0.45 l - \frac{g l^2}{2\sigma_0} \qquad (\text{GYSD00202005-18})$$

六、导线长度的计算

设悬点 A 和悬点 B 的等效档距分别为 l_A 和 l_B，则对应于 l_A 和 l_B 的悬点等高时的一档线长，可由近似式（GYSD00202005-15）分别表示为

$$L_{AA'} = l_A + \frac{g^2 l_A{}^3}{24\sigma_0^2}$$

$$L_{BB'} = l_B + \frac{g^2 l_B{}^3}{24\sigma_0^2}$$

根据图 GYSD00202005-1 所示几何关系，悬点不等高时的导线长度为

$$L = \frac{1}{2}(L_{AA'} + L_{BB'}) = \frac{1}{2}\left[(l_A + l_B) + \frac{g^2}{24\sigma_0^2}(l_A^3 + l_B^3)\right]$$

式中 l_A 和 l_B 分别以式（GYSD00202005-8）和式（GYSD00202005-10）的结果代入，经整理后可得悬点不等高时的导线长度近似计算式

$$L = l + \frac{g^2 l^3}{24\sigma_0^2} + \frac{\Delta h^2}{2l} \qquad (\text{GYSD00202005-19})$$

【思考与练习】

1. 什么叫水平档距、垂直档距？水平档距、垂直档距的计算用途是什么？垂直档距值的正、负表示导线对杆塔有什么作用？

2. 等效档距的意义是什么？

3. 什么叫最大弧垂、什么叫最小弧垂？悬点不等高时决定允许最大档距的原则是什么？

4. 有一悬点不等高的档距，已知：导线的比载为 g，最低点应力为 σ_0，高悬点 A 的等效档距为 l_A，

低悬点 B 的等效档距为 l_B。试求：①离 A 杆 5m 处的弧垂；②悬点 A 的应力；③A、B 间的导线长度。

5. 已知 JL/G1A-120/20-26/7 型导线在第 II 气象区，最大使用应力气象条件为基本风速，强度安全系数 $K=2.5$。若悬点高差为 Δh，试确定其允许最大档距。

模块 6　导线的状态方程式 （GYSD00202006）

【模块描述】 本模块包含导线在孤立档距中的状态方程式、连续档的代表档距及状态方程式。通过知识讲解、概念描述、定量分析、计算举例，熟悉引起导线应力变化的根本原因、导线状态方程式的由来，掌握导线在孤立档距中的状态方程式计算及求解方法。

【正文】

一、导线在孤立档距中的状态方程式

架设在室外空间的导线，当周围空气温度、风荷载及覆冰荷载发生变化时，导线的应力弧垂、线长也随着改变。

设档距为 l 的导线，在 m 气象条件（即温度 t_m，比载 g_m）下，最低点的应力为 σ_m，现欲求变到 n 气象条件（即温度 t_n，比载 g_n）下的应力 σ_n。

当由 m 变为 n 气象条件时，设该档导线线长由 L_m 变为 L_n。这种变化分两步完成，首先由于温度的变化 $\Delta t = t_n - t_m$，使导线热胀冷缩，线长由原来的 L_m 变为 L_t；其次，由于应力的变化 $\Delta \sigma = \sigma_n - \sigma_m$，使导线弹性变形，线长由 L_t 变为 L_n。可分别表示为

$$\left.\begin{array}{l} L_t = \left[1 + \alpha(t_n - t_m)\right]L_m \\ L_n = \left[1 + \beta(\sigma_n - \sigma_m)\right]L_t \end{array}\right\} \quad \text{（GYSD00202006-1）}$$

将 L_t 值代入式（GYSD00202006-1）中可得

$$L_n = L_m\left[1 + \alpha(t_n - t_m)\right]\left[1 + \beta(\sigma_n - \sigma_m)\right]$$

将上式展开，将出现 $\alpha\beta(t_n - t_m)(\sigma_n - \sigma_m)$ 项，考虑到 α 和 β 的数值极小，它们的乘积更小，故上式可简化为

$$L_n = L_m\left[1 + \alpha(t_n - t_m) + \beta(\sigma_n - \sigma_m)\right] \quad \text{（GYSD00202006-2）}$$

如前所述，在一定的气象条件下，线长 L 和最低点的应力 σ_0 之间，有如式（GYSD00202004-15）所示的关系，所以对应于两种气象条件 m 和 n 的导线长度分别为

$$\left.\begin{array}{l} L_m = l + \dfrac{g_m^2 l^3}{24\sigma_m^2} \\[3mm] L_n = l + \dfrac{g_n^2 l^3}{24\sigma_n^2} \end{array}\right\} \quad \text{（GYSD00202006-3）}$$

将式（GYSD00202006-3）代入式（GYSD00202006-2），则得

$$l + \frac{g_n^2 l^3}{24\sigma_n^2} = l + \frac{g_m^2 l^3}{24\sigma_m^2} + \left[\alpha(t_n - t_m) + \beta(\sigma_n - \sigma_m)\right]\left(l + \frac{g_m^2 l^3}{24\sigma_m^2}\right)$$

上式等号右侧最后一项 $\left(l + \dfrac{g_m^2 l^3}{24\sigma_m^2}\right)$ 即为 L_m，在一般情况下 $L_m \approx l$，因此可令 $l = L_m$，并将等式两侧各除以 βl，则得

$$\sigma_n - \frac{g_n^2 l^2}{24\beta\sigma_n^2} = \sigma_m - \frac{g_m^2 l^2}{24\beta\sigma_m^2} - \frac{\alpha}{\beta}(t_n - t_m) \quad \text{（GYSD00202006-4）}$$

式中　g_m、g_n ——分别为初始气象条件和待求气象条件下的比载，N/（m·mm²）；

　　　　σ_n ——在温度 t_n 和比载 g_n 时的应力，MPa；

　　　　σ_m ——在温度 t_m 和比载 g_m 时的应力，MPa；

　　　　t_m、t_n ——分别为初始气象条件和待求气象条件的温度，℃；

　　　　α ——导线的热膨胀系数，1/℃；

β——导线的弹性伸长系数，1/MPa；

l——档距，m。

式（GYSD00202006-4）即为导线在档距中的状态方程式。

状态方程式的作用，当温度为 t_m，比载为 g_m 时的导线应力 σ_m 为已知，即可按式（GYSD00202006-4）求出温度为 t_n，比载为 g_n 时的导线应力 σ_n。

为便于计算，令

$$A = -\left[\sigma_m - \frac{g_m^2 l^2}{24\beta\sigma_m^2} - \frac{\alpha}{\beta}(t_n - t_m)\right]$$

$$B = \frac{g_n^2 l^2}{24\beta}$$

则式（GYSD00202006-4）所示的状态方程式可写成如下形式

$$\sigma_n^2(\sigma_n + A) = B$$

可见该式为一元三次方程，可利用计算尺试凑法求解，或利用计算机迭代求解，也可采用函数型电算器求解。在此仅介绍利用函数型电算器求解的方法。

利用函数型电算器求解如下：

取新的系数，令 $A' = \dfrac{A}{3}$，$B' = \dfrac{B}{2}$，并取判别式 $D = B' - 2(A')^3$。

当 $D > 0$ 时，有

$$\sigma_n = \sqrt[3]{B' - (A')^3 + \sqrt{B'D}} + \sqrt[3]{B' - (A')^3 - \sqrt{B'D}} - A' \qquad (\text{GYSD00202006-5})$$

当 $D < 0$ 时，有

$$\sigma_n = A'\left\{2\cos\frac{\arccos\left[\dfrac{B'}{(A')^3} - 1\right]}{3} - 1\right\} \qquad (\text{GYSD00202006-6})$$

例 GYSD00202006-1　试用电算器解方程 $\sigma_n^2(\sigma + 47.43) = 236212$。

解　已知 $A = 47.43$，$B = 236212$

则

$$A' = \frac{A}{3} = \frac{47.43}{3} = 15.81$$

$$B' = \frac{B}{2} = \frac{236212.5}{2} = 118106$$

$$D = B' - 2(A')^3 = 118106 - 2(15.81)^3 = 110203.4 > 0$$

所以

$$\sigma_n = \sqrt[3]{B' - (A')^3 + \sqrt{B'D}} + \sqrt[3]{B' - (A')^3 - \sqrt{B'D}} - A'$$

$$= \sqrt[3]{118106 - (15.81)^3 + \sqrt{118106 \times 110203.4}}$$

$$+ \sqrt[3]{118106 - (15.81)^3 - \sqrt{118106 \times 110203.4}} - 15.81 = 49.39$$

例 GYSD00202006-2　有一线路导线为 JL/G1A-300/25-48/7 型，档距 $l = 50$m，导线 $\alpha = 20.5\times10^{-6}/$℃，$\beta = \dfrac{1}{65000} = 15.385\times10^{-6}$ 1/MPa，在 m 气象条件下，$g_m = 31.10\times10^{-3}$ N/(m·mm²)，$t_m = 15$℃，$\sigma_m = 59.68$MPa。试求在 n 气象条件下，$g_n = 31.10\times10^{-3}$ N/(m·mm²)，$t_n = 40$℃时的应力 σ_n。

解　根据状态方程式

$$A = -\left[\sigma_m - \frac{g_m^2 l^2}{24\beta\sigma_m^2} - \frac{\alpha}{\beta}(t_n - t_m)\right]$$

$$= -\left[59.68 - \frac{\left(31.10\times10^{-3}\right)^2 \times 50^2}{24\times15.385\times10^{-6}\times59.68^2} - \frac{20.5\times10^{-6}}{15.385\times10^{-6}}(40-15) \right] = -24.53$$

$$B = \frac{g_n^2 l^2}{24\beta} = \frac{\left(31.10\times10^{-3}\right)^2 \times 50^2}{24\times15.385\times10^{-6}} = 6548.82$$

取系数　　　　$A' = \dfrac{A}{3} = \dfrac{-24.53}{3} = -8.177$　　　$B' = \dfrac{B}{2} = \dfrac{6548.82}{2} = 3274.41$

判别式　　　　$D = B' - 2(A')^3 = 3274.41 - 2(-8.177)^3 = 4368.05$

因为 $D > 0$，

所以　　　　$\sigma_n = \sqrt[3]{B' - (A')^3 + \sqrt{B'D}} + \sqrt[3]{B' - (A')^3 - \sqrt{B'D}} - A'$

$$= \sqrt[3]{3274.41 - (-8.177)^3 + \sqrt{3274.41\times4368.05}}$$

$$+ \sqrt[3]{3274.41 - (-8.177)^3 - \sqrt{3274.41\times4368.05}} - (-8.177)$$

$$= 31.24 \text{（MPa）}$$

二、连续档的代表档距及状态方程式

式（GYSD00202006-4）状态方程式，是按悬点等高的一个孤立档距推得的。在实际工程中，一个耐张段往往包含不同的档距 l_1、l_2、l_3、…、l_n 等数个档距。在这些档距中导线最低点的应力可以认为是相等的，因此根据式（GYSD00202006-4）可以写出耐张段中各档距的状态方程式分别为

$$\sigma_n - \frac{g_n^2 l_1^2}{24\beta\sigma_n^2} = \sigma_m - \frac{g_m^2 l_1^2}{24\beta\sigma_m^2} - \frac{\alpha}{\beta}(t_n - t_m)$$

$$\sigma_n - \frac{g_n^2 l_2^2}{24\beta\sigma_n^2} = \sigma_m - \frac{g_m^2 l_2^2}{24\beta\sigma_m^2} - \frac{\alpha}{\beta}(t_n - t_m)$$

$$\sigma_n - \frac{g_n^2 l_n^2}{24\beta\sigma_n^2} = \sigma_m - \frac{g_m^2 l_n^2}{24\beta\sigma_m^2} - \frac{\alpha}{\beta}(t_n - t_m)$$

上列各式，每式两侧同乘以各自的档距，然后全部相加可得

$$\sigma_n(l_1 + l_2 + \cdots + l_n) - \frac{g_n^2}{24\beta\sigma_n^2}(l_1^3 + l_2^3 + \cdots + l_n^3)$$

$$= [\sigma_m - \frac{\alpha}{\beta}(t_n - t_m)](l_1 + l_2 + \cdots + l_n) - \frac{g_m^2}{24\beta\sigma_m^2}(l_1^3 + l_2^3 + \cdots + l_n^3)$$

上式两侧均除以耐张段长度 $(l_1 + l_2 + \cdots + l_n)$，则得

$$\sigma_n - \frac{g_n^2}{24\beta\sigma_n^2}\left(\frac{l_1^3 + l_2^3 + \cdots + l_n^3}{l_1 + l_2 + \cdots + l_n}\right)$$

$$= \sigma_m - \frac{g_m^2}{24\beta\sigma_m^2}\left(\frac{l_1^3 + l_2^3 + \cdots + l_n^3}{l_1 + l_2 + \cdots + l_n}\right) - \frac{\alpha}{\beta}(t_n - t_m) \qquad \text{（GYSD00202006-7）}$$

令　　　　$l_0 = \sqrt{\dfrac{l_1^3 + l_2^3 + \cdots + l_n^3}{l_1 + l_2 + \cdots + l_n}} = \sqrt{\dfrac{\sum l_i^3}{\sum l_i}}$ 　　　（GYSD00202006-8）

将式（GYSD00202006-8）代入式（GYSD00202006-7），则简化为

$$\sigma_n - \frac{g_n^2 l_0^2}{24\beta\sigma_n^2} = \sigma_m - \frac{g_m^2 l_0^2}{24\beta\sigma_m^2} - \frac{\alpha}{\beta}(t_n - t_m) \qquad \text{（GYSD00202006-9）}$$

式（GYSD00202006-9）即为一个耐张段连续档的状态方程式，其中 l_0 为耐张段的代表档距，按式（GYSD00202006-8）计算。

由上可见，所谓耐张段的代表档距，就是把一个具有长短不等的连续多档的耐张段用一个等效的

孤立档来代替，以达到简化设计的目的。这个能够表达整个耐张段导线力学变化规律的假想档距称为耐张段的代表档距，简称代表档距。

将式（GYSD00202006-4）与式（GYSD00202006-9）相比可以看出，它们的形式完全相同，只是孤立档的状态方程式中的档距，取该档的档距 l，而对于一个耐张段连续档状态方程，则取耐张段的代表档距 l_0。因此，在实用中的状态方程往往只写出式（GYSD00202006-4）的一种形式，只是 l 应理解为耐张段的代表档距。

式（GYSD00202006-4）适用于悬点高差 $\Delta h < 10\% l$ 的情况。当悬点高差 $\Delta h \geqslant 10\% l$ 时，应考虑悬点高差的影响。这时，导线状态方程式为

$$\sigma_n - \frac{g_n^2 l_0^2}{24\beta\sigma_n^2} = \sigma_m - \frac{g_m^2 l_0^2}{24\beta\sigma_m^2} - \frac{\alpha_p}{\beta}(t_n - t_m) \qquad （GYSD00202006-10）$$

其中

$$l_0 = \sqrt{\frac{l_1^3 \cos^2 \varphi_1 + l_2^3 \cos^2 \varphi_2 + \cdots + l_n^3 \cos^2 \varphi_n}{\dfrac{l_1}{\cos\varphi_1} + \dfrac{l_2}{\cos\varphi_2} + \cdots + \dfrac{l_n}{\cos\varphi_n}}}$$

$$= \sqrt{\frac{\sum l_i^3 \cos^2 \varphi_i}{\sum \dfrac{l_i}{\cos\varphi_i}}} \qquad （GYSD00202006-11）$$

$$\alpha_p = \alpha \left(\frac{l_1 + l_2 + \cdots + l_n}{\dfrac{l_1}{\cos\varphi_1} + \dfrac{l_2}{\cos\varphi_2} + \cdots + \dfrac{l_n}{\cos\varphi_n}} \right)$$

$$= \alpha \left(\frac{\sum l_i}{\sum \dfrac{l_i}{\cos\varphi_i}} \right) \qquad （GYSD00202006-12）$$

式中　l_0——为计及高差影响时，耐张段的代表档距，m；

　　　φ_i——耐张段中各档导线的高差角（见图 GYSD00202006-1）；

　　　α——导线的热膨胀系数，1/℃；

　　　α_p——计及高差影响时的导线热膨胀系数。

应当指出，导线的热膨胀系数，在物理意义上并不存在需要按高差修正。状态方程计及高差影响，分配到热膨胀系数的结果。

图 GYSD00202006-1　悬点不等高时高差角

【思考与练习】

1．导线长度随气象条件变化而变化的物理过程有哪些？状态方程式有什么作用？连续档的耐张段中各档导线最低点的应力有何关系？

2．已知某架空线路导线为 JL/G1A-300/25-48/7 型，在 m 气象条件下，$t_m = 15℃$，$g_m = 31.10 \times 10^{-3}$ N/(m·mm²)，$\sigma_m = 59.68\text{MPa}$；试求在 n 气象条件下，$t_n = 40℃$，$g_n = 31.10 \times 10^{-3}$ N/(m·mm²)，线路耐张段代表档距 l_0 分别为 100m 和 165.63m 时导线的应力 σ_n。

3．题 2 的线路导线，在 m 气象条件下，$t_m = -5℃$，$g_m = 60.002 \times 10^{-3}$ N/(m·mm²)，$\sigma_m = 95.49\text{MPa}$；试求在 n 气象条件下，$t_n = 40℃$，$g_n = 31.10 \times 10^{-3}$ N/(m·mm²)，线路耐张段代表档距 l_0 分别为 200m 和 250m 时导线的应力 σ_n。

4．有一 220kV 架空线路，导线为 JL/G1A-300/25-48/7 型，线路经过第 II 气象区，且已知该线路某一耐张段代表档距 $l_0 = 400\text{m}$，基本风速气象条件时，导线的应力为 $\sigma_m = 95.49\text{MPa}$，试求该耐张段最高温度时导线的应力。

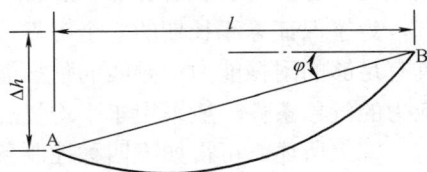

模块 7 临界档距（GYSD00202007）

【模块描述】 本模块包含导线的应力与档距及气象条件之间的关系、临界档距的计算、有效临界档距的判别。通过概念描述、原理推导、计算举例，熟悉导线应力随气象条件变化的规律及有效临界档距的判别方法。

【正文】

一、控制条件

架空线路的导线应力是随代表档距的不同和气象条件的改变而变化的，其变化的规律符合导线状态方程式，即当已知某一气象条件下的导线应力，可利用状态方程式求得另一气象条件下的导线应力。由此可知，应用状态方程式求解待求气象条件下导线应力时，必须首先选定某一气象条件及其相应的导线控制应力作为起始计算条件，且把此起始计算条件称为导线应力计算的控制条件。控制条件包括控制应力和出现此控制应力时的气象条件。

由状态方程式（GYSD00202006-9）可见

$$\sigma_n - \frac{g_n^2 l_0^2}{24\beta\sigma_n^2} = \sigma_m - \frac{g_m^2 l_0^2}{24\beta\sigma_m^2} - \frac{\alpha}{\beta}(t_n - t_m)$$

当状态方程式中代表档距 l_0 趋近于零，则两种状态下的应力关系为

$$\sigma_n = \sigma_m - \frac{\alpha}{\beta}(t_n - t_m)$$

上式表明，当代表档距较小时，导线应力仅与气温有关，外荷载的大小对应力的影响甚微，即应力变化主要是气温降低，导线收缩，从而使应力增大。因此，小代表档距耐张段，最低气温可能是出现最大应力的气象条件。

若将状态方程式以 l_0^2 除之，并令代表档距 l_0 趋近于无穷大，则两种状态下应力关系为

$$\sigma_n = \frac{g_n}{g_m}\sigma_m$$

上式表明，当代表档距很大时，导线应力主要取决于外荷载的大小，而气温的变化对应力的影响很小 。因此，大代表档距耐张段，最大荷载（基本风速或覆冰）时可能出现最大应力。

为了保证导线长期的安全可靠性，除需考虑其应力在任何气象条件下均不超过许用应力外，还应具有足够的耐振能力。导线的耐振能力决定于年平均运行应力的大小。按有关规定，出现年平均运行应力的气象条件一般采用年平均气温。

综上所述，可得如下四种控制条件：

（1）最大使用应力和最低气温；

（2）最大使用应力和最大覆冰；

（3）最大使用应力和基本风速；

（4）年平均运行应力和年平均气温。

二、临界档距

从以上分析过程可见，当代表档距 l_0 由零逐渐增大，在 l_0 较小时，导线应力主要受气温的影响，最低气温将是应力控制气象条件，当 l_0 不断增大，应力受气温影响的程度逐渐减小，而受比载影响的程度逐渐增大；当 l_0 很大时，应力完全由比载决定，而与气温无关，最大比载所对应的气象条件将是应力控制气象条件。进而可以推想，在这个变化过程中，必然存在这样一个代表档距，即在此代表档距时，最大比载和最低气温两种气象条件的导线应力分别等于各自的控制应力。这个代表档距即为两种控制条件之间的临界档距，用 l_j 表示。因控制条件有四种，对它们进行两两组合，则有六种不同组合。显而易见，每一种组合的两种控制条件之间均有一临界档距，所以，临界档距共有 6 个。

根据临界档距的概念，就是两种控制气象条件下的应力已知（为控制应力），利用状态方程式对档距求解，即可推导得临界档距的计算式为

$$l_j = \sqrt{\frac{24[\beta(\sigma_m - \sigma_n) + \alpha(t_m - t_n)]}{\left(\dfrac{g_m}{\sigma_m}\right)^2 - \left(\dfrac{g_n}{\sigma_n}\right)^2}} \qquad \text{（GYSD00202007-1）}$$

式中　　l_j——临界档距，m；

σ_m、σ_n——分别为两种控制条件的控制应力，MPa；

g_m、g_n——分别为两种控制气象条件时的比载，N/（m·mm^2）；

t_m、t_n——分别为两种控制气象条件时的气温，℃；

α——导线的热膨胀系数，1/℃；

β——导线的弹性伸长系数，1/MPa。

由式（GYSD00202007-1）可见，当两种控制条件的控制应力相等时，式（GYSD00202007-1）可简化为下式

$$l_j = \sigma_m \sqrt{\frac{24\alpha(t_m - t_n)}{g_m^2 - g_n^2}} \qquad \text{（GYSD00202007-2）}$$

式中符号意义同前。

三、有效临界档距的判别

在整个代表档距数轴上，一种控制条件的控制档距区间是连续的。因此，四种控制件即使都起控制作用，也只能是四个档距区间，四个区间最多只有三个交界。所以，真正有意义的临界档距最多不会超过三个。若在代表档距数轴上的不同区间有不同的控制条件，则相邻区间起分界作用的临界档距称为有效临界档距。临界档距的计算值有六个，而有效临界档距最多只有三个，因此必须进行判别，以确定有效临界档距，进而确定控制条件及其控制代表档距范围。其判别方法如下：

（1）对四种控制条件分别计算 $\dfrac{g}{\sigma}$ 的值，并由小到大分别给予 A、B、C、D 的编号。当遇有两种控制条件的 $\dfrac{g}{\sigma}$ 值相等时，则分别计算这两种控制条件的 $\sigma + \alpha E t$ 值，取其数值较小的控制条件编入序号，而数值较大者实际上不起控制作用，予以舍弃，这时控制条件减少为 A、B、C 三个，临界档距数也减少到三个。

（2）假设按最大可能，仍有四种控制条件 A、B、C、D，即有六个临界档距 l_{AB}、l_{AC}、l_{AD}、l_{BC}、l_{BD}、l_{CD}，将计算所得的临界档距按表 GYSD00202007-1 排列。

（3）从 $\dfrac{g}{\sigma}$ 值最小的 A 栏开始判别。首先察看本栏内各临界档距中有无零或虚数值，只要其中有一个临界档距值为零或虚数，则该栏内所有临界档距均被舍弃，即

表 GYSD00202007-1　　有效临界档距判别表

A	B	C
$l_{AB} =$	$l_{BC} =$	$l_{CD} =$
$l_{AC} =$	$l_{BD} =$	
$l_{AD} =$		

该栏内没有有效临界档距，这时可转到下一栏（如 B 栏）进行判别。若栏内所有临界档距值均不为零或不为虚数，则选取该栏中最小的一个临界档距为第一个有效临界档距（如 l_{AB}）。于是 A 栏内与 A 组合的其他临界档距（如 l_{AC}、l_{AD}）即可舍弃。选得的第一个有效临界档距（如 l_{AB}）系为下标中第一个字母表示的控制条件（如 A）所控制的档距范围的上限值，下标中后一个字母表示的控制条件（如 B）所控制的档距范围的下限值。

（4）因此，紧接着对所选得的第一个有效临界档距下标中后一个字母所代表的栏进行判别，亦即判别后一个字母所代表的控制条件所控制的档距范围的上限值，并确定下一个控制条件。如第一个有效临界档距为 l_{AB}，则对 B 栏进行判别；若第一个有效临界档距为 l_{AC}，则对 C 栏进行判别，这时 B 栏被跨越，即 B 栏没有有效临界档距而全部被舍弃。确定了需判别的栏后，用（3）中的方法选取第二个有效临界档距。

（5）根据上述原则，依次类推，直至判别到最后一栏如 C 栏，或有效临界档距下标中后一个字母为 D，则判别结束。例如在判别 A 栏时，选取的第一个有效临界档距为 l_{AD}，则判别结束，有效临界

档距只有一个为 l_{AD}。

通过上述有效临界档距的判别，最后得一组有效临界档距，这组有效临界档距的下标是依次连接的。将这组有效临界档距标在代表档距数轴上，即将数轴分成若干区间，然后可按有效临界档距下标字母确定每一区间的控制条件。例如，当有效临界档距 $l_{AC}=200\text{m}$、$l_{CD}=400\text{m}$ 时，其控制情况如图 GYSD00202007-1 所示。

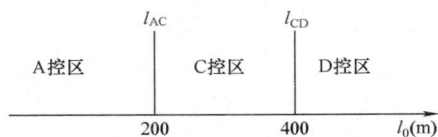

图 GYSD00202007-1　有效临界档距判别结果

判别结果的意义为，当代表档距 $l_0 \leqslant 200\text{m}$ 时，导线应力受 A 控制条件控制；当代表档距 l_0 在 $200 \sim 400\text{m}$ 之间时。导线应力受 C 控制条件控制，当代表档距 $l_0 \geqslant 400\text{m}$ 时，导线应力受 D 控制条件控制。从而在利用状态方程求解导线应力时，只需根据代表档距值确定其控制条件，然后将控制条件作为状态方程中的已知条件，即可求取其他气象条件时的应力。

在有效临界档距判别过程中，如在 A、B、C 三栏中均有零或有虚数，则没有有效界档距，此时所有可能的代表档距，其导线应力均受 D 控制条件控制。

例 GYSD00202007-1　试判别表 GYSD00202007-2①～④各条件下的有效临界档距并确定控制条件。

表 GYSD00202007-2　　　　　　　　临　界　档　距　表

序　号	A	B	C
①	$l_{AB}=150$	$l_{BC}=300$	$l_{CD}=400$
	$l_{AC}=250$	$l_{BD}=450$	
	$l_{AD}=350$		
②	$l_{AB}=250$	$l_{BC}=300$	$l_{CD}=400$
	$l_{AC}=150$	$l_{BD}=450$	
	$l_{AD}=350$		
③	$l_{AB}=150$	$l_{BC}=450$	$l_{CD}=400$
	$l_{AC}=$虚数	$l_{BD}=300$	
	$l_{AD}=350$		
④	$l_{AB}=$虚数	$l_{BC}=300$	$l_{CD}=$虚数
	$l_{AC}=250$	$l_{BD}=$虚数	
	$l_{AD}=350$		

解　条件①，A 栏没有零和虚数，取最小的 $l_{AB}=150\text{m}$ 为第一个有效临界档距；到 B 栏，同理，$l_{BC}=300\text{m}$ 为第二个有效临界档距；到 C 栏，$l_{CD}=400\text{m}$ 为第三个有效临界档距。判别结果及控制条件如图 GYSD00202007-2（a）所示。

条件②，A 栏 $l_{AC}=150\text{m}$ 为第一个有效临界档距；跳过 B 栏到 C 栏，$l_{CD}=400\text{m}$ 为第二个有效临界档距。判别结果如图 GYSD00202007-2（b）所示。

条件③，A 栏有一个虚数，全部舍去，到 B 栏，$l_{BD}=300\text{m}$ 为有效临界档距，跳过 C 栏，即只有一个有效临界档距。判别结果如图 GYSD00202007-2（c）所示。

条件④，因 A、B、C 三栏中均有虚数，三栏均全部舍去，即没有有效临界档距。判别结果见图 GYSD00202007-2（b）。

例 GYSD00202007-2　某 220kV 架空线路，导线为 JL/G1A-300/25-48/7 型，经过 V 级典型气象区，导线强度安全系数为 2.5，防振锤防振，试确定该线路导线应力控制条件。

解　（1）控制应力计算。从表 GYSD00201002-9、表 GYSD00201002-11 中查取有关数据：导线截面积 $A=333.31\text{mm}^2$；热膨胀系数 $\alpha=20.5\times10^{-6}/℃$；弹性系数 $E=65000\text{MPa}$，$\beta=15.385\times10^{-6}\text{1/MPa}$；计算拉断力 $T_j=83760\text{N}$。

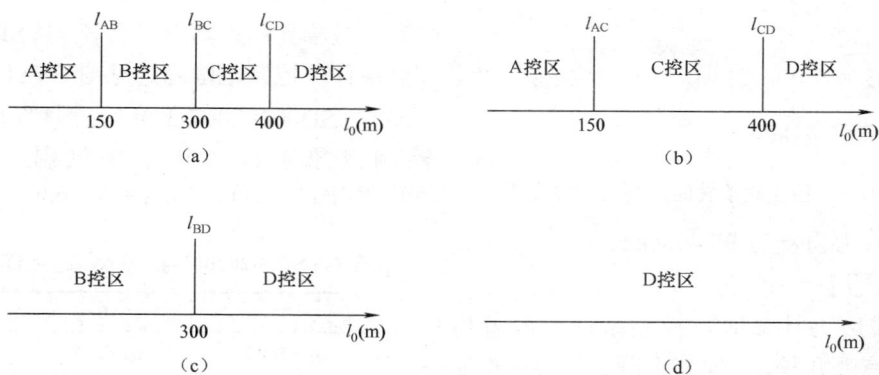

图 GYSD00202007-2　例 GYSD00202007-1 的判别结果

（a）结果 1；（b）结果 2；（c）结果 3；（d）结果 4

导线最大使用应力　　　　$\sigma_m = \dfrac{T_p}{KA} = \dfrac{83760 \times 0.95}{2.5 \times 333.31} = 95.49$（MPa）

年平均运行应力　　　　$\sigma_{cp} = \dfrac{0.25T_p}{A} = \dfrac{0.25 \times 83760 \times 0.95}{333.31} = 59.68$（MPa）

（2）导线比载计算且列表编号。见表 GYSD00202007-3。

表 GYSD00202007-3　　　　　　　　计 算 数 据 表

气 象 条 件	风速 (m/s)	冰厚 (mm)	气温 (℃)	控制应力 (MPa)	比　载 [N/(m·mm²)]	g/σ (1/m)	编 号
最低气温	0	0	−10	95.49	31.100×10^{-3}	3.2569×10^{-4}	A
基本风速	27	0	10	95.49	40.746×10^{-3}	4.2670×10^{-4}	B
最大覆冰	10	10	−5	95.49	60.002×10^{-3}	6.2836×10^{-4}	D
年平均气温	0	0	15	59.68	31.100×10^{-3}	5.2111×10^{-4}	C

（3）临界档距计算。计算式为

$$l_j = \sqrt{\dfrac{24\left[\beta(\sigma_m - \sigma_n) + \alpha(t_m - t_n)\right]}{\left(\dfrac{g_m}{\sigma_m}\right)^2 - \left(\dfrac{g_n}{\sigma_n}\right)^2}}$$

将有关数据代入公式进行计算

$$l_{AB} = \sqrt{\dfrac{24 \times 20.5 \times 10^{-6} \times (-10-10)}{(3.2569 \times 10^{-4})^2 - (4.2670 \times 10^{-4})^2}} = 359.8 \text{（m）}$$

$$l_{AC} = \sqrt{\dfrac{24[15.385 \times 10^{-6} \times (95.49-59.68) + 20.5 \times 10^{-6} \times (-10-15)]}{(3.2569 \times 10^{-4})^2 - (5.2111 \times 10^{-4})^2}} = \text{虚数}$$

$$l_{AD} = \sqrt{\dfrac{24 \times 20.5 \times 10^{-6} \times (-10+5)}{(3.2569 \times 10^{-4})^2 - (6.2836 \times 10^{-4})^2}} = 92.30 \text{（m）}$$

$$l_{BC} = \sqrt{\dfrac{24[15.385 \times 10^{-6} \times (95.49-59.68) + 20.5 \times 10^{-6} \times (10-15)]}{(4.2670 \times 10^{-4})^2 - (5.211 \times 10^{-4})^2}} = \text{虚数}$$

$$l_{BD} = \sqrt{\dfrac{24 \times 20.5 \times 10^{-6} \times (10+5)}{(4.2670 \times 10^{-4})^2 - (6.2836 \times 10^{-4})^2}} = \text{虚数}$$

$$l_{CD} = \sqrt{\dfrac{24 \times [15.385 \times (59.68-95.49) + 20.5 \times 10^{-6} \times (15+5)]}{(5.2111 \times 10^{-4})^2 - (6.2836 \times 10^{-4})^2}} = 165.63 \text{（m）}$$

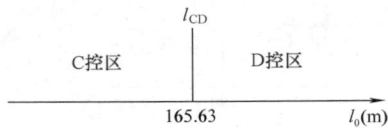

图 GYSD00202007-3 各控制条件的控制范围确定

为覆冰，控制应力为 $\sigma_m = 95.49\text{MPa}$。

【思考与练习】

1．在导线应力计算时，控制条件一般有哪几种？控制应力有哪几种，一般怎么确定？各种控制条件的控制范围可通过什么方法来确定？导线的耐振能力取决于什么，对应的气象条件如何选用？

2．试按机械强度条件和耐振条件确定某 35kV 线路的有效临界档距及其控制条件下的控制范围，该线路导线为 JL/G1A-95/20-7/7 型，经过第Ⅵ气象区，全线采用防振锤防振。

（4）有效临界档距判别（见表 GYSD00202007-4）及各控制条件的控制范围确定见图 GYSD00202007-3。

由图 GYSD00202007-3 可见：①当 $l_0 \leq l_{CD} = 165.63$ m，控制气象条件为年平均气温，控制应力为 $\sigma_{cp} = 59.68\text{MPa}$；②当 $l_0 \geq l_{CD} = 165.63$m，控制气象条件

表 GYSD00202007-4　有效临界档距判别　　m

A	B	C
$l_{AB} = 359.8$	$l_{BC} = 虚数$	$l_{CD} = 165.63$
$l_{AC} = 虚数$	$l_{BD} = 虚数$	
$l_{AD} = 92.30$		

模块 8　导线机械特性曲线（GYSD00202008）

【模块描述】 本模块介绍导线机械特性曲线。通过概念描述、定义讲解、计算举例，掌握导线机械特性曲线计算程序及制作方法。

【正文】

所谓导线机械特性曲线，就是具体表示在各种不同气象条件下导线的应力与档距（代表档距）、弧垂与档距（代表档距）之间的关系曲线。通常以横坐标表示档距（代表档距），纵坐标表示应力（或弧垂）所绘制的各种气象条件时代表档距和应力（或弧垂）的关系曲线，这些曲线就称为导线的应力、弧垂曲线（简称导线机械特性曲线），如图 GYSD00202008-1 所示。

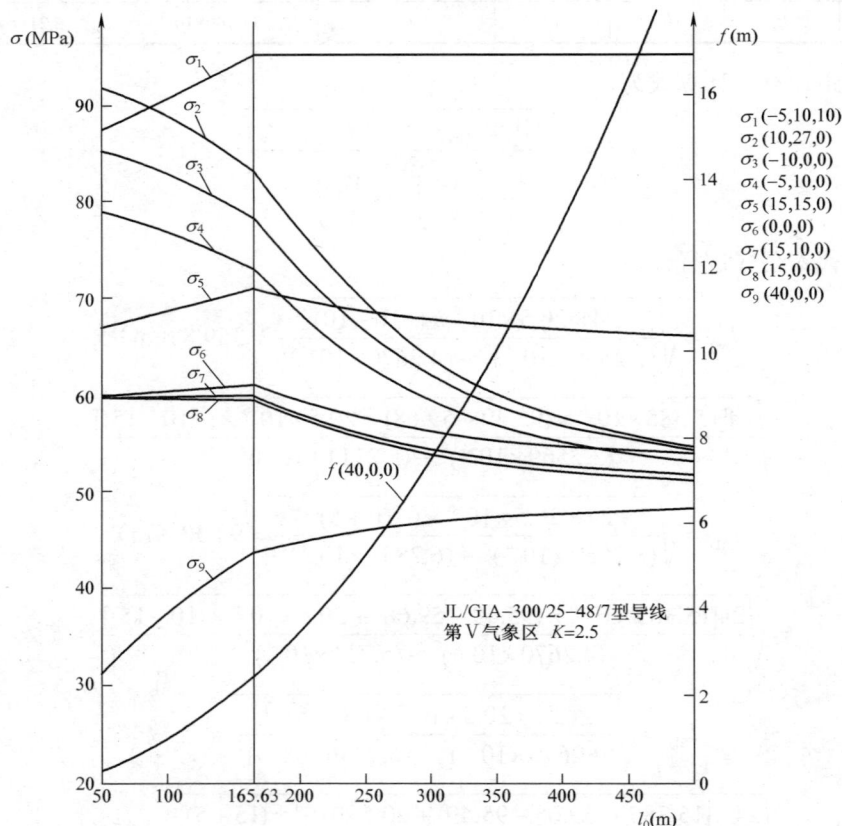

图 GYSD00202008-1　导线机械特性曲线

导线机械特性曲线是根据广泛调查分析沿线有关气象数据等资料的前提下确定的设计条件，包括导线型号、气象区、安全系数和防振措施（以确定年平均运行应力）等，通过一定的计算程序绘制的。设计条件中任意一项改变，就有不同的机械特性曲线，所以应用时必须明确设计条件，特别是输电线路较长时，可能在线路不同区段采用不同的设计条件，此时尤其需要注意。

导线机械特性曲线的计算程序如下：

（1）确定导线型号及设计气象区；

（2）确定导线在各种气象条件时的比载；

（3）确定导线的安全系数及防振措施，计算导线最大使用应力和年平均运行应力；

（4）计算临界档距并进行有效临界档距判别，确定各控制条件的控制范围；

（5）以有效临界档距判别结果为已知条件，利用状态方程式分别求出各有关气象条件下不同代表档距值时的应力和弧垂值；

（6）以代表档距为横坐标，应力（或弧垂）为纵坐标，绘制各种气象条件时的应力、弧垂曲线。

导线的机械特性曲线并不需要按所有气象条件计算和绘制，根据工程需要一般需计算和绘制的曲线项目如表 GYSD00202008-1 所示。

表 GYSD00202008-1　　　　　　　机械特性曲线计算项目表

计算项目	气象条件	最大风	覆冰	安装	事故	最低气温	最高气温	平均气温	内过电压	外过电压 有风	外过电压 无风
应力曲线	导线	▲	▲	▲	▲	▲	▲	▲	▲	▲	▲
应力曲线	地线	▲	▲	▲	▲	▲		▲			▲
弧垂曲线	导线	▲	●				▲				▲
弧垂曲线	地线										▲

注　▲表示需绘制的曲线。

　　●表示当导线最大弧垂发生在最大垂直比载时，应计算覆冰（无风）和稀有覆冰（无风）时的弧垂曲线；空格栏表示可不计算。

从图 GYSD00202008-1 中可看出，导线机械特性曲线中的应力曲线在以有效临界档距分段的每个区间中，都有一条应力曲线是水平的，该应力曲线即为该区间的控制条件应力曲线，其他各种气象条件的应力曲线在该区间则是单调上升或下降的，而有效临界档距点则是应力曲线的一个折点，但是连续的。在图 GYSD00202008-1 中，在 $l_0 < 165.63\text{m}$ 的区段中，年平均气温时应力曲线是水平的，在 $l_0 > 165.63\text{m}$ 的区段中，最大覆冰时的应力曲线是水平的，有效临界档距 $l_j = 165.63\text{m}$。

有了导线的机械特性曲线，就掌握了导线在运行过程中各种气象条件下的应力状态。当已知耐张段代表档距时，就能方便地在曲线中查得该耐张段在各种气象条件时的应力。

例 GYSD00202008-1　试计算并绘制例 GYSD00202007-2 线路导线的机械特性曲线。

解　（1）根据第 V 类气象区查表 GYSD00202001-2 确定各种气象条件参数且计算比载。见表 GYSD00202008-2。

表 GYSD00202008-2　　　　　　　第 V 类气象区的各种气象条件参数及比载

编号	气象条件	风速（m/s）	气温（℃）	冰厚（mm）	比载 [N/(m·mm²)]
1	最低温度	0	−10	0	31.100×10^{-3}
2	平均气温	0	15	0	31.100×10^{-3}
3	基本风速	27	10	0	40.746×10^{-3}
4	最大覆冰	10	−5	10	60.002×10^{-3}
5	最高温度	0	40	0	31.100×10^{-3}
6	安装	10	−5	0	31.471×10^{-3}
7	事故	0	0	0	31.100×10^{-3}
8	外过电压	10	15	0	31.471×10^{-3}
9	内过电压	15	15	0	32.933×10^{-3}

（2）导线控制应力的计算：

1）最大使用应力　　　　　　　　$\sigma_{\mathrm{m}} = \dfrac{T_{\mathrm{p}}}{KA} = \dfrac{83760 \times 0.95}{2.5 \times 333.31} = 95.49（\mathrm{MPa}）$

2）年平均运行应力　　　　　　　$\sigma_{\mathrm{cp}} = \dfrac{0.25 T_{\mathrm{p}}}{A} = \dfrac{0.25 \times 83760 \times 0.95}{333.31} = 59.68（\mathrm{MPa}）$

（3）临界档距的计算及控制条件的判别。根据例 GYSD00202007-2 的计算结果其数据为：

当 $l_0 \leqslant 165.63\ \mathrm{m}$ 时，控制条件为年平均气温，控制应力为 $\sigma_{\mathrm{cp}} = 59.68\ \mathrm{MPa}$。

当 $l_0 \geqslant 165.63\ \mathrm{m}$ 时，控制条件为覆冰，控制应力为 $\sigma_{\mathrm{m}} = 95.49\ \mathrm{MPa}$。

（4）分别计算各有关气象条件时，不同的代表档距导线应力和弧垂。在此以一种气象条件为例：最高温度 $t_{\mathrm{n}} = 40℃$，$g_{\mathrm{n}} = 31.100 \times 10^{-3}\,\mathrm{N}/(\mathrm{m \cdot mm^2})$。当 $l_0 = 50 < 165.63\mathrm{m}$ 时，控制条件为年平均气温，控制应力为 $\sigma_{\mathrm{cp}} = 59.68\ \mathrm{MPa}$，即为 $\sigma_{\mathrm{cp}} = 59.68\ \mathrm{MPa}$，$t_{\mathrm{m}} = 15℃$，$g_{\mathrm{m}} = 31.100 \times 10^{-3}\,\mathrm{N}/(\mathrm{m \cdot mm^2})$，代入导线状态方程式得

$$\sigma_{\mathrm{n}} - \frac{(31.100 \times 10^{-3})^2 \times (50)^2}{24 \times 15.385 \times 10^{-6} \times \sigma_{\mathrm{n}}^2} = 62.56 - \frac{(31.100 \times 10^{-3})^2 \times (50)^2}{24 \times 15.385 \times 10^{-6} \times 59.68^2} - \frac{20.5 \times 10^{-6}}{15.385 \times 10^{-6}} \times (40 - 15)$$

$$= 31.24（\mathrm{MPa}）$$

$$f_{\mathrm{n}} = \frac{31.10 \times 10^{-3} \times 50^2}{8 \times 31.24} = 0.31（\mathrm{m}）$$

同理，当 $l_0 = 100\mathrm{m}$ 时，有

$$\sigma_{\mathrm{n}} - \frac{(31.100 \times 10^{-3})^2 \times (100)^2}{24 \times 15.385 \times 10^{-6} \times \sigma_{\mathrm{n}}^2} = 59.68 - \frac{(31.100 \times 10^{-3})^2 \times (100)^2}{24 \times 15.385 \times 10^{-6} \times 59.68^2} - \frac{20.5 \times 10^{-6}}{15.385 \times 10^{-6}} \times (40 - 15)$$

$$= 37.57（\mathrm{MPa}）$$

$$f_{\mathrm{n}} = \frac{31.10 \times 10^{-3} \times 100^2}{8 \times 37.57} = 1.03（\mathrm{m}）$$

当 $l_0 = 165.63\mathrm{m}$，恰好等于临界档距 165.63m，这时有两种控制条件，年平均运行应力和年平均气温控制或由最大使用应力和覆冰情况控制。在计算 σ_{n} 时用其中任何一个条件均可。若按前一个条件为控制条件时，其 σ_{n} 值计算如下

$$\sigma_{\mathrm{n}} - \frac{(31.100 \times 10^{-3})^2 \times (165.63)^2}{24 \times 15.385 \times 10^{-6} \times \sigma_{\mathrm{n}}^2} = 59.68 - \frac{(31.100 \times 10^{-3})^2 \times (165.63)^2}{24 \times 15.385 \times 10^{-6} \times 59.68^2} - \frac{20.5 \times 10^{-6}}{15.385 \times 10^{-6}} \times (40 - 15)$$

$$= 43.75（\mathrm{MPa}）$$

$$f_{\mathrm{n}} = \frac{31.10 \times 10^{-3} \times 165.63^2}{8 \times 43.75} = 2.44（\mathrm{m}）$$

若按后一个条件作为控制条件时，其 σ_{n} 值计算如下

$$\sigma_{\mathrm{n}} - \frac{(31.10 \times 10^{-3})^2 \times (165.63)^2}{24 \times 15.385 \times 10^{-6} \times \sigma_{\mathrm{n}}^2} = 95.49 - \frac{(60.002 \times 10^{-3})^2 \times (165.63)^2}{24 \times 15.385 \times 10^{-6} \times 95.49^2} - \frac{20.5 \times 10^{-6}}{15.385 \times 10^{-6}} \times (40 + 5)$$

$$= 43.75（\mathrm{MPa}）$$

$$f_{\mathrm{n}} = \frac{31.10 \times 10^{-3} \times 165.63^2}{8 \times 43.75} = 2.44（\mathrm{m}）$$

当 $l_0 = 200\mathrm{m} > 165.63\mathrm{m}$ 时，控制条件为覆冰，控制应力为最大使用应力，即 $\sigma_{\mathrm{m}} = 95.49\ \mathrm{MPa}$，$t_{\mathrm{m}} = -5℃$，$g_{\mathrm{m}} = 60.002 \times 10^{-3}\,\mathrm{N}/(\mathrm{m \cdot mm^2})$，故 σ_{n} 值为

$$\sigma_{\mathrm{n}} - \frac{(31.10 \times 10^{-3})^2 \times (200)^2}{24 \times 15.385 \times 10^{-6} \times \sigma_{\mathrm{n}}^2} = 95.49 - \frac{(60.002 \times 10^{-3})^2 \times (200)^2}{24 \times 15.385 \times 10^{-6} \times 95.49^2} - \frac{20.5 \times 10^{-6}}{15.385 \times 10^{-6}} \times (40 + 5)$$

$$= 44.85（\mathrm{MPa}）$$

$$f_{\mathrm{n}} = \frac{31.10 \times 10^{-3} \times 250^2}{8 \times 44.85} = 3.47（\mathrm{m}）$$

当 $l_0 = 250\text{m} > 165.63\text{m}$ 时，控制条件为覆冰，控制应力为最大使用应力，即 $\sigma_{\text{m}} = 95.49\text{ MPa}$，$t_{\text{m}} = -5℃$，$g_{\text{m}} = 60.002 \times 10^{-3}\text{ N/（m}\cdot\text{mm}^2\text{）}$，故 σ_n 值为

$$\sigma_n - \frac{(31.10 \times 10^{-3})^2 \times (250)^2}{24 \times 15.385 \times 10^{-6} \times \sigma_n^2} = 95.49 - \frac{(60.002 \times 10^{-3})^2 \times (250)^2}{24 \times 15.385 \times 10^{-6} \times 95.49^2} - \frac{20.5 \times 10^{-6}}{15.385 \times 10^{-6}} \times (40 + 5)$$

$$= 46.02 \text{（MPa）}$$

$$f_n = \frac{31.10 \times 10^{-3} \times 250^2}{8 \times 46.02} = 5.28 \text{（m）}$$

同理，当 l_0 为 300、350、400、450、500m 时，σ_n 的计算值分别为

$l_0 = 300\text{m}$ 时，$\sigma_n = 46.82\text{MPa}$。

$l_0 = 350\text{m}$ 时，$\sigma_n = 47.40\text{MPa}$。

$l_0 = 400\text{m}$ 时，$\sigma_n = 47.81\text{MPa}$。

$l_0 = 450\text{m}$ 时，$\sigma_n = 48.12\text{MPa}$。

$l_0 = 500\text{m}$ 时，$\sigma_n = 48.35\text{MPa}$。

（5）将以上计算结果，以代表档距 l_0 为横坐标，以弧垂 f 和应力 σ 为纵坐标，所绘制的曲线即为导线的应力、弧垂特性曲线。如图 GYSD00202008-1 所示。

例 GYSD00202008-2 有一架空线路中某耐张段各档档距分别为 215、263、280、228m，导线为 JL/G1A-300/25-48/7 型，第 V 气象区，安全系数 $K = 2.5$，防振锤防振。求该耐张段 280m 档距最高气温时的应力及中点弧垂。

解 耐张段代表档距为

$$l_0 = \sqrt{\frac{\sum l_i^3}{\sum l_i}} = \sqrt{\frac{215^3 + 263^3 + 280^3 + 228^3}{215 + 263 + 280 + 228}} = 250.6 \text{（m）}$$

因该线路设计条件与例 GYSD00202008-1 中相同，故可根据 $l_0 = 250.6\text{m}$，在机械特性曲线图 GYSD00202008-1 上查取最高气温时应力 $\sigma_0 = 46.03\text{MPa}$，则 $l = 280\text{m}$ 的中点弧垂为

$$f = \frac{31.10 \times 10^{-3} \times 280^2}{8 \times 46.03} = 5.3 \text{（m）}$$

【思考与练习】

1. 什么叫导线的机械特性曲线？

2. 试制作模块 GYSD00202007 练习题 2 所示线路导线最大风速时的应力曲线和弧垂曲线。

模块 9 导线的安装曲线（GYSD00202009）

【模块描述】 本模块包含导线的安装曲线、初伸长的处理。通过概念描述、知识讲解、计算举例，掌握导线的安装曲线制作及导线初伸长的处理方法。

【正文】

一、安装曲线

导线和架空地线架设安装，是在不同气温下进行的。由于一般架线不在大风之下施工，因此架线的气象条件可以归结为无风、无冰和施工时的实际气温，也就是 g_1 和相应的气温。因此所谓导线安装曲线，就是具体表示在各种不同温度下导线的张力与档距（代表档距）、弧垂与档距（代表档距）之间的关系曲线。如图 GYSD00202009-1 所示。

安装曲线的计算方法与机械特性曲线计算相同，只是计算时假定各种安装气象条件是按无风、无冰，但有各种不同气温的气象条件来进行的。因为安装导线时，导线不会覆冰，并在无风条件下观测弧垂。

安装曲线通常绘制张力和弧垂两种曲线（见图 GYSD00202009-1），绘制方法是以代表档距为横坐标，以张力或弧垂为纵坐标，根据计算出的各种施工气温下的张力或弧垂数据绘制一套张力、弧垂曲线。所以，所谓安装曲线就是具体表示在不同温度下，导线的张力与代表档距、弧垂与代表档距之

间的关系曲线。

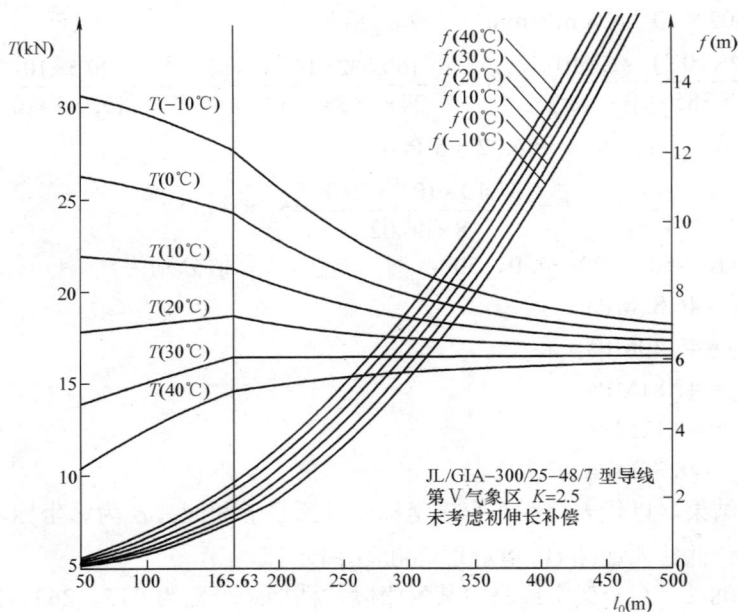

图 GYSD00202009-1　导线安装曲线

安装曲线的绘制，一般从最高施工气温至最低施工气温间每隔 5℃（或 10℃）绘制一条弧垂曲线。在施工紧线时，当已知耐张段的代表档距和气温时，可由安装曲线查得相应的弧垂 f_0，则观测档的弧垂（用以观测其弧垂的档距称为观测档）可按式 $f = f_0 \left(\dfrac{l}{l_0} \right)^2$ 进行修正。若观测档档距 l 等于代表档距 l_0 时，则观测档的弧垂 f 等于代表档距的弧垂 f_0，故施工中最好选择等于代表档距的某一档作为观测档。

二、初伸长的消除及补偿

在安装曲线的计算过程中，其应力是通过状态方程求取的，而状态方程中考虑了弹性变形和热胀冷缩，但实际上金属绞线并非完全弹性体，在张力作用下除产生弹性伸长外，还将产生塑性伸长和蠕变伸长，这两部分伸长变形是永久性变形，称为塑蠕伸长，工程中通常称为导线的初伸长。

初伸长与作用于导线的张力的大小和作用时间的长短有关。在运行过程中初伸长是在张力作用下逐渐伸展出来的，运行经验表明，初伸长约需 5～10 年后才趋于一稳定值，运行经验同时表明，导线受张力作用后的开始阶段伸长迅速，而后伸长越来越慢。导线的初伸长使档中导线产生了永久性增长，从而使弧垂产生永久性增大，其结果使导线对地和被跨越物的接近距离变小，危及线路的安全运行。如果重新紧线调整弧垂必然影响送电，因此在线路设计或安装紧线时，导线若为未使用过的新线，则必须考虑初伸长的影响，采用一定方法给以消除或补偿。

1. 预拉法——消除初伸长

架线前对新线施加较大的拉力，一般施加的拉应力 $\sigma_y \approx 0.6\sigma_p >$ 导线的许用应力 $[\sigma]$（即导线的最大使用应力），拉力持续时间为 2min，初伸长即被拉出，架线后不再有明显的初伸长产生。

2. 减弧垂法——补偿初伸长

补偿初伸长最常用的方法就是在安装紧线时适当减小弧垂，则待初伸长伸展出来后，弧垂增大而恰达到设计弧垂。具体补偿方法，配电线路一般采用减小弧垂法，弧垂减小的百分数为：铝绞线或绝缘铝绞线，20%；钢芯铝绞线，12%；铜绞线，7%～8%。

3. 降温法

设架线安装时温度为 t_n℃，为了补偿初伸长，可用（$t_n - \Delta t$）代替 t_n 代入状态方程式计算应力，此时状态方程为

$$\sigma_n - \frac{g_n^2 l^2}{24\beta\sigma_n^2} = \sigma_m - \frac{g_m^2 l^2}{24\beta\sigma_m^2} - \frac{\alpha}{\beta}\left[(t_n - \Delta t) - t_m\right]$$

式中　Δt——导线补偿初伸长的等效降温量。

用上式计算的 σ_n 求出的弧垂 f_n 可却好补偿长期运行后的塑蠕伸长。

送电线路的初伸长对弧垂的影响，一般用降温法补偿，即将紧线时的气温降低一定的温度，如表 GYSD00202009-1 所列，然后按降低后的温度，从安装曲线查得代表档距的弧垂或应力，再按公式 $f = \frac{gl^2}{8\sigma_0}$ 和 $f = f_0\left(\frac{l}{l_0}\right)^2$ 计算出观测档距的弧垂，该弧垂即为考虑了初伸长影响的紧线时的观测弧垂。

对于不同种类的导线和地线，在考虑初伸长影响时，其降低的温度值是不同的，一般可采用表 GYSD00202009-1 所列的数值。

表 GYSD00202009-1　　　　　钢芯铝绞线、钢绞线的塑性伸长及降温值

类　　别	铝钢截面比	塑 性 伸 长	降 温 值（℃）
钢芯铝绞线	4.29~4.38	3×10^{-4}	15
	5.05~6.16	3×10^{-4}~4×10^{-4}	15~20
	7.71~7.91	4×10^{-4}~5×10^{-4}	20~25
	11.34~14.46	5×10^{-4}~6×10^{-4}	25（或根据试验数据确定）
钢绞线		1×10^{-4}	10

注　对铝包钢绞线、大铝钢截面比的钢芯铝绞线或钢芯铝合金绞线应由制造厂家提供塑性伸长值或降温值。

采用减小弧垂法或恒定降温法进行初伸长补偿，其实质都是减小安装紧线时的弧垂，因而可以在设计绘制安装曲线时考虑，也可在安装紧线确定观测弧垂时考虑，但不能重复。所以，安装曲线上一般均注有"已考虑初伸长补偿"或"未考虑初伸长补偿"字样，使用时需注意。

应用安装曲线确定安装紧线时观测弧垂的步骤如下（设安装曲线未考虑初伸长补偿）。

（1）确定耐张段代表档距 l_0 和弧垂观测档及其档距 l_i。弧垂观测档按以下原则选择。

1）紧线耐张段连续档在 5 档及以下时，靠近中间选择一档。

2）紧线耐张段连续档在 6~12 档时，靠近两端各选择一档。

3）紧线耐张段连续档在 12 档以上时，靠近两端和中间各选择一档。

4）观测档宜选择档距大和悬点高差小的档距，含有耐张绝缘子串的档距不宜作观测档。

5）观测档数只能酌情增加，不能减少。

（2）带温度计到现场，实测弧垂观测时气温 t_1，并根据导线型号确定降温值 Δt，则考虑降温值后的气温为 $t = t_1 - \Delta t$。

（3）根据紧线耐张段代表档距 l_0 和气温 t 在安装曲线上查得代表档距 l_0 所对应的代表弧垂 f_0，当曲线中没有气温为 t 的安装曲线时，可采用插入法查取。

（4）根据下式计算出观测档的观测弧垂

$$f_i = f_0\left(\frac{l_i}{l_0}\right)^2$$

式中　f_i——观测档观测弧垂，m；

　　　f_0——代表档距对应的弧垂，m；

　　　l_i——观测档档距，m；

　　　l_0——紧线耐张段代表档距，m。

例 GYSD00202009-1　试制作例 GYSD00202007-2 中线路导线的安装曲线。档距的取值范围为 50~450m；温度取值 +40~-10℃，计算间隔为 10℃。

解　（1）将例 GYSD00202007-2 中已经判定的结论及各档距范围的控制气象条件及已知数据列入表 GYSD00202009-2 中。

表 GYSD00202009-2　　　　　　　　　导 线 应 力 控 制 表

档距区段号	1	2
档距范围	0～165.63	165.63 以上
控制气象条件名称	年平均气温	覆冰
控制应力（MPa）	59.68	95.49
比载［N/（m·mm²）］	31.10×10^{-3}	60.002×10^{-3}
气　温（℃）	+15	−5

（2）根据各档距范围的控制气象条件及其对应的应力（最大用使应力或年平均运行应力）作为已知条件，代入状态方程式，分别计算出各种安装气温（无风、无冰）下的安装应力（或张力），再按各档距的安装应力代入弧垂计算公式 $\left(f = \dfrac{gl^2}{8\sigma_0}\right)$，即可求得各种安装气温下的安装弧垂。将其计算结果列入表 GYSD00202009-3 中。

（3）按表 GYSD00202009-3 中应力（或张力）和弧垂数据绘制出 40～−10℃各 6 条曲线，如图 GYSD00202009-1 所示。

表 GYSD00202009-3　　　　　　　　　安 装 应 力 表

	档　距（m）		50	100	165.63	200	250	300	350	400	450
温 度 （℃）	40	应力（MPa）	31.24	37.57	43.75	44.84	46.01	46.81	47.38	47.80	48.11
		张力（kN）	10.41	12.52	14.58	14.95	15.33	15.60	15.79	15.93	16.03
		弧垂（m）	0.31	1.03	2.44	3.47	5.28	7.47	10.05	13.01	16.36
	30	应力（MPa）	41.64	45.18	49.20	49.25	49.31	49.35	49.38	49.40	49.42
		张力（kN）	13.88	15.06	16.40	16.42	16.44	16.45	16.46	16.47	16.47
		弧垂（m）	0.23	0.86	2.17	3.16	4.93	7.09	9.64	12.59	15.93
	20	应力（MPa）	53.47	54.49	55.87	54.57	53.19	52.25	51.61	51.16	50.83
		张力（kN）	17.82	18.16	18.62	18.19	17.73	17.42	17.20	17.05	16.94
		弧垂（m）	0.18	0.71	1.91	2.85	4.57	6.70	9.23	12.16	15.49
	10	应力（MPa）	66.01	65.16	63.82	60.93	57.74	55.57	54.10	53.08	52.36
		张力（kN）	22.00	21.72	21.27	20.31	19.25	18.52	18.03	17.69	17.45
		弧垂（m）	0.15	0.60	1.67	2.55	4.21	6.30	8.80	11.72	15.04
	0	应力（MPa）	78.88	76.76	72.99	68.42	63.09	59.39	56.90	55.20	54.01
		张力（kN）	26.29	25.59	24.33	22.80	21.03	19.79	18.96	18.40	18.00
		弧垂（m）	0.12	0.51	1.46	2.27	3.85	5.89	8.37	11.27	14.57
	−10	应力（MPa）	91.93	88.95	83.20	77.02	69.34	63.79	60.06	57.54	55.81
		张力（kN）	30.64	29.65	27.73	25.67	23.11	21.26	20.02	19.18	18.60
		弧垂（m）	0.11	0.44	1.28	2.02	3.50	5.48	7.93	10.81	14.11

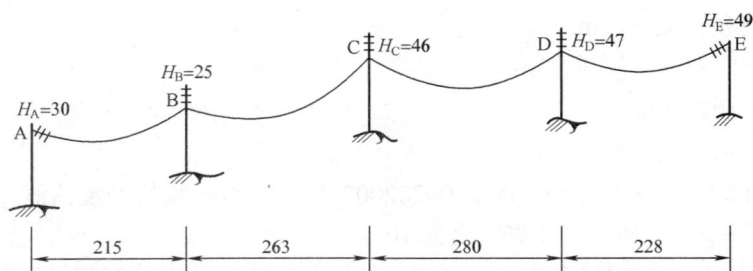

图 GYSD00202009-2　紧线耐张段布置图

例 GYSD00202009-2　对例 GYSD00202009-1 送电线路某耐张段（如图 GYSD00202009-2 所示）进行导线安装，导线为 JL/G1A-300/25-48/7 型，安装曲线如图 GYSD00202009-1 所示，试确定弧垂观测档及观测弧垂值。

解：（1）根据弧垂观测档的选择原则，AB 档和 DE 档不宜作弧垂观测档，因这两档有耐张绝缘子串的影响。BC 档和 CD 档中选择 CD 档较好，因该档悬点高差较小。现选 CD 档为弧垂观测档，观测档档距为 $l = 280$m。

该耐张段的代表档距为

$$l_0 = \sqrt{\frac{\sum l_i^3}{\sum l_i}} = \sqrt{\frac{215^3 + 263^3 + 280^3 + 228^3}{215 + 263 + 280 + 228}} = 250.6 \text{（m）}$$

（2）设现场实测弧垂观测时气温为 $t_1 = 17.5$℃，导线铝钢截面比为 11.3，取 $\Delta t = 25$℃，则 $t = t_1 - \Delta t = 17.5 - 25 = -7.5$（℃）。

（3）依据 $l_0 = 250.6$ m，用插值法由安装曲线查得 $t = -7.5$℃时的弧垂 $f_0 = 3.59$ m。

（4）观测档档距 $l = 280$ m，所以观测弧垂值为

$$f = f_0 \left(\frac{l}{l_0}\right)^2 = 3.59 \times \left(\frac{280}{250.5}\right)^2 = 4.49 \text{（m）}$$

【思考与练习】

1. 什么叫导线的安装曲线，曲线中弧垂、应力（张力）与什么档距相对应？会计算观测档的弧垂、制作导线安装曲线。

2. 导线的初伸长是由哪些原因产生的，对线路运行有什么影响，常用的处理方法有哪些？什么叫恒定降温法？

3. 试制作模块 GYSD00202007 思考与练习题 2 所示线路导线，温度为 10、20℃时的安装曲线。并计算某一耐张段代表档距 $l_0 = 320$m 中，观测档距为 250m、温度为 27.5℃时的观测弧垂。

模块 10　架空地线最大使用应力的选择（GYSD00202010）

【模块描述】 本模块介绍地线最大使用应力的选择及确定方法。通过概念描述、定量分析、计算举例，了解最大使用应力的确定过程，掌握地线最大使用应力的选择原则。

【正文】

架空地线的计算与导线的计算不同点，就在于最大使用应力的选择，除此以外，完全相同。

一、选择原则

在选择架空地线最大使用应力时，应符合以下两方面要求：

1. 强度安全系数

架空地线强度安全系数宜大于同杆塔导线的强度安全系数。

2. 防雷要求

当 + 15℃无风时，在一般档距的档距中央，导线与架空地线间的距离应符合下式要求

$$s_1 \geqslant 0.012l + 1 \qquad\qquad \text{（GYSD00202010-1）}$$

式中　s_1——档距中央导线与架空地线间的距离，m；

　　　l——档距，m。

二、最大使用应力确定方法

为了使导线与架空地线在档距中央的接近距离满足防雷要求，应从确定导线与架空地线悬点间的距离与适当选择架空地线最大使用应力两方面综合考虑，并进行比较，做到既满足过电压保护的要求，又较经济合理。

初设导线与架空地线悬点间距离，按导线与架空地线间距离满足 s_1 的要求选择架空地线最大使用应力，其过程一般为：首先按 s_1 的要求求出在 + 15℃无风气象条件时的地线应力，然后利用状态方程

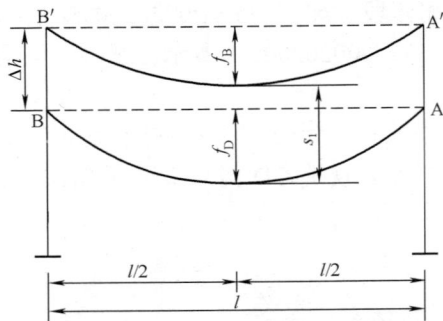

图 GYSD00202010-1　+15℃时导线和地线的弧垂

式（GYSD00202006-9）求得最大使用应力，再校验其安全系数是否满足要求。

1．+15℃无风气象条件时架空地线应力的选择

图 GYSD00202010-1 所示为+15℃无风气象条件时的一档导线和架空地线。

由图 GYSD00202010-1 中的几何关系可得

$$s = \Delta h + f_D - f_B$$

式中　Δh——导线和架空地线悬点间的垂直距离，m；

　　f_D、f_B——分别为+15℃无风气象条件下，导线和架空地线的弧垂，m；

　　l——档距，m；

　　s——在+15℃无风气象条件下，档距中央导线和架空地线的垂直距离，m。

在+15℃无风气象条件下，导线和架空地线的弧垂为

$$f_D = \frac{g_D l^2}{8\sigma_D}$$

$$f_B = \frac{g_B l^2}{8\sigma_B}$$

所以
$$s = \Delta h + \frac{l^2}{8}\left(\frac{g_D}{\sigma_D} - \frac{g_B}{\sigma_B}\right) \qquad (\text{GYSD00202010-2})$$

式中　g_D、g_B——分别为导线和架空地线的自重比载，N/（m·mm^2）；

　　σ_D、σ_B——分别为导线和架空地线在 +15℃无风气象条件时的应力，MPa。

其他符号意义同前。

令 $\Delta s = s - s_1 = s - (0.012l + 1)$，则根据过电压保护要求，应有 $\Delta s \geqslant 0$，即

$$\Delta h + \frac{l^2}{8}\left(\frac{g_D}{\sigma_D} - \frac{g_B}{\sigma_B}\right) - 0.012l - 1 \geqslant 0 \qquad (\text{GYSD00202010-3})$$

化简式（GYSD00202010-2）可得

$$\sigma_B \geqslant \frac{g_B}{\dfrac{g_D}{\sigma_D} - \left[\dfrac{0.096}{l} - \dfrac{8(\Delta h - 1)}{l^2}\right]} \qquad (\text{GYSD00202010-4})$$

对我们讨论的问题，式（GYSD00202010-3）中的 l 为自变量，σ_B 为待变量，其他为已知量。令 ΔP 为参变量且等于

$$\Delta P = \frac{0.096}{l} - \frac{8(\Delta h - 1)}{l^2} \qquad (\text{GYSD00202010-5})$$

则式（GYSD00202010-3）可写成

$$\sigma_B \geqslant \frac{g_B}{\dfrac{g_D}{\sigma_D} - \Delta P} \qquad (\text{GYSD00202010-6})$$

从式（GYSD00202010-5）我们看出，对每一个档距 l 都对应有一个 ΔP 值。在一个耐张段内各个档距 l 往往是不相等，因而将有不同的 ΔP 值，这在实际中是不容许的。因为一个耐张段内的架空地线，如果各个档距的 ΔP 值不相等，根据式（GYSD00202010-6）可知，各档架空地线应力 σ_B 就不相等。为了解决这个问题我们可以根据式（GYSD00202010-5）找出一个最大的 ΔP 值，以 ΔP_m 表示。用 ΔP_m 值作为这个耐张段的 ΔP 值，其各个档距都用 ΔP_m，此时就可以满足耐张段中所有档距要求的 ΔP 值，同时各档距的架空地线应力 σ_B 也都相等了。显然 ΔP_m 可由对式（GYSD00202010-5）求极值获得。用数学方法可求得最大值 ΔP_m 时的档距

$$l_k = \frac{16}{0.096}(\Delta h - 1) = 166.67(\Delta h - 1) \qquad （GYSD00202010-7）$$

将式（GYSD00202010-7）代入式（GYSD00202010-5），即得最大值

$$\Delta P_m = \frac{2.88 \times 10^{-4}}{\Delta h - 1} \qquad （GYSD00202010-8）$$

式（GYSD00202010-7）中 l_k 即为 ΔP 为最大值 ΔP_m 时的档距，除 l_k 以外的所有其他档距所要求的 ΔP 值均小于 ΔP_m，所以我们在一个耐张段中，取用 ΔP_m 值，就可以满足所有档距要求的 ΔP 值了。

将式（GYSD00202010-7）代入式（GYSD00202010-5），可得相应于 ΔP_m 时的地线应力 σ_B，即

$$\sigma_B \geqslant \frac{g_B}{\dfrac{g_D}{\sigma_D} - \dfrac{2.88 \times 10^{-4}}{\Delta h - 1}} \qquad （GYSD00202010-9）$$

在实际工程中，若 l_k 介于耐张段中最大档距和最小档距之间，即 $l_{max} > l_k > l_{min}$ 时，用式（GYSD00202010-9）计算的 σ_B 能保证所有档距中导线与地线在档距中央的距离满足规程要求；若耐张段中的最大档距 $l_{max} \leqslant l_k$ 时，为了降低 σ_B 以免地线不必要的过紧及减小杆塔荷载起见，可将 l_{max} 代入式（GYSD00202010-4）计算 σ_B；若耐张段中的最小档距 $l_{min} \geqslant l_k$ 时，则可用最小档距 l_{min} 代入式（GYSD00202010-3）计算 σ_B。

2. 架空地线最大使用应力确定

当由前面求出 +15℃ 无风时地线的应力 σ_B 后，将 σ_B 及其对应的气象条件作为已知条件，利用状态方程式（GYSD00202006-9）求出年平均气温时应力 σ_{B1}，然后将其与年平均运行应力 σ_{Bcp} 相比较，如果 $\sigma_{B1} \leqslant \sigma_{Bcp}$，则仍以 σ_B 及其对应的气象条件为已知条件，利用状态方程求出最大覆冰、基本风速及最低气温时的应力，取其大者即为所选择的地线最大使用应力。如果 $\sigma_{B1} > \sigma_{Bcp}$，则需架空地线支架加高后重新计算。

3. 全线架空地线最大使用应力的确定

一条输电线路在一般情况下，全线总是统一选择同一个最大使用应力，此时首先根据全线各耐张段具体情况，估计几个代表档距并确定最小档距和最大档距，然后按上述方法分别确定各耐张段的最大使用应力，再取各耐张段最大使用应力中的最大者作为全线架空地线最大使用应力。

最大使用应力确定后，需校验架空地线的强度安全系数是否满足要求。如安全系数小于规定值，则必须降低架空地线的最大使用应力，同时增加架空地线支架的高度。

例 GYSD00202010-1 试选择某 110kV 架空线路地线的最大使用应力。已知该线路采用导线为 JL/G1A-185/25-24/7 型，第 Ⅱ 气象区，杆塔为 $\phi300$ 等径杆，导线与地线悬点高差 $\Delta h = 3.4\text{m}$。估计代表档距范围为 $150 \sim 300\text{m}$，各耐张段可能出现的最大、最小档距分别为 $l_{max} = 450\text{m}$、$l_{min} = 100\text{m}$。在代表档距 $l_0 = 150 \sim 382\text{m}$ 范围内，+15℃ 无风气象条时导线的应力均为 $\sigma_D = 70.31\text{MPa}$。

解 （1）按表 GYSD00201002-3 选择地线型号为 1×7-8.7-1270-A-GB1200-88，从相关资料查得有关参数为：

地线截面积，$A = 46.24 \text{ mm}^2$。

每千米自重，$G_1 = 367.1\text{kg}$。

直径，$d = 8.7\text{mm}$。

钢丝破断拉力总和，$T_j = 58720 \text{ N}$。

地线弹性系数，$E = 181400 \text{ MPa}$。

地线热膨胀系数，$\alpha = 11.5 \times 10^{-6}/℃$。

计算可得地线、导线的有关比载为

$$g_1 = 77.858 \times 10^{-3} \text{ N}/(\text{m} \cdot \text{mm}^2)$$

$$g_{6(27)} = 108.573 \times 10^{-3} \text{ N}/(\text{m} \cdot \text{mm}^2)$$

$$g_{7(5,10)} = 122.598 \times 10^{-3} \text{ N}/(\text{m} \cdot \text{mm}^2)$$

导线自重比载　　　　$g_D = 32.719 \times 10^{-3} \text{ N}/(\text{m} \cdot \text{mm}^2)$

计算 l_k，选择 ΔP_m 值

$$l_k = 166.67(\Delta h - 1)$$
$$= 166.67 \times (3.4 - 1) = 400 \ (m)$$

由于 $l_{max} = 450$ m，即 $l_{min} < l_k < l_{max}$，所以取

$$\Delta P_m = \frac{2.88 \times 10^{-4}}{\Delta h - 1}$$
$$= \frac{2.88 \times 10^{-4}}{3.4 - 1} = 1.2 \times 10^{-4}$$

（2）确定各耐张段在+15℃无风气象条件时的应力。设耐张段代表档距 $l_{01} = 150$m，$l_{02} = 300$m，则 $l_{01} = 150$m 时，有

$$\sigma_{B1} = \frac{g_B}{\frac{g_D}{\sigma_D} - \Delta P} = \frac{77.858 \times 10^{-3}}{\frac{32.719 \times 10^{-3}}{70.31} - 1.2 \times 10^{-4}} = 225.4 \ (MPa)$$

$l_{02} = 300$m 时，因 σ_D 相同，所以 $\sigma_{B1} = \sigma_{B2} = 225.4$ MPa。

（3）确定各耐张段最大使用应力。此时，因 +15℃无风即年平均气温气象条件，根据防振要求，地线的应力为 $\sigma_{Bcp} = \frac{0.25 T_{Bp}}{A_B} = \frac{0.25 \times 0.92 \times 58720}{46.24} = 292.1$ MPa，因 $\sigma_{B1} = 225.4$ MPa $< \sigma_{Bcp} = 292.1$ MPa，满足防振要求。故可以 +15℃无风（即年平均气温气象条件）时，$\sigma_{B1} = 225.4$ MPa 为起始计算条件，利用状态方程式分别计算出最低温度、基本风速和最大覆冰时地线的应力如表 GYSD00202010-1 所示。

表 GYSD00202010-1　　　　　　　　计算参数及结果汇总表

类　别		符　号	第1次	第2次	第3次	第4次	第5次	第6次
代表档距		l_0（m）	150			300		
已知条件	气温	t_m（℃）	15					
	比载	g_m [N/(m·mm²)]	77.858×10^{-3}					
	应力	σ_m（MPa）	225.4			225.4		
待求条件	名称	条件	最低温度	基本风速	最大覆冰	最低温度	基本风速	最大覆冰
	气温	t_n（℃）	-10	10	-5	-10	10	-5
	比载	g_n [N/(m·mm²)]	77.858×10^{-3}	108.573×10^{-3}	122.598×10^{-3}	77.858×10^{-3}	108.573×10^{-3}	122.598×10^{-3}
	应力	σ_n（MPa）	257.07	237.56	258.53	252.8	249.27	272.39

（4）校验强度安全系数。表 GYSD00202010-1 中 $\sigma_{Bm} = 272.39$MPa；又因 $T_{Bp} = 58720 \times 0.92 = 54027$N，则地线瞬时破坏应力 $\sigma_{Bp} = \frac{T_{Bp}}{A_B} = \frac{54027}{46.24} = 1168.3$MPa

$$K_b = \frac{\sigma_{Bp}}{\sigma_{Bm}} = \frac{1168.3}{272.39} = 4.289 > 2.5$$

所以，最终选定的地线最大使用应力为 272.39MPa。

【思考与练习】

1. 确定架空地线最大使用应力的原则是什么？
2. 架空地线最大使用应力选择的主要程序有哪些？若架空地线强度安全系数校验不合格怎么办？

第五章 断线张力及架空地线支持力计算

模块 1 导线断线张力的概念与计算（GYSD00203001）

【模块描述】 本模块涉及断线张力的基本概念、断线张力的计算及邻档断线交叉跨越距离校验。通过概念描述、定义讲解、计算举例、列表对比，了解断线张力的基本概念，掌握断线张力计算及邻档断线交叉跨越距离校验过程与方法。

【正文】

一、断线张力的概念

由于机械损伤、外力破坏、雷击、严重覆冰或大风等原因，可能引起断导线（架空地线）事故。

在线路设计时，假如不考虑导线断线的情况，那么在运行中一旦发生了断线，就将使事故扩大，以致造成整个耐张段甚至全线路倒杆塔，修复工作量是很大的。因此，设计线路杆塔时，应考虑一根至两根导线与架空地线折断时的事故情况。断线的根数按杆塔的型式而定。

计算断线张力的目的，除了为杆塔的强度设计提供荷载外，还为交叉跨越档的限距校验提供应力，以便计算弧垂。此外，在线路运行中也用以分析实际发生的断线事故。

断线后，对于采用固定横担和固定线夹的线路，断线两侧的悬垂杆塔将受到导线不平衡张力的作用。这时悬垂绝缘子串（甚至杆塔顶部）将沿顺线路方向偏斜，其每基杆塔的偏斜距离，随着离开断线点的距离的增加逐渐减小，如图 GYSD00203001-1 所示。图中 T_1、T_2、$\cdots$、T_5 为断线后各档导线的张力，ΔT_1、ΔT_2、$\cdots$、ΔT_5 为相邻档导线的张力差。

对于未断线的剩余各档（简称为剩余档）导线，由于相邻档悬垂绝缘子串的偏斜距离和悬垂杆塔的绕曲程度不等，其结果使各档导线的档距缩小，从而使档距中的导线松弛、张力衰减、弧垂增大。

断线后剩余各档的导线张力 T_1、T_2、$\cdots$、T_5，由于随着离开断线点的距离的增加，各档档距的变化量逐档减少，故弧垂的增加量和张力的衰减量也逐档减少，因此各档导线的张力逐档增加。

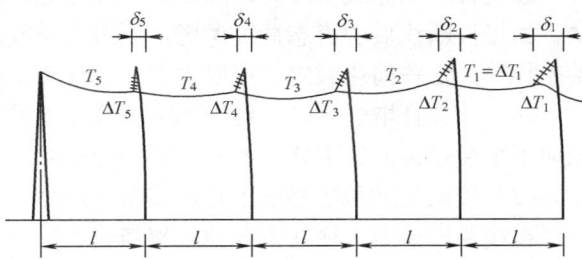

图 GYSD00203001-1 断线后绝缘子串及杆顶偏斜情况

断线张力就是指导线发生断线，剩余各档导线张力衰减后的残余张力。断线后，由于各档档距改变量是不相等的，所以各剩余档中的断线张力也是不相等的。从图 GYSD00203001-1 中可见，紧靠断线档第一档的档距改变量最大，张力衰减最多，断线张力最小，以后各档档距改变量逐档减小，断线张力逐档增大。由于各档断线张力不相等，各悬垂杆塔上就存在顺线路方向的不平衡张力。因为断线档导线张力为零，所以紧靠断线档第一基悬垂杆塔上的不平衡张力最大，其值等于第一档导线断线后的残余张力。所以，在工程中除特别指明者外，悬垂杆塔的断线张力均指相邻断线档第一档的导线残余张力，也就是离断线档最近的杆塔所受的不平衡张力。

经研究得知，断线张力的大小与断线后的剩余档数多少有关。剩余档数多，支持不平衡张力的杆塔多，各杆塔分配的不平衡张力值就小，各档张力衰减得慢，断线张力相对地就较大，反之，剩余档数少，断线张力就小。因此，断线后剩余一档时，悬垂绝缘子串偏斜和悬垂杆塔的绕曲所引起的悬点偏移全部促使导线松弛而弧垂大增，导线张力大大衰减，断线张力很小，如图 GYSD00203001-2 所示。

但是，断线后如剩余档数很多，第五档之后的导线张力衰减很小，故当遇到剩余档数超过五档时，工程中允许按五档考虑。

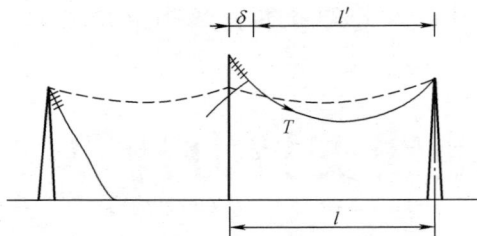

图 GYSD00203001-2　断线后剩余一档的情况

另外，断线张力的大小还和断线后剩余各档的档距大小有关，对断线张力大小影响最大的是紧靠断线档的第一、第二档的档距。一般说，档距越大，断线张力越大；档距越小，断线张力越小。

设计杆塔时，断线档应选在耐张段的两端档，因该档断线时，悬垂杆塔所受的断线张力最大；当校验跨越档的限距时，断线档应选在被校跨越档的相邻档，因该档断线后跨越档的弧垂较大。

二、耐张杆塔断线张力的计算

对于耐张型杆塔（如耐张直线杆塔、耐张转角杆塔等），当邻档断线时，杆塔所受的不平衡张力，就是另一侧导线在事故前的正常张力值，因为这些杆塔一般都是刚性的，导线的悬挂点可认为是不偏移的。

故对于 10mm 及以下的冰区耐张杆塔上导、地线的断线张力（或分裂导线的纵向不平衡张力）应不低于表 GYSD00203001-1 的值。

表 GYSD00203001-1　10mm 及以下冰区导、地线断线张力（或分裂导线的纵向不平衡张力）取值表

地　形	地　线	悬 垂 塔 导 线			耐 张 塔 导 线	
		单导线	双分裂导线	双分裂以上导线	单导线	双分裂及以上导线
平丘	100%	50%	25%	20%	100%	70%
山地	100%	50%	30%	25%	100%	70%

断线张力（或分裂导线的纵向不平衡张力）（最大使用张力的百分数）

三、悬垂杆塔断线张力的计算

悬垂杆塔的导线断线时，因影响断线张力的因素很多，计算困难，工程计算中都采用一些简化方法。如仅按断线后的稳态情况考虑，不考虑导线的弹性伸长，不考虑悬点高差的影响，不计档距长度的差异等。这些简化假定，可以大大节省计算工作量，而不致使计算结果有很大的误差。

（1）计算杆塔强度时，对于 10mm 及以下的冰区耐张杆塔上导、地线的断线张力（或分裂导线的纵向不平衡张力）应不低于表 GYSD00203001-1 的值。

（2）校验交叉跨越档限距时，其断线张力用衰减系数法计算。

在线路设计中，往往需要验算邻档断线后导线对交叉跨越物的距离。交叉跨越距离与导线断线后的张力大小有关，而导线断线后的张力又与邻档断线后剩余档数有关，剩余档数不同，断线张力也不同。为了求出邻档断线后不同剩余档数的导线断线张力，以验算导线对交叉跨越物的距离，可采用经验计算公式（或断线张力通用曲线），计算中不考虑导线的弹性伸长及杆塔的挠曲变形，且假定档距相等、导线悬点高差为零。其计算方法如下。

当已知计算档距 l_D（m）、绝缘子串长度 λ（m）、导线比载 g [N/(m·mm²)] 及断线前的导线应力为 σ_0（MPa）时，可利用经验计算公式求出衰减系数 α_i，则导线断线张力为

$$T_D = \alpha_i \sigma_0 A = \alpha_i T_0 \qquad \text{(GYSD00203001-1)}$$

α_i 为断线后导线应力（或张力）的衰减系数，可按以下情况选取

1）断线后剩余 1 档时，有

$$\alpha_1 = \sqrt{\frac{\left(1 - \dfrac{2.9\lambda}{l_D}\right)}{\sqrt{1 + \dfrac{23}{\left(\dfrac{gl_D}{\sigma_0}\right)^2 \left(\dfrac{l_D}{\lambda}\right)}}}} \qquad \text{(GYSD00203001-2)}$$

计算档距 l_D 就取被跨档的档距。

2）断线后剩余 5 档及 5 档以上时。当 $\dfrac{gl_D}{\sigma_0} > 0.1$ 时，有

$$\alpha_5^2 (\alpha_5 + A) = B \qquad (GYSD00203001-3)$$

其中

$$A = -\left(0.74 - \frac{5.7}{\sqrt{\dfrac{l_D}{\lambda}}} - B \right)$$

$$B = \left(0.0196 \sqrt{\frac{l_D}{\lambda}} + 0.224 \right) \sqrt{\frac{l_D}{\lambda}} \left(\frac{gl_D}{\sigma_0} \right)^2$$

当 $\dfrac{gl_D}{\sigma_0} \leqslant 0.1$ 时，有

$$\alpha_5 = D \sqrt{\frac{gl_D}{\sigma_0}} \qquad (GYSD00203001-4)$$

其中

$$D^2 (D + A) = B$$

$$A = -\left(2.34 - \frac{18}{\sqrt{\dfrac{l_D}{\lambda}}} - 0.1B \right)$$

$$B = 0.0062 \left(\frac{l_D}{\lambda} \right) + 0.0708 \sqrt{\frac{l_D}{\lambda}}$$

上述各式中计算档距取 $l_D = \dfrac{2}{3}$ 第一档档距 $+ \dfrac{1}{3}$ 第二档档距。

3）断线后剩余 2～4 档时，有

$$\left. \begin{aligned} \alpha_2 &= 0.4\alpha_1 + 0.6\alpha_5 \\ \alpha_3 &= 0.16\alpha_1 + 0.84\alpha_5 \\ \alpha_4 &= 0.06\alpha_1 + 0.94\alpha_5 \end{aligned} \right\} \qquad (GYSD00203001-5)$$

四、邻档断线交叉跨越距离校验

当求出了断线后的导线应力，即可求出断线后导线的弧垂

$$\left. \begin{aligned} f &= \frac{gl^2}{8\sigma} = \frac{gl^2}{8\alpha_i \sigma_0} = \frac{f_0}{\alpha_i} \\ f_x &= \frac{g}{2\sigma} l_a l_b = \frac{g}{2\alpha_i \sigma_0} l_a l_b = \frac{f_{0x}}{\alpha_i} \end{aligned} \right\} \qquad (GYSD00203001-6)$$

式中　f、f_x——断线后档距中点和任意点 x 的导线弧垂，m；

　　　f_0、f_{0x}——断线前档距中点和任意点 x 的导线弧垂，m；

　　　　l——交跨档档距，m；

　　　l_a、l_b——弧垂计算点至两侧杆塔中心的水平距离，m。

其他符号意义同前。

所谓邻档断线交叉跨越距离校验，顾名思义就是假定交叉跨越档的相邻档断线，交跨档弧垂增大后，导线与被交叉跨越物的接近距离校验。所以，一旦交叉跨越点的弧垂计算出后，即可按正常情况交叉跨越距离校验方法进行校验。但在确定交叉跨越档导线应力时需注意下列三点：

（1）交叉跨越档的邻档有前后两档，假定哪一档断线应以断线后交叉跨越档所在一侧剩余档数少为原则。

（2）计算档距 l_D 的选取，应使紧靠断线档的第一档（在此即交叉跨越档）占主要分量，一般取 $l_D = \dfrac{2}{3}$ 第一档档距 $+ \dfrac{1}{3}$ 第二档档距，当断线后剩余一档时，取 $l_D =$ 第一档档距。

（3）邻档断线交叉跨越距离校验的气象条件为 $\pm 15℃$、无风，即断线前的导线应力 σ_0 应取 $\pm 15℃$、无风时的应力。

例 GYSD00203001-1　设某 110kV 架空线路，导线为 JL/GIA-95/20-7/7 型，其中某耐张段布置如图 GYSD00203001-3 所示，已知 $\pm 15℃$、无风气象条件时导线应力 $\sigma_0 = 77.61\text{MPa}$，自重比载 $g_1 = 35.128 \times 10^{-3}\text{N/(m} \cdot \text{mm}^2)$，绝缘子串长度 $\lambda = 1.73\text{m}$。试校验邻档断线后导线对通信线的垂直距离（要求不小于 3.0m）能否满足要求（$H_A = 55\text{m}$，$H_B = 40\text{m}$，$H_C = 32\text{m}$）？

解　根据断线档选择原则，断线档应为第三档，剩余档数为 3 档。其计算档距为：

（1）计算 α_1 时，取 $l_D = 330\text{m}$。

（2）计算 α_5 时，取 $l_D = \dfrac{2}{3} \times 330 + \dfrac{1}{3} \times 270 = 310$（m）。

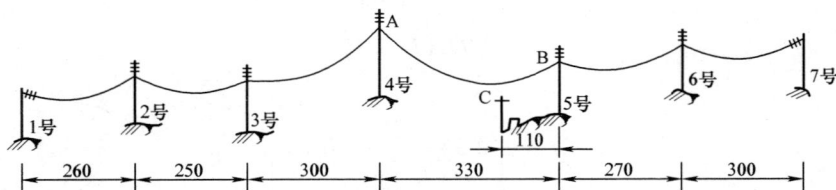

图 GYSD00203001-3　邻档断线交叉跨越距离校验

$$\alpha_1 = \sqrt{\frac{1 - \dfrac{2.9\lambda}{l_D}}{1 + \dfrac{23}{\left(\dfrac{gl_D}{\sigma_0}\right)^2 \left(\dfrac{l_D}{\lambda}\right)}}} = \sqrt{\frac{1 - \dfrac{2.9 \times 1.73}{330}}{1 + \dfrac{23}{\left(\dfrac{35.128 \times 10^{-3} \times 330}{77.61}\right)^2 \times \left(\dfrac{330}{1.73}\right)}}} = 0.392$$

因为

$$\frac{gl_D}{\sigma_0} = \frac{310 \times 35.128 \times 10^{-3}}{77.61} = 0.14 > 0$$

又因为

$$B = \left(0.0196\sqrt{\frac{l_D}{\lambda}} + 0.224\right)\sqrt{\frac{l_D}{\lambda}}\left(\frac{gl_D}{\sigma_0}\right)^2$$

$$= \left(0.0196\sqrt{\frac{310}{1.73}} + 0.224\right) \times \sqrt{\frac{310}{1.73}} \times \left(\frac{35.128 \times 10^{-3} \times 310}{77.61}\right)^2 = 0.1282$$

$$A = -\left(0.74 - \frac{5.7}{\sqrt{\dfrac{l_D}{\lambda}}} - B\right) = -\left(0.74 - \frac{5.7}{\sqrt{\dfrac{310}{1.73}}} - 0.1163\right) = -0.186$$

所以

$$\alpha_5^2(\alpha_5 - 0.186) = 0.1282$$

可解得

$$\alpha_5 = 0.574$$

根据断线后剩余档数为 3 档，可计算得

$$\alpha_3 = 0.16\alpha_1 + 0.84\alpha_5 = 0.16 \times 0.392 + 0.84 \times 0.574 = 0.545$$

交叉跨越点的弧垂

$$f_x = \frac{g}{2\sigma}l_a l_b = \frac{g}{2\alpha_i \sigma_0}l_a l_b = \frac{35.128 \times 10^{-3}}{2 \times 0.545 \times 77.61} \times 110 \times 220 = 10.05\ (\text{m})$$

交叉跨越点导线与通信线的垂直距离 $d = H_A - H_C - h_x - f_x = 55 - 32 - \dfrac{55-40}{330} \times 220 - 10.05$

$$= 2.95（m）$$

因为 $d = 2.95 < [d] = 3.0\text{m}$，所以交叉跨越距离不满足要求。

【思考与练习】

1. 什么叫断线张力，断线张力计算有什么目的？断线后各档导线的张力是怎么分布的，断线张力的大小与哪些因素有关？

2. 图 GYSD00203001-4 为某 35kV 线路的一个耐张段。导线为 JL/G1A-95/20-7/7 型，杆塔全部采用钢筋混凝土水泥电杆。在考虑杆塔强度时，如何选择断线档，为什么？试计算该耐张段悬垂杆、耐张杆的断线张力。

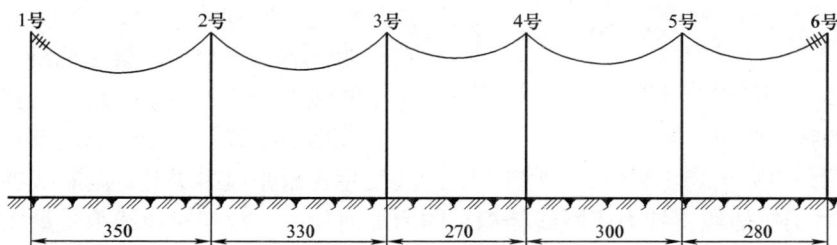

图 GYSD00203001-4 题 2 耐张段布置图

3. 断线张力的大小与断线后剩余档数及计算档距有何关系？

4. 在校验交叉跨越档的限距时，断线张力一般用何法计算？在使用衰减系数法计算断线张力时，剩余档数、计算档距及断线前导线的应力如何确定，为什么？

5. 如图 GYSD00203001-5 所示耐张段中，在 2 号与 3 号杆塔之间跨越铁路，试进行邻档断线交叉跨越距离校验。要求导线至铁轨顶垂直距离 $d \geqslant 7.5\text{m}$，且已知校验气象条件（+15℃无风）时导线应力 $\sigma_0 = 77.61\text{MPa}$，$g_1 = 35.128 \times 10^{-3}\text{N}/(\text{m} \cdot \text{mm}^2)$，悬垂串长度 $\lambda = 0.71\text{m}$。

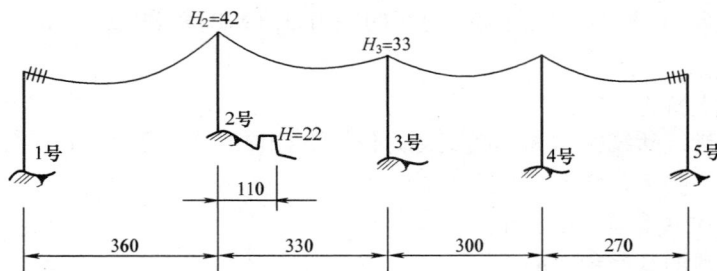

图 GYSD00203001-5 题 5 耐张段布置图

模块 2 架空地线支持力的概念与计算（GYSD00203002）

【模块描述】 本模块介绍地线支持力的概念与计算。通过概念描述、定量分析，了解地线支持力的基本概念，掌握地线支持力的计算方法。

【正文】

一、架空地线支持力的基本概念

在断导线时，由于耐张段中各档距的导线残余张力不相等，使导线悬点偏移，对于柔性悬垂直线型杆塔（如无拉线的悬垂直线单杆和悬垂门型杆），除悬垂串的偏移外，杆顶梢部也将在导线不平衡张力的作用下产生挠曲。于是使架空地线的悬点产生位移，杆塔两侧的架空地线张力也随之改变，从而又给杆塔一个阻碍其挠曲的不平衡张力，这就是架空地线支持力。该支持力可达到断线张力的

40%~70%，其对电杆及基础设计的作用不可忽视。因此，在柔性悬垂直线型电杆计算时，应考虑此支持力对杆柱的支持作用，使杆塔设计得经济些。此时，不考虑其他未断导线的支持作用。

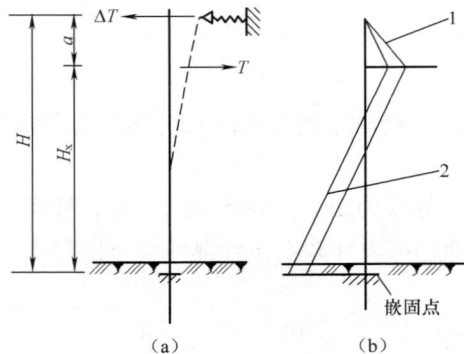

图 GYSD00203002-1　悬垂直线型杆塔断导线后受力情况
(a) 静定悬臂梁；(b) 电杆弯矩图
1—最大支持力产生的弯矩图形；2—最小支持力产生的弯矩图形

有架空地线的柔性悬垂直线型杆塔，当只有断线张力作用时，其受力形式为一端嵌固，另一端为弹性支撑的超静定梁；若断线张力 T 及架空地线支持力 ΔT 同时作用，则可看作两个外力作用下的静定悬臂梁，如图 GYSD00203002-1（a）所示。在不同高度的两反向水平力作用下，电杆弯矩图见图 GYSD00203002-1（b）。

架空地线支持力的大小与耐张段中的档数及断线档的位置有关。档数一般取 5~7 档已足够。计算表明，档数再增加，架空地线支持力不再变化。至于断线档的位置同架空地线支持力间的关系，恰同断线档的位置与断线张力的变化规律相反，当断线发生在耐张段中央时，则断线档两侧的电杆向相反方向变位，此时架空地线支持力因断线档档距的增加而加大，故架空地线承受最大支持力；当断线档紧靠耐张杆塔时，则架空地线承受最小支持力。从图 GYSD00203002-1（b）可知，架空地线最大支持力对断线档两侧的直线杆上部，尤其在导线横担处将引起较大弯矩；而最小支持力时，由于支持力小电杆根部嵌固处产生较大弯矩。故架空地线最大支持力用于计算电杆头部的受弯（导线横担处弯矩）及受扭；架空地线最小支持力用于计算主杆根部受弯（嵌固点处弯矩最大）及基础倾覆。

二、架空地线支持力计算

架空地线支持力，可由式（GYSD00203002-1）求得

$$\Delta T = \frac{D_d T - \lambda_b}{D_b + \dfrac{37.2F}{A_b}} \qquad \text{（GYSD00203002-1）}$$

式中　F——计算系数，根据断导线前架空地线的应力 σ_0（MPa）及档距 l（m）由图 GYSD00203002-2 查出；

ΔT——地线的支持力，N；

D_d、D_b——电杆在导线断线张力和地线支持力作用下杆顶的挠度系数，cm/N；

T——导线断线张力，N；

λ_b——架空地线悬垂串长度，cm；

A_b——架空地线的截面积，mm^2。

杆顶的挠度系数可用下式进行计算

$$D_d = \frac{K_d H^3}{B_b} \qquad \text{（GYSD00203002-2）}$$

$$D_b = \frac{K_b H^3}{B_b} \qquad \text{（GYSD00203002-3）}$$

式中　H——杆根嵌固点（一般取地下 1/3 埋深处）至杆顶的高度，cm；

K_d——系数，根据断线张力 T 作用点高度 H_x 与杆顶高度 H 的比值，及电杆嵌固截面刚度 B_b 和杆顶截面刚度 B_h 的比值 $\eta = \dfrac{B_b}{B_h}$，从图 GYSD00203002-3 的曲线上查取（图中括号内数据为 $H_x = 0.7 \sim 1.0 H$ 值）；

K_b——系数，根据架空地线支持力 ΔT 作用点高度与杆顶高度 H 的比值（一般为 1.0）及比值 η，从图 GYSD00203002-3 $K_b = K_d$ 的曲线上查取；

B_b、B_h——分别为电杆嵌固点和杆顶处截面刚度。

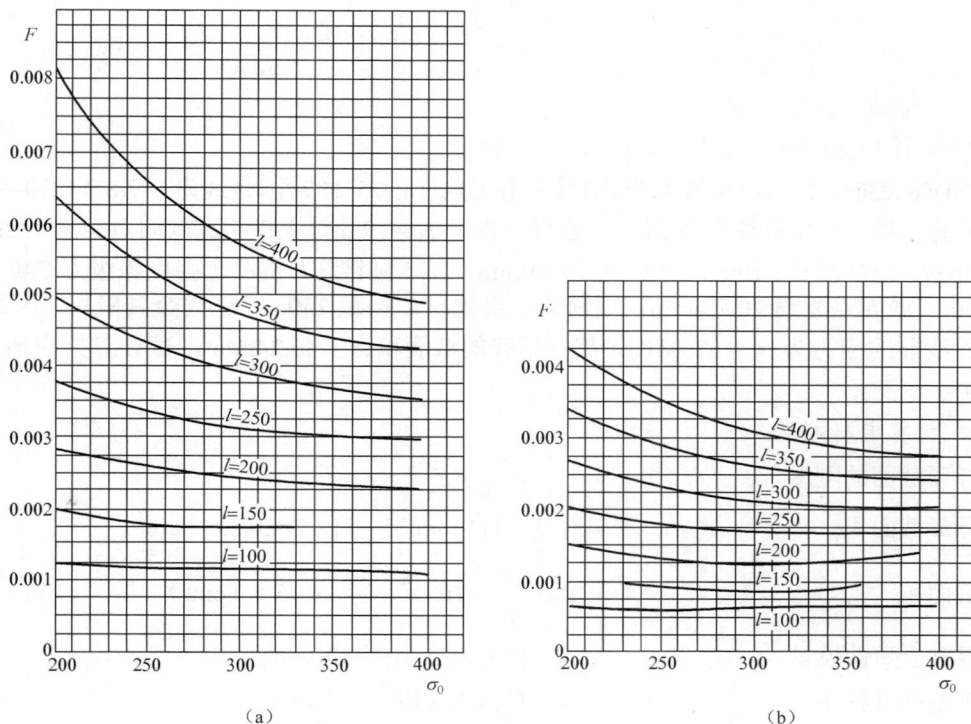

图 GYSD00203002-2　求地线支持力时的 F 值曲线

（a）求架空地线最小支持力时的 F 值曲线；（b）求架空地线最大支持力时的 F 值曲线

对环形截面钢筋混凝土电杆计算截面的刚度可按下式计算

$$B = \beta E_g A_g r_g^2 \qquad\qquad\text{（GYSD00203002-4）}$$

式中　B——环形截面钢筋混凝土电杆计算截面的刚度，$N \cdot cm^2$；

　　　E_g——钢筋的弹性系数，N/cm^2；

　　　A_g——计算截面处纵向钢筋总截面，cm^2；

　　　r_g——计算截面处纵向钢筋布置半径，cm；

　　　β——刚度系数，根据计算截面的 α 系数，由图 GYSD00203002-4 查取，且

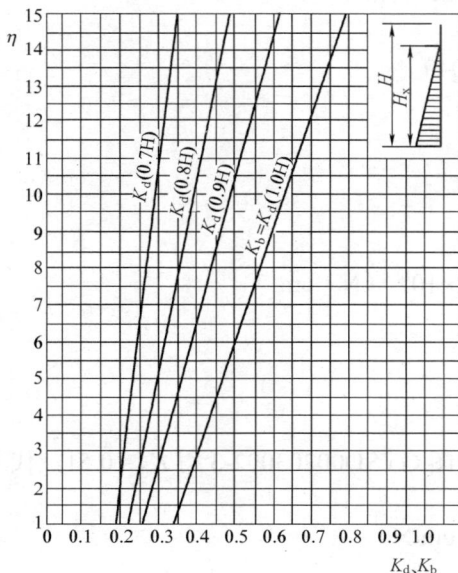

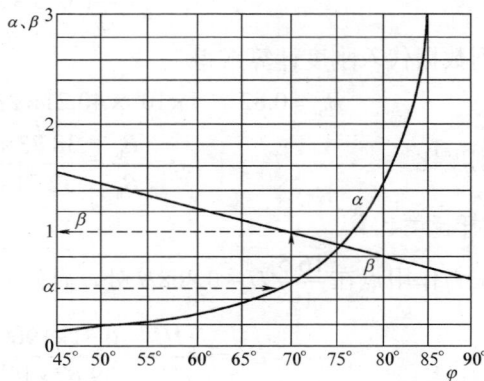

图 GYSD00203002-3　系数 K_d、K_b 的曲线　图 GYSD00203002-4　电杆刚度系数 β 曲线（虚线表示查曲线的顺序）

$$\alpha = 3 \cdot \frac{E_g}{E_h} \cdot \frac{A_g}{A}$$

式中　E_h——混凝土弹性系数，N/cm^2；

　　　A——计算截面处混凝土的截面积。

例 GYSD00203002-1　某 110kV 线路，导线为 JL/GIA-185/25-24/7 型，地线为 1×7-8.7-1270-A-GB1200-88 型，已知钢筋混凝土拔梢单杆全高 21 m，嵌固点以上 $H=19$ m，上横担离嵌固点距离 16.5m，断线张力 $T=11846$ N，电杆梢径 270mm，电杆壁厚 50mm，1/75 圆锥度，混凝土强度等级为 C40 级，杆顶配筋 10ϕ14mm，嵌固点配筋 20ϕ16mm，钢筋为 I 级钢材，档距 250m，地线金具串长 $\lambda_b=20$cm，架空地线在断导线前的应力为 $\sigma_0=329$MPa，架空地线的截面积 $A_b=46.24$mm^2，试计算架空地线的最小、最大支持力。

解　1. 计算电杆刚度

（1）杆顶截面的刚度　　　　　　　　　　　　$B_h = \beta E_g A_g r_g^2$

杆顶环形截面积　　　　　　$A_h = \pi(D_0-t)t = \pi(27-5)\times 5 = 345.6$（cm^2）

钢筋截面积　　　　　　$A_g = 10\times\frac{\pi d^2}{4} = 10\times\frac{\pi\times 1.4^2}{4} = 15.4$（cm^2）

C40 混凝土弹性模量　　　　　　$E_h = 3.25\times 10^6$（N/cm^2）

I 级钢筋弹性模量　　　　　　$E_g = 21\times 10^6$（N/cm^2）

计算截面的系数　　　　$\alpha = 3\cdot\frac{E_g}{E_h}\cdot\frac{A_g}{A} = \frac{3\times 21\times 10^6\times 15.4}{3.25\times 10^6\times 345.6} = 0.864$

根据 $\alpha=0.864$ 从图 GYSD00203002-4 上查得 $\beta=0.836$

杆顶截面的布筋半径　　　　　　$r_g = \frac{1}{2}(D_0-t) = \frac{1}{2}(27-5) = 11$（cm）

将上列数据代入刚度计算式得

$$B_h = 0.836\times 21\times 10^6\times 15.4\times 11^2 = 32.71\times 10^9 \text{（N·cm}^2\text{）}$$

（2）杆根嵌固点的刚度。嵌固点环形截面外径　　$D = D_0 + \frac{H}{75} = 0.27 + \frac{19}{75} = 0.523$（m）

$$A = \pi(D-t)t = \pi(52.3-5)\times 5 = 743 \text{（cm}^2\text{）}$$

$$A_g = 20\times\frac{\pi}{4}\times d^2 = 20\times\frac{\pi}{4}\times 1.6^2 = 40.21 \text{（cm}^2\text{）}$$

$$\alpha = \frac{3\times 21\times 10^6\times 40.21}{3.25\times 10^6\times 743} = 1.049$$

由 $\alpha=1.049$ 查图 GYSD00203002-4 得 $\beta=0.82$

$$r_g = \frac{1}{2}(52.3-5) = 23.65 \text{（m）}$$

将上列数据代入刚度计算式得

$$B_b = 0.82\times 21\times 10^6\times 40.21\times 23.65^2 = 38.73\times 10^{10} \text{（N·cm}^2\text{）}$$

（3）刚度比　　　　　　$\eta = \frac{B_b}{B_h} = \frac{38.73\times 10^{10}}{32.71\times 10^9} = 11.84$

2. 电杆挠度计算

断线张力作用点在 $\frac{16.5}{19}H = 0.868H$ 处，且知 $\eta=11.84$，查图 GYSD00203002-3 得 $K_d=0.51$，代入

得　　　　　　$D_d = \frac{k_d H^3}{B_b} = \frac{0.51\times 1900^3}{39.67\times 10^{10}} = 0.0088$（cm/N）

架空地线支持力作用点在 $1.0H$ 处，$\eta=11.84$，查图 GYSD00203002-3 得 $K_b=0.7$，代入得

$$D_b = \frac{K_b H^3}{B_b} = \frac{0.7 \times 1900^3}{39.67 \times 10^{10}} = 0.0121 \text{（cm/N）}$$

3. 计算架空地线支持力

已知 $\sigma_0 = 329\text{MPa}$，$l = 250\text{m}$，查图 GYSD00203002-2（a）得 $F_{min} = 0.00305\text{cm/N}$，查图 GYSD00203002-2（b）得 $F_{max} = 0.0017\text{cm/N}$。

将上述数据代入式（GYSD00203002-1）$\Delta T = \dfrac{D_d T - \lambda_b}{D_b + \dfrac{37.2F}{A_b}}$，得

最小支持力　　　　$\Delta T_{min} = \dfrac{0.0088 \times 11846 - 20}{0.0121 + \dfrac{37.2}{46.24} \times 0.00305} = 5789$（N）

最大支持力　　　　$\Delta T_{max} = \dfrac{0.0088 \times 11846 - 20}{0.0121 + \dfrac{37.2}{46.24} \times 0.0017} = 6255$（N）

【思考与练习】

1. 什么叫架空地线的支持力，其大小与哪些因素有关？一个耐张段中何处断线支持力最大，何处断线支持力最小？悬垂直线杆塔架空地线最大支持力、最小支持力产生的弯矩图怎样，计算有什么用途？

2. 某 35kV 线路，在进入变电站 1~2km 范围架设 1×7-8.7-1270-A-GB1200-88 型架空地线，架空地线金具串长度 $\lambda_b = 0.17\text{m}$，断导线前其应力为 350MPa，采用 18m 深埋拔梢钢筋混凝土悬垂直线单杆，架空地线悬挂点在嵌固点以上的高度 $H = 16.15\text{m}$，电杆梢径 $D_0 = 19\text{cm}$，壁厚 $t = 5\text{cm}$，拔梢锥度 1/75，杆顶配筋 8 根 $\phi12\text{mm}$，杆根嵌固处配筋 20 根 $\phi14\text{mm}$，均为 3 号钢。电杆混凝土标号为 C40。假设上导线断线，断线张力为 7448N 且作用于嵌固点以上 $H_x = 13.95\text{m}$（上导线横担处），若各档距均为 200m，试计算架空地线的支持力。

第六章　导线振动与防振

模块 1　振动概述（GYSD00204001）

【模块描述】本模块包含风振动、舞动及次档距振动。通过概念描述、定义讲解，了解有关风振动、舞动及次档距振动。

【正文】

架空导线常年受风、冰、低温等气象条件的作用。风的作用除使架空导线和杆塔产生垂直于线路方向的水平荷载外，还将引起架空导线的振动。架空导线的振动按频率和振幅可分为微风振动（简称振动）和舞动，采用分裂导线的线路，振动的形式为次档距振动。

一、风振动

架空导线风振动的频率较高（约 10~20Hz），而振幅较小（很少超过导线的直径）。一年中风振动的时间常达全年时间的 30%~50%。导线振动沿着导线呈为驻波分布，即导线离开平衡位置位移的大小（即振幅），无论在时间上还是沿档距长度都是按正弦规律变化。同时在任意频率下波　点 a（即最大振幅）及波节点 b 在导线上的位置恒定不变，即波　上下交替变化而波节不动。图 GYSD00204001-1 所示为导线振动波形示意图。图中实线为出现最大振幅时，沿档距的波形分布；虚线为其他时刻的波形分布。所以，风振动使导线在悬挂点处反复被　折，引起材料疲劳，最后导致断股、断线事故。

引起风振动的原因是当稳定微风吹过架空导线时，在导线的背风面产生上下交替变化的气流旋（见图 GYSD00204001-2），从而使架空导线受到上下交变的脉冲力，当这个脉冲力的频率与架空导线的固有自振频率相等或者接近时，导线就在垂直平面内产生谐振即为风振动。

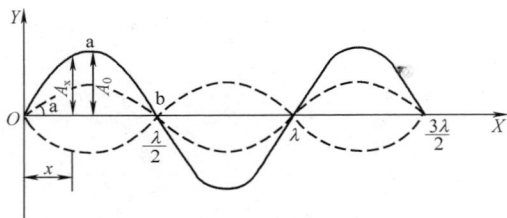

图 GYSD00204001-1　导线振动波形

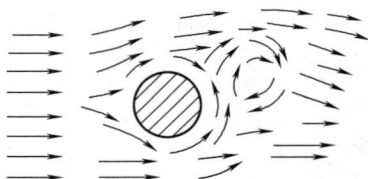

图 GYSD00204001-2　引起导线振动的气流　流

风振动容易在下列地点发生：导线张力大而对地距离较高的地方；平原开阔地带；山谷河流等大跨越地段。在大跨越档距中，不但有横向风力，而且由于上下层空气有温差，还会产生垂直向上的气流，此时架空线的风振动损害比较严重。

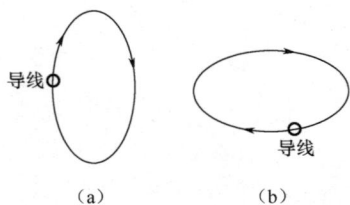

图 GYSD00204001-3　导线舞动时的轨迹投影

（a）竖长　圆状舞动；（b）水平　圆状舞动

二、舞动

舞动为频率很低（周期约为几秒钟一次）而振幅很大（可达几米）的振动。舞动波为进行波。舞动时全档导线作定向的波浪式的运动且兼有摆动，摆动轨迹的投影呈竖长　圆状 [如图 GYSD00204001-3（a）所示]。由于舞动的振幅大，有摆动，一次持续几小时，因此容易引起相间闪络，造成线路跳闸停电或引起烧伤导线等严重事故。

舞动很少发生，它主要发生在架空线覆冰且有大风的地区，当导线不均匀覆冰厚度达 3mm 以上，气温在 0℃附近，风速在 10~20m/s 时容易发生舞动。线路较易引起舞动的原因是：导线截面大（直径超过 40mm）、分裂导线的根数较多、导线距地面较高等。此外，电晕严重的线路，导线也容易发生由电晕引起的舞动。

　　导线舞动的危害是多方面的。由于导线舞动时，振动幅度大、持续时间长，会引起线路相间闪络烧伤导线、导线断股断线或金具严重磨损断裂等事故。近年来我国对舞动研究取得了较好的成果，开发了多种有效的防舞装置，如双摆防舞器、偏心重锤。防止舞动可从避舞、抗舞和　舞三方面采取措施。一般可根据运行经验采取以下措施：

　　（1）加大线间距离和导线、架空地线间的水平位移。

　　（2）加大金具绝缘子的机械安全系数，加强抗疲劳强度。

　　（3）安装相间间隔棒，阻止导线之间闪络。

　　（4）在经常舞动的地段，增加杆塔缩小档距。这样，不但减小导线、架空地线弧垂而且减轻了杆塔的荷载，提高了安全可靠性。

　　（5）安装防舞装置，如双摆防舞器、偏心重锤。

三、次档距振动

　　次档距振动是指相邻间隔棒之间次导线的振动，其频率（1~2Hz）和振幅（5~10cm）均介于前两种振动之间，所以也有称它为次档距舞动的。风偏角（风向与导线中心线的水平夹角）在 45°以内、风速在 3m/s 及以上的大范围内的风，能引起各种排列方式的分裂导线发生次档距振动，除双线垂直排列的分裂导线外（双线垂直排列一般不安装间隔棒），它的发生与覆冰无关。它的运动轨迹多为扁　圆形［如图 GYSD00204001-3（b）所示］，个别也有竖　圆状的，次档距振动将使同相次导线互相　击，因而损伤导线和间隔棒，甚至损坏金具而使导线落地。次档距振动，在次档距相等（一个档距中）时易发生，故目前国外经验，采用不规则次档距可　制次档距振动。我国现行设计规范规定，四分裂及以上导线采用阻　间隔棒时，档距在 500m 及以下可不再采用其他防振措施。阻　间隔棒宜不等距、不对称布置，导线最大次档距不宜大于 70m，端次档距宜控制在 28~35m。

【思考与练习】

　　1．导线的风振动是如何产生的？有何特性、对架空线有什么危害？

　　2．导线舞动有哪些特征？防止导线舞动有哪些措施？

　　3．导线次档距振动有哪些特征？防止导线次档距振动有何措施？

模块 2　风振动的特性与影响因素（GYSD00204002）

【模块描述】本模块包含风振动的特性与影响因素。通过原理讲解，掌握风振动的特性与影响因素。

【正文】

一、风振动的特性

（一）振动波的波形和振幅

　　导线振动时的波形如图 GYSD00204001-1 所示。图中距波节点 O 的任意距离 x 处，导线离开平衡位置 Ox 轴的距离 A_x 称为振动波幅，位移中最大者称为最大振幅，如图中的 A_0，因为导线的振动波是按正弦规律变化的，所以任意一点的振幅值可按下式计算

$$A_x = A_0 \sin \frac{2\pi x}{\lambda} \sin \overline{\omega} t \qquad\text{（GYSD00204002-1）}$$

式中　A_x——任意一点任意时刻的振幅，mm；

　　　　A_0——最大振幅，mm，即 $\omega t = \pm \frac{\pi}{2}$，$x = \frac{\lambda}{4}$ 时的振幅；

　　　　λ——振动波长，m；

　　　　$\overline{\omega}$——振动波的角频率，rad/s；

　　　　t——计算时间，s。

试验表明，导线的振幅与导线应力有关。当导线的应力为破坏应力的 8%时，振幅接近于零，在这种应力之下我们可以认为导线是不振动的。当导线的应力增加到破坏应力的 20%以后，振幅变化很小趋于饱和。

（二）振动波的频率、波速和波长

导线风振动是经常发生的，而舞动则很少出现。以下重点讨论风振动的问题。当架空导线受到稳定的微风作用时，风的冲击频率（脉冲频率）与风速和导线的直径有关。它可以用下式计算

$$f_\mathrm{F} = 200\frac{v}{d} \qquad\qquad (\mathrm{GYSD}00204002\text{-}2)$$

式中　f_F——风的冲击频率，Hz/s；

　　　v——风速，m/s；

　　　d——导线直径，mm。

张紧导线的固有自振频率为

$$f_\mathrm{D} = \frac{1}{\lambda}v_\mathrm{D} \quad (\mathrm{Hz}) \qquad\qquad (\mathrm{GYSD}00204002\text{-}3)$$

式中　λ——振动波波长，m。

振动波速 v_D 与导线张力和自重的关系为

$$v_\mathrm{D} = \sqrt{\frac{9.81T}{w}} \quad (\mathrm{m/s}) \qquad\qquad (\mathrm{GYSD}00204002\text{-}4)$$

式中　T——档距内导线的张力，N；

　　　w——导线的每米自重，N/m。

将式（GYSD00204002-4）代入式（GYSD00204002-3）得自振频率为

$$f_\mathrm{D} = \frac{1}{\lambda}\sqrt{\frac{9.81T}{w}} \quad (\mathrm{Hz}) \qquad\qquad (\mathrm{GYSD}00204002\text{-}5)$$

当风对架空导线的冲击频率 f_F 与架空线的某一自振频率 f_D 相等时，架空导线在该频率下产生谐振，此时振幅达到最大值。当风速变化致使 f_F 也变化时，振幅将有所下降，同时架空线的自振频率 f_D 也将随导线应力的变化而变化，且可能在另一频率下，产生新的谐振。

当谐振发生时

$$f_\mathrm{F} = f_\mathrm{D}$$

即

$$200\frac{v}{d} = \frac{1}{\lambda}\sqrt{\frac{9.81T}{w}}$$

故振动波长 λ 为

$$\lambda = \frac{d}{200v}\sqrt{\frac{9.81T}{w}} \quad (\mathrm{m}) \qquad\qquad (\mathrm{GYSD}00204002\text{-}6)$$

振动波的半波长为

$$\frac{\lambda}{2} = \frac{d}{400v}\sqrt{\frac{9.81T}{w}} \quad (\mathrm{m}) \qquad\qquad (\mathrm{GYSD}00204002\text{-}7)$$

（三）导线的振动角

导线振动的严重程度用最大振幅来表示，但从振动对导线的破坏程度来看，用导线悬挂点（固定波节点）处的曲折度（或振动角）来表示更为直观。

导线振动波的波节点处，导线对中心平衡位置的夹角称为振动角，用 α 表示。显然 α 就是振动波在节点处的斜率角，由图 GYSD00204001-1 可以看出，振动角最大时必然也是振幅达到最大时。则有

$$\tan\alpha = \frac{\mathrm{d}A}{\mathrm{d}x} = \frac{\mathrm{d}}{\mathrm{d}x}\left(A_0\sin\frac{2\pi x}{\lambda}\sin\overline{\omega}t\right) = A_0\frac{2\pi}{\lambda}\cos\frac{2\pi x}{\lambda}\sin\overline{\omega}t$$

在线夹出口处，因为 $x = 0$，所以

$$\tan\alpha = A_0 \frac{2\pi}{\lambda}\sin\overline{\omega}t$$

在线夹出口处振动角达到最大时的条件为 $\sin\overline{\omega}t = 1$，即最大振幅时，故最大振动角为

$$\alpha_{max} = \arctan\frac{A_0 2\pi}{\lambda} \qquad\qquad (\text{GYSD00204002-8})$$

导线最大振动角是评价线夹出口处导线振动弯曲程度的重要参数，振动角过大可使线夹出口处的导线受到严重的反复弯曲，容易引起疲劳断股，甚至发展成断线。因此，对最大振动角的数值应有所控制，一般当衡量振动的严重程度或评价防振装置的效果时，若导线最大振动角小于表 GYSD00204002-1 所列数值时，可以认为振动是无危险的。

实际上导线的振动角一般在 $30' \sim 50'$ 之间，当振动特别强烈时接近 $1°$，远远大于表 GYSD00204002-1 的允许值，就这样大的振动角，也不需要很长时间就会使导线断股。故许多国家规定：架空线紧线后立即安装防振器具，绝不能延过夜间。

表 GYSD00204002-1　导线的允许振动角

平均运行应力（破坏应力的%）	允许振动角
≤25	10′
>25	5′

线路设计中一般情况下要求 $\alpha_{max} \leq 10'$。对采用扩径导线和铝合金线等易于振动的导线时，或者运行应力较大或者大跨越处，最大振动角不宜大于 $5'$。这就是我们防振设计应达到的标准。

二、影响导线振动的因素

影响导线振动的主要因素有：风速、风向、档距与悬点高度、地形、地物以及导线应力。

（一）风速的影响

均匀的微风是引起风振动的基本因素。风速过小不足以形成气流旋 产生冲击力，因而不足以上下推动导线振动；风速过大，由于气流与地面的摩擦而产生紊流，破坏了上层气流的均匀性，因而也不会引起导线的稳定振动。因此能形成导线稳定振动的风速有一个范围，其下限 $v_{min} = 0.5\text{m/s}$，其上限与架空线的悬点高度、档距大小及地形地物情况有关。当悬点高度 $h = 12\text{m}$ 时，风速上限 v_{max} 取 4m/s；当 $h > 12\text{m}$ 时，v_{max} 可取自表 GYSD00204002-2 或按经验公式：$v_{max} = 0.087h + 3.0\text{m/s}$（山区线路例外）进行计算。

表 GYSD00204002-2　　平坦开阔地区引起风振动的风速范围

档距 (m)	导线悬挂点高度 (m)	引起振动风速的范围（m/s）	
		下限 v_{min}	上限 v_{max}
150～250	12	0.5	4.0
300～450	25	0.5	5.0
500～700	40	0.5	6.0
700～1000	70	0.5	8.0

（二）悬点高度及档距的影响

如果档距增大，悬点高度也大，地面对导线处风的均匀性破坏程度就越小，所以风速较大时仍能继续保持足以引起导线振动的均匀性风速。于是可提高稳定振动风速的上限，扩大振动的风速范围，从而增长了振动的相对时间，增大了振幅，加强了振动烈度。

同时档距的增大，又使档距内导线上适合形成整数半波的机会增多了，即导线的谐振频率增多，从而产生谐振的机会也增多了。

因为振动半波数 $n = \dfrac{L}{\lambda/2}$，档距增大，L（线长）增长，所以 n 增多。风速范围与档距大小和悬点高度的关系见表 GYSD00204002-2。

实际观测证实：档距小于 100m 时，很少见到振动；档距在 120m 以上时，导线振动就多了一些；在跨越河流、山谷等高杆塔大档距的地方，可以观测到较强烈的振动。

（三）风向、地形地物的影响

据观察，当风向与线路成 $45° \sim 90°$ 角时，导线产生稳定振动；$30° \sim 45°$ 角时，振动的稳定性较小；

夹角小于 20°时，则很少出现振动。

一般开阔地区易产生平稳、均匀的气流，因而，凡线路通过平原、沼泽地带、漫岗、横跨河流和平坦的风道，认为是易振区。如果线路靠近高山、树林、建筑物等屏蔽物时，靠近地面风的均匀性被破坏，这些地区被认为是不易起振区。这已被运行调查所证实。

（四）年平均运行应力对振动的影响

导线长期受振动的脉动力作用，相当于一个动态应力，叠加在导线的静态应力之上。而导线的许用应力是一定的。因此，静态应力越大，所能容许迭加的动态应力就越小。此外静态应力越大，振动频带越宽，越容易产生振动。而且，随着静态应力的增大，导线本身对振动的阻作用也要显著降低。

由于静态应力对导线的振动及其危害性都有重大影响，所以考虑防振问题时，就需要结合导线的实际运行应力来分析。这个运行应力选用导线在长期运行过程中最有代表性的静态应力，即"平均运行应力"。图 GYSD00204002-1 所示为未采取防振措施时，地线用的镀锌钢绞线及导线用的钢芯铝绞线振动断股与平均运行应力的关系曲线。

从图 GYSD00204002-1 看出，镀锌钢绞线的平均运行应力在 250MPa、钢芯铝线的平均运行应力在 60MPa 时，振动断股明显上升。因此，在决定地线和导线的平均运行应力时，应给以足够的重视。

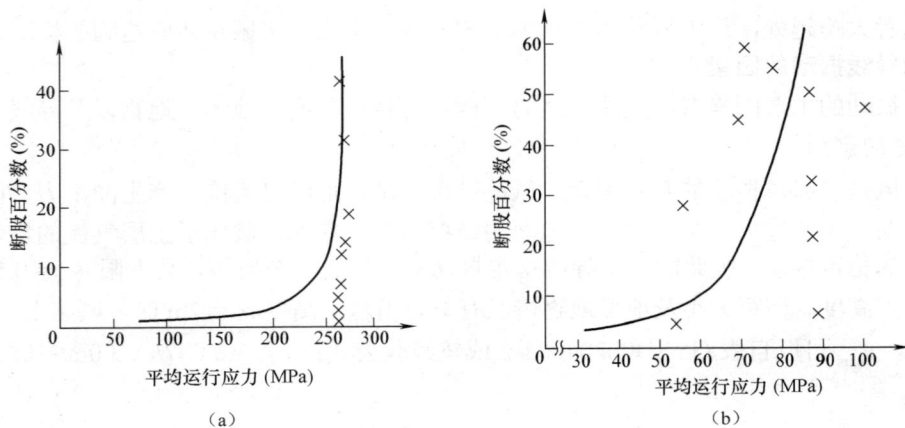

图 GYSD00204002-1 导线、地线振动断股特性
（a）镀锌钢绞线振动断股特性；（b）钢芯铝线振动断股特性

根据运行经验，我国的架空线路导线和地线的平均运行应力的上限和相应防振措施如表 GYSD00204002-3 所示。

表 GYSD00204002-3　　　　导线和地线的平均运行应力的上限和防振措施

情况	防振措施	平均运行应力上限（拉断力的百分数，%）	
		钢芯铝绞线	镀锌钢绞线
档距不超过 500m 的开阔地区	不需要	16	12
档距不超过 500m 的非开阔地区	不需要	18	18
档距不超过 120m	不需要	18	18
不论档距大小	护线条	22	—
不论档距大小	防振锤（线）或另加护线条	25	25

【思考与练习】

1. 什么叫导线的振动角？振动角有何意义？

2. 实际线路上导线的振动角一般在什么范围，相应有哪些要求与规定？

3. 引起导线风振动的基本因素是什么？引起导线振动的风速为什么有上下限？影响导线振动的因素有哪些？

模块 3 防振措施（GYSD00204003）

【模块描述】本模块介绍防振锤、阻 线等防振措施。通过对架空线路防振措施的原理讲解和定量分析，能够了解架空线路目前所采用的防振措施的防振原理，掌握防振锤、阻 线的计算方法。

【正文】

架空导线的防振可从两方面着手：其一是在导线上加装防振装置以吸收或减弱振动能量；其二是加强设备的耐振强度，防止由振动而引起导线的损坏。前者，工程上广泛采用的是防振锤和阻 线；后者，则从改善线夹的耐振性能，采用护线条、防振线夹以及降低导线的静态应力等方面解决。各种防振措施的原理及计算方法分述如下。

一、防振锤

（一）防振锤型号选择

1. 防振原理

防振锤的种类很多，我国目前采用最多的 F 型防振锤如图 GYSD00204003-1 所示，多采用水平安装。最常用的 F 型防振锤是由一短段钢绞线两端各装一重锤，中间有专为装于架空线上使用的夹板组成。当导线振动时，夹板随着一同上下振动，由于两端重锤的惯性较大，不能保持与导线同步运动，则防振锤的钢绞线不断上下弯曲，重锤的阻 作用减小了振动的波幅，而钢绞线的变形及股线间产生的摩擦则消耗了振动能量。钢绞线弯曲得越激烈，所消耗的能量也愈多，以致在能量平衡的条件下架空线振动振幅大为减小。但防振锤不能完全消除振动，只能将振动限制到无危险的程度。

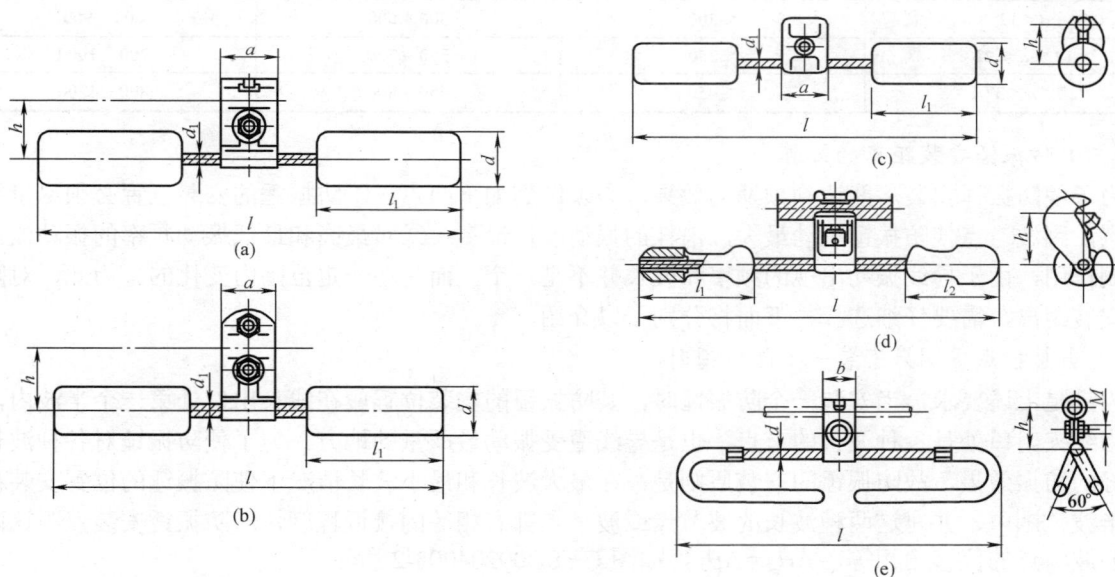

图 GYSD00204003-1 防振锤

（a）FD—×型导线防振锤；（b）FG—××型钢线防振锤；（c）FF—×型导线防振锤（500kV 用）；（d）FR—×型多频防振锤；（e）FH—×型防振环

2. 型号选择

为了获得防振锤的最佳防振效果，在选择防振锤时，应以防振锤的钢绞线能产生最大挠度（或弯曲）为原则，以便使其消耗更多的能量。为此，防振锤本身的自振频率范围要同导线可能发生的振动频率范围相适应，且重锤质量要适应。通过试验和运行经验，一般可根据线截面配合选择防振锤的型号，如表 GYSD00204003-1 所示。

表 GYSD00204003-1　　　　　　　　　　防振锤型号与架空线配合表

防振锤型号	架空线截面（mm²）	总　长（mm）	总　重（kg）	钢绞线规格
FD—1	35～50	300	1.5	7/2.6
FD—2	70～95	370	2.4	7/3.0
FD—3	120～150	450	4.5	19/2.2
FD—4	185～240	500	5.6	19/2.2
FD—5	300～400	550	7.2	19/2.6
FD—6	500～630	550	8.6	19/2.6
FG—35	35	300	1.8	7/3.0
FG—50	50	350	2.4	7/3.0
FG—70	70	400	4.2	19/2.2
FG—100	100	500	5.9	19/2.2

（二）防振锤安装个数的确定

若架空线振动强烈时，一个防振锤不足以将此能量消耗至足够低的水平，就需要安装多个防振锤。工程设计中单导线一般根据导线的型号（或直径）和档距的长度按表 GYSD00204003-2 选择防振锤的个数。

表 GYSD00204003-2　　　　　　　　　　防振锤安装数量表

导　线　直　径 d（mm）	档　距（m）		
	1 个	2 个	3 个
$d < 12$	≤300	300～600	600～900
$12 ≤ d ≤ 22$	≤350	350～700	700～1000
$22 < d < 37.1$	≤450	450～800	800～1200

（三）防振锤安装距离的计算

为了使防振锤安装后能达到预期的效果，必须做到如下两点：①防振锤的安装位置必须尽量靠近波　点，因波　点使防振锤甩动最大，消耗的振动能量最多；②对最高和最低振动频率的振动波都应有　制作用，由于导线振动出现的频率和波长并不是一个，而是在一定范围内变化的。为此，对防振锤的安装距离，需要仔细选择，下面将分别予以介绍。

1. 当悬挂点每侧只安装一个防振锤时

为满足上述要求，当安装一个防振锤时，其防振锤的安装位置应在线夹出口处第一个半波内，这是因为线夹出口处是各种波长的节点，也是导线遭受振动最严重的地方。为了使防振锤对各种波长都有良好的防振效果，故防振锤的安装原则是，在最大波长和最小波长情况下使防振锤的位置安装在第一个半波范围内，并对这两种波长的波节点或波　点都有相等的接近程度，即防振锤安装点距这两种波长的波　点的位移角相等，$\Delta\theta_m = \Delta\theta_n$，如图 GYSD00204003-2 所示。

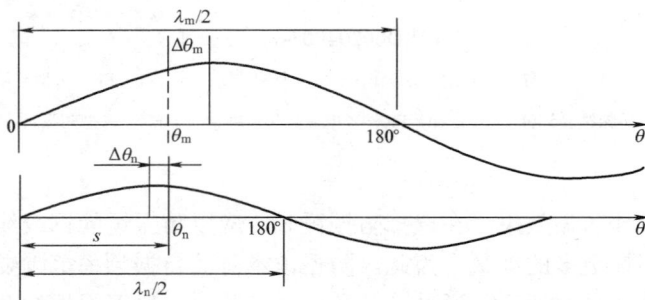

图 GYSD00204003-2　防振锤的安装位置

由图 GYSD00204003-2 可见，因为 $\theta_m = 90° - \Delta\theta_m$，$\theta_n = 90° + \Delta\theta_n$，所以 $\theta_m + \theta_n = 180°$。这时防振锤的安装距离 s 可分别表示为

$$s = \frac{\lambda_m}{2} \cdot \frac{\theta_m}{180°}$$

$$s = \frac{\lambda_n}{2} \cdot \frac{\theta_n}{180°} = \frac{\lambda_n}{2}\left(\frac{180° - \theta_m}{180°}\right)$$

联立上述两式得

$$\theta_m = \frac{\lambda_n}{\lambda_m + \lambda_n} \cdot 180°$$

$$\theta_n = \frac{\lambda_m}{\lambda_m + \lambda_n} \cdot 180°$$

将 θ_m 或 θ_n 的等式代入上式，可得防振锤的安装距离计算公式

$$s = \frac{\frac{\lambda_m}{2} \times \frac{\lambda_n}{2}}{\frac{\lambda_m}{2} + \frac{\lambda_n}{2}} \qquad (\text{GYSD00204003-1})$$

式中　$\dfrac{\lambda_m}{2}$——振动波的最大半波长，m；

$\dfrac{\lambda_n}{2}$——振动波的最小半波长，m；

s——防振锤的安装距离，m。

根据式（GYSD00204002-6），振动波的最大半波长和振动波的最小半波长可按下式计算

$$\frac{\lambda_m}{2} = \frac{d}{400v_n}\sqrt{\frac{9.81T_m}{w}} = \frac{d}{400v_n}\sqrt{\frac{9.81\sigma_m}{g_1}} \qquad (\text{GYSD00204003-2})$$

$$\frac{\lambda_n}{2} = \frac{d}{400v_m} \cdot \sqrt{\frac{9.81T_n}{w}} = \frac{d}{400v_m} \cdot \sqrt{\frac{9.81\sigma_n}{g_1}} \qquad (\text{GYSD00204003-3})$$

式中　σ_m、σ_n——分别为最低温度和最高温度时的导线应力，MPa；

v_m、v_n——振动的上限和下限风速，m/s；

d——导线直径，mm；

g_1——导线自重比载，N/（m·mm^2）；

T_m、T_n——分别为最低温度和最高温度时的导线张力，N。

按上述原则求出的防振锤安装距离，不仅满足风速上限和风速下限的防振要求，而且对中间各风速所产生的不同频率和波长的振动更能满足防振要求，因安装点更接近波点，防振效果更好。

防振锤的安装距离 s 通常是指从线夹出口到防振锤固定线夹中心间的距离。但对中心转动式悬垂线夹来说，是指自线夹中心起到防振锤夹板中心间的距离；对耐张线夹来说，当采用一般轻型螺栓式或压接式耐张线夹时，是指自线夹连接螺栓孔中心算起，而对重型螺栓式耐张线夹亦可考虑自线夹出口算起至防振锤夹板中心间的距离（见图 GYSD00204003-3）。当架空线装有护线条时，因悬点处刚度增加使波节点略向外移，此时安装距离可较式（GYSD00204003-1）的计算值增大 10%左右。

例 GYSD00204003-1　某 110kV 线路，已知导线采

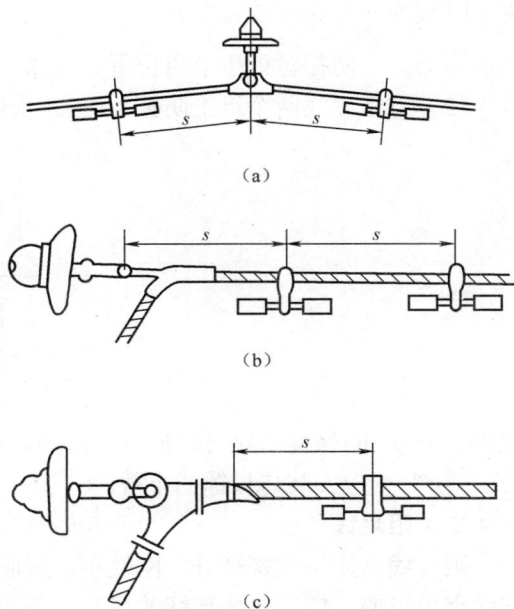

图 GYSD00204003-3　防振锤安装距离

（a）悬垂线夹；（b）轻型耐张线夹；

（c）双螺栓式耐张线夹

用 JL/G1A-120/25-7/7 型钢芯铝线，其直径 $d = 15.7\text{mm}$，自重比载 $g_1 = 35.136 \times 10^{-3}\text{N/(m·mm}^2)$，悬点高度为 12 m，风速上限 $v_m = 4\text{m/s}$，风速下限 $v_n = 0.5\text{m/s}$，该线路某耐张段的代表档距 $l_0 = 300$ m，其最高温度的应力 $\sigma_n = 44.1\text{MPa}$，最低气温时的应力 $\sigma_m = 60.64$ MPa。求防振锤的安装距离 s。

解：最大半波长

$$\frac{\lambda_m}{2} = \frac{d}{400v_n}\sqrt{\frac{9.81\sigma_m}{g_1}} = \frac{15.7}{400 \times 0.5} \times \sqrt{\frac{9.81 \times 60.64}{35.136 \times 10^{-3}}}$$
$$= 10.21 \ （\text{m}）$$

最小半波长

$$\frac{\lambda_n}{2} = \frac{d}{400v_m}\sqrt{\frac{9.81\sigma_n}{g_1}} = \frac{15.7}{400 \times 4} \times \sqrt{\frac{9.81 \times 44.1}{35.136 \times 10^{-3}}} = 1.09 \ （\text{m}）$$

安装距离 $s = \dfrac{10.21 \times 1.09}{10.21 + 1.09} = 0.985 \ （\text{m}）$

2. 当悬挂点每侧安装多个防振锤时

当风的输入能量很大使导线振动强烈时，一个防振锤不足以将此能量消耗至足够低，就需要装多个防振锤（见表 GYSD00204003-2）。

多个防振锤的安装距离，一般均按等距离安装，即第一个安装距离为 s，第二个为 $2s$，第 n 个为 ns。安装距离 s 的计算方法与安装一个防振锤时的计算完全相同。这里必须指出，第一个防振锤位于从线夹出口算起的第一个最小半波内，但其后第 n 个就不一定在第 n 个最小半波内。甚至某个防振锤可能位于某些波的波节点上，此时，该防振锤虽无上下甩动，但有回转甩动，故仍能起一定的减振作用。

当 $\dfrac{\lambda_m}{2} \gg \dfrac{\lambda_n}{2}$ 时，则 $s \approx \dfrac{\lambda_n}{2}$，而且又必须采用两种不同型号的防振锤，如果按等距离安装时，在出现最小波长时，所有防振锤都在波节上，因此无法起到应有的防振作用，这时应按不等距离安装为好。其方法有两种。

（1）方法一（两个防振锤时）：第一个防振锤安装距离为 $s_1 \approx 1.05\dfrac{\lambda_n}{2}$；第二个防振锤安装距离为 $s_2 \approx 1.8\dfrac{\lambda_n}{2}$。

当第一个防振锤处于节点位置，而第二个防振锤应当在波　点附近为原则。

（2）方法二（两个以上防振锤时）：安装距离为

$$s_b = \frac{\left(\dfrac{\lambda_m/2}{\lambda_n/2}\right)^{\frac{b}{n}}}{1 + \left(\dfrac{\lambda_m/2}{\lambda_n/2}\right)^{\frac{1}{n}}} \cdot \frac{\lambda_n}{2} \ （\text{m}） \tag{GYSD00204003-4}$$

式中　b——防振锤的序号，$b = 1，2，3，\cdots，n$；

　　　n——应安装防振锤的个数。

二、阻尼线

阻　线是用一段挠性好、刚性小、瞬时破坏应力大的钢绞线或同型号的导线在悬垂线夹两侧或耐张线夹出口的一侧，作成连续的多个"花边"形，如图 GYSD00204003-4 所示。其防振的原理是转移线夹出口处波的反射点位置，使振动波的能量顺利地从旁路通过，从而使线夹出口处的反射波和入射波的叠加值减小到最低限度。在振动过程中，一部分振动能量被导线本身和阻　线线股之间产生的摩擦所消耗，其余能量由振动波传至花边各连接点处，经过多次折射（并伴有少量反东和投射），仅部分波传至线夹出口，大部分被消耗掉和通过花边到另一侧。

同防振锤比较，阻 线的防振效果也很显著，同时阻 线质量轻,连接处不易形成" 点"；连接点处不像防振锤那样用夹板固定，而用铁丝绑扎 100mm 长或用 U 形卡子固定，不致产生棱边磨损导线；阻 线对振动能量的消耗较平缓。试验得知，低频振动时，防振锤消振效果较好；高频振动时，阻 线消振效果较好；从小牌号导线振动频率较高的角度着眼，阻 线则是消振效果较好的措施。而对大跨越档距，国内外多采用阻 线加防振锤联合使用方式，以充分发挥它们各自的长处。

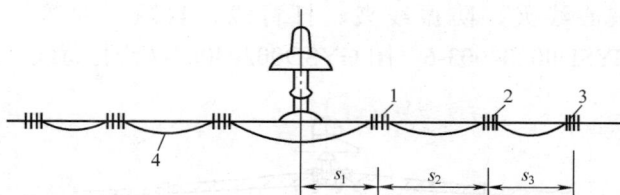

图 GYSD00204003-4 阻 线

阻 线的安装原则与防振锤相同，即应考虑到导线发生最大和最小振动波长时都能起到消振作用，以此原则来确定花边的长度。花边的数量一般随档距大小而定。对一般档距，悬点每侧采用 2 个花边，500~600m 档距每侧采用 3 个花边，档距超过 600m 以上每侧采用 4 个，最多曾用到 6 个。根据试验，花边弧垂大小对防振效果影响不大，一般取 50～100mm，也有按花边大小确定弧垂的，即 $f_1 \leqslant s_1$；$f_2 = \frac{2}{3}s_2$；$f_3 = \frac{2}{3}s_3$（f 为弧垂，s 为一个花边的水平距离）。

阻 线线夹安装距离的计算目前有以下几种方法：

（1）若采用悬点每侧一个花边时，第一个 点则设在靠近线夹的第一个最小波长的最大波 处，即 $s_1 = \frac{1}{4}\lambda_n$，而第二个 点则设在第一个最大波长的最大波 处，即 $s_2 = \frac{1}{4}\lambda_m$。

（2）若悬点每侧采用两个花边时，对一般档距阻 线总长可取 7~8m 左右，在导线线夹两侧各设 3 个连点，连结点的安排为

$$\left.\begin{array}{l} s_1 = \frac{\lambda_n}{4} = \frac{d}{800v_m}\sqrt{\frac{9.81\times\sigma_n}{g_1}} \\ s_1+s_2+s_3 = \left(\frac{1}{6}\sim\frac{1}{4}\right)\cdot\frac{d}{200v_n}\cdot\sqrt{\frac{9.81\times\sigma_m}{g_1}} \\ s_2 = s_3 \end{array}\right\}\text{（m）} \quad\text{（GYSD00204003-5）}$$

（3）若悬点两侧有两个以上的花边时，可采用防振锤等距法，即

$$s_1 = s_2 = s_3 = \cdots = s_n = \frac{\frac{\lambda_m}{2}\cdot\frac{\lambda_n}{2}}{\frac{\lambda_m}{2}+\frac{\lambda_n}{2}}\text{（m）} \quad\text{（GYSD00204003-6）}$$

三、护线条

为了预防导线悬点处因振动而损坏，常加装护线条。护线条可使导线在线夹附近处的刚度加大，从而 制导线的振动弯曲，减小导线的弯曲应力及挤压应力和磨损，提高导线的耐振能力。

护线条有锥形和预绞丝两种（见图 GYSD00204003-5）。我国目前广泛推广使用预绞丝护线条，护

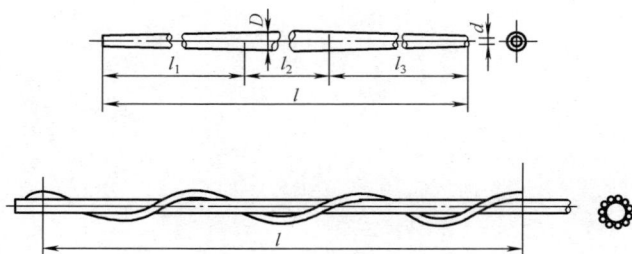

图 GYSD00204003-5 护线条

线条的材料为铝镁硅合金。在国内外还有一些其他的防振措施，如线路避开易振区，采用柔性横担、偏心线夹、防振线夹、打背线、自阻 线等。目前国内采用极少，有的尚在研制阶段。图 GYSD00204003-6、图 GYSD00204003-7 为打背线、护线条的示意图。

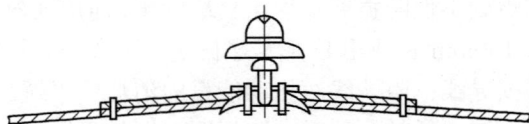

图 GYSD00204003-6 锥形护线条组装示意图   图 GYSD00204003-7 打背线

四、组合措施

对特大跨越档的架空导线多采用高强度大截面的特制导线，其自重大、悬点高、振动频率范围大，且因线路跨越点多位于屏蔽物很少的地段，所以很容易振动且振动能量较大，往往需要用不同型号的防振锤或数种防振措施联合防振，才能获得较好的防振效果。图 GYSD00204003-8 是经过试验研究推荐给长江大跨越工程使用的导线防振方案。将不同材料的阻 线与防振锤混合使用，在 15～45Hz 的振动频段里的防振效果较好。

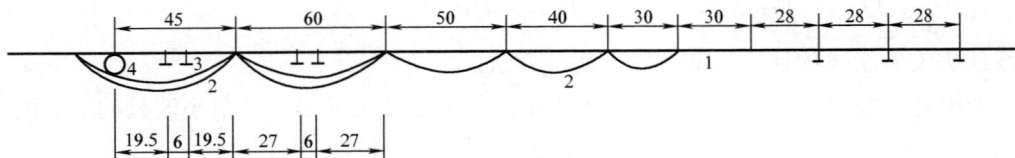

图 GYSD00204003-8 推荐给工程使用的跨越档防振方案

1—导线；2—花边；3—防振锤；4—滑轮

【思考与练习】

1. 导线的防振措施从哪两方面入手，目前相应有哪些具体防振措施？

2. 试述防振锤的消振原理及其型号选择原则。防振锤的安装个数与哪些因素有关？在确定其安装位置时需满足哪些要求？

3. 阻 线是如何构成的，它与防振锤相比防振效果各有何特点？

4. 导线发生舞动的原因有哪些，导线的舞动有什么危害？导线次档距振动是怎么回事、有何危害、目前一般采用什么方法来 制次档距振动？

5. 试述在特大跨越档的架空导线上为什么要采用数种防振措施联合防振。

6. 某架空线路，导线为 JL/G1A-95/20-7/7 型，导线直径 $d = 13.9$ mm，$g_1 = 35.128 \times 10^{-3}$ N/（m·mm²），悬点高度为12m，耐张段各档档距分别为310、370、380、320m，导线最低温度时的应力 $\sigma_m = 96.39$MPa，最高温度时的应力 $\sigma_n = 70.61$MPa。试选防振锤的规格和安装距离，并统计该耐张段所需导线防振锤只数。

第三部分

输电线路杆塔的结构型式与受力分析

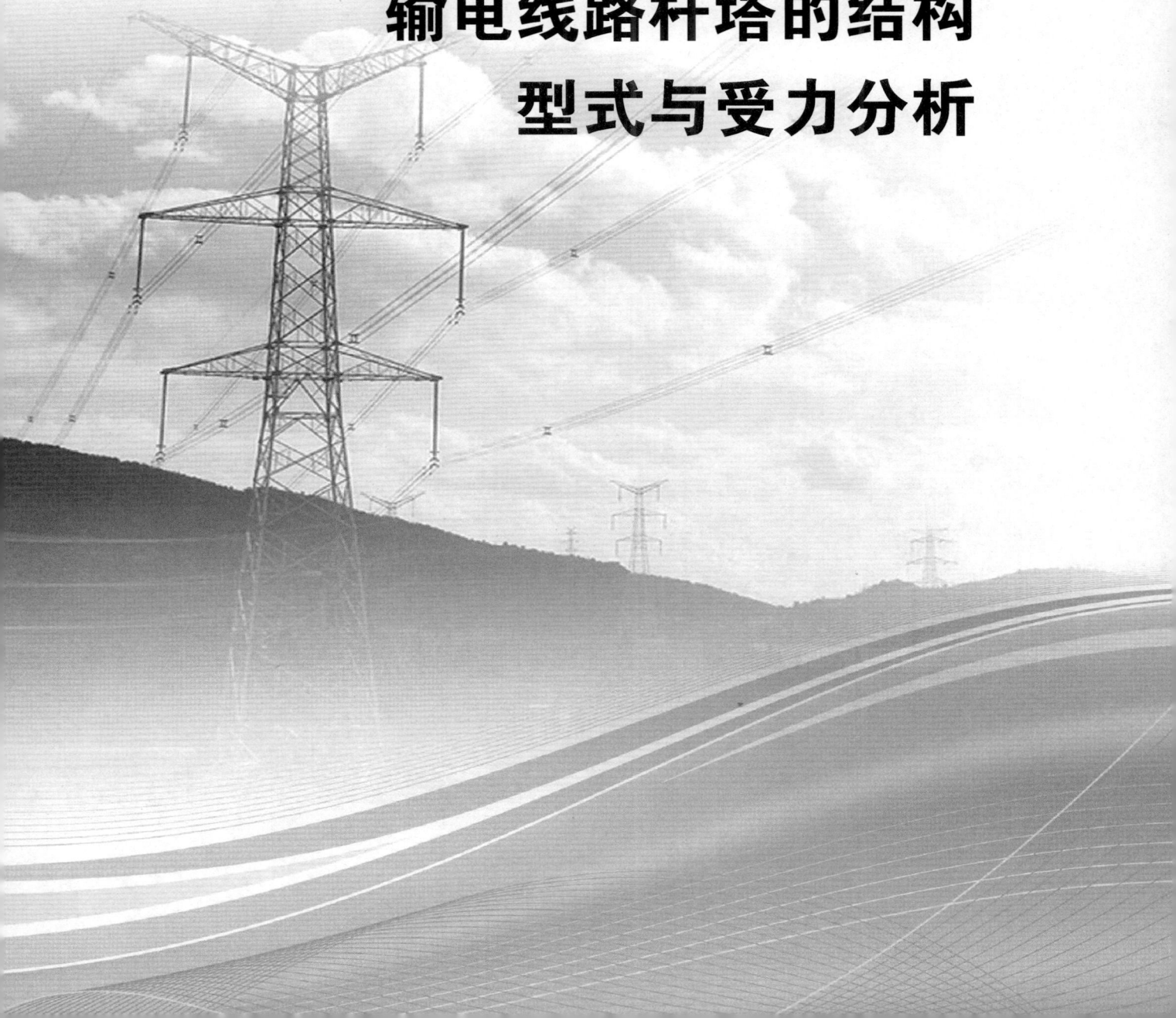

第七章 杆塔结构型式及外形尺寸确定

模块 1 输电线路杆塔的结构型式（GYSD00301001）

【模块描述】本模块介绍输电线路杆塔的结构型式。通过概念描述，了解输电线路杆塔的结构型式及类型。

【正文】

杆塔的结构型式主要取决于电压等级、线路回数、地形、地质情况及使用条件等。在满足上述要求下根据综合技术经济比较，择优选用。

杆塔按其受力性质，分为悬垂型、耐张型杆塔。悬垂型杆塔分为悬垂直线和悬垂转角杆塔；耐张型杆塔分为耐张直线、耐张转角和终端杆塔。

杆塔按其回路数，分为单回路、双回路和多回路杆塔。

按杆塔结构所用的材料分类，分为钢筋混凝土电杆、钢管杆和铁塔。

一、钢筋混凝土电杆

1. 35～110kV 单回路悬垂直线杆

此类电杆由于其承受的荷载较小，一般可设计成单杆，导线呈三角形布置；主杆可用梢径 $\phi150\sim\phi190mm$、全长 15～18m 的锥形杆（见图 GYSD00301001-1），当杆塔荷载较大，也常用 $\phi300mm$ 等径双杆或带拉线单杆（见图 GYSD00301001-2）。

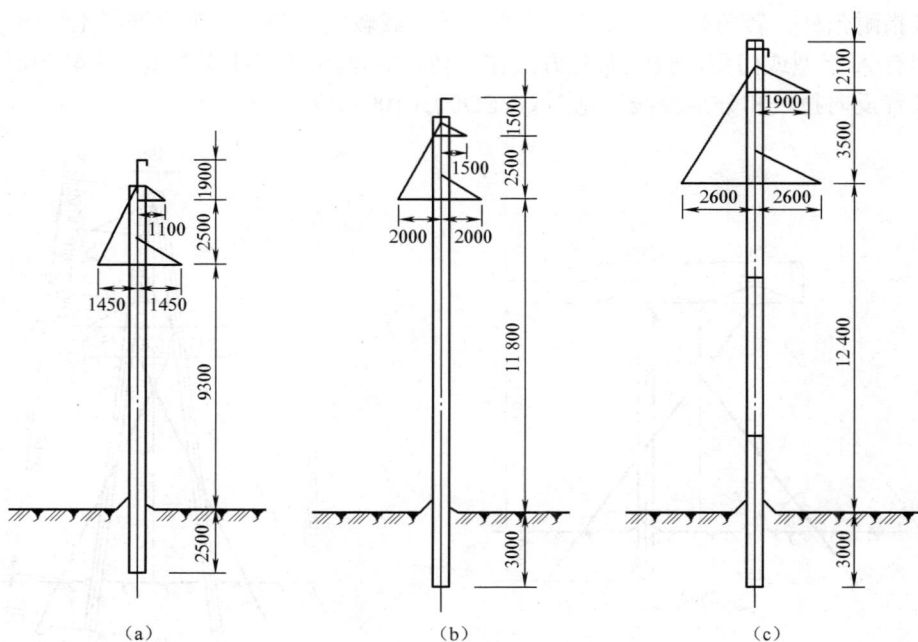

图 GYSD00301001-1 35～110kV 钢筋混凝土悬垂直线单杆

（a）35kV 单杆；（b）66kV 单杆；（c）110kV 单杆

2. 220～330kV 单回路悬垂直线杆

由于这一电压等级的杆塔荷载较大，目前大多采用带叉梁的双杆或带拉线的八字杆，少数荷载较小的线路也采用带拉线的单杆。

带叉梁的双杆（见图 GYSD00301001-3），一般可采用梢径 $\phi190 \sim \phi230$mm、全长 27m 左右的锥形杆段或 $\phi400$mm 等径杆段，在主杆平面内设一层或两层叉梁，以减小主杆所受的弯矩，有时还可以在电杆平面外设置 V 型拉线，以增加电杆的纵向稳定和承受纵荷载。带双层叉梁的直线双杆，由于根部弯矩较小，对软弱地基的基础设计较为有利。

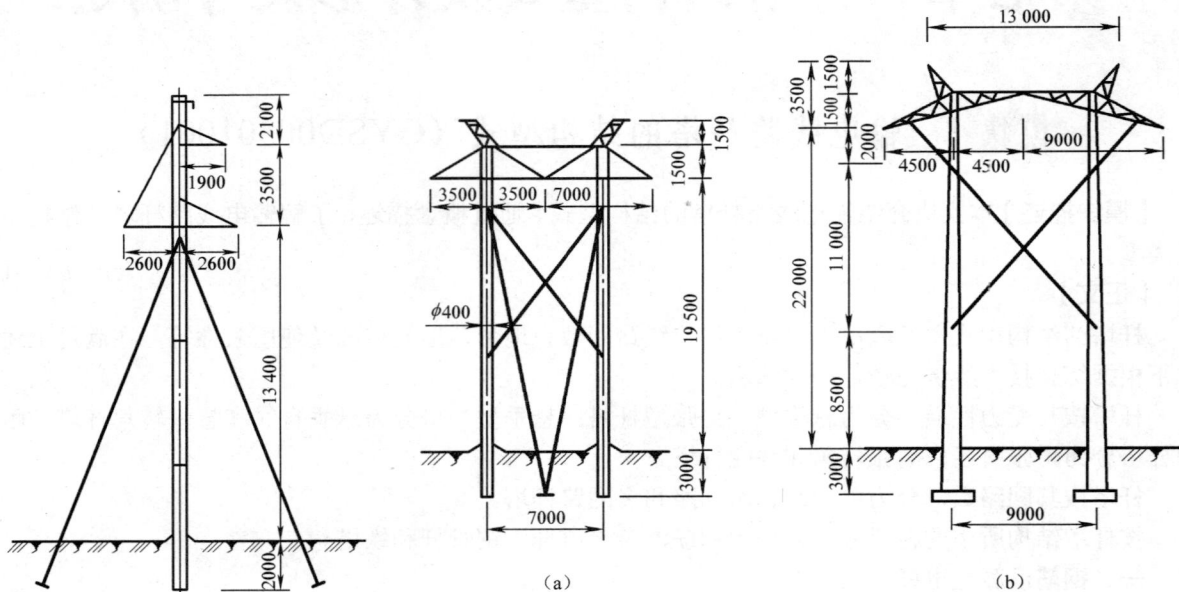

图 GYSD00301001-2　带拉线的钢筋
混凝土直线单杆

图 GYSD00301001-3　带叉梁的 220 ～ 330kV 钢筋混凝土直线杆
（a）220kV 直线杆；（b）330kV 直线杆

3. 35 ～ 110kV 单回路承力杆

承力杆（指耐张杆、转角杆、终端杆）所承受的荷载较大，当采用钢筋混凝土杆时一般均需设置拉线。其外形有 A 字型或门型，拉线布置方式在小转角时可用 V 型或交叉型；大转角时可用八字型，必要时还要设置反向拉线和分角拉线（见图 GYSD00301001-4）。

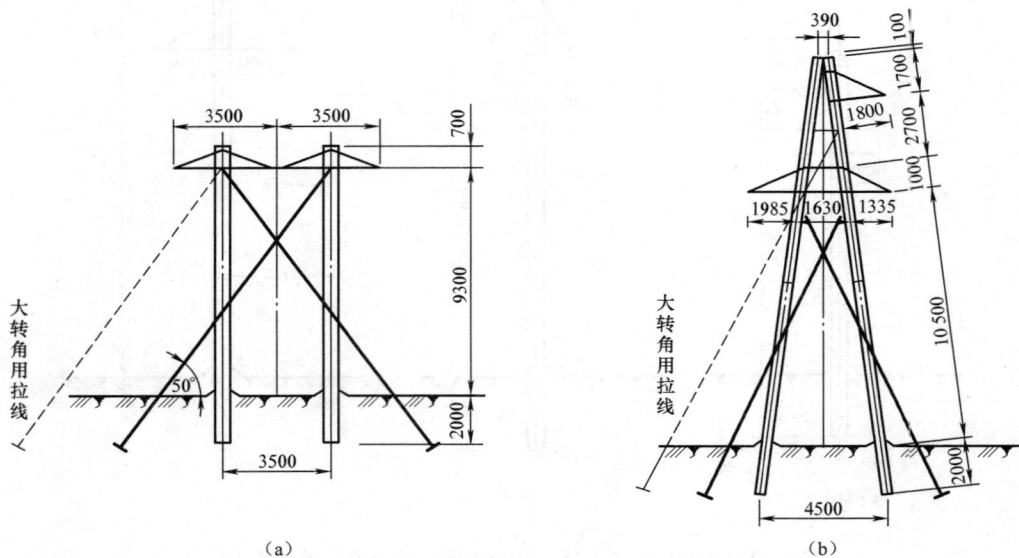

图 GYSD00301001-4　35 ～ 110kV 单回路承力杆
（a）门型承力杆；（b）A 字型承力杆

4. 220kV 单回路承力杆

220kV 承力杆一般都采用双杆，主杆常用 $\phi400$mm 等径杆，横担用钢结构，拉线大多布置成交叉拉线或把字型拉线（见图 GYSD00301001-5）。

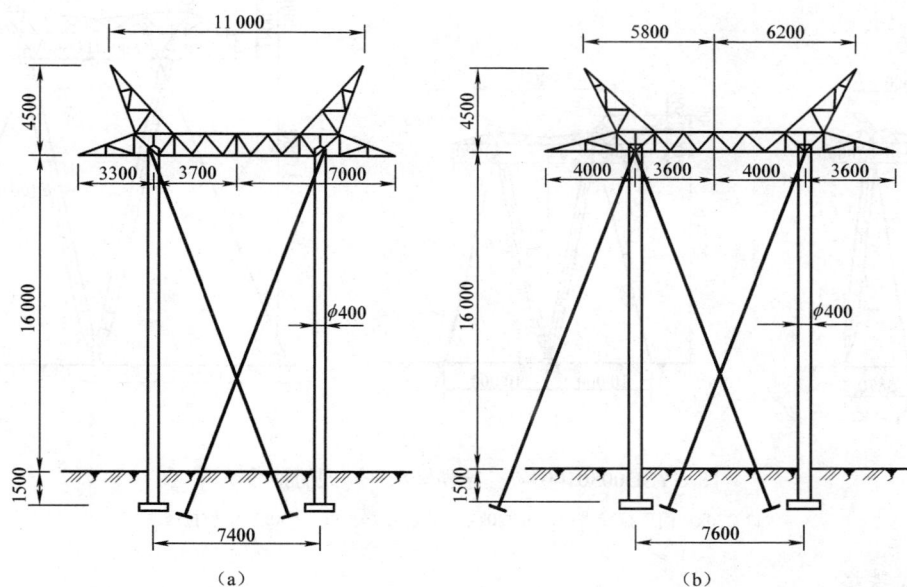

图 GYSD00301001-5　220kV 单回路承力杆

（a）耐张杆；（b）5°～30°转角杆

二、铁塔

铁塔大多采用热轧等肢角钢制造、螺栓组装的空间桁架结构，也有少数国家采用冷弯型钢或钢管混凝土结构。根据结构型式和受力特点，铁塔可分为拉线塔和自立塔两大类。

1. 拉线塔

拉线塔由塔头、主柱和拉线组成。塔头和主柱一般由角钢组成的空间衍架构成，有较好的整体稳定性，能承受较大的轴向压力。拉线一般用高强度钢绞线做成，能承受很大的拉力因而使拉线塔能充分利用材料的强度特性而减少材料耗用量。

就外形而言，拉线塔可设计成导线呈三角形排列的鸟骨型、猫头型（见图 GYSD00301001-6）等，以及导线呈水平排列的门型、V 型（见图 GYSD00301001-7）等。

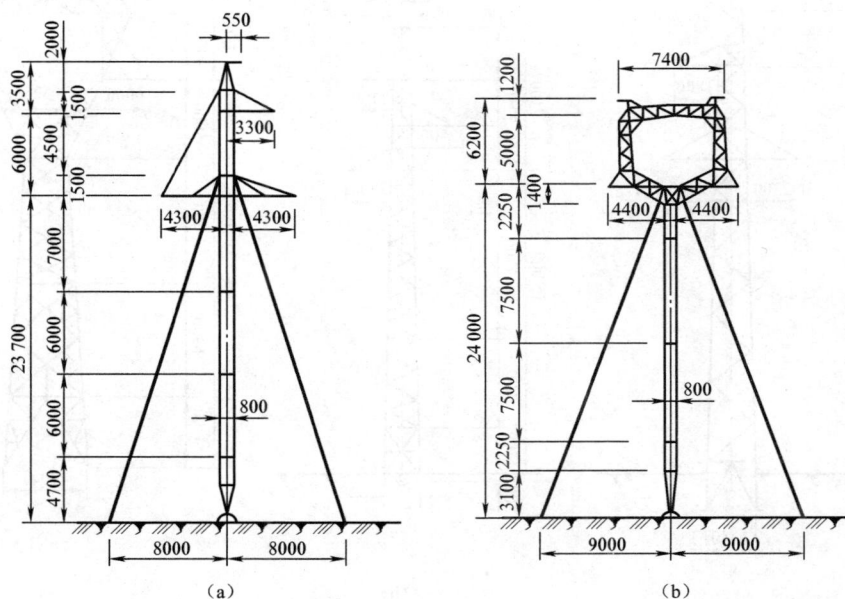

图 GYSD00301001-6　导线呈三角形排列的拉线铁塔

（a）220kV 上字型拉线塔；（b）220kV 猫头型拉线塔

模块 1

GYSD00301001

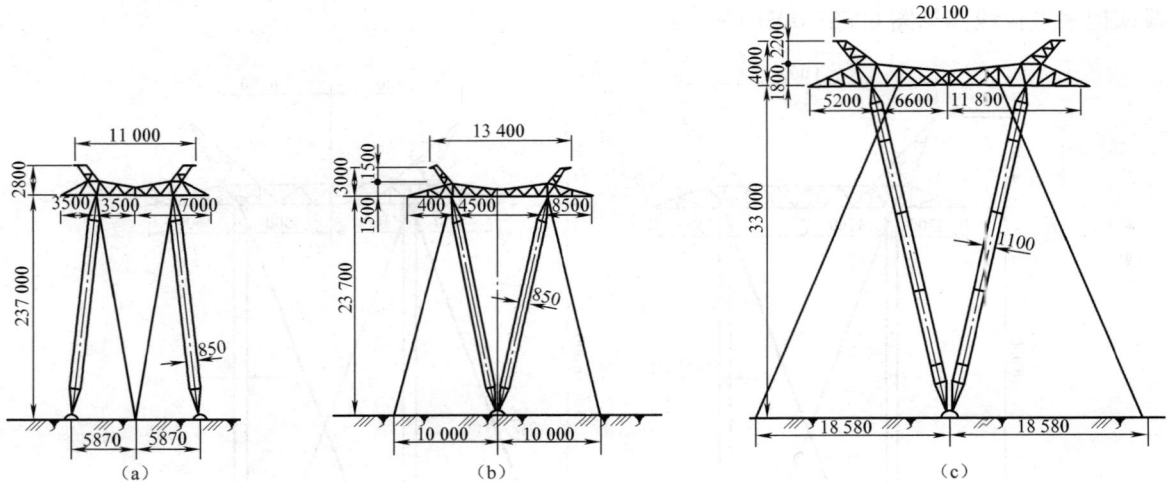

图 GYSD00301001-7 导线呈水平排列的拉线铁塔

（a）220kV 门型拉线塔；（b）220kV V 型拉线塔；（c）500kV V 型拉线塔

2. 自立式铁塔

单回路自立式铁塔也可分为导线呈三角形排列的鸟骨型、猫头型、上字型、干字型及导线呈水平排列的酒杯型、门型等两大类（见图 GYSD00301001-8、图 GYSD00301001-9）。双回或多回路自立式铁塔的导线有水平或垂直排列的干字型或鼓型塔（见图 GYSD00301001-10）。

自立式承力塔主要有酒杯型和干字型、桥型等。由于干字型塔的中相导线直接挂在塔身上，下横担的长度也比酒杯型塔短，结构也比较简单，因而比较经济，是目前 220～500kV 输电线路上常用的承力塔（见图 GYSD00301001-11）。

三、钢管杆

最近几年城区线路，由于受到城市环境、线路通道及负荷的增加要求较大导线截面使线路机械荷载加大，无拉线电杆强度不能满足要求而广泛采用钢管杆，常见杆型如图 GYSD00301001-12 所示。

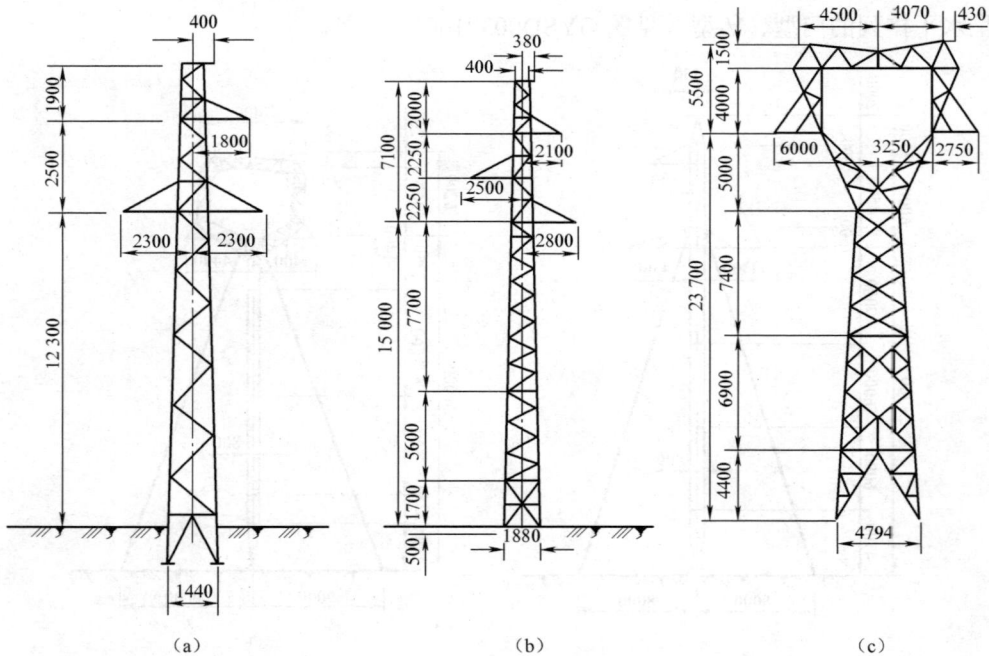

图 GYSD00301001-8 导线三角形排列的自立式铁塔

（a）上字型；（b）鸟骨型；（c）猫头型

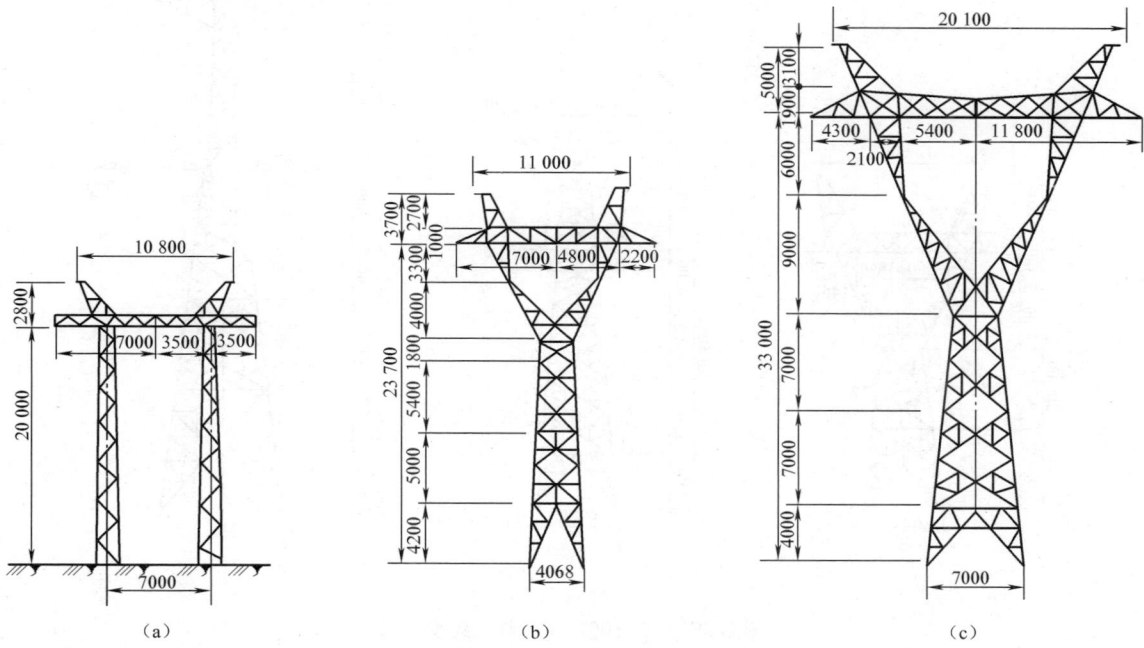

图 GYSD00301001-9　导线呈水平排列的自立式铁塔

（a）门型；（b）220kV 酒杯型；（c）500kV 酒杯型

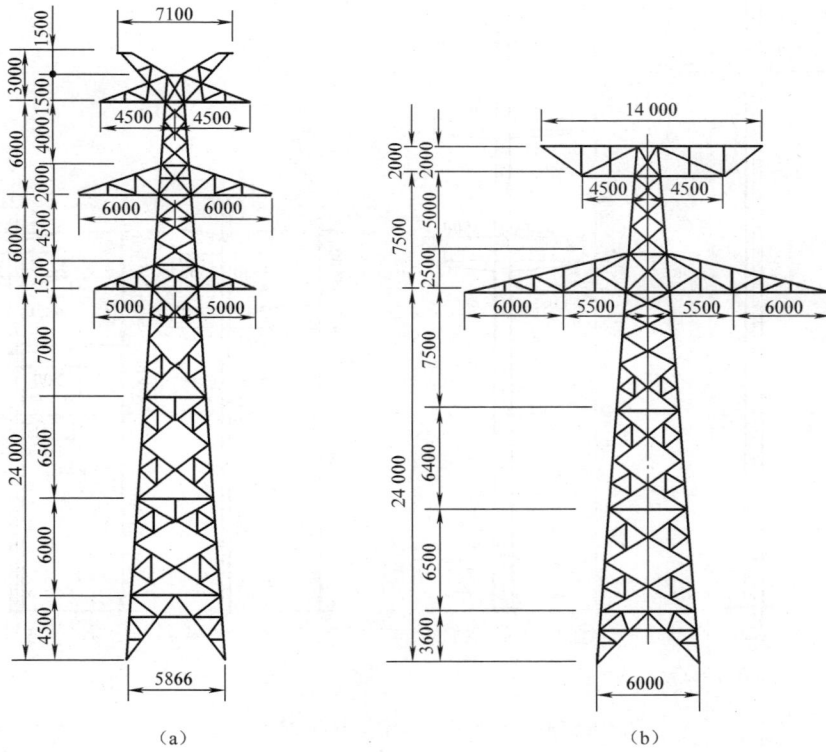

图 GYSD00301001-10　双回路自立式铁塔

（a）鼓型；（b）干字型

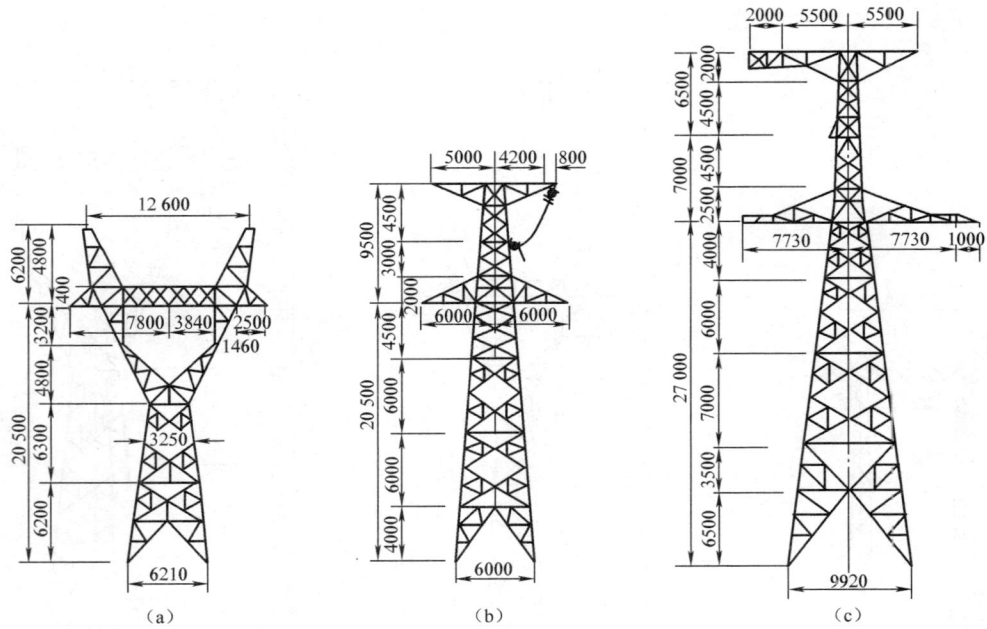

图 GYSD00301001-11 自立式承力塔

（a）酒杯型；（b）220kV 干字型；（c）500kV 干字型

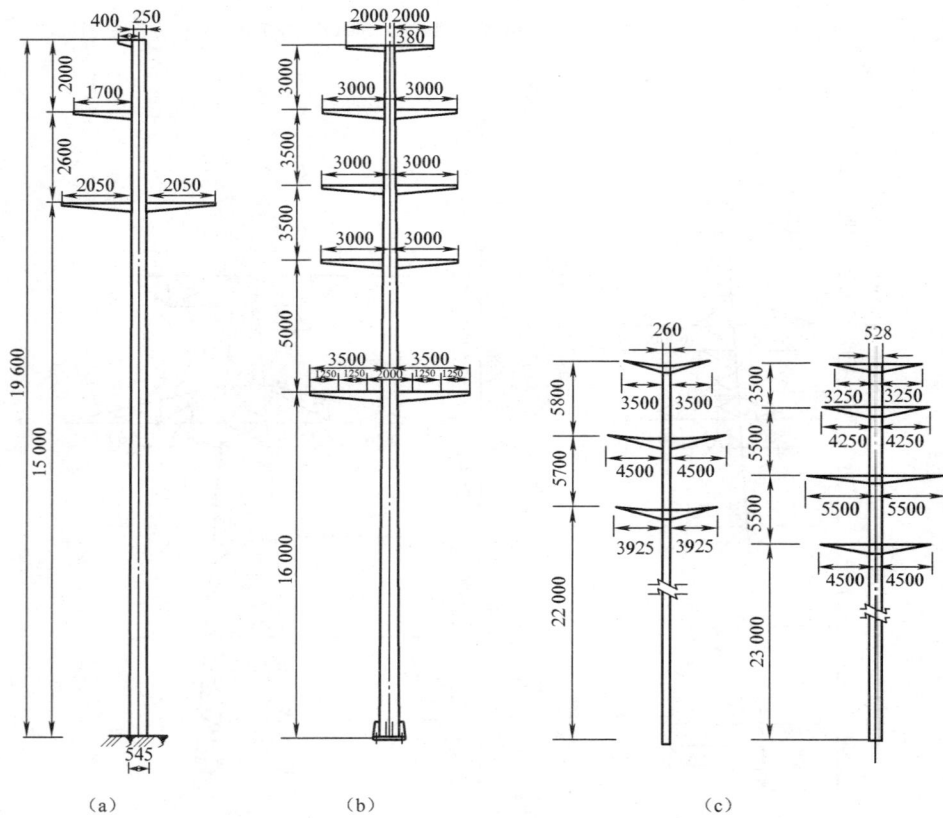

图 GYSD00301001-12 常见悬垂钢管杆杆型

（a）66kV 单回路悬垂钢管杆；（b）110 kV 双回路悬垂钢管杆；（c）220 kV 双回路悬垂钢管杆

【思考与练习】

1．35~110kV 单回路悬垂直线杆有何特点，常用何种杆型？

2．220kV 单回路承力杆常用何种杆型？

3. 自立式承力塔主要有哪些塔型，各有何特点？

模块 2　输电线路杆塔几何尺寸的确定（GYSD00301002）

【模块描述】本模块涉及确定杆塔外形尺寸的基本要求、杆塔呼称高的确定、杆塔头部尺寸的确定。通过概念描述和知识讲解，能够掌握确定杆塔外形尺寸的基本要求，确定杆塔呼称高及杆塔头部尺寸。

【正文】

一、确定杆塔外形尺寸的因素

杆塔用来支持导线和架空地线，确定它的外形尺寸时，必须满足电气条件的要求，据此，根据其作用，对杆塔结构及其外形尺寸有下列基本要求：

（1）确定杆塔呼称高度时，应满足规程规定的导线对地及对交叉跨越物的安全距离。

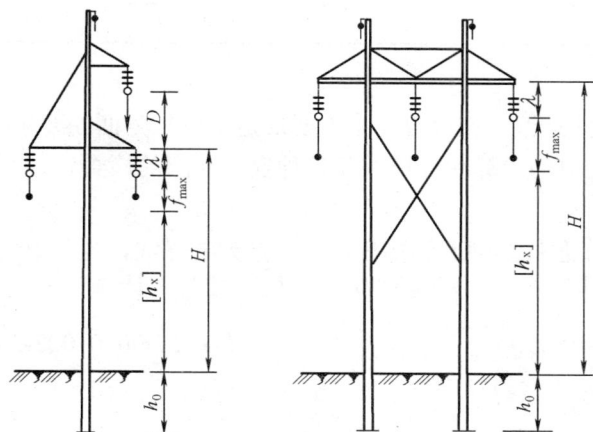

图 GYSD00301002-1　杆塔的呼称高度

（2）确定杆塔头部尺寸时，应满足：

1）在运行电压、操作过电压和雷过电压情况下，各相导线之间和导线与接地构件之间的空气间隙的要求；

2）架空地线对导线的保护角及导地线间在档距中央最小间距的要求；

3）导线覆冰脱落时，考虑导线跳跃对线间距离的要求；

4）各相导线不同步摇摆时，导线在档距中央接近距离的要求；

5）带电作业时，安全距离的要求。

二、杆塔呼称高的确定

杆塔最下层导线绝缘子串挂点到设计地面的垂直距离称为杆塔的呼称高，一般用 H 表示（见图 GYSD00301002-1）。

杆塔的呼称高可按下式确定

$$H = \lambda + f_{max} + [h] + \Delta h \qquad (\text{GYSD00301002-1})$$

式中　λ——绝缘子串的长度，m；

　　　f_{max}——导线的最大弧垂，m；

　　　$[h]$——导线在最大弧垂时，导线到地面、水面及各种被跨越物的安全距离，m，见表 GYSD00301002-1；

　　　Δh——考虑地形断面测量误差及导线安装误差等留的裕度，m，一般对 110kV 及以下的线路、档距 $200 \sim 350$m 时可取 $\Delta h = 0.5 \sim 0.7$m。

表 GYSD00301002-1　　　　　　导线与地面的最小垂直距离[h]　　　　　　　　　　m

电压等级（kV） 线路经过地区	35～110	154～220	330	500	750
居民区	7.0	7.5	8.5	14	19.5
非居民区	6.0	6.5	7.5	11（10.5*）	15.5**（13.7***）
交通困难地区	5.0	5.5	6.5	8.5	

* 用于导线三角排列的单回路。

** 对于导线水平排列单回路的农业耕作区。

***对于导线水平排列单回路的农业非耕作区。

杆塔的总高度等于呼称高度加上导线间的垂直距离和地线支架高度，对于电杆还要加上埋入地下的深度 h_0。

式（GYSD00301002-1）中，对于一定电压等级的线路，λ、$[h]$、Δh 都是定值，而 f_{max} 则随施放

档距的增加而增大，所用杆塔的呼称高度也随之增加。但档距增大使每千米的杆塔数量可以减少，相反，施放档距减小，所用杆塔的呼称高随之降低，但档距减小使每千米的杆塔数量增多了。故对应某一个电压等级的线路，必有一个投资和材料消耗量最少的施放档距和相应的呼称高度，这一档距称为经济档距（又称标准档距）。相应于经济档距的呼称高称为经济呼称高度（又称标准呼称高度）。根据工程设计经验，各电压等级输电线路的经济呼称高度如表 GYSD00301002-2 所示。

表 GYSD00301002-2　　　　　　　　　输电线路杆塔的经济呼称高度　　　　　　　　　　　　　　m

线路电压等级（kV）	钢筋混凝土杆	铁　塔
110	13	15～18
154	17	18～20
220	21	23
500	—	36
750	—	45

三、杆塔头部尺寸的确定

杆塔头部尺寸，如横担长度，上下层导线的间距、地线支架高度等，主要决定于电气方面的要求，这些要求可从两个方面来满足，即档距中各种线间距离的验算和杆塔头部各种安全间隙的检查。

1. 档距中导线的水平线间距离

按导线在档距中不同步摇摆应保持的接近距离的要求，《规程》指出：水平排列的导线，线间距离应结合运行经验确定。对档距在 1000m 以下的档，其导线的水平线距 D_s，一般可按下式计算

$$D_s = k_i \lambda + \frac{U_N}{110} + 0.65\sqrt{f_{max}} \qquad (\text{GYSD00301002-2})$$

式中　D_s——导线的水平线间距离，m；

k_i——悬垂绝缘子串系数，对 I—I 串或 I—V 串 $k_i = 0.4$，对 V—V 串 $k_i = 0$；

λ——悬垂绝缘子串的长度，m；

U_N——线路的额定电压，kV；

f_{max}——导线的最大弧垂，m。

一般情况下，使用悬垂绝缘子串的杆塔，其水平线间距离与档距的关系，见表 GYSD00301002-3。

表 GYSD00301002-3　　　　使用悬垂绝缘子串的杆塔水平线间距离与档距的关系　　　　　　　m

档　距\水平线间距离		3.5	4.0	4.5	5.0	5.5	6.0	6.5	7.0	7.5	8.0	8.5	10	11	13.5	14	14.5
电压（kV）	110	300	375	450													
	220					440	525	615	700								
	330									525	600	700					
	500												525	600			
	750														500	600	700

注　表中数值不适用于覆冰厚度 15mm 及以上地区。

当导线按三角形排列时，除两相下导线需满足式（GYSD00301002-2）的要求外，上下导线间斜线距离可用下式换算为等效水平线间距离 D_x，然后视其是否满足式（GYSD00301002-2）的要求

$$D_x = \sqrt{D_p^2 + \left(\frac{4}{3}D_z\right)^2} \qquad (\text{GYSD00301002-3})$$

式中　D_x——导线三角形排列时的等效水平线间距离，m；

D_p——导线间水平投影距离，即水平偏移，m；

D_z——导线间垂直投影距离，即垂直距离，m。

2. 导线垂直排列的垂直距离和水平偏移

当导线垂直排列时，导线的垂直线间距离一般采用水平线间距离 D_s 的 75%，且应不小于表 GYSD00301002-4 所列数值。

表 GYSD00301002-4　　　使用悬垂绝缘子串的杆塔的垂直线间距离　　　　　　　　　　　m

线路电压（kV）	110	220	330	500	750
垂直线距（m）	3.5	5.5	7.5	10	12.5

对多回路杆塔，不同回路的不同相导线水平或垂直线间距离应比上述的线间距离大 0.5m。

为防止导线在不均匀脱冰时，引起导线跳跃碰线造成事故以及上层导线脱冰时的冰块对下层导线的冲击现象，故上下层相邻导线间或地线与相邻导线间需有水平偏移。此水平偏移不宜小于表 GYSD00301002-5 所列数值。

表 GYSD00301002-5　　　上下层相邻导线间或地线与相邻导线间的水平偏移　　　　　　m

电压等级（kV）	110	220	330	500	750
设计冰厚（10mm）	0.5	1.0	1.5	1.75	2.0

注　无冰区可不考虑水平偏移。设计冰厚 5mm 地区，上下层相邻导线间或导线与地线间的水平偏移，可以根据运行经验适当减小。

3. 空气间隙的校验

所谓空气间隙的校验，即在外过电压、内过电压及正常工作电压三种情况下，绝缘子串风偏后导线对杆塔接地部分的空气间隙不得小于表 GYSD00301002-6 所列的数值。

表 GYSD00301002-6　　　带电部分与杆塔构件的最小间隙　　　　　　　　　　　　　m

电压等级（kV）	110	220	330	500		750	
						海拔 500m 以下	海拔 1000m 以下
外过电压（e_1）	1.00	1.90	2.30	3.30		4.2（或按绝缘子串放电电压的 0.8 配合）	
内过电压（e_2）	0.70	1.45	1.95	2.5	2.7	3.80（边相Ⅰ串）	4.00（边相Ⅰ串）
						4.60（中相Ⅴ串）	4.80（中相Ⅴ串）
运行电压（e_3）	0.25	0.55	0.90	1.2	1.3	1.80（Ⅰ串）	1.90（Ⅰ串）

注　1. 按外过电压和内过电压情况校验间隙时的相应气象条件，参见典型气象区参数。

　　2. 按运行电压情况校验间隙时风速采用基本风速修正至相应导线平均高度处的值及相应气温。

　　3. 500kV 空气间隙栏，左侧数据适用于海拔高度不超过 500m 地区；右侧适用于超过 500m 但不超过 1000m 的地区。

空气间隙校验的具体方法是，首先按照外过电压、内过电压和运行电压三种相应的气象条件（见表 GYSD00202001-2）计算出绝缘子串的风偏角 θ。

正常情况的风速采用 0.9 倍的最大风速；内过电压风速采用 15m/s；外过电压风速按过电压保护设计规程规定。

直线杆塔悬垂绝缘子串（见图 GYSD00301002-2）的风偏摆角可用下式计算

$$\theta = \tan^{-1}\left(\dfrac{\dfrac{P_j}{2}+P_D}{\dfrac{G_j}{2}+G_D}\right) \qquad (\text{GYSD00301002-4})$$

$$P_j = 9.8(n+1)A_j\dfrac{v^2}{16} \qquad (\text{GYSD00301002-5})$$

$$P_D = g_4 A l_h \qquad (\text{GYSD00301002-6})$$

$$G_D = g_1 A l_v \qquad (\text{GYSD00301002-7})$$

式中　A——导线截面积，mm^2；

　　　l_h——水平档距，m；

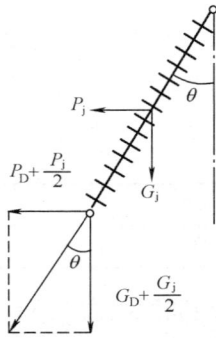

l_v——垂直档距，m；

g_1——导线自重比载，N/(m·mm²)；

g_4——导线风压比载，N/(m·mm²)；

G_j——绝缘子串的重力，N；

P_j——绝缘子串的风压，N；

A_j——一片绝缘子的受风面积，一般单裙边绝缘子取0.03m²，双裙边绝缘子取0.04m²；

n——每串绝缘子的片数，金具零件按一片绝缘子的受风面积考虑；

v——计算情况下的风速，m/s。

图 GYSD00301002-2　绝缘子串受力图

按式（GYSD00301002-5）计算出相应的绝缘子串风偏角 θ_1、θ_2、θ_3 后，再依据初步确定的塔头布置及规程要求的间隙距离 e_1、e_2、e_3（见表 GYSD00301002-7），作间隙圆。圆心为三种情况下绝缘子串风偏后的导线悬挂点；半径为相应的最小空气间隙。如果杆塔构件（包括脚钉、拉线等）落在圆图包络线以外，表示导线在塔头上的布置既满足导线在档距中接近程度的要求，又符合三种情况下对空气间隙的要求，布置可行。否则应增加横担长度或上下横担的距离直至塔头尺寸满足最小间隙的要求。如图 GYSD00301002-3 所示。

4. 带电作业条件的校验

确定杆塔头部尺寸还应适当考虑带电作业安全距离的要求。《国家电网公司电力安全工作规程》规定等电位作业人员至杆塔构件，或地电位作业人员至带电导线的净空安全距离 s_1 不应小于表 GYSD00301002-7 所列数值。作带电作业安全距离校验时，如图 GYSD00301002-4 所示，取人体的活动范围 s_2 为 0.5m，校验带电作业间隙的气象条件为：风速 $v = 10$m/s，气温 $t = 15℃$。

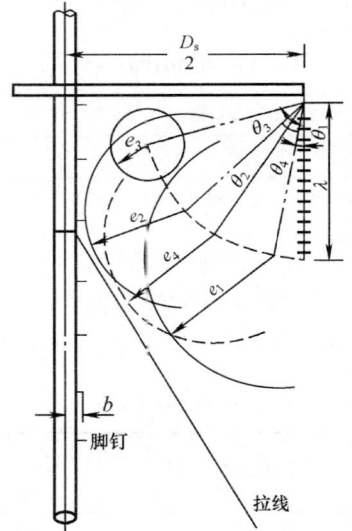

图 GYSD00301002-3　间隙圆图

表 GYSD00301002-7　　带电作业，带电部分对杆塔与接地部分的校验间隙

电压等级（kV）	110	220	330	500	750
安全距离（m）	1.0	1.8	2.2	3.2	4.0/4.3*（边相I串/中相V串）

* 该项为 750kV 单回路带电作业间隙。

5. 架空地线挂点在杆塔头部相对位置的确定

架空地线挂点的高度和相对位置主要考虑对导线保护角的要求，同时还要考虑档距中央架空地线与导线之间在雷过电压情况下最小距离的要求。如图 GYSD00301002-5 所示。

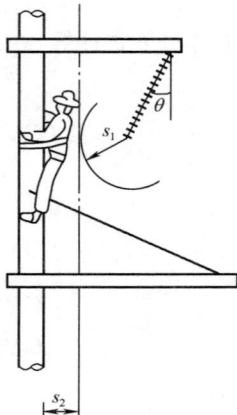

GYSD00301002-4　带电作业安全距离校验

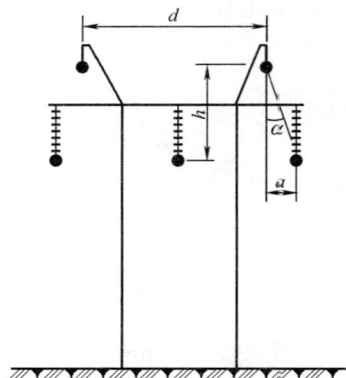

图 GYSD00301002-5　地线悬挂点的布置

（1）杆塔上地线对边导线的保护角，对于同塔双回或多回路，220kV 及以上线路的保护角均不大于 0°，110kV 线路不大于 10°；对于单回路，500～750kV 线路的保护角不大于 10°，330kV 及以下线路不大于 15°；单地线线路不大于 25°。对重覆冰线路的保护角可适当加大。此处，防雷保护角可按下式计算

$$\alpha = \tan^{-1}\frac{a}{h} \qquad\qquad （GYSD00301002\text{-}8）$$

式中　h——导线和地线的垂直距离，m；

　　　a——导线和地线的水平偏移，m。

（2）导线为水平排列的杆塔，双地线之间的水平距离决定于地线对中相导线的保护要求。《规程》规定：双地线间的水平距离 d 不能大于地线与中导线的垂直距离 h 的 5 倍。即 $d \leqslant 5h$。

（3）在雷电过电压条件下档距中央导线与地线的接近距离应满足下式

$$s \geqslant 0.012l + 1 \qquad\qquad （GYSD00301002\text{-}9）$$

式中　s——导线与地线在档距中央的接近距离，m；

　　　l——档距，m。

【思考与练习】

1．确定杆塔外形尺寸的基本要求有哪些？

2．什么叫杆塔的呼称高？呼称高有哪几方面参数组成？什么叫经济呼称高？

3．上下层导线间、导线与地线间为什么要有水平偏移？

4．什么叫防雷保护角？在确定地线悬挂点位置时应满足哪些要求？

第八章 杆塔荷载计算条件及其计算

模块 1 杆塔荷载的计算条件 （GYSD00302001）

【模块描述】本模块包含荷载的分类、荷载计算条件、地线不平衡张力和导线、地线断线张力、荷载系数及各种档距的确定。通过概念描述和知识讲解，了解杆塔荷载的种类及其计算条件，掌握地线不平衡张力和导线、地线断线张力、荷载系数及各种档距的确定方法。

【正文】

一、荷载的分类

（1）作用在杆塔上的荷载按其性质分类可分为永久荷载、可变荷载。杆塔的作用荷载一般分为：横向荷载、纵向荷载和垂直荷载。

1）永久荷载：导线及地线、绝缘子及其附件、杆塔结构、各种固定设备、基础以及土石方等的重力荷载；拉线或纤绳的初始张力，土压力及预应力等荷载。

2）可变荷载：风和冰（雪）荷载；导线、架空地线及拉线的张力；安装检修的各种附加荷载；结构变形引起的次生荷载以及各种振动动力荷载。

（2）按荷载作用在杆塔上的方向可分为横向荷载、纵向荷载和垂直荷载三种。

1）横向荷载是指沿横担方向的荷载。包括杆塔上导线、架空地线的风压，转角杆塔导线、架空地线张力产生的横向水平分力，杆塔自身的风压等。一般用符号 P 表示横向荷载。

2）纵向荷载是垂直于横担方向的荷载。包括导线、架空地线张力在垂直横担方向的分量，斜向风在导线及架空地线产生风荷载的纵向分量，杆塔本身纵向风压荷载；架空地线的不平衡张力，断线时导线断线张力及架空地线的支持力；安装检修时锚线及牵引荷载等。一般用符号 T 表示纵向荷载。

3）垂直荷载是垂直地面方向的荷载。包括导线及架空地线的自重、冰重、杆塔自重、冰重及绝缘子串、重锤及其他固定设备的重力，拉线杆塔的拉线拉力产生的垂直分力，安装检修时操作人员及工器具、附件的重力等。一般用符号 G 表示垂直荷载。

（3）按荷载的组合分类。各类杆塔均应计算线路正常运行情况、断线情况、不均匀覆冰情况和安装情况下的荷载组合，必要时尚应验算地震等稀有情况。

二、荷载计算条件

（一）各类杆塔的正常运行情况，应计算的荷载组合

（1）基本风速、无冰、未断线（包括最小垂直荷载和最大水平荷载组合）；

（2）设计覆冰、相应风速及气温、未断线；

（3）最低气温、无冰、无风、未断线（适用于终端和转角杆塔）。

（二）各类杆塔的断线情况，应计算的荷载组合

（1）悬垂型杆塔（不含大跨越悬垂型杆塔）的断线情况，应按−5℃、有冰、无风的气象条件，计算下列荷载组合：

1）单回路杆塔：①单导线断任意一相导线（分裂导线任意一相导线有纵向不平衡张力），地线未断；②断任意一根地线，导线未断。

2）双回路杆塔：①同一档内，单导线断任意两相导线（分裂导线任意两相导线有纵向不平衡张力）；②同一档内，断一根地线，单导线断任意一相导线（分裂导线任意一相导线有纵向不平衡张力）。

3）多回路杆塔：①同一档内，单导线断任意三相导线（分裂导线任意三相导线有纵向不平衡张力）；②同一档内，断一根地线，单导线断任意两相导线（分裂导线任意两相导线纵向不平衡张力）。

（2）耐张型杆塔的断线情况应按–5℃、有冰、无风的气象条件，计算下列荷载组合：

1）单回路和双回路杆塔：①同一档内，单导线断任意两相导线（分裂导线任意两相导线有纵向不平衡张力）、地线未断；②同一档内，断任意一根地线，单导线断任意一相导线（分裂导线任意一相导线有纵向不平衡张力）。

2）多回路塔：①同一档内，单导线断任意三相导线（分裂导线任意三相导线有纵向不平衡张力）、地线未断；②同一档内，断任意一根地线，单导线断任意两相导线（分裂导线任意两相导线有纵向不平衡张力）。

（三）各类杆塔的安装情况，应按 10m/s 风速、无冰、相应气温条件计算

导线或地线及其附件的起吊安装荷载，应包括提升重力、紧线张力荷载和安装人员及工具的重力。

三、导线、地线的不平衡张力和断线张力

（一）不均匀覆冰的导、地线不平衡张力

10 mm 冰区不均匀覆冰情况，按–5℃、有不均匀冰、10m/s 风速的气象条件计算。导、地线不平衡张力应不低于表 GYSD00302001-1 的值。垂直荷载按不小于 75% 设计覆冰荷载计算。

表 GYSD00302001-1 不均匀覆冰的导、地线不平衡张力取值表

不均匀覆冰的导、地线不平衡张力（最大使用张力的百分数，%）			
悬垂型杆塔		耐张型杆塔	
导线	地线	导线	地线
10	20	30	40

（二）导线和地线的断线张力

对于 10mm 及以下的冰区导、地线的断线张力（或分裂导线的纵向不平衡张力）应不低于表 GYSD00302001-2 的值，垂直冰荷载取 100% 设计覆冰荷载。

表 GYSD00302001-2 10mm 及以下冰区导、地线断线张力（或分裂导线的纵向不平衡张力）取值表

地形	地线	断线张力（或分裂导线的纵向不平衡张力）（一相导线最大使用张力的百分数，%）				
		悬垂塔导线			耐张塔导线	
		单导线	双分裂导线	双分裂以上导线	单导线	双分裂及以上导线
平丘	100	50	25	20	100	70
山地	100	50	30	25	100	70

各类杆塔均应考虑所有导、地线同时同向有不均匀覆冰的不平衡张力，使杆塔承受最大的弯矩。其值应不低于表 GYSD00302001-3 的值。

表 GYSD00302001-3 不均匀覆冰情况的导、地线不平衡张力　　　　　　　　　　%

悬垂型杆塔		耐张型杆塔	
导线	地线	导线	地线
10	20	30	40

各类杆塔在断线情况下的断线张力（或分裂导线纵向不平衡张力），以及不均匀覆冰情况下的不平衡张力均应按静态荷载计算。

防串倒的加强型悬垂型杆塔，除按常规悬垂型杆塔工况计算外，还应按所有导、地线同侧有断线张力（或不平衡张力）计算。

各类杆塔的验算覆冰荷载情况，按验算冰厚、–5℃、10m/s 风，所有导、地线同时同向有不平衡张力，使杆塔承受最大弯矩。

四、可变荷载组合系数

在杆塔强度计算中，由于各类荷载出现的几率不同，其荷载作用的时间长短不同，为了设计的经

济性，其相应的安全可靠性亦要求不同。此外，由于耐张型杆塔发生事故的后果比直线型杆塔要严重得多，所以当它们同样受事故荷载作用时，要求耐张型杆塔有较高的可靠性。为了能采用同一标准进行受力的比较和尺寸选择，我们引入"可变荷载组合系数 K_H"表征各种情况的荷载对杆塔安全可靠性的要求。

将运行、断线及安装情况的荷载（称为计算荷载）分别乘以相应的可变荷载组合系数 K_H，就得到各种情况的设计荷载。按设计荷载进行杆塔强度的计算时，采用同一安全系数，可以简化杆塔强度的计算。

各类杆塔的可变荷载组合系数可按下列取值：正常运行情况取 1.0、220kV 及以上线路的断线情况和各种电压安装情况、不均匀覆冰情况取 0.9，各种电压线路的验算情况和 110kV 线路的断线情况取 0.75。

五、各种档距的确定

在计算杆塔荷载时，需首先确定各种杆塔的标准档距、水平档距、垂直档距和代表档距，以便计算导线的风压、重力和张力。

1. 标准档距

与杆塔的经济呼称高相对应的档距，称为标准档距。在平地标准档距 l_b 为

$$l_b = \sqrt{\frac{8\sigma}{g}\left(H - \lambda - [h] - \Delta h\right)} \qquad （GYSD00302001-1）$$

2. 水平档距

水平档距是计算杆塔的水平荷载，杆塔的水平档距在平地应等于杆塔经济呼称高所确定的标准档距。但考虑到实际地形变化，水平档距宜较标准档距大 10%左右。

3. 垂直档距

垂直档距决定杆塔的垂直荷载，其大小直接影响横担及吊杆的强度。垂直档距通常取 1.5 倍左右的水平档距，或按比水平档距大 50～100m 来设计。

4. 代表档距

导线、地线的张力与代表档距有关。据统计分析，绝大多数的代表档距小于标准档距。一般在计算直线杆塔的风偏角时，取代表档距 $l_0 = 0.8l_b$；计算耐张杆塔导线、地线的张力时，可取 $l_0 = 0.7l_b$。当杆塔标准档距接近临界档距时，可取标准档距等于临界档距。

5. 临界档距

即两种控制条件的分界档距，当大于该档距范围时，由一种情况控制，当小于该档距范围时，由另一种情况控制，在临界档距下两种控制情况都起控制作用。

6. 最大允许档距

最大允许档距是指杆塔允许的最大档距，它用来决定线间距离、导线与避雷线间的距离，确定杆塔头的轮廓尺寸等，一般比水平档距大 50～150m。

六、杆塔设计计算的基本规定

根据 GB 50010—2002《混凝土结构设计规范》要求，杆塔强度计算采用以概率理论为基础的极限状态设计法，以可靠指标度量结构构件的可靠度，采用以分项系数的设计表达式进行设计。

所谓极限状态是指整个结构或结构的一部分超过某一特定状态就不能满足设计规定的某一功能要求的特定状态。极限状态分为承载能力极限状态和正常使用极限状态。

1. 承载能力极限状态

这种极限状态对应于结构或结构构件达到最大承载力、疲劳破坏或不适于继续承载的变形。其表达式为

$$\gamma_o(\gamma_G C_G G_k + \psi \sum \gamma_{Qi} C_{Qi} Q_{ik}) \leqslant R \qquad （GYSD00302001-2）$$

式中　γ_o——结构重要性系数，按安全等级选定。一级：特别重要的杆塔结构应取 $\gamma_o = 1.1$；二级：各级电压线路的各类杆塔，应取 $\gamma_o = 1.0$；三级：临时使用的各类杆塔，应取 $\gamma_o = 0.9$。

γ_{G}——永久荷载分项系数，对结构受力有利时，宜取 $\gamma_{G}=1.0$；不利时，应取 $\gamma_{G}=1.2$。

γ_{Qi}——第 i 项可变荷载的分项系数，应取 $\gamma_{Qi}=1.4$。

G_{k}——永久荷载标准值。

Q_{ik}——第 i 项可变荷载标准值。

ψ——可变荷载组合系数，各级电压线路的正常运行情况，应取 $\psi=1.0$；220kV 及以上送电线路的断线情况和各级电压线路的安装情况，应取 $\psi=0.9$；各级电压线路的验算情况和 110kV 线路的断线情况，应取 $\psi=0.75$。

C_{G}、C_{Qi}——分别为永久荷载和可变荷载的荷载效应系数。

R——结构构件的抗力设计值。

2. 正常使用极限状态

这种极限状态对应于结构或结构构件的变形或裂缝等达到正常使用或耐久性能的某项规定限值。其计算表达式为

$$C_{G}G_{k}+\psi \cdot \sum C_{Qi} \cdot Q_{ik} \leqslant \delta \qquad （GYSD00302001\text{-}3）$$

式中　δ——结构或构件的裂缝宽度或变形的规定限制值，mm。

3. 结构或构件承载力的抗震验算

应采用下列表达式：

$$\gamma_{GE}S_{G\gamma}+\gamma_{Eh}S_{Ek}+\gamma_{EV}S_{EVk}+\gamma_{EQ}S_{Q}+\psi_{W}S_{wk} \leqslant R/\lambda_{RE} \qquad （GYSD00302001\text{-}4）$$

式中　γ_{GE}——重力荷载分项系数，一般宜取 $\gamma_{GE}=1.2$；当重力荷载对结构承载力有利时，宜取 $\gamma_{GE}=1.0$；当验算结构抗倾覆或抗滑移时，宜取 $\gamma_{GE}=0.9$。

$S_{G\gamma}$——重力荷载代表值效应，应取结构构件、固定设备和导线、地线及绝缘子等重力标准值。

γ_{Eh}、γ_{EV}——分别为水平、竖向地震作用分项系数，当仅计算水平地震作用时：宜取 $\gamma_{Eh}=1.3$，$\gamma_{EV}=0$；当仅计算竖向地震作用时：宜取 $\gamma_{Eh}=0$，$\gamma_{EV}=1.3$；当两者同时计算时：如以水平作用为主，宜取 $\gamma_{Eh}=1.3$，$\gamma_{EV}=0.5$；如以竖向作用为主，宜取 $\gamma_{Eh}=0.5$，$\gamma_{EV}=1.3$。

S_{Ek}——水平地震作用标准值效应，按现行国家规范《构筑物抗震设计规范》的有关规定计算，对悬挂的导线、地线及其附件的质量所产生的惯性作用可不予计入。

S_{EVk}——竖向地震作用标准值效应，按现行国家规范《构筑物抗震设计规范》的有关规定计算。

γ_{EQ}——导线及地线张力可变荷载的分项及组合综合系数，取 $\gamma_{EQ}=0.5$。

S_{Q}——导线及地线张力可变荷载的代表值效应。

S_{wk}——风荷载标准值效应。

ψ_{W}——风荷载分项与组合综合系数，宜取 $\psi_{W}=0.3$。

γ_{RE}——承载力抗震调整系数，应按照表 GYSD00302001-4 确定。

表 GYSD00302001-4　　　　　　　承载力抗震调整系数

材　料	结　构　构　件	承载力抗震调整系数 γ_{RE}
钢	跨越塔	0.85
	除跨越塔外的其他铁塔	0.80
	焊缝和螺栓	1.00
钢筋混凝土	跨越塔	0.90
	钢管混凝土杆塔	0.80
	钢筋混凝土杆	0.80
	各类受剪构件	0.85

结构或构件的强度、稳定和连接强度，应按承载力极限状态的要求，采用荷载的设计值和材料强度的设计值进行计算；结构或构件的变形或裂缝，应按正常使用极限状态的要求，采用荷载的标准值和正常使用规定限值进行计算。

例 GYSD00302001-1 某 110kV 上字型拉线悬垂直线单杆采用 $\phi300$mm 等经杆，尺寸布置如图 GYSD00302001-1 所示。在正常基本风速情况下，杆头作用的荷载标准值为 $P_B = 1085$N，$G_B = 1490$N，$P_D = 2269$N，$G_D = 3295$N，忽略杆身风荷载，试求正常基本风速情况时下横担处的弯矩设计值。

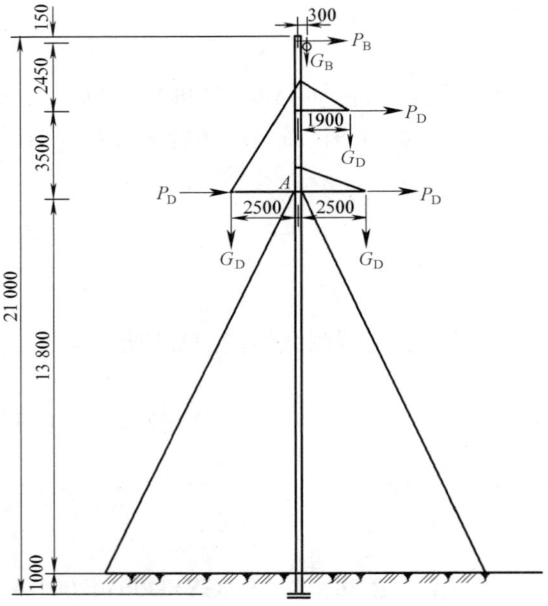

解： 根据已知条件查得 $\gamma_G = 1.2$，$\gamma_Q = 1.4$，$\Psi = 1.0$，则下横担处的弯矩设计值为

$$M = \gamma_G C_G G_k + \psi \sum \gamma_{Qi} C_{Qi} Q_{ik}$$
$$= \gamma_G (G_B \times 0.3 + G_D \times 1.9) + \psi \gamma_{Qi}$$
$$\left[P_B \times (2.45 + 3.5) + P_D \times 3.5 \right]$$
$$= 1.2 \times (1490 \times 0.3 + 3295 \times 1.9) + 1 \times 1.4$$
$$\times \left[1085 \times (2.45 + 3.5) + 2269 \times 3.5 \right]$$
$$= 28205 （N \cdot m）= 28.205 \text{ kN} \cdot m$$

图 GYSD00302001-1 110kV 拉线直线单杆荷载图

【思考与练习】

1. 杆塔的荷载按作用在杆塔上的方向可分为哪几类、分别包括哪些荷载？

2. 什么叫可变荷载组合系数？可变荷载组合系数怎么取值？

3. 以概率理论为基础的极限状态设计法，其极限状态是何含义？什么叫承载能力极限状态和正常使用极限状态？

模块 2 杆塔荷载的计算（GYSD00302002）

【模块描述】 本模块包含风压荷载的计算、垂直荷载的计算、安装的计算及角度合力计算。通过概念描述、定量分析、计算举例，掌握杆塔各类荷载的计算方法。

【正文】

一、风压荷载计算

悬垂型杆塔应计算与铁塔线路方向轴线成 0°、45°（或 60°）及 90°的三种基本风速的风向；一般耐张型杆塔可只计算 90°一个风向；终端杆塔除计算 90°风向外，还需计算 0°风向；悬垂转角杆塔和小角度耐张转角杆塔还应考虑与导、地线张力的横向分力相反的风向；特殊杆塔应计算最不利风向。

（一）风向与线路方向垂直时的荷载计算

（1）风向与线路方向垂直时，杆塔风压荷载按下式计算

$$P_a = W_0 CF \qquad\qquad (GYSD00302002-1)$$

$$W_0 = \frac{v^2}{1.6}$$

式中 P_a——风向与线路垂直时的杆（塔）身的水平风荷载标准值，N；

v——基准高度的风速，m/s；

F——杆（塔）身构件承受风压的投影面积计算值，m²；

C——构件风载体形系数。对环形截面电杆取 0.7，角钢铁塔取 1.3 $(1 + \eta)$，圆断面杆件：当 $W_0 d^2 \leq 2$ 时取 1.2，当 $W_0 d^2 \geq 15$ 时取 0.7（上述中间值按插入法计算）；圆断面杆件组成的塔架取 $(0.7 \sim 1.2)(1 + \eta)$；

η——空间桁架背风面的风压荷载降低系数，一般采用表 GYSD00302002-1 所列的数值。

杆（塔）身构件承受风压的投影面积计算：

1）对环形截面电杆、钢管杆杆身取 $F = h \dfrac{D_1 + D_2}{2}$

2）对铁塔塔身取

$$F = \varphi h \frac{b_1 + b_2}{2}$$

式中　h ——计算段的杆（塔）高度，m；

　　D_1、D_2 ——杆身风压计算段的顶和根的直径，m；

　　b_1、b_2 ——铁塔塔身风压计算段内迎风面桁架的上、下的宽，m；

　　　　φ ——铁塔桁架的填充系数，一般窄基塔塔身和塔头取 0.2～0.3，宽基塔塔身可取 0.15～0.2；考虑节点板挡风面积的影响，应再乘以风压增大系数，窄基塔取 1.2，宽基塔取 1.1。

表 GYSD00302002-1　　　　　塔架背风面风载降低系数 η

b/h ＼ F/F_k	≤0.1	0.2	0.3	0.4	0.5	>0.6
≤1	1.0	0.85	0.66	0.50	0.33	0.15
2	1.0	0.90	0.75	0.60	0.45	0.30

注　F_k 为塔架的轮廓面积；h 为塔架迎风面宽度；b 为塔架迎风面与背风面之间距离。

（2）风向与线路方向垂直时，导线、地线的风压荷载用下式计算

$$P_1 = gAl_h \cos^2 \frac{\theta}{2} + P_j \qquad \text{（GYSD00302002-2）}$$

式中　P_1 ——导线或地线的风压荷载，N；

　　A ——导线计算截面，mm^2；

　　θ ——线路转角，（°）；

　　g ——导线或地线的风压比载（g_4 或 g_5），N/m·mm^2；

　　l_h ——水平档距，m；

　　P_j ——绝缘子串风压，N，可按式 $P_j = W_0(n+1)A_j$ 计算，工程计算常忽略。

分裂导线的风压荷载应取单导线风压荷载乘以导线根数。

（二）风向与线路方向一致或成 α 角度时的荷载计算

当风向与线路方向成 α 角度时，导线、地线、杆（塔）身风压及横担风压在垂直线路方向 X 和顺线路方向 Y 的分量可按表 GYSD00302002-2 所示取用。

表 GYSD00302002-2　　　　　风向与线路方向成 α 角度时的风压荷载计算

风向与线路方向夹角 α	导线、地线风压		塔 身 风 压		横 担 风 压	
	X	Y	X	Y	X	Y
0°	0	$0.25P_1$	0	P_b	0	P_b'
45°	$0.5P_1$	$0.25P_1$	$0.707KP_b$	$0.707KP_b$	$0.15P_b'$	$0.5P_b'$
60°	$0.75P_1$	0	$0.866KP_b$	$0.5KP_b$	$0.15P_b'$	$0.5P_b'$
90°	P_1	0	P_a	0	$0.3P_b'$	0

注　1. X、Y 分别为垂直线路方向，顺线路方向的风压分量。

　　2. P_1 为垂直线路方向风吹时，导线、地线的风压。

　　3. P_a、P_b 分别为垂直线路方向、顺线路方向风吹时的塔身风压。

　　4. P_b' 为顺线路方向风吹时的横担风压。

　　5. 塔身风压系数 K，对矩形截面塔身取 1.0，对方形塔身取 1.1。

对于高杆塔，杆（塔）身风压应分段计算，导线、地线风压荷载应按其悬挂平均高度进行计算。其平均高度 H_p 按下式计算

$$H_p = H - \frac{2}{3} f_{max} \qquad \text{（GYSD00302002-3）}$$

式中　H ——导线或地线悬挂点对地高度，m。

对不同距地高度的风压，以距地面 10m 为基准，可按不同距地高度乘以风压高度变化系数 K_z，如表 GYSD00302002-3 所示。

表 GYSD00302002-3　　　　　风压高度变化系数 K_z

离地面或海平面高度 （m）	地面粗糙度类别			
	A	B	C	D
5	1.17	1.00	0.74	0.62
10	1.38	1.00	0.74	0.62
15	1.52	1.14	0.74	0.62
20	1.63	1.25	0.84	0.62
30	1.80	1.42	1.00	0.62
40	1.92	1.56	1.13	0.73
50	2.03	1.67	1.25	0.84
60	2.12	1.77	1.35	0.93
70	2.20	1.86	1.45	1.02
80	2.27	1.95	1.54	1.11
90	2.34	2.02	1.62	1.19
100	2.40	2.09	1.70	1.27
150	2.64	2.38	2.03	1.61
200	2.83	2.61	2.30	1.92
250	2.99	2.80	2.54	2.19
300	3.12	2.97	2.75	2.45
350	3.12	3.12	2.94	2.68
400	3.12	3.12	3.12	2.91
≥450	3.12	3.12	3.12	3.12

注　地面粗糙度类别：A 类指近海面和海岛、海岸、湖岸及沙漠地区；B 类指田野、乡村、丛林、丘陵以及房屋比较稀疏的乡镇和城市郊区；C 类指有密集建筑群的城市市区；D 类指有密集建筑群且房屋较高的城市市区。

杆塔风荷载调整系数 β_z。理论上是把风压作用的平均值看成稳定风压，主际上风是不规则的，风压将随着风速、风向的紊乱变化而不停改变，风压产生的波动分量（波动风压），使结构在平均侧移附近产生振动效应，致使结构受力增大，因此采用风荷载调整系数考虑这种因素的影响。风荷载调整系数 β_z 按表 GYSD00302002-4 取值。

表 GYSD00302002-4　　　　杆塔风荷载调整系数 β_z（用于杆塔本身）

杆塔全高 H（m）		20	30	40	50	60
β_z	单柱拉线杆塔	1.0	1.4	1.6	1.7	1.8
	其他杆塔	1.0	1.25	1.35	1.5	1.6

注　1. 中间值按插入法计算。

　　2. 对自立式铁塔，表中数值适用于高度与根开之比为 4～6。

另外，在杆塔设计时，当杆塔全高不超过 60m 时，应按照表 GYSD00302002-4 对全高采用一个系数；当杆塔全高超过 60m 时，应按现行国家规范 GB 50009《建筑结构荷载规范》采用由下到上逐段增大的数值，但其加权平均值对自立式铁塔不应小于 1.6，对单柱拉线杆塔不应小于 1.8。设计基础时，当杆塔全高不超过 60m 时，应取 1.0，当杆塔全高不超过 60m 时，宜采用由下到上逐段增大的数值，但其加权平均值对自立式铁塔不应小于 1.3。

二、垂直荷载计算

导线、地线的垂直荷载按下式计算

$$G = gAl_{\text{υ}} + G_{\text{j}}$$ （GYSD00302002-4）

式中 G——导线或地线的垂直荷载，N；

g——导线或地线的垂直比载（ g_1 或 g_3 ），N/（m·mm²）；

A——导线或地线截面，mm²；

$l_{\text{υ}}$——垂直档距，m，断线故障时，断线相计算垂直档距取 $l_{\text{υ}}/2$；

G_{j}——绝缘子串总重力，N，覆冰时绝缘子串总重取 $G'_{\text{j}} = k_{\text{j}}G_{\text{j}}$ ，当设计冰厚 15mm 时， $k_{\text{j}} = 1.225$；

冰厚 10mm 时， $k_{\text{j}} = 1.15$；冰厚 5mm 时， $k_{\text{j}} = 1.075$。

无论是安装情况或断线情况，需有相当的工作人员停留在杆塔上作业。因此在计算安装情况及断线情况荷载时，还应考虑工作人员登杆作业时的附加荷载（工人及工具、附件等重力），其值如表 GYSD00302002-5 所示。另外提升导线时应考虑动力系数 1.1。

表 GYSD00302002-5 附加荷载标准值 kN

附加荷载 电压（kV）	导 线		地 线	
	悬垂型杆塔	耐张型杆塔	悬垂型杆塔	耐张型杆塔
110	1.5	2.0	1.0	1.5
220~330	3.5	4.5	2.0	2.0
500~750	4.0	6.0	2.0	2.0

三、安装情况荷载计算

各类杆塔的安装情况，应按 10m/s 风速、无冰、相应气温的气象条件下考虑下列荷载组合：

（1）悬垂型杆塔的安装荷载：

1）提升导、地线及其附件时的作用荷载。包括提升导、地线、绝缘子和金具等重力（一般按 2.0 倍计算）、安装工人和工具的附加荷载，提升时应考虑动力系数 1.1，附加荷载标准值宜符合表 GYSD00302002-5 的规定。

2）导线及地线锚线作业时的作用荷载。锚线对地夹角一般应不大于 20°，正在锚线相的张力应考虑动力系数 1.1。挂线点垂直荷载取锚线张力的垂直分量和导、地线重力和附加荷载之和，纵向不平衡张力分别取导、地线张力与锚线张力纵向分量之差。

（2）耐张型杆塔的安装荷载：

1）导线及地线荷载：

a. 锚塔：锚地线时，相邻档内的导线及地线均未架设；锚导线时，在同档内的地线已架设。

b. 紧线塔：紧地线时，相邻档内的地线已架设或未架设，同档内的导线均未架设；紧导线时，同档内的地线已架设，相邻档内的导、地线已架设或未架设。

2）临时拉线所产生的荷载：锚塔和紧线塔均允许计及临时拉线的作用，临时拉线对地夹角不应大于 45°，其方向与导、地线方向一致，临时拉线一般可平衡导、地线张力的 30%。500kV 及以上杆塔，对 4 分裂导线的临时拉线按平衡导线张力标准值 30kN 考虑，6 分裂及以上导线的临时拉线按平衡导线张力标准值 40kN 考虑，地线临时拉线按平衡地线张力标准值 5kN 考虑。

3）紧线牵引绳产生的荷载：紧线牵引绳对地夹角一般按不大于 20°考虑，计算紧线张力时应计及导、地线的初伸长、施工误差和过牵引的影响。

4）安装时的附加荷载：可按表 GYSD00302002-5 选用。

（3）导、地线的架设次序，一般考虑自上而下地逐相（根）架设。对于双回路及多回路杆塔，应按实际需要，考虑分期架设的情况。

（4）与水平面夹角不大于 30°、而且可以上人的铁塔构件，应能承受设计值 1000N 人重荷载，此时，不与其他荷载组合。

终端杆塔应计及变电站（或升压站）一侧导线及地线已架设或未架设的情况。

模块 2

GYSD00302002

四、角度合力计算

导线、地线的角度荷载。当线路转角时，杆塔承受顺横担方向的合力 T（如图 GYSD00302002-1 所示）为

$$T = (T_1 + T_2)\sin\frac{\theta}{2} \qquad (\text{GYSD00302002-5})$$

垂直横担方向张力 T_a 和 T_b 分别为

$$T_a = T_1\cos\frac{\theta}{2} \qquad (\text{GYSD00302002-6})$$

$$T_b = T_2\cos\frac{\theta}{2} \qquad (\text{GYSD00302002-7})$$

式中　T_1、T_2——杆塔两侧导线或地线的张力，N，断线故障时，断线侧张力为零；

　　　θ——线路转角。

例 GYSD00302002-1　某 110kV 单回悬垂直线杆，导线为 JL/G1A-185/25-24/7 型，地线为 1×7-8.7-1270-A-GB1200-88 型，采用 ϕ230mm 拔梢钢筋混凝土电杆，导线排列见图 GYSD00302002-2，标准档距为 280m，水平档距为 310m，垂直档距为 400m，无冰时，导线绝缘子串和金具重力 530N，地线金具串重力 50N；地线最大使用应力为 294.2 MPa，线路经过 II 级气象区，其气象参数见表 GYSD00302002-6。试计算该直线杆的荷载，并画出荷载图。

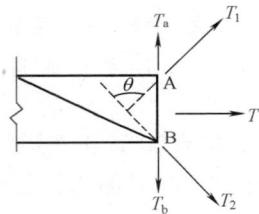

图 GYSD00302002-1　线路转角示意图

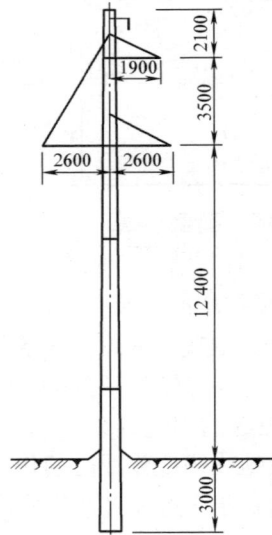

图 GYSD00302002-2　悬垂直线单杆

表 GYSD00302002-6　　　　　气　象　条　件

气象参数 计算条件	温　度 （℃）	风　速 （m/s）	冰　厚 （mm）
基本风速	10	27	0
正常覆冰	−5	10	5
安　装	0	10	0

解　可根据导线、地线的型号查模块 GYSD00201002 的内容得导线、地线的参数，且计算出其相关比载见表 GYSD00302002-7。

表 GYSD00302002-7　　　　　参　数　及　比　载

项　　　　目	1×7-8.7-1270-A-GB1200-88 型	JL/G1A-185/25-24/7 型
截面积（mm²）	$A_B = 46.24$	$A = 211.28$
应力（MPa）	$\sigma_{0B} = 294.2$	$\sigma_0 = 112.14$

续表

项　　目	1×7-8.7-1270-A-GB1200-88 型	JL/G1A-185/25-24/7 型
比载 [N/(m·mm²)]	$g_{1B} = 77.858 \times 10^{-3}$ $g_{3B} = 118.934 \times 10^{-3}$ $g_{4B(27)} = 75.671 \times 10^{-3}$ $g_{4B(10)} = 13.840 \times 10^{-3}$ $g_{5B(5,10)} = 29.749 \times 10^{-3}$	$g_1 = 32.719 \times 10^{-3}$ $g_3 = 48.402 \times 10^{-3}$ $g_{4(27)} = 32.980 \times 10^{-3}$ $g_{4(10)} = 6.032 \times 10^{-3}$ $g_{5(5,10)} = 10.062 \times 10^{-3}$

（1）运行情况 I 。其计算条件为：基本风速、无冰、未断线（$v = 27\text{m/s}$，$t = 10℃$，$b = 0$）。

地线重力

$$G_B = g_{1B} A_B l_v + G_{jB}$$
$$= 77.858 \times 10^{-3} \times 46.24 \times 400 + 50$$
$$= 1490 （N）$$

地线风压

$$P_B = g_{4B(27)} A_B l_h$$
$$= 75.671 \times 10^{-3} \times 46.24 \times 310$$
$$= 1085 （N）$$

导线重力

$$G_D = g_1 A l_v + G_j$$
$$= 32.719 \times 10^{-3} \times 211.28 \times 400 + 530$$
$$= 3295 （N）$$

导线风压

$$P_D = g_{4(27)} A l_h + P_j$$
$$= 32.98 \times 10^{-3} \times 211.28 \times 310 + 109$$
$$= 2269 （N）$$

$$P_j = \frac{(n+1)A_j v^2}{1.6} = \frac{(7+1) \times 0.03 \times 27^2}{1.6} = 109 （N）$$

（2）运行情况 II 。计算条件为：覆冰、相应风速、未断线（$v = 10\text{m/s}$，$t = -5℃$，$b = 5\text{mm}$）。

地线重力

$$G_B = g_{3B} A_B l_v + G_{jB}'$$
$$= 118.934 \times 10^{-3} \times 46.24 \times 400 + 50 \times 1.075$$
$$= 2254 （N）$$

地线风压

$$P_B = g_{5B} A_B l_h$$
$$= 29.749 \times 10^{-3} \times 46.24 \times 310$$
$$= 426 （N）$$

导线重力

$$G_D = g_3 A l_v + G_j'$$
$$= 48.402 \times 10^{-3} \times 211.28 \times 400 + 530 \times 1.075$$
$$= 4660 （N）$$

导线风压

$$P_D = g_{5(5,10)} A l_h$$
$$= 10.062 \times 10^{-3} \times 211.28 \times 310$$
$$= 659 （N）$$

（3）断线情况 I 。断上或下导线时，其计算条件为：$-5℃$、有冰、无风，断一相导线，地线未断（$v = 0\text{m/s}$，$t = -5℃$，$b = 5\text{mm}$）。

地线重力 $\qquad G_B = 2254 \quad \text{N}$

未断线相导线重力 $\qquad G_D = 4660 \quad \text{N}$

断线相导线重力

$$G_D' = g_3 A \frac{l_v}{2} + G_j$$
$$= 48.402 \times 10^{-3} \times 211.28 \times \frac{400}{2} + 530 \times 1.075$$
$$= 2612 （N）$$

断线张力 $\qquad\qquad\qquad\qquad T_D = 0.5\sigma_0 A$

$$= 0.5 \times \frac{59\ 230}{2.5 \times 211.28} = 11\ 846\ (N)$$

另外还需分别计算断上、下导线时地线的最大、最小支持力，计算方法见模块 GYSD00203002 地线支持力的概念与计算内容。

（4）断线情况 II。计算条件为：−5℃、有冰、无风，一根地线有张力差，导线未断，无风无冰（$v=0\text{m/s}$，$t=-5℃$，$b=5\text{mm}$）。

地线重力 $\qquad\qquad\qquad\qquad G_B = 2254\ \ \text{N}$

导线重力 $\qquad\qquad\qquad\qquad G_D = 4660\ \ \text{N}$

地线张力差 $\qquad\qquad\qquad\quad \Delta T_B = 0.2\sigma_{0B}A_B$

$$= 0.2 \times 294.2 \times 46.24$$

$$= 2721\ (N)$$

（5）安装情况。计算条件一般取无冰、风速为 10m/s。

1）起吊上导线时。起吊上导线一般接地线已安装，下导线未安装考虑。

地线重力 $\qquad\qquad\qquad\qquad G_B = 1490\ \ \text{N}$

地线风压 $\qquad\qquad\qquad\qquad P_B = g_{4B(10)}A_B l_h$

$$= 13.84 \times 10^{-3} \times 46.24 \times 310$$

$$= 198\ (N)$$

导线重力 $\qquad\qquad\qquad\qquad G_D = 3295\ \ \text{N}$

导线风压 $\qquad\qquad\qquad\qquad P_D = g_{4(10)}A l_h$

$$= 6.032 \times 10^{-3} \times 211.28 \times 310$$

$$= 395\ (N)$$

上导线的起吊安装示意图见图 GYSD00302002-3，导线越过下横担时需向外拉，其拉力 T_2 与水平线的夹角设为 20°，并假设上、下横担间导线被水平拉出 1.3m。根据静力平衡条件，得方程

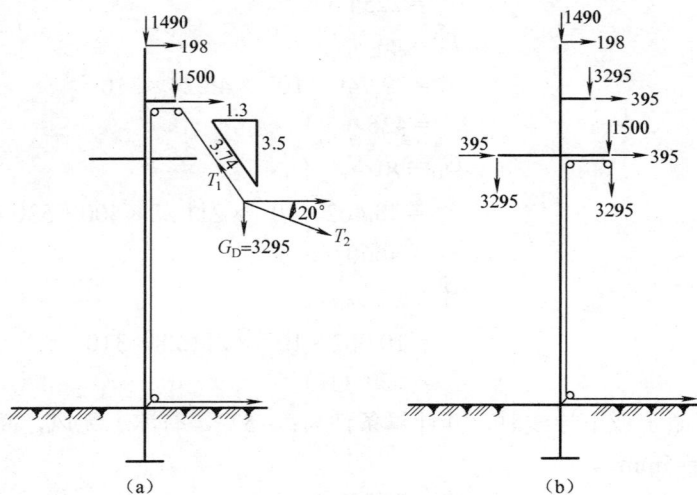

图 GYSD00302002-3　起吊安装示意图

（a）起吊上导线；（b）起吊下导线

取 $\sum X = 0$ $\qquad \dfrac{1.3}{3.74}T_1 = T_2\cos 20°$，则 $T_1 = 2.7T_2$

取 $\sum Y = 0$ $\qquad \dfrac{3.5}{3.74}T_1 = G_D + T_2\sin 20°$，则 $T_1 = \dfrac{3.74}{3.5}(3295 + 0.342T_2)$

联立解上两式得

$$T_1 = 4072\,\text{N}，T_2 = 1508\,\text{N}$$

上横担端部，总的垂直荷载为

$$\sum G = 1.1 \times G_{T1} + 1500 = 1.1 \times 4072 \times \frac{3.5}{3.74} + 1500 = 5692\,（\text{N}）$$

总的水平荷载为

$$\sum P = 1.1 \times P_{T1} = 1.1 \times 4072 \times \frac{1.3}{3.74} = 1557\,（\text{N}）$$

2）起吊下导线时。起吊下导线一般计算起吊下右导线，且认为地线、上导线、下左导线已安装。则正在安装的下导线横担端部总的垂直荷载为

$$\sum G = 1.1 G_D + 1500 = 1.1 \times 3295 + 1500 = 5125\,（\text{N}）$$

总的水平荷载为

$$\sum P = P_D = 395\,（\text{N}）$$

（6）荷载图。把相应的荷载组合后标在杆头图上，即为杆塔荷载图（见图 GYSD00302002-4），以供杆塔强度计算使用（图中未考虑可变荷载组合系数）。

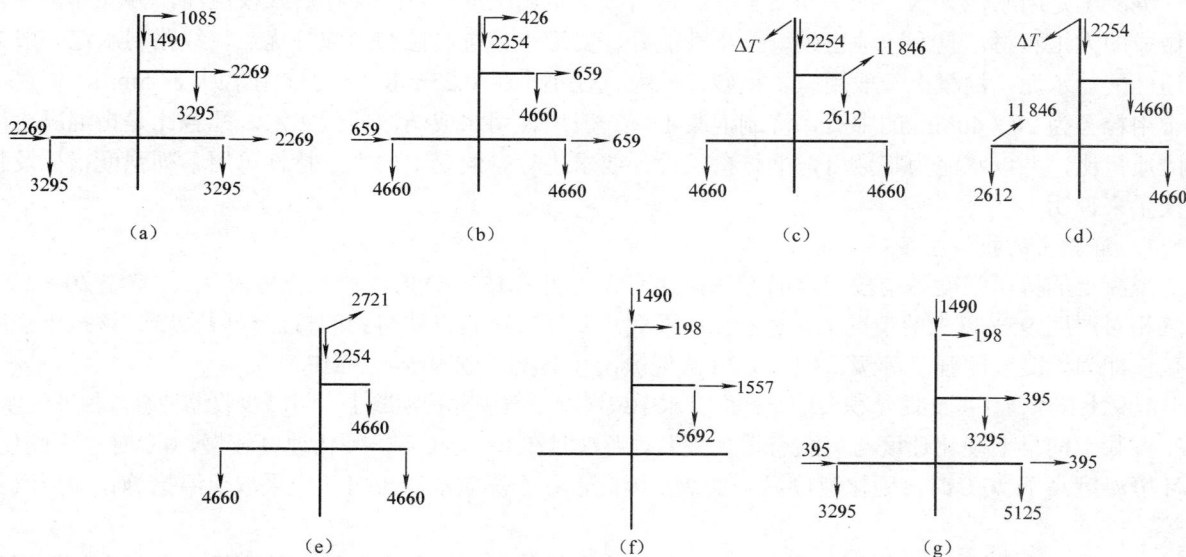

图 GYSD00302002-4　杆塔荷载图

（a）正常大风；（b）覆冰；（c）断上导线；（d）断下导线；

（e）地线张力差；（f）起吊上导线；（g）起吊下导线

【思考与练习】

某 110kV 输电线路，导线采用 LGJ-120/20 型，地线采用 GJ-35 型，上字型悬垂直线杆（见图 GYSD00302002-2）的设计水平档距为 350m，垂直档距为 450m；并已知导线绝缘子串重为 530N，地线金具串重 50N，地线的最大使用张力为 12 245N，第Ⅱ气象区。试计算该悬垂直线杆的荷载，并画出杆头荷载图。

第九章 环截面普通钢筋混凝土构件的受力分析与计算

模块 1 混凝土和钢筋混凝土（GYSD00303001）

【模块描述】本模块包含混凝土和钢筋混凝土。通过概念描述和要点讲解，熟悉混凝土和钢筋混凝土的构成及其特性。

【正文】

一、混凝土

混凝土是用水泥、水、砂子和石子等原材料按一定比例混合，经搅拌后入模浇注，并经养护硬化后做成的人工石材，具有质地坚硬、抗压性能好、变形小、抗腐蚀和抗冻等优点。线路用水泥一般为普通硅酸盐水泥，混凝土一般用中、粗砂，砂粒直径不小于 0.25mm，石子的粒径大于 5mm，钢筋混凝土用粒径为 20～40mm 的中石，浇制混凝土时一般用饮用水或洁净的天然水。配合比是指混凝土用料的质量比，并以水泥为基数 1，严格按照设计要求进行。混凝土的力学特性可用下列强度指标及弹性模量来说明。

1. 混凝土的抗压强度

混凝土的抗压强度是指按规定的方法搅拌而成的边长 150mm 的混凝土立方试块，在室温 $20\pm2℃$、空气相对湿度 95%以上的情况下，养护 28 天后，以标准试验方法得到的抗压极限强度。该抗压强度的数值即为混凝土的强度等级，例如 C20 级混凝土，其抗压强度 $R=20MPa$。

混凝土在空气中凝结时体积会缩小，而在水中或潮湿空气中养护混凝土，可减少收缩裂缝，保证强度。

混凝土的早期硬化速度与气温有很大关系，当气温在 0～15℃时，硬化速度较慢，0℃时停止硬化，当环境温度高于 20℃时，硬化速度显著加快。因此，冬季浇制混凝土时，应采取保温措施，如蒸汽养护等。

水灰比是水和水泥的质量比。减小水灰比，将会增加混凝土的密实性，从而提高混凝土的抗压强度和对钢筋的保护作用，延长其使用寿命。用离心法浇制的环形截面电杆，在旋转过程中，由于离心力作用，混凝土中的一些水分被甩出，水灰比降低，因而离心法浇制的混凝土强度比振捣法浇制的可提高 30%。

混凝土的强度随时间而增长，初期增长速度快，而后增长速度慢并趋于稳定，若以养护 28 天的混凝土抗压强度为标准，则其相对抗压强度与养护期的关系如表 GYSD00303001-1 所示。

表 GYSD00303001-1　　　　混凝土的相对抗压强度与养护期的关系

养护期	28 天	90 天	180 天	360 天	720 天	8 年	12 年
相对抗压强度	1.0	1.25	1.5	1.75	2.0	2.25	2.5～3.0

2. 混凝土的轴心抗压强度

同样边长的混凝土试件，随着高度的增加（即由立方体变为棱柱体），其抗压强度将下降，如图 GYSD00303001-1 所示。但当高宽比超过 3 以后，降低的幅度不再很大。试验表明，用高宽比为 3～4 的混凝土棱柱体试件测得的抗压强度与以受压为主的钢筋混凝土构件中的混凝土抗压强度基本一致。因此可将它作为以受压为主的钢筋混凝土结构构件的抗压强度，称为轴心抗压强度或长直强度，用 R_a 表示。

3. 混凝土的弯曲抗压强度

当混凝土梁受一个与梁的轴线垂直的力作用而弯曲时，梁的横截面上将产生以中性平面为界的受压区和受拉区，如图 GYSD00303001-2 所示。此时受压区混凝土的弯曲抗压强度用 R_w 表示，其值小于混凝土的抗压强度 R，大于轴心抗压强度 R_a。

4. 混凝土的抗拉强度

混凝土的最大弱点就是抗拉强度很低，一般只有抗压强度的 $\frac{1}{8} \sim \frac{1}{20}$，且不与抗压强度成比例增长。

5. 混凝土的黏着力和抗剪强度

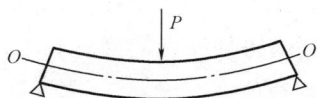

图 GYSD00303001-1　轴心受压构件

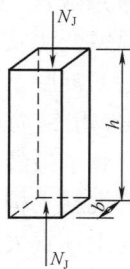

图 GYSD00303001-2　混凝土梁受力弯曲

混凝土和钢筋能结合成整体联合工作，主要依靠混凝土和钢筋之间存在的黏着力。黏着力的产生主要有三个方面的原因：一是因为混凝土收缩将钢筋紧紧握固而产生的摩擦力；二是因为混凝土颗粒的化学作用而产生的混凝土与钢筋之间的胶合力；三是由于钢筋表面凹凸不平与混凝土之间产生的机械咬合力。单位表面积上的黏着力称为黏着强度。根据试验表明，普通混凝土的黏着强度接近抗剪强度，光面钢筋的黏着强度为 1.5～3.5MPa。

6. 混凝土的弹性模量

混凝土为弹塑性材料，它在外力作用下的变形包括弹性变形和塑性变形。混凝土受压时，压应力与弹性相对变形的比值，称为混凝土的受压弹性模量 E_h。混凝土受拉弹性模量与受压时基本一致，可取相同数值。

以标准试验方法得到的混凝土强度为标准强度。但在实际工程中因受振捣方法、养护条件等限制，混凝土的强度值具有一定的离散性。在混凝土构件的强度计算中，各种混凝土强度标准值、设计值和弹性模量，如表 GYSD00303001-2 所示。

表 GYSD00303001-2　　　　　混凝土强度标准值、设计值和弹性模量　　　　　　　MPa

强度种类	符　号	混凝土强度等级										
		C10	C15	C20	C25	C30	C35	C40	C45	C50	C55	C60
轴心抗压	标准值 f_{ck}	6.7	10	13.5	17	20	23.5	27	29.5	32	34	36
	设计值 f_c	5	7.5	10	12.5	15	17.5	19.5	21.5	23.5	25	26.5
弯曲抗压	标准值 f_{cnk}	7.5	11	15	18.5	22	26	29.5	32.5	35	37.5	39.5
	设计值 f_{cm}	5.5	8.5	11	13.5	16.5	19	21.5	23.5	26	27.5	29
抗拉	标准值 f_{tk}	0.9	1.2	1.5	1.75	2	2.25	2.45	2.6	2.75	2.85	2.95
	设计值 f_t	0.65	0.9	1.1	1.3	1.5	1.65	1.8	1.9	2	2.1	2.2
弹性模量	E_c	1.75×10^4	2.2×10^4	2.55×10^4	2.8×10^4	3×10^4	3.15×10^4	3.25×10^4	0.35×10^4	3.45×10^4	3.55×10^4	3.6×10^4

二、钢筋混凝土

根据混凝土力学特性，其抗压强度高，抗拉强度却非常低。因此，若用混凝土制作输电线路的受拉构件，将使混凝土构件体积相当庞大；如制作成受弯构件，其构件往往在受压区混凝土强度还很少利用时，而受拉区却已达到抗拉极限强度，引起构件破坏，故整个构件的材料就不能充分发挥承载能力。为了弥补混凝土抗拉强度很低的弱点通常在混凝土构件受拉区的拉力方向，配置一定数量的钢筋，来加强混凝土构件的抗拉强度。

钢筋和混凝土浇制在一起，形成联合工作的整体称为钢筋混凝土。钢筋和混凝土之所以能够联合工作，除混凝土凝结时，能在钢筋表面产生很强的黏着力；另外还由于钢筋和混凝土几乎有相等的温

度热膨胀系数 α（钢 $\alpha = 1.2 \times 10^{-5}$ 1/℃，混凝土 $\alpha = 1.0 \times 10^{-5}$ 1/℃），这就保证了钢筋和混凝土之间不会由于温度变化发生相对滑移，从而始终能够保持联合工作状态。

在钢筋混凝土构件的设计中，由于混凝土比钢材便宜，且有较高的抗压强度，故总是用混凝土来承受压力，用钢筋承受拉力，而且使混凝土在受压区的强度耗尽时，受拉区的钢筋也达到其抗拉强度，这样就得到了最经济的结构。

钢筋混凝土构件中的主筋宜采用Ⅰ级、Ⅱ级、Ⅲ级钢筋和 LL 550 级冷轧带肋钢筋；预应力混凝土构件中的主筋宜采用碳素钢丝、刻痕钢丝和热处理钢筋以及冷拉Ⅱ级、Ⅲ级、Ⅳ级钢筋；在 220kV 及以下预应力混凝土构件的主筋宜采用 LL 650 级或 LL 800 级冷轧带肋钢筋。

普通钢筋混凝土离心环形电杆的混凝土强度等级不宜低于 C40；预应力混凝土离心环形电杆的混凝土强度等级不宜低于 C50，钉条件应采用强度等级更高的混凝土，其他预制构件的混凝土强度等级不应低于 C20。

钢筋混凝土构件的强度计算，目前采用以概率理论为基础的极限状态设计法。

钢筋强度标准值、设计值和弹性模量采用表 GYSD00303001-3 所列数值。

表 GYSD00303001-3　　　　钢筋强度标准值、设计值和弹性模量　　　　　　　　　MPa

	种　类	f_y 或 f_{py} 或 f_{pty}	f 或 f_p	f' 或 f'_p	弹性模量 E_g
热轧钢筋	Ⅰ级（Q235）	235	210	210	2.1×10^5
	Ⅱ级［20MnSi、20MnNb（b）］	325	310	310	2.0×10^5
	Ⅲ级（20MnSiV、20MnTi、K20MnSi）	400	360	360	2.0×10^5
	Ⅳ级（40Si₂MnV、45SiMnV、45Si₂MnTi）	540	500	400	2.0×10^5
冷拉钢筋	Ⅰ级（$d \leq 12$）	280	250	210	2.1×10^5
	Ⅱ级 $d \leq 25$ $d = 28 \sim 40$	450 430	380 360	310 310	1.8×10^5
	Ⅲ级	500	420	360	1.8×10^5
	Ⅳ级	700	580	400	1.8×10^5
冷轧带肋钢筋	LL550（$d = 4 \sim 12$）	550	360	360	1.9×10^5
	LL650（$d = 4$、5、6）	650	430	380	1.9×10^5
	LL800（$d = 5$）	800	530	380	1.9×10^5
热处理钢筋	40Si₂Mn（$d = 6$） 48Si₂Mn（$d = 8.2$） 45Si₂Cr（$d = 10$）	1470	1000	400	2.0×10^5

注　f_y——热轧钢筋和冷拉钢筋的强度标准值，f_{py}——预应力钢筋的强度标准值，f_{pty}——热处理钢筋的强度标准值，f、f'——普通钢筋的抗拉、抗压强度设计值，f_p、f'_p——预应力钢筋的抗拉、抗压强度设计值。

钢丝强度标准值、设计值和弹性模量采用表 GYSD00303001-4 所列数值。

表 GYSD00303001-4　　　　钢丝强度标准值、设计值和弹性模量　　　　　　　　　MPa

	种　类	f_y 或 f_{py} 或 f_{pty}	f 或 f_p	f' 或 f'_p	弹性模量 E_g
碳素钢丝	$\phi 4mm$，$\phi 5mm$	1770，1670，1570，1470	1200，1130，1070，1000	400	2.0×10^5
	$\phi 6mm$	1670，1570	1130，1070		
	$\phi 7mm$，$\phi 8mm$，$\phi 9mm$	1570，1470	1070，1000		
刻痕钢丝	$\phi 5mm$，$\phi 7 mm$	1570，1470	1070，1000	360	1.8×10^5
冷拔低碳钢丝	甲级	Ⅰ组　　Ⅱ组	Ⅰ组　　Ⅱ组	400	2.0×10^5
	$\phi 4mm$	700　　650	460　　430		
	$\phi 5mm$	650　　600	430　　400		

续表

种　类		f_y 或 f_{py} 或 f_{pty}	f 或 f_p	f' 或 f'_p	弹性模量 E_g
冷拔低碳钢丝	乙级　$\phi3\sim\phi5$mm 用于焊接骨架和焊接网时 用于绑扎骨架和绑扎网时	550	320 250	320 250	2.0×10^5

注　f_{py}—乙级冷拔低碳钢丝强度标准值，f_{pty}—用作预应力钢筋的碳素钢丝，刻痕钢丝，甲级冷拔低碳钢丝强度标准值。

三、钢筋混凝土电杆的结构型式

环形截面的构件较其他截面构件，具有各方向承载能力相等、节省材料、便于采用离心机制造以提高质量等优点。因此，在输电线路中广泛采用环形截面的钢筋混凝土构件。其结构如图 GYSD00303001-3 所示。

这种构件又分为普通和预应力两种，它们之间的差别在于：预应力构件浇注前，将钢筋施行张拉，待混凝土凝固后撤去张力，这时钢筋回缩而混凝土必然阻止其回缩，因而混凝土受一个预压应力。当构件承载而受拉时，这种预压应力可部分或全部地抵消受拉时应力而不致产生裂缝。

裂缝的危害在于使钢筋表面与潮湿空气中的氧接触，发生锈蚀，影响电杆寿命。

这种构件的钢筋分为主筋（即纵向受力筋可简称纵筋）和横筋（包括箍和螺旋筋）。主筋用以承受弯曲、纵弯以及受拉时的拉应力；横筋是为保证主筋的位置不变，构件受压时抵抗其横向伸长，同时承受弯扭时的主拉应力。

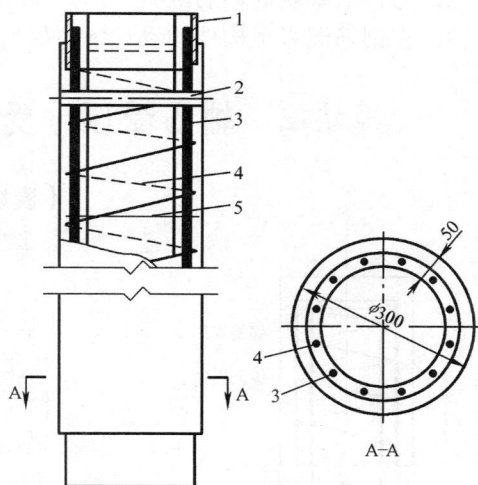

图 GYSD00303001-3　钢筋混凝土电杆构造
1—钢箍；2—穿心钢管；3—纵向钢筋；
4—螺旋筋；5—水平钢筋

对构件的一般要求：

（1）环形截面钢筋混凝土电杆最少配筋见表 GYSD00303001-5。

表 GYSD00303001-5　　　　　　　　　环形截面钢筋混凝土电杆最少配筋

外径（mm）	$\phi200$	$\phi250$	$\phi300$	$\phi350$	$\phi400$	$\phi450$	$\phi500$	$\phi550$
配筋量	$8\times\phi10$mm	$10\times\phi10$mm	$12\times\phi12$mm	$14\times\phi12$mm	$16\times\phi12$mm	$18\times\phi12$mm	$20\times\phi14$mm	$22\times\phi14$mm

（2）环形截面钢筋混凝土受弯杆件的主筋（Ⅰ级）其直径宜不小于 $\phi10$mm 和不大于 $\phi20$mm，净距宜不大于 70mm 和不小于 30mm，净保护层宜不小于 15mm。

（3）预应力钢筋和普通钢筋混凝土环形截面杆件，必须设置等间距的螺旋筋和内钢箍，螺旋筋的直径宜不小于 3.5mm，间距按管径的大小采用（50～100）mm，内钢箍的直径宜不小于 $\phi6$mm，间距一般为 500～1000mm，大管径内钢箍中加十字钢筋架增加刚度。

（4）预应力环形截面受弯杆件的主筋，其直径宜不大于 12mm，净距应不小于 30mm，锥型杆小头不宜小于 25mm，净保护层宜不小于 15mm。

（5）同时采用预应力钢筋和普通钢筋环形截面受弯杆件，预应力钢筋和普通钢筋主筋间隔布置，预应力主筋直径宜不大于 12mm，普通钢筋主筋直径宜不小于 $\phi10$mm 和不大于 $\phi20$mm，净距不小于 30mm，净保护层宜不小于 15mm。

（6）预应力钢筋和普通钢筋混凝土环形截面杆件的钢板圈高度及厚度分别宜不小于 140mm 及 8mm，穿（挂）预应力筋的穿（挂）孔直径宜较主筋大 0.5mm。

（7）预应力钢筋和普通钢筋混凝土杆段中的预留孔宜设置穿钉管（钢管）。

（8）为满足接地要求，预应力混凝土杆中所埋设的穿钉管和接地螺母要与每根预应力主筋连接，一般采用将穿钉管、接地螺母焊于内钢箍上，而主筋再与内钢箍绑扎。同时采用预应力钢筋和普通钢筋杆中所埋设的穿钉管和接地螺母，与普通钢筋主筋焊接。

（9）预应力钢筋混凝土杆的上段顶端与下段末端，宜设置高度 70～100mm 的短钢板圈。

（10）在有侵蚀介质的地区，使用混凝土杆时，宜按有关规定作侵蚀分析并采取相应的防侵蚀措施；在多雨、严寒地区要采取排水防冻措施。

本节中（3）、（6）、（7）、（9）的规定，均适用于同时采用预应力钢筋和普通钢筋环形截面杆件。

【思考与练习】

1．混凝土有何力学特性？

2．为什么要制成钢筋混凝土，钢筋和混凝土能结合的理由有哪些？

3．在钢筋混凝土构件的设计中，如何考虑内部受力分配？

模块 2　轴心受压、受拉构件的计算（GYSD00303002）

【模块描述】　本模块包含轴心受压、受拉构件的计算。通过概念描述和定量分析，能够掌握轴心受压、受拉构件的受力计算方法。

【正文】

环形截面构件较其他截面构件具有各向承载能力相等、节省材料、便于采用离心机制造以提高质量等优点。因此，在输电线路中，广泛采用环形截面钢筋混凝土构件。这种构件又分普通和预应力两种：预应力构件的性能受制造工艺水平的影响极大，故应视具体制造条件采用，本书限于篇幅，只介绍环形截面普通钢筋混凝土构件（简称构件）的计算。

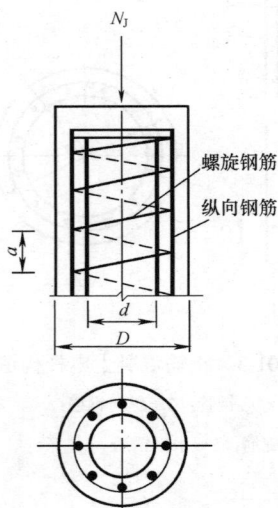

图 GYSD00303002-1　轴心受压构件

一、轴心受压构件的计算

配有纵向钢筋和横向钢筋的轴心受压构件，如图 GYSD00303002-1 所示。其轴心受压构件正截面受压承载力为

$$N \leqslant (f_c A_c + f'_s A_s)\phi_c \times 10^3 \qquad (\text{GYSD00303002-1})$$

式中　N ——轴心压力设计值，kN；

f'_s ——纵向普通钢筋的抗压强度设计值，N/mm²；

A_s ——纵向普通钢筋截面面积，m²；

f_c ——混凝土轴心抗压强度设计值，N/mm²；

A_c ——构件混凝土截面面积，m²，当纵向钢筋截面积不超过环截面积的 3%时，可取 A_c＝环截

面积＝$\frac{\pi}{4}(D^2 - d^2)$，当超过 3%时，则取 $A_c = \frac{\pi}{4}(D^2 - d^2) - A_g$；

ϕ_c ——环形截面钢筋混凝土电杆稳定系数，按表 GYSD00303002-1 采用。

构件的长细比 λ 用下式计算

$$\lambda = \frac{l_0}{r_0} \qquad (\text{GYSD00303002-2})$$

环形截面构件最小回转半径

$$r_0 = \frac{1}{4}\sqrt{D^2 + d^2} \qquad (\text{GYSD00303002-3})$$

构件计算长度（中心受压及小偏心受压）按以下原则确定：

（1）两端支撑在刚性横向结构上时 $l_0 = H$（H 为构件长度）；

（2）具有弹性移动支座时 $l_0 = 1.25 \sim 1.5H$；

（3）对一端嵌固在土中，一端自由的独立电杆，$l_0 = 2H$。

表 GYSD00303002-1　　　　　　环形截面钢筋混凝土电杆稳定系数 ϕ_c

长细比	0	1	2	3	4	5	6	7	8	9
40	0.960	0.955	0.950	0.945	0.940	0.935	0.930	0.925	0.920	0.913
50	0.905	0.898	0.890	0.884	0.876	0.868	0.860	0.852	0.844	0.837
60	0.830	0.820	0.810	0.802	0.794	0.786	0.778	0.769	0.760	0.752
70	0.745	0.738	0.730	0.722	0.714	0.707	0.700	0.693	0.686	0.678
80	0.670	0.663	0.656	0.648	0.641	0.634	0.627	0.620	0.613	0.606
90	0.600	0.594	0.588	0.581	0.574	0.568	0.563	0.557	0.552	0.546
100	0.540	0.535	0.530	0.525	0.520	0.515	0.510	0.504	0.498	0.492
110	0.486	0.481	0.476	0.469	0.462	0.456	0.450	0.445	0.440	0.434
120	0.428	0.422	0.416	0.409	0.402	0.397	0.392	0.386	0.380	0.375
130	0.370	0.365	0.360	0.354	0.348	0.342	0.336	0.331	0.326	0.321
140	0.316	0.310	0.304	0.300	0.297	0.293	0.290	0.285	0.280	0.275
150	0.271	0.266	0.262	0.257	0.253	0.249	0.246	0.242	0.238	0.234
160	0.230	0.225	0.221	0.218	0.215	0.212	0.209	0.205	0.202	0.201
170	0.200	0.198	0.195	0.192	O.190	0.189	0.188	0.187	0.186	0.185
180	0.184									

二、轴心受拉构件的计算

1. 容许混凝土有裂缝出现的构件

轴心受拉构件的正截面受拉承载力，可按下式计算

$$N \leqslant fA_s \times 10^3 \qquad\qquad \text{（GYSD00303002-4）}$$

式中　N——轴心拉力设计值，kN；

f——纵向钢筋的抗拉设计强度，N/mm²；

A_s——全部纵向钢筋的截面积，m²。

2. 对不容许出现裂缝的轴心受拉构件

此种构件受拉时，其相对变形不得超过混凝土的极限相对伸长，同时钢筋和混凝土应有相同的伸长量。因为混凝土产生裂缝前的极限相对伸长 $\varepsilon_c = 0.000\,1 \sim 0.000\,15$，为安全起见取钢筋的相对伸长 $\varepsilon_s = 0.000\,1$，则钢筋的最大使用应力为

$$\sigma_s = E_s \varepsilon_s = 210\,000 \times 0.000\,1 = 21\ \text{N/mm}^2$$

所以，这时轴心受拉构件的正截面受拉承载力应按下式计算

$$N \leqslant (f_t A_c + 21 A_s) \times 10^3 \qquad\qquad \text{（GYSD00303002-5）}$$

式中　f_t——混凝土抗拉强度设计值，N/mm²；

A_c——混凝土截面，m²；

N——轴心拉力设计值，kN。

在输电线路杆塔结构中，对于普通型钢筋混凝土构件通常是允许有细小裂缝出现的，在运行情况荷载作用下，普通钢筋混凝土构件的裂缝计算宽度不应超过 0.2mm。因此一般受拉构件的强度可用式 $N \leqslant fA_s$ 计算。只有特殊情况（如有侵蚀性介质，不允许出现裂缝时），才考虑混凝土与钢筋共同工作的情况。这时才用 $N \leqslant (f_t A_c + 21 A_s) \times 10^3$ 进行计算。

【思考与练习】

1. 在计算构件的长细比时，确定构件计算长度（中心受压及小偏心受压）的原则是什么？

2. 在输电线路杆塔结构中，对于普通型钢筋混凝土构件的裂缝有何规定？

模块 3 受弯构件的计算（GYSD00303003）

【模块描述】本模块包含受弯构件的极限设计弯矩、受弯构件最大剪应力。通过概念描述、定量分析、计算举例，掌握受弯构件的极限设计弯矩、受弯构件最大剪应力的计算方法。

【正文】

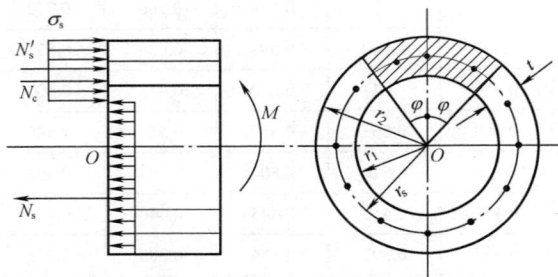

图 GYSD00303003-1 受弯构件的内力分布

一、受弯构件的极限设计弯矩

如图 GYSD00303003-1 所示的环形截面构件，在外弯矩 M 作用下，其部分截面上的钢筋和混凝土受压，而另一部分截面上的钢筋和混凝土受拉。受压区的大小与配筋率有关。由受压区混凝土的压应力合力 N_c 和钢筋的压应力合力 N'_s，以及受拉区钢筋的拉应力合力 N_s，建立截面的抵抗弯矩与外弯矩平衡方程式，经推导和整理得到环截面钢筋混凝土受弯构件正截面承载力的计算公式为

$$M \leqslant \frac{10^3}{\pi}\left[f_{cm}A \cdot \frac{r_1+r_2}{2} \cdot \sin\pi\alpha + fA_s r_s(\sin\pi\alpha + \sin\pi\alpha_t) \right] \quad \text{（GYSD00303003-1）}$$

$$\alpha = \frac{fA_s}{f_{cm}A + 2fA_s} \quad \text{（GYSD00303003-2）}$$

$$\alpha_t = 1 - 1.5\alpha \quad \text{（GYSD00303003-3）}$$

此时，相对含筋率 ω 宜符合

$$\omega = \frac{fA_s}{f_{cm}A} \leqslant 0.9 \quad \text{（GYSD00303003-4）}$$

当纵向钢筋布置于环壁厚度中央时，即 $r_s = \dfrac{r_1+r_2}{2}$，则式（GYSD00303003-1）又可写成

$$M \leqslant \frac{10^3}{\pi}\left[\frac{1}{\omega} \cdot \sin\pi\alpha + (\sin\pi\alpha + \sin\pi\alpha_t) \right] fA_s r_s \quad \text{（GYSD00303003-5）}$$

式中 M——弯矩设计值，kN·m；

r_1、r_2——电杆的内、外半径，m；

r_s——纵向普通钢筋所在圆的半径，m；

f_{cm}——混凝土弯曲抗压强度设计值，N/mm²；

α——受压区混凝土截面面积与全截面面积的比值；

α_t——受拉纵向钢筋截面面积与全部纵向钢筋截面面积的比值，当 $\alpha > 2/3$ 时，取 $\alpha_t = 0$；

ω——相对含筋率。

二、受弯构件最大剪应力计算

当构件受到横向力作用时（如图 GYSD00303003-2 所示），在构件的横截面上除了引起弯矩外，还有剪力。任何截面的剪力都与横向力大小相等，故横截面上还存在着相应的剪应力。由于剪应力双生，故在平行于中性层的纵截面上将同时存在剪应力。

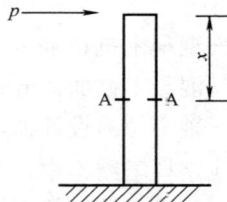

图 GYSD00303003-2 截面受弯同时受剪力作用

受弯构件横截面上剪应力的分布是不均匀的，中性轴处最大，远离中性轴而逐渐减小，边缘处剪应力为零。

对于我们研究的环形截面普通钢筋混凝土构件，由于抗拉强度远远低于抗压强度，故中性轴不在环形截面中央，而在拉压区的交界位置上。可得环形截面混凝土电杆在剪力作用下的斜截面受剪承载力 V_s，可按下式计算

$$Q_s \leqslant Q_u = 1.2tD_0f_t \times 10^3 \qquad\text{（GYSD00303003-6）}$$

式中　Q_s——剪力设计值，kN；

$\quad\quad Q_u$——构件的抗剪承载力设计值，kN；

$\quad\quad f_t$——混凝土抗拉强度设计值，N/mm²；

$\quad\quad t$——电杆截面的壁厚，m；

$\quad\quad D_0$——电杆外径，m。

当 Q_s 小于等于 Q_u 时，剪力产生的主拉应力全部由混凝土承担。当 Q_s 大于 Q_u 时，电杆已开裂，斜截面上的主拉应力由螺旋筋承担 80%、纵向钢筋承担 20%，螺旋筋面积 A_{sv} 和纵向钢筋的面积 A_s 可按下式计算

$$A_{sv} = \frac{Q_s S}{2.8\pi r_s f_{sv}\cos(45°+\theta)} \times 10^{-3} \qquad\text{（GYSD00303003-7）}$$

$$A_s = \frac{0.2Q_s}{f} \times 10^{-3} \qquad\text{（GYSD00303003-8）}$$

式中　A_{sv}——螺旋筋截面面积，m²；

$\quad\quad f_{sv}$——螺旋筋抗拉强度设计值，N/mm²；

$\quad\quad r_s$——螺旋钢筋布筋半径，m；

$\quad\quad S$——螺旋钢筋间距，m；

$\quad\quad \theta$——螺旋筋与电杆横截面的夹角，且 $\theta = \tan^{-1}\dfrac{S}{2\pi r_s}$（$\theta$ 不应取 45°）。

例 GYSD00303003-1　图 GYSD00303003-3 为某架空线路用的环形截面普通钢筋混凝土电杆。电杆混凝土强度等级为 C40 级、全高 10m、梢径 $\phi160$mm、锥度 $\dfrac{1}{75}$、环壁厚度 5cm，根部配筋为 3 号钢 14 根 $\phi12$mm，若线路的导线牌号为 JL/G1A-95/20-7/7，水平档距 $l_h = 120$m，试计算正常运行情况最大风速 $v = 27$m/s 时，电杆地面下嵌固 B—B 处（即 $\dfrac{1}{3}$ 埋深处）截面的抗弯强度，及危险截面的抗剪强度。

解　1. 风荷载标准值计算

（1）导线风压计算。

$$g_{4(27)} = 0.613 \times 0.75 \times 1.2 \times 13.9 \times \frac{27^2 \times 10^{-3}}{113.96}$$
$$= 49.056 \times 10^{-3} \ [\text{N}/(\text{m}\cdot\text{mm}^2)]$$
$$P_D = g_{4(27)}Al_h$$
$$= 49.056 \times 10^{-3} \times 113.96 \times 120 = 670.9 \ (\text{N})$$

（2）杆身风压计算。

$$P_0 = 0.613CFv^2$$

地面以上电杆平均直径

$$D_p = 0.16 + \frac{4}{75} = 0.213 \ (\text{m})$$

挡风面积　　　　　$F = D_p \times H = 0.213 \times 8 = 1.707 \ (\text{m}^2)$

体型系数　　　　　$C = 0.7$

所以　　　　　　　$P_0 = 0.613 \times 0.7 \times 1.707 \times 27^2 = 534 \ (\text{N})$

横担 A 点以上杆身风压

$$P_{01} = 0.613 \times 0.7 \times \left(0.16 + \frac{0.25}{75}\right) \times 0.5 \times 27^2$$
$$= 25.5 \ (\text{N})$$

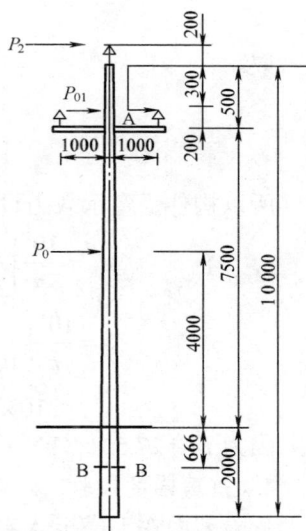

图 GYSD00303003-3　某环形截面普通钢筋混凝土电杆

2. 荷载产生的弯矩设计值和剪力设计值

（1）对杆根 B-B 截面的弯矩设计值。

$$M = \gamma_0 \psi \gamma_{Qi} (P_D \times 8.866 + 2 \times P_D \times 8.366 + P_0 \times 4.666)$$
$$= 1.0 \times 1.0 \times 1.4 \times (670.9 \times 8.866 + 2 \times 670.9 \times 8.366 + 534 \times 4.666)$$
$$= 27\,531 （N \cdot m） = 27.531 kN \cdot m$$

（2）剪力危险截面在下横担 A 截面处，则 A 截面的剪力设计值

$$Q_s = \gamma_0 \psi \gamma_{Qi} (3 \times P_D + P_{01})$$
$$= 1.0 \times 1.0 \times 1.4 \times (3 \times 670.9 + 25.5) = 2853 （N） = 2.853 kN$$

3. 电杆的抗弯强度验算

根部 B-B 截面的弯矩设计值

$$D_B = 0.16 + \frac{8.666}{75} = 0.2756 （m）$$

$$r_s = \frac{0.275\,6 - 0.05}{2} = 0.112\,77 （m）$$

$$A = 2\pi r_g t = 2\pi \times 0.112\,77 \times 0.05 = 0.035\,727\,7 （m^2）$$

$$A_s = 14 \times 0.000\,113\,1 = 0.001\,583\,4 （m^2）$$

$$\alpha = \frac{f A_s}{f_{cm} A + 2.5 f A_s}$$
$$= \frac{210 \times 0.001\,583\,4}{21.5 \times 0.035\,277 + 2.5 \times 210 \times 0.001\,583\,4} = 0.21 < \frac{2}{3}$$

取

$$\alpha_t = 1 - 1.5\alpha = 1 - 1.5 \times 0.21 = 0.685$$

$$\overline{\omega} = \frac{f A_s}{f_{cm} A} = \frac{210 \times 0.001\,583\,4}{21.5 \times 0.035\,277} = 0.438 \leqslant 0.9$$

所以构件受弯承载力设计值

$$M' = \frac{10^3}{\pi} \left[\frac{1}{\varpi} \cdot \sin \pi\alpha + (\sin \pi\alpha + \sin \pi\alpha_t) \right] f A_s r_s$$
$$= \frac{10^3}{\pi} \left[\frac{1}{0.438} \times \sin 180° \times 0.21 + (\sin 180° \times 0.21 + \sin 180° \times 0.685) \right] \times$$
$$210 \times 0.001\,583\,4 \times 0.112\,77 = 34 （kN \cdot m）$$

因为 $M = 27.531 （kN \cdot m） < M' = 34 kN \cdot m$，所以抗弯强度合格。

4. 抗剪强度校验

危险截面在下横担 A 截面处，则 A 截面处的外径

$$D_A = 0.16 + \frac{0.5}{75} = 0.166\,67 （m）$$

A 截面处的抗剪承载力设计值为

$$Q_u = 1.2 t D_0 f_t \times 10^3$$
$$= 1.2 \times 0.05 \times 0.166\,67 \times 1.8 \times 10^3 = 18 （kN）$$
$$Q_s = 2.853 （kN） < Q_u = 18 kN$$

故剪力产生的主拉应力全部由混凝土承担，电杆的螺旋钢筋可按构造配置。

【思考与练习】

1. 构件在横向力作用下，其横截面上的受力情况怎样？

2. 受弯构件横截面的剪应力是如何分布的，有什么危害？

3. 已知环形截面钢筋混凝土电杆ϕ400mm，壁厚 $t = 5cm$，混凝土强度等级为 C40 级，在壁厚中央配 $18 \times \phi$14mm A3 钢筋。试计算受弯曲时的承载力设计值。

模块4　受扭矩和弯扭共同作用的构件（GYSD00303004）

【模块描述】本模块包含受扭矩和弯扭共同作用的构件计算。通过概念描述、定量分析、计算举例，掌握受扭矩、弯扭共同作用的构件计算方法。

【正文】

输电线路中，根部嵌固的拔梢单杆悬垂直线杆，当一边导线断线时，主杆就是一个弯扭共同作用的构件。如图 GYSD00303004-1 所示。

一、受扭构件的计算

受扭环形截面混凝土塑性抗扭截面模量为

$$W_k = 0.5(r_1 + r_2)A \qquad \text{（GYSD00303004-1）}$$

式中　W_k——环形截面混凝土塑性抗扭截面模量，m^3；

　　　r_1——环形截面的内半径，m；

　　　r_2——环形截面的外半径，m；

　　　A——构件环截面，$A = \pi(r_2^2 - r_1^2)$，m^2。

图 GYSD00303004-1　弯扭共同作用的构件

当它受扭矩 M_k（kN·m）作用时，则斜截面受扭承载力为

$$M_k \leqslant M_u = W_k f_t \times 10^3 = 0.5(r_1 + r_2)Af_t \times 10^3 \qquad \text{（GYSD00303004-2）}$$

式中　M_k——受扭构件的扭矩设计值，kN·m；

　　　M_u——受扭构件的斜截面受扭承载力，kN·m。

当 $M_k \leqslant M_u$ 时，扭矩产生的主拉应力完全由混凝土承担。当 $M_k > M_u$ 时，构件已开裂，斜截面上的主拉应力由螺旋筋 A_{sv} 和纵向钢筋 A_s 承担，此时螺旋筋的截面为

$$A_{sv} = \frac{M_k S}{2\sqrt{2}\pi r_s^2 f_{sv} \cos(45° \pm \theta)} \times 10^{-3} \qquad \text{（GYSD00303004-3）}$$

由于扭矩所需纵向钢筋截面为

$$A_s = \frac{M_k S}{2\pi r_s^2 f} \tan(45° \pm \theta) \times 10^{-3} \qquad \text{（GYSD00303004-4）}$$

式中　θ——螺旋筋与电杆横截面的夹角，且 $\theta = \tan^{-1}\dfrac{S}{2\pi r_g}$（$\theta$ 不应取 45°）；当顺螺旋筋方向扭转时

　　　　　取 $-\theta$，反之取 $+\theta$，当用水平钢箍时，取 $\theta = 0°$。

由于纵向钢筋往往不受断线（受扭）情况控制，故按式（GYSD00303004-4）计算的纵向钢筋截面 A_s，往往并不对纵向钢筋截面选择起控制作用。

二、弯扭共同作用构件的计算

当电杆构件在弯曲和扭转共同作用下，其总的剪应力由两部分组成。即由弯曲时剪力设计值 Q_s 产生的主拉应力 $\sigma_s = \dfrac{Q_s}{1.2tD_0}$ 和受扭时扭矩设计值 T_k 的主拉应力 $\sigma_k = \dfrac{M_k}{W_k}$ 组成。当满足式（GYSD00303004-5）条件时，可以认为由弯曲和扭转共同产生的主拉应力完全由混凝土承担，其螺旋筋按构造要求配置。

$$\sum\sigma = \left[\frac{Q_s}{1.2tD_0} + \frac{M_k}{W_k}\right] \times 10^{-3} \leqslant f_t \qquad \text{（GYSD00303004-5）}$$

当不能满足式（GYSD00303004-5）条件时，则主拉应力完全由螺旋筋和纵向钢筋承受。此时螺旋筋的截面为

$$A_{sv} = \left[\frac{Q_s S}{2.8\pi r_s f_{sv} \cos(45° + \theta)} + \frac{M_k S}{2\sqrt{2}\pi r_s^2 f_{sv} \cos(45° \pm \theta)}\right] \times 10^{-3} \qquad \text{（GYSD00303004-6）}$$

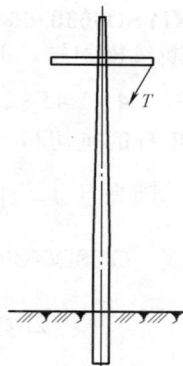

所需纵向钢筋截面为

$$A_s = \left[\frac{0.2Q_s}{f} + \frac{M_k S}{2r_s^2 f} \tan(45° \pm \theta) \right] \times 10^{-3} \quad \text{(GYSD00303004-7)}$$

例 GYSD00303004-1 上字型无拉线单柱直线杆转动横担的起动力定为 2.45kN，横担长度为 2.5m，下导线断线横担转动时，主杆同时承受弯曲和扭转力，切力为 $Q_s = 0.9 \times 1.4 \times 2.45 = 3.09$kN，扭矩为 $M_k = 0.9 \times 1.4 \times 2.45 \times 2.5 = 7.72$ kN·m；电杆外径 $D = 30.3$cm，内径 $d = 20.3$cm，混凝土标号 C40 级。试计算电杆的抗切和抗扭强度。

解 因为 $A = \pi(r_2^2 - r_1^2) = \pi(0.1515^2 - 0.1015^2) = 0.03974$ （m²）

由式（GYSD00303004-6）得

$$\sum \sigma = \left[\frac{Q_s}{1.2tD_0} + \frac{M_k}{W_k} \right] \times 10^{-3}$$

$$= \left[\frac{3.09}{1.2 \times 0.05 \times 0.303} + \frac{7.72}{0.5 \times (0.1015 + 0.1515) \times 0.03974} \right] \times 10^{-3}$$

$$= 0.17 + 1.535 = 1.705 \text{ （MPa）}$$

查表 GYSD00303001-2，C40 级混凝土 $f_t = 1.8$MPa，则

$$\sum \sigma = 1.705 \text{ MPa} < f_t = 1.8\text{MPa}$$

故由弯曲和扭转共同产生的主拉应力完全由混凝土承担，其螺旋筋按构造要求配置。

【思考与练习】

1. 受扭构件强度满足的条件是什么？受弯曲和扭转共同作用构件强度满足的条件是什么？

2. 某 110kV 单回直线杆，导线为 JL/G1A-150/20-24/7 型，地线为 1×7-8.7-1270-A-GB1200-88 型，采用 ϕ230mm 拔梢钢筋混凝土电杆，电杆混凝土强度等级为 C40 级。导线排列见图 GYSD00302002-2，横担为固定横担，试计算断下导线（不考虑地线支持力）时，电杆的抗切和抗扭强度。

模块 5　偏心受压构件的计算（GYSD00303005）

【模块描述】 本模块涉及大偏心受压构件、小偏心受压构件的计算、构件长细比对计算的影响。通过概念描述、定量分析、计算举例，了解构件长细比对计算的影响，掌握大偏心受压构件、小偏心受压构件的计算方法。

【正文】

当轴向力 N 不作用于构件中心轴上，而是作用在距中心轴为 e_0 的地方，如图 GYSD00303005-1（a）所示，则构件称为偏心受压构件，e_0 称为偏心距。

偏心受压构件可以看成是轴心压力 N 和弯矩 $M = Ne_0$ 共同作用的构件，如图 GYSD00303005-1（b）所示。

如果偏心距 e_0 和轴向力足够大，使构件截面产生受压区和受拉区。并假设达到极限承载力 N_j 时，受拉区钢筋、受压区钢筋和混凝土三者同时达到设计强度，构件的内力分布如图 GYSD00303005-2 所示。

一、大偏心受压构件

当受压区分布角系数 $\alpha = \dfrac{N \times 10^{-3} + fA_s}{f_{cm}A + (f + f')A_s} \leq 0.5$ 时，称为大偏心受压构件，其强度按下式计算

$$Ne_0 \leq \frac{10^3}{\pi} \left[f_{cm}A \frac{r_1 + r_2}{2} + (f + f')A_s r_s \right] \sin \pi\alpha \quad \text{(GYSD00303005-1)}$$

式中　N——轴向压力设计值，kN；

　　　e_0——偏心距，m，如图 GYSD00303005-2 所示。

其他符号意义同前。

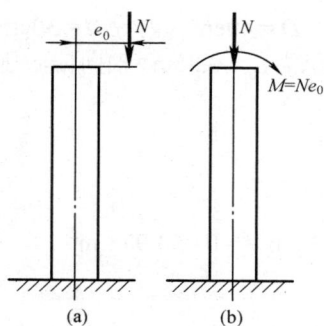

图 GYSD00303005-1　偏心受压构件

（a）图一；（b）图二

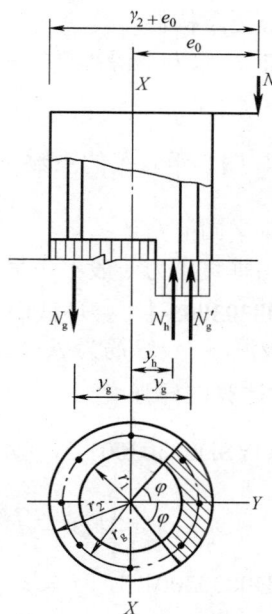

图 GYSD00303005-2　大偏心受压构件内力分布情况

二、构件长细比对计算的影响

当环形截面偏心受压构件的计算长度与外径的比 $8 < \dfrac{L_0}{D} \leqslant 30$ 时，必须考虑构件的长细比的影响。

考虑的方法，将初偏心距乘以偏心距增大系数 m。对于环截面普通钢筋混凝土构件，偏心距增大系数 m 可按下式计算

$$m = \frac{1}{1 - \dfrac{N}{N_{kp}}} = \frac{1}{1 - \dfrac{NL_0^2}{\pi^2 B}} \qquad \text{（GYSD00303005-2）}$$

式中　N_{kp}——构件的临界压力，kN，对环截面 $N_{kp} = \dfrac{\pi^2 B}{L_0^2}$；

　　　B——构件截面刚度，$kN \cdot m^2$；

　　　L_0——构件计算长度，m。

当构件的长细比 $\lambda = \dfrac{L_0}{r_0} = 55 \sim 70$ 范围时，增大系数可按下式计算

$$m = \frac{1}{1 - \dfrac{n_p}{4800} \lambda^2} \qquad \text{（GYSD00303005-3）}$$

式中　n_p——轴向压力荷载因数，且 $n_p = \dfrac{N \times 10^{-3}}{f_{cm} A}$。

但实际工程中，电杆的长细比一般都很大，$\lambda > 70$ 的情况很多，此时的增大系数应按式（GYSD00303005-2）进行计算。

考虑增大系数后，大偏心受压构件的偏心力矩为

$$Nme_0 \leqslant \frac{10^3}{\pi} \left[f_{cm} A \frac{r_1 + r_2}{2} + (f + f') A_s r_s \right] \sin \pi \alpha \qquad \text{（GYSD00303005-4）}$$

当环形截面偏心受压构件的计算长度与外径的比 $\dfrac{L_0}{D} > 30$ 时，称为细长柱。细长柱构件长细比过大，

钢筋和混凝土均未达到材料破坏的极限值而破坏，这种破坏称为失稳破坏，在设计中应避免。

三、小偏心受压构件

当 $\alpha > 0.5$ 时，称为小偏心受压构件，其强度按下式计算

$$N(e_0 + r_2) \leq r_s \left[f_c A + \mu_s f'_s A_s \right] \times 10^3 \qquad \text{(GYSD00303005-5)}$$

式中　μ_s ——与偏心距有关的系数。当 $e_0 < r_s$ 时，$\mu_s = 1 - \dfrac{e_0}{3r_s}$；当 $e_0 \geq r_s$ 时，$\mu_s = \dfrac{2}{3}$。

其他符号意义同前。

线路杆塔的垂直压力一般不是很大，即一般情况下，$\alpha \leq 0.5$，很少遇有小偏心受压情况。

例 GYSD00303005-1　某环截面普通钢筋混凝土电杆，外径 $D = 40\text{cm}$、内径 $d = 30\text{cm}$、计算长度 $L_0 = 8\text{m}$，C40 级混凝土，纵筋为 A3，$22 \times \phi 14\text{mm}$。当受到初偏心距为 $e_0 = 0.85\text{m}$、轴向偏心压力 $N = 115.7$ kN 作用时，试计算电杆强度。

解　查表 GYSD00303001-2，C40 级混凝土 $f_{cm} = 21.5\text{MPa}$

$$A_h \approx A = \frac{\pi}{4}\left(D^2 - d^2\right) = \frac{\pi}{4}\left(40^2 - 30^2\right) = 549.78^2 \text{（cm）} = 0.054\,978 \text{ m}^2$$

查表 GYSD00303001-3，$f = f' = 210$ MPa

$$A_s = 22 \times 1.539 = 33.86 \text{（cm}^2\text{）} = 0.003\,386 \text{ m}^2$$

$$\alpha = \frac{N \times 10^{-3} + f A_s}{f_{cm}A + (f + f')A_g} = \frac{115.7 \times 10^{-3} + 210 \times 0.003\,386}{0.054\,978 \times 21.5 + 2 \times 210 \times 0.003\,386}$$

$$= 0.317\,5 < 0.5 \text{（属大偏心受压）}$$

由于 $\dfrac{L_0}{D} = \dfrac{8.0}{0.4} = 20 > 8$，故应考虑长细比影响。

又构件的回转半径为

$$r_0 = \frac{1}{2}\sqrt{\left(\frac{D}{2}\right)^2 + \left(\frac{d}{2}\right)^2} = \frac{1}{2}\sqrt{\left(\frac{0.4}{2}\right)^2 + \left(\frac{0.3}{2}\right)^2} = 0.125 \text{（m）}$$

则

$$\lambda = \frac{L_0}{r_0} = \frac{8}{0.125} = 64$$

$$n_p = \frac{N \times 10^{-3}}{f_{cm}A} = \frac{115.7 \times 10^{-3}}{21.5 \times 0.054\,978} = 0.098$$

$$m = \frac{1}{1 - \dfrac{n_p}{4800}\lambda^2} = \frac{1}{1 - \dfrac{0.098}{4800} \times 64^2} = 1.091$$

据式（GYSD00303005-4）大偏心受压构件偏心力矩为

$$M = \frac{10^3}{\pi}\left[f_{cm}A\frac{r_1 + r_2}{2} + (f + f')A_s r_s \right] \sin \pi \alpha$$

$$= \frac{10^3}{\pi}\left[21.5 \times 0.054\,978 \times \frac{0.2 + 0.15}{2} + 2 \times 210 \times 0.003\,386 \times \frac{0.2 + 0.15}{2} \right]$$

$$\times \sin \pi \times 0.317\,5 = 121.9 \text{（kN} \cdot \text{m）}$$

允许初偏心距为

$$e_0 = \frac{M}{Nm} = \frac{121.9}{115.7 \times 1.091} = 0.97 \text{（m）} > 0.85\text{m}，合格。$$

【思考与练习】

1. 如何界定大偏心受压构件、小偏心受压构件？

2. 对偏心受压构件，当其计算长度 l_0 与外径 D 之比 $\dfrac{l_0}{D} > 8$ 时，如何考虑构件的承载能力？

模块 6　压弯构件的计算（GYSD00303006）

【模块描述】本模块涵盖压弯构件的弯矩计算、构件的强度计算、几种常见受力型式的压弯构件极限设计外弯矩的计算。通过概念描述、定量分析、计算举例，掌握压弯构件的弯矩计算、构件的强度计算过程及方法，熟悉几种常见受力型式的压弯构件极限设计外弯矩的计算方法。

【正文】

在结构稳定理论中，对同时承受横向荷载和轴向压力的构件，通称为压弯构件。此处所谓横向荷载系指分布荷载、集中荷载、弯矩及力偶等。压弯构件的计算除了考虑横向荷载引起的弯矩外，还应考虑构件挠度和轴向压力引起的附加弯矩。

工程计算时，对输电线路带拉线的电杆，由于其长细比很大，电杆挠度是不可忽略的因素，故拉线点以下的主杆，均按两端铰接压弯构件计算。实际上偏心受压构件也是压弯的一种个别情况。

一、压弯构件截面的弯矩计算

如果构件的抗弯刚度无限大，则构件受横向荷载作用时将无挠度，故轴向力对截面弯矩计算将无影响。当构件抗弯刚度较小时，在横向荷载作用下将产生较大挠度，从而使构件的任意截面，除了承受横向荷载引起的弯矩 M_{qx} 之外，还要承受该截面处的构件挠度 f 和轴向力 N 引起的附加弯矩 Nf。因此，压弯构件任一截面处总弯矩为

$$M_x = M_{qx} + \Delta M_x = M_{qx} + Nf \qquad （\text{GYSD00303006-1}）$$

式中　M_x——构件计算截面处总弯矩，kN·m；

$\quad\quad M_{qx}$——计算截面横向荷载引起的弯矩，kN·m；

$\quad\quad \Delta M_x$——计算截面由于轴向力 N 和挠度 f 引起的附加弯矩，kN·m，$\Delta M_x = Nf$；

$\quad\quad N$——轴向压力，kN；

$\quad\quad f$——计算截面处杆身总增大挠度的代数和，m。

环形截面钢筋混凝土压弯电杆拉线点以下任一截面横向荷载引起的弯矩为

$$M_{qx} = \frac{M_{Lx}x}{L_0} + M_x \qquad （\text{GYSD00303006-2}）$$

式中　M_{Lx}——作用于拉线点以上的外力引起的端弯矩（包括拉线偏心产生的弯矩），kN·m；

$\quad\quad M_x$——拉线点以下作用于杆段上的外力在计算截面的弯矩，kN·m；

$\quad\quad L_0$——电杆的计算长度，m。

在计算构件任意截面处的总弯矩时，首先应确定构件挠度。拉线电杆压弯构件挠度计算如图 GYSD00303006-1 所示。

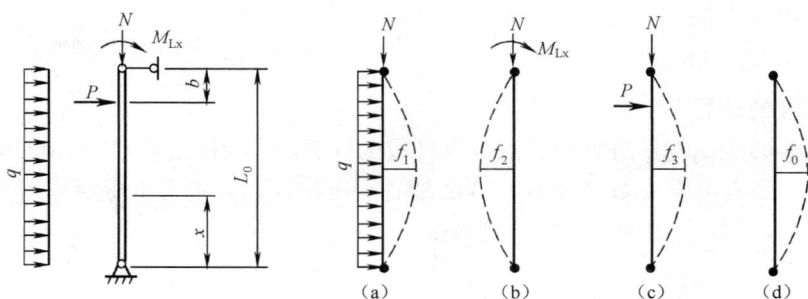

图 GYSD00303006-1　拉线电杆压弯构件计算间图

（a）杆身风压产生的挠度；（b）端部弯矩产生的挠度；（c）杆身横向集中荷载产生的挠度；（d）杆身初挠度

（1）初挠度 f_{01} 引起的挠度 f_0。如图 GYSD00303006-1（d）所示，在电杆加工和线路施工中，电杆不可能绝对地铅直，必存在一定的挠曲或偏斜，即存在一定的初挠度。设在跨度中央引起的初挠度

为 f_{01}，则由此引起的任意截面 x 处的挠度 f_0 为

$$f_0 = f_{01} \sin\frac{\pi x}{L_0} = \frac{2L_0}{1000} \cdot \sin\frac{\pi x}{L_0} \qquad \text{(GYSD00303006-3)}$$

式中　f_{01}——杆身初挠度，m，取 $f_{01} = \dfrac{2L_0}{1000}$。

（2）杆身风压均布荷载产生的挠度 f_1。如图 GYSD00303006-1（a）所示，均布荷载 q，在任意截面 x 处引起的挠度为

$$f_1 = \frac{qx}{24B}(L_0^3 - 2L_0 x^2 + x^3) \qquad \text{(GYSD00303006-4)}$$

式中　B——构件截面刚度，$kN \cdot m^2$。

（3）端部弯矩产生的挠度 f_2。如图 GYSD00303006-1（b）所示，端部弯矩 M_{Lx}，在任意截面 x 处引起的挠度为

$$f_2 = \frac{M_{Lx} L_0 x}{6B} \cdot \left(1 - \frac{x^2}{L_0^2}\right) \qquad \text{(GYSD00303006-5)}$$

（4）杆身集中弯矩荷载产生的挠度 f_3。如图 GYSD00303006-1（c）所示，由于拉线点以下的外力 p，在任意截面 x 处引起的挠度为

$$f_3 = \frac{pbx}{6L_0 B} \cdot \left(L_0^2 - x^2 - b^2\right) \qquad \text{(GYSD00303006-6)}$$

上述挠度均未考虑轴向压力的影响。轴向压力的影响用挠度增大系数 η 来反映，则任意截面处的总挠度可表示为

$$f = \eta\left(f_0 + f_1 + f_2 + f_3\right)$$
$$= \frac{1}{1 - \dfrac{N}{N_{kp}}}\left(f_0 + f_1 + f_2 + f_3\right) \qquad \text{(GYSD00303006-7)}$$

式中　η——轴向压力引起的挠度增大系数。

$$\eta = \frac{1}{1 - \dfrac{N}{N_{kp}}} \qquad \text{(GYSD00303006-8)}$$

$$N_{kp} = \frac{\pi^2 B}{L_0^2} \qquad \text{(GYSD00303006-9)}$$

式中　L_0——电杆的计算长度，m，当电杆的埋入深度 $h/D_0 \leqslant 5$ 时，$L_0 = h + H$，当电杆的埋入深度 $h/D_0 \geqslant 5$ 时，$L_0 = h + 5D_0$；

　　　H——电杆拉线点（或合力点）至地面的距离，m；

　　　D_0——电杆外径，m；

　　　N_{kp}——临界压力，kN。

二、构件的强度的计算

按压弯构件或偏心受压构件进行拉线点以下杆段的计算时，除按模块 GYSD00303003 计算弯矩作用平面的承载力外，尚应按模块 GYSD00303002 轴心受压构件计算垂直于弯矩作用平面的承载力，此时不考虑弯矩的作用，但应考虑纵向弯曲的影响。

即

$$M \leqslant \frac{10^3}{\pi}\left[f_{cm} A \cdot \frac{r_1 + r_2}{2} \cdot \sin\pi\alpha + f A_s r_s (\sin\pi\alpha + \sin\pi\alpha_t)\right] \qquad \text{(GYSD00303006-10)}$$

$$N \leqslant \left(f_c A_c + f' A_s\right)\phi_c \times 10^3 \qquad \text{(GYSD00303006-11)}$$

式中　M——压弯构件截面的弯矩设计值，$kN \cdot m$；

　　　N——轴心压力设计值，kN。

对于两端绞接的压弯构件，一般校验跨度中央截面的抗弯强度。

三、几种常见受力型式的压弯构件荷载弯矩设计值

（一）受均布荷载作用的压弯构件

如图 GYSD00303006-1（a）所示，均布荷载 q 和 N 作用下，在任意截面 x 处产生的总挠度为

$$f = \eta f_1 = \frac{1}{1 - \dfrac{N}{N_{kp}}} \cdot \frac{qx}{24B}(L_0^3 - 2L_0 x^2 + x^3) \qquad \text{（GYSD00303006-12）}$$

均布荷载 q 作用，在任意截面 x 处产生的弯矩为

$$M_{qx} = \frac{qL_0}{2} \times x - qx \times \frac{x}{2} \qquad \text{（GYSD00303006-13）}$$

均布荷载 q 和 N 共同作用，在任意截面 x 处产生的总弯矩为

$$M_x = \frac{qL_0}{2} \times x - qx \times \frac{x}{2} + \frac{N}{1 - \dfrac{N}{N_{kp}}} \cdot \frac{qx}{24B}(L_0^3 - 2L_0 x^2 + x^3) \qquad \text{（GYSD00303006-14）}$$

当 $x = \dfrac{l}{2}$ 时，即跨度中央截面处的总弯矩为

$$M_0 = M_{q0} + \Delta M_0 = \frac{qL_0^2}{8} + \frac{N}{1 - \dfrac{N}{N_{kp}}} \cdot \frac{5qL_0^4}{384B}$$

$$= \frac{qL_0^2}{8} \cdot \left(1 + \frac{1.028N}{N_{kp} - N}\right) \qquad \text{（GYSD00303006-15）}$$

（二）受弯矩 M_{Lx} 作用时的压弯构件

如图 GYSD00303006-1（b）所示构件，在 M_{Lx} 和 N 作用下作用时，则任意截面 x 处的总挠度为

$$f = \eta f_2 = \frac{1}{1 - \dfrac{N}{N_{kp}}} \cdot \frac{M_{Lx} L_0 x}{6B} \cdot \left(1 - \frac{x^2}{L_0^2}\right) \qquad \text{（GYSD00303006-16）}$$

在 M_{Lx} 和 N 共同作用下，任意截面 x 处总的弯矩为

$$M_x = M_{Lx}\frac{x}{L_0} + \frac{N}{1 - \dfrac{N}{N_{kp}}} \cdot \frac{M_{Lx} L_0 x}{6B} \cdot \left(1 - \frac{x^2}{L_0^2}\right) \qquad \text{（GYSD00303006-17）}$$

当 $x = \dfrac{l}{2}$ 时，即跨度中央截面处的总弯矩为

$$M_0 = \frac{M_{Lx}}{2} + \frac{N}{1 - \dfrac{N}{N_{kp}}} \cdot \frac{M_{Lx} L_0^2}{16B}$$

$$= M_{Lx}\left(0.5 + \frac{0.616N}{N_{kp} - N}\right) \qquad \text{（GYSD00303006-18）}$$

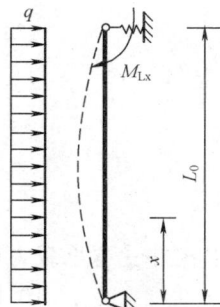

图 GYSD00303006-2　受均布荷载和弯矩 M_{Lx} 共同作用的压弯构件

（三）受均布荷载 q 和弯矩 M_{Lx} 共同作用时的压弯构件

如图 GYSD00303006-2 所示，为受均布荷载 q 和弯矩 M_{Lx} 共同作用时的压弯构件。输电线路构件中，带拉线的电杆拉线点以下杆段在正常最大风时，就属于这种受力情况。图 GYSD00303006-2 是图 GYSD00303006-1（a）和图 GYSD00303006-1（b）的迭加，故该构件跨度中央截面的弯矩，只将式（GYSD00303006-1）和式（GYSD00303006-18）代数迭加即可。但应注意对直线杆由 q 和 M_{Lx} 产生的挠度方向相反，应取异号相加。即

$$M_0 = M_{Lx}\left(0.5 + \frac{0.616N}{N_{kp} - N}\right) - \frac{qL_0^2}{8} \cdot \left(1 + \frac{1.028N}{N_L - N}\right) \quad （GYSD00303006\text{-}19）$$

理论上在 $x = 0.577L_0$ 处可能产生最大弯矩，则经推导该截面的总弯矩为

$$M_{(0.577)} = M_{Lx}\left(0.577 + \frac{0.63N}{N_{kp} - N}\right) - \frac{qL_0^2}{8.2} \cdot \left(1 + \frac{N}{N_{kp} - N}\right) \quad （GYSD00303006\text{-}20）$$

取两者中较大者进行验算。

此外，对于一端嵌固一端自由的压弯构件，可转化为计算长度 $L_0 = 2L$（L 为构件实长）的两端绞接的压弯构件来计算，方法同上。

上述各式中的荷载均为荷载设计值。

例 GYSD00303006-1 普通钢筋混凝土直线电杆，全高 18m，埋深 1.0m，拉线固定点距底盘 14m，电杆外径 $D = 30$cm，内径 $d = 20$cm，纵向配筋为 12 根 $\phi16$mm，A3 钢，混凝土为 C40 级以离心机制造。经计算，对拉线点以下的主杆段，由于杆顶荷载在拉线点处的弯矩 $M_{Lx} = 41.8$kN·m，杆段受均布风压荷载为 $q = 0.165$kN/m，对主杆引起的弯矩和 M_{Lx} 相反，拉线点以下跨度中央垂直轴向压力 $N = 65.75$kN，在 $0.577L_0$ 处的轴向压力 $N = 64.49$kN，电杆的临界压力 $N_L = 318$kN，试验算电杆的强度。

解 计算图形参见图 GYSD00303006-4。

（1）跨度中央截面的总弯矩，可由式（GYSD00303006-19）求得

$$M_0 = 41.8 \times \left(0.5 + \frac{0.616 \times 65.75}{318 - 65.74}\right) - \frac{0.165 \times 14^2}{8} \times \left(1 + \frac{1.028 \times 65.75}{318 - 65.74}\right)$$

$$= 27.61 + 5.13 = 32.74 \text{（kN·m）}$$

（2）离拉线点 $0.577L_0$ 处截面的极限设计外弯矩，根据式（GYSD00303006-20）为

$$M_{(0.577)} = 41.8 \times \left(0.577 + \frac{0.63 \times 64.49}{318 - 64.49}\right) - \frac{0.165 \times 14^2}{8.2} \times \left(1 + \frac{64.49}{318 - 64.49}\right)$$

$$= 31.82 + 4.95 = 35.77 \text{（kN·m）}$$

（3）因为 $M_{(0.423)} > M_0$，故取 $x = 0.577L_0$ 处截面进行验算

$$r_s = \frac{r_1 + r_2}{2} = \frac{0.2 + 0.1}{2} = 0.15 \text{（m）}$$

$$A = 2\pi r_g t = 2\pi \times 0.15 \times 0.05 = 0.047\,12 \text{（m}^2\text{）}$$

$$A_s = 12 \times \frac{\pi}{4} \times d^2 = 12 \times \frac{\pi}{4} \times 0.016^2 = 0.002\,412\,7 \text{（m}^2\text{）}$$

$$\alpha = \frac{fA_s}{f_{cm}A + 2.5fA_s}$$

$$= \frac{210 \times 0.002\,412\,7}{21.5 \times 0.047\,12 + 2.5 \times 210 \times 0.002\,412\,7} = 0.222\,2 < \frac{2}{3}$$

取

$$\alpha_t = 1 - 1.5\alpha = 1 - 1.5 \times 0.21 = 0.667$$

$$\overline{\omega} = \frac{fA_s}{f_{cm}A} = \frac{210 \times 0.002\,412\,7}{21.5 \times 0.047\,12} = 0.5 \leqslant 0.9$$

所以构件受弯承载力设计值为

$$M' = \frac{10^3}{\pi}\left[\frac{1}{\overline{\omega}} \cdot \sin\pi\alpha + (\sin\pi\alpha + \sin\pi\alpha_t)\right] fA_s r_s$$

$$= \frac{10^3}{\pi}\left[\frac{1}{0.5} \times \sin 180° \times 0.222 + (\sin 180° \times 0.222 + \sin 180° \times 0.667)\right]$$

$$\times 210 \times 0.002\,412\,7 \times 0.15 = 67.6 \text{（kN·m）}$$

因为 $M_{(0.577)} = 35.77$（kN·m）$< M' = 67.6$（kN·m），所以抗弯强度合格。

环形截面构件最小回转半径

$$r_0 = \frac{1}{4}\sqrt{D^2 + d^2} = \frac{1}{4}\sqrt{0.3^2 + 0.2^2} = 0.09 \text{（m）}$$

构件的长细比 λ 用下式计算

$$\lambda = \frac{L_0}{r_0} = \frac{14}{0.09} = 155.32$$

由表 GYSD00303002-1 查得 $\phi_c = 0.248$，故构件正截面受压承载力为

$$\begin{aligned} N &= \left(f_c A_c + f'A_s\right)\phi_c \times 10^3 \\ &= \left(19.5 \times 0.047\,12 + 210 \times 0.002\,412\,7\right) \times 0.248 \times 10^3 \\ &= 353.5 \text{（kN）} > 64.49 \end{aligned}$$

故构件正截面受压强度合格。

【思考与练习】

1. 什么叫压弯构件，压弯构件横截面上的弯矩是如何考虑的？
2. 压弯构件的强度用什么方法计算，什么叫许可荷载法？

模块 7　构件的刚度、临界压力及裂缝计算（GYSD00303007）

【模块描述】 本模块涉及构件的刚度、临界压力及裂缝计算。通过概念描述、定量分析，了解构件的刚度、临界压力及裂缝的基本概念，掌握构件的刚度、临界压力及裂缝计算方法。

【正文】

一、构件的刚度

钢筋混凝土构件的刚度与是否出现裂缝有关。混凝土出现裂缝之前，构件所具有的刚度称为第一阶段刚度 B_I，出现裂缝之后称为第二阶段刚度 B_{II}。严格地说，每个阶段的刚度又可分为长期荷载作用下的刚度和短期荷载作用下的刚度。

输电线路中的环形截面普通钢筋混凝土构件，当构件为轴心受压或小偏心受压时，由于构件主要承受轴向压力，其横截面的受拉区范围很小，混凝土不会产生裂缝，故计算时可采用第一阶段刚度 B_I，对于受弯构件或长细比较大的压弯构件，使用中不可避免地要产生裂缝，故计算时宜采用第二阶段刚度 B_{II}。

（1）第一阶段刚度 B_s 的计算。由于受拉区很小，故可近似地把受压混凝土当做弹性材料，把所含钢筋折算为混凝土截面，计算出构件截面的折算惯性矩 I_0，乘以混凝土的弹性模量 E_c，再乘以混凝土塑性变形系数，即可求得在荷载的短期效应下不出裂构件的短期刚度 B_s 为

$$B_s = 0.85 E_c I_0 \times 10^3 \qquad \text{（GYSD00303007-1）}$$

式中　B_s——环形截面普通钢筋混凝土构件截面第一阶段刚度，kN·m^2；

　　　　E_c——混凝土的弹性模量，N/mm^2；

　　0.85——考虑短期荷载施加和开始作用后非弹性变形发展的系数；

　　　　I_0——全部截面折算成混凝土截面的换算惯性矩，m^4，可按下式计算

$$I_0 = \frac{\pi}{64}\left(D^4 - d^4\right) + \frac{1}{2}\left(\frac{E_s}{E_c} - 1\right)A_s r_s^2 \qquad \text{（GYSD00303007-2）}$$

（2）第二阶段刚度 B_s 的计算。基于构件截面有较大的受拉区，且构件已有裂缝，经推导，环形截面钢筋混凝土在荷载的短期效应下构件出裂后的短期刚度 B_s 可按下式计算

1）偏心受力构件

$$B_s = \frac{A_s E_s r_s^2}{0.9\varsigma \cdot \left(1 \pm 0.6\dfrac{r_s}{e_0}\right) + a_E \rho} \qquad \text{（GYSD00303007-3）}$$

计算受拉构件时取正号，受压构件时取负号。

2）受弯构件（$e_0 \to \infty$），则式（GYSD00303007-3）可简化为

$$B_s = \frac{A_s E_s r_s^2}{0.9\varsigma + a_E \cdot \rho}$$ （GYSD00303007-4）

式中　ρ——构件的配筋率；

　　　ς——受拉钢筋的应变不均匀系数，可按下列公式计算

$$\varsigma = 1 - \frac{0.8 M_{cr}}{M_s}$$ （GYSD00303007-5）

$$\varsigma = 1 - \frac{0.8 N_{cr}}{N_s}$$ （GYSD00303007-6）

式中　N_s、M_s——按荷载的短期效应组合计算的验算截面上的轴向力（kN）和弯矩（kN·m）；

　　　N_{cr}、M_{cr}——构件验算截面的开裂轴力（kN）和弯矩值（kN·m），按式（GYSD00303007-12）和式（GYSD00303007-14）计算。

当偏心受压构件的相对偏心距 $\dfrac{e_0}{r_s} \leqslant 0.6$ 或计算出的 $B_s \geqslant 0.425 A_0 E_c r_s^2$ 时，则取 $B_s = 0.425 A_0 E_c r_s^2$。

（3）在荷载的短期效应组合下并考虑长期效应组合影响，需考虑混凝土徐变的影响，长期刚度可按下式计算

$$B_L = \frac{N_s}{0.6 N_L + N_s} \cdot B_s$$ （GYSD00303007-7）

$$B_L = \frac{M_s}{0.6 M_L + M_s} \cdot B_s$$ （GYSD00303007-8）

式中　B_L——构件的长期刚度，kN·m^2；

　　　N_L——验算截面在长期效应组合下的轴心力值，kN；

　　　M_L——验算截面在长期效应组合下的弯矩值，kN·m。

对直线杆和耐张杆风荷载可考虑短期荷载，刚度用 B_s。对转角杆的导线可考虑为长期荷载，而风荷载可考虑为短期荷载，刚度用 B_L。

二、构件的临界压力

1. 对均截面构件（如环形截面钢筋混凝土等径电杆）

环形截面普通钢筋混凝土构件，当沿纵轴各横截面上的配筋、截面几何尺寸及混凝土强度等级均相同时，称为均截面构件。均截面构件各截面的刚度显然是相等的，构件的临界压力 N_L 可按下式计算

$$N_{kp} = \frac{\pi^2 B}{L_0^2}$$ （GYSD00303007-9）

式中　B——构件刚度，kN·m^2，按受力情况取用 B_I 或 B_{II}；

　　　L_0——构件的计算长度，m。

2. 对变截面构件（如环形截面钢筋混凝土拔梢电杆）

由于各截面的刚度不等，则构件的临界压力为

$$N_{kp} = \frac{K_{kp} B_G}{L_0^2}$$ （GYSD00303007-10）

式中　B_G——拔梢杆根部刚度，计算时取 B_{II}；

　　　K_{kp}——变截面构件的临界压力系数，可按表 GYSD00303007-1 取用。

表 GYSD00303007-1　　　　　　　　变截面构件临界压力系数 K_{kp}

B_H/B_G	0	0.1	0.2	0.4	0.6	0.8	1.0
系数 K_{kp}	0.25	3.59	4.73	6.39	7.70	8.83	π^2

三、环形截面普通钢筋混凝土受弯构件的裂缝计算

构件在弯矩作用下，往往发生裂缝，裂缝的发展一般分为以下三个阶段：

（1）裂缝起始阶段。裂缝很细，很可能是看不见；

（2）裂缝可见阶段。裂缝宽度为 0.005mm，肉眼可见；

（3）裂缝开展阶段。出现 0.005mm 裂缝后继续发展阶段。

对于普通钢筋混凝土电杆，运行规程规定构件的裂缝宽度不应超过 0.2mm。在此范围内，大气中的水蒸气及腐蚀气体不易进入内部引起钢筋锈蚀，从而保证了电杆的使用寿命。故除需校核其抗裂弯矩外，重要的问题是限制裂缝开展的宽度。

构件出现 0.005mm 宽裂缝时，截面的抵抗弯矩，称开裂弯矩 M_{cr}。若 M_{cr} 与荷载弯矩设计值 M 之间满足式（GYSD00303007-11）时，则构件裂缝宽度最大不超过 0.005mm，足以满足规定的要求，可不必再作裂缝开展的进一步计算。

$$M_{cr} \geqslant M \tag{GYSD00303007-11}$$

若不满足式（GYSD00303007-11）时，则应进行正常使用极限状态裂缝宽度验算。

对环形截面普通钢筋混凝土受弯构件，其开裂弯矩为

$$M_{cr} = \gamma f_{tk} W_d \times 10^3 \tag{GYSD00303007-12}$$

式中　M_{cr}——形截面普通钢筋混凝土受弯构件开裂弯矩，kN·m；

　　　γ——受拉区混凝土的塑性影响系数，$\gamma = 2 - \dfrac{0.4r_1}{r_2}$；

　　　f_{tk}——混凝土抗拉强度标准值，MPa；

　　　W_d——电杆换算截面弹性抵抗矩，m³。

且

$$W_d = \frac{\left(r_1^2 + r_2^2\right) \cdot A_0}{4r_2} \tag{GYSD00303007-13}$$

式中　r_1——环形截面构件内半径，m；

　　　r_2——环形截面构件外半径，m；

　　　A_0——电杆换算截面面积，m²，$A_0 = A + \left(\alpha_E - 1\right)A_s$；

　　　α_E——钢筋弹性模量与混凝土弹性模量之比，$\alpha_E = \dfrac{E_s}{E_c}$；

　　　A——混凝土构件截面积，m²；

　　　A_s——混凝土构件纵向钢筋截面积，m²。

对环形截面普通钢筋混凝土偏心受压构件，其开裂轴力（抗裂强度）为

$$N_{cr} = \frac{\gamma f_{tk} W_d}{e_0 - \dfrac{W_d}{A_0}} \tag{GYSD00303007-14}$$

对环形截面普通钢筋混凝土偏心受拉构件，其开裂轴力（抗裂强度）为

$$N_{cr} = \frac{\gamma f_{tk} W_d}{e_0 + \gamma \dfrac{W_d}{A_0}} \tag{GYSD00303007-15}$$

在荷载的短期效应组合下，钢筋混凝土电杆的最大裂缝宽度 δ_{fmax} 可按下列公式计算。

1）受弯构件

$$\delta_{fmax} = (200 + S) \cdot \frac{M_s - M_{cr}}{A_s E_s r_s} \cdot v \times 10^{-3} \tag{GYSD00303007-16}$$

2）偏心受拉和偏心受压构件

$$\delta_{fmax} = (200 + S) \cdot \frac{N_s - N_{cr}}{A_s E_s} \left(\frac{e_0}{r_s} \pm 0.6\right) v \times 10^{-3} \tag{GYSD00303007-17}$$

当为受拉构件时，公式中的最右项取正号，受压时取负号。

式中 δ_{fmax} ——最大裂缝宽度，mm；

S ——螺旋筋间距，mm，当 $S < 100mm$ 时，取 $S = 100mm$；

E_s ——钢筋的弹性模量，N/mm^2；

υ ——与纵向受力钢筋表面特征有关的系数，变形钢筋：$\upsilon = 0.7$；光面钢筋：$\upsilon = 1.0$；冷拔低碳钢丝：$\upsilon = 1.25$。

按式（GYSD00303007-16）和式（GYSD00303007-17）验算长期荷载效应组合下的裂缝宽度时，应乘以 1.5 的扩大系数，此时 N_s、M_s 应按长期效应组合计算。

【思考与练习】

1. 什么叫第一阶段刚度？什么叫第二阶段刚度？在构件强度计算中什么情况采用第一阶段刚度？什么情况采用第二阶段刚度？

2. 普通钢筋混凝土构件裂缝的发展一般可分为哪几个阶段？对普通钢筋混凝土构件的裂缝宽度有何限制，为什么？满足什么条件可不必进行裂缝开展的进一步计算，为什么？

第十章　常见杆塔的受力分析与计算

模块 1　无拉线拔梢直线单杆的受力分析（GYSD00304001）

【模块描述】本模块涵盖正常情况计算、断线情况计算和电杆配筋及强度校验。通过概念描述、要点讲解、定量分析，掌握无拉线拔梢直线单杆的基本受力分析及简单计算方法。

【正文】

无拉线拔梢悬垂单杆一般用作 35～110kV 线路的悬垂直线杆，其典型尺寸如图 GYSD00304001-1 所示。

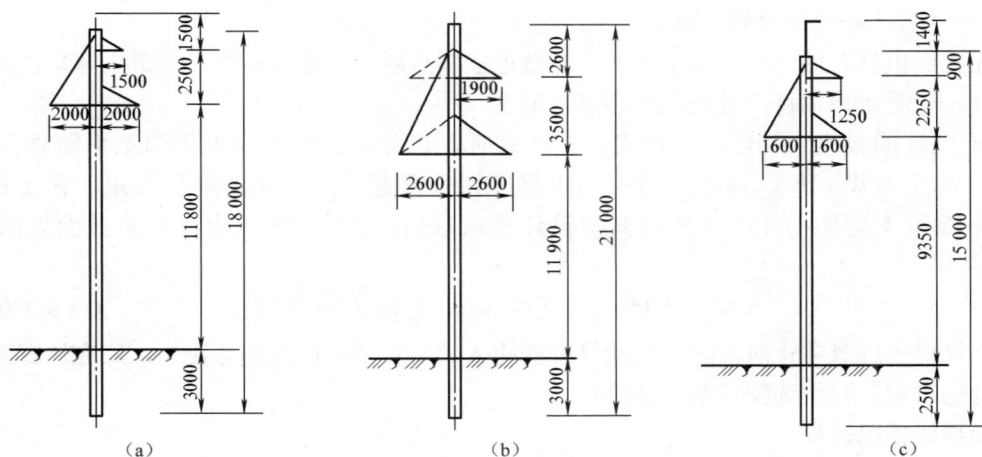

图 GYSD00304001-1　35～110kV 钢筋混凝土拔梢悬垂直线单杆

(a) 35kV 单杆；(b) 66 kV 单杆；(c) 110 kV 单杆

无拉线拔梢悬垂单杆具有结构简单、施工方便、运行维护简便、占地面积少、对机耕影响小的特点。主要缺点为抗扭性差，荷载大时杆顶容易倾斜，故一般用于 150mm² 及以下的导线及平地或丘陵地带较适宜，荷重大的重冰区不宜采用。

一、正常情况计算

由于不打拉线，所以采用深埋式基础以保证电杆基础稳定可靠。这种杆型的主杆属一端固定，另一端自由的变截面受弯构件，其嵌固点一般假定在地面下 1/3 埋深处。如图 GYSD00304001-2 所示。

在正常运行情况下，水平和不平衡垂直荷载作用在主杆任意截面处的弯矩为

$$M_x = \gamma_0 \gamma_G \sum G_a + \gamma_0 \psi \gamma_{Qi} \left(\sum Ph + P_x z \right) \quad \text{(GYSD00304001-1)}$$

式中　M_x——主杆 $x-x$ 截面处的弯矩设计值，kN·m；

　　　γ_0——结构重要性系数，按安全等级选定，取 $\gamma_0 = 1.0$；

　　　γ_G——永久荷载分项系数，对结构受力有利时，宜取

　　　　　　$\gamma_G = 1.0$，不利时，应取 $\gamma_G = 1.2$；

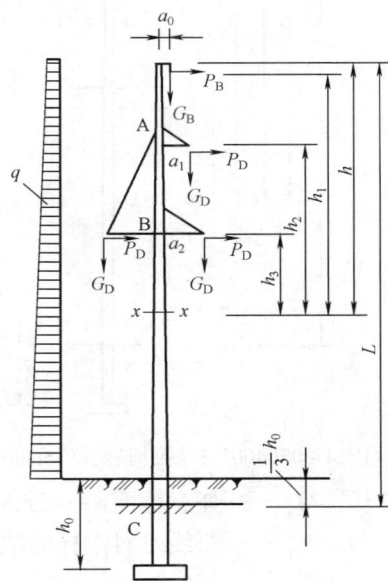

图 GYSD00304001-2　拔梢悬垂单杆

γ_{Qi} ——第 i 项可变荷载的分项系数，应取 $\gamma_{Qi} = 1.4$；

ψ ——可变荷载组合系数，各级电压线路的正常运行情况，应取 $\psi = 1.0$；

$\sum G_a$ ——垂直不平衡荷载引起的弯矩标准值，kN·m；

$\sum Ph$ ——导线、地线风压对所求截面的弯矩标准值，kN·m；

P_x ——计算截面 $x-x$ 以上主杆杆身风压标准值，kN；

z ——计算截面 $x-x$ 以上主杆风压合力作用点的高度。按梯形面积的重心高，$z = \dfrac{2D_0 + D_x}{D_0 + D_x} \cdot \dfrac{h}{3}$。

对等径杆取 $z = \dfrac{h}{2}$，拔梢杆取 $z \approx 0.45h$，或为安全起见也取 $0.5h$。

$$\sum G_a = G_B a_0 + G_D a_1 \qquad (\text{GYSD00304001-2})$$

$$\sum Ph = P_B h_1 + P_D h_2 + 2P_D h_3 = P_B h_1 + P_D (h_2 + 2h_3) \qquad (\text{GYSD00304001-3})$$

$$P_x = 0.613C \left(\frac{D_0 + D_x}{2} \right) hv^2 \times 10^{-3}$$

式中　D_0 ——主杆杆顶外径，m；

　　　D_x ——主杆 $x-x$ 处外径，m。

由于无拉线电杆各截面所受弯矩不同，越接近嵌固点越大，嵌固点将产生最大弯矩，故无拉线悬垂直线电杆一般采用拔梢杆，且根部配筋量也最大。

又由于电杆的柔度（长细比）很大，在计算时，除考虑电杆承受水平和不平衡垂直荷载所产生的弯矩（称主弯矩）外，还必须考虑由于挠度和垂直荷载而产生的附加弯矩。在工程设计中，附加弯矩一般取主弯矩的 15%（或按典型设计要求取值）计算。所以电杆任意截面处的弯矩设计值为

$$M_x = 1.15 \left[\gamma_0 \gamma_G \sum G_a + \gamma_0 \psi \gamma_{Qi} \left(\sum Ph + P_x z \right) \right] \qquad (\text{GYSD00304001-4})$$

在实际计算主杆身弯矩时，除分别计算主杆的 A 点、B 点、C 点的弯矩外，还应计算主杆分段和杆内抽筋处的弯矩，以便选配钢筋和杆段。

二、断导线情况计算

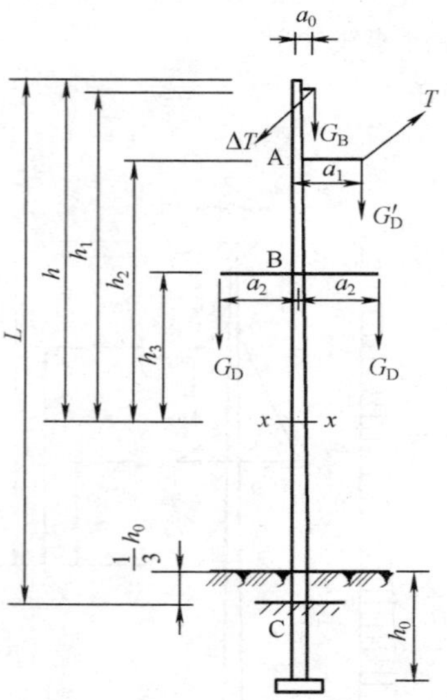

图 GYSD00304001-3　拔梢悬垂单杆断线情况

1. 主杆任意截面弯矩计算

由于电杆的柔度大，在断线张力作用下，将使杆顶发生位移，致使一侧地线拉紧，另一侧地线放松，从而产生地线的支持力 ΔT，如图 GYSD00304001-3 所示。

这时对电杆截面 $x-x$ 处产生的弯矩，除顺线路方向（ΔT 和 T_D）引起的弯矩设计值 M_{zx} 外，还有不平衡垂直荷载引起的弯矩设计值 M_{qx}，故截面 $x-x$ 处总弯矩设计值为

$$M_x = \sqrt{M_{zx}^2 + M_{qx}^2} \qquad (\text{GYSD00304001-5})$$

当计算主杆强度时，应按最不利情况考虑。

在校验下横担以下杆段强度时，取断上导线且有最小地线支持力（根部最危险）

$$M_x = \sqrt{M_{zx}^2 + M_{qx}^2}$$

$$M_{zx} = \gamma_0 \psi \gamma_{Qi} (K_0 T_D h_2 - \Delta T_{min} h_1)$$

$$M_{qx} = \gamma_0 \gamma_G (G_B a_0 + G_D' a_1) \qquad (\text{GYSD00304001-6})$$

式中　M_x ——任意截面 $x-x$ 处的总外弯矩设计值，kN·m；

　　　K_0 ——断线时对主杆的冲击系数，单导线时 $K_0 = 1.1$；

　　　T_D ——断线张力，kN；

　　　ΔT_{min} ——地线最小支持力，kN；

G_B ——地线重力，kN；

G'_D ——断线相导线重力，kN。

在校验下横担以上主杆各截面强度时，应取断线发生在上导线且取地线最大支持力 ΔT_{max}，这时主杆危险截面在上横担处，上横担 A 点处的最大弯矩设计值为

$$M_A = \sqrt{\left[\gamma_0 \psi \gamma_{Qi} \Delta T_{max}(h_1 - h_2)\right]^2 + \left[\gamma_0 \gamma_G (G_B a_0 + G'_D a_1)\right]^2} \qquad (\text{GYSD00304001-7})$$

2. 主杆扭矩、剪力计算

断线时电杆还受到扭力矩 M_k 和剪力 Q_s 的作用，可分别计算如下

断上导线时 $\qquad\qquad M_k = \gamma_0 \psi \gamma_{Qi}(K_0 T_D a_1 - \Delta T_{min} a_0)$ $\qquad$ (GYSD00304001-8)

断下导线时 $\qquad\qquad M_k = \gamma_0 \psi \gamma_{Qi}(K_0 T_D a_2 - \Delta T_{min} a_0)$ $\qquad$ (GYSD00304001-9)

断线点以上截面的剪力 $\qquad Q_s = \gamma_0 \psi \gamma_{Qi} \Delta T_{max}$ $\qquad\qquad$ (GYSD00304001-10)

断线点以下截面的剪力 $\qquad Q_s = \gamma_0 \psi \gamma_{Qi}(K_0 T_D - \Delta T_{min})$ $\qquad$ (GYSD00304001-11)

求得电杆截面的扭矩和剪力后，可按模块 GYSD00303004 讲述的方法选配螺旋筋。

三、电杆配筋及强度验算

当已知作用在电杆各截面的弯矩设计值 M 后，可先假设各段配筋，再按前述的式（GYSD00303003-1）求出电杆各相应截面的承载力弯矩 M_u。若各相应截面的承载力弯矩 $M_u \geqslant$ 截面的弯矩设计值 M，电杆强度合格，否则，改变假设配筋重新计算。

如果选用的是 GB/T 4623—2006《环形混凝土电杆》，标准已列出各杆型不同截面处的开裂检验弯矩值 M_k。强度校验时，只需将作用在电杆各截面的弯矩设计值 M 与所用电杆相应截面处的承载力弯矩 $M_u = 2M_k$ 进行比较，若各相应截面的承载力弯矩 $M_u \geqslant$ 截面的弯矩设计值 M，强度检验就是合格的。

例 GYSD00304001-1 例 GYSD00302002-1 线路中某无拉线拔梢悬垂单杆采用 ϕ230mm 普通钢筋混凝土拔梢水泥电杆，混凝土强度等级为 C40 级，嵌固截面处配筋为 A3 钢 28 根 ϕ16mm。若断上导线时 $\Delta T_{max} = 6255$N，$\Delta T_{min} = 5789$N；断下导线时 $\Delta T_{max} = 6010$N，$\Delta T_{min} = 5546$N。试校验危险截面的抗剪抗扭强度及嵌固点截面处的抗弯强度。

解 （1）荷载由例 GYSD00302002-1 计算结果知。

（2）危险截面的抗剪抗扭强度计算。电杆的抗剪、抗扭强度一般受断线情况控制，危险截面在上、下横担处。

1）电杆上横担处：

直径 $\qquad\qquad\qquad\qquad D = 0.23 + \dfrac{1}{75} \times 2.1 = 0.258$（m）

横截面 $\qquad\qquad\quad A = \dfrac{\pi}{4}\left[0.258^2 - (0.258 - 0.10)^2\right] = 0.029\ 5$（m^2）

剪力 $\qquad\qquad\qquad Q_s = \gamma_0 \psi \gamma_{Qi}(K_0 T_D - \Delta T_{min})$

$\qquad\qquad\qquad\qquad\quad = 1.0 \times 0.9 \times 1.4 \times (1.1 \times 11.846 - 5.789) = 9.124$（kN）

扭矩 $\qquad\qquad\qquad M_k = \gamma_0 \psi \gamma_{Qi}(K_0 T_D a_1 - \Delta T_{min} a_0)$

$\qquad\qquad\qquad\qquad\quad = 1.0 \times 0.9 \times 1.4 \times (1.1 \times 11.846 \times 1.9 - 5.789 \times 0.3)$

$\qquad\qquad\qquad\qquad\quad = 29.0$（kN·m）

主拉应力 $\qquad\quad \sum\sigma = \left[\dfrac{Q_s}{1.2 t D_0} + \dfrac{M_k}{0.5(r_1 + r_2)A}\right] \times 10^{-3}$

$\qquad\qquad\qquad\qquad\quad = \left[\dfrac{9.124}{1.2 \times 0.05 \times 0.258} + \dfrac{29.0}{0.5 \times (0.079 + 0.129) \times 0.029\ 5}\right] \times 10^{-3}$

$\qquad\qquad\qquad\qquad\quad = 10.042$（MPa）

查表 GYSD00303001-2，C40 级混凝土 $f_t = 1.8$MPa，$\sum\sigma = 10.042$ MPa$> f_t = 1.8$MPa。故主拉应力应

全部由螺旋筋和纵向钢筋承受。螺旋筋和纵向钢筋的截面计算略。

2）电杆下横担处：

直径
$$D = 0.23 + \frac{1}{75} \times 5.6 = 0.305 \text{（m）}$$

横截面
$$A = \frac{\pi}{4}\left[(0.305)^2 - (0.305 - 0.10)^2\right] = 0.040 \text{（m}^2\text{）}$$

剪力
$$Q_s = \gamma_0 \psi \gamma_{Qi}(K_0 T_D - \Delta T_{min})$$
$$= 1.0 \times 0.9 \times 1.4 \times (1.1 \times 11.846 - 5.546) = 9.43 \text{（kN）}$$

扭矩
$$M_k = \gamma_0 \psi \gamma_{Qi}(K_0 T_D a_2 - \Delta T_{min} a_0)$$
$$= 1.0 \times 0.9 \times 1.4 \times (1.1 \times 11.846 \times 2.6 - 5.546 \times 0.3)$$
$$= 40.6 \text{（kN·m）}$$

主拉应力
$$\sum \sigma = \left[\frac{Q_s}{1.2 t D_0} + \frac{M_k}{0.5(r_1 + r_2)A}\right] \times 10^{-3}$$
$$= \left[\frac{9.43}{1.2 \times 0.05 \times 0.305} + \frac{40.6}{0.5 \times (0.102\,5 + 0.152\,5) \times 0.04}\right] \times 10^{-3}$$
$$= 8.476 \text{（MPa）}$$

查表 GYSD00303001-2，C40 级混凝土 $f_t = 1.8 \text{MPa}$，$\sum\sigma = 8.476$ MPa$> f_t = 1.8$MPa。故主拉应力应全部由螺旋筋和纵向钢筋承受。螺旋筋和纵向钢筋的截面计算略。

（3）嵌固点截面处的抗弯强度计算（电杆抗弯强度一般受正常运行基本风速情况控制）。

1）嵌固点截面处的设计弯矩：

地面处电杆直径
$$D_x = 0.23 + \frac{1}{75} \times 18 = 0.47 \text{（m）}$$

$$P_x = 0.613 C\left(\frac{D_0 + D_x}{2}\right) h v^2 \times 10^{-3}$$
$$= 0.613 \times 0.7 \times \left(\frac{0.23 + 0.47}{2}\right) \times 18 \times 27^2 \times 10^{-3} = 1.97 \text{（kN）}$$

主杆风压合力作用点的高度 $z = \dfrac{2D_0 + D_x}{D_0 + D_x} \times \dfrac{h}{3} = \dfrac{2 \times 0.23 + 0.47}{0.23 + 0.47} \times \dfrac{18}{3} = 7.97 \text{（m）}$

$$M_B = 1.15 \times \left[\gamma_0 \gamma_G \sum G_a + \gamma_0 \psi \gamma_{Qi}\left(\sum Ph + P_x z\right)\right]$$
$$= 1.15 \times \left\{1 \times 1 \times 1.4 \times \left[1.085 \times 19 + 2.269 \times (3.5 + 3 \times 13.4) + 1.448 \times 7.97\right]\right.$$
$$\left. + 1 \times 1.2 \times (1.49 \times 0.3 + 3.295 \times 1.9)\right\} = 220.7 \text{（kN·m）}$$

2）嵌固点截面处的受弯承载力弯矩：

$$D_B = 0.23 + \frac{1}{75} \times 19 = 0.483 \text{（m）}$$

$$r_s = \frac{0.483 - 0.05}{2} = 0.216\,5 \text{（m）}$$

$$A = 2\pi r_s t = 2\pi \times 0.216\,5 \times 0.05 = 0.068 \text{（m}^2\text{）}$$

$$A_s = 28 \times \frac{\pi}{4} \times 0.016^2 = 0.005\,63 \text{（m}^2\text{）}$$

$$\alpha = \frac{f A_s}{f_{cm} A + 2 f A_g} = \frac{210 \times 0.005\,63}{21.5 \times 0.068 + 2 \times 210 \times 0.005\,63} = 0.309 < 0.3;$$

$$\alpha_t = 1 - 1.5\alpha = 1 - 1.5 \times 0.309 = 0.537$$

$$\overline{\omega} = \frac{f A_s}{f_{cm} A} = \frac{210 \times 0.005\,63}{21.5 \times 0.068} = 0.809 < 0.9$$

所以
$$M' = \frac{10^3}{\pi}\left[\frac{1}{\omega} \cdot \sin\pi\alpha + (\sin\pi\alpha + \sin\pi\alpha_t)\right]fA_s r_s$$

$$= \frac{10^3}{\pi} \times \left[\frac{1}{0.809}\sin\pi \times 0.309 + (\sin\pi \times 0.309 + \sin\pi \times 0.537)\right]$$

$$\times 210 \times 0.005\,63 \times 0.216\,5 = 231.3 \text{（kN·m）}$$

$M' = 231.3$ kN·m $> M_B = 220.7$ kN·m，抗弯强度合格。

【思考与练习】

1. 无拉线悬垂直线单杆一般用什么电杆，其基础如何设置？无拉线悬垂直线单杆有何受力特点，其最大弯矩点在什么位置？

2. 某 35kV 线路经过Ⅳ级气象区，导线为 JL/G1A-120/20-26/7 型，地线为 1×7-8.7-1270-A-GB1200-88 型；其水平档距 $l_h = 200$m，垂直档距 $l_v = 300$m，并已知导线绝缘子串重为 300N，地线金具串重 30N。该线路无拉线拔梢悬垂单杆外形尺寸如图 GYSD00304001-4 所示，采用 ϕ190mm 普通钢筋混凝土拔梢水泥电杆，混凝土强度等级为 C40 级，嵌固截面处配筋为 A3 钢 16 根 ϕ14mm。若断上导线时 $\Delta T_{max} = 2500$N，$\Delta T_{min} = 2300$N；断下导线时 $\Delta T_{max} = 2300$N，$\Delta T_{min} = 2100$N。试校验危险截面的抗剪抗扭强度及嵌固点截面处的抗弯强度。

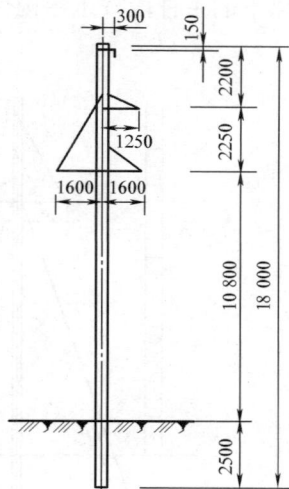

图 GYSD00304001-4 拔梢单杆

模块 2 拉线直线单杆的受力分析（GYSD00304002）

【模块描述】本模块涉及拉线内力及截面选择、正常运行情况主杆受力计算、断线情况主杆受力计算。通过概念描述、要点讲解、定量分析，掌握拉线直线单杆的基本受力分析及简单计算的方法。

【正文】

拉线悬垂直线单杆通常用等径杆。110kV 及以下线路采用 ϕ300mm 等径杆段。拉线悬垂直线单杆具有材料消耗小、经济指标低、施工方便、基础浅埋，可充分利用杆高等优点。其缺点是由于打拉线影响农田机耕，抗扭性差，抗扭强度不满足时，往往需要转动横担。但对于检修困难的山区、重冰区以及相邻两档档距或标高相差很大，使用转动横担，容易发生误转动的地方，不得采用转动横担。35～110kV 线路拉线悬垂直线单杆的典型尺寸如图 GYSD00304002-1 所示。

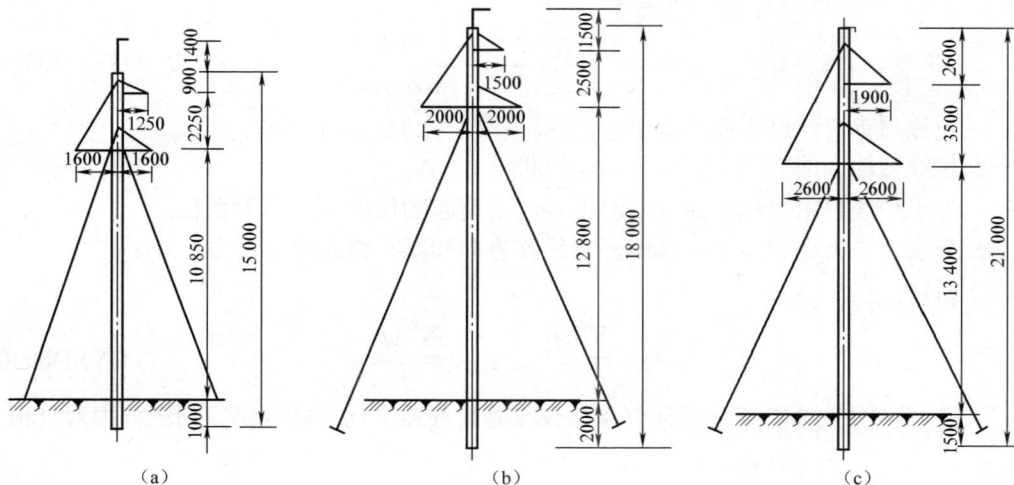

图 GYSD00304002-1 35～110kV 钢筋混凝土悬垂直线单杆

（a）35kV 单杆；（b）66kV 单杆；（c）110kV 单杆

电杆加拉线后（如图 GYSD00304002-2 所示），改变了拉线点以下杆段的受力情况，将杆身所受弯矩转化为压力。进行强度计算时，拉线点以上主杆段可忽略轴向力的影响，按纯弯构件计算；拉线点以下的主杆段按压弯构件计算，如图 GYSD00304002-3 所示。

从受力角度，拉线对地面夹角 β 越小越好。但由于电气间隙和占地面积限制，通常 β 角以不超过 60° 为宜。拉线水平夹角 α，习惯采用 45°。但从正常和事故情况下等强度原则考虑，α 角宜在 35° 左右，故建议采用 40°。

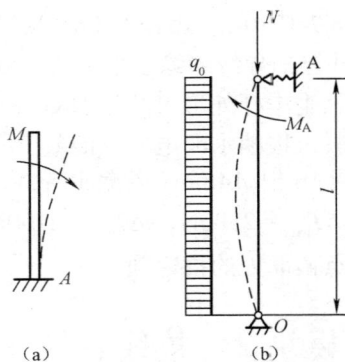

图 GYSD00304002-2 拉线单杆直线杆

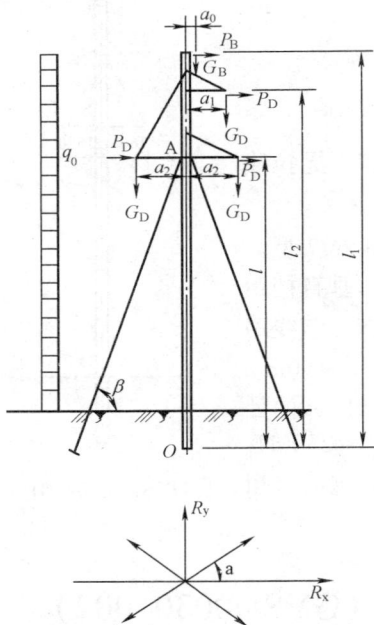

图 GYSD00304002-3 拉线单杆受力图
(a) 拉线点以上；(b) 拉线点以下

一、拉线内力计算及截面选择

拉线在正常情况下的受力为

$$T = \frac{1.05 R_x}{2\cos\alpha\cos\beta} \tag{GYSD00304002-1}$$

断线情况，忽略不平衡垂直荷载影响，拉线受力为

$$T = \frac{1.05 R_y}{2\sin\alpha\cos\beta} \tag{GYSD00304002-2}$$

一般地，若 R_x 和 R_y 同时存在，则拉线受力为

$$T = \frac{1.05 R_x}{2\cos\alpha\cos\beta} + \frac{1.05 R_y}{2\sin\alpha\cos\beta} \tag{GYSD00304002-3}$$

式中　α ——拉线与垂直线路方向的水平投影角，(°)，以 35°~45° 为宜；

　　　β ——拉线与地面的夹角，(°)，一般取 60°；

　　1.05 ——考虑拉线自重、风压荷载及温度等因素引起的拉线受力增大系数；

　R_x、R_y ——分别为外力在拉线点引起的垂直线路方向和顺线路方向的反力，kN；

　　　T ——拉线内力，kN。

$$R_x = \frac{\sum M_x}{l}, \quad R_y = \frac{\sum M_y}{l} \tag{GYSD00304002-4}$$

式中　M_x、M_y ——分别为对某种设计气象条件，垂直线路方向和顺线路方向的外力对杆根 O 点的力矩设计值，kN·m；

　　　l ——拉线点至 O 点的距离，m。

一般拉线采用镀锌钢绞线，根据 GB 1200—1988《镀锌钢绞线》，若选用抗拉强度标准值为 $f_p = 1270$MPa 的热镀锌钢绞线，其整根钢绞线抗拉强度设计值 $f_g = 745$MPa（7 股），故拉线截面可按下式计算

$$A \geqslant \frac{T_{\max}}{745} \times 10^3 \qquad\text{（GYSD00304002-5）}$$

式中　A——所需拉线截面积，mm^2，按结构设计规定拉线截面积不应小于 $35mm^2$；

$\quad\quad T_{\max}$——拉线最大内力设计值，kN，一般由基本风速情况控制。

拉线角度 α，可按基本风速时横向强度和断线时顺线路方向的强度相等的原则确定，即

$$\frac{1.05R_{\mathrm{x}}}{2\cos\alpha\cos\beta} = \frac{1.05R_{\mathrm{y}}}{2\sin\alpha\cos\beta}$$

所以

$$\alpha = \tan^{-1}\frac{R_{\mathrm{y}}}{R_{\mathrm{x}}} \qquad\text{（GYSD00304002-6）}$$

二、正常运行情况主杆受力计算

主杆抗弯强度一般受基本风速情况控制，在拉线点 A 的主杆弯矩 M_{A} 为

$$M_{\mathrm{A}} = \gamma_0\psi\gamma_{\mathrm{Qi}}\left[P_{\mathrm{B}}(l_1-l) + P_{\mathrm{D}}(l_2-l) + q_0\frac{(l_1-l)^2}{2}\right] + \gamma_0\gamma_{\mathrm{G}}(G_{\mathrm{B}}a_0 + G_{\mathrm{D}}a_1) \quad\text{（GYSD00304002-7）}$$

式中　q_0——主杆每米风压标准值，kN/m。

拉线点以下主杆，按根部为绞接，拉线点为弹性绞接的压弯构件计算。一般只计算跨度中央或 $0.423l$ 处的弯矩，取其中弯矩较大者。跨度中央及 $0.423l$ 处的主杆极限设计外弯矩可分别按前述式（GYSD00303006-21）和式（GYSD00303006-22）计算。

三、断线情况主杆受力计算

断线情况，是指断下导线或断上导线或地线有张力差时。电杆受断线张力或地线有张力差作用时，拉线点以上主杆仍按纯弯构件计算；拉线点以下主杆按压弯构件计算。电杆截面的弯矩计算与正常基本风速情况时计算方法相同。但由于拉线电杆拉线的存在，断导线时的杆顶位移很小，故可不考虑地线的支持力。

断线时，电杆承受的剪力 Q_{s} 和扭矩 M_{k} 为

$$Q_{\mathrm{s}} = \gamma_0\psi\gamma_{\mathrm{Qi}}K_0T_{\mathrm{D}}$$

$$M_{\mathrm{k}} = \gamma_0\psi\gamma_{\mathrm{Qi}}K_0T_{\mathrm{D}}a_1 \quad\text{或}\quad M_{\mathrm{k}} = \gamma_0\psi\gamma_{\mathrm{Qi}}K_0T_{\mathrm{D}}a_2$$

电杆的抗切、抗扭强度，一般受断线情况控制，在求出 M_{k} 和 Q_{s} 后，可按第三章模块 GYSD00303004 的方法确定螺旋筋规格。

对于采用转动横担的电杆，扭矩按转动横担的起动力计算，一般起动力取 $\psi\gamma_{\mathrm{Qi}}$（2~3）kN（对 110kV 线路），扭矩比按固定横担计算时小得多，此时螺旋筋一般按构造配置。

例 GYSD00304002-1　设某 110kV 上字型横担拉线悬垂直线单杆，杆型尺寸及基本风速时的荷载如图 GYSD00304002-4 所示。试计算基本风速情况下（忽略杆身风压）拉线点的力矩设计值及拉线受力计算和拉线截面选择（设拉线的 $\alpha = 45°$，$\beta = 60°$）。

解　（1）拉线点处的力矩为

$$M_{\mathrm{A}} = \gamma_0\psi\gamma_{\mathrm{Qi}}\left[P_{\mathrm{B}}(l_1-l) + P_{\mathrm{D}}(l_2-l) + q_0\frac{(l_1-l)^2}{2}\right] + \gamma_0 \cdot \gamma_{\mathrm{G}}(G_{\mathrm{B}}a_0 + G_{\mathrm{D}}a_1)$$

$$= 1\times1\times1.4\times(1.211\times2.45 + 2.57\times3.5) + 1\times1.2\times(1.486\times0.3 + 3.03\times1.9)$$

$$= 24.2\ \text{（kN·m）}$$

（2）拉线受力计算有

$$\sum M_{\mathrm{x}} = 1\times1\times1.4\times\left[1.211\times20.85 + 2.57\times(3.5+3\times14.8)\right]$$

$$+ 1\times1.2\times(1.486\times0.3 + 3.03\times1.9)$$

$$= 215.1\ \text{（kN·m）}$$

$$R_{\mathrm{x}} = \frac{\sum M_{\mathrm{x}}}{l} = \frac{215.1}{14.8} = 14.53\ \text{（kN）}$$

$$T = \frac{1.05 R_x}{2\cos\alpha\cos\beta} = \frac{1.05 \times 14.53}{2\cos 45° \cos 60°} = 21.58 \ (\text{kN})$$

（3）拉线截面选择，有

$$A \geqslant \frac{T_{max}}{745} \times 10^3 = \frac{21.58}{745} \times 10^3 = 29 \ (\text{mm}^2)$$

选用 1×7-6.9-1270-A-GB1200-88 型的镀锌钢绞线作拉线，强度满足要求。

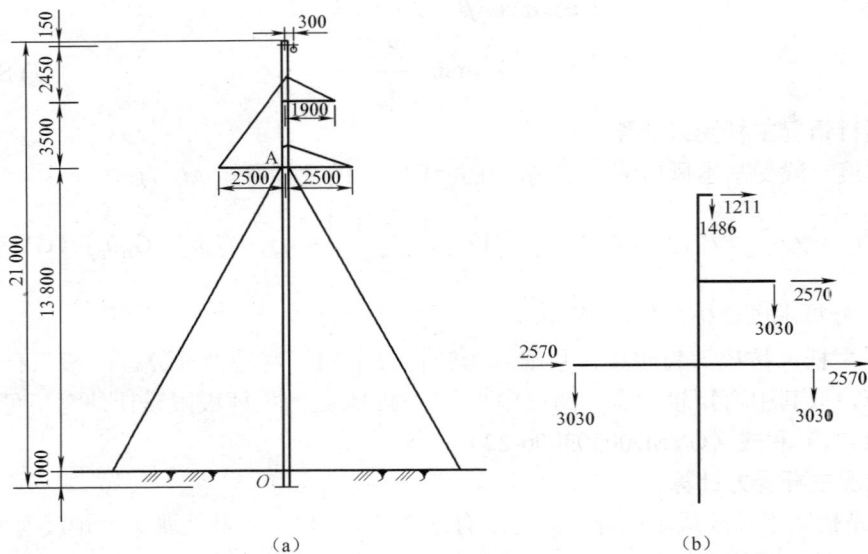

图 GYSD00304002-4 杆型尺寸及荷载图

（a）杆型尺寸；（b）正常情况荷载图（单位：N）

【思考与练习】

1. 模块 GYSD00304001【思考与练习】题 2 线路某拉线单杆的外形尺寸如图 GYSD00304002-5 所示，拉线对地面夹角 $\beta = 60°$，与横担方向夹角 $\alpha = 45°$，荷载计算同模块 GYSD00304001【思考与练习】题 2。试按正常运行基本风速条件确定拉线截面与规格。

2. 拉线电杆一般用什么电杆，其基础如何设置？拉线悬垂直线单杆在主杆内力计算时，拉线点以上杆段按何种受力构件计算，拉线点以下杆段按何种受力构件计算？拉线水平夹角 α 根据什么原则来考虑？

3. 拉线电杆的抗弯强度一般受什么情况控制，抗切抗扭强度又受什么情况控制？在断导线时，架空地线的支持力是如何考虑的，为什么？

4. 设某 110kV 上字型横担拉线悬垂直线单杆，杆型尺寸如图 GYSD00304002-6 所示。主杆采用 $\phi 300\text{mm}$ 环截面等径钢筋混凝土电杆，壁厚 5cm，混凝土强度等级为 C40 级，钢筋为 A3、$12 \times \phi 12\text{mm}$，电杆每米重力为 1kN；导线为 JL/G1A-150/20-24/7 型，架空地线为 1×7-7.8-1270-A-GB1200-88 型，$l_h = 250\text{m}$，$l_v = 350\text{m}$，$v_m = 27\text{m/s}$；架空地线金具重力 $W_1 = 0.05\text{kN}$，导线绝缘子串重力 $W_2 = 0.59\text{kN}$。试计算基本风速情况下：

1）导线、架空地线及杆身的荷载；

2）拉线点 A 的弯矩 M_A 并校验强度；

3）拉线受力计算及拉线截面选择（设拉线的 $\alpha = 45°$，$\beta = 60°$）；

4）计算截面 B、C 处的下压力 N_B、N_C；

5）拉线点以下压杆的临界压力 N_L；

6）校验截面 B、C 处的抗弯强度。

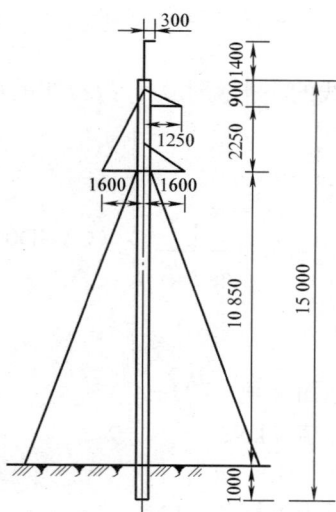

图 GYSD00304002-5　拉线单杆

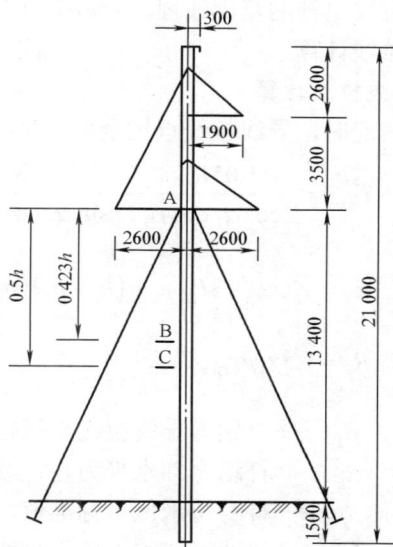

图 GYSD00304002-6　题 4 图

模块 3　耐张电杆的受力分析（GYSD00304003）

【模块描述】本模块涉及拉线计算、主杆计算。通过概念描述、要点讲解和定量分析，熟悉耐张电杆的基本受力分析及简单计算的方法。

【正文】

　　耐张直线电杆一般用于线路的直线段，有时也兼有 5°以下的小转角。

　　它有八根拉线。其中四根在导线横担处安装，组成 X 型交叉布置（又称导线拉线），导线拉线与横担的水平投影角 α_2 约为 65°左右。它的作用是正常情况下，承受导线、架空地线和杆身风压的水平力及角度荷载和导线不平衡张力；在导线断线及安装情况时，承受断线或安装情况的水平荷载和导线引起的顺线方向荷载。

　　另外四根在架空地线横担处成"八字形"安装（又称地线拉线）。其作用是在正常情况下，不考虑架空地线拉线受力，仅在架空地线断线或安装时才考虑承受架空地线引起的顺线方向张力。

　　导线拉线和架空地线拉线共用一个拉线基础。

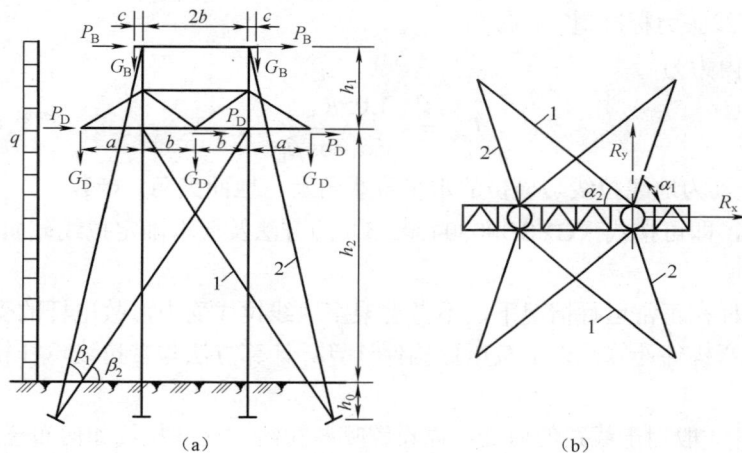

图 GYSD00304003-1　耐张直线电杆的杆型

（a）正视图；（b）俯视图

1—导线拉线；2—地线拉线

耐张直线电杆的基础浅埋，一般为 1.5～2.0m。

一、拉线计算

1. 导线拉线计算

正常情况时，导线拉线承担全部水平荷载和顺线路方向导线的不平衡张力。故拉线的最大内力为

$$\left.\begin{array}{l} T_{max} = \dfrac{1.05R_x}{2\cos\alpha_2\cos\beta_2} + \dfrac{1.05R_y}{\sin\alpha_2\cos\beta_2} \\[4mm] R_x = \gamma_0\psi\gamma_{Qi}\left\{3P_D + \left[q(h_1+h_2)(h_1+h_2+h_0) + 2P_B(h_1+h_2+h_0)\right]\dfrac{1}{h_2+h_0}\right\} \\[4mm] R_y = 1.5\gamma_0\psi\gamma_{Qi}\Delta T \end{array}\right\} \quad (\text{GYSD00304003-1})$$

式中　α_2、β_2——分别为导线拉线与横担的水平投影角及与地面夹角，(°)；

$\qquad R_x$——杆塔全部水平力在拉线结点的水平反力设计值，kN；

$\qquad q$——杆身每米风压标准值，kN/m；

$\qquad R_y$——导线顺线路方向不平衡张力在拉线结点的反力设计值，kN；

$\quad P_D$、P_B——分别为导线、地线的水平力标准值，kN；

$\qquad \Delta T$——每相导线正常运行情况下的不平衡张力标准值，kN；

$\qquad T_{max}$——拉线内力设计值，kN。

事故断导线时，一般考虑断含中相在内的两相导线，此情况对拉线的危害最大。此时拉线的最大内力为

$$\left.\begin{array}{l} T_{max} = \dfrac{1.05R_x}{2\cos\alpha_2\cos\beta_2} + \dfrac{1.05R_{yD}}{\sin\alpha_2\cos\beta_2} \\[4mm] R_{yD} = \dfrac{\gamma_0\psi\gamma_{Qi}T(3b+a)}{2b} \end{array}\right\} \quad (\text{GYSD00304003-2})$$

式中　R_x——导线和架空地线的角度合力在拉线点的反力，kN；

$\qquad T$——每相导线的断线张力标准值，kN；

$\qquad R_{yD}$——顺线路方向断线张力在拉线点反力，kN。

2. 地线拉线计算

只有当地线断线时，才考虑地线拉线受力。首先把地线断线张力折算到拉线结点处，即

$$R_{yB} = \frac{\gamma_0\psi\gamma_{Qi}T_B(2b+c)}{2b} \quad (\text{GYSD00304003-3})$$

式中　T_B——地线断线张力标准值，kN。

地线拉线的最大内力为

$$T_{max} = \frac{1.05R_{yB}}{\sin\alpha_1\cos\beta_1} \quad (\text{GYSD00304003-4})$$

式中　α_1、β_1——分别为地线拉线与横担的水平投影角及与地面夹角，(°)。

求出拉线内力后，即可按式（GYSD00304002-5）的方法及要求确定拉线截面及规格。

二、主杆计算

由于耐张直线电杆在正常运行情况下，不考虑架空地线拉线受力，故电杆的受力计算原则为：导线拉线结点以上按纯弯构件计算，以下按压弯构件计算。计算方法与带拉线单杆相同。

【思考与练习】

1. 耐张直线电杆一般用于线路的何处，需设置哪些拉线，这些拉线如何布置，如何受力？

2. 耐张直线电杆正常情况下主杆的受力计算原则是什么？

模块 4 转角电杆的受力分析 (GYSD00304004)

【模块描述】本模块包含拉线计算、主杆计算。通过概念描述、要点讲解和定量分析，掌握转角电杆的基本受力分析及简单计算的方法。

【正文】

线路转角范围为 0°~90°，转角杆转角范围一般分成 5°~30°，30°~60°，60°~90°三种，分别称 30°、60°、90°转角杆。30°和60°转角杆导线拉线的 α 角分别为65°和60°，90°转角杆 α 角为45°，β 角均为45°；架空地线拉线的 α 角为90°，β 角一般为60°。转角杆的杆型如图 GYSD00304004-1 所示。

转角杆的基础浅埋，一般为 1.5~1.8m。

导线拉线成八字形布置，朝线路转角的外侧方向打。导线架设前需打一条反向内分角临时拉线，待架线工作结束后拆除。当线路转角很小时（5°~20°），还需设置导线反向分角拉线。

在架空地线横担和主杆的连接点至导线横担和主杆连接点间装设斜拉杆，以便将架空地线的水平力传递给导线拉线。

导线拉线承受导线的顺线张力和全部水平力。

架空地线拉线只承受架空地线的顺线张力。

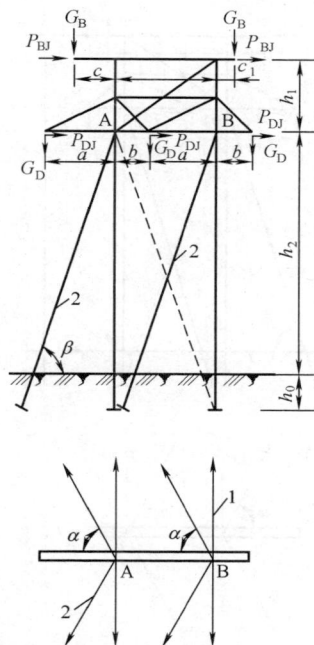

图 GYSD00304004-1 转角杆的杆型

1—地线拉线；2—导线拉线

一、拉线计算

1. 导线拉线的计算

正常运行情况（当导线不存在不平衡张力时）：导线拉线的最大受力为

$$\left.\begin{aligned}
T_{\max} &= \frac{1.1R_x}{4\cos\alpha\cos\beta} \\
R_x &= \gamma_0\psi\gamma_{Qi}\left[2P_{BJ} + 3P_{DJ} + q(2h_1 + h_2)\right] \\
P_{BJ} &= P_B + (T_{B1} + T_{B2})\sin\frac{\theta}{2} \\
P_{DJ} &= P_D + (T_{D1} + T_{D2})\sin\frac{\theta}{2}
\end{aligned}\right\}$$

（GYSD00304004-1）

式中 R_x ——全部导线、地线及杆身风压等水平力在拉线点的反力设计值；

1.1 ——考虑两杆拉线结点受力分配不均匀的系数（1.05→1.1）；

P_{BJ} ——地线风压和角度荷载标准值，kN；

P_{DJ} ——导线风压和角度荷载标准值，kN；

P_D、P_B ——分别为导线、地线风压荷载标准值，kN；

T_{B1}、T_{B2} ——耐张杆两侧地线张力标准值，kN；

T_{D1}、T_{D2} ——耐张杆两侧导线张力标准值，kN；

θ ——线路转角，(°)。

当外角侧和中相断线时，如图 GYSD00304004-2 所示，导线拉线受力为

$$\left.\begin{aligned}
T_{\max} &= \frac{1.1R_x}{4\cos\alpha\cos\beta} + \frac{1.05R_{yA}}{\sin\alpha\cos\beta} \\
R_x &= \gamma_0\psi\gamma_{Qi}(2P_{BJ} + 2P'_{DJ} + P_{DJ}) \\
R_{yA} &= \frac{\gamma_0\psi\gamma_{Qi}T_D(3a + b)}{a + b} \\
P'_{DJ} &= T_D\sin\frac{\theta}{2}
\end{aligned}\right\}$$

（GYSD00304004-2）

式中　R_x、R_{yA}——分别为总水平反力和顺线路方向 A 杆上的反力设计值，kN；

　　　　P_{DJ}'——断线相导线角度荷载标准值，kN。

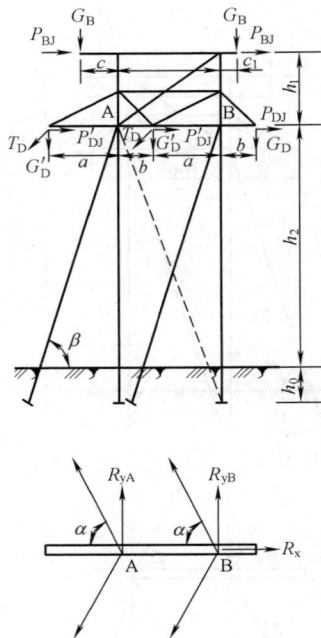

图 GYSD00304004-2　转角
杆断线情况受力图

2. 导线反向分角拉线的内力计算

当线路转角度数较小时（5°~20°），正常大风时的反向风荷载可能大于导线、地线的角度合力，而此时导线拉线不起作用，为防止杆塔向线路转角外侧倾倒，这时应设置如图 GYSD00304004-1 中虚线所示的反向分角拉线（称内拉线）。

反向分角拉线的最大受力设计值 T_f 按下式计算

$$\left.\begin{aligned} T_f &= \frac{1.05\gamma_0\psi\gamma_{Qi}\left(\sum P - R_x'\right)}{\cos\beta_3} \\ \sum P &= \left[2P_B(h_1+h_2+h_0)+q(h_1+h_2)(h_1+h_2+h_0)\right]\frac{1}{h_2+h_0}+3P_D \\ R_x' &= 2(T_{B1}+T_{B2})\sin\frac{\theta}{2}+3(T_{D1}+T_{D2})\sin\frac{\theta}{2} \end{aligned}\right\}$$

（GYSD00304004-3）

式中　β_3——反向分角拉线与地面夹角，(°)，一般 $\beta_3=75°$。

反向分角拉线可固定在电杆的底盘上。

3. 地线拉线的计算

地线拉线的计算与耐张杆相同，不再重复讲述。

二、主杆的计算

由于电杆所受轴向压力较大，故需考虑由电杆初挠度产生的附加弯矩。

1. 正常情况（一般覆冰比基本风速严重）

主杆的最大弯矩可假设在导线横担以下 $0.577L_0$ 处，在正常运行情况下，其主杆最大弯矩为

$$M_{(0.577)} = M_{Lx}\left(0.577+\frac{0.63N}{N_{kp}-N}\right)+\frac{qL_0^2}{8.2}\left(1+\frac{N}{N_{kp}-N}\right)+\frac{2L_0\times N}{1000}\left(\frac{1}{1-\dfrac{N}{N_{kp}}}\right)$$

（GYSD00304004-4）

式中　M_{Lx}——拉线点以上外力引起端弯矩（对转角杆主要是拉线偏心产生的弯距），kN·m，近似按 $M=2T_{max}\sin\beta\cdot e_x$ 计算；

　　　　T_{max}——拉线的最大拉力设计值，kN；

　　　　q——电杆每米风压设计值，kN/m；

　　　　e_x——拉线作用点的折算偏心距，m，且 $e_x=e_0\cos\alpha$，见图 GYSD00304004-3；

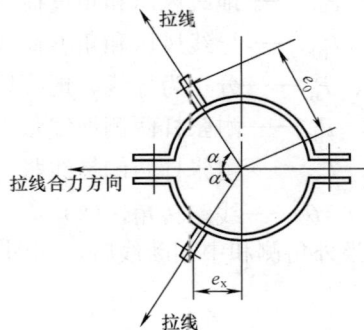

图 GYSD00304004-3　拉线偏心力矩

　　　　N——计算截面以上的垂直压力设计值，kN，包括同一电杆上拉线、拉杆的下压力、结构自重及外荷载；

　　　　L_0——跨度长度，$L_0=h_2+h_0$。

2. 断线情况

事故断导线情况主杆的最大弯矩计算，这时风速 $v=0$，故式（GYSD00304004-4）的第一项为零，最大弯矩设计值为

$$M_{(0.423)} = \sqrt{M_x^2 + M_y^2}\left(0.577 + \frac{0.63N}{N_{kp} - N}\right) + \frac{2L_0}{1000} \cdot N \frac{1}{1 - \dfrac{N}{N_{kp}}}$$

$$M_0 = \sqrt{M_x^2 + M_y^2}\left(0.5 + \frac{0.616N}{N_{kp} - N}\right) + \frac{2L_0}{1000} \cdot N \frac{1}{1 - \dfrac{N}{N_{kp}}} \qquad \text{（GYSD00304004-5）}$$

$$M_x = 2T_1 e_x \sin\beta = 2T_1 e_0 \sin\beta \cos\alpha$$

$$M_y = (T_2 - T_1) e_y \sin\beta = (T_2 - T_1) e_0 \sin\beta \sin\alpha$$

式中　　T_1、T_2——断线时两侧导线拉线的拉力设计值，kN。

【思考与练习】

1．转角杆的转角范围是多少，有哪几种转角杆型？

2．转角杆布置哪些拉线，如何布置？这些拉线如何受力？斜拉杆怎么布置，有何作用？在什么情况下需设置导线反向分角拉线，为什么？

3．某线路转角杆塔转角为 12°。采用如图 GYSD00304004-4 所示杆型，已知杆塔上导线、架空地线的重力、风压荷载值与模块 GYSD00302002【思考与练习】题 1 同，杆身风压假设为 0.15kN/m，两侧导线张力均为 20.1kN，两侧架空地线张力均为 11.8kN，试按正常运行基本风速情况确定导线拉线的配置和确定是否需装设导线反向分角拉线。

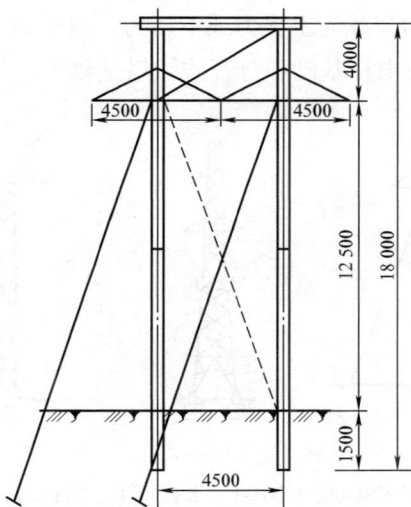

图 GYSD00304004-4　30°转角杆

第十一章　常见杆塔基础受力分析与计算

模块 1　基础概述（GYSD00305001）

【模块描述】本模块包含基础分类及一般要求、基础极限状态表达式、土的分类及其力学特性。通过概念描述和要点讲解，掌握基础分类及一般要求、基础极限状态表达式，了解土的力学特性。

【正文】

一、基础分类及一般要求

输电线路对基础的要求，应使杆塔在各种受力情况下不倾覆、倒塌、下陷和上拔。根据基础的不同形式，目前广泛使用的基础形式有板式基础、台阶式基础、掏挖式基础、岩石基础、装配式基础及桩式基础等。

按基础受力情况的不同，杆塔基础共分两类。

1. 上拔、下压类基础

上拔、下压类基础主要承受的荷载为上拔力或下压力，兼受较小的水平力。输电线路中属于此类基础的杆塔有拉线基础、带拉线的电杆基础和分开式铁塔基础等，如图 GYSD00305001-1 所示。

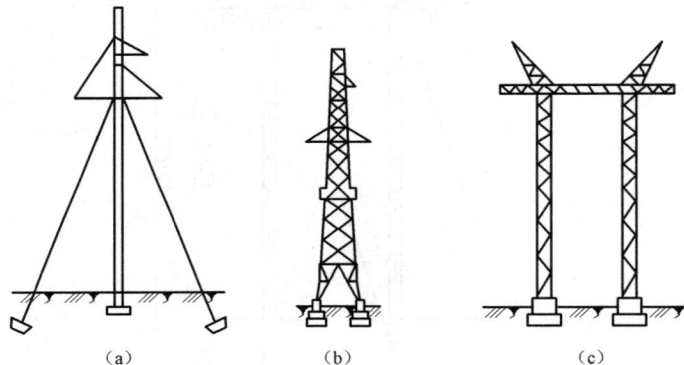

(a)　　　(b)　　　(c)

图 GYSD00305001-1　上拔、下压类杆塔基础

2. 倾覆类基础

倾覆类基础系指埋置于经夯实的回填土体内的，主要承受倾覆力矩。线路中属于此类基础的杆塔有无拉线单杆基础、整体式铁塔基础和宽身铁塔的联合基础等，如图 GYSD00305001-2 所示。

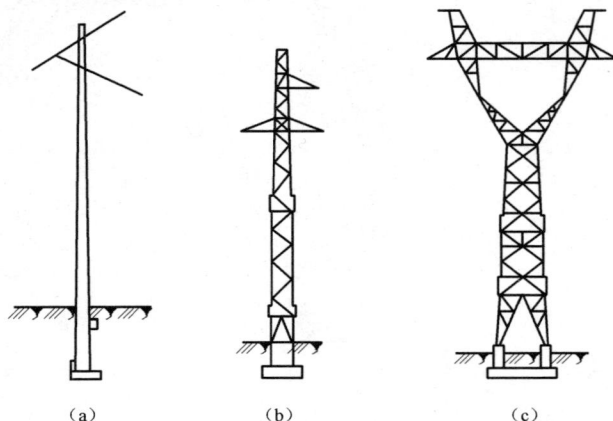

(a)　　　(b)　　　(c)

图 GYSD00305001-2　倾覆类杆塔基础

　　杆塔基础和拉线基础的类型选择和强度稳定设计与线路所通过地区的地形、水文、工程地质情况有直接关系，因此基础设计时，必须对线路经过地区的地质水文资料充分了解后方可进行，形式选择不仅要考虑地形、水文，还要结合施工条件和杆塔形式综合考虑，同时应考虑环保方式，即按照不破坏或尽量少破坏原状地貌原则，保护自然环境，防止水土流失。

　　根据设计规程规定，基础采用的混凝土强度等级不应低于C20级。

　　基础设计应考虑地下水位季节性的变化。位于地下水位以下的基础容重和土容重应按其浮容重考虑。一般对混凝土的浮容重取 12kN/m³，钢筋混凝土的浮容重取 14kN/m³，土的浮容重取 8～11kN/m³，但当计算悬垂杆塔基础上拔稳定时，对塑性指数大于 10 的亚黏土和黏土可取天然容重。

　　基础的埋深应大于 0.5m，在季节性冻土地区，当地基土具有冻胀性时应大于土壤的标准冻结深度，在多年冻土地区应遵照相应规范。若钢筋混凝土电杆埋在易冻裂之处，地面以下杆段应采取措施，如采用预制基础或将杆段灌实。

　　当基础置于地下水位以下或软弱地基时，应铺设垫层或采取其他措施。

　　在河滩上或内涝积水地区设置塔位时，除有特殊要求外，基础主柱露出地面高度不应低于 5 年一遇洪水位高程。

　　设计跨河杆塔的基础，一般宜将基础设计在常年洪水淹没区以外。如洪水淹没时，应考虑基础局部冲刷及漂浮物、流冰等撞击影响，如在来水方向的基础前面增加挡及分流漂浮物、流冰的栅栏。在山坡上的杆塔基础，应考虑边坡稳定以及滚石或山洪冲刷的可能，并采取防护措施，如增加基础护坡或挡土墙等。

二、基础极限状态表达式

　　基础设计应采用以概率理论为基础的极限状态设计方法。基础稳定、基础承载力采用荷载的设计值进行计算，基础设计必须保证地基的稳定和结构的强度。为了保证杆塔基础的稳固，用可靠指标度量基础与地基的可靠度，具体采用荷载分项系数和地基承载调整系数的设计表达式。

1. 基础上拔和倾覆稳定采用的极限状态表达式为

$$\gamma_f \cdot T_E \leq A(\gamma_k、\gamma_s、\gamma_C、\cdots) \quad\text{（GYSD00305001-1）}$$

式中　　　　　γ_f——基础的附加分项系数，应按照表 GYSD00305001-1 的规定确定；

　　　　　　　T_E——基础上拔或倾覆外力设计值；

$A(\gamma_k、\gamma_s、\gamma_C、\cdots)$——基础上拔或倾覆的承载力函数；

　　　　　　　γ_k——几何参数的标准值；

　　　　$\gamma_s、\gamma_C$——土及混凝土的重度设计值（取土及混凝土的实际重度）。

表 GYSD00305001-1　　　　　　　基础附加分项系数 γ_f

设计条件 基础型式 杆塔类型	上拔稳定		倾覆稳定
	重力式基础	其他各种类型基础	各类型基础
悬垂直线杆塔	0.9	1.10	1.10
耐张直线（0°转角）及悬垂转角杆塔	0.95	1.30	1.30
耐张转角、终端及大跨越杆塔	1.10	1.60	1.60

2. 地基承载力与基础底面压应力，应采用下列极限状态表达式

（1）当轴心荷载作用时

$$P \leq \frac{f_a}{\gamma_{rf}} \quad\text{（GYSD00305001-2）}$$

式中　P——基础底面处的平均压应力设计值；

　　　f_a——修正后的地基承载力特征值；

　　　γ_{rf}——地基承载力调整系数，宜取 $\gamma_{rf}=0.75$。

（2）当偏心荷载作用时，除应按式（GYSD00305001-2）计算外，还应按下式计算

$$P_{max} \leqslant \frac{1.2 f_a}{\gamma_{rf}} \quad\quad (\text{GYSD00305001-3})$$

式中　P_{max}——基础底面边缘的最大压应力设计值。

三、土体的分类及其力学特性

1. 土体的分类

按工程分类法标准，土体分为岩石、碎石土、砂土、粉土、黏性土、冻土和人工填土。

（1）岩石：颗粒间牢固黏结，呈整体或具有节理裂隙的岩体。按坚固性分为硬质和软质；按风化程度分为未风化、微风化、中等风化、强风化和全风化；按完整程度分为完整、较完整、较破碎、破碎和极破碎。

岩石坚硬程度等级的定性分析如表 GYSD00305001-2 所示。

表 GYSD00305001-2　　　　岩石坚硬程度等级的定性分析

岩石坚硬程度等级		饱和单轴抗压强度（kPa）	代 表 性 岩 石
硬质岩石	坚硬岩	$f_r > 60\,000$	未风化或微风化的花岗岩、闪长岩、辉绿岩、玄武岩、安山岩、片麻岩、石英岩、石英砂岩、硅质砾岩、硅质石灰岩等
	较硬岩	$60\,000 \geqslant f_r > 30\,000$	1. 微风化的坚硬岩； 2. 未风化或微风化的大理岩、板岩、石灰岩、白云岩、钙质砂岩等
软质岩石	较软岩	$30\,000 \geqslant f_r > 15\,000$	1. 中等风化或强风化的坚硬岩或较硬岩； 2. 未风化或微风化的凝灰岩、千枚岩、泥灰岩、砂质泥岩等
	软岩	$15\,000 \geqslant f_r > 5000$	1. 强风化的坚硬岩或较硬岩； 2. 中等风化或强风化未风化的较软岩； 3. 未风化或微风化的页岩、泥岩、泥岩砂岩等
极软岩		$f_r < 5000$	全风化的各种岩石、半成岩

（2）碎石土：粒径 $d > 2mm$ 的颗粒含量超过全重 50% 的土可按表 GYSD00305001-3 分类。

表 GYSD00305001-3　　　　碎 石 土 的 分 类

土 的 名 称	颗 粒 形 状	粒 组 含 量
漂石 块石	圆形及亚圆形为主 棱角形为主	粒径大于 200mm 的颗粒超过全重 50%
卵石 碎石	圆形及亚圆形为主 棱角形为主	粒径大于 20mm 的颗粒超过全重 50%
圆砾 角砾	圆形及亚圆形为主 棱角形为主	粒径大于 2mm 的颗粒超过全重 50%

注　分类时应根据粒组含量由大到小以最先符合者确定。

（3）砂土：粒径 $d > 2mm$ 的颗粒含量不超过全重 50%、粒径 $d > 0.075mm$ 的颗粒超过全重 50% 的土。砂土可按表 GYSD00305001-4 分为砾砂、粗砂、中砂、细砂、粉砂。

表 GYSD00305001-4　　　　砂 土 的 分 类

土的名称	粒 组 含 量	土的名称	粒 组 含 量
砾砂	粒径大于 2mm 的颗粒占全重 25%～50%	细砂	粒径大于 0.075mm 的颗粒超过全重 85%
粗砂	粒径大于 0.5mm 的颗粒超过全重 50%	粉砂	粒径大于 0.075mm 的颗粒超过全重 50%
中砂	粒径大于 0.25mm 的颗粒超过全重 50%		

注　分类时应根据粒组含量由大到小以最先符合者确定。

砂土的密实度，可按表 GYSD00305001-5 分为松散、稍密、中密、密实。

表 GYSD00305001-5　　　　　　　　　砂 土 的 密 实 度

标准贯入试验锤击数 N	密 实 度	标准贯入试验锤击数 N	密 实 度
N≤10	松散	15＜N≤30	中密
10＜N≤15	稍密	N＞30	密实

（4）黏性土：应为塑性指数 $I_P > 10$ 的土，可按表 GYSD00305001-6 分为黏土、粉质黏土。黏性土的状态，可按表 GYSD00305001-7 分为坚硬、硬塑、可塑、软塑、流塑。

表 GYSD00305001-6　　　　　　　　　黏 性 土 的 分 类

塑性指数 I_P	土的名称	塑性指数 I_P	土的名称
$I_P > 17$	黏土	$10 < I_P \leq 17$	粉质黏土

注　塑性指数由相应于 76G 圆锥体沉入土样中、深度为 10mm 时测定的液限计算而得。

表 GYSD00305001-7　　　　　　　　　黏 性 土 的 状 态

液性指数 I_L	状　态	液性指数 I_L	状　态
$I_L \leq 0$	坚硬	$0.75 < I_L \leq 1$	软塑
$0 < I_L \leq 0.25$	硬塑	$I_L > 1$	流塑
$0.25 < I_L \leq 0.75$	可塑		

常用土类的定义见表 GYSD00305001-8。

表 GYSD00305001-8　　　　　　　　　常 用 土 类 的 定 义

土名称	定　义	
淤泥	在静水或缓慢的流水环境中沉积，并经生物化学作用形成，其天然含水量大于液限、天然孔隙比不小于 1.5 的黏性土	
淤泥质土	在静水或缓慢的流水环境中沉积，并经生物化学作用形成，其天然含水量大于液限、天然孔隙比小于 1.5 但不小于 1.0 的黏性土或粉土	
红黏土	碳酸盐岩系的岩石经红土化作用形成的高塑性黏土，其液限一般大于 50；经再搬运后仍保留红黏土基本特征，液限大于 45 的土应为次生红黏土	
粉土	塑性指数不大于 10，且粒径大于 0.075mm 的颗粒含量不超过 50% 的土。其性质介于砂土与黏性土之间	
	当黏粒含量大于 10%，地震时粉土不会液化，性质近似于黏性土	
人工填土	根据其组成和成因，可分为素填土、压实填土、杂填土、冲填土	
	素填土	由碎石土、砂土、粉土、黏性土等组成的填土
	压实填土	经过压实或夯实的素填土
	杂填土	含有建筑垃圾、工业废料、生活垃圾等杂物的填土
	冲填土	由水力冲填泥砂形成的填土
膨胀土	土中黏粒成分主要由亲水矿物组成，同时具有显著的吸水膨胀和失水收缩特性，其自由膨胀率不小于 40% 的黏性土	
湿陷性土	浸水后产生附加沉降，其湿陷系数不小于 0.015 的土	
冻土	一般按持续时间分为季节性冻土与多年冻土	
	季节性冻土	地表层冬季冻结，夏季全部融化的土
	多年冻土	冻结状态持续两年或两年以上的土

2. 土的物理力学特性

土是一种多孔性散粒结构，孔隙中含有水和空气，因此土具有渗透性、压缩性、抗剪强度等力学特性。

（1）土的容重 γ：土的容重指土在天然状态下单位体积的重力，其值随土中含有水分的多少而有较大的变化，一般 γ 在 $12 \sim 20 \text{kN/m}^3$ 之间。

（2）土的内摩擦角 φ 和 β：土在剪力作用下，土层间发生相对滑移的趋势，从而引起内部土层间相互摩擦的阻力，称内摩阻力 f_r，内摩阻力与土所受的正压力 N 有关。对于黏性土，土的抗剪力 Q 除了土的内摩阻力外，还有土的凝聚力 C，即 $Q=f_r+C$。黏土的颗粒之间、颗粒与水分之间，存在的一种相互黏结成整体的力，称为凝聚力。凝聚力的大小取决于土的性质，与外施正压力无关。以上四个参数间的关系为

$$\varphi = \arctan \frac{f_r}{N} \qquad \text{（GYSD00305001-4）}$$

$$\beta = \arctan \left(\frac{C}{N} + \tan \varphi \right) \qquad \text{（GYSD00305001-5）}$$

上两式中 f_r——内摩阻力，kN；

N——正压力，kN；

φ——土的内摩阻角；

β——土的计算内摩阻角。

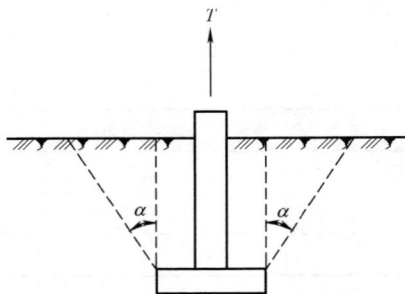

图 GYSD00305001-3 土壤的上拔角

（3）土的上拔角 α：基础受上拔力 T 作用时，抵抗上拔力的锥形土体的倾斜角为上拔角，如图 GYSD00305001-3 所示。由于坑壁开挖的不规则和回填土的不甚紧密，土的天然结构被破坏，所以使埋没在土壤中的上拔基础抗拔承载力有所减低。在计算基础上拔承载力时，将土的计算内摩阻角 β 乘以一个降低系数后，即为上拔角 α。

一般取 $\alpha = \dfrac{2}{3} \beta$；对砂土类，一般取 $\alpha = \dfrac{4}{5} \beta$。

土的计算容重 γ_s、计算上拔角 α、计算内摩擦角 β 和压力系数 m 见表 GYSD00305001-9。

表 GYSD00305001-9   土的计算容重 γ_s、计算上拔角 α、计算内摩擦角 β 和压力系数 m

土的状态	黏土、粉质黏土坚硬、硬塑；密实的粉土	黏土、粉质黏土可塑；中密的粉土	黏土、粉质黏土软塑；稍密的粉土	粗砂、中砂	细砂	粉砂
γ_s (kN/m³)	17	16	15	17	16	15
α	25°	20°	10°	28°	26°	22°
β	35°	30°	15°	35°	30°	30°
m (kN/m³)	63	48	26	63	48	48

注 1. 表中值不适用于松散的砂土。
2. 位于地下水位以下的计算容重，一般取浮容重，但对塑性指数大于 10 的黏性土用作直线塔地基可取天然容重。
3. 基础埋深穿透几种不同土层时，可取加权平均值。

（4）地基承载力 f：即单位面积土允许承受的压力，单位为 kPa，它与土的种类和状态有关。地基承载力特征值应由工程地质资料提供，也可根据土的物理力学指标或静力触探试验确定，当无资料时可以参照表 GYSD00305001-10～表 GYSD00305001-18 分别确定。

表 GYSD00305001-10   岩石承载力特征值 f_{ak} kPa

风化程度 岩石类别	强 风 化	中 等 风 化	微 风 化
硬质岩石	500～1000	1500～2500	≥4000
软质岩石	200～500	700～1200	1500～2000

注 1. 对于微风化的硬质岩石，其承载力如取用大于 4000kPa 时，应由试验确定。
2. 对于强风化的岩石，当与残积土难于区分时按土考虑。

表 GYSD00305001-11   碎石土承载力特征值 f_{ak} kPa

密实度 土的名称	稍 密	中 密	密 实
卵石	300～500	500～800	800～1000
碎石	250～400	400～700	700～900

续表

密实度 土的名称	稍 密	中 密	密 实
圆砾	200～300	300～500	500～700
角砾	200～250	250～400	400～600

注 1. 表中数值适用于骨架颗粒空隙全部由中砂或粗砂或硬塑、坚硬状态的黏性土或稍湿的粉土所充填。

　　2. 当粗颗粒为中等风化或强风化时，可按其风化程度适当降低承载力，当颗粒间呈半胶结状时，可适当提高承载力。

表 GYSD00305001-12　　　　粉土承载力特征值 f_{ak} 　　　　　　kPa

第二指标：含水量（%） 第一指标：孔隙比	10	15	20	25	30	35	40
0.5	410	390	（365）				
0.6	310	300	280	（270）			
0.7	250	240	225	215	（205）		
0.8	200	190	180	170	（165）		
0.9	160	150	145	140	130	（125）	
1.0	130	125	120	115	110	105	（100）

注 1. 有括号者仅供内插用。

　　2. 有湖、塘、沟、谷与河漫滩地段，新近沉积的粉土，其工程性质一般较差，应根据当地实践经验取值。

表 GYSD00305001-13　　　　黏性土承载力特征值 f_{ak} 　　　　　　kPa

第二指标：液性指数 第一指标：孔隙比	0	0.25	0.50	0.75	1.00	1.20
0.5	475	430	390	（360）		
0.6	400	360	325	295	（265）	
0.7	325	295	265	240	210	
0.8	275	240	220	200	170	170
0.9	230	210	190	170	135	135
1.0	200	180	160	135	115	105
1.1		160	135	115	105	

注 1. 有括号者仅供内插用。

　　2. 在有湖、塘、沟、谷与河漫滩地段新近沉积的黏性土，其工程性能一般较差。第四纪晚更新世（Q3）及其以前沉积的老黏性土，其工程性能通常较好，这些土均应根据当地实践经验取值。

表 GYSD00305001-14　　　　沿海地区淤泥和淤泥质土承载力特征值 f_{ak} 　　　　　　kPa

天然含水量（%）	36	40	45	50	55	65	75
承载力特征值	100	90	80	70	60	50	40

注 对于内陆淤泥和淤泥质土，可参照使用。

表 GYSD00305001-15　　　　红黏土承载力特征值 f_{ak} 　　　　　　kPa

土 的 名 称	第一指标：含水比 $a=W/W_L$ 第一指标：液塑比	0.5	0.6	0.7	0.8	0.9	1.0
红黏土	$I_r = W_L/W_P \leqslant 1.7$	380	270	210	180	150	140
	$I_r = W_L/W_P \geqslant 1.7$	280	200	160	130	110	100
次生红黏土		250	190	150	130	110	100

注 本表仅适用于定义范围内的红黏土。

表 GYSD00305001-16　　　　　素填土承载力特征值 f_{ak}　　　　　kPa

压缩模量 E_{S1-2}	7	5	4	3	2
承载力特征值	160	135	115	85	65

注　本表只适用于堆填时间超过十年的黏性土，以及超过五年的粉土。

表 GYSD00305001-17　　　　压实填土地基承载力特征值 f_{ak}　　　　kPa

填 土 类 别	压实系数 λ_c	承 载 力 特 征 值
碎石、卵石	0.94～0.97	200～300
砂夹石（其中碎石、卵石占全重30%～50%）		200～250
土夹石（其中碎石、卵石占全重30%～50%）		150～200
粉质黏土（8≤I_P<14）、粉土		130～180

表 GYSD00305001-18　　　　　混合土承载力特征值 f_{ak}　　　　　kPa

干密度	1.6	1.7	1.8	1.9	2.0	2.1	2.2	—
承载力特征值	170	200	240	300	380	480	620	—
孔隙比	0.65	0.60	0.55	0.50	0.45	0.40	0.35	0.30
承载力特征值	190	200	210	230	250	270	320	400

当基础宽度大于 3.0m 或埋深大于 0.5m 时，地基承载力特征值应按式（GYSD00305001-6）修正。

$$f_a = f_{ak} + m_b\gamma(b-3.0) + m_h\gamma_s(h-0.5) \qquad \text{（GYSD00305001-6）}$$

式中　f_a——修正后的地基承载力特征值，kPa；

　　　f_{ak}——地基承载力特征值，kPa，按表 GYSD00305001-10～表 GYSD00305001-18 分别确定；

　　　γ——基础底面以下土的天然容重（水下取浮容重），kN/m^3；

　　　γ_s——基础底面以上土的加权平均容重（水下取浮容重），kN/m^3，按表 GYSD00305001-9 查取；

　　　h——基础埋深，m；

　　　b——基础底边宽，m，当基础底边宽度小于 3.0m 时按 3.0m 计；大于 6.0m 时按 6.0m 计。对长方形底板取短边；对圆形底面取 $b = \sqrt{A}$（A 为底面面积）；

　　m_b、m_h——分别为基础宽度和埋深的地基承载力修正系数，按表 GYSD00305001-19 查取。

表 GYSD00305001-19　　　　　地基承载力修正系数 m_b、m_h

土 壤 类 别		宽度 m_b	深度 m_h
淤泥和淤泥质土		0	1.0
人工填土 e 或 I_L 不大于 0.85 的黏性土		0	1.0
红黏土	含水率 $\alpha_w > 0.8$	0	1.2
	含水率 $\alpha_w \leq 0.8$	0.15	1.4
大面积压实填土	压实系数大于 0.95 黏粒含量 $\rho_c \geq 10\%$ 的粉土	0	1.5
	最大干密度大于 2.1t/m^3 的级配砂石	0	2.0
粉土	黏粒含量 $\rho_c \geq 10\%$ 的粉土	0.3	1.5
	黏粒含量 $\rho_c < 10\%$ 的粉土	0.5	2.0
e 或 I_L 均小于 0.85 的黏性土		0.3	1.6
粉砂、细砂（不包括很湿与饱和时的稍密状态）		2.0	3.0
中砂、粗砂、砾砂和碎石		3.0	4.4

注　1. 强风化和全风化的岩石，可参照所风化成的相应土类取值，其他状态下的岩石不修正。

　　2. I_L 为液性指数。

当偏心距 $e \leqslant 0.033$ 倍基础底面宽度时（悬垂直线杆塔），也可根据土的抗剪强度指标确定地基承载力特征值，计算式为

$$f_a = M_b \gamma b + M_d \gamma_s h_0 + M_c C_K \qquad \text{（GYSD00305001-7）}$$

式中　　f_a——由土的抗剪强度指标确定的地基承载力特征值，kPa；

M_b、M_d、M_c——承载力系数，按表 GYSD00305001-20 查取；

γ、γ_s、h_0——与式（GYSD00305001-6）中符号意义相同；

　　　　b——基础底边宽，m，当基础底边宽度大于 6.0m 时按 6.0m 计，对于砂土小于 3.0m 时按 3.0m 计，对圆形底面取 $b = \sqrt{A}$（A 为底面面积）；

　　　　C_K——基础底面下一倍短边宽深度内土的黏聚力标准值。

表 GYSD00305001-20　　　　　　　　　承载力系数 M_b、M_d、M_c

基底下1倍短边宽深度的内摩擦角 φ_K	M_b	M_d	M_c
0°	0	1.00	3.14
2°	0.03	1.12	3.32
4°	0.06	1.25	3.51
6°	0.10	1.39	3.71
8°	0.14	1.55	3.93
10°	0.18	1.73	4.17
12°	0.23	1.94	4.42
14°	0.29	2.17	4.69
16°	0.36	2.43	5.00
18°	0.43	2.72	5.31
20°	0.51	3.06	5.66
22°	0.61	3.44	6.04
24°	0.80	3.87	6.45
26°	1.10	4.37	6.90
28°	1.40	4.93	7.40
30°	1.90	5.59	7.95
32°	2.60	6.35	8.55
34°	3.40	7.21	9.22
36°	4.20	8.25	9.97
38°	5.00	9.44	10.80
40°	5.80	10.84	11.73

例 GYSD00305001-1　某土的孔隙比 $e = 0.71$，含水量 $W = 36.4\%$，液限 $W_L = 48\%$，塑限 $W_P = 25.4\%$。要求计算该土的塑性指标 I_P 并确定该土的名称；计算该土的液性指标 I_L 并按液性指标确定土的状态；根据土的名称和状态确定该土承载力特征值。

解　1）土的塑性指标 I_P 为

$$I_P = W_L - W_P = 48 - 25.4 = 22.6 > 17$$

由表 GYSD00305001-6 得土的名称为黏性土。

2）土的液性指标 I_L 为

$$I_L = \frac{W - W_P}{I_P} = \frac{36.4 - 25.4}{22.6} = 0.487$$

由表 GYSD00305001-7 得土的状态为可塑。

3）土的承载力特征值。根据土的名称、孔隙比 e 和液性指标 I_L 查表 GYSD00305001-13 得 $f_{ak} = 263$kPa。

（5）被动侧压力：向静止的基础侧壁填土，土对基础侧壁的压力称土的主动侧压力。如果基础受外力作用，基础侧壁转而向土施以外力，此时土体对基础产生反力，此反力称为被动侧压力（或称被动土压力）。显然杆塔基础计算所涉及的均为土的被动侧压力。

在某一深度 y 处，作用于侧壁单位面积上土的被动侧压力，对砂土可表示为

$$\sigma = my$$

$$m = \gamma_s \tan^2\left(45° + \frac{\beta}{2}\right) \qquad \text{（GYSD00305001-8）}$$

式中 σ ——深度为 y 处，土的被动侧压应力，kPa；

$\quad\quad y$ ——被动土压应力计算点的地下深度，m；

$\quad\quad m$ ——土的压力系数，kN/m^3，由表 GYSD00305001-9 查取；

$\quad\quad \gamma_s$ ——土的容重，kN/m^3，由表 GYSD00305001-9 查取。

【思考与练习】

1. 杆塔基础分哪几类，这些主要承受哪些荷载？线路工程中哪些杆塔基础分属这些类型的基础？

2. 土的常用力学特性参数有哪些？什么叫土的容重、土的上拔角、地基承载力？土的主动侧压力与被动侧压力有何区别？

模块 2 电杆倾覆基础的受力分析（GYSD00305002）

【模块描述】本模块涉及不带卡盘时的倾覆校验、带一个上卡盘时的倾覆校验、带一个下卡盘时的倾覆校验、带上下卡盘时的倾覆校验、卡盘强度计算。通过概念描述、要点讲解、定量分析和计算举例，掌握电杆倾覆基础的受力分析及计算方法。

【正文】

如图 GYSD00305002-1 所示，当电杆的基础受到外力矩 $M(M=S_0H_0)$ 作用时，电杆倾覆，从而引起侧面土对基础侧壁的被动压力 x_1 和 x_2（分别为被动土压力的合力），以及底部土对基础底的摩阻力 $f_r=N\tan\varphi$，共同形成对基础的抵抗倾覆力矩。对于钢筋混凝土电杆直接埋入的窄基基础，其底面积很小，$N\tan\varphi$ 值也很小，故基底摩阻力一般可忽略不计。

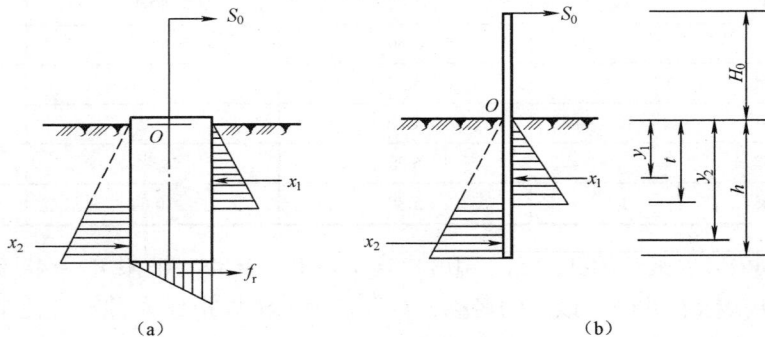

图 GYSD00305002-1 窄基基础的抵抗倾覆力矩

（a）窄基铁塔基础；（b）电杆基础

一、不带卡盘时的倾覆校验

无拉线直线单杆，其基础所受倾覆力矩为杆塔水平作用力设计值总和对设计地面的力矩之和 M，当杆塔水平作用力设计值总和为 S_0，则其作用点至设计地面的高度 H_0 为

$$H_0 = \frac{M}{S_0} \qquad \text{（GYSD00305002-1）}$$

式中 M ——杆塔水平作用力设计值总和对设计地面的力矩之和，kN·m；

$\quad\quad S_0$ ——杆塔水平作用力设计值总和，kN；

H_0——S_0 作用点至设计地面的等效高度，m。

当电杆基础埋深与基础实际宽度之比不小于 3 时，基础的极限抗倾覆力矩 M_j 应满足式

$$M_j = \frac{mbh^3}{\mu} \geqslant \gamma_f S_0 H_0 \qquad \text{（GYSD00305002-2）}$$

若取 $\eta = \dfrac{H_0}{h}$，则基础的极限抗倾覆力 P_j 应满足下式

$$P_j = \frac{M_j}{H_0} = \frac{mbh^2}{\mu\eta} \geqslant \gamma_f S_0 \qquad \text{（GYSD00305002-3）}$$

上两式中 h——基础埋深，m；

       γ_f——基础附加分项系数，由表 GYSD00305001-1 查取；

       μ——与 η 有关的系数，据 η 值查表 GYSD00305002-1；

       m——土的压力系数，可查表 GYSD00305001-9；

       b——基础计算宽度，等于实际宽度 b_0 乘以空间增大系数 K_0，$b = K_0 b_0$，空间增大系数 K_0 可查表 GYSD00305002-2。对电杆 b_0 等于电杆直径 D。

表 GYSD00305002-1 η、θ 及 μ 值表

η	θ	μ	$\eta\mu$	η	θ	μ	$\eta\mu$
0.10	0.784	82.9	8.3	5.00	0.720	11.8	59.1
0.25	0.774	41.3	10.4	6.00	0.718	11.6	69.0
0.50	0.761	25.3	12.7	7.00	0.716	11.3	79.0
1.00	0.746	17.7	17.7	8.00	0.715	11.2	89.2
2.00	0.732	14.1	28.1	9.00	0.714	11.0	99.3
3.00	0.725	12.6	37.8	10.00	0.713	11.0	109.1
4.00	0.722	13.1	48.5				

表 GYSD00305002-2 K_0 值 表

β		15°	30°		35°		
土 名		黏土、粉质黏土、粉土	粉砂、细砂		黏土	粉质黏土、粉土	粗砂、中砂
h/b_0	11	1.72	2.28	1.81	2.71	2.41	1.90
	10	1.65	2.16	1.73	2.56	2.28	1.82
	9	1.59	2.05	1.66	2.40	2.15	1.74
	8	1.52	1.93	1.58	2.23	2.02	1.66
	7	1.46	1.81	1.51	2.08	1.90	1.57
	6	1.39	1.70	1.44	1.93	1.77	1.49
	5	1.33	1.58	1.37	1.78	1.63	1.41
	4	1.26	1.46	1.29	1.62	1.51	1.33
	3	1.20	1.35	1.22	1.46	1.38	1.25
	2	1.13	1.23	1.15	1.31	1.25	1.16
	1	1.07	1.12	1.08	1.15	1.13	1.08
	0.8	1.05	1.09	1.06	1.12	1.10	1.07
	0.6	1.04	1.07	1.05	1.09	1.08	1.05

二、带一个上卡盘时的倾覆校验

若无卡盘电杆基础不能满足式（GYSD00305002-2）或式（GYSD00305002-3）稳定要求时，可加

装一个上卡盘。

如图 GYSD00305002-2 所示，卡盘承受的被动土压力（即横向压力），按下式计算

$$A = \gamma_f S_0 - mbh^2\left(\theta^2 - \frac{1}{2}\right) \qquad \text{（GYSD00305002-4）}$$

式中　A——上卡盘横向压力设计值，kN；

　　　θ——与基础压力转折点位置有关的系数。

当卡盘埋深 $y = h/3$ 时，θ 值可由 F 值查表 GYSD00305002-3 或按下式计算

$$F = \frac{\gamma_f S_0(1 + 3\eta)}{mbh^2} = \frac{1}{2} + \theta^2 - 2\theta^3 \qquad \text{（GYSD00305002-5）}$$

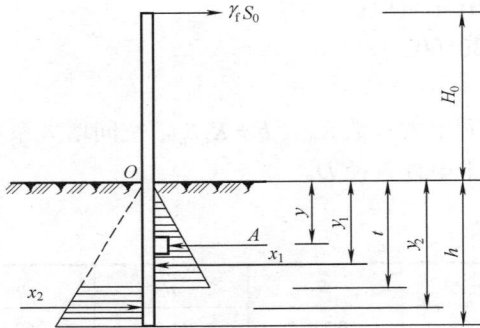

图 GYSD00305002-2　装一个上卡盘受力图

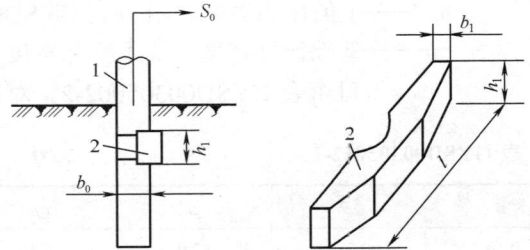

图 GYSD00305002-3　卡盘几何尺寸及安装示意图

1—电杆；2—卡盘

表 GYSD00305002-3　　　　　　由 F 查取 θ 值表

θ	F	θ	F	θ	F	θ	F
0.600	0.428	0.660	0.360	0.714	0.282	0.740	0.237
0.610	0.418	0.670	0.347	0.716	0.279	0.750	0.219
0.620	0.408	0.680	0.334	0.718	0.275	0.760	0.200
0.630	0.397	0.690	0.320	0.720	0.272	0.770	0.180
0.640	0.385	0.707	0.293	0.725	0.263	0.780	0.159
0.650	0.373	0.712	0.285	0.730	0.255		

上卡盘在电杆的安装位置及几何尺寸如图 GYSD00305002-3 所示。当选定卡盘的高度 h_1 和宽度 b_1 后，卡盘的有效长度（挡土长度，不计电杆宽，见图 GYSD00305002-5）按下式计算

$$2l_0 = \frac{A}{y(mh_1 + 2\gamma b_1 \tan\beta)} \qquad \text{（GYSD00305002-6）}$$

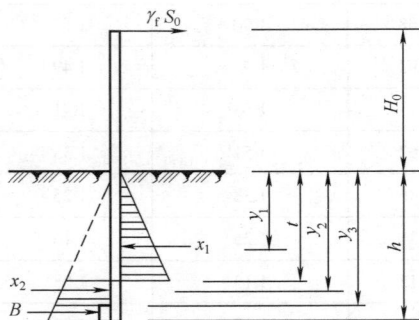

图 GYSD00305002-4　装一个下卡盘受力图

卡盘实际长度　　　$l = 2l_0 + b_0$ 　　（GYSD00305002-7）

式中　y——卡盘埋深，m，见图 GYSD00305002-2；

　　　b_0——卡盘处杆宽度，m。

当装设一个上卡盘的长度很长时，可以考虑装设上、下卡盘。

三、装设一个下卡盘时的倾覆校验

计算图形如图 GYSD00305002-4 所示。此时下卡盘承受的横向压力 B 可按式（GYSD00305002-4）计算，但式中的 θ 值应按下式计算

$$\left(\frac{4}{3}\theta - 2\frac{y_3}{h}\right)\theta^2 = \frac{2}{3} - \frac{y_3}{h} - \frac{2\gamma_f S_0(H_0 + y_3)}{mbh^3} \qquad \text{（GYSD00305002-8）}$$

式中　y_3——下卡盘埋深，m。

其他符号意义同前。

下卡盘的有效长度

$$2l_0 = \frac{B}{y_3(mh_1 + 2\gamma b_1 \tan\beta)} \qquad （GYSD00305002-9）$$

下卡盘的实际长度

$$l = 2l_0 + b_0$$

式中　b_0——卡盘处电杆宽度。

四、带上下卡盘时的倾覆校验

当装设一个卡盘，由于受力过大，使卡盘长度太长，其受力很不合理时，可装设上下卡盘。此时的设计原则是：设基础的总水平力设计值为 $\gamma_f S_0$，埋入地下电杆承担的极限倾覆力为 P_j，剩余部分 $\gamma_f S_0 - P_j$ 由上下卡盘承担。如图 GYSD00305002-5 所示。

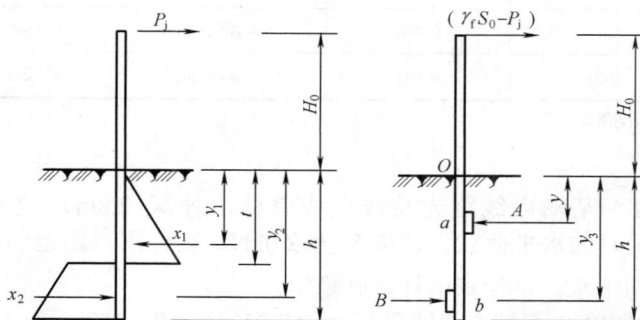

图 GYSD00305002-5　装上下卡盘时的受力图

上卡盘承受的横向力为

$$A = \frac{(\gamma_f S_0 - P_j)(H_0 + y_3)}{y_3 - y} \qquad （GYSD00305002-10）$$

下卡盘承受力为

$$B = \frac{(\gamma_f S_0 - P_j)(H_0 + y)}{y_3 - y} \qquad （GYSD00305002-11）$$

上下卡盘的长度可按式（GYSD00305002-6）和式（GYSD00305002-9）计算。

五、卡盘强度计算

上（下）卡盘所受横向力 A（B）是沿有效长度 $2l_0$ 均布的，故卡盘长度 l_0 上的合力为 $\frac{A}{2}$，设该力集中作用在 $\frac{l_0}{2}$ 处（如图 GYSD00305002-6 所示），则卡盘危险截面 I－I 的力矩为

$$M = \frac{A}{2}\left(\frac{l_0}{2} + \frac{b_0}{2}\right) \qquad （GYSD00305002-12）$$

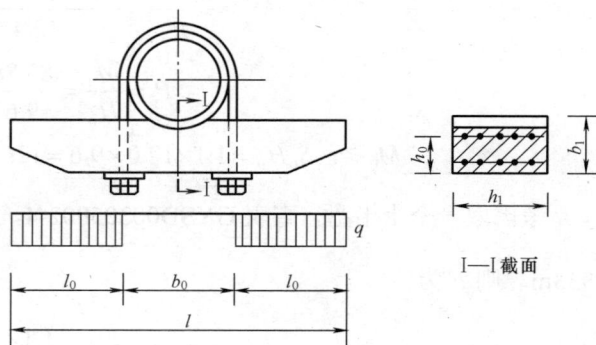

图 GYSD00305002-6　卡盘强度计算

由于卡盘可能两个方向受力，故卡盘两侧均应配置钢筋。如图 GYSD00305002-6 断面图所示。一侧所需钢筋截面为

$$A_s = \frac{M}{0.875 h_0 f_y} \qquad （GYSD00305002-13）$$

式中　M——计算截面的弯矩设计值，kN·m；

　　　h_0——计算截面的有效宽度，m；

f——钢筋抗拉强度设计值，MPa；

A_s——所需钢筋截面，mm^2；

0.875——根据经验确定的内力臂系数。

为便于选用和估计用料，将卡盘的常用规格列于表 GYSD00305002-4 中。

表 GYSD00305002-4　　　　　　　　　卡 盘 常 用 规 格

规　格 $l \times h_1 \times b_1$ （m×m×m）	卡盘质量 （kg）	卡盘体积 （m^3）	钢筋（1 级）		容许力 （kN）
			数　量	质量（kg）	
0.8×0.3×0.2	115	0.048	6×ϕ12mm	4.2	52
1.0×0.3×0.2	144	0.060	6×ϕ14mm	7.5	65
1.2×0.3×0.2	173	0.072	6×ϕ14mm	8.8	54
1.4×0.3×0.2	202	0.084	6×ϕ18mm	17.3	67
1.6×0.3×0.22	231	0.096	6×ϕ18mm	18.2	59
1.8×0.3×0.22	290	0.108	6×ϕ18mm	22.3	52

注　1. 表中容许力为卡盘的强度值。

　　2. 混凝土强度等级为 C20。

例 GYSD00305002-1　某输电线路无拉线直线单杆，埋深 2.8m，埋入地下杆段的平均直径 $b_0 = 0.41$m，基本风速情况时的水平荷载设计值 $S_0 = 12.0$kN，其作用点距地面的高度 $H_0 = 9.6$m；地下土壤为黏土（硬塑），无地下水。试计算电杆基础稳定。

解　由表 GYSD00305001-9 查黏土（硬塑）$\gamma = 17$kN/m^3，$\beta = 35°$，$m = 63$kN/m^3。

由 $\dfrac{h}{b_0} = \dfrac{2.8}{0.41} = 6.83$ 查表 GYSD00305002-2，得 $K_0 = 1.88$。

所以　　　　　　　　　　$b = K_0 b_0 = 1.88 \times 0.41 = 0.77$（m）

又由 $\eta = \dfrac{H_0}{h} = \dfrac{9.6}{2.8} = 3.43$ 查表 GYSD00305002-1，得 $\mu = 12.4$。

得不带卡盘时电杆的极限倾覆力矩为

$$M_j = \frac{mbh^3}{\mu} = \frac{63 \times 0.77 \times 2.8^3}{12.4} = 85.88 \text{（kN·m）}$$

$$P_j = \frac{M_j}{H_0} = \frac{85.88}{9.6} = 8.95 \text{（kN）}$$

$M_j \geqslant \gamma_f S_0 H_0 = 1.1 \times 12.0 \times 9.6 = 126.7$（kN·m），所以需加装卡盘。

考虑取一个上卡盘，查表 GYSD00305002-4，取卡盘尺寸为 $h_1 = 0.3$m，$b_1 = 0.22$m；埋深 $y = \dfrac{2.8}{3} = 0.933$m，则 F 为

$$F = \frac{\gamma_f S_0 (1 + 3\eta)}{mbh^2} = \frac{1.1 \times 12 \times \left(1 + 3 \times \dfrac{9.6}{2.8}\right)}{63 \times 0.77 \times 2.8^2} = 0.392$$

根据 F 值，查表 GYSD00305002-3，$\theta = 0.634$。上卡盘受力为

$$A = K_3 S_0 - mbh^2 \left(\theta^2 - \frac{1}{2}\right)$$

$$= 1.1 \times 12 - 63 \times 0.634 \times 2.8^2 \times \left(0.634^2 - \frac{1}{2}\right)$$

$$= 43.9 \text{（kN）}$$

故上卡盘有效长度

$$2l_0 = \frac{A}{y(mh_1 + 2\gamma b_1 \tan\beta)}$$

$$= \frac{43.9}{0.933 \times (63 \times 0.3 + 2 \times 17 \times 0.22\tan 35°)} = 1.95 \ (\text{m})$$

由计算结果可见，用一个卡盘长度太长，考虑用上下卡盘。由于卡盘高 $h_1 = 0.3$m，故上卡盘埋深 $y = \dfrac{2.8}{3} = 0.933$m，下卡盘埋深 $y_3 = 2.8 - 0.15 = 2.65$m。

上卡盘承受的横向力为

$$A = \frac{(\gamma_f S_0 - P_j)(H_0 + y_3)}{y_3 - y}$$

$$= \frac{(1.1 \times 12 - 8.95) \times (9.6 + 2.65)}{2.65 - 0.933} = 30.3 \ (\text{kN})$$

下卡盘承受力为

$$B = \frac{(\gamma_f S_0 - P_j)(H_0 + y)}{y_3 - y}$$

$$= \frac{(1.1 \times 12 - 8.95) \times (9.6 + 0.933)}{2.65 - 0.933} = 26.1 \ (\text{kN})$$

取上卡盘尺寸 $h_1 = 0.3$m，$b_1 = 0.22$m，故上卡盘有效长度

$$2l_0 = \frac{A}{y(mh_1 + 2\gamma b_1 \tan\beta)}$$

$$= \frac{30.3}{0.933 \times (63 \times 0.3 + 2 \times 17 \times 0.22\tan 35°)} = 1.35 \ (\text{m})$$

上卡盘实际长度 $l = 1.35 + 0.41 = 1.76$m。查表 GYSD00305002-4，实际取 1.8m 即可。

取下卡盘尺寸 $h_1 = 0.3$m，$b_1 = 0.20$m，故下卡盘有效长度

$$2l_0 = \frac{B}{y_3(mh_1 + 2\gamma b_1 \tan\beta)}$$

$$= \frac{26.1}{2.65 \times (63 \times 0.3 + 2 \times 17 \times 0.2\tan 35°)} = 0.42 \ (\text{m})$$

下卡盘实际长度 $l = 0.42 + 0.41 = 0.83$m。查表 GYSD00305002-4，实际取 1.2m 即可。

上卡盘危险断面的力矩为

$$M = \frac{A}{2}\left(\frac{l_0}{2} + \frac{b_0}{2}\right) = \frac{30.3}{2} \times \left(\frac{1.8 - 0.41}{2} + \frac{0.41}{2}\right) = 13.6 \ (\text{kN} \cdot \text{m})$$

一侧钢筋所需截面

$$A_s = \frac{M \times 10^{-3}}{0.875 h_0 f} = \frac{13.6 \times 10^{-3}}{0.875 \times 0.17 \times 210}$$

$$= 4.35 \times 10^{-4} \ (\text{m}^2) = 4.35\text{cm}^2$$

因为 $A_s = 4.35\text{cm}^2 < 7.63\text{cm}^2$（$7.63\text{cm}^2$ 为卡盘一侧配筋 $3 \times \phi 18$ mm 的面积，故上卡盘强度合格）。

下卡盘危险断面的力矩为

$$M = \frac{B}{2}\left(\frac{l_0}{2} + \frac{b_0}{2}\right) = \frac{26.1}{2}\left(\frac{1.2 - 0.41}{2} + \frac{0.41}{2}\right) = 7.8 \ (\text{kN} \cdot \text{m})$$

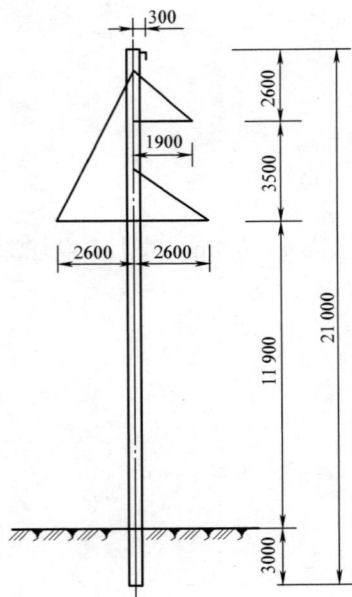

图 GYSD00305002-7　练习题 2 图

一侧钢筋所需截面

$$A_s = \frac{M \times 10^{-3}}{0.875 h_0 f} = \frac{7.8 \times 10^{-3}}{0.875 \times 0.15 \times 210}$$

$$= 2.83 \times 10^{-4}（\text{m}^2）= 2.83\text{cm}^2$$

因为 $A_s = 2.83\text{cm}^2 < 4.62\text{cm}^2$（$4.62\text{cm}^2$ 为卡盘一侧配筋 $3 \times \phi 14$ mm 的面积，故上卡盘强度合格）。

【思考与练习】

1. 倾覆类基础的抗倾覆力矩是如何形成的？写出无拉线单杆不带卡盘时的抗倾覆稳定条件的两种表达式。

2. 某 110kV 线路，经过 IV 级气象区，导线为 JL/G1A-120/25-7/7 型，地线采用 1×7-7.8-1270-A-GB1200-88 型，地线金具重力 $W_1 = 50$N，绝缘子串重力 $W_2 = 450$N。其无拉线直线单杆如图 GYSD00305002-7 所示，电杆梢径为 ϕ 270mm 环截面拔梢钢筋混凝土杆。导线排列如图，设计水平档距为 280m，垂直档距为 350m。假设土壤为中砂土、无地下水，试进行正常大风时倾覆稳定计算。

模块 3　下压基础的受力分析（GYSD00305003）

【模块描述】 本模块包含铁塔下压基础的受力分析、电杆底盘的受力分析。通过概念描述、要点讲解、定量分析和计算举例，掌握下压基础的基本受力分析及计算的方法。

【正文】

受下压力的基础有两种。一种是经常受下压的基础，如转角杆塔内角侧基础和带拉线的直线型、耐张型杆塔基础；另一种承受反复荷载，如铁塔的分开式基础，即有时基础受上拔，有时下压，如无拉线直线塔分开式基础，对此类基础需同时进行上拔和下压两种状态的稳定校验。

基础承压时，基础底面土的压应力需同时要满足式（GYSD00305001-1）和式（GYSD00305001-2）的要求。

一、铁塔下压基础的受力计算

1. 轴心荷载

基础受轴心压力 N 时，如图 GYSD00305003-2 所示，基础底面的压应力按图 GYSD00305003-1 均匀分布计算

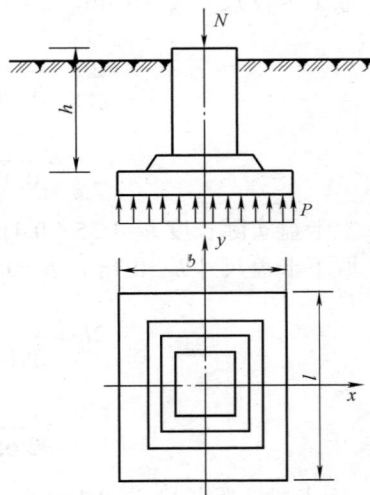

图 GYSD00305003-1　轴心荷载地基

$$P = \frac{N + \gamma_G(Q + G_0)}{A}$$

（GYSD00305003-1）

式中　P——基础底面积处平均应力设计值，kPa；

N——上部结构传至基础顶面的竖向压力设计值，kN；

Q——基础自重，kN；

G_0——基础底面正上方的土重，kN；

A——基础底面面积，m²；

γ_G——永久荷载分项系数，对基础有利时，宜取 $\gamma_G = 1.0$，不利时，应取 $\gamma_G = 1.2$。

2. 单向偏心荷载

基础受轴心压力 N 和单向弯矩 M_x 作用时，如图 GYSD00305003-2 所示，基础底面下的压应力为

$$
\left.
\begin{aligned}
P_{\mathrm{m}} &= \frac{N + \gamma_{\mathrm{G}}(Q + G_0)}{A} + \frac{M_{\mathrm{x}}}{W_{\mathrm{x}}} \\
P_{\mathrm{n}} &= \frac{N + \gamma_{\mathrm{G}}(Q + G_0)}{A} - \frac{M_{\mathrm{x}}}{W_{\mathrm{x}}}
\end{aligned}
\right\}
\qquad \text{（GYSD00305003-2）}
$$

但当 $P_{\mathrm{n}} < 0$ 时，P_{m} 按下述方法计算

$$
\left.
\begin{aligned}
P_{\mathrm{m}} &= \frac{2[N + \gamma_{\mathrm{G}}(Q + G_0)]}{A} m_1 \\
m_1 &= \frac{2}{3\left(\dfrac{1}{2} - \dfrac{e_0}{b}\right)} \\
e_0 &= \frac{M_{\mathrm{x}}}{N + \gamma_{\mathrm{G}}(Q + G_0)}
\end{aligned}
\right\}
\qquad \text{（GYSD00305003-3）}
$$

对圆形地板 m_{a} 可按表 GYSD00305003-1 取值。

表 GYSD00305003-1　　　　　　　　　m_{a} 系 数

e_0/D	0.125	0.143	0.205	0.295	0.390
m_{a}	2.0	2.1	2.8	4.7	12.4

注　D 为圆形底板直径；e_0 为偏心距。

3. 双向偏心荷载

如图 GYSD00305003-3 所示，受压力 N 和双向弯矩 M_{x}、M_{y} 同时作用时，基础底面下的压应力为

$$
\left.
\begin{aligned}
P_{\mathrm{m}} &= \frac{N + \gamma_{\mathrm{G}}(Q + G_0)}{A} + \frac{M_{\mathrm{x}}}{W_{\mathrm{x}}} + \frac{M_{\mathrm{y}}}{W_{\mathrm{y}}} \\
P_{\mathrm{n}} &= \frac{N + \gamma_{\mathrm{G}}(Q + G_0)}{A} - \frac{M_{\mathrm{x}}}{W_{\mathrm{x}}} - \frac{M_{\mathrm{y}}}{W_{\mathrm{y}}} \\
W_{\mathrm{x}} &= \frac{lb^2}{6}, \quad W_{\mathrm{y}} = \frac{bl^2}{6} \\
A &= lb
\end{aligned}
\right\}
\qquad \text{（GYSD00305003-4）}
$$

式中　P_{m}、P_{n} ——基础底面边缘最大压力和最小压力设计值，kPa；

　　　M_{x}、M_{y} ——分别为作用于基础底面的 x 和 y 方向的力矩设计值，kN·m；

　　　W_{x}、W_{y} ——基础底面绕 x 和 y 轴的抵抗矩，m³；

　　　b ——基础底面 x 轴方向宽，m；

　　　l ——基础底面 y 轴方向长，m。

但当 $P_{\mathrm{n}} < 0$ 时，P_{m} 按下述方法计算

$$
P_{\mathrm{m}} = 0.35 \frac{N + \gamma_{\mathrm{G}}(Q + G_0)}{C_{\mathrm{x}} C_{\mathrm{y}}}
\qquad \text{（GYSD00305003-5）}
$$

式中　C_{x}、C_{y} ——压应力分布计算宽度，m。

$$
C_{\mathrm{x}} = \frac{b}{2} - \frac{M_{\mathrm{x}}}{N + \gamma_{\mathrm{G}}(Q + G_0)}, \quad C_{\mathrm{y}} = \frac{l}{2} - \frac{M_{\mathrm{y}}}{N + \gamma_{\mathrm{G}}(Q + G_0)}
$$

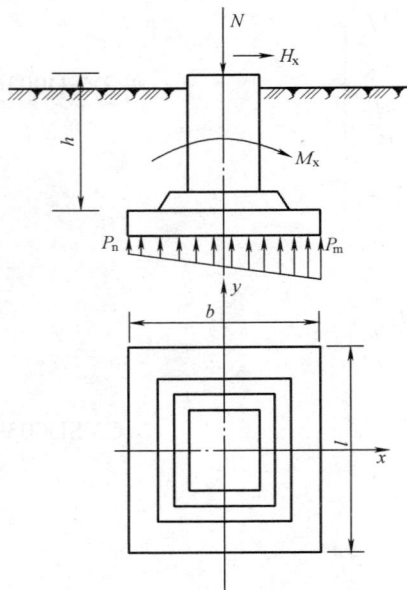

图 GYSD00305003-2　单向偏心受压计算简图　　图 GYSD00305003-3　双向偏心受压计算简图

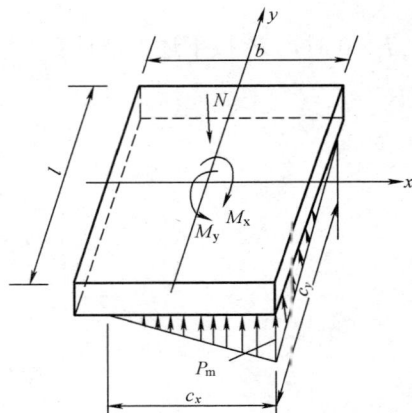

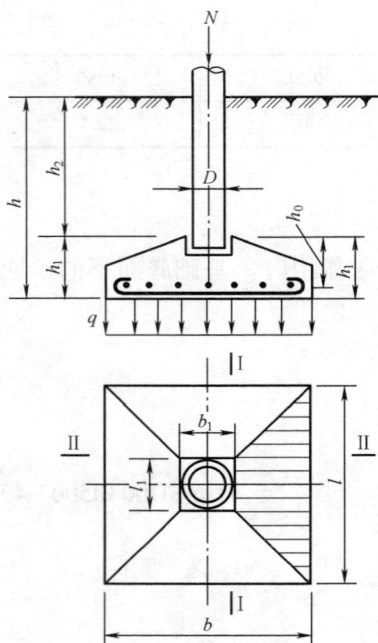

图 GYSD00305003-4　底盘

二、电杆底盘的受力计算

1. 底盘下压底面积计算

底盘作为钢筋混凝土杆承压基础，如图 GYSD00305003-4 所示，电杆下压力通过底盘传给地基。因此底盘面积的选择应使地基承受的压应力不超过地基承载力的极限值。底盘面积按下式计算

$$A \geqslant \frac{N + \gamma_G(Q + G_0)}{\dfrac{f_a}{\gamma_{rf}}} \quad （GYSD00305003-6）$$

式中　A——底盘底面面积，m^2。

2. 底盘强度计算

底盘是中心受压构件，其底面处的土抗力可认为是均匀分布。底盘最大弯矩可认为作用在 I — I 断面，如图 GYSD00305003-4 中阴影部分面积上的均布力 N/4 对 I — I 断面产生的弯矩为

$$M_I = \frac{N}{24A}(2l + l_1)(b - b_1)^2 \quad （GYSD00305003-7）$$

同理对 II — II 断面上的弯矩 M_{II} 为

$$M_{II} = \frac{N}{24A}(2b + b_1)(l - l_1)^2 \quad （GYSD00305003-8）$$

式中　b_1、l_1——带阴影的梯形短边长。

　　b_1、l_1 取值为

$$b_1 = l_1 = \sqrt{\frac{\pi}{4}D^2}$$

设底盘的钢筋按纵横布置，横向钢筋平衡 M_I，纵向钢筋平衡 M_{II}，则每个方向钢筋的截面积 A_s，按单层布筋时为

$$A_s = \frac{M}{0.875 h_0 f_y} \quad （GYSD00305003-9）$$

为便于选用和估计用料，将底盘的常用规格列于表 GYSD00305003-2。

表 GYSD00305003-2　　　　　　　　　底 盘 常 用 规 格

规　格 $l \times b_1 \times h_1$ （m × m × m）	卡盘质量 （kg）	卡盘体积 （m³）	钢筋（1级）		容许力 （kN）
			数　量	质量（kg）	
0.6 × 0.6 × 0.18	156	0.065	12 × ϕ10mm	6.0	110
0.8 × 0.8 × 0.18	277	0.115	16 × ϕ10mm	9.6	120
1.0 × 1.0 × 0.21	448	0.187	20 × ϕ10mm	14.0	140
1.2 × 1.2 × 0.21	597	0.249	24 × ϕ10mm	17.4	150
1.4 × 1.4 × 0.24	904	0.377	28 × ϕ10mm	25.8	180

例 GYSD00305003-1　　对某输电线路拉线直线单杆基础进行下压计算。已知：

（1）土壤特性资料：黏土（硬塑）、无地下水。由此可查表 GYSD00305001-9 得 $\gamma_s = 17\text{kN/m}^3$，取地基承载力特征值 $f_{ak} = 263\text{kPa}$；

（2）电杆上各种垂直下压力 $N = 135.8\text{kN}$；

（3）底盘埋深 $h = 1.5\text{m}$，杆腿外径 $D = 0.4\text{m}$；

（4）试选底盘尺寸为 $1 \times 1 \times 0.21\text{m}^3$，查表 GYSD00305003-2，底盘重力 $Q = 448 \times 9.81 = 4390\text{N} \approx 4.4\text{kN}$，容许压力 140kN。

解　底盘上土体体积　　　　　　　$V = l^2(h - h_1) = 1^2 \times (1.5 - 0.21) = 1.29$（m³）

底盘上的土体重力　　　　　　　　$G_0 = V\gamma_s = 1.29 \times 17 = 21.93$（kN）

基础底面的压应力　　　　　　$P = \dfrac{135.8 + 1.2 \times (4.4 + 21.93)}{1 \times 1} = 167.4$（kPa）

地基承载力设计值为

$$f_a = f_{ak} + m_b\gamma(b - 3.0) + m_h\gamma_s(h - 0.5)$$
$$= 263 + 0 + 1 \times 17 \times (1.5 - 0.5)$$
$$= 280 \text{（kPa）}$$

因为 $P = 167.4 \leqslant \dfrac{f_a}{\gamma_{rf}} = \dfrac{280}{0.75} = 373.3 \text{ kPa}$，故地基承载安全。

底盘强度校验底盘容许压力 140kN > N = 135.8kN，底盘强度合格。

铁塔基础承压计算举例见例 GYSD00305004-2。

【思考与练习】

1．下压基础的稳定应满足什么要求？

2．铁塔的分开式基础属何类型基础？如何确定作用于基础的垂直力和水平力？

模块 4　上拔基础的受力分析（GYSD00305004）

【模块描述】本模块包含铁塔上拔稳定计算、拉线盘上拔稳定计算。通过概念描述、要点讲解、定量分析和计算举例，掌握铁塔上拔稳定计算、拉线盘上拔稳定计算的方法。

【正文】

基础上拔稳定计算，应根据抗拔土体的状态，分别采用剪切法和土重法。

剪切法适用于原状土体，土重法适用于回填抗拔土体。

本模块只介绍土重法计算上拔稳定。基础受上拔力 T 作用时，则基础的计算极限上拔力为混凝土基础自重和上拔基础底板上所切的倒截土锥体重力之和。倒截土锥体侧面与垂线的交角为土的计算上拔角，随土的类型等条件而变化。

一、铁塔上拔稳定计算

上拔稳定计算的安全条件为

$$\gamma_f T \leq \gamma_E \gamma_s \gamma_{\theta1}(V_t - \Delta V_t - V_0) + Q_f \qquad \text{（GYSD00305004-1）}$$

式中 γ_E——水平力影响系数，根据水平力 H_E 与上拔力 T 的比值按表 GYSD00305004-1 确定；

$\gamma_{\theta1}$——基础底板上平面坡角影响系数，当坡角 $\theta_0 < 45°$时，取 $\gamma_{\theta1} = 0.8$，当坡角 $\theta_0 \geq 45°$时，取 $\gamma_{\theta1} = 1.0$；

V_t—— h 深度内土和基础的体积，m^3；

ΔV_t——相邻基础影响的微体积；

V_0—— h 深度内的基础体积，m^3；

Q_f——基础自重力，kN；

T——作用于基础顶面上的设计上拔力，kN。

表 GYSD00305004-1   水 平 荷 载 影 响 系 数

水平力 H_E 与上拔力 T 的比值	水平力影响系数 γ_E
0.15～0.40	1.0～0.9
0.40～0.70	0.9～0.8
0.70～1.00	0.8～0.75

当 $h \leq h_c$，对矩形底板

$$V_t = \left[bl + (b+l)h\tan\alpha + \frac{4}{3}h^2\tan^2\alpha \right]h \qquad \text{（GYSD00305004-2）}$$

对方形底板

$$V_t = \left[a^2 + 2ah\tan\alpha + \frac{4}{3}h^2\tan^2\alpha \right]h \qquad \text{（GYSD00305004-3）}$$

当 $h > h_c$ 时，如图 GYSD00305004-1 所示，对矩形底板，有

$$V_t = \left[bl + (b+l)h_c\tan\alpha + \frac{4}{3}h_c^2\tan^2\alpha \right]h_c + bl(h-h_c) \qquad \text{（GYSD00305004-4）}$$

对方形底板，有

$$V_t = \left[a^2 + 2ah_c\tan\alpha + \frac{4}{3}h_c^2\tan^2\alpha \right]h_c + a^2(h-h_c) \qquad \text{（GYSD00305004-5）}$$

上四式中 h_c——临界深度，是指土体整体破坏的极限计算深度，见表 GYSD00305004-2；

α——计算上拔角；

a——正方形底板边长，m；

$b、l$——矩形底板短边和长边长，m。

表 GYSD00305004-2   临界深度 h_c（土重法）

土 的 名 称	土 的 天 然 状 态	基础上拔临界深度 h_c	
		圆 形 底 板	方 形 底 板
砂类土、粉土	密实 ～稍密	2.5D	3.0a
黏性土	坚硬 ～硬塑	2.0D	2.5a
	可塑	1.5D	2.0a
	软塑	1.2D	1.5a

注 长方形底板 $l/b < 3$ 时，取 $D = 0.6(b+l)$；土的状态按天然状态确定。

当相邻基础同时受上拔力作用，且两基础中心距如图 GYSD00305004-2 所示，则计算上拔土锥体的体积时，应减去如图 GYSD00305004-2 中阴影部分土体积的 1/2，在下列情况应减去的土体积 ΔV_t：

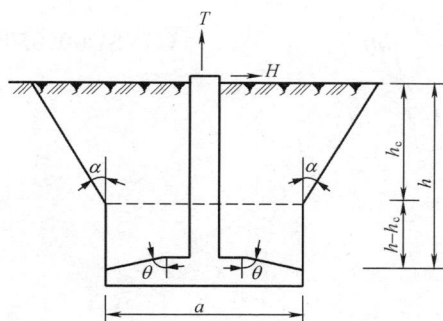

图 GYSD00305004-1　基础计算图　　　　图 GYSD00305004-2　相邻上拔基础计算简图

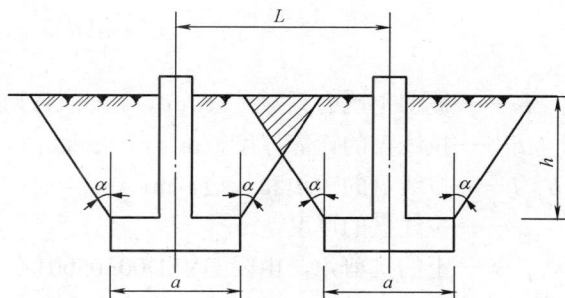

1）长方形底板，当 $L < b + 2h\tan\alpha$ 或 $L < l + 2h\tan\alpha$ 时，有

$$\Delta V_t = \frac{(b + 2h\tan\alpha - L)^2}{24\tan\alpha}(3l + L - b + 4h\tan\alpha)$$

或

$$\Delta V_t = \frac{(l + 2h\tan\alpha - L)^2}{24\tan\alpha}(3b + L - l + 4h\tan\alpha) \tag{GYSD00305004-6}$$

2）正方形底板，当 $L < a + 2h\tan\alpha$ 时，有

$$\Delta V_t = \frac{(a + 2h\tan\alpha - L)^2}{24\tan\alpha}(2a + L + 4h\tan\alpha) \tag{GYSD00305004-7}$$

二、拉线盘上拔稳定计算

（一）拉线盘上拔稳定计算

拉线盘埋入土中，有平放、斜放两种，如图 GYSD00305004-3 所示。地质条件好，一般采用平放，平放施工方便，但水平方向抵抗能力较小；斜放时，拉线盘受力较好，但施工不太方便。

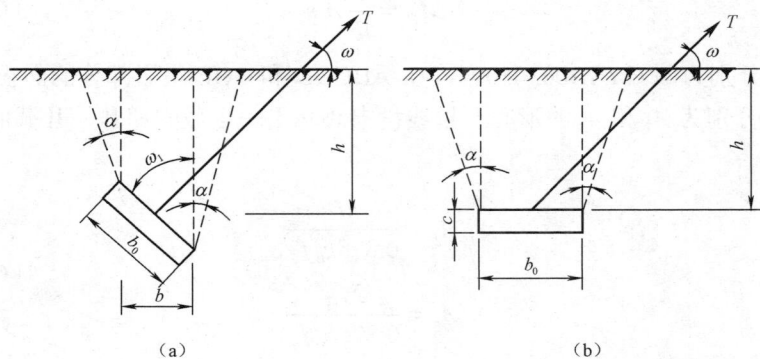

图 GYSD00305004-3　拉线基础
（a）斜放；（b）平放

拉线盘上拔稳定应满足

$$\gamma_f T \sin\omega \leqslant V_t \gamma_s + Q_f \tag{GYSD00305004-8}$$

式中　T——拉线拉力设计值，kN；

　　　ω——拉线对地夹角，一般 $\omega \geqslant 45°$；

　　　V_t——倒截锥土体积，m^3，按式（GYSD00305004-2）或式（GYSD00305004-4）计算，当拉线盘斜放时，两式中的 $b = b_0\sin\omega_1$，ω_1 拉线盘上平面与垂面的夹角；

　　　Q_f——拉线盘自重，kN。

（二）拉线盘水平方向的稳定验算

在拉线水平分力 $N_x = T\cos\omega$ 的作用下，使拉线沿拉线方向水平移动，这时，拉线盘侧面产生的被动土抗力为

$$x_1 = mhtl = \gamma_s \tan^2\left(45° + \frac{\beta}{2}\right)htl \quad （GYSD00305004-9）$$

式中　m——被动土压力系数，kN/m³，由表 GYSD00305001-9 查取；

t——拉线盘的计算厚度，m，$t = b\cos\omega_1 + c\sin\omega_1$；

b、l——拉线盘的短边和长边，m；

c——拉线盘的厚度，m；

β——土的抗剪角，由表 GYSD00305001-9 查取。

由垂直分力 $N_y = T\sin\omega$ 产生的水平抗力为

$$H_1 = N_y f = T\sin\omega\tan\beta \quad （GYSD00305004-10）$$

式中　f——地基土与基础面的摩擦系数。

综合水平抗力及水平稳定条件为

$$x = x_1 + T_1 \geqslant \gamma_f N_x \quad （GYSD00305004-11）$$

式中　γ_f——抗倾覆稳定附加分项系数。

（三）拉线盘强度计算

如图 GYSD00305004-4 所示，基础在土反力的作用下，两个方向都要发生弯曲，所以两个方向都要配筋。钢筋面积按两个方向的最大弯距分别进行计算。

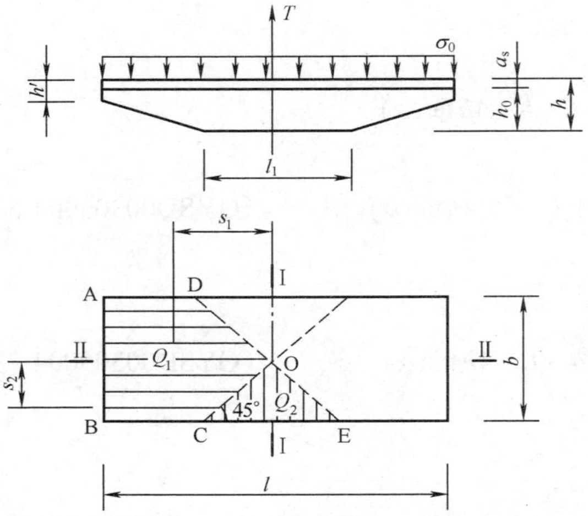

对 Ⅰ—Ⅰ 截面处的外矩为

$$M_{\rm I} = \frac{T}{lb} A_1 s_1 \quad （GYSD00305004-12）$$

对 Ⅱ—Ⅱ 截面处的外矩为

$$M_{\rm II} = \frac{T}{lb} A_2 s_2 \quad （GYSD00305004-13）$$

图 GYSD00305004-4　拉线盘计算简图

式中　A_1、A_2——分别为图 GYSD00305004-4 中 ABCOD 和 COE 阴影部分的面积，m²；

s_1、s_2——分别为 A_1 和 A_2 的形心至拉线盘中心（Ⅰ—Ⅰ 截面和 Ⅱ—Ⅱ 截面）的距离，m。

配筋截面为

$$A_g = \frac{M_{\rm I}}{0.875 h_0 f_y}$$

$$\quad （GYSD00305004-14）$$

$$A_g = \frac{M_{\rm II}}{0.875 h_0 f_y}$$

式中　h_0——为弯距截面的有效高度。

为了便于选用和估算材料，将常用拉线盘的规格列于表 GYSD00305004-3 中。

表 GYSD00305004-3　　　　　　　　拉 线 盘 常 用 规 格 表

规格 $b_0 \times l \times h_0$ （m×m×m）	构件质量 （kg）	混凝土体积 （m³）	钢筋（1 级）		拉环质量 （kg）	容许拉力 （kN）
			数　量	质量（kg）		
0.3×0.6×0.2	80	0.032	4φ8mm/4φ10mm	10.5	4.5（φ24mm）	94
0.4×0.8×0.2	135	0.054	6φ8mm/6φ10mm	11.6	4.5（φ24mm）	108
0.5×1.0×0.2	210	0.084	7φ8mm/6φ12mm	14.6	7.4（φ28mm）	122

续表

规格 $b_0 \times l \times h_0$ （m×m×m）	构件质量 （kg）	混凝土体积 （m³）	钢筋（1级）		拉环质量 （kg）	容许拉力 （kN）
			数　量	质量（kg）		
0.6×1.2×0.2	300	0.118	9φ8mm/8φ12mm	19.0	7.4（φ28mm）	136
0.7×1.4×0.2	410	0.165	11φ8mm/8φ14mm	28.2	10.3（φ32mm）	161
0.8×1.6×0.2	540	0.234	13φ8mm/8φ14mm	31.3	10.3（φ32mm）	141

（四）重力式基础上拔稳定计算

对于土质较差计算上拔角很小时，可采用重力式基础。重力式基础的计算原则是土壤计算上拔角 $\alpha = 0$，基础上拔力由基础自重和基础底板上的土重来平衡，如图 GYSD00305004-5 所示。

即
$$\gamma_f T \sin \omega \leqslant V_t \gamma_s + Q_f \qquad \text{（GYSD00305004-15）}$$

式中基础底板上的土体 V_t 计算时，土的上拔角按 $\alpha = 0$ 考虑。

对基础的自重需满足 $Q_f \geqslant T \sin \beta$。

例 GYSD00305004-1　某拉线悬垂直线杆塔，拉线受力设计值 $T = 65$kN，埋深 2.5m，选择拉线盘规格为 1.2m×0.6m×0.2m，拉线盘自重 $Q_f = 3$kN，拉线与地面夹角 $\omega = 50°$，拉线盘上平面与铅垂方向的夹角 $\omega_1 = \omega = 50°$，土壤为黏土（可塑），地面有 0.3m 的耕土层。试进行拉线盘上拔及水平稳定验算。

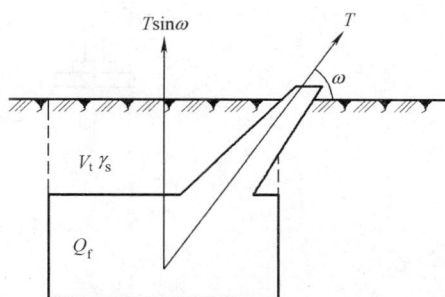

图 GYSD00305004-5　重力式拉线基础

解　（1）基本参数：上拔力 $N_y = T \sin \omega = 65 \sin 50° = 49.8$kN，水平分力 $N_x = T \cos \omega = 65 \cos 50° = 41.8$kN，基础上拔附加分项系数 $\gamma_f = 1.1$，土的计算容重 $\gamma_s = 16$kN/m³，上拔角 $\alpha = 20°$，土压力系数 $m = 48$kN/m³，计算内摩擦角 $\beta = 30°$。

（2）上拔稳定计算。有效上拔深度为
$$h = 2.5 - 0.3 = 2.2 \text{（m）}$$

临界深度为
$$\frac{l}{b} = \frac{1.2}{0.6} = 2 < 3，查表 GYSD00305004-2，D = 0.6(l+b)，则$$
$$h_c = 1.5D = 1.5 \times 0.6 \times (1.2 + 0.6) = 1.62 \text{（m）} < h = 2.2m$$

拉线盘斜放，其短边
$$b = b_0 \sin \omega_1 = 0.6 \sin 50° = 0.46 \text{（m）}$$

抗拔土的体积为
$$V_t = \left[bl + (b+l)h_c \tan \alpha + \frac{4}{3} h_c^2 \tan^2 \alpha \right] h_c + bl(h - h_c)$$
$$= \left[0.46 \times 1.2 + (0.46 + 1.2) \times 1.62 \times \tan 20° + \frac{4}{3} \times 1.62^2 \times \tan^2 20° \right] \times 1.62$$
$$+ 0.46 \times 1.2 \times (2.2 - 1.62) = 3.55 \text{（m}^3\text{）}$$
$$\gamma_f N_y = 1.1 \times 49.8 = 54.8 \text{（kN）} < V_t \gamma_f + Q = 3.55 \times 16 + 3 = 59.8 \text{（kN）}$$

上拔验算合格。

（3）水平稳定计算。被动土抗力
$$x_1 = mhlt = 48 \times 2.2 \times 1.2 \times (0.6 \times \cos 50° + 0.2 \times \sin 50°) = 68.29 \text{（kN）}$$

由垂直分力 N_y 产生水平抗力为
$$H_1 = N_y f = 49.8 \times \tan 30° = 28.8 \text{（kN）}$$

综合水平抗力
$$x = 68.29 + 28.8 = 97 \text{（kN）} \geqslant 1.1 \times 48 = 52.8 \text{（kN）}$$

水平验算合格。

例 GYSD00305004-2 试进行某悬垂直线塔分开式基础的上拔、下压稳定校验。已知土壤资料：黏土（坚硬），无地下水。查表 GYSD00305001-9，上拔角 $\alpha = 27°$，土的计算容重 $\gamma_s = 17\text{kN/m}^3$，混凝土容重 $\gamma_h = 22\text{kN/m}^3$，考虑了埋深等因素修正后土的承载力特征值 $f_a = 263\text{kPa}$，铁塔荷载设计值及基础尺寸如图 GYSD00305004-6 所示。

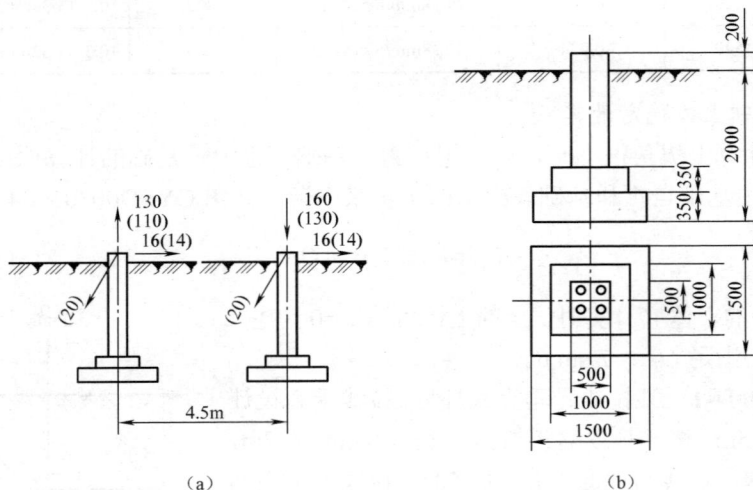

图 GYSD00305004-6 直线铁塔分开式基础

（a）基础受力；（b）基础尺寸

注：括号内为事故情况荷载。

解 （1）上拔稳定校验。基础自重（混凝土容重 $\gamma_h = 22\text{kN/m}^3$）

$$Q_f = V_h\gamma_h = (0.5^2 \times 1.5 + 1^2 \times 0.35 + 1.5^2 \times 0.35) \times 22 = 33.2 \ (\text{kN})$$

因

$$L = 4.5\text{m} > 1.5 + 2 \times (2.0 - 0.35)\tan27° = 3.18\text{m}$$

倒截锥土体重

$$G_0 = V_t\gamma = \left[\left(1.5^2 + 2 \times 1.5 \times 1.65 \times \tan27° + \frac{4}{3} \times 1.65^2 \times \tan^2 27°\right) \times 1.65\right.$$

$$\left. - (0.5^2 \times 1.3 + 1^2 \times 0.35)\right] \times 18 = 170 \ (\text{kN})$$

由 $\dfrac{H}{T} = \dfrac{16}{130} = 0.123$ 查表 GYSD00305004-1 得 $\gamma_E = 1.0$。

基础底板坡角 $\theta = \arctan\dfrac{\dfrac{1.5-1.0}{2}}{0.35} = 35.5° < 45°$，取 $\gamma_{\theta 1} = 0.8$。

$$\gamma_f T = 0.9 \times 130 \ (\text{kN}) \leqslant \gamma_E\gamma_s\gamma_{\theta 1}(V_t - \Delta V_t - V_0) + Q_f = 1.0 \times 0.8 \times 170 + 33.2 = 169 \ (\text{kN})$$

上拔稳定合格。

（2）下压稳定校验：基础台阶土重 $G_0 = [1.5^2 \times 1.65 - (0.5^2 \times 1.3 + 1^2 \times 0.35)] \times 18 = 55 \ (\text{kN})$

$$P_n = \frac{N + \gamma_G(Q + G_0)}{A} - \frac{M_x}{W_x}$$

$$= \frac{160 + 1.2 \times (33.2 + 55)}{1.5^2} - \frac{6 \times 16 \times 2.2}{1.5^3} = 55.57 \ (\text{kPa}) > 0$$

$$P_m = \frac{N + \gamma_G(Q + G_0)}{A} + \frac{M_x}{W_x}$$

$$= \frac{160 + 1.2 \times (33.2 + 55)}{1.5^2} + \frac{6 \times 16 \times 2.2}{1.5^3} = 180.7 \ (\text{kPa})$$

$$P_m = 180.7 < \frac{1.2 f_a}{\gamma_{rf}} = \frac{1.2 \times 263}{0.75} = 421 \text{kPa}，安全。$$

事故时，基础受双向弯矩作用

且

$$P_n = \frac{N + \gamma_G(Q + G_0)}{A} - \frac{M_x}{W_x} - \frac{M_y}{W_y}$$

$$= \frac{130 + 1.2 \times (33.2 + 55)}{1.5^2} - \frac{14 \times 2.2 \times 6}{1.5^3} - \frac{20 \times 2.2 \times 6}{1.5^3} = -28.16 < 0$$

故压应力计算宽度为

$$c_x = \frac{a}{2} - \frac{M_x}{N + \gamma_G(Q + G_0)} = \frac{1.5}{2} - \frac{14 \times 2.2}{130 + 1.2 \times (33.2 + 55)} = 0.619 \text{（m）}$$

$$c_y = \frac{a}{2} - \frac{M_y}{N + \gamma_G(Q + G_0)} = \frac{1.5}{2} - \frac{20 \times 2.2}{130 + 1.2 \times (33.2 + 55)} = 0.563 \text{（m）}$$

$$P_m = 0.35 \frac{N + \gamma_G(Q + G_0)}{c_x c_y} = 0.35 \times \frac{130 + 1.2 \times (33.2 + 55)}{0.619 \times 0.563} = 236.7 \text{（kPa）}$$

$$P_m = 236.7 \text{kPa} < \frac{1.2 f_a}{\gamma_{rf}} = \frac{1.2 \times 263}{0.75} = 421 \text{kPa}，安全。$$

【思考与练习】

1. 在基础上拔稳定计算中，临界深度 h_c 的意义是什么？

2. 某 110kV 线路 $\phi 300$mm 等径拉线直线单杆，杆高 21m，经过 Ⅳ级气象区，导线为 LGJ-120/25，架空地线采用 GJ-35 型，地线金具重力 $W_1 = 50$N，绝缘子串重力 $W_2 = 450$N。其导线排列如图 GYSD00305004-7 所示，设计水平档距为 280m，垂直档距为 350m；且横担重力为 2kN，电杆每米重力 $g_0 = 1.1$kN/m，拉线 $\alpha = 45°$，拉线与地面夹角 $\beta = 60°$，拉线盘埋深为 2.0m，底盘埋深为 1.0m，土为细砂、无地下水。试按正常大风条件选择拉线盘和底盘的尺寸，并进行稳定和强度校验。

3. 试画出三盘（卡盘、底盘、拉盘）钢筋布置示意图，且说明原因。

4. 何种情况下采用重力式基础？重力式基础的计算原则是什么，设计时对基础自重有何要求？

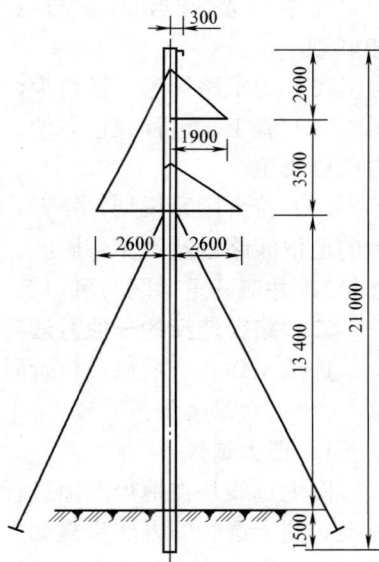

图 GYSD00305004-7　题 2 图

第十二章　输电线路杆塔的定位和校验

模块1　输电线路的路径选择（GYSD00306001）

【模块描述】本模块涉及路径选择的一般原则、路径选择的一般方法和步骤、路径选择的技术要求。通过要点讲解，熟悉路径选择的一般原则，掌握路径选择的一般方法和步骤、路径选择的技术要求。

【正文】

路径选择的目的，就是要在线路起讫点间选出一条全面符合国家建设的各项方针政策的线路路径，因此，选线人员在选择线路路径时，应遵照各项方针政策，对运行安全、经济合理、施工方便等因素进行全面考虑，综合比较。

一、路径选择的一般原则

（1）首先对5~10年电力系统规划进行充分研究，了解在规划中是否出现中间变电站或发电厂，在路径选择时，尽量与电力系统规划结合起来，避免造成重复投资，或给今后的电网改造增加麻烦。

（2）力求路径短、转角少、跨越少、高差小，以降低工程造价并简化杆型。

（3）施工、运行应该方便。主要要求沿线交通运输方便，尽量避免翻大山、跨深谷，以降低施工与维修费用。

（4）符合国家规划、环保、森林及通信、军事禁区等要求。如少占良田，少拆迁民房，不影响附近的通信线路以及不穿越矿区、禁区与机场，避开不良地质、地段（如塌方、滑坡、溶洞、森林与果林等），并避开重冰区与风口等。

二、路径选择的一般方法与步骤

选线工作，一般按设计阶段分两步进行，即初勘选线和终勘选线。

（一）初勘选线

1. 图上选线

图上选线是在地形图上进行大方案的比较，从若干个路径方案中，经比较后选出较好的线路路径方案。图上选线的方法步骤如下：

（1）图上选线前应充分了解工程概况及系统规划，明确线路起讫点及中途必经点的位置、线路输送容量、电压等级、回路数与导线型号等设计条件。

（2）图上选线所用的地形图比例以五万分之一或十万分之一为宜。先在图上标出线路起讫点及中间必经点位置，以及预先了解到的有关城市规划、军事设施、工厂、矿山发展规划，地下埋藏资源开采范围，水利设施规划，林区及经济作物区，已有及拟建的电力线、通信线或其他重要管线等的位置、范围。然后按照线路起讫点间距离最短的原则，尽量避开上述影响范围。考虑地形、交通条件等因素，绘出若干个图上选线方案（一般经反复比较后保留1~2个方案），作为搜集资料及初勘方案。

（3）对已选定的路径方案，根据与通信线的相对位置，远景系统规划的短路电流及该地区大地电导率计算对铁路、邮电、军事等主要通信线的干扰及危险影响。根据计算结果，便可对已选定的路径方案进修正或提出具体措施。

2. 搜集资料及初勘

（1）搜集资料。搜集资料的主要目的是要取得线路通过地区对路径有影响的地上、地下障碍物的有关资料及所属单位对路径方案的意见。由所属单位以书面文件或在路径图上签署意见的形式提供资料，作为设计依据。若同一地区涉及单位较多又相互关联时，可邀集有关单位共同协商，并形成会议纪要。如果最终的路径方案满足对方的要求，可不再办理手续。但当路径靠近障碍物的边沿或厂、矿区内通过时，应在线路施工图设计后以"回文"（或兼附图）的形式说明路径通过位置及要求，以防对方将来有可能发展时影响线路的建设与安全运行。

（2）初勘。初勘是按图上选线选定的线路路径到现场进行实地勘察，以验证它是否符合客观实际并决定各方案的取舍。

1）初勘方法可以是沿线了解、重点勘察或仪器初测，按实际需要明确定线、平断面图草测及地质水文勘察；在某些协议区及复杂地段，需要将线路路径或具体塔位，用仪器测量落实或测绘有关平断面图。

2）由搜资、协议人员到沿线的县、乡及有关厂、矿补充搜集沿线有影响的障碍、设施资料与办理初步协议，并搜集沿线交通、污秽等资料。

3）重点踏勘可能影响路径方案的复杂地段及仅凭图纸资料难以落实路径位置的地段。通常包括：重要或特殊跨越，进出线走廊、城镇拥挤地段；穿越个别靠近有影响的障碍物协议区；不良地质、恶劣气象地段及交通困难、地形复杂地段；可能出现多方案地段。

4）初勘时各有关专业组尚应做好拆迁、砍树、修桥补路、所需建筑材料产地、材料站设置及运输距离的调查。

初勘结束后，根据初勘中获得的新资料修正图上选线路径方案，并组织各专业进行方案比较，包括：线路亘长、交通运输条件、施工、运行条件、地形、地质条件、大跨越等技术比较；线路投资、年运行费、拆迁赔偿和材料消耗量等经济比较。按比较结果提出初步设计的推荐路径方案，编写路径部分说明并整理有关协议文件，同时办理最终协议文件。

（二）终勘选线

终勘选线是将批准的初步设计路径在现场具体落实，按实际地形情况修正图上选线，确定线路的最终走向，设立临时标准。终勘选线工作对线路的经济、技术指标和施工、运输条件起着重要作用。因此，要正确地处理各因素的关系，选出一条既在经济技术上合理，又方便施工、运行的线路路径。

终勘选线一般应在定线工作前一段时间进行，也可以与定线工作合并进行，需视线路的复杂程度而定。在选线应做到"以线为主、线中有位"，即在选线中要兼顾杆塔位的技术经济合理性和关键塔位成立的可能性（如转角点、大档距和必须设立杆塔的特殊地点等），个别特殊地点应反复选线比较，必要时草测断面进行定位比较后优选。

终勘选线根据其目的可知，必须将全线通道打通，并埋设转角桩及线路前后通视用的方向桩和标志。因此，根据地形、地物及交叉跨越等情况，常用的选线方法有如下几种，当然在实际工程中往往是交叉使用的。

（1）越角选线法。在选线人员确定了某一转角点位置后，线路前进方向地势较高，下一转角点位置选择余地较大，此时可在已选定的转角点设立标志，然后到线路前进方向选一线路路径上的制高点架设仪器。用经纬仪后视转角点，同时观察该段路径的地形、地物、交叉跨越及线路与建筑物的接近距离等情况。随后倒转望远镜，又可观察线路前进方向的路径情况，如前后无特殊障碍，结合已掌握的地形资料即可确定这段路径。如遇有障碍物，则可移动仪器重新选定路径，直到前后均无障碍达到满意为止。

（2）角度修正法。如图 GYSD00306001-1 所示，从转角点 Y 测到 A 处碰到房屋建筑等障碍物，此时可修正转角点 Y 的转角度数，取新的路径方案。如图所示，在现场取一点 B，使新路径 YB 能避开障碍物。然后垂直原路径 YA 量取 BA 的长度，并从地形图上量取 YA 的长度，则可用下式计算出修正角 α 的数值为

$$\alpha = \frac{BA}{YA}\rho \qquad\qquad (GYSD00306001-1)$$

式中　α——线路转角修正值，（'）；

　　　$\rho = 3438'$。

在具体修正线路转角时，应视具体情况在原转角度数上加上或减去修正值。

（3）交角法。当线路通过山区、房屋建筑或架空线路拥挤地段、大跨越或其他限制条件较多的复杂地段，如选线人员对前面一段路径走向没有把握，或者为避开大批建筑物，选线人员可先到前面踏勘，然后从前面复杂的地段向回测定直线，再与已选定的路径交会出转角点 J，如图 GYSD00306001-2 所示，这种选线方法就称交角法。采用交角法选线时应注意转角点应选在平原开阔地带，这样可使交会点有足够的活动余地，同时便于施工组立杆塔。

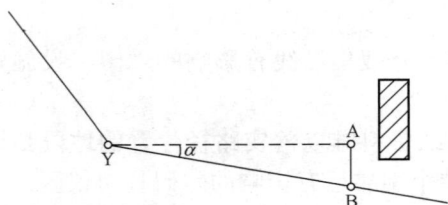

图 GYSD00306001-1 转角度数的修正

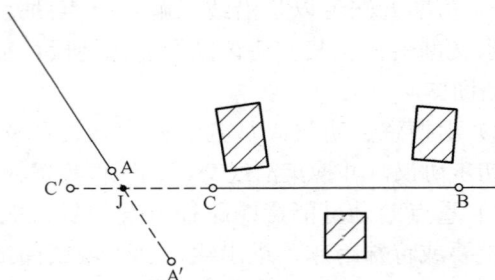

图 GYSD00306001-2 交角法选线

（4）趋近法。当线路在山区通过，如图 GYSD00306001-3 所示，若 A、B 两控制点相距较远又互不通视。此时可在 AB 之间地势较高处试选一点 C1，尽量使其接近在 AB 直线上，且与 A、B 都能通视。这时，安置经纬仪于 C1 点，对准后视 A，固定水平度盘后倒转望远镜看前视目标 B。如果目标 B 不与望远镜中的中丝重合，说明 C1 不在 AB 直线，需移动经纬仪重新选择一点 C2，再对准后视 A，倒转望远镜看前视目标 B，如图 GYSD00306001-3 所示则表示移得太多，需将经纬仪往回移。如此反复，直至经纬仪移到 AB 直线上，即可在经纬仪旁指挥打桩，以标定路径方向。

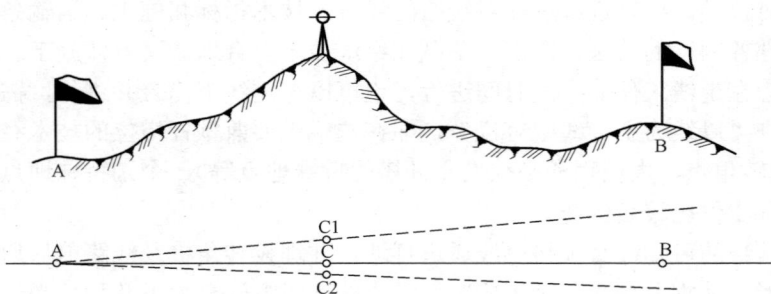

图 GYSD00306001-3 趋近法选线

采用这种方法是一逐步趋近的过程，要注意当目标 B 已在望远镜镜筒内后，因望远镜内所见是一倒像，所以经纬仪移动方向恰与镜筒中所见相反。比如从望远镜中所见目标在中丝左侧，则经纬仪应向右移，反之则向左移。当中丝已接近目标后，可松开经纬仪底座螺栓，在仪架上移动经纬仪以精确对准目标。

三、路径选择的技术要求

1. 山区路径选择

（1）线路经过山区时，应避免通过陡坡、悬崖峭壁、滑坡、崩塌区、不稳定岩石堆，泥石流、溶洞等不良地质地带。当线路与山脊交叉时，应尽量从平缓处通过。

（2）在山区选线往往发生交通运输、地势高低与线路长短之间的矛盾。为此，应从技术经济与施工运行条件上做好方案比较。努力做到既合理的缩短路径长度、降低线路投资又保证线路安全可靠、运行方便。

（3）山区河流多为间歇性河流，其特点是流速大，冲刷力强。因此，线路应避免沿山间干河沟通过，如必须通过时，塔位应设在最高水位以上不受冲刷的地方，处理好"线位"关系。

2. 跨河段路径选择

（1）线路跨越河流（包括季节性河流）时，尽量选在河道狭窄、河床平直、河岸稳定、两岸尽可能不被洪水淹没的地段。

（2）选线时应调查了解洪水淹没范围及冲刷等情况，预估跨河塔位并草测跨越档距，尽量避免出现特殊塔的设计。

（3）应避免与一条河流多次交叉。

（4）避免在支流入口处及河道弯曲处跨越河流，应尽量避开旧河道或排洪道和在洪水期容易改为主河道的地方。

（5）不要在码头和泊船地区跨越河流。

（6）跨河塔位的地质条件：

1）河岸地层稳定，无严重的河岸冲刷现象（如蛇曲、塌岸等）。

2）两岸地质均匀良好，无软弱地层（如淤泥或淤泥质土）及易产生液化的饱和砂土。

3）地下水埋藏较深。

3. 转角点选择

（1）转角点不宜选在山顶、深沟、河岸、悬崖边缘、坡度较大的山坡，以及淹没、冲刷和低洼积水之处；并应尽量与其他设置耐张杆塔的技术要求结合起来考虑。

（2）线路转角点应设置在平地或山麓缓坡上，并应考虑有足够的施工场地和便于施工机械的到达。

（3）选择转角点时应照顾前后两基杆塔位的状况，避免档距过大或过小，避免采用特殊的加高杆塔或不必要的增加杆塔数量。

4. 线路接近炸药库附近时的路径选择

应避开炸药库事故爆炸的影响范围。各种爆破及爆破器材仓库意外爆炸时，爆炸源与人员和其他保护对象之间的安全距离，应按各种爆破效应（地震、冲击波、个别飞行物等）分别核定并取最大值。

5. 通过特殊地带的路径选择

（1）线路通过矿区应避开爆炸开采的爆炸影响范围，未稳定的塌陷区及可能塌陷的地区。

（2）线路经过大孔性黄土地区时，应避开冲沟特别发育的地段，要特别注意立塔条件，选线时要考虑排塔位情况，做到"线中有位"。

（3）线路应避开采石场，一般情况下应离开采石场 500m 以上。

（4）线路应尽量避开沼泽地、水草地、已大量积水或易积水及严重的盐碱地带。

（5）线路与喷水池、冷却塔及生产过程中能排出腐蚀性气体或液体的工厂接近时，要查明其危害范围，分析其危害程度。并尽量使线路与这些工厂保持必要的距离，最好在上风向通过，以减少或避开其影响。

6. 通过严重覆冰地区的路径选择

（1）在严重覆冰地区选线时，应着重调查该地区线路附近的已有电力线路、通信线路、植物等的覆冰情况、覆冰厚度，调查突变范围、覆冰时季节风向、覆冰类型、雪崩地带等。

（2）应特别注意地形对覆冰的影响，避免在覆冰严重地段通过，如必须通过时，应调查了解易覆冰的地形特征，选择较为有利的地形通过（如线路宜在地势低下的背风坡通过）。

（3）在开阔地区尽量避免靠近湖泊，且避免在结冰季节的下风向侧通过，以免由于湿度大，大量过冷却水滴吹向导线，造成严重覆冰。

（4）应尽量避免出现过大档距。

（5）应特别注意交通运输情况，尽量创造维护抢修的方便条件。

7. 先进测量技术配合地形图选线

（1）航测照片。由于航测照片的比例较大（1 万～2 万分之一），村庄、房屋、河道、冲沟等地物以及山势大小、树林疏密程度等显示清晰。借助立体镜可以看出立体形象。即使是小型障碍物也能辨认清楚。因此，利用航测照片配合地形图选择路径，能更好的保证选线质量。特别是在高山大岭、人烟稀少、工作生活条件困难的地方或路径受地形、地物控制的地方，利用航测照片选线其优越性更加突出，既方便又可提高选线精度，加快选线进度，可选出理想的输电线路路径，避免一些不必要的返工。

（2）海拉瓦技术。海拉瓦全数字化测量系统是目前世界上一种先进的地理测量技术。海拉瓦系统可以对最新的航空摄影、卫星图片进行全数字化信息处理，形成完整的电子地图沙盘。设计人员在电子沙盘上，精确地测出线路路径走向、选定铁塔位置。运用这一技术，能够提高测绘工作效率，优化路径，使电力线路布局更加科学合理。

（3）GPS测量技术。全球定位系统（GPS），是随着现代科学技术的迅速发展而建立起来的新一代精密卫星导航与定位系统，用GPS定位省时省力，在转角桩丢失补桩同定直线塔位一样简单，不用再交角，GPS的导航功能使测量员通过测量控制器上的指针很方便地找到杆塔位，不再像过去那样盲目寻找，GPS无论雨天还是雾天、甚至晚上都能进行定位测量，使测量工作不再受外界条件的局限，GPS有很强的内业处理功能。可以很方便地对野外测量数据进行分析整理，能检测测量的质量，能够及时发现存在的问题，这对传统测量方法来说是绝对办不到的，GPS在测量中流动站不要求与基准站通视，一些高杆植物再也不需要削割，大大减少了砍伐通道的费用，另外大型建筑物再也不会成为施工测量的障碍，可以及时地复测分坑，保证了施工的顺利进行，因而可以提高经济效益。

【思考与练习】

1. 输电线路路径选择的目的是什么？路径选择应考虑哪些因素？

2. 路径选择的一般原则有哪些？

模块 2　输电线路的平断面图（GYSD00306002）

【模块描述】本模块介绍定线测量、平断面测量。通过概念陈述、要点讲解和操作过程介绍，了解输电线路的平断面图测量的过程，掌握输电线路的平断面图测量的方法。

【正文】

线路的路径选定后，即应进行详细的勘测工作，其测量的内容主要为线路纵断面和平面测量。

纵断面测量主要是沿线路中心线测量各断面点的高程和平距并绘制成线路纵断面图；平面测量是测量沿线路中心线左右各 20～50m 的带状区域的地物地貌并绘制成线路平面图。同一条线路的平面图和纵断面图以相同的横向比例尺画在同一张图纸上，即称为输电线路的平断面图，如图 GYSD00306002-1 所示。图中杆型代号、杆位、档距、耐张段长度、代表档距等是由设计人员在线路平断面图上确定的，其他各种数据均由现场测量工作中完成。平断面图是杆塔定位的主要依据，也是日后施工、运行工作中的重要技术资料。

一、定线测量

定线测量的主要工作是按现场选线所选定的路径，将线路走向以每隔一定距离在地上标定一个方向桩的形式精确地予以确定，同时测出各方向桩间的水平距离和各方向桩的高程，以及转角点的转角度数。线路的路径到这时才真正确定，所以称之为"定线"。

定线测量所得数据将作为平断面测量的控制数据，因此对定线测量要求有较高的精度。测量时常用如下方法和措施以保证精度。

1. 定直线

如果相邻两转角点 A 和点 B 已定且互相通视，可用插入法定出直线桩，如图 GYSD00306002-2 所示，经纬仪置于 A，前视对准 B，然后指挥司尺人员定出直线桩 1 和直桩 2。采用这种方法时，前视目标 B 必须为花杆等能精确对准的标志，且在每确定一个直线桩前都应重新校核望远镜是否偏离目标。

在一般情况下，延伸直线均采用中分法，即如图 GYSD00306002-3 所示，AT 为已定直线，将经纬仪架于 T 点，对中安平后，正镜后视 A 点，倒转望远镜定出 B 点；转动照准部，倒镜后视 A 点，再倒转望远镜定出 C 点。如果两次观测的 AT 直线的延伸线不重合，如图中 TB、TC 所示。此时若两次观测点位误差 BC 满足每百米视距不超过 0.06m 的要求，则取 BC 的中点 D 作为方向点，TD 即为 AT 的延伸线，否则应重新测定。定钉标桩后，必须重观测一次，以防标桩打偏。

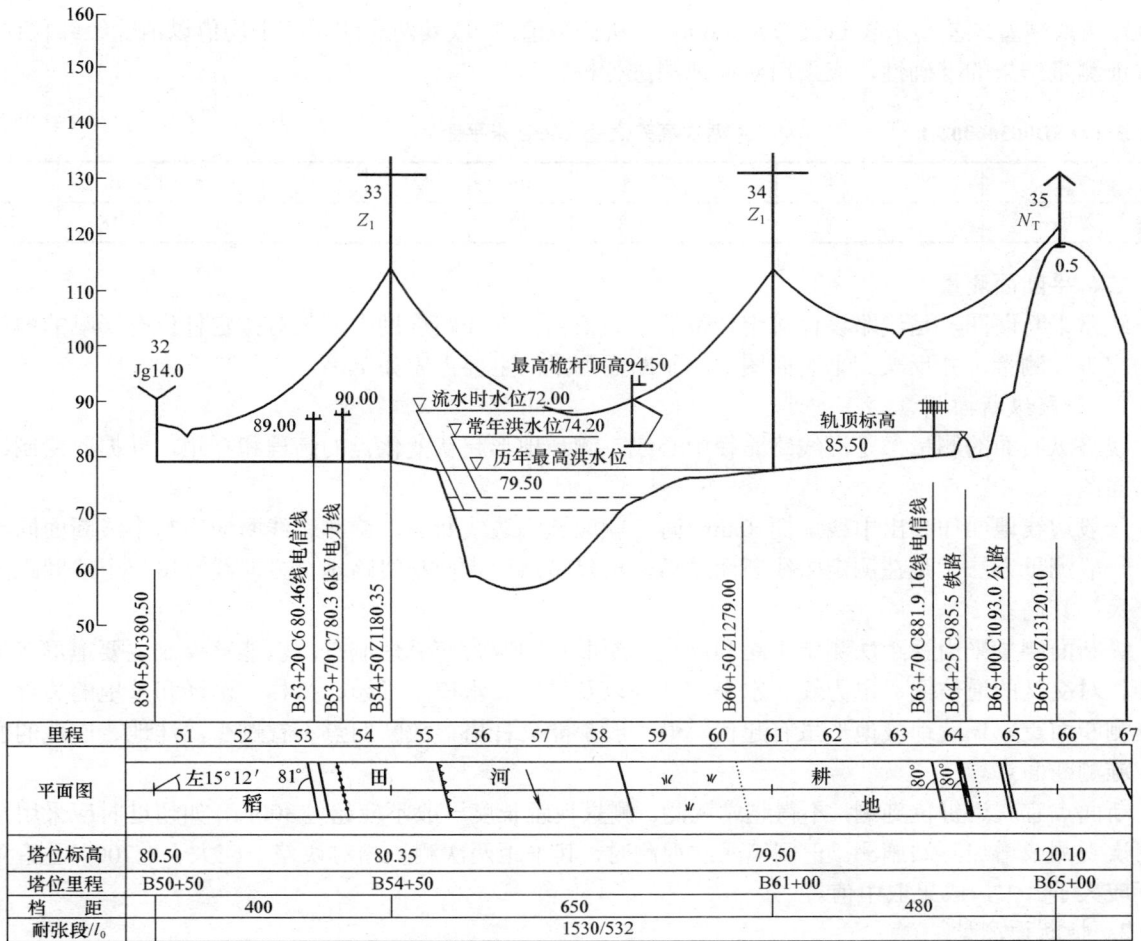

图 GYSD00306002-1　输电线路的平断面图

里程	51	52	53	54	55	56	57	58	59	60	61	62	63	64	65	66	67
平面图	左15°12′	81°	田	河					耕					80° 80°			
	稻								地								
塔位标高	80.50			80.35							79.50				120.10		
塔位里程	B50+50			B54+50							B61+00				B65+00		
档距			400			650						480					
耐张段/l₀							1530/532										

垂直标注：
B50+50 J80.50
B53+20 C6 80.46 电信线
B53+70 C7 80.3 6kV电力线
B54+50 Z1 180.35
B60+50 Z1 279.00
B63+70 C8 81.9 16线 电信线
B64+25 C9 85.5 铁路
B65+00 C10 93.0 公路
B65+80 Z13 120.10

32 Jg14.0　89.00　90.00
33 Z₁
34 Z₁
35 N_T 0.5
最高椳杆顶高94.50
流水时水位72.00
常年洪水位74.20
历年最高洪水位79.50
轨顶标高85.50

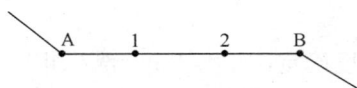

图 GYSD00306002-2　插入法

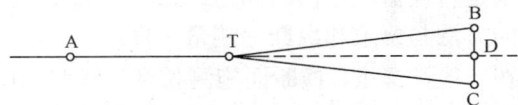

图 GYSD00306002-3　中分法

当遇有房屋等障碍物不通视时，则用平行四边形法或三角形法间接定出直线方向（图GYSD00306002-4 所示为平行四边形绕障法）。采用这种方法定直线时，为了保持直线不偏，折点的角度应采用"方向法一测回"测角法施测，要求 BC＝DE，并用钢皮尺来回两次丈量其长度，两次丈量相对误差应不大于 1/2000。CD 边长可用视距测量。各转角点的水平角应保持∠ABC＝∠BCD＝∠CDE＝∠DEF＝90°，用方向法施测一测回。半测回之差不得大于 ±1.5′。

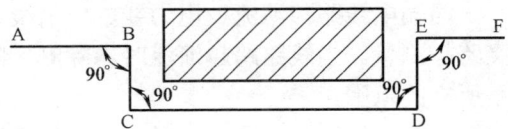

图 GYSD00306002-4　平行四边形绕障法

当采用全站仪（光电测距法）施测时，各线段长度可用光电测距，为减少棱镜的偏心误差，应将棱镜直接放置在木桩小钉上。使用全站仪直线延伸的长度平、丘地区不宜大于 800m，山区不宜大于1200m。当前后视距离小于 40m 时，应相应提高仪器对中、整平和照准的精度。

若用 GPS 施测时，由于 GPS 测量观测点之间不一定要求相互通视，直接根据坐标确定直线桩位，测量就更加简便。

2．数据测量

输电线路转角点、直线点的水平角测量，一般采用方向法一测回施测其线路前进方向的右角，半测回之差不得大于±1′。

平距和高程测量一般采用经纬仪视距法。仪器采用，同向正倒镜两次观测，两次测距较差小于

232

1/200、两次高差之差小于表 GYSD00306002-1 所列数值时，取其两次测量的平均值以消除经纬仪误差。为保证测量结果的准确性，应采用对向观测进行校验。

表 GYSD00306002-1　　　　　　　　两次高差之差（每百米平距）

垂直角	2°	4°	6°	8°	10°	12°	14°	16°	18°	20°
高差之差（cm）	2	4	6	8	10	12	14	16	18	20

二、平断面测量

线路平断面图，是线路设计排定杆位的主要依据。在线路终勘中，凡对排定杆位有影响的地形地貌均需进行测量，并反映到平断面图中。平断面测量的主要内容如下。

1. 线路纵断面测量

线路纵断面的测量，是沿线路路径中心线，测量地形起伏变化点的高程和平距，并据此绘制线路纵断面图。

一般边线地面如高出中线地面 0.5m 时，就应施测边线断面，施测边线断面应与中线断面同时进行。一般测量方法，是在测定中线断面之后，司尺员从该点向与线路垂直方向线量出一个线间距离，再立尺侧其高差。

纵断面测量采用视距法测定平距和高程。断面点的取舍应因地制宜，以能够控制主要地形变化为原则。对交叉的通信线、电力线、水渠、冲沟以及旱田、水田、果园、树林、沼泽和墓地的边界，都应施测断面点。丘陵地段地形虽有起伏，但一般都能立杆塔，故断面点不宜过少，洼地、岗地的变坡都应施测断面点。

断面点宜就近桩位施测，不得越站观测。测量视距长度一般不应超过300m，如超过时应采用正倒镜两次观测或增加测站施测。正倒镜两次观测时，其平距两次测量相对误差不应大于1/200，垂直角较差不应大于 ±1′，成果取中值。

2. 横断面测量

当线路通过高出中线和边线的陡坎或陡坡附近时，应根据情况测量风偏横断面或风偏点。横断面的测量是将仪器架在横断面与线路中线的交点上，后视线路方向转 90°，测出较中线高的一侧横断面，测量的方法与要求和纵断面测量一样。

在一般情况下，横断面施测长度视线路电压等级和斜坡坡度确定，并用 1:500 纵横相同的比例尺，绘制横断面图，表示在相应的线路纵断面点上。

当线路接近房屋建筑、特殊管道、防护林带、高大树木等障碍物时，应测量平行接近的长度、障碍物的高度及接近距离，以便考虑导线风偏后与障碍物的接近距离。

3. 交叉跨越测量

当输电线路与河流、电力线、电信线、铁路、公路及其他地下、地上建筑物交叉时，必须进行交叉跨越测量。当线路跨越河流时，除测量断面外，还应测量河岸、滩地、航道等位置，以便确定跨河塔所立的范围。

当输电线路与河流交叉时，除测量河流的宽度外，还要调查正常水位、最高通航水位、最高洪水位及船桅高度，以便考虑各种水位时导线与水面及船桅顶的安全距离。

当线路与电力线路交叉时，应测量交叉点的地线或最高导线的高度，并测量交叉角，同时记录测量的气温和草测被交叉左右杆塔的距离。

当线路与通信线交叉时，除测量交叉点的通信线高度外，对1、2级通信线还应测量其交叉角，对附近的通信杆位置草测绘于图上。

当线路与铁路、公路交叉时，应测量其轨顶或路面标高，并注明铁路或公路被交叉点的里程，还应测出与输电线路的交叉角。

4. 塔基断面测量

立杆塔位置的地面有坡度时，应测量塔基断面，以便确定施工基面。施工基面是计算杆塔基础埋深及杆塔定位高度的起始基面。施工基面应按以下原则确定：

（1）在基础上部应保证有足够的土壤体积，以满足基础受上拔力或受倾覆力作用时的稳定要求。

（2）如图 GYSD00306002-5（a）所示，受上拔力作用的基础，基础边缘沿土壤计算上拔角 α 方向与天然地面相交于 b 点，过 b 点的水平面即称该基础的施工基面。

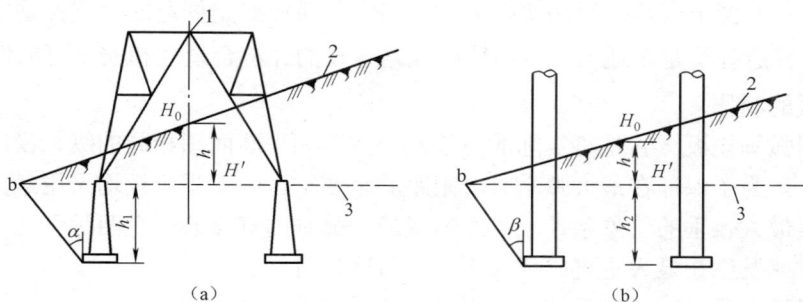

图 GYSD00306002-5 有坡度时基础的施工基面

（a）受上拔力作用的基础；（b）受倾覆力作用的基础

1—杆塔中心；2—天然地面；3—施工基面；h—施工基面降低值

（3）对于受倾覆力作用的基础，则应取土壤的计算抗剪角 β 代替上拔角 α，并用上述受上拔力作用的基础确定施工基面的方法，确定该基础的施工基面，如图 GYSD00306002-5（b）所示。

施工基面与杆塔中线桩之间的高差 h，称为施工基面值。施工基面值应根据不同的杆塔型式实测确定。当施工基面值过大，为了减少施工铲土量，可采用不等长塔腿。

当矩形铁塔所处地面只有横线路方向存在坡度，或门形钢筋混凝土杆的两根杆位地面有坡度时，可以只测横线路方向的塔基断面，按上述原则如图 GYSD00306002-5 所示确定施工基面。当矩形铁塔的四个独立基础所处地形有不同坡度时，应沿对角线施测塔基断面，杆塔施工基面受位于山下侧坡度最大一侧的那个塔脚基础控制。

杆塔的定位高度和基础的埋深均应从施工基面起算。

对于全方位铁塔，为充分利用塔基地形，减小土方量的开挖和环境破坏，可采用不等长接腿时，需要对每一个塔基进行断面测量，在满足边坡距离要求的情况下，根据标准接腿长度，确定每一个塔腿的施工基准面。

5. 平面测量

线路中心线两侧各 50m 范围内的地形。地物应绘于平面图上。对于 110、220kV 输电线路，应绘制实测中线线两侧各 25m 以内地物；330、500kV 输电线路，应绘制实测中线线两侧各 30m 以内地物；其余范围可用目测。其测量方法可用测绘法直接绘于平面图上，或用测记法在室内绘于平面图上。

对于线路中心线两侧 50m 内的河流、电力线、通信线、铁路、公路、房屋、围墙及旱田、水田、果园、树林、墓地和不良地质、地段的边界以及其他构筑物、建筑物进行平面测量。

对影响范围内通信线的平面位置，应到有关单位搜集资料并现场目测核对，草绘到线路经过图上。对与线路平行距离在 30m 以内，平行长度较长，影响严重的主要通信线应以视距法测量其平面位置。

【思考与练习】

1. 什么叫输电线路的平断面图？图中主要反映了哪些内容？
2. 定线测量中常采用哪些措施以保证所定直线和读数的准确性？
3. 断面测量中的测量内容有哪些？
4. 什么叫杆塔施工基面，如何确定？
5. 线路交叉跨越测量的内容和要求有哪些？

模块 3 杆塔的定位和校验（GYSD00306003）

【模块描述】本模块涵盖定位模板的制作、杆塔定位高度的确定、杆塔定位方法、导线的风偏校验、定位注意事项。通过概念描述、要点讲解、列表对比、操作过程介绍，了解杆塔定立注意事项，掌握杆塔的定位方法，熟悉导线的风偏校验的过程。

【正文】

在输电线路平断面图上，结合现场实际地形，用定位模板确定杆塔的位置并选定杆塔的型式称杆塔的定位。杆塔位置选择得是否适当，直接影响线路建设的经济合理性和安全可靠性。

一、定位模板的制作

定位模板又叫弧垂模板。它是将实际的弧垂曲线按照和平断面图相同的纵、横比例尺，刻画在透明的有机玻璃板上。为了保证在最大弧垂时的限距满足要求，故弧垂模板均采用最大弧垂时的模板。

（1）判定导线最大弧垂的气象条件。导线出现最大弧垂的气象条件有两种可能，即最大弧垂可能发生在最高气温时或发生在最大垂直比载（无风、覆冰）时。

判别导线出现最大弧垂的气象条件可采用最大弧垂比较法。

即最高气温时的导线弧垂为

$$f_1 = \frac{g_1 l^2}{8\sigma_1}$$

覆冰无风时的导线弧垂为

$$f_3 = \frac{g_3 l^2}{8\sigma_3}$$

式中　g_1、g_3——导线最高气温时的比载及覆冰时的垂直比载，N/（m·mm^2）；

σ_1、σ_3——导线最高气温时的应力及覆冰时的应力，MPa。

对于某一档距为 l 的弧垂计算，$\frac{l^2}{8}$ 是常数，与气象条件无关，则弧垂 f 的大小仅与 $\frac{g}{\sigma}$ 有关。

当 $\frac{g_3}{\sigma_3} > \frac{g_1}{\sigma_1}$ 时，$f_3 > f_1$，即导线最大弧垂发生在覆冰无风时；反之，导线最大弧垂则发生在最高气温时。

（2）根据设计给定的代表档距 l_0，从机械特性曲线中查取最大弧垂气象条件时的应力 σ_0，并计算出对应气象条件时的垂直比载 g。

（3）最大弧垂时的弧垂由式 $f_{max} = y = \frac{g}{8\sigma_0}l^2 = Kl^2$ 确定，可求得不同的 x 所对应的 f 值。K 为模板常数。

然后，按与线路平断面图相同的比例尺，在绘图纸上建立直角坐标系，绘出导线悬挂曲线即为定位模板曲线，如图 GYSD00306003-1 所示中的曲线。

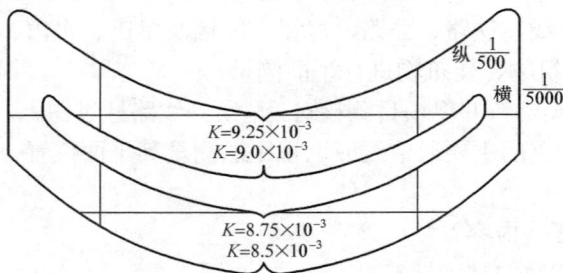

图 GYSD00306003-1　通用定位模板

纵 $\frac{1}{500}$ 　横 $\frac{1}{5000}$

$K=9.25\times10^{-3}$
$K=9.0\times10^{-3}$

$K=8.75\times10^{-3}$
$K=8.5\times10^{-3}$

（4）将定位模板曲线刻制在有机玻璃板上，并刻上纵、横丝、最低点、纵横比例、K 值，即得定位模板。为节省材料和便于携带，一般一块模板的上下刻制两条（或多条）不同 K 值的曲线。模板形式如图 GYSD00306003-1 所示。

实际工程中，一方面在定位之前杆塔的位置和档距尚未确定，因此还不知道每一个耐张段的代表档距，制作定位模板的 K 值也就不能确定；另一方面，杆塔的定位必须应用定位模板。为解决这一矛盾，总是事先制作多个不同 K 值的定位模板带到现场以供不同耐张段不同代表档距选用。对钢芯铝绞线 K 值一般在 $15\sim50\times10^{-5}$(1/m)之间，可每隔 0.25×10^{-5}(1/m)作一条曲线，以供选用。

二、杆塔的定位高度

杆塔定位的主要要求是使导线上任意一点在任何正常运行情况下都满足对地和其他被交叉跨越物的安全距离。设某档距及两侧杆塔高度已定，画出最下层导线在最大弧垂时的悬挂曲线如图

GYSD00306003-2 中曲线 1 所示，此时要检查导线对地距离是否满足安全距离要求，就需逐点检查，既麻烦又容易漏检。为此，我们假想将导线两端悬挂点在杆塔上下移一段对地安全距离 d 后，画出下层导线的最大弧垂时的悬挂曲线 2，此时只要曲线 2 不切地面，则实际导线悬挂曲线处满足对地安全距离的要求。于是，我们称曲线 2 为导线的对地安全线，导线悬挂点下移后与杆塔施工基面间的高差值称为杆塔的定位高度（简称定位高），用 h_D 表示。定位高度 h_D 按下述方法确定：

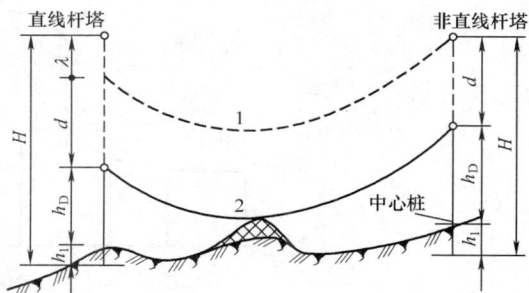

图 GYSD00306003-2　杆塔的定位高度

非直线杆塔　　　　　　　　　$h_D = H - d - \Delta h - h_1$　　　　　　（GYSD00306003-1）

直线杆塔　　　　　　　　　$h_D = H - d - \lambda - \Delta h - h_1$　　　　　（GYSD00306003-2）

式中　h_D——杆塔的定位高度，m；

　　　H——杆塔呼称高，m；

　　　d——对地安全距离，m；

　　　λ——悬垂绝缘子串长，m；

　　　h_1——杆塔施工基面值，m；

　　　Δh——考虑各种误差而采取的裕度，m。

三、杆塔定位方法

杆塔定位就是排定杆塔位置，选定所需杆型。具体步骤如下：

（1）首先，在平断面图上分析耐张段的地形，将必须设立杆塔的地点，如山头地形较高的地点、交叉跨越附近、转角点等初步标在图上，然后在这些杆位点之间，根据使用杆塔可能施放的档距并考虑档距分布，初步选定杆塔位并标在图上。如图 GYSD00306003-3 所示，A 点为已排定的 1 号转角塔，F 点为待定杆型的转角点，A、F 之间为耐张段。根据地形首先确定 D、E 两点必须设立直线杆塔，然后 A 点与 D 点之间则根据所使用杆塔可能施放的档距且考虑档距合理分布，初定 B、C 两点设立两基直线杆塔。再对各杆位点初步确定所需杆型，并将各杆塔的定位高度 h_{D1}、h_{D2}、h_{D3}、……画在断面图上。

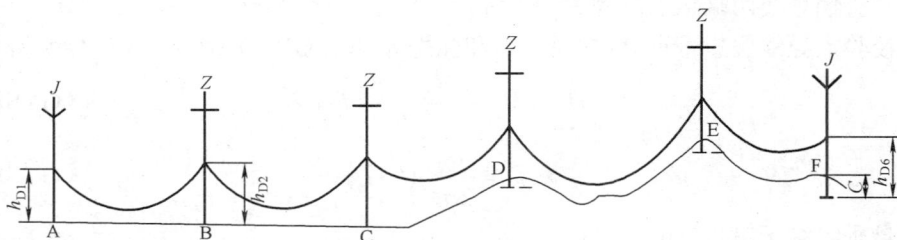

图 GYSD00306003-3　排杆定位

（2）根据初步选定的杆塔位，初算代表档距 l_0 和所需模板 K 值，初选定位模板。

（3）自转角杆位 A 开始，将定位模板平放在断面图上，使所选的模板曲线经过相邻两杆塔的定位高度 a 和 b 点，且让模板上的纵横丝分别与断面图上的纵横轴平行，若此时模板曲线与地面最接近点的裕度合适（裕度值见表 GYSD00306003-1），则认为所定之杆位点及杆型基本满足要求，如图 GYSD00306003-4 所示。若导线对地距离裕度不合适（太大或太小）或不满足对地距离要求时（即模板曲线与地面线相割），则需调整杆位、杆高或改换杆型至满足要求为止。以此类推，逐档确定其他杆塔位和杆塔型，直至定完整个耐张段以至全线。

表 GYSD00306003-1　　　　　　　　　导线对地距离的裕度　　　　　　　　　　　　m

档距	< 200	200 ~ 350	350 ~ 600	600 ~ 800	800 ~ 1000
裕度	0.3 ~ 0.5	0.5 ~ 0.7	0.7 ~ 0.9	0.9 ~ 1.2	1.2 ~ 1.4

模块 3　GYSD00306003

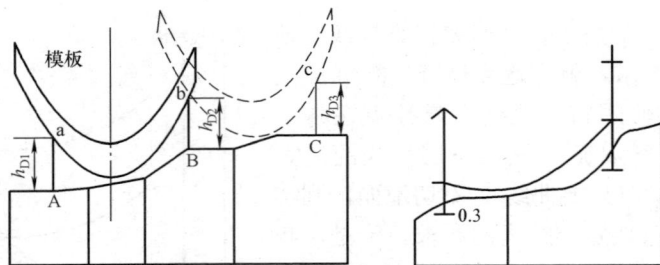

图 GYSD00306003-4　模板定位操作

（4）根据确定的杆塔位求出该耐张段的代表档距 l_0 确定 K 值，并与使用模板的 K 值相比较，如果两者相近（$-0.2 \times 10^{-5} \leqslant \Delta K \leqslant 0.8 \times 10^{-5}$），则认为该耐张段所定杆位合适，否则应更换与该耐张段所需 K 值相接近的定位模板，重新校验导线对地距离是否满足要求。这样，反复定位就可基本确定一个耐张段的杆位和杆型。

（5）一个耐张段的杆位、杆型的最终确定，还需通过必要的电气和机械强度方面的校验，比如，一种杆型设计所允许承受的荷载及导线所允许施放的最大档距，所以，当一基杆塔前后两侧档距确定后，应马上进行杆塔使用档距的校验，若其中任一个实际值超过允许值，都需以调整杆塔位或改选杆塔型式使其满足要求。只有通过校验，导线、地线、绝缘子串、杆塔的电气和机械强度均符合要求后，一个耐张段的杆位和杆型才完全确定。

杆塔位或杆塔型式选定后，在断面图杆塔头部标注杆塔号、杆型代号和杆高（铁塔一般标呼称高），在断面图下部说明栏的相应栏目中填写塔位标高、塔位里程、档距、耐张段长度和代表档距。

四、导线的风偏校验

在应用定位模板进行排杆定位的过程中，保证了导线对地垂直距离的要求，当线路通过山坡或接近房屋建筑时，还应检查在导线风偏时是否满足最小接近距离的要求，即需进行风偏限距校验。

1. 导线风偏时对边坡的限距校验

当线路从山坡或陡崖、高坎附近经过，导线风偏后可能引起对地距离不能满足要求。此时首先需在现场结合杆塔位确定危险点，并测量危险点风偏校验横断面，然后以作图方法进行校验，其步骤为：

（1）确定校验档导线两端悬点高程 H_A 和 H_B。

（2）确定校验点导线假想悬点 P 的高程 H_P 和弧垂 f_P 如图 GYSD00306003-5（a）所示。

$$H_P = H_A - \frac{H_A - H_B}{l} l_c + \lambda \qquad \text{（GYSD00306003-3）}$$

$$f_P = \frac{g}{2\sigma} l_c (l - l_c) \qquad \text{（GYSD00306003-4）}$$

式中　λ ——悬垂绝缘子串长，m；

σ ——最大风偏时导线应力，MPa；

g ——最大风偏时导线比载，N/（m·mm²）；

其他符号意义如图 GYSD00306003-5（a）所示。

（3）作图校验方法如图 GYSD00306003-5（b）所示。在风偏校验横断面图的纵轴上作出点 P，$PC = H_P - H_C$；过 P 点画一横担线，标出危险侧边导线位置 P1。以 P1 为圆心，$r = \lambda + f_P + d$ 为半径画弧，只要弧线不与横断面相交，则表示风偏时对地距离满足要求。如弧线与地面相割，则表示对地安全距离不够，应调整杆位、杆高，或把相割部分土方挖掉，如图 GYSD00306003-5（b）中阴影部分。

在 r 计算式中，d 分为步行可达和不可达两种情况，其值见表 GYSD00306003-2。图 GYSD00306003-5（b）中 β_m 按下式计算

$$\beta_m = \tan^{-1} \frac{g_4}{g_1}$$

式中　β_m ——导线最大风偏角；

g_4 ——最大计算风偏时导线风压比载，N/（m·mm²）；

g_1——导线自重比载，N/m·mm^2。

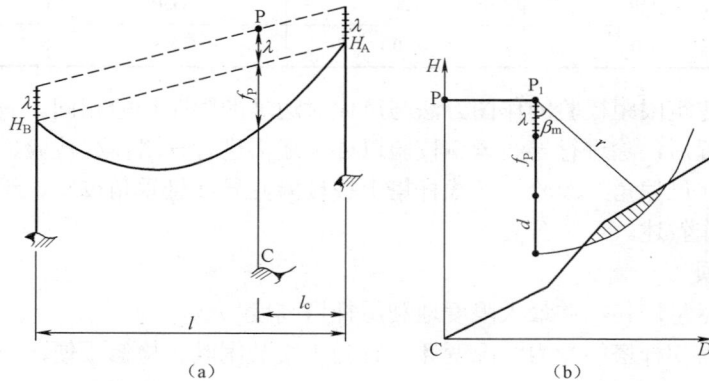

图 GYSD00306003-5　导线风偏后对地距离校验

（a）计算图；（b）校验图

表 GYSD00306003-2　　　　　　导线与山坡、峭壁、岩石的最小净空距离 d

线路经过地区的性质	线路额定电压（kV）				
	110	220	330	500	750
步行可达的山坡（m）	5.0	5.5	6.5	8.5	11.0
步行不可达的山坡，险峻的峭壁（m）	3.0	4.0	5.0	6.5	8.5

2. 导线风偏后对房屋建筑限距校验

导线与房屋建筑间的限距分三种情况，如图 GYSD00306003-6 所示。导线与被跨越建筑物在最大垂直弧垂时的间距 s_1 必须满足最小垂直距离的要求，其值见表 GYSD00306003-3；与接近线路的低层建筑物在最大计算风偏情况下的净空距离 s_2，要满足最小净空距离的要求；与接近线路的高层建筑或规划建筑在最大计算风偏情况下的水平距离 s_3，要满足最小水平距离的要求，最小净空距离和最小水平距离的数值见表 GYSD00306003-4。

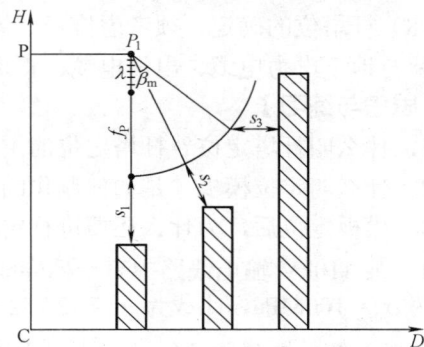

图 GYSD00306003-6　导线风偏后对房屋建筑的距离

表 GYSD00306003-3　　　　　　导线与被交叉跨越物之间的最小垂直距离　　　　　　　　　　m

	线路电压（kV）	110	220	330	500	750
铁路	至轨顶 至承力索或接触线	7.5 3.0	8.5 4.0	9.5 5.0	14.0 6.0	19.5 7.0
电车道	至路面 至承力索或接触线	10.0 3.0	11.0 4.0	12.0 5.0	16.0 6.5	21.5 7.0
公路	至路面	7.0	8.0	9.0	14.0	19.5
通航河流	至五年一遇洪水位 至最高航行水位最高船桅顶	6.0 2.0	7.0 3.0	8.0 4.0	9.5 6.0	11.5 8.0
不通航河流	至百年一遇洪水位 冬季至冰面	3.0 6.0	4.0 6.5	5.0 7.5	6.5 11（水平）、5.5（三角）	8.0 15.5
弱电线路	至被跨越线	3.0	4.0	5.0	8.5	12.0
电力线路	至被跨越线	3.0	4.0	5.0	6.0	7.0
特殊管道	至管道任何部分	4.0	5.0	6.0	7.5	9.5
索道	至索道任何部分	3.0	4.0	5.0	6.5	8.5
建筑物	至建筑物任何部分	5.0	6.0	7.0	9.0	11.5

表 GYSD00306003-4　　　　　　　　边导线与建筑物之间的最小距离

线路电压（kV）	110	220	330	500	750
距离（m）	4.0	5.0	6.0	8.5	11.0

导线风偏对房屋建筑限距校验的作图方法与风偏对边坡的限距校验相同。

初步排定杆塔位置后，除进行导线风偏校验以外，还需进行杆塔荷载校验、最大允许档距校验、悬垂绝缘子串摇摆角（风偏角）校验、直线杆塔上拔校验、导线悬垂角校验、绝缘子强度和倒挂检查等，限于篇幅这里不作叙述。

五、定位注意事项

（1）档距布置应尽量均匀，并最大限度地利用杆塔高度。

（2）因孤立档，易使杆塔的受力情况变坏，且施工安装困难、检修不便，应尽量避免。

（3）杆位应尽可能避开洼地、泥塘、水库、冲沟、断层等水文地质条件不良的处所；带拉线的杆塔应注意拉线的位置，保证拉线基础的稳固；山地还应避免因顺坡而使拉线过长。

（4）当杆塔立于山坡时，应注意边坡对施工基面的影响。立于山坡上的单柱直线杆塔也有施工基面降低的问题，只是降低值比双杆小一些而已。施工基面在断面图上以一横线表示，并注明降低值，如图 GYSD00306002-1 所示。

（5）当杆塔立于陡坡时，应注意基础受冲刷情况，必要时应采取防护措施。

（6）在平原地区，杆塔位应尽量靠近道路、田埂，以便运行检修人员登杆作业。

（7）非直线杆塔位应结合紧线施工中锚塔和操作塔布置考虑，以便施工机具的运输、场地布置和导线的施放。

（8）杆塔位的确定，须考虑排杆、焊接、立杆、临时拉线施工等有足够的位置。在平原地区，杆塔位要与地下电力电缆、电信电缆、管道等保持一定的安全距离。

【思考与练习】

1．什么叫杆塔定位？杆塔定位的主要要求是什么？什么叫杆塔的定位高度，如何确定？

2．什么叫定位模板，是如何制作的？定位模板中的曲线是何曲线？

3．模板定位后，为什么还要进行定位校验？要进行哪些方面的校验？

4．某 110kV 输电线路中有一档导线与房屋接近，如图 GYSD00306003-7 所示。已知风偏时导线应力为 $\sigma_0 = 100\text{MPa}$，比载为 $g_1 = 32.752 \times 10^{-3} \text{N/（m·mm}^2）$，$g_4 = 63.913 \times 10^{-3} \text{N/（m·mm}^2）$，边导线与线路中心线的距离为 2.6m。试校验风偏时导线与房屋的接近距离能否满足要求？

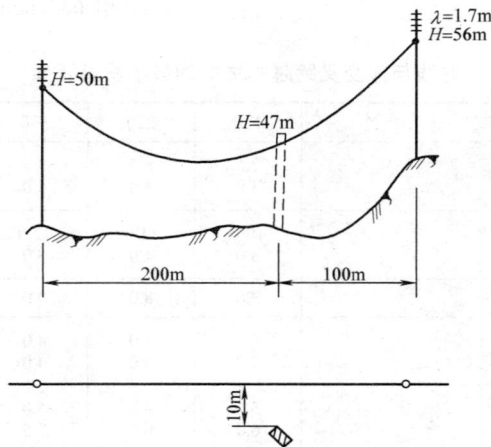

图 GYSD00306003-7　导线风偏校验

第四部分

电气识、审图

第十三章 输电线路电气、施工、安装图纸识读

模块 1 工程图纸的识读（TYBZ00503001）

【模块描述】本模块包含输电线路施工图、铁塔的结构及识图、地形图的阅读和应用。通过概念介绍、图文结合，熟悉输电线路工程图纸中的工程术语、名称概念，掌握输电线路工程图纸的识图方法和地形图在输电线路工程中的应用。

【正文】

一、输电线路施工图作用

（1）设计单位根据施工的平、断面图确定杆塔的位置、型号、高度、基础型式、基础施工的基面以及需开方的工作量。

（2）施工图的主要作用是作为施工的技术资料和依据。施工时可根据平断面图确定放线、紧线的位置，观测弧垂的观测档；按照交叉跨越处所的垂直距离，对照现场情况，确定放、紧线过程中应采取的保护措施；对施工中工地布置、运输和器材堆放起明显的指导作用。

（3）根据杆塔基础施工图、杆塔组装图、绝缘子金具组装图以及接地施工图等图纸编制材料加工、供购计划，是编制施工工艺流程、施工组织设计的技术标准和依据。

（4）施工图是线路验收检查的依据，并是线路投运后日常运行的资料和原始依据。

二、输电线路工程图纸识读目的

（1）有利于施工人员详细了解设计意图，熟悉图纸，了解工程的技术特点，便于施工工艺流程的编制和施工组织设计，便于施工和安装。

（2）有利于运行、检修人员组织新线路的检查、验收。对于已投运线路，通过工程图纸的识读，可以详细了解线路的设计和安装情况，为正确、安全地组织线路运行、检修奠定基础。

三、输电线路施工图上相关的术语和名称

1. 平、断面图

（1）断面图（即平行线路断面，也称纵断面）。线路断面图包括沿线路中心线的断面地形，杆塔位置及各项地面物的位置、标高、里程、杆塔编号、杆塔型式、弧垂线等。

（2）平面图（也称俯视图）。线路平面图包括线路转角塔的转角度数、转角方向、杆塔位置、档距、里程、耐张段长度、代表档距等线路通道环境情况。

2. 水平档距

两相邻杆塔档距平均值称为水平档距，其作用是计算杆塔水平荷载。

水平档距的计算公式为

$$l_{sh} = \frac{1}{2}(l_1 + l_2)$$

在高差较大时，水平档距的计算公式为

$$l_{sh} = \frac{1}{2}\left(\frac{l_1}{\cos\varphi_1} + \frac{l_2}{\cos\varphi_2}\right)$$

式中　　l_1、l_2——杆塔两侧的档距，m；

　　　　φ_1、φ_2——杆塔两侧高差角，（°）。

3. 垂直档距

两相邻杆塔导线弛度最低点之间水平距离称为垂直档距，其作用是用来计算杆塔的垂直荷重。

垂直档距的计算公式为

$$l_{ch} = \frac{1}{2}(l_1 + l_2) + \frac{\sigma_0}{\gamma_v}\left(\frac{h_1}{l_1} + \frac{h_2}{l_2}\right)$$

式中　l_1、l_2——分别为杆塔两侧的档距，m；

　　　h_1、h_2——分别为杆塔两侧的悬挂点高差（m），当邻塔悬挂点低时取正号，反之取负员；

　　　　σ_0——耐张段内的电线水平应力（N/mm²），对于耐张塔，应取两侧可能不同的应力，按对应注角号分开计算垂直档距；

　　　　γ_v——电线的垂直比载，N/（m·mm²）。

4. 代表档距

所谓代表档距是将不同的耐张段等效为一个孤立的档距，以简化导线应力的计算。代表档距又称为规律档距。

悬挂点等高时代表档距的计算公式

$$l_d = \sqrt{\frac{l_1^3 + l_2^3 + l_3^3 + \cdots l_n^3}{l_1 + l_2 + l_3 + \cdots l_n}} = \sqrt{\frac{\Sigma l^3}{\Sigma l}}$$

悬挂点不等高时代表档距的计算公式

$$l_d = \sqrt{\frac{l_1^3\cos^3\varphi_1 + l_2^3\cos^3\varphi_2 + l_3^3\cos^3\varphi_3 + \cdots l_n^3\cos^3\varphi_n}{\dfrac{l_1}{\cos\varphi_1} + \dfrac{l_2}{\cos\varphi_2} + \dfrac{l_3}{\cos\varphi_3} + \cdots \dfrac{l_n}{\cos\varphi_n}}} = \sqrt{\frac{\Sigma l^3\cos^3\varphi}{\Sigma \dfrac{l}{\cos\varphi}}}$$

式中　φ_1、φ_2、$\varphi_3 \cdots \varphi_n$——耐张段内各档的高差角，（°）；

　　　l_1、l_2、$l_3 \cdots l_n$——耐张段内各档的档距，m。

5. 耐张段长度

线路正常运行时承受水平拉力的两相邻承力杆塔中心间的水平距离，称为耐张段长度。

6. 档距

两杆塔导线悬挂点间（或杆塔轴线间）的水平距离，称为两杆塔的档距。

7. 应力弧垂曲线

为方便施工计算及线路在运行中的各种机械计算，通常将各个代表档距在各种气象条件下的电线应力及有关弧垂计算出来，绘成随代表档距变化的曲线图，称为电线应力弧垂曲线或电线机械特性曲线。

8. 架线弧垂曲线

为方便导线的施工安装，将各个代表档距在各种气温条件下的电线弧垂计算出来，绘成随代表档距和温度变化的曲线图，称为架线弧垂曲线或架线安装曲线。

四、输电线路施工图识图的内容

1. 施工图总说明及附图

（1）线路设计说明书。对线路的总体路径、气象区、导、地线、杆塔、基础、绝缘配置、金具选择、接地、设计要点等进行说明。

（2）线路路径图。是在国家测绘部门出版的比例为 1/50 000 或 1/100 000 的地形图或复印图上，标出线路的起讫点的位置及中间所经点的位置。在该图上可量出线路的实际大致长度，同时可看出线路走径地形情况。

（3）杆塔一览图。

1）图上绘出了所设计线路的全部杆塔型式，图上可查出不同杆塔型号，各杆塔的设计水平档距、垂直档距、最大使用档距。

2）图上杆塔设计使用的导线、避雷线、气象区；杆塔不同呼称高的根开尺寸和杆塔高度及横担长度。

3）图上尺寸均以 mm（毫米）为单位。

如图 TYBZ00503001-1 所示。

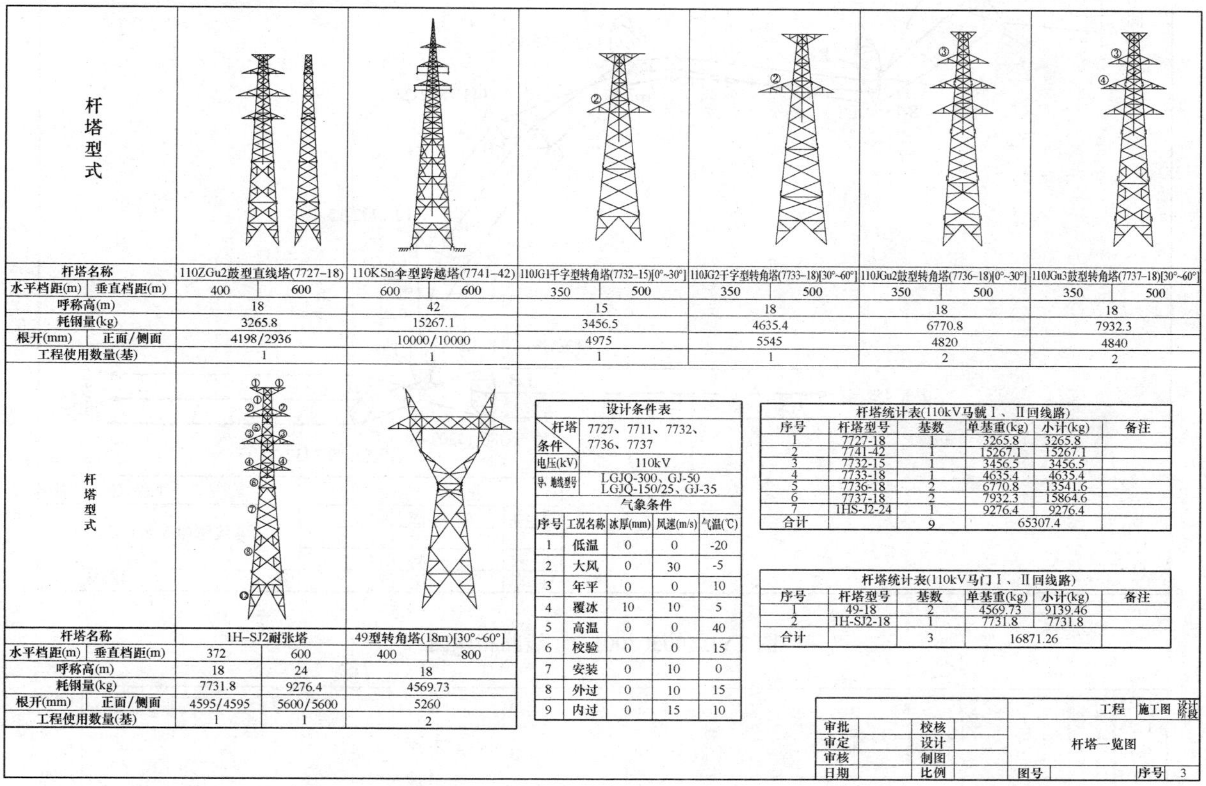

杆塔型式						
杆塔名称	110ZGu2鼓型直线塔(7727-18)	110KSn伞型跨越塔(7741-42)	110JG1千字型转角塔(7732-15)(0°~30°)	110JG2千字型转角塔(7733-18)(30°~60°)	110JGu2鼓型转角塔(7736-18)(0°~30°)	110JGu3鼓型转角塔(7737-18)(30°~60°)
水平档距(m)/垂直档距(m)	400 / 600	600 / 600	350 / 500	350 / 500	350 / 500	350 / 500
呼称高(m)	18	42	15	18	18	18
耗钢量(kg)	3265.8	15267.1	3456.5	4635.4	6770.8	7932.3
根开(mm) 正面/侧面	4198/2936	10000/10000	4975	5545	4820	4840
工程使用数量(基)	1	1	1	1	2	2

杆塔型式		
杆塔名称	1H-SJ2耐张塔	49型转角塔(18m)[30°~60°]
水平档距(m)/垂直档距(m)	372 / 600	400 / 800
呼称高(m)	18 24	
耗钢量(kg)	7731.8 9276.4	4569.73
根开(mm) 正面/侧面	4595/4595 5600/5600	5260
工程使用数量(基)	1 1	2

设计条件表

杆塔条件	7727、7711、7732、7736、7737
电压(kV)	110kV
导、地线型号	LGJQ-300、GJ-50 / LGJQ-150/25、GJ-35

气象条件

序号	工况名称	冰厚(mm)	风速(m/s)	气温(℃)
1	低温	0	0	-20
2	大风	0	30	-5
3	年平	0	0	10
4	覆冰	10	10	5
5	高温	0	0	40
6	校验	0	0	15
7	安装	0	10	0
8	外过	0	0	15
9	内过	0	15	10

杆塔统计表(110kV马骡Ⅰ、Ⅱ回线路)

序号	杆塔型号	基数	单基重(kg)	小计(kg)	备注
1	7727-18	1	3265.8	3265.8	
2	7741-42	1	15267.1	15267.1	
3	7732-15	1	3456.5	3456.5	
4	7733-18	1	4635.4	4635.4	
5	7736-18	2	6770.8	13541.6	
6	7737-18	2	7932.3	15864.6	
7	1HS-J2-24	1	9276.4	9276.4	
合计		9		65307.4	

杆塔统计表(110kV马门Ⅰ、Ⅱ回线路)

序号	杆塔型号	基数	单基重(kg)	小计(kg)	备注
1	49-18	2	4569.73	9139.46	
2	1H-SJ2-18	1	7731.8	7731.8	
合计		3		16871.26	

			工程	施工图	设计阶段
审批		校核			
审定		设计		杆塔一览图	
审核		制图			
日期		比例		图号	序号 3

图 TYBZ00503001-1　杆塔一览图

（4）线路进出两端变电站平面图。本图作为接线示意图，没有比例要求，主要绘出线路两侧终端杆塔上的相序排列和变电站进线的相序排列，便于施工时正确安装。

（5）线路相序图。

1）相序图作为示意图，没有比例要求，主要绘出线路上水平排列和垂直排列互相变换时杆塔上的导线相序排列情况，如图 TYBZ00503001-2 所示。

2）导线换位示意图。

①该图的平面图绘出一条线路的各处换位杆塔号、各换位段的长度和相序排列情况。

②该图的立体图绘出各换位处杆塔上的导线相序排列情况。

2. 平断面图及明细表

（1）平断面图（即线路平面图和断面图的复合图）如图 TYBZ00503001-3 所示。

1）断面图（即平行线路断面也称纵断面）。

①线路断面图要求严格，有一定的比例要求，一般情况高度比例是 1/500，但因地形或其他原因，设计上也有采用其他比例的情况。断面图在平断面图的上方。

②线路断面图包括沿线路中心线的断面地形，杆塔位置及各交叉跨越和地面物的位置、标高、里程、杆塔编号、杆塔型式、弧垂线等。

2）平面图。

①线路平面图要求严格，有一定的比例要求，一般情况是 1/2000，但因地形或线路长短原因，设计上也有采用其他比例的情况。平面图在断面图的下方。

②平面图包括各种杆塔档距、里程、标高、耐张段长度、代表档距等。平面图还包括沿线路中心线左右两侧各 50m 内，各种跨越物与线路的交叉角度、与线路平行接近的位置，线路中心线附近的各种建筑物位置和接近距离，其他异样地形的位置、范围等情况。

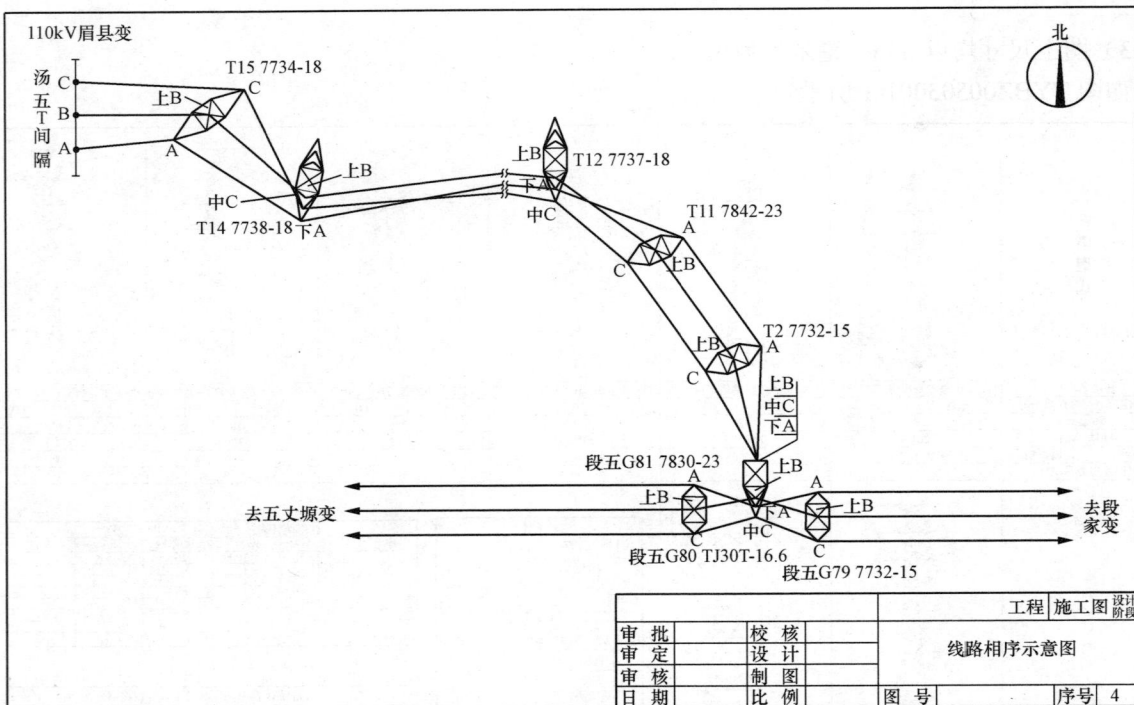

图 TYBZ00503001-2　线路相序图

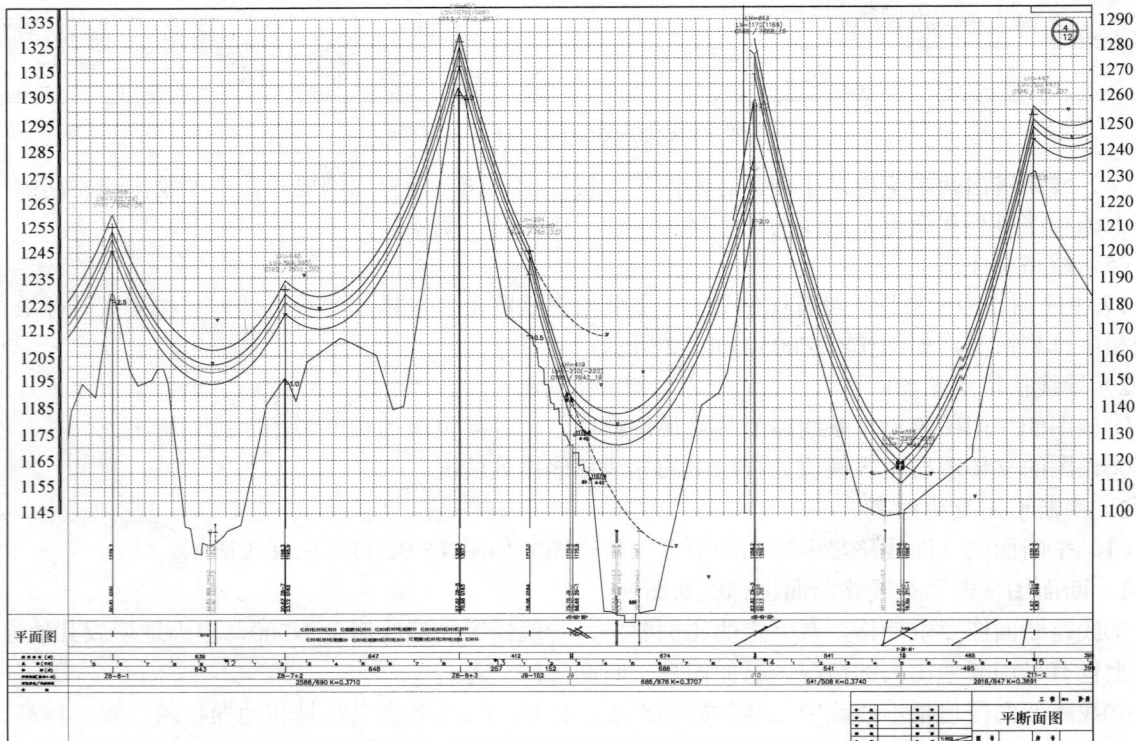

图 TYBZ00503001-3　平断面图

（2）杆塔位明细表。是把线路平面图上的设计、施工运行所需要的各项主要数据，包括耐张段长度、塔位里程、杆塔位桩号、杆塔型式、线路转角、杆塔呼称高、档距、代表档距、杆塔施工基面及长短腿、基础型式、导线及地线绝缘子金具串组合、防振锤、间隔棒等安装方式及使用数量，被跨越物的名称及保护措施，各种杆塔基数，铁塔*ABCD*腿布置情况、横担布置方向及需要统一说明的事项汇集在一起，列成表格，便于设计、施工、运行使用，如图 TYBZ00503001-4 所示。

杆塔（位）明细表

第1页　共0页

设计杆号	测量桩号	杆型代号	杆位移动(m)	施工基面(m)	高低腿(m)	杆位高程(m)	档距(m)	耐张段长(m)	代表档距(m)	转角(度.分)	导线绝缘子串 型号	数量	防振锤	地线金具串 型号	数量	防振锤	接地装置 ρ值(Ω·m)	图号	交叉跨越情况(次) 电力线	低压线	通信线	广播线	房屋	公路	河流	机耕地	其他	防振锤型号 导线	地线	备注
G0	J0F	MJ				789.6				0°00′	NDF	3	3X1	DN1	1	1X1	≤300	JD-T										FR-3	FR-2	
							81	81	80																					
G1	J1F	1J-SJ4-18				788.0				右72°26′	NDF NSF3	3 3	3X1 3X1	DN1 DN1	1 1	1X1 1X1	≤300	JD-T										FR-3 FR-3	FR-2 FR-2	
							240	748	252																					
G2	J1F	1J-SZ1-21	+240.2			784.9					XDF	3 0	3X1 3X1	DX1	0	1X1 1X1	≤300	JD-T										FR-3 FR-3	FR-2 FR-2	
							279																							
G3	J2F	1J-SZ1-21	-228.3			783.6					XDF	3 0	3X1 3X1	DX1	0	1X1 1X1	≤300	JD-T										FR-3 FR-3	FR-2 FR-2	
							228																							
G4	J2F	1J-SJ4-18				774.6				左72°30′	NSF3 NSF2	3 3	3X1 3X1	DN1 DN1	1 1	1X1 1X1	≤300	JD-T										FR-3 FR-3	FR-2 FR-2	
							253	253	242											1	1									
G5	J3F	1J-SJ2-21				711.1				左38°49′	NSF1 NSF2	3 3	3X1 3X1	DN1 DN1	1 1	1X1 1X1	≤300	JD-T										FR-3 FR-3	FR-2 FR-2	
							180	180	180										3	2	3									
G6	J4F	1J-SJ2-21				708.0				左25°47′	NSF1 NSF2	3 3	3X1 3X1	DN1 DN1	1 1	1X1 1X1	≤300	JD-T										FR-3 FR-3	FR-2 FR-2	
							206	418	209																					
G7	J4F	1J-SZ1-21	+205.6			705.7					XDF	3 0	3X1 3X1	DX1	0	1X1 1X1	≤300	JD-T										FR-3 FR-3	FR-2 FR-2	
							212												1		1									
G8	J5F	1J-SJ3-18				709.6				右47°45′	NSF3 NSF2	3 3	3X1 3X1	DN1 DN1	1 1	1X1 1X1	≤300	JD-T										FR-3 FR-3	FR-2 FR-2	
							188	354	178												1									
G9	J5F	1J-SZ1-21	+187.6			709.5					XDF	3 0	3X1 3X1	DX1	0	1X1 1X1	≤300	JD-T										FR-3 FR-3	FR-2 FR-2	
							166												1											
G10	J5F	1J-SJ2-18	+353.5			709.0				0°00′	NDF NDF	3 3	3X1 3X2	DN1 DN1	1 1	1X1 1X2	≤300	JD-T										FR-3 FR-3	FR-2 FR-2	
							402	402	386										2						1					
G11	J5-1F	1J-SJ2-24		4.0		603.7				左21°57′	NSF2 NSF1	3 3	3X2 3X2	DN1 DN2	1 1	1X2 1X2	≤300	JD-T										FR-3 FR-3	FR-2 FR-2	
							376	376	376																					
G12	J6F	1J-SJ2-24		4.0		603.5				左38°38′	NSF2 NSF2	3 3	3X2 3X1	DN2 DN2	1 1	1X2 1X2	≤300	JD-T										FR-3 FR-3	FR-2 FR-2	
							303	562	284																					

				工程	设计阶段
审　批		校　核		杆塔明细表	
审　定		设　计			
审　核		制　图			
日　期		比　例		图　号	序号

图 TYBZ00503001-4　杆塔位明细图

3. 机电安装图

（1）导线和避雷线应力特性及架线弧垂曲线图如图 TYBZ00503001-5 所示。

LGJ-400/35 应力特性及架线弧垂曲线图

①安全系数：8.600，新线系数：0.95。

②截面积：425.24mm^2，重量：1349.0kg/km。

③自重比载：3.111e^{-2}N/mm^2·m，覆冰比载：5.571e^{-2}N/mm^2·m。

④最大允许使用应力：26.99N/mm^2，年平均运行应力上限(25.00%)：58.03N/mm^2。

⑤控制条件：低温控制由23.0m到64.8m，覆冰控制由64.8m到400.0m。

⑥架线弧垂曲线由上而下安装气温分别为+40℃至-10℃，间隔10℃。

⑦本图中架线曲线已考虑了电线的初伸长而减小了架线弧垂，减小弧垂值相当于降温15℃。

电线型号及参数

型号	LGJ-400/35
截面积	425.24mm^2
外径	26.82mm
重量	1349.00kg/km
计算拉断力	103900N
弹性系数	65000N/mm^2
线膨胀系数	20.50×1e^{-6}(1/℃)
新线系数	0.95
年平均运行应力	58.03N/mm^2(25%)

气象条件

序号	工况名称	冰厚(mm)	风速(m/s)	气温(℃)
1	低温	0	0	-30
2	大风	0	30	-5
3	年平	0	0	5
4	覆冰	10	10	-5
5	高温	0	0	40
6	校验	0	0	15
7	安装	0	10	-15
8	外过	0	10	15
9	内过	0	15	5

比载情况一览表

符　号	比载×1e^{-3}(N/mm^2·m)
g1	31.110
g2	24.008
g3	55.118
g4(,10)	4.252
g4(,15)	9.568
g4(,30)	28.703
g5(10,10)	8.098
g6(,10)	31.399
g6(,15)	32.548
g6(,30)	42.328
g7(10,10)	55.710

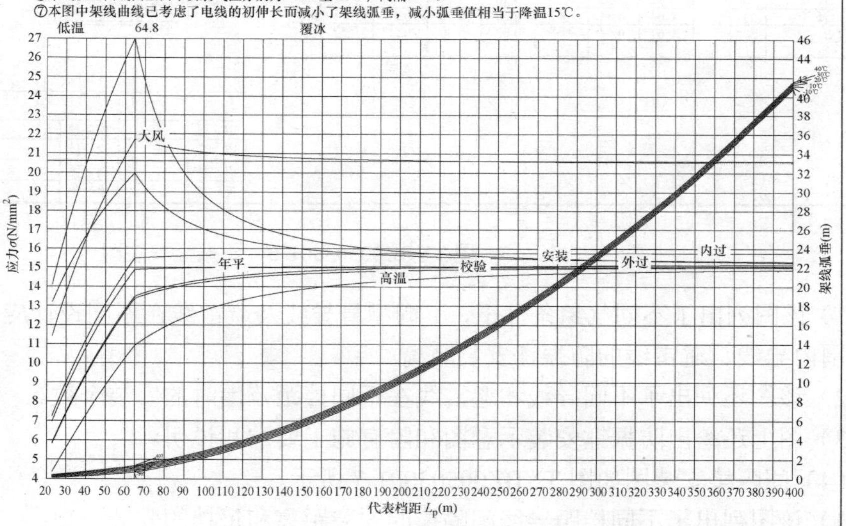

				工程	设计阶段
审　批		校　核		LGJ-400/35应力特性及架线弧垂曲线图	
审　定		设　计			
审　核		制　图			
日　期		比　例		图号	序号

图 TYBZ00503001-5　导线和避雷线应力特性及架线弧垂曲线图

1）导线和避雷线应力特性曲线反映了导线或避雷线在不同代表档距、不同气象条件下的应力值，其按一定比例绘制在米格纸上，便于施工校核查找和运行维护使用。

2）导线和避雷线架线弧垂曲线图反映了导线或避雷线在不同气温（一般是取线路通过地区的最

高气温和最低气温)、不同代表档距条件下的架线弧垂曲线,其按一定比例(每 10℃或 5℃绘一条曲线)绘制在米格纸上,便于导线和避雷线施工时计算观测档弧垂。

3)导线和避雷线应力特性及架线弧垂曲线图在图上还注明了导线或避雷线的比载荷重和观测档弧垂计算公式,便于施工计算。

4)该图纸的横坐标表示代表档距,以 m(米)为单位;纵坐标表示应力和弧垂,应力以 MPa(兆帕)为单位,弧垂以 m(米)为单位。

(2)导线绝缘子串组合图和避雷线金具组合图。

1)这类图纸作为施工示意图,没有绘制比例的要求。

2)这类图纸识图中主要是核对示意图中各元件的排列顺序、各元件的编号与绝缘子组合顺序表是否一致,材料表中的材料型号是否正确,其次是图纸上附有施工要求和说明。

(3)防振锤安装图如图 TYBZ00503001-6 所示。

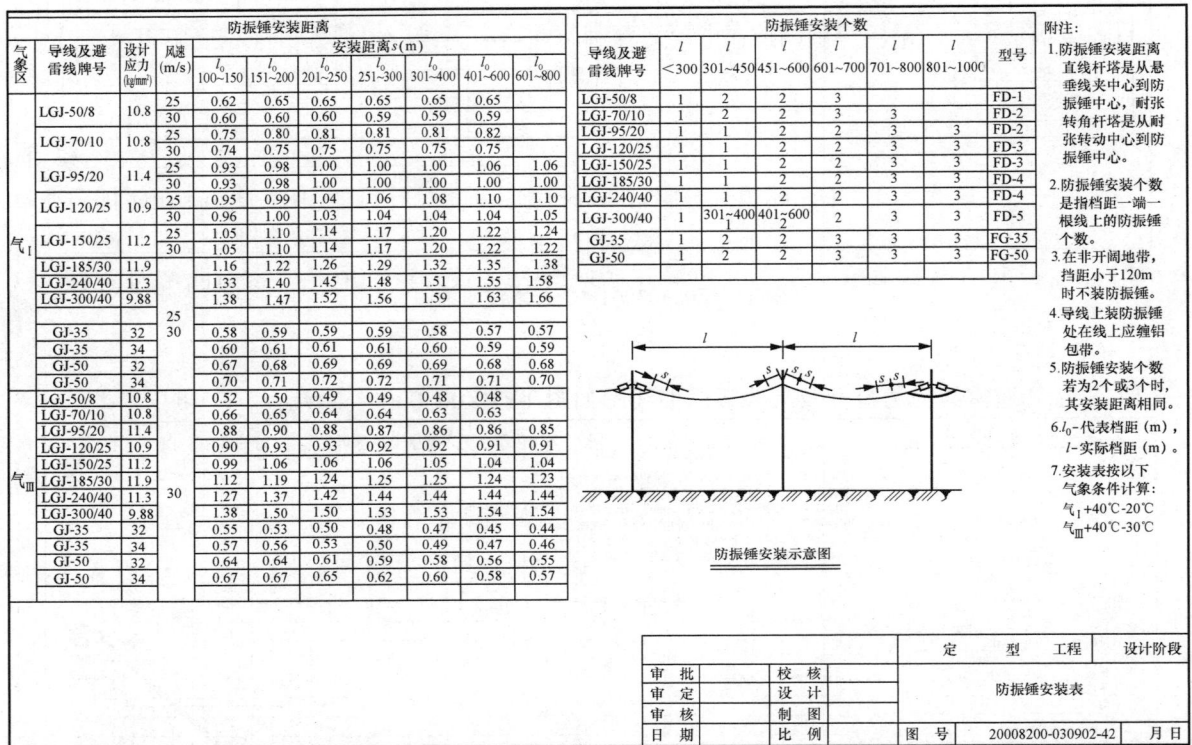

防振锤安装距离

气象区	导线及避雷线牌号	设计应力(kg/mm²)	风速(m/s)	l_0 100~150	l_0 151~200	l_0 201~250	l_0 251~300	l_0 301~400	l_0 401~600	l_0 601~800
气I	LGJ-50/8	10.8	25	0.62	0.65	0.65	0.65	0.65	0.65	
			30	0.60	0.60	0.60	0.59	0.59	0.59	
	LGJ-70/10	10.8	25	0.75	0.80	0.81	0.81	0.81	0.82	
			30	0.74	0.75	0.75	0.75	0.75	0.75	
	LGJ-95/20	11.4	25	0.93	0.98	1.00	1.00	1.00	1.06	1.06
			30	0.93	0.98	1.00	1.00	1.00	1.00	
	LGJ-120/25	10.9	25	0.95	0.99	1.04	1.06	1.08	1.10	1.10
			30	0.96	1.00	1.03	1.04	1.04	1.04	1.05
	LGJ-150/25	11.2	25	1.05	1.10	1.14	1.17	1.20	1.22	1.24
			30	1.05	1.10	1.14	1.17	1.20	1.22	1.22
	LGJ-185/30	11.9	25/30	1.16	1.22	1.26	1.29	1.32	1.35	1.38
	LGJ-240/40	11.3		1.33	1.40	1.45	1.48	1.51	1.55	1.58
	LGJ-300/40	9.88		1.38	1.47	1.52	1.56	1.59	1.63	1.66
	GJ-35	32	25/30	0.58	0.59	0.59	0.59	0.58	0.57	0.57
	GJ-35	34		0.60	0.61	0.61	0.61	0.60	0.59	0.59
	GJ-50	32		0.67	0.68	0.69	0.69	0.69	0.68	0.68
	GJ-50	34		0.70	0.71	0.72	0.72	0.71	0.71	0.70
气III	LGJ-50/8	10.8	30	0.52	0.54	0.49	0.49	0.48	0.48	
	LGJ-70/10	10.8		0.66	0.65	0.64	0.64	0.63	0.63	
	LGJ-95/20	11.4		0.88	0.90	0.88	0.87	0.86	0.86	0.85
	LGJ-120/25	10.9		0.90	0.93	0.93	0.92	0.92	0.91	0.91
	LGJ-150/25	11.2		0.99	1.06	1.06	1.06	1.05	1.04	1.04
	LGJ-185/30	11.9		1.12	1.19	1.24	1.25	1.25	1.24	1.23
	LGJ-240/40	11.3		1.27	1.47	1.42	1.44	1.44	1.44	1.44
	LGJ-300/40	9.88		1.38	1.50	1.50	1.53	1.53	1.54	1.54
	GJ-35	32		0.55	0.53	0.50	0.48	0.47	0.45	0.44
	GJ-35	34		0.57	0.56	0.53	0.50	0.49	0.47	0.46
	GJ-50	32		0.64	0.64	0.61	0.59	0.58	0.56	0.55
	GJ-50	34		0.67	0.67	0.65	0.62	0.60	0.58	0.57

防振锤安装个数

导线及避雷线牌号	l <300	l 301~450	l 451~600	l 601~700	l 701~800	l 801~1000	型号
LGJ-50/8	1	1	2	3			FD-1
LGJ-70/10	1	2	2	3	3		FD-2
LGJ-95/20	1	2	2	3	3	3	FD-2
LGJ-120/25	1	1	2	2	3	3	FD-3
LGJ-150/25	1	1	2	2	3	3	FD-3
LGJ-185/30	1	1	2	2	3	3	FD-4
LGJ-240/40	1	1	2	2	3	3	FD-4
LGJ-300/40	1	301~400 1 / 401~600 2	2		3		FD-5
GJ-35	1	1	2	3	3	3	FG-35
GJ-50	1	2	2	3	3	3	FG-50

附注:
1.防振锤安装距离直线杆塔是从悬垂线夹中心到防振锤中心,耐张转角杆塔是从耐张转动中心到防振锤中心。
2.防振锤安装个数是指挡距一端一根线上的防振锤个数。
3.在非开阔地带,挡距小于120m时不装防振锤。
4.导线上装防振锤处在线上应缠铝包带。
5.防振锤安装个数若为2个或3个时,其安装距离相同。
6. l_0-代表档距(m), l-实际档距(m)。
7.安装表按以下气象条件计算:
气I +40℃-20℃
气III +40℃-30℃

防振锤安装示意图

定　型　工程			设计阶段
审批		校核	
审定		设计	防振锤安装表
审核		制图	
日期		比例	图号 20008200-030902-42　月日

图 TYBZ00503001-6　防振锤安装图

1)该图列出了不同气象条件下,不同型号导线及避雷线在不同设计应力、不同风速、不同代表档距范围内导线、避雷线的防振锤安装距离。

2)该图还列出了不同导线和避雷线在不同档距范围时的安装个数。

3)图上还绘出防振锤安装示意图和附有施工要求和说明。

(4)间隔棒安装图如图 TYBZ00503001-7 所示。

1)该图列出了不同档距导线间隔棒的安装距离和每档的安装个数。

2)图上还附有施工要求。

(5)接地装置施工图。

1)这类图纸作为施工示意图,没有绘制比例要求。

2)图上绘出了接地连接的示意图、所用结板和钢筋的尺寸 [以 mm(毫米)为单位]、数量、安装要求。

3)这类图纸还绘出接地装置在地下埋设的方位、埋设深度、长度和埋设后的接地电阻值。其埋设深度和长度均以 m(米)为单位。

4．杆塔施工图

（1）杆塔施工图绘制按制图要求有一定的比例，其制图是严格按标准进行绘制。

（2）杆塔施工图由杆塔型式单线示意图和分段结构图组成。

（3）单线示意图上有杆塔的设计参数、气象条件、荷重图，杆塔根开尺寸、基础作用力、地脚螺栓的直径和地脚螺栓安装间距。

档距(m)	间隔棒个数N	平均次档距 S=L/N	次档距间距分配
≤40	0		≤40
41-66	1	L	0.6S 0.4S
67-132	2	L/2	0.6S S 0.4S
133-198	3	L/3	0.65S 1.05S 0.8S 0.5S
199-264	4	L/4	0.6S S 0.85S S 0.55S
265-330	5	L/5	0.6S S 0.8S 1.05S S 0.55S
331-396	6	L/6	0.6S S 0.9S 1.1S 0.85S S 0.55S
397-462	7	L/7	0.6S S 0.9S 1.1S S 0.85S S 0.55S
463-528	8	L/8	0.6S S 0.9S 1.1S S 1.1S 0.85S S 0.55S
529-594	9	L/9	0.6S S 0.9S 1.1S S 1.1S 0.9S 0.85S S 0.55S
595-660	10	L/10	0.6S S 0.9S 1.1S S 1.1S 0.9S 1.1S 0.85S S 0.55S
661-726	11	L/11	0.6S S 0.9S 1.1S 0.9S 1.1S 0.9S 1.1S 0.85S S 0.55S
727-792	12	L/12	0.6S S 0.9S 1.1S S 1.1S 0.9S 1.1S S 1.1S 0.85S S 0.55S
793-858	13	L/13	S 0.6 0.9S 1.1S 0.9S 1.1S 0.9S 1.1S 1.1S 0.85S S 0.55S
859-924	14	L/14	0.6S S 0.9S 1.1S 0.9S 1.1S 0.9S 1.1S 0.9S 1.1S 0.85S S 0.55S
925-990	15	L/15	0.6S S 0.9S 1.1S 0.9S 1.1S 0.9S 1.1S 0.9S 1.1S 0.9S 0.85S S 0.55S
991-1056	16	L/16	0.6S S 0.9S 1.1S 0.9S 1.1S 0.9S 1.1S 0.9S 1.1S 0.9S 1.1S 0.85S S 0.55S

注：1．次档距分配依上表计算，按四舍五入，取米为单位，分配完档距。
2．举例说明L=360，按表每相各装6个阻尼间隔棒，平均次档距 S=L/N=360/6=60m，次档距分配按计算为：36、60、54、66、51、60、33。

电力设计院	送电线路	工程	施工图
审批	校核		
审定	设计	阻尼间隔棒安装表	
审核	制图		
日期	比例	图号	

图 TYBZ00503001-7　间隔棒安装图

（4）单线示意图标出杆塔分段长度、呼称高、塔头尺寸，杆塔材料汇总表列出使用材料名称、钢材号、规格、数量和质量等。

（5）分段结构图按比例绘制杆塔正面、侧面组装图，横担的正面和俯视图，并标出各分段的材料表，表中列出使用材料名称、钢材号、规格、数量和分段质量等。

（6）图上尺寸均以 mm（毫米）为单位。

5．基础施工图

（1）基础施工图绘制按设计要求有一定的比例，其制图需严格按标准进行绘制。

（2）基础施工图的基础断面图（也称基础立面图），其图标出基础高度、立柱宽度、底板宽度，同时绘出立柱主筋与箍筋的安放间距、底板网筋的数量和安放间距，绘出地脚螺栓安放位置。

（3）基础施工图的基础俯视图（也称基础平面图），图上标出基础底板尺寸、立柱尺寸、地脚螺栓安放间距、底板网筋、角筋布置情况。

（4）立柱俯视图绘出立柱尺寸、立柱主筋安放位置、地脚螺栓安放位置，内外箍筋安放情况，同时标出主筋、外箍筋与立柱边缘的尺寸。

（5）基础施工图上标出整基塔基础施工示意图，并标出不同呼称高基础根开尺寸。

（6）施工图上标出一个基础的材料表，表中列出不同部位材料名称、使用规格、钢筋材料成型简图及尺寸、长度、数量、质量和混凝土等级、体积等。

（7）图上标注施工要求和说明。

（8）图上尺寸均以 mm（毫米）为单位。

如图 TYBZ00503001-8 所示。

6．通信保护施工图

（1）这类图上标出所跨越的弱电通信线的抗干扰保护改造的施工示意，没有比例要求。

（2）图上对改造的要求和施工说明。

如图 TYBZ00503001-9 所示。

模块 1

TYBZ00503001

五、施工图识图要点

（1）识读施工图应先查看施工图目录，根据目录选看所需图纸。

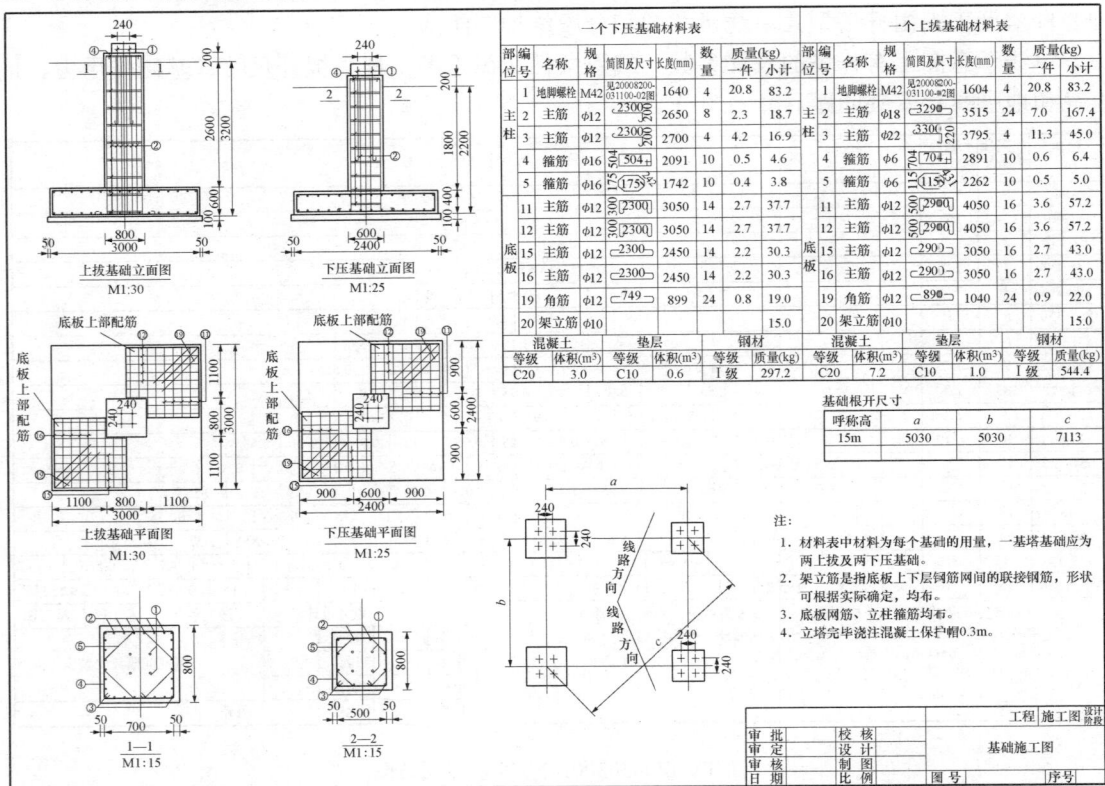

图 TYBZ00503001-8　基础施工图

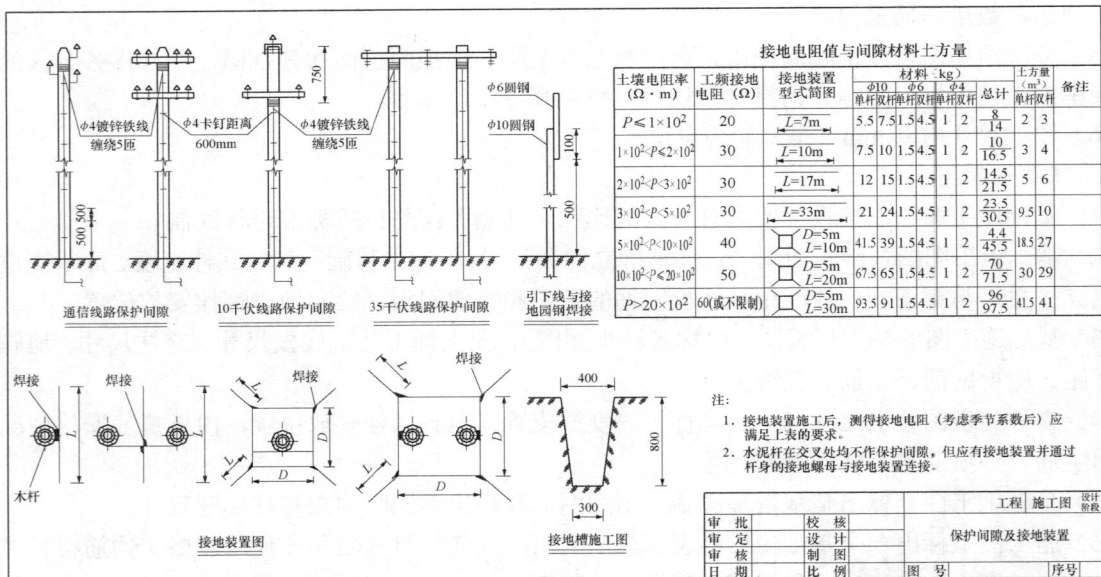

图 TYBZ00503001-9　通信保护施工图

（2）识读施工图应先看整体图后看局部图，先看文字说明后看图样，先看基本图后看详图，先看图形后看尺寸等依次仔细阅读，并应注意各图样之间的相互关系。

（3）由于施工图种类较多，识图时必须注意每张图纸上的直径、长度、深度、高度等使用单位，以免应用错误。

【思考与练习】

1. 施工图识图的目的是什么？

2．施工图的作用有哪些？

3．施工图的识图要点有哪些？

模块 2 图纸审查、会检和技术交底（TYBZ00503002）

【模块描述】本模块包含图纸审查、会检和技术交底。通过知识讲解、条文解释，掌握图纸审查、会检和技术交底的过程、方法和要求。

【正文】

一、施工图纸审查、会检的目的

施工图纸审查、会检（简称会审）的目的使建设单位、施工单位、监理单位更充分理解设计意图，熟悉设计图纸，了解工程的技术特点，明确施工中应注意的事项，提出并解决图纸中影响施工、质量的问题及图纸的遗漏及差错，确保按照设计要求正确施工，按国家标准及规范要求的质量完成而组织相关部门的施工图纸审查交底会。

二、施工图纸会审的要求

（1）施工图是否符合国家现行的有关标准、规程和经济政策的相关规定。

（2）施工的技术设备条件能否满足设计要求；当采取特殊的施工技术措施时，现有的技术力量及现场条件有无困难，能否保证工程质量和安全施工的要求。

（3）有关特殊技术或新材料的要求，其品种、规格、数量能否满足需要及工艺规定要求。

（4）图纸的份数及说明是否齐全、清楚、明确，图纸上标注的尺寸、坐标、标高等其他项目有无遗漏和矛盾。

三、施工图纸会审前的准备

施工图纸会审是施工前期的主要技术工作之一，因此项目施工图会审前，监理单位和建设单位参加施工的相关人员必须认真看图、熟悉施工图，了解工程情况和图纸设计中的错误、矛盾、交代不清楚、设计不合理的地方，设计提供的特殊施工技术方案、措施是否符合现场情况和施工单位的设备、技术水平等问题，尽可能把这些问题及时提出来，使有关问题在施工作业之前得到解决。参与会审的运行单位人员应结合运行经验对施工图进行认真审查。

四、施工图纸会审时应审查的内容

（一）施工图总说明和附图

1．施工图说明书

（1）对初步设计审查意见在施工设计中采纳或不采纳的说明。

（2）输电线路的路径选择是否符合 GB 50545—2010《110kV～750kV 架空输电线路设计规范》的规定，沿线地形、地质和交通情况介绍是否符合实际情况，特别是洪水冲刷区、不良地质区和采矿塌陷区等有无特别说明。

（3）输电线路所经路径气象条件选择是否按 GB 50545—2010 的规定，气象区段划分是否合适，特别是对重冰区、重污区、多雷区等微气象区划分是否与实际气象情况相符合。

（4）导线和避雷线是否按 GB 50545—2010 的规定选用，对不同覆冰区段和大跨越区段等有无特殊要求；导线、避雷线的防振措施考虑是否全面。

（5）绝缘子和金具的机械强度是否按 GB 50545—2010 的要求选用，对于个别情况有无特殊要求的说明。

（6）绝缘配合、防雷和接地。

1）绝缘配合。

①最小间隙设计应符合 GB 50545—2010 的要求，对不同海拔高度、不同风速、不同塔高的考虑是否全面。

②绝缘的防污设计是否依照审定的污秽区分布图所划定的污秽等级，选择合适的绝缘子型式和片数，外绝缘的有效泄漏比距是否满足电网污秽等级要求。

模块 2

TYBZ00503002

③为便于带电作业，带电部分对杆塔接地部分的校验间隙，是否考虑人体活动范围距离。

2）防雷。

①防雷设计是否符合 GB 50545—2010 的要求。

②对不同雷电活动区域，不同电压等级的输电线路采取不同的防雷措施。

③线路的耐雷水平是否满足新建线路相应雷区的规定要求。

3）接地。

①杆塔的接地设计是否按 GB 50545—2010 的要求，对不同土壤电阻率的地段分别考虑。

②对于土壤电阻率较高的地段，设计有无特殊的施工要求及相应的施工措施。

（7）杆塔。

1）杆塔的型式选择是否合适。

2）对于重冰区、大跨越等地段的杆塔选用是否合适，重冰区的耐张段是否符合减小冰灾倒塔危险的要求，档距严重不均匀处的杆塔是否改为耐张塔分段。

3）输电线路是否按跨越树竹林自然生长高度要求设计。

（8）导线布置。导线的排列方式是否结合线路走径，有否考虑重冰区导线舞动、大跨越等特殊情况。

（9）基础。杆塔基础型式的选择，是否符合线路沿线的地质，是否考虑施工条件等因素。对于特殊基础的设计有无特殊的施工要求。

（10）对地距离及交叉跨越。导线对地距离及交叉跨越距离是否符合 GB 50545—2010 的要求，是否按要求进行校验。

（11）附属设施。

1）是否考虑杆塔上的杆号牌、防鸟设施等固定标志设计。

2）高杆塔是否设计装设航行障碍标志。

3）杆塔上的通信设施有无特殊的设计、施工说明，有无相应的运行维护要求。

2. 附图

（1）线路走径图。

1）线路实际走径图与说明书所述是否一致。

2）走径图上线路通过地区相关政府的批示和印章。

（2）线路进出两端变电站平面图。进出两端变电站平面图上的相序与说明书所述是否一致，有无异常。

（3）杆塔一览图。与说明书所述杆塔型式是否一致，有无差异。

（4）线路相序图。

1）线路相序与两端变电站相序是否一致。

2）导线换位相序示意图是否正确。

（5）主要设备材料表。线路主要材料是否均已列出，其数量是否基本正确。

（二）断面图及杆塔明细表

1. 线路平断面图

（1）根据断面图的地形情况，审查图上杆塔位置是否满足运行要求。

（2）根据断面图的地形，审查导线对地和交叉跨越距离是否满足规程要求。

（3）根据平断面图上沿线路情况，审查线路的杆塔型式选择是否合适。

2. 杆塔明细表

（1）杆塔型式与断面图上有无差异。

（2）杆塔档距、耐张段长、规律档距和水平转角与断面图上有无差异。

（3）气象区划分与设计说明书上是否一致。

（4）铁塔基础图号是否标明。

（5）土壤电阻率和所使用的接地装置图号是否标明。

（6）导线绝缘子串使用图号和避雷线金具串使用图号及数量是否标明。

（7）线路的各种跨越是否均已在明细表上注明。

（8）线路的各种跨越物的搬迁、改建等措施是否在明细表上注明。

（三）机电安装图纸

1. 导线和避雷线应力特性及架线弧垂曲线

（1）进线档导线和避雷线应力特性及架线弧垂曲线表是否齐全。

（2）各种气象区段的导线和避雷线应力特性及架线弧垂曲线表是否齐全。

（3）曲线图上是否注明施工所需要的说明及施工观测弧垂计算公式。

2. 导线绝缘子串和避雷线金具组合图

（1）导线绝缘子串组合图。

1）核对绝缘子安装图号与杆塔明细表安装图号是否一致。

2）绝缘子串中的挂线金具与杆塔上相应的挂线孔是否匹配。

3）核对绝缘子串组合图的部件数量编号与材料表编号是否一致。

（2）避雷线金具组合图。

1）核对金具安装图号与杆塔明细表安装图号是否一致。

2）金具组合中的挂线金具与杆塔上相应的挂线孔是否匹配。

3）核对金具组合图的部件数量编号与材料表编号是否一致。

（3）耐张杆塔跳线。

1）小于45°耐张跳线图。

①核对安装图号与杆塔明细表安装图号是否一致。

②核对跳线组合图的部件数量编号与材料表编号是否一致。

③检查导线跳线安装图中的设计弧垂值是否满足设计规程要求。

2）上导线跳线及绝缘子串组合图。

①核对绝缘子串安装图号与杆塔明细表安装图号是否一致。

②绝缘子串中的挂线金具与杆塔上相应的挂线孔是否匹配。

③核对绝缘子串组合图的部件数量编号与材料表编号是否一致。

④检查导线跳线安装图中的设计弧垂值是否满足设计规程要求。

3）45°及以上杆塔外角跳线及绝缘子串组合图。

①核对安装图号与杆塔明细表安装图号是否一致。

②核对跳线组合图的部件数量编号与材料表编号是否一致。

③检查导线跳线安装图中的设计弧垂值是否满足设计规程要求。

（4）对于大高差、大转角位置的杆塔，绝缘子串有无特殊连接措施，跳线连接有无特殊要求，其电气间隙能否满足规程要求。

3. 导线和避雷线防振锤（阻尼线）安装表

（1）防振锤安装表上有无安装说明。

（2）有无不同气象条件下的安装距离。

（3）有无安装示意图。

4. 间隔棒安装表

（1）间隔棒安装表上有无安装说明。

（2）不同气象条件下有无特殊安装要求。

5. 接地装置

（1）接地装置连接图的材料规格、数量是否正确齐全。

（2）杆塔接地装置图的材料规格、数量和埋设深度、长度是否正确齐全。

6. 换位图杆塔号与杆塔明细表中的换位杆塔号是否一致

（四）杆塔施工图

杆塔施工图审查的主要项目：检查杆塔安装图的数量是否齐全，杆塔安装图与相关联的设计应力是否一致，检查杆塔安装图有无差错。

1. 与杆塔安装图有关的设计图审查内容

（1）山区线路施工，应检查混凝土杆拉线及基坑位置地质是否稳定，如不能保证电杆运行和安装安全，应建议将混凝土杆换为铁塔，方便施工和运行。

（2）检查横担或避雷线支架加工图上的导线、避雷线挂线及跳线悬垂绝缘子串挂线孔与机电安装图上相应的金具是否匹配。

（3）检查杆塔安装图说明与说明书有无矛盾。

（4）检查杆塔安装图是首次使用还是已使用过，首次使用的图纸应了解有无特殊施工要求。

（5）检查混凝土杆安装图与预制的底、卡盘连接是否合适，特别应注意盘安装方位与电杆连接尺寸是否吻合。

2. 杆塔安装图审查内容

（1）核对杆塔图的部件数量与材料表是否一致，总装图材料表与部件图材料表是否一致。

（2）核对杆塔图上说明的技术要求与部件加工图是否一致。

（3）核对各部件间连接部位的尺寸是否正确，特别是横担加工图中的根开与电杆安装图的根开是否一致。

（4）核对各俯视图与正视图是否相配合。

（5）核对安装图上的编号与材料表编号是否相统一。

（6）拉线对带电部位的空气间隙能否满足设计规程要求。

（五）基础施工图

1. 与基础施工图相关联的设计图审查内容

（1）自立式铁塔基础的根开应与铁塔根开相统一。

（2）各种铁塔基础的顶部尺寸，即根开、地脚螺栓根开、地脚螺栓直径等是否与铁塔底座对应尺寸相匹配。

（3）检查地脚螺栓露出基础顶面高度能否满足螺帽拧紧后留有 2～3 扣的裕度。

（4）检查底、卡盘加工图的圆槽及抱箍圆弧的直径与混凝土杆下段相应部位的直径是否匹配。

（5）对于杆塔所配基础类型与设计提供的地质条件是否一致。

（6）设计采用新型基础，设计单位应提供新型基础试验报告。

（7）核对混凝土杆配置的三盘（底盘、拉盘、卡盘）与杆型结构图是否一致。

2. 基础施工图审查内容

（1）核对基础施工图的编号与材料表编号是否一致。

（2）核对基础施工图中所绘主筋、箍筋、地脚螺栓等的规格、数量、长度与材料表是否一致。

（3）核对每个基础的混凝土用量与材料表上所列是否正确无误。

（4）新型基础的施工，设计单位有无特殊说明。

（六）对通信线路的危险和干扰影响保护装置施工图

主要是审查设计对通信线路的危险和干扰影响保护的改造措施是否合理，措施是否满足通信要求。

五、施工图技术交底的目的

施工图技术交底，是由设计部门向参加审查的人员介绍该工程的设计依据和原则、设计范围和指导思想以及设计内容等，以及线路沿线的覆冰、污秽、雷电以及地质等情况。设计单位对设计情况、施工注意事项进行详细介绍和交底，并针对不同气象条件和地质情况，着重对重冰区、大跨越、雷电活动频繁区段等的施工技术和安全生产进行技术交底。

六、施工图技术交底的要求

（1）对施工图进行全面的技术交底。

（2）对特殊区段的设计情况进行详细介绍，并对施工技术和安全生产进行技术交底。

（3）对于施工时的注意事项逐个进行技术和安全交底。

七、施工图技术交底的内容

（一）施工图总说明书及附图

1. 施工图设计编制依据及范围

（1）编制依据：是按初步设计和初步设计审核意见及其他有关文件进行编写。

（2）设计范围：说明工程设计范围，包括全部或部分线路本体设计，对通信和信号线路的危险和干扰影响的保护设计等。

2. 对初步设计及审核意见执行情况的说明

3. 施工图设计阶段的科研试验

4. 工程技术特性

（1）工程概况：包括送电线路的名称、起讫点、电压等级、线路长度、路径曲折系数、转角次数、沿线地形、地貌及交叉跨越情况等。

（2）设计气象条件：包括最高气温、最低气温、最大风速、覆冰厚度、安装情况、平均气温、雷电过电压、操作过电压等组合的气温、风速、冰厚情况等。

（3）导线和地线：说明导线和地线的型号，导线分裂根数及排列方式，设计安全系数，最大使用应力，平均运行应力；导线和地线的换位方式、换位次数及长度；导线和地线的防振措施等情况。

（4）绝缘配合。

1）导线用绝缘子：说明一般地区、高海拔地区、大跨越区段、污秽地区的直线和耐张及跳线绝缘子串用的绝缘子型式和片数；绝缘子是否按其特性使用在多雷区、清洁区和重污区分别采用，杜绝整条线路数十公里、山区、平地或重污区使用同一类型绝缘子。

2）地线用绝缘子：说明直线和耐张绝缘子串用的绝缘子型式和片数，瓷绝缘子必须采用双联悬挂。

3）空气间隙：说明工频电压、雷电过电压、操作过电压在不同海拔高度时的空气间隙和相应的设计风速，带电检修间隙及防雷保护角。

4）接地电阻：说明不同土壤电阻率的防雷接地方式及要求的接地电阻值。

5）导线和地线的防振：说明导线和地线采用的防振措施。

6）导线和地线的换位：说明送电线路换位方式、换位次数及长度等。

7）线路金具：说明导线和地线采用的悬式和耐张金具组合情况。

8）杆塔使用情况：说明采用杆塔的型式、呼称高、转角度数、水平档距、垂直档距和全线各型杆塔使用基数。

9）基础使用情况：说明采用基础的型式，单基基础的钢材、混凝土的数量及质量，土（石）方量。

（二）线路平、断面图和杆塔明细表

1. 平断面图

对于图上大跨越、河流等地段的杆塔位置安放、杆塔的选型进行详细说明，对这些杆塔的施工是否有特殊施工要求。

2. 塔位明细表

说明明细表中未列项目的原因，未列部分是否有独立图纸介绍。

3. 交叉跨越

对于明细表中需迁改或改造的跨越物，进行改迁或改造的详细原因介绍，并对施工提出相应要求。

（三）机电安装图及说明

1. 架线施工说明

（1）导线架设。

1）说明不同区段采用的各种导线型号，并附架线弧垂曲线。

2）说明在有放松导线张力的耐张段时，另附放松张力的架线弧垂曲线。

3）说明线路经过高差较大的山区并有连续上、下山时，为使绝缘子串在杆塔上不偏移，需要对导线弧垂及线长进行调整后安装线夹。

4）对进出发电厂或变电站的孤立档距和在线路中间出现较小的孤立档距，导线施工的要求。

5）对承力杆塔的跳线，是否按每基杆塔所处条件提供计算跳线弧垂及线长，有否提供跳线连接金具相应规格螺栓的标准扭矩值。

（2）地线架设。

1）说明采用的地线型式，并附地线的架线弧垂曲线。

2）说明采用良导体地线和光纤复合架空地线（OPGW）的架设方式和接地要求。

3）说明对地线孤立档距的架设要求。

4）当导线需要放松张力，也需将相应避雷线放松张力时，对此进行施工要求说明，并附有避雷线放松张力的架线弧垂曲线。

（3）导线和绝缘避雷线换位。

1）说明导线和地线的换位方式、全线换位长度及次数，附换位施工图及两端变电站的相序情况。

2）当采用构架换位或耐张换位时，要附图说明相位关系和各带电体距离要求。

3）当采用直线换位时，要说明确定横担布置方向及杆塔位移尺寸。

（4）防振措施。说明按照送电线路振动情况，确定导线和地线的防振措施，提出对防振元件的安装要求。

（5）放线和紧线。

1）介绍导线和避雷线放线和紧线的保护措施及施工要求。

2）说明采用直线杆塔作为临时锚线时，观测弧垂对绝缘子串的要求。

3）导线对地距离和交叉跨越距离，应符合有关规定，提出对交叉跨越距离和保护要求。

4）对大档距的施工，要求在紧完线后，尽早安装线夹和采取防振措施，防止导线和避雷线损伤。

2．金具施工图及说明

（1）施工说明。

1）各种金具要取得生产厂家的合格证书，施工单位要按照施工图设计的要求进行检查和试组装。

2）导线和地线用的耐张线夹和直线压接管，应按有关规定进行压接试验，满足抗拉强度和电气性能的要求。

3）对新产品，要绘出外形尺寸、性能要求的设计图纸，并提出质量保证措施。

4）绝缘子串及金具的设计，除按常规施工方法进行施工外，均需编定施工说明。

（2）绝缘子串安装说明。

1）悬垂绝缘子串：除单导线按常规安装绝缘子串外，对各种分裂导线采用的下垂式线夹、上扛式线夹及其他型式线夹，均应说明安装工序及其要求。对防晕金具的螺栓、销子等安装应提出防电晕要求。悬垂双联串路有否弥补污耐压比单串下降的技术措施和方法。

2）耐张绝缘子串：除按一般常规绝缘子串施工安装外，对屏蔽环、均压环、跳线等施工，应提出质量保证措施。

（3）地线安装说明。除按常规安装施工外，还要说明绝缘子放电间隙的安装方向及其他事项。

（4）间隔棒安装说明。说明采用间隔棒的型式、性能、使用范围及其安装要求。

（5）铝包带缠绕要求。要求在导线用悬垂线夹、螺栓型耐张线夹、防振锤夹头处缠铝包带，说明在不同电压等级线路上，导线上缠绕的铝包带范围与线夹宽度有关。

3．接地装置施工图及说明

（1）是否在杆塔位明细表中注明每基杆塔的接地装置型式。

（2）当接地装置埋设好后，施工单位需实测工频电阻值，查看是否符合设计要求值。

（3）说明在岩石地区，接地体的施工要保持接地槽的土体及其他安全运行的措施。

（4）说明杆塔接地体与地下电缆、管道等的距离，施工必须满足规定的要求。

（5）对严重腐蚀地区的接地装置，必须按设计要求采取防腐蚀措施。

（四）杆塔施工图及说明

1. 杆塔施工说明

（1）说明杆塔施工及验收，要遵守的规定。

（2）说明杆塔组装、起吊时，允许起吊点的位置。

（3）说明当杆塔采用不对称结构需要施工预偏时，确定预偏的方向和数值。

（4）说明在锚塔、紧线塔设置临时拉线时，要对临时拉线在杆塔上的连接点、对地夹角、平衡张力等提出要求。

（5）在直线杆塔上架设导线和地线时，应说明允许的起吊方法。

（6）新旧线路连接或特殊受力的杆塔，说明在施工中应满足的杆塔受力条件及有关事项。

2. 杆塔图纸说明

对直线杆塔、耐张杆塔、转角杆塔、跨越杆塔、换位杆塔、终端杆塔等分别进行说明。

（五）基础施工图

1. 基础施工说明

（1）说明基础施工及验收要遵守的规定。

（2）说明施工基面的含义，并绘出示意图，以便达到正确的施工。

（3）说明拉线杆塔的主柱基础和拉线基础施工基面不在同一标高时，确定拉线根开的原则。

（4）为保护基础当采用护坡、挡墙和挖排水沟等措施时，应说明确定的杆塔号和处理方式，并附有处理简图。

（5）对有地下水的基础，需说明采取的防水措施和对基础垫层的要求。

（6）对于采用爆扩桩基础，灌注桩基础、岩石基础及掏挖基础等，要说明在施工中应遵守的事项及严格的质量要求。

（7）当基础位于有腐蚀性土壤和地下水时，要说明对基础及构件的防腐措施和要求。

（8）当塔脚和基础采用地脚螺栓连接时，要说明对浇制保护帽的要求。

（9）对严寒地区的沼泽地和地下水位高的地段，要说明采用杆塔基础的防冻胀措施及施工要求。

（10）对大孔性土壤、流沙、淤泥、沙漠、滚石和溶洞等地区的基础要说明在施工中处理的措施和要求。

（11）说明对受水淹没或冲刷基础的防护设计及要求。

（12）当采用新的基础型式时，应编写研究试验报告，得出使用的结论。

2. 基础图纸说明

对于直线杆塔基础、非直线塔基础、大跨越杆塔基础和特殊杆塔基础等，分别进行设计说明。

（六）大跨越设计施工图及说明

1. 机电施工图说明

（1）大跨越概况。说明送电线路大跨越的地点、地形、地势、河流宽度及变化情况，交通运输情况，设计档距、塔高、耐张段长度和塔位的地质、水文等情况。

（2）导线和地线的特性及架线弧垂。说明导线和地线的机电特性以及导线和避雷线的力学特性曲线和架线弧垂曲线，并要求架设时必须按当时气温进行计算。

（3）跳线施工图。对跨越耐张或转角塔，施工时应按绘制的跳线施工图，进行复核计算跳线弧垂和线长。

（4）绝缘子串及金具。由于大跨越导线、避雷线和绝缘子串荷载大，所以要求具有高强度的绝缘子串及金具。由于杆塔高，需要增加绝缘子片数等，所以需编写施工工艺流程，并按流程操作。

（5）接地装置。因大跨越设计接地电阻值要求比较低，而接地装置施工图与一般线路设计相同，所以施工时必须严格要求。

（6）高塔照明灯。为了空中航行安全，杆塔达到一定高度时，按航空单位要求，必须在杆塔上装设夜间用的航空安全灯或在下部装设夜间防空标志灯，所以要求施工时执行安装施工图。

（7）导线和地线的防振。说明导线和地线的防振措施和要求。由于大跨越振动比一般线路严重，通常采取联合防振措施，施工时按绘出施工安装图施工。

（8）导线和地线的接续。为了大跨越的安全要求，在档距内不许有接头。在耐张或转角塔上的连接也要采取加强安全的措施。

2. 杆塔施工图及说明

杆塔设计施工图的内容和要求与一般杆塔设计基本相同。不同的是杆塔高，高空风速大，覆冰厚度增加，荷载条件大，一般设有爬梯，需编写详细的施工说明。

3. 基础施工图及说明

基础设计施工图的内容和要求，与一般基础设计相同，不同的是基础作用力大。一般来说，地质条件差，采用灌注桩基础较多；良好的地质条件，也要用庞大的浇制基础并应编写严格的质量要求和施工说明。

（七）通信保护施工图及说明

用线路终勘后的路径位置、单相短路电流、大地电导率、线路电气参数等来计算通信线路、信号线路、广播线路的危险和干扰影响，确定保护措施，并说明保护措施的原则。

【思考与练习】

1. 施工图审查的目的是什么？
2. 施工图审查的要求有哪些？
3. 施工图审查前的准备工作有哪些？
4. 施工图交底的目的是什么？
5. 施工图交底的要求有哪些？

第五部分

输电线路的测量

第十四章　测量的基本知识

模块 1　绪论（GYSD00601001）

【模块描述】 本模块包含测量的一般概念、测量在输电线路工程建设中的任务及作用、名词概念、测量工作的三个基本观测量。通过概念描述、要点讲解，了解测量的一般概念、测量在输电线路工程建设中的任务及作用、测量的常见名词概念、测量工作的三个基本观测量。

【正文】

一、测量的一般概念

测量是劳动人民在长期的生产实践中发明创造的一种应用科学。它的主要任务是：一方面用各种仪器和工具测定地球表面上的形状和大小，用比例尺和符号把实际地形缩小绘制成各种地图，为经济建设、国防建设以及科学研究提供技术资料；另一方面是把各种工程建设中已设计好的工程图样或建筑物的位置测设在地面上，这就叫做测量。

测量包括的范围很广，在超大地域或整个地球测量它的形状和大小，要考虑地球的曲率和重力等影响，这种测量叫做大地测量。在一个小地区内测绘地面上的形状和大小，而不考虑地球表面的曲率，把地面当作平面，这样的测量叫做普通测量。专为某一个建设项目，如为修建铁路、公路、农田水利、各种类型工矿企业的建设等而测量，叫做工程测量，输电线路施工测量就是工程测量中的一种。

二、测量在输电线路工程建设中的任务及作用

输电线路工程在初步设计阶段要用地形图选择路径，经过实际勘测调查研究，找出经济合理的路径方案，测绘平、断面图作为杆塔定位的依据；在工程施工阶段，要依据平断面图对杆塔位置进行复核，依据杆塔中心桩准确地测定杆塔基础和拉线基础位置，观测架空线的弧度；在竣工验收时，要用测量方法检查导地线架设工程质量，以保证线路安全运行。可以说，在输电线路整个建设过程中，都离不开测量工作。

三、名词概念

（一）铅垂线、水平线、水平面和水准面

铅垂线就是重力方向线，可用悬挂垂球的细线方向来表示。垂球为金属制成的倒圆锥（见图 GYSD00601001-1）。将一端打结的细线的另一端穿过一个空心螺旋，并旋于倒圆锥底部用以悬挂垂球。垂球悬挂时细线的延长线应通过垂球尖端。

与铅垂线正交的直线称为水平线；与铅垂线正交的平面称为水平面。

海水面在没有风浪、潮汐影响而处于静止状态时称为水准面。湖泊的水面处于静止状态时也是一个水准面，水准面是一个曲面（见图 GYSD00601001-2）。其特性是：曲面上任一点的铅垂线都垂直于这个曲面，所有满足这个特性的曲面都是水准面，因此水准面可以有无限多个，其中与静止状态的平均海水面相吻合并延伸到大陆内部的水准面称为大地水准面。

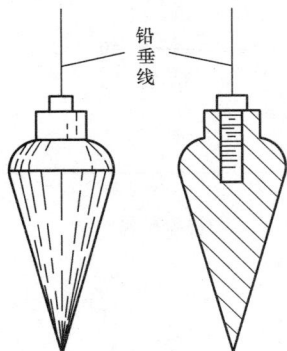

图 GYSD00601001-1　铅垂线

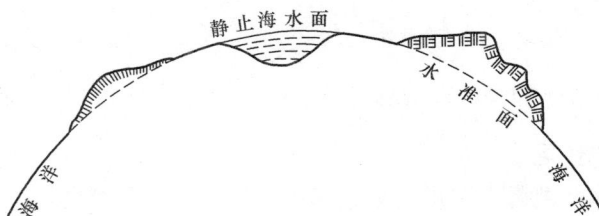

图 GYSD00601001-2　水准面

（二）地面点的高程

测量工作的根本任务是确定工程在地面点的位置，即确定它的平面位置和高程，因此，首先要确定投影基准面。在测量中一般是以大地水准面作为投影基准面。我国早期采用吴淞高程系，它是旧海关（吴淞海关港务司署）设立吴淞零点水尺，记载定出 1871～1900 年之间出现的最低潮位为零点，当时称为"吴淞零点"。解放后我国根据青岛验潮站 1950～1956 年的黄海验潮资料，求出该站验潮井里横按铜丝的高度为 3.61m，并确定为黄海平均海水面，统一规定以青岛观测站所测量的平均海水面作为大地水准面，并以它作为高程的起标面，称为黄海高程系，即国家水准原点（青岛原点）高程为72.289m。同时吴淞高程系经过修正，我国部分地区仍然在使用，目前吴淞高程等于国家八五基准加上 1.953m。

根据各地的验潮结果表明，不同地点平均海水面之间还存在着差异，对于一个国家来说，只能根据一个验潮站所求得的平均海水面作为全国高程的统一起算面——高程基准面。由于 1956 年黄海高程系统的平均海水面所采用的验潮资料时间只有6年，未达到潮汐变化的一个周期（一个周期一般为18.61年），同时发现早期验潮资料中含有粗差，必须重新确定一个新的国家高程基准，为此根据青岛验潮站 1952～1979 年 19 年间的验潮资料计算确定，新的黄海高程基准面作为全国高程的统一起算面，称为"1985 国家高程基准"，其水准原点（青岛原点）高程为72.260m，即 1985 年高程基准面高出原 1956 年黄海平均海水面 0.029m。

1. 绝对高程

绝对高程是指地面点投影到大地水准面的铅垂距离，简称高程，如图 GYSD00601001-3 中 HA、HB 所示。

2. 相对高程

常以假设一个水准面作为高程的起算面，地面点到这个假设水准面的铅垂距离，称为相对高程，如图 GYSD00601001-3 中的 $H'A$、$H'B$ 所示。

3. 高差

地面上两点高程的差值，称为高差，如图 GYSD00601001-3 中的 h 所示。

4. 假设高程

山区输电线路测量，有时为了方便，往往假设某点为零点，前后线路杆塔测量以该点计算成正负，最后与变电站的高程还原，可减轻测量工作量。

四、测量工作的三个基本观测量

测量工作的任务是确定地面点的位置，而点与点之间的相对位置关系可用距离、角度和高差来确定。如图 GYSD00601001-4 所示，地面点 A、B 在投影面上的位置是 a 和 b，实际工作中，并不能直接测出它们的坐标和高程，而是观测水平角 β_1、β_2 和丈量水平距离 D_1、D_2，以及施测各点之间的高差，再根据已知点 N 的坐标及高程，推算各点的点位。由此可见，角度、距离和高差是测量工作的基本观测量，也是确定地面点位的基本要素，称为测量三要素。

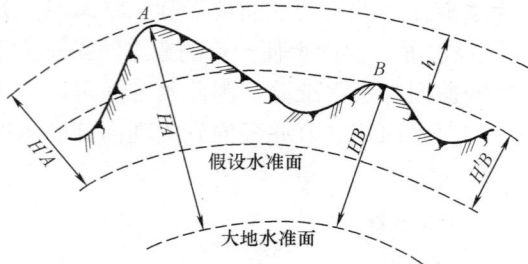

图 GYSD00601001-3　绝对高程和相对高程

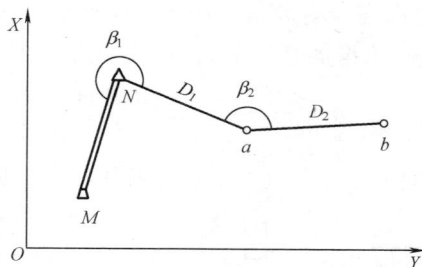

图 GYSD00601001-4　三个基本观测量

【思考与练习】

1. 什么叫测量？它的主要任务是什么？
2. 什么叫普通测量？什么叫大地测量？什么叫工程测量？

3．水平面、水准面、大地水准面有何差异？

4．什么叫绝对高程、相对高程和高差？

模块 2　水准测量（GYSD00601002）

【模块描述】本模块包含水准测量原理、水准仪及其使用、水准测量的实施。通过结构分析、功能介绍、操作流程及步骤讲解，掌握水准测量原理、水准仪及其使用。

【正文】

一、水准测量原理

如图 GYSD00601002-1 所示，已知 A 点的高程为 H_A，欲测定 B 点对 A 点的高差 h_{AB}，计算出 B 点的高程 H_B。可在 AB 之间安置水准仪，在 A、B 点上竖立水准尺。测量方向由 A 至 B，根据水准仪提供的水平视线截于 A 尺上的读数为 a，B 尺上的读数为 b，则 B 点对 A 点差为

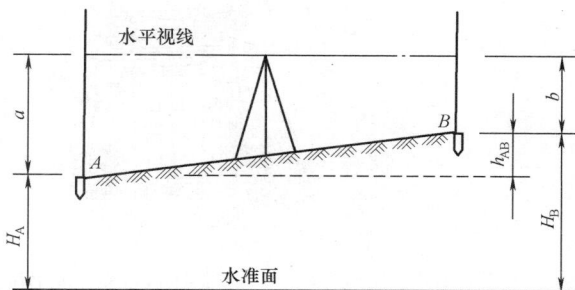

图 GYSD00601002-1　水准测量

$$h_{AB} = a - b \qquad \text{（GYSD00601002-1）}$$

式中　a——后视读数（简称后视），通常是已知高程点 A 的水平视线截尺读数；

b——前视读数（简称前视），是未知高程点 B 的水平视线截尺读数。

两点的高差等于后视读数减前视读数，高差有正负值，当后视读数 a 大于前视读数 b（即地面 B 点高于 A 点），高差 h_{AB} 为正值，反之为负值。测得 A 点至 B 点的高差后，可求得 B 点的高程

$$H_B = H_A + h_{AB} \qquad \text{（GYSD00601002-2）}$$

上式是通过高差的计算而求得 B 点的高程。高程的计算也可以用视线高程的方法进行计算，即

$$H_B = (H_A + a) - b = H_i - b \qquad \text{（GYSD00601002-3）}$$

式中　H_i——视线高程，它等于已知 A 点的高程 H_A 加 A 点尺上的后视读数 a。

用高差法计算点的高程，适用于在一个测站上有一个后视读数和一个前视读数；视线高程法适用于一测站上有一个后视读数和多个前视读数。每一个测站只有一个视线高程 H_i（作为每一站的常数），分别减去各待测点上的前视读数，即可求得各点的高程。

从上述可知，水准测量原理是应用水准仪所提供的水平视线来测定两点间的高差，根据已知点的高程和两点间的高差，计算所求点的高程。

二、水准仪及其使用

水准仪是提供水平视线来测定高差的仪器，按其精度分为 $DS_{0.5}$、DS_1、DS_3、DS_{10} 多种型号，"D"和"S"分别为"大地测量"和"水准仪"汉语拼音第一个字母，数字 0.5、1、3、10 是表示仪器的精度等级，即每千米往返测量高差中数的偶然中误差分别为 $\pm 0.5mm$、$\pm 1mm$、$\pm 3mm$、$\pm 10mm$。$DS_{0.5}$ 和 DS_1 为精密水准仪。

水准仪主要由望远镜、水准器和基座组成，各部件名称如图 GYSD00601002-2 所示。

（一）望远镜组成及其成像原理

望远镜由物镜、目镜和十字丝三个主要部分组成。它的主要作用是能使让用者看清远处的目标，并提供一条照准读数用的视线。

图 GYSD00601002-3 是 DS_3 型微倾水准仪望远镜构造图，是内对光式倒像望远镜。图 GYSD00601002-4 是其成像原理图，目标经过物镜和对光凹透镜的作用，在镜筒内造成倒立、缩小的实像，通过调节对光凹透镜，可以清晰地成像在十字丝平面上。目镜的作用是放大，人眼经过目镜，可以看到目标的小实像与十字丝一起放大了的虚像。十字丝的作用是提供照准目标的标准。

为了提高望远镜成像的质量，物镜、对光透镜和目镜都是由多块透镜组合而成。物镜与对光透镜组合后的等效焦距与目镜等效焦距之比，称为望远镜放大率，即人眼通过目镜所看到的目标影像的大

小与不通过目镜直接看到该目标的大小之比。DS₃水准仪望远镜的放大率一般为28倍。

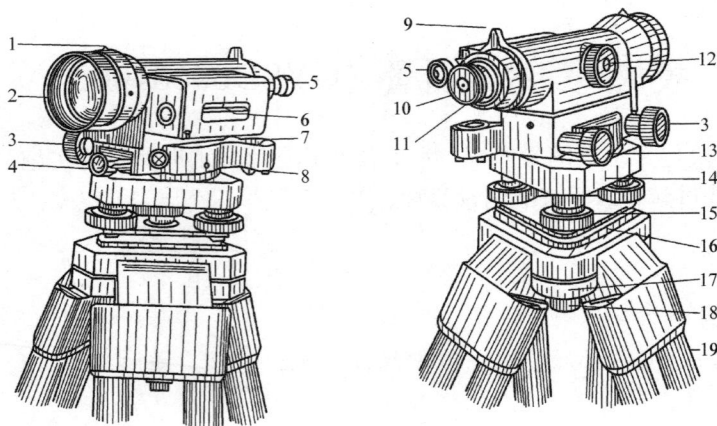

图 GYSD00601002-2　水准仪主要构造图

1—准星；2—物镜；3—微动螺旋；4—制动螺旋；5—符合水准器观测镜；6—水准管；7—水准盒；8—校正螺丝；9—照门；10—目镜；

11—目镜对光螺旋；12—物镜对光螺旋；13—微倾螺旋；14—基座；15—脚螺旋；16—连接板；17—架头；18—连接螺旋；19—三脚架

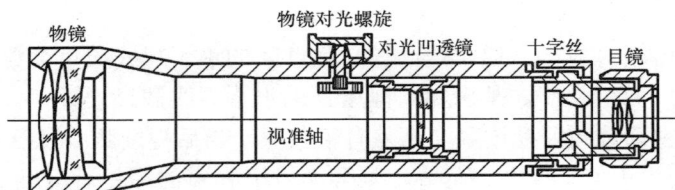

图 GYSD00601002-3　望远镜构造图

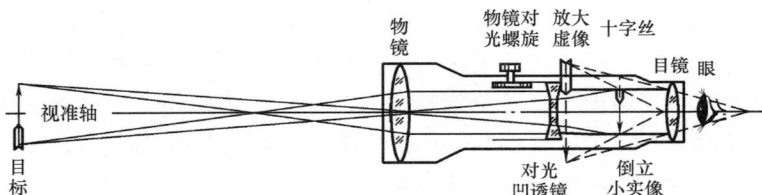

图 GYSD00601002-4　望远镜成像原理图

十字丝分划板是一块具有刻线的玻璃片，通过校正螺丝固定在望远镜筒上，十字丝的构造和形式如图 GYSD00601002-5 所示，十字丝中央交点和物镜光心的连线称为视准轴，即视线。十字丝玻璃片上的上、下短丝是测距离用的，称为视距丝。水准测量就是当视线水平时，用中间横丝截取水准尺读数。

为了控制望远镜的左右水平转动，以便视准轴对准目标，水准仪一般装有一套制动螺旋和微动螺旋。有些仪器是靠摩擦制动，只设微动螺旋。

（二）水准器

水准器是标志视线是否水平、竖轴是否铅垂的装置。水准器分为圆水准器和水准管两种。

1. 圆水准器

圆水准器顶面内壁是一个球面，如图 GYSD00601002-6（a）所示，球面中心的外壁刻有一个圆圈，其圆心称为圆水准器零点，零点的法线称为圆水准器轴线。当气泡中心与零点重合时，称为气泡居中。此时圆水准器轴就处于铅垂位置。气泡移动 2mm，圆水准器轴相应倾斜的角度为 τ，如图 GYSD00601002-6（b）所示，称为圆水准器分划值，是用以表示圆水准器灵敏度的标准。仪器上的圆水准器分划值为 8′/2mm。由于圆水准器地精度低，只适用于仪器的粗略整平之用。

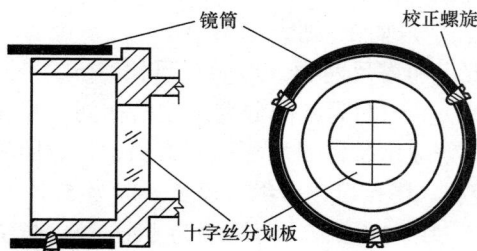

图 GYSD00601002-5 十字丝构造图

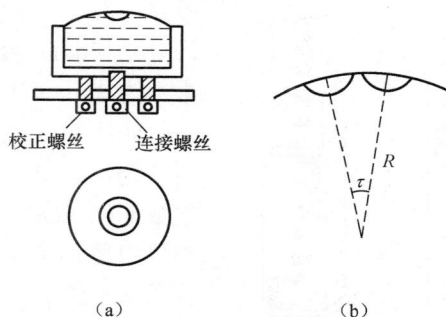

图 GYSD00601002-6 圆水准器

（a）圆水准器构造；（b）圆水准器轴分划值

2. 水准管

水准管是把玻璃管的纵向内壁磨成圆弧，管内装酒精和乙醚混合液，密封而成，如图 GYSD00601002-7 所示。水准管圆弧中点 O 称为水准管零点，过零点与内壁圆弧相切的直线称为水准管轴。水准管气泡中点与水准管零点重合时称为气泡居中，此时水准管轴处于水平位置。气泡移动 2mm，水准管轴相应倾斜的角度 τ 称为水准管的分划值。DS$_3$ 级水准仪的水准管分划值为 20″/2mm。水准管分划值越小，水准管的灵敏度越高。因此，水准管的精度比圆水准器的精度高，适用于仪器精确整平。

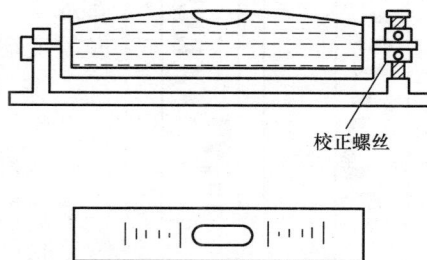

图 GYSD00601002-7 水准管

为了提高判别水准管气泡居中的准确度，在水准管的上方设置一组符合棱镜，如图 GYSD00601002-8 所示，借棱镜组的反射将气泡两端的半像反映在望远镜旁边的观察窗内。图 GYSD00601002-8（b）所示为水准管气泡不居中，水准管两端的影像错开，这时可转动微倾螺旋，以使水准管连同望远镜沿竖向作微小转动达到水准管气泡居中，此时两端的影像吻合，如图 GYSD00601002-8（c）所示。这种设有微倾螺旋的水准仪称为微倾式水准仪。

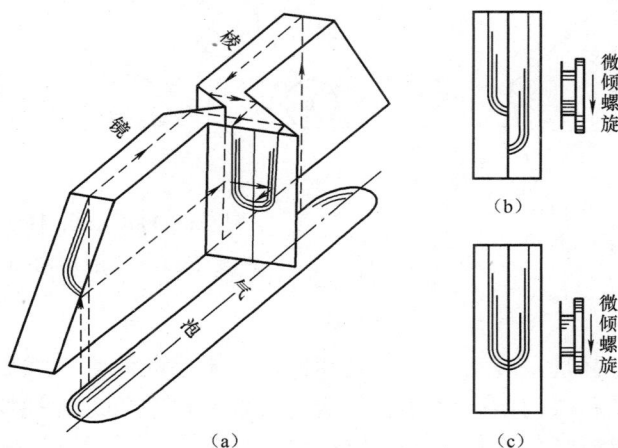

图 GYSD00601002-8 符合棱镜

（a）微倾式水准仪；（b）水准管气泡不居中；（c）水准管气泡居中

（三）基座及三脚架

基座由轴座、脚螺旋和连接板组成。仪器上部通过竖轴插入轴座内，由基座承托，旋紧中心螺旋，使仪器与三脚架相连接。三脚架一般为木质或金属，脚架可伸缩，便于携带及调整仪器高度。

（四）水准尺及尺垫

水准尺是水准测量的重要工具，用优质木料或塑料制成。如图 GYSD00601002-9 所示。水准尺的

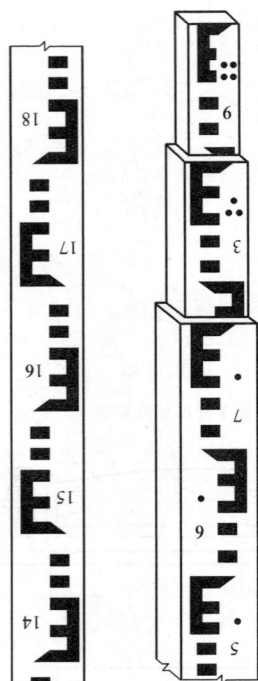

图 GYSD00601002-9 水准尺

零点一般在尺的底部，尺的刻划是黑（红）白相间，每格是 1cm 或 0.5cm，每分米（dm）处均注数字。超过 1m 有的加注红点，如有 2 个红点表示整米数为 2m；有的米数用数字表示，如 15 则表示 1.5m。

水准尺一般分为双面水准尺和塔尺两种。双面尺尺长 3m，一面为黑面分划，黑白相间，尺底为零；另一面为红面分划，红白相间，尺底为一常数（如 4.687m 或 4.787m）。普通水准测量用黑面尺读数，三、四等水准测量用黑、红面尺读数进行校核。塔尺可以伸缩，尺长一般为 5m，适用于普通水准测量。塔尺上的"E"为厘米标记，短头端为 5cm 处，长头端为 10cm 处，即分米处。

尺垫顶面是三角形或圆形状，用生铁铸成或铁板压成，中央有凸起的半圆顶，如图 GYSD00601002-10 所示。使用时将尺垫压入土中，在其顶部放置水准尺。应用尺垫的目的是临时标志点位，避免土壤下沉和立尺点位置变动而影响读数。

（五）水准仪的使用

1. 仪器的安置

水准仪的安置主要是整平圆水准器，使仪器概略水平。做法是：选好安置位置，用连接螺旋将仪器紧固在三脚架上，先踏实两支架腿尖，前后、左右摆动另一支架腿使圆水准器气泡概略居中，然后用脚螺旋使气泡完全居中。转动脚螺旋使气泡移动的操作规律是：气泡需要向哪个方向移动，左手拇指（或右手食指）就向哪个方向转动脚螺旋。如图 GYSD00601002-11 所示，如果气泡偏离在图 GYSD00601002-11（a）的位置，首先按箭头所指方向两手同时相对转动脚螺旋①和②，使气泡移到图 GYSD00601002-11（b）的位置；再按图中箭头所指方向转动脚螺旋③，使气泡居中，一般要反复几次，直至气泡完全居中为止。

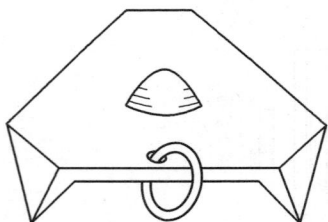

图 GYSD00601002-10 尺垫

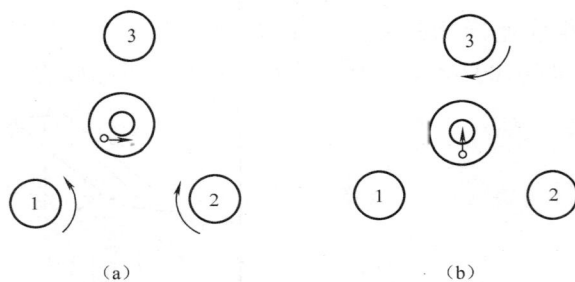

图 GYSD00601002-11 整平圆水准器
(a) 使气泡向两脚中心移动；(b) 使气泡完全居中

2. 对光照准

先将望远镜对着明亮背景，转动目镜对光螺旋，使十字丝清晰。然后松开制动螺旋，转动望远镜，利用镜筒上的准星和照门照准目标后，这时尺像应已在望远镜视场内，可旋紧制动螺旋。转动物镜对光螺旋使尺像清晰，再旋转微动螺旋使尺像位于横丝中部。随之应消除望远镜视差，当观测者眼睛在目镜后上、下晃动时，如果十字丝交点总是指在尺像的一个固定位置，即横丝读数没有变化，说明无视差现象，物像已成像在十字丝面上，如图 GYSD00601002-12（a）所示；如果影像与十字丝有相互错动的相对运动现象，说明有视差，原因是物像没有成像在十字丝面上，如图 GYSD00601002-12（b）所示，对读数的准确性有影响。应继续仔细进行物镜对光，直到消除视差。

3. 精密整平

转动微倾螺旋，使符合水准气泡居中，即气泡两端的像吻合，如图 GYSD00601002-8（c）所示。转动微倾螺旋时用力要轻匀，以免符合气泡上下错动不停。

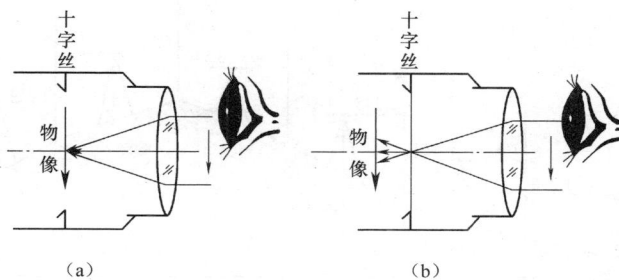

图 GYSD00601002-12　视差现象

（a）没有视差现象；（b）有视差现象

4. 读数

以十字丝横丝为准，读出其指示数值。读数时注意尺上注字，依次读出 m、dm、cm，估读出 mm。使用仪器前应辨认望远镜是正像还是倒像，图 GYSD00601002-13 为倒像望远镜读尺的例子，为方便读数，对于倒像望远镜，应使用倒像的水准尺，往上数字越小，往下数字越大，对于正像望远镜，应使用正像的水准尺，往下数字越小，往上数字越大。每次从望远镜内读数前及读数后都应检查符合气泡是否居中，以保证视线在水平时读数。

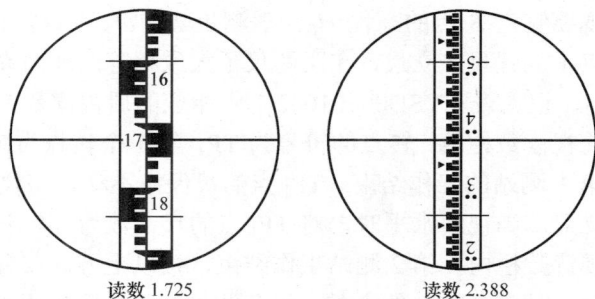

读数 1.725　　读数 2.388

图 GYSD00601002-13　读数

三、水准测量的实施

（一）水准点

为了已确定的高程能长久保存，作为水准测量的依据而设立的标志称为水准点（一般以 BM 表示）。水准点应按照水准路线等级，根据不同性质的土壤及实际需要情况，每隔一定的距离埋设不同类型的水准点标志或标石。

现将工程中常用的水准点标志简述于下：水准点有永久性和临时性两种。永久性水准点由石料或混凝土制成，顶面设置半球状标志，在城镇区也有在稳固的建筑物墙上设置墙上水准点。图 GYSD00601002-14（a）所示为国家水准点，（b）为墙上水准点。

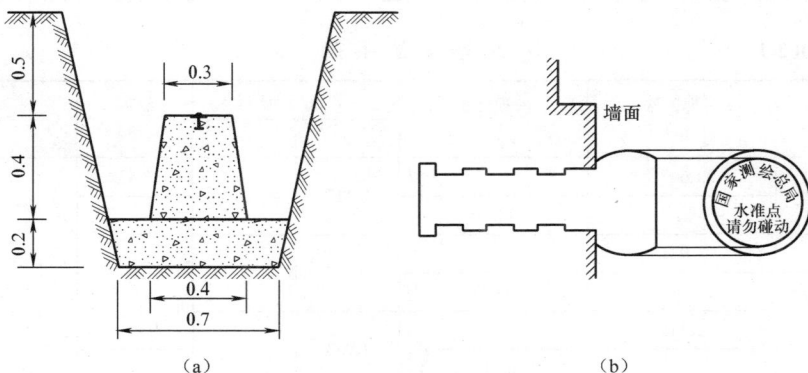

图 GYSD00601002-14　水准点

（a）国家水准点；（b）墙上水准点

水准点也可以用混凝土制成，中间插入钢筋，或选定在突出的稳固岩石或房屋的勒脚。临时性的水准点可打下木桩，桩顶用水泥沙浆保护。

（二）水准测量的实施

当地面两点间的高差较大或两点间的距离较远，超过允许的视线长度，或两点间地形复杂、通视困难，这样安置一次仪器不能测出两点间的高差，必须在其间安置多次仪器分段进行观测。

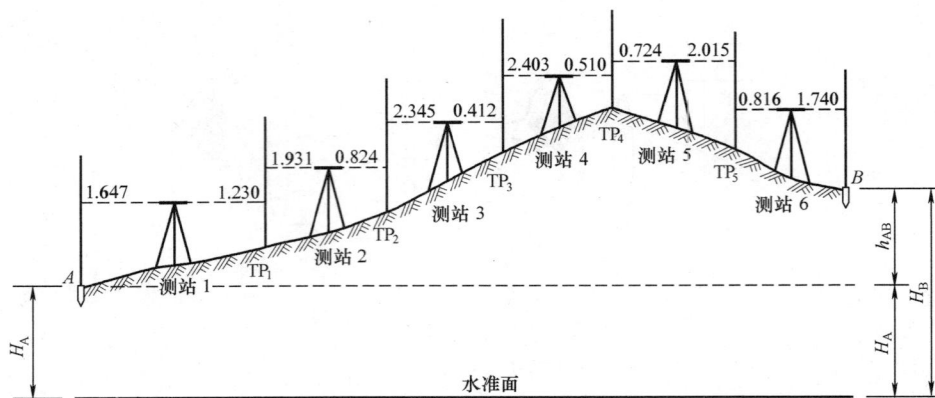

图 GYSD00601002-15　水准测量

　　如图 GYSD00601002-15 所示，A、B 两点的距离较远，地面起伏变化较大。已知 A 点的高程 H_A，现要测定 B 点的高程 H_B。观测步骤如下：后司尺员在 A 点立尺，前司尺员视地形情况在前方选择转点 1 放置尺垫立尺，在距两尺子大致相等的地面设测站 1 安置水准仪。当视线水平时先对 A 尺读数为 a_1，记入表 GYSD00601002-1 中相应的后视读数栏内；然后对转点 1 的尺读数为 b_1，记入表中相应的前视读数栏内。转点的符号为 TP，第 1 个转点为 TP_1。转点的作用是传递高程，是临时立尺点。至此，第 1 测站的工作结束。TP_1 点的尺保持不动，搬仪器到第 2 测站，持 A 点的水准尺前进，选定 TP_2 点立尺。当视线水平时，对 TP_1 点的尺读数为 a_2，记入后视读数栏内；对 TP_2 点的尺读数为 b_2，记入前视读数栏内，第 2 测站工作结束，按以上方法安置第 3、4、5 和第 6 站，测至 B 点。

　　计算各测站的高差。设各测站的高差顺序为 h_1、h_2、$\cdots$、h_6，其中

$$h_1 = a_1 - b_1$$
$$h_2 = a_2 - b_2$$
$$\cdots$$
$$h_6 = a_6 - b_6$$

将以上各式相加得

$$\sum h = \sum a - \sum b$$

上式说明，两点的总高差等于各站高差之和，也等于后视读数之和减去前视读数之和。

表 GYSD00601002-1　　　　　水 准 测 量 手 簿

测 站	点 号	后视读数 (m)	前视读数 (m)	高差（m）+	高差（m）−	高程 (m)	备 注
1	A	1.647		0.417		32.432	
	TP_1		1.230				
2	TP_1	1.931		1.107			
	TP_3		0.824				
3	TP_2	2.345		1.933			
	TP_3		0.412				$H_B = H_A + \sum h$
4	TP_3	2.043		1.893			$=35.558$（m）
	TP_4		0.510				
5	TP_4	0.724			1.291		
	TP_5		2.015				
6	TP_5	0.816			0.933		
	B		1.749			35.558	
	总和	9.866	6.740	+3.126			
计算的检核		$\sum h = \sum a - \sum b = 9.866 - 6.740 = +3.126$（m） $H_B - H_A = 35.558 - 32.432 = +3.126$（m）					

如图 GYSD00601002-15 所示，已知 $H_A = 32.432$m，各测站观测值如图所示，记录在表 GYSD00601002-1 中，A 点至 B 点的高差 $h_{AB} = \Sigma h = +3.126$m。所求点 B 点的高程为

$$H_B = H_A + h_{AB} = 32.432 + 3.126 = 35.558 （m）$$

计算是否有误，应予校核

$$\Sigma a - \Sigma b = 9.866 - 6.740 = +3.126 （m）$$

$$H_B - H_A = 35.558 - 32.432 = +3.126 （m）$$

原计算 $\Sigma h = +3.126$ m，3 个数值结果相同，计算无误。

（三）水准测量作业应注意事项

水准测量作业是集体工作，必须互相配合，各自做好工作，测量人员认真负责，不得粗心大意，这就能避免出错或少出错，否则，就会造成局部或全部返工。下面就水准测量容易出错的地方提出几条注意事项。

（1）每次读数之前，都应先检查一下圆水准气泡是否居中，水准管气泡象是否吻合，然后读数。

（2）读数时要注意，尺的像有正像或倒像，均应从小到大读取读数，不要把尺上的米数、分米数、厘米数读错。例如，没有注意分米注记上的小红点，而把 1.567m 误读成 0.567m；又如把 1.025 误读成 1.25，即没有读出零分米，而把厘米、毫米当做分米、厘米读了。

（3）观测员读数要清楚，记录员要听清楚记正确，最好是记录完再复诵核对一次；记录要清楚、整齐；记录有误不准擦去及涂改，应划去重写。

（4）要把前视、后视读数记入相应的读数栏内，不要记错格。

（5）为了保证水准器测量精度，观测员一定要消除视差，走动时不要碰动三脚架，观测时不要手扶三脚架。

（6）扶尺员要把尺扶正，并应根据地势情况，要用步测尽量使前、后视距相等，以消除误差。

（7）在土质松软地方，转点处尺垫应踩实，避免观测时尺下沉，影响高差。

（8）安置仪器时，脚架一定要踩实，在烈日照射下，要撑伞遮住太阳光，以免影响水准管气泡的稳定；若迎着日光观测时，物镜应加遮光罩。

（9）测量计算必须进行检核。

【思考与练习】

1．什么是前视、后视？水准测量中为什么要求前后视距离相等？

2．什么是视差？产生的原因是什么？如何发现与消除？

3．水准测量中，什么是转点？有何作用？

4．已知 A 点的高程为 22.202m，按表 GYSD00601002-1 格式填入图 GYSD00601002-16 水准测量数据，计算 B 点的高程，并进行计算的检核。

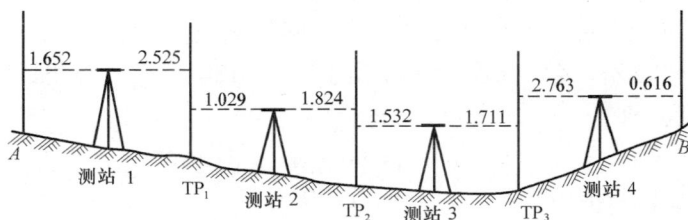

图 GYSD00601002-16　水准测量

模块 3　角度测量（GYSD00601003）

【模块描述】本模块包含角度测量的概念、光学经纬仪的结构与使用、水平角观测、竖直角观测、

电子经纬仪简介。通过概念描述、要点讲解、操作流程及步骤讲解，了解角度测量的概念、电子经纬仪构成，熟悉光学经纬仪的结构。掌握水平角观测、竖直角观测的方法。

【正文】

角度测量是输电线路测量的基本工作之一，它包括水平角测量和竖直角测量，常用的测量仪器为经纬仪。

一、角度测量的概念

（一）水平角的概念及测量原理

地面上一点到两个目标点的方向线，垂直投影到水平面上所形成的角称为水平角，也就是说地面上任意两条方向线的水平角是过该两条方向线的两个铅垂面所夹的二面角，如图 GYSD00601003-1（a）所示，A、O、B 为地面上任意三点，通过 OA 和 OB 分别作两个铅垂面，它们与水平面 P 的交线 oa 和 ob 的夹角 β 就是 OA、OB 所夹的水平角。

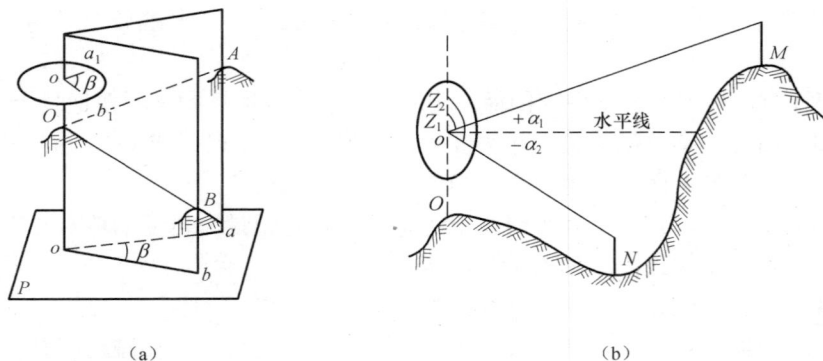

图 GYSD00601003-1　角度测量的概念

（a）水平角；（b）竖直角

在过 O 点的铅垂线 Oo 上水平安置一个刻度盘，中心在 Oo 线上，再有一个照准目标的望远镜，既能绕 Oo 水平旋转，又能在一个竖直面内俯仰，当望远镜分别照准 A 和 B 时，过 A 和 B 的两个铅垂面与刻度盘相交，设交线在刻度盘上的读数分别为 a_1 和 b_1，则水平角为

$$\beta = a_1 - b_1 \qquad\qquad \text{（GYSD00601003-1）}$$

（二）竖直角的概念及测量原理

在一个竖直面内，方向线和水平线的夹角称为该方向线的竖直角（又称垂直角），如图 GYSD00601003-1（b）所示，方向线在水平线之上称为仰角，符号为正；方向线在水平线之下称为俯角，符号为负。角值变化范围为 $-90° \sim +90°$。如果在安置于竖直面内的刻度盘上能得到某倾斜视线与水平线的对应读数，则两读数之差即为该倾斜视线的竖直角值。

在测量中也可用方向线与指向天顶的铅垂线之间的夹角表示竖直角，称为天顶距 Z，如图 GYSD00601003-1（b）中的 Z_1、Z_2，天顶距变化范围为 $0° \sim 180°$，同一观测目标的天顶距与竖直角的关系是两者之和等于 $90°$，即

$$\alpha_1 + Z_1 = 90° \qquad \alpha_2 + Z_2 = 90° \qquad \text{（GYSD00601003-2）}$$

二、光学经纬仪的结构与使用

经纬仪是输电线路工程主要测量仪器之一，可用来测量水平角度、竖直角度、距离和高程。经纬仪的种类很多，它的结构也是多种多样的，一般常用的普通经纬仪有游标和光学两种。目前，输电线路工程测量中大多采用光学经纬仪。

工程上常用的光学经纬仪有 DJ1、DJ2、DJ6 等类型。D、J 分别为大地测量和经纬仪的汉语拼音第一个字母，数字 1、2、6 是表示仪器的精度等级，即该类仪器的一测回水平方向中的误差，以秒为单位来表示。数字越小，仪器精度越高。现以我国苏州第一光学仪器厂生产的 J2（DJ2）光学经纬仪为例介绍光学经纬仪结构和使用。

（一）仪器结构

主要由基座、水平度盘和照准部三大部分组成。如图 GYSD00601003-2 所示。

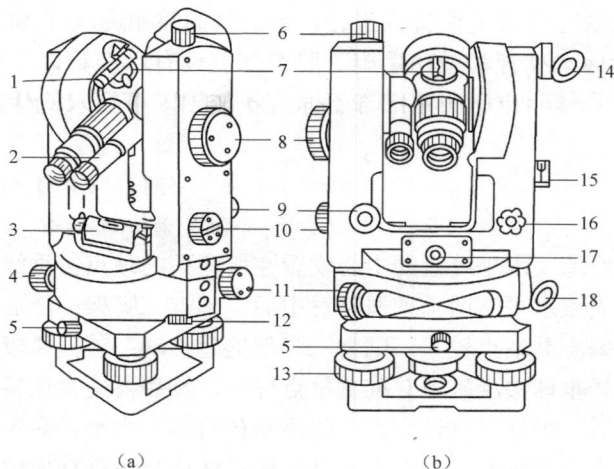

图 GYSD00601003-2　J2 经纬仪的构造

（a）盘左经纬仪结构；（b）盘右经纬仪结构

1—望远镜反光扳手轮；2—读数显微镜；3—照准部水准管；4—照准部制动螺旋；5—轴座固定螺旋；6—望远镜制动螺旋；

7—光学瞄准器；8—测微手轮；9—望远镜微动螺旋；10—换像手轮；11—照准部微动螺旋；12—水平度盘变换手轮；

13—脚螺旋；14—竖盘反光镜；15—竖盘指标水准管观察镜；16—竖盘指标水准管微动螺旋；

17—光学对中器目镜；18—水平度盘反光镜

1. 基座

由轴座、脚螺旋和连接板等组成。转动脚螺旋可使照准部的水准器居中，从而使竖轴铅直、度盘水平。连接螺旋可使仪器与三脚架固连在一起。在连接螺旋上悬挂垂球，指示水平度盘的中心位置，借助垂球将水平度盘中心安置在所测角顶的铅垂线上。J2 经纬仪还装有光学对中器，它比垂球对中具有精度高和不受风吹而摆动的优点。使用仪器时，切勿放松连接螺旋，否则，易造成经纬仪从基座中脱落，使仪器损坏。

2. 水平度盘

这部分包括水平度盘、度盘变换手轮等。

水平度盘用光学玻璃制成，在度盘上依顺时针方向刻注有 0°～360° 分划线，相邻两分划线所夹的圆心角，称为度盘的分划值，本类仪器度盘的分划值为 20′（或 10′）。

水平度盘的变换手轮，如图 GYSD00601003-2 中的 12，是用来转动水平度盘的。观测时，扳开安装在水平度盘外壳下方的保护盖，转动度盘变换手轮，将水平度盘转至所需的度数，随即将保护盖关闭，以防止水平度盘转动。

水平度盘的特点是换盘手轮（图 GYSD00601003-2 中 12）是嵌在轴座内的。因此，在使用前如果仪器的照准部和三角基座未连接在一起时，应注意根据照准部下面的定位螺钉（图 GYSD00601003-3中 2）仔细地插入三角基座上的定位孔（图 GYSD00601003-3 中 1）内，才能使变换手轮正确地嵌入轴座内。仪器从基座内取出，应先放松轴座固定螺旋（图 GYSD00601003-2 中 5）。

3. 照准部

由望远镜、读数设备、竖直度盘、水准器、竖轴和支架等部分组成。望远镜的构造和水准仪望远镜一样，都是用来照准远方目标的，它和横轴固连在一起安在支架上。当横轴水平时，望远镜绕横轴旋转将使视准轴扫出一个竖直面。在支架

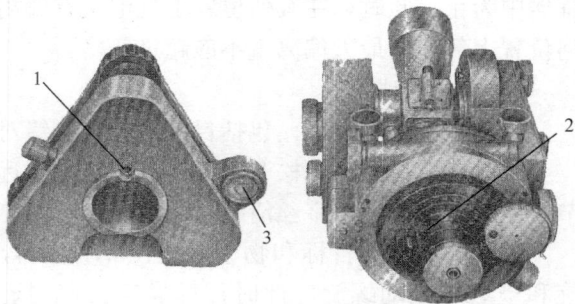

图 GYSD00601003-3　J2 经纬仪的三角基座和照准部

1—定位孔；2—定位螺钉；3—圆水准器

一侧设有一套望远镜制动和微动螺旋，用以控制望远镜的俯、仰，在照准部外壳上设有一套水平制动和微动螺旋，用以控制照准部水平方向转动。读数设备是把度盘和测微器分划线通过一系列透镜的放大和棱镜的折射，反映在读数显微镜内进行读数。竖直度盘是为了测量竖直角而设，固定在横轴的一端，另设有竖盘指标水准管和微动螺旋。照准部上设有水准管，用以精确定平，指示水平度盘是否水平。圆水准器用作概略定平。照准部下面有一竖轴，可插入筒状的轴座内，使整个照准部绕竖轴水平转动。

（二）经纬仪的使用

1. 经纬仪的安置

（1）对中。对中是把经纬仪水平度盘的中心安置在所测角的顶点铅垂线上。其方法是：先将三脚架安置在测站点上，架头大致水平，用垂球概略对中后，踏牢三脚架；然后用连接螺旋将仪器固定在三脚架上，此时若垂球尖偏离测站点较大，则将三脚架提起移动；若偏离较小，可将连接螺旋略微旋松，移动仪器基座，使仪器垂球尖准确地对准测站点标心，然后再旋紧连接螺旋。用垂球对中时，悬挂垂球的线长度要调节合适，垂球不宜过高，以免不易分辨偏差大小。对中的误差一般应小于3mm。

如果使用带有光学对中器的仪器，对中方法是：先目估或悬吊垂球大致对中，然后整平仪器，旋转光学对中器的目镜，使分划板清晰；再拉出或推进对中器的目镜管，使测站点的标志成像清晰，然后在架头上平移仪器，直至测站点标心与对中器的刻划圈中心重合，再旋紧连接螺旋。这时应检查照准部水准管气泡是否仍然居中，如有偏离要再次整平，然后再检查对中情况并精确对中。由于整平与对中相互影响，一般要反复进行调整，直到气泡居中，同时测站点标心与对中器刻划圈中心重合为止。

（2）整平。整平是用脚螺旋使照准部水准管气泡居中，使仪器的竖轴铅直和水平度盘水平。

1）使照准部水准管与任意两个脚螺旋连线平行，如图 GYSD00601003-4（a）所示。两手向相反方向相对旋转①、②两个脚螺旋，使水准管气泡居中，气泡移动的方向与左手大拇指转动的方向一致，如图中箭头所示。

2）将照准部平转90°，如图 GYSD00601003-4（b）所示，调节脚螺旋③使水准管气泡居中。

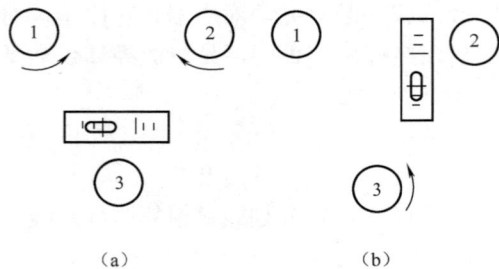

图 GYSD00601003-4 经纬仪整平

（a）水准管与任意两个脚螺旋连线平行；

（b）水准管与任意两个脚螺旋连线垂直

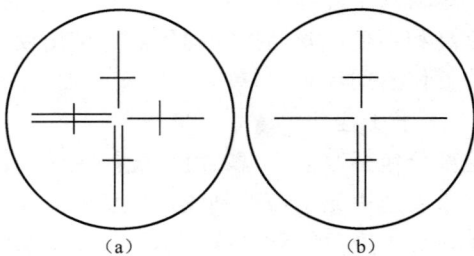

图 GYSD00601003-5 光学经纬仪十字丝

（a）十字丝竖丝、横丝双丝；（b）十字丝竖丝双丝

3）将照准部转回到原来位置，重复以上操作，如此反复进行，直到气泡在此互为90°的两个位置都居中为止。此时如在其他位置上气泡又有偏离，则属于仪器误差，有待校正。整平后，照准部在任何位置上气泡的最大偏离量不应超过一格。

2. 对光和瞄准

用望远镜瞄准目标，包括目镜对光、物镜对光和瞄准等项基本操作。

（1）目镜对光：先松开水平制动螺旋和望远镜制动螺旋，将望远镜指向天空或白色明亮背景，调节目镜对光螺旋使十字丝清晰。

（2）初步瞄准目标和物镜对光：转动仪器，利用望远镜上的瞄准器对准目标，固定水平制动螺旋和望远镜制动螺旋。此时目标像应已在望远镜视场内，再调节物镜对光螺旋，使目标清晰并消除视差。

（3）精确瞄准目标：转动照准部水平微动螺旋和望远镜的微动螺旋，使十字丝竖丝中央部分精确瞄准目标点。光学经纬仪的十字丝一般如图 GYSD00601003-5 所示。

瞄准目标时要用十字丝的中央部位。如观测水平角，可视目标影像的大小情况，将目标影像夹在双纵丝内且与双丝对称，或用单纵丝与目标重合，如图 GYSD00601003-6 所示。为了减少目标倾斜对水平角的影响，如图 GYSD00601003-6（b）、（c）所示的情况，应尽可能瞄准目标底部。如用垂球线作为瞄准的目标，应注意使垂球尖准确对正测点，并瞄准垂球线的上部，如图 GYSD00601003-6（a）所示。

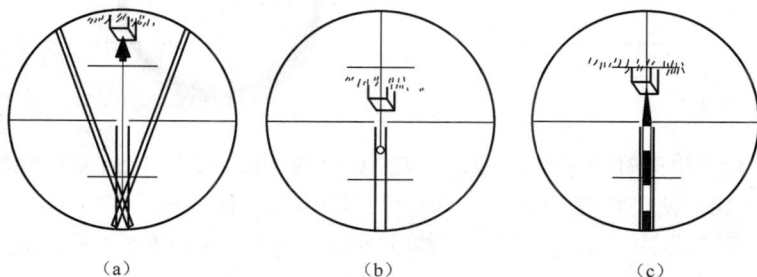

图 GYSD00601003-6　目标点瞄准方法

（a）垂球瞄准；（b）一般目标瞄准；（c）标杆瞄准

3. 读数方法及读数

（1）度盘读数。两个度盘读数都是用望远镜旁边的读数显微镜去读取。如图 GYSD00601003-2 所示，水平度盘影像用水平度盘照明反光镜 18 照明，竖直度盘影像用竖盘照明反光镜 14 照明。J2 光学经纬仪的读数窗中只能看到水平度盘或竖直度盘两者之一的影像。位于支架外侧的换像手轮 10，用以变换两度盘的影像，欲使显微镜中现出水平度盘影像，顺时针方向转动换像手轮 10，到转不动为止，欲使显微镜中现出竖直度盘影像，则反时针方向转动换像手轮，到转不动为止。无论哪个度盘的影像出现于显微镜中、测微小窗的影像总是出现于度盘影像的左边，转动读数显微镜 2 可使度盘的影像清晰。

（2）水平度盘读数。放松制动螺旋 4 和 6，转动照准部，用望远镜上的光学瞄准器 7 的十字丝粗略找准目标，轻轻锁紧制动螺旋 4 和 6，旋转照准部微动螺旋 11 和望远镜微动螺旋 9，使望远镜分划板十字丝精确照准目标。目标小于双丝之间的宽度宜用双丝瞄准，反之则用单丝瞄准。

顺时计转动换像手轮 10 到转不动为止，使盖面白线成水平，打开与转动水平度盘照明反光镜 18，使水平度盘有均匀、明亮的光线照明。调节读数显微镜 2，使度盘影像清晰、明确。拨开水平度盘变换手轮的护盖，转动变换手轮 12，使在读数窗内看到所需之度盘读数，关好护盖，应注意在转动变换手轮 12 时不宜用力过大，以免影响望远镜竖丝偏离目标。在置换度盘位置后，宜检查一下望远镜内见到的目标是否移动。

读数符合方法：转动测微手轮 8，读数显微镜内见到度盘上下两部分影像相对移动，直到上下格线精确符合为止。这时读数窗内已显出度、分、秒。当符合时，必须尽可能的小心正确，因为这是直接影响着读数的精度。测微手轮的最后转动必须是同一顺时针方向的。当转动测微手轮至测微尺刻划末端时，应注意不宜再继续转动，以免损伤测微尺。

读数方法：J2 经纬仪读数窗口有两种，一种如图 GYSD00601003-7 所示，整度数由上窗中央或偏左的数目字读得，上窗中的小框内的数字为整十位分数；余下的个位分数与秒数从左边的小窗内读得。测微尺上下共刻 600 格，每小格为 1″，共计 10′，左边的数目字为分，右边的数目字乘以 10″，再数到指标线的格数即秒数。度盘上读得的读数加上测微尺上读得的读数之和即为全部的正确的读数。另一种如图 GYSD00601003-8 所示，按正像在左（中心偏左或中心），倒像在右（中心偏右或中心），相距最近的一对注有度数的对径分划（两者相差 180°）进行，正像分划线所注度数即为要读的度数；正像分划线和倒像分划线间的格数乘以度盘分划值的一半，即为度盘的整十位分数，不足 10′ 的个位分数和秒数则在测微尺上读得。

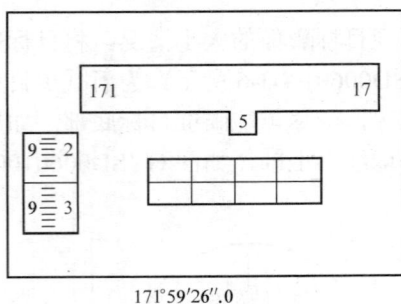

171°59′26″.0

图 GYSD00601003-7 度盘读数（一）

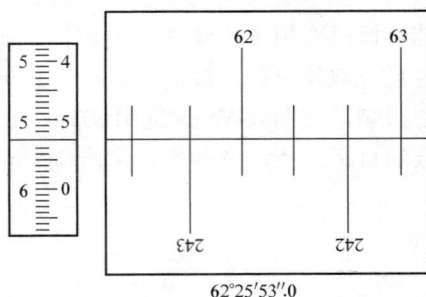

62°25′53″.0

图 GYSD00601003-8 度盘读数（二）

（3）竖直度盘读数。反时针方向转动换像手轮 10 至转不动为止，使盖面白线成竖直位置，打开和转动竖盘照明反光镜 14，使竖直度盘有均匀、明亮光线照明，按上述读数符合方法和读数方法即可读得竖直度盘的读数。但在每次读数前应旋转竖盘指标微动螺旋 16，使在观察棱镜 15 内看到的竖盘水准器水泡精确符合。

三、水平角观测

前面介绍了水平角测量的概念。当使用经纬仪在实地观测水平角时，为了防止错误和消减仪器误差，以保证观测的结果能达到所需的精度，还必须按一定的操作程序进行观测。

在一个测站上，每次只观测一个水平角时，可采用"测回法"。如在一个测站上每次要同时观测相邻两个或两个以上的水平角时，可采用方向观测法，或称为全圆测回法。

为了叙述方便，先将一些术语说明如下。

左方点和右方点：观测者立于测站点 A，面向测点 B、C，量测水平角 β，如图 GYSD00601003-9 所示，则称测点 B 为左方点，测点 C 为右方点；如要量测水平角 β'，则测点 C 为左方点，B 为右方点。

盘左与盘右（或正镜与倒镜）：这是指经纬仪竖盘的位置与望远镜位置而言。当望远镜瞄向目标时，如竖盘在望远镜的左侧，称此时竖盘置位为"盘左"，或称望远镜位置为"正镜"，如图 GYSD00601003-2（a）所示。如竖盘在望远镜的右侧，则称为"盘右"或"倒镜"，如图 GYSD00601003-2（b）所示。

（一）测回法

在测站点（角顶）安置经纬仪，用盘左和盘右各观测水平角一次，盘左观测时为上半测回，盘右观测时为下半测回。如两次观测角值相差不超过容许误差，则取其平均值作为一测回的结果。这一观测法称为测回法。

观测之前，先在测点标志上垂直竖立供瞄准的目标（如测杆、吊垂球线）。在测站点（如图 GYSD00601003-9 中的 A）上安置经纬仪，对中、整平后，进行目镜对光，然后按下述步骤进行操作。

（1）上半测回，盘左。

1）瞄准左方点（如图 GYSD00601003-9 中的 B）的目标，读水平度盘读数。例如，$b_左 = 55°14′18″$，记入观测手簿内，见表 GYSD00601003-1。

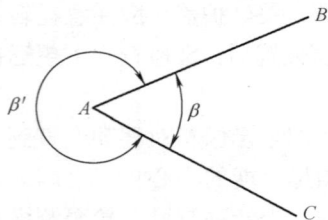

图 GYSD00601003-9 左方点、右方点的概念

2）顺时针方向转动照准部，瞄准右方点（如图 GYSD00601003-9 中的 C）的目标，读数得 $c_左 = 117°17′52″$，记录。

计算上半测回角值

$$\beta_左 = c_左 - b_左 \qquad\qquad (GYSD00601003-3)$$

例：$117°17′52″ - 55°14′18″ = 62°03′34″$

（2）下半测回，盘右。

1）倒转望远镜，逆时针方向转动照准部，在盘右位置瞄准右方点 C，读数得 $c_右 = 297°17′01″$，记录。

2）逆时针方向转动照准部，瞄准左方点 B，读数得 $b_左 = 235°13'53''$，记录。

计算下半测回角值

$$\beta_右 = c_右 - b_右 \qquad \text{（GYSD00601003-4）}$$

例：$297°17'01'' - 235°13'53'' = 62°03'08''$

（3）计算上、下两半测回间角值之差 $\Delta\beta$，评定其精度，检查有无超限。上、下半测回间角值之差（称为较差）

$$\Delta\beta = \beta_左 - \beta_右 \qquad \text{（GYSD00601003-5）}$$

使用光学经纬仪观测水平角一测回，其允许偏差为： $\Delta\beta_容 = \pm 30''$

在上例中

$$\Delta\beta = 62°03'34'' - 62°03'08'' = +26''$$

因

$$-30'' < +26'' < +30''$$

故符合要求。其平均值见表 GYSD00601003-1，如超限，要查明原因，加以重测。

表 GYSD00601003-1　　　　　　　水平角观测手簿（测回法）

测站	测点	竖盘位置	水平度盘读数			角　值			平均角值			备　注
			°	′	″	°	′	″	°	′	″	
A	B	左	55	14	18	62	03	34	62	03	21	A B C $\Delta\beta = +26''$ $-30'' < +26'' < +30''$ 符合要求
	C		117	17	52							
	B	右	235	13	53	62	03	08				
	C		297	17	01							

注意：

1）在半测回过程中，不能变动度盘。为了消除水平度盘的分划误差，在完成上半测回的观测后，可变动水平度盘约 90°，然后进行下半测回的观测，操作同前。

2）当水平角要求的精度较高时，可重复观测 2～3 测回。为了消除度盘的分划误差，各测回要改变水平度盘的起始读数，其变动值可参考方向观测法。每测回的操作方法及容许误差同前，各测回平均值间的互差视精度要求而定，一般可取其容许误差为 $\pm 35''$，如符合要求则取各测回平均值作为最后结果。

（二）全圆测回法（方向观测法）

如目标为三个或三个以上时，为了能一次测出各目标间的角值，同时使各个方向的观测结果具有相同的精度，则应采用全圆测回法观测，其操作步骤如下。

（1）如图 GYSD00601003-10 所示，安置仪器于 O 点，盘左位置调整水平度盘读数稍大于 0°处（仅为了计算简便），选一清晰目标 A 作为起始方向，读取读数 a 记入表 GYSD00601003-2 中。

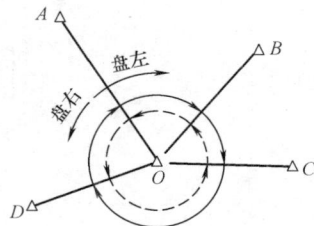

图 GYSD00601003-10　全圆测回法

（2）顺时针依次照准 B、C、D 分别读取读数为 b、c、d，记入表 GYSD00601003-2 中。

（3）继续顺时针再次照准 A 点方向，读取读数 a'，称为归零。读数 a 与 a' 之差称为半测回归零差，对于 J2 经纬仪不应超过 $\pm 12''$，对于 J6 经纬仪不应超过 $\pm 18''$，否则应重新观测。

以上操作称为上半测回。

（4）纵转望远镜成盘右位置，照准目标 A 并逆时针方向旋转照准部依次照准 D、C、B、A 各方向，分别读取读数记入表格，称为下半测回，半测回归零差仍不应超过限差。

表 GYSD00601003-2　　　　　水平角观测手簿（全圆测回法）

测回数	目标点	水平度盘读数						2c	$\dfrac{L+(R\pm180°)}{2}$			归零方向			平均方向值			备　注
		L			R													
		°	′	″	°	′	″	″	°	′	″	°	′	″	°	′	″	
									0	02	09							
I	A	0	02	12	180	02	00	+12	0	02	06	0	00	00	0	00	00	
	B	82	47	36	262	47	30	+6	82	47	33	82	45	24	82	45	32	
	C	151	24	24	331	24	12	+12	151	24	18	151	22	09	151	22	17	
	D	230	50	18	50	50	00	+18	230	50	09	230	48	00	230	48	08	
	A	0	02	18	180	02	06	+12	0	02	12							
									90	29	50							
II	A	90	30	00	270	29	48	+12	90	29	54	0	00	00				
	B	173	15	30	353	15	32	−2	173	15	31	82	45	41				
	C	241	52	18	61	52	12	+6	241	52	15	151	22	25				
	D	321	18	12	141	18	00	+12	321	18	06	230	48	16				
	A	90	29	48	270	29	42	+6	90	29	45							

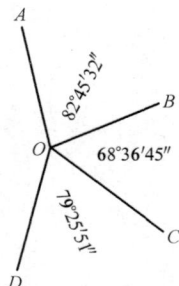

（备注栏示意图）

A

82°45′32″

O　68°36′45″　B

79°25′51″

C

D

如果要求观测几个测回，则各测回仍按前述规定变换水平度盘起始读数位置。

四、竖直角观测

（一）竖直度盘构造与注记形式

如图 GYSD00601003-11 所示为竖直度盘的主要组成部分。竖直度盘固定在望远镜横轴的一端，并与横轴垂直，当望远镜在竖直面内转动时，竖直度盘在竖直面内也随着转动。竖盘指标与竖直度盘指标水准管连在一起，不随望远镜作竖直面内的运动。但通过竖盘水准管微动螺旋能使竖盘指标与水准管一起作微小转动，当指标水准管气泡居中，则竖盘指标处在正确位置。

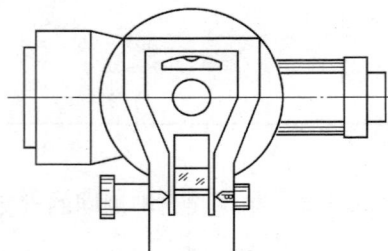

光学经纬仪的竖盘由玻璃制作，其刻划注记有顺时针与逆时针两种类型，如图 GYSD00601003-12 所示。当竖盘指标水准管气泡居中，望远镜视线水平时，竖盘读数应为 90° 的整倍数（如 0°、90°、180°、270°）。这就是竖直角观测中水平视线所具有的竖直度盘读数的固定值。

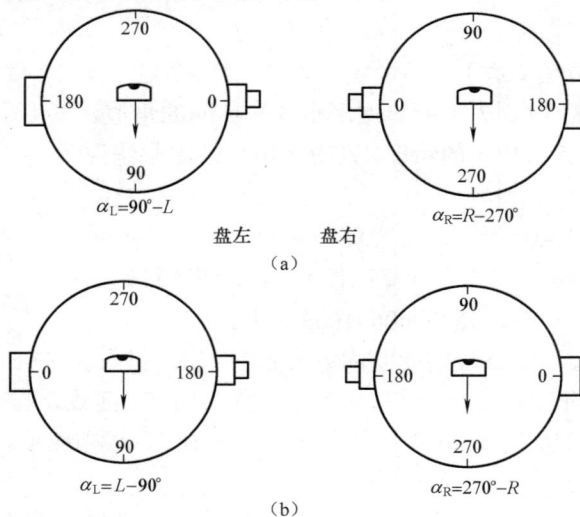

图 GYSD00601003-11　光学经纬仪竖直度盘构造

$\alpha_L=90°-L$　　$\alpha_R=R-270°$

盘左　　　盘右

（a）

$\alpha_L=L-90°$　　$\alpha_R=270°-R$

（b）

图 GYSD00601003-12　光学竖盘注记形式

（a）顺时针注记；（b）逆时针注记

（二）竖直角观测与计算

1. 竖直角观测

（1）安置仪器于测站上，盘左位置使十字丝中央交点对准目标点。

（2）整平竖盘指标水准管，读取竖盘盘左读数 L，记入观测手簿（表 GYSD00601003-3）。

（3）倒转望远镜成盘右位置，重复上述（1）、（2）步骤得盘右读数 R，并记录。

2. 竖直角计算

竖直角的计算公式应根据竖盘注记形式确定。方法是：先将望远镜大致放平，辨明水平视线的竖盘固定读数，然后将望远镜上仰，如果对应的竖盘读数增大，则用瞄准目标的竖盘读数减去水平视线的竖盘固定读数，即得到该目标的竖直角；如果读数减小，则用水平视线的竖盘固定读数减去瞄准目标的竖盘读数，得到该目标的竖直角。

如图 GYSD00601003-12（a）为顺时针注记，则竖直角计算公式为

盘左时

$$\alpha_L = 90° - L \qquad\qquad (\text{GYSD00601003-6})$$

盘右时

$$\alpha_R = R - 270° \qquad\qquad (\text{GYSD00601003-7})$$

式中　α_L、α_R——盘左竖直角值、盘右竖直角值。

如图 GYSD00601003-12（b）为逆时针注记，则竖直角计算公式为

盘左时

$$\alpha_L = L - 90° \qquad\qquad (\text{GYSD00601003-8})$$

盘右时

$$\alpha_R = 270° - R \qquad\qquad (\text{GYSD00601003-9})$$

竖直角观测记录计算格式见表 GYSD00601003-3。

表 GYSD00601003-3　　　　　　竖 直 角 观 测 手 簿

测站	目标	竖盘位置	竖盘读数			半测回竖直角			一测回竖直角			备　注
			°	′	″	°	′	″	°	′	″	
A	P	左	101	15	30	11	15	30	11	15	18	盘左 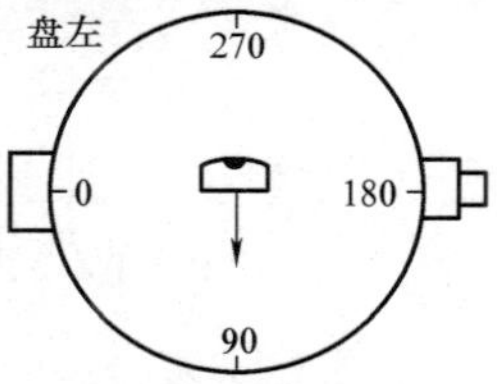
		右	258	44	54	11	15	06				
	Q	左	80	16	12	−9	43	48	−9	43	42	
		右	279	43	36	−9	43	36				

观测竖直角时，竖盘指标水准气泡必须居中，否则指标位置不正确，读数有偏差。但每次读数时必须做到水准气泡严格居中既麻烦又费时间，所以现在采用了竖盘指标自动归零补偿器代替水准管，称之为自动归零装置。值得注意的是，当长时间使用，特别是在使用后未及时锁紧补偿器，使吊丝受振，就会产生指标差甚至导致装置失灵，所以使用前应进行检查，使用后及时将装置锁住。

五、电子经纬仪简介

与传统的光学经纬仪相比，电子经纬仪采用了光电测角手法，在精度上超过了光学经纬仪，在数据自动获取和处理上，光学经纬仪是无法与之相比拟的。可以断言，电子经纬仪将逐渐取代光学经纬仪。

电子经纬仪是电子测角仪器，它与光学经纬仪有着相似的结构特征，仍然是采用度盘，但是，电子测角的度盘不是在度盘上按某一个角度单位刻上刻划线并根据刻划线读取角度值，而是在度盘上取得电信号，根据电信号再转换成角度。因此，电子经纬仪与传统经纬仪最主要的不同是读数系统。光

学经纬仪是采用光学度盘、光路显示系统和目视读数；电子经纬仪则是采用光电扫描度盘自动计数、自动显示系统。它可以与电磁波测距仪组合成全站式电子速测仪，将野外电子手簿记录的数据传入计算机，以进行数据处理和绘图。

各厂所生产的不同型号电子经纬仪，采用的电子测角系统按取得电信号的方式不同而分为编码度盘测角系统、光栅度盘测角系统和光栅动态侧角系统三种。

图 GYSD00601003-13（a）为 Wild T1000 型电子经纬仪外形，水平角和竖直角测角精度为 ±3″，显示分辨率为 1″，水平度盘可在粗略整平的基础上自动整平，为了便于盘左、盘右观测，在仪器的两侧都有可照明的控制板，上面有两个显示窗，可同时显示出水平角和竖直角，还有 6 个多功能键，单测角时只用一个键，其他功能键主要是作为照明和连接测距仪、记录器的操作键；工作温度为 –20℃～50℃，电源为 12V，工作电流很小，仅为 0.06A。

图 GYSD00601003-13（b）为 Wild T2000 型电子经纬仪外形，其测角模式有两种，一种是单角测量，另一种是跟踪测量，仪器可跟踪活动目标旋转而改变显示的数据。水平角和竖直角一测回的测角中误差为 0.5″。光学对中器、圆水准器和水准管设在照准部上，当竖轴倾斜时，仪器可自动测出并显示其数据，故可借此精确定平仪器，精度可达 1″。制动螺旋和两个微动螺旋同轴，两个微动螺旋用于快速瞄准和精确照准，竖直度盘指标可自动归零。中心操纵面板由一个键盘和三个显示器组成，键盘上有 18 个键，可发出不同的指令，三个显示器中一个是提示显示，两个是数据显示。

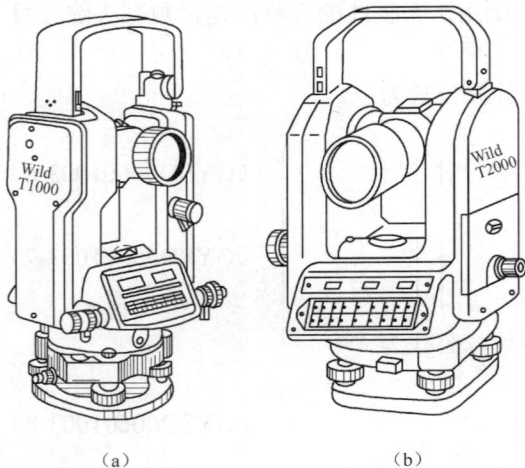

图 GYSD00601003-13　电子经纬仪外形
（a）Wild T1000 型外形；（b）Wild T2000 型外形

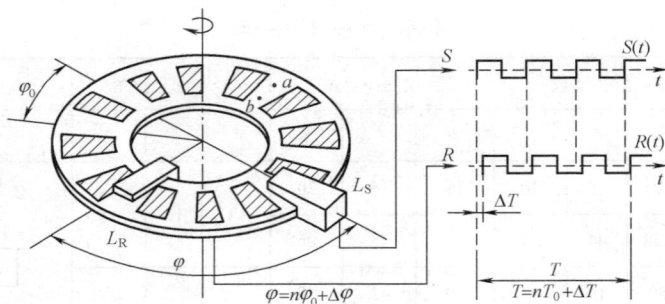

图 GYSD00601003-14　电子经纬仪动态测角系统图

图 GYSD00601003-14 所示是 Wild T2000 型电子经纬仪动态测角系统图，是一个具有旋转光栅的动态测角系统，度盘上刻有 1024 条栅线，其栅距的分划值为 φ_0；内含栅线和缝隙，相应为不透光区和透光区，盘上刻有两个指示光栏，L_S 为固定光栏，安置在度盘外缘；L_R 为可动光栅，随照准部转动，安置在度盘内边缘。φ 为照准某方向后 L_R 和 L_S 之间的角度，读 φ 角时，度盘开始旋转，计取通过光栏间的栅线数，即可求得角度值。由图可见，$\varphi = n\varphi_0 + \Delta\varphi$，即夹角为 n 个整周期 φ_0 和不足整周期 $\Delta\varphi$ 之和，它们分别由粗测和精测求得。粗测和精测数据由微处理机进行衔接处理，即得角度值。

粗测是为测量求出 φ_0 的个数 n。在度盘同一径向的外、内缘上设有两个标记 a 和 b，度盘旋转时从标记 a 通过 L_S 时起，计数器开始记录整个间隙 φ_0 的个数。当另一个标记 b 通过 L_R 时，计数器停止计数，此时计数器所得到的数值就是 φ_0 的个数 n。

精测是为测量出 $\Delta\varphi$，通过光栏 L_S 和 L_R 产生 R 和 S 两个信号，$\Delta\varphi$ 可由 S 和 R 的相位差求得。精测开始后，度盘开始旋转，当某一分划通过 L_S 时，开始精测计数，计取通过计数脉冲的个数，一个脉冲代表一定的角值（例如 2″）；而另一个分划继而通过 L_R 时停止计数。由计数器中所计的数值即可求得 $\Delta\varphi$。度盘一周有 1024 个间隙，每一个间隙计一次 $\Delta\varphi$ 的数，当度盘旋转一周可测得 1024 个 $\Delta\varphi$，然后取平均值，可求出最后 $\Delta\varphi$ 值。测角精度取决于精测精度。

粗测、精测数据由微处理器进行处理后，得角度值并自动显示。

【思考与练习】

1．什么叫水平角？水平角观测原理是什么？在同一竖直面内，由一点至两目标的方向线间的水平角时多少？为什么？

2．什么叫竖直角？竖直角观测原理是什么？在同一竖直面内，由一点至两目标的方向线间的夹角，是否为竖直角？为什么？

3．角度观测中，经纬仪对中和整平的目的是什么？

4．简述测回法测水平角的操作程序。方向观测法与测回法有何不同？两种方法各用于何种场合？

5．观测水平角时，如果经纬仪的水平度盘随着照准部转动，能否测出水平角？为什么？用测回法观测水平角时，如果水平度盘是逆时针方向递增注记的，如何计算水平角？

6．简述电子经纬仪的特点，电子经纬仪有哪些光电测角方法？

模块 4　距离测量及直线定向（GYSD00601004）

【模块描述】本模块涵盖钢尺量距、视距测量、视差法测距、三角分析法测距、电磁波测距、直线定向。通过概念描述、原理讲解、流程介绍，掌握钢尺量距、视距测量视差法测距、三角分析法测距、电磁波测距、直线定向。

【正文】

距离丈量是测量基本工作之一，测量上的所谓距离是指两点间的直线长度，水平距离指两点连线在水平面上的投影长度。根据不同的精度要求，不同地形情况，所采用的距离丈量方法也不尽相同。本章主要介绍钢尺量距、经纬仪视距、视差法测距、三角分析法测距及电磁波测距等方法，同时还讨论直线定向方法。

一、钢尺量距

（一）直线定线

如果地面两点之间距离大于尺的长度或地面起伏较大，需要分段丈量时，在待测距离的两点直线上，设立一些标志标明两点间的直线位置，作为分段丈量的根据，这项工作称为直线定线，一般量距用目估定线，精密量距时要用经纬仪定线。

（1）直线两端点 A、B 间能通视的定线方法。先在 A、B 两点上立好标杆，由一测量员在 A 点标杆后约 1m 处，用单眼通过 A 点标杆的一侧瞄准 B 标杆同一侧形成视线，指挥另一测量员持标杆 C 向 AB 方向线上移动，直到与 A、B 标杆形成的视线重合为一线为止。此时即可在标杆 C 处作好标志。

（2）直线两端点 A、B 间不能直接标定出直线时的定线方法。如图 GYSD00601004-1（a）及（b）所示，可采用逐次趋近使相邻三根标杆在同一直线上的方法。如图 GYSD00601004-1（c）所示，先在 A、B 处立标杆，选一个能与 B 点通视的 C 点插标杆，再在 CB 方向上选 D 点插标杆，并要求 D 与 A 通视；将 C 点处的标杆移至 DA 方向上

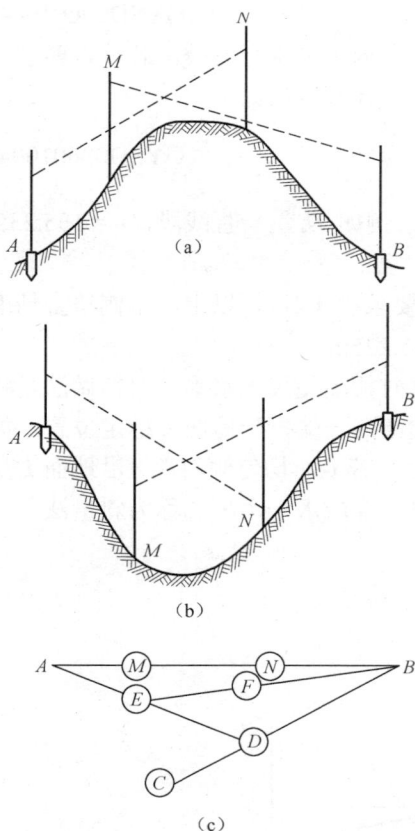

图 GYSD00601004-1　直线定线

（a）A、B 不通视；（b）中间地势太低；（c）逐次趋近法

可与 B 通视的 E 点；再将 D 点处的标杆移至 EB 方向上的 F 点；依次类推，直至 M、N、B 三点与 N、M、A 三点分别处在一条直线上，则 A、M、N、B 四点在一直线上。

（3）延长直线的定线方法。为了消除仪器误差，常用重转法。即是采用经纬仪正倒镜取平均的方法。如图 GYSD00601004-2（a）所示，欲将直线 AM 延长至 B 处，做法是：仪器置于 M 点，盘左时以 A 点为后视，纵转望远镜，在视线上定出 B_1，再以盘右后视 A 点，纵转望远镜，在视线上定出 B_2，若 B_1、B_2 两点重合，即是 B 的位置。若不重合，且 B_1B_2 之长在允许范围内，则取 B_1B_2 的中点 B，这时 AM 即正确延长到 B 点。在实际工作中，应尽可能地使后视边大于延长直线的长度，以减少照准误差对延长边的影响。

延长直线定线时，若视线经常遇到障碍物，应根据实际情况组成适当的几何图形，越过障碍，如图 GYSD00601004-2（b）所示为一辅助等边三角形。也可组成矩形、正方形或组成其他可用几何关系解算边、角关系的图形。

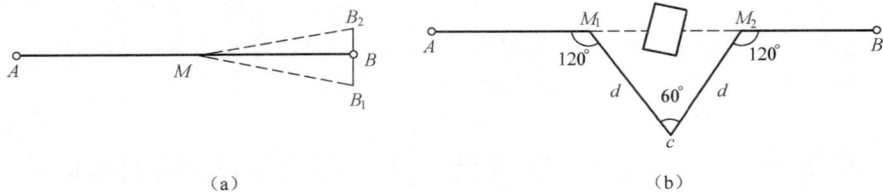

（a）　　　　　　　　　　　　　　（b）

图 GYSD00601004-2　延长直线的定线方法

（a）重转法；（b）辅助等边三角形

（二）直线的一般丈量法

在平坦地段，沿地面直接丈量水平距离，可先在地面定出直线方向，也可边定线边丈量，丈量时，后司尺员持钢尺零端，前司尺员持钢尺末端，通常用测钎标志尺端位置，尽量用整尺段 l 丈量。一般仅末尺段用零尺段丈量，设其长度为 q，如共量 n 整尺段，则总长为

$$D = nl + q \qquad\qquad (\text{GYSD00601004-1})$$

为了防止丈量中发生错误，同时也为了提高精度，通常采用往返丈量进行比较，若符合要求，取其平均值作为丈量最后结果。一般用相对误差形式表示成果精度，计算方法如下

$$K = \frac{|D_1 - D_2|}{D_{eq}} = \frac{\Delta D}{D_{eq}} = \frac{1}{M} \qquad\qquad (\text{GYSD00601004-2})$$

相对误差 K 常化为分子为 1 的分数形式，D_1 为往丈量，D_2 为返丈量。例如：丈量一直线段，$D_1 = 135.235\text{m}$，$D_2 = 135.215\text{m}$，则相对误差按上式计算结果为 $1/6761 \approx 1/6700$。

平坦地区量距，其精度要求达到 1/2000 以上，在困难地区要求在 1/1000 以上，本例符合精度要求，取平均值作丈量得最终成果为 $D = (135.235 + 135.215)/2 = 135.225\text{m}$。

如果地面倾斜变化较大，丈量时可将尺子一端抬高或两端同时抬高使尺子水平。习惯做法是将尺子一端贴在地面对准测点，另一端抬高，目估水平，用垂球将抬高的一端投于地面并标定位置。如图 GYSD00601004-3 所示，则 AB 距离为 $l_1 + l_2 + l_3 + \cdots$，称为平量法。若地面均匀倾斜，可沿地面丈量斜距，再测出两点的高差或倾斜角，然后根据几何关系将倾斜距离化算成水平距离，称为斜量法。

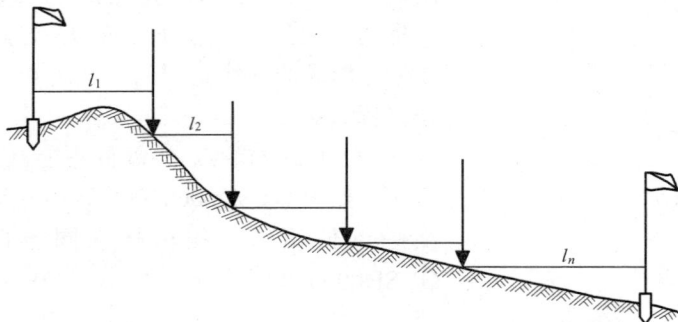

图 GYSD00601004-3　倾斜地面的距离丈量

二、视距测量

（一）视距测量的概念

视距测量是利用视距装置与视距尺，一次照准读数可同时测定地面上两点间的水平距离和高差的方法。水准仪和经纬仪望远镜上的十字丝分划板上除十字丝的竖丝和横丝外，还刻有上、下对称的两条短线，即为视距用的视距丝。视距测量中的视距尺可用水准尺，也可用特制的视距尺。

（二）视线水平时的水平距离和高差公式

1. 视线水平时的距离公式

如图 GYSD00601004-4 所示，在 A 点安置仪器并使视线成水平，在 B 点铅直竖立视距尺，则视线与视距尺垂直。根据光学原理，经过上、下视距丝 m、n 并平行于物镜光轴的光线，经折射必通过物镜前焦点 F，而与视距尺相交于 M、N 点。因 $\triangle MFN$ 与 $\triangle mFn$ 相似，则有

$$d/l = f/p \qquad d = lf/p$$

式中 d——物镜前焦点 F 到视距尺间的水平距离；

f——物镜焦距；

p——仪器上、下两视距丝的间距；

l——上、下两视距丝在视距尺上读数之差，称为尺间隔。

由图可知，仪器中心到视距尺的水平距离 D 可由下式计算，即

$$D = d + f + s = lf/p + (f+s) \tag{GYSD00601004-3}$$

式中 s——仪器中心至物镜光心的长度；

f/p——常数，称为视距乘常数。通常用 K 表示，多数仪器在构造上使 $K=100$；

$f+s$——可按常数看待，称为视距加常数，通常用 C 表示。

则水平距离公式可写成

$$D = Kl + C \tag{GYSD00601004-4}$$

目前生产的内对光望远镜，设计可使加常数 C 接近于 0，所以得

$$D = Kl \tag{GYSD00601004-5}$$

2. 视距水平时的高差公式

由图 GYSD00601004-4 可以看出，当视线水平时，A、B 两点间的高差为

$$h = i - v \tag{GYSD00601004-6}$$

式中 i——仪器高，由横轴中心量至地面桩顶（高程已知点）的铅垂距离；

v——目标高，即中丝读数。

（三）视线倾斜时的水平距离和高差公式

1. 视线倾斜时的水平距离公式

视距测量时，如果地面坡度较大，则必须在视线倾斜的状态下施测，如图 GYSD00601004-5 所示，视线与铅直竖立的视距尺不垂直，这时除应观测尺间隔 l 外尚应测定竖直角 α，用这两个观测数据来

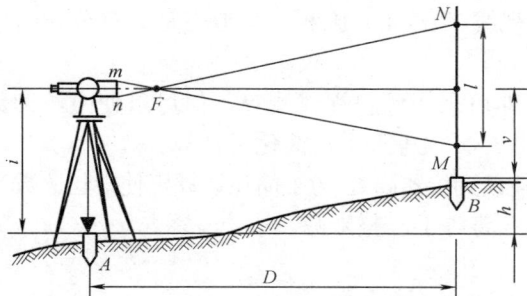

图 GYSD00601004-4　视线水平时距离和高差的测量　　　图 GYSD00601004-5　视线倾斜时距离和高差的测量

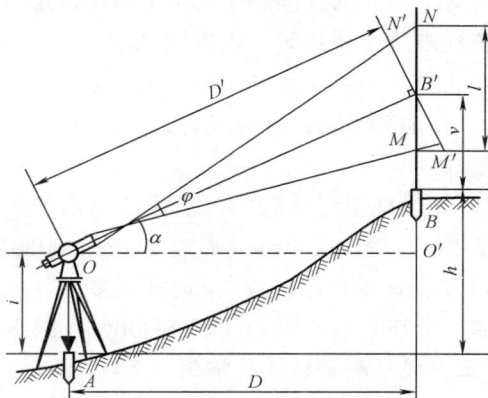

计算测站点到测点间的水平距离。推导视线倾斜时视距公式的步骤是，先将尺间隔 MN 换算成相当于视线和视距尺垂直时的尺间隔 $M'N'$，然后计算斜距 D'，再利用斜距 D' 和竖直角 α 计算水平距离 D。

在图 GYSD00601004-5 中，通过视准轴与视距尺的交点 B' 作视准轴的垂线 $M'N'$，则 $\angle NB'N'$、$\angle MB'M'$ 与竖直角 α 相等。由于一般视距仪的上、下丝夹角 $\varphi=34'20''$，则 $\angle NN'B'$ 和 $\angle MM'B'$ 都与 90° 相差 $\varphi/2=17'10''$，若将它们近似视为直角，所引起的误差不超过 1/40 000，可略而不计。由此可得

$$M'B'= MB'\cos\alpha \;;\; N'B'= NB'\cos\alpha$$

则
$$M'B'+ N'B'= (MB'+ NB')\cos\alpha$$

式中　　$M'B'+ N'B'$——视距尺与视线垂直时的尺间隔，以 l' 表示；

$\quad\quad MB'+ NB'$——视距丝在视距尺上实际读取的尺间隔，以 l 表示。

则上式可写为
$$l'=l\cos\alpha$$

应用式（GYSD00601004-5）可得
$$D' = Kl' = Kl\cos\alpha$$

由直角 $\Delta OO'B'$ 得
$$D = D'\cos\alpha = Kl\cos^2\alpha \qquad\qquad (GYSD00601004\text{-}7)$$

式（GYSD00601004-7）为视线倾斜时的水平距离公式。

2. 视线倾斜时的高差公式

由图 GYSD00601004-5 可以看出，当视线倾斜时，A、B 两点间的高差可由下式算出

$$h = D\tan\alpha + i - v$$

以式（GYSD00601004-7）代入上式

$$h = Kl\cos^2\alpha\tan\alpha + i - v = \frac{1}{2}Kl\sin 2\alpha + i - v \qquad (GYSD00601004\text{-}8)$$

式（GYSD00601004-8）中的第一项 $\frac{1}{2}Kl\sin 2\alpha$ 称为初算高差，通常以 h' 表示，当竖直角 α 为仰角时，其值为正，俯角则为负。

（四）视距测量的实施

如图 GYSD00601004-5 所示，欲测 A、B 两点间的水平距离 D 和高差 h，其方法如下：

（1）在测站点 A 安置仪器，量取仪器高 i。

（2）盘左位置照准竖立在测点 B 的视距尺，分别读取中、上、下三丝读数并算出视距间隔 l。同时，整平竖盘指标水准管，如果仪器有竖盘自动归零装置，则应打开补偿器开关，读取竖盘读数，计算竖直角。

以上完成了半测回，如果为了提高精度并进行校核，应在盘右位置按上述方法再观测半测回，最后求得两半测回的尺间隔平均值 l 和竖直角的平均值 α，再计算水平距离 D 和高差 h。

在视距测量观测时，根据测区中地形、通视等情况，可分别使中丝读数位置及观测形式选用以下三种方法之一：

1）在地势平坦，通视良好地区，可尽量使用水平视线（$\alpha=0$）施测，其特点是计算公式简单，精度较好。

2）如果地形起伏较大，不可能用水平视线施测，即可采用倾斜视线测算，但尽量使中丝读数 v 位于仪器高 i 处，即 $i=v$，则式（GYSD00601004-8）中 $i-v$ 项等于零，简化了计算。

3）如测区地形起伏较大，障碍又多，中丝读数不可能读到仪器高 i，为了简化计算可使中丝读数为仪器高加一个整米数，则式（GYSD00601004-8）中 $i-v$ 项将等于一整米数。

（五）视距测量的操作举例

（1）如图 GYSD00601004-6 所示，测 A、B 两点的水平距离和高差。

1）在 A 点安置仪器、整平、对中，量出仪器高 i。

2）在 B 点上立视距尺，尺应垂直。

3）观测人员使望远镜瞄准视距尺，并使十字横线所对尺上读数 v 等于仪器高 i。

4）使竖盘游标水准管气泡居中，测出竖直角 α（用正、倒镜各测一次取其平均值）。

5）读出上下视距线所切尺上的读数，其差即为视距 l。

以上所测数据要随时做好记录，以备计算。

设 $i=v=1.7$m，$\alpha=15°20'$，$l=1.5$m。

水平距离
$$D = Kl\cos^2\alpha$$
$$= 100 \times 1.5\cos^2 15°20' = 139.511 \text{（m）}$$

高差
$$h = \frac{1}{2}Kl\sin 2\alpha + i - v$$
$$= \frac{1}{2}100 \times 1.5\sin(2 \times 15°20') + 1.5 - 1.5 = 38.253 \text{（m）}$$

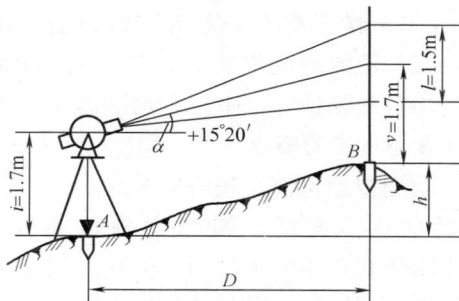

图 GYSD00601004-6　视距测量实例

（2）测高低不同两点间的水平距离和高差时，理论上应使中线对准尺上的读数等于仪器高，读上下视距线尺上的读数而算出视距。但是在观测时，有时视距尺与仪器等高处的刻划线被障碍物遮蔽，不能读出十字中线尺上的读数。这时，可以使望远镜升高，视线越过障碍物，使十字中线和视距线对准尺上任一能读到的刻划线数字，测出竖直角，以计算其高度和水平距离，从计算高度中减去仪器高与十字中线读数之差，即得两点间的实际高差。计算水平距离时，也按上述竖直角及视距来计算，对水平距离并无影响。

三、视差法测距

视差法测距是用经纬仪和横基尺测量水平角，并通过计算求得水平距离的一种方法。一般用于控制测量中的距离测量，在量距困难地区，特别是山区可以用来代替钢尺量距。

（一）横基尺视差法测量原理

如图 GYSD00601004-7（a）所示，为求 A、B 两点间水平距离，可在 B 点安置一已知长度为 b 并垂直于 AB 的横基尺，在 A 点用经纬仪观测夹角 γ，称为视差角，则 A、B 两点的水平距离为

$$D = \frac{b}{2}\cot\frac{\gamma}{2} \tag{GYSD00601004-9}$$

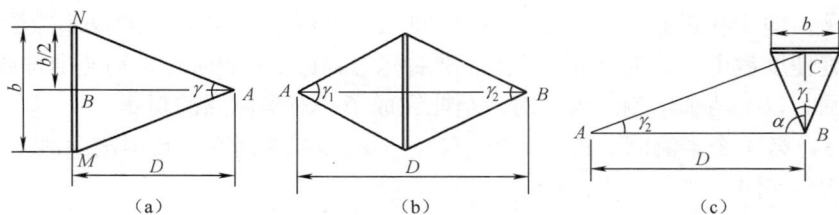

图 GYSD00601004-7　视差法测距

（a）等腰三角形；（b）菱形环节；（c）辅助基线环节

如两点间距离较长，为保证精度可沿测线连续布置菱形环节，逐个观测，分别计算求得距离总和，如图 GYSD00601004-7（b）为一菱形环节，横基尺在 A、B 之间，则其水平距离为

$$D = \frac{b}{2}\left(\cot\frac{\gamma_1}{2} + \cot\frac{\gamma_2}{2}\right) \tag{GYSD00601004-10}$$

如果两点间距离很长且两点之间不便安置仪器时，则采用增长基线方法，即在线段一端布置辅助基线环节，如图 GYSD00601004-7（c）所示，分别观测 γ_1、α 和 γ_2，则 AB 之间的水平距离为

$$D = \left(\frac{b}{2}\cot\frac{\gamma_1}{2}\right)\frac{\sin(\alpha+\gamma_2)}{\sin\gamma_2} \tag{GYSD00601004-11}$$

（二）横基尺及其使用方法与视差角的观测

视差法测距通常使用 1、2m 或 3m 长的横基尺，图 GYSD00601004-8 所示为 2m 横基尺，二端和中间均有观测标志，中部有水准器（如图 GYSD00601004-9 中的 1）和瞄准设备。瞄准设备包括瞄准器 4 和方向准直管 2。

观测视差角前，先将横基尺安置在测线的端点三脚架上，对中整平，以准直器瞄准经纬仪，使横基尺垂直于测线。准直器内可看到一明亮三角形，当用其尖端照准测站经纬仪时，如图 GYSD00601004-9 中的 4，横基尺就与测线垂直了。方向准直管用于检查横基尺垂直于测线的程度，当经纬仪望远镜中看到准直管内的明亮线条呈双凹截面状，如图 GYSD00601004-9 3 中的 a 时，则表示横基尺严格垂直于测线。

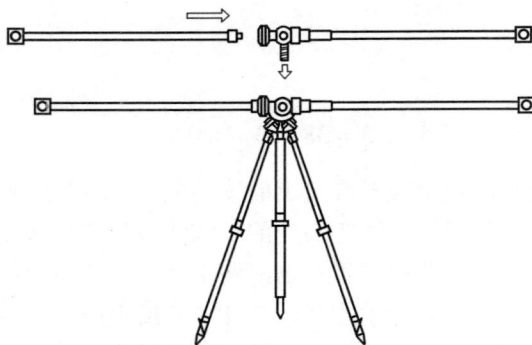

图 GYSD00601004-8　横基尺

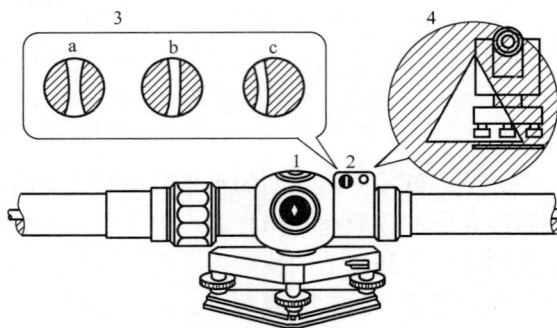

图 GYSD00601004-9　横基尺的结构

1—水准器；2—方向准直管；3—镜像；4—瞄准器

（三）视差角观测方法

视差角观测的精度要求很高，通常用 J2 级经纬仪观测，因视差角的两个目标为横基尺的左、右标志，位于相同高度，可消除经纬仪视准轴误差和横轴不水平误差在视差角值上的影响。在观测程序上不必用盘左、盘右，仅用一个盘位即可。其观测方法有多种，下面介绍其中一种，称为全圆半测回法，程序是：

（1）首先测小角，即视差角：照准左标志并读数；顺时针转动照准部照准右标志并读数，即完成上半测回。

（2）再测大角，即 360°减视差角：完成上半测回后，略变动度盘，一般以测微轮使读数增加 2′，再用度盘变位螺旋使度盘上下分划对齐，重新照准右标志并读数；顺时针转动照准部照准左标志读数，则完成了下半测回。以上两个半测回为一对，至此完成了一对半测回的观测。

同法进行第 3、第 4 个半测回，组成另外一对，一般需要测两对，每半测回测微器读数增加 2′。测回允许较差为 3″（或 4″）。

四、三角分析法测距

在测距时，如果遇到要测的两点间的距离较远，而中间又有河流、高山或其他障碍物，用直接丈量法和视距法测量有困难时，可以采取三角分析法测距。

如图 GYSD00601004-10 所示，若要测 F、G 两点间的水平距离 A，其测法如下。

（一）基线测量

首先选出 F、E 间的一条基线 B。这条基线很重要，因为要根据它来推算要测的距离，所以这条基线要选在地势较平坦，适合量距的地方，要用钢卷尺精确地丈量出它的长度。

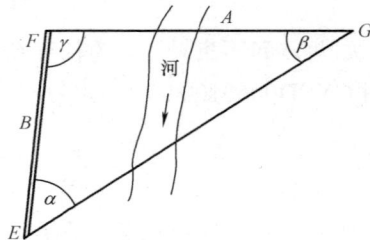

图 GYSD00601004-10　三角分析法测距

（二）水平角测量

测出 α、β、γ 这三个水平角，这三个内角之和应等于 180°。但实际上由于测角有误差，必定要

出现角闭合差 φ，$\varphi = \alpha + \beta + \gamma - 180°$，当闭合差在容许范围以内时，则反其符号按 1/3 平均分配到三个角的角度值上。也就是说，如闭合差为正，则从各角度值中减去闭合差的 1/3；如为负时，则从各角度值中加上闭合差的 1/3。

（三）距离计算

根据上面已经测得三个角的角度值和基线长可以算出其余的两个边长。

在平面三角学任意三角形的边角关系中，正弦定理为

$$\frac{A}{\sin \alpha} = \frac{B}{\sin \beta} = \frac{C}{\sin \gamma}$$

那么，已知基线 B 和 $\angle \alpha$、$\angle \beta$，则 $A/\sin \alpha = B/\sin \beta$

$$A = B\frac{\sin \alpha}{\sin \beta} \qquad\qquad (\text{GYSD00601004-12})$$

在输电线路采用本法测距时，有下列要求：

（1）基线尽可能与所求边垂直，基线长度最好不小于所求边的 1/6。如地形复杂测量困难，最小也不应小于 1/9。

（2）基线长度应用钢卷尺拉成水平往返丈量，其相对误差不应大于 1/2000。

（3）对三角形各角应用水平度盘最小读数为 1′的经纬仪。以测回法施测一测回，半测回之差不大于 ±1.5′，三角形闭合差不大于 ±2′。

例：如图 GYSD00601004-10 所示，设已测得基线 $B = 50\text{m}$，3 个水平角测完平差后，$\angle \alpha = 58°26′$，$\angle \beta = 30°43′$，$\angle \gamma = 90°51′$，求 F、G 间之水平距离 A。将上列数据代入式（GYSD00601004-12），则

$$A = B\frac{\sin \alpha}{\sin \beta} = 50 \times \frac{\sin 58°26′}{\sin 30°43′} = 83.403 \ (\text{m})$$

五、电磁波测距

电磁波测距按载波不同，可分为光电测距和微波测距。测距信号采用可见光或红外光作为载波的称为光电测距，此类仪器称为光电测距仪；采用微波段的无线电波作为载波的称为微波测距仪，在工程上应用最为广泛的是以激光或红外光为载波的测距仪，常称为激光测距仪或红外测距仪。

目前国内外生产的红外测距仪型号各异，按其组成部分来说主要包括：测距仪主机、反光镜、电源及充电机等。测距仪主机主要由其内装有发射光学系统和接收光学系统的照准头和内有电子线路测相器等的控制器组成；反射镜是用作使照准头发射的光线折返，以及作为水平角和竖直角观测时的照准目标。

测距仪按结构形式可分为组合式、整体式和分离式。组合式即测距仪和经纬仪不是一个整体，当作业时将各部件组合起来安装成一整体使用；整体式即发射、接收和控制显示系统，甚至与测角系统联合制成一个整体；分离式即是照准头和控制显示部分互相分离，作业时照准头安置在经纬仪或基座上，而控制显示部分安置在附近，两者有电缆连接。

测距仪按测程，可分为测程小于 3km 的短程光电测距仪，测程在 3～15km 的中程光电测距仪和测程在 15km 以上的长程光电测距仪。

各种测距仪由于其结构不同，操作方法也各有不同，使用时应严格按照仪器出产厂家提供的使用说明书进行操作，以下介绍 DCH-3 型红外测距仪的构造与使用方法。

1. DCH-3 红外测距仪的主要性能

DCH-3 红外测距仪是组合式，作业时将测距仪主机安装在 J2 经纬仪上。它采用砷化镓（GaAs）发光二极管为光源，仪器内设有两个测尺频率，精测调制频率为 14 985 543 Hz；粗测调制频率为 149 855 Hz，距离读数分辨率为 1mm，测距仪自身质量为 2.5kg。仪器的主要性能如下：

（1）测程。测程是指仪器满足设计所能测量的最远距离，它与大气通视情况和所用棱镜个数有关，DCH-3 红外测距仪在标准大气能见度条件下，一块棱镜测程为 2000m，三块棱镜测程为

3000m。

（2）精度。测距仪的精度是指一次测量中误差。DCH-3 红外测距仪一次测距中误差为 ±（5mm＋5×10⁻⁶D），跟踪测距中误差为 ±（10～20mm＋5×10⁻⁶D），D 为所测的距离。

（3）功能。仪器能进行气象及各种仪器常数改正；距离变化时，仪器可以自动调整光强；光线受行人、车辆等运动物体的阻碍时，仪器会自动停止测量，而当挡光物体离开后仪器又能自动继续测量；当由键盘输入天顶距、方位角后，可显示出水平距离、高差和纵横坐标增量；可进行跟踪测量；能进行距离单位转换（公制 m⇔英制 F）和角度单位转换（360°制 D⇔400°制 G）。

2．DCH-3 红外测距仪的构造

DCH-3 红外测距仪构造主要包括：安装在经纬仪上的测距主机（见图 GYSD00601004-11）、反光镜（见图 GYSD00601004-12）、电源和充电设备，望远镜和测距仪一起转动进行距离、天顶距、水平角测量。

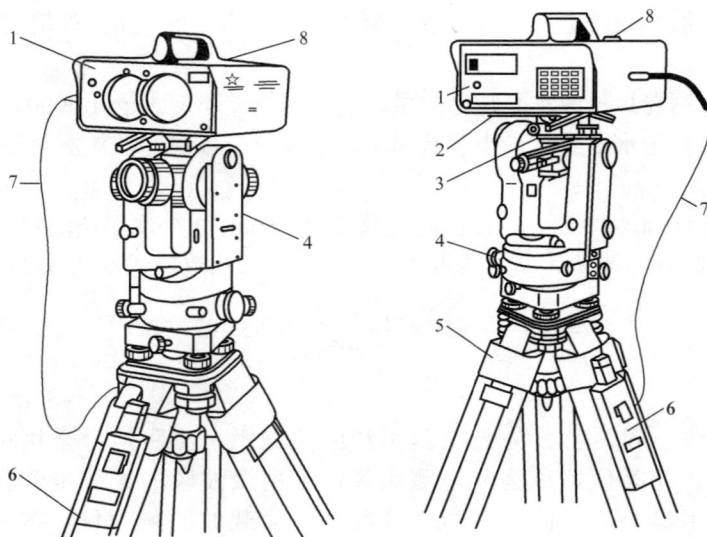

图 GYSD00601004-11　DCH-3 红外线测距仪构造

1—测距仪主机；2—夹紧装置；3—连接器；4—光学经纬仪；5—三脚架；6—电池盒；7—电源电缆线；8—橡皮盖

3．仪器的操作与使用

（1）仪器的安装。在测站上安置经纬仪，对中、整平后，将经纬仪放置在盘左位置上，再把测距仪通过锁紧机构安在经纬仪的照准部上，如图 GYSD00601004-11 所示。同时打开气压表，并将温度计放在离开地面的通风处，避免阳光直晒，做好读数准备。

按常规方法在待测距离的另一端立起三脚架，并装上三角基座，用光学对点器仔细整平、对中，再根据测程大小和大气透明情况，确定棱镜数目，将其安装在可倾斜靶上，随后将可倾斜靶插入三角基座孔中，利用靶心的瞄准器瞄准测程另一端测站上的经纬仪望远镜，然后固定好，即安装完毕。

若进行跟踪测量、地形测量或精度要求不很高的其他测量作业时，可使用可倾斜反射器，如图 GYSD00601004-13 所示。使用方法是：将测杆水准器套在测杆上，放置位置以使用者目视水准器方便为准，然后将可倾斜反射器也套在测杆上，使棱镜面朝测站方向，旋转带有角度刻度的棱镜盒，使之大致对准测站经纬仪，手扶测量标杆使水准器水准气泡居中，使测量标杆处于铅垂状态。

（2）测距仪照准与检查。检查经纬仪对中、整平情况后，用经纬仪照准可倾斜的黄色靶心，接通电源后，触按操作面板上的 ON 键，仪器进行自检，自检合格后显示 **88888888**，若不合格显示 **LLLLLLLL**。触按 SIG 键，有回光信号时，显示屏上出现横道线，同时听到蜂鸣器音响信号。

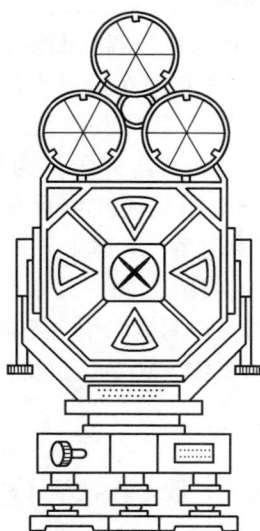

图 GYSD00601004-12　测距仪反光镜

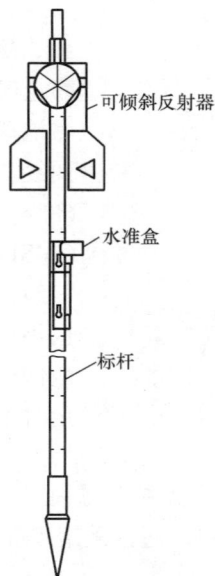

图 GYSD00601004-13　可倾斜反射器

标注：可倾斜反射器、水准盒、标杆

检查是否正确照准的方法是：分别微调经纬仪的垂直和水平微调螺旋，同时通过望远镜观察上下、左右偏离中心到蜂鸣音响消失瞬间的偏离范围是否与照准中心对称。从水平度盘和竖直度盘读数左右、上下各自偏离的读数差在 01′之内为佳。或观察显示屏上横道线消失的瞬间来代替蜂鸣器的音响判断，以检验偏离范围是否与照准中心对称。准确照准使三光轴平行是减少光束相位不均匀性对测量距离精度影响的重要措施。

（3）距离测量步骤。

1）按状态键 STA 选择测量方式。共有五种状态，如：单次测量、可倾斜反射器单次测量、平均值测量、可倾斜反射器平均值测量、跟踪测量等。

2）按数字键，设置参数。根据已获得的测量参数值如天顶距、水平角、温度、气压值、平均次数等一一置入，若置数不符合范围，如水平角超出 360°或置数不符合逻辑（如 65′、75 ʰ ʰ ʰ ʰ ʰ ʰ ʰ ʰ ″等），将显示并闪烁，表示错误，然后迅速自动恢复初始状态，此时可重新置入正确参数。

3）按 MEAS 键启动测量显示测量结果。在测量过程中不出现符号▨蜂鸣器也不响。在单次测量和平均值测量的首次测量过程中，显示板上有逐渐增多的横道线，表示测量正在进行；当横道增到 7 个时测量结束，自动清除横道，显示测量结果。

4）选择读数。根据测得的斜距和置入的参数，自动显示结果，继续按功能键 FUC 分别取出并显示有关结果。显示的标志不同，代表的内容不同，如：▨ 显示为斜距；◿ 为高差；◺ 为水平距离；X 为 x 轴方向的坐标增量 Δx；Y 为 y 轴方向的坐标增量 Δy。如果数值为负则在显示结果的同时显示出"–"号。

在新的一次测量前上述结果一直保存，可以随时取出检查。

六、直线定向

（一）直线定向概念

确定地面两点间的平面位置关系，必须知道两点的水平距离及其连线的方向，确定直线与标准方向的角度关系称为直线定向。测量中常用的标准方向有三种。

1. 真子午线方向

通过地球表面某点并指向地球南北极的方向，称为该点的真子午线方向。它可以用天文测量方法测定，或用陀螺经纬仪测定。指向北极星的方向可以近似地作为真子午线方向。一般工程常利用国家已测设的三角点成果推测出本工程各直线段的真子午线。

模块 4　GYSD00601004

图 GYSD00601004-14 子午线

2. 磁子午线方向

磁子午线是用罗盘仪测定的，是磁针在地球磁场的作用下，磁针自由静止时其轴线所指的方向。磁子午线方向可用罗盘仪测定。地球磁南北极与地球南北极并不一致，磁北极在加拿大北部布提亚半岛，其位置约为西经 101°，北纬 75°；磁南极在南极大陆，其位置约在东经 114°，南纬 68°。因此，磁子午线与真子午线不一致，其夹角称为磁偏角，如图 GYSD00601004-14 所示。磁偏角大小与测站所在位置有关，偏于真子午线以东为东偏，偏于真子午线以西为西偏。地球上不同地点的磁偏角也不同，中国磁偏角变化大约在 +6°~−10° 之间，北京地区的磁偏角为西偏约 5°（−5°）。由于两极对不同地点磁针两端吸引力不同，因而磁针静止时不水平，为此要在磁针的一端配以重物来调节。在北半球，重物应配在南端。

3. 坐标纵轴（X 轴）方向

在测量工作中，通常采用平面直角坐标确定地面点的位置，因此，取坐标纵轴（X 轴）作为直线定向的标准方向。

（二）直线方向的表示方法

1. 方位角

测量学中直线定向常采用方位角表示。由标准方向北端起，顺时针方向量测到某直线的水平角，称为此直线的方位角，其角值的变化范围是 0°~360°，如图 GYSD00601004-15 所示。如果标准方向 ON 采用真子午线方向，则称为真方位角，用 A 表示。标准方向 ON 如采用磁子午线方向，则称为磁方位角，用 Am 表示。标准方向 ON 如采用坐标纵轴方向，则称为坐标方位角或称方向角，用 α 表示。

每一条直线都有两个端点，如图 GYSD00601004-15 所示，在起点 O 处所确定的直线 O →A 的方位角为 45°32′12″，写作 α_{OA}。在终点 A 处所确定的直线 A→O 的方位角为 225°32′12″，写作 α_{AO}。若确定直线 O →A 的方位角为正方位角，则直线 A →O 的方位角为反方位角，它们之间相差 180°，对于正、反坐标方位角，其关系式为

$$\alpha_{OA} = \alpha_{AO} \pm 180° \tag{GYSD00601004-13}$$

2. 象限角

象限角是从标准方向的北端或南端开始，依顺时针或逆时针方向量至直线的锐角，并注出象限名称，称为象限角。其角值的变化范围为 0°~90°，常用 R 表示，并注明直线所在象限，如图 GYSD00601004-16 所示，R_{OA} = 北东 60°36′（或 N60°36′E），R_{OB} = 南东 43°23′（或 S43°23′E）。

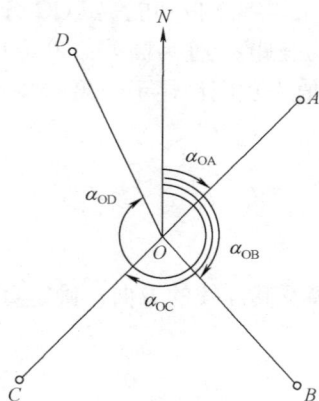

图 GYSD00601004-15 方位角

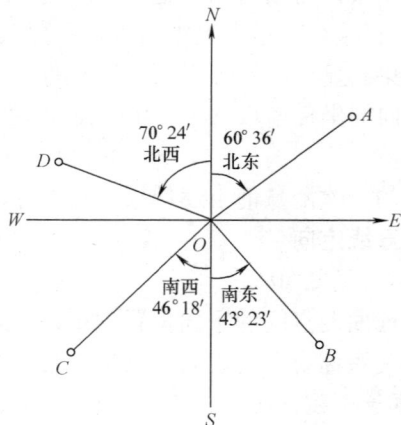

图 GYSD00601004-16 象限角

坐标方位角和象限角是表示直线方向的两种不同的方法，两者之间既有区别又有联系，其换算关系见表 GYSD00601004-1。

表 GYSD00601004-1   坐标方位角与象限角换算表

直 线 方 向	由 α 推算 R	由 R 推算 α
北东（NE）第Ⅰ象限	$R = \alpha$	$\alpha = R$
南东（SE）第Ⅱ象限	$R = 180° - \alpha$	$\alpha = 180° - R$
南西（SW）第Ⅲ象限	$R = \alpha - 180°$	$\alpha = 180° + R$
北东（NW）第Ⅳ象限	$R = 360° - \alpha$	$\alpha = 360° - R$

【思考与练习】

1．在距离测量时，为什么要定线？目估定线和经纬仪定线各适用什么情况？

2．完成表 GYSD00601004-2 中视距测量的各项计算。

表 GYSD00601004-2   视 距 测 量 记 录 计 算

测站 __A__   仪器高 $i = 1.48$m $\alpha_L = 90° - L$ 测站高程 $H_0 = 162.385$m

测点	尺 读 数				竖盘读数 L	竖直角 α	水平距离 D	高差 h	高程 H	备 注
	下丝	上丝	尺间距 l	中丝 v						
1	2.264	0.700		1.480	97°12′40″					
2	2.003	0.960		1.480	85°50′24″					
3	2.343			1.800	105°44′36″					上丝无法读数
4	2.201	0.600		1.400	85°37′12″					

3．解释下列名词：真子午线；磁子午线方向；方位角；象限角；坐标方位角。

4．简述横基尺视差法的测量方法、使用情况和观测方法。如在 B 点安置长度为 2m 的横基尺，在 A 点安置经纬仪，使横基尺垂直 AB，测得视差角 2°15′54″，问 AB 间的水平距离为多少？

5．什么叫直线定向？直线定向有哪几种标准方向？

6．已知 A 点磁偏角为 16′，AB 直线的磁方位角 145°30′，求 AB 直线的真方位角，并绘图表示。

模块 4

GYSD00601004

第十五章　输电线路的专业测量

模块 1　架空输电线路设计测量简介（GYSD00602001）

【模块描述】本模块包含线路路径方案的选择、定线量距、交叉跨越测量、视距断面测量、杆塔定位。通过操作过程介绍，案例讲解，了解线路路径方案的选择的程序和要求，掌握线路定线量距、交叉跨越测量、视距断面测量、杆塔定位的方法。

【正文】

架空输电线路（以下简称线路）勘测设计是一种综合性的技术工作，它包括：测量、水文、地质、电气、土建等专业。在线路测量时，各专业人员要配合进行，测量是其中的一个主要部分。

一、线路路径方案的选择

线路路径的选择是线路勘测设计工作的一个重要环节。需要全面考虑线路路径与国家、部门和其他建设项目相互地理位置之间的合理关系，同时还要研究比较线路所经地带的地形、水文、地质条件，在满足上述条件的情况下，选择距离最短和转角最少、施工方便、运行安全，便于维护的路径。其工作程序如下。

（一）室内选线

（1）根据线路规划建设的起始和终端地址，利用国家编绘的地区地形图或航摄像片，选择线路的走向。在选线的过程中，首先要考虑路径经过地带已有地上的和地下的建筑设施及各项工程的建设情况。如军事设施、城市规划、重要工矿区域、农林建设，以及地形、地质、水文、交通运输，原有的输配电线路和重要的通信设施等情况。

（2）选择的路径要求最短、转角和跨越较少、运行安全、线路施工及维护方便的几个初步方案。

（3）经过经济、技术及安全等方面的综合比较，最后确定一两个诸方面都比较优越的路径方案，并在地形图上标定出线路路径的走向和起止点及转角位置。

（二）实地勘察

（1）实地勘察是把地形图上最终选定的初步方案落实到现场，逐条逐项地察看并确定方案的可行性。

（2）在实地勘察中，用罗盘仪或经纬仪定出线路的起点、各个转角和终点的位置，并在线路路径上钉桩作为标记，留作复勘线路时的测量目标。

（3）对于大跨越点或其他重要位置点还要绘制平面图。对施工运输道路，线路所经的跨越物及线路运行后影响的主要通信线路，以及线路所经地带的地质、水文等情况进行详细的调查。

（4）对路径方案沿线受影响单位协商落实解决后，并经现场勘察证实路径方案的技术性可行时，则此路径方案才能正式确定。

（5）最后进行终勘定线量距、断面测量及杆塔定位等工作。

二、定线量距

路径方案确定之后，根据既定方案测定线路中线和转角位置，同时沿线钉桩、测距，最后测定线路中线的位置，作为断面测量的依据。

（一）定线

定线是测量线路起点、转角和终点间各线段的直线，一般采用下列方法：

（1）直接定线。直接定线可用重转法，如两点间不能透视时，可用等腰三角形或矩形法定线（参阅 GYSD00601004 内容）。

（2）坐标定线。线路在出发电厂或进出变电站，以及拥挤的工业区时，转角的位置往往提供坐标数据，可以根据附近控制点（三角点或导线点）的坐标数据反算出其方位角和距离，并用控制点测定线路转角桩的位置。

如图 GYSD00602001-1 所示，P_1、P_2 为已知的控制点，其方位角为 β。J_1、J_2 为要测设的点，从图中可以看出，$P_1 \sim J_1$ 的方位角

图 GYSD00602001-1　坐标定线

$$\varphi = \tan^{-1}\frac{y_1 - y}{x_1 - x} \qquad (\text{GYSD00602001-1})$$

式中　x_1、y_1——J_1 的坐标；

x、y——P_1 的坐标。

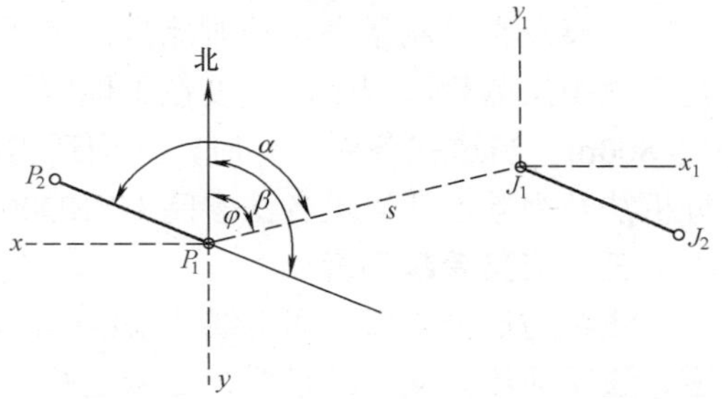

根据已知的 P_1P_2 边的方位角 β 与 P_1 到 J_1 的方位角 φ，即可求出 P_1P_2 边与 P_1J_1 边的夹角 α

$$\alpha = 180° - (\beta - \varphi) \qquad (\text{GYSD00602001-2})$$

P_1 到 J_1 的距离 s 可用下式求出

$$s = \frac{y_1 - y}{\sin\varphi} \qquad (\text{GYSD00602001-3})$$

或

$$s = \sqrt{(x_1 - x)^2 + (y_1 - y)^2} \qquad (\text{GYSD00602001-4})$$

定线时，仪器安置在 P_1 点上，后视 P_2 点，测出 α 角，量出 s 距离，即测定了 J_1 点的位置。如果已知 J_2 的坐标，依同法可测出 J_2 点。

例 GYSD00602001-1　如图 GYSD00602001-1 所示，已知 P_1 的坐标 $x = 500\text{m}$，$y = 1000\text{m}$，P_1P_2 边的方位角 $\beta = 120°$，J_1 的坐标 $x_1 = 800\text{m}$，$y = 1500\text{m}$。求 φ、α 和 s。

解　根据式（GYSD00602001-1）、式（GYSD00602001-2）和式（GYSD00602001-3），则

$$\varphi = \tan^{-1}\frac{y_1 - y}{x_1 - x} = \tan^{-1}\frac{1500 - 1000}{800 - 500} = \tan^{-1}1.666$$

所以　　　　　　　　　　　$\varphi = 59°02'$

$$\alpha = 180° - (\beta - \varphi) = 180° - (120° - 59°02') = 119°02'$$

$$s = \frac{y_1 - y}{\sin\varphi} = \frac{1500 - 1000}{\sin 59°02'} = \frac{500}{0.85747} = 583.11 \text{（m）}$$

（二）钉标桩

定线测量中的观测点及观测目标点都需钉桩，一般都是用木桩。直线桩记以"Z"标志，并从送电侧的第一个直线桩起顺序编号，即为本线路的直线控制桩。有的直线桩位的本身就是杆位桩，则此直线桩仍按直线桩序号编排，而它又按杆位桩顺序排号，如 Z_2 号直线桩位的杆位桩编号为 2 号；转角桩以"J"标记并顺序编号，测站桩以"C"标记等。

直线桩应尽量设在便于安置仪器及作平断面测量的位置。杆位桩尤其是转角桩，应牢固钉立在能较长期保存处。

（三）测角

直线桩和转角桩的水平角以测回法（参阅 GYSD00601003 内容）观测一个测回，取其平均值。

图 GYSD00602001-2　线路转角

线路的转角含义不是指转角点两侧线路方向之间的水平夹角，而是指在转角点的线路前进方向与原线路的延长线方向之间的水平夹角，如图 GYSD00602001-2 所示。转角 α 折向原线路延长线的左边，称为左转 α 角度；α 角在延长线的右边，称为右转 α 角度。

线路转角 α 的测量方法是将仪器安置在转角的顶点，如图 GYSD00602001-2 中 J_2 桩上，以线路后视方向的直线桩（见图 GYSD00602001-2 中 Z_1）

为依据，用测水平角的一测回法按转角的设计数据进行观测，测定出自转角点起的线路前进方向。

（四）距离及高差测量

距离及高差测量亦称控制测量，既要测出各桩位间的水平距离，又要测出它们之间的高差。一般是用视距法测量，视距的长度在平地时，应不超过 400m；在丘陵地带应不超过 600m；在山区应不超过 800m。当透视条件不好时，还应适当减少视距长度或停止观测。如用视距法有困难时，可用三角分析法及视差法（以上各法参阅 GYSD00601004 内容）以及横基线法等法测量。

三、交叉跨越测量

线路与送配电线、弱电线（指电报、电话、有线广播、铁路信号等线路）、铁路、公路、架空管索道、通航河流等交叉跨越时，必须进行交叉跨越测量，作为线路设计参考，以免互相影响。线路跨越任何被跨越物时，都要测量线路与被跨越物的交叉角，以及被跨越物的标高。

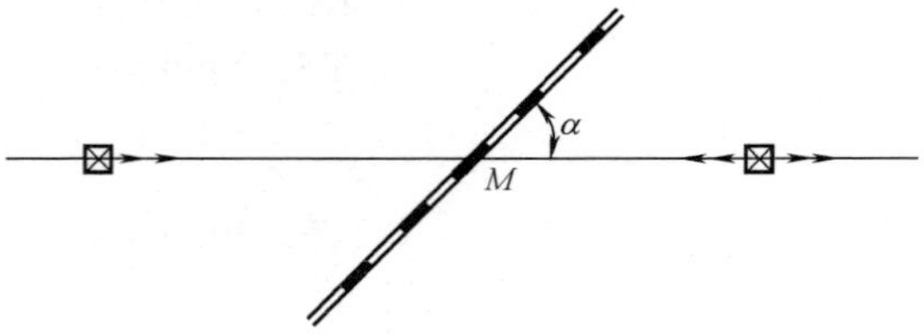

图 GYSD00602001-3　与铁路交叉跨越测量

（1）线路跨越铁路时，应测量线路中线与铁路中线的交叉角。测法如图 GYSD00602001-3 所示，把仪器安置在线路与铁路中线的交叉点 M 上，望远镜视线瞄准线路中线，读出水平度盘读数设为 5°20′；然后使望远镜瞄准铁路中线，水平度盘读数设为 74°30′，则两线路中线的交叉角 $\alpha = 74°30′ - 5°20′ = 69°10′$。同时测出铁路轨面的标高。

（2）线路跨越河流时，应有历年最高洪水位标高、常年洪水位标高、航道位置及各种水工建筑物的位置。

（3）线路跨越送配电线或弱电线时，除测线路与被跨越中线的交叉角之外，还要测送电线的避雷线及配电线、弱电线的标高。

如图 GYSD00602001-4 所示，线路跨越送电线时，测避雷线的标高。把仪器安置在新建输电线路中线 N 点上，把视距尺立于两线路的交叉点 M，用视距法测 MN 间的水平距离 D，旋平望远镜对准视距尺，读出中线尺上读数 R，然后使望远镜瞄准避雷线测出竖直角 α，则避雷线的标高

$$H = H' + D\tan\alpha + R \quad\quad (GYSD00602001-5)$$

式中　H'——交叉点 M 的标高。

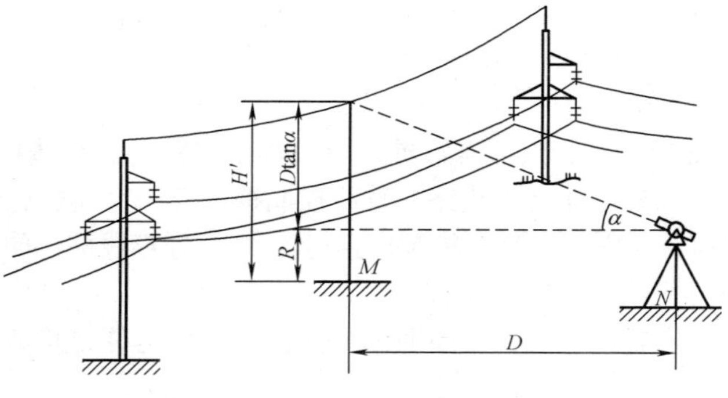

图 GYSD00602001-4　与电力线路交叉跨越测量

例 GYSD00602001-2　如图 GYSD00602001-4 所示，设测得 $D=40$m，$\alpha=18°32′$，$R=1.6$，$H'=125$m。求避雷线的标高 H。

解　按式（GYSD00602001-5）计算，避雷线的标高为

$$H = H' + D\tan\alpha + R = 125 + 40\tan 18°32′ + 1.6 = 140.01（m）$$

必须指出，当被跨避雷线的左、右边存在高差时，尚需测出线路边线与避雷线较高侧交叉的标高；同理，当线路是穿过原线路时，应测出本线路的避雷线与原架空线最低导线交叉点的标高。

还必须指出，当新建线路完工后且试运行之前，需对跨越输配电线路、重要通信线路及铁路和公路、架空管索道等主要交叉跨越处的实际垂直高度按交叉跨越的施测方法进行实测，并按当时实测的数据，换算出在最高气温时导线的最大弧垂对被跨物的最小垂直距离；还需校核该垂直距离是否符合

规定的电压等级电气距离的要求。

四、视距断面测量

输电线路断面测量是在线路定线及控制测量工作完成之后，还要对沿线路通道进行平断面测量，即沿线路中线及两边线方向或线路垂直方向测出各地形变化点的高度和距离。测量的目的是掌握线路通道内的地物、地貌情况及分布位置，利用这些技术资料确定杆塔的地面位置及架空导线的对地安全电气距离，为线路施工提供切实的技术经济资料，同时也为本线路工程的整体造价提供了比较精确的概算条件。

（一）平面测量

线路的平面测量就是采用仪器或目测，把线路两侧各 50m 内的一切建筑设施、经济作物、自然地物以及与线路平行接近的弱电线路和其他被跨越物，按实际情况测出其范围和相对的平面位置。

（二）断面测量

沿线路方向或与线路垂直方向，测出各地形特征变化点的高度和距离，相应地反映出该线路的地形起伏变化大概形状，这种测量称之为线路的视距断面测量。沿线路中线方向测量出各点地形变化形状的测量，称为纵断面测量；沿线路中线的垂直方向测量各点地形变化形状的测量，称为横断面测量。

断面测量在精度要求较高的测量中，通常都是采用水准仪来测定，架空输电线路的断面测量，主要是为了测定出地物、地貌特征点与送电导线间的电气安全距离，因此对水准的精度要求不高。所以，使用经纬仪按视距法测定线路断面，不但速度快，而且在精度方面也能满足线路测量的技术要求。

1. 纵断面测量

纵断面测量的目的是为了绘制纵断面图，用以确定杆塔的高度及它的地面位置，鉴定导线对地、对被跨物的弧垂是否符合规定的电气安全距离。纵断面测量包括选择断面点和对断面点施测两个步骤。

（1）第一步：选择断面点。断面观测点越多，绘制出的断面图就越能接近地反映线路地形起伏变化的真实形状。由纵断面测量的目的可知，断面测量是为了排定杆位而施测的，因此，对于地形无明显变化或明显不能确定杆位的地面点以及那些对导线弧垂无关影响的地面点，可完全不考虑施测。只需选择那些对导线弧垂有影响，同时又能反映地形变化特征的地面点，以及被跨物及各种工程设施等在线路中心线上的地面位置及标高进行视距纵断面测量，尤其是与导线对地距离有密切影响的地段，更应适当地加密选择中导线或边导线的断面施测点。

（2）第二步：对断面点的施侧，如图 GYSD00602001-5 所示，用数字标注的点及直线桩位 Z_i，都是断面施测点。其施测方法及操作步骤如下。

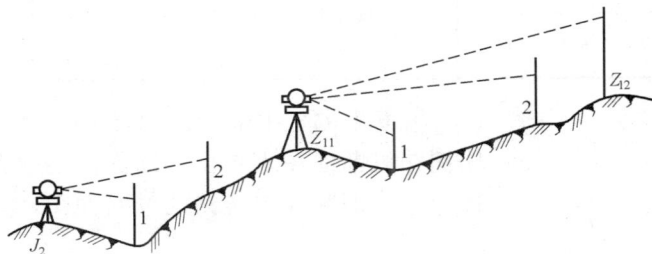
图 GYSD00602001-5 纵断面测量

1）标定测量方向。将经纬仪安置在 J_2 桩位上，量出仪高 i；依线路后视直线桩为依据，测定出线路的前进方向，观测员指挥司尺人员立标志杆于 Z_{11} 处，定出测量方向。

2）测断面点，在上述固定的望远镜视线方向上，观测员指挥司尺员于图中断面点 1 上竖立视距尺；然后用视距测量方法测量 J_2 和点 1 的视距、竖直角读数，并把观测值记录于视距断面记录表（见表 GYSD00602001-1）中。再依同样方法观测图 GYSD00602001-5 中点 2 和点 Z_{11}，并把观测值记录于表 GYSD00602001-1 中。

3）将仪器移至桩 Z_{11} 位上安置，以后视桩 J_2 为依据测定出线路的前进方向，按上述 1）、2）操作方法施测 $Z_{11} \sim Z_{12}$ 桩间的地形变化特征点，并将观测值记录于表 GYSD00602001-1 中。

4）根据在观测站对各断面点的观测记录，计算出观测站与断面点间的水平距离、高差及标高，并填写于表 GYSD00602001-1 中。

5）绘制纵断面图。输电线路测量中，为了使排定杆位的工作顺利进行，往往都采用方格纸绘图。以方格纸的纵线代表断面点的标高，横线代表断面点间的水平距离，为了突出地形变化的特点，纵坐标通常用 1:500、横坐标用 1:5 000 的比例绘制断面图，这样，在同一张图上就更能突出地形的变化情况。

表 GYSD00602001-1　　　　　　　　　　　　视 距 断 面 记 录

单位：m　　测站高度：$H = 100$

测站仪高	测点	上丝读数 下丝读数	视距间隔	竖直角读数 。	'	"	平均竖直角 。	'	"	水平距离	亘长	初算高差	中丝读数	高差	标高	备注
	1	1.76 1.24	0.52	96	12	20										
	1	1.76 1.24	0.52	263	48	00	6	12	10	51.39	51.39	−5.58	1.5	−5.58	94.42	
$\frac{J_2}{1.5}$	2	2.07 1.13	0.94	85	30	10										
	2	2.07 1.13	0.94	274	30	10	4	30	00	93.42	93.42	7.35	1.6	7.25	107.25	
	Z_{11}	2.20 0.80	1.40	83	24	40										
	Z_{11}	2.20 0.80	1.40	276	35	10	6	35	15	138.16	138.16	15.95	1.5	15.95	115.95	
	(1)	1.635 1.575	0.06													
	(1)	1.635 1.575	0.06							6.0			0.6	1.0	116.95	左边线
	1	4.775 4.225	0.55													
$\frac{Z_{11}}{1.6}$	1	4.775 4.225	0.55							55	139.20		4.5	−2.9	113.05	
	2	2.23 0.90	1.40	85	40	00										
	2	2.23 0.90	1.40	274	20	10	4	20	5	139.20	277.36	10.54	1.6	10.54	126.49	
	Z_{11}	3.20 1.60	1.60	83	28	00										
	Z_{11}	3.20 1.60	1.60	276	32	00	6	32	00	157.94	296.1	18.08	2.4	17.28	133.23	

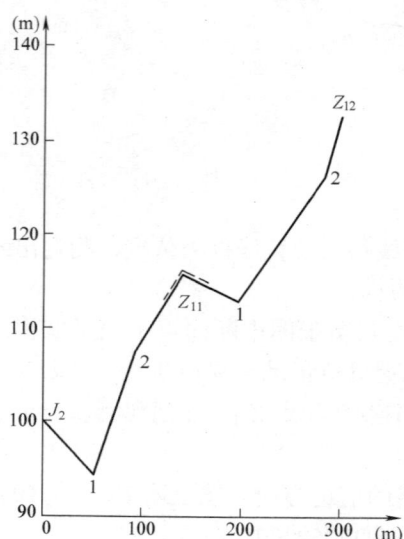

图 GYSD00602001-6　输电线路纵断面图

根据表 GYSD00602001-1 中填写的计算结果，用规定的比例在纵断面图上定出各断面点的位置，并用连线将它们连接起来，即为输电线路的纵断面图，如图 GYSD00602001-6 所示。

对线路中心断面测量时，当导线的边线断面比中线断面高出 0.5m 时，还应根据设计确定的边线间距进行边线断面的测量，必须对该边线断面进行测绘。

2. 横断面测量

横断面测量是考虑架空线的两边导线的安全对地距离以及杆塔基础的施工基面是否符合架空输电线路技术规范的要求。当线路通过高出中线和边线的陡坎或陡坡附近时，应根据情况测量风偏横断面或风偏点。

横断面测量和纵断面测量的施测方法相同，仍将仪器安置在线路的中心线上，测量线路垂直方向上各断面点间的距离及各点的标高。

横断面图的画法及比例尺的用法均与纵断面图相同。并且，横断面图也画在纵断面图上，其断面点连线在纵断面图连线的上、下方画出，横断面的中线应与施测点纵断面的中线同在一条竖线上。为了分辨两边导线的断面图，左边导线采用的图线为点划线；右边导线采用虚线。

五、杆塔定位

杆塔定位是把杆塔的位置测设到已经选好的线路中线上，并钉立杆塔桩作为标志。

定位的基本方法是，当测绘完几个耐张段或全线路的断面图时，首先在图上定位。而后将图上的杆塔位置测设到线路中线上。

（一）图上定位

图 GYSD00602001-7 是在现场测绘的平断面图。图上已表示了线路直线（Z）、转角（J）、测站（C）和交叉跨越点（JC）等桩间的距离和断面高程以及其平面位置，图中的杆塔位置、档距和每档内导线的对地安全线。

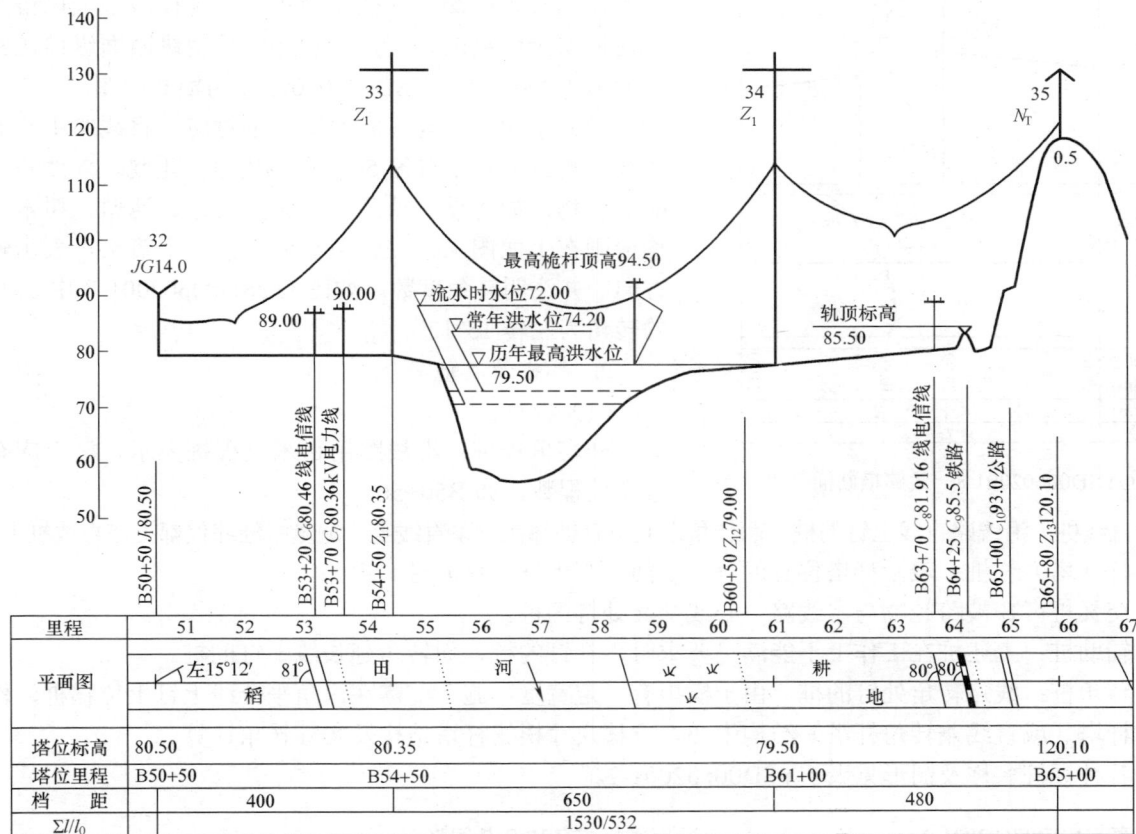

图 GYSD00602001-7 输电线路平断面图

Σl—耐张段长度；l_0—代表档距

定位时，估计代表档距，选用相应的弧垂模板（根据代表档距、弧垂预先做好的透明模板）；在断面图上比拟出杆塔的大概位置，观察模板上导线对地的安全线与地面距离，以及导线弧垂曲线对被跨物的垂直距离是否符技术规范的要求，还要选用适当的塔型。最大限度地利用杆塔强度配置适当的档距，同时要考虑施工、运行的方便与安全。在满足上列要求时，在图上确定位置。

（二）现场定位

在图上定位以后，再到现场把图上的杆塔位置测设到线路中线上，并要进行实地检查验证，如杆塔所定位置都符合定位原则并满足技术要求时，即钉杆塔中心桩、塔号桩。然后对塔位、档距、高程、施工基面等进行测量，最后将塔位、塔高、弧垂曲线、杆型、杆位序号与档距、代表档距以及线路的里程等都标注在断面图上，这就是输电线路的平断面图，如图 GYSD00602001-7 所示，它是线路设计测量的工作总线，也是线路施工部门必须的技术资料。

现将某线路工程部分平断面图（见图 GYSD00602001-7 及图 GYSD00602001-8）作为例子进行说明。

1. 内容说明

（1）纵断面图。纵断面图绘制比例一般采用纵 1:500，横 1:5000。要求测出定线组所订标桩。各断面点、交叉物等的平距及高程，并将它们反映在图上，作为排定杆位的主要依据。

图中标桩有直线桩、交叉桩及转角桩。直线桩钉于路径中心线上，是找寻路径方向的依据，代号为 Z 加上脚注编号。交叉桩钉于被交叉物（如公路、铁路、电力线、通信线等）地面与本线路中心线交点处，代号为 C 加上脚注编号。转角桩钉于线路转角点处，为转角杆塔或直线兼转角杆塔桩位，代号为 J 加上脚注编号。如图 GYSD00602001-7 中 Z_{12} 代表直线桩，编号为 12，其相对平距为 6050m（表示为 B60+50），相对高程为 79.00m。

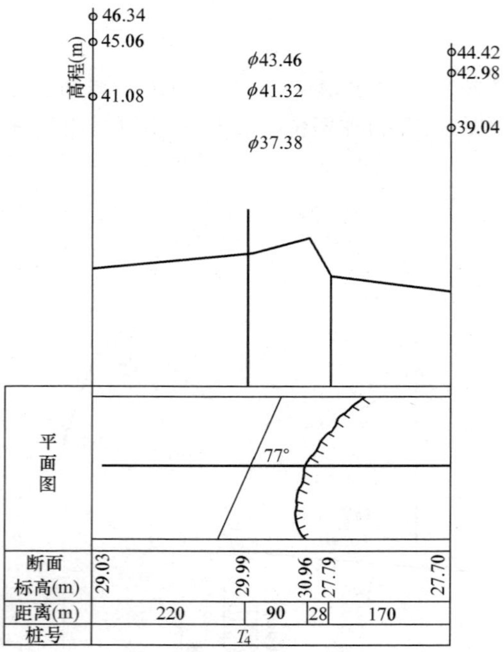

（2）横断面图。当垂直线路方向地面坡度大于 1:5 或起伏不规则时，应测绘出横断面图，作为校验最大风偏时导线对地安全距离的依据，绘制比例采用纵断面纵向比例，一般为 1:500。图 GYSD00602001-8 为横断面图。

（3）平面图。与纵断面图上下对应，将线路中心展为直线，测出中心左右各 50m 范围内地形地物，对线路有影响的地物，如房屋、铁路、河流、公路、池塘、树木等，均应画在平面图上，在转角桩处画上一个箭头，表示转角方向，并注明转角度数。如图 GYSD00602001-7 中 J_1 号塔的转角为左转 15°12′。

2. 标桩及其他

（1）标桩。

杆塔里程桩：沿线路用百米里程桩表示，桩上应有编号及里程数，如 B50+50。

图 GYSD00602001-8　线路横断面及平面图

直线桩：沿线路直线上钉的桩，两转角之间所有桩都在一条直线上，测量中经纬仪都支在直线桩上。

杆（塔）位桩：表示杆塔位置的桩，上面应写上杆（塔）号。

交叉桩：在被跨越物与本线路中心线交叉处钉的桩。

辅助桩：上述桩在工作上不能满足要求时需补钉的桩，如转角延长线上钉的桩。

转角桩：线路转角处钉的桩。由于横担有一定宽度，施工前需在内角平分线上钉上位移桩，作为转角杆塔（或直线兼转角杆塔）结构中心，位移尺寸根据杆塔结构及实际转角计算。

各种标桩名称及图形见表 GYSD00602001-2。

表 GYSD00602001-2　　　　　　平断面图标桩名称及其图形

名　称	图　形	名　称	图　形	名　称	图　形
直线桩		铁　路		河　流	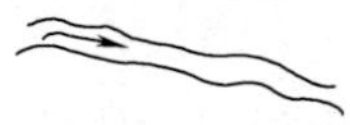
转角桩		公　路		堤　坝	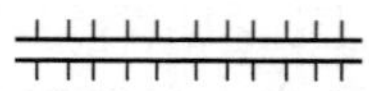
加　桩		大车道		浅　滩	
左边线		人行小道		干　沟	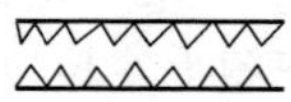
右边线		电力线	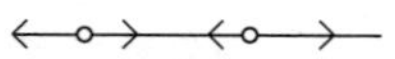	稻　田	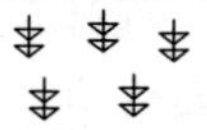
风偏断面	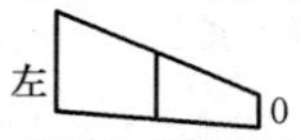	通信线		果　园	

（2）其他。

标高是指地面点投影到大地水准面的铅垂距离，简称高程。可以通过地面各点标高来确定它们之间的相对高差。

里程是指由起点开始算，每 100m 标注一个数字，如 100m 处标注为 1，200m 处标注为 2…，以此类推。由此可找出纵断面图或平面图上某一点与起点的水平距离。

塔位标高反映出杆位处地面（如有基面下降应扣除）的水准高度。

塔位里程反映出杆位处与起点的水平距离，相邻杆位里程差值即为相邻杆位间的档距。

档距，相邻杆塔中心线间的水平距离。

耐张段长度 Σl：两基耐张杆塔间各个档距组成的总体叫做耐张段，一个耐张段内各个档距长度之和叫做耐张段长度，用 Σl 表示。

代表档距 l_0：同一耐张段内各个档距并不相等。架线时各个档距架空线（包括导线、避雷线）张力相等，当气温变化时架空线张力发生变化且使各个档距张力变化后不相等，这时直线杆塔悬垂绝缘子串因张力差而顺线路方向发生倾斜。架线时选择一个张力差较小的档距进行施工，这个档距就叫做代表档距或规律档距。

【思考与练习】

1．怎样测量桩间的距离及高差？

2．如何进行交叉跨越测量？

3．如何进行断面测量？

4．什么情况需要测量横断面？为什么？测量范围有何要求？

5．什么叫杆塔定位？如何进行杆塔的定位？

6．线路平断面图中有哪些内容？

模块 2　输电线路复测和分坑（GYSD00602002）

【模块描述】本模块包含线路杆塔桩复测、杆塔基础的分坑、拉线基础分坑和拉线长度的计算、施工基准面的测定。通过概念描述和操作过程讲解，掌握线路杆塔桩复测、杆塔基础的分坑、拉线基础分坑和拉线长度的计算、施工基准面的测定方法。

【正文】

一、线路杆塔桩复测

输电线路杆塔基础的位置是根据设计部门测定的杆塔桩来确定的。杆塔桩位、档距等的误差不许超过允许范围。但线路在勘测设计工作结束，到开始施工这个期间，往往因施工前各项准备工作要间隔一段时间。在这段时间里，时常因受外界影响发生杆塔桩偏移或丢桩等情况。所以在开工伊始，要会同原设计部门对线路上各杆塔桩及杆塔桩间的档距进行一次全面复测。在复测过程中，如发现档距与原设计数据不符，或杆塔桩偏移、丢桩等情况，应与设计部门研究校正档距、桩位、补钉丢失桩，然后开始施工。

（一）直线杆塔桩复测

直线杆塔桩复测，以直线桩为基准，用重转法（见 GYSD00601004 内容）亦即正倒镜分中法来复测。如图 GYSD00602002-1（a）所示，Z_1、Z_2 为直线桩，5# 为直线杆塔桩。把仪器置于 Z_2 桩上，先用正镜后视 Z_1 桩上的标杆，然后竖转望远镜前视 5# 桩侧测得一点 A；望远镜沿水平方向旋转，仍瞄准 Z_1（此时为倒镜），再竖转望远镜前视 5# 桩侧测得一点 B，量出 AB 之中点 C，如 C 点恰与 5# 桩重合，则说明该直线杆塔桩是正确的。如不重合时，量出 C 至 5# 桩间的水平距离 D，D 即为杆塔桩横线偏移值，D 值一般要求应不大于 50mm（应按技术规范之规定），如不超过此限度，则认为合格；如超过时，应将杆塔桩移至 C 点上，以 C 点为改正后的杆塔桩位。

另一种方法是用测水平角的测回法来确定，如图 GYSD00602002-1（b）所示。图中 Z_2、Z_3 为直线桩，5# 为直线杆塔中心桩。将仪器安置在 5# 桩上，依据后视 Z_2 桩为基准，复核盘左、盘右测水平角

∠"$Z_2 5^\# Z_3$"的平均角度值是否为 180°。如实测水平角平均值在 180°±1′以内时，则认为杆塔中心桩 $5^\#$ 是在线路的中心线上；而实测的水平角平均值超过180°±1′时，则杆塔中心桩位置发生了偏移，根据角度和桩间距离可计算出偏移值。如横线路方向偏移值超出允许值，需采用正、倒镜分中法予以纠正。

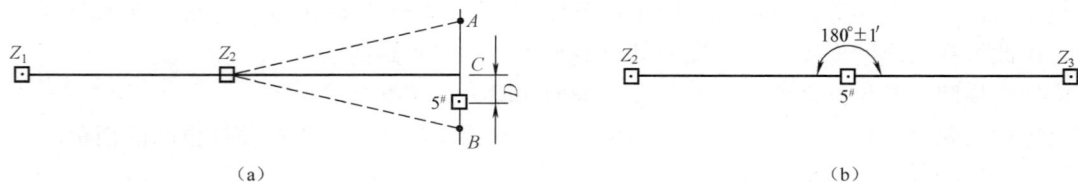

图 GYSD00602002-1　直线杆塔桩复测方法

（a）重转法；（b）测回法

（二）转角杆塔桩复测

转角杆塔桩复测，是复查转角的角度值是否与原设计的角度值相符合。如图 GYSD00602002-2 所示，仪器安置在转角桩 J_2 上，后视转角桩为 Z_5（如相距远不能后视为 Z_5，亦可后视中间直线桩），前视转角桩为 Z_6（或其间直线桩），测其右角 β，用测回法测一个测回。如测得的角度值与原设计的角度值之差不大于 1′30″（应按技术规范之规定），则认为合格；如大于 1′30″，则应慎重复测以求得正确的角度值，而后与设计单位研究改正原设计角度。

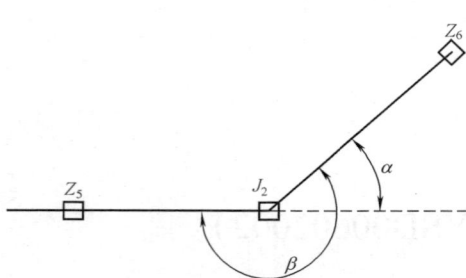

图 GYSD00602002-2　转角杆塔桩复测方法

这里有一点要说明，输电线路所说的转角杆塔桩的转角角度，是指转角桩的前一直线的延长线和后一直线（线路进行方向）的夹角（如图 GYSD00602002-2 所示）。这个角在前一直线延长线左面的角叫做左转角，在右面的角叫做右转角。图 GYSD00602002-2 中 α 角就是线路的左转角。要以这个角度值和原设计的角度值相对比，以判定角度是否正确。

（三）档距和标高的复测

线路塔位桩间的档距和标高要用视距法进行复测。特别是对相邻杆塔间有凸起地形和交叉跨越物（如铁路、电力线、通航河流等）时，就必须进行复测，以防止原测量成果有错误或误差较大。若在竣工后发现导线对地、对被跨越物安全距离不符合规定标准，会造成返工浪费。例如，导线对地安全距离不够，就要挖掉大量土方，导线对其他被跨越物安全距离不够，无论是改变本线路设计，还是要改建被跨越物，都会造成很大的损失，所以说这项复测是很有必要的。

下面举例说明复测的方法。

如图 GYSD00602002-3 所示，A、B 杆塔桩之间有一个地形凸起点 C（这个点通常叫做危险点，因为它与导线弧垂接近）。要测 A、B、C 三点之标高和距离。其测法是，将仪器安置在 A 桩（也可安置在 C 点）上，量出仪器高 i，使望远镜瞄准 B 桩上标杆（如不能透视 B 桩时；也可以其间直线桩标定仪器方向），指挥司尺员沿视线方向立尺于 C 点上，望远镜十字横线对准视距尺读数 v（使 v 等于 i）。用正、倒镜先后测出竖直角和尺间隔的平均值。设竖直角为 +5°20′，尺间隔为 1.03m（即上下丝之间距离）。

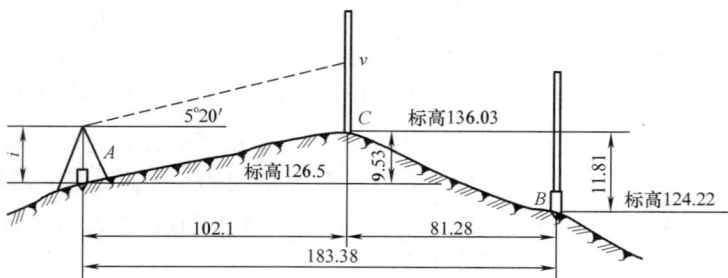

图 GYSD00602002-3　档距和标高的复测

则 A、C 两点间的水平距离为 $D = Kl\cos^2\alpha = 100 \times 1.03 \times \cos^2 5°20' = 102.1$（m），$A$、$C$ 两点的高差为 $h = D\tan\alpha = 102.1 \times \tan 5°20' = 9.53$（m）。

如 A 桩标高为 126.5m，则 C 点的标高为 $126.5 + 9.53 = 136.03$（m）。

再将仪器移到 C 点上，在 B 桩上立尺，依同法观测，设测得的平均竖直角为 $-8°16'$，尺间隔为 0.83m，则 C、B 两点的水平距离为 $D = 100 \times 0.83 \times \cos^2 8°16' = 81.28$m，高差为 $h = 81.28 \times \tan 8°16' = 11.81$（m）。

已知 C 点复测后的标高为 136.03m，C、B 两点高差为 -11.81m，则 B 桩复测后的标高为 $136.03 - 11.81 = 124.22$（m）。A、B 桩间复测后的档距为 $102.1 + 81.28 = 183.38$（m）。

根据复测后各桩间的档距和标高与原设计数据相比较，档距误差一般要求应不大于设计档距的 1%，高差应不超过 ± 0.5m。如超过允许规范，应与设计单位会同处理。

（四）丢桩补测

补桩有两种情况：一是由于设计测量到施工测量要经过一段时间，因外界影响，当杆塔桩丢失或移位时，需要补桩测量，称为丢桩补测；二是设计时某杆塔位桩由某控制桩位移得到，如 $5^\#$ 的杆塔位置为 $Z_5 + 30$，即 $5^\#$ 的位置由 Z_5 桩前视 30m 定位，这也需要复测时补桩测量，称为位移补桩。补桩测量应根据塔位明细表、平断面图上原设计的桩间距离、档距、转角度数进行补测钉桩，并按现行的 DL/T 5076—2008《220kV 及以下架空送电线路勘测技术规程》进行观测。

1. 丢桩补测

（1）补直线桩。直线桩丢失或被移动，应根据线路断面图上原设计的桩间距离，用正、倒镜分中延长直线法测定补桩。

（2）补直线杆塔位桩。直线杆塔位中心桩丢失或被移动，也应按线路杆塔明细表、平断面图上原设计的档距，采用正、倒镜分中延长直线法测量补桩。

（3）补转角杆塔位桩。当个别转角杆塔位丢桩后，应做补桩测量，施测方法如图 GYSD00602002-4 所示。设图中 J_2 为丢失的转角桩，将仪器安置于 Z_5 桩上，以后视 Z_4 为依据标定线路方向，采用正、倒镜分中延长直线的方法，根据设计图纸提供的桩间距离，在望远镜的前视方向上，J_2 的前后分别钉 A、B 两个临时木桩，并钉上小铁钉。再将仪器移至直线桩 Z_6 上安置，以前视直线桩 Z_7 为依据，依上述同法，分钉立 C、D 临时木桩。

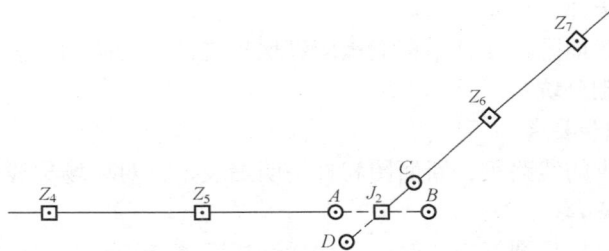

图 GYSD00602002-4　补转角杆塔位桩的测量

四个临时木桩应选在丢失的转角桩 J_2 附近，钉桩高度适中。然后用细线分别扎在 A、B 和 C、D 上小铁钉上，并且拉紧扎牢，AB 与 CD 两线相交点即为转角桩中心位置，补钉上 J_2 转角桩，再用垂球线沿交点放下，垂球尖对准桩面的点，钉上小铁钉标记，则完成补转角桩测量。

若补测的转角桩 J_2 周围地形较平，且仪器安置在 Z_6 直线桩时，通过望远镜能清楚看到 A、B 两钉连接的细线，也可不钉 C、D 临时木桩，用望远镜十字丝与 A、B 细线的交点直接钉木桩和钉小铁钉。

2. 位移补桩

位移杆塔位中心桩绝大部分都是直线杆塔位桩，但是，当线路位于规划区，路径由规划确定情况下，遇到水塘等在设计测量时无法钉立转角杆塔位桩时，设计通过两线段来计算转角交点或规划提供杆塔位坐标，也需通过位移确定转角杆塔位桩。施测时根据线路杆塔明细表、平断面图上的设计位移值，采用正、倒镜分中延长直线法测量补桩。测量方法与上述补直线杆塔位桩和补转角杆塔位桩相同。

（五）钉辅助桩

当线路杆塔中心桩复测确定后，应及时在杆塔中心桩的纵向及横向钉立辅助桩。钉立辅助桩的目的是以备施工时标定仪器的方向；当基础土方开挖施工或其他原因使杆塔中心桩覆盖、丢失或被移动时，可利用辅助桩位恢复杆塔位中心桩原来的位置；再则还可检查基础根开、杆塔组立质量，因此辅助桩被称为施工控制桩。

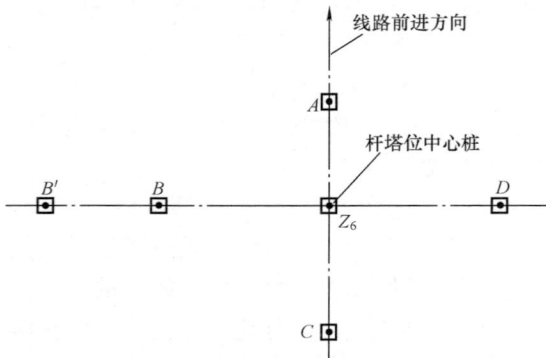

图 GYSD00602002-5　直线杆塔辅助桩的测钉

直线杆塔辅助桩的测钉方法如图 GYSD00602002-5 所示。将仪器安置在杆塔位中心桩上，用望远镜瞄准前后杆塔桩或直线桩，指挥在视线方向上，本杆塔桩位不远处的合适位置，钉立 A 辅助桩，倒镜视线上钉立 C 辅助桩，通常 A、C 称为顺线路或纵向辅助桩；然后将望远镜沿水平方向旋转 90°角，再在线路中心线垂直方向上钉立 B、D 两辅助桩，则称为横向辅助桩。

辅助桩的位置应根据地形情况和杆塔的高度而定，距杆塔中心桩一般为 20～30m。若地形较为平坦，其距离可选在大于杆塔高度。位置应选择在不易受碰动的地方为宜。当遇有特殊地形不便在杆塔桩两侧钉立桩时，也可以在同一侧钉两个桩（如图 GYSD00602002-5 中的 B′桩）。

（六）线路复测注意事项

线路复测是线路施工的第一道重要的工序，也是发现和纠正设计测量错误的重要环节，所以它关系到整个线路工程的质量。因此，在复测中应注意以下事项：

（1）在线路施工复测中使用的仪器和量具都必须经过检验和校正。

（2）在复测工作中，应先观察杆塔位桩是否稳固，有无松动现象，如有松动应先将杆塔位桩钉稳固后，再进行复测。

（3）复测后的杆塔位桩上，应清楚注记文字或符号，并涂与设计测量不同颜色来标识。以示区别和确认复测成果。

（4）废置无用的桩应拔掉，以免混淆。

（5）在城镇或交通频繁地区，在杆塔桩周围应钉保护桩，以防碰动或丢失。

二、杆塔的定位与基础分坑

（一）杆塔定位的方法和要求

（1）根据设计部门提供的线路平、断面图和杆塔明细表，核对现场导线桩，从始端杆桩位开始安置经纬仪，向前方逐基定位。

（2）经纬仪安置时要以桩顶圆钉中心对中，然后选择距离 500m 左右的方向桩上的圆钉，以后视或前视进行瞄准，再倒转镜筒 180°复核前、后视方向桩有无偏差，无误后即可定位。仪器偏差不应超过 3′。如果偏差过大，应检查原因，是否认错桩位或其他原因。

应注意安置仪器对中或前、后视竖立标杆，都必须以桩顶圆钉中心为准，不允许任意凭一般导线桩的中心为准，不允许瞄准最近的桩位去测远方杆塔，否则必有较大误差。

（3）根据杆塔明细表上注明的每基杆塔的导线桩号，到达现场先进行核对，再用皮尺量出应加减的尺寸（向前方为加，向后为减），即为该杆塔的中心桩位置，若现场导线桩遗失，可参考平、断面图上的距离复测。

（4）直线杆塔定位时，安放一次仪器，可以前、后视连续定位，待前方已看不清或地形有障碍时，再依上法向前移动仪器。

（5）每基杆塔除钉立主中心桩外，还必须同时钉必要的副桩，副桩距主桩的距离一般取 3～5m。在主桩的顶端两边用红漆注明杆号，在副桩顶端两边注上"副"字，表示与主桩区别，以免认错。

（6）直线杆塔定位如图 GYSD00602002-6、图 GYSD00602002-7 所示。图上主、副桩之间距离数字为参考数据，施工图另有规定时，应照施工定位图的规定。

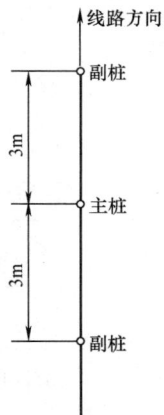

图 GYSD00602002-6 直线单杆定位图

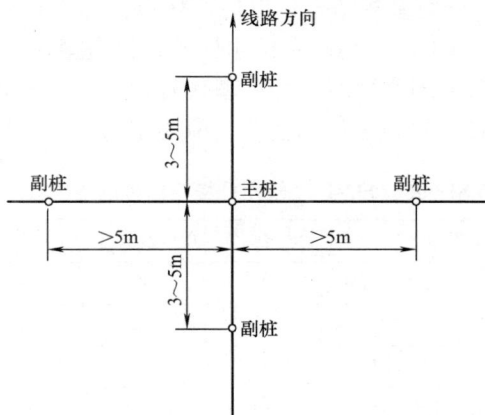

图 GYSD00602002-7 直线双杆及直线塔定位图

（7）转角杆塔定位时，将仪器安放在中心桩位置，瞄准转角前后两方向，依次钉好前后顺线路方向的副桩（通称顺线桩）。再根据转角度数，钉内侧角的二等分线分角桩，转角内侧合力方向的副桩，通称下风桩，外侧（受力反向）的副桩，通称上风桩。图 GYSD00602002-8 为转角杆塔定位图。图中 L_1、L_2、L_3 的距离，可参考表 GYSD00602002-1。

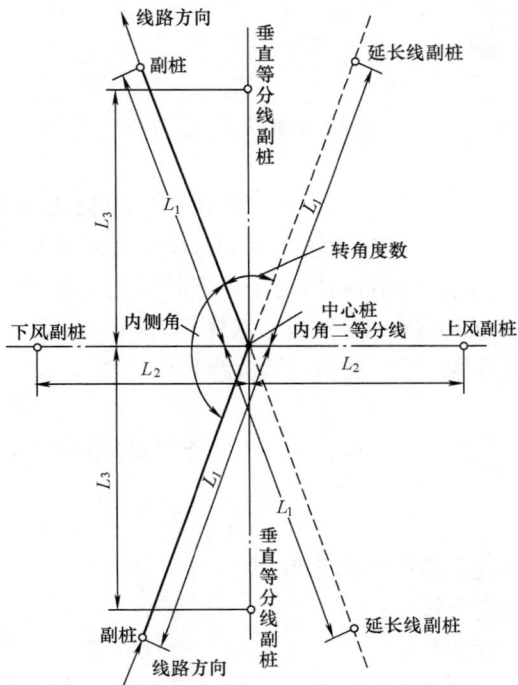

图 GYSD00602002-8 转角杆塔定位图

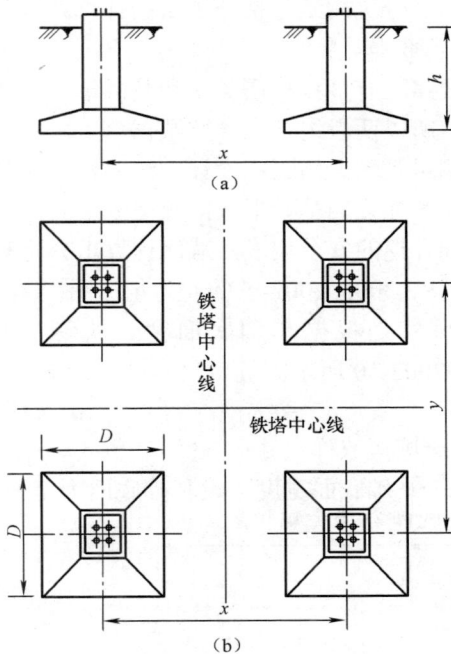

图 GYSD00602002-9 铁塔基础图

（a）正面图；（b）平面布置图

D—基础底面宽度；x—基础正面根开；y—基础
侧面根开；h—设计坑深

（8）转角杆塔应复测转角度数是否与原设计相同，若不符合时，应再复测前、后视桩位。如确非前、后视桩位所造成的偏差，并已超过 30′时，可根据前后各两个以上直线桩重行交角，重钉中心桩，并将新转角度记录上报。

（9）转角杆塔的中心位置，不允许有任何移动。直线杆塔定位时，如发现地形不利于立杆必须移位时，一般允许在顺线方向前后移动不超过 2m（110kV 线路为 5m）的范围内。若超过，应得到有关部门同意。

（10）每基杆塔定位以后，为了避免农作物等遮没木桩以致无法寻认，有条件时可在主桩（中心桩）旁插一面小旗，小旗上标明杆号与杆塔型代号。

（11）通常使用的杆塔型代号含义见表 GYSD00602002-2。

（12）每日定位的情况，应由定位负责人填写记录表格上报。

表 GYSD00602002-1　　转角杆塔定位桩的距离 m

杆塔种类		L_1	L_2	L_3
10kV	单、双杆	5	3	
	铁塔	8	5	5
35kV	单杆	5	3	
	双杆	10	5	5
	铁塔	15	5	5
110kV	单杆	10	5	
	双杆	15	10	10
	铁塔	20	12	12

表 GYSD00602002-2　　杆塔型代号

杆塔名称	代号	杆塔名称	代号
直线杆塔	Z	分支杆塔	F
耐张杆塔	N	钢筋混凝土杆	G
转角杆塔	J	铁塔	T
终端杆塔	D	双回路	S
换位杆塔	H	拉线式铁塔	X

（二）杆塔基础的分坑

杆塔基础分坑测量，就是把杆塔基础坑的位置测设到线路指定的杆塔位上，并钉立木桩作为基坑开挖的依据。分坑测量包括分坑数据计算和坑位测量两个步骤。

1. 分坑数据计算

一条线路上有多种杆塔类型和基础形式，同一类型的杆塔，由于配置基础形式的不同，其分坑数据也不同，所以两者组合的分坑数据繁多。

分坑测量是依据施工图设计的线路杆塔（基础）明细表的杆塔类型，查取基础根开（相邻基础中心距离）与其配置的基础形式，获得基础底面宽和坑深。在坑口放样时，还需考虑基础施工中的操作裕度和基础开挖的安全坡度，从而计算出分坑测量的数据。图 GYSD00602002-9 所示是铁塔基础图的一种，图 GYSD00602002-9（a）为正面图；图 GYSD00602002-9（b）为平面布置图。

坑口尺寸是根据基础底面宽、坑深、坑底施工操作裕度以及安全坡度进行计算，如图 GYSD00602002-10 所示。坑口尺寸可通过下式计算

$$a = D + 2e + 2\eta h \qquad\qquad (GYSD00602002-1)$$

式中　a——坑口放样尺寸；

　　　D——基础底面宽度，设基础底面为正方形；

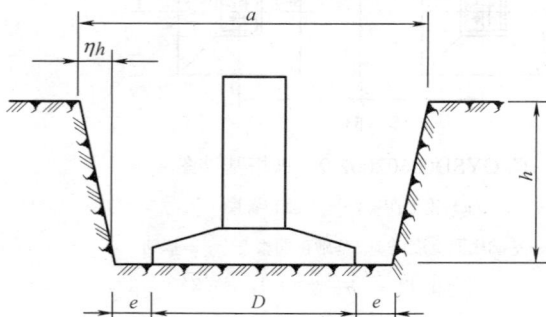

图 GYSD00602002-10　铁塔基础坑剖视图

　　　e——坑底施工操作裕度；

　　　η——安全坡度；

　　　h——设计坑深。

图 GYSD00602002-10 是一个铁塔板式基础的剖视图，图中 D 和 h 是基础施工图中分别给定的基础设计宽度和埋深，e 是为施工安装模板而增加的操作裕度，η 与土壤的安息角有关，也就是坑壁土坡稳定的安全坡度，根据不同的土壤性质和坑深，取值也不同。坑深在 3m 以内不加支撑的安全坡度 η 和操作裕度 e 可参考表 GYSD00602002-3 取值。

表 GYSD00602002-3　　一般基坑开挖的安全坡度和施工操作裕度

土 壤 类 别	砂石、砾土、淤泥	砂质黏土	黏 土	坚 土
坡度系数 η	1:0.67	1:0.50	1:0.30	1:0.22
坑底施工操作裕度 e（m）	0.3	0.20	0.20	0.10～0.20

2. 用经纬仪分坑

使用经纬仪分坑方法，比较准确，并可同时对定线桩位进行校验或补桩。以下介绍用经纬仪对双杆及铁塔分坑的基本方式。

（1）带拉线直线双杆基础分坑如图 GYSD00602002-11 所示。

1）将仪器置于中心桩 O 点，对前后副桩进行瞄准。无前后副桩时，对前后方向桩，然后钉出顺线方向的副桩。

2）将仪器镜筒旋转 90°，从 O 点垂直线路方向量 $(L-a)/2$、$L/2$、$(L+a)/2$ 三点在 B 点桩上钉圆钉，同时钉副桩及人字拉线坑位桩。

3）取 $1.618a$ 线长，两端分别置于 A、C 两点，在距一端 $a/2$ 处拉紧线得点 M，这时线形 A、C、M 成为直角三角形；在距另一端 $a/2$ 处拉紧线得点 N，再反向另一面同样的方法得 P、Q。沿 $MNPQ$ 连线用石灰粉在地面上画白线，即得基坑的完整四边线，并依立杆方向画出马槽线。

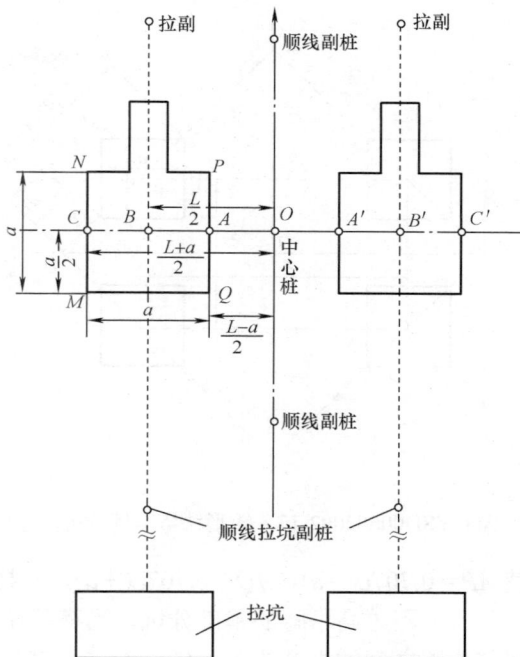

图 GYSD00602002-11　带拉线双杆基础分坑

4）仪器镜筒向另一侧倒转 180°（即倒镜），即可钉另一边同样桩位，画出另一基坑。

5）将仪器移置于 B 点，对垂直线路方向瞄准以后，镜筒旋转 90°，钉出顺线方向前后的拉线坑位桩。拉线坑分坑见后文介绍的用皮尺分拉坑。

6）最后要核对图纸无误后，再用铁锹沿白粉线开挖。这时对施工不需要的木桩 A、B、C 等均可拔除。

（2）正方形铁塔基础分坑如图 GYSD00602002-12 所示。

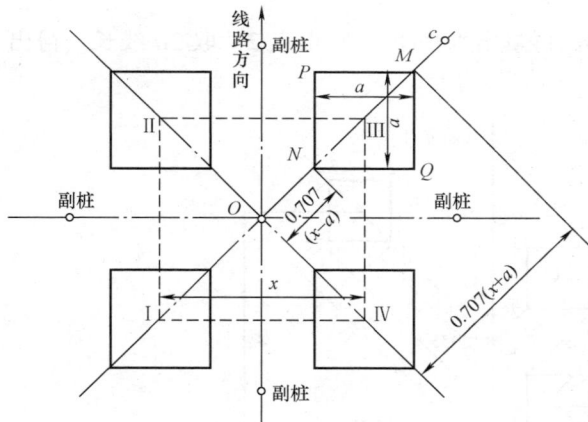

图 GYSD00602002-12　正方形铁塔基础的分坑示意图

1）将仪器置于中心桩 O 点，与双杆同样钉出顺线方向的前后副桩。

2）镜筒旋转 90°，钉垂直线路的两边副桩。

3）镜筒回转到 45° 钉副桩 C，在 OC 上取 $ON=0.707(x-a)$，$OM=0.707(x+a)$，得 M、N 两点。x 为坑心间距离，a 为基坑边长。

4）取 $2a$ 线长，将两端分别置于 M、N 两点，拉紧中心点即得 P 点，反方向即得 Q 点。

5）取石灰粉沿 $NPMQ$ 各点在地面上画白线，即得第三只基坑。

6）镜筒反转 180°，即可用同样方法得第一只塔基坑。

7）再以镜筒右转 90°，同样可在地面上画出第二只基坑；镜筒反转 180° 即可画出第四只基坑。

8）最后复核图纸及整个塔基尺寸完全正确无误之后，用铁锹沿白线挖土。

分开式铁塔基础的顺序，通常以面向前进方向，左边的后方为第一只，依次顺时针方向左前方为第二只，右边前方为第三只，右后方为第四只。

（3）矩形铁塔基础分坑如图 GYSD00602002-13 所示。

1）将仪器置于中心桩 O 点，瞄准前、后视，钉下 A、B 桩，使 $AO=BO=(x+y)/2$。x、y 分别为不同的矩形坑长边与短边坑心间的距离。

2）将仪器镜筒旋转 90°，钉 C、D 桩，同样使 $CO=DO=(x+y)/2$。

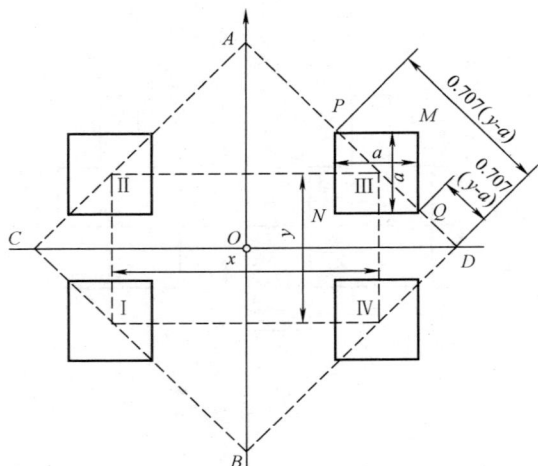

图 GYSD00602002-13　矩形铁塔基础分坑示意图

3）将仪器移置于 A 点，瞄准 D 点即得 AD 线，在此线上量取 $PD = 0.707(y + a)$，$QD = 0.707(y - a)$，得 P、Q 两点。a 为基坑边长。

4）取 $2a$ 线长，将两端分别置于 P、Q 两点，拉紧线的中点即得 M 点，反方向即得 N 点。

5）取石灰粉沿 $NPMQ$ 在地面上画白线，即得第三只基坑。

6）将仪器镜筒从 D 点旋转 90°，可观测到 C 点，同样从 AC 线上可以画出第二只基坑白粉线。

7）将仪器置于 B 点，依同样方法划第一只和第四只基坑。

8）复核图纸及整个塔基尺寸，完全正确无误后，用铁锹沿粉线在四周挖土。

9）在 AD 线上，若自 A 点开始量取 P、Q 两点，使 $AP = 0.707(x - a)$，$AQ = 0.707(x + a)$，同样可得基坑的四角 $NPMQ$。从 B 点起量亦相同。

（4）不等高塔腿的基础分坑。当塔基在坡地时，短腿之间的根开为 b_1，长腿之间的根开为 b_3，短腿与长腿之间的根开为 $b_2 = (b_1 + b_3)/2$，基础坑口宽度为 a，b_1 小于 b_3，如图 GYSD00602002-14 所示。

分坑前首先计算以下各值

$F_1 = 0.707(b_3 + a)$，　$F_2 = 0.707(b_3 - a)$，　$F_0 = 0.707b_3$。

$F_1' = 0.707(b_1 + a)$，　$F_2' = 0.707(b_1 - a)$，　$F_0' = 0.707b_1$。

将经纬仪置于 O 点，调好后前视线路方向的前一个中心桩，顺时针方向转 45°，在此方向线上定出 C 点。倒镜定出 A 点。再逆时针转 90°，在此方向定出 D 点，倒镜定出 B 点。在 OC 方向线上从 O 点起量出水平距离 F_2 得点 1，再量出水平距离 F_1 得点 3。取 $2a$ 线长，使其两端分别与点 1、点 3 重合，在线的中点把线向一侧拉紧得点 2，再向另一侧拉紧得点 4，如图 GYSD00602002-14（b）所示。

同样在 OD 方向线上量出 D 坑口的四个角顶。

在 OB 方向线上从 O 点起量出水平距离 F_2' 得点 4，再量出水平距离 F_1' 得点 2。取 $2a$ 线长，得出点 1 和点 3。

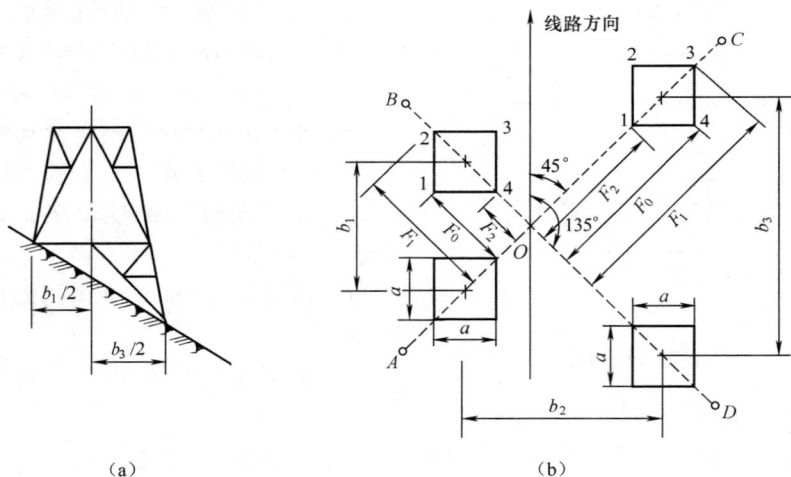

图 GYSD00602002-14　不等高塔腿基础分坑示意图

（a）不等高塔腿；（b）不等高基础分坑示意图

同样在 OA 方向线上量出 A 坑口的四个角顶。

（5）转角杆塔基础的分坑。转角杆塔的杆塔位桩有两种形式：一种是杆塔位中心桩即是转角杆塔的杆塔位桩，称为无位移转角杆塔；另一种是杆塔位中心桩不是转角杆塔的杆塔位桩，转角杆塔位桩与杆塔位中心桩之间有一段距离，称为有位移转角杆塔。这两种杆塔的分坑测量的方法不尽相同，下面简要介绍它们的施测方法。

1）无位移转角杆塔基础的分坑测量。如图 GYSD00602002-15 所示是一基右转角无位移转角塔的示意图，其转角值设为 α。分坑测量方法如下：

①在线路转角 α 的角平分线上通过塔位桩 O 点测定出两条 A、B 和 C、D 相互垂直的线，以这两条相互垂直的线作为分坑的基准线。

②将仪器安置在转角塔位中心桩 O 点上，望远镜瞄准线路前视或后视方向的杆塔桩或直线桩，同时将水平度盘调至整 $0°$ 位置，即置零。然后顺时针或逆时针旋转照准部，测出（$180°-\alpha$）/2 水平角，沿视线方向钉 D 辅助桩，倒转望远镜钉 C 辅助桩；再使望远镜水平旋转 $90°$ 角〔此时水平度盘角值为（$180°-\alpha$）/2+$90°$〕，沿正、倒视线方向钉 A、B 辅助桩。转角塔一般为等根开等坑口宽度，因此，接下来按直线塔基础分坑方法进行测量。

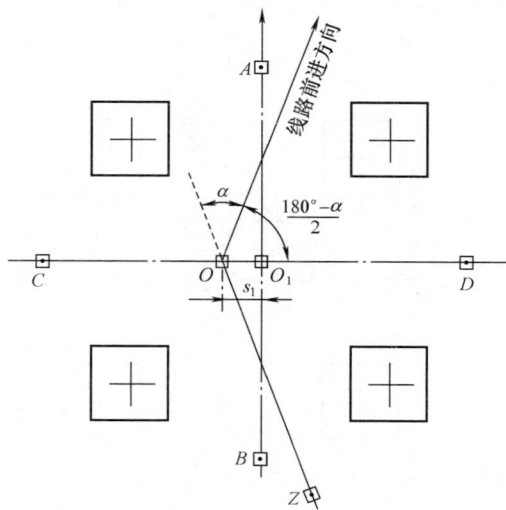

2）有位移转角杆塔基础的分坑测量。杆塔的位移是由于转角、横担宽度、不等长横担以及直线杆塔换位等原因引起的。当转角杆塔的转角值较大，导线横担较宽或不等长时，使导线挂线后，会引起线路实际角度的变化；当直线杆塔换位时，由于导线位置的变换（相当于转角）而引起直线杆塔及其绝缘子串上的附加水平分力。为了消除这种影响，必须将塔位中心桩向设计确定的位移方向上平移一段距离。

图 GYSD00602002-15　无位移转角塔基础的分坑

下面将介绍转角塔的等长宽横担和不等长宽横担的分坑测量方法。

①等长宽横担转角塔基础的分坑。如图 GYSD00602002-16 所示是等长宽横担转角塔位移图，图中 s_1 是转角桩 O 至塔位桩 O_1 之间的位移距离，其值按下式计算

$$s_1 = \left(\frac{b}{2}+c\right)\tan\frac{\alpha}{2} \quad\text{（GYSD00602002-2）}$$

式中　b——横担宽度；

　　　c——绝缘子金具串挂线板长度；

　　　α——线路转角。

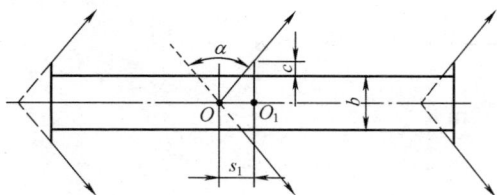

图 GYSD00602002-16　等长宽横担转角塔塔位中心桩位移图

将仪器移至 O_1 桩上，望远镜瞄准 D 桩，水平旋转 $90°$，在正、倒镜的视线方向上钉立 A、B 辅助桩。

图 GYSD00602002-16 是等长宽横担转角塔基础的分坑示意图。将仪器安置于线路转角桩 O 点上，以后视杆塔桩或直线桩为依据，将水平度盘置零，测出（$180°-\alpha$）/2 水平角，在望远镜正、倒镜的视线方向上钉 C、D 辅助桩；在线路转角的内角 OD 连线上，量取 $OO_1 = s_1$，钉立转角塔位中心 O_1 桩，如图 GYSD00602002-17 所示。

最后，根据上述钉立的 A、B、C、D 四个辅助桩，按前述的铁塔基础的分坑方法进行施测。

②不等长宽横担转角塔基础的分坑测量。图 GYSD00602002-18 所示是不等长宽横担转角铁塔塔位中心桩位移图，外角横担长，内角横担短，塔位中心桩位移距离 s 按下式计算

$$s = \left(\frac{b}{2}+c\right)\tan\frac{\alpha}{2} + s_2 \quad\text{（GYSD00602002-3）}$$

式中　s_2——悬挂点设计预偏距离，$s_2 = \frac{1}{2}(L_2 - L_1)$；

模块 2

GYSD00602002

L_1——转角杆塔短横担长度；

L_2——转角杆塔长横担长度；

b、c、α 的意义与前面相同。

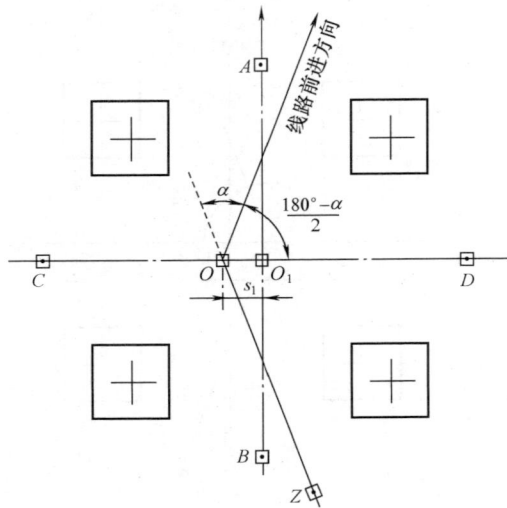

图 GYSD00602002-17 等长宽横担
转角塔基础的分坑

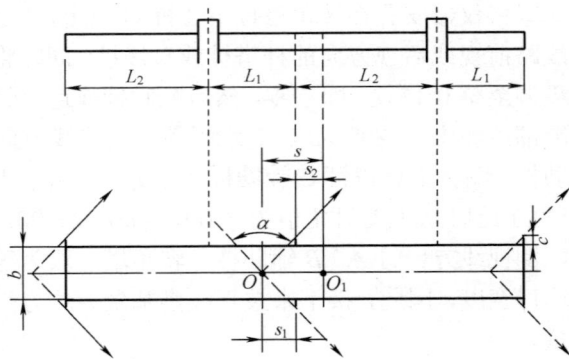

图 GYSD00602002-18 不等长宽横担转角
塔塔位中心桩位移图

对于图 GYSD00602002-18 所示的三相导线水平排列，且横担等宽转角杆塔的位移值按上式计算；当三相导线的横担宽度或悬挂点设计预偏距离各不相等时（如 A 字形转角杆、三角形转角塔），其位移方向和数值，应以两侧直线杆塔上的控制相的转角最小为原则进行位移，或以各相转角最小为原则作平均位移。位移值计算后，其位移桩、辅助桩的测量以及基础的分坑方法，与上述等长宽横担转角塔的施测方法完全相同。

例 GYSD00602002-1 如图 GYSD00602002-18 所示，该线路转角为 60°，已知横担宽为 0.8m，长横担侧为 3.1m，短横担侧为 1.7m，绝缘子金具串挂线板长度为 0.1m。求杆塔中心桩位移值，并说明位移方向。

解 按题意求解，得

$$s_1 = \left(\frac{b}{2} + c\right)\tan\frac{\theta}{2} = \left(\frac{0.8}{2} + 0.1\right)\tan\frac{60°}{2} = 0.289 \text{（m）}$$

$$s_2 = \frac{a-b}{2} = \frac{3.1-1.7}{2} = 0.7 \text{（m）}$$

$$s = s_1 + s_2 = 0.289 + 0.7 = 0.989 \text{（m）}$$

答：向内角侧位移 0.989m。

3. 用皮尺分坑

经纬仪是比较贵重的精密仪器，目前使用尚不普及。故各地在施工实践中，创造出很多简单实用的分坑方法。下面介绍一种用皮尺分坑的办法，可供参考。

（1）直线单杆分坑如图 GYSD00602002-19 所示。

1）用细铅丝将主、副桩的圆钉连成一线。

2）沿铅丝从主桩中心点量出 $a/2$，得前后 A、B 两点。a 为坑口边长。

3）将皮尺上 $0.5a$ 处与 A 点重合，$2.5a$ 处与 B 点重合。

4）拉紧皮尺，在皮尺 O 起点和 a、$2a$、$3a$ 处各插一个铁丝钎，并使 $4a$ 处与 O 点重合，即成一正方形。

5）沿皮尺方框四周撒石灰粉，在马槽处约留 50cm 的缺口。

6）量出马槽，撒石灰粉。

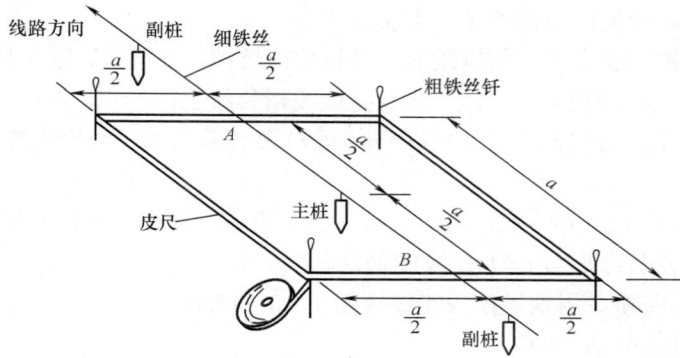

图 GYSD00602002-19 用皮尺分坑示意图

7）最后用铁锹沿灰粉线向内挖 10～15cm 深的一层面土。注意主、副桩均应保留，不应有移动（如图 GYSD00602002-20 所示）。

8）分坑完成后，如图 GYSD00602002-21 所示。

（2）双杆分坑如图 GYSD00602002-22 所示。

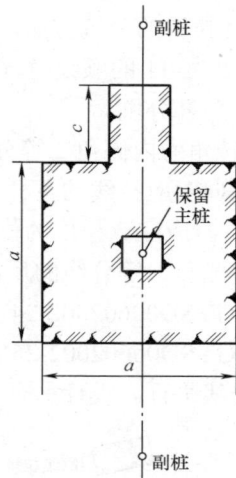

图 GYSD00602002-20 分坑挖土示意图

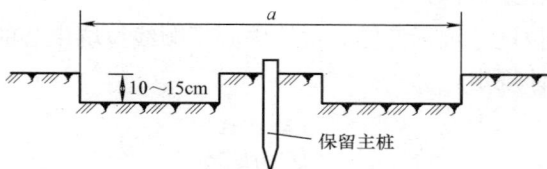

图 GYSD00602002-21 直线单杆分坑俯视图

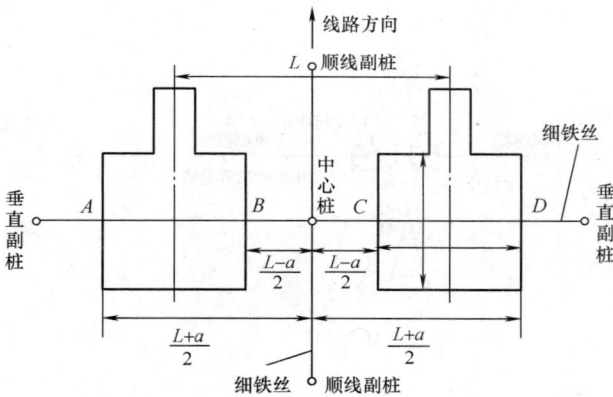

图 GYSD00602002-22 直线双杆分坑示意图

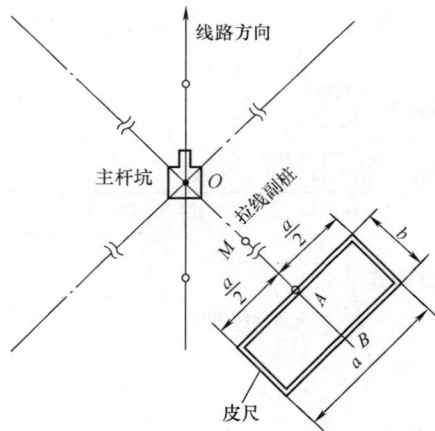

图 GYSD00602002-23 拉线坑分坑示意图

1）用细铅丝将线路垂直方向的两边副桩，与中心桩的圆钉连接成一线。

2）从中心桩圆钉中心向两边各量出 $L/2$，即为两主坑中心。L 为双杆根开。

3）从中心桩圆钉向两边各量出 $(L-a)/2$ 与 $(L+a)/2$，即得 A、B、C、D 四点。

4）将 A、B、C、D 四点以两只单杆坑看待，用上面单杆分坑方法即得双杆基坑。

5）马槽方向应配合立杆需要而定，可以向前或向后。

（3）拉线坑分坑如图 GYSD00602002-23 所示。

1）拉线坑是根据定位时的拉线方向副桩和坑位桩进行分坑的。无坑位桩时，可根据分坑图规定的尺寸，沿拉线副桩的方向量出拉坑位置。无拉线副桩时，则应根据杆型图或组装图上的拉线角度和安装高度，计算拉坑位置。拉坑的方向必须对准主杆中心。

2）图 GYSD00602002-23 为带四角拉线的单杆拉坑分坑图。分坑时，以主杆中心 O 和拉线副桩 M 或拉坑坑位桩 A 相连的直线为拉坑中心线。B 点为此线延长线上的一点，$AB=$ 坑宽 b。

3）将皮尺 $0.5a$ 处与 A 点重合，将（$1.5a+b$）处与 B 点重合。a 为拉坑坑口的长度，b 为坑口的宽度。

4）以皮尺上的 O、a、（$a+b$）、（$2a+b$）、（$2a+2b$）五点，使（$2a+2b$）与 O 重合，圈成长方形，用铁丝钎插在地上，并使长方形与 $OMAB$ 线成垂直。

5）沿皮尺四周撒石灰粉，用铁锹挖去粉线内面土 $10\sim15$cm。

6）其余各拉坑的分坑分法相同。

7）拉坑一般不先开马槽，等到拉盘放入以后，在内边中心点处开一马槽式深沟，放入拉线棒。拉线棒的对地夹角应符合设计规定。

8）双杆拉坑的分坑方法，基本与单杆相同。但注意拉坑方向要对准相应拉线的主杆中心，参见图 GYSD00602002-11 的顺线拉坑副桩与拉坑。

（4）转角杆分坑。

1）以转角的内侧角二等分线为基线（即通称上风、下风的这一条线），杆坑必须与基线垂直，拉线方向应指向对应拉线的主杆中心。

2）分坑时应注意拉坑的位置，一般顺线拉坑应在线路通过转角中心点的延长线方向。转角合力拉线坑应在内侧角二等分线的反向侧（即上风侧）。设计另有规定时，应照设计图纸分坑。

3）图 GYSD00602002-24 为转角单杆主坑及拉坑分坑示意图。

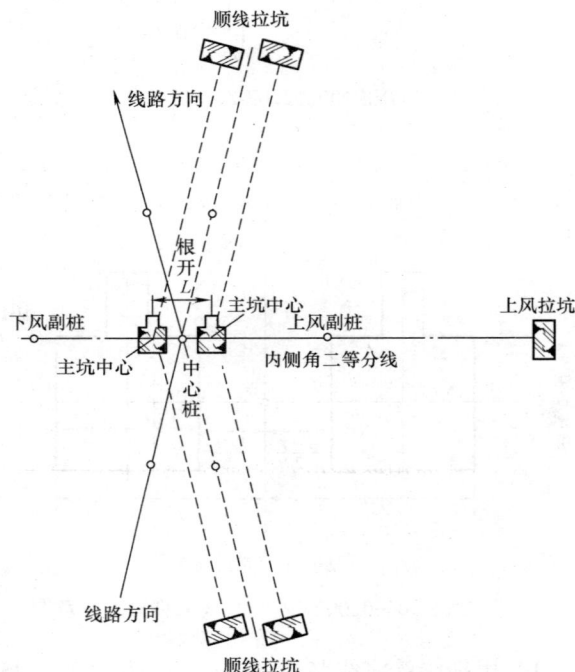

4）图 GYSD00602002-25 为转角双杆主坑及拉坑分坑示意图。主坑中心至顺线拉坑中心的连线应与顺线延长线平行。设计另有规定时，应按照设计规定。

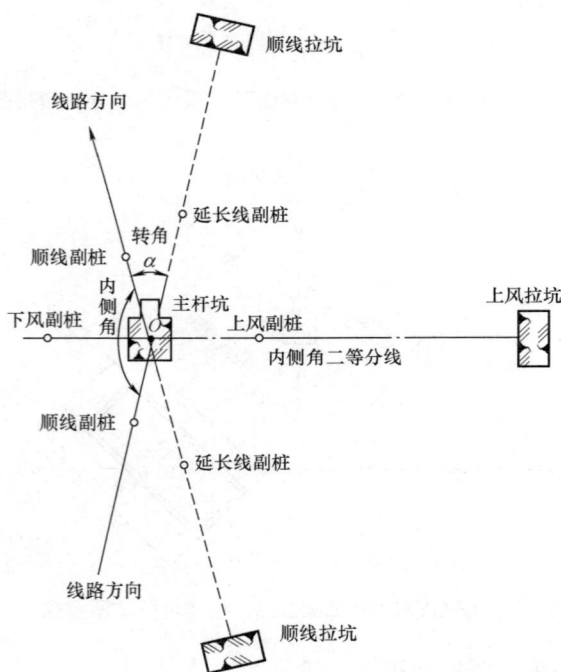

图 GYSD00602002-24　转角单杆分坑示意图　　　　图 GYSD00602002-25　转角双杆分坑示意图

5）转角杆若为不等边横担，按照规定应先将原转角中心桩沿内侧角二等分线，向下风侧位移偏心距离 a，然后将新中心桩当做主桩进行分坑，如图 GYSD00602002-26 所示。偏心距离按式 $a=(L-l)/2$ 进行计算。式中 a 为偏心距离（由原转角中心应向下风侧偏移距离）。

（5）窄基础铁塔分坑如图 GYSD00602002-27 所示。窄基础铁塔多为整体式基础（通称大块基础），分坑方法与直线单杆相同，不需要开马槽。

（6）宽基铁塔分开式基础分坑如图 GYSD00602002-28 所示。

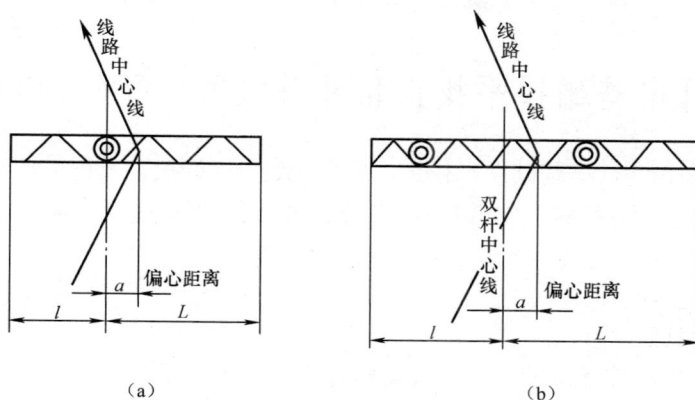

图 GYSD00602002-26　不等边横担的转角杆

（a）转角单杆；（b）转角双杆

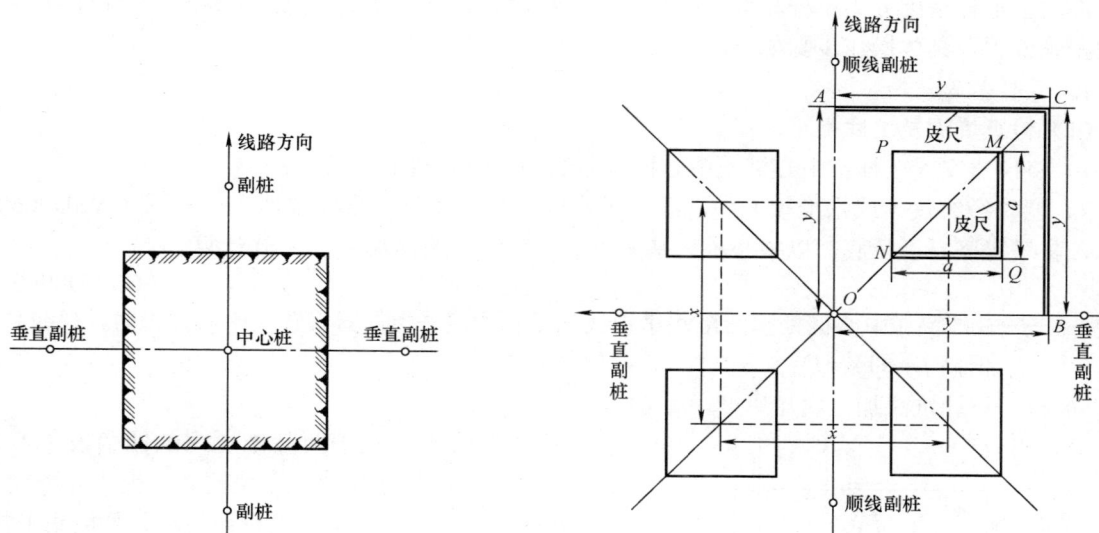

图 GYSD00602002-27　窄基础铁塔分坑示意图

图 GYSD00602002-28　分开式铁塔基础分坑示意图

1）根据定位的顺线副桩和垂直副桩，在 OA、OB 线上量任一整数 y，得 A、B 两点。

2）以 $2y$ 长的皮尺，两端分别置 A、B 两点，手持皮尺中点，拉紧即得 C 点，连 OC 即为 $45°$分角线。

3）同上面用经纬仪分方形铁塔基坑的方法，在 OC 线上量 OM 及 ON 距离，定出 M 及 N 两点

$$OM = 0.707(x + a)$$

$$ON = 0.707(x - a)$$

式中　x——塔腿根开或设计基坑中心间距离；

　　　a——基坑边长。

4）取 $2a$ 长皮尺，两端置 M、N 两点，拉紧皮尺的中点，即得 P、Q 两点。

5）取石灰粉沿 $MPNQ$ 画线并分坑。

【思考与练习】

1．为什么要进行线路复测？其内容及注意事项是什么？

2．怎样进行转角测量？

3．杆塔定位的要求和方法是什么？

4．分坑的要求和方法是什么？

5．如何利用经纬仪进行正方形、矩形铁塔的分坑？并画出某正方形、矩形铁塔和带位移转角双杆基础分坑具体尺寸布置图，写出分坑步骤。

模块 3　杆塔基础操平找正和杆塔检查（GYSD00602003）

【模块描述】 本模块包含杆塔基础操平找正、钢筋混凝土电杆拨正及杆塔检查。通过概念描述和操作过程介绍、图表对比、计算举例，掌握杆塔基础操平找正、钢筋混凝土电杆拨正及杆塔检查的要求及方法。

【正文】

一、杆塔基础操平找正

基础的操平找正工作，按基础的不同型式一般分为混凝土杆基础、铁塔地脚螺栓基础和插入式基础等几种。

下面分别说明各种类型基础的操平找正方法。

（一）混凝土电杆基础

混凝土电杆基础分为单杆和双杆两类，一般都设有底盘，操平找正就是将底盘按设计要求放在坑底的正确位置，具体操作步骤如下。

1．双杆基础

（1）检查坑深及坑底操平。

1）将仪器安置在杆位中心桩或中心桩前后的线路中心线上适当位置。

2）调整经纬仪（或水准仪）使视线水平，固定垂直度盘，量取仪器高。如图 GYSD00602003-1 所示，将塔尺竖立于坑底，以中心桩处基面为准，塔尺上的读数 H 按下式计算

$$H = s + h \tag{GYSD00602003-1}$$

式中　s——视线高（中心桩处基面至水平视线的垂直距离，当仪器安置在中心桩上时，视线高等于仪器高 i，即 $s = i$）；

　　　h——设计坑深加上底盘厚度。

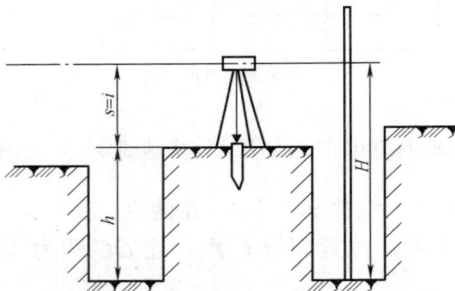

图 GYSD00602003-1　双杆基础检查坑深及坑底操平

3）将塔尺立于两基础坑内的四角及中心进行操平。按计算出的 H 值，若仪器水平视线与塔尺上 H 值处重合，则表示坑深满足设计要求并且坑底平整。

4）操平时，如果塔尺上的 H 值处高于水平视线时，表示坑深不够，应再挖至标准位置；如果塔尺上的 H 值处低于水平视线，则表示坑深超过要求的深度。

基础坑深度的允许误差为 +100mm，–50mm，坑底应平整，同基基础坑在允许误差范围内按最深一坑进行操平。基础坑深度超过规定值在 100~300mm 之间时，超深部分以填土夯实处理；深度超过规定值在 300mm 以上时，其超深部分以铺石灌浆处理。

（2）底盘找正。

1）将底盘画好中心线并确定中心点，然后放入坑内，进行找正。

2）仪器安置在杆位中心桩上，前视或后视相邻杆塔位中心桩，水平度盘对零。然后仪器转 90°角，在此方向线上，两基础坑的外侧各钉一辅助桩。

3）在两辅助桩上拉一细铁线，以中心桩为零点，用钢尺在线上向两侧各量 1/2 根开距离，并画一记号。

4）在记号处悬吊一垂球，垂球尖端应为底盘的中心位置。移动底盘使盘中心与垂球尖端对准即可。

5）底盘找正后，应再进行操平，若有误差，则再进行调整及找正，直至两底盘找正并且处于同一深度为止。

2．单杆基础

单杆的杆位中心桩就是杆本身的中心位置，在分坑时已将中心桩移出，在线路方向适当距离钉有两个辅助桩，以便控制中心桩的位置。单杆的操平找正方法和双杆基本相同，操平找正时，可参照双杆的操平找正方法进行操平找正。

（二）地脚螺栓基础

地脚螺栓基础有等根开和不等根开基础两种，它们的操平找正方法基本相同。不同的是进行找正时，等根开基础用的是地脚螺栓内对角线找正，而不等根开基础用的是外对角线找正，如图 GYSD00602003-2（a）、（b）所示。其他的操平找正方法及步骤基本相同。下面以等根开基础为例，说明地脚螺栓基础的操平找正方法。

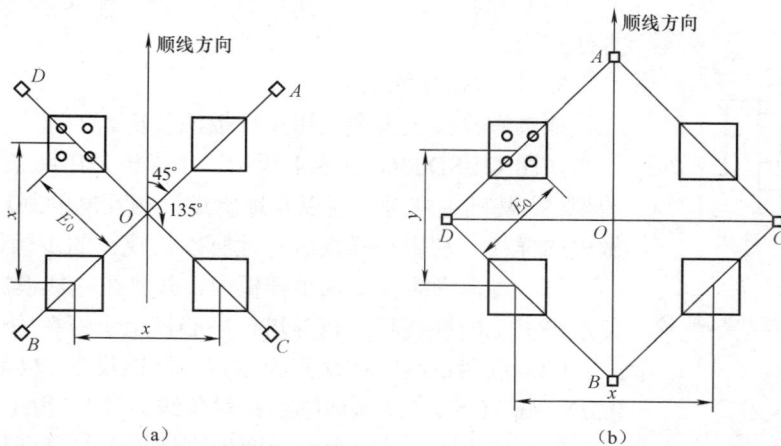

图 GYSD00602003-2　地脚螺栓基础找正

（a）内对角线找正；（b）外对角线找正

1．底盘模板找正

（1）安置仪器于塔位中心桩 O 点，在与线路中心线成 45°、135°的方向，分别钉出四个水平桩 A、B、C、D。水平桩顶部要求高出地脚螺栓 5～10cm。

（2）对四个基础坑按混凝土杆基础坑的操平方法进行操平。但基础坑深度误差超过 +100mm 时，其超深部分以铺石灌浆处理，并将四坑基础中心位置找出。

（3）如图 GYSD00602003-3 所示，将底盘模板放入基坑内、对成正方形并且固定。在模板四边中点各钉一小钉，用线绳拉成十字，十字交点为底盘模板的中心位置。

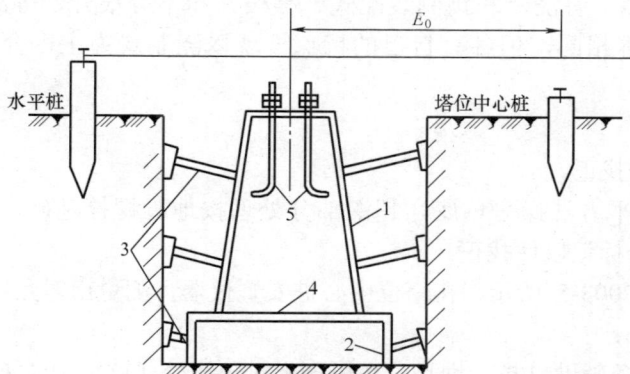

图 GYSD00602003-3　地脚螺栓基础模板

1—立柱模板；2—底盘模板；3—模板撑木；4—固定立柱模板的横木；5—地脚螺栓

（4）将四个水平桩顶的小钉，用细铁线 A 与 B、C 与 D 分别相连，并拉紧固定。

（5）用钢尺从水平桩上两条铁线的交点（即塔位中心桩 O 点）起，沿铁线量至坑口中心距离

$E_0 = 0.707x$ 画一作找正用的标记。

（6）底盘模板找正时，在标记处悬吊垂球，移动和调整底盘模板，使中心对准垂球尖，并使底盘模板的对角线与铁线的方向一致。多阶梯的模板找正方法相同。

2. 立柱模板找正

（1）调整立柱模板下口的中心位置，使之与底盘模板中心相重合，并用撑木固定。

（2）找正立柱模板上口位置同底盘模板找正基本相同。找正时调整撑木，使上口中心与垂球尖端重合，并使上口对角线与铁线方向一致。

（3）模板安装完后应检查立柱模板的垂直度，并检查四个基础立柱模板上口中心的相互距离，对角线距离及基础顶面高差等项，使它们与规定的数据相符合。

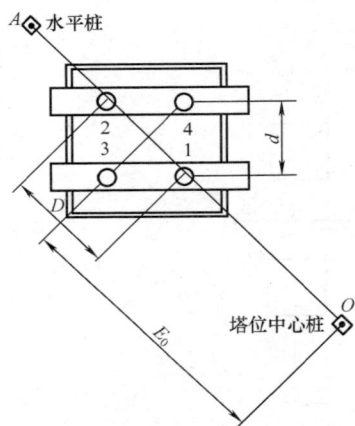

图 GYSD00602003-4 小样板找正

（4）地质较好时，可不用底模，将阶梯或立柱用垫块支承，找正方法相同。

3. 地脚螺栓找正

地脚螺栓找正大多采用小样板法找正。

如图 GYSD00602003-4 所示，小样板是用两条木板，按地脚螺栓的规格，基础主柱对角线以及地脚螺栓相互间的距离 d，对角线距离 D 做成的样板。利用小样板进行地脚螺栓找正的步骤如下：

（1）将地脚螺栓套入小样板内，并放在立柱模板上。检查并校正，使水平桩上两铁线相交点与塔位中心桩上小钉在同一铅垂线上。

（2）以两铁线的相交点为零点，用钢尺在 OA 铁线上量距离 $E_0 + 0.5D$、$E_0 - 0.5D$（D 为地脚螺栓对角线距离），得 1、2 两点。

（3）找正时，使对角线上两地脚螺栓中心分别与 1、2 点在一铅垂线上。再调整 3、4 螺栓，使 3 到 2、4 到 1 地脚螺栓距离都等于 d。

按以上办法找正另外三个小样板上地脚螺栓的位置。

（4）地脚螺栓找正完后，对四个主柱的小样板操平，力求在同一平面上。然后用钢尺测量，使各个基础地脚螺栓相互间的距离、四个基础地脚螺栓相互间的距离和各个地脚螺栓的位置都符合设计要求。再把四个小样板固定在立柱模板上。

（5）小样板固定后，按基础立柱标高测出基础面应在的位置，并作记号。然后按此记号适当调整各地脚螺栓，露出基础面的长度不能小于设计要求，并使它们处于同一高度。如果设计的转角塔等有内角基础面抬高的要求时，其坑底标高、基础面及地脚螺栓相应要抬高。

（三）插入式基础

插入式基础种类较多，有浇制和预制装配式、等根开和不等根开、等高腿和不等高腿基础等。它们的操平找正方法基本相同，但各有自己的特点。现以浇制式为主，介绍插入式基础的操平找正方法。

1. 浇制式基础

（1）坑底和垫块操平找正。

1）按混凝土杆的操平方法操平坑底，超深部分处理按地脚螺栓基础。然后将混凝土垫块放入坑内，并在垫块中心作一标记以便找正。

2）如图 GYSD00602003-5 所示，在塔位中心桩安置仪器，测量出对角线方向，在坑外侧钉辅助桩 A、B、C、D。

3）从中心桩 O 点到各辅助桩拉一钢尺，在塔脚半对角线处（坑位中心 E_0 处）悬吊垂球，移动垫块使其中心与垂球尖端对准。

4）四个基础坑的垫块找正好后进行操平，使垫块均在同一水平面上。

（2）塔脚操平找正。

1）如图 GYSD00602003-6 所示，将塔腿上部第一层塔材组装好，然后进行塔腿的操平找正。

2）找正时，先在各塔腿主材位于基础面半根开处作一印记 E、F、G、H。经纬仪安置在中心桩 O

点，将 E、F、G、H 点控制在对角线上，并用钢尺测量，使任一面相邻两塔腿印记间的距离符合图纸尺寸要求。若不满足要求，则应拨动塔脚调整到正确位置。

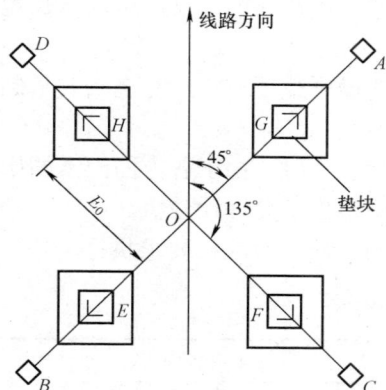

图 GYSD00602003-5 垫块操平找正

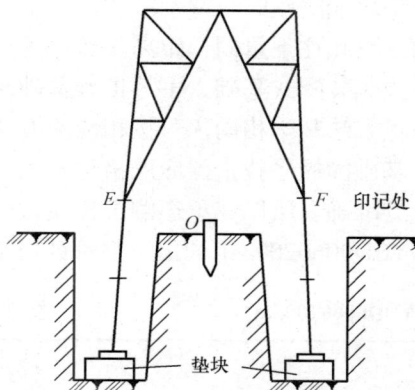

图 GYSD00602003-6 塔脚操平找正

3）各塔脚找正后，在四个塔腿的同一高度处（或印记处）沿塔腿拉一钢尺，将仪器镜头调平，测量各塔腿高差，直至使四个塔腿处于同一平面上或不超过允许误差为止。

4）找正塔腿位置或调整塔腿高差时，各塔腿互相有影响。因此每次找正或调整后必须全部复查一次。

（3）模板找正。插入式基础的底模板和立柱模板位置是根据塔脚主材位置决定的。

如图 GYSD00602003-7 所示，底座模板找正首先应算出 e 值，测量出四个 A 点位置并拉线绳，使线绳与塔脚的两边相切，然后将四个底模板操平。即

$$e = 0.5L + h \times M - d \qquad (\text{GYSD00602003-2})$$

式中 L——底座模板上口尺寸；

h——垫块顶面至底模上口的高度；

d——角钢准距；

M——塔腿设计坡度比，$M = X_1/X_2$。

如图 GYSD00602003-8 所示，立柱模板上口的找正与底座模板找正一样。它的 e 值是二分之一的立柱模板上口宽减去角钢准距。

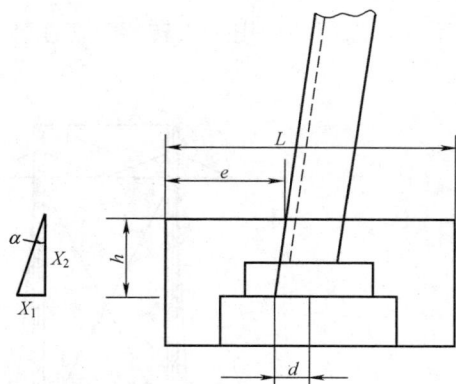

图 GYSD00602003-7 底座模板找正

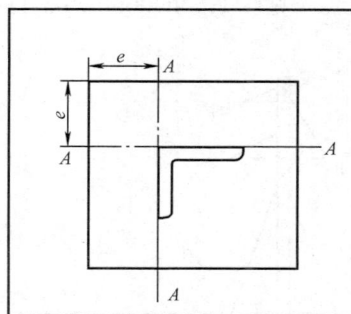

图 GYSD00602003-8 立柱模板找正

2. 预制装配式基础

预制装配式基础的底座一般用角钢或混凝土预制块装配而成。在进行拨正或调整高差时，移动很不方便，所以要求在坑底操平或下底座时要仔细测量。必须使坑底平整且底座位置尽量准确。

3. 不等根开基础

不等根开基础的塔腿部正侧两面的根开数不同，找正时很容易弄错。所以，操平找正时要作出明显的标记，并做到随时检查。

4. 不等高塔腿基础

因不等高塔腿基础的长腿坑中心斜距离与短塔腿中心斜距离不相等，所以坑底根开和对角线也不相等，下垫块或底座时应特别注意。找正时因长短腿基础处印记不在同一高度，可以从长短腿上端同一位置的螺丝孔往下量同一距离作印记进行拨正。

以上预制装配式基础、不等根开基础及不等高塔腿基础的操平找正方法，与浇制式基础有关部分的操平找正方法基本相同，可按相应的方法进行操平找正。

关于基础的操平找正，应严格达到准确无误。但是，实际操作时，由于各方面因素的影响，不可能达到十分准确。所以在不影响工程质量的前提下，在规范中定出了允许误差值。

表 GYSD00602003-1 列出了整基铁塔基础尺寸允许误差值，施工时应按要求执行。

表 GYSD00602003-1　　　　　　　　整基基础尺寸施工允许偏差

项　目		地脚螺栓式		主角钢插入式		高塔基础
		直线	转角	直线	转角	
整基基础中心与中心桩间的位移（mm）	横线路方向	30	30	30	30	30
	顺线路方向		30		30	
基础根开及对角线尺寸（‰）		±2		±1		±0.7
基础顶面或主角钢操平印记间相对高差（mm）		5		5		5
整基基础扭转（′）		10		10		5

注　1. 转角塔基础的横线路方向是指内角平分线方向，顺线路方向是指转角平分线方向。
　　2. 基础根开及对角线是指同组地脚螺栓中心之间或塔腿主角钢准线间的水平距离。
　　3. 相对高差是指抹面后的相对高差。转角塔及终端塔有预偏时，基础顶面相对高差不受5mm的限制。
　　4. 高低腿基础顶面标高差是指与设计标高之比。
　　5. 高塔是指按大跨越设计，塔高在80m以上的铁塔。

二、钢筋混凝土电杆拨正及杆塔检查

（一）钢筋混凝土电杆拨正

钢筋混凝土电杆（以下简称电杆），按照不同材料、种类和使用条件，设计成多种型式，有带拉线的和不带拉线的单杆、A 型杆、门型杆。图 GYSD00602003-9 是拉线单杆，图 GYSD00602003-10 是 A 型拉线杆，图 GYSD00602003-11 是门型拉线杆，另外还有主杆带有外斜坡度 A 型拉线杆（见图 GYSD00602003-12）等。这里只介绍一般常用的门型杆拨正方法。

门型杆用作直线杆也用作转角、耐张杆，但设计强度不同。当门型杆用于大转角时，在转角外侧还另设有拉线（见图 GYSD00602003-11）。

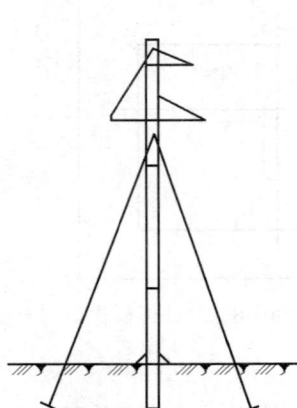

图 GYSD00602003-9　拉线单杆　　　　图 GYSD00602003-10　A 型拉线杆　　　图 GYSD00602003-11　门型拉线杆

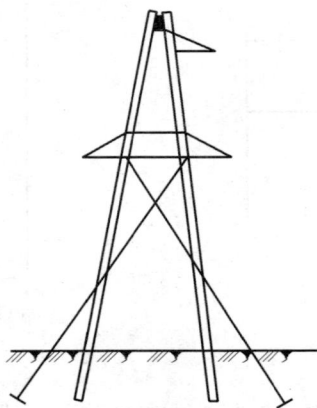

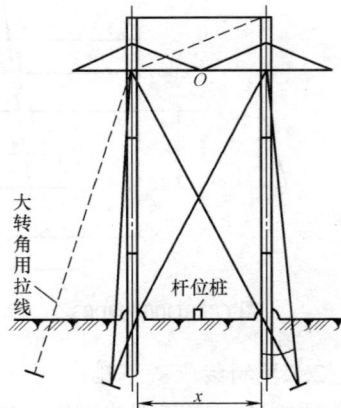

1. 门型直线杆拨正

（1）下底盘。下底盘之前，应先检查坑深，使其符合设计数据，而后将底盘下到坑内。

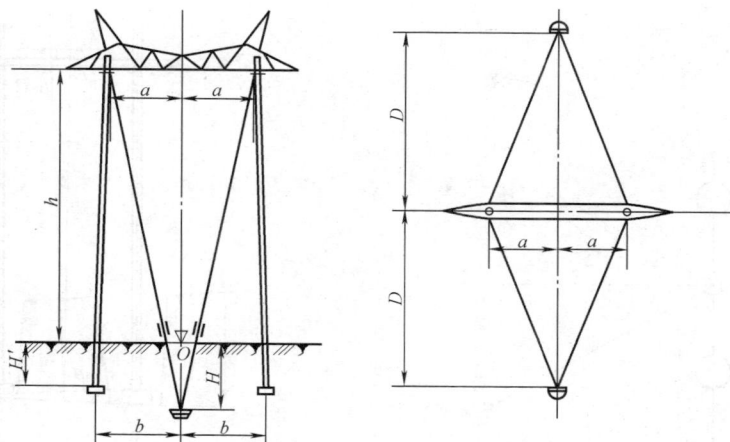

图 GYSD00602003-12 主杆带有外斜坡度 A 型拉线杆

底盘的拨正方法是，在杆位桩左右两侧（垂直线路方向）测钉辅助桩 B、C（图 GYSD00602003-13），并使桩顶在同一水平面上。在桩顶小钉上绑上拉线，根据两底盘中心间距离 x（即设计根开），在线绳上悬挂垂球，当垂球静止时，拨动底盘中心对准垂球尖端，底盘即处于正确位置。而后再操平底盘。

（2）拨正。经纬仪安置在线路中线辅助桩上，望远镜瞄准杆位桩，当杆立起之后，拨动杆身，使横担中点

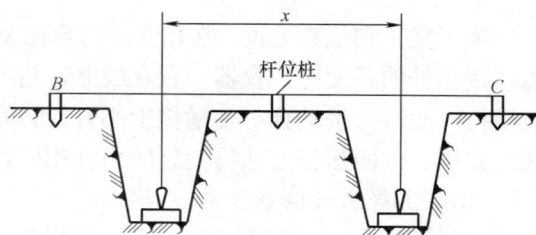

图 GYSD00602003-13 门型直线杆正面拨正

O 和杆的根开 x 中点与望远镜视线恰巧重合（图 GYSD00602003-11），则杆的正面即拨正。再将仪器移到杆的侧面 C′ 辅助桩上（图 GYSD00602003-14），望远镜瞄准 C 辅助桩，拨动杆身，使望远镜十字竖线平分杆身，并使两杆正相重合，则侧面即拨正。拨正侧面有时影响正面，所以拨正侧面之后，还要检查正面是否有偏差，直至正、侧面都拨正为止。

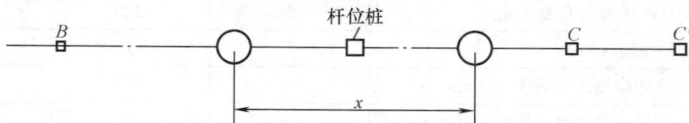

图 GYSD00602003-14 门型直线杆侧面拨正

2. 门型转角杆拨正

门型转角杆（图 GYSD00602003-11）的拨正方法与门型直线杆基本相同，所不同的是，门型杆位置（图 GYSD00602003-15）在线路转角 θ 的二等分线 FF 的垂直线 GG 线上。如转角杆无位移距离时，两个杆对称立在转角桩两侧。在拨正杆的正面时，仪器安置在 FF 线上，拨正杆的侧面时仪器安置在 GG 线上。这样，拨正及观测方法就和门型直线杆相同了。

3. 倾斜门型转角杆拨正

这种门型杆如图 GYSD00602003-16 所示，当杆组立后，杆结构要向转角外侧倾斜一个角度 θ（按设计规定），所以转角外侧坑要比转角内侧坑深一些，而使受拉侧杆稳定。如图 GYSD00602003-16 所示，设转角内侧坑深为 h，转角外侧坑深为 h_1，则

$$h_1 = h + x \tan\theta \qquad\qquad (GYSD00602003\text{-}3)$$

式中　x——杆根开；

　　　θ——杆结构倾斜角。

下底盘之前，应先检查坑深 h、h_1，要使其符合设计数据，才能保证杆结构倾斜 θ 角。

杆结构倾斜了 θ，那么，横担中点偏离线路转角二等分线的距离为 Δx，即

$$\Delta x = (H + h) \tan\theta \qquad\qquad (GYSD00602003\text{-}4)$$

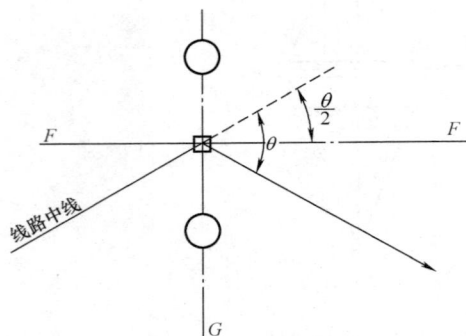

图 GYSD00602003-15 门型转角杆拨正

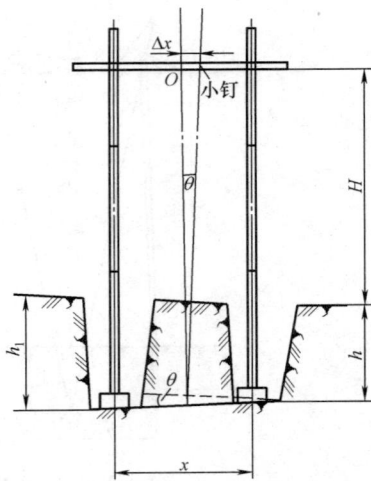

图 GYSD00602003-16 倾斜门型转角杆拨正

为了拨正和检查方便，常在立杆前算出 Δx，并从横担中点量出 Δx 距离处钉一小钉或划记号作为标志。拨正杆的正面时，仪器安置在线路转角二等分线上，望远镜瞄准转角桩。当杆起立时，望远镜仰视横担。此时，拨动杆身使横担上小钉或记号与视线恰相重合，则杆结构即倾斜了 θ，这样杆正面即拨正完毕。侧面拨正方法与门型转角杆相同。

（二）混凝土杆检查

为保证质量，杆组立后，要进行下列各项检查，质量标准参阅表 GYSD00602003-2。

表 GYSD00602003-2　　　　　　　杆塔组立后的安装尺寸允许误差表

误 差 名 称	电压等级（kV）			
	110	220～330	500	高塔
电杆结构根开	±30mm	±5‰	±3‰	
电杆结构面与横线路方向扭转（即迈步）	30mm	1%	5‰	
双立柱杆塔横担在主柱连接处的高差（‰）	5	3.5	2	
直线杆塔结构倾斜（‰）	3	3	3	1.5
直线杆塔结构中心与中心桩之间横线路方向位移（mm）	50	50	50	
转角杆塔结构中心与中心桩之间横、顺线路方向位移（mm）	50	50	50	
等截面拉线塔主柱弯曲	2‰	1.5‰	1‰，最大300mm	

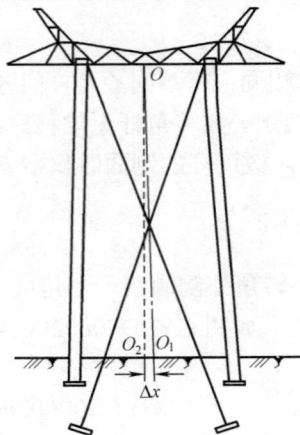

图 GYSD00602003-17 横线路倾斜的检查

1. 门型直线杆检查

（1）结构根开检查。检查实测杆的根开是否与设计根开数据相符合。

（2）结构倾斜检查。杆结构倾斜有两种情况：一种是杆结构横线路倾斜，另一种是杆结构顺线路倾斜。

杆结构横线路倾斜的检查方法如图 GYSD00602003-17 所示，经纬仪安置在线路中线上，使望远镜视线瞄准横担中点 O，然后俯视根开中点 O_1，如视线恰与 O_1 重合，这说明杆正面没有倾斜；如不重合，而视线偏于 O_2，量出 O_1 与 O_2 间的距离 Δx，Δx 即为横线路倾斜值。

杆结构顺线路倾斜的检查方法如图 GYSD00602003-18 所示，经纬仪安置在线路垂直方向 C_1 补助桩上，使望远镜视线平分横担处之杆身，然后俯视杆根，如视线仍平分杆根，则无倾斜，要视线偏于 a 点，量出视线与杆根中线间距离 y_1，则 y_1 即为顺线路一侧杆的倾斜值。经纬仪移置于杆的另一侧，依同法测出倾斜值 y_2，则

顺线路倾斜　　　　　　　　　　$\Delta y = (y_1 - y_2)/2$ 　　　　　　　　（GYSD00602003-5）

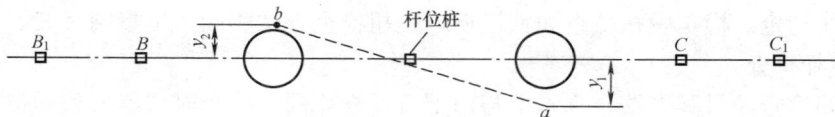

图 GYSD00602003-18　顺线路倾斜的检查

如偏值在同侧，则相加除以 2。

$$杆的结构倾 = \sqrt{\Delta x^2 + \Delta y^2}\Big/H \qquad （GYSD00602003-6）$$

式中　H——杆的呼称高。

（3）结构在线路中心线垂直面内的扭转（即迈步）检查。杆组立后，两杆应对称地位在杆位桩的两侧，也就是说，两杆中心的连线通过杆位桩垂直线路中线。如不垂直时，则一杆在前一杆在后。所谓迈步是一种形象的说法，就像人走路一样，一脚在前一脚在后。

经纬仪安置在垂直线路方向 C_1 辅助桩上（如图 GYSD00602003-19），望远镜瞄准 C 辅助桩，然后观测杆根中心线是否与视线相重合，如不重合时，应量出视线与杆根中心线的垂直距离 D_1；再将仪器移到杆的另一侧，仪器安置在 B_1 辅助桩上，望远镜瞄准 B 辅助桩，依同法测出 D_2，则电杆结构在线路中心线垂直面内的扭转。

$$D = D_1 - D_2 \qquad （GYSD00602003-7）$$

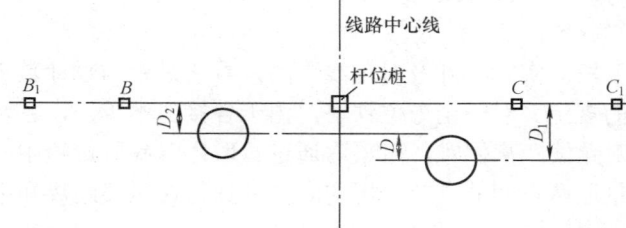

图 GYSD00602003-19　结构在线路中心线垂直面内的扭转检查

（4）结构中心与中心桩（杆位桩）位移的检查。如图 GYSD00602003-20 所示，杆的结构中心 O 应与中心桩相重合，如不重合，则出现结构中心向横线路或顺线路方向位移。

横线路位移的检查。如图 GYSD00602003-20 所示，将经纬仪安置在线路中线辅助桩上，望远镜视线瞄准杆位桩，如视线不与杆的实际根开中点 O 相重合，量出线路中线与 O 点间的垂直距离 Δx，Δx 就是横线路位移距离。

顺线路位移的检查。将仪器安置在杆位桩两侧的辅助桩上，按照迈步检查方法测出线路垂线至杆中心的垂直距离 D_1、D_2，则顺线路位移距离

$$\Delta D = (D_1 + D_2)/2 \qquad （GYSD00602003-8）$$

如果 D_1、D_2 在杆位桩的两侧时，则

$$\Delta D = (D_1 - D_2)/2$$

另一种简便检查方法是不用经纬仪，如图 GYSD00602003-20 所示，在杆的根部用线绳绕成 ∞ 字形，绳的交点 O 即是杆结构中心。如 O 点不与杆位桩重合，自 O 点起向线路垂线和线路中线可以直接量出 Δx、ΔD 位移距离。

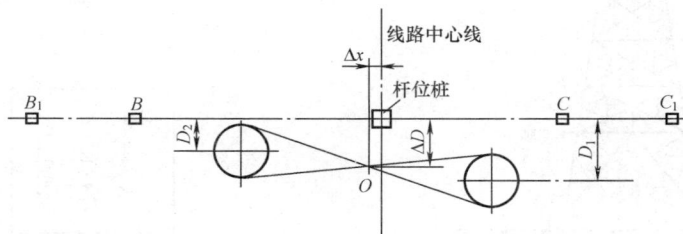

图 GYSD00602003-20　结构中心与中心桩位移的检查

（5）横担歪扭检查。横担歪扭检查和铁塔横担歪扭检查方法相同，可参阅（三）的内容。

2. 门型转角杆检查

门型转角杆的检查项目和方法，基本上与门型直线杆相同。检查时仪器安放的位置也和拨正时一样，要安置在线路转角二等分线和二等分线的垂直线上。

3. 倾斜门型转角杆检查

倾斜门型转角杆，要检查杆结构正面倾斜角 θ 是否符合设计数值（图 GYSD00602003-16）。

检查时，仪器安置在线路转角二等分线上，望远镜瞄准转角桩（无位移转角），然后上视横担，如视线正与横担上原来钉的小钉或记号重合（也可直接量视线与横担中点间的距离），则说明杆结构倾斜角符合设计距离，并根据此距离计算出倾斜角，然后以计算角度与设计角度比较，求出其误差值。

假设实测横担中点与视线间距离为 $\Delta x'$，计算角度为 θ'，则

$$\theta' = \tan^{-1} \frac{\Delta x}{H + h} \qquad （\text{GYSD00602003-9}）$$

其他检查项目和方法与门型转角杆相同，但不检查横担高差。

（三）铁塔检查

这里只介绍杆塔组装后杆塔结构的检查项目和检查方法。关于质量标准应按有关技术规范的规定，参见表 GYSD00602003-2。

铁塔检查的主要项目有：结构根开及对角线、结构倾斜、横担扭转三项。

1. 结构根开及对角线的检查

检查时，用钢卷尺量度塔脚实际根开及对角线距离，看它是否与设计数据相符合，如果不符合，其误差应不超过技术规范的规定。对于全方位铁塔，由于各接腿不等长，各基础顶面高差较大，用钢卷尺量度塔脚实际根开和对角线距离困难，可采取通过量取塔腿底脚螺栓中心至塔位中心桩之间的斜距，并用水准仪或经纬仪量取两点间的高差，用勾股定理计算对角线距离和根开距离。

2. 结构倾斜检查

经纬仪安置在线路中线和通过塔位中心桩的线路垂线方向上（转角塔仪器安置在线路转角二等分线和二等分线的垂线上），也可以在铁塔的正面及侧面透视前后主材、斜材，如相重合时，在此方向上估略确定安置仪器的位置。仪器距塔的距离为 60～70m。

图 GYSD00602003-21 是铁塔的正面图，图中 a、b、c 分别为正面横担、平口、接腿的中点，图 GYSD00602003-22 中 a'、b'、c' 分别为横担、平口、接腿横断面中心点。如果铁塔结构无倾斜现象时，仪器在塔的四侧观测 a、b、c 和 a'、b'、c' 时，各应在一条竖直线上。如不在一条竖直线上，则说明结构有倾斜现象。下面介绍两种检查方法。

（1）铁塔接腿、平口有水平交叉斜材时（图 GYSD00602003-22），仪器安置在线路中线上，望远镜瞄准横担横断面中心点 a'，固定度盘，然后俯视接腿 c' 点，如视线不与 c' 点重合，而落于 c_1 点上，

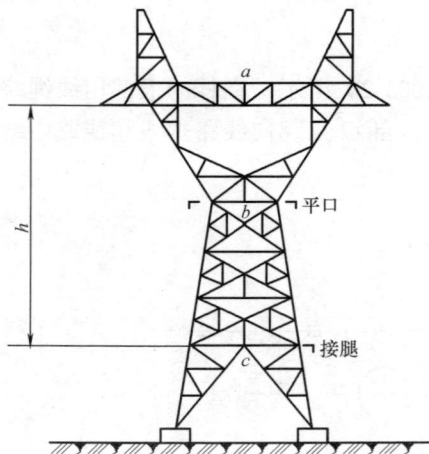

图 GYSD00602003-21　铁塔的正面图

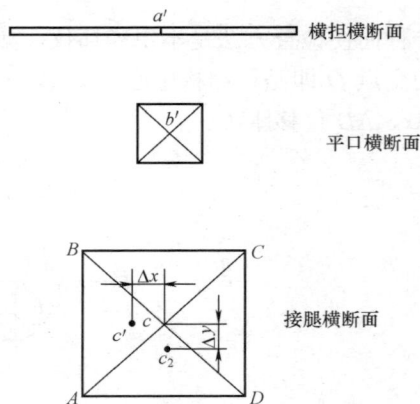

图 GYSD00602003-22　铁塔结构倾斜检查

量出 c' 至 c_1 间的距离 Δx，Δx 即是铁塔正面向 AB 侧的倾斜值。再将仪器移到铁塔的侧面（通过塔位中心桩与线路中线的垂线上），望远镜瞄准横担中心点 a'，固定度盘，然后俯视接腿 c' 点，如视线不与 c' 点重合，而偏于 c_2，量出 c' 与 c_2 间的距离 Δy，Δy 就是铁塔向 AD 侧的倾斜值。整基铁塔结构倾斜值按下式计算

$$铁塔结构倾 = \sqrt{\Delta x^2 + \Delta y^2}\big/h \qquad （GYSD00602003\text{-}10）$$

式中　h——自横担中心至接腿中心的垂直距离。

（2）铁塔结构在平口、接腿处没有水平交叉斜材时，其中点是不易找到的，我们分别测出铁塔四侧的倾斜值，以平均值法计算出整基铁塔结构倾斜值。如图 GYSD00602003-23 所示，仪器分别安置在铁塔正面前后位置上，望远镜瞄准横担中点 a，然后俯视接腿水平铁中点 c，如视线都不与 c 点重合而偏于 c_1、c_2，量出其偏差值 d_1、d_2；再将仪器移到铁塔的两侧，依同法测出其侧面偏差值 d_3、d_4，依下列各式计算正、侧面及整基铁塔结构的倾斜值。

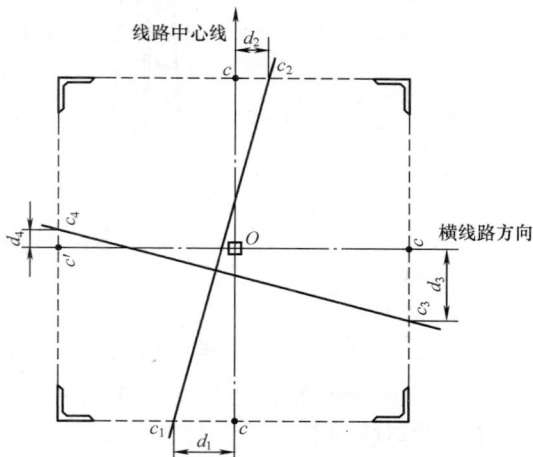

图 GYSD00602003-23　整基铁塔结构倾斜值

正面倾斜值

$$\Delta x = (d_1 - d_2)/2 \qquad （GYSD00602003\text{-}11）$$

侧面倾斜值

$$\Delta y = (d_3 - d_4)/2 \qquad （GYSD00602003\text{-}12）$$

当偏差值在接腿中点同侧时，结构倾斜值应相加除以 2。整基铁塔结构倾斜值按公式（GYSD00602003-10）计算。

例 GYSD00602003-1　如图 GYSD00602003-23 所示，设测得的 d_1 为 30mm，d_2 为 10mm，d_3 为 26mm，d_4 为 10mm，横担至接腿中心间的垂直距离 h 为 12.8m。试求整基铁塔结构的倾斜值。

解　按式（GYSD00602003-11）、式（GYSD00602003-12）及式（GYSD00602003-10）计算，则

$$\Delta x = (d_1 - d_2)/2 = (30 - 10)/2 = 10 \text{（mm）}$$
$$\Delta y = (d_3 - d_4)/2 = (26 - 10)/2 = 8 \text{（mm）}$$

整基铁塔结构的倾斜值

$$= \sqrt{\Delta x^2 + \Delta y^2}\big/h$$
$$= \sqrt{10^2 + 8^2}\big/12800 = 0.001$$

转角塔和非转角塔结构倾斜的允许值为 3/1000，而该塔的倾斜值为 1/1000，是符合质量要求的。

3. 横担歪扭检查

横担歪扭检查是检查横担与铁塔结构面的歪扭情况。在测铁塔结构倾斜的同时，在正面测横担两端的高差，在侧面测量横担两端的扭转距离。

图 GYSD00602003-24（a）是从仪器望远镜里看到的检查横担的形象。在检查时，仪器安置在铁塔正面，使望远镜十字线交点对准横担一端 M 点；仰角不变，转动经纬仪，使望远镜十字线交点对准横担另一端 M'，如 M' 仍与十字线交点相重合，则说明横担是水平的，如不重合时，测出其两端相对高差 Δh。仪器移置在铁塔侧面，如图 GYSD00602003-24（b）所示，使望远镜十字竖线对准横担一端 M，如另一端 M' 与十字竖线重合，则说明横担不歪扭，如不重合，应测出其歪扭矩离 d。横担歪扭值按下式计算

$$横担歪扭值 = \sqrt{\Delta h^2 + d^2}\big/L \qquad （GYSD00602003\text{-}13）$$

式中　L——横担长。

例 GYSD00602003-2　如图 GYSD00602003-24 所示，设测得 Δh 为 20 mm，d 为 18mm，L 为 8m。求横担歪扭值。

解　将上列数据代入式（GYSD00602003-13），则

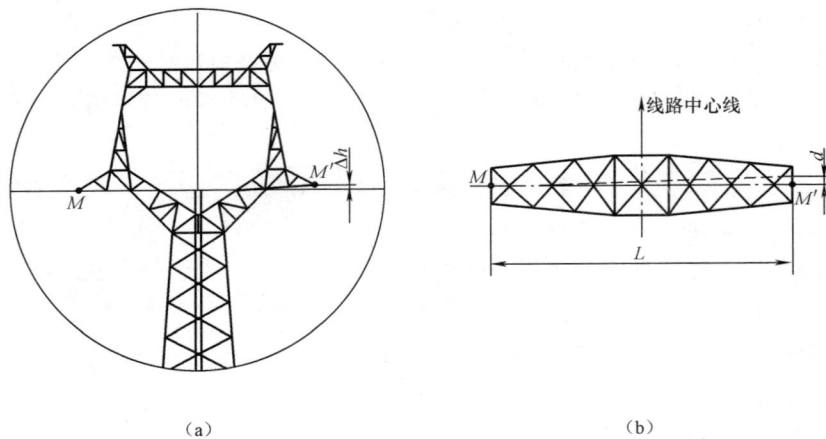

（a）　　　　　　　　　　　　　　　　（b）

图 GYSD00602003-24　横担歪扭检查

（a）检查横担水平；（b）检查横担歪扭

$$横担歪扭值 = \sqrt{\Delta h^2 + d^2}/L = \sqrt{20^2 + 18^2}/8000 = 0.003$$

横担歪扭允许值规定为 5/1000，在上例中歪扭值为 3/1000，在允许范围内，认为合格。

【思考与练习】

1. 对双杆基础如何检查坑深及坑底操平？
2. 试述等根开地脚螺栓基础的操平找正方法。
3. 试述浇制式基础的操平找正方法。
4. 门型直线杆的底盘如何拨正？
5. 门型转角杆、倾斜门型转角杆如何进行拨正？
6. 钢筋混凝土杆组立后需进行哪些检查？如何进行检查？
7. 铁塔组立后，需进行哪些检查？如何进行检查？

模块 4　弧垂的观测及交叉跨越垂距测量（GYSD00602004）

【模块描述】 本模块介绍弧垂的观测及交叉跨越垂距测量。通过概念描述、操作过程详细介绍、计算举例，熟悉各种弧垂的观测方法、过程、适用范围及注意事项，掌握交叉跨越垂距和导线对地距离测量的方法。

【正文】

一、导线弧垂的观测

导线弧垂观测的方法一般有异长法、等长法（平行四边形法）、角度法和平视法。在实际操作时，为了操作简便，不受档距、悬挂点高差在测量时所引起的影响，减少观测时大量的现场计算量以及掌握弧垂的实际误差范围，应首先选用异长法和等长法。当客观条件受到限制，不能采用异长法和等长法观测时，可选用角度法进行观测。

（一）异长法

1. 观测方法

异长法观测导线的弧垂如图 GYSD00602004-1 所示，A、B 是观测档不连耐张绝缘子串的导线悬挂点，A_1B_1 是导线的一条切线，其与观测档两侧杆塔的交点分别为 A_1 和 B_1。a、b 分别为 A 至 A_1 点，B 至 B_1 点的垂直距离，f 是观测档所要观测的弧垂计算值。

异长法观测导线的弧垂是一种不用经纬仪观测弧垂的方法，在实际观测时，将两块长约 2m，宽 10～15cm 红白相间的弧垂板水平地绑扎在杆塔上，其上缘分别与 A_1、B_1 点重合。当紧线时，观测人员目视（或用望远镜）两弧垂板的上部边缘，待导线稳定并与视线相切时，该切点的垂度即为观测档的待测弧垂 f 值。

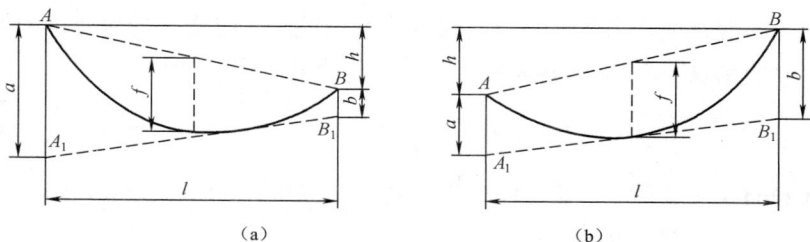

图 GYSD00602004-1　观测档内不连有耐张绝缘子串的异长法观测弧垂

（a）低悬挂点观测弧垂；（b）高悬挂点观测弧垂

异常法观测弧垂时，当两端弧垂板上缘 A_1 和 B_1 等高，即 A_1B_1 连线与导线相切的线水平，此时又称为平视法观测弧垂，可见平视法是异常法的特例，其观测和计算方法完全相同。

2．观测档的弧垂观测数据计算

（1）弧垂值 f 的计算。观测档的弧垂值 f 要根据输电线路施工图中的塔位明细表，按观测档所在耐张段的代表档距和紧线时的气温查取安装弧垂曲线中对应的弧垂值，再根据观测档的档距进行计算。在计算时，还需考虑观测档内有、无耐张绝缘子串，悬挂点高差以及观测点选择的位置等条件。

观测档观测弧垂值的计算公式如下。

1）观测档导线悬挂点高差 $h < 10\%l$ 时

$$f = \frac{gl^2}{8\sigma_\text{o}} = f_\text{o}\left(\frac{l}{l_\text{o}}\right)^2 \qquad （GYSD00602004-1）$$

2）观测档导线悬挂点高差 $h \geqslant 10\%l$ 时

$$f_\varphi = \frac{gl^2}{8\sigma_\text{o}\cos\varphi} = \frac{f_\text{o}}{\cos\varphi}\left(\frac{l}{l_\text{o}}\right)^2 = f\left[1 + \frac{1}{2}\left(\frac{h}{l}\right)^2\right] \qquad （GYSD00602004-2）$$

式中　f——悬挂点高差 $h < 10\%l$ 时，档距中点弧垂，m；

f_φ——悬挂点高差 $h \geqslant 10\%l$ 时，档距中点弧垂，m；

l_o——耐张段导线代表档距，m；

f_o——对应于代表档距的导线弧垂，m；

φ——观测档导线悬挂点的高差角；

l——观测档导线的档距，m；

σ_o——导线的水平应力，MPa；

g——导线的比载，N/（m·mm²）。

（2）a、b 值的确定。根据计算的弧垂值，选定一适当的 a 值，然后按下列关系计算 b 值。

1）导线悬挂点高差 $h < 10\%l$ 时

$$b = (2\sqrt{f} - \sqrt{a})^2 \qquad （GYSD00602004-3）$$

2）导线悬挂点高差 $h \geqslant 10\%l$ 时

$$b = (2\sqrt{f_\varphi} - \sqrt{a})^2 \qquad （GYSD00602004-4）$$

3．适应范围

异长法观测弧垂方法是以目视或借助于低精度望远镜进行观测，由于观测人员视力的差异及观测时视点与切点间水平、垂直距离的误差等因素，因此，本观测法一般适应于观测档导线两端挂点高差较大、档距较短、弧垂较小且导线悬挂曲线不低于两侧杆塔根部连线。

在选取 a 和 b 值时，应注意两数值不要相差过大，通常取 $a = (2\sim3)b$ 为最宜。如视线倾斜角过大或档距太大，b 点的弧垂板看不清楚时，可采用角度法观测。

4．弧垂调整

在实际施工中，观测档的弧垂值都是在紧线前，按当时气温计算，并按计算的弧垂值绑扎好两侧弧垂板。但是，往往在紧线画印时与实际气温存在差异，这个气温差将引起导线的实际弧垂与原计算

弧垂值之间存在 Δf 的变化值，为了使测定的弧垂及时调整到气温变化后所要求的弧垂值，必须调整观测档一侧的弧垂板的垂直距离 Δa，其正确的调整量按下式计算

$$\Delta a = 2\sqrt{\frac{a}{f}}\Delta f \qquad\qquad (GYSD00602004\text{-}5)$$

例 GYSD00602004-1　设原绑扎弧垂板时的弧垂值 $f=7.0\text{m}$，取 $a=3.5\text{m}$，因气温变化弧垂改变为 7.3m，改变量 $\Delta f=0.3\text{m}$。试求 Δa 值。

解　用式（GYSD00602004-5）计算

$$\Delta a = 2\sqrt{\frac{a}{f}}\Delta f = 2\sqrt{\frac{3.5}{7}} \times 0.3 = 0.424 \ （\text{m}）$$

由以上计算结果可知，本例目测侧的弧垂板由原绑扎点向下移动 0.42m 距离。

（二）等长法

1. 观测方法和计算公式

等长法又称平行四边形法，也是一种用目视观测弧垂的方法，如图 GYSD00602004-2 所示。观测时，自观测档内两侧杆塔的导线悬挂点 A 和 B 分别向下量取垂直距离 a 和 b，并使 a、b 等于所要测定的弧垂 f 值（即 $a=b=f$）。在 a、b 值的下端边缘 A_1 及 B_1 处，各绑一块弧垂板。在紧线时，从一侧弧垂板上部边缘透视另一侧弧垂板上部边缘，调整导线的张力，当导线稳定并与 A_1B_1 视线相切，此时导线弧垂即测定了。

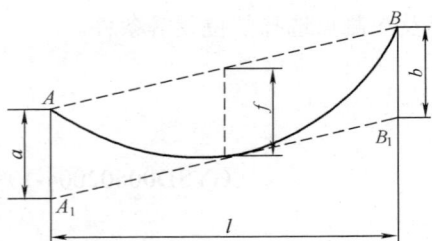

图 GYSD00602004-2　等长法观测弧垂

观测档内弧垂值的计算，按式（GYSD00602004-1）或式（GYSD00602004-2）相应的公式，计算出观测档的观测弧垂 f 值。

2. 弧垂调整

使用等长法观测弧垂时，同样存在紧线前后的气温变化而引起的弧垂有 Δf 值变化的问题。为使测定的弧垂，由原计算弧垂 f 值及时地调整到气温变化后的所要求弧垂值，可只移动任一侧杆塔上的弧垂板进行弧垂调整。弧垂板的调整值按下式计算。

当气温上升时弧垂板的调整量为

$$\Delta a_M = 4\left(1 + \frac{\Delta f}{f} - \sqrt{1 + \frac{\Delta f}{f}}\right)f \qquad\qquad (GYSD00602004\text{-}6)$$

当气温下降时弧垂板的调整量为

$$\Delta a_N = 4\left(\sqrt{1 - \frac{\Delta f}{f}} - 1 + \frac{\Delta f}{f}\right)f \qquad\qquad (GYSD00602004\text{-}7)$$

例 GYSD00602004-2　设原绑扎弧垂板的弧垂 $f=5\text{m}$，$a=3.6\text{m}$。因气温上升，观测时的弧垂值为 5.2m。试求弧垂板的调整量 Δa 值。

解　$\Delta f = 5.2 - 5 = 0.2\text{m}$

用式（GYSD00602004-6）计算

$$\Delta a_M = 4\left(1 + \frac{\Delta f}{f} - \sqrt{1 + \frac{\Delta f}{f}}\right)f = 4 \times \left(1 + \frac{0.2}{5} - \sqrt{1 + \frac{0.2}{5}}\right) \times 5 = 0.40392 \ （\text{m}）$$

如上述可知，实际施工中，一般习惯于调整一侧弧垂板，以 2 倍 Δf 值作为弧垂板调整量的方法，如图 GYSD00602004-3 所示。其适用范围为

当气温上升时　　　　　　　　　　$\dfrac{\Delta f}{f} \leqslant 16.36\%$

当气温下降时　　　　　　　　　　$\dfrac{\Delta f}{f} \leqslant 12.31\%$

当超过以上范围时，按变化后的弧垂值同时调整两侧弧垂板。

3. 等长法观测弧垂的范围

等长法适用于导线悬挂点高差不太大的弧垂观测档。

（三）角度观测法

角度观测法是用仪器（经纬仪、全站仪）测竖直角观测弧垂的一种方法。该方法适用山区或跨河档距，不仅解决了目测误差和视力限制无法使用其他观测方法时的观测问题，而且可根据不同情况将仪器支在不同位置进行观测。紧线时，调整导线的张力，使导线稳定时的弧垂与望远镜的横丝相切，观测档的弧垂即为确定。角度观测法有档端观测法、档内观测法和档外观测法。

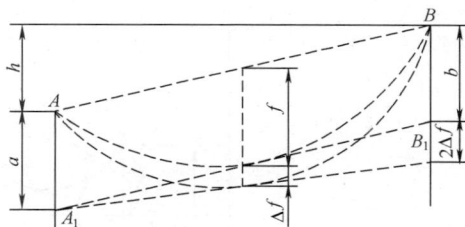

图 GYSD00602004-3 等长法弧垂调整

1. 角度法弧垂观测方法和计算公式

（1）档端观测法。档端观测法如图 GYSD00602004-4 所示，操作步骤如下：

1）将经纬仪支在导线悬点 A 的下方，求出 a 值

$$a = AA' - i \tag{GYSD00602004-8}$$

式中　a——架线悬点与经纬仪横轴的高差，m；

　　　i——经纬仪高度，m。

再求出 b 值及观测角 θ 为

$$b = (2\sqrt{f} - \sqrt{a})^2 \tag{GYSD00602004-9}$$

$$\theta = \tan^{-1}\left(\tan\alpha - \frac{b}{l}\right) \tag{GYSD00602004-10}$$

式中　θ——经纬仪观测角，仰角为正，俯角为负，（°）；

　　　α——导线远方悬点 B 的垂直角，（°）。

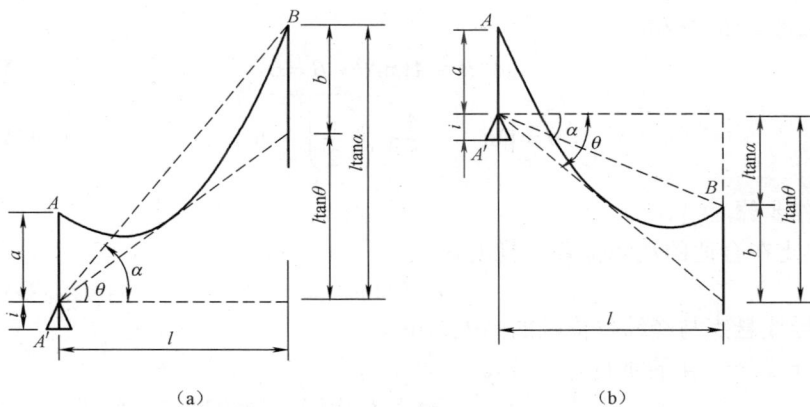

图 GYSD00602004-4 档端观测法示意图

（a）仰角；（b）俯角

2）调好经纬仪观测角，收紧导线使之与经纬仪中丝相切，这时弧垂达到设计要求值。

3）根据边线弧垂值修正要求（见弧垂观测注意事项），调整经纬仪观测角，对边线进行观测。

这种方法不适用于 b 值较小的情况。

（2）档外、档内观测法。档外、档内观测法如图 GYSD00602004-5 所示，观测角为

$$\theta = \tan^{-1}\frac{h + a - b}{l + l_1} \tag{GYSD00602004-11}$$

$$b = (2\sqrt{f} - \sqrt{a'})^2 \tag{GYSD00602004-12}$$

$$a' = a - l_1\tan\theta \tag{GYSD00602004-13}$$

式中　l_1——经纬仪与近方杆塔水平距离，档外观测法取正，档内观测法取负（以下同），m。

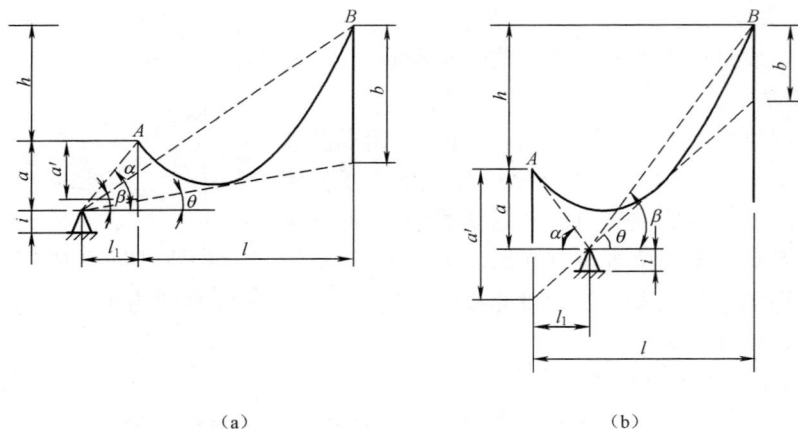

图 GYSD00602004-5 档外、档内观测法示意图

（a）档外观测法；（b）档内观测法

$$b = 4f - 4\sqrt{a'f} + a' = 4f - 4\sqrt{(a - l_1\tan\theta)f} + a - l_1\tan\theta \qquad \text{（GYSD00602004-14）}$$

将式（GYSD00602004-14）代入式（GYSD00602004-11），并整理，得

$$\tan^2\theta + \frac{2}{l}\left(4f - h \mp 8\frac{l_1 f}{l}\right)\tan\theta + \frac{1}{l^2}\left[(4f - h)^2 - 16af\right] = 0 \qquad \text{（GYSD00602004-15）}$$

取

$$A = \frac{2}{l}\left(4f - h + \frac{8l_1 f}{l}\right) \qquad \text{（GYSD00602004-16）}$$

$$B = \frac{1}{l^2}\left[(4f - h)^2 - 16af\right] \qquad \text{（GYSD00602004-17）}$$

则式（GYSD00602004-15）成为

$$\tan^2\theta + A\tan\theta + B = 0 \qquad \text{（GYSD00602004-18）}$$

$$\theta = \tan^{-1}\left[-\frac{A}{2} + \sqrt{\left(\frac{A}{2}\right)^2 - B}\right] \qquad \text{（GYSD00602004-19）}$$

2. 观测的操作步骤

（1）将经纬仪支在合适的观测位置，测出 a 值

$$a = l_1\tan\alpha \qquad \text{（GYSD00602004-20）}$$

式中　a——近方导线悬点与经纬仪横轴的高差，m；

　　　α——近方导线悬点 A 的垂直角，（°）。

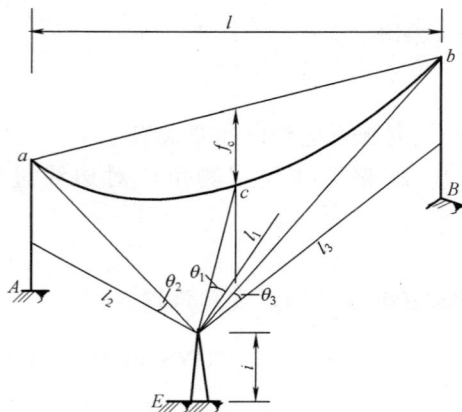

图 GYSD00602004-6 中点高度法测量导线弧垂

步骤如下。

（2）测出远方导线悬点 B 的垂直角 β，求出高差 h（h 有正负之别）。计算式为

$$h = (l + l_1)\tan\beta - a \qquad \text{（GYSD00602004-21）}$$

式中　h——导线悬点高差，m。

（3）由式（GYSD00602004-16）、式（GYSD00602004-17）求出 A、B 后，再用式（GYSD00602004-19）求出不同气温时的观测角 θ。

档外、档内观测法是在档端无法支架经纬仪或档端观测 b 值太小才使用的方法。为提高准确度，选择观测点应使 $\theta < \tan^{-1} h/l$。

（四）中点高度法

该方法适用平地，如图 GYSD00602004-6 所示，测量

（1）将经纬仪安平在档距中央（即 $l/2$）外侧、约 50m 并垂直线路方向的 E 处，待经纬仪调平后

测量档距中央 c 点的导线垂直角 θ_1，水平距离 l_1。

（2）测导线悬挂点 a 的垂直角 θ_2，水平距离 l_2。

（3）测导线悬挂点 b 的垂直角 θ_3，水平距离 l_3。

则

$$H_a = l_2\tan\theta_2 + i + H_E \qquad （GYSD00602004-22）$$

$$H_b = l_3\tan\theta_3 + i + H_E \qquad （GYSD00602004-23）$$

$$H_c = l_1\tan\theta_1 + i + H_E \qquad （GYSD00602004-24）$$

$$f = (H_a + H_b)/2 - H_c = (l_2\tan\theta_2 + l_3\tan\theta_3)/2 - l_1\tan\theta_1 \qquad （GYSD00602004-25）$$

式中　　H_E——E 点的标高，m；

H_a、H_b、H_c——分别为 a、b、c 相对 E 点的标高，m；

f——c 点弧垂，m；

i——仪高，m。

（五）观测弧垂注意事项

（1）为争取工作主动，事先应将所用观测数据测好，并按最近出现气温，用计算器算好有关观测参数。

（2）为使导地线弧垂符合设计要求，弧垂观测档的选择很重要，其选择原则应按照 GB 50233—2005《110～500kV 架空送电线路施工及验收规范》第 7.5.3 条的要求执行。

（3）观测弧垂应顺着阳光由低处向高处观测，并尽量避免弧垂板背面有树木等物。

（4）温度计应放在阳光照射不到的地方，这样测得气温方可代表实际气温。观测时实际气温与计算弧垂气温相差不超过 2.5℃时可不调整弧垂板。

（5）经纬仪置于中线下方观测边线的观测角为

$$\theta' = \tan^{-1}\left[\frac{\sqrt{\left[\frac{1}{2}l\sqrt{\frac{a - l_1\tan\theta}{f}} + l_1\right]^2}}{\sqrt{\left[\frac{1}{2}l\sqrt{\frac{a - l_1\tan\theta}{f}} + l_1\right]^2 + D^2}}\tan\theta\right] \qquad （GYSD00602004-26）$$

式中　　D——边线与中线的距离，m；余者同前。

档外观测时 l_1 为正，档内观测时 l_1 为负，档端观测时 l_1 为 0。经纬仪观测边线的水平转角为

$$\alpha' = \frac{D}{\frac{1}{2}l\sqrt{\frac{a - l_1\tan\theta}{f}} + l_1} \qquad （GYSD00602004-27）$$

（六）弧垂调整时导线长度调整量的计算

观测弧垂后，将导线放下画印，安装耐张绝缘子串或避雷线金具串并挂线后，有时因操作失误使实际弧垂与观测值不符。如果弧垂超出允许误差，需对导线长度做调整，确保弧垂达到要求。

任何一个档距内导线长度为

$$L = \frac{l}{\cos\varphi} + \frac{g^2 l^3}{24\sigma_o^2}\cos\varphi \qquad （GYSD00602004-28）$$

整个耐张段内导线长度为

$$\sum_1^{i=n} L_i = \sum_1^{i=n}\frac{l_i}{\cos\varphi_i} + \frac{g^2}{24\sigma_o^2}\sum_1^{i=n} l_i^3\cos\varphi_i \qquad （GYSD00602004-29）$$

式中　　L_i——耐张段内第 i 档导线长度，m；

l_i——耐张段内第 i 档档距，m；

φ_i——耐张段内第 i 档悬点高差角，(°)。

观测档弧垂为

$$f_g = \frac{g l_g^2}{8 \sigma_o \cos \varphi_g} \quad (\text{GYSD00602004-30})$$

式中　f_g——观测档要求弧垂，m；

　　　φ_g——观测档悬点高差角，(°)；

　　　l_g——观测档档距，m。

由式（GYSD00602004-29）、式（GYSD00602004-30）可得

$$\sum_1^{i=n} L_i = \sum_1^{i=n} \frac{l_i}{\cos \varphi_i} + \frac{8}{3} \times \frac{f_g^2 \cos^2 \varphi_g}{l_g^4} \sum_1^{i=n} l_i^3 \cos \varphi_i \quad (\text{GYSD00602004-31})$$

挂线后实际弧垂为 $f_g + \Delta f$，耐张段内导线长度为

$$\sum_1^{i=n} L_i + \Delta L = \sum_1^{i=n} \frac{l_i}{\cos \varphi_i} + \frac{8}{3} \times \frac{(f_g + \Delta f)^2 \cos^2 \varphi_g}{l_g^4} \sum_1^{i=n} l_i^3 \cos \varphi_i \quad (\text{GYSD00602004-32})$$

式中　ΔL——耐张段内导线长度增量，m。

由式（GYSD00602004-31）、式（GYSD00602004-32）可得

$$\Delta L = \frac{8}{3} \times \frac{\cos^2 \varphi_g}{l_g^4} (2f_g + \Delta f) \Delta f \sum_1^{i=n} l_i^3 \cos \varphi_i \quad (\text{GYSD00602004-33})$$

又由于耐张段代表档距为 $l_0 = \sqrt{\dfrac{\sum_1^{i=n} l_i^3 \cos^2 \varphi_i}{\sum_1^{i=n} \dfrac{l_i}{\cos \varphi_i}}}$，故式（GYSD00602004-33）可近似写成

$$\Delta L = \frac{8}{3} \times \frac{l_0^2 \cos^2 \varphi_g}{l_g^4} (f_{g0}^2 - f_g^2) \sum_1^{i=n} \frac{l}{\cos \varphi_i} \quad (\text{GYSD00602004-34})$$

式中　f_{g0}——弧垂观测档的实测弧垂，m。

ΔL 为正时应将导线收紧，反之应将导线放松。

二、交叉跨越垂距的测量

（一）测量交叉跨越垂距

导线 1 与通信线 2 的交叉跨越距离 Δh 按图 GYSD00602004-7 所示进行测量。

测量时可将经纬仪安平在交叉跨越大角二等分线方向并距交叉点约 50m 处，调平经纬仪后在交叉点的地面上竖立塔尺作为方向，这时经纬仪测量交叉点导线 d 点和通信线 e 点的垂直角分别为 θ_1 和 θ_2，水平距离为 b，根据测量结果，交叉跨越距离

$$\Delta h = b(\tan \theta_1 - \tan \theta_2) \quad (\text{GYSD00602004-35})$$

因为测量时导线的弧垂并不一定是最大弧垂情况，因此导线在最大弧垂时的交叉跨越距离 h_0 等于

$$h_0 = \Delta h - \Delta f_x \quad (\text{GYSD00602004-36})$$

$$\Delta f_x = 4\left(\frac{x}{l} - \frac{x^2}{l^2}\right)\left[\sqrt{f^2 + \frac{3l^4}{8l_0^2}(t_m - t)a} - f\right] \quad (\text{GYSD00602004-37})$$

式中　Δf_x——测量时导线弧垂 f_x 换算为最高温度时导线弧垂的增量，即由测量时的温度 t 升高到最高温度 t_m 时导线弧垂的增量，m；

　　　f——测量时导线档距中央的弧垂，m；

　　　f_x——测量时导线在交叉点的弧垂，m；

　　　l——交叉点所在电力线路的档距，m；

　　　l_0——代表档距，m；

　　　t_m——最高温度，℃；

　　　t——测量时的温度，℃；

　　　a——导线热膨胀系数，1/℃；

　　　x——交叉点到最近杆塔的距离，m。

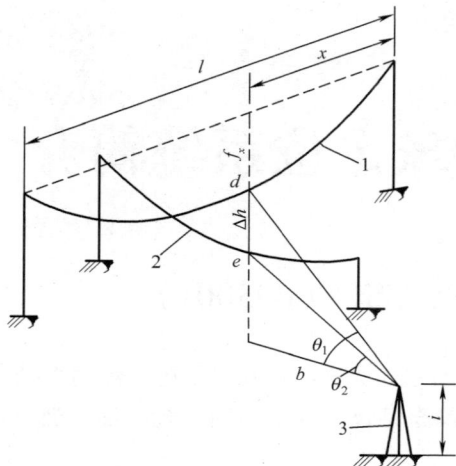

图 GYSD00602004-7　交叉跨越距离测量布置

1—导线；2—被跨越的通信线；3—经纬仪

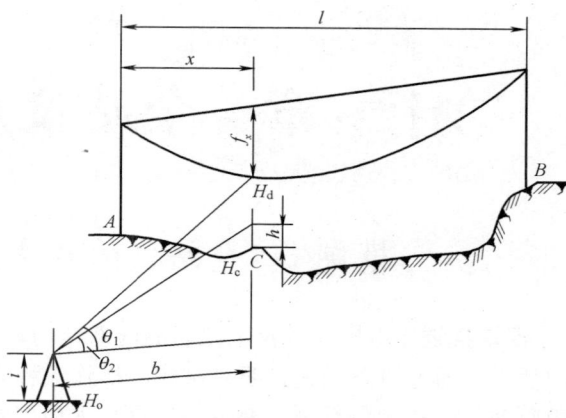

图 GYSD00602004-8　导线对地任意点的距离测量

（二）测量导线与地面任意点的对地距离

测量导线与地面任意点 C 的垂直距离，可按图 GYSD00602004-8 所示进行测量。首先将经纬仪安平在测点线路垂直方向并距线路约 50m 处。调平经纬仪后在 C 点竖立塔尺，经纬仪对准塔尺读数为 h，垂直角为 θ_2，水平距离为 b，则地面 C 点的标高 H_c 等于

$$H_c = H_o \pm b\tan\theta_2 + i - h \qquad \text{（GYSD00602004-38）}$$

式中　H_c——地面任意点 C 的标高，m；

　　　H_o——经纬仪地面标高，m；

　　　i——仪高，m；

　　　h——塔尺上的读数，m；

　　　b——C 点距经纬仪的水平距离，m；

　　　θ_2——垂直角（°），仰角取"+"，俯角取"−"。

然后经纬仪望远镜筒沿塔尺方向向上移动，当镜筒内的中线与导线相切时读取角 θ_1 为垂直角，相切点 d 的标高

$$H_d = H_o + b\tan\theta_1 + i \qquad \text{（GYSD00602004-39）}$$

则导线对地面任意点 C 的垂直距离等于

$$H = H_d - H_c = b\tan\theta_1 \pm b\tan\theta_2 + h \qquad \text{（GYSD00602004-40）}$$

式中　H——导线与地面任意点 C 的垂直距离，m；

　　　H_d——相切点 d 的标高，m；

　　　θ_1——垂直角，（°）；

其他符号含义同式（GYSD00602004-31）。

上式中 H 为任意温度时的值，最高温度时

$$H_{max} = H - \Delta f_x \qquad \text{（GYSD00602004-41）}$$

式中　H_{max}——最高温度时导线与地面任意点的垂直距离，m；

H、Δf_x 含义与式（GYSD00602004-40）和式（GYSD00602004-37）相同。

【思考与练习】

1．简述各种弧垂观测方法的施测步骤及适用范围。

2．观测弧垂应注意哪些事项？

3．如何测量交叉跨越距离？

4．如何测量导线与地面任意点的对地距离？

第十六章 全站仪及全球定位系统简介

模块1 全站仪的基本知识（GYSD00603001）

【模块描述】本模块涉及全站仪的内部结构、全站仪的分类、光电测距原理、电子测角系统和全站仪的使用。通过概念描述、要点讲解、操作流程介绍，了解全站仪的内部结构、全站仪的类型、光电测距原理、电子测角系统，熟悉全站仪基本使用的方法。

【正文】

一、概述

全站仪又称全站型电子速测仪，是近几年发展和普及起来的先进测量仪器，它主要由光电测距仪、电子微处理机、数据终端等组成。这种仪器既可测距，又能测角，而且能自动记录测量数据，可以程序控制和数据存储，进行数据的自动转换，计算出测站点之间的高差和坐标增量，通过仪器上的液晶显示器显示出测算结果，通过配置适当的接口可使野外采集的测量数据直接传输到计算机进行数据处理或进入自动化绘图系统。

全站仪具有与光学经纬仪类似的结构特征，测角的方法和步骤与光学经纬仪基本相似。但是，由于生产厂家的不同，外部结构和应用软件也有所差异，其使用操作也不完全一样，因此本节仅以NTS-660型全站仪为例介绍其结构、仪器的操作使用及其注意事项。

二、全站仪的结构和功能

1. 仪器主要技术参数

该型号仪器在气象条件良好时，使用一块棱镜的测程为 1.8km，三块棱镜为 2.6km。其测距精度可达 $\pm（2+2\times10^{-6}\times D）$ mm。测距时间：精测模式时，每次用时为 3s，最小显示距离为 1mm；跟踪测量模式时，每次用时为 1s，最小显示距离为 10mm。角度最小读数为 1″，精度为 2″级。双轴液体电子传感补偿，工作范围 3″，精度 1″。配备可充电的镍氢电池，充满后连续工作时间可达 8h。

2. 全站仪的基本构造和功能

（1）主机。

1）部件名称如图 GYSD00603001-1 所示。

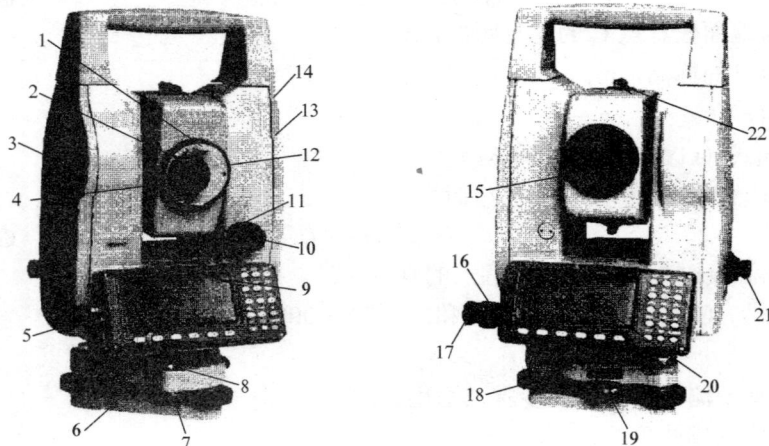

图 GYSD00603001-1 NTS-660 型全站仪

1—望远镜把手；2—目镜调焦螺旋；3—仪器中心标志；4—目镜；5—数据通信接口；6—底板；7—圆水准校正螺旋；8—圆水准器；9—管水准器；10—垂直制动螺旋；11—垂直微动螺旋；12—望远镜调焦螺旋；13—电池 NB-30；14—电池锁紧杆；15—物镜；16—水平微动螺旋；17—水平制动螺旋；18—整平脚螺旋；19—基座固定钮；20—显示屏；21—光学对中器；22—粗瞄准器

2）操作面板及显示屏如图 GYSD00603001-2 所示。

①显示屏。一般上面几行显示观测数据，底行显示软键功能，它随测量模式的不同而变化。

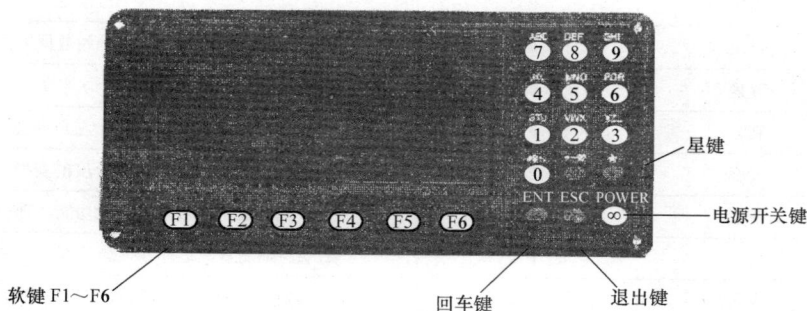

图 GYSD00603001-2　操作面板

②对比度。利用星键（★）可调整显示屏的对比度和亮度。

③显示符号。仪器中所显示及出现的符号其含义见表 GYSD00603001-1。

表 GYSD00603001-1　　　　　　　　　　　显 示 符 号 含 义

符　号	含　义	符　号	含　义
V	垂直角	*	电子测距正在进行
V（%）	百分度	m	以米为单位
HR	水平角（右角）	ft	以英尺为单位
HL	水平角（左角）	F	精测模式
HD	平距	T	跟踪模式（10mm）
VD	高差	R	重复测量
SD	斜距	S	单次测量
N	北向坐标	N	N 次测量
E	东向坐标	10^{-6}	大气改正值
Z	天顶方向坐标	psm	棱镜常数值

3）操作键。显示面板上的各操作键的功能见表 GYSD00603001-2。

表 GYSD00603001-2　　　　　　　　　　　操 作 键 功 能 表

按键	名称	功　能	按键	名称	功　能
F1～F6	软键	功能参见所显示的信息	★	星键	用于仪器若干常用功能的操作
0～9	数字键	输入数字，用于欲置数值	ENT	回车键	数据输入结束并认可时按此键
A～/	字母键	输入字母	POWER	电源键	控制电源的开/关
ESC	退出键	退回到前一个显示屏或前一个模式			

4）功能键（软键）。软键功能标记在显示屏的底行。该功能随测量模式的不同而改变，具体功能见表 GYSD00603001-3。

表 GYSD00603001-3　　　　　　　　　　　功 能 键 表

模　式	显　示	软　键	功　能
角度测量	斜距	F1	倾斜距离测量
	平距	F2	水平距离测量
	坐标	F3	坐标测量
	置零	F4	水平角置零

模 式	显 示	软 键	功 能
角度测量	锁定	F5	水平角锁定
	记录	F1	将测量数据传输到数据采集器
	置盘	F2	预置一个水平角
	R/L	F3	水平角右角/左角变换
	坡度	F4	垂直角/百分度的变换
	补偿	F5	设置倾斜改正，若打开补偿功能，则显示倾斜改正值
斜距测量	测量	F1	启动斜距测量，选择连续测量/N次（单次）测量模式
	模式	F2	设置单次精测/N次精测/重复精测/跟踪测量模式
	角度	F3	角度测量模式
	平距	F4	平距测量模式，显示N次或单次测量后的水平距离
	坐标	F5	坐标测量模式，显示N次或单次测量后的坐标
	记录	F1	将测量数据传输到数据采集器
	放样	F2	放样测量模式
	均值	F3	设置N次测量的次数
	m/ft	F4	距离单位米或英尺的变换
平距测量	测量	F1	启动平距测量，选择连续测量/N次（单次）测量模式
	模式	F2	设置单次精测/N次精测/重复精测/跟踪测量模式
	角度	F3	角度测量模式
	斜距	F4	斜距测量模式，显示N次或单次测量后的倾斜距离
	坐标	F5	坐标测量模式，显示N次或单次测量后的坐标
	记录	F1	将测量数据传输到数据采集器
	放样	F2	放样测量模式
	均值	F3	设置N次测量的次数
	m/ft	F4	米或英尺的变换
坐标测量	测量	F1	启动坐标测量，选择连续测量/N次（单次）测量模式
	模式	F2	设置单次精测/N次精测/重复精测/跟踪测量模式
	角度	F3	角度测量模式
	斜距	F4	斜距测量模式，显示N次或单次测量后的倾斜距离
	平距	F5	平距测量模式，显示N次或单次测量后的水平距离
	记录	F1	将测量数据传输到数据采集器
	高程	F2	输入仪器高/棱镜高
	均值	F3	设置N次测量的次数
	m/ft	F4	米或英尺的变换
	设置	F5	预置仪器测站点坐标

5）星键（★键）模式。按下（★）键即可看到仪器的若干操作选项。这些选项分两页屏幕显示，如图 GYSD00603001-3 所示。按［F5］（P1↓）键查看第 2 页屏幕，再按［F5］（P2↓）可返回第 1 页屏幕。

由星键（★）可做如下操作第 1 页屏幕：

①查看日期和时间。

②显示器对比度调节［F1］和［F2］。

③显示器背景灯照明的开/关［F3］。

④显示内存的剩余容量［F4］。

第 2 页屏幕：

⑤电子圆水准器图形显示［F2］。

⑥接收光线强度（信号强弱）显示［F3］。

⑦设置温度、气压、大气改正值（PPM）和棱镜常数值（PSM）［F4］。

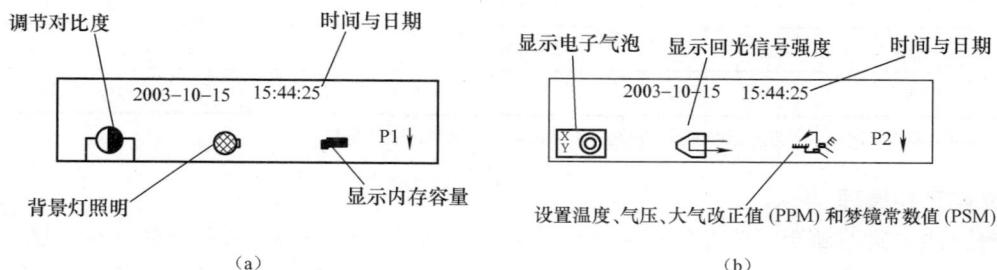

图 GYSD00603001-3　星键（★键）模式屏幕显示

（a）第 1 页屏幕；（b）第 2 页屏幕

（2）反射棱镜。全站仪在进行距离测量等作业时，需在目标处放置反射棱镜。反射棱镜有单（三）棱镜组，可通过基座连接器将棱镜组与基座连接，再安置到三脚架上，也可直接安置在对中杆上。棱镜组由用户根据作业需要自行配置，棱镜组如图 GYSD00603001-4 所示。

（3）电源。本机采用可充电镍氢电池，配用 NC-30 充电器。

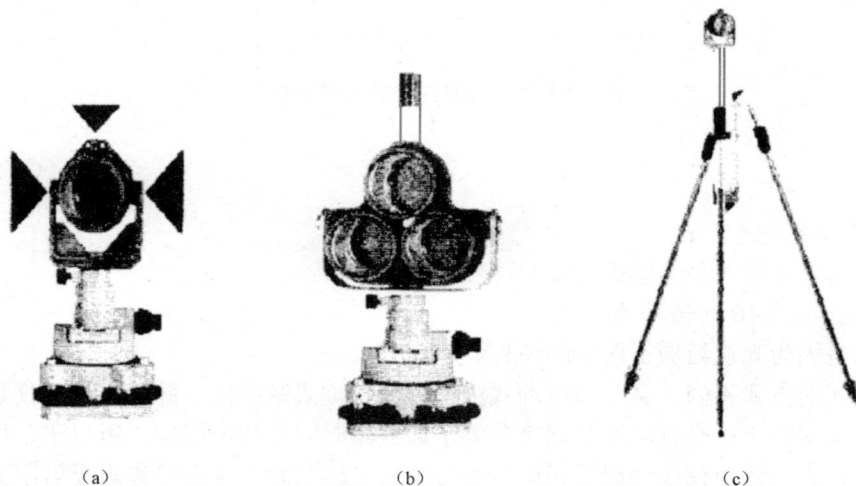

图 GYSD00603001-4　棱镜

（a）单棱镜组；（b）三棱镜组；（c）对中杆

三、全站仪的分类

（1）全站仪按其结构，分为整体型和组合型（又称积木型）两种。

1）整体型。测距、测角与电子计算单元和仪器的光学、机械系统设计成一个整体。

2）组合型。电子测距仪、电子经纬仪各为一独立的整体，既可单独使用，又可组合在一起使用。

（2）全站仪的测距仪部分，是一种利用电磁波进行测量的仪器。因此，按载波和发射光源的不同，可分为微波测距仪、激光测距仪和红外测距仪三种。按测程分类，可分为三类：

1）短程测距仪。测程小于 3km，用于普通工程测量和城市测量，送电线路工程测量就属于这类测距仪。

2）中程测距仪。测程为 3～15km，通常用于一般等级的控制测量。

3）长程测距仪。测程为大于 15km，通常用于国家控制网及特级导线测量。

按照我国国家计量检定规程的规定，全站仪中电子测距仪和电子经纬仪的准确度等级划分见表

GYSD00603001-4。

表 GYSD00603001-4　　　　电子测距仪和电子经纬仪的准确度等级划分表

准确度等级	测角标准偏差（″）	测距标准偏差（mm）
Ⅰ	$\lvert m_\beta \rvert \leq 1$	$\lvert m_\beta \rvert \leq 5$
Ⅱ	$1 < \lvert m_\beta \rvert \leq 2$	$\lvert m_\beta \rvert \leq 5$
Ⅲ	$2 < \lvert m_\beta \rvert \leq 6$	$5 < \lvert m_\beta \rvert \leq 10$
Ⅳ	$6 < \lvert m_\beta \rvert \leq 10$	$\lvert m_\beta \rvert \leq 10$

注　测角标准偏差为一测回水平方向标准偏差；测距标准偏差为每千米测距标准偏差。

四、光电测距原理

光电测距即电磁波测距，它是以电磁波作为载波，传输光信号来测量距离的一种方法。它的基本原理是利用仪器发出的光波（光速 c 已知），通过测定出光波在测线两端点间往返传播的时间 t 来测量距离 D。如图 GYSD00603001-5 所示，当 A 点仪器发射的电磁波，经 B 点棱镜反射后返回到 A 点，则 AB 间的距离为

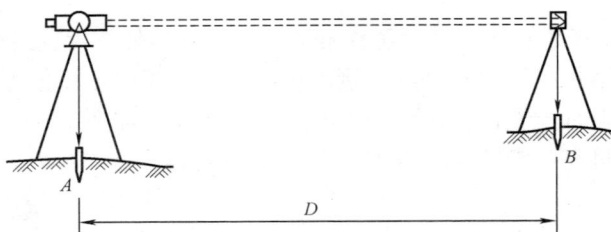

图 GYSD00603001-5　光电测距原理

$$D = \frac{1}{2}ct \qquad\qquad （GYSD00603001-1）$$

式中　D——AB 间的距离，m；

　　　　c——电磁波在空气中传播的速度，约为 3×10^8m/s；

　　　　t——电磁波在 AB 间传播的时间，s。

式中除以 2 是因为光波经历了两倍的路程。

根据测定时间的方式不同，又分为脉冲式测距仪和相位式测距仪。脉冲式测距仪是直接测定光波传播的时间，由于这种方式受到脉冲的宽度和电子计数器时间分辨率限制，所以测距精度不高，一般为 1～5m。相位式光电测距仪是利用测相电路直接测定光波从起点出发经终点反射回到起点时，因往返时间差引起的相位差来计算距离，该法测距精度较高，一般可达 5～20mm。目前短程测距仪大都采用相位法计时测距。

五、全站仪的使用（以 NTS-660 型全站仪为例）

1. 测量前的准备工作

（1）安置仪器。将全站仪安置在测站点上，并进行对中、整平，过程与经纬仪基本相同。

（2）开机设置。确认显示窗中显示有足够的电池电量，当电池电量不多时，应及时更换电池或对电池进行充电。

1）设置温度和气压。设置大气改正时，须量取温度和气压，由此即可求得大气改正值。

2）设置棱镜常数。根据不同厂家的棱镜，应预先设置相应的棱镜常数。

2. 角度测量

将测量模式切换为角度测量（一般开机的默认模式为角度测量模式，可以根据工作需要设置开机默认模式）。（以下操作均可依据显示屏上的中文操作菜单进行）

（1）水平角（右角）和垂直角测量。盘左照准后视目标，按［F4］（置零）键和［F6］（设置）键，

设置后视目标的水平角读数为 0°0'0"。顺时针旋转照准部，照准前视目标，仪器显示该目标的水平角和垂直角。

（2）水平角测量模式（右角/左角）的转换。在角度测量模式下，按［F6］（P1↓）键，进入第 2 页显示功能，按［F3］键，水平角测量右角模式转换成左角模式，可类似右角观测方法进行左角观测。每按一次［F3］（R/L）键，右角/左角便依次切换。在参数设置模式，右角/左角转换开关可以关闭。

（3）垂直角与百分度模式的转换。在角度测量模式下，按［F6］（P1↓）键，进入第 2 页功能菜单，按［F4］（坡度）键，每按一次［F4］（坡度）键，垂直角显示模式便依次转换。垂直角零起算点位于天顶位置。

3. 距离测量

（1）设置。在角度测量模式下，照准棱镜中心，按［F1］（斜距）键或［F2］（平距）键，并按［F2］（模式）键，选择连续精测模式，显示在窗口第四行右面的字母表示如下测量模式：F——精测模式（这是正常距离测量模式，观测时间约 3s，最小显示距离为 1mm）；T——跟踪模式（此模式测量时间要比精测模式短，主要用于放样测量中，在跟踪运动目标或工程放样中非常有用）；R——连续（重复）测量模式；S——单次测量模式；N——N 次测量模式。若要改变测量模式，按［F2］（模式）键，每按下一次，测量模式就改变一次。

（2）距离测量。当预置了观测次数时，仪器就会按设置的次数进行距离测量并显示出平均距离值。若预置次数为 1，则由于是单次观测，故不显示平均距离。仪器出厂时设置的是单次观测。

在角度测量模式下，设置观测次数：按［F1］（斜距）键或［F2］（平距）键。按［F6］（P1↓）键，进入第 2 页功能。按［F3］（均值）键，输入观测次数。按［ENT］键，进行 N 次观测。照准棱镜中心。按［F1］（斜距）键或［F2］（平距）键，选择斜距或平距测量模式，显示出平均距离并伴随蜂鸣声，同时屏幕上"*"号消失。观测结束后按［F1］（测量）键可重新进行测量。若测量结果受到大气折光等因素影响，则自动进行重复观测。按［F3］（角度）键返回到角度测量模式。

（3）放样。该功能可显示测量的距离与预置距离之差。

$$显示值＝观测值－标准（预置）距离$$

可进行各种距离测量模式如平距（HD）、高差（VD）或斜距（SD）的放样。如高差的放样：在距离测量模式下按［F6］（P1↓）键进入第 2 页功能，按［F2］（放样）键，输入待放样的高差值并按［ENT］键，观测开始，移动棱镜直到距离之差接近零为止。一旦将标准距离重新设置为"0"或关机，即可返回到正常距离测量模式。

4. 坐标测量

坐标测量是全站仪的常用功能之一，是根据已知测站点和后视的坐标或已知测站点坐标及后视方位角，通过角度和距离的测量求出未知点坐标的方法（即极坐标法）。

在程序菜单中按［F6］键，进入该菜单的第 2 页，再按［F3］键进入放样菜单，按［F3］（坐标数据）键。在坐标数据菜单中，按［F3］键，进入采集新点坐标选择项，按［F1］（极坐标）键。按［F6］键进行设置后视方位角。输入测站点点号，如作业中没有该点的坐标数据，输入该点坐标。如作业中存在该点的坐标便显示方位角，若后视方位角正确，用仪器瞄准后视点后按［F5］（是）键设置后视方位角。输入仪器高，按［ENT］键。

输入观测点的点号，按［ENT］键。输入棱镜高并按［ENT］键，用仪器瞄准观测点，按［F5］（是）键便进行测量，采集该点坐标。按［F5］（是）键保存坐标。屏幕便显示输入另一观测点的点号的输入屏幕。点号自动加一。

5. 后方交会

后方交会程序从存储在作业中的两个已知坐标的点计算新采集点（测站点）的坐标，会显示测站至每一已知点上测量的角度和距离，并显示平距和高差的残差。如果软件不能计算新点的坐标，会显示"错误！"信息。如接受显示的残差，下一屏幕便显示新点的坐标。

将仪器安置在新点上，在程序菜单中按［F6］键，进入该菜单的第 2 页，再按［F3］键进入放样菜单。在显示的放样菜单中按［F3］（坐标数据）键。在坐标数据菜单中，按［F3］键，进入采集新点坐标选择项，按［F2］（后方交会）键。输入后方交会的测站点点号，按［ENT］键，输入仪器高，按［ENT］键，输入测量的第一个点的点号，该点用于后方交会计算中。输入棱镜高后按［ENT］键。用仪器瞄准第一个观测点，按［F5］键测量角度和距离，显示水平角、平距和高差。输入要测量的第二点点号后并按［ENT］键。

　　输入第二点棱镜高并按［ENT］键，用仪器瞄准第二点，按［F5］（是）键便测量角度和距离，显示水平角、平距和高差，在仪器完成测量后便显示残差，如合格按［F5］（是）键后，便显示新的坐标。按［F5］键将该点坐标存储到作业中，按［F6］键重新开始后方交会。

　　6. 坐标放样

　　坐标放样就是把一个已知点的坐标在地面上标识出来。按［F1］键进入程序菜单，按［F6］键翻页，选择屏幕上的［F2］键坐标放样，进行放样之前应该新建一个作业来保存我们所测量的数据，这样才方便我们调用所测量的数据。选择 F4 选项进入，按［F1］键可以查看内存，上面显示出文件名以及文件里面的坐标点的个数，返回按［ESC］键。选择［F1］键设置方向角，输入测站点的记录号，按［ENT］键，如该点未知，则需要输入测站点的坐标；输入后视点的记录号，输入测站点仪器高，按［ENT］键；输入所放样点的记录号，按［ENT］键；输入放样点的棱镜高，按［ENT］键。进入坐标放样的模式，按［F1］键（角度），则显示出仪器望远镜和放样点的夹角，按［F2］键（距离），则显示出测站点到放样点的距离，按［F3］键则可以改变测量的模式，如精测、跟踪等模式，按［F4］键坐标，则可以测量出棱镜点的坐标值，按［F5］键指挥，则显示出棱镜到放样点之间的一个差值，通过移动棱镜的位置和不断的测量出棱镜的位置来逐渐缩小差值。当测量出来的差值为 0 时，则放样点被找到。放样结束，按［ENT］键。

　　7. 面积测量

　　该程序可利用测点或文件中的数据计算出某区域的面积。按［F1］键进入程序菜单的第一页，再按［F1］键进入标准测量菜单，选择程序菜单，再选择解析坐标，选择面积计算。若按［F5］键（是），即是在面积计算中使用具体的点号，屏幕则显示内存中所存储的坐标点，按［F2］键查找功能，输入点名，按［ENT］键可以找到想要点名的数据，按［F6］键翻到第二页，按［F4］键开始可显示文件中第一个点的数据，按［F5］键结尾可显示最后一个点的数据，再按 F6 键翻到第一页，如果该点是进行面积计算的点，通过［F5］键标记对该点做标记，按标记键后在该点的末尾显示"M"，按［F3］键（或［F4］键）寻找下一个点，并对该点做标记，至少对三个点做了标记后，再按［ENT］键，则显示面积计算的结果，屏幕中显示计算机面积的点数和该点数所形成的封闭区域的面积。计算完成后按［F5］键确定，便退出该屏幕返回到解析坐标菜单。

六、全站仪使用的注意事项

　　1. 检验与校正

　　仪器在出厂时均经过严密的检验与校正，符合质量要求。但仪器经过长途运输或环境变化，其内部结构会受到一些影响。因此，新购买本仪器以及到测区后在作业之前均应对仪器进行检验与校正，以确保作业成果精度。

　　2. 注意事项

　　（1）日光下测量应避免将物镜直接对准太阳。建议使用太阳滤光镜以减弱这一影响。

　　（2）避免在高温和低温下存放仪器，亦应避免温度骤变（使用时气温变化除外）。

　　（3）仪器不使用时，应将其装入箱内，置于干燥处，并注意防震、防尘和防潮。

　　（4）若仪器工作处的温度与存放处的温度差异太大，应先将仪器留在箱内，直至适应环境温度后再使用。

　　（5）若仪器长期不使用，应将电池卸下分开存放，并且电池应每月充电一次。

　　（6）运输仪器时应将其装于箱内进行，运输过程中要小心，避免挤压、碰撞和剧烈振动。长途运输最好在箱子周围使用软垫。

　　（7）架设仪器时，尽可能使用木脚架，因为使用金属脚架可能会引起振动影响测量精度。

　　（8）外露光学器件需要清洁时，应用脱脂棉或镜头纸轻轻擦净，切不可用其他物品擦拭。

（9）仪器使用完毕后，应用绒布或毛刷清除仪器表面灰尘。仪器被雨水淋湿后，切勿通电开机，应用干净软布擦干并在通风处放一段时间。

（10）作业前应仔细全面检查仪器，确定仪器各项指标、功能、电源、初始设置和改正参数均符合要求时再进行作业。

（11）若发现仪器功能异常，非专业维修人员不可擅自拆开仪器，以免发生不必要的损坏。

【思考与练习】

1．何为全站仪？全站仪有哪几部分组成？

2．简述全站仪进行角度测量、距离测量、坐标测量和放样的基本过程。

3．全站仪使用有哪些注意事项？

模块 2　全球定位系统简介（GYSD00603002）

【模块描述】本模块介绍 GPS 系统的组成、GPS 定位原理、作业模式和误差源。通过概念描述、原理讲解，了解 GPS 系统的组成、定位原理、定位作业模式，熟悉影响 GPS 定位精度的因素。

【正文】

一、全球卫星定位系统简介

全球卫星定位系统作为新一代卫星导航定位系统，经过二十多年的发展，已经成为一种被广泛采用的系统。是一种借助于分布在空中的多个 GPS 通信卫星确定地面点的位置的新型定位系统。在测量中采用卫星定位技术，主要用于高精度大地测量和控制测量，以建立各种类型和等级的测量控制网；现在，它还用于各种类型的工程施工放样、测图及工程变形观测等测量工作中，尤其是在建立测量控制网方面，卫星定位技术已基本上取代了常规测量手段，成为主要的技术手段。目前，我国采用卫星定位技术布设了新的国家大地测量控制网，很多城市也都采用该技术建立了城市控制网。现在在各种类型的工程测量中，已开始大量采用卫星定位技术，如北京地铁 GPS 网、云台山隧道 GPS 网、秦岭铁路隧道施工 GPS 控制网等。

全球卫星定位系统能独立、迅速和精确地确定地面点的位置，与常规控制测量技术相比，有许多优点：不要求测站间的通视，因而可以按需布点，且不需建造测站觇标；控制网的网形已不再是决定精度的重要因素，点与点之间的距离可以自由布设；可以在较短时间内以较少的人力消耗来完成外业观测工作，观测（卫星信号接收）的全天候优势更为显著；由于 GPS 接收仪器的高度自动化，内外业紧密结合，软件系统的日益完善，可以迅速提交测量成果；精度高，用载波相位进行相对定位，可达到 $\pm(5\text{mm}+10^{-6}\times\text{D})$ 的精度；节省经费和工作效率高，用卫星定位技术建立测量控制网，要比常规测量技术节省 70%~80% 的外业费用，同时，由于作业速度快，使工期大大缩短，所以经济效益显著。

二、全球卫星定位系统的组成

全球卫星定位系统由三部分组成，即空中 GPS 卫星星座、地面监控部分和用户设备部分（GPS 接收机）。

（一）GPS 卫星星座

GPS 卫星星座由 24 颗卫星构成，其中 21 颗工作卫星，3 颗备用卫星，24 颗卫星均匀分布在 6 个轨道面上，轨道面倾角为 55°，各轨道面之间相距 60°轨道平均高度 20 200km，卫星运行周期为 11 小时 58 分 12 秒（恒星时）。此种 GPS 卫星星座卫星的空间布置保证了在地球上任何地点、任何时刻至少均能同时观测到 4 颗（及以上）卫星，以满足精密导航与定位的需要。每颗 GPS 卫星上装备有 4 台高精度原子钟，它为卫星定位提供高精度的时间标准，另外还携带无线电信号收发机和微处理机等设备。

所谓恒星时（ST），由春分点的周日视运动所确定的时间，它是以地球自转周期为基础，并与地球自转角度相对应的一种时间系统。春分点连续两次通过本地子午圈的时间间隔为一恒星日，含 24 恒星时，所以恒星时在数值上等于春分点相对于本地子午圈的时角。一恒时为 60 恒星分，一恒星分为 60 恒星秒。

（二）地面监控部分

地面监控部分主要由分布在全球的 9 个地面站组成，其中包括卫星观测站、主控站和信息注入站。

监控站 5 个，在主控站的直接控制下对 GPS 卫星进行连续观测和收集有关的气象数据，进行初步处理并储存和传送到主控站，用以确定卫星的精密轨道。主控站 1 个，协调和管理所有地面监控系统的工作，推算各卫星的星历、钟差和大气延迟修正参数，并将这些数据和管理指令送至注入站。注入站 3 个，在主控站的控制下，将主控站传来的数据和指令注入到相应卫星存储器，并观测注入信息的正确性。

（三）GPS 接收机

GPS 接收机包括接受机主机、天线和电源，其主要功能是接收 GPS 卫星发射的信号，以获得必要的导航和定位信息及观测量，并经初步数据处理而实现实时导航和定位。目前国内常用的静态定位 GPS 接收机主要有 Trimble、Leica、Ashtech、Novatel、Sokkia、中海达、南方等厂家生产的接收机。

GPS 接收机按其用途和使用频率的不同具有多种形式。

1. 按卫星信号频率分类

（1）单频接收机。只能接收 L1 载波信号，测定载波相位观测值进行定位。由于不能有效消除电离层延迟影响，因此精度较低。只适用于短基线（<20km）的测量。

（2）双频接收机。可以同时接收 L1、L2 载波信号（L1 和 L2 是 GPS 卫星发射两种频率的载波信号，即频率为 1575.42MHz 的 L1 载波和频率为 1227.60MHz 的 L2 载波，波长分别为 19.03cm 和 24.42cm）。利用双频技术，消除或减弱电离层的影响。用于差分定位时其精度可达亚米级至厘米级。

2. 按接收机的用途分类

（1）导航型接收机。此类型接收机主要用于运动载体的导航，它可以实时给出载体的位置和速度。这类接收机一般采用 C/A 码伪距测量，单点实时定位，精度较低。

（2）测量型接收机。主要用于精密大地测量和精密工程测量。这类仪器主要采用载波相位观测值，进行相对定位，定位精度高。仪器结构复杂。送电线路工程测量就使用这类仪器。

在 L1 和 L2 载波信号上又分别调制着多种信号，这些信号主要有：

1）C/A 码又被称为粗捕获码（粗码），它被调制在 L1 载波上。

2）P 码又被称为精码，它被调制在 L1 和 L2 载波上。

导航信息被调制在 L1 载波上，其信号频率为 50Hz，包含有 GPS 卫星的轨道参数、卫星钟改正数和其他一些系统参数。用户一般需要利用此导航信息来计算某一时刻 GPS 卫星在地球轨道上的位置，导航信息也称为广播星历。

三、GPS 定位原理

GPS 定位的方法是多种多样的，用户可以根据不同的测量要求采用不同方法。

伪距定位所采用的观测值为 GPS 伪距观测值，采用的伪距观测值既可以是 C/A 码伪距（粗码），也可以是 P 码伪距（精码）。伪距定位的优点是数据处理简单，定位条件要求低，能非常容易地实现实时定位；其缺点是观测值精度低，C/A 码伪距观测值精度约 3m，而 P 码伪距的观测值精度在 30cm 左右。

载波相位定位所采用的观测值为 GPS 载波相位观测值，即 L1、L2 或它们的某种线性组合。其优点是观测值精度高，一般达到 2mm；缺点是数据处理复杂。

四、GPS 定位作业模式

静态定位作业是由两台或两台以上 GPS 接收机设置在待测基线端点上，捕获和跟踪 GPS 卫星的过程中固定不变，接收机高精度地测量 GPS 信号的传播时间，利用 GPS 卫星在轨的已知位置，解算出接收机天线所在位置的三维坐标。

动态定位作业是用 GPS 接收机测定一个运动物体的运行轨迹。GPS 接收机所安置于运动载体上（如航行中的船舰、空中的飞机、行走的车辆等）。载体上的 GPS 接收机天线在跟踪 GPS 卫星的过程中相对地球而运动，接收机用 GPS 信号实时地测得运动载体的状态参数（瞬间三维位置和三维速度）。

相位差分定位作业技术又称为 RTK（Real Time Kinematic）技术，如图 GYSD00603002-1 所示，作业方法是在基准站上安置一台 GPS 接收机，对所有可见 GPS 卫星进行连续地观测，并将其观测数据通过无线电传输设备实时地发送给用户观测站，在用户观测站上，GPS 接收机在接收 GPS 卫星信号的同时，通过无线电接收设备，接收基准站传输的观测数据，然后根据相对定位的原理，实时地提供观测点的三维坐标，并达到厘米级的高精度。满足了一般工程测量的要求，目前送电线路的 GPS 定位大多采用这种作业模式。

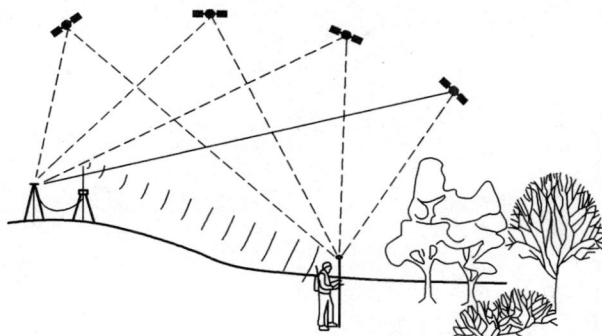

图 GYSD00603002-1　差分定位示意图

五、GPS 定位的误差源

在利用 GPS 进行定位时，会受到各种因素的影响，影响 GPS 定位精度的因素有以下五个方面：

1. 与 GPS 卫星有关的因素

（1）卫星星历误差。在进行 GPS 定位时，计算某时刻 GPS 卫星位置所需的卫星轨道参数是通过星历提供的，所计算出的卫星位置会与真实位置有所差异，这种差异就是星历误差。

（2）卫星钟差。GPS 卫星上所安装的原子钟的钟面时与 GPS 标准时间之间的钟差。

（3）卫星信号发射天线相位中心偏差。GPS 卫星上信号发射天线的标称相位中心与其真实相位中心之间的差异。

2. 与接收机有关的因素

（1）接收机钟差。GPS 接收机所使用钟的钟面时与 GPS 标准时间之间的钟差。

（2）接收机天线相位中心偏差。GPS 接收机天线的标称相位中心与其真实相位中心之间的差异。

（3）接收机软件和硬件造成的误差。在进行 GPS 定位时，定位结果会受到处理与控制软件和硬件的影响。

3. 与传播途径有关的因素

（1）电离层延迟。由于地球周围的电离层对电磁波的折射效应，使得 GPS 信号的传播速度发生变化，这种变化称为电离层延迟。电磁波所受电离层折射的影响与电磁波的频率以及电磁波传播途径上的电子总量有关。

（2）对流层延迟。由于地球周围的对流层对电磁波的折射效应，使得 GPS 信号的传播速度发生变化。这种变化称为对流层延迟。电磁波所受对流层折射的影响与电磁波传播途径上的温度、湿度和气压有关。

（3）多路径效应。由于接收机周围环境的影响，使得 GPS 接收机所接收到的卫星信号中包含反射和折射信号的影响。

4. 数据处理软件方面的因素

（1）用户在进行数据处理时引入的误差。

（2）数据处理软件算法不完善对定位结果的影响。

5. 操作因素引起的误差

（1）基站、流动站的整平、对中产生的误差。

（2）采点时收敛精度未达到观测要求所产生的定位误差。

【思考与练习】

1. 全球卫星定位系统有何用途？

2. 全球卫星定位系统由哪几部分组成？

第六部分

电气设备及电工测量

第十七章 低 压 电 器

模块 1　常用低压电器 （GYSD00901001）

【模块描述】 本模块主要介绍了低压开关电器的原理、结构等内容。通过结构介绍、原理分析，能够了解低压开关电器的原理、结构。

【正文】

低压电器是指用在交流 1000V（直流 1500V）以下的电路中，能根据外界的信号和要求，手动或自动地接通、断开电路，以实现对电路或电气设备的切换、控制、保护、检测和调节的工业电器。低压电器作为基本控制电器，广泛应用于输配电系统和自动控制系统中。

目前，低压电器正朝着小型化、模块化、组合化和高性能化发展。

低压电器按动作原理可分为手动电器和自动电器，手动电器是由工作人员手动操作的，如刀开关、组合开关及按钮等。自动电器是按照操作指令或参量变化自动动作的，如接触器、断路器、热继电器等。按类型分主要有低压隔离开关、低压断路器、交流接触器、热继电器、按钮等，本模块主要介绍常用的低压开关电器。

一、低压隔离开关

（一）低压隔离开关的作用

隔离开关广泛用在 500V 及以下的低压配电装置中，作不频繁地接通和分断电路之用。隔离开关只能手动操作，普通的隔离开关不可以带负荷操作，它和低压断路器等配合使用，在低压断路器切断电路后才能操作隔离开关。

隔离开关起隔离电压的作用，使电路中有明显的绝缘断开点，以保证检修人员的安全。

装有灭弧罩或者在动触刀上装有辅助速断触刀（起灭弧作用）的隔离开关，可以切断不大于额定电流的负荷。

（二）低压隔离开关的工作原理

隔离开关是根据杠杆原理，利用操动机构，带动动触刀头完成开、断动作。改变操作手柄的运动方向，即改变了开关的工作状态，利用这一点，也可以做成双向低压隔离开关。

（三）低压隔离开关的类型与结构

1. 隔离开关的类型

低压隔离开关的类型很多，按极数可分为单级、双极和三极；按灭弧结构可分为带灭弧罩和不带灭弧罩；按操作方式可分为直接手柄操作和用杠杆操作；按用途可分为单投和双投；按接线方式可分为板前接线和板后接线等。

2. 隔离开关的结构

隔离开关主要由绝缘底板、动触刀头、静触刀座和操动机构几部分组成。静触头刀座具有一定的弹性，用来增加和动触刀头的接触紧密度。隔离开关的外形结构如图 GYSD00901001-1 所示。

二、低压断路器

（一）低压断路器的作用

低压断路器又称为自动开关、自动空气开关。它是一种既可以接通、分断电源，又能对电路进行自动保护的电器，当电器中发生短路、过载、失压等故障时，能自动切断电路，常用作配电变压器低压侧总开关、出线开关及电动机控制开关，是低压电网中非常重要的控制、保护电器。

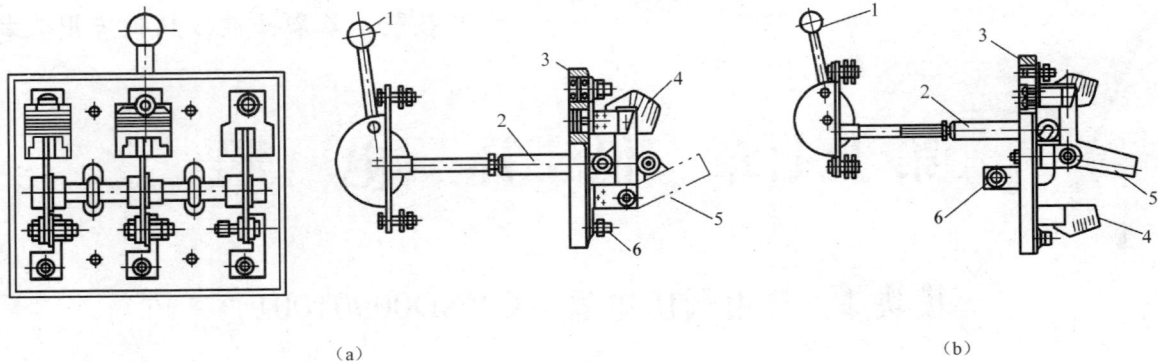

（a）　　　　　　　　　　　　　（b）

图 GYSD00901001-1　隔离开关

（a）HD 系列单投；（b）HS 系列双投

1—操作手柄；2—操动机构；3—绝缘底板；4—灭弧罩；5—动触刀；6—接线端子

（二）低压断路器的工作原理

如图 GYSD00901001-2 所示，低压断路器由触头、灭弧系统和操动机构等部分构成。图中 1 为低压断路器的三个触头，接在电动机等主回路里。触头 1 由锁键 2 保持在闭合状态，锁键 2 由绕轴 4 转动的搭钩 3 支持着。若搭钩 3 被杠杆 5 顶开，触头即被弹簧 6 拉开，电路分断。而杠杆顶开搭钩的返回动作是靠各种脱扣器（7、8）动作来完成的。正常时，电流脱扣器 7 中的电磁吸力不足以吸持它的衔铁；当负荷侧短路时，短路电流会使它吸持，脱扣器动作，即杠杆顶开搭勾而分断电路；电压正常时，欠电压脱扣器 8 使它的衔铁 10 吸合，当电压降到一定程度，衔铁会被弹簧 11 拉开，同时就会撞击杠杆 3，使其顶开搭钩而分离电路。

（三）低压断路器的类型与结构

1. 低压断路器的类型

低压断路器从结构上可分为万能式（又称框架式，国际上通称 ACB）和塑料外壳式 [国际上通称 MCCB，MCB（小型）] 两大类。

根据保护对象的不同，断路器又分为四个类型：

（1）配电保护型——保护电源和电气线路（电线、电缆）和设备。

（2）电动机保护型——专作电动机的不频繁启动，运行中中断，以及在电动机发生过载、短路和欠电压时的保护。

（3）家用和类似家用场所保护型——对照明线路、家用电器等的保护。

（4）剩余电流（漏电）保护型——用来保护人身免受电击危险及防止电气火灾的保护器。

2. 低压断路器的结构

低压断路器主要由保护装置（各种脱扣器）、触头系统、灭弧装置、传动机构、基架和外壳等部分组成。

脱扣器是低压断路器中用来接受信号的元件。若线路中出现不正常情况或由操作人员及继电保护装置发出信号时，脱扣器会根据信号的情况，通过传递元件，使触头动作跳闸切断电路。低压断路器的脱扣器一般有过流脱扣器、热脱扣器、失压脱扣器、分励脱扣器等几种。

低压断路器的主触头在正常情况下可以接通、分断负荷电流，在故障情况下还必须可靠分断故障电流。主触头有单断口指式触头、双断口桥式触头、插入式触头等几种形式。

主触头的动、静触头的接触处焊有银基合金触点，其接触电阻小，可以长时间通过较大的负荷电流。在容量较大的低压断路器中，还常将指式触头做成两挡或三挡，形成主触头、副触头和弧触头并联的形式。

低压断路器中的灭弧装置一般为栅片式灭罩，灭弧室的绝缘壁一般用钢板纸压制或用陶土烧制。

装置式低压断路器的结构如图 GYSD00901001-3 所示。

框架式低压断路器的外形及结构如图 GYSD00901001-4 所示。

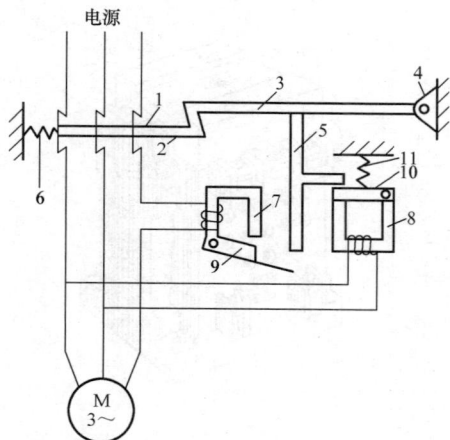

图 GYSD00901001-2　低压断路器的工作原理

1—触头；2—锁键；3—搭钩；4—绕轴；5—杠杆；

6、11—弹簧；7—电流脱扣器；8—欠电压脱扣器；9、10—衔铁

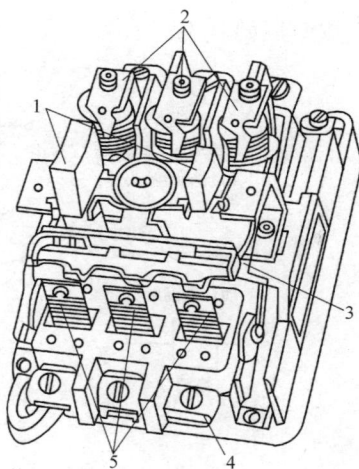

图 GYSD00901001-3　装置式低压断路器的结构图

1—按钮；2—电磁脱扣器；3—自由脱扣器；

4—接线柱；5—热脱扣器

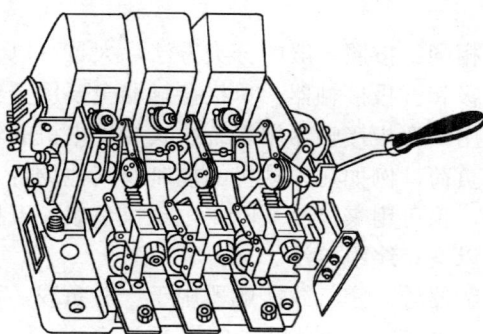

（a）

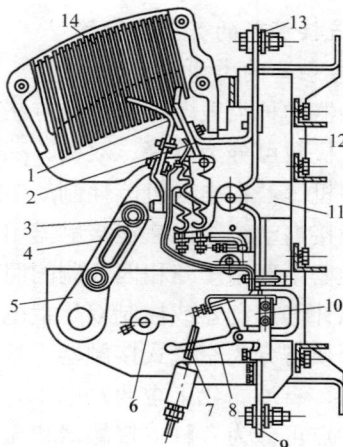

（b）

图 GYSD00901001-4　框架式低压断路器的结构图

（a）外形图；（b）结构图

1—灭弧触头；2—辅助触头；3—软连接线；4—连板；5—驱动柄；6—脱扣用凸轮；7—整定过流脱扣器用弹簧；

8—过流脱扣器打击杆；9—下导电板；10—过流脱扣器铁芯；11—主触头；12—框架；13—上导电板；14—灭弧室

三、交流接触器

（一）交流接触器的作用

交流接触器是一种自动化的控制电器。交流接触器主要用于频繁接通或分断电路中，具有控制容量大，可远距离操作，配合继电器可以实现定时操作、联锁控制、各种定量控制和失压及欠压保护等功能，广泛应用于自动控制电路，其主要控制对象是电动机，也可用于控制其他电力负载，如电热器、照明、电焊机、电容器组等。

（二）交流接触器的工作原理

交流接触器是利用电磁吸力与弹簧弹力配合动作，使触头闭合或分断，以控制电路的分断。交流接触器的动作原理如图 GYSD00901001-5 所示。交流接触器有两种工作状态：失电状态（释放状态）和得电状态（动作状态）。

动作过程如下：当线圈 7 加上额定电压后，产生电磁力，吸引动铁芯 5 下降，从而带动三副动合主触头 2 闭合，二副动断辅助触头 3 断开，二副动合辅助触头 4 闭合。主触头闭合便接通主电路。辅助触头接在控制电路中，控制其通断。当线圈失压时，在弹簧 6 的作用下，动铁芯 5 恢复到原始位置，

各触头也恢复原始状态。

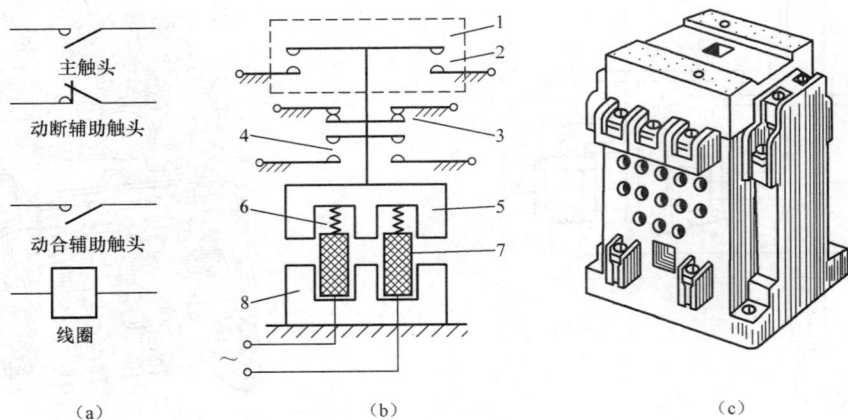

图 GYSD00901001-5 CJ10 系列交流接触器

（a）符号；（b）动作原理；（c）外形

1—灭弧罩；2—主触头；3—动断辅助触头；4—动合辅助触头；5—动铁芯；6—弹簧；7—线圈；8—静铁芯

（三）交流接触器的类型与结构

1. 交流接触器的类型

交流接触器的种类很多，其分类方法也不尽相同。按照一般的分类方法，大致有以下几种：

按主触点极数可分为单极、双极、三极、四极和五极接触器。单极接触器主要用于单相负荷，如照明负荷、焊机等，在电动机能耗制动中也可采用；双极接触器用于绕线式异步电机的转子回路中，启动时用于短接启动绕组；三极接触器用于三相负荷，例如在电动机的控制及其他场合，使用最为广泛；四极接触器主要用于三相四线制的照明线路，也可用来控制双回路电动机负载；五极交流接触器用来组成自耦补偿启动器或控制双笼型电动机，以变换绕组接法。

按灭弧介质可分为空气式接触器、真空式接触器等。空气式接触器用于一般负载，而真空式接触器常用在煤矿、石油、化工企业及电压为 660V 和 1140V 等一些特殊的场合。

按有无触点可分为有触点接触器和无触点接触器。常见的接触器多为有触点接触器，而无触点接触器属于电子技术应用的产物，一般采用晶闸管作为回路的通断元件，由于晶闸管导通时所需的触发电压很小，而且回路通断时无火花产生，因而可用于高操作频率的设备和易燃、易爆、无噪声的场合。

2. 交流接触器的结构

接触器主要由电磁系统、触点系统、灭弧系统及其他部分组成。

电磁系统：电磁系统包括电磁线圈和铁芯，是接触器的重要组成部分，依靠它带动触点的闭合与断开。

触点系统：触点是接触器的执行部分，包括主触点和辅助触点。主触点的作用是接通和分断主回路，控制较大的电流，而辅助触点是在控制回路中，以满足各种控制方式的要求。

灭弧系统：灭弧装置用来保证触点断开电路时，产生的电弧可靠的熄灭，减少电弧对触点的损伤。为了迅速熄灭断开时的电弧，通常接触器都装有灭弧装置，一般采用半封式纵缝陶土灭弧罩，并配有强磁吹弧回路。

其他部分：有绝缘外壳、弹簧、短路环、传动机构等。

四、热继电器

（一）热继电器的作用

热继电器是一种应用比较广泛的保护继电器。它是利用电流的热效应来推动动作机构，促使触头闭合或断开，主要用于电动机的过载保护、断相保护、电流不平衡保护以及其他电气设备发热状态时的控制。

（二）热继电器的工作原理

如图 GYSD00901001-6 所示，由电阻丝做成的热元件，其电阻值较小，工作时将它串接在电动机的主电路中，电阻丝所围绕的双金属片由两片线膨胀系数不同的金属片压合而成，左端与外壳固定。

当热元件中通过的电流超过其额定值而过热时，由于双金属片的上面一层热膨胀系数小，而下面的大，使双金属片受热后向上弯曲，导致扣板脱扣，扣板在弹簧的拉力下将动断触点断开。由于触点是串接在电动机的控制电路中的，使得控制电路中的接触器的动作线圈断电，从而切断电动机的主电路。

（三）热继电器的类型与结构

1．热继电器的类型

热继电器的种类很多，通常按极数可分为单极、两极和三极的，其中三极的又分为带断相保护装置的和不带断相保护装置的；按复位方式可分为自动复位式和手动复位式等，具体应用时可参阅有关手册查找。

2．热继电器的结构

热继电器是由热元件、触头、动作机构、复位按钮和整定电流装置等五部分组成。

热元件：主要是用来传导被控设备的温度；

触头：接通或断开控制回路的电源（接通或断开交流接触器线圈）；

动作机构：作用于触头的动作状态；

复位按钮：热继电器动作跳闸后使其重新回到闭合位置；

整定电流装置：设定热继电器启动值。

热继电器的外形结构如图 GYSD00901001-7 所示。

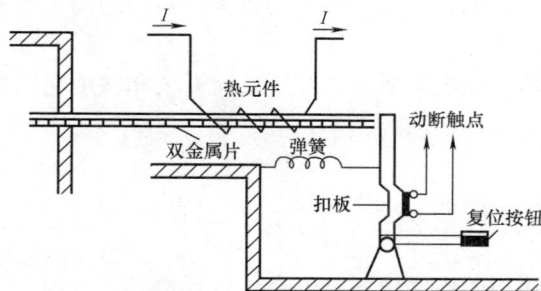

图 GYSD00901001-6 热继电器的工作原理图

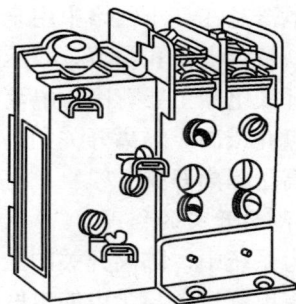

图 GYSD00901001-7 热继电器外形结构图

五、按钮

按钮是一种短时接通或断开小电流的电器。它不直接控制主电路的通断，而是在控制电路中发出指令去控制接触器，再由接触器去控制主电路。按钮中采用的是桥式触头，两个静触点在两边，一个动触点在中间，像一座桥。按钮又可分单联按钮、两联、三联和多联按钮。不操作时，与动触点常保持接通的一组静触点，叫做动断触点，不与动触点常保持接通的一组静触点，叫做动合触点。当按动按钮时，动断触点先断开，动合触点后闭合。松开按钮时动合触点先断开，动断触点后闭合，复位待下一次操作。

按钮外形和结构如图 GYSD00901001-18 所示。

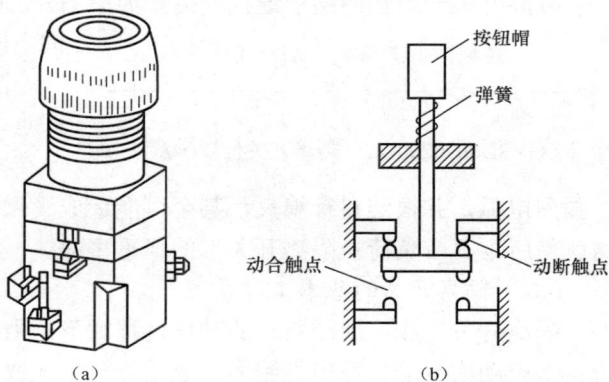

图 GYSD00901001-8 按钮外形和结构图

（a）外形图；（b）结构图

【思考与练习】

1．隔离开关主要作用是什么？

2．低压断路器有哪些保护作用？

3．交流接触器结构主要包括哪些部分？

第十八章 高 压 电 器

模块 1 高压隔离开关、断路器的作用、结构与工作原理（GYSD00902001）

【模块描述】本模块包含高压隔离开关、断路器的结构原理，灭弧的基本原理。通过结构介绍、原理分析、功能介绍、图形举例，了解高压隔离开关、断路器的结构原理，灭弧的基本原理。

【正文】

目前，国际上公认的高低压电器的分界线交流是 1kV（直流则为 1500V）。交流 1kV 以上为高压电器，1kV 及以下为低压电器。

高压电器是在高压网络中用来实现开断、保护、控制、调节、测量的设备，常用的高压电器包括开关电器、量测电器和限流、限压电器等。

高压开关电器主要有高压隔离开关、高压断路器、高压熔断器、高压负荷开关和接地断路器等，本模块重点介绍高压隔离开关和高压断路器。

一、高压隔离开关

（一）隔离开关的作用

在电力系统中，隔离开关的主要作用是：

（1）将电气设备与带电的电网隔离，以保证被隔离的电气设备能安全地进行检修。

（2）改变运行方式，在双母线的电路中，可利用隔离开关将设备或线路从一组母线切换到另一组母线上供电。

（3）接通和断开小电流电路。

隔离开关一般在网络中连接的位置如图 GYSD00902001-1 所示，主要是利用它将电气设备与带电的电网隔离。

图 GYSD00902001-1　隔离开关位置示意图

隔离开关的触头全部敞露在空气中，具有明显的断开点，由于隔离开关没有灭弧装置，因此不能用来切断负荷电流或短路电流，否则在高压作用下，断开点将产生强烈电弧，并很难自行熄灭，甚至可能造成飞弧（相对地或相间短路），烧损设备，危及人身安全，这就是所谓"带负荷拉隔离开关"的严重事故。

（二）隔离开关的基本工作原理

隔离开关完成接通或断开的动作过程如下：由操动机构（电动或手动）发出机械力、通过传动轴（或传动杆）带动齿轮扭转（或传动杆位移），最终完成触头接通或断开。

如图 GYSD00902001-2 所示，通过传动轴带动伞形齿轮扭转，伞形齿轮带动支持绝缘子转动 90°，从而达到隔离开关触头断开的目的。

根据隔离开关类型不同采用的传动方式也有所不同。例如，剪刀式隔离开关即采用传动杆件位移的方式，达到隔离开关触头断开或接通的目的。

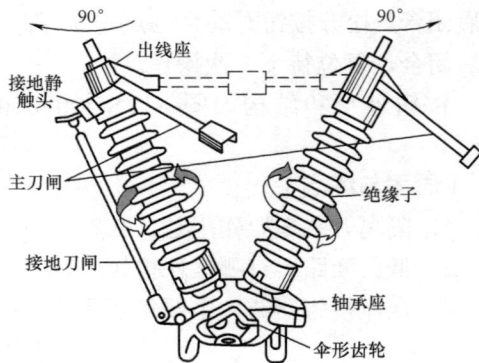

图 GYSD00902001-2　隔离开关动作原理示意图

（三）隔离开关的类型与结构

1. 隔离开关的类型

隔离开关可按下列原则进行分类：

（1）按绝缘支柱的数目可分为单柱式、双柱式和三柱式三种。

（2）按闸刀的运行方式可分为水平旋转式、垂直旋转式、摆动式和插入式四种。

（3）按装设地点可分为户内式和户外式两种。

（4）按有无接地刀闸可分为有接地刀闸和无接地刀闸两种。

（5）按隔离开关的极数可分为单极和三极隔离开关两种。

（6）按隔离开关配用的操动机构可分为手动、电动和气动操作等类型。

2. 隔离开关的结构

隔离开关的类型不同在结构上也各有所异，下面仅以双柱式为例作一简介。

图 GYSD00902001-3 所示为 GW4-220D 型双柱式隔离开关的一极，它由底座、棒型瓷柱和导电部分组成。每极有两个瓷柱，分别装在底座两端的轴承座上，并用交叉连杆连接可以水平转动。导电刀闸分成两段，分别固定在两个瓷柱顶端的活动接线端上。触头接触的地方是在两个瓷柱之间的正中位置。在指形触头上装有防护罩，用以防雨、冰雪及灰尘。其触头结构如图 GYSD00902001-4 所示。

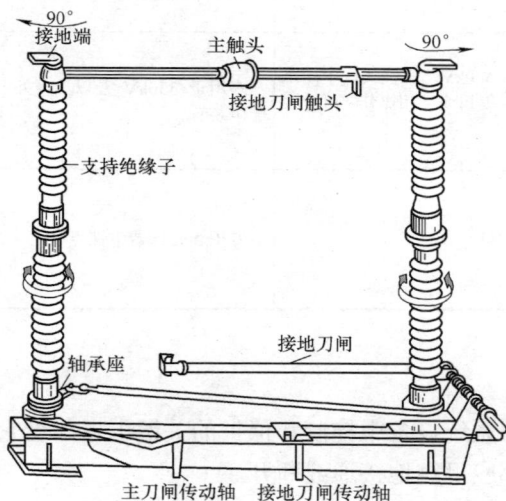

图 GYSD00902001-3　GW4 型双柱式隔离开关

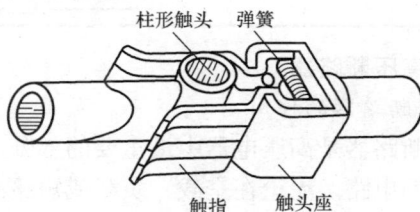

图 GYSD00902001-4　GW4 型隔离开关的触头结构

双柱式隔离开关是由操作轴通过连杆传动机构带动两侧的棒式瓷柱沿相反方向各回转 90°，使刀闸在水平面上转动，来实现分、合闸操作的。图示的刀闸在合闸位置。每极底座的两端，可各装一把接地刀。在主刀闸分开后，利用接地刀将出线侧接地，以保证检修工作的安全。图示的接地刀处于分闸位置。

活动出线座的作用是为了避免操作时引起母线摆动。为此，要求接线端能与瓷柱相对转动。活动出线座可满足这一要求。

户外高压隔离开关的基本结构和特点、适用范围见表 GYSD00902001-1。

表 GYSD00902001-1　　　　　　户外高压隔离开关分类表

	型　式	简　图	特　点	适　用　范　围
户外	GW1、GW3		单极，10kV 绝缘钩棒操作或手动操作	发电厂变电站（目前已较少采用）
	GW2		三相操作，仿苏产品，110kV 及以上，刀闸可以旋转	发电厂变电站（目前已较少采用）

续表

型　式		简　图	特　点	适　用　范　围
户外	GW4	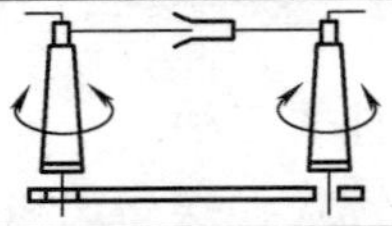	220kV 及以下，系列较全，双柱式，可高型布置，质量较轻，可手动、电动操作	220kV 及以下各型配电装置常用
	GW5		35～110kV，V 形，水平转动，可正装、斜装	常用于高型、硬母线布置及屋内配电装置
	GW6	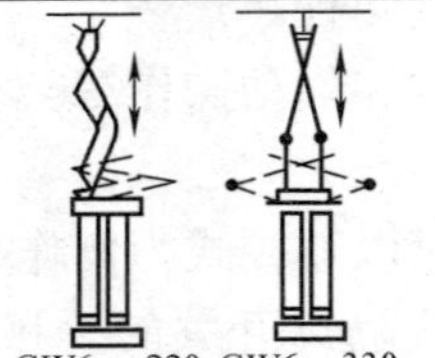 GW6—220 偏折　GW6—330 对称折	220～500kV，单柱钳夹，可分相布置，220kV 为偏折，330kV 为对折	多用于硬母线布置或作为母线隔离开关
	GW7	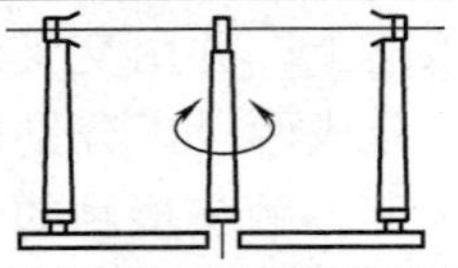	220～500kV，三柱式，中间水平转动，单相或三相操作，可分相布置	多用于 330kV 及以上屋外中型配电装置
	GW8	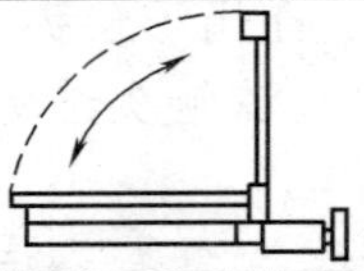	53～110kV	专用于变压器中性点

二、高压断路器

（一）断路器的作用

高压断路器是高压电器中最重要的部分，是一次电力系统设备中控制和保护的关键电器。受它控制和保护的电路，无论在空载、负载或短路故障状态，都应可靠地接通或断开。

总的来讲，高压断路器在电网中起两方面的作用：一是控制作用，即根据电网运行的需要，将部分电气设备或线路投入或退出运行；二是保护作用，即在电气设备或电力线路发生故障时，继电保护自动装置发出跳闸信号，启动断路器，将故障部分设备或线路从电网中迅速切除，确保电网中无故障部分的正常运行。

（二）高压断路器的工作原理

要保证断路器可靠、快速地接通或断开电路，关键是断路器的通断元件。不论是哪一种类型的断路器，在断路器触头接通或分开时，触头间会出现电弧，所以，快速的熄灭电弧是至关重要的。

1. 电弧的形成与熄灭

（1）电弧的形成。电弧的形成实际上是一个连续的过程。最初，由阴极借强电场和热电子发射提供起始自由电子，然后，由碰撞游离而导致介质击穿，产生电弧，最后靠热游离来维持。

（2）电弧中的去游离。在电弧中，介质因游离而产生大量带电粒子的同时，还发生带电粒子消失的相反过程，称为去游离。如果带电粒子消失的速度比产生的速度快，电弧电流将减小而使电弧熄灭。带电粒子的消失是由复合和扩散两种物理现象造成的。

（3）电弧的熄灭。根据电弧的伏安特性分析可以得出如下结论：熄灭直流电弧的条件是，必须使电弧电压大于电源电压与电路的负载电阻电压降之差。

在交流电弧中电流每半个周期要过零一次，此时电弧暂时熄灭。如果在电流过零时采取有效措施，使弧隙介质的绝缘能力达到不会被弧隙外加电压击穿的程度，则电弧就不会重燃，而是最终熄灭。

2. 熄灭电弧的方法

现代开关电器中广泛采用的灭弧方法，归纳起来有以下几种。

（1）吹弧。利用气体或油吹动电弧，既能起到对流散热，强烈冷却弧隙的作用，也能部分取代原弧隙中游离气体或高温气体。在断路器中常制成各种形式的灭弧室，使气体或液体产生较高的压力，有力地吹向电弧，将电弧熄灭。如图 GYSD00902001-5 所示。

（2）采用多断口熄弧。采用双断口是把电弧分割成两个小弧段。如图 GYSD00902001-6 所示，在相等的触头行程下，双断口比单断口的电弧拉长了，从而增大弧隙电阻，同时也增大介质强度的恢复速率，因此灭弧性能更好。

采用多断口结构后，每个断口在开断时电压分布不均匀，可用断口并联电容的方法解决。

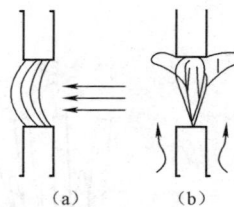

图 GYSD00902001-5　吹弧方式图

（a）横吹；（b）纵吹

（3）断口加装并联电阻。断口上加装并联电阻的示意图，如图 GYSD00902001-7 所示。在断路器主触头 D1 上并联电阻 R，在主触头断开过程中起分流作用，R 值越小，分流作用越大，对主触头的灭弧也就越有利。

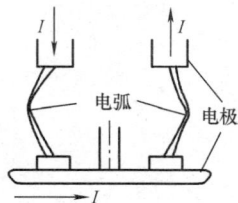

图 GYSD00902001-6　双断口熄弧

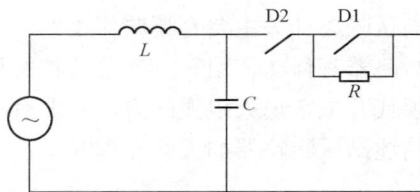

图 GYSD00902001-7　断口加装并联电阻

（4）将电弧引入金属栅片中。如图 GYSD00902001-8 所示，利用电弧电流产生的磁场与铁磁物质间产生的相互作用力，把电弧吸引到栅片内，将长弧分割成一串短弧。如前所述，电弧将迅速熄灭。

3. 高压断路器的灭弧原理

高压断路器要开断 1500V，电流为 1500～2000A 的电弧，这些电弧可拉长至 2m 仍然继续燃烧不熄灭。故灭弧是高压断路器必须解决的问题。

高压断路器吹弧熄弧的原理主要是冷却电弧减弱热游离，另一方面通过吹弧拉长电弧加强带电粒子的复合和扩散，同时把弧隙中的带电粒子吹散，迅速恢复介质的绝缘强度。不同类型的高压断路器有不同的吹弧熄弧介质。

（三）高压断路器的类型与基本结构

1. 高压断路器的类型

根据断路器装置地点，可分为户内和户外用两种。

根据断路器使用的灭弧介质，可分为以下几种类型：

（1）油断路器。油断路器以绝缘油为灭弧介质，可分为多油断路器和少油断路器。

（2）空气断路器。空气断路器以压缩空气作为灭弧介质。

（3）六氟化硫（SF_6）断路器。以 SF_6 为灭弧介质，SF_6 断路器采用具有优良灭弧能力和绝缘能力的 SF_6 气体作为灭弧介质。

（4）真空断路器。真空断路器在高度真空中灭弧。

此外，还有磁吹断路器和自产气断路器，它们具有防火防爆、使用方便等优点。但是一般额定电压不高，开断能力不大，主要用作配电用断路器。

2. 高压断路器基本结构

高压断路器的类型虽然很多，结构也不尽相同，就其基本结构来讲，可由以下五个部分组成：通断元件、中间传动机构、操动机构、绝缘支撑件和基座，如图 GYSD00902001-9 所示。

通断元件是断路器的核心部分，主电路的接通或断开由它来完成。主电路的通断，由操动机构接到操作命令后，经中间传动机构传送到通断元件，通断元件执行命令，使主电路接通或断开。通断元件中包括有触头、导电部分、灭弧介质和灭弧室等，一般安放在绝缘支撑元件上，使带电部分与地绝缘，而绝缘支撑元件则安装在基座上，这些基本组成部分的具体结构随着断路器类型不同而不同。

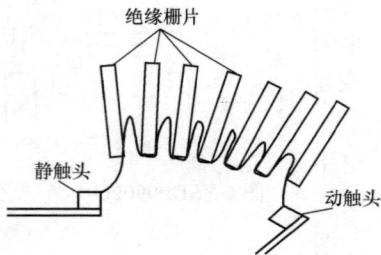

图 GYSD00902001-8 电弧引入金属栅片

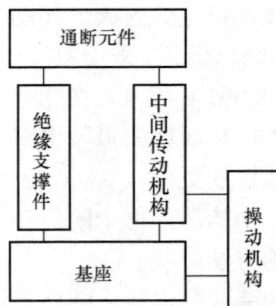

图 GYSD00902001-9 高压断路器基本组成示意图

【思考与练习】

1．高压隔离开关主要有哪些作用？

2．断路器有什么作用？主要分几种类型？

3．现代开关中熄灭电弧的方法主要有哪几种？

4．简述高压断路器的灭弧原理？

模块 2 互感器的结构、工作原理及其各种接线方式
（GYSD00902002）

【模块描述】本模块包含互感器的结构、工作原理及其各种接线的内容。通过结构介绍、原理分析、图形举例能够熟悉电流和电压互感器结构、工作原理及其各种接线。

【正文】

为了保证电力系统安全经济运行，必须有相应的保护装置并对电力设备的运行情况进行实时监视、测量。一般的测量和保护装置不能直接接入一次高压设备，需要将一次系统的高电压和大电流按比例变换成低电压和小电流，供给测量仪表和保护装置使用。最常见的执行这些变换任务的设备，就是我们通常所说的互感器。互感器一般分为电流互感器（CT 或 TA）和电压互感器（PT 或 TV）。

一、互感器的作用

互感器的主要作用是将电路中大电流变为小电流、将高电压变为低电压，使其作为测量表和继电器的交流电源。

同时，互感器还具有以下重要作用：

（1）能使测量仪表和继电器等二次侧的设备与一次侧高压装置在电气方面隔离，以保证工作人员的安全。

（2）能实现测量仪表和继电器标准化和小型化。

（3）能够采用低压小截面控制电缆，实现远距离的测量和控制。

（4）当一次侧电路发生短路时，能够保护测量仪表和继电器的电流线圈免受大电流的损害。

另外，在低压系统中也广泛使用互感器，其主要目的是为了使用简单且经济的标准化仪表、继电器，并使配电屏接线简单。

二、电流互感器

（一）电流互感器的类型与结构

1．电流互感器的类型

电流互感器可分为以下几种类型：

（1）按装置地点可分为户内式和户外式。20kV 及以下大多制成户内式，35kV 及以上制成户外式。

（2）按安装方式可分为穿墙式、支持式和装入式。穿墙式装在墙壁或金属结构的孔中，可同时作

穿墙套管用；支持式则安装在平面或支柱上；装入式是套装在 35kV 及以上变压器或多油断路器油箱内的套管上，故也称为套管式。

（3）按绝缘可分为干式、浇注式、油浸式等。干式用绝缘胶浸渍，浇注式利用环氧树脂等作绝缘，油浸式多为户外用电流互感器。

（4）按一次侧绕组匝数可分为单匝式和多匝式。

2. 电流互感器的结构

为使电流互感器具有一定的准确度和规定的额定二次电流，除应有适当的铁芯外，对于一次侧电流较小的互感器，其一次侧绕组必须做成较多匝数；对于一次侧电流较大的互感器，其一次侧绕组必须做成较少匝数。因此，按一次侧绕组的匝数，电流互感器可分为单匝式和多匝式两种。其结构原理图如图 GYSD00902002-1 所示。

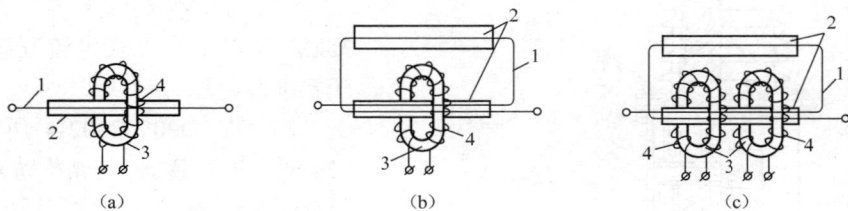

图 GYSD00902002-1　电流互感器的结构原理图

（a）单匝式；（b）多匝式；（c）具有两个铁芯的多匝式

1—一次绕组；2—绝缘；3—铁芯；4—二次绕组

多匝式电流互感器的一次侧绕组是多匝穿过铁芯，铁芯上绕有二次侧绕组，如图 GYSD00902002-1（b）、（c）所示。由于这种电流互感器的一次侧绕组匝数较多，所以即使额定一次电流很小也能获得较高的准确度。其缺点是，当过电压加于电流互感器，或当大的短路电流通过时，一次侧绕组的匝间可能承受很高的电压。

图 GYSD00902002-1（c）是有两个铁芯的多匝式电流互感器，每个铁芯都有单独的二次侧绕组，一次侧绕组为两个铁芯共用。两个铁芯中每个二次侧绕组的负荷变化时，一次侧电流并不改变，所以不会影响另一个铁芯的二次侧绕组工作。因此，多铁芯的电流互感器，各个铁芯可制成不同的准确度级，供不同要求的二次回路使用。

电流互感器的结构类型较多，以下仅介绍几种常见的电流互感器。

（1）10kV 户内电流互感器。10kV 户内电流互感器有瓷绝缘和浇注绝缘两种，并多制成穿墙式。

图 GYSD00902002-2 所示为瓷绝缘多匝式 LFC-10/100 型电流互感器外形（L—电流互感器；F—贯穿复匝式；C—瓷绝缘；10—额定电压 kV 数；100—一次额定电流安培数）。图 GYSD00902002-3 所示为瓷绝缘单匝式 LDC-10/1000 型电流互感器外形（D—贯穿单式）。

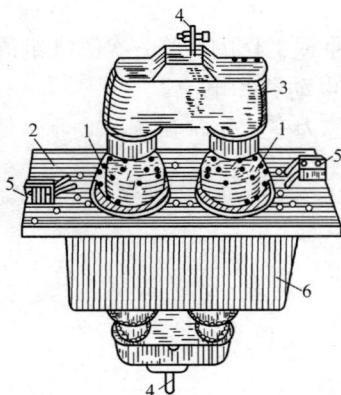

图 GYSD00902002-2　LFC-10/100 型电流互感器外形

1—瓷套管；2—法兰盘；3—铸铁接线盒；4—一次侧绕组接线端子；

5—二次侧绕组接线端子；6—封闭外壳

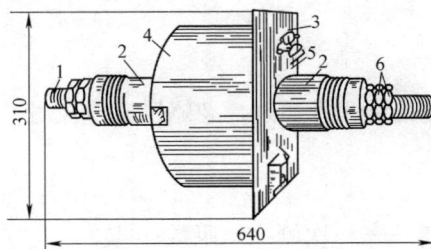

图 GYSD00902002-3　LDC-10/1000 型电流互感器外形

1—一次侧导电杆；2—瓷套管；3—法兰盘；

4—封闭外壳；5—二次侧接线端子；6—螺帽

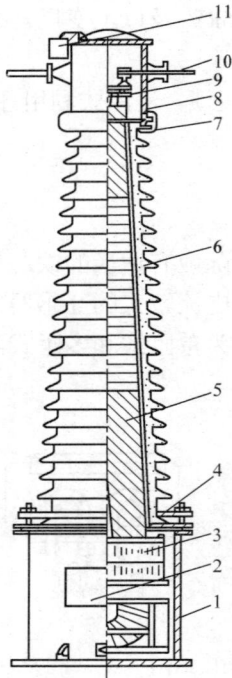

图 GYSD00902002-4　LCLWD3-220 型电流互感器

1—油箱；2—二次接线盒；3—环形铁芯及二次绕组；4—压圈式卡接装置；

5—U 字形一次侧绕组；6—套管；7—均压护罩；8—储油柜；

9—一次侧绕组换接装置；10——一次侧接绕组端子；11—呼吸器

瓷绝缘的电流互感器用瓷套管作为主绝缘，其一次绕组的导体穿过瓷套管，瓷套穿过绕有二次侧绕组的铁芯，铁芯装在封闭外壳中。这种电流互感器体积大、质量大、耗费材料多。目前我国 10kV 户内电流互感器多为浇注式，其主要特点是采用环氧树脂或不饱和树脂浇注绝缘，铁芯采用优质硅钢片，因此具有体积小、质量小、性能好、节省原材料等优点，故原来瓷绝缘的老产品已逐渐被浇注式所代替。

（2）35kV 及以上户外式电流互感器。35kV 及以上户外式电流互感器多为支持式瓷箱油浸绝缘。

图 GYSD00902002-4 所示为 LCLWD3-220 型电流互感器，其结构特点是一次侧绕组由扁铜线弯成 "U" 字形，主绝缘用多层电缆纸与很薄的铝箔每层交替间隔开制成电容型绝缘，全部包绕在 "U" 字形的一次侧绕组上。铝箔形成层间电容屏，内屏与一次侧绕组连接，外屏接地，构成一个同心圆柱形的电容器串。这样，如果电容屏各层的电容量相等，则沿主绝缘厚度各层的电压分布均匀，从而使绝缘得到充分利用，减小了绝缘的厚度。

一次侧绕组制成四组，可进行串、并联换接。在 "U" 字形一次侧绕组下部，两个腿上分别套上两个绕有二次侧绕组的环形铁芯，组成有四个准确度级的二次侧绕组，以满足测量和保护使用。

这种电流互感器采用了电容型绝缘结构，又称为电容绝缘电流互感器。目前，110kV 及以上的电流互感器广泛采用此种结构。

（二）电流互感器的工作原理

如图 GYSD00902002-5 所示为单相电压互感器和电流互感器工作原理电路图。

电流互感器（TA）的一次线圈串接于被测的一次电路中，二次线圈与测量仪表或继电器的电流线圈串联。二次侧额定电流为 5A 或 1A，一次侧线圈匝数 N_1 小于二次侧线圈匝数 N_2。因此，电流互感器的主要作用是将大电流变成小电流。

电流互感器的工作原理与普通变压器相似，是按电磁感应原理工作的。当一次侧绕组流过电流时，铁芯中产生交变磁通，此交变磁通在二次侧闭合回路中感应出电动势和电流。

电流互感器一次侧额定电流 I_{1e} 与二次侧额定电流 I_{2e} 之比称为变流比，用 K_{TA} 表示，则

$$K_{TA} = \frac{I_{1e}}{I_{2e}}$$

根据磁势平衡原理，忽略励磁电流时，可以认为

$$K_{TA} \approx \frac{N_2}{N_1} = K_N$$

式中　N_1——一次侧绕组匝数；

　　　N_2——二次侧绕组匝数；

　　　K_N——匝数比。

电流互感器运行时不允许二次侧绕组开路。这是因为在正常运行时，二次侧负荷产生的二次侧磁势 $\dot{I}_2 N_2$ 对一次侧磁势 $\dot{I}_1 N_1$ 有去磁作用，当二次侧开路时，二次侧电流 $I_2 = 0$，二次侧的去磁磁势也

为零，而一次侧磁势不变，全部用于励磁，因此二次侧绕组将感应出几千伏的电势 e_2，危及人身和设备安全，如图 GYSD00902002-6 所示。

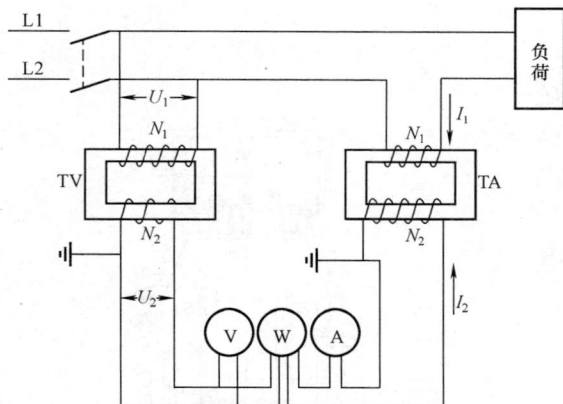

图 GYSD00902002-5　电压互感器和电流互感器的
工作原理电路图

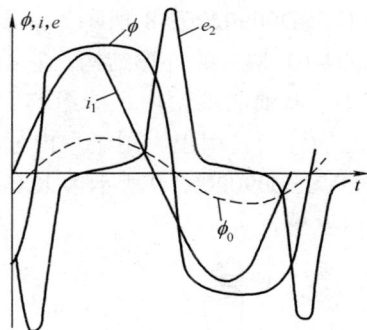

图 GYSD00902002-6　电流互感器二次侧开路时
磁通和电势波形

（三）电流互感器的接线方式

图 GYSD00902002-7 所示为常用的电气测量仪表接入电流互感器的电路图。图 GYSD00902002-7（a）所示的接线用于对称三相负荷，测量一相电流。图 GYSD00902002-7（b）为星形接线，可测量三相负荷电流，以监视负荷电流不对称情况。图 GYSD00902002-7（c）为不完全星形接线。在三相负荷平衡或不平衡的系统中，当只需取 U、W 两相电流时，例如三相二元件功率表或电度表，便可用不完全接线。流过公共导线上的电流为 U、W 两相电流的相量和，即 $\dot{I}_U + \dot{I}_W = -\dot{I}_V$。

电流互感器一、二次侧绕组端子上都标有符号，通常一次侧端子标 L1、L2，二次侧端子标为 K1、K2。

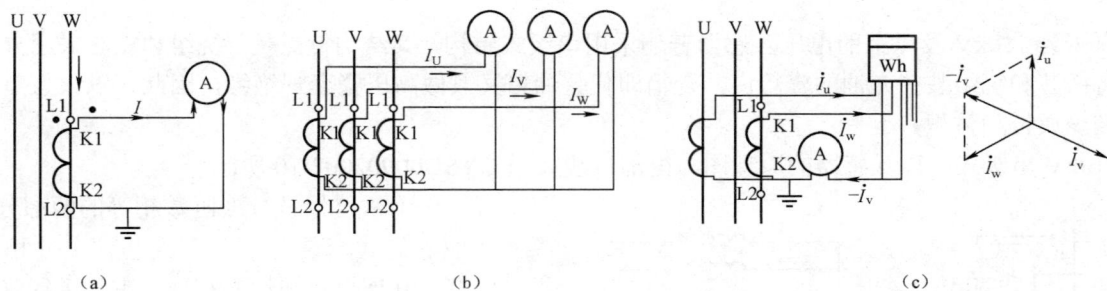

（a）　　　　　　　　　　（b）　　　　　　　　　　（c）

图 GYSD00902002-7　电流互感器与测量仪表电路图

（a）单相接线；（b）星形接线；（c）不完全星形

为了确保人员在接触测量仪表和继电器时的安全，电流互感器二次侧绕组必须接地。因为接地后，当一次侧和二次侧绕组间的绝缘损坏时，可以防止仪表和继电器出现高电压，危及人身安全。

三、电压互感器

（一）电压互感器的类型与结构

1. 电压互感器的类型

电压互感器可分为以下几种类型。

（1）按安装地点可分户内和户外式。35kV 及以下多制成户内式，35kV 以上则制成户外式。

（2）按相数可分单相和三相式。35kV 及以上不制造三相式。

（3）按线圈数目可分双绕组和三绕组电压互感器。三绕组电压互感器除一次绕组和基本二次绕组外，还有一组辅助二次绕组，供接地保护用。

（4）按绝缘可分干式、浇注式、油浸式和充气式。干式（浸绝缘胶）电压互感器结构简单、无着火和爆炸危险，但绝缘强度相对偏低。浇注式电压互感器结构紧凑，维护方便，适用于 3～35kV 户内配电装置；油浸式电压互感器绝缘性能好，可用于 10kV 以上的户外配电装置；充气式电压互感器用于 SF$_6$ 全封闭电器中。

此外还有电容式电压互感器。

2. 电压互感器的结构

图 GYSD00902002-8 所示为油浸式单相电压互感器（JDJ-10 型）的外形结构。它的铁芯和绕组浸在充有变压器油的油箱内，绕组的引出线通过固定在箱盖上的瓷套管引出。用于户内配电装置。

图 GYSD00902002-9 所示为 JCC1-110 型单相串级式电压互感器。

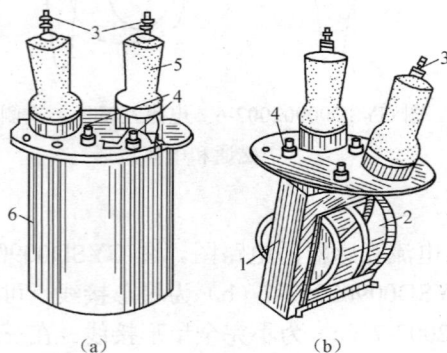

图 GYSD00902002-8 JDJ-10 型油浸自冷式单相电压互感器

(a) 外形图；(b) 线圈结构

1—铁芯；2—原绕组；3—一次绕组引出端；4—二次绕组引出端；

5—套管绝缘子；6—外壳

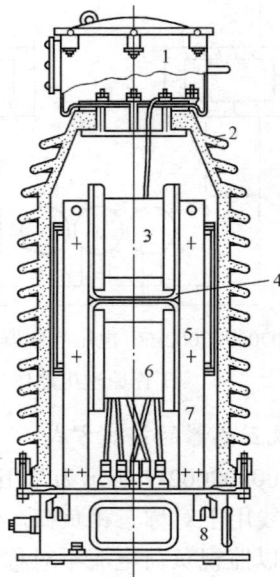

图 GYSD00902002-9 JCC1-110 型串级式电压互感器

1—储油箱；2—瓷箱；3—上柱绕组；4—隔板；5—铁芯；

6—下柱绕组；7—支撑绝缘板；8—底座

电压为 110kV 及以上的电压互感器普遍采用串级式结构，其结构特点是，绕组和铁芯采用分级绝缘，将铁芯和绕组装在充油的瓷箱内，瓷箱即代替油箱又兼做高压瓷套管绝缘，因此可以大大节省材料以减少质量和体积。

110kV 串级式电压互感器的原理图与内部接线如图 GYSD00902002-10 所示。

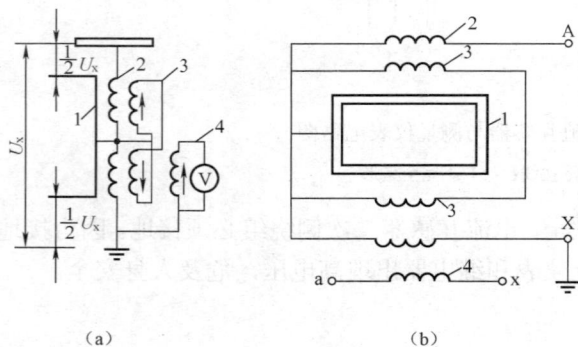

图 GYSD00902002-10 110kV 串级式电压互感器的内部接线图

(a) 原理图；(b) 线圈结构示意图

1—铁芯；2—一次绕组；3—平衡绕组；4—二次绕组

一次绕组被分成匝数相等的两部分，绕成卷筒式套装在上、下铁芯柱上并相互串联，其连接点与铁芯相连。正常运行时，每柱上的绕组对铁芯的电位差是 $1/2U_x$，铁芯对地的电位差也是 $1/2U_x$。铁芯对地绝缘由绝缘支撑板来实现。

两个二次绕组，即基本二次绕组 ax 和辅助二次绕组 a′x′ 套装在下铁芯柱的一次绕组的外面。

平衡绕组由匝数相等的两部分构成，分别绕在上、下铁芯柱上，如绕组绕向相同时，应作反向连接，其连接点与铁芯相连。平衡绕组紧靠铁芯柱，即在最里层。

平衡绕组的作用是使上、下铁芯柱的安匝数分别平衡，从而达到减少漏磁（漏抗）的目的。其原理如下：假如没有平衡绕组，当二次绕组与测量仪表接通时，流过二次绕组中的电流将产生去磁磁通，由于二次绕组只是套装在下铁芯柱上，因漏磁不同，使上、下铁芯柱内的总磁通不一样使上、下铁芯柱内的总磁通不一样从而使上、下铁芯柱上的绕组中的感应电势也不相等，电压分布不均匀，使准确度降低。加上铁芯柱增磁使上、下铁芯柱内的磁通大致相等，从而使线圈的电压分布均匀，提高了测量的准确度。

110kV 及以上的电压互感器，常采用两个或三个铁芯的串级式结构，此时，两个铁芯的相邻两柱上设有耦合线圈，其作用和平衡线圈相似。

（二）电压互感器的工作原理

电压互感器的工作原理、构造和连接方法都与电力变压器相似。电磁式电压互感器的原理接线图可参见图 GYSD00902002-5。

电压互感器（TV）是一种特殊的变压器，它的一次绕组与被测的一次电路并联，二次绕组与测量仪表和继电器的电压绕组并联。二次绕组的额定电压为 100V 或 100/$\sqrt{3}$ V，所以一次绕组匝数 N_1 大于二次侧绕组匝数 N_2，主要的作用是将高电压变成低电压。

互感器二次侧负荷 Z_2 主要是仪表、继电器等的电压绕组，其阻抗很大，通过的电流很小，所以电压互感器是在接近于空载状态下工作，二次电压 U_2 接近于二次电势值，并随一次侧电压 U_1 而变化。因此，通过测量二次侧电压 U_2 可以反映一次侧电压 U_1 的值。

电压互感器的一、二次绕组的额定电压之比，称为电压互感器的额定变比 K_{TV}，表达式为

$$K_{TV} = \frac{U_1}{U_2} \approx \frac{N_1}{N_2}$$

电压互感器在运行中，二次侧不能短路。因为电压互感器在正常工作时二次电压有 100V。短路后在二次电路中会产生很大的短路电流，使电流互感器的绕组烧毁。

（三）电压互感器的接线方式

电压互感器有各种不同的接线方式，最常见的有如下几种接线，如图 GYSD00902002-11 所示。

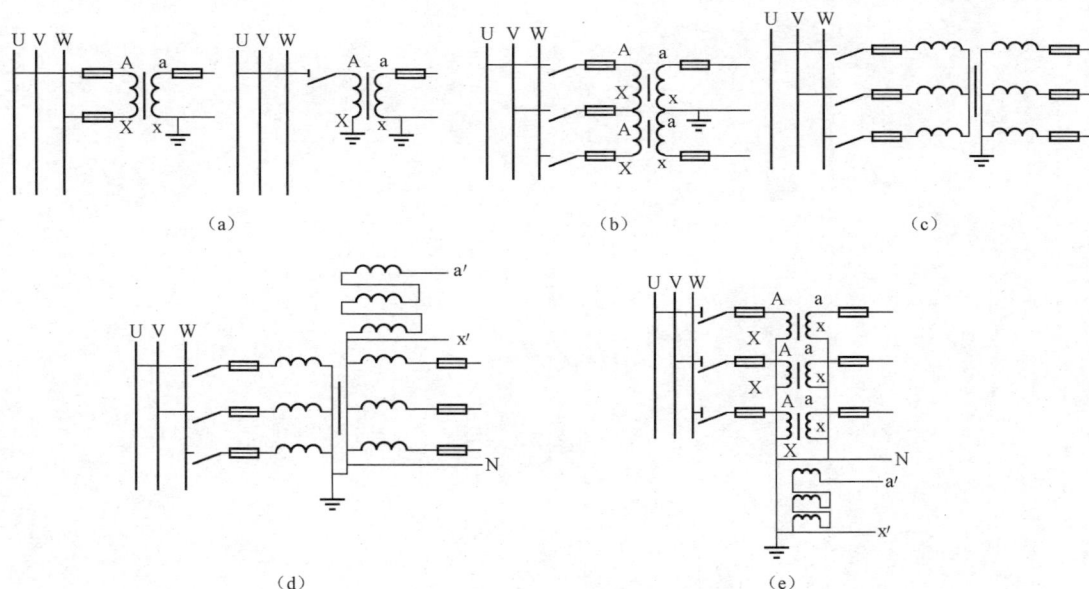

图 GYSD00902002-11　电压互感器的接线方式

（a）单相电压互感器接线；（b）Vv 接线；（c）Yyn 接线；（d）三相五柱式电压互感器接线；（e）三台单相三绕组电压互感器接线

图 GYSD00902002-11（a）所示为一台单相电压互感器的接线，可测量某一相间电压或相对地电压。（b）为用两台单相电压互感器接成的 Vv 接线，它能测量相间电压，但不能测量相电压。（c）为用一台三相三柱式电压互感器接成的 Yyn 接线，它只能测量相间电压。（d）为用一台三相五柱式电压互感器接成 Yn/Yn/△形的接线，即将一次绕组、基本二次绕组接成星形，且中性点均接地，三个辅助二次绕组接成开口三角形，供接地保护装置和接地信号（绝缘监察）继电器用。（e）为用三台单相三绕组电压互感器构成的如图 GYSD00902002-11（d）的接线方式，广泛用于 35～330kV 电网中，基本二次绕组可供测量线电压和相对地电压；三个辅助二次绕组接成开口三角形，可供单相接地保护用。

电压互感器二次绕组必须有一点接地。当一次和二次绕组间的绝缘损坏时，可以防止仪表和继电器出现高电压危及人身安全。

【思考与练习】

1．电压互感器、电流互感器有什么作用？一、二次侧如何接入？

2．运行中电流互感器的二次侧为什么不允许开路？

3．运行中的互感器二次侧为什么必须接地？

第十九章　电　工　测　量

模块 1　常用电工测量（GYSD00903001）

【模块描述】本模块包含电工测量的基本原理及方法。通过知识讲解、原理分析、操作流程介绍，熟悉测量原理，掌握测量方法。

【正文】

各种电量或磁量的测量统称为电工测量，即将被测的电量或磁量，跟作为测量单位的同类标准电量或磁量进行比较，从而确定这个被测量的大小的过程。电工测量主要包括电流、电压、功率和电能的测量，电阻、电感、电容和阻抗的测量以及相位、功率因数和频率的测量。

本模块仅介绍电流、电压的常用测量方法以及部分常用的电流、电压、电阻测试仪。

一、电工测量仪表的基本知识

电工测量仪表是用来测量各种电量数值（电流、电压、功率、电阻等）的表计，它可以直接将被测的电量转换为可动部分的偏转角位移，通过指示器在标尺上指示出被测量值。

1. 仪表的分类

按作用原理可分为：磁电式、电磁式、电动式、感应式、整流式和电子式等。

按测量对象不同可分为：电流表、电压表、功率表、电能表、绝缘电阻表、相位表、频率表、万用表、电桥等。

按测量电路的电流种类不同可分为：直流电表、交流电表和交直流两用表。

按使用方法可分为：板式（固定）仪表、便携式仪表。

2. 仪表的级别

仪表的级别是按仪表准确度的高低来划分等级的。根据国家标准规定，仪表准确度等级，是用仪表在正常工作条件下的最大引用误差的百分数来表示。一般可以分为 0.1、0.2、0.5、1.0、1.5、2.5 和 5.0 七个级别。

二、电流、电压的测量

测量直流电流通常采用磁电式电流表，测量交流电流主要采用电磁式电流表。电流表必须与被测电路串联，否则将会烧毁电表。此外，测量直流电流时还要注意仪表的极性。

测量直流电压通常采用磁电式电压表，测量交流电压主要采用电磁式电压表。电压表必须与被测电路并联，否则将会烧毁电表。此外，测量直流电压时还要注意仪表的极性。

（一）直流电流、电压的测量方法

1. 直流电流的测量

（1）接线原则。

1）电流表应与该负载元件（或电源）串联，或者说电流表应串接在被测电流回路中。

2）要使电流表的正（+）、负（−）极端钮与被测的直流电流的实际方向一致，如图 GYSD00903001-1 所示。

（2）直流电流表的选择。首先，必须粗略估计电路中电流的大小，以便选择适当的电流表的量程。量程选得太大，测量结果误差大，量程比测量电流小，则会损坏电流表。仪表的量程一般为被测电流的 1.5～1.8 倍较好。当被测电流大小范围不清时，为防止损坏仪表，应先选择最大量程，

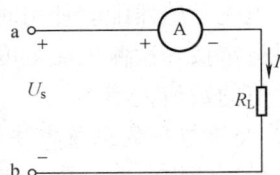

图 GYSD00903001-1　直流电流表串联接入的接线方法

经测试后，再逐渐减小量程。

2. 直流电压的测量

（1）接线原则。

1）电压表应与该负载元件（或电源）并联。

2）直流电压表的正（+）极端钮应与负载元件（或电源）的高电位端相接；负（-）极端钮接低电位端。如图 GYSD00903001-2 所示。

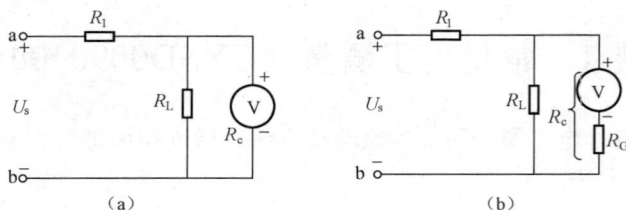

图 GYSD00903001-2　直流电压表的接线方法

（a）直接并接；（b）带外附附加电阻的接线

（2）直流电压表的选择。首先，必须粗略估计电路中电流的大小，以便选择适当的量程。量程选得太大，测量结果误差大，量程过小，则会损坏电压表。仪表的量程一般为被测电流的 1.5～1.8 倍较好。当被测电压范围不清时，为防止损坏仪表，应先选择最大量程，经测试后，再逐渐减小量程。

（二）交流电流、电压的测量方法

利用电磁式测量机构可以制成电流表和电压表，用于直流、正弦交流和非正弦交流电路中的电流和电压的测量。电流的测量范围为 10^{-3}～10^2A 数量级，电压的测量范围通常为 1～10^3V 数量级。

1. 交流电流的测量方法

（1）低压电路中的电流测量：在低压电路中，可根据适当的量程，将电流表直接串联在被测电路中，而不必考虑其极性。其接线方法、量程选择原则等均与直流电流的测量基本相同，接线如图 GYSD00903001-3（a）所示。

（2）高压电路或大电流的测量测量：高电压电路中的电流或被测电流超过电流表的量程时，应与电流互感器配合使用。其接线方法如图 GYSD00903001-3（b）所示。接线时，电流互感器的一次侧和被测电流回路串联。二次侧两端接电流表。一次侧两端钮标有 L1、L2，二次侧两端钮标有 K1、K2。其中 L1 和 K1、L2 和 K2 为同名端，应按图 GYSD00903001-3（b）所示接线，不可接错。

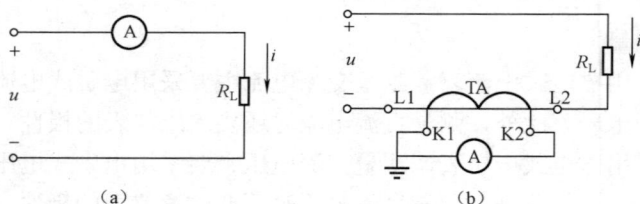

图 GYSD00903001-3　电流表测量交流电流时的接线图

（a）直接串联；（b）利用电流互感器串联接入

与电流互感器配套使用时，由于电流表的量程和电流互感器二次侧的额定电流都是 5A，所以电流表标尺也常按一次侧电流刻度，而将电流互感器的变流比注明在标度盘上。然后可以直接读出被测电流有效值的数值大小。

2. 交流电压的测量方法

测量交流电压时，电压表也必须与被测负载（或电源）两端并联。所不同的是电磁式电压表接线时不必考虑极性。

（1）低电压的测量：电压较低或被测电压未超过电压表的量程时，将电压表直接并联在被测电路的两端即可，如图 GYSD00903001-4（a）所示。

（2）高电压的测量：当交流电压超过 600V 时，应与电压互感器配合进行测量。利用电压互感器，将高电压变换为低电压 100V，以供测量使用，其接线如图 GYSD00903001-4（b）所示。

接线时，电压互感器的一次侧两端钮标有 A、X，二次侧两端钮标有 a、x 以表明它们的极性，其中 A 与 a，X 与 x 是同极性端，不可接错。

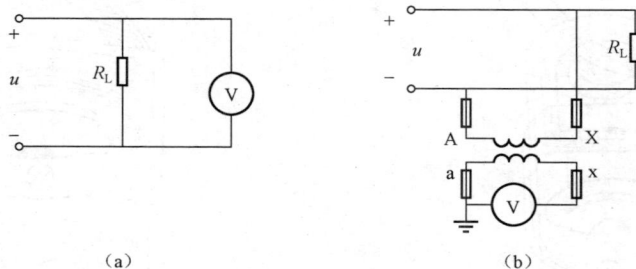

图 GYSD00903001-4　交流电压的测量

（a）电压表直接并接；（b）电压表经电压互感器并接

三、钳形电流表

用电流表测量电路电流时，必须将被测电流电路切断，然后将电流表或电流互感器的一次绕组串接到被切断的电路中去。而钳形电流表则是一种不需切断电路便能测量电路电流的仪表，它是一种特殊的电流表。如图 GYSD00903001-5 所示。

（一）钳形电流表的使用方法

测量前，应将转换开关置于合适的量程。若被测电流大小预先无法估计，则先应将转换开关置于最高挡进行测试，然后根据被测电流的大小，变换到合适的量程。必须注意：在测量过程中不能切换量程，变换量程时要将钳形电流表从被测电路中移去，以免损坏钳形电流表。

（二）钳形电流表的使用时注意事项

（1）进行测量时，被测导线应放在钳口中央，以减小误差。

（2）注意保持固定和活动铁芯钳口两个结合面衔合良好，测量时如有杂音，可将钳口重新开合一次。钳口若有污垢可用汽油擦净。

（3）测量小于 5A 的电流时，为了获得较准确的测量值，在条件允许的情况下，可将被测导线多绕几圈，再放进钳口进行测量。这时实际的被测电流数值等于仪表的读数除以放进钳口内的导线根数。

（4）不能用钳形电流表测量裸导线中的电流，以防触电和短路。

（5）通常不可用钳形电流表测量高压电路中的电流，以免发生事故。

（6）对于交流电流、电压两用表，测电压时，应将表笔连线插入专用的电压插孔中。然后用两表笔按测量电压的方法进行测量。

（7）测量时，只能嵌入一根导线。单相电路中。如果同时卡进相线和中线，则因两根导线中的电流相等，方向相反，使电流表的读数为零。三相对称电路中，同时卡进两相相线，与卡进一相相线的电流读数相同；同时卡进三相相线的读数为零。三相不对称电路中，也只能一相一相地测量，不能同时卡两相或三相相线。

（8）交直流两用钳形电流表要区别使用。

（9）测量完毕一定要把仪表的量程开关置于最大量程位置上，以防下次使用时，因疏忽大意未选择量程就进行测量，而造成仪表的损坏。

四、万用表

万用表的特点是量限多、用途广。一般的万用表可以用来测量直流电流、直流电压、交流电压、电阻和音频电平等。有些万用表还可以用来测量交流电流、电感量和电容量等。万用表外形如 GYSD00903001-6 所示。

（一）万用表功能介绍

（1）直流电流的测量。转换开关置于直流电流挡，被测电流从+、−两端接入，通过改变转换开关的挡位来改变分流器电阻，从而达到改变电流量程的目的。

（2）直流电压的测量。转换开关置于直流电压挡，被测电压接在+、−两端，通过改变转换开关的挡位来改变倍压器电阻，从而达到改变电压量程的目的。

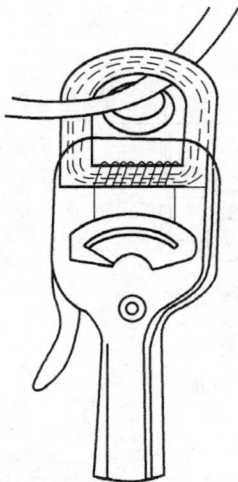

图 GYSD00903001-5　钳形电流表外形图　　　　图 GYSD00903001-6　万用表外形图

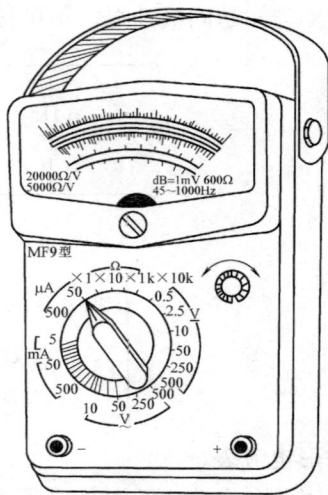

（3）交流电压的测量。转换开关置于交流电压挡，被测交流电压接在+、−两端，测量交流时必须加整流器，二极管 D1 和 D1 组成半波整流电路，表盘刻度反映的是交流电压的有效值。

（4）电阻的测量。转换开关置于电阻挡，被测电阻接在+、−两端，电阻自身不带电源，因此接入电池电阻的刻度与电流、电压的刻度方向相反，且标度尺的分度是不均匀的。

（二）万用表的正确使用

为了正确地使用万用表，必须特别注意下述几点：

1. 插孔（或接线柱）选择

在进行测量以前，首先检查测试棒应接在什么位置。红色测试棒的连线应接到红色接线柱上或标有"+"号的插孔内，黑色测试棒的连线应接到黑色接线柱上或标有"−"的插孔内。在测直流时，如果不知道被测部分的极性，则可以先将转换开关置于直流电压最大量限挡，然后将一测试棒接于被测部分的任何一极上，再将另一测试棒在另一极上轻轻地一触，立即拿开，观察指针的偏向。若指针往正方向偏转，红色测试棒接触的为正极，另一极为负极；若指针往反方向偏转，则红色测试棒接触的为负极，另一极为正极。

2. 种类选择

根据测量的对象，将转换开关旋所测量值的位置。例如，需要测量交流电压，则将转换开关旋至标有"$\overset{V}{\sim}$"的区间。

有的万用表面板上有两个旋钮，一个是种类选择旋钮，一个是量限变换旋钮。使用时，应先将种类选择旋钮旋至对应被测量的位置，然后再将量限变换旋钮旋至适当的量限。

3. 量限选择

最好使指针指示在满刻度的 1/2 或 2/3 以上，这样，测量结果较准确。如果不能预先知道被测量的大致范围，则在测量时应将转换开关旋至该区间最大量限挡进行测试，若读数太小，再逐步减小量限。

4. 正确读数

在万用表的标度盘上有很多条标度尺，它们分别在测量各种不同的被测对象时使用，因此在测量时要在相应的标度尺上去读数。例如，标有"DC"或"—"的标度尺为测量直流时用的；标有"AC"或"～"的标度尺是测量交流时用的；标有"Ω"的标度尺是测量电阻用的。

5. 欧姆挡的正确使用

（1）选择好适当的倍率挡。测量电阻时，指针越接近标尺几何中心点，读数越准确，因为两侧刻度极密，会产生很大读数误差。

（2）调零。在测量电阻之前，首先应当将两根试棒"短接"（即碰在一起），并同时旋动欧姆调零旋钮，使指针刚好指在"Ω"标度尺的零位上。如果经此调节，指针仍不能达到零位，则说明干电池的电压太低，需更换电池。

（3）严禁在被测电路带电的情况下测量其电阻，包括电池的内阻。

6．操作安全

（1）使用万用表时，手握测试棒，不要接触测试棒的金属部分，以保证安全和测量的准确度。

（2）仪表在测试较高电压和较大电流时，不能带电转动开关旋钮。

（3）测量直流电压叠加交流信号时，应考虑仪表的转换开关最高耐压值，如果交流信号是矩形波或脉冲，因电压幅度很大，会使转换开关印刷接线片间绝缘击穿。

（4）在使用完毕后，一般应该将转换开关旋至交流最高电压挡，以防止转换开关在欧姆挡时测试棒短接，并可以防止下一次测量时不注意看转换开关的位置而立即去测量电压，可能将万用表烧坏。

（三）数字万用表

1．数字万用表的组成

数字万用表是可以测量直流电压、直流电流、交流电压、交流电流及电阻等电量的多功能数字表。它是以测量直流电压为基础，再经过交流/直流（AC/DC）电压转换器、电流/直流电压转换器（I/V）、电阻/直流电压（Ω/V）转换器，把交流电压、电流和电阻转换成直流电压进行测量。

2．数字万用表的特点

（1）功能增加，可测量交流电压、直流电压、交流电流、直流电流、电阻、三极管 h_{FE}、电容等。

（2）精度高，可达 $\pm 0.5\% \sim \pm 1.0\%$（老式万用表为 $\pm 1.0\% \sim \pm 5.0\%$）。

（3）测量结果由数字直接显示。

（4）具有自动极性显示（直流量程）、溢出显示（最高位显示"1"）、自动调零等功能。

3．数字万用表的使用注意事项

（1）注意检查电池电压，如液晶显示屏左图边显示"LOBAT"或"BAT"，则表示电池电压过低，需更换新电池。无以上字符，可正常进行测量。

（2）测电压、电阻时，黑表笔插入 COM 孔，红表笔插入 V/Ω孔；测电流时，红表笔插入 A 孔。测三极管 h_{FE}、电容时，将三极管和电容分别插入相应插孔。

（3）量程开关分别置于 DCV（直流电压）、ACV（交流电压）、DCA（直流电流）、ACA（交流电流）、Ohm（电阻）、hFE（三极管 h_{FE}）、CAP（电容）量程。

（4）测较大容量的电容时，应先将其短路放电，方能插入测量插孔。

（5）不要随意拆装仪表。更换电池或保险丝管时，应在切断电源后进行。

五、绝缘电阻表

为了保证电气设备和供电线路安全可靠的运行，定期测量其绝缘电阻是十分必要的。绝缘电阻表就是专门测量电气设备和供电线路绝缘电阻的专用仪表，是最常用的绝缘电阻测试表。绝缘电阻表是由一台能产生高电压的手摇发电机和磁电式比率表构成的。

1．绝缘电阻表的选用

绝缘电阻表的选用，主要是选择绝缘电阻表的电压等级和测量范围。

绝缘电阻表的额定电压应根据被测电气设备的额定电压来选择。一般说来，额定电压为 500V 以下的设备，选用 500V 或 1000V 的绝缘电阻表；额定电压在 500V 以上的设备，则用 1000V 或 2500V 的绝缘电阻表。

此外，在选择绝缘电阻表时，还应注意它的测量范围和被测绝缘电阻的数值要相适应，以免引起过大的读数误差。

2．使用前的检查

使用前应检查绝缘电阻表是不是完好。为此，先将绝缘电阻表的端钮开路，摇动手柄达到发电机的额定转速，观察指针是否指"∞"；然后将"地"和"线"端钮短接，摇动手柄，观察指针是否指"0"。如果指针指示不对，则需调修后再使用。

3. 安全要求

为了保证安全，不可在设备带电的情况下测量其绝缘电阻。对具有电容的高压设备在停电后，还必须进行充分的放电，然后才可测量。用绝缘电阻表测量过的设备，也要及时加以放电。

4. 接线的方法

一般测量时，将被测电阻接在"线"（L）和"地"（E）之间即可，如图 GYSD00903001-7（a）所示。作通地测量时，将被测物的一端接绝缘电阻表的"L"端，而以良好的地线接于"E"端，如图 GYSD00903001-7（b）所示。同样，测电机绕组绝缘电阻时，将电机绕组接于绝缘电阻表的"L"端，机壳接于"E"端。端钮"屏"（G）是用来屏蔽表面电流的。例如，在测量电缆的绝缘电阻时，要测量的是电缆线芯和外皮之间绝缘电阻，即电缆内体积电流途径的电阻。但是，由于绝缘材料表面漏电流的存在，会使测量结果不准确，特别是在绝缘表面不干净以及湿度很大的场合，可能使测量结果受到严重地歪曲。为了排除表面电流的影响，在绝缘表面加一个金属的保护环，然后用导线将保护环和绝缘电阻表的端钮"屏"相连，如图 GYSD00903001-7（c）所示，这样表面电流将不再通过绝缘电阻表的测量机构，而直接和发电机构成回路，从而消除了它的影响。

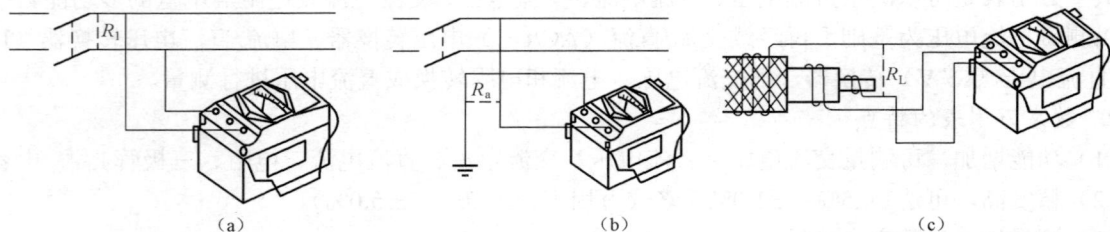

图 GYSD00903001-7　用绝缘电阻表测量绝缘电阻的正确接线法

（a）测量导线间绝缘电阻；（b）测量电路与地间的绝缘电阻；（c）测量电缆的绝缘电阻

此外，绝缘电阻表的"线"和"地"端钮都要通过绝缘良好的单独导线和被测设备相连。如果导线的绝缘不好，或者用双股线来连接时，都会影响测量的结果。

5. 手摇发电机的操作

在测量开始时，手柄的摇动应该慢些，以防止在被测绝缘损坏或有短路现象时损坏绝缘电阻表。在测量时，手柄的转速应尽量接近发电机的额定转速（约 120r/min），如果转速太慢，则发电机的电压过低，绝缘电阻表的转矩很小。这时，由于动圈导丝或多或少存在的残余力矩和可动部分的摩擦，将给测量结果带来额外的误差。

6. 拆线

测量完毕，须待绝缘电阻表停止转动和被测物放电后方可拆线，以免触电。如被测物电容量很大，必须先将"L"端拆离被试物，再停止绝缘电阻表的转动，以免电容器对绝缘电阻表放电而损坏绝缘电阻表，然后还必须对被试物充分放电。

最后还要注意，禁止在雷电时或在附近有高压带电导体的场合用绝缘电阻表测量，以防发生人身或设备事故。

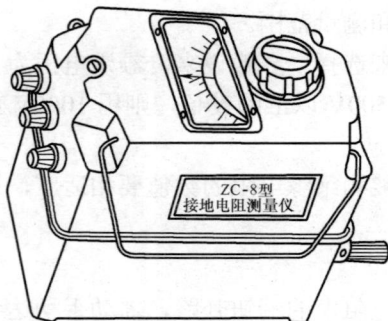

图 GYSD00903001-8　ZC-8 型接地电阻测量仪外形图

六、接地电阻测量仪

（一）接地电阻测量仪的结构

接地电阻测量仪是用于测量各种接地装置的接地电阻和土壤的电阻率的专用仪表，其外形如图 GYSD00903001-8 所示。接地电阻测量仪的型式很多，使用方法也有所不同，但基本结构原理是一样的。

接地电阻测量仪是由手摇发电机、电流互感器、滑线电阻及磁电式检流计等组成。各部件都装于铝合金铸造的携带式外壳内。此外，还有接地探测针及连接导线等附件。接地电阻测量仪的面板上有三个端钮 E、P、C；也有四个端钮的，即 C_1、P_1、C_2、P_2，三端钮式测量仪 P_2 和 C_2 已在内部短接，只引出一个 E 端。四个端钮的测量仪，还可用来测量土壤的电阻率。

（二）接地电阻测量仪的正确使用方法

1. 接地电阻测量

（1）如图 GYSD00903001-9 所示，测量前，首先将辅助射线电位探测针 P′和电流探测针 C′彼此相距 20m 分别插入地中，使 E′、P′、C′成一直线，P′插于 E′和 C′之间。若是测量线路杆塔浅表式风车形接地线时，P′探针应比杆塔接地线长 20m；C′探针应比杆塔接地线长 40m。这样才等同 2.5L 和 4L 布线方式测量法。

（2）用专用导线分别将 E′、P′和 C′接到仪表的相应接线柱 E、P 和 C 上。

（3）将仪表放置水平位置，检查检流计的指针是否指于中心线上，否则可用零位调整器将其调整指于中心线上。

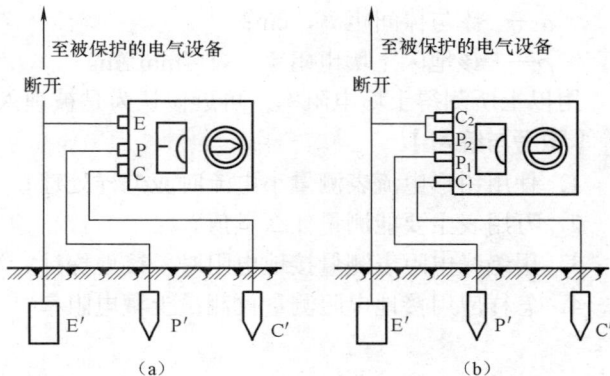

图 GYSD00903001-9　测量接地电阻的接线

（a）三个端钮；（b）四个端钮

（4）将"倍率标度"置于最大倍数，慢慢转动发电机摇把，同时旋动"测量标度盘"，使检流计的指针指于中心线上。

（5）当检流计的指针接近平衡时，加快发电机摇把的转速，使其达到 120r/min 以上，调整"测量标度盘"，使指针指于中心线上。

（6）如"测量标度盘"的读数小于 1 时，应将"倍率标度"置于较小的倍数，再重新调整"测量标度盘"使之得到正确读数。

（7）用"测量标度盘"的读数乘以倍率标度的倍数，即为所测得该接地装置的电阻值，按季节系数换算后，才是该接地装置工频接地电阻值，若小于设计值时，该电阻值符合要求。

2. 注意事项

（1）当测量接地装置的接地电阻时，应在拆开接地装置引下线，其测量应采用临时辅助接地线和接地探针。

（2）测量接地电阻时，应避免在雨雪天气测量，一般可在雨后三天进行测量。

（3）所测的接地电阻值尚应根据当时土壤干燥、潮湿情况乘以季节系数。

（4）当有雷云临近时，应停止检测杆塔接地电阻值。

3. 测量小阻值电阻的方法

在电动机检修、变压器改变分接开关时，一般要测量直流电阻，用万用表测量由于电阻较小，测量不准确。在没有精密仪器时可用接地电阻测量仪来测量小阻值电阻。

首先，将接地电阻测量仪上的接线端子 C_1 与 P_1、C_2 与 P_2 分别短接在一起（三个端钮的接地电阻测量仪只将 P、C 短接在一起），并分别引出一根线，引出的两根线分别接到待测电阻的电气元件上。然后摇动测试仪的手柄，同时旋转"测量标度盘"，待检流计指针稳定地指在中心红线上时，读取"测量标度盘"的指示值，再乘以倍率，即为测试电气元件的电阻值。

4. 土壤电阻率的测量

具有 4 个端钮（C_1、P_1、P_2、C_2）的接地电阻测量仪（0～1/10/100Ω）可用来测量土壤电阻率。

如图 GYSD00903001-10 所示，在被测区沿直线埋下 4 根接地棒，并使其彼此相距 a（cm）、接地棒的埋入深度不应超过 $a/20$。（a 可取整数，便于计算）。

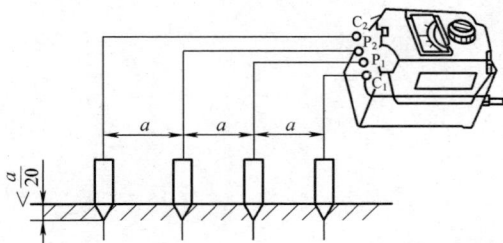

图 GYSD00903001-10　土壤电阻率测量图

打开 C_2 和 P_2 间的连接片，用 4 根导线将端钮 C_1、P_1、P_2、C_2 连到相应的接地棒上，其测量方法与接地电阻的测量方法相同。

所测的土壤电阻率计算如下

$$\rho = 2\pi aR$$

式中　R——接地电阻测量仪读数，Ω；

　　　a——棒与棒间距离，cm；

　　　ρ——该地区土壤电阻率，$\Omega \cdot mm^2/m$。

用以上所测得土壤电阻率，可近似认为是被埋入棒之间区域内的平均土壤电阻率。

【思考与练习】

1. 使用钳形电流表测量小电流时应怎样处理？

2. 万用表主要能测量什么量值？

3. 用绝缘电阻表测量接地电阻时，接地探针、端钮、接地体怎样连接？有什么要求？

4. 怎样应用接地电阻测量仪测量土壤电阻率？

第七部分

规程、规范及标准

第三十章 架空送电线路相关规程、规范

模块1 DL/T 741—2001《架空送电线路运行规程》（GYSD00401001）

【模块描述】本模块包含线路运行的基本要求、线路运行的标准、线路巡视等内容。通过概念描述、条文解释，能够掌握线路运行的基本要求、线路运行的标准、线路巡视方法，掌握特殊区段的运行要求以及线路检测、维修的项目和周期。

【正文】

DL/T741《架空送电线路运行规程》（以下简称《规程》）是输电线路运行检修工作人员的工作准则，既是对线路运行状况评价的标准，又是检测、维护和检修的标准依据。线路运行检修人员应认真学习、掌握《规程》，根据《规程》的有关标准和要求来判别线路的运行水准，分析线路存在的缺陷、发生故障的原因和制定、采取防范措施及检修质量的判断标准。

我国在 20 世纪 50 年代和 60 年代初陆续制定了一批国家和行业标准，《高压架空线路运行规程》于 1959 年由水利水电部颁发，指导全国输电线路运行检修单位工作。1972 年全国开始对各行各业进行整顿治理，水利水电部在（72）水电电字第 118 号《关于继续执行 15 种生产管理和运行规程的通知》中指出："两年多来，各地发供电单位都在逐步建立和健全规程制度并已做了很多工作。最近，在我部召开的企业管理座谈会期间，我们征求了与会各单位的意见，认为有些生产技术规程仍需由部作出统一规定。兹选择附表所列 15 种规程（电业安规、线路运行规程等），重申继续执行，并交由水利电力出版社重版，……"。水利水电部在稳定全国电力企业安全生产的同时，组织对该 15 种规程和其他相关规程如设计、验收、过电压保护绝缘配合、接地装置等规程进行修订，水利水电部于 1976 年组织起草了《电力线路防护规程》并颁发试行，对电力线路防护工作起到了一定的指导和提高作用。随着文革的结束，各行各业开始拨乱反正，电力工业部于 1979 年将经过多年修订后的报批稿以（79）电生字第 53 号颁发《架空送电线路运行规程》，1979 版《运规》有 7 个章节计 43 条和 1 个附录"发电厂、变电所和架空送电线路的电瓷绝缘污秽分级暂行规定"。水利电力部对 1976 版《电力线路防护规程》在运行 2 年多后又组织了修订，并以（79）水电规字第 6 号颁发《电力线路防护规程》，该规程有条文 14 条和 1 个附录。1987 年由国务院颁发了《电力设施保护条例》，该条例有 6 个章节计 35 条（保护条例颁发后架空线路防护规程废除）。这 1 个法规和 2 个部颁规程对不同时期输电线路的安全运行起到了积极有效的作用。

原 1979 年版《架空送电线路运行规程》颁布实施后（早期规程没有编号），原电力工业部于 1986 年组织华北电力集团公司负责成立修编组进行修订，1992 年中电联标准化中心以第 36 项计划任务将《运行规程》列入当年的制、修编计划，1993 年 3 月"修编组"提交了《运行规程》修订初稿，随后因修编组的大部分人员退休，运行规程的修订工作一度搁浅。几年后中电联标准化中心调整了《规程》修编组，于 1999 年 11 月重新成立了《架空送电线路运行规程》的修订小组。修编组将原修订初稿重新进行了修订补充，于 2000 年 6 月形成报批稿，国家经贸委以 DL/T 741－2001 标准号颁发执行，修订后的《运行规程》有 9 个章节计 43 条 16 款和 3 个附录。2007 年，全国架空线路标委会线路运行分委会根据《国家发改委办公厅关于印发 2007 年行业标准修订、制订计划的通知》（发改办工业［2007］1415 号）的安排，组织部分单位对 DL/T 741－2001 版进行了修订，以 DL/T 741－2010 标准号重新颁发执行，修订后的《运行规程》有 12 个章节计 74 条 84 款和 3 个附录，增加了术语和定义、保护区的维护和输电线路的环境保护 3 个章节，将原附录 B 线路环境的污秽分级改为绝缘子钢脚腐蚀判据；将原附录 C 各电压等级线路的最小空气间隙改为采动影响区分级标准与防灾措施。

一、范围

规程规定了架空送电线路运行工作的基本要求和技术标准，并对线路巡视、检测、维修、技术管理及线路保护区的维护和线路的环境保护提出了具体的技术要求；适用范围也进行了调整，原 2001 版为 35kV～500kV 架空送电线路，现改为 110（66）kV～750kV 架空输电线路，将原 35kV 交流线路归并和直流架空输电线路一起参照执行。

二、引用标准

规程引用了 12 个相关标准，比原 2001 版的 6 个标准增加了：带电作业技术导则、盘形劣化绝缘子检测规程、杆塔工频接地电阻测量、架空送电线路钢管杆设计技术规程和电力设施保护条例等标准、法规。

三、术语和定义

修订后的规程新增了本章节，将需要应用到的部分术语阐述了其定义，方便了运行单位的理解和管理上的规范性。

四、基本要求

《规程》对线路运行工作提出了基本要求，线路的运行工作必须贯彻安全第一、预防为主的方针，运行维护单位应全面做好线路的巡视、检测、维修和管理工作，应积极采用先进技术和实行科学管理，不断总结经验、积累资料、掌握规律，保证线路安全运行。

运行维护单位应经常分析线路运行情况，并根据本地区的特点、运行经验，制定出反事故措施，提高线路的安全运行水平。

本章节有 12 条技术要求，主要是针对线路运行的一些基本规定和有关技术要求。

4.1 条 明确了本标准虽为《送电线路运行规程》，但规程中含有 5 个方面的内容，如线路巡视、设备检查测量、设备维护工作、设备检修工作和技术管理工作。原因是我国一直以来没有线路专业的检修规程、预防性试验规程（DL/T 596 预防性试验规程有 76 页近 40 种设备，其中只有 1kV 以上线路、接地装置 2 项 3 页属输电线路检测内容）和其他检测规程。

4.2 条 规定了运行单位应参加新建线路的路径选择、设计审查、材料设备选型和招标等生产全过程管理，并根据本地环境特点、运行经验、防范事故措施等纳入到新建线路设计中去。如现实工程中，设计单位从未对线路外绝缘配置考虑有效泄漏比距、悬垂双联串 10%的污耐压降低弥补措施、尽量按相应电压等级复合绝缘子的结构高度设计绝缘子片数以及用足塔（窗）头空气间隙即突破原常规 7 片/串、13 片/串等设计理念，尽可能在规程规定的雷过电压空气间隙下，改变绝缘子串悬挂方式或在绝缘子串上安装金属招弧角等，以增加外绝缘泄漏比距；另外运行单位应向设计人员建议：尽量采用大盘径大爬距盘形玻璃绝缘子、山区良导体架空地线直线塔应采用提包式带护线条悬垂线夹、山区前后档距严重不均匀时应改为直线耐张以防覆冰倒塔、平地直线塔尽量采用悬垂串挂点处叉铁少的塔型，以防鸟类筑巢引发鸟害事故、采用高塔跨越树竹木区和高塔沿村镇边架设，以防运行后树竹木砍伐或农户平屋升高改建造成导线风偏校核不满足、尽量要求设计单位采用架空地线零或负保护角杆塔，以杜绝线路遭绕击雷跳闸事故等，总之力争新建线路的设备和通道符合输电线路按状态巡视、检修的标准，避免新建线路建成投运之日，运行单位即申请对线路某一部件进行技术改造之时。

4.3 条 是运行单位对新建线路竣工验收的要求，线路竣工验收项目多，运行单位无充足人员和长时间安排线路竣工验收，因此运行单位应在线路验收前制定关键和重要项目的验收单，如导、地线弧垂不允许有超标准的负误差、导线跳线引流板或并沟线夹的施工质量应采用扭矩扳手复核螺栓拧紧扭矩值、核查导、地线压接隐蔽工程的施工记录并上塔抽查部分耐张压接管尺寸与施工记录核对、采用扭矩扳手按比例核查杆塔螺栓紧固情况、全线杆塔接地电阻按规程要求的 0.618 法展放接地辅助射线检测杆塔工频接地电阻值并以季节系数换算后校核是否符合接地电阻设计值等。

4.4 条 要求运行单位的巡视和管理人员必须由有检修经验和专业知识较全面的人员组成，能分析线路运行情况和故障原因，提出并实施相应的反事故措施，以确保输电线路安全健康运行及线路可用率指标达到优良指标。

4.5 条 规定了运行单位开展按线路设备状态进行巡视和检修必须以科学有效的管理制度和手段（如

设备评价标准、缺陷程度判定规定等），开展状态巡视和检修不得擅自延长输电线路巡视、检修的周期。

4.6 条　规定了线路的维护界限，要求线路运行维护单位应与发电厂、变电所和相邻的运行管理单位必须有明确的分界点，不得出现空白点。但条文没有明确分界点划分的位置要求，现实工作中分界点的划分一般是：与发电厂、相邻的运行管理单位签订分界点协议，划分位置为某杆塔一侧最外端防振装置出去 1m 处；与变电所的分界点一般以围墙为界，由本单位生产技术部门下发线路、变电所职责范围分界规定执行。

4.8 条　规定了按国家有关电力设施保护条例等法律法规管理线路通道，建立健全线路沿线群众护线员组织，依靠当地政府进行防止线路外力破坏工作。

4.9 条　规定了外绝缘配置应在长期监测的基础上，结合运行经验，综合考虑防污、防雷、防风偏、防覆冰等因素，即要按常用绝缘子的特性配置外绝缘，但条文没有强调输电线路外绝缘配置必须考虑有效泄漏比距值满足或大于电网污秽分级标准的内容。

4.10 条　属新增条文，规定了易发外力破坏、鸟害和洪水冲刷段线路，应加强巡视并采取针对性技术措施。

4.11 条　规定了输电线路每基杆塔必须悬挂有线路双重命名、杆号、相位及有关安全警示内容的标示牌和安全警示、警告和宣传、保护内容的标示牌。同塔多回线路的塔身和每个横担上必须设置有醒目、清晰、明了的识别标记。

五、运行标准

5.1 条　规定了杆塔和基础的一些标准内容，规定了杆塔和基础若出现一些情况或缺陷，应进行处理的规定。同时增加了目前线路上运行的钢管杆倾斜、绕度、插入式钢管杆的插入尺寸和插入精度配合或法兰盘拼凑块数等规定要求。

5.2 条　规定了导、地线损伤修补、开断重接的标准，输电线路上运行的钢芯铝绞线有不同的钢铝截面比，即钢芯承受的计算破断力也是不同的，钢铝截面比越小，铝截面承受的张力越大，原规程只按铝截面损伤比例来判定修补还是开断重接是不全面的，对有的运行线路导线会减小安全系数。本次修改根据 GB 50233—2005《110～500kV 架空送电线路施工及验收规范》中规定钢芯铝绞线损伤按强度损失和铝截面受损百分比考核处理的规定和 DL/T 1069—2007《架空输电线路导地线补修导则》的方法，对钢芯铝绞线的铝截面受损超过 25%或导线（同一处）损伤范围导致强度损失超过 17%时，导线不必开断重接，可采用预绞式接续条、加长型补修管等修补，极大地方便了运行线路缺陷处理，减少了缺陷处理工作量，提高了输电线路的可用率。同时将原 4.6 条导地线弧垂运行标准，归并到本条文一起。

5.3 条　规定了绝缘子受损处理的标准，增加了复合绝缘子的运行内容，修改了原规程中玻璃绝缘子伞盘表面有电弧闪络痕迹需处理的要求，事实上玻璃绝缘子表面闪络后即可恢复绝缘水平，运行单位不必更换处理；规定悬垂串沿顺线路方向的偏斜角不大于 7.5°或偏移值不大于 300mm，但此处若是为弥补污耐压下降而采用按八字形方式两悬垂线夹悬挂的悬垂双联串，应该说不受该条文的规定。

5.4 条　是金具方面受损处理标准，条文要求内容明确，运行人员只需对照执行即可。增加了 OPGW 光缆金具 运行要求和处理标准，针对杆塔、金具等钢制螺栓连接的紧固度，标准提供了螺栓扭矩值，其中φ20mm 的扭矩值为 160～200N·m，铝合金并沟线夹或引流板的φ16mm 扭矩值，应按南京线路金具研究院的试验数值 6500～7500N·cm 控制。

取消了原规程中"接续金具的电压降比同样长度导线的电压降的比值大于 1.2"的规定，此内容应该是金具研究所在设计、开发导线接续管时，对接续管管径与导线精度配合和压接后握力是否符合才需要做的试验，运行线路上运行单位是不可能进行此内容检测的。

5.5 条　是有关接地装置的技术标准，本次修改中增加了检测输电线路杆塔工频接地电阻值应进行季节系数换算，同时提供了季节系数表。

六、巡视

6.1 条　从六个方面规定了线路巡视的基本要求，线路巡视是为了经常掌握线路的运行状况，及时发现线路本体、附属设施以及线路保护区出现的缺陷或隐患，近距离对线路进行观测、检查、记录的工作，并为线路检修、维护及状态评价（评估）等提供依据。

线路运行单位对所管辖每条输电线路，均应设专责巡线员，同时明确其巡视的范围、周期以及线路保护（包括宣传、组织群众护线）等责任。巡线员应身体健康、具有线路运行的基本知识和专业技能，地面巡视应配以必要的检修及安全工器具。

巡视发现故障、隐患或缺陷等，运行人员应进行记录、拍照等，方便缺陷定性、故障分析等。

6.2 条 规定了设备巡视要求和内容，将原因、规程文字述说描述改为表格化，清楚明了。

6.3 条 规定了线路通道的巡视要求和内容，将原电力设施保护条例实施细则中的文字描述内容，改为表格化。

6.4 条 规定了巡视周期的确定原则，允许根据线路经过的不同区域、设备状况和运行环境特点，采取不同的巡视周期。针对不同性质的线路，如单电源、重要电源、主干输送通道、网间联络线、运行状况差的老旧线路、缺陷频发线路区段等，巡视周期不得超过 1 个月；对特殊区域的线路、区段，如易外力破坏区、采动影响区、易建房屋区、树竹木速长区等通道环境恶劣地段，应按相应的规律，缩短巡视周期。

七、检测

本章节设置了一张检测项目与周期表格，罗列了输电线路检查和检测的内容和要求。线路检测是发现设备隐患、开展设备状态评估、为状态检修提供科学依据的重要手段。线路运行单位负责线路的检测工作。

线路运行单位应建立相应规章制度和岗位责任制，对所管辖线路的检测工作进行统筹安排，禁止检测不到位而出现遗漏和空白点。

线路运行单位所采用的检测技术应成熟，方法应正确可靠，测试数据应准确。

检测人员应具备线路运行的基本知识和专业技能，做好检测结果的记录和统计分析，检测统计应符合季节性要求。要做好检测资料的存档保管。

杆塔栏中增加了钢管杆的检测内容，对部分检测周期不明确规定年限，由运行单位根据线路巡查结果，确定是否检测或延长检测周期、检测数量等。

绝缘子栏中增加了复合绝缘子每 5 年一次进行电气机械抽样检测试验内容。

导地线栏中将原导线接续金具的检测划入金具检测栏。

金具栏中增加了导线接续金具的检测要求，明确导线接续管采用望远镜观察压接管口有否断股、滑移现象；规定跳线并沟线夹、引流板检修应测试螺栓连接扭矩值，若要进行红外测温，必须在线路输送负荷较大时测温。为满足线路状态检修的需要，对带电部分原人工检测的项目，改为必要时和每次检修时。

防雷设施及接地装置栏中应注明一下，由于输电线路架设在野外，且雷区基本在山区，因此输电线路不会采用那种避雷器本体常年承受运行电压的电站型避雷器。原因是电站型氧化锌避雷器每年要采用绝缘电阻表检测绝缘电阻值，每年检测直流 1mA 电压及 $0.75U_{1mA}$ 下的泄漏电流值，每年检测运行电压下的交流泄漏电流值，每年检测底座绝缘电阻值，每年检查放电计数器情况，必要时检查工频参考电流下的工频参考电压值；而此类验收和检测需要试验电源，输电线路上难以实现，因此输电线路上采用的是带空气间隙或带支撑件的避雷器，即线路避雷器本体不带运行电压的线路型避雷器。

八、维修

本章节是线路维修内容，有 7 条技术要求，其中 8.7 条为新增条文，该章节对维修工作的要求、检查记录、抢修与备品备件、带电作业提出了要求。标准对事故抢修工作作了规定，即各单位应按相应事故的类别，事先制定相应的抢修预案，平时经常进行预案演习，使各级指挥人员熟悉抢修流程，工作人员熟悉相应工器具在何处，自己应该做哪些工作，车辆、通信工具、后勤保障等如何调度和保证。另外表格中的多数要求都是针对设备损坏后的修理和更换工作，检修应遵守相关的检修工艺和质量标准，特别是机械强度和有关参数（含电气）不能低于原设计要求。其次是运行单位应大力推行带电检修和带电消缺工作，原因是带电检修可不受系统安全运行的限制，同时输电线路缺陷一般不会大范围出现，而是出现在线路上的某基杆塔或某个部件，有时为了个别缺陷而将线路停电检修，使线路设备失去备用，降低了线路设备的可用率指标。

随着紧凑型线路的不断增多，提出了在紧凑型线路上带电作业前，应计算作业线路的最大操作过电压倍率，并校核作业中可能出现的最小间隙距离。

由于线路长度的增加远大于维护检修人员的增加，按设备状态进行巡视、检修是必然趋势，新增条文对开展状态检修和维护提出了要求。

九、特殊区段的运行要求

9.1 条　为新增条文，具体地规定了什么是特殊区域。

9.2 条　规定了线路大跨越段的运行维护，分 7 个方面提出维护要求，虽然大跨越段的设计已经按超过常规线路的设计标准，但由于地形繁杂、运行环境恶劣，设计人员也是参照其他大跨越线路的有关技术要求，因此运行单位应按国家电网公司有关大跨越线路运行的要求开展工作，详细记录运行中发现的问题，为今后在本地区再设计线路大跨越和安全运行提供运行经验。本次修改新增了大跨越段线路应缩短杆塔接地电阻的检测周期。

9.3 条　是多雷区运行的技术要求，本条有 5 款内容，都是防雷措施的具体工作，运行单位应注意的是，许多次线路遭雷击跳闸，多数是绕击雷事故，特别是 220kV 以上，几乎是绕击雷故障，且多发生在斜山坡的下山坡相，因此当雷击故障点查到后，应检测接地电阻值和分析故障受损情况，因为绕击雷是不需下大力气去降杆塔接地电阻值的，绕击雷的最有效防范措施是增加绝缘子片数、减小架空地线保护角度；原因是杆塔组立在山坡上，因山坡倾斜角度问题，下山坡相导线的地线保护角要加上山坡倾斜角，形成新的地线保护角，因此下山坡相遭绕击雷要比上山坡相多许多，如何改造和防护、屏蔽下山坡相导线是防止绕击雷的关键。

按照绝缘子的电气特性，雷季前，运行单位必须将低零值瓷绝缘子更换，以防止雷过电压下，劣化瓷绝缘子发生钢帽炸裂，导线掉串恶性事故。

9.4 条　是重污区运行的技术要求，首先运行单位应定期检测运行线路上累积 3～5 年的绝缘子附盐密值和灰密，确证该区段的真实污秽等级，其次选择好适合的绝缘子类型，即要能承受污耐压的强度，又要选择产品寿命长的绝缘子，以减少运行检测和更换改造的工作量。对盘形绝缘子，最好选择玻璃绝缘子，可以减少零值绝缘子的检测工作量，又能杜绝因瓷绝缘子劣化而发生钢帽炸裂掉串事故；同时设计要用足塔头间隙，不受原 7 片/串、13 片/串的理念控制，选择大盘径大爬距的普通玻璃绝缘子，提高绝缘子串的有效泄漏比距；对超高压线路应对复合绝缘子采取措施使其离开高压端（即采用玻璃、复合绝缘子组合串方式，由玻璃绝缘子承担强电场，复合绝缘子承受污耐压），降低复合绝缘子高压端的强电场伤害，避免复合绝缘子在超高压线路的强电场处发生硅橡胶电蚀穿孔、树枝状贯通而引发芯棒脆断掉串事故。

按照线路污闪原理和绝缘子电气特性，运行维护单位应在雾季前，及时更换自爆绝缘子，以恢复绝缘子串的泄漏比距；必须更换低零值瓷绝缘子，以防止污闪过电压下，劣化瓷绝缘子发生钢帽炸裂，导线掉串恶性事故。

9.5 条　是关于线路冰灾内容，有 4 条要求，早期输电线路严重覆冰区在云贵高原，川、峡、湘、黔山区和其他省份 800m 海拔以上地区，导线覆冰倒塔断线是电网恶性事故，影响很大，特别是 2008年南方冰灾倒塔事故，导线覆冰多数在海拔 200～500m 处的山区，因此运行单位做好覆冰防护工作和设计单位重视分裂导线线路不均匀档距覆冰后的不均匀脱冰造成冲击拉垮直线塔的教训，提高分裂导线不平衡张力的百分比或山区档距不均匀时多开耐张措施，避免输电线路倒塔断线事故。

根据绝缘子串冰闪跳闸原理和绝缘子的形状，运行维护单位应对容易发生绝缘子串结冰现象地段的线路，进行绝缘子串防冰闪跳闸措施改造，如盘形绝缘子串采用间隔插花形式，每隔几片插入一片大盘径绝缘子，使悬垂绝缘子串结冰断开（破坏连续结冰状）；悬垂复合绝缘子可采用导线侧大八字形悬挂，使复合绝缘子倾斜，覆冰后无法连接成冰柱状，杜绝冰闪事故的发生。

9.6 条　为微地形、气象区的运行要求，是新增条文，有 4 条内容和要求，微气象区主要是设计控制内容，运行维护单位应搜集现有运行线路上或临近所发生或存在的现象，提供给线路设计单位，对已运行的线路进行路径改造，新建线路应避开此类微气象区。

9.7 条 为采动影响区的运行要求,该条系新增条文,有 4 条内容和要求,主要针对地下矿藏开采挖空后地陷、地质滑动等对地表面上的架空线路的影响,根据地质滑陷不同情况,运行维护单位应采取相应的防范措施,尽量减少此类事故的发生。

十、线路保护区的运行要求

本章节系新增条文,有 10 条内容和要求,虽然它们都是《电力设施保护条例》或《实施细则》中的内容,本次修改将容易引起线路隐患或故障的要求归入规程,方便运行维护单位控制。

十一、输电线路的环境保护

本章节系新增条文,有 4 条内容和要求,随着国民经济的快速发展,输电线路运行电压越来越高,线路架设也越来越多,运行线路与沿线农户间的运行维护矛盾也多了起来,因此运行维护单位也应掌握一些工频电磁场方面的知识,平时运行中搜集些现象、资料和反映,提供给线路设计单位,力争和谐架空线路与沿线农户的相处环境。

十二、技术管理

本章节要求运行单位认真做好技术管理工作,线路专业管理的设备地处野外,所有输电线路又采取早期节约型的设计理念,如 110、220kV 电压等级的外绝缘配置,即空气间隙与绝缘子串长是相等的,造成电网故障跳闸 80% 发生在绝缘子串上,线路设备可靠性较差;其次线路设备一般多按机械强度考虑,致使设备制造质量不精密,容易产生设备缺陷,因此做好输电线路的技术管理工作非常重要。管理学是门科学学科,重视科学管理,提高检测技术,分析研究故障原因,加强技术管理是控制输电线路雷击、污闪、冰冻、鸟害、风偏和外力破坏等事故的有效手段,目前线路运行、检修工作仍然依靠人力和体力进行,因此要做好运行资料收集的连续性和可信性工作,对防止输电线路的各类事故发生会起到重要作用。输电线路的技术管理离不开运行经验,而运行经验在于运行资料的积累,特别是缺陷、故障等发生的原因、分析结论和采取措施后的运行情况,以掌握好设备的运行状况和相关事故易发的原因;同时将运行经验和防止事故措施纳入到新建线路的设计中,将大大提高线路安全运行可控水平。

【思考与练习】

1. 架空送电线路运行规程包含哪些工作内容?
2. 运行规程采用钢芯铝绞线铝截面积受损修复、开断重接标准为什么不合理?
3. 输电线路采用液压方式连接导线为什么不会发生电流致热现象?
4. 输电线路为什么不采用常年带运行电压的避雷器?
5. 为什么有的新建线路刚投运期间,在某些气象条件下会发出噪声?
6. 为什么超高压线路下方不允许有常年住人的房屋?

模块 2 DL/T 5092—1999《110~500kV 架空送电线路设计技术规程》(GYSD00401002)

【模块描述】 本模块包含路径和气象条件、绝缘配合、防雷和接地、杆塔结构等内容。通过概念描述和条文解释,能够掌握输电线路设计对线路的技术要求和标准。

【正文】

本模块要叙述的标准已升级为国家标准,标准号为 GB 50545—2010《110kV~750kV 架空输电线路设计规范》,为满足时代的要求,以国标内容编写。

我国在 20 世纪 50 年代和 60 年代初制定了一批国家和行业标准,其中《高压架空电力线路设计技术规程》于 1959 年由水利水电部颁发。1972 年起,国家开始对各行各业进行整顿治理,水利水电部以(72)水电电字第 118 号文首先恢复 15 种企业当前必须的安规、运行、检修规程和试验规程,也起草颁发了"全国供用电规则"(试行),以稳定全国电力企业的安全生产,同时组织对该 15 种规程和其他有关规程进行修订或起草,如送电、配电线路设计规程、过电压保护规程、电力设备接地规程、供用电规则等,并于 1976~1977 年间颁发,其中水利电力部颁发执行了 SDJ3—1976《架空送电线路设计技术规程》。随着文革结束，各行各业开始拨乱反正，水利电力部又组织对 1976 年颁发的规程进行修订，于 1979 年以（79）水电规字第 7 号文颁发执行了 SDJ3－1979《架空送电线路设计技术规程》，以后于 1999 年再次进行了修订。1979 年版规程有总则、路径、气象条件、导线、避雷线和金具、绝缘、防雷和接地、导线布置、杆塔型式、杆塔荷载、杆塔结构、杆塔基础、附属设施、对地距离及交叉跨越 12 个章节及 9 个标准附录和 1 个基本符号组成，适用范围是 35 ~ 330kV。随着技术的进步和从 70 年代未开始建设 500kV 线路，到 1999 年规程颁发时 500kV 线路已超过 10000km 的实际情况，1999 年国家经贸委颁布执行了 DL/T5092—1999《110 ~ 500kV 架空送电线路设计技术规程》，《设计规程》有范围、引用标准、总则、术语和符号、路径、气象条件、导线和地线、绝缘子和金具、绝缘配合、防雷和接地、导线布置、杆塔型式、杆塔荷载及材料、杆塔结构设计基本规定、杆塔结构、基础、对地距离及交叉跨越、附属设施 17 个章节计 118 条及 7 个标准附录，期间 2006 年又组织修订，在送审稿期间发生了 2008 年南方冰灾，修订编写组及时修订编写后，国家电网公司以 Q/GDW179—2008《110 ~ 750kV 架空输电线路设计技术规定》颁发，其中内容多为 DL/T5092—1999 条文和修订内容，同时增加了部分防范冰灾而提高设计条件的内容。在国网标准的基础上，修订编写组进行了重新修订，以报批稿形式上报给国家标准局。

架空送电线路在运行中能否承受住各种气象条件和荷载的冲击，是对线路设计条件的检验，同时也是对线路运行工作人员的检验。线路运行人员应掌握必要的《线路设计》基础知识，以便在线路扩初审查、竣工验收、运行巡视中及时发现问题，并进行故障分析，依靠专业知识提出技术要求和依据，确保线路安全运行。

在《国家电网公司十八项电网重大反事故措施》（试行）中（防止输电线路事故）明确提出：加强设计、基建及运行单位的沟通，充分听取运行单位的意见。条件许可时，运行单位应从设计阶段介入工程。

在 DL/T 741—2001《架空送电线路运行规程》在基本要求中也提出：运行维护单位应参与线路的规划、可行性研究、路径选择、设计审核、杆塔定位、材料设备的选型及招标等生产全过程管理工作，并根据本地区的特点、运行经验和反事故措施，提出要求和建议，使线路设计的成果与安全运行要求协调一致。

一、总则

原为范围章节，本次修订增加为 5 条内容，原《架空送电线路设计技术规程》的设计范围改为 110 ~ 500kV，本次扩大到 750kV 电压等级，其中 110 ~ 500kV 适用于单、双回及同塔多回路架空线路；750kV 适用单回路线路。

随着社会的进步，标准新提出设计的架空输电线路应符合安全可靠、先进适用、经济合理、资源节约、环境友好型的要求。

实际上输电线路发生倒塔断线的几率很小，但雷击、污闪和鸟害跳闸故障多发。电网发生的故障，其中 80% 以上是在输电线路上发生的；而输电线路发生的故障，又有 80% 左右是沿绝缘子串发生的，因此输电线路的设计要满足该线路在当地环境下电气方面安全运行的要求，是今后线路设计理念的重中之重。

二、术语和符号

原章节有 9 个术语 11 个符号，基本是机械强度相关的内容，本次修订将术语扩大到 19 个，符号归类为 4 大方面计 69 个。全国已连续多年多地段发生电网大面积污闪跳闸事故，原电力工业部、能源部等推出许多防污闪方面的规定，本次修订中已将盐密值、灰密、采动影响区和防雷保护角作为术语纳入，但没有纳入单片几何爬电距离、绝缘子爬电距离有效系数和悬垂双串污耐压降低等防污闪（外绝缘配置）设计最重要的理念，会造成输电线路因绝缘子形状选择不当、绝缘子串的有效泄漏比距未满足电网污区图的污秽等级要求（未将绝缘子几何爬距按其形状系数换算）或悬垂双串未采取污耐压降低的弥补措施而发生线路污闪事故（线路污闪事故多发生在悬垂双串上）。

三、路径

本章节有 9 条技术要求，由于线路设计要执行资源节约型和环境友好型，同时根据科技发展的实际，线路勘察设计应采用卫片、航片、全数字摄影测量系统及地质遥感技术等，以加快和确保设计质量，提高生产能力。目前运行线路多数是按当时的国民经济情况来考虑工程经济节约，随着国民经济的发展和人民生活水平的不断提高，对电的依赖程度越来越高，一旦发生电网事故，如 2008 年南方大面积冰灾倒塔，对国家正常运行秩序和人民群众的生产生活将会造成极大问题，因此国家电网公司提出了建设坚强电网的运行模式。其次，规程提出的输电线路设计应通过综合技术经济比较，而现实审查中掌握的技术经济指标主要是工程的钢耗率、混凝土耗比等，这样势必会造成杆塔高度普遍较低，原因是当时线路工程的本体造价约占工程综合造价的 70 ~ 80%，而目前线路工程的本体造价占综合造价的 50% 左右，在东部沿海经济发达地区有时只占 20% 左右，因此单项控制工程钢耗比，会大大增加通道中树木砍伐、房屋拆迁等赔偿费用；如采用高塔和增加绝缘子片数，虽会增加线路工程的本体造价，但可以减少拆房、砍树的赔偿和杜绝线路污闪事故的发生等，反而会节约大量资金，因此在审查中需进行综合技术经济比较。

经过 2008 年南方电网冰灾倒塔后，国家电网公司提出：跨越铁路、高速公路时，应设置孤立档或小耐张段；输电线路在山区遇档距严重不均匀时，应将直线塔改耐张；当线路覆冰两侧不均匀脱冰时，避免该直线塔因导线不均匀脱冰时的不平衡张力拉垮直线塔等。

四、气象条件

本章节有 14 条技术要求，比原规程增加了一半，主要是大风、覆冰等内容。

4.0.1 条　规定了气象重现期的年份，原规程中的输电线路气象重现期标准取值是比较低，经过 2008 年电网大面积冰灾倒塔，本次对线路设计标准已将 500kV 及以上电压等级统一确定为 50 年，110 ~ 330kV 电压等级均按原大跨越标准即 30 年控制。

4.0.2 条　为最大设计风值取值内容，本次修订将原标准统计风速高度 110 ~ 330kV 线路离地面 15m、500kV 20m 统一改为所有输电线路均按离地面 10m 取值。

4.0.4 条　对所有输电线路的基本风速进行了降低调整。

4.0.5 和 4.0.6 条　对导地线覆冰设计作了调整，以吸取 2008 年电网大面积冰灾倒塔事故教训。

4.0.10 和 4.0.11 条　对线路设计用的年平均气温和架设安装工况中的风速、覆冰进行了规定。

该 14 条技术要求条文字面明确，均针对线路设计时的规定，平时运行单位大多不关心，但设计采纳的风速，则应按线路途径地区的最大风速，这点运行单位在设计扩初审查时应注意，运行单位在校核档中导线风偏对通道旁的树竹木、建筑物等安全距离时需要考虑，以防止导线对此类物体风偏放电跳闸。

五、导线和架空地线

本章节有 15 条技术要求，将原规程的 6 条内容进行了整合和细化，由于导、架空地线是线路的重要部件，它必须保证有足够机械强度，同时又必须保证在允许发热的条件下输送额定荷载和不发生电晕，其无线电干扰（可听噪声）应控制在国家标准允许的范围内。

5.0.1 和 5.0.2 条　是原规程 7.0.1 条的细化，分别规定了导线截面在按经济电流密度选择外，还必须按电晕及无线电干扰等条件校验，因绝大部分输电线路均架设在海拔 1000m 高程以下，规程列出了不需验算电晕的最小导线直径，方便各设计单位导线选择和运行单位校对。

5.0.4 和 5.0.5 条　系新增条文，它规定了输电线路无线电干扰和可听噪声限值的要求，同时将各电压等级的限值列表提供。

5.0.6 条　规定了输电线路在验算导线允许载流量时，提出导线发热宜采用 70℃、环境气温为 40℃、风速 0.5m/s、太阳辐射功率密度为 0.1W/cm^2，即导线发热温度的控制条件是最大、最残酷的运行工况。如风速的取值对导线载流量的影响是很大的，风速 1m/s 时的载流量要比 0.5m/s 风速增大 15% ~ 20%；风速从 0.5m/s 增大到 1m/s 时，导线表面温度将下降 10℃ 左右；又如日照强度的取值也对载流量有影响，日照 100W/m^2 时与 1000 W /m^2 时相比，导线载流量要提高 15% ~ 30%。首次提出必要时可按 80℃验算，这给老旧线路增加输送容量提供了导线电气、机械强度方面的安全保证，当然针对老旧线路的交叉跨越还是要做好校核工作，从而使电网调度能积极开放线路的合理输送荷载。

世界各国除我国和前苏联，对导线输送荷载发热均按 80℃ 或 90℃ 控制，例如 LGJ-400/35 的钢芯铝绞线的发热温度，其他运行工况都不变，只将导线发热温度从 70℃提高到 80℃，导线输送负荷可提高 16%左右；其次我国多家运行单位已将导线控制发热温度提高到 80℃运行，其中浙江省电力公司调度按最高环境温度下导线按 80℃发热控制已运行 10 多年，应该说普通钢芯铝绞线按 80℃发热温度控制是成熟的。

5.0.10 和 5.0.12 条　是原规程 7.0.4 条的细化，说明架空地线除具有防雷功能外，若绝缘架设时可减少潜供电流（降低线损）、降低工频过电压、改善对通信设施的干扰影响并作为电网高频载波通道。条文规定了架空地线的电气和机械强度使用条件，所以选择地线应按输电线路遭雷击或近区短路电流值和电流通过的时间计算校核架空地线热稳定工况，同时规程又推出经过计算校核后的镀锌钢绞线与导线配合的参数表，方便线路设计单位在线路设计时的选择。

5.0.11 条　是新增条文，随着光纤复合架空地线在电网中的扩大使用，标准规定了其防雷性能、短路电流等技术要求。

5.0.13 和 5.0.15 条　是原规程 7.0.5 和 7.0.6 条，内容说明导、地线在受力后会产生弹性伸长和塑性伸长，在受长期拉力的累积效应下产生蠕变伸长，所以条文规定了导地线架设后的塑性伸长处理方法，一般在架线过程中采用降温法来弥补导、地线在运行中的弧度。如镀锌钢绞线在架设紧线时，按当时的环境温度，以降低 10℃温度计算地线弧垂；而导线则按它的铝钢截面比数值来确定，规程表格中已给出计算好的所需降温值，方便线路施工单位在导、地线架设时计算弧垂使用。本章节还对导地线防振措施的技术要求进行了规定，由于线路设计已提供导地线防振锤的安装尺寸，因此运行单位对此类技术要求只了解即可。

5.0.14 条　是新增条文，随着全国线路导线舞动事故的不断发生，导线防舞动措施的认识和运行经验得到验证，标准要求线路设计在有可能易发生导线舞动的地区时，应采取或预留导线防舞动措施。

六、绝缘子和金具

本章节有 10 条内容，比修订前增加了 5 条。

6.0.1 条　规定了绝缘子和金具的机械荷载和安全系数，本次修订取消了瓷绝缘子常年荷载状况下安全系数不小于 4.5 的规定，由于瓷件的抗拉、抗击打能力都约为玻璃件的 1/4 左右。根据中国电力科学院和东北电力设计院对 250 万片瓷绝缘子的调查可知：耐张串的劣化率明显大于悬垂串，同时当绝缘子串的常年荷载安全系数小于 4 时，瓷绝缘子劣化率快速增长，这说明瓷绝缘子的劣化率与常年荷载有关系。线路设计时耐张串的常年荷载是绝大多数悬垂串的 1.6～1.8 间，设计一般将耐张串常年荷载的安全系数取 4.5 及以上，线路悬垂串一般用 70kN，部分压档或大档距则采用双联串，而耐张串则采用 120kN，以确保绝缘子的常年荷载控制在安全系数以上。

当输电线路交跨公路、铁路、电力线路和通信线路时，设计规程为防止瓷绝缘子劣化后遭雷击或污闪、操作过电压，发生短路电流沿绝缘子本体通过造成钢帽炸裂导线掉串的恶性事故，一般均采用双联悬垂串（大档距时按常年荷载安全系数考虑）；目前硅橡胶复合绝缘子因容易发生硅橡胶电蚀穿孔引发芯棒脆断掉串事故，设计也采用双联悬垂串，但对玻璃绝缘子则不需要双联悬垂串，原因是玻璃绝缘子不会发生钢帽炸裂事故，同时劣化自爆后的玻璃绝缘子残余强度必须对于其额定荷载的 80%。

本次修订没有对三种常用绝缘子进行说明。玻璃绝缘子因抗拉、抗击打的能力强，因此玻璃绝缘子不受常年荷载的控制，也就是说玻璃绝缘子的安全系数若常年在 2.7 时，也不会发生劣化率增长现象。另外 DL/T 864—2004《标称电压高于 1000V 交流架空线路用复合绝缘子使用导则》规定：硅橡胶复合绝缘子承受的最大荷载一般宜不大于其额定荷载的 1/3（盘形绝缘子最大使用荷载时安全系数为 2.7）。

6.0.5 条　为架空地线用绝缘子条文，架空地线按绝缘架设时一般均采用瓷绝缘子，而瓷绝缘子易产生劣化（低、零值）现象，在运行中又发现不了哪片绝缘子是低、零值（平时也不检测绝缘电阻），当架空地线遭雷击时，按理是地线绝缘子两端的放电间隙空气击穿下泄雷电流，因地线瓷绝缘子零值，雷电流从钢帽、钢脚间通过，引发钢帽炸裂地线掉串事故，所以规定地线绝缘时宜使用双联绝缘子串。目前已有玻璃绝缘子用作绝缘架空地线的绝缘，由于玻璃绝缘子不会发生钢帽炸裂现象，因此可采用单片。另外自爆后的残锤强度必须达到其额定荷载的 80%以上。

6.0.7 条 是针对与横担连接的第一个金具，即要承受其他金具一样的轴向拉力，还要承受旋转摩擦力，因此要求第一只金具的机械强度提高一个强度等级。

6.0.10 条 主要规定了严重覆冰段的绝缘子串布置方式，以减少绝缘子串冰闪事故的发生。

七、绝缘配合、防雷和接地

本章节有 22 条技术要求，比原规程的 14 条增加了 8 条内容，增加的条文多数是原条文的细化，少量增加是适应线路运行新出现的状况而定。

7.0.1 条 输电线路外绝缘的配置（绝缘子片数选择），一般按满足耐受长期工频电压和操作过电压来确定，对雷过电压除大跨越外一般不作为选择绝缘子片数的决定条件，仅作为校核外绝缘是否满足耐雷水平的要求。

7.0.2 条 规定了几个电压等级线路的外绝缘配置要求，针对耐张串常年荷载较大，瓷绝缘子容易劣化，为补偿因劣化绝缘子存在对操作过电压的影响，要求耐张绝缘子串片数应在悬垂串片数的基础上，110～330kV 线路增加 1 片，延续瓷绝缘子制定的要求。目前线路耐张串多采用瓷或玻璃绝缘子，在输电线路设计中，耐张串均比悬垂串多 1 片，这对玻璃绝缘子是不合适的，玻璃绝缘子劣化后即刻自爆，运行单位可及时更换处理；但对瓷绝缘子，由于瓷件强度低，常年运行易产生隐裂纹而劣化，又因没有有效的瓷绝缘子劣化检测仪器，因此瓷绝缘子耐张串即使存有低零值劣化绝缘子，运行维护单位也难以发现，所以规程应注明两种盘形绝缘子的电气、机械性能，以减少部分不必要的浪费。

另外我国输电线路外绝缘配置，是按悬垂 I 串绝缘子在最大风偏下空气间隙击穿电压与绝缘子串闪络电压的 0.85 配合比设计控制塔头间隙的，从而形成 110kV 等级 I 串配 7 片（146mm 高度）、220kV 配 13 片、330kV 配 17 片和 500kV 配 25 片（155mm 高度）结构高度的设计观念，由于空气间隙击穿电压远大于相应结构高度的 I 串绝缘子的沿面闪络电压，致使输电线路雷击跳闸次数占全部故障 80% 左右，同时造成绝缘子串的泄漏比距无法配置到 4.0～5.0cm/kV 等级，只能采用每年停电清扫绝缘子污秽，经统计，我国输电线路沿绝缘子串闪络跳闸与由塔头空气间隙击穿放电的跳闸比在 10:1～12:1 间。

7.0.3 条 是对高塔的耐雷水平，每增高 10m 多挂一片绝缘子，绝缘子片数增加了，杆塔的耐雷水平也提高了。但因增加了绝缘子串，要求对雷过电压的最小间隙也相应增大则值得商榷（原 SDJ3－1979 没有最小间隙相应增大的规定）。应该说该高塔仍应按该电压等级的雷过电压间距控制，原因是空气间隙击穿电压值远比绝缘子串的闪络电压值大，高塔绝缘子串片数增多后，其耐绕击水平增加了，应该在绝缘子串两端安装金属招弧角，其间距按该电压等级的雷过电压控制计算，在导线受绕击雷时，因本塔绝缘水平增加了，导线上的雷电流会沿导线分流衰减，或在高塔附近的一般杆塔绝缘子串上闪络跳闸。

7.0.4 条 是线路外绝缘配置的污耐压。由于我国的外绝缘配置已成固定的思维模式，通用铁塔的塔（窗）头间隙也基本按表 7.0.2 绝缘子串长设计，因此本条绝缘子串的泄漏比距"适当留有裕度"就不容易执行了。线路外绝缘设计应按经审定的污秽分级图所划定的污秽等级配置线路应耐受的泄漏比距。原因是从 20 世纪 70 年代以来，全国多次发生大面积污闪事故，特别是 1990 年前后，华东、华北、华中和东北电网多数省份的 2.0cm/kV 污区等级多次发生大面积污闪事故。由于条文没有考虑盘形绝缘子的形状系数，绝缘子厂家生产的产品未加大盘径，只增加了单片绝缘子的几何爬电距离，这类深棱防污型绝缘子使耐污闪性能大减；同时绝大部分线路设计人员还是受 7 片/串、13 片/串的节约型设计观念影响，条文也未要求按有效泄漏比距设计线路的外绝缘，造成设计人员在盘形绝缘子爬距配置不够时则一律采用复合绝缘子的现象。

线路设计人员应突破 7 片/串、13 片/串的瓶颈，事实上同等结构高度的 110kV 复合绝缘子可配置 146mm 高度的盘形绝缘子 9 片左右，220kV 线路可配置 15 片左右。由于同等结构高度的复合绝缘子耐雷水平要比盘形绝缘子串低，为此电力工业部在调网 [1997] 93 号《复合绝缘子使用指导性意见》中要求：雷击多发区的线路若使用复合绝缘子，其结构高度应比常规高度长 10%～15%。常规 110kV 复合绝缘子结构高度为 1240±15mm，雷区线路按要求增加 10%，则为 1364±15mm，该结构高度可配玻璃绝缘子 9 片多，选择 ϕ280mm、450mm 爬距的玻璃防污绝缘子，此时的泄漏比距为 3.68cm/kV；

220kV 复合绝缘子结构高度为 2240±30mm，增加 10%则为 2464±15mm，该长度可配玻璃绝缘子约 17 片，泄漏比距为 3.5cm/kV；应该说，设计若按有关防污闪和防雷措施设计线路外绝缘，则线路盘形绝缘子串基本可杜绝清扫污秽，又提高了绝缘子全寿命管理的效果。

7.0.6 条　是针对线路耐张串防污闪的有关规定，"耐张绝缘子串的自洁性较好，在同一污区，其泄漏比距可根据运行经验较悬垂绝缘子串适当减少"是本次修订增加的内容。耐张绝缘子串由于水平放置，容易受雨水冲洗，因此其自洁性较悬垂绝缘子串要好，运行经验也表明，耐张绝缘子串很少污闪。多年来全国多次电网大面积污闪事故，线路污秽闪络跳闸的故障几乎都发生在悬垂串上，且基本是发生在悬垂双串上。有关试验表明：普通型悬式绝缘子串组成的 V 形串，其污闪电压比同一污秽度下的垂直串提高 25%～30%；国外的一些试验进一步证明：各种串形的绝缘子沉积污秽盐密比值随着积污时间的增加而降低。一般情况下，耐张水平串的盐密值是垂直串的 50%左右，而悬垂 V 形串的盐密值是垂直 I 串的 80%左右。

所以按照线路设计规程的要求和国外试验经验及运行线路的实践证明，耐张水平串的泄漏比距可比同条线路的悬垂串低一级左右。特别是目前线路设计中耐张水平串多采用普通玻璃绝缘子，有时按绝缘子串的泄漏比距是小于污秽等级的，运行单位不必刻意地去追求耐张水平串也必须满足污区图中的污秽等级标准。

7.0.7 条　系新增条文，主要是针对复合绝缘子的泄漏比距只能生产 2.8cm/kV 及以下，但新复合绝缘子的憎水性能较好，所以规定在重污区使用复合绝缘子时，其爬电距离不应小于盘形绝缘子最小值的 3/4 和不下于 2.8cm/kV。同时对复合绝缘子的耐雷水平比相同盘形绝缘子串降低现象，提出了注意要求。

7.0.9 条、7.0.10 条、7.0.11 条　规定了各电压等级时的带电作业安全距离、带电部分对杆塔构件的最小间隙和导线相间最小间隙的相关数值，列在几张表格内。

7.0.13 条　规定了输电线路的防雷设计，参照 DL/T 620—1997《交流电气装置的过电压保护和绝缘配合》规程多雷区线路的耐雷水平，110kV 为 60kA；220kV 为 95kA 和 500kV 为 150kA，但线路设计单位几乎难以达到该标准，原因是多雷区几乎在山区，杆塔周围的土壤电阻率较高。如某条新建 220kV 铁塔线路，悬垂串采用 16 片/串，塔头架设双架空地线和在中间架设一根 OPGW 光缆（起分流作用），在山区段的导线下方，架设了约 20km 的耦合地线，经计算杆塔的耐雷水平仍难以达到 95kA（有的塔只有 80 多 kA）。

7.0.14 条　是有关线路架空地线保护角的规定。目前运行单位每年的雷击跳闸居高不下，其原因是线路外绝缘设计的配合比不合理，即绝缘子串无法提高耐绕击雷水平，其次是线路架空地线未设计成小保护角、零保护角或负保护角，无法降低绕击雷的概率。目前多数线路设计单位都已将 500kV 线路的地线保护角控制在 5°以下，许多线路已是 0°或 1°左右，220kV 等级以下也多采用小角度地线保护角。

针对重覆冰区线路，当线路架空地线设计成小保护角、零保护角时，由于运行中架空地线的表面温度要比导线低许多（导线输送荷载中会使导线发热），因此地线结冰也比导线要严重得多，经常是架空地线的弧垂比导线低，当架空地线设计成小保护角、零保护角时，架空地线弧垂下降接近导线而跳闸。

7.0.18 条　系新增条文，主要针对直流输电线路接地极与交流线路接近时，应采取金属防腐蚀的措施。

八、导线布置

本章节为导线布置内容，有 4 条技术要求，均为 1999 年版的内容，比 1999 年版的条文细化了，通读更容易，该章节是成熟的条文，已执行几十年。

九、杆塔型式

本章节为杆塔型式内容，有 5 条技术要求，修订后的规程对杆塔的设计仍然停留在我国早期钢材少，国民经济困难阶段，还是允许采用拉线杆塔和钢筋混凝土电杆，此类杆塔一来占地面积大，妨碍农户种植作业；另外运行维护量大，杆塔稳定全靠拉线维持，不符合目前的社会环境和生产生活方式。虽然标准已允许在城区或市郊线路可采用钢管杆，但 Q/GDW 179—2008《110～750kV 架空输电线路设计技术规定》还规定对树竹木生长期宜按树木自然生长高度，采用高跨杆塔型式设计，充分体现了环境友好型的理念，同时节约了工程综合造价，理顺了电力企业、农户及国家森林法之间的关系。

十、杆塔荷载及材料

本章节是杆塔荷载及材料内容，分杆塔荷载章节 22 条技术要求和结构材料章节 8 条技术要求，比原规程的 2 个章节和 21 条技术要求修订增加较多，主要是根据 2008 年电网大面积冰灾倒塔事故的教训，将原规程规定的多分裂导线的纵向不平衡张力在平地、丘陵和山地时，应分别取不小于一相导线最大使用张力的 15%、20% 和 25%，且不得小于 20kN，改为平丘悬垂塔双分裂导线 25%、双分裂以上导线 20%；山地悬垂塔双分裂导线 30%、双分裂以上导线 25%；平丘和山地的耐张塔双分裂及以上导线均为 70%。在 2008 年冰灾倒塔中，发生倒塔的线路几乎均为两分裂导线或多分裂导线线路，单根导线线路发生断线后几乎没有发生倒塔，只是造成横担头受断线冲击力而变形。目前 Q/GDW 179—2008 已将多分裂导线的纵向不平衡张力的百分比提高到 25%、35% 和 45%。地线取最大使用张力的 100%；垂直冰荷载取 100% 设计覆冰荷载。

针对材料章节，随着我国生产的高强度钢材不断增加，输电线路采用高强度钢对降低工程造价和材料重量效果显著，其他的杆塔受力分析和导地线风荷载的调整、绝缘子串风荷载的计算及杆塔材料、螺栓等强度计算均是成熟的规定，同时该类知识线路设计人员很容易对照执行，运行单位只需了解即可。

十一、杆塔结构

本次修订将原规程中的杆塔结构设计基本规定的 2 个章节和 7 条技术要求与杆塔结构的 9 条技术要求，整合成一个章节，基本计算规定章节有 3 条技术要求；承载能力和正常使用极限状态计算表达式章节有 3 条技术要求；杆塔结构章节有 7 条技术要求。该章节知识属于设计铁塔和电杆人员用，同时工厂已将它们设计制造成产品，线路设计人员只需了解，并不需要他们设计计算，一般线路设计也基本采用套用产品规格即可。

十二、基础

本章节是杆塔基础内容，有 10 条技术要求，比原规程的 8 条技术要求增加了 2 条，本规程的技术要求多数是成熟的技术规定。

12.0.2 条 系新增条文，规定了基础稳定、基础承载力采用荷载的设计值进行计算；地基的不均匀沉降、基础位移等采用荷载的标准值进行计算。

12.0.10 条 系新增条文，规定了转角塔、终端塔的基础应采取预偏措施，预偏后的基础顶面应在同一坡面上。

Q/GDW 179—2008 为创造环境友好型线路工程，规定在地下水较深的黏性土地区可采用淘挖式基础；岩石地区采用锚筋基础或岩石嵌固基础；山区应采用全方位高低腿基础，以保护自然环境，防止水土流失。

十三、对地距离及交叉跨越

本章节为对地距离及交叉跨越内容，有 11 条技术要求，比原规程的 10 条技术要求有所修订。

13.0.6 条 本次修订了原规程线路通过林区需砍伐通道的规定，改为宜采用加高杆塔跨越不砍通道的方案，从而实现了架设输电线路并成为环境友好型工程。

13.0.8 条 修改了原规程 16.0.9 条输电线路对易燃易爆物品安全距离不小于杆塔高度 1.5 倍的规定，随着电网发展快速，线路通道越来越紧张，本次修订为：输电线路与易燃易爆物品的安全距离为本杆塔高度加 3m。

Q/GDW 179—2008 规定了跨越铁路和高速公路的要求，提高了建设标准，采用孤立档架设；对输电线路跨越树木、毛竹林时，宜采用高塔跨越、不砍伐通道的方案。

十四、环境保护

本章节为新增内容，有 6 条技术要求，即有关电磁干扰、噪声污染及杆塔基础建设中的水土保持和尽量不砍伐树竹木而采用高跨方式。

十五、劳动安全和工业卫生

本章节为新增内容，有 4 条技术要求，即规定有关防火、防爆、防尘、防毒等劳动安全与卫生。

15.0.2 条　规定了高杆塔宜采用高空作业人员的防坠落安全保护措施。

15.0.3 和 15.0.4 条　规定了在线路施工和新建线路附近有其他平行交叉线路时，应设计有防止感应电伤害的安全措施。

对附属设施和几个标准附录，基本是原规程的成熟规定，只需对应执行即可。

【思考与练习】

1. 架空送电线路设计规程为什么采用高塔跨越树木、毛竹林？

2. 为什么按架空线路设计规程设计的线路，雷击跳闸率仍会超过国家电网的要求？

3. 为什么 500kV 线路的边导线 5m 内要拆房屋？

4. 为什么本规程已提高了 1979 年版分裂导线的不平衡张力，仍出现大面积冰灾倒塔？

模块 3　GB 50233－2005《110～500kV 架空送电线路施工及验收规范》（GYSD00401003）

【模块描述】 本模块包含原材料及器材的检验、测量、土石方工程等内容。通过概念描述和条文解释，掌握架空电力线路施工及验收的内容、方法和标准。

【正文】

我国在 20 世纪 50 年代和 60 年代初制定了一批国家和行业标准，其中 DJG－63《电力建设施工及验收暂行技术规范——送电线路篇》由国家基本建设委员会颁发。1972 年起，全国开始对各行各业进行整顿治理，水利水电部以（72）水电电字第 118 号文首先恢复 15 种企业当前必须的安规、运行、检修规程和试验规程，也起草颁发"全国供用电规则"（试行），以稳定全国电力企业的安全生产；同时组织对该 15 种规程和其他有关规程进行修订或起草颁发，如送电、配电线路设计规程、过电压保护规程、电力设备接地规程、供用电规则等，并于 1976～1977 年颁发。《线路施工验收规范》从 1975 年起组织修订，增加了岩石基础、导地线接头爆破压接、钢绞线修补和杆塔螺栓紧固等新技术和新工艺，于 1981 年颁发，以后在 1990 年又进行了修订，目前的 GB 50233—2005《110～500kV 架空送电线路施工及验收规范》是根据建设部建标〔2002〕85 号文件《关于印发"2001～2002 年度工程建设国家标准制订、修订计划"的通知》的要求，在 GBJ 233—1997《110～500kV 架空电力线路施工及验收规程》的基础上修订的。如 1981 年版有总则、器材检验、施工测量、土石方工程、基础工程、杆塔工程、架线工程 7 个章节，1990 年版增加到总则、原材料及器材检验、施工测量、土石方工程、基础工程、杆塔工程、架线工程、接地工程和工程验收 9 个章节计 173 条，2005 年版只对 1990 年版作了补充和修正，增加了部分新产品等内容。如随着技术的进步和施工架设中出现的情况，标准的条文、内容也不断进行了增补，其中对电压等级进行了调整，将原来的 35kV、66kV 电压等级从规程中退出，并增加了 330kV、500kV 和 ±500kV 电压等级，条文也从几十条增加至数百条。2005 年，国家建设部和国家质检局以 GB 50233—2005《110～500kV 架空送电线路施工及验收规范》颁布执行，规范共有 9 章 228 条和一个附录，它规范了施工架设过程中的质量控制要求，同时也为运行单位验收核对提供了标准和依据。为控制工程质量，本次修订专门规定了以黑体字标志的 18 条及 12 款作为强制性条文，必须严格执行；同时规定强制性条文由国家建设部负责条文解释，由原中国电力建设研究所（现中国电力科学研究院）负责其他技术条文的解释。

一、总则

规定了适用范围是 110～500kV 交流、直流架空线路的新建、改建和扩建工程的施工与验收。

1.0.3 条　是强制性条文，架空送电线路工程必须按照批准的设计文件和经有关方面会审的设计施工图施工。当需要变更设计时，应经设计单位同意。

1.0.5 条　架空送电线路工程测量及检查用的仪器、仪表、量具等，必须经过检定，并在有效使用期内。该条文是根据国家计量法和 ISO9000 系列质量管理体系的要求，列为强制性条文必须执行。

本规范中的"验收"是指建设、监理和运行单位各方对工程质量确认的行为，规范中所有的条文都是施工、监理单位在作业前、作业中操作和控制的标准，只有事前控制才能确保工程质量，同时也是运行单位检查、检测验收的标准。

本章节中删除了原规范中的 66kV 电压等级部分，但由于基础施工、立杆架线及附件安装大同小异，建设单位和运行单位可在施工合同中规定，工程质量参照本施工及验收规范执行即可。

二、原材料及器材的检验

2.0.1 条　第 1 款规定：工程所用的每批原材料和器材，必须有产品出厂质量检验合格证书；第 3 款规定：对砂石等无质量检验资料的原材料，应抽样并经有检验资格的单位检验，合格后方可使用；都列为强制性条文，这也是为了确保工程质量能有效控制的手段。

2.0.5 条　是根据建标［2004］43 号《建设部关于严格建筑用海砂管理的意见》要求：原因是利用海砂拌制混凝土和砂浆，会使建筑工程出现氯离子腐蚀，降低工程耐久性，给工程质量带来隐患，所以在规范中规定：不得使用海砂。

2.0.7 条　规定了浇制混凝土用水要求，但由于输电线路一般沿人员活动较少的野外、丘陵或山区架设，现场浇制混凝土点分散，要求工程浇制都采用饮用水是不现实的，故允许用清洁的溪河水或池塘水。规定中不得使用海水和不得使用海砂的道理是相同的。

2.0.8 条　是对设计允许在现浇混凝土基础中掺入大石块的规定，监理首先要核查是否"设计允许"，其次核查石块的强度和大小。因基础工程属外包施工，建设单位的质量管理和甲方监理人员应严格督查，运行单位要针对当地情况在基础验收时重点核查。

2.0.11 条　规定角钢铁塔按 GB 2694—2003《输电线路铁塔制造技术条件》国家标准控制，而对水泥杆线路的横担和铁抱箍加工，由于没有标准，也只能套用 GB 2694—2003。2.0.11 条是将原规范 2.0.12 条和 2.0.15 条合并而成。

2.0.12 条　是新增条文，由于我国没有钢管铁塔的标准，在符合 DL/T 5030—1996《薄壁离心钢管混凝土结构技术规程》标准外，还必须符合设计要求；随着城市化的进展，钢管杆替代角钢塔架设在道路旁或绿化带内，给城市带来了美观，2.0.15 条也是新增条文。

2.0.16 条　规定导线质量应符合 GB/T 1179—1999《圆线同心绞架空导线》规定，但该导线标准系 1999 年 12 月 30 日发布，2000 年 8 月 1 日实施的国家新标准，替代原国标 GB 1179—1983《铝绞线及钢芯铝绞线》。这是为了接轨 IEC（国际电工委员会）制定的相关标准，新导线标准内容与 IEC 标准及国际惯例基本一致，尤其是在产品的规格和命名型号上。它与 1983 年版标准有较大区别，表 GYSD00401003-1 和表 GYSD00401003-2 是新、老 400 导线技术参数表。

表 GYSD00401003-1　　　　1983 年标准 LGJ-400/35 导线参数表

标称截面 铝/钢（mm²）	钢比（%）	结构 根数/直径（mm）		计算截面（mm²）			外径（mm）	计算破断力（N）	直流电阻 不大于（Ω/km）	计算重量（kg/km）
		铝	钢	铝	钢	合计				
400/35	9	48/3.22	7/2.50	390.88	34.36	425.24	26.82	103900	0.07389	1349

表 GYSD00401003-2　　　　1999 年标准"规格号"400 导线参数表

规格号	钢比（%）	面积（mm²）			单线根数		单线直径（mm）		直径（mm）		外径（mm）	额定抗拉力 JL/G1A kN	直流电阻 20℃（Ω/km）	计算重量（kg/km）
		铝	钢	总计	铝	钢	铝	钢	钢芯	绞线				
400	9	400	27.7	428	45	7	3.36	2.24	6.73	6.73	26.9	98.36	0.0722	1320.1

由于导线标准是全国电线电缆标准化技术委员会制定的，标准中明确新标准替代 GB 1179－1983《铝绞线及钢芯铝绞线》，而金具标准化技术委员会又是电力行业架空线路标准化技术委员会属下，导线的接续管和耐张压接管都采用 1983 年标准导线参数，如 1983 年标准中 LGJ-400/35，导线直径 26.82mm，它的铝面积为 $\phi 3.22 \times 48$ 股 = 390.88mm²，连钢芯 $\phi 2.50 \times 7$ 股一起总计算标称截面

425.24mm^2；1999 年标准中的 400 型，导线直径 26.9mm，它的铝面积为 $\phi3.36 \times 45$ 股＝400mm^2，连钢芯 $\phi2.24 \times 7$ 股一起总面积为 428mm^2，两者的破断力（抗拉力）也不相等，每千米导线的直流电阻也有一定的差异，因此国内设计院所设计采用的导线型号和各电力公司所使用的导线型号（结构部分）仍然是 GB 1179—1983《铝绞线及钢芯铝绞线》、GB 9329—1988《铝合金绞线及钢芯铝合金绞线》中的规格。各导线生产厂家则只能仍然执行 1983 年标准，为此电线电缆标委会以缆标委字（2004）第 016 号发送"国家标准 GB/T 1179—1999《圆线同心绞架空导线》第 1 号修改通知单（送审稿）"的函，规定 1983 年标准中的结构作为过度标准，仍然允许使用。所以运行单位和施工单位去导线厂家验收导线，应执行 GB/T 1179—1999《圆线同心绞架空导线》的第 1 号修改通知单（即 GB 1179—1983《铝绞线及钢芯铝绞线》）标准。

2.0.17 条 是根据电网需要，将复合光缆（即 OPGW）作为通信线，架设在导线上方作为架空避雷线用。即通信光纤穿入光缆线内的不锈钢细管内，且一正一备用绞制在光缆内，因此光缆的直径偏大，架设在线路上驰度明显比纯钢绞线大，一侧光缆、一侧钢绞线架设，弛度不一，两线的直径不等。设计一般将一侧的钢绞线改成良导体，使两根架空地线直径、弧垂等几乎配合。良导体其实就是钢芯铝绞线，无非是钢芯较大，目前有 LGJ-50/30、LGJ-70/40、LGJ-95/55、LGJ-120/70 四种，它有很好的通流能力，当电网近区短路时，短路电流能快速下泄，不致造成钢绞线在通过大短路电流时，因电阻大发热致使钢绞线强度下降而发生事故。

2.0.20 条 主要是针对各种绝缘子及绝缘子串制定的质量标准，由于绝缘子是输电线路最重要的电气设备之一，线路上故障的 80%沿绝缘子串发生，整个线路检修维护工作量也多数在绝缘子串上，因此建设单位、施工单位和运行单位在对绝缘子产品出厂验收时应注意按各相应绝缘子产品标准进行验收。因工厂验收是抽样试验，要特别指定熟悉标准的专业工程技术人员旁站监督电气和机械试验，特别是要掌握电气试验方法和试验规定，以确保新建线路绝缘子质量符合要求。条文第 3 款特别指明直流线路，原因是直流线路的电场与交流线路不一样，积污速度和积污量都远大于交流线路；另外直流电场的电解腐蚀速度快，所以直流线路的爬电距离要比交流大，且绝缘子钢脚上要套一只锌护套作为牺牲电极让其腐蚀。

2.0.21 条 系新增条文，目前杆塔防卸措施已普遍采用，由于防卸螺栓式样众多，虽然厂家随该防卸螺栓提供专用扳手，但为方便检修单位检修，检验防卸螺栓的防卸效果是否良好，条文注明了杆塔防卸螺栓的选择应征求建设单位的意见。

三、测量

本章节没有强制性条文，主要是针对施工测量复核和基础分坑测量的有关技术要求。

3.0.3 条 指明对三类情况应重点复测并纠正，施工单位按准确的测量数据施工，是确保输电线路符合设计要求和投运后能安全运行的前提。

3.0.6 条 规定了基础分坑测量的要求，有了准确的塔脚、拉线坑位置，再对浇制塔脚基础、埋设拉线坑施工等控制质量，则立塔架线和拉线的受力、运行维护等都有了质量的保障。

3.0.7 条 是新增条文，规定非城市规划范围内的输电线路均应符合 DL/T5092—1999 中的附录 A 涉及安全距离的要求，属强制执行的内容。

3.08 条 是新增条文，GB 50293—1999《城市电力规划规范》是城市电网建设应遵守的技术政策和环保要求。

四、土石方工程

本章节没有强制性条文，主要是针对土石方开挖中应注意的规定和超深或回填方面的有关技术要求。

4.0.1 条 比原规范增加了"按设计施工"和"保护环境"的要求，早期山区线路基础施工，挖出的土石有时沿山坡滚下，对植被破坏很大，多年后仍然有一条损坏植被的痕迹，现在设计对山区线路增加了许多挡土墙，有时建设单位挡土墙费用结算了，而施工单位往往不按规定砌挡土墙，仍将废土沿偏僻山沟倾倒。

4.0.3 条 是对基础开挖提出的技术要求，针对淘挖式基础对环保影响小，目前线路设计广泛使用，因此强调"淘挖基础和岩石基础的尺寸不允许有负误差"。

4.0.6 条 原规范中只对杆塔接地沟开挖深度提出要求，施工中有施工队将人工敷设接地线部分整圈埋下或较难开挖而截断接地线长度的现象，本规范对人工敷设的接地线长度也提出符合设计规定的要求，并明确提出接地沟的长度和深度不得有负偏差。同时规定"在山坡上挖接地沟时，宜沿等高线开挖"，这是为了避免下雨时接地沟的回填土被雨水冲走，使接地线外露而增大杆塔冲击接地电阻值。

4.0.11 条 将原规范要求"及其他杂物的好土"改为"泥土"更好掌握，由于杆塔接地线的埋设符合设计要求，其"冲击接地电阻"效果会很好，其耐雷水平更好，因此施工质检人员和监理人员应严格旁站监督，使此类隐蔽工程不给安全运行留下隐患。

五、基础工程

5.1.2 条 第 1 款基础混凝土中严禁掺入氯盐，这是强制性规定。第 2 款基础混凝土中掺入外加剂应符合 GB 50119—2003《混凝土外加剂应用技术规范》的规定。

掺加氯盐是作为防冻剂进行冬季混凝土施工用，某些外加剂的氯离子的含量比较高，氯离子 Cl^- 在混凝土内达到临界浓度后会破坏钢脚表面纯化膜，在空气、水的作用下，使钢筋腐蚀生锈。因此为赶工期在混凝土施工中添加早强剂等，应符合 GB 50119—2003 的规定。

5.1.4 条 规定是因为线路基础工程比较分散，混凝土量小，每基又分四个不相连的基腿，若一条腿的基础浇制，为节约而混用不同品种的水泥，会造成不可知的后果。

5.1.5 条 是规定施工单位对基础平面预偏措施的技术要求，监理和运行单位在基础工程验收中应特别注意该点的执行，原因是施工单位往往会在立塔前补做或不做，造成前后的混凝土不黏合、塔脚悬空或点受力的情况，对铁塔结构受力状况不利。

5.2 章节是现场浇筑基础的技术要求，多数内容都是历年来的成熟经验，文字明确易懂，关键是目前的建设工程都专门列了监理费，由专业管理懂行的中介机构替建设单位监督施工质量，扭转了以往运行单位派人员驻工地代表那种外行管内行的局面。

5.2.6 条 规定了现场浇制混凝土应采用机械搅拌和机械捣固，"个别特殊地形"无法采用机械搅拌的，应有专门的质量保证措施。

5.2.9 和 5.2.10 条 是强制性条文，规定基础试块必须从现场浇制中的混凝土内取样制作，养护条件也等同现场的基础，混凝土强度是以试块试验的强度作为依据，所以监理人员应严格把关，旁站监督试块制作，平时注意该试块的保养应与本杆塔基础处在相同的环境条件，并采用相同的养护手段，由有资质的试验机构进行试验，确保该隐蔽工程满足设计强度要求。

5.3 章节是钻孔灌注桩基础的技术要求，由于该类基础已在线路工程中大量应用，而浇制标准又多为"工民建专业"，每一条规定均明白无误，监理人员应该能掌握。因灌注桩的浇制和验收内容很多，无法一一列出，所以 5.3.10 条规定对规范中没有的技术要求应执行 JGJ 94—2008《建筑桩基技术规范》有关规定。

5.4 章节是混凝土电杆基础及预制基础浇制的技术要求，该类工程是最早采用的基础工程，技术要求成熟。随着经济的发展，该类杆塔只能使用在一般的输电线路上且占地面积大，近年来已逐步退出输电线路专业。

5.5 章节是岩石基础浇制的技术要求，岩石基础是属于环保型基础，它充分利用山区岩石的自然结构，少开挖、混凝土方量小，基础受力强度好，规定的技术条文明确易懂，施工浇制可控，监理人员只要在浇制时，监督核对设计要求和检查尺寸和材质等，使隐蔽工程的浇制质量满足设计要求。

5.6 章节是混凝土冬季施工的有关技术要求，本节为新增内容，主要依据 JGJ 104—1997《建筑工程冬期施工规程》的规定，主要是考虑北方地区，因输电线路的混凝土工程比较分散，且有时在偏僻山区，混凝土方量又小，所以规定了一些技术规定和要求。

六、杆塔工程

本章节分成五块内容，主要是铁塔、混凝土电杆、钢管电杆和拉线等组立、起吊方面的技术要求。

6.1.1 条 是强制性技术条文，要求组立杆塔必须有完整的施工技术方案和技术设计，使杆塔在组立过程中不致于部件变形或损坏。

6.1.2 条　规定确保塔材与塔材交叉处若有空隙时,应装设相应厚度的垫圈或垫板,使塔材受力时的作用力传递处在同一轴线上。

6.1.6 条　规定了杆塔连接螺栓的拧紧扭矩值,虽然早在 1981 年版验收规范上就明确有各类螺栓规格的标准拧紧扭矩值,但近三十年来,施工单位和运行单位均未强制规定连接螺栓必须采用扭矩扳手,不论工作人员个子大小、体力强弱,人人使用一把 300mm 长度的活动扳手,无数量级地各自作业,根本实现不了该条文的要求。

6.1.12 条　规定了杆塔上的固定标志及警示牌要求。这些要求不全面,因为在制作线路双重名称标志牌时,没有顺便将线路相位标识一起制作在一块杆号牌上,所以此处应按 DL/T741 运行规程 3.12 条规定:线路的杆塔上必须有线路名称、杆塔编号、相位以及必要的安全、保护等标志,同塔双回、多回线路应有色标(色标是 2001 年版要求,新版已按安规要求完善)。国家电网线路安规 5.2.4 条、5.3.5.1 条和 5.3.5.5 条均明确要求每杆必须有:识别标记(色标、判别标识等)和双重命名。5.3.5.5 条:同塔多回路……登杆塔至横担处时,应再次核对停电线路的识别标记与双重称号……。即每基杆塔悬挂有双重名称、编号和相位杆号牌及有电危险禁止攀登的警示牌;在同塔多回路杆塔除有上述规定悬挂外,在每个横担与塔身连接处悬挂有醒目的线路双重名称、编号的分相牌。

6.2 章节是组立铁塔的技术要求,它规定了铁塔组立中和组立后的有关要求,较简单明了。

6.2.1 条　是强制性条文,它规定线路基础浇制完成后,必须要按该条的 3 个条款后才能组立铁塔,这是因为有时新建线路要赶工期竣工或某几个基础由于农户赔偿造成迟迟不能开挖浇制,等青苗赔偿工作做通后,施工工期已被大大延期,施工方在延期浇制的基础完成后,有时急于立塔,特别是架线,会对这些未达到设计强度的混凝土基础造成塑性受损。

6.3 章节是组立混凝土电杆的技术要求,目前该类电杆在输电线路上已很少采用,特别是超过 30m 全高的水泥杆线路,几乎不再采用,由于高杆整体起吊的作业基本没有,电杆的横向裂纹和纵向裂纹也就不易产生了。

6.3.1 条　是强制性条文,它规定了混凝土电杆及预制构件在装卸、运输和起吊中该如何防止碰撞、不正确吊装的要求。

6.4 章节是吊装钢管电杆的技术要求,目前钢管杆的使用越来越多,故新增本章节。

6.4.3 条　规定钢管杆连接后,分段或整根电杆的弯曲不应超过对应长度的 2‰。

6.4.4 条　规定了直线电杆在架线后的倾斜不应超过 5‰,耐张或转角杆只规定宜向受力侧预倾斜,预倾斜值由设计确定。而 DL/T 5130—2001《架空送电线路钢管杆设计技术规定》第 6.2.1 条规定:在荷载的长期效应组合(无冰、风速 5m/S 及年平均气温)作用下,钢管杆顶部的最大绕度不应超过:直线杆不大于杆身高度的 5‰;直线转角杆不大于杆身高度的 7‰;110 ~ 220kV 电压等级的耐张或转角杆的绕度不大于杆身高度的 20‰;该技术要求也编入了修改后的 DL/T 741—2001《架空线路运行规程》内。

6.5 章节是拉线部分的技术要求,由于拉线杆塔已逐步退出输电线路,且该章节的内容都是成熟的检验条文,只需在验收中注意:拉线制作后的尾线应在楔型线夹的凸侧;电杆各根拉线的受力应均衡;拉线与拉线棒在受力后应在同一轴线上;X 形拉线在受力时的交叉处应有足够的空隙,避免相互磨碰;拉线的对地夹角允许偏差应为 1°。这里特别增加了拉线"受力后"的要求,因为施工单位在施工中分坑、开挖及下拉盘时不符合要求,工程完成后在自检过程中,有时会发现 X 形拉线交叉处有磨碰现象,对地距离大于 1°或拉线、拉线棒不在同一轴线上等缺陷,有的施工单位会在拉线棒泥地处垫石块人为造成拉线、拉线棒等符合标准,一旦线路运行和杆塔下沉及拉线受力后,这些拉线缺陷会重新存在。

七、架线工程

7.1 章节是放线的一般规定,主要规定了展放导线和架空地线的要求,对交跨的公路等交通要道和不能停用、触碰的管(索)道、电力和弱电线路提出设置完整可靠的施工跨越设施要求,并对放线滑车的轮槽尺寸和槽轮材料作出规定。

7.1.1 条　是强制性条文,要求放线前必须有完整有效的架线施工技术文件。

GYSD00401003

模块 3

7.1.3 条　规定了跨越有关交通要道和电力线路、索道等档距内不得有导地线压接头的要求。

7.2 章节是非张力放线导线损伤修复的技术要求，该章内容是成熟的施工、验收规定，在连续几次修订中均重新作为新版标准的内容。

7.2.2 条　规定了导、地线损伤较轻微的修复要求，特别强调若单根铝股损伤深度达到直径的 1/2 时，应按断股考虑。

7.2.3 条　规定了导线损伤修复或开断重接的标准和要求，由于钢芯铝绞线有众多规格，它们的钢铝截面比各不相同，则导线的铝股、钢芯承受拉力也不相同，验收规范明确规定了导地线损伤、断股等造成导线强度损失和铝截面损伤减少导电部分百分比数值、以及如何修复或开断重接的要求，这比光按导线铝股受损多少来定采取何种方法修复处理更科学。钢芯铝绞线的多种钢铝截面比及承担机械荷载的参数见表 GYSD00401003-3。

表 GYSD00401003-3　　　　　　　　**各种钢比钢芯铝绞线的技术参数表**

标称面积 铝/钢	钢比	根数/直径（mm） 铝	根数/直径（mm） 钢	计算截面（mm²） 铝	计算截面（mm²） 钢	外径 (mm)	计算破断力 (N)	铝股占（%）	钢芯占（%）
70/40	58	12/2.72	7/2.72	69.73	40.67	13.60	58220	18.18	81.82
95/55	58	12/3.20	7/3.20	96.51	56.30	16.00	78110	18.18	81.82
120/25	20	7/4.72	7/2.10	122.48	24.25	15.74	47880	38.29	61.71
185/10	6	18/3.60	1/3.60	183.22	10.18	18.00	40880	69.46	30.54
185/25	13	24/3.15	7/2.10	187.04	24.25	18.90	59420	47.86	52.14
240/40	16	26/3.42	7/2.66	238.95	38.90	21.66	83370	46.90	53.10
400/20	5	42/3.51	7/1.95	406.40	20.91	26.91	88850	72.99	27.01
400/35	9	48/3.22	7/2.50	390.88	34.36	26.82	103900	62.37	37.63
400/95	23	30/4.16	19/2.5	407.75	93.27	29.14	171300	38.06	61.94
630/45	7	45/4.20	7/2.80	623.45	43.10	33.60	148700	67.05	32.95

例如：LGJ-70/40 钢芯铝绞线，它的钢比是 58，外层只有一层铝股，若铝股 3 股全断，其他轻微损伤 2 股，则铝截面积受损约 30%左右，按照 DL/T 741—2001《架空送电线路运行规程》的要求，必须开断重接，由于该导线的铝截面只承担全部导线的计算破断力19%，此时导线强度损失约 3300N，开断重接显然是不合理的。另外钢比 5 的 LGJ—400/20 导线，铝的承受破断力要占全部计算破断力的 73%左右，而钢芯承受的破断力只占全部计算破断力的 27%左右，此导线铝截面受损若达到 30%时，则导线强度要损失 20000N 左右，约占总破断力的 23%。由此可知，由于钢比的不同，损伤同样的铝截面积，导线强度损失是不一样的，因此本规范即按导线强度损失又按铝截面积受损考虑进行修复或开断重接，比《线路运行规程》合理。非张力放线导线损伤补修处理标准见表 GYSD00401003-4。

表 GYSD00401003-4　**非张力放线导线、地线断股、损伤造成强度损失或减少截面的处理**

损伤处理线别 ＼ 处理方法	0 号砂纸磨光	金属单丝、预绞丝补修条补修	预绞式护线条、普通补修管补修	加长型补修管、预绞式接续条、全张力预绞接续条补修
钢芯铝绞线 钢芯铝合金绞线	铝、铝合金单股损伤深度小于股直径的1/2；导线或铝合金导线损伤截面为导电部分截面积的5%及以下。且强度损失小于4%	导线在同一处损伤导致强度损失未超过总拉断力的5%且截面损伤未超过总导电部分截面积的7%	导线在同一处损伤导致强度损失在总拉断力的5%，但不足17%，且截面积损伤也不超过导电部分截面积的25%	导线损伤范围导致强度损失在总拉断力的 17%～50%间，且截面积损伤在总导电部分截面积的 25%～60%
铝绞线 铝合金绞线	铝、铝合金单股损伤深度小于股直径的1/2；导线或铝合金导线损伤截面为导电部分截面积的5%及以下。且强度损失小于4%	导线在同一处损伤导致强度损失未超过总拉断力的5%	导线在同一处损伤导致强度损失在总拉断力的5%，但不足17%	导线损伤范围导致强度损失在总拉断力的 17%～50%
镀锌钢绞线		19 股断 1 股	7 股断 1 股 19 股断 2 股	7 股断 2 股 19 股断 3 股

续表

处理方法 损伤处理 线别	0 号砂纸磨光	金属单丝、预绞丝补修 条补修	预绞式护线条、普通补修 管补修	加长型补修管、预绞式接 续条、全张力预绞 接续条补修
OPGW		断损伤截面不超过总面 积 7%（光纤单元未损伤）	断股损伤截面占面积 7% ~ 17%，光纤单元未损伤（修补 管不适用）	

注　1. 钢芯铝绞线导线应未伤及钢芯，计算强度损失或总铝截面损伤时，按铝股的总拉断力和铝总截面积作基数进行计算。

　　2. 铝绞线、铝合金绞线导线计算损伤截面时，按导线的总截面积作基数进行计算。

　　3. 良导体架空地线按钢芯铝绞线计算强度损失和铝截面损失。

　　4. 全张力预绞式接续条只考虑导电铝截面严重损伤的补修，不采用导线有钢芯损伤后的修补。

7.3 章节是张力放线的技术条文，规定了张力放线机械设备的配置、挂线和附件安装等注意事项；同时规定了导线损伤修复的标准，要求张力放线中导线损伤程度的控制比非张力放线更严格，提高 50% 技术指标。这是由于采用张力放线后，可避免导线落地摩擦。

7.3.1 条　第 1 款是强制性条文，规定 330kV 及以上电压等级线路必须采用张力展放。对良导体架空地线及 220kV 线路导线也应采用张力放线，110kV 线路导线宜采用张力放线。张力放线可减少导线损伤的几率，同时可大幅度减少青苗赔偿费用。

7.4 章节是导、地线连接技术要求，该章节是重要章节，导、地线运行是否安全，决定于它们的连接，特别是该章节中有多条强制性条文，导线压接人员、建设单位质量管理人员和中介机构的施工监理人员应严格控制，运行单位验收时，不能光检查核对施工记录和监理人员的旁站签名，应上耐张塔实际检测压接管的尺寸，原因是目前多数导线架设采用空中平衡挂线，即在高空压接耐张压接管，其压接工艺和监理旁站都有疏忽的可能。

7.4.1 条　是强制性技术条文，该条规定比较容易做到。

7.4.2 条　也是强制性技术条文，它要求压接操作人员必须经过培训并考试及格、持有操作许可证。连接完成并自检合格后，在压接管上打上操作人员的钢印。现在线路工程又增加了由有资质的中介机构监理公司专责监督施工质量的要求，特别对重要隐蔽项目如导地线压接、基础现场浇制等，需要监理人员旁站监督施工质量。

7.4.3 条　又是强制性技术条文，它规定在导、地线展放架设前，由本次架设施工中要操作导、地线压接人员，采用相应规格的金具进行导、地线压接并试验其计算破断力；试件不得少于 3 组，其握力强度不得小于本导线与相应规格金具连接后的 95% 计算破断力，以检验导线、金具的破断力、握力和压接人员的压接工艺水平。

对小牌号导线即采用螺栓式耐张线夹悬挂的导线接续管，若连接后一起做破断力试验时，有两个强度控制标准，导线应大于 95% 的计算破断力；螺栓式线夹应大于 90% 的计算破断力。即拉到 90% 导线破断力时，稳住拉力，检查螺栓式耐张线夹是否完好，再继续拉到导线破断力的 95%，稳住拉力检查导线接续管的情况（此间有可能发生螺栓式线夹损坏）。工程中有的工程技术人员或试验站会错误地认为，按导线的计算破断力乘 95% 后再乘 90% 的数值，作为螺栓式耐张线夹连同导线接续管一起试验时的控制值，这是误解了本条文的意思。

7.4.5 条　第 1 款属强制性条文，切割作业时应严格执行 4 个注意款项。

7.4.6 条　规定了压接管在压接前，应在导线连接部分外层铝股上洗擦后薄薄地涂上一层电力复合脂（导电脂），用细钢丝刷清刷导线表面氧化膜，在保留导电脂情况下进行压接。导线接续管和耐张压接管的导电截面和连接部分的接触面积均比导线的截面积大得多，所以压接管的电阻肯定比导线小，电阻小就是为消除因压接管压后可能造成的接触不良而引起接触电阻增大。本规范 1981 年版修编组对压接管与导线的电阻比值做了多组对比试验，压接后的压接管电阻与等长导线的电阻比均小于 1，绝大部分的比值在 0.7 以下。整个压接管电阻与等长导线电阻的比值与压接管、导线的清洗质量有关。

7.4.8 条　中第 1 款的爆压工艺和第 3 款已作废，原因是 SDJ276《架空电力线外爆压接施工工艺规程》已被国家发展与改革委员会 2005 年第 45 号公告作废，该公告共作废 181 个标准，其中电力标准39个（同理7.4.13条也应作废）。第5款校直后的接续管如有裂纹，应割断重接；该款规定属强制性条文，原因是接续管弯曲一般是将弯曲接续管放在木板上，采用木榔头敲打，有可能使接续管裂纹。

7.4.9条 规定了一个档距内导、地线的压接管数量和压接管处在什么位置的要求。其实严格地讲，在一个档距内多一个接续管对运行来说是无所谓的，规范的目的是要求施工单位抓好工程质量。但对各类压接管处在档距中的位置，则对导线运行有影响。原因是导、地线在运行中，多数时间是在振动的，导线振动波是从1/3档距处传递至线夹口，由于线夹内的导线已被包裹固定住，导线振动波传递至线夹口时成一驻波，线夹口的铝股在常年振动波的曲折下，疲劳损伤铝股，因此导、地线都安装有防振装置来卸载振动荷载。各类压接管或补修管，处在防振装置外，此时如同一只线夹，常年的导线振动波会使管口的铝股疲劳受损，理论上导线压接管最好处在档距的1/3前面（无振动波），通过计算，压接管或补修管处在条文规定的以外，导线振动波对铝股的损伤可接受。

7.4.10条 是小牌号导线连接用的钳压管，压接位置和压接模数条文中都明确规定。关键是运行单位在验收中要特别注意，钳压管口的压模必须在副线上，钳压模压接后对导线是有凹压的，若管口压模在主线上时，振动波更容易使铝股疲劳折断。

7.5章节 是导线紧线的技术要求，该章节也是成熟的技术条文，已执行多年，条文意思清楚明确。

7.5.5条 规定了导线紧线时的过牵引尺寸，早期导线紧线后的挂线时，由于紧线滑车的悬挂点肯定低于耐张塔挂线孔，加上耐张绝缘子串和金具不会全部受力拉直（现平衡挂线时的紧线器后的导线也不能拉直受力），势必要紧过头一些（过牵引）以方便导线头压接操作和挂线，对连续档紧线问题不会太大，但对档距短的孤立档，则必须要控制过牵引长度，否则则会由于过牵引增大导线张力，造成导线或其他部件损伤。

7.5.8条 规定相分裂导线的同相子导线弧垂应力要力求一致，第1款对没有间隔棒且垂直双分裂的导线要求两子导线间的弧垂不允许有负误差，原因是双分裂导线在输送一定的负荷和在一定的档距情况下，两根子导线会相互吸拢，严重时两线会缠绞在一起，不能恢复原位或造成永久性变形。

7.6章节 规定了附件安装的技术要求，该章节条文意思明确，且是成熟的条文内容。

7.6.6条 规定悬垂串的线夹中心位置与横担悬挂点应垂直，偏移角不应超过5°，最大偏移值不应超过200mm。线路设计一般只考虑机械受力，由于悬垂双联串的污耐压比单串绝缘子下降约10%左右，设计一般不采取污耐压弥补措施。事实证明：单串、双联串的绝缘子片数相等时，污秽闪络跳闸几乎发生在双联串上。目前运行单位多提出若采用双联串时，导线端采用单独线夹与导线连接，且两线夹的中性点间距应大于600mm（原武汉高压研究院曾试验验证双联串间距大于该数值后，其污耐压值与单串相似）。

7.6.15条 第3款规定了导线跳线引流板或并沟线夹的螺栓紧固要求，其螺栓的扭矩值应符合该产品说明书的扭矩技术要求。

7.7章节 规定了架空地线中含有通信用OPGW光缆的架设技术要求，对于输电线路，运行单位在维护架空地线或光缆时除断股压接不能像钢绞线那样，平时运行均与一般的架空地线一样。但对放线架设时，对施工单位提出了21条技术规定。

7.7.3条 第1款属强制性技术条文，主要是防止沿地面展放被山上树桩、岩石钩住，紧线中拉坏OPGW中的光纤。

八、接地工程

这部分技术规定属成熟的技术要求，多年来一直采用。1981年版验收规范有"雨后不应立即测量接地电阻"的规定，原因是设计接地电阻值已经是换算到雨后的接地电阻，何况南方有许多杆塔处在农田内，即使冬季，其接地线处的土壤都是潮湿的，所以1990年版修改时取消了该规定。

GB 50169—2006《电气装置安装工程接地装置施工及验收规范》的第3.3.6条规定：接地体敷设完后的土沟其回填土内不应夹有石块和建筑垃圾等；外取的土壤不得有较强的腐蚀性；在回填土时应分层夯实。即接地体敷设后回填接地沟时，应纯泥土回填，这对杆塔冲击接地电阻值的降低有效，原因是快速强大的雷电流下泄到大地，瞬间高电压将接地线周围的土壤击穿，使接地线及周围被击穿的土壤成导电体，强大的雷电流快速释放，避免塔顶电位升高后造成沿绝缘子串反击跳闸。若接地沟内的接地线周围为石块等物搁空，雷电流下泄时，只有接地线为下泄通道，造成冲击接地电阻值大，雷电流排泄不畅，使塔顶电位升高后引发沿绝缘子串反击后线路跳闸。

8.0.2 条 规定线路杆塔人工敷设的接地线应按设计要求敷设，当现场地形不能满足需要变动时，施工单位应按改动埋设的接地线，画出敷设简图并标示相对位置和尺寸，此要求来源于 GB 50169—2006《电气装置安装工程接地装置施工及验收规范》的第 3.7.8 条 规定。该点运行单位要特别注意，在验收时应核查杆塔接地线是否符合等高线埋设和接地线埋深尺寸的要求。

8.0.7 条 规定了杆塔人工敷设接地线工频接地电阻值的检测要求，测量时应注意，现场检测的接地线工频接地电阻值还不等于杆塔接地电阻设计值，需按现场情况，将测量得到的工频接地电阻值与季节系数换算后，才是设计要求的接地电阻值。水平接地体接地电阻测量用的季节系数见表 GYSD00401003-5。

表 GYSD00401003-5　　　　　　　　水平接地体的季节系数表

杆塔接地射线埋深为 0.5（m）时	季节系数 ϕ 取 1.4 ~ 1.8
杆塔接地射线埋深为 0.8 ~ 1.0（m）时	季节系数 ϕ 取 1.25 ~ 1.45

注　测量接地装置电阻如土壤较干燥时季节系数取较小值，土壤较潮湿时取较大值

九、工程验收与移交

9.1 章节规定了工程验收的技术要求，工程验收分隐蔽工程验收、中间验收和竣工验收三个环节。隐蔽工程的验收必须要在隐蔽前进行验收，以便核查、检测清楚各种部件的规格、尺寸和位置等。由于线路工程多，又有监理单位专责监理，有时运行单位在竣工验收时，只检查核对施工记录，为了新建线路能符合按设备的状态进行运行和检修，验收组对有的项目可现场打破检查施工质量、登塔高空实际检测耐张压接管和回弹仪、取芯检验混凝土基础的强度、接地装置核查回填是否泥土和埋深尺寸等，以确保输电线路工程投运后能安全运行。

9.2 章节为竣工线路的试验工作，此类程序多在线路启动委员会操作，由变电专业和调度部门合作完成，对输电线路专业关系不大。

9.2.2 条 是强制性条文，一般均能按该要求执行。

9.4 章节是竣工资料移交内容，条文明确，按要求执行即可。但运行单位应认真核查施工记录、与农户签订的众多青苗赔偿协议、跨越民宅或线路通道内今后农户原地升高等补偿协议等，线路运行后，有时会由此产生许多纠纷。

【思考与练习】

1. 架空送电线路验收规范为什么要将部分条文列为强制性条文？
2. 规范为什么规定钢芯铝绞线有强度损失和铝截面积受损两个修复、开断重接要求？
3. 导线跳线引流板或并沟线夹采用扭矩扳手紧固设备有什么好处？
4. 对隐蔽工程项目在竣工验收中可采取什么方法核查其施工质量？
5. 工程竣工后应移交哪些资料？

模块4 《架空输电线路管理规范》（GYSD00401004）

【模块描述】本模块包含运行管理、缺陷管理、检修管理、技术改造管理、标准化作业、技术监督、技术管理等内容。通过要点介绍和条文解释，熟悉架空输电线路管理的主要内容、要求和方法。

【正文】在 20 世纪 90 年代，原能源部电力司以电供［1990］111 号文颁发了《架空送电线路专业生产工作管理制度》，共计 5 章 40 条，并有 5 个附件；2003 年 7 月国家电网公司组织部分专家起草编写了《架空输电线路管理规范》，11 月 17 日以国家电网生［2003］481 号文颁布试行，该规范正文有 9 个章节计 51 条 185 款外加一个附录，附录含 4 个规范性附录和一个资料性附录。通过几年试行，2006 年国家电网公司组织专家对《架空输电线路管理规范（试行）》版进行修订，于 10 月 24 日以国家电网生［2006］935 号文颁发《架空输电线路管理规范》，新版《管理规范》分 15 个章节计 121 条

外加一个规范性附录。

20世纪管理学的伟大贡献是被管理者（员工）的体力劳动工效提高了近50倍；21世纪管理学的重点是要提高管理者的劳动生产率，管理规范化是体现管理者对自己管理工作的规范化，而不是管理者要求对被管理者体力劳动的规范化。目前公司各级、各类管理者的最大困惑是自己的管理工作不规范，导致企业管理工作混乱无序，工作效率低下，管理工作中有时会出现不能做正确的事、又不能正确地做事等现象。管理者一年忙到头，其结果却差强人意，其根源就是缺失各个专业的管理规范，他们迫切希望让本专业的管理工作规范起来，输电线路占电网固定资产的50%以上，且架设在野外，运行环境差，因此输电线路运行单位的管理者们期盼其输电线路专业管理规范化，国网公司就是出于该目的而组织广大专业技术人员制定及修订完善了输电线路管理规范。

本规范包括总则、术语及定义、机构职责、新建工程的管理、运行管理、缺陷管理、检修管理、技术改造管理、事故（故障）调查与管理、标准化作业、安全管理、技术监督、评级与评价管理、技术管理、人员培训等15个方面内容，是架空输电线路生产管理的基础性、综合性规范。本规范对线路全过程、全方位安全生产管理工作提出基本要求。输电线路的技术标准、运行规范、检修规范、技术监督规定、评价标准、技术改造指导意见和预防事故措施等均应遵守本规范，并共同组成国家电网公司输电线路管理的制度体系。

一、总则

本章节有4条规定，它要求落实"安全第一、预防为主和综合治理"方针，以规范安全生产管理和提高线路管理水平；规定线路上的技术标准、运行、检修规范、技术监督和设备评价标准、技术改造和反事故措施等均应遵守本规范；它的适用范围是110（66）kV及以上电压等级的交直流架空线路。

二、术语及定义

本章节只有一个条文，共规定了25个名称术语及定义，它罗列了输电线路按周期运行、检修或按设备的状态进行运行、检修的有关术语，同时把现代化电网管理的部分术语也纳入本术语及定义中，如状态检修、状态量、线路可用系数等。

三、机构和职责

本章节有3条规定，它规定了公司线路按分级分片管理的原则，要求设置相关的管理机构、相关岗位和配置相应的专责人员。

管理机构有国家电网公司级、网省公司级和地市公司或专项公司（超高压）三级；上面二级还应在所辖电力科学研究院内设置线路专业技术研究试验机构；地市级在所辖线路工区内设置运行、检修和带电作业管理岗位；最后规定了各级线路专业管理岗位的职责，各自负责宏观、微观和现场的专业技术管理职能。

四、新建工程的管理

本章节分三节分别从设计阶段、施工及验收阶段、生产准备阶段作出7条规定。

在设计阶段有3条要求，强调了运行单位在新建线路规划设计阶段就应介入管理，将运行在该区域特别是新建线路临近的运行线路运行经验和已采用的有关反事故措施提供给线路设计人员，使设计人员有针对性地将运行线路上行之有效的各类措施等添加在新建线路上。它避免了有时基建单位为节约少量的工程投资，造成运行单位在线路投运后再投巨资且长时间停电改造（如更换或升高杆塔、绝缘子等）的实际现象，即要求基建、运行两部门同心协力，力争建成符合本线路途径区域运行状况的输电线路，达到新建线路投运后能符合按设备状态开展检修和运行的目标，实现线路安全运行、企业"减人增效"的管理模式，提高精细化管理设备的劳动生产率。

在施工和验收阶段也有3条规定，明确了运行单位在工程验收的各个阶段如何开展工程质量控制的要求；同时规定新建线路没有达到基建工程达标投产考核评定标准的，一律不准投产；并对竣工资料移交作出了规定，特别要求施工原始记录资料应全数移交，以避免线路运行后因基建阶段存在的部分青苗赔偿纠纷影响到运行单位的日常巡视和检修工作。

在生产准备阶段规定了工程正式投产前，按有关规定做好防范，准备好运行设备和资料，使辖区内的高危险度设备，满足线路安全运行和沿线居民生产生活的要求。

五、运行管理

本章节分 6 节 21 条管理条文，运行管理是输电线路整个管理要求中的重中之重，只有设备巡视、目测和采用检测仪器检测、判断设备隐患等工作做得全面、精细，才能使输电线路安全运行有一定的保障。

1. 一般规定

该段有 6 条要求，首先是运行人员必须是有一定运行维护经验（原电力工业部 1979 年版《架空送电线路运行规程》第 4 条……巡线员可从有经验的检修人员中选配，并可能保持稳定），应该说，运行人员懂得一些检修作业的方法和程序，对在运行中发现的缺陷和隐患能及时提出一些针对抢修的措施和程序的意见，特别是输电线路故障抢修方面，对尽早恢复线路运行有帮助；若运行人员没有线路检修经验，即使在线路现场发现设备故障，也不清楚设备损坏程度，如何修复等，即无法准确描述或提出线路抢修的方法和应准备的抢修工器具，还需要有检修恢复经验的人员再重新赶赴故障现场，确定设备受损程度、采用何种抢修方法和需准备的工器具等，延误了线路抢修恢复的时间。

其次规定了运行线路不得出现运行维护的空白点，这主要是为防止由于不同的设备维护单位间、各设备主人对所辖设备分界或区分点的划分不明确，而造成设备漏巡；若两设备主人对某一档距的分界没有明确的文字划分资料，就会发生一人巡视到 29 号，而另一人负责从 30 号以后的情况，从而造成 29 ~ 30 号档几百米导线及线路通道的安全运行责任未落实到人，线下树木、毛竹生长和导线风偏距离校核，通道内或通道外对设计风速下的导线风偏安全距离构成威胁的树木、毛竹无人管理的现象。另外第 18 条规定了正常巡线、特殊巡线、故障巡线、夜间巡线、交叉巡线、诊断性巡线和监察巡线，规定了一些巡视要求。

第 20 条是状态巡视。当输电线路运行设备及线路通道状况评价线路是安全的、某些隐患或缺陷在可控时，可以开展状态巡视，同时有 4 款内容明确地规定了开展状态巡视的基本条件；要真实有效地做到设备主人对所管辖的线路设备运行状况基本熟悉和按设备情况进行巡查和处理，首先需要线路巡视人员有较强的责任心和一定专业技术水平；其次要在有些线路危险点或区段的杆塔上安装一些高科技监控产品，给巡线员工配备一些巡查、检测等高科技设备，如数码相机、激光垂直测高仪、激光水平测距（测高）仪等，通过一段时间将所辖线路设备和通道彻底查清运行状况，划分树木毛竹生长区、违章采矿爆破区、易违章建筑区、塔材易盗区、重污区、重冰区、雷击多发区、导线舞动区、车辆易撞杆塔、拉线危险点、鸟害易发区、机械塔吊易碰导线区、漂浮物易发区、洪水冲刷区、滑坡或易被开挖区等不同区段，根据不同情况制定不同的防范措施，以特殊区域确保安全运行的处理方法和程序，制订各线路延长或缩短巡视周期的方案，以文件形式批准下发，使输电线路按设备状态开展巡视的管理有据可依。

2. 线路检测

该章节有 2 条要求，输电线路检测有多项内容，必须按规范进行。线路设备缺陷有的可能会立刻引发线路停电故障，如导线对地距离严重不足、瓷绝缘子低零值、复合绝缘子硅橡胶护套电蚀穿孔或密封失效、导线跳线连接点严重发热等。有的暂时不至于造成线路停电，如复合绝缘子憎水性下降、绝缘子附盐密值大、绝缘子钢脚锈蚀严重、杆塔接地电阻值、玻璃绝缘子自爆等。线路检测是为了及时发现设备缺陷，首先检测必须按制定的周期结合运行状况落实检测和评价判定；其次对各类检测知识进行培训和实际操作，确定必要的检测人员以确保各类状态量检测数据的准确性，分析讨论有关危险检测数据的"短板"判据，使线路检修有的放矢地修复消缺，提高线路设备的可用率。

3. 特殊区段线路的运行管理

该章节有 3 条技术要求，按前面分析制定的各类危险点或危险段线路，分析讨论总结出各项防范措施和巡视方法及手段。对那些可以采用技术改造措施消除隐患的部分危险点，应积极力争消除，达到既可保证线路安全运行，又可大幅度减轻运行人员劳动强度的目的。同时应根据输电线路存在的危险点，按轻重缓急制定此类隐患的应急预案，落实抢修人员、抢修工器具、车辆、抢修用的线路设备和后勤保障等措施，平时抽调部分应急预案进行实战演习，以熟悉应急抢修程序和方法，提高应急抢修能力。

4. 输电线路保护

该章节有 7 条技术要求，输电线路的保护应遵照具有法律依据的《电力设施保护条例》及《电力设施保护条例实施细则》，运行单位应积极依靠有关政府部门，多沟通、多汇报，将要发出给违章单位或个人的有法律依据的隐患通知书抄送给政府电力设施管理部门，将发现较严重的隐患现场照片作为附件同隐患通知书一起发放，使政府职能部门及时了解隐患的严重性，同时也将电力设施保护的责任再次明确地告知，促使政府有关职能部门督促和落实下属乡镇、街道解决处理好线路通道内存在的隐患，或由乡镇、街道负责处理塔基占用和改造作业中的青苗赔偿工作，协助电力部门解决好出资金更换升高铁塔或改道避让工作。

运行单位应积极组织输电线路沿线群众义务护线员队伍，要选择有责任心，在群众中有威信的村委负责人或村治保主任等人担任护线员，平时要多联系护线员，每年年底赠送一些护线用品，如雨衣、脸盆、电热水壶、电饭煲、登山鞋等。每次报告线路重要隐患属实的，奖励一定数额的奖金，一般隐患给予报销电话费和误工工资，形成及时报告有奖励和报销的良好环境。另外将其管辖区域内的检修、施工等需雇佣运输、搬运民工或巡线道修理等工作委托给当地护线员，可支付护线员一定的工资，使群众护线员对输电线路运行单位发挥积极作用。

对在线路通道内或附近施工建筑的单位，应积极采取生产、营销联合管理的方式，即明确规定，供电部门在接受施工用电申请时，用电申请流程中有一项输电线路会签栏，输电线路经过现场勘察对线路无危害或经过制定一定的施工措施可确保线路安全时，输电线路运行单位在申请单上签注意见和防范措施，用电管理部门与施工单位签订安全用电合同，合同上需有违章肇事引发线路故障的惩罚措施，促使机械吊装或建筑施工单位平时严格控制施工方法，使施工用电与安全生产挂钩，确保临近的输电线路安全运行。另外，输电线路的专项维护工作有 9 项，运行单位应按照所辖线路存有的相关内容，制定各防治措施。

第六部分是报废和停役线路管理，此部分以前各单位较少关注，但随着法治社会的不断完善，企业的法治意识也越来越强，此类线路若造成倒塔断线并引发财产损失或人身事故，企业必然会受到法律追究，所以必须尽快拆除所有报废设备。因电网发展速度不断加快，线路走廊可利用的土地资源越来越少，有些报废或停役线路有时需暂时占用线路走廊一段时间，此时运行单位应落实人员组织巡视管理，其巡视周期可适当延长，但必须有巡视计划和巡视记录，以规避报废线路一旦发生因外力破坏造成事故伤及他人时的法律责任。

六、缺陷管理

本章节有 3 条技术要求，主要是建立缺陷管理系统，必须实现设备缺陷全过程闭环管理。其次要制定缺陷分类（设备缺陷、附属设施缺陷和外部隐患）、分级及缺陷处理程序等相应管理办法。对缺陷管理应按危急、严重和一般三个层次进行，缺陷应及时记录、统计，按设备评价标准分析评价，确定采取何种方式消缺，并要求组织验收，以确保消缺工作完整有效。

七、检修管理

本章节分五个层次的管理要求，有 18 条技术要求。

第一部分是一般规定，有 3 条技术要求，主要是确定检修周期，对那些不需线路停电的随机性检修，则根据巡视、检测的结果，随时消除缺陷，以保证线路设备常态化运行。

第二部分是大型检修管理，也有 3 条技术要求，规定更换导地线、更换（组立）杆塔、更换横担等大型检修作业，应组织工程技术人员和生产骨干在工作前进行现场勘察，讨论编制施工方案，经业务管理部门审查和批准后才能实施；根据批准的施工方案，运行单位编写作业指导书并经本单位技术负责人审查批准。该类大型检修作业完工后，运行单位应按《验收规范》进行验收，现场实际应与改造图纸相符。

第三部分是带电作业管理，有 5 条技术要求，一是要建立一支带电作业队伍，配备必备的工器具和仓库，并制定相关的管理制度；其次是带电作业人员应经过理论、技能两个方面的专业培训，经过考核并持证上岗。带电作业项目应编制各类操作项目的现场标准化作业指导书，同时建立统计、记录和奖罚制度。

第四部分是应急预案管理，有 4 条技术要求。规定了输电线路的特发事件都应按国家电网公司的有关规定将其纳入应急预案管理。建立和完善应急组织机构，将各类相应的特发事件编制好应急预案，定期现场演习，完善抢修处理程序。同时落实好抢修人员、备用器材、交通车辆、通信工具、抢修工器具和后勤保障等措施。

第五部分是大修管理，有 3 条技术要求。首先大修项目应编制年度计划，经过审查批准后落实资金；其次大修项目的器材要经招投标管理招标采购，大修项目完成后必须组织工程验收程序。

八、技术改造管理

本章节有 4 条技术要求，技术改造必须经过充分的技术经济分析和论证，技术改造计划应由设备管辖单位按国家电网公司有关规定进行编制、上报、审批和实施程序，整个项目管理工程等同建设工程要求的资本金制、项目法人责任制、招投标制、工程监理制和合同制等进行管理，项目完成后实行工程竣工验收制。

九、事故（故障）调查与管理

本章节有 2 条技术要求，线路事故调查与管理应按国家电网事故调查规程的有关规定执行，事故和障碍应分别按性质、程度分类、统计。

十、标准化作业

本章节分 3 个层次，有 6 条技术要求。

第一层次是标准化作业指导书的编制，该标准化指导书编制后经审查批准，一般作为指导书样本，现场作业中每个作业指导书的编制，其内容必须按现场实际情况进行修改，经运行单位技术负责人批准后实施（不按现场实际修改的标准作业指导书不能在现场使用），现场作业指导书必须是有很强的专业性和可操作性。

第二层次是标准化作业指导书的内容和分类，它可分停电作业和带电作业两类；有部分项目可编制成标准化作业指导卡，如处理交叉跨越、测量接地电阻等；新建、改建、扩建工程和大修项目应编制安全技术组织措施；对比较简单、危险性很小的地面基础检查、补挂或涂写杆号牌等可用口头或电话命令执行。

第三层次是执行和管理，有 5 个款项内容，比较明确。

十一、安全管理

本章节分 7 个层次，有 21 条技术要求。

第一层次是要求制定本单位的安全生产工作目标以及科学的生产指标，如线路跳闸率、设备完好率、线路可用率和连续安全日指标等。

第二层次规定线路工区制定预防输电线路事故的技术措施（早期称反措）和以改善作业环境、预防人身伤亡事故、职业病等为目的、以安全性评价结果为依据的组织与技术措施（简称安措）的要求，并在当年春、秋两季安全大检查中核查"两措"计划的落实和实施情况。

第三层次是安全生产，有 2 条技术要求，分别对线路巡视和检修两个专业进行安全管理，其对应的规程是《电业安全工作规程》（电力线路部分）。

第四层次是规定工作票制度的贯彻与执行，要求在输电线路上作业必须严格遵守《电业安全工作规程》（电力线路部分），认真落实保证安全的组织措施（工作票制度、工作许可制度、工作监护制度、工作间断制度、工作终结和恢复送电制度），正确使用工作票。

第五层次是安全设施及标志管理，有 4 条技术要求，由于我国民法规定高压电是高危险度作业，若设备单位没有向民众宣传告知其危险性，当民众触及高压电并发生伤害时，即使电力线路设施完全符合国家、行业有关标准，产权所有人仍然要承担无过错赔偿，因此运行单位应在线路沿线积极进行电力设备公益性、重要性和危险性的宣传，每基杆塔上设置相对应的安全标志（含禁止、警告、指令、提示标志牌），并对输电线路跨越鱼塘、采矿区、易被外力破坏的地段和人员易攀爬的杆塔等增设相应的安全警戒线、警示标志、临时防护或提示遮拦及宣传告示。

第六层次是安全工器具和施工机具管理，有 6 条技术要求，分别是施工工器具、安全工具和带电作业工器具等，运行单位应对安全工器具实行定置管理，由于各类工具的试验方法、保管和应用均不同，应按相应的技术、试验标准执行，对损坏、试验不合格的应及时进行报废销毁处理。

第七层次是爆炸物品及危险化学品的管理，有 3 条技术要求。随着国家对民用爆炸物品的严格管理和国民经济的快速发展，运行单位基本不再采用导爆索压接接地线和导地线，加之 SDJ276—1990《架空电力线路外爆压接施工工艺规程》已被国家发展和改革委员会下文作废，近年来线路基坑、拉线坑、接地沟等施工已采用空气凿岩机机械开挖，因此爆破作业已不适应线路运行单位。

杆塔接地线的焊接早期采用氧气、乙炔气焊接，由于交通管理部门不允许两种危险物品在同一车辆上运输，且因输电线路杆塔接地改造中的接地线连接因钢瓶等搬运笨重、气焊需使用动火工作票，近年来已被便携式发电机电焊连接接地线方式替代。对机动绞磨用的柴油或发电机用汽油，则应按国家有关危险品运输和使用规定，编制安全使用规定。

十二、技术监督

本章节有 3 条技术要求。技术监督分两项内容，一为设备监督，其工作流程是输电线路设备的设计选型、工厂监造、出厂验收、产品标志、产品包装、运输、储存、施工安装、竣工验收、运行维护、设备评价、检修更换等全方位、全过程的监督。二为专项技术监督，有防雷、防污闪、防导线舞动、防风偏、防鸟害、防冰闪、防塔材偷盗、防冰灾倒塔和大跨越段线路的技术监督，应按各个专项编制运行、检测、分析和技术改造的监督流程，使相关的专项技术监督做到可控和能控。

技术监督应由专人负责，坚持科学性和严肃性，即查阅图纸资料、技术标准与对实物进行检查、检测、分析、试验和总结相结合，每次技术监督检查后，工程技术人员必须作出完整、准确的技术结论。

对技术监督用的工器具、仪器、仪表及试验设备应符合和满足监督使用要求，对此类设备必须按周期校核。

运行单位必须建立技术监督异常预警制度，当发现设备、材料存有重大质量问题或专项技术监督存有危急或严重缺陷时，应及时发出预警通知。

十三、评级与评价管理

本章节分 4 个层次，有 13 条技术要求。

一为线路的评级，线路评级以条为单元，分一、二、三级。一、二级为完好设备，三级设备为不良设备，其设备技术指标已不能确保安全运行，需限期整改处理。

二为线路评价，运行单位应按线路设备评价标准对运行线路及时评价，它是实现设备全寿命管理的有效手段，也是输电线路按设备状况指导开展检修维护的技术依据，同时还是向主管部门申请大修、技术改造的依据。

三为企业生产进行安全性评价，它以 2～3 年的周期对本企业进行安全性评价，评价出企业生产活动存在的风险度，对评价出的重要及以上隐患必须实行闭环纠正管理，以减少企业生产的风险度。

四为设备可靠性评价管理，它依托线路设备评价后的检修制度，如加强电气部分设备的检修质量，以延长下次线路停电检修的周期；提出大力开展带电消缺的检修方式，力争线路缺陷均以带电方式处理，以提高输电线路的可靠性指标。其次是加强专项技术监督工作，使雷击、污闪、冰闪、鸟害和风偏等引发的线路故障降低至可控范围内，特别是污闪、冰闪、鸟害、风偏的技术监督，运行单位应力争控制在 0 故障目标内。

十四、技术管理

本章节是技术管理部分，分 4 个层次，有 10 条技术要求。

一为技术档案管理，要求运行单位做到图纸与现场实物一致，各种运行、检修、缺陷及消缺记录必须齐全，所有技术资料应实现计算机管理。

二为科技创新活动，分析运行线路存在的问题、技术管理和员工劳动生产率对运行设备的现状，应有的放矢地进行科学技术创新活动；科技是第一生产力，提高科技创新能力、理顺计算机管理程序、掌握设备全寿命管理过程，提升线路设备管理水平。

三为线路设备状况评估，由于线路设备是由杆塔、基础、导地线、绝缘子、金具、防雷接地设施和线路通道部件组成，而线路多数部件的缺陷可不停电处理，即使在带电部件存在缺陷时，也有普遍缺陷或个别缺陷之分；对线路设备评估、分析和判定一定要掌握水桶短板现象，针对评估出的线路设备现象，应调查分析，从规划设计、运行管理、技术规范或外部环境等分析原因，防止在其他线路或新建线路上再重复发生类似情况。

四为运行分析和信息上报，运行单位应定期组织运行、故障或专项技术分析会，总结经验，吸取事故教训，采取有效措施以确保线路安全运行。

十五、人员培训

本章节有 5 条技术要求，企业活动中人是第一动力，随着企业与电网发展不断加快，电网设备装备水平及技术含量不断提高，检测、检修用的仪器越来越先进和精密，企业员工必须不断学习新知识和新技术，既要进行理论培训和考试，也应开展生产技能的学习和培训，使广大员工不断补充新知识，提高员工的生产技能水平。

十六、规范性附录

本附录汇总了《架空输电线路管理规范》所引用的国家法律法规、国家（行业）标准和国家电网公司的规章制度，应注意的是在《架空输电线路管理规范》执行过程中，若引用的标准、规范更新时，应按最新引用标准要求执行。

【思考与练习】

1．为什么说线路管理规范不是管理工人们的标准？

2．为什么制定年度安全生产工作目标是企业管理过程中的重要一环？

3．为什么说线路可用率高体现了该企业的管理水平？

4．线路技术监督工作的主要内容有哪些？

5．线路（送电）工区的技术档案，应符合哪些要求？

国家电网

国家电网公司

生产技能人员职业能力培训专用教材

输电线路运行 下

国家电网公司人力资源部　组编

金龙哲　主编

中国电力出版社

CHINA ELECTRIC POWER PRESS

内 容 提 要

　　《国家电网公司生产技能人员职业能力培训教材》是按照国家电网公司生产技能人员模块化培训课程体系的要求，依据《国家电网公司生产技能人员职业能力培训规范》（简称《培训规范》），结合生产实际编写而成。

　　本套教材作为《培训规范》的配套教材，共72册。本册为专用教材部分的《输电线路运行》，全书共14个部分38章145个模块，主要内容包括电力网的基本知识及简单计算，输电线路导线受力分析与计算，输电线路杆塔的结构型式与受力分析，电气识、审图，输电线路的测量，电气设备及电工测量，规程、规范及标准，线路竣工检查与验收，架空线路状态巡视及检修，输电线路生产管理及信息系统应用，新技术的应用，输电线路继电保护及自动装置，线路的运行要求、事故预防及维护，线路巡视检查及运行管理。

　　本书可作为供电企业输电线路运行工作人员的培训教学用书，也可作为电力职业院校教学参考书。

图书在版编目（CIP）数据

输电线路运行. 下/国家电网公司人力资源部组编. —北京：中国电力出版社，2010.12（2022.9重印）
国家电网公司生产技能人员职业能力培训专用教材
ISBN 978-7-5123-0872-5

Ⅰ. ①输⋯　Ⅱ. ①国⋯　Ⅲ. ①输电线路–电力系统运行–技术培训–教材　Ⅳ. ①TM726

中国版本图书馆 CIP 数据核字（2010）第 189227 号

中国电力出版社出版、发行
（北京市东城区北京站西街 19 号　100005　http://www.cepp.sgcc.com.cn）
北京雁林吉兆印刷有限公司印刷
各地新华书店经售
＊
2010 年 12 月第一版　　2022 年 9 月北京第七次印刷
880 毫米×1230 毫米　16 开本　50.25 印张　1594 千字
印数 26001—27000 册　　定价 82.00 元（上、下册）

目 录

第三部分　输电线路杆塔的结构型式与受力分析

第四部分　电气识、审图

第五部分　输电线路的测量

第六部分　电气设备及电工测量

第七部分　规程、规范及标准

下　　册

第八部分　线路竣工检查与验收

第十一部分 新技术的应用

第十二部分 输电线路继电保护及自动装置

第十三部分 线路的运行要求、事故预防及维护

第十四部分　线路巡视检查及运行管理

第八部分

线路竣工检查与验收

第二十一章 检查与验收

模块 1 杆塔工程的检查验收（GYSD00701001）

【模块描述】本模块包含杆塔工程验收的一般规定，验收项目、标准、方法等内容。通过知识介绍、图表对比，熟悉验收项目、标准，掌握验收方法的要求。

【正文】

杆塔是线路工程的重要组成部分，主要起到支撑导线和避雷线及其附件并保证其安全运行的作用，杆塔按类别来分主要包括自立塔、拉线塔、混凝土电杆、钢管杆等。本模块主要对杆塔工程验收的一般规定、验收项目及标准要求等进行详细描述。

一、杆塔工程验收的一般规定

（1）杆塔工程验收必须按照 GB 50233—2005《110～500kV 架空送电线路施工及验收规范》的有关规定进行，查阅铁塔工厂验收纪要和提出的整改要求，杆塔镀锌均匀，镀锌层厚度符合 GB/T 2694—2003 第 4.10 条规定，逐基按设计图纸登塔检查和核测。杆塔各部件应齐全，规格符合规程和图纸要求。

（2）杆塔各构件的组装应牢固，交叉处有空隙者，应装设相应厚度的垫圈和垫板。

（3）当采用螺栓连接构件时，应符合下列规定：

1）螺栓应与构件平面垂直，螺栓头与构件间的接触处不应有空隙。

2）螺母拧紧达到该规格螺栓标准扭矩值后，螺杆露出螺母的长度：对单螺母，不应小于两个螺距；对双螺母，可与螺母相平。

3）螺杆必须加垫者，每端不宜超过两个垫圈。

4）螺栓的防卸、防松应符合设计要求。

（4）螺栓的穿入方向应符合下列规定：

1）对立体结构：

① 水平方向由内向外。

② 垂直方向由下向上。

③ 斜向者宜由斜下向斜上穿，不便时应在同一斜面内取统一方向。

2）对平面结构：

① 顺线路方向，按线路方向穿入或按统一方向穿入。

② 横线路方向，两侧由内向外，中间由左向右（按线路方向）或按统一方向穿入。

③ 垂直地面方向者由下向上。

④ 斜向者宜由斜下向斜上穿，不便时应在同一斜面内取统一方向。

注：个别螺栓不易安装时，穿入方向允许变更处理。

（5）杆塔部件组装有困难时应查明原因，严禁强行组装。个别螺孔需扩孔时，扩孔部分不应超过 3mm，当扩孔需超过 3mm 时，应先堵焊后再重新打孔，并应进行防锈处理。严禁用气割进行扩孔或烧孔。

（6）杆塔连接螺栓应逐个紧固，验收时，应对重要节点等关键处的连接螺栓用扭矩扳手进行抽检，抽检数量不少于 30 颗。4.8 级螺栓的扭紧力矩不应小于表 GYSD00701001-1 的规定。4.8 级以上的螺栓扭矩标准值由设计规定，若设计无规定，宜按 4.8 级螺栓的扭紧力矩标准执行。

若螺杆与螺母的螺纹有滑牙或螺母的棱角磨损，则扳手打滑的螺栓必须更换。

表 GYSD00701001-1 　　　　　　　　　　　　　螺栓紧固扭矩标准

螺栓规格		扭矩值（N·m）	
M12	40	M20	100
M16	80	M24	120

（7）杆塔连接螺栓应在塔顶部至下横担以下 2m 之间及基础顶面以上 3m 范围内的全部单螺母螺栓的外露螺纹上涂以灰漆，以防螺母松动。使用防卸、防松螺栓时不再涂漆。

（8）杆塔组立及架线后，其允许偏差应符合表 GYSD00701001-2 的规定。

表 GYSD00701001-2 　　　　　　　　　　　　　杆塔组立的允许偏差

项目	110kV	220～330kV	500kV	高塔
电杆结构根开	±30mm	±5‰	±3‰	—
电杆结构面与横线路方向扭转（即迈步）	30mm	1‰	5‰	—
双立柱杆塔横担在主柱连接处的高差（‰）	5	3.5	2	—
直线杆塔结构倾斜（‰）	3	3	3	1.5
直线杆塔结构中心与中心桩间横线方向位移（mm）	50	50	50	
转角塔杆结构中心与中心桩间横、顺线路方向位移（mm）	50	50	50	
等截面拉线塔主柱弯曲	2‰	1.5‰	1‰最大30mm	—

注 直线杆塔结构倾斜不含套接式钢管电杆。

（9）自立式转角塔、终端塔应组立在倾斜平面的基础上，向受力反方向预倾斜，预倾斜值应视塔的刚度及受力大小由设计确定。架线挠曲后，塔顶端仍不应超过铅垂线而偏向受力侧。架线后铁塔的挠曲度超过设计规定时，应会同设计处理。

（10）拉线转角杆、终端杆、导线不对称布置的拉线直线单杆，在架线后拉线点处的杆身不应向受力侧挠倾。向受力反侧（或轻载侧）的偏斜不应超过拉线点高的3‰。

（11）角钢铁塔塔材的弯曲度，应按 GB/T 2694—2003《输电线路铁塔制造技术条件》的规定验收。对运至桩位的个别角钢，当弯曲度超过长度的2‰，但未超过 GB 50233—2005 第6.1.11 条的变形限度时，可采用冷矫正法进行矫正，但矫正的角钢不得出现裂纹和锌层剥落。

（12）为防止杆塔塔材遭窃而倒塔等，杆塔基准面以上主材2个段号的塔材连接应采用防盗螺栓。

（13）杆塔标志验收要求。

工程移交时，杆塔上应有下列固定标志：

1）线路名称或代号及杆塔号。

2）耐张型、换位型杆塔及换位杆塔前后相邻的各一基杆塔的相位标志。

3）高塔按设计规定装设的航行障碍标志。

4）多回路杆塔上的每回路位置及线路名称。

（14）拉线验收检查要求。

拉线安装后应符合下列规定：

1）拉线与拉线棒应呈一直线。

2）X 形拉线的交叉点处应留足够的空隙，避免相互磨碰。

3）拉线的对地夹角允许偏差应为 1°。

4）ＮＵＴ形线夹带螺母后的螺杆必须露出螺纹，并应留有不小于1/2螺杆的可调螺纹长度，以供运行中调整；NUT形线夹安装后应将双螺母拧紧并应装设防盗罩。

5）组合拉线的各根拉线应受力均衡。

对于楔形线夹安装的拉线，应符合下列要求：

1）线夹的舌板与拉线应紧密接触，受力后不应滑动。线夹的凸肚应在尾线侧，安装时不应使线股损伤。

2）拉线弯曲部分不应有明显松股，断头侧应采取有效措施，以防止散股。线夹尾线宜露出300.5mm，尾线回头后与本线应用镀锌铁线绑扎或压牢。

3）同组及同基拉线的各个线夹，尾线端方向应力求统一。

二、杆塔工程验收项目、标准、方法

（1）自立塔检查验收等级评定标准及检查方法见表 GYSD00701001-3。

表 GYSD00701001-3　　　　　自立塔检查验收等级评定标准及检查方法

序号	性质	检查（检验）项目		评级标准（允许偏差）		检查方法
				合格	优良	
1	关键	部件规格、数量		符合设计要求		按设计图纸
2	关键	节点间主材弯曲		1/750	1/800	弦线、钢尺量
3	关键	转角、终端塔向受力反方向侧倾斜		大于 0，并符合设计要求	60°以下转角塔 0.3%，60°以上转角塔、终端塔 0.5%	架线后用经纬仪复核
4	重要	直线塔结构倾斜（%）	一般塔	0.3	0.24	经纬仪测量
			高塔	0.15	0.12	
5	重要	螺栓与构件面接触及出扣情况		符合本模块第一章第 3 条规定或设计要求		观察
6	重要	螺栓防松和防盗		符合本模块第一章第 7 条、12 条要求		观察
7	重要	脚钉		安装牢固、正确、齐全		观察
8	一般	螺栓紧固		符合本模块第一章第 6 条规定，且紧固率：组塔后 95%、架线后 97%		扭矩扳手检查
9	一般	保护帽		符合设计和 GB 50233—2005 规定	平整美观	观察

（2）拉线塔检查验收评定标准及检查方法见表 GYSD00701001-4。

表 GYSD00701001-4　　　　　拉线铁塔检查验收评定标准及检查方法

序号	性质	检查（检验）项目		评级标准（允许偏差）		检查方法
				合格	优良	
1	关键	部件规格、数量		符合设计要求		核对设计图纸
2	关键	节点间主材弯曲		1/750	1/800	弦线、钢尺测量
3	关键	拉线压接管连接强度 P_b[①]（%）		95		拉力试验
4	一般	拉线压接管表面质量		符合设计要求	工艺美观	观察
5	关键	直线转角塔结构倾斜（向外角）（%）		大于 0，并符合设计要求	0.3≤	经纬仪测量
6	重要	结构倾斜（%）	一般塔	0.3	0.24	经纬仪测量
			高塔	0.15	0.12	
7	重要	螺栓与构件接触及出扣情况		符合本模块第一章第 3 条规定或设计要求		经纬仪测量
8	重要	横担高差（%）	110kV	0.5	0.4	经纬仪测量
			220～330kV	0.35	0.28	
			500kV	0.2	0.15	
9	重要	主柱弯曲（%）	110kV	0.2	0.16	弦线、钢尺测量
			220～330kV	0.15	0.12	
			500kV	0.1（最大 30mm）		
10	重要	螺栓防松和防盗		符合本模块第一章第 7 条、12 条要求		观察
11	重要	脚钉		安装牢固、正确、齐全		观察
12	一般	螺栓紧固		符合本模块第一章第 6 条规定，且紧固率：组塔后 95%、架线后 97%		用扭矩扳手检查
13	一般	塔材弯曲		不超过 2‰		拉悬线测量

① P_b 为拉线的保证计算拉断力。拉线部分标准和要求见本章第 14 条规定。

模块 1

GYSD00701001

（3）混凝土电杆检查验收评定标准及检查方法见表 GYSD00701001-5。

表 GYSD00701001-5 混凝土电杆检查验收评定标准及检查方法

序号	性质	检查（检验）项目		评级标准（允许偏差）		检查方法
				合格	优良	
1	关键	部件规格、数量		符合设计要求		核对图纸
2	关键	焊接质量		符合 GB 50233—2005 第 6.3.3 条规定	焊缝工艺美观无补焊	观察
3	关键	混凝土杆纵向裂缝		不允许		专用放大镜检查
4	关键	转角终端杆向受力反方向侧倾斜%		大于 0，并符合设计要求	不大于 0.3	经纬仪测量
5	关键	导线不对称布置时拉线点向受力反方向侧偏斜 H' [①]（%）		大于 0，并符合设计要求	不大于 0.3	经纬仪测量
6	重要	横向裂缝（mm）		普通杆不大于 0.1，预应力杆不得有横向裂纹		专用放大镜检查
7	重要	结构倾斜（%）		0.3	0.24	经纬仪测量
8	重要	焊接弯曲 L [②]（%）		0.2	0.16	经纬仪测量
9	重要	横担高差（%）	110kV	0.5	0.4	经纬仪测量
			220～330kV	0.35	0.28	
			500kV	0.2	0.16	
10	重要	螺栓与构件面接触及出扣情况		符合 GB 50233—2005 第 6.1.3 条规定	紧密一致	观察
11	重要	螺栓防松和防盗		符合本模块第一章第 7 条、12 条要求		观察
12	一般	爬梯或脚钉		安装牢固、正确、齐全		观察
13	一般	根开	110kV （mm）	30	24	钢尺测量
			220～330kV （%）	0.5	0.4	
			500kV （%）	0.3	0.24	
14	一般	迈步	110kV （mm）	30	24	钢尺测量
			220～330kV （%）	1	8	
			500kV （%）	0.5	0.4	
15	一般	横线路位移 mm		50	40	经纬仪测量
16	一般	螺栓紧固		符合本模块第一章第 6 条规定，且紧固率：组塔后 95%、架线后 97%		扭矩扳手检测
17	一般	螺栓穿向		符合本模块第一章第 4 条规定		观察
18	一般	拉线杆坑回填土		符合 GB 50233—2005 第 4.0.7～4.0.10 条规定	无沉陷，防沉层整齐美观	观察
19	一般	电杆焊口防腐		符合 GB 50233—2005 第 6.3.4 条规定	整齐美观	观察

① H' 为拉线点高。

② L 为因焊接而造成分段或整根电杆弯曲的对应高度。拉线部分标准和要求见本章节第 14 条规定。

（4）钢管杆检查验收评定标准及检查方法见表 GYSD00701001-6。

表 GYSD00701001-6 钢管杆检查验收评定标准及检查方法

序号	性质	检查（检验）项目	评级标准（允许偏差）		检查方法
			合格	优良	
1	关键	部件规格、数量	符合设计要求		核对图纸
2	关键	焊接质量	符合 GB 50233—2005 第 6.3.3 条规定	焊缝工艺美观无补焊	观察

续表

序号	性质	检查（检验）项目	评级标准（允许偏差）		检查方法
			合格	优良	
3	关键	套接长度	不得小于设计套接长度		检查施工和监理记录
4	关键	转角终端杆向受力反方向侧倾斜%	大于0，并符合设计要求	不大于0.3	经纬仪测量
5	重要	结构倾斜（%）	不超过杆高的0.5%	不超过杆高的0.3%	经纬仪测量
6	重要	弯曲度（%）	不超过相应长度的0.2%	不超过相应长度的0.16%	经纬仪测量

【思考与练习】

1．当采用螺栓连接构件时，应符合哪些规定？

2．拉线安装的检查标准是什么？

3．工程移交时，杆塔上应有哪些固定标志？

4．混凝土电杆纵向裂纹的评级标准是如何规定的？

模块2 导地线及附件检查验收（GYSD00701002）

【模块描述】 本模块介绍架线工程质量等级评定标准及检查方法。通过知识介绍、图表对比，掌握导地线及附件检查验收的标准和方法，达到能够进行导地线及附件检查验收的要求。

【正文】

输电线路架线工程由导地线展放、连接、紧线和附件安装等工序组成。根据各工序的施工特点，架线工程的检查验收应针对各工序的不同特点分别开展，导地线展放验收重点是导地线在展放过程中发生损伤后的修补是否符合规范，导地线连接验收重点是连接质量是否符合要求，紧线工程的验收重点是导地线与各跨越物的跨越距离及导地线弛度是否符合规程和设计要求，附件安装的验收重点是安装工艺质量是否满足要求。

一、导地线及附件检查验收一般规定

（1）跨越电力线、弱电线路、铁路、公路、索道及通航河流时，导线或架空地线在跨越档内接头应符合设计规定。当设计无规定时，应满足以下要求：当跨越标准轨距铁路、高速公路、一级公路、电车道、特殊管道、索道、110kV及以上电力线路、一级及二级通航河流时，导地线不得有接头。

（2）当采用非张力放线时，导地线在同一处损伤需修补时，应满足下列规定：

1）导地线损伤补修处理标准应符合表GYSD00701002-1的规定。

表GYSD00701002-1 非张力放线时导地线损伤补修处理标准

处理方法	线 别			
	钢芯铝绞线与钢芯铝合金绞线	铝绞线与铝合金绞线	钢绞线（7股）	钢绞线（19股）
砂纸磨光处理	（1）铝、铝合金单股损伤深度小于股直径的1/2。 （2）钢芯铝绞线及钢芯铝合金绞线损伤截面积为导电部分截面积的5%以下，且强度损失小于4%。 （3）单金属绞线损伤截面积为4%及以下		—	—
以缠绕或补修预绞丝修理	导线在同一处损伤的程度已经超过"砂纸磨光处理"的规定，但因损伤导致强度损失不超过总拉断力的5%，且截面积损伤又不超过总导电部分截面积的7%时	导线在同一处损伤的程度已经超过"砂纸磨光处理"的规定，但因损伤导致强度损失不超过总拉断力的5%时	—	断1股
以补修管补修	导线在同一处损伤的强度损失已经超过总拉断力的50%，但不足17%，且截面积损伤也不超过导电部分截面积的25%时	导线在同一处损伤，强度损失超过总拉断力的5%，但不足17%时	断1股	断2股
开断重接	（1）导线损失的强度或损伤的截面积超过采用补修管补修的规定时。 （2）连续损伤的截面积或损失的强度都没有超过本规范以补修管补修的规定，但其损伤长度已超过补修管的能补修范围。 （3）复合材料的导线钢芯有断股。 （4）金钩、破股已使钢芯或内层铝股形成无法修复的永久变形		断2股	断3股

注 新建线路采用DL/T 50233—2005；运行线路可按DL/T 1069—2007《架空输电线路导地线修补导则》要求。

2）采用缠绕处理时应符合下列规定：

① 将受伤处线股处理平整。

② 缠绕材料应为铝单丝，缠绕应紧密，回头应绞紧，处理平整，其中心应位于损伤最严重处，并应将受伤部分全部覆盖。其长度不得小于 100mm。

3）采用补修预绞丝处理时应符合下列规定：

① 将受伤处线股处理平整。

② 补修预绞丝长度不得小于 3 个节距，或符合 GB/T 2337—1985《预绞丝》中的规定。

③ 补修预绞丝应与导线接触紧密，其中心应位于损伤最严重处，并应将损伤部位全部覆盖。

4）采用补修管补修时应符合下列规定：

① 将损伤处的线股先恢复原绞制状态，线股处理平整。

② 补修管的中心应位于损伤最严重处。需补修的范围应位于管内各 20mm。

③ 补修管可采用钳压、液压或爆压，其操作必须符合规程要求。

（3）当采用张力放线时，导地线在同一处损伤需修补时，应满足表 GYSD00701002-2 规定。

表 GYSD00701002-2　　　　　　　　　张力放线时导线损伤补修处理标准

处理方法	导　　　　线
砂纸磨光处理	外层导线线股有轻微擦伤，其擦伤深度不超过单股直径的 1/4，且截面积损伤不超过导电部分截面积的 2%
以补修管修理	当导线损伤已超过轻微损伤，但在同一处损伤的强度损失尚不超过总拉断力的 8.5%，且损伤截面积不超过导电部分截面积的 12.5%
开断重接	（1）强度损失超过保证计算拉断力的 8.5%。 （2）截面积损伤超过导电部分截面积的 12.5%。 （3）损伤的范围超过一个补修管允许补修的范围。 （4）钢芯有断股。 （5）金钩、破股已使钢芯或内层线股形成无法修复的永久变形

注　新建线路采用 DL/T 50233—2005；运行线路可按 DL/T 1069—2007《架空输电线路导地线修补导则》要求。

（4）导地线连接应满足以下要求：

1）不同金属、不同规格、不同绞制方向的导线或架空地线严禁在一个耐张段内连接。

2）当导线或架空地线采用液压连接时，操作人员必须经过培训及考试合格、持有操作许可证。连接完成并自检合格后，应在压接管上打上操作人员的钢印。

3）导线或架空地线，必须使用合格的电力金具配套接续管及耐张线夹进行连接。连接后的握着强度，应在架线施工前进行试件试验。试件不得少于 3 组（允许接续管与耐张线夹合为一组试件）。其试验握着强度对液压都不得小于导线或架空地线设计使用拉断力的 95%。

对小截面导线采用螺栓式耐张线夹及钳压管连接时，其试件应分别制作。螺栓式耐张线夹的握着强度不得小于导线设计使用拉断力的 90%。钳压管直线连接的握着强度，不得小于导线设计使用拉断力的 95%。架空地线的连接强度应与导线相对应。

4）接续管及耐张线夹压接后应检查外观质量，并应符合下列规定：

① 用精度不低于 0.1mm 的游标卡尺测量压后尺寸，其允许偏差必须符合 SDJ 226—1987《架空送电线路导线及避雷线液压施工工艺规程》的规定。

② 飞边、毛刺及表面未超过允许的损伤，应锉平并用 0 号砂纸磨光。

③ 弯曲度不得大于 2%，有明显弯曲时应校直。

④ 校直后的接续管如有裂纹，应割断重接。

⑤ 裸露的钢管压后应涂防锈漆。

5）在一个档距内每根导线或架空地线上只允许有一个接续管和三个补修管，当张力放线时不应超过两个补修管，并应满足下列规定：

① 各类管与耐张线夹出口间的距离不应小于 15m。

② 接续管或补修管与悬垂线夹中心的距离不应小于 5m。

③ 接续管或补修管与间隔棒中心的距离不宜小于 0.5m。

④ 宜减少因损伤而增加的接续管。

（5）导地线紧线应满足以下要求：

1）紧线弧垂其允许偏差：110kV 线路为 + 5%，– 2.5%；220kV 及以上线路为 ±2.5%；跨越通航河流的大跨越档弧垂允许偏差不应大于 ±1%，其正偏差不应超过 1m。

2）导线或架空地线各相间的弧垂应力求一致，当满足上述弧垂允许偏差标准时，各相间弧垂的相对偏差最大值不应超过下列规定：110kV 线路为 200mm；220kV 及以上线路为 300mm；跨越通航河流的大跨越档弧垂最大允许偏差为 500mm。

3）相分裂导线同相子导线的弧垂应力求一致，在满足上述弧垂允许偏差标准时，其相对偏差应符合下列规定：

① 不安装间隔棒的垂直双分裂导线，同相子导线间的弧垂允许偏差为 + 100mm。

② 安装间隔棒的其他形式分裂导线同相子导线的弧垂允许偏差应符合下列规定：220kV 为 80mm；330 ~ 500kV 为 50mm。

4）架线后应测量导线对被跨越物的净空距离，计入导线蠕变伸长换算到最大弧垂时必须符合设计规定。

5）连续上（下）山坡时的弧垂观测，当设计有规定时按设计规定观测。其允许偏差值应符合本节的有关规定。

（6）附件安装应满足以下要求：

1）绝缘子应完好，在安装好弹簧销子的情况下球头不得自碗头中脱出。有机复合绝缘子伞套的表面不允许有开裂、脱落、破损等现象，绝缘子的芯棒与端部附件不应有明显的歪斜。

2）金具应完好，若其镀锌层有局部碰损、剥落或缺锌，应除锈后补刷防锈漆。

3）悬垂线夹安装后，绝缘子串应垂直地平面，个别情况其顺线路方向与垂直位置的偏移角不应超过 5°，且最大偏移值不应超过 200mm。连续上、下山坡处杆塔上的悬垂线夹的安装位置应符合设计规定。

4）绝缘子串、导线及架空地线上的各种金具上的螺栓、穿钉及弹簧销子，除有固定的穿向外，其余穿向应统一，并应符合下列规定：

① 单、双悬垂串上的弹簧销子均按线路方向穿入。使用 W 弹簧销子时，绝缘子大口均朝线路后方。使用 R 弹簧销子时，大口均朝线路前方。螺栓及穿钉凡能顺线路方向穿入者均按线路方向穿入，特殊情况两边线由内向外，中线由左向右穿入。

② 耐张串上的弹簧销子、螺栓及穿钉均由上向下穿；当使用 W 弹簧销子时，绝缘子大口均应向上；当使用 R 弹簧销子时，绝缘子大口均向下，特殊情况可由内向外，由左向右穿入。

③ 分裂导线上的穿钉、螺栓均由线束外侧向内穿。

④ 当穿入方向与当地运行单位要求不一致时，可按运行单位的要求，但应在开工前明确规定。

5）金具上所用的闭口销的直径必须与孔径相配合，且弹力适度。

6）各种类型的铝质绞线，在与金具的线夹夹紧时，除并沟线夹及使用预绞丝护线条外，安装时应在铝股外缠绕铝包带，缠绕时应符合下列规定：

① 铝包带应缠绕紧密，其缠绕方向应与外层铝股的绞制方向一致。

② 所缠铝包带应露出线夹，但不超过 10mm，其端头应回缠绕于线夹内压住。

7）安装预绞丝护线条时，每条的中心与线夹中心应重合，对导线包裹应紧固。

8）安装于导线或架空地线上的防振锤及阻尼线应与地面垂直，设计有特殊要求时应按设计要求安装。其安装距离偏差不应大于 ±30mm。

9）分裂导线间隔棒的结构面应与导线垂直，杆塔两侧第一个间隔棒的安装距离偏差不应大于端次档距的 ±1.5%，其余不应大于次档距的 ±3%。各间隔棒安装位置应相互一致。

10）绝缘架空地线放电间隙的安装距离偏差，不应大于 ±2mm。

11）柔性引流线应呈近似悬链线状自然下垂，其对杆塔及拉线等的电气间隙必须符合设计规定。

使用压接引流线时其中间不得有接头。刚性引流线的安装应符合设计要求。

12）铝制引流连板及并沟线夹的连接面应平整、光洁，安装应符合下列规定：

① 安装前应检查连接面是否平整，耐张线夹引流连板的光洁面必须与引流线夹连板的光洁面接触。

② 应用汽油洗擦连接面及导线表面污垢，并应涂上一层电力复合脂。用细钢丝刷清除有电力复合脂的表面氧化膜。

③ 保留电力复合脂，并应逐个均匀地拧紧连接螺栓。螺栓的扭矩应符合该产品说明书的要求。

二、导地线及附件验收项目、标准、方法

（1）导地线展放质量等级评定标准及检查方法见表 GYSD00701002-3。

表 GYSD00701002-3　　　导地线展放质量等级评定标准及检查方法

序号	性质	检查（检验）项目	评级标准（允许偏差）		检查方法
			合格	优良	
1	关键	导地线规格	符合设计要求		与设计图核对，实物检查
2	关键	因施工损伤补修处理	符合本文第一章第2条、第3条规定	平均每5km单回线路不超过1个，无损伤补修档大于85%	检查记录，现场检查
3	关键	因施工损伤接续处理	符合本文第一章第2条、第3条规定	平均每5km单回线路不超过1个，无损伤补修档大于90%	检查记录，现场检查
4	关键	同一档内接续管与补修管数量	符合本文第一章第4条第（5）点规定	每线只允许各有一个	检查记录，现场检查
5	关键	各压接管与线夹间隔棒间距	符合本文第一章第4条第（5）点规定	间距比前述规定的大0.2倍	检查记录，现场检查或抽查
6	外观	导地线外观质量	符合规定	无任何损伤导地线之处	检查记录，现场检查

注意，"同一档内接续管与补修管数量"、"各压接管与线夹间隔棒间距"容易忽视，实际操作中如发现同一档内出现两个接续管或接续管与悬垂串线夹间距小于5m等情况，都是违反规程要求的，应提请施工单位整改。

（2）导地线连接质量等级评定标准及检查方法见表 GYSD00701002-4。

表 GYSD00701002-4　　　导地线连接质量等级评定标准及检查方法

序号	性质	检查（检验）项目	评级标准（允许偏差）		检查方法
			合格	优良	
1	关键	压接管规格、型号	符合设计和本文第一章第2条、第3条规定		与设计图纸核对，现场登塔抽查耐张压接管
2	关键	耐张、直线压接管试验强度 P_b[①]（%）	95		拉力试验
3	关键	压接后尺寸	符合设计和规程要求或推荐值		游标卡现场抽查测量
4	一般	压接后弯曲（%）	2	1.6	钢尺测量
5	外观	压接管表面质量	无起皱、无毛刺	整齐光洁、美观	观察

① P_b 为导线或避雷线的保证计算拉断力。

注意：

1）耐张、直线压接管试验强度 P_b 项目的检查，在施工记录资料中以检查拉力试验报告为准，拉力试验应由符合国家资质要求的机构作试验并出具报告。

2）接续管压接后尺寸用游标卡尺检查，现场应登塔抽查耐张压接管的压接尺寸，特别是钢锚管有否欠压和过压，压接管上是否有钢印印记。施工记录中的接续管个数及位置应与现场一致。

3）外观检查压接管表面质量，接续管采用望远镜检查管口附近不应有明显的松股现象。

（3）紧线质量等级评定标准及检查方法见表 GYSD00701002-5。

表 GYSD00701002-5　　　　　　　　紧线质量等级评定标准及检查方法

序号	性质	检查（检验）项目		评级标准（允许偏差）		检查方法
				合格	优良	
1	关键	相位排列		符合设计要求		与设计图纸及现场标志核对
2	关键	对交叉跨越物及对地距离		符合设计要求		经纬仪测量
3	关键	耐张连接金具绝缘子规格、数量		符合设计要求		与设计图纸核对
4	重要	导地线弧垂（紧线时）	110kV（%）	+5，−2.5	+4，−2	经纬仪和钢尺弧度板
			220kV 及以上（%）	±2.5	±2	
			大跨越（%）	±1（最大 1mm）	±0.8（最大 0.8mm）	
5	重要	导地线相间弧垂偏差 mm	110kV	200	150	经纬仪和钢尺弧度板
			220kV 及以上	300	250	
			大跨越	500	400	
6	一般	同相子导线间弧垂偏差（mm）	无间隔棒双分裂导线		+100，0	经纬仪和钢尺弧度板测量
			有间隔棒其他分裂形式导线 220kV		80	
			330～500kV		50	
7	外观	导地线弧垂		符合设计要求	线间距均匀协调美观	观察

（4）附件安装质量等级评定标准及检查方法见表 GYSD00701002-6。

表 GYSD00701002-6　　　　　　　　附件安装质量等级评定标准及检查方法

序号	性质	检查（检验）项目		评级标准（允许偏差）		检查方法
				合格	优良	
1	关键	金具及间隔棒规格、数量		符合设计和本文第一章第6条规定要求		与设计图纸核对
2	关键	跳线及带电导体对杆塔电气间隙		符合设计和本文第一章第6条规定要求		钢尺测量
3	关键	跳线连接板及并沟线夹连接		符合设计和本文第一章第6条规定要求		现场检查
4	关键	开口销及弹簧销		符合设计要求	齐全并开口	现场检查
5	关键	绝缘子的规格、数量		符合设计和本文第一章第6条规定要求	干净、无损伤	现场检查
6	重要	跳线制作		符合设计和本文第一章第6条规定要求	曲线平滑美观，无歪扭	现场检查
7	重要	悬垂绝缘子串倾斜		5°（最大 200mm）	4°（最大 150mm）	经纬仪观测及钢尺测量
8	重要	防震垂及阻尼线安装距离（mm）		±30	±24	钢尺测量
9	重要	铝包带缠绕		符合设计和本文第一章第6条规定要求	统一、美观	现场检查
10	重要	绝缘避雷线放电间隙 mm		±2		钢尺测量
11	一般	间隔棒安装位置	第一个 l[①]（%）	±1.5	±1.2	钢尺测量
			第一个 l'（%）	±3.0	±2.4	
12	一般	屏蔽环、均压环绝缘间隙（mm）		±10	±8	钢尺测量
13	一般	均压环安装方向和位置		安装位置符合设计和厂家要求，不反装，螺栓紧固		现场检查
14	外观	瓷瓶开口销子螺栓及弹簧销穿入方向		符合设计和本文第一章第6条规定要求		现场检查

① l'是指次档距。

注意：

1）双串"八字形"布置悬垂绝缘子串倾斜检查应根据设计尺寸，以投影到导线上的垂直点为中心两边测量。

2）复合绝缘子均压环外观检查应特别注意安装方向。

【思考与练习】

1. 导线损伤应如何进行处理？

2. 为什么规定接续管或补修管对线夹有不同的间距规定要求？

3. 评级标准对导地线相间弧垂偏差是如何规定的？

4. 跳线连接板及并沟线夹连接有哪些规定？

模块 3 　基础及接地工程检查验收（GYSD00701003）

【模块描述】本模块涉及基础防沉层及防冲刷的要求、接地引下线及接地网的要求、基础外形及尺寸要求、接地电阻要求等内容。通过要点介绍，掌握基础及接地工程检查验收标准和方法。

【正文】

基础及接地工程是输电线路工程的重要组成部分。由于在验收检查阶段，大部分基础和接地工程均已隐蔽或埋在地下，因此在验收检查时，应对重点部位进行抽查，同时，需认真检查相应的施工、监理、验收等方面的记录，核查监理人员隐蔽工程旁站监理的签名。

基础和接地工程的验收主要包括基础防沉层及防冲刷措施、接地引下线及接地网、基础外形及尺寸、接地电阻等方面的内容。

一、基础防沉层及防冲刷的要求

（1）杆塔基础坑及拉线基础坑回填，应符合设计要求。一般应分层夯实，每回填 300mm 厚度夯实一次。坑口的地面上应筑防沉层，防沉层的上部边宽不得小于坑口边宽。其高度视土质夯实程度确定，基础验收时宜为 300～500mm。经过沉降后应及时补填夯实。工程移交时坑口回填土不应低于地面。

（2）石坑回填应以石子与土按 3：1 掺合后回填夯实。

（3）泥水坑回填应先排出坑内积水然后回填夯实。

（4）冻土回填时应先将坑内冰雪清除干净，把冻土块中的冰雪清除并捣碎后进行回填夯实。冻土坑回填在经历一个雨季后应进行二次回填。

（5）接地沟的回填宜选取未掺有石块及其他杂物的泥土并应夯实，回填后应筑有防沉层，其高度宜为 100～300mm，工程移交时回填土不得低于地面。

（6）位于山坡、河边或沟旁等易冲刷地带基础的防护，应按设计要求做好排水沟、护坡等措施。

二、接地引下线及接地网的要求

（1）接地体的规格、埋深不应小于设计规定。

（2）接地装置应按设计图敷设，受地质地形条件限制时可作局部修改。但不论修改与否均应在施工质量验收记录中绘制接地装置敷设简图并标示相对位置和尺寸。原设计图形为环形者仍应呈环形。

（3）敷设水平接地体宜满足下列规定：

1）遇倾斜地形宜沿等高线敷设。

2）两接地体间的平行距离不应小于 5m。

3）接地体铺设应平直。

4）对无法满足上述要求的特殊地形，应与设计方协商解决。

5）接地体的埋深一般应按以下规定执行：岩石为 0.3m，山区和丘陵为 0.6m，平地为 0.8m，当设计有规定时，按设计要求执行。

（4）垂直接地体应垂直打入，并防止晃动。

（5）接地体连接应符合下列规定：

1）连接前应清除连接部位的浮锈。

2）除设计规定的断开点可用螺栓连接外，其余应用焊接或液压、爆压方式连接。

3）接地体间连接必须可靠。

当采用搭接焊接时，圆钢的搭接长度应为其直径的 6 倍并应双面施焊；扁钢的搭接长度应为其宽度的 2 倍并应四面施焊。

当圆钢采用液压或爆压连接时，接续管的壁厚不得小于 3mm，长度不得小于：搭接时圆钢直径的 10 倍，对接时圆钢直径的 20 倍。

接地用圆钢如采用液压、爆压方式连接，其接续管的型号与规格应与所压圆钢匹配。

（6）接地引下线与杆塔的连接应接触良好，并应便于断开测量接地电阻，当引下线直接从架空地线引下时，引下线应紧靠杆身，并应每隔一定距离与杆身固定。

（7）接地线回填土必须采用泥土，特别是接地线周围的泥土不得含有石块，新建线路不得采用降阻剂措施，该裕度应留给运行单位，当该杆塔遭受雷击后的接地电阻处理用。

三、基础外形及尺寸要求

基础工程是线路工程中的隐蔽工程，其内部质量以验收隐蔽工程签证及试块试验报告为准，同时核查监理人员对该检测制作试块时的旁站监督签名和记录。在竣工验收检查时，由于铁塔已经组立完成，混凝土保护帽已经浇筑完成，因此，在验收过程中除对基础的表面质量和外型尺寸进行检查外，还应抽查部分保护帽，检查保护帽质量及其杆塔地脚螺栓是否紧固、完好。对于条件允许的验收单位，应在核查试块报告的同时，也可在现场采用混凝土回弹仪检测强度或现场取混凝土芯送试验所做混凝土强度试验来验证基础强度质量。

基础外形及尺寸应符合以下要求：

（1）基础表面应平整，无露筋、无明显的损伤等缺陷，并应符合 GB 50204—2002《混凝土结构工程施工质量验收规范》的规定。

（2）浇筑基础单腿尺寸允许偏差应符合下列规定：

1）保护层厚度：－5mm；（外观检查没有漏筋现象即可）。

2）立柱及各底座断面尺寸：合格 －1%，优良 －0.8%。

（3）浇筑拉线基础的允许偏差应符合下列规定：

1）基础尺寸：

断面尺寸：合格为－1%，优良为－0.8%；

拉环中心与设计位置的偏移：20mm。

2）基础位置：拉环中心在拉线方向前、后、左、右与设计位置的偏移：1%L。

3）X 形拉线基础位置应符合设计规定，并保证铁塔组立后交叉点的拉线不磨损。

注：L 为拉环中心至杆塔拉线固定点的水平距离。

四、接地电阻要求

（1）测量接地电阻可采用接地摇表。所测得的接地电阻值应根据当时土壤干燥、潮湿情况乘以季节系数，其乘积不应大于设计规定值。季节系数可参照表表 GYSD00701003-1 所示。

表 GYSD00701003-1　　　　　　　接地电阻测量的季节系数

埋　　深（m）	水 平 接 地 体	2～3m 的垂直接地体
0.5	1.4～1.8	1.2～1.4
0.8～1.0	1.25～1.45	1.15～1.3
2.5～3.0（深埋接地体）	1.0～1.1	1.0～1.1

注　测量接地电阻时，如土壤比较干燥，则应采用表中较小值，比较潮湿时，取较大值。

（2）测量接地电阻时，应避免在雨雪天气测量，一般可在雨后三天左右进行测量。

（3）在雷季干燥时，每基杆塔不连地线的工频接地电阻，不宜大于表 GYSD00701003-2 所列数值。

土壤电阻率较低的地区，如杆塔的自然接地电阻不大于表 GYSD00701003-2 所列数值，可不装人工接地体。

表 GYSD00701003-2　　　　　有接地线的线路杆塔的工频接地电阻（Ω）

土壤电阻率（Ω·m）	100 及以下	100 以上至 500	500 以上至 1000	1000 以上至 2000	2000 以上
工频接地电阻（Ω）	10	15	20	25	30*

* 如土壤电阻率超过 2000Ω·m，接地电阻很难降到 30Ω 时，可采用 6～8 根总长不超过 500m 的放射形接地体或连续延长接地体，其接地电阻不受限制

（4）中性点非直接接地系统在居民区的无地线钢筋混凝土杆和铁塔应接地，其接地电阻不宜超过 30Ω。

五、基础及接地工程验收项目、标准、方法

（1）现浇混凝土铁塔基础质量等级评定标准及检查方法见表 GYSD00701003-3。

表 GYSD00701003-3　　　现浇混凝土铁塔基础质量等级评定标准及检查方法

序号	性质	检查（检验）项目	评级标准（允许偏差）		检查方法
			合格	优良	
1	关键	地脚螺栓、钢筋及插入式角钢规格、数量	符合设计要求	制作工艺良好	现场抽查，与设计图纸核对
2	关键	混凝土强度	不小于设计值		检查试块试验报告或回弹仪等抽查
3	关键	底板断面尺寸（%）	−1	−0.8	查监理记录、施工记录、中间验收记录
4	重要	基础埋深（mm）	+100，−50	+100，−0	查监理记录、施工记录、中间验收记录
5	重要	钢筋保护层厚度（mm）	−5		观察
6	重要	混凝土表面质量	基础表面应平整，无露筋、无明显的损伤等缺陷，并应符合 GB 50204—2002 的规定		观察
7	重要	立柱断面尺寸	−1%	−0.8%	钢尺测量
8	重要	回填土	坑口回填土不低于地面	无沉陷，防沉层整齐美观	观察

预制装配式铁塔基础、岩石、掏挖基础质量等级评定标准及检查方法可参照表 GYSD00701003-3。

（2）现浇拉线（含锚杆拉线）基础质量等级评定标准及检查方法见表 GYSD00701003-4。

表 GYSD00701003-4　　　现浇拉线（含锚杆拉线）基础质量等级评定标准及检查方法

序号	性质	检查（检验）项目	评级标准（允许偏差）		检查方法
			合格	优良	
1	关键	拉线基础埋件钢筋规格、数量	符合设计要求	制作良好	现场抽查，与设计图纸核对
2	关键	混凝土强度	不小于设计值		检查试块试验报告或回弹仪等抽查
3	关键	底板断面尺寸（%）	−1	−0.8	查监理记录、施工记录、中间验收记录
4	重要	基础埋深（mm）	+100，−50	+100，−0	查监理记录、施工记录、中间验收记录
5	重要	钢筋保护层厚度（mm）	−5		观察
6	重要	混凝土表面质量	基础表面应平整，无露筋、无明显的损伤等缺陷，并应符合 GB 50204—2002 的规定		观察
7	重要	回填土	坑口回填土不低于地面	无沉陷，防沉层整齐美观	观察
8	一般	拉线棒	无弯曲、锈蚀	回头方向一致	观察

混凝土杆预制基础质量等级评定标准及检查方法可参照表 GYSD00701003-3。

（3）灌注桩基础质量等级评定标准及检查方法见表 GYSD00701003-5。

表 GYSD00701003-5　　　　　　　　灌注桩基础质量等级评定标准及检查方法

序号	性质	检查（检验）项目	评级标准（允许偏差）		检查方法
			合格	优良	
1	关键	地脚螺栓、钢筋及插入式角钢规格、数量	符合设计要求	制作工艺良好	现场抽查，与设计图纸核对
2	关键	混凝土强度	不小于设计值		检查试块试验报告或回弹仪等抽查
3	关键	连梁（承台）标高	不小于设计		查监理记录、施工记录、中间验收记录
4	重要	连梁断面尺寸	−1	−0.8	查监理记录、施工记录、中间验收记录
5	重要	连梁钢筋保护层厚度 mm	−5		观察
6	重要	混凝土表面质量	基础表面应平整，无露筋、无明显的损伤等缺陷，并应符合 GB 50204—2002 的规定		观察
7	一般	地面整理	地面无沉陷，平整美观		观察

灌注桩基础质量等级评定标准及检查方法可参照表 GYSD00701003-5。

（4）埋深式接地装置质量等级评定标准及检查方法见表 GYSD00701003-6。

表 GYSD00701003-6　　　　　　　埋深式接地装置质量等级评定标准及检查方法

序号	性质	检查（检验）项目	评级标准（允许偏差）		检查方法
			合格	优良	
1	关键	接地体规格、数量	符合设计要求		现场抽查，与设计图纸核对
2	关键	接地电阻值	符合设计要求	比设计值小 5%	接地电阻表测量
3	关键	接地体连接	符合本模块第二章要求		开挖，钢尺测量，外观检查
4	重要	接地体防腐	符合设计要求		开挖，外观检查
5	重要	接地体敷设	符合本模块第二章要求	平整不宜冲刷	开挖，钢尺测量，外观检查
6	重要	接地体埋深	符合设计要求	大于设计值	开挖，钢尺测量
7	重要	回填土	符合本模块第一章第 5 条要求	表面平整	观察
8	一般	接地引下线	符合设计要求	牢固、整齐、美观	观察

埋深式接地装置质量等级评定标准及检查方法可参照表 GYSD00701003-6。

【思考与练习】

1. 杆塔基础坑回填应符合哪些要求？

2. 接地体间的连接有哪些规定？

3. 浇筑基础单腿尺寸允许偏差应符合哪些规定？

4. 各类土壤电阻率下的工频接地电阻值一般是如何规定的？

模块 4　线路防护区检查验收（GYSD00701004）

【模块描述】本模块介绍线路防护区检查验收的一般要求、交叉跨越的距离要求。通过知识介绍、图表对比，掌握验收标准和方法、能够进行线路防护区检查验收的要求。

【正文】

为确保输电线路的安全运行，《电力设施保护条例》对架空电力线路的防护区（保护区，下同）作出了相应的规定。在线路工程的验收中，验收人员应根据法律、规程和设计要求，对线路防护区进行仔细的检查和验收。

本模块主要对线路防护区检查验收的一般要求、交叉跨越、风偏距离、验收的项目及标准进行了论述。

一、线路防护区检查验收的一般要求

（1）架空电力线路保护区：是指导线边线向外侧水平延伸并垂直于地面所形成的两平行面内的区域，在一般地区各级电压导线的边线延伸距离如下：

1～10 kV，5 m；35～110 kV，10 m；154～330 kV，15 m；500 kV，20 m；750 kV，暂无标准规定。

在厂矿、城镇等人口密集地区，架空电力线路保护区的区域可略小于上述规定。但各级电压导线边线延伸的距离，不应小于导线边线在最大计算弧垂及最大计算风偏后的水平距离和风偏后距建筑物的安全距离之和。

（2）任何单位和个人在架空电力线路保护区内，必须遵守下列规定：

1）不得堆放谷物、草料、垃圾、矿渣、易燃物、易爆物及其他影响安全供电的物品。

2）不得烧窑、烧荒。

3）不得兴建建筑物、构筑物。

4）不得种植可能危及电力设施安全的植物。

（3）任何单位和个人不得在距电力设施周围 500 m 范围内（指水平距离）进行爆破作业。因工作需要必须进行爆破作业时，应当按国家颁发的有关爆破作业的法律法规，采取可靠的安全防范措施，确保电力设施安全，并征得当地电力设施产权单位或管理部门的书面同意，报经政府有关管理部门批准。

（4）电力线路 500 m 范围内不得有采石场。当发现有废弃的采石场时，应设立"严禁采石"等警示标志，并应与相应的责任人签订禁止采石的相关协议。

二、导线与被跨越物的距离要求

（1）导线与地面的距离，在最大计算弧垂情况下，不应小于表 GYSD00701004-1 所列数值。

表 GYSD00701004-1   导线对地面最小距离   m

线路经过地区 \ 标称电压（kV）	35～110	154～220	330	500	750
居民区	7.0	7.5	8.5	14	19.5
非居民区	6.0	6.5	7.5	11（10.5）	15.5（13.7）
交通困难地区	5.0	5.5	6.5	8.5	11

注　500kV 送电线路非居民区 11m 用于导线水平排列，括号内的 10.5m 用于导线三角排列。

（2）导线与山坡、峭壁、岩石之间的净空距离，在最大计算风偏情况下，不应小于表 GYSD00701004-2 所列数值。

表 GYSD00701004-2   导线与山坡、峭壁、岩石之间的最小净空距离   m

线路经过地区 \ 标称电压（kV）	35～110	154～220	330	500	750
步行可以到达的山坡	5.0	5.5	6.5	8.5	11.0
步行不能到达的山坡、峭壁和岩石	3.0	4.0	5.0	6.5	8.5

（3）线路导线不应跨越屋顶为易燃材料做成的建筑物。对耐火屋顶的建筑物，亦应尽量不跨越，特殊情况需要跨越时，电力主管部门应采取一定的安全措施，并与有关部门达成协议或取得当地政府同意。500kV 线路导线不应跨越有人居住或经常有人出入的耐火屋顶的建筑物。导线与建筑物间的垂直距离，在最大计算弧垂情况下，不应小于表 GYSD00701004-3 所列数值。

表 GYSD00701004-3　　　　　　　　　导线与建筑物之间的最小垂直距离

标称电压（kV）	66～110	154～220	330	500	750
垂直距离（m）	5.0	6.0	7.0	9.0	11.5

（4）送电线路边导线与建筑物之间的距离，在最大计算风偏情况下，不应小于表 GYSD00701004-4 所列数值。

表 GYSD00701004-4　　　　　　　　　边导线与建筑物之间的最小距离

标称电压（kV）	66～110	154～220	330	500	750
垂直距离（m）	4.0	5.0	6.0	8.5	11.0

（5）在无风情况下，边导线与不在规划范围内的城市建筑物之间的水平距离，不应小于表 GYSD00701004-5 所列数值。

表 GYSD00701004-5　　　　　　　边导线与不在规划范围内城市建筑物之间的水平距离

标称电压（kV）	110	220	330	500	750
距离（m）	2.0	2.5	3.0	5.0	6.5

（6）输电线路一般按高跨设计不砍树竹木的方案，如通过树竹木区等。运行线路的通道宽度不应小于线路边相导线间的距离和林区主要树种自然生长最终高度两倍之和。通道附近超过主要树种自然生长最终高度的个别树木，也应砍伐。

在下列情况下，如不妨碍架线施工和运行检修，可不砍伐出通道。

1）树木自然生长高度不超过 2m。

2）导线与树木（考虑自然生长高度）之间的垂直距离，不小于表 GYSD00701004-6 所列数值。

（7）对不影响线路安全运行，不妨碍对线路进行巡视、维护的树木或国林、经济作物林，可不砍伐，但树木所有者与电力主管部门应签订协议，确定双方责任，确保线路导线在最大弧垂或最大风偏后与树木之间的安全距离不小于表 GYSD00701004-6 所列数值。

表 GYSD00701004-6　　　　　　　导线在最大弧垂或最大风偏后与树木之间的安全距离

标称电压（kV）	35～110	154～220	330	500	750
最大弧垂时垂直距离（m）	4.0	4.5	5.5	7.0	8.5
最大风偏时净空距离（m）	3.5	4.0	5.0	7.0	8.5

（8）线路与弱电线路交叉时，对一、二级弱电线路的交叉角应分别大于 45°、30°，对三级弱电线路不限制。

（9）架空送电线路与甲类火灾危险性的生产厂房、甲类物品库房、易燃易爆材料堆场及可燃或易燃易爆液（气）体储罐的防火间距，不应小于杆塔高度加 3m，还应满足相应的规定要求。

（10）架空送电线路与铁路、公路、河流、管道、索道及各种架空线路交叉或接近距离应满足表 GYSD00701004-7 的要求。

表 GYSD00701004-7　　　　　　　　导线对被跨越物最小垂直距离　　　　　　　　　　　　m

被跨越物名称		线路标称电压（kV）				
		110	220	330	500	750
至铁路轨顶	标准轨	7.5	8.5	9.5	14.0	19.5
	窄轨	7.5	7.5	8.5	13.0	18.5
	电气轨	11.5	12.5	13.5	16.0	21.5
至铁路承力索或接触线		3.0	4.0	5.0	6.0	7（10）

模块 4

GYSD00701004

被跨越物名称		线路标称电压（kV）				
		110	220	330	500	750
至公路路面		7.0	8.0	9.0	14.0	19.5
至电车道（有轨及无轨）	路面	10.0	11.0	12.0	16.0	21.5
	承力索或接触线	3.0	4.0	5.0	6.5	7（10）
至通航河流	五年一遇洪水位	6.0	7.0	8.0	9.5	11.5
	最高航行水位的最高船桅顶	2.0	3.0	4.0	6.0	8.0
至不通航河流	百年一遇洪水位	3.0	4.0	5.0	6.5	8.5
	冰面（冬季温度）	6.0	6.5	7.5	水平 11.0 三角 10.5	11.5
至弱电线路		3.0	4.0	5.0	8.5	12
至电力线路		3.0	4.0	5.0	6.0（8.5）	7（12）
至特殊管道任何部分		4.0	5.0	6.0	7.5	9.5
至索道任何部分		3.0	4.0	5.0	6.5	8.5

注　"至电力线路"括号内数字用于跨越杆（塔）顶。

（11）架空送电线路与铁路、公路、电车道、河流、弱电线路、架空送电线路、管道、索道接近的最小水平距离应小于表 GYSD00701004-8 的要求。

表 GYSD00701004-8　　　　　　　　　　**最 小 水 平 距 离**　　　　　　　　　　m

接近物	接近条件		对应线路电压等级（kV）				
			110	220	330	500	750
铁路	杆塔外缘至路基边缘		交叉取 30mm；平行取最高杆（塔）高加 3m				
公路	杆塔外缘至路基边缘	开阔地区	交叉取 8m；平行取最高杆（塔）高				
		路径受限制地区	5.0	5.0	6.0	8.0（15）	10（高速 20）
电车道（有轨及无轨）	杆塔外缘至路基边缘	开阔地区	交叉取 8m，平行取最高杆（塔）高				交叉取 10m，平行取最高杆（塔）高
		路径受限制地区	5.0	5.0	6.0	8.0	10
通航或不通航河流	边导线至斜坡上线（线路与拉纤小路平行）		最高杆（塔）高				
弱电线路	与边导线间	开阔地区	最高杆（塔）高				
		路径受限制地区	4.0	5.0	6.0	8.0	10.0
电力线路	与边导线间	开阔地区	最高杆（塔）高				
		路径受限制地区	5.0	7.0	9.0	13.0	16.0
特殊管道和索道	过导线至管道和索道	开阔地区	最高杆（塔）高				
		路径受限制地区（在最大风偏情况下）	4.0	5.0	6.0	7.5	管道 9.5，索道顶 8.5，索道底 11

注　接近公路一栏中括号内数值对应高速公路，高速公路路基边缘指公路下缘的隔离栏。

三、线路防护区验收项目、标准、方法

线路防护区验收标准及检查方法见表 GYSD00701004-9。

表 GYSD00701004-9　　　　　　　　　**线路防护区验收标准及检查方法**

序号	性质	检查（检验）项目	标　准	检 查 方 法
1	关键	跨越或保护区内树木	符合本章节 2.8，2.9 条	观察，经纬仪、皮尺测量检查协议
2	关键	跨越或保护区内建筑物	符合本章节 2.3，2.4，2.5，2.6，2.11 条和设计规定	核对图纸，经纬仪、皮尺测量，检查协议

续表

序号	性质	检查（检验）项目	标　　准	检　查　方　法
3	关键	跨越或保护区内采石场	符合本章节 1.3 和 1.4 条规定	核对图纸，观察，检查封闭协议
4	关键	交跨距离	满足本章节第 2 节的规定和设计要求	核对图纸，经纬仪、皮尺测量

【思考与练习】

1. 架空电力线路保护区的距离范围是如何规定的？

2. 架空送电线路与公路交叉跨越最小垂直距离是多少？

3. 架空送电线路与铁路接近的最小水平距离是多少？

第二十二章　评级与资料管理

模块 1　工程验收评级方法及图纸资料交接（GYSD00702001）

【模块描述】本模块包含验收检查必须具备的条件、验收评级标准及评级方法、竣工图及资料移交、输电线路竣工验收作业指导书。通过要点介绍、图表对比，熟悉工程验收评级方法、工程资料移交内容的要求。

【正文】

工程验收包括隐蔽工程验收、施工工序转换的中间验收和工程结束提交投运前的竣工验收。隐蔽工程有基础工程、导地线压接工程、杆塔接地线的接地沟深度、接地线埋深和接地线回填土质量、铁塔底脚螺栓符合设计和紧固情况等。中间验收是工程需要立塔的回填前基础质量验收，基础强度符合设计要求后才能立塔；架线前需对杆塔进行中间验收，校核基础强度满足要求后才能架线工程。

一、竣工验收必须具备的条件

（1）隐蔽工程和施工工序转换的中间验收均按规定进行，且验收检查出的缺陷已消除，无影响安全运行的缺陷。

（2）工程自检、初验收查出的缺陷已消除，不存在影响安全运行的缺陷。

（3）工程已按设计要求全部架设完毕，并已满足生产运行的要求。施工单位已进行三级自检，监理单位已进行初检，建设单位已进行预检且自检、初检、预检资料齐全、完整。

（4）建设单位已提交预检（预验收）报告，预检提出的缺陷已消除或已落实整改单位，整改单位已制定好施工措施和整改时间要求。

（5）工程建设单位接到施工单位的三级自检报告（包括缺陷记录及在施工中存在的问题）。

（6）工程监理单位已进行初检并出具工程监理报告，监理报告的内容应包括：工程规模、设计质量、施工进度与质量的评价及工程遗留问题等。

（7）有完整的竣工图纸（草图）、设备的技术资料及施工安装记录等技术文件。

二、竣工验收一般规定

（1）竣工验收是在工程全部完成且经过施工单位、监理单位自检和初检全部结束后实施。竣工验收是对输电线路投运前整体安装质量的最终确认。

（2）竣工验收除应确认工程的施工质量外，尚应包括以下内容：

1）线路走廊障碍物及线路保护区隐患的处理情况。

2）杆塔固定的警示标志。

3）临时接地线的拆除。

4）遗留问题的处理情况。

（3）竣工验收除应验收实物质量外，尚应包括工程技术资料。

三、验收评级标准及评级方法

本标准将一条或一个标段的架空电力线路工程定为一个单位工程；每个单位工程分为若干个分部工程；每个分部工程分为若干个分项工程；每个分项工程中又分为若干相同单元工程；每个单元工程中有若干检查（检验）项目，具体见表 GYSD00702001-1。

检查（验收）项目分为：关键项目、重要项目、一般项目与外观项目。

表 GYSD00702001-1　　　　　　　　架空电力线路验收工程类别划分

单位工程	分部工程	分项工程	单元工程	
			单位	质量标准和评级要求
架空电力工程	基础工程	1. 现浇基础（钢性或板式）	基	见表 GYSD00701003-3
		2. 现浇或装配拉线基础	基	见表 GYSD00701003-4
		3. 灌注桩基础	基	见表 GYSD00701003-5
	杆塔工程	1. 自立式铁塔组立	基	见表 GYSD00701001-3
		2. 拉线铁塔组立	基	见表 GYSD00701001-4
		3. 混凝土电杆或钢管杆组立	基	见表 GYSD00701001-5（6）
	架线工程	1. 导地线展放	千米	见表 GYSD00701002-1
		2. 导地线连接	个	见表 GYSD00701002-3
		3. 紧线	耐张段	见表 GYSD00701002-5
		4. 附件安装	基	见表 GYSD00701002-6
	接地工程	1. 表面式接地装置	基	见表 GYSD00701003-5
		2. 深埋式接地装置	基	参照表 GYSD00701003-5
	线路护区		处	见表 GYSD00701004-10

（一）验收评级标准

（1）优良级：

1）关键项目必须 100%地符合本标准的优良级标准。

2）重要项目、一般项目和外观项目必须 100%地达到本标准的合格级标准。

3）全部检查项目中有 80%及以上达到优良级标准。

（2）合格级：

1）关键项目、重要项目、外观项目检查中达到优良级标准者不及 80%，但必须 100%地达到合格级标准；

2）一般项目中，如有一项未能达到本标准合格级规定，但不影响使用者，可评为合格级。

（3）不合格级：关键项目、重要项目、外观检查项目中有一项或一般检查项目有两项及以上未达到本标准合格级规定者。

（二）验收评级方法

（1）工程验收质量的检验评定工作一般由以下人员参加并负责：

1）业主代表，包括监理工程师或业主委托的运行单位代表。

2）设计单位代表。

3）施工单位代表。

（2）验收评级程序：

1）由施工单位内部进行三级验收，完成后再提交运行单位组织验收评级。评级根据 GYSD00701001、GYSD00701002、GYSD00701003、GYSD00701004 模块相关要求执行。

2）在项目施工阶段，业主代表（业主委托的监理工程师或运行单位代表）应参加隐蔽工程、单元工程、分部工程和单位工程的检查，并应将该记录反馈到竣工验收评级中。

四、竣工图及资料移交

（1）工程竣工后应移交下列资料：

1）工程施工质量验收记录。

2）修改后的竣工图。

3）设计变更通知单及工程联系单。

4）原材料和器材出厂质量合格证明和试验记录。

模块 1

GYSD00702001

5）代用材料清单。

6）工程试验报告和记录。

7）未按设计施工的各项明细表及附图。

8）施工缺陷处理明细表及附图。

9）相关协议书。

10）验收总结报告或验收纪要。

（2）竣工资料的建档、整理、移交，应符合现行国家标准《科学技术档案案卷构成的一般要求》GB/T 11822 的规定。

五、110～750kV 送电线路竣工验收作业指导书

相关表格见表 GYSD00702001-2～表 GYSD00702001-7。

表 GYSD00702001-2　　　　　　　**基　本　条　件**

工作任务	110～750kV 输电线路竣工验收	作业指导书编号	
工作条件	无 6 级及以下大风及暴雨、雷电、冰雹、大雾、沙尘暴等恶劣天气	工种	线路运行
设备类型	110～750kV 输电线路		
工作组成员及分工	作业人员：每组至少 2 人，1 人作业，1 人监护。由负责人指派担负相应工作，工作人员必须经培训合格，持证上岗		
作业人员职责	（1）工作负责人：组织并合理分配工作，进行安全教育，督促、监护工作人员遵守安全规程，检查工作票所载安全措施是否正确完备，安全措施是否符合现场实际条件。工作前对工作人员交待安全事项，对整个工程的安全、技术等负责，工作结束后总结经验与不足之处。工作负责（监护）人不得兼做其他工作。 （2）工作班成员：认真努力学习本作业指导书，严格遵守、执行安全工作规程和现场"安全措施卡"，互相关心施工安全		
标准作业时间	依具体工作而定		
制订依据	（1）GB 50233—2005《110kV—500kV 架空电力线路施工及验收规范》 （2）DI/T 741—2001《架空送电线路运行规程》 （3）DL/T 5092—1999《架空送电线路设计技术规程》 （4）《电力设施保护条例》和《电力设施保护条例实施细则》 （5）SDJ 226—1987《架空送电线路导线及避雷线液压施工工艺规程》 （6）《国家电网公司电力安全工作规程》（电力线路部分） （7）DL/T 887—2004《杆塔工频接地电阻测量》 （8）修改后的竣工图 （9）有关反措文件		

表 GYSD00702001-3　　　　　　　**所需工具、器材**

序号	名　称	规　格	单　位	数　量	备　注
1	望远镜		台	1	
2	记录本		本	1	
3	扭矩扳手		把	若干	检测螺栓扭矩值
4	个人工具		套	1 套/人	
5	接地电阻检测仪		套	1	地面人员用
6	个人保安线		根	1 根/人	塔上人员用
7	脚扣		副	1	混凝土杆专用
8	安全带		套	1 根/人	塔上人员用
9	钢卷尺		把	1	
10	测绳	根据线路等级选用	根	1	
11	安全帽		顶	1 顶/人	
12	经纬仪		台	1	测量组用
13	小锄头		把	1	检查接地埋深

表 GYSD00702001-4　　　　　　　　　　作 业 步 骤

序号	作业要求	质量要求及其监督检查	危险点分析及控制措施
1	接受任务，进行工前准备	（1）验收前，运行专责及有关人员认真学习施工总说明及机电部分施工说明，编制验收措施，向验收人员技术交底，组织验收人员认真学习《验收措施》、《110kV～500kV 架空电力线路施工及验收规范》及相关规定，交待工作重点及注意事项。 （2）接受竣工验收工作任务后，每组准备各项工器具	
2	开赴现场	文明安全行车，到达工作现场	
3	全体工作人员听工作负责人介绍工作内容及注意事项	（1）工作前，工作负责人应严格检查安全措施的实施情况，并向工作人员讲解工作任务分配、安全措施、危险点。 （2）在工作地段检查个人保安线。 （3）分小组开始工作	
4	小组到达杆塔位，准备开始登杆塔	（1）检查验收所用工器具是否齐全。 （2）检查登高工器具。 （3）核对线路名称、杆塔号	
5	攀登杆塔	登塔人员在核对线路双重命名、杆塔号后，进行登塔验收，地面人员进行护坡、基础、接地、通道等方面的验收	认清线路名称，以防误登带电设备
6	杆塔上的作业	（1）系好安全带、戴好安全帽。 （2）悬挂个人保安线。 （3）验收检查（小组负责人认真监护，做好记录）。验收内容及工作标准见表 GYSD00702001-5～表 GYSD00702001-7	安全带系牢，以防高空坠落。个人保安线连接可靠，防止感应电触电
7	班组工作结束	（1）工作负责人负责清点工作班成员。 （2）工作负责人收回缺陷记录。 （3）返回。 （4）整理缺陷记录，上交运行专工	

表 GYSD00702001-5　　　　　　　　杆塔工程验收内容及工作标准

序号	内　容	标　准			说　明
1	螺栓连接是否符合规程要求	螺杆应与构件面垂直，螺栓头平面与构件间不应有间隙；螺母拧紧后，螺杆露出螺母的长度为：单螺母不应小于两个螺距，双螺母可与螺母相平；必须加垫者，每端不宜超过两个垫片；螺栓拧紧是否符合相应规格螺栓拧紧标准值			
2	螺栓的穿入方向是否符合规定	立体结构：水平方向由内向外；垂直方向由下向上；平面结构：顺线路方向：由送电侧穿入或按统一方向穿入；横线路方向：两侧由内向外，中间由左向右或按统一方向；垂直方向由下向上			
3	杆塔螺孔扩孔后是否符合要求	扩孔不得超过 3mm。当扩孔需超过 3mm 时，应先堵焊再重新打孔，并应进行防锈处理			
4	工程移交时，杆塔上是否有固定标志	每基杆塔应有线路名称杆号或代号、安全警示牌和相位标志；高杆塔按设计规定装设航行障碍标志；多回路杆塔横担上有相位、杆号及醒目标识加以区分			
5	螺栓紧固扭矩是否符合标准	螺栓规格 M12 M16 M20 M24	扭矩值（N·cm） 4000 8000 10 000 25 000		每基杆塔抽检不少于 50 颗
6	铁塔上是否加装防盗帽、防松卡及警告牌	从塔脚保护帽至塔身××m 高度（具体高度由设计确定）内螺丝加防盗帽；横担下 2m 至塔顶加防松扣母，路边或其他易遭受外力破坏的地方应加装警告牌			一般从杆塔基准面以上 2 个主材段号采用防盗螺栓
7	混凝土杆裂纹是否超标	混凝土杆横向裂纹不能超过 0.2mm，长度不超过圆周的 1/2，每米内不得多于 3 条；纵向裂纹宽度不超过 0.1mm，长度不超过 1m；更不得有腐蚀、掉块、钢筋外露现象			适用于混凝土电杆
8	杆塔组立及架线后其允许偏差是否符合标准	电压等级 110kV	偏差项目 混凝土杆结构根开 混凝土杆结构迈步 双杆横担高差 直线杆结构倾斜	允许值 ±30mm 30mm 5‰ 3‰	适用于混凝土电杆

续表

序号	内 容	标 准		说 明
8	杆塔组立及架线后其允许偏差是否符合标准	110kV	直线杆结构中心与中心桩间横线路位移 50mm	适用于混凝土电杆
			转角杆结构中心与中心桩间横、顺线路位移 50mm	
			等截面联系塔立柱弯曲 2‰	
		220kV	混凝土杆结构根开 ±5‰	
			混凝土杆结构迈 1%	
			双杆横担高差 3.5‰	
			直线杆结构倾斜 3‰	
			直线杆结构中心与中心桩间横线路位移 50mm	
			转角杆结构中心与中心桩间横、顺线路位移 50mm	
			等截面联系塔立柱弯曲 1.5‰	
9	相邻节点间主材弯曲是否超标	不得超过 1/750		
10	基础保护帽施工质量是否合格	保护帽的混凝土应与塔角板上部铁板结合紧密，不得有裂纹		必要时可抽查一基杆塔保护帽进行破坏性检查
11	混凝土杆表面是否有裂纹掉块等现象	预应力混凝土杆及构件不得有纵、横向裂纹；普通混凝土不得有纵向裂纹，横向裂纹宽度不得超过 0.1mm		适用于混凝土电杆
12	混凝土杆的钢圈焊接接头是否按规定进行防锈处理	涂刷防锈油漆，使用环氧树脂包裹		适用于混凝土电杆
13	混凝土杆上端是否封堵，排水孔是否畅通	上端应封堵，放水孔应打通		适用于混凝土电杆
14	对混凝土杆的叉梁有何要求	以抱箍连接的叉梁，其上端抱箍组装的允许偏差应为±50mm。分端组合叉梁，组合后应正直，不应有明显的鼓肚、弯曲。横隔梁的组装尺寸允许偏差应为±50mm		适用于混凝土电杆
15	采用楔型线夹连接的拉线安装是否合格	线夹的舌板与拉线接触紧密，线夹的凸肚应在尾线侧；拉线弯曲部分不应有明显的松股，其端头应用镀锌铁丝扎牢，线夹尾线应露出 300～500mm，尾线回头处与本线采取有效方法扎牢或压牢；同组拉线使用两个线夹时，其线夹尾端的方向应统一		适用于拉线电杆、拉线铁塔
16	拉线采用压接式连接时，其标准是否符合规定	液压：压接后管子不应有肉眼即可看出的扭曲及弯曲现象，有明显弯曲时应校直，校直后不应出现裂缝；压接后，在管子指定部位应有操作人员的钢印		适用于拉线电杆、拉线铁塔
17	拉线调整后是否符合标准	拉线与拉线棒应呈一直线；交叉拉线的交叉点处应留足够的空隙；拉线对地夹角允许偏差为 1°，个别特殊杆塔拉线需超出 1°时应符合设计规定；NUT 型线夹带螺母后螺杆必须露出螺纹并应留有不小于 1/2 螺杆的螺纹长度，并应设装设防盗帽；拉线受力应一致。设防盗帽；拉线受力应一致		适用于拉线电杆、拉线铁塔

表 GYSD00702001-6   架线工程验收内容及工作标准

序号	内 容	标 准	说 明
1	导地线损伤补修是否符合标准	（1）导线在同一处损伤的程度已超过规定（铝、铝合金单股损伤深度小于直径的 1/2；导线损伤截面积为导电部分截面积的 5% 及以下，且强度损失小于 4%），但其强度损失不超过总拉断力的 5%，截面积损伤不超过总导电部分截面积的 7%，处理方法以缠绕或补修预绞丝修理。 导线在同一处损伤强度损失已超过总拉断力的 5%，但不足 17%，且截面积损伤也不超过导电部分截面积的 25% 时，处理方法以补修管修补。 （2）当有以下情况时需开断重接：①导线损失的强度或损伤的截面积超过采用补修管补修的规定时；②连续损伤的截面积或损失的强度都没有超过本规范以补修管补修的规定，但其损伤长度已超过材料的能补修范围；③复合材料的导线钢芯有断股；④金钩、破股已使钢芯或内层铝股形成无法修复的永久变型。 （3）钢绞线（19）断 1 股采用补修预绞丝或缠绕处理；钢绞线（7 股）断 1 股、钢绞线（19）断 2 股采用补修管处理；钢绞线（7 股）断 2 股、钢绞线（19）断 3 股及以上采用开断重接处理	非张力放线

续表

序号	内 容	标 准	说 明
1	导地线损伤补修是否符合标准	（1）导线外层导线线股有轻微擦伤，其擦伤深度不超过单股直径的 1/4，且截面积损伤不超过导电部分截面积的 2%时，采用砂纸磨光处理；当导线损伤已超过轻微损伤，但在同一处损伤的强度损失尚不超过总拉断力的 8.5%，且损伤截面积不超过导电部分截面积的 12.5%时，采用补修管处理。 （2）当有以下情况时需开断重接：①强度损失超过保证计算拉断力的 8.5%；②截面积损伤超过导电部分截面积的 12.5%；③损伤的范围超过一个补修管允许补修的范围；④钢芯有断股；⑤金钩、破股已使钢芯或内层线股形成无法修复的永久变形	张力放线
2	采用缠绕处理后应达到何种标准	缠绕材料应为铝单丝，缠绕应紧密，其中心应位于损伤最严重处，受伤部分应被全部覆盖，长度不得小于 100mm	
3	采用补修预绞丝处理后应达到何种标准	补修预绞丝长度不得小于 3 个节距；补修预绞丝应与导线接触紧密，其中心应位于损伤最严重处，并应将损伤部位全部覆盖	
4	采用补修管补修后应达到何种标准	补修管的中心应位于损伤最严重处，需补修的范围应位于管内各 20mm。当采用液压时，应符合下列标准：压接后管子不应有肉眼即可看出的扭曲及弯曲现象，有明显弯曲时应校直，校直后不应出现裂缝；压接后，在管子指定部位应有操作人员的钢印	
5	接续管及耐张线夹压接后是否达到标准要求	（1）飞边、毛刺及表面不超过允许的损伤应磨光。 （2）不允许出现裂缝或穿孔。 （3）弯曲度不得大于 2%，有明显弯曲时应校直，校直后的连接管严禁有裂纹。 （4）压接后锌皮脱落应涂防锈漆。 （5）液压管压接后应呈正六边形，其对边距 S 的允许最大值可根据下式计算 $S = 0.866 \times 0.993D + 0.2$ 式中 S——对边距，mm； 　　　 D——管外径。 三个对边距只允许一个达到最大值，超过规定时应查明原因，割断重接	
6	耐张线夹引流板的连接是否符合标准	（1）耐张引流连板的光洁面必须与引流线夹连板的光洁面接触。 （2）连接面必须涂一层导电脂。 （3）连接螺栓的扭矩须符合产品说明书所列数值	
7	各类管的安装距离是否符合要求	在一个档距内每根导线或避雷线上只允许有一个接续管和三个补修管：①各类管与耐张线夹间的距离不应小于 15m；②各类管与悬垂线夹的距离不应小于 5m；③各类管与间隔棒的距离不宜小于 0.5m	
8	导、地线的弧垂是否符合规定	弧垂允许偏差：110kV——+5%，−2.5%；220kV——±2.5%；跨越通航河流的大跨越档其弧垂允许偏差不应大于±1%，其正偏差值不应超过 1m	
9	导、地线各相间的弧垂是否符合规定	相间弧垂允许偏差值：110kV——200mm；220kV——300mm；跨越通航河流的大跨越档的相间弧垂最大允许偏差应为 500mm	
10	分裂导线同相子导线的弧垂安装是否符合要求	不安装间隔棒的垂直双分裂导线，同相子导线的弧垂允许偏差为（0～100）mm；安装间隔棒的其他形式分裂导线同相子导线的弧垂偏差 220kV 为 80mm	
11	附件的安装是否符合要求	（1）绝缘子表面应干净，无泥垢。 （2）金具的镀锌层不得有破损、剥落或缺锌。 （3）悬垂线夹安装后，绝缘子串应垂直地面，其顺线路位移不应超过 5°，最大偏移值不应超过 200mm，连续上下山坡处杆塔上的悬垂线夹的安装位置应符合设计规定。 （4）悬垂串上的弹簧销一律向受电侧穿入。 （5）耐张串上的弹簧销、螺栓及穿钉一律由上向下穿，特殊情况由内向外，由左向右。 （6）分裂导线上的穿钉、螺栓一律由束外侧向内穿。 （7）当穿入方向与当地运行单位要求不一致时，可按当地运行单位的要求，但应在开工前明确规定。 （8）金具上所用的开口销的直径必须与孔径配合。 （9）铝包带应缠绕紧密，其缠绕方向应与外层铝股的绞制方向一致；所缠铝包带露出线夹口不应超过 10mm，其端头应回压于线夹内。 （10）防振锤及阻尼线应与地面垂直，其安装距离偏差不应大于±30mm。 （11）分裂导线的间隔棒的结构面应与导线垂直，各相间隔棒安装位置应相互一致。 （12）引流线应呈近似悬链线状自然下垂，其对杆塔及拉线的电气间隙应符合设计要求。 （13）铝制引流连板及并沟线夹的连接面应平整、光洁，安装应符合下列规定：①安装前应检查连接面是否平整，耐张线夹引流连板的光洁面必须与引流线夹连板的光洁面接触。②应用汽油洗擦连接面及导线表面污垢，并应涂上一层电力复合脂。用细钢丝刷清除有电力复合脂的表面氧化膜。③保留电力复合脂，并应逐个均匀地拧紧连接螺栓，螺栓的扭矩应符合该产品说明书的要求	

GYSD0070200l

模块 1

表 GYSD00702001-7 基础及接地工程验收内容及工作标准

序号	内　容	标　准	说　明
1	基础防沉层是否符合要求	基础防沉层 300～500mm，移交时坑口回填土不应低于地面，接地沟回填后防沉层高度为 100～300mm，移交时回填土不得低于地面	
2	接地引下线及接地网安装是否符合要求	接地引下线应与杆塔连接牢固，紧贴杆塔身，铁塔的接地引下线需加可装卸的防盗帽；接地网埋深应符合设计要求	
3	易受水冲刷的地方是否打护坡	对易受水冲刷的杆塔及拉线基础需打护坡	
4	基础表面是否光洁，尺寸是否符合要求	基础表面应光洁平整，无裂纹，无凸凹不平现象，尺寸应符合设计要求	
5	接地电阻是否达到要求	现场按辅助测量射线的电压极比本杆塔接地线 L 长 20m、电流极要长 40m 检测的电阻值按季节系数换算后的工频接地电阻值应达到设计要求标准	

【思考与练习】

1. 工程竣工后应移交哪些资料？
2. 竣工验收必须具备的条件有哪些？

第九部分

架空线路状态巡视及检修

第二十三章 输电线路状态运行、检修的基本概念

模块 1 架空输电线路运行检修概念 (GYSD00801001)

【模块描述】 本模块包含架空输电线路运行检修基本概念、部分常用线路专业术语。通过概念描述、知识讲解，了解线路基本概念和部分常用线路专业术语。

【正文】

一、架空输电线路状态巡检的基本概念

输电线路架设在野外，常年受大自然的环境影响，同时还要受人类生产、生活的影响，如公用事业基础建设中的土地平整，线路附近风筝、广告气球飘带、农用薄膜、农作物遮阳布飘飞缠绕，道路桥梁或弱电线路、管道的建设、穿越架设中危及到线路的安全运行，另外还会遭到塔材、导线等偷盗或恶意破坏等，因此按 DL/T 741—2001《架空送电线路运行规程》的周期巡视和定期检修，会造成绝大部分线路设备过渡维护和检修，对少量特殊区域的线路设备则会呈现明显的巡视、检修不足。

因我国目前没有输电线路状态巡视的规程或规章制度，也没有单一的线路检修规程和按设备状态进行检修设备的规章制度，因此按输电线路设备本体的运行状况和通道环境运行状况，以及带电设备（部件）的缺陷状况，进行有的放矢地巡视、检修消缺。这还是个探索、完善的阶段，本模块提出的一些方法和观念，是某个地区局开展按线路设备状况巡视、检修约 16 年的经验和实际情况。

1. 线路巡视

线路巡视是线路运行人员用观察、检查或扫描方法对线路设备、通道状况进行状态量采样过程。巡视种类有定期巡视、故障巡视、特殊巡视、夜间巡视、交叉巡视、诊断性巡视、监察巡视、为弥补地面巡视的不足而登塔检查、走线检查和乘直升机巡视，其目的是为了经常掌握线路运行状况，及时发现线路本体、附属设施和线路通道上的缺陷和隐患，为线路检修、维护及状态评价（评估）等提供依据、资料和参数，以保证线路安全运行。

2. 状态巡视

状态巡视是线路巡视的一种科学方式，是根据架空输电线路的实际状况和运行经验动态确定线路（段、点）巡视周期的巡视。线路实际状况包括线路设计条件、运行年限、设备健康状况、通道情况、地质、地貌、环境、气候、设备存在的危险点等。按线路（设备、通道）状态巡视，可以使巡视过程中做到有的放矢，真正做到"该巡必巡，巡必巡好"。

3. 线路状态检测

线路状态检测是指线路运行维护人员对线路设备、通道状况用仪器测量方法按预先确定的采样周期进行的状态量采样过程。常见的线路状态监测有瓷绝缘子零值（即绝缘电阻、分布电压）测试、接地电阻测量、交叉跨越测量、导线跳线连接点螺栓扭矩检测或红外测温、运行绝缘子累积盐密测量、硅橡胶憎水性能测量和拉棒锈蚀检测等。

4. 线路状态检修

对巡视、检测发现的状态量超过状态控制值的部位或区段进行维护或修理的过程。可根据实际情况采取带电或停电方式进行。线路状态检修可结合线路的大修、技术改造和日常维修进行。

5. 设备危急缺陷

线路设备或通道缺陷随时都有可能导致发生事故，必须尽快停电或带电作业消除或采取临时安全

技术措施后尽快处理的缺陷状态。

6. 设备重要缺陷

线路设备或通道缺陷比较重大，但设备仍可短期继续安全运行的缺陷，应在短期内停电或采用带电作业方式消除的缺陷状态。

7. 设备一般缺陷

线路设备或通道缺陷对近期安全运行影响不大的缺陷，可列入下次检修处理或采用带作业方式消除的缺陷状态。

8. 外部隐患

因线路外部环境变化或人为等因素危及线路安全运行的各种情况，如与线路安全距离不足的树竹木、建（构）筑物、机械施工以及线路周边的污源点等。

9. 状态测温

设备在运行情况下，采用专用仪器，对连接设备的温升、温差等状态量进行非接触性的采样过程。

10. 技措

设备技术改造措施的简称。

11. 反措

设备反事故措施的简称（现已改为预防事故措施）。反事故措施一般在上年末制定计划，经审核批准后执行，反事故措施计划内容主要包括：线路事故、障碍、异常情况的防止对策；上级机关颁发的反事故措施；需要消除的影响线路安全运行的重要缺陷、隐患或危险点等。

12. 安措

企业安全组织技术和劳动保护措施的简称，它以改善作业环境，预防人身伤亡事故、职业病等为原则，以安全性评价结果为依据制定的安全组织技术措施。

13. 状态评价

输电线路状态评价是按条计列，但线路设备有杆塔与基础、导地线、绝缘子、金具、接地装置、附属设施和线路通道7个单元，每个单元项有数量众多的构件，因此评价先按单元状态评价，由单元、部件、评价内容、状态量、量测、评分标准构成，评价内容是部件的具体评价范畴。状态量是反映评价内容中设备状况的各种技术指标、性能和运行情况等参数的总称，量测是状态量的具体数值或定性值，评分标准是按单元的重要性来附以不同权重，它通过量测来判断状态的扣分依据，按是否需要停电来施行采取何种检修方式。

二、部分常用线路专业术语

1. 等值附盐密度（简称等值盐密）

绝缘子表面单位面积上的等价含盐量值，溶解后具有与从给定绝缘子的绝缘体表面清洗的自然沉积物溶解后相同导电率的氯化钠总量除以表面积，一般用 mg/cm^2 表示。

2. 不溶物密度（简称灰密）

从给定绝缘子的绝缘体表面清洗的非可溶性残留物总量除以表面积，一般用 mg/cm^2 表示。

3. 外绝缘泄漏距离（几何爬电距离）

指绝缘子正常承受运行电压的二电极间沿绝缘子外表面轮廓的最短距离，一般用 cm 表示。

4. 外绝缘单位泄漏距离（泄漏比距）

指外绝缘泄漏距离对系统额定线电压之比，一般用 cm/kV 表示。

5. 统一爬电比距

绝缘子的爬电距离与其两端承担的最高运行电压（对于交流系统为最高相电压）之比，一般用 mm/kV 表示。

6. 有效爬电距离

盘形悬式绝缘子设计有形状系数，即伞盘棱与棱间局部转角处在试验电压下会产生电弧桥接，也就是说盘形悬式绝缘子的几何爬距在试验电压下的爬电距离（牺牲部分爬电距离）。

7. 污闪

绝缘子表面上的污秽在潮湿、毛毛雨、雾、冰雪等天气下，在运行电压下发生沿绝缘子串的电气闪络现象称为污闪。

8. 冰闪

绝缘子串或支柱绝缘子一侧或全部结冰贯通，冰柱内泄漏电流融化成水但外层仍为冰层，在运行电压下沿绝缘子串表面发生电气闪络跳闸。

9. 沿面闪络

指雷电流、污闪、冰闪等故障电流沿绝缘子串表面闪络，随后绝缘子恢复绝缘性能，但瓷绝缘子沿面闪络会造成电弧烧伤表面瓷釉，使之逐渐劣化；复合绝缘子伞裙表面电弧过后，浓浓的白烟夹着刺鼻的气味，整个伞裙大面积退色，有白色片状膜产生，并易脱落，即粉化严重，局部护套碳化也严重，需及时更换。玻璃绝缘子电弧会烧伤表面薄薄一层（0.1mm）玻璃皮，烧伤面下的玻璃件仍然是熔体，不影响绝缘性能，即玻璃绝缘子电弧烧伤表面后仍可继续运行。

10. 温升

用同一检测仪器相继测得的被测物（导线）表面温度和环境温度参照体表面温度之差。

11. 温差

用同一检测仪器相继测得的不同被测物或同一被测物不同部位之间的温度差。

12. 相对温差

两个对应测量点之间的温差与其中较热点的温升之比的百分数。相对温差 δ_1 可用下式求出

$$\delta_1 = \frac{\tau_1 - \tau_2}{\tau_1} \times 100\% = \frac{T_1 - T_2}{T_1 - T_0} \times 100\% \qquad \text{(GYSD00801001-1)}$$

式中　τ_1、T_1——发热点的温升和温度；

　　　τ_2、T_2——同相导线参照点的温升和温度；

　　　T_0——环境参照体的温度。

13. 有效检测距离

指采用的镜头分辨率与被测量设备的直径之间关系，如 1.3mrad 检测 LGJ-400/35 钢芯铝绞线的直线接续管，接续管的直径 ϕ45mm，则有效检测距离约 35m；线路用长焦镜头 0.7 mrad 检测 LGJ-400/35 钢芯铝绞线的直线接续管，其有效检测距离约为 57m。

14. 憎水性

固体材料的一种表面性能，水在憎水性的固体表面形成的一种互相分离的水滴或水珠状态，而不是连续的水膜或水片状态。

15. 憎水性迁移

憎水性的闪裙护套在表面污染后，将自身的憎水性传递给污层并且自身仍具有憎水性的现象。

16. 憎水性的减弱与恢复

清洁或污秽复合绝缘子伞裙护套的憎水性在某些外界因素作用下减弱，外界因素停止作用后其憎水性自然恢复。

17. 伞间最小距离

指具有相同伞径的相邻大伞，上面的一个伞的滴水缘最低点到下一个伞表面的垂线长度。伞间最小距离 C 值反映了在高湿度天气或同时在污秽作用下，相邻两大伞放电桥接情况。

18. 爬电系数（C.F）

爬电系数 C.F 是整体绝缘子尺寸的设计参数，指绝缘子总的爬电距离与绝缘子两电极间沿空气放电最短距离之比。

19. 额定机械负荷

用于表征产品机械强度等级的负荷值，产品在该负荷下应能承受 1min 而不破坏。

20. 瓷、玻璃绝缘子的劣化

由于自然老化及产品质量等原因造成瓷绝缘子机电性能下降或瓷件破损、釉烧伤，玻璃绝缘子自

爆等。

21. 残余强度（也称残锤强度）

仅指玻璃绝缘子自爆后的钢帽、钢脚残余额定荷载，IEC 标准要求玻璃绝缘子的残留强度不得小于 80% 额定荷载。

22. 复合绝缘子劣化

复合绝缘子硅橡胶伞套出现变硬（脆）、粉化、裂纹、破裂、起痕、树枝状通道、蚀损、穿孔、密封性能下降、局部发热、憎水性能下降及机械强度明显下降的现象。

23. 粉化

粉化是伞套材料填充物的某些颗粒形成粗糙或粉状表面的现象。

24. 起痕

起痕是由于在绝缘材料的表面上形成通道并且发展而形成的一种不可逆的劣化现象，这种通道甚至在干燥的条件下也是导电的。起痕可以产生在与空气相接触的表面上，也可产生在不同绝缘材料之间的界面上。

25. 树枝状通道

树枝状通道是由材料内部形成的微细通道，是一种不可逆的劣化现象，这种通道可能导电也可能不导电，这些微通道能够在整个材料上逐渐延伸直至产生电气破坏。

26. 电蚀

硅橡胶复合绝缘子系有机物，属长棒阻性产品，电位分布极不均匀，导线端长期承受强电场，且均压环又只均压保护金具芯棒压接处，有时会造成超高压线路导线侧的第 2～4 片伞裙处因强电场发生电蚀硅橡胶护套，造成硅橡胶穿孔或树枝状贯通。

27. 均压装置

它是装在金属附件上的一种装置，能改善绝缘子串特别是复合绝缘子的电位分布，同时保护金属附件、芯棒及伞套不被电弧灼伤，其次还能保护芯棒、金具连接区不因漏电起痕及蚀损导致密封性能的破坏。均压装置可以是均压环、均压引弧环或半导体的聚合物器件。

28. 罩入距

由于绝缘子串的分布电压不均匀，因此盘形悬式绝缘子在 330kV 电压等级及以上线路均要采用均压装置保护绝缘子和金具，且均压环一般罩入 2 片绝缘子；复合绝缘子因属长棒全阻性，电压分布极不均匀，所以高压端必须安装均压环，但复合绝缘子均压环不深入罩住硅橡胶伞裙，因此均压效果远没有盘形绝缘子好，即导线端硅橡胶伞裙表面最大电场强度有时大于 500V/mm（有效值）的一般设计要求。

29. 特殊区段

架空输电线路的特殊区段是指线路设计及运行中不同于其他的常规区段，它是设计部门按超常规设计建设的线路，主要指大跨越、多雷区、重污区及重冰区的线路。

30. 大跨越

架空输电线路跨越通航的大河流、湖泊和海峡等水域，其跨距特别大（一般在 1000m 及以上）或跨越杆塔特别高（一般在 100m 及以上），导线选型、杆塔等设计须特殊考虑，在发生故障时严重影响航运或修复特别困难的线段。大跨越应自成独立的耐张段。

31. 重冰区

导、地线设计覆冰厚度达 20mm 及以上的输电线路区段称为重冰区。

32. 重污区

输电线路绝缘子表面附着各种污秽物质（含盐密和灰密）特别严重的地区，一般指三级以上污秽区。

33. 多雷区

雷电活动随所在地区的地形地貌和矿物程度及湿度会有很大不同，以往按"雷暴日"（40 日以上）或"雷暴小时"来区分多雷区，严格说按"对地雷击密度分布"来确定多雷、少雷区则更为科学合理。

34. 微气象区

指局部地域常发生大风、覆冰、大雪等灾害性气候而导致输电线路发生覆冰倒杆、导线舞动、冰闪跳闸等事故，这样的区域范围较小。

35. 跳闸率

线路由于雷击、污闪等原因发生绝缘闪络，导致线路断路器动作。一般采用每百公里线路在一年中发生的跳闸次数进行统计，单位为：1/100km·a。（雷击跳闸率应归算至 40 雷电日的值，单位为：1/100km·a·40 雷日，也可简写为：1/100km·a）

36. 事故率

线路断路器动作后，均称故障率；若线路安装了自动重合闸装置，重合不成功者，则称之为线路事故。一般采用每百千米线路在一年中发生事故的次数进行统计，单位为：1/100km·a，也称强迫停运率。

37. 年可用率

输电线路的可用率为线路的运行小时数除以年总小时数（8760h）与线路计划停电及其他原因停电小时数之差乘以 100%（取同一电压等级）。

38. 完好率

架空输电设备的完好情况以设备评级为基础，一般一、二类设备为完好设备，三类设备为不良设备。完好设备占参加评级设备的百分数为架空输电设备的完好率。

39. 间隙

线路任何带电部分与接地部分之间的最小距离。

40. 光纤复合架空地线

OPGW 是一种具有传统架空地线和通信能力的双重功能的线，悬挂于杆塔地线支架上。

41. 保护角

架空地线垂直平面与通过导、地线的平面之间的夹角。

42. 在线监测

在不影响设备运行的条件下，对设备状况连续或定时进行的检测，通常是自动进行的。

43. 状态量

反映架空送电线路或设备状态的技术指标、性能参数、试验数据、运行状态以及通道情况等参数的总称。状态量可分为正常状态、注意状态、异常状态和严重状态。

44. 扭矩值

指某规格连接螺栓拧紧下的扭矩值，单位为 N·cm。

45. 钢比

钢芯铝绞线的钢横截面积与铝横截面积之比的百分数。

【思考与练习】

1. 架空送电线路运行规程中的内容可分哪几类？线路巡视有哪些？线路检测有哪些？

2. 为什么钢芯铝绞线的钢比不同，其钢、铝截面承担的计算破断力也相应不同？

3. 什么叫空间分辨率？什么是有效检测距离？

4. 为什么瓷绝缘子采用检测绝缘电阻和分布电压才能有效区分是否劣化？

5. 为什么要对复合绝缘子检测憎水性能？

模块 2　输电线路巡视、检测、维护、检修的现状分析
（GYSD00801002）

【模块描述】本模块涵盖线路巡视、检测、维护、检修的现状分析。通过概念描述、知识讲解、图表对比分析，熟悉输电线路巡视、检测、维护、检修的现状。

【正文】

架空输电线路是电网安全运行的重要设备，其专业知识包含杆塔基础（含拉线装置）、杆塔结构、导地线、金具、绝缘子、运行与检修（含带电作业）。

一、架空输电线路周期巡视现状

DL/T 741—2001《架空送电线路运行规程》要求线路正常巡视为每月一次，巡视检查内容为杆塔、导地线、金具、绝缘子、接地装置、杆塔辅助设施、线路通道内或保护区内树竹木、交叉跨越等有否异常、缺损、锈蚀，线路临近 500m 水平距离内有否采石爆破、保护区内有无土地平整、建造房屋和修筑道路、种植高杆树木等外部隐患。

输电线路分布在野外、途径农田、山地、高山峻岭，跨江河水库，穿山岙峡谷，常年饱受风、雨、雾、冰、雪、冰雹、雷电等大气环境的影响，同时还受到洪水、山体滑坡、泥石流等自然灾害的危害。另外，工农业的环境污染、采石放炮、农田改造、水利建设等人为因素也直接威胁着输电线路的安全运行，因此，及时、准确地检修、维护好输电线路就显得非常重要。若按 DL/T 741—2001 规定的项目和周期，进行线路巡视、检测、检修工作，不尽合理，存在着以下方面的问题：

（1）线路每月全线巡视一次。这种不论设备状况、地理（气候）条件、通道状况等而千篇一律的巡视方式，一方面造成大部分线路或区段"过"巡视、维护，浪费人力、物力资源。另一方面对线路危险点、特殊区域、易被外力破坏区等又明显表现出巡视检查不足，威胁线路的安全运行。

（2）绝缘子清扫、绝缘子测试、导线连接器测试（应该是跳线连接点测试）、杆塔螺栓紧固、并沟线夹（跳线搭接板）检查紧固等项目规定了固定的检测、维护周期，这种不论设备实际现状、绝缘配置、设备材料、运行状况、大气污染等情况必须按规定周期检测、维修的方式，无法实现"应修必修"的检修原则（虽然规程对巡视、绝缘子清扫、绝缘子测试等项目的备注栏内有可以延长或缩短周期的要求，因可操作性差，线路运行检修单位还是采用按固定的时间周期进行检修、维护，不能达到其应有的效果）。

（3）DL/T 741—2001 内容包含巡视、检测、维护和检修四项内容，按目前各单位运行、检修人员的配置实况，即使巡视、检修人员全出差在外巡视、检测、检修、维护设备，仍难以按规程要求完成。另外，由于线路通道内状况变动频繁、线路设备检修内容、要求的繁重和线路停电时间等相互矛盾，往往造成输电线路巡视、检测、检修、维护的质量参差不齐，管理部门也无法全面掌握设备的真实运行状况。定期检修输电线路容易造成"失修、误修或过度检修及电网失去备用"的弊病，所以多数运行、维护、检修项目还是采用事后检修、维护方式，使运行中的设备难以保证健康、安全地运行，同时也大量浪费线路停电时间，人为降低输电设备的可利用率。

二、设备周期检测现状

输电线路设备分布在野外，而线路巡视检查、检测设备状态量等基本靠个人行为和运行经验，从而决定了设备检修的判据比较粗糙，另外运行规程规定的检测项目众多，多数项目不能按期完成甚至没开展。

DL/T741—2001 规定：架空线路杆塔接地电阻检测周期，发电厂、变电站出线段及特殊地段每 2 年一次，其他线路段每 5 年一次。

根据我国 20 多个省市的雷电定位观察仪多年检测结果，多数落雷为小电流值，30kA 左右雷电流约占 50%以上，如 110kV 电压等级 7 片/串的耐绕击水平约 7kA，而线路设计的耐反击雷水平约 60kA 左右；220kV 电压等级 13 片/串的耐绕击水平约 12kA，线路本体耐反击雷水平约 95kA 左右；500kV 电压等级 28 片/串的耐绕击水平约 24kA，线路的耐反击雷水平约 150kA 左右。因此，线路上发生的雷击跳闸多数为绕击雷，而绕击雷采用降杆塔接地电阻值来防范时的效果不大，减少绕击雷的有效措施为减小避雷线保护角和增加本杆塔绝缘水平。

（1）目前各单位普遍采用三极法接地电阻检测仪和随该接地电阻检测仪配来的辅助测量电流射线 40m 和电压射线 20m 检测杆塔接地电阻值，两根测量辅助射线的比例系数不能满足 0.618 比例的测量要求（现有的接地测量规程的辅助射线 4L 和 2.5L 或 3L 和 1.85L，比例系数均在 0.61～0.63 间）。其次，输电线路几乎都采用浅表式风车状人工敷设接地线，直接用仪表配置来的 40m 辅助电流射线和 20m 电压射线，从杆塔接地引下线处布线检测杆塔接地电阻值，其辅助电流射线和电压射线无法与接地线最外端保持 20m 和 40m 的间距，即检测布线方式不符合杆塔接地电阻测量标准，采用此方法检测的接地电阻值明显比实际杆塔接地电阻小，会造成被检测的杆塔接地电阻符合设计要求的假相。不对线路雷击故障的原因进行分析，多数单位不论雷击故障是绕击还是反击，均采用降低杆塔接地电阻的做法是不合原理的。

（2）瓷质绝缘子低零值检测：每两年一次检测劣化绝缘子。运行线路的瓷绝缘子串中存有低零值（劣化）时，当线路故障电流从绝缘子串本体通过（闪络），串中的劣化瓷绝缘子会发生钢帽炸裂、导线掉串的恶性事故。

瓷绝缘子检测劣化绝缘子有效的方法是带电检测绝缘子的分布电压和带电或停电检测绝缘子的绝缘电阻值，分布电压检测方式能准确检测出每片绝缘子的分布电压值（可与 DL/T 626—2005《劣化盘形悬式绝缘子检测规程》中的各电压等级、各个不同绝缘子片数成串的电压分布值对应），绝缘电阻检测方法能准确检测出各片绝缘子的绝缘电阻值。采用 DL 415—2009《带电作业用火花间隙检测装置》方法带电检测瓷绝缘子，其间隙放电法技术原理模糊，因带电运行的绝缘子串的各片所处位置不同，其各片电压分布值相差有 4 ~ 5 倍左右，如 220kV14 片/串，横担第一片分布电压值为 8kV、横担侧往导线方向的第 4、5、6、7 片电压分布值均为 5kV，而导线侧第一片电压分布值为 31kV、第二片为 16kV，该方法是采用同一间隙距离对绝缘子短接放电，检测同一电压等级的盘形瓷绝缘子串，带电检测中往往会因串中分布电压低、放电声轻而将良好绝缘子误判为低、零值（劣化）绝缘子，目前这种靠听放电声音轻或响来判定绝缘子是否劣化的检测方法已逐渐淡化退出运行单位。另外，应对重污染区运行多年的绝缘子钢脚进行腐蚀、锈蚀程度检测，结果按 DL/T 626—2005 中绝缘子钢脚锈蚀判据确定缺陷程度。

（3）输电线路导线接续管早期采用爆压管，因硝胺炸药、后期的塑料炸药、导爆索等炸药包制作工艺不符合要求、药量过大时，爆炸压接中会产生烧伤钢芯现象，但不致于拔出掉线事故，若爆压用炸药包受潮后产生残爆现象造成爆压管握力不够时，在导线最大张力时会发生拔出掉线事故。随着我国国力增强，以及国家对民爆器材管理规定，目前输电线路导地线接续管已全部采用液压方式（SDJ 276—1990 已作废），因导线接续管直径比导线大，线路设计液压管以机械强度考核，因此导线接续管不会产生因接触电阻大而发热现象。因为导线耐张跳线连接处的并沟线夹、引流板会因接触电阻大而造成发热隐患，因此 DL/T 741—2001 规定，每年停电检查紧固一次或在输送较大负荷时检测发热隐患。

国家电网 Q/GDW 168—2008《输变电设备状态检修试验规程》第 5.19.1.9 条红外测温导线接点温度测量：500kV 及以上直线连接管、耐张引流夹 1 年测量一次，其他线路 3 年测量一次，接点温度可略高于导线温度，但不应超过 10℃。

由于红外热电视或红外热成像仪对仪器空间分辨率（有效检测距离）、检测时的风速、天气和检测设备处的附加光源等有严格的要求，运行单位在白天站在地面检测超过 40m 距离以上的导线连接处设备发热温度，其效果不佳和不准确，夜晚检测时作业人员登塔检测跳线连接处时，杆上作业安全性差和检测工作强度大。

耐张跳线导线连接点属电流致热型设备，发热原因主要是并沟线夹、引流板的螺栓扭矩值未达到标准扭矩的要求，或引流板光、毛面搭接、板间夹有杂质或未涂导电脂等现象，后一类现象一般在线路竣工验收中得到处理，线路检修单位采用作业人员登塔检查引流板状况和用扭矩扳手检测螺栓连接扭矩值的方法可有效确保耐张跳线连接处的检修质量。

（4）DL/T 864—2004《标称电压高于 1000V 交流架空线路用复合绝缘子使用导则》要求，每 2 ~ 3 年登杆检查复合绝缘子的硅橡胶伞套表面有否蚀损、漏电起痕，树枝状放电或电弧烧伤痕迹，是否出现硬化、脆化、粉化、开裂等现象，伞裙有否变形，伞裙之间粘接部位有否脱胶等现象，端部金具连接部位有否明显的滑移，检查密封有否破坏，钢脚或钢帽锈蚀，钢脚弯曲，电弧烧损，锁紧销缺少；硅橡胶伞裙的憎水性有否下降等，即复合绝缘子按规程规定检查、检测的工作量巨大。

线路投运 8 ~ 10 年内的每批次复合绝缘子应随机抽样 3 支试品进行电气和机械拉伸破坏负荷

试验。

随着电网的迅速发展，输电线路快速增长，线路设计仍采用较原始的节约型外绝缘配置方法，致使各单位几乎都将复合绝缘子作为"免维护"产品使用。复合绝缘子投入运行后，运行单位很少按规程要求进行抽检和抽样，即没有按规程要求每批次更换 3 支运行 8～10 年绝缘子送到有资质的试验单位做污秽性能和机械强度检测试验，多数单位采用运行 8～10 年后报废重新更换的方式。

由于复合绝缘子为全阻性长棒，串分布电压极不均匀，特别是超高压线路的复合绝缘子，高压端的电场强度往往超过电晕起始电压，又因复合绝缘子的均压环制造厂家不考虑保护硅橡胶伞裙和护套（只保护芯棒、金具压接处），容易造成高压端硅橡胶电蚀穿孔，在电化学作用下，其环氧树脂芯棒发生脆断，且全部发生在导线端第 2～4 片伞裙处，目前运行单位只能在重要线路全线和其他线路的跨越档基本采用双绝缘子串的防范措施，从而增加了线路投资和运行单位的维护工作量。

（5）线路污秽监测点绝缘子盐密检测。随着电网污区污秽等级图的滚动修订（最新版本污区图适应新建线路配置外绝缘，对已运行线路除非沿线出现新增污源或原污源点加重现状后，才要求受影响段杆塔调整爬距，其余线路采取分类专项监视建档），目前电网盘形绝缘子线路均已按最新污秽等级配置或调整爬电距离，线路绝缘子串已不再执行"逢停必扫"，盘形绝缘子防污闪方法是在雾季前，对污秽监测点绝缘子检测其附盐密值，以判定线路绝缘子是否要停电进行清扫。

目前多数运行单位采用在污秽监测点的横担上悬挂一串不带电的绝缘子串，在雾季前清洗检测其盐密值，按 1.25～1.4 的换算系数换算为带电运行绝缘子的附盐密值[国家电网公司 Q/GDW 152—2006《电力系统污区分级与外绝缘选择标准》3.10 带电系数：同型式绝缘子带电所测 ESDD/NSDD（SES）值与非带电所测 ESDD/NSDD（SES）值之比，K_1 一般为 1.1～1.5]。因检测此类盐密值是在"一年一清扫"的绝缘子串上检测，按其盐密值滚动划分的污秽等级配置的线路仅能抵御一般天气条件下的电网污闪事故，难以抵御灾害性浓雾特别是伴有湿沉降天气的侵害，造成老旧运行线路按现行污区图调爬或配置线路外绝缘后，仍会发生电网大面积污闪或局部点、段区域的污闪跳闸事故。

（6）线路通道内的交叉跨越距离、导线风偏距离等复核应在线路投产一年内测量完成。以后按线路巡视情况对通道内后建的建筑物、高大树木和后架交叉的跨、穿线路的最小安全距离进行复测，以确保线路的安全运行。

（7）每两年抽查导线、地线损伤、振动断股和腐蚀情况。事实上多数运行单位不检测、检查此类情况，特别是线路故障跳闸后，多数运行单位不对故障杆塔的架空地线、导线悬垂线夹打开检查有否遭电弧烧伤状况。对于每 5 年一次地下金属构件开挖检查、杆塔倾斜、绕度检测、大跨越导地线振动检测、绝缘架空地线或平行停电线路的感应电压检测等，则基本不开展检测工作。

三、设备维护现状

（1）DL/T 741—2001 规定：绝缘子污秽清扫每年一次。其实经过多年的电网防污闪改造，各单位的电网污区分级图早以经过数次滚动修订，老旧线路几乎已按污秽等级调整爬距，新建线路也均按污秽等级配置外绝缘，且有许多单位全线采用硅橡胶复合绝缘子。因此绝缘子污秽清扫已基本不开展，有的单位仅对重污秽段少量杆塔绝缘子串进行清扫。曾有单位对已清扫过的绝缘子更换进行电气和污秽试验，结果多数人工清扫过的绝缘子片附盐密值减少不多，导线侧的 1～2 片绝缘子，经清扫后有一定的减少污秽物效果。

（2）耐张跳线并沟线夹、引流板螺栓紧固每年一次；上述维护工作基本靠线路停电时完成，由于此类维修工作几乎是个人单独完成，目前这种不论作业人员身高体重、力气大小的差异，均采用相同的 10 寸活动扳手，使连接螺栓扭矩无法量化，维修质量参差不齐，且多数单位不安排员工紧固检查跳线连接金具。

（3）杆塔螺栓紧固每 5 年一次，各运行单位几乎不执行该项检测维修规定。

（4）北方混凝土杆排水防冻检修项目，早期混凝土等径杆上段杆顶是不封堵的，运行中使雨水进入电杆内，北方寒冬造成混凝土体内雨水结冰膨胀，因此规程要求运行单位在寒冬前松开接地螺栓放水。该类未封顶电杆运行单位均进行了封堵，后期生产的电杆已改为封堵式，该项工作已基本没什么意义。

（5）杆塔锈蚀防腐维护项目，架空线路杆塔长期暴露在野外，镀锌铁件必然会生锈腐蚀，严重时会大幅降低杆塔强度。施工、运行单位几乎不组织对铁塔出厂产品验收，即使有少量验收，也只考察厂家生产的规模和塔材镀锌外观检查，如镀锌层表面应连续完整，并具有实用性光滑，不得有过酸洗、漏镀、结瘤、积锌和锐点等使用上有害的缺陷。镀锌颜色一般呈灰色或暗灰色等内容，基本不对塔材镀锌厚度检测验收。

（6）防鸟装置、杆号牌、防振器、防舞动装置的修补、补装和调整等。

（7）线路通道内树竹木修剪、巡线道、桥的修理等，杆塔接地装置即人工敷设接地线的外露填埋及引下线的修复等。

四、设备检修现状

各运行检修单位对巡视、检查或检测出的设备缺陷或隐患，其处理方式有两种：

（1）线路停电时检修方式：劣化绝缘子的更换（瓷绝缘子低零值、瓷裙破损、玻璃绝缘子自爆、瓷、复合绝缘子电弧灼伤、硅橡胶伞裙龟裂、撕裂、粉化、电蚀穿孔、芯棒金具压接点密封破损和均压环倾斜损伤等）；连接金具锈蚀严重、电弧灼伤严重、防振锤移位、掉锤、间隔棒断裂、橡胶垫脱落等更换；导线并沟线夹、引流板的检查紧固，导线铝股断股补修，架空地线锈蚀更换，拉线杆塔拉线锈蚀、拉棒锈蚀等更换。

（2）线路带电检修或消缺方式：检修处理内容与上述相似，另外带电处理导线上悬挂异物，更换杆塔锈蚀塔材、横担、拉线或拉棒，架空地线放电间隙检修，水泥杆段或铁塔主材更换等。

五、线路状态巡查、检修的做法

以目前职工人数按 DL/T 741—2001 的按设备周期进行线路运行、检修，必然会造成"违章指挥"和"违章作业"现象。

（1）目前输电设备的预试体制存在的缺点：

1）检测、检修周期与输电设备的状态无关，过度维修现象严重，运行和管理部门重检测周期，缺少分析判定环节。

2）普查式的预防性检测的工作量大，效率低。对新线路、好设备的检测重视太多。

（2）要减少过度维修工作，提高输电设备的可用率，需采取以下措施：

1）延长设备的检测周期和检修（巡视）周期；或取消有的检测周期（如线路投运时摇测一次杆塔接地电阻值，多雷区第 10 年重新将农田的接地网按设计要求敷设接地线，并与旧接地网焊接在一体，平时雷击跳闸后必须摇测故障塔的接地电阻值以进行分析；对高山区自立塔且无树木危害的地段延长巡视周期，在新建线路杆塔中间验收按杆塔螺栓扭矩值控制并在竣工验收抽样复核螺栓扭矩值后取消每 5 年紧固杆塔螺栓周期等）。

2）对状态良好的设备不进行预试或延长试验周期。

3）对有缺陷的设备不进行超越需要的检修，即应修必修、修必修好。

4）开展预试（检测）的项目应与时俱进，按设备的运行状况进行。

5）强化运行监控，如雷击故障后应首先分析是什么雷害现象，按雷害性质采取防范措施，对雷害故障杆塔的接地电阻应按 $2.5L$ 和 $4L$ 辅助射线布置并严格检测和分析，同时打开故障杆塔悬垂线夹检查地线、导线有否损伤现象；新建线路竣工验收和停电检修普查跳线引流板的扭矩控制；外力破坏严重的杆塔上安装危险点图像监控；带电清洗绝缘子盐密值分析和对导电离子的检测；线路氧化锌避雷器的空气间隙值的计算分析等。

（3）线路按设备状态检修、巡视的思路要点如下：

1）新建线路的外绝缘配置尽可能减小配合比（即增加绝缘子片数），但带电体与塔身的最小间隙或绝缘子串的招弧角间隙仍应按规程规定的相应电压等级控制，以提高绝缘子串沿面闪络电压值和泄漏比距值，减少线路绕击雷跳闸和绝缘子串的清扫工作量。

2）新建线路的避雷线保护角均应大幅度小于 DL/T 620—2005 中各级电压等级的保护角度，建议新建线路的避雷线设计成负保护角。

3）新建线路小牌号导线跳线连接采用楔形弹力线夹或采用液压连接方式，液压式耐张线夹引流板应采用"Y"形和 4 颗连接螺栓形式,以增加接触面积和紧固方式,确保导线连接点不致输送大电流而出现发热隐患。

4)新建线路采用高跨方式架设,老旧线路的对地距离、交叉跨越危险点采用加塔升高改造措施。

5)细化运行线路状态量和信息的分析和评价。

6)建立细化、有效的设备缺陷评估体系。

7)与传统的检修模式衔接并平稳过渡。

8)强调状态信息的融合,重视线路设备整体评价中出现"圆桶短板"现象,控制停电检修并积极开展带电检修和消缺作业。

9)预试(检测)和检修时机要顾及设备的状态。

10)突出可操作性和操作结果的唯一性。

(4)我国电力部门的定期检修制度是 20 世纪 50 年代从苏联引入的,随着电网规模的日益庞大和有关设备的技术含量提高,定期检修设备的弊端日益体现。不仅造成输电线路可用系数的降低、线路在 $N{-}1$ 情况下运行风险增加,还会因大规模人员集中、短时期、集中式停电检修,造成人、财、物的三重浪费。检修单位若不按该方式配置人员、车辆和检修器具,则线路停电检修中会造成多数输电设备失修、欠修或漏修,使输电线路运行风险度增加。传统的周期巡视、检修方式和按设备状态巡视和检修方式区别见表 GYSD00801002-1。

表 GYSD00801002-1　　　　　定期检修、巡视和状态检修、巡视的区别

定期检修、巡视	状态检修、巡视
计划针对所有设备、线路区段	计划针对单个设备、部分区段(危险点)
强调周期,到期就试(测)修、巡	强调状态(危险点)超过规定条件才测、修、巡
没有设备状态分级评价体系	突出设备状态分级评价体系
从所有设备中筛选有问题的设备	从状态待定设备中筛选有问题的设备
无的放矢、人员设备多、停电时间长	针对性强、人员设备恰当、停电时间短

【思考与练习】

1．架空输电线路巡视主要内容有哪些?线路保护区为多少宽(分电压等级)?

2．瓷、玻璃和复合绝缘子的巡查检测内容各有哪些?为什么变电所出线段的杆塔接地电阻值要求两年检测一次?

3．盘形绝缘子的污秽清扫有什么效果?

4．定期检修有哪些不足和欠缺?

5．为什么说按标准要求复合绝缘子的检查维护工作量更大?

6．为什么现有线路雷击跳闸率高?

模块 3　开展状态运行、检修的基本要求(GYSD00801003)

【模块描述】本模块涉及开展输电线路状态运行、检修的基本原则,输电线路的技术管理,线路设备状态检测和状态评价管理及状态巡视和检修的技术保证体系。通过概念描述、定义讲解、图形举例、定量分析,了解开展状态运行、检修基本原则和技术管理工作,熟悉线路设备状态检测和状态评价管理、状态巡视和检修的技术保证体系。

【正文】

随着输电线路的快速发展以及用户对供电可靠性要求的逐步提高,输电线路运行、检修基于传统周期的模式已经不能适应电网快速发展的要求,迫切需要在充分考虑电网安全、环境、效益等多方面因素情况下,研究探索提高线路运行可靠性和检修针对性的新的运行、检修管理方式。开展线路状态

运行、检修是解决当前线路巡查维修工作面临问题的重要手段。

状态检修是企业以安全、环境、成本为基础，通过设备状态评价、风险评估、检修决策等手段开展的设备检修工作，达到设备运行安全可靠、检修成本合理的一种检修策略。

从传统按周期运行、检修模式转换到按设备状态进行，运行、检修模式决不是一蹴而就，输电线路状态运行、检修必须符合以下几个基本要求：

（1）制订方案并按输电线路状态进行运行、检修的基本原则并严格执行。

（2）积极做好新设备的前期管理，即新建和改（扩）建线路的前期控制、建设过程中的控制、施工验收控制。

（3）落实设备责任制，按管辖线路的实际情况，建立以设备危险点预控和特殊区域管理为主体的运行模式。

（4）建立输电线路全面有效且可操作性的设备状态检测体系，开展设备状态的评价工作，按评估结果进行输电线路的巡查和检修作业。

（5）建立健全以带电作业为关键技术的技术保证体系，全面采用带电检修和带电消缺作业，提高输电线路可用率。

一、开展输电线路状态运行、检修的基本原则

（1）输电线路按状态进行运行、检修应始终坚持安全第一的原则，以提高输电设备的可靠性和管理水平为目的，通过对设备状态的掌握和跟踪，及时发现设备缺陷，分析和评估此类设备的消缺方式，合理安排计划和项目，提高检修效率和运行可靠性。运行单位不能因推行状态检修导致电网运行安全水平的降低。按设备状态进行检修并不是简单调整设备运行、检修周期，甚至盲目延长检修周期，状态运行和检修是有针对性地进行巡查和检修设备缺陷，确保设备健康水平、提高线路运行可靠性和提高线路可用率。

（2）推行状态检修必须坚持体系建设先行。状态检修是一项创新工程，是对原有设备检修方式的重大变革。为保证输电线路的安全运行，首先应建立完善企业的管理体系、技术体系和执行体系，全面规范输电线路状态检修工作，工作全过程要做到"有章可循、有法可依"。

（3）状态运行、检修工作应当以对设备的状态评价为基础，通过全面评价，掌握设备真实健康水平。以国家、行业现行技术标准和运行经验为依据，结合科技手段，制订符合本地域输电线路实际的评价标准。

（4）开展状态运行、检修工作必须遵循试点先行、循序渐进、持续完善、保证安全的原则。状态巡查、检修工作是建立在设备实际运行状态和长期运行经验的基础上，制定巡查、分析、评估、处理等体系，根据线路实际环境和设备情况，开展试点，积累经验，并对状态巡查检修体系不断修订完善，在通过一定形式的检查、验收后逐步扩大试点范围，全面推广执行。输电线路状态巡查、检修试点工作开展之前，各单位要坚持执行现有定期检修相关规定，不得以任何理由擅自盲目延长检修周期、减少检修项目。要认真做好新旧体制之间的衔接，做到"不立不破，先立后破"。

二、新建输电线路的前期技术管理

（一）按线路状态巡视、检修要求对新建和改（扩）建线路的前期控制

架空线路要开展按设备、通道状态进行巡视，必须要求线路设备完好和符合其运行条件，我国的GB 50545—2010《110kV～750kV 架空输电线路设计规范》对其外绝缘配置，仍然延续建国初期的节约型设计理念，即空气击穿放电电压与绝缘子串沿面闪络电压的配合比约为 0.6～0.85 间，致使 110、220kV 电压等级线路的最小空气间隙与绝缘子串长度基本等长，从而引发架空线路故障跳闸频繁（多数跳闸为绕击），若线路外绝缘配合比能修正在 0.2～0.4 间，带电导线对塔（窗）身的空气间隙仍按 110kV 为 1m、220kV 为 1.9m、330kV 为 2.3m、500kV 为 3.3m 的外过电压值控制，同时采用在导线与塔身间安装放电电极或在绝缘子串上安装招弧角，采用改进后的绝缘配置，线路增加了绝缘子片数，提高了线路耐绕击的水平，同时又提高了线路泄漏比距，运行单位可实现"绝缘到位、留有裕度和不依赖人工清扫"的检修理念和大幅降低线路雷害故障，线路运行单位才能真正实现"减人增效"的目标。

要减少输电线路的运行、维修工作量，线路设计必须按输电线路全寿命周期设计理念架设线路，即将传统的输电线路管理范围从目前单纯的运行、检修、抢修环节扩大到从设计、基建开始直至设备

退役的全过程管理，运行单位特别需要突出输电线路的前期管理，以确保新投运输电线路健康、可靠。因此必须改变和突破原节约型设计理念，按已实践考验多年且成熟的运行经验设计新建线路。

1. 按国际通用的落雷密度或实际雷暴日考核和设计输电线路耐雷水平

目前，我国对输电线路雷击跳闸率的统计考核通常仍按归算到 40 个雷暴日公式进行计算，即

$$N = 40 \gamma h \qquad \text{（GYSD00801003-1）}$$

式中　　N——线路雷击次数，次/100km·40 雷日；

h——避雷线或导线的平均高度，m；

γ——地面落雷密度，即每一雷日、每平方公里对地落雷次数，一般情况下，γ 可取 0.015，此时 $N = 0.6h$。

DL/T 620—1997《交流电气装置的过电压保护和绝缘配合》对地面落雷密度的取值普遍比国外小 6～13 倍左右，按式（GYSD00801003-1）制定的考核控制线路雷击跳闸率，基层单位是无法实现的，目前运行在 20 多个省市的雷电定位系统检测到的地面落雷密度在 0.09～0.1 次/km²·雷暴日间，与表 GYSD00801003-1 中其他国家推荐的落雷密度基本相符，按雷电定位系统实测的地面落雷密度制定线路雷击跳闸率，能满足运行单位的实际线路雷击跳闸率。

表 GYSD00801003-1　　　　　　　部分国家地面落雷密度 γ 数据　　　　　　　次/km²·雷暴日

国家名称	中国	前苏联	加拿大	奥地利	德国	美国	英国
落雷密度 γ	0.015	0.09	0.15	0.13	0.2	0.09	0.19

多雷区及以区域的新建线路，防雷设计应遵循以下两个原则：

（1）设计单位应按照 DL/T 620—1997 的要求，将新建线路的耐雷水平按表 GYSD00801003-2 的要求设计耐雷水平。

表 GYSD00801003-2　　　　DL/T620 标准要求的多雷区有避雷线的线路杆塔耐雷水平

标　称　电　压（kV）		35	110	220	330	500
耐雷水平（kA）	一般线路	25	60	95	130	150
	变电站进出段	30	75	110	150	175

（2）针对目前输电线路雷击跳闸多数为绕击的实际，线路设计应加强对沿山坡架设线路下山坡相导线易遭绕击雷的防范措施，如缩小架空地线保护角、增加下山坡相导线的外绝缘、在线路下山坡侧另架设旁路耦合地线等，以降低输电线路的绕击概率。

对处在多雷区的运行线路，建议在运行的老旧输电线路横担上安装侧向避雷针，或在已遭雷击的杆塔上安装塔顶防雷拉线，以屏蔽导线和增加保护弧，即将雷云引到杆塔上来，使原绕击雷转化为反击雷，可大幅度降低线路的雷击跳闸率。

2. 改变常规线路外绝缘设计理念以减少线路故障跳闸

我国架空输电线路设计规程起源于 20 世纪 50 年代，当时国民经济基础薄弱且空气环境好，GB 50545—2010 规定：对线路塔头（窗）空气间隙应能满足耐受长期工频运行电压和操作过电压设计并按雷电冲击放电特性校核确定，即按悬垂"I"串绝缘子在最大风偏下的空气间隙击穿电压与绝缘子串沿面闪络电压之比在 0.85 左右（即配合比，污秽区该间隙仍可按清洁区配合）设计。GB 50545—2010 对输电线路外绝缘的配置原则是：110kV 与 220kV 线路的绝缘子串长与最小空气间隙几乎等长，由于空气间隙击穿电压远大于绝缘子串的沿面闪络电压，致使输电线路雷击跳闸次数占全部故障的 60%～70%左右。经统计，我国输电线路沿绝缘子串闪络跳闸与由塔头空气间隙击穿放电的跳闸比在 10：1～12：1 间。造成输电网日常发生的障碍、事故中有 80%左右为线路故障，所有线路故障中的 70%～80%是沿绝缘子串发生的。

因此，要想降低架空线路的跳闸率（雷击、污闪和鸟害），最有效的措施是增加绝缘水平，但增加绝缘并不是增大线路的空气间隙，可采用将原"I"悬挂的绝缘子串，设计成"V"形悬挂形式，其带

电导线对塔身的空气间隙仍按 GB 50545—2010 中的各自电压等级的外过电压值（110kV 为 1m；220kV 为 1.9m；330kV 为 2.3m；500kV 为 3.3m 和 750kV 为 4.2m）控制，为使设计优化的输电线路外绝缘与变电设备相匹配（可在增长绝缘子串两端安装相应电压等级的金属招弧角保护装置，其招弧角间隙距离按 GB 50545—2010 规定的最大过电压下的最小间隙控制。

3. "V" 串设计主要优点

（1）将原悬垂 "I" 形串设计悬挂改变为 "V" 形悬挂方式，如图 GYSD00801003-1 所示；可增加绝缘子片数，提高外绝缘泄漏比距、耐绕击水平、减少鸟粪闪络事故。

输电线路直线塔 "V" 串设计可将塔头（窗）的空气间隙击穿电压与绝缘子串沿面闪络电压值的配合比降低至 0.1 ～ 0.5 间，增加了绝缘子串片数，导线对塔身雷过电压最小距离仍按本电压等级控制。如 500kV 悬垂串按 "V" 串布置，将其配合比降至 0.5 ～ 0.7 左右，此时 "V" 串的绝缘子片数可增加到 36 片，导线上安装的电极与横担底部塔材按 3.3m 控制，可大幅度提高绝缘子串的泄漏比距及绝缘子串的耐雷水平；减少或杜绝绝缘子串的清扫工作量，减少线路导线遭绕击雷的跳闸率。

图 GYSD00801003-1　悬垂串采用 "V" 串悬挂

（2）按 "V" 串悬挂导线，降低了线路杆塔、基础的建设成本输电线路外绝缘配置改变设计理念，缩小配合比采用 "V" 布置悬挂导线，其 110、220 和 500 kV 塔头 "I" 串和 "V" 串挂点的尺寸对比见表 GYSD00801003-3。

表 GYSD00801003-3　　　110、220 和 500 kV 塔头 "I" 串和 "V" 串挂点的尺寸对比表

电压等级（kV）	"I" 串导线到塔身的距离（mm）	绝缘子 "V" 串长（mm）	"V" 串边横担长度（mm）	原 "I" 串横担长度（mm）
110	1 000	1 860	3 130	2 200
220	1 800	3 282	5 360	2 828
550	4 265	7 145	4 250	4 250

GYSD00801003-3 表中 "V" 串 110V、220 kV 导线悬挂力距比原 "I" 串的力臂均减少 1.2 m，500 kV "V" 串导线荷载比原 "I" 串的力臂减少 2.125 m。比较表 3 中的数据可知，500 kV 猫塔仍采用原塔，两边相导线荷载可减少力臂 2.125 m，但铁塔呼高需增加 2.057 m 或 1.16 m。即线路直线悬垂改为 "V" 串悬挂绝缘子，使塔头间隙以 "V" 串固定的线路构成了紧凑型模式，大大压缩了相间导线距离以及导线与铁塔（身）窗的尺寸，缩短了两边相导线悬挂点力臂，减轻了杆塔荷载（缩短导线力矩），从而降低了新建线路的耗钢量和基础建设成本。

（3）提高绝缘子串沿面闪络电压值和减少线路绕击故障。"V" 串配置外绝缘比原 "I" 串增加 1/3 左右的绝缘子片数，提高了绝缘子串沿面闪络电压值，但仍比相应等级外过电压电极间隙的放电电压低，因此可提高绝缘子串的反击闪络能力和减少部分绕击跳闸（例 500kV 增加 11.45kA 耐雷水平）。导线上的放电电极对塔身的间隙或绝缘子串招弧角间隙仍按相应电压等级的外过电压最小距离控制。

（4）按 "V" 串形式悬挂的导线缩进横担内，伸出的横担头增加了导线的屏蔽效应，使原 "I" 串时架空地线保护角变得更小或成负保护角，从而大幅度提高了杆塔的耐雷水平，降低了发生导线雷击闪络事故、特别是绕击雷的事故概率。

（5）若输电线路仍采用瓷质绝缘子时，在 "V" 串绝缘子串加装招弧角保护装置，避免故障电流流经劣化瓷绝缘子发生钢帽炸裂掉串事故，还可将零值检测周期延长至 10 a/次。

（6）按 "V" 串布置可杜绝绝缘子串冰闪事故。直线塔 "V" 串设计后，倾斜绝缘子串的结冰难以连贯，杜绝了原悬垂串易发生冰闪事故的几率。

（7）按 "V" 串布置可杜绝鸟巢杂草短路跳闸故障。原悬垂 "I" 串横担挂点处的角钢叉铁较多，鸟类喜欢在该处筑鸟巢和栖息停留，采用 "V" 串悬挂时导线垂直正上方的横担斜材较少，鸟类无法

在上方筑巢，即使鸟类在导线垂直正上方横担处排泄鸟粪，因鸟粪下泄中无绝缘子串的桥接或过渡，长距离纯空气间隙使鸟粪较难贯通引发鸟粪短接跳闸事故。

（8）线路按"V"串悬挂导线，减少了线路走廊的占地面积，节约和优化了线路廊道资源，有效减少了因导线风偏摇摆对通道旁树木、毛竹和农宅的影响，减少了通道维护工作量。

4. "Y"形连接耐张优点

采用"Y"形耐张跳线连接金具，增加连接点接触面，减少检修、检测维修量。传统压接型导线耐张线夹，其跳线引流板均为单面搭接 2 只螺栓紧固（变电站耐张跳线、设备线夹引线连接多采用 4 只螺栓），线路耐张线夹引流板一侧光面，一侧毛面，施工架设中有时会光、毛面错误连接，或连接螺栓扭矩值达不到标准值而造成耐张跳线引流板发热超标，常用导线耐张压接管和"Y"形双面连接耐张管如图 GYSD00801003-2 所示。

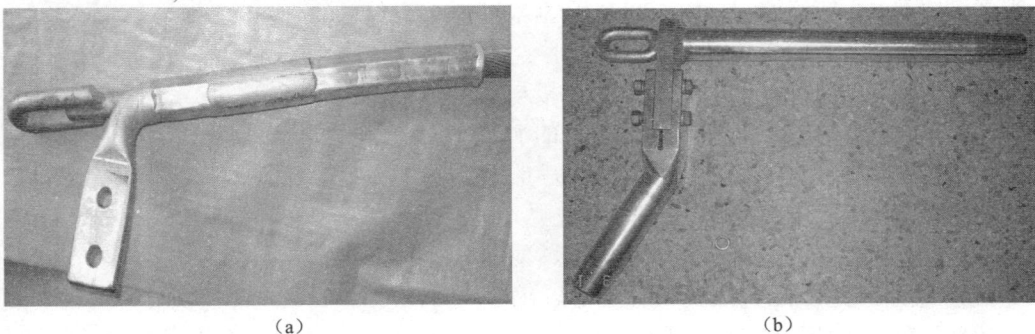

图 GYSD00801003-2　传统导线单面连接耐张管和"Y"形双面连接耐张管

(a) 单面连接耐张管；(b) "Y"形双面连接耐张管

输电线路耐张压接管为单面两螺栓连接紧固，当电网处于 $N-1$ 状态时，跳线引流板会因大电流致热产生隐患，因此运行单位应积极向设计单位建议新建线路采用"Y"形双面连接导线耐张压接管，该设备线夹的引流板一端（插入端）系两面均为光面，施工质量好控制，螺栓紧固后，两面夹紧引流板，增加了通流截面，完善了传统导线耐张压接管的弊病。

（二）运行单位应积极参加新建线路设计、施工图的审查

运行单位应将本地区线路运行经验和线路状态巡视检修要求贯穿到新建线路设计中，即运行单位要尽可能参加新建线路的可研审查，积极参加线路设计审查，将新建线路附近的运行线路遇到的运行情况、易发生故障的原因、盘形瓷、玻璃和复合绝缘子的优缺点和使用范围等提供给设计人员，使新建线路符合和满足该线路经过地段的雷电、污秽、地质地貌、树竹木生长、沿线村镇开发建设等情况，具体要求如下：

（1）线路必须按树竹木自然生长高度跨越架设，以减少今后线路运行中树竹木对导线安全距离的巡视、测量工作量，同时减少开发树木与农户的经济纠纷。

（2）在穿越村庄、集镇和跨越公路的杆塔，应按跨越农户三层楼（房高 15m）设计架设，避免今后村庄扩大、农户房屋建造到保护区内，因导线风偏使与农户房屋或公路行道树等安全距离不足而必须停电升高改造。

（3）按 DL/T 620—1997 的要求，设计符合新建线路地处区域的雷暴日（或每平方千米落雷密度）的耐雷水平，同时要求将线路地线保护角控制在 5°以下乃至采用负保护角设计。

（4）线路外绝缘配置应充分利用各绝缘子的优缺点，按国家防污闪措施要求"绝缘到位，留有裕度，不依懒清扫"，在重污区选择使用复合绝缘子，杜绝目前全线使用复合绝缘子的盲目做法，强化绝缘子产品全寿命管理理念，减少更换绝缘子工作量和降低运行成本。

（5）依据三种绝缘子的特性和产品寿命选择符合新建线路区域、环境等特点的绝缘子型号，如丘陵地带、山区应采用玻璃绝缘子且按复合绝缘子的结构高度用足塔头间隙（即 110kV 可用 9 片、220kV 可用 16 片、500kV 可用 170mm 结构高度的 29 片），二级污秽等级及以下范围应采用标准型大爬距玻璃绝缘子或防污玻璃绝缘子（不得采用钟罩深棱型），污秽等级三级及以上可采用复合绝缘子与玻璃绝缘子组合串，导线端由玻璃绝缘子承担强电场，铁塔侧 3/4 长度采用复合绝缘子来承担污耐压，延长复合绝缘子的使用寿命，或采用标准型大爬距玻璃绝缘子且用足塔头间隙，提高外绝缘的泄漏比距，以达到"减人增效"的企业目标。

（6）采用 Y 形耐张线夹（引流板），以增加跳线连接接触面。

（7）改变直线悬垂串的设计理念，全面实现直线塔 V 串布置导线。

（8）对架设在山区的良导体架空地线悬垂线夹尽量采用提包式线夹，以防山区档距不均匀而拉伤、扯断铝股。

（三）按线路状态运行、检修要求验收新建线路

运行单位积极参加新建线路的隐蔽工程的中间验收，竣工验收应采用扭矩扳手检测杆塔螺栓扭矩值，以减少杆塔每 5 年紧固螺栓工作。采用扭矩扳手检测耐张跳线引流板螺栓扭矩，以有效的螺栓扭矩值确保跳线引流板通大电流时产生发热隐患。对重要隐蔽工程之一的导地线压接质量核查施工记录和现场抽查实测压接尺寸、钢印证件，也可取试件送试验所做机械荷载试验，确保隐蔽部件质量、工艺满足设计要求。将通道内的建筑物等照片存档，以便于今后线路通道运行控制。对施工砍伐树竹木、塔基占用、跨越或邻近房屋等与农户相关时，要求施工单位提供该类处理和赔偿协议书，以减少今后运行中树竹木种殖、房屋升高改造等纠纷。采用标准的杆塔接地电阻 0.618 辅助射线法遥测接地电阻值，以校核线路设计防雷接地装置的合理性，减少线路反击跳闸率。

三、输电线路危险点的确定和制定预控措施及特殊区域的技术管理

要实现输电线路按状态巡视，最重要的是建立设备、通道危险点预控和特殊区域管理，改变过去长期存在的"一刀切"管理模式及"有病少治、小病大治、无病乱治"的粗放性管理现象，要着重做好以下几个方面：

（1）确线路分界点管理的责任制，确保线路管理不存空白点。为明确不同运行单位之间的责任和权利，每条线路应有明确的维护界限。运行单位应与发电厂、变电所或相邻维护单位签订线路设备运行分界点协议书，跨省（市）线路的设备运行分界点协议应报网、省（市）公司备案。已明确维护界限的线路不应出现设备维护空白点。

线路设备运行分界点一般以发电厂、变电站围墙为界，往线路侧或某基杆塔一侧的导、地线最外侧防震设施量出 1m 处为界限。

（2）全面实施线路设备、通道危险点和特殊区域预控管理，及时滚动修订。运行单位应按照各输电设备途径的地理环境及特殊地段划分为毛竹（树木）生长区、易受外力破坏区、鸟害区、雷害易发区、重污秽区、洪水冲刷区等特殊区域，根据季节性、区域性等特点，制定相应有效的预防控制措施，将其纳入各自的危险点数据库，进行滚动管理。同时，线路管理部门应积极争取地方政府的支持，积极稳妥地推进"政企合作"的输电设备保护模式，从根本上提高了输电设备隐患整治力度。危险点滚动管理如图 GYSD00801003-3 所示。

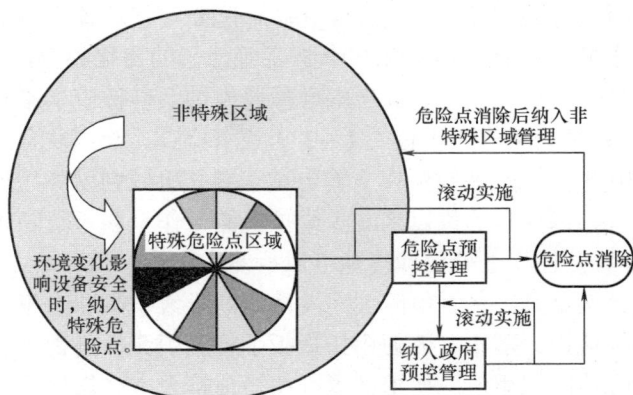

图 GYSD00801003-3　线路危险点滚动管理

（3）全面整合线路状态运行的各项巡视检查流程，建立以危险点为主体的状态巡视流程。

巡查输电线路工作历来是单兵作战、点多面广，对于设备和通道隐患、巡视质量等个人有时难以判定及掌控。运行单位对设备通道危险点的判定和状态巡视流程如图 GYSD00801003-4 所示，它明确了运行、检修、管理、决策人员的三方责任和控制要求。

（4）坚持开展输电线路群众护线工作。运行单位应建立输电线路沿线的群众义务护线组织，每年分片召开群众义务护线员会议，由工程技术人员定期在会议上讲授输电线路维护知识课，制定发现缺陷及及时汇报缺陷的激励机制，利用护线员居住在线路附近，地理环境熟悉，线路设备可随时监控的有利条件，按照奖赏规定，充分发挥义务护线员对输电线路巡查、报警的积极性，及时弥补野外线路设备大部分时间无人看管的现状，提高了设备安全健康运行。对输电线路通道内后建的违章建筑，按电力法规的要求，以挂号信方式将有法律效力的隐患通知书附现场照片邮寄给违章责任人和有关政府职能单位，使电力设施保护走入法治管理轨道。

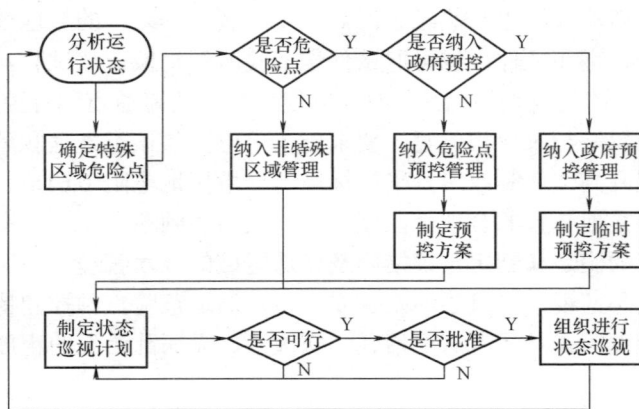

图 GYSD00801003-4　输电设备状态巡视流程

四、线路设备状态检测和状态评价管理

（一）线路设备状态检测

输电设备状态检测主要包括绝缘子附盐密度检测、瓷质（复合绝缘子）绝缘子劣化检测、导线跳线连接金具预防性检查紧固和接地电阻检测等。

1. 绝缘子附盐密度检测

电力公司生技部门应划分设备外绝缘的污秽等级，绘制本地区污区分布图，根据运行情况核对各污秽点、段的外绝缘配置是否有裕度，在每年雾季前采用带电方式或结合停电计划落实各附盐密值监测点的"运行绝缘子串累积盐密"检测，以连续运行累积附盐密值和灰密及污液导电离子成分分析结果指导本单位线路的防污闪工作和停电清扫控制值。

2. 瓷质（复合）绝缘子劣化检测

为避免绝缘子串劣化钢帽炸裂或硅橡胶电蚀穿孔芯棒脆断等损坏掉串事故，加强瓷绝缘子的低零值检测工作（应采用电压分布或绝缘电阻检测法），按瓷绝缘子的劣化趋势，合理安排检测周期。对复合绝缘子金具、芯棒连接处密封处的损坏，高压端硅橡胶电蚀及硅橡胶伞裙、护套老化、龟裂、粉状和憎水性丧失等，坚持按 DL/T 864—2004 有关 2～3 年登塔检查、检测复合绝缘子外表状况和憎水性状况，采用带电方式 8～10 年按批次抽样更换下输电试院做其机械强度和污耐压等参数，积极采用玻璃、复合绝缘子组合串方式，以各自的优点来减少维护检测工作量和事故隐患。

3. 导线跳线连接金具预防性检查紧固和接地电阻检测

为避免导线耐张跳线连接金具因接触电阻大而发热烧断导线事故和隐患，对每基耐张塔的每相跳线连接金具（并沟线夹、引流板）落实专人使用扭矩扳手检查引流板是否光面接触，接触面是否清洁并涂有导电脂和紧固连接螺栓的扭矩值。要求其紧固扭矩值符合本身螺栓规格的标准扭矩值，对小牌号导线的跳线连接可采用楔形弹力线夹，以减少并沟线夹发热隐患的处理工作量。也可采用红外成像仪在规定气候、时间、有效检测距离等条件下进行耐张跳线连接金具发热测温判定及带电方式处理导线跳线连接点的发热隐患。

接地电阻的预防性检查检测是提高线路耐雷水平、降低线路反击雷跳闸的重要手段。运行单位必须按规程要求，有针对性、有计划地组织接地电阻正确检测，对于接地电阻超标或接地装置存在严重缺陷的，应在雷季来临之前安排接地大修。

（二）输电设备状态评价

为全面掌握输电设备状态，各线路运行单位应成立输电设备状态评价专家组，建立起从班组、工区（车间）、企业的三级输电设备状态评价机制，由设备主人和班组根据巡视设备情况进行状态初评。按照输电设备状态评价标准，将输电设备状态划分为正常、注意、异常、严重四个等级，形成班组初评意见。运行工区根据班组初评意见结合现场实际勘察情况组织技术骨干进行分析再评，形成线路工区评价报告；由企业设备状态评价专家组根据工区评价报告，采用现场调查、数据分析、专题讨论、查阅资料等方式，形成最终的设备评价报告，提交进行检修决策。

根据 Q/GDW 173—2008《架空输电线路状态评价导则》的要求，线路状态评价分为线路单元评价和整体评价两部分。线路单元主要包括基础、杆塔、导地线、绝缘子串、金具、接地装置、附属设施和通道环境等八个类别。在进行线路评价时，当任一线路单元状态评价为注意状态、严重状态或危急状态时，架空输电线路总体状态评价应为其中最严重的状态。具体评价要求和注意事项详见 Q/GDW 173—2008 标准。

五、输电线路按状态巡视和检修的技术保证体系

针对输电线路受户外环境影响大、缺陷种类多、通道处理过程复杂、关键技术要求高的特点，线路运行、检修单位应坚持"以科技促进生产、以技术保证安全、以创新完善管理"的方针，不断加大科技投入力度，通过成立防雷害、防鸟害、防污闪、防冰闪（舞动）、外力破坏、带电作业和危险点监控等技术攻关组，为开展输电线路状态检修管理提供有力的技术保证。

（1）积极开展超高压带电作业技术，为状态检修提供核心层技术支撑。

目前随着电网一主一备供电方式的完善及企业绩效考核的缺欠，全国多数运行单位已多年不开展带电检修、缺陷处理手段，致使带电作业技术力量青黄不接。要提高线路设备的可用率，全面进行带电作业技术培训，增强带电作业技术力量，是实现输电线路状态检修的重要组成部分，当线路发生缺陷时应优先采用带电处理、检修。尤其是同塔多回或紧凑型等线路的核心带电作业技术，建立完善 110～750kV 各个电压等级、各类塔型的带电作业技术、工具管理体系，为企业全面实现线路状态检修提供强有力的技术、设备和管理支撑。

（2）提升状态检测技术的应用实效，为状态检修提供基础类技术保证。

输电线路全面实行按设备状态进行检修，绝缘子盐密（灰密）测试、导线跳线连接金具扭矩值检测（辅助红外测温）、复合绝缘子憎水性检测及芯棒脆断检查试验（瓷绝缘子劣化检测）和输电线路危险点实时监控被称为输电线路设备开展状态检修的四大基础技术。线路运行单位要坚持基础数据的积累和原始数据的挖掘，积极采用"试验——分析——总结——完善——推广——全面应用"的项目管理流程，全面提升此类状态检测技术的应用实效，并在实际应用过程中逐步完善，为状态检修提供基础类技术保证。

（3）建立按状态量化的状态评价技术，确保设备状态评价的科学性。

运行单位必须根据国网 Q/GDW 173—2008 标准要求建立输电线路设备评价体系和设备标准缺陷库，确定输电线路各子设备元件的"圆桶短板"判定检修标准，为设备缺陷量化奠定基础；根据巡视、检测到的设备运行状态量，对照设备状态评估四级标准，按设备实际运行状况量化得分，配合相应的运行经验，全面评价线路设备状态；同时，应加强相应的制度建设，从制度上确保评估体系的有效运作，为全面、动态掌握输电线路的状态趋势提供了坚强后盾。

【思考与练习】

1．开展线路状态运行、检修有哪些基本要求？
2．开展线路状态运行、检修的基本原则有哪些？
3．输电设备的前期管理主要包括哪些内容？
4．如何做好线路危险点和特殊区域管理？
5．改变线路外绝缘配置理念，按"V"串悬挂导线有哪些优点？
6．线路状态运行、检修的技术保证体系有哪些？

第二十四章 状态巡视

模块 1 线路巡视的一般项目及注意内容（GYSD00802001）

【模块描述】

本模块包含线路开展状态巡视应具备的条件、状态巡视项目、巡视周期及计划的编制。通过概念介绍、要点归纳，熟悉状态巡视项目、主要内容，掌握状态巡视的管理。

【正文】

一、输电线路开展状态巡视应具备的条件

状态检修（condition based maintenance，CBM）是以运行设备当前的实际工作状态为依据，尽可能通过高科技状态检测手段结合丰富的线路运行、检修经验，识别设备可能存在的隐患或故障的早期征兆，对故障部位、故障严重程度及发展趋势作出判断，从而基本确定各设备器件的最佳检修时机。这是一种耗费最低、技术最先进的维修制度，由于决定输电线路状态检修需要监测的内容很多，需对多种单元设备的状况进行科学的评价，存在一定的风险，部分带电设备以现行的技术规程又难以突破，因此全面深入开展输电设备状态运检需进行长时间的设备、通道清查、经验积累过程和环境配合，制定详细又可操作性的设备评价标准。

随着输电线路设备的不断升级、材质科技含量的不断提高，设计标准、要求的不断更新，监测设备、诊断手段的不断完善，线路运行、检修单位应根据"实事求是"的工作作风，针对每条运行线路实际的设备运行状态、通道状况和缺陷隐患等，根据《架空输电线路设备评级办法》、《输电网安全性评价》的规定，建立每条线路的危险点及预控防范措施，每半年按巡、检结果进行滚动修订调整、每年进行设备定级和安全风险评估。

架空输电线路按设备状态巡视方式是根据架空输电线路的实际状况和运行经验动态确定线路（段、点）巡视周期的巡视。线路实际状况包括线路设计条件、运行年限、设备健康状况、杆塔地处的地质、地貌、环境、气候、设备危险点包括线路通道内的建房、筑路、土地平整、树竹木生长等。开展状态巡视，可使有限的人力在巡视过程中做到有的放矢，真正做到输电设备"该巡必巡，巡必巡好"。

按输电设备的状态开展巡视是企业"减人增效"的手段之一，要保证架空线路安全运行，首先是建立设备主人责任制，每个巡视人员都有固定的设备管辖范围，以书面形式落实到班组和个人，使运行线路巡视或管理不出现交叉段或空白点。

二、线路巡视的一般项目

线路巡视地面观测不清的项目，必要时可组织登杆塔检查或走导线检查。表 GYSD00802001-1 给出了架空输电线路按状态巡视的一般项目和主要内容。

表 GYSD00802001-1　　　　　　　架空输电线路巡视常规项目及主要内容

项 目		主 要 内 容
线路走廊保护区	建筑物、构筑物	民房、厂房、猪（鸭）棚、易随风飘起的宣传带（球）、塑料薄膜、广告牌等原建、新建、扩（升）建、所处位置等情况
	各类施工作业	岩、土、沙等开挖、航道、公路、铁路、桥梁、水利设施、市政工程施工、机械挖掘、起吊等情况
	可能直接威胁线路安全的情况	山体崩塌、采石放炮、射击、易燃（爆）场所，塔位处围塘水产养殖、钓鱼、污染源（如废气、废水、废渣及一些有害化学物品）的分布、威胁等情况

续表

项　目		主　要　内　容
线路走廊保护区	树（竹）木、蔓藤类植物附生等	植物类别和生长速度、与带电体净空距离、植树造林等情况
	各类线路、高架管道、索道	新（改、升）建、穿越位置及交叉净空距离等情况
杆塔、拉线和接地装置	杆塔、拉线基础	沉陷，开裂、冲刷移位、低洼积水等情况
	杆塔、横担	水平度、垂直度、歪曲变形、缺损件、锈蚀、（混凝土杆）横（纵）向裂纹、接头腐蚀、钢筋外露等情况
	塔材、金具、紧固件	锈蚀、松动、缺损，受力不均匀、被盗等情况
	拉线及相关部件	锈蚀、腐蚀、磨损、断股、破股、松动，受力不均，失稳失衡等情况
	接地装置和引下线	腐蚀、锈蚀、冲刷、外露、断裂、缺损、接触不良、被盗等情况
	相位牌、警告牌、杆号牌、分相色标导向牌等	褪色、锈蚀、丢失，缺损，不正确、不规范等情况
导、地线和相关部件	导线、避雷线（包括耦合地线，屏蔽线，复合光纤通信线等）	1）锈蚀、断股、损伤、电弧灼伤情况； 2）弛度松紧、相分裂导线间距变化等情况； 3）导、地线上扬、舞动、振动，融冰时跳跃，相分裂导线鞭击，扭伤情况； 4）绝缘架空地线接地、放电间隙尺寸、复合光纤接线盒等情况
	连接器，悬垂、耐张线夹，跳线线夹，防振设施、防舞动装置、跳线连接并沟线夹（导流板），接续条、间隔棒、均压环、均压屏蔽环、重锤，防结冰设施，通信附属设施及其他在线检测装置	锈蚀、氧化腐蚀、松动、磨损、缺损、断裂、移位、放电发热、电晕、放电声及与有关装置要求不符的情况
绝缘支持件	绝缘子、瓷横担	脏污、爬电、电晕放电，过电压闪络、燃弧情况，灼伤痕迹，裂纹、破损、偏移、金属件锈蚀、连接固定件松动、缺损、脱落情况。复合绝缘子各联接部位的脱胶、裂缝、滑移等现象；伞套材料的硬（脆）化，粉化、破裂等现象；伞套材料的起痕、树枝状通道、蚀损等情况；伞套材料的憎水性变化（如表面是否形成水膜）等情况
	金具、固定连接件	锈蚀、松脱、缺损，不合规范情况
防雷设施	避雷器、避雷针、消雷设施、线路外沿的防雷辅助设施	1）连接规范情况，间隙移位、金具锈蚀、松动、缺损、避雷器指示动作、老化、密封、避雷器引下电缆的损坏情况； 2）外串联间隙灼伤、烧蚀；合成外套伞裙破损，伞套滑落等情况； 3）倾斜、锈蚀、拉线松动等情况
附属设施	视频图像监视仪、雷害故障指示器、巡检系统相关设备、防鸟装置	松动、脱落、缺损、动作等情况

三、按输电线路本体和通道的实际状况进行巡视

为摸清线路、杆塔地处位置、环境和通道、保护区情况及存在的隐患、线路设备的健康状况，在开展状态巡视前，每个运行巡视员工在一段时间内，将自己管辖的线路设备巡视一遍，用数码相机将每基杆塔地处位置、前后通道及走廊内的建筑物等留影存档，通过计算机建立每条线路运行档案，按线路和杆塔所处情况，建立毛竹（树木）生长区、易建房区、易受外力破坏区、鸟害区、污秽区或污秽点段、雷害多发区、洪水冲刷区、采石爆破区等危险点及特殊区域，根据季节性、区域性等特点，结合巡视员工、工程技术人员的运行经验，制定有针对性的各危险点巡视注意要点和预防控制措施，将其纳入相应的危险点数据库，随时滚动修正管理。实现"危险点短周期、多巡视、多控制"和"相对安全段长周期、少巡视、可控制"的状态巡视管理模式，从而使多数健康、完好设备和通道突破了每月一巡的传统定期巡视规定，设备及运行环境状况良好时，其巡视时间为数月至半年不等，老旧或健康水平差的设备和恶劣运行环境设备、通道，根据各危险点预控措施和运行情况，按实际周期巡视或甚至缩短巡视周期。

通过科学的流程管理，进一步明确了检修、管理、决策人员的三方责任和控制要求，确保了输电设备状态巡视的质量和安全。

四、状态巡视计划的编制

（1）巡视区段的划分应结合线路实际和运行经验。

（2）线路状态巡视巡视周期应按以下原则确定：

1）依照线路危险点及预防措施要求，对保护区内易建房段、基础保护区易开挖（塌方）段、村镇、

厂矿等人口密集区、交跨公路、采石场、开发区、农田改造区等易受外力损伤、破坏的区段巡视周期为每月至少一次。

2）三类设备每月至少巡视一次。

3）新（改、扩）建线路（段）在投产后一年以内应每月巡视一次。

4）其余地段巡视周期根据线路设备不同状况综合考虑线路所经过区域的地形、地貌、气候、人员活动情况、树木通道情况、危险点和特殊区域分布，结合线路运行经验动态确定巡视次数，但最长不得超过6个月。如树木生长区可在3～4月份巡查检测一次，以判定线路运行安全保证，11～12月份巡查检测以确定是否需要砍伐处理。

五、状态巡视周期的确定

在开展输电线路按设备状态、危险点预控措施进行状态巡视、维护过程中，要想延长巡视周期的线路各区段（点），必须由本设备主人按照线路的实际状况，先提出各点（段）线路的巡视周期，班长、班组技术员、工区运行专职同设备主人一起进行讨论、去现场勘查核对或抽查后提出班组讨论意见，工区主任、生技科长等讨论审核签字后上报公司专业处室校核，公司主管生产经理或总工批准，每年初以文件形式下达各线路点（段）延长巡视的周期（不含危险点等周期或缩短巡视的线路）。计划周期应根据本地区季节性特点综合考虑。如南方地区可按4～9月份（树木速长、雨季、雷季、台风、高温）和10至下一年3月份（雪、低温）等3～6个月不等计划周期。使线路开展状态巡视和危险点预控工作有据可依。

线路开展状态巡视工作，不论线路巡视周期长短，运行单位应落实措施，确保状态巡视到位率和巡视质量，真正做到状态巡视工作计划的有效实施。

如高山段无危险点的自立塔区段每4～6个月巡视一次；部分地段每3～4个月巡视一次；平地交通便利、人员活动多的地段每月巡视一次；危险点或特殊地段按预控措施要求每月巡视不得少于一次，如洪水期每次洪水都落实技术人员或设备主人巡视。

六、巡视资料的搜集、分析

由于大部分线路运行单位都是运行、检修合一单位，为了确保线路设备状况的健康，复核线路巡视质量的准确、完整，在线路检修、故障登杆（塔）巡查时，明确规定登杆员工必须巡查工作任务地段通道内毛竹、树木、房子、交跨等情况并责任落实。使每一次线路检修、查巡故障，如同增加了一次某区段线路或全线巡视的工作机会。同时要求全体参加线路巡视、检修的员工，每次将巡查或检修发现的缺陷拍成照片，便于班组其他员工、工程技术人员、企业生产经理等能直观地观看，根据照片分析和制订预控防范措施。

七、积极安排人力物力采取措施消除线路运行危险点

架空线路沿村庄旁架设，随着经济的发展，农户多数会将新房建在村庄外，由于线路走廊是无偿占用农户土地，因此运行单位很难阻止农户在线路通道附近进行经济开发或建造构筑物。特别是对于老旧运行线路，导线对地距离和风偏距离不足，此类违章现象，运行单位必须及时邮发隐患通知书，取得管理上的主动权。应尽早安排资金，将村庄边呼高较低的单杆更换升高成自立塔，考虑按15m房高控制校核风偏距离，消除线路的危险点或隐患。

八、建立沿线群众义务护线员组织

输电线路大部分区段处在远离人类活动密集区和交通繁忙区域外的丘陵、山区等，线路运行单位既使按规定每月巡视一次，剩余的29天多时间属于无人看管的。为掌握运行线路的实际情况，运行单位应积极寻找联系运行线路沿线村镇有正义感和威信高的村干部，聘任他们为该村所辖土地上的输电线路"群众义务护线员"，颁发盖有线路工区公章的聘任书，每年按片区集中群众护线员学习，工程技术人员讲解本年度线路上典型受损现象及有关线路巡查判断知识，以不断提高护线员的业务水平。

【思考与练习】

1．开展按线路设备状态巡视要具备什么条件？

2．为什么要由本设备主人粗拟提出所辖线路状态巡视的计划和周期？

3．为什么要求登塔巡查故障的员工必须对所巡查段的通道情况负责？

4. 建立护线员组织的做法有哪些好处？

模块 2　状态巡视及处理（GYSD00802002）

【模块描述】

本模块包含危险点及特殊区域、状态巡视的组织方式、按危险点预控开展状态巡视及处理。通过知识讲解、图形举例、定性分析，掌握线路的危险点及特殊区域、状态巡视的组织方式、按危险点预控开展状态巡视及处理方法。

【正文】

要想实现输电线路按运行状况进行巡视，必须对所管辖线路的设备和通道情况做到心中有数，对各类特殊区域和危险点组织分析讨论，将设备主人、生产骨干对此类现象结合运行经验制定有针对性的防范措施，按有关专业管理程序报批后执行。

一、按输电线路本体、通道的实际制定危险点及特殊区域的预控措施

线路运行、检修单位根据线路沿线地形、地貌、环境、气象条件、人员活动等特点，结合运行经验，逐步摸清和划定如鸟害区、雷击频发区、洪水冲刷区、重冰区或导线舞动区、滑坡沉陷区、易建房区、重污秽区、树（竹）林速长区、易受外力破坏区等特殊区域，将输电线路全部杆塔及通道的运行情况和设备状况的资料都收集到后，按照线路状态巡视的要求，制定各种危险点及预防措施，并将其纳入危险点及预控措施管理体系中。在常规的线路巡视中若新发现危险点，设备主人及运行工区应按其实际情况和特点制定相应的防范措施和巡视周期，对树竹木点档中加塔升高等措施消除的危险点，运行单位应及时滚动修正危险点和特殊区域。

架空输电线路的危险点和特殊区域形式多样，为了便于其运行维护，表 GYSD00802002-1 给出了常见危险点、特殊区域的运行维护防范措施。

表 GYSD00802002-1　　　　　常见危险点、特殊区域的运行维护措施表

情况	危险点或特殊区域运行维护的预控措施
易建房区	每月落实专人对该区域重点巡视，巡视中加强对附近村民的电力法规宣传、教育，多了解村镇发展规划及村镇外扩趋向；加强与土管、规划、开发区等政府部门的联系，宣传国家电力法规禁止在电力设施保护区内建房的规定，防止在电力设施保护区内违章批复用地，违章规划和违章开发等事情的发生；巡视中重点注意打桩划线、砖石堆放等情况，发现隐患应当面向违章者进行口头阻止并宣传有关电力法律、法规的规定，阐明可能造成的严重后果，并以隐患通知书等书面形式告知其停止并拆除违章建筑，同时抄送土管、规划、村委、各级政府等职能部门；加强与该区域义务护线员的沟通，要求护线员发现有动工现象及时报告
易受外力破坏区	加强对该区域的巡视，每月至少巡视一次；巡视中重点注意爆破采石、爆破施工、农田改造、地基平整、杆塔、拉线基础周围取土、挖沙、堆土、围塘水产养殖、线路通道附近放风筝、射击、通道内钓鱼等情况。发现隐患应当面向违章者进行口头阻止并宣传有关电力法律、法规的规定及可能造成的严重后果，并应以法定隐患通知书、函件等书面的形式告知其停止违章爆破、施工、取土、围塘等违章、违法行为并要求赔偿损失或恢复原状，必要时应将该隐患通知书、函件以挂号邮件方式抄送当地土管局、公安局治安科、村两委、乡、镇政府、开发区管委会等政府职能部门，以控制炸药的审批；在石宕、鱼塘、各类施工作业现场做好如"严禁爆破"、"严禁取土"、"钓鱼危险""高压有电"等安全警告标示牌、标志牌；加强与该区域义务护线员的沟通，要求护线员发现有此类违章及时报告。有条件时可采用在杆塔上安装图像监控装置，落实专人每天查看传回的照片，将隐患消灭在萌芽阶段
鸟害区	确定候鸟活动范围、在确定的鸟害区杆塔上安装防鸟装置和人工鸟巢，每年的 4～6 月，每月巡视次数不应少于一次，对巡视中发现的鸟窝及时移位保护处理和在绝缘子串悬挂点处安装防鸟装置
树（竹）木速长区	每年春季 4～6 月班组应组织对竹林区的特巡和及时处理，同时通知户主及时清理竹笋。加强同该区域群众护线员的联系，请他们在竹笋速长期多留意其生长情况和线路护线宣传；安排资金采用升高或增立铁塔措施，以消除树竹木危险点隐患。在树木速长季节（一般在上半年），准确估计各树种的自然生长速率，对本年度可能威胁线路安全运行的地段必须巡视到位，发现隐患应及时处理。安排费用冬季落实农户砍伐处理
雷击频发区	雷击频繁区的线路应采取综合防雷措施；雷季前，应做好防雷设施的检测和维修，落实各项防雷措施；雷季期间，应加强防雷设施各部件连接状况、防雷设备和观测装置动作情况的检查；对雷害损坏的设备应及时修补、更换。对雷害故障杆塔的金具和导线、避雷线夹必须打开检查，必要时还必须检查相邻档线夹。故障杆塔必须采用标准的 0.618 布线方式核测杆塔接地电阻是否符合设计要求；组织好对雷击事故的调查分析，总结现有防雷设施的效果，研究更有效的防雷措施，按反击或绕击的结果进行不同的雷害防范措施
洪水冲刷区	1）汛期到来前，班组技术员必须到现场巡视一次，重点检查杆塔、拉线基础的稳定性、是否容易受冲刷等情况报工区生技部门，视现场实际情况确定应采取防范措施。 2）汛期时，根据洪水情况，及时组织特巡和处理。 3）加强与该区域义务护线员的沟通，要求护线员发现洪水冲刷及时报告

续表

情况	危险点或特殊区域运行维护的预控措施
滑坡沉陷区	汛期、雨季、严寒季节每月要巡视一次，巡视时要重点检查杆塔基础上、下边坡的稳定情况，发现隐患及时汇报处理。加强与该区域义务护线员的沟通，要求护线员发现有此类沉陷现象及时报告
重冰区或导线舞动区	1）经实践证明不能满足重冰区要求的杆塔型号、导线排列方式应有计划的逐步进行改造或更换、新建线路设计审查时应强调直线塔定位避免档距严重不均现象。 2）覆冰季节前应对线路做全面检查，消除设备缺陷，落实除冰、融冰和防止导线、避雷线跳跃、舞动的措施。同时制订抢修方案，准备好抢修的工器具、通讯设备及车辆，并进行事故预想及预演。 3）覆冰季节中，应有专门观测维护组织，加强巡视、观测，做好覆冰和气象观测记录及分析，研究覆冰和舞动的规律。随时了解冰情，适时采取相应措施。 4）覆冰消除后，应对线路进行全面检查、测试和维护。 5）对覆冰段线路严重不均匀档距的直线塔，采用改成耐张或悬垂串改造为释放线夹，以消除此类直线塔因不均匀脱冰引起的塔颈部折弯倒塔或架空地线悬垂线夹处断股现象
重污区	1）雾季前巡视检查绝缘子脏污情况，发现特别脏或附近污源增加较快的线路区段，巡视班组及时汇报，工区及时进行带电检测附等值盐密值或进行污秽液导电元素的理化分析，准确掌握污秽程度，以便采取绝缘子防污闪技术措施。 2）雾、毛细雨季按季节特性重点进行巡视（包括夜巡），查看绝缘子串有无爬电现象、放电声、电晕等或检测在线监视泄漏电流数值、脉冲电流数值等情况。 3）污秽特别严重的杆塔，采用复合绝缘子，以8~10年更换新绝缘子方式。 4）对重粉尘区如水泥厂内采用瓷绝缘子串配合金属招弧角，以解决玻璃自爆和复合绝缘子贯穿性击穿事故

二、输电线路状态巡视的组织方式

为了能够确保状态巡视质量，真正实现"该巡必巡，巡必巡好"的目标，运行单位应建立起相应的管理制度，确保巡视计划的编制符合实际，巡视计划经过主管部门的审核、批复，巡视质量有人监督，并能够根据现场情况改进巡视工作。典型的危险点和特殊区域的防范措施即是所管辖线路单位的专家软件，它集单位班组长和骨干、工程技术人员的运行经验和专业知识为一体，替代原先个人巡视判定运行缺陷和处理方法，使每个运行巡视人员按班组已判定的缺陷类型，对照对应的危险点、特殊区域防范措施指导巡视。同时，每个线路设备巡视主人根据自己管辖的线路运行状态、线路设备的健康水平、人员活动情况、交通方便情况、历年来线路运行情况等，粗拟提出各线路段的不同巡视计划和周期，由本班组长、骨干和技术员按运行经验和平时了解的线路情况，修订和完善该员工所辖段线路的运行计划，将讨论修订完善的班组运行巡视计划上报工区运行专职，工区主管领导组织各检修、运行班组长、生产骨干和运行、检修专职等讨论、修订和完善工区所辖各线路的运行巡视计划和周期，上报企业的生技部门，经讨论修改批准后，以文件形式下发本年度线路巡视计划和周期。

输电线路状态巡视流程按图GYSD00802002-1整合再造，以明确运行巡视人员、班组长和工程技术管理人员、巡视周期决策人员的三方责任和控制要求。

在实施过程中运行单位应根据ISO 19001《质量管理体系要求》，整合巡视计划、特殊巡视、故障巡视、登塔巡视、危险点管理等子流程，对各流程关键点进行时间、人员、质量、安全动态控制，以提高线路巡视的质量和效率。

三、按电力法规要求治理线路运行环境

针对运行线路通道内发生的违章建筑，运行单位应遵照《电力设施保护条例》的有关规定，以挂号信方式将有法律效力的隐患通知书并附上现场照片邮寄给违章责任人和有关职能单位（将隐患通知书当面送达并签收回执困难，采用挂号信形式回执签收由邮政完成），使电力设施保护走入法治管理轨道。对巡查发现的通道隐患危险点，在邮寄分发线路隐患通知书时，应将严重的现场隐患照片作为隐患通知书附件同时寄发，并使抄送相关的地方政府有关部门能直观地了解隐患危险点的现状和危害性。针对新增的危险点，运行工区管理部门应自行按预控措施要求及时增加安排巡视周期。

状态巡视可结合检测、预防性检查、大修、技改等工作同时进行，如某线路某区段故障跳闸，运行单位在安排员工巡查故障点时，应同时将该段线路的通道、本体巡视任务一起进行交底布置，要求故障巡查员工将线路通道、本体有异常现象或危险点预控措施中规定的内容照相或收集回来，以替代巡视人员的工作任务。巡视的目的在于动态掌握线路各部件、通道及附近可能威胁线路安全运行设施

状况，并联系走访群众护线员及电力设施保护法规宣传工作。

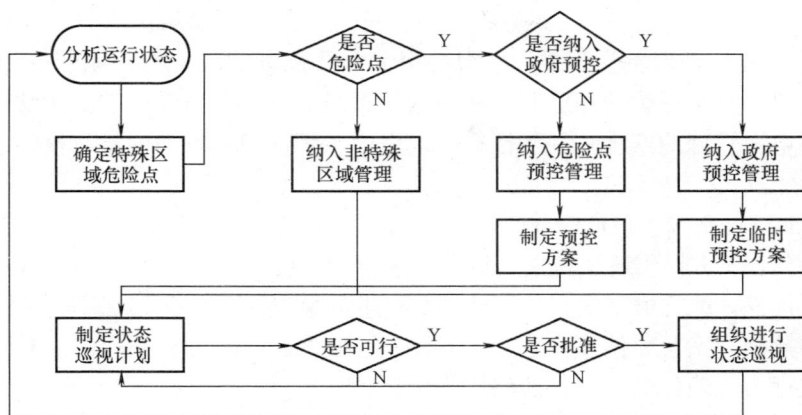

图 GYSD00802002-1　输电线路状态巡视工作流程图

四、按电力设施保护条例要求发放的各种类型隐患通知书

输电线路架设在野外，设备分散，高空作业和高电压属于高危险度行业，随时都有可能给企业带来法律上的纠纷，运行单位应按照《电力法》、《电力设施保护条例》和《电力设施保护条例实施细则》等法律法规的要求，撰写起草好各种违章现象、情况的隐患通知书，及时送达、邮寄给违章业主和产权单位或自然人，保存好隐患通知书的回执或邮政挂号收据，以便将来发生法律纠纷时作为法庭证据。

以输电线路附近采石放炮处理为例：

按照《电力设施保护条例实施细则》第十条：任何单位和个人不得在电力设施周围 500m 范围内（指水平距离）进行爆破作业。因工作需要必须进行爆破作业时，应当按国家颁发的有关爆破作业的法律法规，采取可靠的安全防范措施，确保电力设备安全，并征得当地电力设施产权单位或管理部门的书面同意，报经政府有关管理部门批准。由于输电线路通道是无偿占用村委会或农户的土地，有时线路周围采石放炮政府部门并不知道，因此在发放隐患通知书时，运行单位应抄送给民爆物品管理部门之一的公安机关，从报批购买民爆物品的源头上来控制线路附近采石放炮安全措施的落实，《民用爆炸物品安全管理条例》第四条规定：公安机关……负责查处民用爆炸物品的使用行为。爆破人在高压输电线路、通讯线路等重要设施的安全距离内进行爆破作业必须符合国家有关安全规范的规定，第四十八条规定：若违反国家有关标准和规范实施爆破作业的，由公安机关责令停止违法行为或限期改正，情节严重的，吊销爆破作业许可证。

由于电力企业没有行政执法权限，对电力线路保护范围内的违章爆破作业，具体见下列采石爆破隐患通知书样本。图 GYSD00802002-2 为违章采石场。

××送（2003）32 号隐患通知书附件

主送：××市××镇××村委会

电力设施属国家财产，受国家法律、法规保护。国务院曾于一九八七年九月十五日颁布了《电力设施保护条例》，（以下简称《条例》），并于一九九八年一月七日发布国务院 239 号令《国务院关于修改（电力设施保护条例）的决定》，一九九六年四月一日，《中华人民共和国电力法》正式开始实施，一九九九年三月十八日，修订后的《电力设施保护条例实施细则》（以下简称《细则》）颁布实施。以上法律、法规都对电力设施的保护做出了明确的规定。

我工区管辖运行的 220 千伏 2359 线是××电网的主干输电线路，担负着××市工农业生产以及人民生活用电主送任务，该线路的安全运行直接关系到××电网的安全稳定。

最近，我线路运行人员在电力设施巡视中，发现贵村村民章××在 2359 线 109～110# 档中，在距左边线约 100 米处我单位在竣工投产时已出资封闭的采石场内进行采石爆破，据违章爆破者称，他已向贵村委会交款签订协议承包采石场一年。贵村委与章××的违法行为对 2359 线的安全运行构成了严重的威胁。

《电力法》第四条明确规定"电力设施受国家法律保护。禁止任何单位和个人危害电力设施的安全……。"

《细则》第十条规定：任何单位和个人不得在距电力设施周围 500 米范围内（指水平距离）进行爆破作业。因工作需要必须进行爆破作业时，应按国家颁发的有关爆破作业的法律法规，采取可靠的安全防范措施，确保电力设施的安全，并应征得当地电力主管部门的书面同意，报经政府有关管理部门批准。"

2002 年 6 月 11 日线路竣工投产时我工区已与贵村两委签订了封矿补偿协议书（见附件），明确了相关权益和安全责任，现贵村委违法将采石场再次承包给村民，造成章××违章爆破采石，因此责令贵村委依法立即停止侵权，重新封闭采石场，村两委和违章爆破肇事者章××立即按照封矿协议 1.4 条的规定来我单位协商抢修方案及赔偿事宜。同时立即停止在 220 千伏 2359 线 109～110#档高压线路法定保护内的违法爆破行为，确保高压电力线路的安全运行。

在此我们恳请××市公安局治安科依法向章××停批炸药及将其爆破证收回，并追究爆破肇事者的经济、法律责任。同时我们保留向贵村委会追究违法责任的权利。

电力线路主管部门：××电力公司送电工区

地址：××市××路××号　电话：××××—××××××××　邮政编码：××××××

××电力公司送电工区

××××年××月××日

抄送：××市电力设施保护领导小组办公室、××市安全生产监督管理局、××市公安局治安科、××市国土资源管理局、××电力公司生产部、保卫处、××市电力分公司安监科

图 GYSD00802002-2　220kV 线路边导线外 100m 处违章爆破施工开采矿石

五、线路故障的正确判断和巡查

输电线路发生故障跳闸后，地市电网调度在通知运行单位时，巡线员工首先要记录清楚继电保护动作情况，并根据故障跳闸时的天气、环境、相位、时间等情况综合判断可能是哪一类故障（雷击、鸟害、风偏、外力破坏、交跨不足等），可能发生的位置、地点等，并根据对故障的初步判断情况，组织地面巡查或登杆塔巡查故障。

例如，雷击故障巡查，在上杆塔前，登塔员工首先先目测杆塔地面接地引下线的螺杆、连接板处有否电弧电流烧伤痕迹（此处由于经常摇测杆塔接地电阻，多次拆卸螺杆造成滑牙或接地引下线与塔身连接不紧固），若在连接完好情况下有较严重的电流烧伤痕迹，则该雷击故障基本可判为反击事故，随后员工上塔检查瓷质绝缘子串表面瓷釉有否电弧烧伤痕迹，钢帽上有否电弧弧根产生的高温熔蚀后的白点，同理导线、护线条上有否电弧弧根产生的高温熔蚀后的白点；玻璃比陶瓷釉面熔点高，在电弧高温下不易出现熔蚀表面，因此检查目测玻璃绝缘子表面电弧烧伤较困难，巡视员工应用手仔细抚摸横担侧第一片绝缘子玻璃伞裙上表面，未遭故障闪络的伞裙上表面是十分光滑的，反之玻璃伞裙表

面有刮刺手感，但巡视检查员工的手千万注意不能触摸下数第二片绝缘子，以防电击伤害或二次高空坠落。复合绝缘子的过电压闪络主要检查两端均压环上、导线、护线条上有否电弧烧伤的白点，硅橡胶伞裙上有否电弧烧伤的白点（块）。若本杆塔绝缘子串上或导线上的故障点为两相时，基本属于反击跳闸，若线路为水平排列且双避雷线，故障点为中相时，可基本判定为反击跳闸。若线路故障点为连续 2 基同一相故障，则可判定为绕击跳闸。

六、开展状态巡视中的有关危险点处理案例

1. 塔材防卸处理

为了防止杆塔构件被窃，发生运行线路杆塔倒杆断线的恶性事故，运行单位应下文明确，新建线路整基杆塔或塔基准面以上 2 个段号塔身采用防盗螺栓螺帽，以指导新建线路设计。目前野外环境绿化较好，杆塔附近的树木有时超过 6m，夜晚偷盗塔材时，活动扳手撞击塔身的金属声会被树木阻挡，传递不远。但若盗贼登上塔基准面以上 2 个段号铁塔上盗拆塔材，夜间扳手碰撞金属声会传递较远；且要登上基准面以上 2 个段号杆塔上时，会给盗卸人员带来心理上的恐惧，以减少偷卸塔材事件。针对早期输电线路铁塔基本没有防盗措施，此类杆塔数量众多，运行单位可采用亡羊补牢的方法，即偷盗在哪，补装到哪。被盗构件的铁塔如图 GYSD00802002-3 所示。

图 GYSD00802002-3 拉 V 塔腿部及自立塔下段小斜材被偷盗

图 GYSD00802002-3 是被偷盗塔材的杆塔，运行单位应及时对被盗杆塔及前后两基杆塔基准面以上 2 个段号塔身上更换成防盗螺栓，为减轻更换防盗螺栓工作量，可对每一块斜材的一头螺栓更换成防盗螺栓。对拉 V 塔、水泥杆等拉线 UT 形线夹螺栓应安装防卸装置，道路旁的杆塔拉线还应安装醒目的防撞警示装置等，为该类拉线型杆塔延长巡视周期做好必要的技术防范措施。

2. 线路杆塔安装齐全杆号牌和警示牌

输电线路杆塔高空作业和高压电属高危险行业，运行单位应经常核对杆号牌、高压警示（攀爬警告）牌等有否短缺，安装是否齐全正确，以阻止非线路运行、检修人员擅自攀塔，免除因外来人员攀塔后发生高空坠落、触电等事故的法律责任。

为防止人员在同塔并架多回线路上误登有电线路，应在各条线路杆塔上应用标识、色标或其他方法加以区别，使登杆塔作业人员能在登塔前和在杆塔上作业时，明确区分停电或带电线路。以往电网薄弱，变电站出线少，因此运行单位习惯性将同塔双回路的两侧横担或平行出线的线路杆塔横担涂刷上不同醒目颜色的油漆加以区分，随着电网的不断发展和用电负荷越来越大，变电站多采用大容量变压器，变电站的线路出线和走廊越来越困难，目前同塔并架线路越来越多，单靠几种醒目油漆已无法有效区分不同线路，采用不同颜色油漆区分势必会造成同一变电站出线有相同颜色的线路存在。另外全线同塔并架线路也越来越多，几年一次对同塔并架线路横担涂刷不同颜色醒目油漆的原始行为已不适合市场经济规律，为此对照安规有关安全规定，设计了一种有线路双重名称（文字名称和阿拉伯数字代码）、杆号、相位、上、下、左、右方向指示、醒目色标于一体的搪瓷标牌，如图 GYSD00802002-4 和图 GYSD00802002-5 所示，悬挂在同塔并架杆塔离地 3～6m 一侧塔材和分挂在各横担上，即合理完整地符合线路安规的要求，又可持久地悬挂完成它的寿命、区分、指示、警示功能，杆号牌上有运行单位的电话号码，可方便他人报警或联系，解决了以往为了符合安规要求将同塔并架杆塔横担刷成醒目油漆的重复劳动。

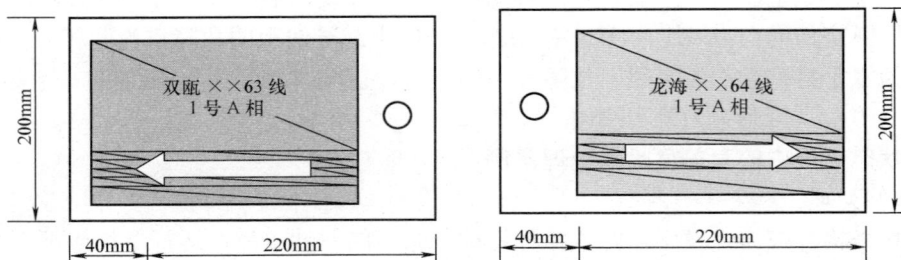

图 GYSD00802002-4　同塔并架多回路杆塔安装在横担上的杆号、分相、色标样牌

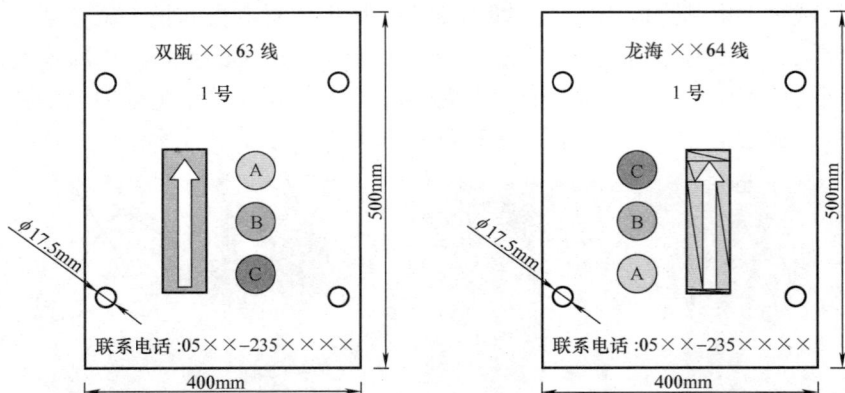

图 GYSD00802002-5　同塔双回路离地 3m 悬挂的双重名称杆号式样牌

3. 输电线路下方树竹木的处理

DL/T 5092—1999《110～500kV 架空送电线路设计技术规程》第 16.0.7 条：送电线路通过林区，应砍伐出通道。《电力设施保护条例实施细则》第十三条：在架空电力线路保护区内，任何单位或个人不得种植可能危及电力设施和供电安全的树木、竹子等高杆植物。第十六条：新建架空电力线路建设工程、项目需穿过林区时，应当按国家有关电力设计的规程砍伐出通道，通道内不得再种植树木；对需砍伐的树木由架空电力线路建设单位按国家的规定办理手续和付给树木所有者一次性补偿费用，并与其签订不再在通道内种植树木的协议。

事实上，线路施工、运行单位根本无法实现，一来有《森林法》，砍伐树木前必须到当地林业主管部门办理采伐许可证，按线路通道宽度保护占有的山地面积交纳林地植被恢复费、育林补偿费、森林保护费等。二来土地、山地已法定承包给农民、山民，输电线路虽然属于公用事业，但线路架设后是无偿占用农户土地，你不允许在线路通道内种植可能危及电力设施和供电安全的树木、竹子等高杆植物是不可能的，可能危及电力设施和供电安全的措施只能是电力部门自己出资改造。砍伐通道后"签订不再在通道内种植树木的协议"也根本行不通，山区农民靠树竹木生存，即使在线路架设时农民与施工单位有赔偿协议，事后山民仍然会种植树木。此外早期输电线路为节约投资成本，基本按导线对地面安全距离设计（那时山区确实是荒山，基本无树木），随着农村改革开放，土地 30 年承包到户和国家荒山绿化国策执行，目前山区、丘陵绿化良好，许多线路导线对树木距离严重不足，为减少树竹木危险点的运行工作量和砍伐树竹木青苗赔偿费及控制事故概率，运行单位可采取档中加塔和原塔升高改造，如图 GYSD00802002-6 所示。

针对架空线路与树木、毛竹的生存矛盾，2005 年下半年，国家电力工程规划设计总院（即电力工程集团顾问公司）在北京召开各区、省电力设计院会议，会议上国家电网建设公司和规划总院明确提出：新建线路今后要多按运行意见设计，不能线路建成投运后运行单位就申请对某些或个别设备进行技术改造；新建线路应执行环境友好型建设理念，线路经过成片树林时应按树木自然生长高度跨越架设。

图 GYSD00802002-6　220kV 线下树竹木生长采用升高铁塔

国家电网公司以基建技术（2007）第 140 号《国家电网公司输变电工程初步设计评审工作协调会议纪要》第三条评审工作总体原则第 4 点：……线路经过林区尽量采用高跨案……。

虽然架空线路增加杆塔高度后提高了导线的对地距离，给线路运行带来了方便，一来投资增加不多，二来降低了今后运行中树（竹）木安全距离不足砍伐时与农户、国家森林法的冲突和设备强迫停运的几率。但采用高杆塔跨越树竹木，也降低了线路的耐雷水平：①增加了塔身阻抗；②抬高了导、地线的平均对地高度（即增加了等值受雷面积 10h，$h=$避雷线高度），减弱了地面屏蔽效应（线路引雷宽度取值最大的约为塔高的 10 倍左右，最小的约为 5 倍左右）。即杆塔高度越高，引雷面积增大，遭雷击次数增加，使很多雷云被引向线路并先击中架空地线（反击雷）或导线（绕击雷）。当雷击塔顶后，由于塔身阻抗增加，容易使塔顶电位增高而造成反击，增加线路雷击跳闸率。因此线路设计人员在多雷区为提高杆塔高度区段的线路设计中，应实地勘查地形、地貌和准确判定或摇测土壤电阻率，采用综合方法来确定杆塔耐雷水平和杆塔的防雷接地型式，既要积极做到线路架设、运行中少砍树木，又必须妥善处理好线路的防雷措施，确保线路的安全运行。

其次线路设计在经过村镇旁时，运行单位应在线路扩初审查和施工图审查及技术交底时，要求设计将该两基杆塔按跨越农户 4 层民宅（15m）高度控制，原因是随着经济发展，农村要建设扩展，老旧民宅要重新申请建房，村庄在不断扩大，若农户申请在线路通道附件时，使村镇旁高跨的线路及导线风偏校核都留下了裕度。

4. **线路保护区及交叉跨越危险点的控制和管理**

（1）线路与交叉跨越物的距离，采用目测是无法判准能否满足规程要求和保证安全运行的，为确保运行资料的准确性，采用测高（距）仪全面核查，并将所有交叉跨越物的相关信息（如交叉跨越物的名称，所属单位、交跨距离，测量时温度，与杆塔距离，测量人，测量时间等）输入电脑管理，对接近安全距离的交跨点，电脑程序会自动校核到最大弧垂并及时报警，用真实准确的线路交跨资料来实现状态巡视。

（2）针对所辖线路跨越的众多池（鱼）塘，虽然导线对地（鱼塘水面）距离已满足 110kV 非居民区 6m 和 220kV 非居民区 6.5m 的要求，但鉴于目前垂钓鱼竿几乎是伸缩式的高强度碳纤维材料，它的电阻率比钢材还小，线路运行单位应按照相关法律的规定，将高压线下钓鱼危险的劝告书邮寄给鱼塘业主和管辖村委会，书面通告所跨越的带电导线对地（对塘）的距离数据，告知在线路下方垂钓有可能发生触电的后果及鱼塘承包者应注意的安全事项和应采取的安全防范措施；同时制作安全警示牌安装在每个跨越鱼塘的附近，规避了民法中有关无过错赔偿责任，并且在报纸、媒体上经常宣传碳纤维鱼竿与环氧树脂材料的不同性，对个别持碳纤维鱼竿垂钓触电事故积极协助电视台采访，及时纠正部分群众将伸缩式碳纤维钓鱼竿误认为玻璃钢环氧树脂绝缘棒危险认知，以避免线路下方鱼塘钓鱼触电伤害事故。

（3）对线路周围 500m 范围内的违章采石爆破点，运行单位无法有效地制止村委会或承包者停止采石或要求在爆破中做好对导线的安全措施。这时，运行单位应积极利用政法部门的管理权限，将有法律效应的隐患通知书挂号寄给违章爆破作业者本人和当地派出所、公安局治安科及矿产管理局，告知国家电力法规对电力设施保护的重要性和违章爆破开采的危害性，并申请公安、政法、行政管理部门依法将在法定爆破保护区内违章爆破采石爆破员的爆破证收回或停批炸药、注销线路 500m 范围内的石矿采矿证等手段来消除爆炸飞石伤线的隐患。

事实上，由于国家对民爆物品的严格管制，公安部门在收到隐患通知书后，根据政府职能和可能存在的风险，一般都会马上停止审批炸药、雷管，并会积极要求采矿主到电力部门进行协商及征得同意，由于矿主或采石场承包人无法批到炸药、雷管，必然会持采矿证、爆破证等来线路运行单位协商，若采取安全措施后采石对电力线路危害不大，电力部门与其签订爆破采石确保电力线路安全的协议书，并同时将爆破采石确保电力线路安全协议书抄送给公安部门、地方劳动局、矿产管理局，采石业主只有持与电力部门签订的安全协议书才能在公安部门按常规领批购买到炸药、雷管。同时运行单位还应在采石场的岩石上用醒目颜色油漆涂写警示标语，进行电力法的宣传等。

七、依托地方政府完善电力设施保护执法主体

电力体制改革使电力企业失去了执法功能，针对运行单位的线路走廊违章建筑，通过向地方政府宣传汇报电力设施公用性职能，取得政府的支持，形成政府职能机构安全生产监督管理局为执法主体，负责监督、管理输电线路提供的通道隐患处理和考核隐患所在地政府职能部门，促使各县市、乡镇加强对线路通道内的建设审批、违章建筑的拆除等工作。图 GYSD00802002-7 为违章户在政府行政拆除告知书的督促下自行拆除违章建筑，图 GYSD00802002-8 为政府强行拆除的违章建筑。

图 GYSD00802002-7　违章户在自行拆除违章建筑

图 GYSD00802002-8　政府组织强制拆除线路通道内的违章建筑

【思考与练习】

1．为什么说按危险点种类制定的防范措施属于线路运行单位的专家软件？

2．为什么导线对鱼塘或地面的安全距离满足后仍然要在鱼塘边竖立警示牌？

3．运行单位发现运行线路通道内的违章现象为什么必须邮发隐患通知书？

4．以企业文件形式批准下发某些设备健康、通道环境良好的线路巡视计划和周期，有什么好处？

5．同塔多回路横担上采用线路名称、杆号、分相、色标牌替代涂色标有什么好处？

6．通过政府部门来管理线路通道违章现象有什么好处？

第二十五章　设备状态检测的项目、周期及绝缘子状态检测

模块 1　设备状态检测的项目、周期（GYSD00803001）

【模块描述】本模块包含设备状态检测的项目、周期。通过知识介绍，了解和掌握设备状态检测的项目、周期。

【正文】

输电线路是电网中的重要设备，因外绝缘的配置为节约型设计，又架设在野外，导致电网故障的 80%左右发生在输电线路上，其中的 80%左右又发生在绝缘子串上，因此线路专业人员应熟悉线路绝缘子的各种优缺点、电气性能特性和使用范围，以减轻对绝缘子的检测、维修工作量，降低输电线路故障率。

一、输电线路关键检测项目

DL/T 741—2001《架空送电线路运行规程》中需要定期开展检测的项目众多，基本属于普查式检测，工作量繁重，输电线路开展状态检修，必须有的放矢解决带电部分和不带电部分。若不符合规定要求易引起线路停电或需停电后处理的设备隐患，涉及的相关检测、检查项目主要有：

（1）绝缘子检查、检测：主要包括瓷绝缘子瓷件破损、瓷釉烧伤和绝缘电阻低零值检测；玻璃绝缘子伞裙自爆检查；复合绝缘子伞裙、护套表面有否蚀损、漏电起痕，树枝状放电或电弧烧伤痕迹，是否出现硬化、脆化、粉化、开裂等现象，伞裙有否变形，伞裙之间黏接部位有否脱胶等现象，端部金具连接部位有否明显的滑移，密封有否破坏，硅橡胶伞裙的憎水性有否下降等；绝缘子有否钢脚锈蚀、弯曲、电弧烧损和锁紧销缺少；绝缘子附盐密检测等。

（2）绝缘子附盐密值检测：主要是在设定的盐密监测点测量累积运行现场污秽度，既要检测累积附盐密值，又要检测得出灰密量，对现场污秽度严重或超标的杆塔应将污液送试验室进行导电离子和成分的分析。

（3）复合绝缘子憎水性丧失及机械强度下降检测：主要是对运行若干年的复合绝缘子硅橡胶伞裙憎水性是否丧失进行检测，其次是对运行 8～10 年的复合绝缘子每个批次抽 3 支送试验室进行耐污水平和机械强度的试验。

（4）引流板、并沟线夹等电气连接部位的检查、检测：主要包括引流板、并沟线夹螺栓是否紧固、电气连接处和导电脂是否完好，是否存在发热现象。

（5）导地线损伤检查。

（6）接地电阻检查、检测：主要包括接地电阻是否合格，接地引下线是否完好，接地射线是否完好。

（7）交叉跨越或风偏距离测量：主要检测导线与树竹木的最小距离是否符合要求，其次是检测导线在设计风速下对线路通道内后建造的建筑物校核风偏距离是否满足。

上述检测项目均针对线路检修工作量的内容，且前几项都在带电部分，若缺陷严重时必须需要线路停电检修（目前多数运行单位均不开展带电检修和消缺），因此应尽可能按线路设备状况进行检测和判定。合理配置绝缘子是减少线路故障、检修工作量和检测工作量的基础。

目前线路上常用的绝缘子类别有瓷质盘型绝缘子、玻璃盘型绝缘子、复合棒型绝缘子三种类型，这三种绝缘子各有优缺点，因此熟悉常用绝缘子的特性、优缺点和使用范围是线路运行单位专业技术

人员必须掌握的关键技术，通过在不同区域合理使用绝缘子种类和配置是降低线路故障跳闸率、减少绝缘子检测工作量、提高输电线路可用率的有效技术保证。

二、常用线路绝缘子的优缺点

（1）瓷绝缘子属无机物材料，其瓷伞属非均质材料，瓷件系脆物质，运输、搬运碰撞易碰碎伞裙，故障电流产生的电弧会烧伤瓷釉层，致使水分渗入瓷件内引发绝缘下降。因此在运行中应对瓷件破损、表面瓷釉烧伤、绝缘电阻下降等劣化瓷绝缘子应及时更换。

由于瓷件与铁帽钢脚和水泥胶合剂之间的膨胀系数不同（瓷件为 $4 \times 10^{-6}/℃$；水泥为 $10 \times 10^{-6}/℃$；钢脚为 $12 \times 10^{-6}/℃$），其形成的内应力在长期运行的机械和电场力的作用下，可使钢脚水泥胶合处及钢帽内瓷件原微孔状逐渐产生或转化为隐裂纹，水分沿钢脚处裂纹侵入瓷件内部，使绝缘子的内绝缘（钢帽内瓷件头部）下降至低值或零值（劣化）。当雷击、污闪等过电压沿绝缘子串通过时，由于低、零值瓷绝缘子仍有完整的伞裙屏障，故障电流只能从钢帽、隐裂纹瓷件、钢脚间通过，引发瓷体、胶合水泥等裂纹中的水分在短路电流高温下急剧热膨胀，膨胀的气体将钢帽炸裂而发生导线落地的恶性事故。

原武汉高压研究所试验证明：运行中瓷质绝缘子发生钢帽炸裂有 3 种原因：①内因——劣化；②外因——雷电或雾湿；③触发原因——雷击、污闪或工频续流。为防止劣化瓷绝缘子在故障时发生掉串，只要查出并消除内因并及时更换劣化绝缘子，运行线路就不会发生故障时的掉串事故。因此 DL/T 741—2001 规定：瓷绝缘子每两年检测一次绝缘电阻。

（2）钢化玻璃绝缘子属早期劣化暴露产品，玻璃绝缘子因绝缘劣化、玻璃件内应力不均匀或受外力击打等能自行爆裂，因此玻璃绝缘子不需检测绝缘电阻，随着运行年限的增加，绝缘子劣化自爆率将呈下降趋势并稳定在一定水平上，因此线路玻璃绝缘子串不需采用检测仪器检测其绝缘电阻，只需在巡视检查中肉眼即可发现。玻璃绝缘子自爆后的残余荷载，标准规定应达到其额定荷载的80%以上，即玻璃绝缘子自爆后一般不会发生导线掉串事故，对自爆后的绝缘子串泄漏比距不满足污秽等级的，运行单位应在雾季前采用带电作业方式或停电方式更换。

同时，伞盘自爆后因钢帽内的玻璃件绝缘完好，故障电流直接从自爆后的钢帽与钢脚间通过，所以不会发生钢帽炸裂现象。由于玻璃件是熔融体，质地均匀，绝缘子串遭受故障电流电弧会烧伤玻璃件表面并发生脱皮或掉渣，烧伤后的玻璃件新表面仍然是光滑的玻璃体，其玻璃伞裙能自行恢复绝缘，不需更换闪络烧伤过的绝缘子，国外实验室曾多次对玻璃绝缘子串用陡波做过冲击试验，其结果都是大气闪络，从未发生玻璃件的击穿情况。

（3）硅橡胶复合绝缘子又称合成绝缘子，其硅橡胶一般由两种以上有机材料合成，复合绝缘子的耐污性能主要体现在它的憎水性能和耐起痕蚀损性能。硅橡胶的憎水性能好，绝缘子表面的污层电阻高，泄漏电流小，耐污闪电压高。在大自然紫外线和强电场的作用下，硅橡胶伞裙材料会老化、硬化、龟裂、密封处损坏、材料电蚀损和漏电起痕等质变，导致界面电击穿、损坏密封及芯棒脆断掉串事故乃至发生芯棒脆断掉串。

复合绝缘子聚硅氧烷生胶的含量即基础聚合物重量应达到整个混练胶重量的50%，运行多年的复合绝缘子会发生憎水性丧失，暂时性丧失后其伞裙和护套应能耐受干区放电或电弧下不起痕、不蚀损。如混练胶含量达不到40%，复合绝缘子的憎水性能等电气性能会下降且使用寿命较短，在大自然中，常年受紫外线和电老化的侵害，憎水性丧失后很难自行恢复。

复合绝缘子制造有伞间距、爬电系数、均压环罩入距等技术要求，而硅橡胶伞裙盘径因受制造工艺和材质的限制，最大只能生产 $\phi220mm$ 伞盘，按相应电压等级的盘形绝缘子串相同结构高度，复合绝缘子最多只能生产出 2.75cm/kV 及以下泄漏比距的绝缘子，复合绝缘子的泄漏比距若超过 2.8cm/kV 时，必然靠增加结构高度，不然爬电系数肯定不符合标准要求。表 GYSD00803001-1 是常用复合绝缘子的技术参数。

1）复合绝缘子的伞间距。伞间距是指具有相同伞径的相邻大伞，上面的一个伞的滴水缘最低点到下一个伞表面的垂线长度。图 GYSD00803001-1 是 DL/T 864 标准要求的复合绝缘子的最小伞间距图。

表 GYSD00803001-1　　　　　　　　复合绝缘子的技术参数表

产品型号	伞裙数 大小		伞径φ 大/小	结构高度 （mm）	绝缘干弧 距离	爬电 距离	泄漏 比距	雷电耐受 电压（kV）	1min湿工频耐受 电压（kV）	爬电系 数 C. F
FXBW4－110/100	13	12	150/100	1240 ±15	1000	3020	2.75	550	230	3.02
FXBW3－220/100	25	24	150/115	2150 ±30	1900	6300	2.86	1000	395	3.32
FXBW－330/120	35	34	150/100	2990 ±30	2600	9075	2.75	1425	570	3.49
FXBW4－500/210	52	51	156/121	4450 ±50	4000	13500	2.70	2250	740	3.38

伞间最小距离 C 值反映了在高潮湿天气或同样污秽作用下，相邻两大伞放电桥接情况。

DL/T 864—2004《标称电压高于 1000V 交流架空线路用复合绝缘子使用导则》第 5.3.1 条：伞间最小距离（C）规定：对大小伞推荐 C 值应不小于 70mm，对等径伞推荐 C 值应不小于 40mm。

上述规定的大小伞是指一大一小间隔的伞状，由于复合绝缘子标准只规定了等径伞和大、小伞两种最小伞间距尺寸，对目前复合绝缘子生产的一大二小伞或两大一中二小五伞状，相关标准还没有规定其最小伞间距尺寸，如两大一中二小五型伞的爬电系数达 4.0 以上，违反了规程"对Ⅰ、Ⅱ级污级，推荐 C.F 应不大于 3.2"

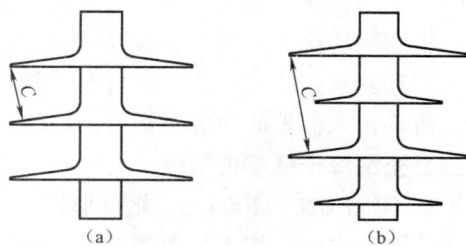

图 GYSD00803001-1　复合绝缘子的最小伞间距
（a）等径伞的伞间距；（b）大、小伞的伞间距

的规定；对Ⅲ、Ⅳ级污级，部分厂家将两大一中二小五型伞的两大伞间距定为 126mm，即每个伞间距只有 31.5mm，它违反了 DL/T 864—2004 规定的"大、小伞盘间距应不得小于 35mm"要求，所以其爬电系数是不符合 DL/T 864 标准的有关规定的。

2）复合绝缘子的爬电系数。复合绝缘子的爬电系数 C.F 是整体绝缘子尺寸的设计参数，指整支绝缘子总爬电距离（长度）与绝缘子两电极间沿空气放电最短距离（干弧距离）之比。伞间距的优化取值来源于两伞之间的爬电距离与两伞之间的间距之比，理论和试验证明：伞间距的优化值取 2.5 为最优外绝缘配合，考虑到硅橡胶的属性和制造工艺等原因，复合绝缘子标准将 2.5 扩大到 3.0 左右，但不得大于 3.5。

DL/T 864—2004 第 4.4.2.2 条：爬电系数 C.F 是整体绝缘子尺寸的设计参数，对Ⅰ、Ⅱ级污级，推荐 C.F 应不大于 3.2；对Ⅲ、Ⅳ级污级，推荐 C.F 应不大于 3.5.

3）复合绝缘子均压环的罩入距。硅橡胶复合绝缘子属长棒全绝缘，这种情况在绝缘子棒越长、电压等级越高的线路上越明显，即复合绝缘子的工作（分布）电压沿绝缘子轴向分布极不均匀，以 500kV 为例，复合绝缘子在没有安装均压环前，15%的芯棒上承担 100%的工作电压（288kV）；两端安装上均压环后，其 55%的芯棒上承担 100%的工作电压（中间段分布电压很低），其导线端的分布电压处在 30～38kV/cm 间，已超过电晕起始电压值，由于复合绝缘子的耐雷水平比同等结构高度的盘形绝缘子串低，所以复合绝缘子的均压环均不采用罩入保护硅橡胶伞裙，只均压保护芯棒金具连接处。

试验证明：高压端均压环的管径 r 越大越能降低装环侧的端部场强和平均场强，当环的圆管半径 r > 10mm 时，端部场强可降低至空气击穿场强以下；均压环的环半径 r 太小，会使距高压侧 10%绝缘距离处的场强有增大趋势，而均压环的环半径 r 越大，越能降低平均场强，使电场分布更均匀，因此武汉高压研究院推荐 500kV 高压端均压环的半径 r 取 250～300mm 为宜。另外场强还与均压环深入（抬高）罩住伞裙的距离有很大的关系，当均压环的深入距 Δh≈0，均压环开口平面处的芯棒、金具连接处将承受最大场强。

我国西北电力试验研究院曾对 330kV 安装均压环进行试验,证明：330kV 复合绝缘子在施加 190kV 试验电压，均压环深入距 Δh＝0 时，测得芯棒、钢脚压接处场强超过 5.5～6.5kV/cm，第一片伞裙上分布电压达 28～34kV（占运行电压的 20%～26%）。当均压环罩入屏蔽住 2～4 个伞裙时（即抬高 120～

150mm），芯棒端部连接处场强降低到 0.4 ~ 1.6 kV/cm，导线侧的伞裙最大分布电压仅为运行电压的10%。

原武汉高压研究所与某省电力公司共同对均压环罩入距尺寸等进行试验：在复合绝缘子高压端安装一个罩入深度为 40mm 的 9 号圆形均压装置，没有屏蔽伞裙，试验测得绝缘子高压端部的分布电压最高，均压装置的均压效果不是很明显，靠近高压端的 2 个伞裙上的电压占运行电压的21.3%。换上罩入深度为 75mm 的 5 号圆形均压装置时，屏蔽了 2 个伞裙，由检测的电压分布曲线可知，靠近高压端部的 2 个伞裙，分布电压值为运行电压的 12.2%，比安装 9 号均压装置要降低9.1%，且整支绝缘子上的电压分布也要均匀一些，试验说明了均压装置的罩入深度对电压分布的影响较大。

我国电力行业对复合绝缘子均压装置的设计、选型缺乏统一认识，也未制定出均压环生产的技术标准，特别是均压环的罩入屏蔽尺寸更是重视不足，造成各生产厂家设计的均压装置结构、环径（管径）尺寸和安装方式五花八门，目前的复合绝缘子均压环存在着结构不合理、尺寸过小、基本未考虑金属均压环罩入保护硅橡胶伞裙等问题。

三、瓷绝缘子低零值检测

根据 DL/T 626—2005《劣化盘形悬式绝缘子检测规程》的要求，对瓷绝缘子采用绝缘电阻或分布电压法检测低零值，按规程中瓷绝缘子检测周期中的年劣化率对应的检测周期进行，因目前有较为精确的带电、停电方式用绝缘电阻检测仪和带电方式用分布电压检测仪，运行单位应淘汰早期的火花间隙检测瓷绝缘子方式。

Q/GDW 168—2008《输变电设备状态检修试验规程》规定例行试验项目：瓷绝缘子零值检测周期为 330kV 及以上 6 年；220kV 及以下为 10 年。

5.19.1.8 条盘形瓷绝缘子零值检测：采用轮试的方式，即每年检测一部分，一个周期内完成全部普测。如某批次盘形瓷绝缘子的零值检出率明显高于运行经验值，则对于该批次绝缘子应酌情缩短零值检测周期。

应用绝缘电阻检测零值时，宜用 5000V 绝缘电阻表，绝缘电阻应不低于 500MΩ，达不到 500MΩ时，在绝缘子表面加屏蔽环并接绝缘电阻表屏蔽端子后重新测量，若仍小于 500MΩ时，可判定为零值绝缘子。

从上次检测以来又发生了新的闪络或有新的闪络痕迹的，也应列入最新的检测计划。

四、运行绝缘子累积盐密值的检测

Q/GDW 168—2008 规定例行试验项目：现场污秽度评估每 3 年一次。

5.18.1.4 条现场污秽度评估：每 3 年或有下例情况之一进行一次现场污秽度的评估：

1）附近 10km 范围内发生了污闪事故。

2）附近 10km 范围内增加了新的污染源（同时也需要关注远方大、中城市的工业污染）。

3）降雨量显著减少的年份。

4）出现大气污染和恶劣天气相互作用带来的湿沉降（城市和工业区及周边地区尤其要注意）。现场污秽度测量内容和周期按 Q/GDW 152—2006《电力系统污区分级与外绝缘选择标准》的规定，测量等值盐密/灰密或等值盐密度；检测周期至少为 3 年，根据积污的饱和趋势可延长至 5 年或更长。

带电运行线路的绝缘子串要发生污闪跳闸，必须要达到以下两个条件：

（1）绝缘子表面上必须聚积了一定量的污秽物。

（2）该绝缘子串必须处在 90% 以上湿度的潮湿天气中，即绝缘子表面上的污秽物必须充分受潮；两者缺一就不会发生污闪。无论绝缘子串粘附有多大的污秽量，若是处在 80% 以下空气湿度天气下，线路绝缘子是不会发生污秽闪络跳闸的。

运行单位应按绝缘子串污秽状况来指导线路是否清扫绝缘子，而要确定绝缘子串污秽状况，必须要检测污秽监控点的绝缘子串盐密值。

线路污闪跳闸是从运行的绝缘子串上发生的，所以污秽盐密值从运行串上清洗检测更具有现实意义，多数单位的绝缘子串盐密检测都从杆塔上悬挂的不带电样品串上清洗检测，虽然不带电悬挂串也处在电场中,但绝缘子串上没有分布电压,电场也远比运行串小,按规定不带电的盐密值要以 1.25~1.4 的系数换算成带电绝缘子串的盐密值,但强电场能吸引许多导电离子积聚在绝缘子表面,因此从运行串清洗检测的盐密值,与现实污秽跳闸环境下的附盐密值更接近。

五、复合绝缘子憎水性能检测

成立硅橡胶憎水性能检测小组,选择责任心强,有一定专业知识的生产骨干,基本保持稳定检测小组,按输电线路复合绝缘子产品寿命和批次,制定检测周期和杆号,对污源点周围应缩短检测周期,对运行 4~5 年后的复合绝缘子,应尽量采取在连续几天阴天后进行憎水性能检测,采用喷水壶登塔在硅橡胶伞裙上喷洒水雾,以检测喷在伞裙上的水是否为连片或成水珠、水珠的倾角等,正确掌握复合绝缘子的憎水性能。

六、复合绝缘子的运行巡查和污秽性能和机械强度检测

DL/T 741—2001 规定:每 2~3 年登杆检查有否硅橡胶伞套表面有否蚀损、漏电起痕,树枝状放电或电弧烧伤痕迹,是否出现硬化、脆化、粉化、开裂等现象,伞裙有否变形,伞裙之间粘接部位有否脱胶等现象,端部金具连接部位有否明显的滑移,检查密封有否破坏,钢脚或钢帽锈蚀,钢脚弯曲,电弧烧损,锁紧销缺少;钢脚或钢帽锈蚀,钢脚弯曲,电弧烧损,锁紧销缺少。

按照 DL/T 864—2004 规定:"每 3~5 年一次,检测憎水性和机械性能。投运 8~10 年内的每批次绝缘子应随机抽样 3 只试品进行机械拉伸破坏负荷试验,按表 2 运行绝缘子憎水性检测周期,检测出的憎水性级别 HC 不等,执行不同的检测周期;同样按表 3 机械特性检测周期,检测出的机械破坏负荷值 SML 的不同,执行不同的检测周期。"

七、导线耐张跳线并沟线夹或引流板检查和检测

Q/GDW 168—2008 规定例行试验项目:导线接点温度测量周期为 330kV 及以上 1 年;220kV 及以下为 3 年。

5.19.1.9 条导线接点温度测量:500kV 及以上导线接续管、耐张引流夹每年测量 1 次,其他 3 年一次。接点温度可略高于导线温度,但不得超过 10℃,且不高于导线允许运行温度。在分析时,要综合考虑当时及前 1 小时的负荷变化及大气环境条件。

该规定属采用红外测温仪器检测,但因仪器的有效检测距离、检测时天气情况、检测时间和设备后的辅助光源等,采用仪器检测不符合企业实际和员工安全、劳动强度。目前线路检修工检测紧固导线耐张跳线连接螺栓一般都采用 10 寸活动扳手,由于无拧紧数值控制,导线跳线金具连接易发生因扭矩偏松而致使接触电阻值变大,当线路大负荷输送中容易造成连接金具发热——电阻增大——发热加剧——烧断跳线或连接金具而跳闸。由于运行单位有严格的可靠性指标要求,输电线路不可能长时间地停电检查紧固导线跳线连接点,按照输电线路运行实际和企业现状及状态检测要求,运行单位可安排检修员工在新建线路竣工验收和停电检修时,采用扭矩扳手按相应规格螺栓的扭矩值检查、紧固跳线连接金具的扭矩值,使跳线连接完好可靠;同时根据红外检测有关检测规定,运行单位在符合仪器检测气候、无附加光源影响条件下,部分采用登塔方式(如 500kV)在横担上采用远红外成像仪定期检测耐张跳线连接处的发热隐患。

八、按照导地线不同钢比情况判定损伤截面积或强度损失

架空线路用钢芯铝绞线运行中有两项功能,承受拉力(张力)和输送电能荷载,DL/T 741—2001 只按导电铝截面受损百分比进行修复明显不合理,部分修复易降低线路可用率和增加导线连接点而增加巡查检测工作量。钢芯铝绞线有不同的横钢截面积与横铝截面积之比,不同钢比导线的钢芯、铝截面的计算破断力是不等的,光按钢芯铝绞线、钢绞线损伤、断股的截面积百分比来判定处理方式,有时会造成部分型号受损伤、断股后的导、地线的应力(安全系数)下降,按照 DL/T 1069—2007 的规定检修修复是线路状态检修的好方法,根据钢芯铝绞线的铝截面积损伤、断股或强度损失的不同,可分别采用缠绕、补修管、护线条、接续条或开断重接等修理方式,特别是导电铝截面超标的损伤导线,不再需要停电将导线落地进行开断重接处理。

九、杆塔工频接地电阻的检测

DL/T 741—2001 规定:架空线路杆塔接地电阻检测周期,发电厂、变电所出线段 1~2km 及特殊

地点每 2 年一次，其他线路段每 5 年一次。

　　Q/GDW 168—2008 规定例行试验项目：杆塔接地电阻测量周期为大跨越和变电所 2km 进线保护段：500kV 及以上 1 年；其他为 2 年。其他线路首次运行 3 年后；接下去检测周期 500kV 及以上 4 年；其他 8 年。

　　杆塔接地阻抗检测：测量周期按上述规定，测量方法采用 2km 出线保护地段每基杆塔测量；500kV 以上一般采用每隔 3 基，其他每隔 7 基检测 1 基的轮换方式。对于地形复杂、难以达到的区段，轮换方式可酌情自行掌握。如某基杆塔的测量值超过设计值时，补测与此相邻的 2 基杆塔。如果连续 2 次检测的结果低于设计值（或要求值）的 50%，则轮式周期可延长 50% ~ 100%。检测宜在雷暴季节之前进行。测量方法参照 DL/T 887。

　　Q/GDW 168—2008 是按线路重要性来延长杆塔接地电阻的检测周期，没有从杆塔的耐雷水平和输电线路实际雷害跳闸的类别确定检测周期和测量方式，且雷电击中架空地线时，雷电流是向两侧快速分流至杆塔下泄入地，若该杆塔接地电阻大，则塔顶电位迅速升高而反击跳闸，因此隔基轮测杆塔接地电阻不符合防范雷击跳闸的技术原理。

　　目前线路杆塔人工敷设接地线为 $\phi10 ~ \phi12mm$ 热镀锌接地线，一般可腐蚀 10 多年。输电线路的雷击跳闸多数是绕击雷，特别是 330kV 及以上电压等级线路的雷害事故几乎均为绕击雷，而杆塔接地电阻大小对防止绕击雷关系不大，因此新建线路或接地大修后，运行单位应全线正确按杆塔设计敷设的接地射线长度的 0.618 布置测量射线检测接地电阻并按土壤季节系数换算，以符合接地电阻设计值，对遭雷击故障的杆塔必须在故障后用接地电阻仪按三线法的 0.618 布置测量射线正确检测杆塔接地电阻，同时按雷击跳闸类别采取防范措施。

　　为减少一线员工检测接地电阻的工作量，对变电站出线段及其他线路段可采用不需展放辅助测量射线的钳型感应式接地电阻测量仪进行检测。

【思考与练习】

1．为什么劣化瓷绝缘子在短路电流下会发生钢帽炸裂导线掉串事故？
2．玻璃绝缘子为什么不会发生钢帽炸裂导线掉串事故？
3．瓷绝缘子瓷釉被电弧烧伤后继续运行有什么危害？
4．玻璃绝缘子在运行中发生自爆的原因有哪些？
5．线路绝缘子串上污秽很严重，为什么在夏天不会发生污闪事故？
6．为什么复合绝缘子芯棒脆断部位基本在导线侧第 2~4 片伞裙处？

模块 2　绝缘子状态检测（GYSD00803002）

【模块描述】本模块包含动态确定瓷质绝缘子测试周期、瓷质绝缘子零值检测实例、绝缘子钢脚腐蚀检查、动态确定复合绝缘子检查、测试周期。通过知识讲解、原理分析、图形举例，掌握动态确定瓷质绝缘子测试周期、瓷质绝缘子零值检测方法、绝缘子钢脚腐蚀检查、动态确定复合绝缘子检查和测试周期。

【正文】

　　架空线路外绝缘是确保线路安全运行的关键设备，目前常用的有盘形瓷绝缘子、盘形玻璃绝缘子和硅橡胶长棒复合绝缘子。瓷、玻璃虽属无机物材料，但我国架空线路外绝缘设计是以"考虑带电作业需要和尽量节约绝缘子串片数"为设计原则的，因此对盘形绝缘子不采用在串两端安装金属招弧角来保护绝缘子的方式，而是允许故障电流从绝缘子串本体通过。因瓷质材料较脆，施工、运行中易造成瓷件隐性裂纹而劣化，若瓷绝缘子存在低零值时，短路电流从绝缘子头部（钢帽、钢脚间）通过，从而引发低零值绝缘子钢帽炸裂导线掉串的恶性事故。因此我国规定瓷绝缘子必须两年一次进行低零值劣化绝缘子检测。钢化玻璃绝缘子抗击打能力强，运行中不受常年荷载系数的控制，但若玻璃件因钢化工艺不好或存在瑕疵，则玻璃件有自爆功能，短路电流从绝缘子串外引发电弧闪络跳闸。硅橡胶复合绝缘子系有机材料，在大自然紫外线下会逐渐老化，因此硅橡胶复合绝缘子的产品寿命只能达 8～10 年左右。因属长棒式全阻性产品，电压分布极不均匀，且导线端有机材料长期处在强电场中，易发生树枝状贯通、电蚀穿孔和外露芯棒电化学产生脆断事故。检查、检测线路绝缘子是运行的重要工作。

一、瓷绝缘子测试周期和实例

瓷绝缘子虽属无机物，因瓷件材料脆，在电气机械等作用下会产生隐裂纹，随着运行年限的增加，瓷件劣化率会逐渐增加，因此新投运线路在运行一年后，瓷绝缘子因搬运、安装和过牵引紧线等，会有个别瓷绝缘子受损，必须进行一次低零值劣化的检测。在检测之后，可按照"年平均劣化率 < 0.005 时每 6 年检测 1 次；> 0.005～0.01 时每 4 年检测 1 次；> 0.01 时每 2 年检测 1 次"周期进行检测。

瓷质绝缘子检测主要有以下几种方法：

1. 电压分布检测法

由于瓷绝缘子每片含有一定的电容值，导线侧第一片承受的电压最大（最高），串中间最低，横担侧再增大（次高），其电压值大小顺序为 $U_导 > U_担 > U_中$，呈斜型不对称的"马蹄形"。串中最低片的分布电压值约为导线侧的 1/4～1/6 间，因此瓷绝缘子串的分布电压是不均匀的。无论串中是否存在低零值绝缘子，该串每片绝缘子的分布电压累加后等于该电压等级的相电压值。

采用分布电压检测仪带电检测瓷绝缘子低零值是一种有效正确反映有否劣化的手段。缺点是检测工作需 2 人进行。一人手持绝缘操作杆逐片检测，即将两探针短接绝缘子的钢帽、钢脚后，检测仪器语音报出该测量片绝缘子的分布电压值，一人记录该串总片数和每片的分布电压值（总片数不同，每片的电压值也不同），与绝缘子串标准电压分布值核对。现有自动记忆的分布电压检测仪，每测一片，自动记录测量值，被测片绝缘子的分布电压低于标准电压定值 50% 时，判劣化绝缘子；被测片绝缘子的分布电压高于标准电压定值 50% 但明显低于相邻两侧合格的电压值，则判低值劣化绝缘子，瓷劣化绝缘子应及时更换，以防故障时劣化绝缘子发生钢帽炸裂掉串事故。瓷绝缘子串各电压等级每片标准分布电压值见表 GYSD00803002-1 和表 GYSD00803002-2。

表 GYSD00803002-1   35～220kV 交流送电线路绝缘子串的分布电压标准值

绝缘子序号 N（自导线侧数）	绝缘子串分布电压值 U_i（kV）								
	35kV 线路			110kV 线路			220kV 线路		
	2 片/串	3 片/串	4 片/串	6 片/串	7 片/串	8 片/串	12 片/串	13 片/串	14 片/串
1	10.0	9.0	8.0	19.0	18.5	17.0	18.0	22.5	31.0
2	10.0	5.0	4.8	11.0	10.0	10.0	16.0	18.2	16.0
3		6.0	3.5	9.0	8.5	8.0	15.0	12.1	12.0
4			4.0	8.0	7.0	6.5	13.0	12.1	9.0
5				7.0	5.0	4.0	11.0	9.0	7.0
6				10.0	6.0	5.0	10.0	7.5	6.5
7					9.0	5.0	9.0	7.1	6.0
8						8.0	8.0	6.9	5.0
9							7.0	6.0	5.0
10							7.0	6.0	5.0
11							7.0	6.0	5.0
12							6.0	6.5	6.5
13								7.5	6.0
14									8.0
总计	20	20	20.3	64	64	63.5	127	127.4	128

表 GYSD00803002-2　　330～500kV 交流送电线路绝缘子串的分布电压标准值

绝缘子序号 N（自导线侧数）	绝缘子串分布电压值 U_i（kV）								
	330kV 线路				500kV 线路				
	19 片/串	20 片/串	21 片/串	22 片/串	25 片/串	26 片/串	28 片/串	29 片/串	30 片/串
1	19.0	18.5	18.5	18.0	21.5	21.5	21.0	21.0	21.0
2	17.0	16.5	16.5	16.0	19.5	19.5	19.0	19.0	19.0
3	15.5	15.0	15.0	14.5	18.0	18.0	17.5	17.5	17.5
4	14.0	13.5	13.5	13.0	16.5	16.5	16.0	16.0	16.0
5	12.5	12.0	12.0	11.5	15.5	15.5	15.0	15.0	14.5
6	11.5	11.0	10.5	10.5	14.5	14.5	14.0	14.0	13.5
7	10.5	10.0	9.5	9.5	13.5	13.5	13.0	13.0	12.5
8	9.5	9.0	8.5	8.5	12.5	12.5	12.0	12.0	11.5
9	8.5	8.0	8.0	8.0	11.5	11.5	11.0	11.0	10.5
10	7.5	7.5	7.5	7.5	10.5	10.5	10.0	10.0	9.5
11	7.0	7.0	7.0	7.0	10.0	9.5	9.0	9.0	9.0
12	6.5	6.5	6.5	6.5	9.5	9.0	8.5	8.5	8.5
13	6.5	6.0	6.0	6.0	9.0	8.5	8.0	8.0	8.0
14	6.5	6.0	5.5	5.5	8.5	8.0	7.5	7.5	7.5
15	6.5	6.0	5.5	5.0	8.0	8.0	7.0	7.0	7.0
16	7.0	6.5	5.5	5.0	7.5	7.0	6.5	6.5	6.5
17	7.5	7.0	6.0	5.0	7.5	7.0	6.5	6.0	6.0
18	8.0	7.5	6.5	5.5	7.5	7.0	6.5	6.0	6.0
19	9.5	8.0	7.0	6.0	7.5	7.0	6.5	6.0	6.0
20		9.0	7.5	6.5	8.0	7.0	6.5	6.0	6.0
21			8.5	7.0	8.5	7.5	6.5	6.0	6.0
22				8.0	9.0	8.0	7.0	6.0	6.0
23					10.0	9.0	7.5	6.5	6.0
24					11.5	10.0	8.0	7.0	6.0
25					13.5	11.0	8.5	7.5	6.5
26						12.5	9.0	8.0	7.0
27							10.0	8.5	7.5
28							11.5	9.5	8.0
29								11.0	9.0
30									10.5
合计	190.5	190.5	191.0	190.0	289	289	289	289	288.5

注　本表等同采用 DL/T 487—2000 表 1 和表 2，本表推荐的绝缘子分布电压标准值为拉 V 塔与酒杯塔边相悬垂绝缘子单串各片绝缘子的分布电压，中相串、耐张串及 V 型绝缘子串的分布电压可参照本表，但对于中相靠导线侧第一片绝缘子上的分布电压应乘以相别系数 1.1。对于上扛式金具的绝缘子串，靠导线侧第一、第二片绝缘子上的分布电压值可分别参照本表导线侧第二、第一片的标准值，其他元件上的分布电压可对应参照本表推荐的标准值。

2. 绝缘电阻检测法

盘形玻璃绝缘子伞盘自爆后，应判为劣化绝缘子。由于该绝缘子串中含有自爆绝缘子，减少了该绝缘子串的泄漏比距，但若此类有自爆片数的绝缘子串处在远离集镇、厂矿等一般污秽区或丘陵、山区清洁区时，可继续运行至该线路的周期停电检修时更换。原因是玻璃绝缘子的残余强度大于额定机械荷载的80%。对瓷绝缘子可在线路停电时，采用 5000V 的绝缘电阻表测量绝缘子的绝缘电阻值，在干燥情况下，500kV 线路绝缘电阻值应大于 500MΩ，500kV 以下线路绝缘电阻值应大于 300MΩ，该检测方法需要的停电时间长。另外，也可采用绝缘电阻检测仪带电检测绝缘子的绝缘电阻，原理与测量分布电压法雷同，也靠两探针短接绝缘子的钢帽、钢脚后，绝缘电阻检测仪表计上显示出该片绝缘子的绝缘电阻值。同样需 2 人检测，一人手持绝缘操作杆逐片检测，一人记录该串总片数和每片的绝缘电阻值。现有自动记忆的绝缘电阻检测仪，每测一片，自动记录测量值，可节省作业人员。检测结果根据运行线路 500kV 等级盘形悬式绝缘子绝缘电阻值低于 500MΩ 时应判为劣化绝缘子；330kV 等级及以下盘形悬式绝缘子绝缘电阻值低于 300MΩ 时应判为劣化绝缘子，并及时更换处理。

3. 火花间隙短接放电法

带电线路采用火花间隙装置检测盘形瓷绝缘子的电阻是否合格，其检测方法是采用间隙击穿放电发生的声音有、无或轻、重来判定是否零值，DL 415—2009《带电作业用火花间隙检测装置》的检测原理是按电压等级的不同，采用不同间隙距离的火花间隙放电装置，为保证瓷绝缘子串中分布电压最低一片在检测时能听到空气击穿放电声，其放电间隙一般按绝缘子串中的最低分布电压值的 50%（约 3~4kV）试验得出其间隙距离，见表 GYSD00803002-3。检测工作是一人手持绝缘操作杆逐片检测，将两探针短接被测量绝缘子的钢脚、钢帽，听间隙空气击穿放电声音较响时，判定该片绝缘子良好，放电声轻或无放电声时，判定该片绝缘子为低值或零低值。

表 GYSD00803002-3　　　　　　　检测各电压等级瓷绝缘子相应的电极间隙距离

系统标称电压（kV）	63	110	220	330	500
火花电极间隙距离（mm）	0.4	0.5	0.6	0.6	0.6

注　火花间隙的两根探针的间距为 110mm。

运行中的盘形绝缘子串分布电压是不均匀的，如 110kV 电压等级 7 片/串的导线侧第一片绝缘子其分布电压为 18.5kV，串中第 5 片为 5kV，两者差 3.7 倍；220kV 14 片/串的导线侧第一片绝缘子分布电压为 31kV，串中第 7、8、9 片均为 5kV，两者差 6.2 倍；500kV 28 片/串的导线侧第一片绝缘子分布电压为 21.5kV，串中第 16 片为 6.5kV，最大分布电压与最小分布电压相差 3.3 倍左右。

DL 415—1991 标准规定在绝缘子检测前，应用专用的"塞尺"测量校核该电压等级要求的"放电间隙"（火花间隙厂家均不提供专用"塞尺"），由于火花间隙放电检测方法采用同一间隙距离去短接放电相差 3 ~ 6 倍的分布电压值绝缘子，靠听放电声的有、无或轻、重来判定该片绝缘子的绝缘电阻是否零、低值是不合理的，往往会将串中间分布电压低的良好绝缘子误判为低、零值，而将高压侧低值绝缘子因放电声响误判为良好绝缘子，因此火花间隙装置带电检测瓷绝缘子是否零值的方法已逐渐退出运行单位。

二、玻璃绝缘子的检查（检测）

每片玻璃绝缘子自身的电容值比瓷绝缘子大，致使玻璃绝缘子串的电压分布比瓷绝缘子串均匀，同时钢化玻璃绝缘子属无机物材料，产品运行寿命达 50 年以上（劣化自爆除外）。玻璃绝缘子劣化后有伞盘自爆功能，自爆后的残锤荷载是其额定荷载的 80% 以上，能继续安全运行，因此玻璃绝缘子不需检测绝缘电阻（会自爆），只需进行目测是否有自爆绝缘子，存在的自爆绝缘子串在故障电流下也不会引发钢帽炸裂掉串。

玻璃件是熔融体，质地均匀，当玻璃件表面遭故障电流局部电弧烧伤后只发生表面脱皮或掉渣，脱皮或掉渣后的新表面仍是光滑的玻璃体，其玻璃伞裙能自行恢复绝缘，运行单位不需更换闪络烧伤后的玻璃绝缘子，如图 GYSD00803002-1 所示。

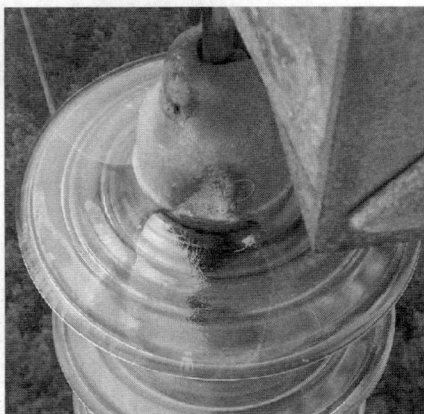

图 GYSD00803002-1　玻璃绝缘子遭雷击
电弧烧伤状况

三、绝缘子钢脚检测

绝缘子串导线侧的绝缘子分布电压值最大，场强最大，同时钢脚处直径小，该界面易电晕放电。因此，在钢脚处积污最多，最易发生电化学腐蚀。对于直流绝缘子，各生产厂家特别要在钢脚外套上一锌套作为牺牲电极，以保护绝缘子钢脚不致电化学腐蚀而掉串。所以 DL/T 626—2005《劣化盘形悬式绝缘子检测规程》增加了钢脚检测要求和标准，对直流线路还需检查钢脚处牺牲电极（锌套）的腐蚀情况。

由于绝缘子钢脚处电场强度大，其钢脚长期处在放电状态下，日积月累，钢脚镀锌层被放电烧伤破坏后锈蚀、腐烂，或钢脚因放电逐渐熔细。另外，绝缘子串导线侧、横担侧的绝缘子分布电压高、电场强，绝缘子钢脚长期处在电磁场中，其电晕放电烧伤锌层、腐蚀等可导致钢脚机械强度下降，严重的会拉断引起掉串。因此在线路停电检修时，应安排员工进行专项绝缘避雷线、导线悬挂绝缘子的钢脚检查，特别对重污染区域的点或段，应重点检查，在检查过程中，也可采用数码相机照回来，对照表 GYSD00803002-4 钢脚锈蚀判据来判断钢脚腐蚀的绝缘子是否能继续运行。

表 GYSD00803002-4   绝缘子钢脚锈蚀状况判据

序号	现象	说明	判据
1		仅水泥界面锌层腐蚀	继续运行
2		锌层损失，钢脚颈部开始腐蚀	一有适当的机会更换
3		钢脚腐蚀进展很快，颈部出现腐蚀物沉积	立即更换

四、复合绝缘子憎水性、污秽性能和机械强度检测

硅橡胶复合绝缘子为有机材料，它在臭氧、紫外光、潮湿、高低温/电应力和高场强等外界因素作用下，护套伞裙会硬化、龟裂、粉化、电蚀穿孔等，运行若干年后，会出现不同程度的憎水性下降，下降幅值可达 HC4 级甚至 HC6 级。状况如图 GYSD00803002-2 所示。

（a）   （b）

图 GYSD00803002-2 复合绝缘子憎水性下降后状态
（a）HC1 级憎水性；（b）憎水性 HC6 级

同时，因钢脚、芯棒属不同材质，各厂家技术力量、压接工艺等不同，金具芯棒压接处是个薄弱环节，特别是导线端有机材料处在高场强内，长时间运行会出现硅橡胶材料树枝状贯通、电蚀穿孔或端部密封受损等，水分进入芯棒在电化学作用下发生芯棒脆断。因此 DL/T 741—2001《架空送电线路运行规程》规定：每 2 ~ 3 年登杆检查有否硅橡胶伞套表面有否蚀损、漏电起痕，树枝状放电或电弧烧伤痕迹，是否出现硬化、脆化、粉化、开裂等现象，伞裙有否变形，伞裙之间粘接部位有否脱胶等现象，端部金具连接部位有否明显的滑移，检查密封有否破坏、钢脚或钢帽锈蚀、钢脚弯曲、电弧烧

损、锁紧销缺少等现象。DL/T 864—2004《标称电压高于 1000V 交流架空线路用复合绝缘子使用导则》要求每 3～5 年一次登塔检查硅橡胶外观、检测憎水性和机械性能，投运 8～10 年的复合绝缘子，应按每批次绝缘子随机抽样 3 只试品进行机械拉伸破坏荷载、憎水性、污秽性能的试验。试验标准和缩短检测周期参照 DL/T 864—2004 第 11 章运行性能检测的有关规定。

复合绝缘子耐污性能主要取决于硅橡胶材料的憎水性能，憎水性是固体材料的一种表面性能，即水在憎水性的固体表面形成的一种互相分离的水滴或水珠状态，而不是连续的水膜或水片状态（瓷绝缘子釉面浸水后形成的是一层薄薄水膜，呈亲水性）。憎水性分级就是将材料表面的憎水性状态分为 7 级，分别表示为 HC1～HC7，HC1 级对应憎水性很强的表面，HC7 级则对应已形成连续水膜的表面。试品表面水滴状态与憎水性分级标准见表 GYSD00803002-5。

表 GYSD00803002-5　　　　　　　　　　试品表面水滴状态与憎水性分级标准

HC 值	试品表面水滴状态描述
HC1	只有分离的水珠，大部分水珠的后退角 $\theta_r \geq 80°$
HC2	只有分离的水珠，大部分水珠的后退角 $50° \leq \theta_r < 80°$
HC3	只有分离的水珠，水珠一般不再是圆的，大部分水珠的后退角 $20° \leq \theta_r < 50°$
HC4	同时存在着分离的水珠与水带，完全湿润的水带面积小于 $2cm^2$，总面积小区域面积小于被测区域面积的 90%
HC5	一些完全湿润的水带面积大于 $2cm^2$，总面积小于被测区域面积的 90%
HC6	完全湿润总面积大于 90%，仍存在少量干燥区域（点或带）
HC7	整个被试区域形成连续的水膜

本表的状态描述等同采用了 DL/T 810−2002《±500kV 直流棒形悬式复合绝缘子技术条件》表 E.1

上述憎水性能的描述基本针对新材料，对于运行若干年的复合绝缘子，现场实测憎水性均在 HC4～HC5 级，在长时间潮湿天气下，甚至会出现憎水性丧失，导致复合绝缘子线路发生故障跳闸后，故障巡查结果为不明原因的跳闸事故。

【思考与练习】

1．阐述火花间隙法检测瓷绝缘子的工作原理，为什么检测效果不佳？

2．瓷绝缘子的材质也属无机物，为什么还会劣化？

3．为什么复合绝缘子憎水性下降至 HC5 级至 HC6 级就要退出运行？

4．直流线路用绝缘子的钢脚上增套牺牲电极（锌套）的作用是什么？

5．为什么硅橡胶复合绝缘子在运行中检查、检测的内容要比玻璃绝缘子多？

第二十六章　污区等级的划分及附盐密测量

模块 1　污区等级的划分及附盐密测量要求（GYSD00804001）

【模块描述】本模块包含污区等级划分的基本要求、附盐密值检测的基本工作要求、污液电导率换算成绝缘子串等值附盐密的计算方法。通过知识讲解、原理分析、列表对比，掌握污区等级划分的基本要求、附盐密值检测的基本工作要求、污液电导率换算成绝缘子串等值附盐密的计算方法。

【正文】

输电线路的故障跳闸原因多样，归纳起来主要有雷害、污闪、鸟害、覆冰舞动或冰闪和外力破坏等。其中，雷害事故属天灾，富兰克林发明避雷针有两百多年了，但雷害事故仍然是世界性的难题；冰害事故与气候和地形地貌有关；而污闪事故则完全可采取技术措施进行杜绝，如增加绝缘（爬电距离）或采用高科技憎水性能好的绝缘子等。

我国输电线路外绝缘设计一直采用节约型设计原则，如常用杆塔的塔（窗）头间隙基本按 110kV 最小间隙 1m（7 片/串）、220kV 最小间隙 1.9m（13 片/串）和 500kV 最小间隙 3.3m（25 片/串）控制，致使线路绝缘子串结构高度受控制，线路外绝缘无法按不依赖清扫设计泄漏比距。同时，线路外绝缘配置设计时，因受塔（头）窗空气间隙的影响，设计人员对绝缘子串泄漏比距多按几何爬电距离计算，为迎合输电线路的爬电比距法配置外绝缘的需要，绝缘子生产厂家为加大绝缘子的爬电距离，都在原伞盘直径基础上增加爬电距离，生产出耐污性能较差的钟罩深棱型或深碗型双伞或三伞型绝缘子，均未考虑以增大绝缘子盘径来增加单片绝缘子的几何爬电距离或优化爬距，结果配置的线路外绝缘有效泄漏比距难以达到电网污秽等级要求。多数线路运行单位设置的盐密监测点绝缘子串采用不带电悬挂，清洗检测的附盐密值不能体现运行绝缘子串上的实际污秽，或未按运行绝缘子串累积 3 ~ 5 年后再清洗检测其附盐密值为依据来滚动修订电网污区图，上述种种因素决定了输电线路外绝缘配置难以实现"绝缘到位、留有裕度、不依赖清扫"的防污闪目标。

一、污区等级划分的基本要求

电网污秽等级图也叫电网污区图，它是一个区域电网电力设备外绝缘配置的指导图，基本以地级市所管辖的地、市供电区域为单位。国家防污闪专业对污区图的制作划分是依据"运行经验、污湿特征、外绝缘表面污秽物质的等值附盐密值"（即盐密）三个因素综合考虑的（Q/GDW 152 —2006《电力系统污区分级与外绝缘选择标准》增加了灰密内容）。污湿特征是对运行环境污秽程度的定性划分参量；盐密（含灰密）是对运行环境污秽程度的定量划分参量；运行经验是各种实际条件综合作用的结果。以上三个因素都说明了污秽状况对线路绝缘的影响和作用，当按这三个因素作出的污秽判定有差异时，应认真分析原因，如污染源的种类是多种多样的，各地区收集的盐密中污秽成分（导电离子）也不相同，气候环境条件也有很大的差异，所以用盐密值来划分污秽等级时，应结合当地的具体情况，总结出污湿特征的规律，并以运行经验作为确定电网污秽等级的主要依据。

（1）Q/GDW 152 —2006《电力系统污区分级与外绝缘选择标准》将原 GB/T 16434—1996《高压架空线路和发电厂、变电所环境污区分级及外绝缘选择标准》按线电压计算的爬电比距折算成按相电压计算的统一爬电比距，将 GB/T 16434—1996 的污区分级为 0 级≤1.6cm/kV 以下；Ⅰ级 >1.6cm/kV ~ 2.0cm/kV；Ⅱ级> 2.0cm/kV ~ 2.5cm/kV；Ⅲ级> 2.5cm/kV ~ 3.2cm/kV；Ⅳ级> 3.2cm/kV ~ 3.8cm/kV。五个分级修改为：a（非常轻）1.6cm/kV；b（轻）2.0cm/kV；c（中等）2.5cm/kV；d（重）3.2cm/kV；e（非常重）3.8cm/kV 五个分级，该标准的污秽等级与原额定线电压的污秽等级完全一样。其爬电比距的对应关系见表 GYSD00804001-1。

表 GYSD00804001-1　　GB/T 16434—1996 的爬电比距与统一爬电比距的对应关系　　　　　cm/kV

最高线电压下爬电比距	额定线电压下爬电比距	统一爬电比距	最高线电压下爬电比距	额定线电压下爬电比距	统一爬电比距
1.27	1.4	2.2	2.5	2.75	4.33
1.45	1.6	2.52	2.54	2.79	4.4
1.6	1.76	2.77	2.91	3.2	5.04
1.62	1.78	2.8	3.1	3.41	5.37
1.82	2.0	3.15	3.18	3.49	5.5
2.0	2.2	3.47	3.45	3.8	5.98
2.02	2.22	3.5	3.5	3.85	6.06
2.27	2.5	3.94			

注　1. IEC815 标准采用的爬电比距是爬电距离与交流系统最高线电压之比。

　　2. GB/T 16434—1996 标准采用我国惯用的绝缘子爬电距离与交流系统额定线电压之比。

　　3. IEC60815 标准提出的统一爬电比距为绝缘子爬电距离与绝缘子两端最高运行电压之比，即国网标准采用。最高线电压为额定线电压的 1.1 倍，两端最高运行电压也按额定相电压的 1.1 倍。

　　如原额定线电压下的 2.5cm/kV 污区，110kV 线路配置 7 片玻璃防污绝缘子（ϕ280mm、L450mm），其几何爬电比距为（450mm/片×7 片）/110kV＝3150mm/110kV＝2.86cm/kV，按 0.9 绝缘子形式系数换算，为 2.58cm/kV，外绝缘配置稍有裕度；按统一爬电比距其几何爬电比距为（450mm/片×7 片）/69.86kV（最高运行相电压）＝3150mm/69.86kV＝4.51cm/kV，约等于原行业标准几何爬电距离 2.8cm/kV 污秽等级，即约等同 IEC 的 2.54cm/kV 污秽等级，可见按统一爬电比距（最高运行相电压）配置线路外绝缘，同以前惯用的额定线电压爬电比距是一样的。线路污闪跳闸中起作用的就是绝缘子串两端的电压，表中 IEC 采用最高线电压计算爬电距离比我国行业标准更有裕度，而行业标准采用额定线电压，线路设计人员在外绝缘配置时又未按有效爬电比距原则来设计配置线路外绝缘，所以造成运行线路的外绝缘裕度小，致使我国线路污闪事故常有发生。

　　采用统一爬电比距更符合线路污闪跳闸的实际，但在实际应用中按统一爬电比距配置外绝缘时，仍然应考虑绝缘子的形式系数换算，只有线路设计全面采纳"绝缘子的有效爬电比距"理念之后，才能促使绝缘子生产厂家不盲目地追求生产单片几何爬电距离大的绝缘子，转而积极开发耐污性能强、自洁性能好的绝缘子。

　　（2）按照国家防污闪专业的要求，各地的电网污区分布图必须要按一定年限进行滚动修订调整，能源电［1993］45 号《关于颁发电力系统电瓷防污闪有关规定的通知》已明确指出：送电线路污秽等级划分的依据是该区域 3～5 年检测的等值附盐密度和 3～5 年的运行经验。由于多数单位是从不带电悬挂的绝缘子串上或以一年一清扫原则的运行绝缘子串上清洗检测的附盐密值作为划分污秽等级的依据，大量的运行经验也是建立在"一年一清扫"的绝缘配置水平上。在 2005 年前，多数单位对不带电绝缘子串上清洗的盐密值，是按 1.25～1.4 换算；国家电网公司生输配［2006］104 号《关于征求国家电网公司〈高压架空线路和变电站污区分级与外绝缘选择标准〉实施意见》的通知中第 7 条："若在不带电绝缘子串上获得的现场污秽度数据，换算带电绝缘子串的现场污秽度时，带电修正系数暂取 1.3～2.0"。Q/GDW 152—2006 标准第 3.10 条"带电系数：同型式绝缘子带电所测 ESDD/NSDD（SES）值与非带电所测 ESDD/NSDD（SES）值之比，K_1 一般为 1.1～1.5"。而标准中"现场污秽度的测量"描述，"带电测量值与不带电测量值之比（即带电系数 K_1）要根据各地实测结果而定"。可见该换算系数还是比较模糊的，至今没有哪家单位来负责试验、核实做好基础工作。该最新制定的标准由各运行单位自己掌握和选择，且多数单位均在不带电绝缘子串上检测盐密值，造成多数运行单位编制的电网污区图未按国家防污闪规定的累积盐密值来划分，即绘制的电网污区图所代表的污秽水平比线路实际运行环境的污秽水平明显偏低，加之设计、运行部门又未按有效泄漏比距来设计线路外绝缘水平，致使新建的电网外绝缘配置仅能抵御一般天气条件下的电网污闪事故，难以抵御灾害性浓雾特别是伴有湿沉降天气的侵害。同时，运行的老旧线路按现行污区图进行调爬或配置线路外绝缘后，也仍会发生电网大面积污闪或局部点、段区域的污闪跳闸事故。

国家电网防污闪专家组在 2002 年进一步提出：电网外绝缘配置应实行"绝缘到位，留有裕度，不依赖清扫"的原则。同时国家电力公司发输部以电输[2002]168 号发文《关于开展'用饱和盐密修订电网污区分布图'工作的通知》（注称为"累积盐密"更合适），它的实质是要重新规范电网污区图的划分、绘制原则，即要求在线路运行绝缘子累积 3 ～ 5 年污秽后，再清洗检测其附盐密值，Q/GDW 152 —2006 也重申了绝缘子串要带电连续运行 3 ～ 5 年积污后，再检测其表面等值盐密和灰密（灰密对污闪影响很大，有时实测的盐密值不高，但其中的灰密值较大，也造成线路污闪跳闸），以该"饱和盐密"为依据，划分、绘制本地区电网的污区图，使新建、改建线路按"饱和盐密"划分的污秽等级进行外绝缘配置和调整运行线路的绝缘爬距，最终目标是达到运行线路绝缘子的少清扫和不清扫，在实现电力企业"减人增效"目标的同时，杜绝电网大面积污闪事故的发生，使输电线路的"基建投资"和"运行成本"都能达到"最佳"综合经济效益。特别是要杜绝基建时为降低投资而节约绝缘子费用（其实绝缘子造价只占线路本体投资的 3%～ 5%），投运后运行单位马上申请绝缘子改造的怪圈。

二、附盐密值的检测要求及方法

架空线路外绝缘（即绝缘子串）有承受机械荷载和电气性能两方面。针对电气方面，它承受两个指标：一为过电压（雷害和操作过电压），$U_{50\%}$体现了空气间隙击穿电压值，以空气间隙考核；二为污耐压，我国以爬电距离法考虑，结合绝缘子片上的污秽物的量。电力系统对污秽度的测试主要采用等值附盐密度法，即附盐密值法。

盐密是表征外绝缘表面上污秽物质的等值附盐密度的一种参量，它反映绝缘子在运行环境污秽程度。即将运行中已积累有污秽物的绝缘子，用一定量的蒸馏水清洗干净，使污物溶解在水中，得到的悬浮液搅拌均匀后测其导电率和溶液温度，将检测该溶液温度时的导电率换算到 20℃ 的值，根据 20℃的导电率查出盐量浓度，计算出等值盐密。

等值附盐密度值是不论污秽物的成分如何，经过规定的测量方法，将污秽物中导电成分的作用换算成能起到同样导电效果的氯化钠值，它是一个定量参数。而等值附盐密度则表示每平方厘米绝缘子表面积上有多少毫克单位的盐密。

根据电网防污闪的要求，目前运行线路的外绝缘已基本按颁布的电网污区图配置，因此要输电线路安全运行，又不要盲目地安排线路停电清扫绝缘子串工作，即应以在运行线路实测绝缘子串盐密值来指导绝缘子串的清扫周期，所以检测绝缘子附盐密值的工作就显得很重要，在检测盐密时要注意以下几点：

（一）管理要求

（1）线路运行、检修单位应成立防污闪领导小组负责防污闪工作，成立专业附盐密测量小组，测量小组工作人员相对固定，由专业技术人员全面负责附盐密测量工作的技术培训和数据整理、统计工作。附盐密测量小组接受防污闪领导小组的管理和监督。

（2）各市（县）电力公司生技部门应根据以下（三）、（四）、（五）点要求和本单位附盐密测量实际，制定附盐密值测量工作指导书，规范线路运行、检修单位的附盐密测量工作。

（二）附盐密测量点的选择

（1）各市（县）电力公司生技部门应协同线路运行、检修单位结合架空送电线路实际所经地段的污秽等级、污染源分布情况和污染源有效附盐密成分、各无机导电离子数值、各类绝缘子年度最大附盐密值、饱和（累积）附盐密值、自洁性能、绝缘子有效爬电距离或耐污电压曲线和积污规律、速率等情况，按照电瓷防污闪有关规定进行科学、合理的选择附盐密监测点。

（2）架空送电线路在城市、郊区等污秽较严重的地区，一般以每 5 ～ 10km 选择一个附盐密监测点，在远离城镇的农田、山丘、高山地区，一般可根据线路实际情况在每 10 ～ 40km 范围内选择一个附盐密监测点。附盐密监测点的选择要能够反映该段的污源状况，具有一定的代表性。

（3）污秽成分复杂的地段或严重污秽点附近，应适当增加监测点。

（4）根据线路绝缘子监测点的附盐密测量结果，线路运行、检修单位生产技术部门可对附盐密监测点进行适当的调整，但总体上应保持附盐密监测点的稳定。

（三）附盐密测量采用的绝缘子串

（1）附盐密值测量的采样绝缘子宜为带电运行绝缘子，若采样绝缘子为不带电悬挂绝缘子串（每串不宜小于 5 片）时，则测量结果应换算到带电运行绝缘子的附盐密值，换算系数可根据本单位带电和不带电绝缘子的附盐密测量结果对比、统计分析后确定，在没有取得本单位换算系数前，不带电悬挂的绝缘子测量附盐密值换算到带电运行绝缘子测量附盐密值的换算系数一般可取 1.25 ~ 1.4 之间。Q/GDW 152—2006 第 3.10 带电系数：同型式绝缘子带电所测 ESDD/NSDD（SES）值与非带电所测 ESDD/NSDD（SES）值之比，K_1 一般为 1.1 ~ 1.5。

（2）若选择的附盐密测量点线路杆塔上已安装为复合绝缘子时，线路运行、检修单位应将采样绝缘子调整为相应泄漏比距的钢化玻璃绝缘子或盘形瓷绝缘子。

（3）按 Q/GDW 152—2006 进行灰密值的计算。

（四）附盐密测量的技术要求

1. 测量仪器

附盐密测量应采用数字式电导仪，测量仪器及电极应每年定期校核，专人保管。

2. 测量前的准备

（1）测量工具、烧杯、量筒、毛刷、卡口托盘、脸盆，工作人员的手都应在每次测量前清洗干净。

（2）测量前应准备好足够的纯净水，清洗绝缘子用水量为 $0.2mL/cm^2$，具体用水量按绝缘子表面积正比例换算，但不应小于 100mL。

（3）滤纸、天平、干燥器或干燥箱（检测灰密用）。

3. 测量程序

（1）测量附盐密点绝缘子时，按规定上端第二片，中部选一片，下端第二片共 3 片（如 220kV 线路的 A 相第二、第七、第十二）分别测量计算，混合后再测量计算一次（110kV 选上二、下二共两片，35kV 选中间一片）。

（2）附盐密值测量的清洗范围：除钢脚及不易清扫的最里面一圈瓷裙以外的全部瓷表面。如图 GYSD00804001-1 和图 GYSD00804001-2 所示。

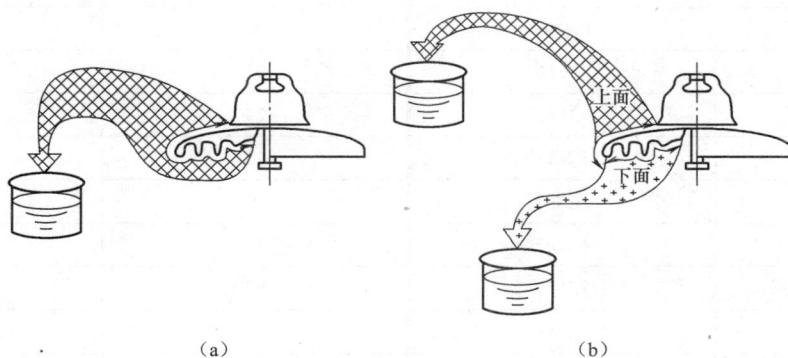

图 GYSD00804001-1　附盐密值清洗的两种方式

（a）上、下表面的污秽清洗混在一起计量；　（b）上、下表面的污秽分别清洗和计量

图 GYSD00804001-2　错误清洗法：最内圈及钢脚的污秽未剔除

（3）对过滤纸称重后，将检测后的等值盐密污水用过滤纸过滤，再将过滤纸和残渣一起烘干后称重。

4. 测量数据的处理

（1）污液电导率换算成等值附盐密值可参照原国家电力公司防污闪专业《污液电导率换算成绝缘子串等值附盐密的计算方法》中确定的方法进行。换算后的附盐密测量值应进行初步分析，剔除错误的数据后纳入计算机管理。

（2）对重污源点绝缘子，附盐密测量时，可将测得的积污水样送试验单位作理化、物相分析，查清污液中各无机导电离子的成分和浓度，使污区划分、管理更科学。

（五）污液电导率换算成绝缘子串等值附盐密的计算方法

1. 不同电导率换算成 20℃ 的电导率

将温度为 t（℃）时的污秽绝缘子清洗液电导率换算至温度为 20℃ 的电导率换算公式

$$\sigma_{20} = K_t \sigma_t \qquad \text{（GYSD00804001-1）}$$

式中　σ_t——温度为 t（℃）的电导率，单位为微西（门子）每厘米（μS/cm）；

　　　σ_{20}——温度为 20℃ 的电导率，单位为微西（门子）每厘米（μS/cm）；

　　　K_t——温度换算系数，数值见表 GYSD00804001-2。

表 GYSD00804001-2　　　　　　　　　污秽绝缘子清洗液电导率温度换算系数表

污秽绝缘子清洗液温度（t）℃	温度换算系数（K_t）	污秽绝缘子清洗液温度（t）℃	温度换算系数（K_t）
1	1.6551[*]	16	1.0997
2	1.6046[*]	17	1.0732
3	1.5596[*]	18	1.0477
4	1.5158[*]	19	1.0233
5	1.4734[*]	20	1.0000
6	1.4323[*]	21	0.9776
7	1.3926[*]	22	0.9559
8	1.3544[*]	23	0.9350
9	1.3174[*]	24	0.9149
10	1.2817	25	0.8954
11	1.2487	26	0.8768
12	1.2167	27	0.8588
13	1.1859	28	0.8416
14	1.1561	29	0.8252
15	1.1274	30	0.8095

注　本表换算系数根据 IEC507：1991 插值得出。

* 　与原水电部（83）23 号文件有差异，最大为 1.9%。

2. 20℃ 的电导率换算成等值附盐密

（1）20℃ 的电导率换算成盐量浓度。根据 20℃ 时的电导率 σ_{20}，通过查表 GYSD00804001-3 或线性插值计算出盐量浓度 S_a，线性插值法计算方法是根据换算得到的电导率 σ_{20}，在表 GYSD00804001-2 中找到一个大于 σ_{20} 且与 σ_{20} 差最小的电导率，记为 σ_{20s}，查得其对应的盐量浓度 S_{as}；相应地在表 GYSD00804001-2 中找到一个小于 σ_{20} 且与 σ_{20} 差的绝对值最小的电导率，记为 σ_{20x}，查得其对应的盐量浓度 S_{ax} 后按式（GYSD00804001-2）计算

$$S_a = \frac{S_{as} + K S_{ax}}{1 + K} \qquad \text{（GYSD00804001-2）}$$

式中 S_a——20℃的电导率换算成的盐量浓度，单位为毫克每毫升（mg/mL）。

$$K = \frac{\sigma_{20S} - \sigma_{20}}{\sigma_{20} - \sigma_{20x}} \quad \text{（GYSD00804001-3）}$$

表 GYSD00804001-3　　污秽绝缘子清洗液 20℃时电导率与盐量浓度的关系

盐量浓度（S_a）mg/mL	20℃时溶液电导率（σ_{20}）μS/cm	盐量浓度（S_a）mg/mL	20℃时溶液电导率（σ_{20}）μS/cm
2240	202600	1.5	2601
160	167300	1.0	1754
112	130100	0.90	1584
80	100800	0.80	1413
56	75630	0.70	1241
40	55940	0.60	1068
28	40970	0.50	895
20	29860	0.40	721
14	21690	0.30	545
10	15910	0.20	368
7.0	11520	0.10	188
5.0	8327	0.08	151
3.5	6000	0.06	114
2.5	4340	0.05	96
2.0	3439	0.04	77

注　本表与原水电部（83）23 号文的附表 2 略有不同。

（2）盐量浓度换算成等值附盐密。盐浓度按式（GYSD00804001-4）计算得出等值附盐密

$$S_{DD} = \frac{S_a V}{A} \quad \text{（GYSD00804001-4）}$$

式中　S_{DD}——等值附盐密，单位为毫克每平方厘米，mg/cm^2；

　　　S_a——盐量浓度，单位为毫克每毫升，mg/mL；

　　　V——溶液体积，单位毫升，mL；

　　　A——清洗表面的面积，单位为平方厘米，cm^2。

绝缘子的表面积可通过绝缘子生产厂家提供的技术资料中查得。

【思考与练习】

1．为什么要求按运行累积 3～5 年后的附盐密值作为绘制电网污区图的依据？

2．为什么按爬电比距法配置的线路外绝缘，还会经常发生污闪事故？

3．什么叫盐密值？什么叫等值附盐密值？

4．测量盘形绝缘子盐密时，是否将伞盘上所有污秽都清洗下检测？

5．简述盐密监测点的选择原则。

6．污秽绝缘子清洗下的污液为什么要换算成 20℃时的溶液电导率？

模块 2　运行绝缘子附盐密值的测量（GYSD00804002）

【模块描述】本模块包含绝缘子附盐密值的测试情况、绝缘子累积（饱和）盐密的分析和判断、绝缘子表面泄漏电流监测。通过知识讲解、定性分析、图表对比、图形举例，掌握绝缘子附盐密值的测试情况、绝缘子累积（饱和）盐密的分析和判断、绝缘子表面泄漏电流监测方法。

【正文】

GB/T 16434—1996《高压架空线路和发电厂、变电所环境污区分级及外绝缘选择标准》采用等值

盐密来划分电网污秽等级。作为我国电网用来划分污区等级的三大依据之一，等值附盐密度（mg/cm²）是用绝缘子表面清洗下来的溶液电导率相等的氯化钠的总数除以绝缘子表面积来表示的。

Q/GDW 152—2006《电力系统污区分级与外绝缘选择标准》明确提出：划分电网污秽等级应采用现场污秽度，它包括等值盐密度和灰密两个参数。同时明确等值盐密的检测应从累积运行 3 ~ 5 年绝缘子串上清洗检测得到，再将污液过滤收取经烤箱烘干检测灰密量。

早期盐密监测点多采用悬挂不带电串绝缘子，为解决盐密监控点不带电悬挂绝缘子上清洗检测的盐密值与带电运行累积盐密值间存在的换算系数不一（如 1.25 ~ 1.4、1.3 ~ 2.0 和 1.1 ~ 1.5）的问题，运行单位应根据 Q/GDW 152—2006 的要求，以带电运行且连续积累的盐密值绝缘子串作为盐密监测点，真正以实际清洗的绝缘子附盐密值来指导该线路外绝缘的停电清扫和制作电网污区图的依据。

一、运行线路上的等值附盐密度检测方法和要求

为确保累积附盐密值检测结果的科学性、可比性、准确性，运行单位必须从人、机、料、法、环等方面对附盐密检测过程进行严格控制。应成立有专职工程技术人员负责的盐密检测小组，每个测试小组应固定盐密检测清洗员工，明确检测盐密值必须以实际运行绝缘子串上实测的累积附盐密值为准。清洗方法应按国家防污闪检测盐密值的标准要求，对全体检测员工进行专业培训，编制翔实的检测工艺流程，对水量、检测人员、工具、方法、记录等进行严格的控制，确保监测过程受控。为解决以往每次停电检修中，需将绝缘子串放落地面进行盐密值检测的问题，可专门定制杆塔上检测绝缘子盐密的清洗工具，结合统一购置新型数字式直读电导仪，可大幅度减轻作业员工高空作业的劳动强度和提高盐密值的精度。

为检测到真正积累多年积污盐密数据，运行单位对盐密监测点的绝缘子应不进行清扫，在每年线路停电检修时或雾季前采用带电方式清洗检测盐密。在每次清洗检测收集这类监测点盐密值时，应按预先规定的绝缘子相位、清洗片数、位置、流程进行检测，即要检测多年累积盐密值，同时也应检测当年度盐密值。

如 500kV 盐密监测点，第一年清洗某塔号 A 相横担数下第二片，导线上数第二片，中间取第十一或十二片，三片污秽水样分别检测、记录；三片污秽水样混合后再检测记录，得出第一年的附盐密值。

第二年检测 B 相同样位置的绝缘子，得到该盐密监测点累计二周年的附盐密值。同时将 A 相上年清洗过三片重新清洗检测，得到本年度绝缘子在该停电周期内的结污值。

第三年清洗 C 相相同位置的三片绝缘子，得到累计三周年的附盐密值。同理将 B 相三片重新清洗，得到本年度绝缘子在该停电周期内的结污值。

第四年重回 A 相尚未检测过的绝缘子（如 A 相横担下数第三、第十二或三片、导线上数第三片），第五年 B 相，以此类推，从而得到每一年度的结污量和连续积污二周年、三周年、四周年、五周年……的累积污量。

二、在运行线路上检测累积 3~5 年盐密值的方法

为确保污区图符合电网的实际情况，运行单位必须从运行线路上设定盐密监测点，以在带电运行 3~5 年累积盐密后，清洗检测得出真正的附盐密值，以它来划分制定电网污秽等级图。由于检测运行线路绝缘子串需停电，因此运行单位可采用带电方式将绝缘子串摘开放至地面清洗检测，也可采用停电方式高空清洗检测盐密，如图 GYSD00804002-1 和图 GYSD00804002-2 所示。

三、重污秽点附盐密值的理化分析

由于送电线路外绝缘（绝缘子串）处在大自然中，各地的环境污染程度、性质不尽相同，即使运行线路上绝缘子串上检测的盐密值相等，其污秽物中的各种导电无机元素的含量也不相同，因此有条件时，可对清洗下的污秽物进行理化分析其成分和离子量。

可溶性盐的化学分析可用等值盐密测量后的溶液，采用离子交换色谱仪（IC）、感应耦合等离子体光发射光谱分析仪等进行，或委托给专业检测机构进行。某运行单位通过 72 个月的连续检测（盐密监测点的绝缘子串连续运行 6 年多未清扫）附盐密值外送试验单位进行理化成分分析，结果负离子 SO_4^{2-}（硫酸根）摩尔浓度占可溶性盐总量的 25% ~ 40% 之间，正离子 Ca^{2+}（钙）摩尔浓度占 30% ~ 40% 左右，其他正离子和负离子含量都较小，基本在 4% ~ 1% 间，个别导电离子连 1% 都不到，这主要还是

看各地的污染源情况而定。

图 GYSD00804002-1　停电线路高空清洗盐密和革新制作的高空盐密清洗工具

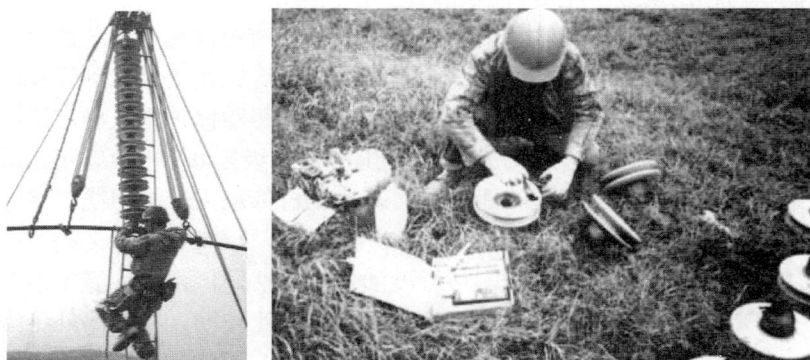

图 GYSD00804002-2　带电作业方式将绝缘子串放至地面清洗检测盐密

四、灰密值检测

灰密（mg/cm²）是指绝缘子单位绝缘表面上清洗的非可溶残留物总量除以表面积。

按照 Q/GDW 152—2006 中有关检测灰密的要求，各运行单位在检测盐密监测点检测附盐密值的同时，应按 Q/GDW 152—2006 中规定的方法检测出灰密值，按累积附盐密值和灰密值来划分和滚动修正电网污秽等级图。

五、连续运行积污 6 年的实测绝缘子附盐密值的分析

某单位对一条 500kV 线路，按沿线污秽点和每 5～10km 设立一个污秽盐密监测点原则，共设立了 10 个盐密污秽监测点（线路全长约 72km），在连续 66 个月的运行积污情况下，共停电、带电进行了 8 次盐密值实测。从其中 8 基盐密检测点的盐密数据分析可见，该线路不论经过Ⅰ或Ⅱ级污秽区，其积污规律变化不大，且经过 66 个月运行累积后采集的附盐密值，绝大部分相对应污秽等级仍未超过线路设计泄漏比距，连续运行积污的线路也未发生污闪跳闸。从该线的盐密实测数据及该单位在 1600 多千米 110kV 及以上线路 188 个盐密测试点上连续多年检测的累积盐密数据分析可得出：

（1）每次停电清洗的 12～14 个月的积污量（每年）基本一致。

（2）经过 66 个月的连续积污盐密值及数据分析，可判定该线 246 号杆塔绝缘子的饱和盐密值在 0.30mg/cm² 左右，141 号、183 号、218 号、257 号杆塔绝缘子串的饱和盐密值在 0.25mg/cm² 左右，295 号在 0.20mg/cm² 左右，159 号在 0.15mg/cm² 左右，即绝缘子积污到一定量时，其积污量基本达到饱和或保持稳态现状。

（3）72km 线路连续运行 66 个月后，10 个盐密点所测累积附盐密值所对应的绝缘比距仍未超过该线路外绝缘的设计泄漏比距。

（4）到 2003 年 10 月止，从 5 年多的 110～500kV 的盐密测试中发现，横担侧第二片与导线侧第二片积污量基本相近，而中间 12～13（或 5～6）片的积污量普遍比两头小 10%～20%左右（即污秽累积量与绝缘子串每片电场强度成正比）。

（5）从 500kV 线路不同盐密点测试连续积污 43 个月（52 个月、66 个月）的 25 份附盐密污液的理化试验分析报告可见，所经地域 pH 值大部分呈现弱酸性，SO_4^{2-}（硫酸根）占可溶性盐总量的 50%～60%之间，Ca^{2+}（钙）为 25%左右，其余 Na^+（钠）、K^+（钾）、Mg^{2+}（镁）、Cl^-（氯）、NO_3^-（硝酸）、Zn^{2+}（锌）等都较小，其灰密与盐密比值在 4～7 之间。

（6）盐密清洗和测量方法及测量仪器对盐密测量值影响较大。从 2001 年起（36 个月），该单位统一购置意大利产 test240 型电导仪（直读法），再加上通过两年多的检测，盐密测量人员的技术水平有所提高，测量方法更统一规范，此后检测的各电压等级附盐密值数据比较稳定。

（7）盐密清洗测量季节对检测盐密值有较大影响。从 8 基盐密监测点检测的盐密值数据趋势图中可看出，39 个月累积盐密比 43 个月高，其原因是 39 个月为 2001 年 3 月份的测量值，43 个月是 2001 年 7 月份的测量值，3 月份为冬末春初，测量前干旱少雨，绝缘子表面污秽累积比较严重，经过 5～6 月份南方梅雨季节的风、雨等冲刷，绝缘子表面的污秽物有所减少，造成 7 月份检测的盐密值降低。可见雨水冲刷对降低积污作用明显（主要冲刷上表面）。

通过上述实测分析，运行线路中绝缘子的污秽程度随着时间的延长而逐渐饱和（一般认为饱和值时限为 5～7 年），若在基本达到饱和值后，其盐密值对应的绝缘比距仍未达到设计比距，可按如下原则确定无需进行清扫：在 2.5cm/kV 及以下污区等级时，以 0.9 爬距修正系数确定绝缘子串的有效爬电距离大于饱和盐密值对应的爬电比距；2.8cm/kV 及以上污秽等级按 0.8 爬距修正系数确定绝缘子串的有效爬电距离大于饱和盐密值对应的爬电比距后，可基本不再依赖人工清扫线路绝缘子串。

六、等值附盐密度与污闪关系分析

虽然绝缘子附盐密值是目前表达绝缘子污秽程度的通用方法，但由于绝缘子串上的污秽物成分十分复杂，不一定以 NaCl 为主要成分。不少地区测得的盐密值比较高，在线路外绝缘并未相应提高绝缘配置的情况下，未发生污闪事故，分析原因是污秽物中的 $CaSO_4$ 含量高，实验表明在附盐密值相同情况下 $CaSO_4$ 污层比 NaCl 污层的污闪电压高许多。而有些地方测得的盐密值不高，但线路仍会发生污闪，如天广直流 73 号塔，实测的盐密值较低，但由于其污秽不溶物（灰密）中含有较多的导电微粒，仍发生了污闪跳闸。因此不同成分的污秽物盐密值应与 NaCl 在污闪特性上对应，而不仅仅是电导率的相等对应。这就需要国家级试验研究院在对污秽物成份分析的基础上，进行系统的人工污秽试验，找出不同成分与 NaCl 的对应关系，确定真正的附盐密值，或参照其他国家那样，采用通过长串人工污秽试验耐受电压值（或运行线路上累积运行数年的绝缘子串进行污耐压试验），考虑标准偏差修订后确定相关电压等级及污秽等级的绝缘子串片数。即要求相关试验研究院按不同污秽等级的污秽量，进行相应电压等级的长串绝缘子人工污秽试验，以长串污耐压值来配置新建线路的外绝缘，彻底解决输电线路的污闪事故，确保输电线路不再依赖人工清扫污秽绝缘子串来维护外绝缘水平。

七、绝缘子串污闪放电与泄漏电流值的对应关系

一般认为，线路绝缘子串之所以会污闪跳闸，原因是运行的绝缘子串处在大自然环境和强电磁场中，会将大气中的污秽物、导电离子吸收敷着在伞盘上，当污秽物积累到一定程度时，在湿度大于 90% 以上天气时，绝缘子上的污秽物被充分潮湿，绝缘子串上的泄漏电流逐渐增大，增大的泄漏电流又会烘干绝缘子上的污秽层（电阻增大），泄漏电流渐小，而潮湿的空气又快速湿润污秽层，这样不断地循环，而污秽烘干阶段明显滞后于充分潮湿阶段，致使泄漏电流脉冲速度快速上升，电流值也快速增加。当脉冲次数、泄漏电流值达到一定量时，沿绝缘子串通道形成，线路即发生污闪跳闸。泄漏电流与污闪放电形成原理如下：

（1）根据 F．奥本诺斯（Obenuns）提出的污闪的物理模型及有关研究试验结论可知，闪络前半个周波的泄漏电流最大（I_{CR}），即流过绝缘子泄漏电流脉冲的最大值表征了该绝缘子接近闪络的程度。因此在一定时间内和一定运行电压下，记录下高压输电线路绝缘子上的泄漏电流波的快速脉冲次数和最高峰值（I_L）有着现实意义。

（2）理论和大量实验室人工污秽试验表明，在一定的运行电压下，I_L 随着污秽度的增大而增

加；同样在污秽度不变时，I_L 又随施加电压的升高而增大。这两种情况下，I_L 都是逐渐增加，一直增加到前半个周波的泄漏电流最大（I_{CR}）值时，污秽绝缘子发生闪络。由于 I_L 值大小不仅仅与污秽状况有关，还与绝缘子污秽物受潮情况、环境情况、绝缘子爬距性能等相关，使得 I_L 分散性很大。同理，I_{CR} 也是多要素相关变量，没有一个唯一通用的确定值。但是，大量的实验室实验数据表明，运行绝缘子受潮至饱和的过程中，各个不同阶段放电有不同的典型表现，且各典型放电现象与一定幅值范围的 I_L 相对应，清华大学模拟 110kV 线路实验室研究结果见表 GYSD00804002-1 和表 GYSD00804002-2。

表 GYSD00804002-1　　　　　　XP-7 型绝缘子放电现象与 I_L 的对应关系

放电阶段	I_L（mA）	放 电 特 征
1	<2	无明显放电现象
2	5	紫火星，淡紫丝状放电，微声
3	10～20	紫色刷状放电，黄、白小火星
4	50	橘黄色短电弧，脉冲密集，放电持续，声响大
5	70～100	脉冲频率降低，1/3 泄距
6～7	200～400	脉冲间隔长，明亮橘红色主电弧，沟槽内密集小电弧
	400～900	强烈放电，几乎贯通泄距，仍能耐受
8	900～1500	红色电弧，随时可能发生闪络

表 GYSD00804002-2　　　　　　XWP-7 型绝缘子放电现象与 I_L 的对应关系

I_L（mA）	放 电 特 征	I_L（mA）	放 电 特 征
<2	无明显放电现象	80～120	主电弧，闪腰密布黄短电弧，1/3 泄距
10	淡紫丝状放电，微声	200～400	明亮橘红色主电弧，间隔器平静
30～40	紫色刷状放电，黄色短电弧	400～900	主电弧几乎达闪沿，闪腰圆周密布短小橘黄色电弧
50～70	密集、持续橘黄色短电弧，脉冲密集，声响大	900～1500	红色电弧，随时可能发生闪络

清华大学模拟 110kV XP-7、XWP-7 发生闪络的泄漏电流峰值（脉冲峰值）在 900～1500mA 之间。某制造泄漏电流监视仪的公司的试验报告（报告编号：LD0206001）也指出，在模拟 110kV 线路上，不同类型、不同盐密的绝缘子闪络电流值无明显变化，基本上在 800mA 左右范围。

八、目前在运行线路上的泄漏电流监视仪分析

因绝缘子串存在着电容和杂散电容，运行中不断有微小电流沿绝缘子串流向横担接地，绝缘子电阻值很大，因此横担侧绝缘子上流过的泄漏电流很小，几乎是微安级到毫安级。平时悬挂在运行线路上的泄漏电流监控仪，正常运行时，流过横担侧第一片绝缘子上的泄漏电流约为微安级，在湿度较大的天气（如湿度大于 90%时），流过（即流入就可以计）绝缘子上的稳态泄漏电流约 2～10mA，由于输电线路均在野外，许多安装在杆塔上的监控仪基本采用公用通信网（移动、联通）的短信向运行单位报警，也可将安装在杆塔上的监视仪的检测数据转换成信号，通过架设在输电线路上方的架空 OPGW 光缆耐张塔处的接线盒传输回来。

目前众多的绝缘子泄漏电流监视仪产品其检测泄漏电流仪器是安装在运行线路绝缘子串横担侧第二片上，在天气潮湿情况下，提供的是稳态泄漏电流值（即 10mA 以下）作为报警值，这只是绝缘子在电场中的正常电气功能。而当空气湿度达到 95%以上时，绝缘子串上的污秽物充分潮湿，泄漏电流快速增加，在大电流下污秽物被烘干，电阻增加，泄漏电流减少，大雾又潮湿绝缘子上的污秽物，反复循环脉冲电流不断增大，直至贯通绝缘子串而污闪跳闸。因此若检测泄漏电流装置安装在导线侧的绝缘子上，可检测到数十至上百毫安的电流值，此时报警才真正可指导线路防止污闪事故。即目前挂网运行的绝缘子泄漏电流监视仪无法检测到脉冲电流值和脉冲数值，原因是安装在横担侧，若真检测到数百 mA 泄漏电流时，线路已经污闪跳闸了。

【思考与练习】

1. 如何从人、机、料、法、环等方面对附盐密检测过程进行控制？
2. 为什么要从运行线路且连续积污的绝缘子串上清洗检测附盐密值？
3. 不带电悬挂绝缘子串上清洗检测的盐密值与带电运行累积串上的盐密值有何差距？
4. 重污区检测出盐密值后，为什么还要求将污液外送试验所做导电参数分析？
5. 为什么说目前的绝缘子串泄漏电流监测仪对线路污秽量和污闪跳闸无效果？

第二十七章　设备状态检修原则和方法

模块 1　热红外成像测温及接地电阻测量（GYSD00805001）

【**模块描述**】本模块包含红外测温和红外诊断的基本原理及应用情况、以测温方式核查导线连接器的紧固情况、状态热红外测温管理、杆塔接地装置检测接地电阻。通过知识讲解、图形举例、定性分析，掌握红外测温和红外诊断的基本原理及应用情况、以测温方式核查导线连接器的紧固情况、状态热红外测温管理、杆塔接地装置检测接地电阻方法。

【**正文**】

随着输电线路外绝缘配置的"绝缘到位、留有裕度、不依赖清扫"的防污闪理念的不断深入，输电线路停电检修工作量最大的绝缘子串清扫作业越来越少，因此要求输电线路提高设备可用率，按设备的状态进行停电检修，只有导线耐张跳线连接点的检查紧固需作线路停电处理。因此掌握这类设备的健康状况，是减少线路停电的有效措施之一。

一、红外检测导线接点发热原理及测量应用

原电力工业部 1979 年版《架空送电线路运行规程》第 17 条规定：预防性检查、试验项目规定铝并沟线夹每年检查一次；第 33 条的维护、检修标准项目为并沟线夹每年一次紧螺栓。

随着电网电压等级的提高，输电线路输送负荷也成倍增加，导线截面越来越大，跳线连接金具也从原螺栓型过渡为液压型（一般 LGJ-240 以下导线跳线连接采用并沟线夹）。修订后的 DL/T 741—2001《架空送电线路运行规程》对导线连接点的检测和检修维护，增加了压接型跳线引流板的测试，第 6 条检测：表 3 "检测项目与周期"中：导线直线接续金具每 4 年 1 次在线路负荷较大时抽测，并沟线夹、跳线连接板、压接式耐张线夹每年在线路负荷较大时抽测。

早期判断变电站连接点发热，多采用贴试温片（不同发热温度有不同颜色区别），架空线路处在野外，各耐张的跳线连接点分散，不可能采用试温片方式判定发热隐患，根据《线路运行规程》条文的理解，要得到运行情况下的导线节点发热温度，只能采用不接触式方法进行检测，即原发电厂和后来变电站检测设备发热较成熟的红外测温方式。

（一）远红外测温法

自然界任何物体的温度高于绝对零度（−273.16K）时，都会发出红外线，比如冰块也会辐射红外线，不同的材料、不同的温度、不同的表面光度、不同的颜色等，所发出的红外辐射强度都不同。

红外线属电磁波，它的波长范围为 0.75 ~ 1000μm，在电磁波谱中所处位置在波谱的某一小段，而红外热成像仪的波长为其中的 2 ~ 13μm 段。如图 GYSD00805001-1 所示。

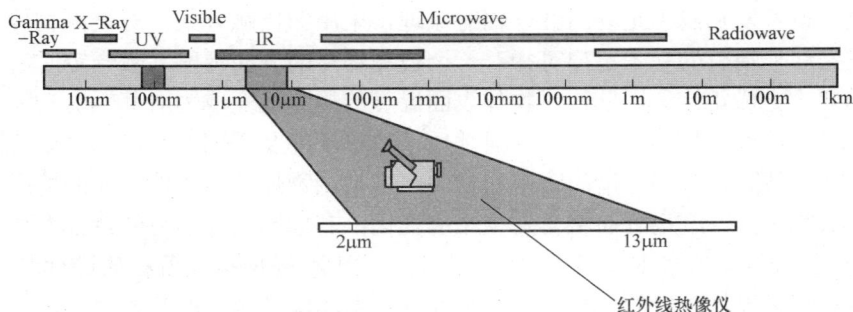

图 GYSD00805001-1　电磁波谱中的红外线波长范围

红外测温属遥感诊断技术，是一种安全、准确、高效地无线（不接触）检测技术，热量或热辐射是红外线的主要来源，物体的温度越高，发射（辐射出）的红外射线就越强。

为此人们研制出红外检测仪检测那些高速转动设备的发热温度值，如发电厂房内的发电机、汽轮机、电动机等不易停下的设备，以及变电设备如变压器、开关、电流互感器、电压互感器、跳线连接设备等通流连接接触不好容易出现发热隐患或缺陷。

红外诊断目前有 5 种判断法，即表面温度、相对温度、同类比较、热图像特征和历史分析判断法。

输电线路的连接金具多数为螺栓连接，属电流致热型设备，由于螺栓连接扭矩值的关系，在经过一段时间的运行后，总有些连接金具会出现超允许发热温度的运行隐患，如 DL/T 5092—1999《110～500kV 架空送电线路设计技术规程》第 7.0.2 条：验算导线允许载流量时，导线的允许温度：钢芯铝绞线和钢芯铝合金绞线可采用+ 70℃（大跨越可采用+ 90℃）；钢芯铝包钢绞线（包括铝包钢绞线）可采用+ 80℃（大跨越可采用+ 100℃）或经试验决定；镀锌钢绞线可采用+ 125℃。环境气温应采用最高气温月的最高平均气温；风速应采用 0.5m/s（大跨越采用 0.6m/s）；太阳辐射功率密度应采用 0.1W/cm^2。即运行线路的导线本身就允许其表面发热达到一定的温度。

输变电设备在运行中有两种发热状况：一种是因电流通过产生设备本体发热，即电流致热型，原因是连接点（面）接触电阻大或导体损伤断股致使通流截面积减小而发热。如导线（跳线、引线）设备线夹连接螺栓扭矩值不满足标准值、接触面上有杂质；隔离开关刀口弹簧压力不良、断路器的触头压指压接不良、电流互感器的螺杆接触不良、套管柱头内并线压接不良、电容器熔丝太小或熔丝接触不良等。当大电流通过时，因接触电阻大而发热，规程要求连接处发热点与相连导线正常表面温度的温差在导线连接 15K、设备连接 10K 内，属一般缺陷；输电线路节点（并沟线夹、跳线引流板、T 型线夹和设备线夹）发热温度大于 90℃或相对温差不小于 80%时为严重缺陷；输电线路节点发热温度大于 130℃或相对温差不小于 95%时为危急缺陷。

另一种是电压致热型电气设备，如电流互感器、电压互感器的绝缘油介质损耗大或局部放电大，铁芯（匝间）短路，耦合电容器的电容量变化，套管缺油或油（气）路堵塞，氧化锌避雷器阀片受潮，电缆终端受潮或内部介质受潮等。由于系统设备内部绝缘性能下降（介质损耗）或有局部放电现象，检测中的温差值各不相同，如氧化锌避雷器、电缆终端和绝缘子，其故障点温差在 0.5～1K 之间；电流互感器、电压互感器、耦合电容器、移相电容器、套管和充油套管等，其故障点温差一般在 2～3K之间，10kV 浇注式 TA、TV 的故障点温差在 4K 之间，上述设备温差达到规定的 K 值时，需停电处理。

20 世纪 80 年代我国发电厂引进了红外热像仪检测高速旋转设备发热情况，由于红外测温属不接触探测，检测速度快、图像直观、发热隐患判断准确，在室内检测设备发热温度值时环境、气候、背景状况影响很小，被检测的设备均在有效检测距离内，检测中可有效避免附加光源的影响，所以可以说红外检测仪是检测室内旋转、运动的设备和带电设备测量发热温度并判定温度异常隐患的理想仪器，采用它可减少带电、高速旋转设备的带病运行，目前已成为发电系统开展电气设备状态检测发热隐患的必备手段。实现了发电设备的"预知检修"，大幅度降低了上述设备的故障率，节省了人力、物力和财力，提高了设备的可靠性，"减人增效"目标效果显著。

（1）野外红外检测设备热辐射时的影响因数。

红外遥测电气设备发热隐患是利用红外辐射原理，采用非接触方式，对被测物体表面的温度进行观测和记录。根据红外辐射的基本定律可知：一个被测物体的表面辐射系数一定时，它的辐射功率与其绝对温度 T 的四次方成正比。因此，对物体表面温度的检测就变成为对其辐射功率的检测。物体的辐射功率与其材料、结构、尺寸、形状、表面性质、加热条件及周围的环境、气候、附加光源、检测距离及其内部是否有故障、缺陷等诸因素密切相关。当被测物体其他条件不变的情况下，仅仅产生了故障和缺陷，那么其表面温度场分布将会发生相应变化；若被测物体的材料特性发生异常，其表面的温度也相应改变，因而应用红外对设备发热温度进行检测后（还应按设备材质进行温度修正），可为分析被测目标的现有状态提供极好的信息。这就是红外测温和红外诊断的基本原理。

红外点射测温仪属检测表面温度的仪器，它将红外光束点发射在发热设备上，反射传回至测温仪器上，所检测的数值是该设备点射面上的温度。因此白天在室外采用红外点射方式检测悬空且离地远的小设备是十分困难的，如架空线路连接点悬挂高空，离地面十至上百米，地面检测人员无法看清红外射点是否已准确点射在设备上，晚上因天黑且导线连接点又在高空，检测人员肉眼查找高空连接点再手持测温仪准确将红外光束点射在设备上更显困难重重，所以红外点温仪适合在室内且短距离范围的测温仪器，测量得到的是设备该点的平均温度，即不宜在架空线路上使用红外点射枪检测连接设备发热隐患。

（2）红外辐射线在大气中传输衰减原因。

架空线路耐张跳线连接用并沟线夹、引流板等金具，其连接接触均采用螺栓拧紧方式，在输送电流时因螺栓扭矩未达到标准扭矩值或连接面有杂质会因接触电阻大而发热，发热设备辐射的热量需经过大气传输到地面检测的红外测温仪器上。高空设备连接节点发热辐射的红外发射率，在受到大气中水汽、二氧化碳、一氧化碳等气体分子吸收而衰减，也受空气中悬浮微粒的散射而衰减，其红外辐射率的衰减会随着红外检测仪与高空发热设备间距离的增加而增大。所以红外测温标准要求：红外检测野外电气设备发热隐患应在良好天气、避免背景光源和有效检测距离内进行。

（3）红外检测设备的热辐射值是多种设备辐射值的叠加。

红外测温将红外光束点射在需检测的设备上，反射回仪器的数值基本就是该设备的温度。而对于热成像仪扫描成像方式，其检测原理是物镜接收所测电气设备表面幅射的红外线和该物镜扫描范围内的光源、其他设备材料的辐射源（即扫描仪镜头内的所有物体、材料、光源等的叠加热辐射值），经光学系统汇聚，使物镜接收到红外能落在探测器焦平面上，经光电转换和电信号处理，在红外成像仪的取景器上得到一幅所检测连接设备的热图像。它属于该设备表面温度（红外热分布）对比图，可直观地找出并判定图像中的温度异常点。应注意的是，得到的发热温度值是经过衰减后的温度，而不是该设备的真正表面温度。红外扫描仪物镜检测到的红外线原理如图 GYSD00805001-2 所示。

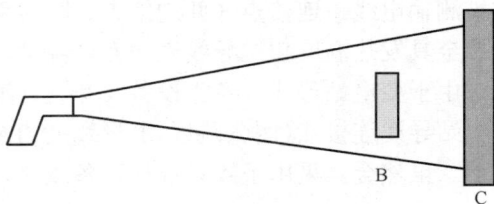

图 GYSD00805001-2　红外扫描仪检测原理

图 GYSD00805001-2 表明红外扫描仪在测量 B 设备时，仪器同时接收到的是来自 B 和 C 上的红外热辐射值。该点在室外对输变电设备红外测温时，必须要考虑设备后面的附加光源（变电站内照明光源、太阳光源等）。

采用红外测温原理的红外诊断仪器有多种多样，目前在我国电力行业中普遍应用的有 3 类，即最简便的为红外点温仪（手枪式红外光束点射）；中档水平的非制冷型焦平面热像仪；性能和价格都偏高的是热红外成像仪，热像仪又包括光机扫描型以及更先进的凝视焦平面热像仪两种。

目前红外诊断技术在世界范围内得到了广泛的应用，通过红外检测诊断，可预防高速转动设备或带电设备发热隐患引起的电气、机械事故及灾难性火灾，改变了设备维修管理体制，使其从预防性的，甚至是紧急状态下的抢修变成为预知性维修。我国发电系统引进了红外测温设备在发电企业生产实践中应用，效果很好。

（二）供电企业引进并制定室外红外检测技术标准

1. 制定及修订红外测温标准的有关内容

由于发电系统引进和采用红外检测高速旋转、转动摩擦设备、电气连接设备发热隐患效果良好，20 世纪末，由邯郸电业局、华北电试院、国家电力公司热工研究院和 4 家省级电试院一起起草了 DL/T 664—1999《带电设备红外诊断技术应用导则》，参照发电厂室内设备红外诊断经验，引入到变电站设备的发热测温。虽然变电站电气设备也处在室外，但众多设备安装在一定范围内，且地面平整，母线导线耐张跳线连接点、TA、TV 及开关、套管的离地距离均在 15m 以下，电流致热型设备的输送负荷又基本在 50%额定荷载以上，满足红外成像仪等测温仪器的有效空间分辨率范围。同时标准中有附录 A 中表 A1《电器中各零件材料的最高允许温度和温升》参数和表 A2《组合电器外壳的允许温升》参数、附录 D《关于风速的修正计算》方法和风速与表象描述、附录 E《常用材料发射率的参考值》等，虽然变电站设备处在室外，在检测中其设备的红外辐射率会受到检测距离、空气中的飘尘物等影响而有所减弱，但只要检测员工掌握在良好的天气下、晚上无日光（含照明）时，检测变电站内的电流致热型超允许发热温度和电压致热型设备发热有相对温差的设备隐患，其检测效果还是比较良好的。

1999 年版的《带电设备红外诊断技术应用导则》的基本要求如下：

第 4.1.3　对检测仪器的要求：……空间分辨率应满足实测距离的要求，具有较高的测量精确度和合适的测温范围。……

第 4.3　对测量环境的要求：……

第 4.3.2　空气湿度不宜大于 85%，不应在有雷、雨、雾、雪及风速超过 0.5m/s 的环境下进行检测……（1 级软风 0.3～1.5m/s，烟能示风向，风标不会转动）。

第 4.3.3　室外检测应在日出之前，日落之后或阴天进行。

第 4.3.4　室内检测宜闭灯，被测物应避免灯光直射。

DL/T 664—1999《红外诊断技术应用导则》将测温设备分 10 类：发电机，变压器，断路器，TV，TA，电缆，避雷器，电容器，绝缘子，其他设备如导线、母线、隔离开关等。附录 H 搜集提供的 40 幅设备发热红外检测照片，均为发电厂、变电站内的开关、闸刀、电缆头等连接点发热照片。1999 年版《带电设备红外诊断技术应用导则》检测的范围均为变电设备，未针对输电线路设备。

输电线路的导线也属电流致热型设备，规程规定在输送荷载时，允许导线发热温度为＋70℃，若长期超过允许温度或特高温度运行，会造成架空导线机械强度的损失，增加架空线路的风险度，因此在检测输电线路连接点（并沟线夹、跳线引流板）发热温度时，应注意导线与连接金具的相对温差或连接金具发热温度超过导线表面允许温度，以免增加检修工作量和减少线路可用率。

由于变电站母线、各类设备（开关、闸刀等）引线等输送荷载均超过额定电流的 50% 以上，因此变电站导线连接点（耐张跳线、T 形线夹、TA 引线等）均采用 4 只连接螺栓设备，如图 GYSD00805001-3 所示。虽然金具采用了 4 只螺栓设备线夹，但施工、检修单位在平时检修紧固中采用的是无数据概念的活动扳手，设备线夹螺栓是否拧紧凭个人经验，众多的电流致热型连接设备螺栓是否紧固合格，无法检查验收到位，致使部分设备线夹的连接螺栓扭矩值达不到标准扭矩，在运行中发生过热现象。

图 GYSD00805001-3　变电站母线跳线引流板和刀闸引线设备线夹均为 4 只螺栓

1999 年版《带电设备红外诊断技术应用导则》目前已被 DL/T 664－2008《带电设备红外诊断应用规范》替代，原红外测温规程仅针对变电设备，本次修订后扩大到输电线路导线跳线引流板测温，原规程明确在检测高空或远距离电气设备时，要求测温仪器的空间分辨率必须满足实测距离的规定，但没有提供空间分辨率如何计算有效检测距离的公式，本次修订中反而删除了仪器空间分辨率的规定，这对输电线路红外测温是很不利的，输电线路正常运行输送负荷一般为 30% 左右导线额定电流（$N-1$ 时约输送 70%），目前线路运行单位多数是在白天晴朗天气下，检测高达数十至上百米的导线直线接续管和耐张引流板。

2008 修订版《带电设备红外诊断应用规范》第 4.3.2 精确检测要求为：

a）风速一般不大于 0.5m/s。

b）……

c）检测期间天气为阴天、夜间或晴天日落 2h 后。

d）被检测设备周围应具有均衡的背景辐射，应尽量避开附近热辐射源的干扰，某些设备被检测时还应避开人体热源等的红外辐射。

第 4.4.1 便携式红外热像仪

能满足精确检测的要求，测量精度和测温范围满足现场测试要求，性能指标较高，具有较高的温度分辨率及空间分辨率……

第 4.4.3 线路适用型红外热像仪

满足红外热像仪的基本功能要求，配备有中、长焦距镜头，空间分辨率达到使用要求。温度分辨率不大于 0.1℃（30℃时）。

2. 红外检测变电设备效果良好

变电站的电气设备有电流致热型和电压致热型两种，电流致热型缺陷和隐患多数出现在各类设备连接点处，由于变电设备众多，各设备连接点的高度基本在 8～15m 间，同时变电设备线间距离小，靠作业人员停电紧固设备连接螺栓扭矩值的工作量巨大，也不可能全部采用停电紧固螺栓方式。针对变电设备集中在场地平坦且一定的区域范围和高度内，同时变电设备输送荷载基本在额定值的 50%以上，因此变电采用红外测温仪器检测设备连接点螺栓扭矩达不到要求而发热隐患效果良好，由于变电站采用红外检测发热隐患完全符合红外测温仪的使用条件（有效检测距离、避开附加光源、选择良好天气等），可晚上安排对电压、电流致热型设备红外测温工作。经过多年的检测应用，红外测温对变电设备检测设备内部、外部的电气连接点接触不良引发的发热隐患，效果明显，变电专业基本可做到此类设备按运行状态进行核查和消缺处理。

（三）输电线路采用红外测温工作的不利因素

1. 架空输电线路架设在野外

架空输电线路多数沿人员活动少的丘陵、山区架设，电流致热型连接设备数量少且分布分散，间隔数基杆塔或数千米，夜间进行红外测温检测困难，平时输电线路多数输送容量不足导线额定输送容量的 30%。

2. 红外测温仪检测设备发热时的有效检测距离

空间分辨率＝$\pi/180 \times$镜头度数/像素数。如美国的 ThremaCAMP65（或 P30）的分辨率：$3.14/180 \times 24° / 320 = 1.3$ mrd（空间分辨率为 1.3mrd），代表仪器可分辨出 10m 远的 13mm 目标，目前 500kV 线路的钢芯铝绞线基本为 LGJ-400/35，其导线接续管 JYD-400/35 型接续铝管的外径 ϕ45mm，则目前最好的红外测温热成像仪美国的 ThremaCAMP65（或 P30）仪器的有效检测距离为 $0.045/1/0.0013 = 34.6$m。按照 DL/T 664—1999 的要求，多数导线接续管或超高压线路的耐张跳线引流板节点的发热温度是无法用红外点射测温仪检测的。

DL/T 664－2008 附录 F 要求线路红外测温应采用长焦镜头不大于 0.7 mrd（毫弧度）的规定，采用长焦镜头检测 LGJ-400/35 有效检测距离为 $0.045/1/0.0007 = 64.3$m，即在输电线路上进行红外测温采用长焦镜头，其热红外成像仪也不满足超高压线路检测导线接续管的温度值（远超出有效检测距离）。

（四）导线连接设备

架空线路的导线是输送荷载的重要设备，按照规程，线路上红外测温主要是检测电流致热型连接点发热隐患，而钢芯铝绞线本身允许在输送额定最大荷载时，导线发热温度允许在 70℃，线路设计规程规定：导线直线接续管和耐张压接管以承受导线张力为主（即承受张力合格，导线输送荷载必然合格）；另一种是基本不承受导线张力的以通电流为主的耐张跳线连接用并沟线夹、引流板以及弥补导电铝截面损失而处理增加的补修条、补修管。

1. 导线直线接续管

线路设计的导线接续管，其设计原理是考虑以受力为主，GB 50233—2005《110～500kV 架空送电线路施工及验收规范》规定导线接续管的握着强度（荷载）是导线设计使用破断力的 95%以上。导线在输送荷载时，允许导线发热温度按 70℃控制。由于接续管的直径（截面积）比导线大，例如国家电网公司北京电力建设研究院在 2002 年为架空输电线路提高输送容量项目研究中，对导线压接管（直线接续管、耐张压接管）进行导线允许发热温度测量，结果是导线压接管的发热温度均比连接的导线本体低，其压接管的交流电阻约为等长导线电阻的 0.35～0.65 倍（同国外研究机构的检测数值类似）。在输送同样的电流下，因集肤效应原理，处在大自然空气对流中的导线接续管散热要比导线快得多。因此导线接续管不存在发热温度超过导线本身的现象，且历年运行中从未有导线接续管因接触电阻大发热熔断拔出掉线，所以不必也无法采用红外测温方式准确检测导线接续管的发热缺陷。

导线接续管多为液压型，按操作程序和配套模具压接，其综合破坏力肯定有保障，设计考虑接续管以机械拉力为主，在架线过程中还要承受"过牵引"考验。线路运行中发生过导线从接续管中拔出掉线的例子，最后分析原因基本为施工压接导线时，未按 SDJ 226—1987《架空送电线路导线及避雷线液压施工工艺规程》第 2.3.3 条要求，当钢管压接好后，压外层接续铝管时未将压好的钢管布置在铝管正中，使导线接续外管（铝管）一侧只压接 1/3～1/5 长度，造成在覆冰或大风（最大张力）情况下导线拔出掉线的。也就是说，导线接续管从未因接续管的接触电阻大发热而发生拔出掉线的事故。

输电线路的导线接续管离开地面基本为 30～40m，山区或大跨越线路更是高达上百米，按照红外检测仪器的检测原理和检测中天气、环境，以及有效检测距离（空间分辨率）和导线接续管主要承受机械荷载等原因，运行的线路导线接续管是不需要采用红外测温的，只需线路巡线员工用望远镜仔细观察导线接续管（补修管、补修条）两端的导线有否松股、铝股断头跳出、灯笼泡或导线抽头、位移现象。

国家电网公司 Q/GDW 168—2008《输变电设备状态检修试验规程》5.19.1.9：导线接点温度测量：500kV 及以上直线连接管、耐张引流夹 1 年测量一次。其他 3 年测量一次。接点温度可略高于导线温度，但不应超过 10℃。

输电线路几乎均沿人员活动较少的地域架设，每基耐张塔相隔几千米，按 DL/T 664—1999《带电设备红外诊断技术应用导则》测温仪器的要求，线路红外测温靠每天晚上去检测，无法完成规程的检测要求，超高压等级线路的耐张塔呼高基本在 40～70m 间，超出目前最好的红外测温热成像仪美国的 ThremaCAMP65（或 P30）及配置长焦镜头的有效检测距离，野外高空导线连接点有时可达数百米，导线接续管处的风速几乎都大于 0.5m/s，因此各运行单位按 DL/T 664—2008 的检测技术要求，由于超高压线路红外测温不满足测温仪器的要求，导致线路运行单位有时在做"无功"。

2. 导线耐张跳线并沟线夹、引流板和补修管、补修条

架空线路耐张跳线的连接导通设备，均不承受导线张力，只承受跳线本体自重，小牌号导线（LGJ-240mm 及以下）的耐张跳线一般采用并沟线夹以螺栓连接导通，大牌号导线采用液压耐张引流板以螺栓连接导通。此类连接设备在户外运行，工作环境差。在输送电流中，由于螺栓扭矩值未达到相应规格螺栓的标准扭矩值，或引流板未按两光面连接，连接面内未涂导电脂、夹有杂质（泥、沙、草等），以及连接设备接触面氧化衰变等，造成接触电阻大而引起导线、并沟线夹和跳线引流板等发热致使熔断。

输电线路导线磨损或断股会使输送截面积减少而造成损伤点处发热，同时，断股的铝股因导线制作时存在的绞力作用造成单铝股送开下挂，在导线损伤或断股处压接补修管或安装预绞式补修条，阻挡了铝股断头松出的可能。它一般不承受导线张力，增加了损伤处的通流截面，其集肤效应式电流输送通过大截面导体时通流效果更好，散热原理等同导线接续管。因此架空线路专业不需要对补修管或补修条处进行红外测温工作。

3. 耐张跳线引流板或小牌号导线的铝并沟线夹检测、维护紧固

架空输电线路耐张跳线连接（并沟线夹、引流板）均采用 2 只连接螺栓的设备线夹，加之线路耐张塔间隔距离较远，施工或检修中全凭员工个人的责任心。加之跳线连接处悬空连接，作业人员检修紧固时工作站位不便，线路工人普遍采用同样的 10 寸活动扳手，致使每个人紧固连接螺栓程度不一（即拧紧连接螺栓无数量级标准），容易发生并沟线夹、引流板等连接处接触电阻大而发热，甚至熔断。如图 GYSD00805001-4 所示。

红外测温成功例子是表面温度、相对温度和历史分析方法等均采用近距离、无附加光源等室内红外测温方式，且气象条件和大气环境又对检测设备实际发热温度的影响较大。输电线路的检测节点距离远，红外点射法检测该类连接设备发热困难，仪器又需在地面对空中扫描检测，检测设备后面的附加光源（太阳光）影响大，若采用夜间检测，导线接续管离地面几十米，每基耐张跳线引流板距离远，员工野外行走困难且站在塔

图 GYSD00805001-4　耐张管引流板为 2 只螺栓，未拧紧接触电阻大而发热熔断

下检测瞄准困难等，所以红外点射测温仪一般不适合架空输电线路上用。

红外热成像仪是将多个设备放在一幅图像中，调节增益至临界点，按图中各个设备的发热温度不同，仪器显示器上显示出的亮点色彩也不同，属同类比较判断法。由于检测时的天气、环境和测量距离的影响和红外辐射率的衰减，红外热成像仪上显示出的温度并不等于导线节点的实际发热温度，有时甚至差异很大，线路上采用远距离红外检测连接设备发热温度，并不是导线连接设备的实际温度，图中显示的是设备发热节点和邻近导体的温度对比参考值，架空线路红外测温可作为节点螺栓扭矩未拧紧的辅助判据，判定后的设备发热隐患可采用停电或带电作业方式用扭矩扳手检验跳线并沟线夹或引流板螺栓的紧固扭矩值。

检架空线路控制节点发热隐患，检修员工可采用扭矩扳手检测紧固导线跳线并沟线夹、引流板的连接螺栓，如图 GYSD00805001-5 和 GYSD00805001-6 所示。

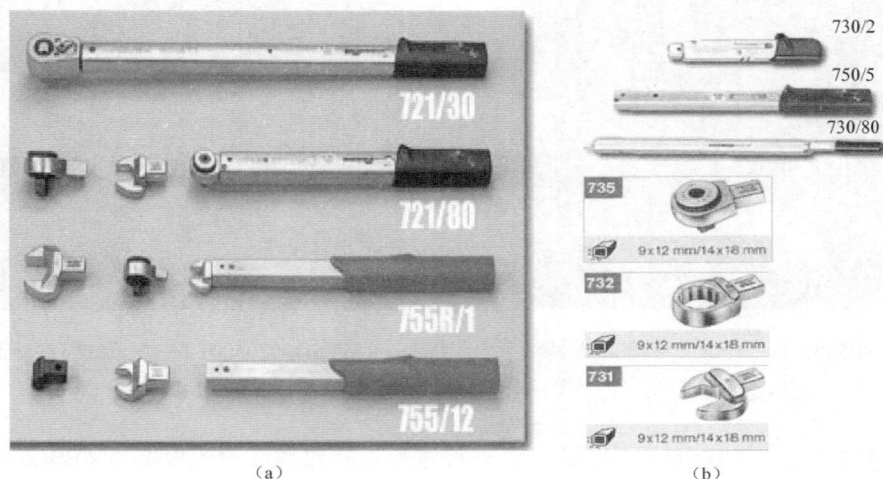

图 GYSD00805001-5　扳手
（a）替换式扭矩扳手；（b）快调式扭矩扳手

图 GYSD00805001-6　带扭矩刻度的扭矩扳手

在安装或检修中，按表 GYSD00805001-1 DL/T 765.1—2001《架空配电线路金具技术条件》中的标准扭矩值拧紧控制跳线引流板相应规格螺栓的扭矩值。

表 GYSD00805001-1　　　　螺栓型金具钢制热镀锌螺栓 4.8 级拧紧力矩值

螺栓直径 （mm）	8	10	12	14	16	18	20
拧紧力矩 （N·m）	9～11	18～23	32～40	50	80～100	115～140	160～200

注　表格内为钢制螺栓在钢制设备上是扭矩值，跳线并沟线夹为铝合金材料制作，南京线路金具研究所对 $\phi16$ 螺栓进行扭矩、接触电阻、发热等试验，结果铝制并沟线夹按 6500～7500N·cm 的扭矩值控制，其电阻值等同导线的电阻值。

由于导线接续管主要受机械荷载控制，线路巡视导线接续管应采用望远镜人工观察方式进行，耐张跳线连接节点（并沟线夹、引流板）的巡视检查，应采用停电情况下用扭矩扳手检测螺栓扭矩值来控制连接节点的接触可靠性。针对小牌号导线的耐张跳线并沟线夹为铝制品，连接螺栓拧紧困难，运行单位可采用更换成楔型弹簧线夹，因该线夹有强大的弹性，安装锁定后不易滑动，连接可靠。

（五）输电线路红外测温白天与晚上检测的对比效果

DL/T 664—1999《带电设备红外诊断技术应用导则》中 4.3.3 条：室外检测应在日出之前，日落之后或阴天进行。4.3.4 条：室内检测宜关灯，被测物应避免灯光直射。为验证红外测温仪器对高空中的导线节点测量发热温度时，其附加光源（阴天或云层后的太阳光）对检测导线节点热红外成像图片上显示的节点温度影响结果如何，于 2007 年 3 月 7 日对 500kV 电厂送出线路的 98 号耐张塔（呼高 30m）进行耐张跳线引流板节点的测温工作，采用的测温仪是美国产 ThremaCAMP65 型红外成像仪，检测时间是 2007 年 3 月 7 日 16 时 21 分，热红外成像仪图片呈现中相小号侧跳线引流板 1 号子导线连接点温度为 86.5℃，连接金具和导线的温升 73.5℃，导线受力连接金具为 13.5℃，当时线路输送负荷 1120MW。如图 GYSD00805001-7 所示。

线路工区 3 月 8 日将该严重隐患报到局生产技术处，生技处审核后认为检测时间和方法不符合 DL/T 664—1999 要求，决定重新组织检测，2007 年 3 月 9 日晚上 20：00 时，工程技术人员带领原检测人员，使用原仪器在原检测扫描点对 98 号耐张塔中相导线小号侧的 1 号子导线跳线引流板重新测温。检测结果为：双兰线 98 号塔中相小号侧耐张跳线 1 号子导线节点发热温度为 62.2℃，连接金具和导线的温升为 49.4℃，线路当时输送负荷 1240MW，即线路负荷增加 12 万，跳线连接节点的温度下降 24.8℃，相对连接金具和导线的温升下降 24.1℃。如图 GYSD00805001-8 所示。

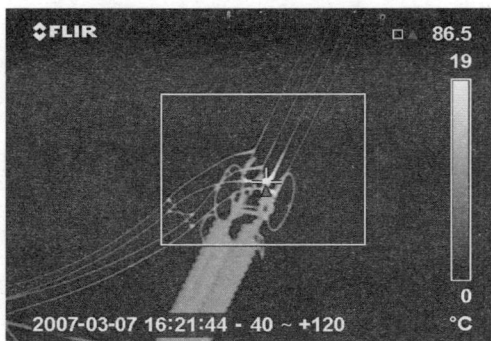

图 GYSD00805001-7　白天红外检测耐张跳线
发热隐患图

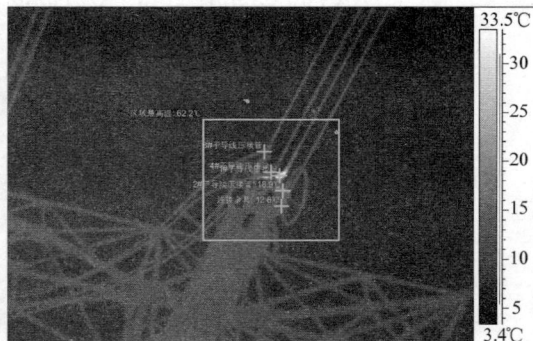

图 GYSD00805001-8　在原线路红外监测点晚上
重新测温照片

可见线路专业在白天进行红外测温时，红外检测仪在接收跳线引流板节点（B）发热温度辐射时，同时也接收云层后的太阳光（C）的附加光源辐射量（见图 GYSD00805001-2），两者叠加后反映在接收在热红外成像仪的图片上，所以在厂房内应用红外测温仪器时，应关闭照明灯后检测发电机、汽轮机等设备发热隐患，效果良好。

（六）输电线路红外检测耐张跳线连接点发热应安排在夜间进行

DL/T 664—2008 规定在检测变电站设备的发热测温，必须安排在晚上天黑后，关闭所有照明灯才能较准确地检测出变电设备发热隐患的真实温度。当输电线路在输送大负荷时，应采用在日落后采用红外检测导线耐张跳线连接点发热隐患，同时特别要注意测温仪器的有效检测距离即空间分辨率。

二、杆塔接地装置工频接地电阻检测

检测杆塔工频接地电阻值是检验杆塔耐反击雷水平的手段之一，若线路遭反击雷跳闸后，事故调查规程要求必须检测故障杆塔的接地电阻值，因此正确检测杆塔工频接地电阻值是防止或减少线路反击雷害的措施之一。

1. 三（四）极接地电阻检测仪的接线、布射线工作方式

DL/T 475—2006《接地装置特性参数测量导则》第 7 章　输电线路杆塔接地装置的接地电阻测量规定：由于输电线路杆塔处于野外，现场没有交流电源且接地网较小，一般采用带直流发电机的接地电阻检测仪测量。三极桩头接地电阻检测仪专用作摇测接地电阻，仪表上有三个接线桩，E 为接地桩，检测时与杆塔接地引下线连接；P 为电压桩，检测时与电压辅助射线连接；C 为电流桩，检测时与电流辅助射线连接。四极桩头接地电阻检测仪为两用仪表，仪表上有四个接线桩，C_1、P_1、C_2、P_2，采用四桩连接辅助射线时可摇测土壤电阻率；将 P_2、C_2 短接后成 E 为接地桩，检测时与杆塔接地引下线连接；P_1 作为电压桩，检测时与电位辅助射线连接；C_1 作为电流桩，检测时与电流辅助射线连接，该连接方式可检测杆塔接地电阻值。

绝缘电阻表的测量原理：接地装置工频接地电阻的数值，等于接地装置的对地电压与通过接地装置流入地中的工频电流的比值。如图 GYSD00805001-9 所示。

采用接地电阻检测仪测量输电线杆塔接地电阻的原理接线图，将接地电阻检测仪放在杆塔根部的接地引下线处，电压极即电压辅助射线的探针 P 离接地电阻表的直线距离为 2.5L；电流极即电流辅助射线的探针 C 离接地电阻检测仪的直线距离为 4L。L 为测试杆塔接地装置的最大射线的长度。若设计的风车形接地线为 4×35m，则 L＝35m。当发现接地电阻的实测值与以往的测量结果相比有明显的增大或减小时，应改变电极的布置方向再测量一次。测量杆塔的接地电阻时，应把杆塔与接地装置的电连接（接地引下线）拆开，避免将测量用的电压极探针和电流极探针布置在杆塔接地装置的射线上面，测量用的电流极探针和电压极探针应与土壤接触良好。

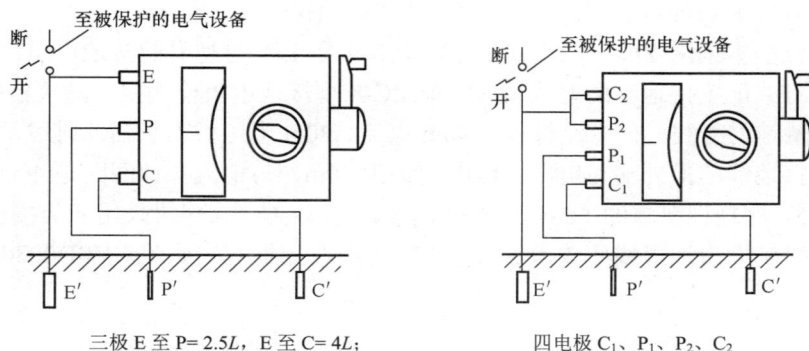

三极 E 至 P＝2.5L，E 至 C＝4L；　　　　　　四电极 C$_1$、P$_1$、P$_2$、C$_2$

图 GYSD00805001-9　三（四）极接地电阻检测仪的接线、布射线工作方式

2. 接地电阻检测仪的工作原理

ZC-8 型相敏差动式接地电阻检测仪的工作原理为：检测仪内安装有手摇直流发电机，以额定转速 120rad/min，产生的直流电流被电流换向开关周期性反向，即电流经电流辅助射线 C 极探针入地，经两者间（探针与接地线端部 40m）的大地中流回人工敷设接地线至 E 后回到接地电阻检测仪内。人工敷设接地线的边缘 E 和电位极探针 P 之间的电位降被检测仪内的电压换向开关换向（电压探针与接地线端部 25m 土壤的电压降）。电压换向开关与电流换向同轴，二者同步动作（回到表计的电流、电压降），表计线圈在永久磁场中转动，电流线圈产生的力矩使指针转向零位，而电压线圈产生的力矩使指针转向高位欧姆读数。通过这两个线圈的电流分别对应从接地线流回的电流和电压降，接地仪表的刻度以欧姆为单位表示。

3. 采用四极布置辅助射线测量土壤电阻率

测量土壤电阻率的四极法原理如图 GYSD00805001-10 所示，按一条直线一端布置 C$_1$ 电极探针、P$_1$ 电极探针、P$_2$ 电极探针、C$_2$ 电极探针。两电极之间的距离 a 应等于或大于电极（探针）埋设深度 h 的 20 倍，即 a>20h。各电极间 a 以 10m、15m 和 20m 布置为宜。

4. 正确检测杆塔接地电阻方法

（1）按照 DL/T 621—1997《交流电气装置的接地》和 DL 475—2006《接地装置特性参数测量导则》的有关接地电阻测量要求，接地电阻检测仪的电流极辅助射线为 4 倍设计人工敷设接地线长度（L），电压极测量辅助射线为 2.5 倍设计人工敷设接地线长度（L）。该布线测量方法的比值为 0.625，接近黄金分割法的 0.618。标准测量接地电阻布线法如图 GYSD00805001-11 所示。

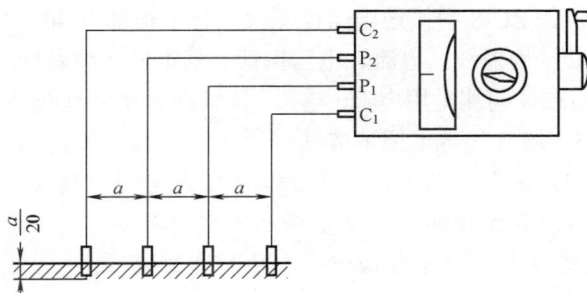

图 GYSD00805001-10　接地电阻检测仪摇测土壤电阻率

（2）DL/T 887—2004《杆塔工频接地电阻测量》规定：测量杆塔接地电阻在按 4L、2.5L 布置辅助射线有困难时，可采用电流射线 3L、电压射线 1.85L 的布线法。该布线测量方法的比值为 0.616，更接近于黄金分割法 0.618，也就是说，若要采取接地电阻检测仪的电流极、电压极的辅助射线缩短，其缩短后的电流、电压射线比例也要基本符合 0.618 的黄金分割法。

DL/T 620—1997《交流电气装置的过电压保护和绝缘配合》规定，多雷区一般线路（除变电站出线段）设计的耐雷水平 110kV 等级为 60kA；220kV 等级为 95kA；500kV 等级为 150kA，由于多雷区几乎在丘陵或山区，山区的土壤电阻率较大，线路设计杆塔耐雷水平时的人工敷设接地线必然要加长。DL/T 5092—1999《110～500kV 架空送电线路设计技术规程》规定，在土壤电阻率高的地段，杆塔接地电阻无法降低至 30Ω 以下时，可敷设 8 根 60m 长的人工接地射线后，杆塔接地电阻不再作要求；也就是传统的三（四）极 Z-8 型接地电阻检测仪在检测杆塔接地电阻，按照杆塔接地电阻测量规程的要求，设计最长的人工接地线（一般设计最长为 4 根 60m 按风车形布置）要配备 4 倍 L（60m）即 240m 电流极、2.5 倍 L（60m）150m 电压极测量辅助射线和接地探针。

（3）目前各单位基本采用 ZC-8、ZC-29、JD-1、L-9 和 E-1 等型号的接地电阻检测仪，仪表生产厂家均按集中接地方式配置接地辅助射线长度，如 ZC-8 型接地电阻检测仪，随仪器配置的是 40m 电流、20m 电压极测量辅助射线，布线说明书中 40m 电流、20m 电压极测量辅助射线是从集中接地端部往外延伸布置，即接地线的最外端与电压探针的间距为 20m，与电流探针间距是 40m。两测量辅助射线的比例系数是 0.5，比规程要求的"0.618 黄金分割线法"误差大（建议采用此类接地电阻检测仪时，运行单位应将电压极辅助接地射线应改为 25m），ZC-8 布线测量方式如图 GYSD00805001-12 所示。

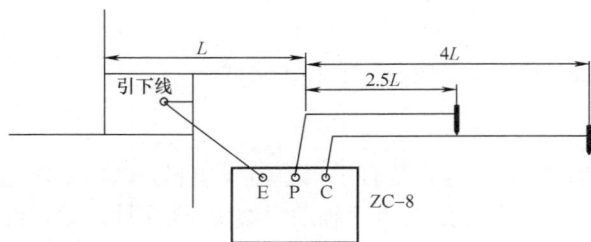

图 GYSD00805001-11 标准接地电阻测量布线法

注：1. 将接地引下线拆开。
　　2. 电压极距离大于 2.5L，电流极大于 4L。
　　3. 表计平衡后，以 120rad/min 读数 × 倍率。

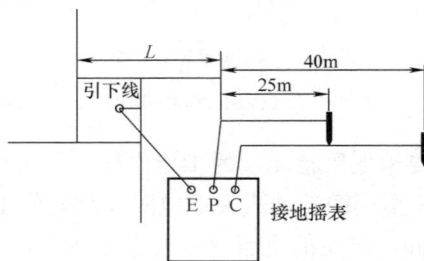

图 GYSD00805001-12 按 0.618 法修订的简便测量接地电阻辅助射线布置法

注：1. 将接地引下线拆开。
　　2. 电压极射线 = L + 25m，电流极射线 = L + 40m。
　　3. 表计平衡后，以 120rad/min 读数 × 倍率。

如图 GYSD00805001-12 被检测杆塔设计的接地射线为 $L = 4 \times 60m$，在测量接地电阻时，电流辅助测量射线至少为 60m + 40m = 100m，电压辅助测量射线至少为 60m + 25m = 85m。该摇测的杆塔接地电阻值等同于电力行业有关规程的 4L 和 2.5L 要求。

若按 ZC-8 型接地电阻检测仪从杆塔根部以 40、20m 施放电流、电压极测量辅助射线，则电流、电压辅助接地射线（电流、电压探针）基本处在被测杆塔的人工敷设接地线范围以内或接近人工敷设接地线，实践证明测量用电流（电压）探针距杆塔接地线端部越近，所摇测的杆塔接地电阻值越小（即偏小）。

5. 测量接地电阻的方法

电压表与电流表法；电桥法；接地电阻检测仪法；补偿法等。目前通常用国产 ZC-8 型接地电阻检测仪（接地电阻表）测量杆塔接地电阻。

ZC-8 型接地电阻检测仪测量时注意事项：

（1）测量时接地装置与避雷线断开。

（2）电极布置见 4L、2.5L 测量图。d_{13} 一般取接地装置最长射线长度 L 的 4 倍（或 L 端出去 40m），d_{12} 取 L 的 2.5 倍（或 L 端出去 25m）。

（3）电流极、电压极应布置在与线路或地下金属管道垂直的方向上。

（4）应避免在雨后立即测量接地电阻。

（5）测量用接线的截面一般不应小于 1～1.5mm²，其电阻不得大于被测接地电阻的 2%～3%。

（6）各种引线应与地绝缘。

（7）仪器的电压极引线与电流极引线间应保持 1m 以上距离，以免自身发生干扰。

（8）应反复测量 3～4 次，取其平均值。

例如被测杆塔的风车形人工接地敷设线设计尺寸为 4×35m，则施放的电压辅助射线应 25m+35m＝60m，当接地电阻检测仪发送的电压经电压辅助接地射线至电压探针入地，经过 25m 间距的土壤压降，从人工敷设接地线、杆塔接地引下线返回至仪表 E；电流辅助射线为 40m＋35m＝75m，接地电阻检测仪发出的电流经电流辅助射线经电压探针入地，流过 40m 间距的土壤，从人工敷设接地线经接地引下线、仪表 E 极返回接地电阻表。这就是 ZC-8 接地测试仪的 0.618 检测原理。现场摇测的杆塔接地电阻值还需与表 GYSD00805001-2 接地装置水平接地体的季节系数进行换算。

表 GYSD00805001-2　　　　　　　　水平接地体的季节系数表

杆塔接地射线埋深为 0.5（m）时	季节系数 ψ 取 1.4～1.8
杆塔接地射线埋深为 0.8～1.0（m）时	季节系数 ψ 取 1.25～1.45

注　测定接地装置电阻时，如土壤较干燥时季节系数取较小值，土壤较潮湿时季节系数取较大值。

6. 钳型接地电阻检测仪检测方式和注意事项

DL/T 741—2001《架空送电线路运行规程》规定："送电线路杆塔接地电阻每 5 年测试一次，发、变站进出口段（1～2km）每两年测试一次"。同时按 DL/T 887—2004《杆塔工频接地电阻测量》6.1 条规定：电力线路杆塔接地电阻测量时，接地电阻检测仪的电极探针射线布置要求电流极为该测量杆塔的接地线 L 的 4 倍，电压极为接地线 L 的 2.5 倍。

目前输电线路运行单位一线员工严重缺员，几乎不可能完成杆塔接地电阻的周期性检测，因此多数运行单位在杆塔接地电阻大修后或线路故障杆塔上采用规程三极法测量，平时线路周期性预试检测杆塔接地电阻可采用 DL/T 887—2004 7.1 条钳型表法测量杆塔接地电阻。钳型表法的好处是不需展放电极测量辅助射线（这点对山区线路特别有利）。钳型表法测量杆塔接地电阻时，输电线路上方必须有架空地线且与每基杆塔直接接地（若一侧绝缘架空地线、一侧架空地线也行），测量时拆开被测杆塔的其他接地引下线，保留一根接地引下线（应连接良好），将接地引下线夹入钳型表的钳口内直读即可，钳型表测量的接地电阻属回路电阻。它的增量来自被测杆塔塔身（含拉线）、地下人工敷设接地线、本档架空地线电阻、前后或两侧架空地线及杆塔回路等效阻抗中的电阻分量等，其测量方法和增量参数请参照 DL/T 887—2004 标准。当发现该杆塔的接地电阻值与设计接地电阻值有明显不符时，再采用三极法接地电阻仪复核杆塔接地电阻值。

目前输电线路尚有部分 110、220kV 混凝土电杆，此类电杆历经两年或 5 年周期性多次拆开检测接地电阻，部分电杆混凝土内的接地螺母因经常拆卸致使螺纹滑牙损坏。采用 ZC-8 型接地电阻检测仪摇测杆塔人工接地体工频电阻值符合设计值，将接地引下线接地螺栓与电杆恢复连接后，断开架空避雷线与杆塔连接，再用 ZC-8 型接地电阻检测仪摇测该杆塔接地装置工频接地电阻，发现阻值严重超标，查其原因为人工敷设接地引上线与电杆连接螺栓、螺母拆卸多次造成电杆内螺母磨损、滑牙，致使接地引下线连接固定螺栓与电杆内螺母的接触电阻增大，若用钳型表检测有可能误判该电杆接地电阻值偏大或严重不合格。

针对用钳型表测量此类混凝土电杆接地电阻中存在的问题，检测时可规定双杆面向大号右边的接地引上线，作为钳型表周期测试混凝土电杆接地装置工频接地电阻的固定点，这样能防止混凝土电杆接地螺栓由于多次拆卸易受损增大接触电阻而人为造成杆塔接地电阻超标。对检测发现接触电阻大的电杆，可用 M16 板牙丝攻对电杆内的螺帽重新进行板牙，修复螺帽螺纹后涂上导电脂后将螺栓紧固。使地面检测得到的接地线的工频接地电阻与接地引下线恢复连接后的电杆接地装置工频接地电阻值两者相符合。

三、线路上不能采用三角形法检测杆塔接地电阻

DL/T 475—2006《接地装置特性参数测量导则》第 6.1.2 条 b）夹角法：……接地装置周围的土壤电

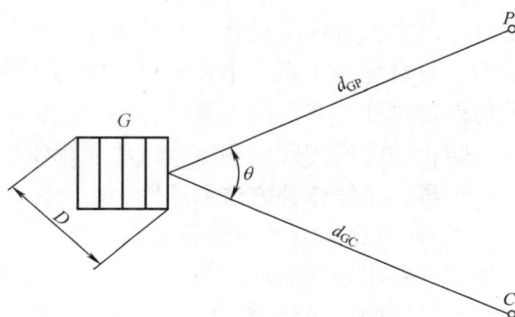

图 GYSD00805001-13　DL/T 475—2006 中的
△布线测量

阻率较均匀，也可采用△形布置电极的方式测量工频接地电阻，辅助射线布置如下：

30°夹角方式摇测工频接地电阻，其实是变电站接地网的测量方式，采用两根测量辅助射线成30°夹角布置法。如图 GYSD00805001-13 所示。

图 GYSD00805001-13 中的 θ 是电压极和接地装置等效中心的连接线与电流极和接地装置等效中心的连接线之间的夹角，$\theta \approx 30°$。

按 DL/T 475—2006 标准测量示意图的要求，两根辅助射线基本相等，且是杆塔接地体的最大对角线 2 倍，若杆塔的风车式人工敷设接地线为 4×35m，中间方框 8m，则对角线 $d_{GP} \approx d_{GC} = 2D = 2 \times 35 + 8 + 35 = 78 \times \sqrt{2} = 220m（D = 110m）$，即电流、电压两根测量辅助射线各为220m。若杆塔接地线为 4×60m，则测量射线要 362m。有运行单位采用 ZC-8 型接地电阻检测仪和 40、20m 射线，按 DL/T 475—2006 标准中的△形30°夹角布射线方式测量杆塔接地电阻是错误的，原因是辅助接地电压、电流极的接地射线长度只有 20m 和 40m，它检测得到的杆塔接地电阻值不是实际杆塔的接地电阻值。而按△形 30°夹角射线时，电位线和电流线均需长为 $2D = 220m$，因此输电线路采用该方式检测杆塔接地电阻值更麻烦和增加劳动强度，△形 30°夹角方式检测的是接地网的接地电阻，而检测辅助射线大于杆塔人工敷设接地线 20m（电压射线）和 40m（电流射线）方式，得到的是杆塔接地极的工频接地电阻值。

【思考与练习】

1．为什么压接型导线接续管的发热温度要比相近导线的表面温度低？

2．为什么在输电线路上采用红外测温仪检测连接点温度效果不佳？

3．引起输电线路耐张跳线并沟线夹或耐张引流板发热的原因有哪些？

4．为什么用随接地电阻表配置的 40、20m 接地辅助射线检测杆塔接地电阻不符合要求？

5．钳型表检测混凝土杆接地电阻时，发现混凝土杆接地螺栓接触电阻大有什么改善措施？

6．为什么按 30°夹角方式布线摇测山区杆塔工频接地电阻反而更麻烦？

模块 2　设备状态检修原则及部分项目状态检修方法
（GYSD00805002）

【模块描述】 本模块包含设备状态检修原则，导、地线损伤修补，拉线装置的开挖检查，输电线路综合防雷措施，山区杆塔接地电阻不合格大修改造措施，线路防鸟综合措施，干字形耐张铁塔中相跳线风偏放电的防范措施，悬垂双联绝缘子串的反事故措施，改进角钢耐张跳线扁担和防感应电，架空地线（钢绞线）紧线的防滑措施。通过概念描述和工艺介绍能够掌握设备状态检修原则及部分项目状态检修方法。

【正文】

要全面实现输电线路按设备的运行状态进行巡视、检测和检修，运行单位必须按专业技术要求和规定，有的放矢地开展检修作业。由于原输电线路设计中大多数杆塔、地段、设备等按统一的设计条件、运行状态、地形地貌和环境条件配置或使用，运行单位在为减少检修工作量而改造、变更的线路设备时，既要符合线路设计的有关规定，更应符合该改造设备的实际运行环境或状态。例如超高压线路玻璃、复合绝缘子组合串技术已在超高压线路上成功挂网运行多年，其运行环境和工作状态均符合有关仿真理论计算和实验室真型多种检测试验结果，是减轻杆塔的绝缘子荷载、延长复合绝缘子产品寿命、防止线路污闪跳闸和减少绝缘子串维护、检测工作量的好方法。

一、导、地线修补方法和原则

1．不同钢比的钢芯铝绞线受力分析

架空线路用导线的功能为传导电流，输送电能，制造导线的材料必须要求具有良好的导电性能，还必须有足够的机械强度，比重应尽可能小。

输电线路上常用的 GB/T 1179—1999《圆线同心绞架空导线》附录第 1 号修改单即 1983 年版《铝绞线和钢芯铝绞线》钢芯铝绞线，为适应工程需要，钢芯铝绞线在制作时按铝、钢的截面比不同，分为轻型、正常型、加强型、地线型（良导体）四种，即按钢铝截面比值 K 有 58%、23%、20%、16%、13%、9%、7%、6%、5% 等 9 种结构的 54 种型号，其次 74 型有 LGJQ 的钢铝截面比值 K 为 12.45%；普通型 LGJ 的钢铝截面比值 K 为 18.88%；加强型 LGJJ 的钢铝截面比值 K 为 22.7% 三种结构，即输电线路常用的钢芯铝绞线有 12 种钢铝截面比。上述钢芯铝绞线的计算破断力（综合破断力）都由铝股和钢芯一起承担。见表 GYSD00805002-1。

表 GYSD00805002-1　　　　　　　　83 型钢芯铝绞线的技术参数表

标称面积（铝/钢）	钢比	根数/直径（mm）		计算截面（mm²）		外径（mm）	计算破断力（N）	铝股占（%）	钢芯占（%）
		铝	钢	铝	钢				
95/55	58	12/3.2	7/3.20	96.51	56.30	16.00	78 110	18.18	81.82
120/25	20	7/4.72	7/2.10	122.48	24.25	15.74	47 880	38.29	61.71
185/10	6	18/3.60	1/3.60	183.22	10.18	18.00	40 880	69.46	30.54
185/25	13	24/3.15	7/2.10	187.04	24.25	18.90	59 420	47.86	52.14
240/40	16	26/3.42	7/2.66	238.95	38.90	21.66	83 370	46.90	53.10
400/20	5	42/3.51	7/1.95	406.40	20.91	26.91	88 850	72.99	27.01
400/35	9	48/3.22	7/2.50	390.88	34.36	26.82	103 900	62.37	37.63
400/95	23	30/4.16	19/2.5	407.75	93.27	29.14	171 300	38.06	61.94
630/45	7	45/4.20	7/2.80	623.45	43.10	33.60	148 700	67.05	32.95

从表 GYSD00805002-1 可看出，钢铝截面比 58 的 95/55 导线的铝截面只承受导线的全部计算破断力的 18% 左右，而钢芯承受力约为全部计算破断力的 82%；另一种钢铝截面比为 5 的 LGJ-400/20 导线，铝截面约承受全部计算破断力的 73%，而钢芯约承受全部计算破断力的 27% 左右。因此不同钢铝截面比的钢芯铝绞线，当铝截面的损伤面积相等的情况下，其导线损失的总破断力（强度损失）是不一样的。

运行线路上的钢芯铝绞线若发生铝股磨损和断股，不仅会造成导线张力安全系数降低，且因铝截面积的减少，使线路通流铝股因电流增大而发热，在继续输送荷载下，发热的铝股强度下降（钢芯也发热，强度下降），导线张力使发热铝股继续断股。如此恶性循环（负荷不变）后，最终发生导线断线事故。例如某条 110kV 线路，导线为 LGJ-185/30，在输送负荷 170A 时（设计允许 530A），发生导线断线跳闸，为分析事故原因，运行单位按事故时的张力和输送电流在实验室模拟，设导线外层铝股全断，张力为 16kN 时，输送 50～300A 试验。结果在输送 200A 时，断股处钢芯温度为 450℃，钢芯拉断，得出本次断线事故可能是在放线架设时导线打金钩（高山区），人工修复后挂上（铝股、钢芯已受损），2008 年南方冰灾中导线覆冰远超设计标准，有可能造成铝截面受力断股，冰灾后运行导线张力又将铝股逐渐拉断，受损钢芯、铝股在通流下发热、强度下降、继续发热等恶性循环而断线。所以规程规定铝截面损伤断股达总截面积的 25% 时或强度损失超过 17% 时，导线应开断重接。

2. 导、地线损伤状况的不同处理标准

由于输电线路用钢芯铝绞线要承担导线拉力（张力）和输送电能荷载两项功能，设计部门一般取导线的安全系数为 2.5，按不同的气象条件，要求线路在大风、覆冰或最低气温条件下仍应安全运行。即大风、覆冰、最低气温和年平均运行张力作为临界控制导线的最大使用张力设计，输电线路的导、地线，架设中有可能被施工器材或线路通道内的树木、裸露的岩石等摩擦损伤，从而降低导线的机械强度和截面积输送荷载的要求，因此 GB 50233—2005《110～500kV 架空送电线路施工及验收规范》规定导、地线损伤情况按非张力放线和张力放线两种损伤标准进行处理。

GB 50233—2005 7.2.4 条：非张力放线导线在同一处损伤出现强度损失已经超过总拉断力的 17% 或截面积损伤超过导电部分截面积的 25% 时；连续损伤的截面积或损失的强度虽没有第 7.2.3 条以补修管补修的规定，但其损伤长度已超过补修管的能补修范围；导线损伤的金钩、破股已使钢芯或内层铝股形成无法修复的永久变形。出现上述情况之一时，必须将损伤部分全部锯掉，用接续管将导线重新连接。7.3.9 条是针对张力放线导线，它的强度损失和截面积受损标准为非张力放线的一半，处理方法相同。

对新建线路验收中发现导线损伤，由于线路没有投运，可按规程要求进行补修或开断重接。对运行线路发现导地线损伤，特别是损伤截面或损失强度超过规定需停电开断重接时，为减少线路停电，DL/T 1069—2007《架空输电线路导地线补修导则》放宽了导电截面积（含强度）损伤（损失）的范围，只要导线钢芯不损伤，同一处损伤范围在100cm以内时，即使导线内层铝股也损伤断股，均可采用全张力预绞式接续条（内层敷上填充条）进行补修处理。

预绞式接续条的补修原理是提供的接续条内径要比同牌号导线的外径稍小，安装后螺旋式缠绕紧密地包箍在整个铝截面外层，长度和节距的摩擦力是经过精确计算的，其原理如同导线架设中的钢丝蛇皮套连接牵引作用，该产品经相关部门的机械性能和导电性能试验，其机械强度等同于相同型号的导线破断力。导、地线断股、损伤减少截面的处理标准见表GYSD00805002-2。

表GYSD00805002-2　　　　导、地线断股、损伤减少截面的处理标准

线　别	处 理 方 法			
	金属单丝、预绞式补修条补修	预绞式护线条、普通补修管补修	加长型补修管、预绞式接续条	开断重接
钢芯铝绞线钢芯铝合金绞线	导线在同一处损伤导致强度损失未超过总拉断力的5%且截面积损伤未超过总导电部分截面积的7%	导线在同一处损伤导致强度损失在总拉断力的5%～17%之间，且截面积损伤在总导电部分截面积的7%～25%之间	导线损伤范围导致强度损失在总拉断力的17%～50%之间，且截面积损伤在总导电部分截面积的25%～60%之间	（1）钢芯断股；（2）导线损伤范围导致强度损失在总拉断力的50%以上，且截面积损伤在总导电部分截面积的60%以上
铝绞线铝合金绞线	断股损伤截面不超过总面积的7%	断股损伤截面占总面积的7%～25%	断股损伤截面占总面积的25%以上～60%	断股损伤截面超过总面积的60%及以上
镀锌钢绞线	19股断1股	7股断1股19股断2股	7股断2股19股断3股	7股断2股19股断3股
OPGW	断损伤截面不超过总面积的7%（光纤单元未损伤）	断股损伤截面占面积的7%～17%，光纤单元未损伤（修补管不适用）		

注　1. 钢芯铝绞线导线应未伤及钢芯，计算强度损失或总铝截面损伤时，按铝股的总拉断力和铝总截面积作基数进行计算。
2. 铝绞线、铝合金绞线导线计算损伤截面时，按导线的总截面积作基数进行计算。
3. 良导体架空地线按钢芯铝绞线计算强度损失和铝截面损失。
4. 全张力预绞式接续条只考虑导电铝截面严重损伤的补修，不采用导线有钢芯损伤后的修补。

二、输电线路综合防雷措施

（一）线路设计应尽量减小绝缘配合比

我国的架空线路设计规程起源于20世纪50年代，其输电线路外绝缘配置标准为线路能在工频电压、操作过电压、雷电过电压等各种条件下安全可靠运行。塔头空气间隙的雷电冲击击穿电压与绝缘子串的雷电冲击闪络电压的应相匹配。造成绝缘子串长度与导线对塔身最小空气间隙几乎等同，致使我国输电线路沿绝缘子串闪络跳闸与由塔头空气间隙击穿放电的跳闸比在10:1～12:1之间。另外因塔头间隙已固定，造成线路外绝缘的绝缘子串无法靠增加片数来提高线路泄漏比距，使输电网发生的障碍、事故中有80%左右为线路故障。因此在线路设计时，若是悬垂串，设计应尽量用足塔头间隙即增加绝缘子片数；最好采用V串设计，一来增加了绝缘子片数（泄漏比距），二来绝缘子串倾斜后，风吹或雨水冲刷会降低绝缘子串的污秽物，绝缘子片数增加后，提高了线路的耐绕击水平。

（二）线路设计规程要求的避雷线保护角偏大

按0.85配合比设计的线路外绝缘，其耐绕击水平极低，DL/T 620—1997《交流电气装置的过电压保护和绝缘配合》第6.1.5条：杆塔上避雷线对边导线的保护角，一般采用20°～30°。220～330kV双避雷线线路，一般采用20°左右，500kV一般不大于15°，山区宜采用较小的保护角。若架空地线保护角设计0°或负保护角，可大幅度降低线路绕击跳闸概率。

例：线路的耐绕击水平计算式 $I_2 = U_{50\%}/100$。

110kV复合绝缘子 $U_{50\%}$ 为550kV，则耐绕击水平 $I_2 = U_{50\%}/100 = 550/100 = 5.5$kA。

9片/串玻璃绝缘子 $U_{50\%}$ 为832kV，则耐绕击水平 $I_2 = U_{50\%}/100 = 832/100 = 8.32$kA。

即复合绝缘子的耐绕击雷水平约为 9 片/串的 66%左右，可见采用同等结构高度的盘形玻璃绝缘子，输电线路能减少部分绕击雷故障。

当线路外绝缘固定后，其绕击水平也就固定了，新建线路地线保护角按 17°、10°和 0°设计，试计算分析线路绕击跳闸概率的对比。绕击概率公式见下

平原地区绕击概率 $\lg p_\alpha = a\sqrt{h}/86 - 3.9$

山区绕击概率 $\lg p_\alpha = a\sqrt{h}/86 - 3.35$

式中 α——地线保护角，°（度）；

h——杆塔全高，m。

平原地区地线保护角 20°时绕击概率= $17 \times 2\sqrt{24}/86 - 3.9 = -2.93$，$p_\alpha = 0.118\%$。

平原地区地线保护角 0°时绕击概率= $0 \times \sqrt{24}/86 - 3.9 = -3.84$，$p_\alpha = 0.013\%$。

即平原地区原规程规定的地线保护角 20°时，绕击概率为 0.118%（万分之 12），保护角改为 0°时，绕击概率为 0.013%（万分之 1），其线路遭绕击概率下降明显。

山区地线保护角 17°时绕击概率= $17 \times \sqrt{24}/86 - 3.35 = -2.38$，$p_\alpha = 0.417\%$。

山区地线保护角 0°时绕击概率= $0 \times \sqrt{24}/86 - 3.35 = -3.35$，$p_\alpha = 0.045\%$。

山区地线保护角 -5°时绕击概率= $-5 \times \sqrt{24}/86 - 3.35 = -8.29$，$p_\alpha = 0.0000005128\%$。

即山区的地线保护角为 17°时，绕击概率为 0.417%（万分之 42）；保护角改为 0°时，绕击概率为 0.045%（万分之 4.5）。而 -5°与 0°的绕击概率下降则是小数点后 1 个 0 与 6 个 0 的关系。

（三）防止线路反击雷害事故的措施

（1）降低杆塔接地电阻值。根据 DL/T 620—1997 杆塔耐雷水平经验公式计算表明，相同的杆塔材质、导地线高度、外绝缘配置（即 $U_{50\%}$）等，其接地电阻小时，杆塔耐雷水平高。由于运行线路的外绝缘配置和偏大的地线保护角都已存在，为减少输电线路遭雷害事故的措施，只能在原线路上进行改造，因此可从降低杆塔接地电阻值和用足塔（窗）头间隙（增加绝缘子片数）两方面采取措施，按 DL/T 620—1997 附录 C 中的参数及经验计算公式，从加强杆塔绝缘即"堵"的方式和降低杆塔接地电阻值"疏"的方式来说明提高杆塔耐雷水平的效果。

表 GYSD00805002-3　　　　　杆塔接地电阻值、外绝缘片数与耐雷水平对照表

杆塔接地电阻		5Ω	10Ω	15Ω	20Ω	25Ω	30Ω
6 片绝缘子串	千安值	62.96	44.8	34.77	28.41	24.02	20.8
$U_{50\%} = 599kV$	概率	19%	31%	40%	47%	53%	58%
7 片绝缘子串	千安值	71.15	50.63	39.3	32.11	27.14	23.51
$U_{50\%} = 677kV$	概率	16%	27%	36%	43%	49%	54%
8 片绝缘子串	千安值	79.35	56.47	43.83	35.81	30.27	26.22
$U_{50\%} = 755kV$	概率	13%	23%	32%	39%	45%	50%
9 片绝缘子串	千安值	87.45	62.22	48.29	39.46	33.4	28.89
$U_{50\%} = 832kV$	概率	10%	20%	28%	36%	42%	47%

注　$U_{50\%} = 533L + 132$　式中 L 为绝缘子串长度，m。

如 7 片×146= 1022mm　$U_{50\%} = 533L + 132 = 533 \times 1.022 + 132 = 676.7kV$

从表 GYSD00805002-3 中可看出：

1）当杆塔接地电阻值不变时，杆塔的耐雷水平随绝缘子片数的增加成正比例增加，如接地电阻值为 5Ω 时，从 6 片至 9 片串（62.96kA→71.15 kA→79.35 kA→87.45 kA），每增加一片绝缘子，杆塔耐雷水平约增加 8.2 kA；

2）当杆塔接地电阻为 15Ω 时，从 6 片至 9 片串（34.77 kA→39.3 kA→43.83 kA→48.29 kA），每增加一片绝缘子，杆塔耐雷水平约增加 4.53 kA；

3）当杆塔接地电阻为 30Ω 时，从 6 片至 9 片串（20.8 kA→23.51 kA→26.22 kA→28.89 kA），每增加一片绝缘子，杆塔耐雷水平约增加 2.7 kA。

可见在接地电阻值小（5Ω）的杆塔上增加一片绝缘子，其耐雷水平值的提高是接地电阻值大（30Ω）的杆塔同样增加一片绝缘子后 3 倍。当然运行单位在采取防雷措施中，若光靠单纯增加绝缘子串片数，还不能有效地发挥绝缘子的效益，只有在增加绝缘子串片数的同时，再采用降低杆塔接地电阻才能发挥更大的防反击雷效益。

（2）以降低杆塔接地电阻值措施来说明提高杆塔耐雷（反击雷）水平的效果。见表 GYSD00805002-4。

表 GYSD00805002-4　　　　　　　杆塔接地电阻的变化与杆塔耐雷水平的关系

绝缘子	从 10Ω↓5Ω	从 15Ω↓10Ω	从 20Ω↓15Ω	从 25Ω↓20Ω	从 30Ω↓25Ω
6 片/串	18.16 kA	10.03 kA	6.36 kA	4.39 kA	3.22 kA
7 片/串	20.52 kA	11.33 kA	7.19 kA	4.97 kA	3.63 kA
8 片/串	22.88 kA	12.64 kA	8.02 kA	5.54 kA	4.05 kA
9 片/串	25.23 kA	13.93 kA	8.83 kA	6.06 kA	4.51 kA

从表 GYSD00805002-3 和表 GYSD00805002-4 中可得出：

1）110kV 7 片/串绝缘子的杆塔接地电阻从原 10Ω 降低到 5Ω，杆塔耐雷水平从 11.33 kA 提高了 20.52 kA，同样 9 片/串绝缘子的杆塔从 10Ω 降低到 5Ω，杆塔耐雷水平从 13.93kA 提高到 25.23 kA，即多两片绝缘子，降低同样的接地电阻值，9 片绝缘子杆塔耐雷水平只比 7 片绝缘子杆塔增加了 4.71 kA，也就是说多 2 片绝缘子只增加 4.71 kA 耐雷水平，因此超标准的长绝缘子串线路再去降低接地电阻后效果不大。

2）110kV 7 片/串绝缘子的杆塔接地电阻值从 30Ω 降低到 25Ω，杆塔耐雷水平可提高 3.63 kA，而将绝缘子从 7 片/串增加为 8 片/串时，杆塔耐雷水平只增加 2.71 kA，可见在杆塔接地电阻值较大时，采用降低接地电阻方法要比增加绝缘子片数而提高的耐雷水平效果好，且增加绝缘子串片数会造成导线对地距离减少和绝缘子串与杆塔间风偏摇摆不足等情况，并增加技术校核工作。

（3）接地沟回填采用好土及冲击接地电阻的原理。架空输电线路遭受雷击时，雷电流通过杆塔接地装置向大地扩散时，起作用的是接地装置的冲击接地电阻而不是工频接地电阻。冲击接地电阻是指接地体通过雷电流时的冲击电压幅值与冲击电流幅值之比。

冲击接地电阻是土壤电特性、接地装置形状和埋设深度以及雷电流的函数。

架空线路防雷设计时的一个重要参数是杆塔接地装置的冲击系数。杆塔接地装置的工频接地电阻比较容易测得，但要测量实际接地装置的冲击接地电阻则相当困难。一般通过测量人工敷设的接地线的工频接地电阻，并根据杆塔所处地的土壤电阻率、接地装置形状和雷电流大小等估计出冲击系数，得到相应的冲击接地电阻值。

架空线路杆塔接地装置的冲击接地电阻和冲击系数主要与冲击电流幅值、接地装置的几何尺寸及土壤电阻率有关。试验表明：冲击系数随冲击电流幅值的增加而减小，具有饱和趋势；随几何尺寸的增加而增加，当接地体的几何尺寸达到一定值后，冲击系数增加的速度会变慢；冲击系数随土壤电阻率增加而减小。

试验也表明：土壤电阻率的不同，在同一接地装置的冲击接地电阻随电流增加而减小，所呈现的饱和趋势也不相同。土壤电阻率越低，出现饱和趋势的冲击电流幅值越小。

在冲击雷电流作用下接地体周围具有瞬变电场（即在接地装置附近出现很大的电流密度和很高的电场强度），接地体可看成是由电感、电容、电导和电阻组成的分布参数组成的电路。由于冲击电流的频率很高，很大的导体感抗阻碍冲击电流向接地体的远端流动，当大幅值冲击电流从接地装置流入大地时，杆塔附近的接地体上电位很高，越靠近入地端的接地体流散的电流就越多，在接地装置附近出现很大的电流密度和很高的电场强度，这里的电流密度就越大，土壤的击穿厚度也就越大，当电场强度达到 3 ~ 6 kV/cm 时，使得紧靠接地体钢筋周围的土壤被击穿而发生强烈的火花放电，这相当于加大了构成接地装置的金属导体直径，从而使得接地体在冲击雷电流下所呈现的冲击接地电阻要比工频接地电阻小得多。

又因雷电流历时很短（高频冲击波），接地体本身的电感将阻碍电流向长接地体的末端扩散，沿接地体周围土壤中的火花区域形状随接地体长度呈锥形逐渐减小。

随着杆塔人工敷设接地体尺寸的增加，一可增加接地体的散流面积，使其冲击接地电阻减小；另一方面因接地体长度的增加，感抗增大（即电感对电流的阻力更大），使之雷电流散流不均匀，增长的接地体不能得到充分利用。两方面因素导致冲击接地电阻的降低具有饱和特性。这就是在冲击电流作用下接地体具有一定的有效长度 l_e。

综上所述：大幅度增长杆塔人工敷设接地线，会使其感抗增大而饱和，因此 DL/T 620—1997 规定敷设 8 根 60m 的接地线即接地线总长超过 500m 时，杆塔接地电阻不作要求。

为使线路遭雷击时冲击电阻尽可能小，GB 50169—2006《电气装置安装工程接地装置施工及验收规范》3.3.6 条：接地体敷设完后的土沟回填土内不应夹有石块和建筑垃圾等；在山区石质地段或土壤电阻率较高的土质区段应在土沟中至少先回填 100mm 厚的净土垫层，再敷接地体，然后用净土分层夯实回填。

（4）重雷区且遭受雷击跳闸的杆塔加装塔（身）顶防雷拉线措施。在架空线路重雷区的易击杆塔，由于受土壤地质条件的限制，运行单位已较难提高易击杆塔的耐雷水平，因此可在该易击杆塔的顶部或塔身往横线路方向两侧，加装两把塔顶防雷拉线（在导线上方）或在横担下安装 4 把塔身防雷拉线，人为地增加杆塔接地点和扩大雷电流入地释放范围。当雷击架空地线或杆塔顶部时，一部分雷电流经杆塔及敷设的接地线入地释放，另一部分雷电流经塔（身）顶防雷拉线入地，扩大了雷电流下泄入地的面积，同时安装在塔顶的防雷拉线还能起到屏蔽本杆塔（绝缘子串）作用，又增加了分流效果，同时可降低线路遭反击雷时的塔顶电位值，减少向导线反击闪络跳闸的几率。在多雷区易击塔上安装塔（身）顶防雷拉线，使线路遭受雷击时的冲击接地电阻利用系数发生了变化，杆塔接地体的冲击接地电阻 R_{ch} 与工频接地电阻 R 的关系为

$$R_{ch} = aR \qquad \text{（GYSD00805002-1）}$$

式中　R_{ch}——冲击接地电阻，Ω；

　　　R　——工频接地电阻，Ω；

　　　a——冲击系数，约 0.2～1.25。

如原山区杆塔人工敷设的接地网一般按 4×35（或 60）m 风车形浅表式埋设，按规程要求选冲击利用系数为 0.8，由于在塔（身）顶加设了防雷拉线，可再取铁塔各种拉线与各基础间的自然接地体的冲击利用系数 0.7，如杆塔工频接地电阻值为 15Ω，浅表风车形接地线的冲击利用系数 0.8，加上拉线冲击利用系数 0.7，最后该杆塔的冲击接地电阻值为 8.4Ω，比原接地网的冲击接地电阻减少了 30% 左右，增加塔顶防雷拉线能有效地降低杆塔遭雷击后的塔顶电位，减少了线路遭反击雷时对绝缘子串的反击几率。

实践证明，某省著名的雷害重灾户两条 220kV 新杭线的易击塔，在安装了塔顶防雷拉线后，从 1965～1982 年的安装杆塔上防雷措施磁钢棒的雷电流幅值检测中，证实当雷击中杆塔顶部时，塔顶防雷拉线能使塔身雷电分流系数下降 1.5 倍，也就是说安装塔顶防雷拉线的杆塔耐雷水平至少可提高 1.5 倍，从而使两条线路的雷击跳闸次数明显降低，其雷电监控及数据分析结果还促使 DL/T 620—1997 标准雷电流幅值概率公式修正的依据。

如××线 1963～1967 年在某段雷击区发生 5 基铁塔反击闪络，事后在该雷击易击段安装了 13 基塔顶防雷拉线，在 1968～1991 年的 21 年运行中，只发生了 1 基反击闪络，在运行 21 年后（1991 年），由于安装的塔顶拉线入地点离杆塔较远，又处在灌木丛中，平时运行人员很少下到灌木丛中去检查（维护不当），其中一基防雷拉线因拉线 UT 型以上约 1m 处的钢绞线压在泥土内锈蚀，造成钢绞线烂断掉落搁挂在带电导线上发生线路跳闸事故后，运行单位于 1991 年底拆除了剩余的 12 基塔顶拉线，结果 1992～1994 年全线共雷击跳闸 7 次，其中 2 次雷击闪络就发生在拆除塔顶防雷拉线后的杆塔上，接受教训后于 1996 年重新恢复了 13 基防雷塔顶拉线，通过近十年的运行，安装了防雷塔顶拉线的铁塔未发生过雷击跳闸事故。

由于每根拉线都有独立的接地，增加了雷电流的分流和对导线的屏蔽作用，降低了塔身阻抗，同时降低了塔顶电位，对降低反击和防止绕击都有一定的作用。

（四）防止线路遭绕击雷害事故的措施

（1）常规铁塔按复合绝缘子结构高度采用玻璃绝缘子用足塔头间隙设计。运行线路的外绝缘配置和地线保护角都已基本固定，因此减小地线保护角来减少线路绕击概率已很困难，在多雷区特别是山区或只要不是重污区，线路采用大盘径、大盘径普通盘形玻璃绝缘子替代复合绝缘子或增加绝缘子串片数是提高杆塔耐雷水平和减少绕击事故的措施之一，同时也免除了 10 年更换复合绝缘子的工作量。

[例 GYSD00805002-1]某条输电线路处在多雷区，采用常规 110kV 复合绝缘子的结构高度为 1240±15mm，若更换为 146mm 结构高度，盘径 ϕ320mm，单片爬电距离 490mm 的标准型大爬距玻璃绝缘子，此结构高度可用到 8.6 片/串。根据电力工业部调网［1997］93 号《复合绝缘子使用指导性意见》要求：雷击多发区的线路若使用复合绝缘子，结构高度应比常规高度长 10%～15%。（110kV 可配盘形绝缘子 9.3～9.76 片；220kV 可配 16.87～17.64 片）设输电线路污秽区为 2.8cm/kV，采用 FXBW－110/70 复合绝缘子，最小电弧距离 1000mm，最小爬电距离 3150mm，泄漏比距为 2.86cm/kV，耐污闪水平满足。设杆塔呼高为 18m，全高为 24m，双避雷线，地线弧垂平均高度 19.2m，导线弧垂平均高度 13.4m，接地电阻值为 15Ω，查该复合绝缘子的全波雷电冲放电压值为 550kV，试计算该塔的耐雷水平，试计算该 110kV 输电线路的泄漏比距、耐反击、绕击水平。

$$I_1 = \frac{U_{50\%}}{(1-k)\beta R_{Ch} + \left(\dfrac{h_h}{h_g} - k\right)\beta \dfrac{L_{gt}}{2.6} + \left(1 - \dfrac{h_b}{h_d}k_o\right)\dfrac{h_d}{2.6}} \qquad \text{(GYSD00805002-2)}$$

式中　$U_{50\%}$——绝缘子串冲放电压值；

　　　β——避雷线分流系数；

　　　R_{ch}——杆塔接地电阻值，Ω；

　　　k——耦合系数；$k = k_1 \times k_0$；

　　　k_1——电晕相应修正系数；

　　　k_o——导地线间几何耦合系数；

　　　L_{gt}——杆塔总电感，为杆塔高度×杆塔单位高度电感平均值，铁塔取 0.50μH；

　　　h_g——杆塔高度，m；

　　　h_h——杆塔呼高，m；

　　　h_d——下导线对地平均高度（导线悬点高度−2/3 的导线弧垂值），m；

　　　h_b——避雷线对地平均高度（地线悬点高度−2/3 的地线弧垂值），m。

复合绝缘子结构高度（1340±15mm），其泄漏比距=2.86cm/kV。

玻璃绝缘子 9 片/串结构高度 1314mm，其泄漏比距=4.01cm/kV。

常规复合绝缘子的耐反击雷水平：

$I_1=550/[(1-0.3)\times0.86\times15+(18/24-0.3)\times0.86\times15/2.6+(1-19.2/13.4\times0.25)\times13.4/2.6]=37.8\text{kA}$

玻璃绝缘子 9 片/串的耐反击雷水平：

$I_1=832/[(1-0.3)\times0.86\times15+(18/24-0.3)\times0.86\times15/2.6+(1-19.2/13.4\times0.25)\times13.4/2.6]=57.1\text{ kA}$

按上述设计理念，110kV、220kV 复合绝缘子结构高度来配置玻璃绝缘子串的电气参数对比见表 GYSD00805002-5。

表 GYSD00805002-5　　　复合绝缘子、玻璃标准型大爬距绝缘子的技术参数

型　号	额定负荷（kN）	结构高度 H（mm）	最小干弧距离（mm）	泄漏比距（cm/kV）有效	全波 50%冲击放电电压（kV）	工频 1min 湿耐受电压（kV）
FXBW₂-110/100	100	1340±15	1100	2.86	550	230
FC70P/146/9 片	70	1314	1224	4.01	832	300

续表

型　号	额定负荷（kN）	结构高度 H（mm）	最小干弧距离（mm）	泄漏比距（cm/kV）有效	全波 50%冲击放电电压（kV）	工频 1min 湿耐受电压（kV）
FXBW$_4$-220/100	100	2320±30	1980	2.52	1000	395
FC100P/146/16 片	100	2336	2246	3.56	1377	490

注　$U_{50\%}=533L+132$，式中 L 为绝缘子串长度，单位 m。

从 GYSD00805002-5 表可看出：玻璃、复合两种绝缘子的特性、参数对比如下：①110kV 线路玻璃绝缘子的耐雷水平是复合绝缘子（两侧带均压环）的 151%；220kV 线路约 138%。②110kV 线路玻璃绝缘子的有效泄漏比距是复合绝缘子的 140%；220kV 线路为 141%。③110kV 线路玻璃绝缘子的工频一分钟湿耐受电压是复合绝缘子的 130%；220kV 线路为 124%。

线路设计优化选用标准型大爬距玻璃绝缘子后，在输电线路全寿命运行中，玻璃绝缘子可与线路同时报废（50 年），而复合绝缘子的运行寿命约 10～15 年，在线路设备全寿命运行期间约需更换 2 次。采用玻璃绝缘子可大幅度减少运行维护、检测、检修工作量。

（2）将线路遭绕击现象转化为反击的措施。众所周知，架空输电线路设计的耐雷水平约数倍于耐绕击水平，设杆塔接地电阻为 15Ω，110kV 为 7 片/串，其耐反击雷水平约 48kA；耐绕击水平只有 7kA。具体措施是在线路两导线横担头安装侧向避雷针，人为地使导线成为负保护角，以屏蔽和保护导线。当雷云飘移到线路塔身周围 65m 内时，侧向避雷针会将雷云吸引至杆塔上，致使雷云电压对侧向针尖放电而转化为电流，从电阻很小的塔身及人工敷设接地线上泄入地，即将原绕击雷转化为反击雷下泄释放。

经过数年在多雷区杆塔上安装横担侧向避雷针后，近几年来线路公里数虽然增加较多，但线路雷击跳闸次数基本未增加，有的年代还同比下降。

（五）架设耦合地线或旁路耦合地线，以增加杆塔分流和增大耦合、屏蔽导线作用

在多雷山区的易击段，输电线路杆塔接地电阻受土壤地质条件的限制，在采用降低杆塔接地电阻来提高耐雷水平有一定困难时，现实中可在单杆线路上字型排列的上导线改造成左右横担，既增加在上导线另一侧设计架设耦合地线，在杆塔受力上平衡了部分上导线的力矩，其次增加了导线的耦合效应和雷电流的分流效果，同时改善了一侧下导线的地线保护角。在双杆或双避雷线线路在导线下方杆塔上设计安装一根耦合地线（在导线下方增架耦合地线适用于高山区段，即增架的耦合地线无交叉跨越影响，在线路下方增架耦合地线可减少档中导线的绕击率（主要作用有防绕击、耦合、分流），当雷电击中架空地线、杆塔顶部时，耦合地线增加了雷电流排泄通道（沿耦合地线向两侧分流），减少了杆塔的入地电流和塔顶电位升高几率，增大了导线的耦合系数（从 0.1321 增大到 0.3185，约增大了 1.41 倍），从而提高了线路的耐雷水平。

在重雷区（山区）的线路两侧，因山区地形、地貌的不同，有时会遭受到滚雷或绕击雷的侵袭，因此可在此类易击段线路的上山坡或下山坡侧，即导线两外侧另行立杆架设单独的旁路耦合地线档，它要比边导线低 4～6m，这样可以减少运行线路的绕击跳闸，又可以阻挡火球式滚雷和屏蔽上山侧感应雷的侵袭。

（六）加装线路纯空气间隙氧化锌避雷器

线路避雷线或杆塔遭雷击时，一部分雷电流通过架空避雷线流向相邻杆塔并入地，另一部分雷电流经本杆塔入地释放，此时杆塔接地电阻呈暂态电阻的特性，规程上称冲击接地电阻。雷击杆塔雷电流沿杆塔入地排泄时，引起塔顶电位迅速升高，这时塔顶电位 U_t 与导线上的感应电位 U_1 的差值加上工频电压幅值 U_x 的和，若超过本绝缘子串的 50%冲击放电电压时，则发生从横担沿绝缘子串对导线的闪络，称为反击雷。因此输电线路的耐雷水平与三个因素有关，即绝缘子串的 50%冲击放电电压、雷电流强度和杆塔的冲击接地电阻值。一般说绝缘子串 50%冲击放电电压一定时，雷电流强度与地理位置、气象条件有关，而将较高的杆塔接地电阻降下来，是提高架空线路耐反击雷最有效措施之一。

对输电线路多雷区易击杆塔上安装氧化锌避雷器后，当线路遭雷击时，雷电流的分流会发生变化，此时一部分雷电流经架空避雷线流向相邻杆塔并入地，另一部分雷电流经本杆塔流入大地，当雷电流

（塔顶电位或绕击导线上的雷电压）超过一定值后要向导线或横担闪络时，线路避雷器动作分流，大部分雷电流被避雷器（氧化锌阀片）吸纳或从导线经避雷器放电间隙而吸纳。雷电流在流经避雷线和导线时，因导线间的电磁感应作用，将分别在导线、避雷线上产生耦合分量，因为避雷器的分流远大于从避雷线上分流的雷电流，此时耦合作用将使导线电位提高，使导线与横担间的电位差小于绝缘子串的 50% 冲击放电电压，这就是线路避雷器的钳制电位功能，也是线路避雷器的明显防雷特点。随着国内线路氧化锌避雷器的安装使用和国内外的运行经验表明，在多雷击区段线路和易击杆塔上安装线路氧化锌避雷器，是防止本杆塔免遭雷过电压（反击、绕击）跳闸的最有效措施。

三、山区杆塔接地电阻不合格大修改造措施和方法

按 DL/T 475—2006《接地装置特性参数测量导则》的规定，采用 0.618 法的电流、电压辅助射线测量的杆塔接地电阻值应按季节系数换算到实际的杆塔接地电阻值，若明显大于设计值时，应安排接地大修改造。目前接地改造线路运行年限一般在 10 年左右，此时敷设在地下的原人工敷设接地线尚未全部烂断，运行单位大修改造时，一般是按原设计的接地装置尺寸进行风车式布线，新接地线改造铺设回填后，其浅表式接地线必然会重叠或交错在旧接地线范围上，由于在接地大修施工中不知早期旧接地线的埋设方向，有时新、旧接地线间距很近，反而起到了屏蔽作用，影响了雷电流、短路电流的快速释放，对杆塔接地电阻下降效果也不大。

有效的杆塔接地网大修改造中的做法为，山区原旧接地线网均按浅埋式风车型射线式布置，如 4×35m，其面积形状是正方形框加四根射线形成风车型，在本次接地大修改造时，可将新布置的 4×35m 改为 2×70m 布置，将旧接地线的杆塔引下线在杆塔边地面以下与新 2×70m 焊接，新、旧接地线网形成一个"中"字状，这样充分利用了旧接地网的功能，又扩大了接地网的面积，杆塔降阻效果十分明显。再 8～10 年后接地网重新大修，可按设计 4×35m 正方形面积铺设改造，仍然将上次改造的 2×70m 旧接地网焊接上，从而充分利用了原接地网的导流功能。

四、线路防鸟害综合措施

原来，野外几乎已没有大树生长在农田或丘陵上，旷野上较高的物体基本是架空线路杆塔。随着国家对民爆物品、枪支弹药的严格管理及封山育林绿化祖国政策的长期实施，以及人类生态环保意识的不断提高，大自然生态环境状况已越来越好，其明显表现为鸟类数量增加很快，架空线路杆塔目前为村镇、农田、水边等田野上的凸出物，成为候鸟栖息、筑巢处，鸟类在绝缘子串挂点处筑鸟巢现象越来越多，鸟类栖息鸟粪下泄或鸟巢杂草下挂引起的鸟害线路跳闸故障呈上升趋势，以往运行单位往往采取"堵"的方式，经常派人登塔去捣毁、拆除鸟巢。因四周可供鸟类筑巢的树木较少，毁巢后的候鸟又会在前后杆塔横担上继续筑巢，特别在鸟类生育繁殖期，捣毁、拆除鸟巢后，当天或晚些时候鸟类又会在原塔或前后杆塔上重新筑巢，速度之快让人难以想象。

1. 引起送电线路鸟害跳闸的鸟类

经观察，容易在横担头筑鸟巢的有白鹭、牛背鹭、苍鹭、白鹤、灰鹤和八哥、喜鹊等，但八哥、喜鹊鸟巢喜用树干，对线路运行基本无危害。而鹭类鸟喜用软杂草筑巢，下挂的杂草有时约几十厘米至 1m 左右。其次是喜欢在横担头栖息、排泄的鸟类，如吃鱼虾的鹳、鹬、鹭、鹤和吃小动物的鸷、鹞、猫头鹰、雕鹰等鸟类，线路鸟害跳闸基本在半夜 2～3 点钟至凌晨或傍晚，此时空气潮湿，当鸟在悬垂绝缘子串横担挂点处排泄稀稠鸟粪或吃鱼、田鼠等小动物时，其稀稠鸟粪、内脏或鸟巢下挂杂草等，造成短接空气间隙而发生线路跳闸。

架空线路频发鸟害跳闸事故一般在 4～6 月份，此时为候鸟生育繁殖期，基本是生活在山塘水库、湖泊湿地的白鹳、白（灰）鹭，此类鸟吃的是小鱼小虾、螺蛳蛤砺，拉出的鸟粪基本是黏稠的稀液。早在 20 世纪 20 年代，世界上就已发现有鸟粪导致送电线路闪络跳闸的事故。另外由于筑鸟巢杂草下挂，凌晨空气潮湿且短接空气间隙而跳闸。鸟害跳闸一般在凌晨的 1～2 时或 5～6 时，且鸟害跳闸几乎均能重合闸成功。引起鸟害跳闸的杆塔多数是周围有池塘、小水库或湖泊湿地类环境。

因线路直线塔导线悬挂为"I"方式，且悬挂点处支撑角钢较多，因此鸟类多数将鸟巢筑在横担悬垂绝缘子串挂点处。另外鸟类也喜欢站在两边相横担头栖息或排泄鸟粪等。

2. 鸟害引起线路跳闸故障

（1）高电导率的稀稠鸟粪间断短接空气间隙造成短路故障。

（2）候鸟在筑巢后草类、长导电物下挂或大风吹坍塌鸟巢发生短路故障，如鸟类在杆塔横担上筑巢的草料、长导电物等下挂，在凌晨空气潮湿时，该类杂物短路部分空气间隙或搭接部分绝缘子而放电并引发线路跳闸，或潮湿鸟巢被大风吹坍塌挂下的树枝、长导电物等短接空气间隙发生线路跳闸事故。

（3）部分猫头鹰、雕、鹰等鸟类在横担上吃鱼、田鼠等小动物，其内脏垂挂下短接或部分短接空气间隙和绝缘子片，若此时为潮湿气候，也容易发生短路跳闸事故。

鸟害跳闸多数发生在 110kV 线路上，220kV 线路鸟害故障相应比 110kV 少，35kV 线路属不直接接地系统，即使发生鸟害引起的单相接地时，线路也不会发生跳闸。

3. 为什么有时绝缘子串上无鸟粪也会引发线路跳闸

鸟在凌晨离巢出去觅食前，会站在横担上排泄大量的鸟粪时（半夜也会排粪），很容易引起鸟粪短接空气间隙而闪络跳闸事故。此时空气潮湿度又较大（如有轻雾现象）。

由于鸟害引发的线路跳闸事故是一种突发性事件，线路跳闸前没有任何征兆，线路跳闸闪络时也极少为人见，只能事后进行判断。过去一直认为鸟害跳闸是由鸟粪落在绝缘子表面而引发的沿面闪络事故，因此线路工们在巡查故障点时，主要是查看绝缘子串上有没有鸟粪或闪络烧伤痕迹（有时也会在绝缘子串外侧导线上或下方地面上发现有鸟粪），结果有时往往查不出故障点。

4. 排泄鸟粪闪络试验过程与闪络机理分析鸟粪闪络的发展过程

可以分为 3 个阶段。

（1）排泄鸟粪通道的形成和延伸。鸟粪排出后以自由落体方式下落，形成一段一段细长的下落体。

（2）绝缘子周围电场发生严重畸变。具有一定导电性的鸟粪通道介入，使绝缘子周围的电场分布发生严重畸变，鸟粪通道的前端与绝缘子串导线端之间的空气间隙的电场强度大大增加。绝缘子串承受的大部分电压都加在了这一段空气间隙上。

（3）空气间隙击穿并完成闪络。当鸟粪通道的前端越来越接近绝缘子导线端时，它们之间的空气间隙承受不了所加的电压值，此时空气间隙被击穿并形成局部电弧。当鸟粪的电导率超过一定值时，局部电弧最终导致绝缘子闪络。鸟粪闪络的机理可以认为是鸟粪下落的瞬间畸变了绝缘子周围的电场分布，使鸟粪通道与绝缘子高压端之间发生空气间隙击穿而导致的闪络。而以前直观地认为是因鸟粪淌落在绝缘子表面而导致盘面污秽发生闪络的。

针对 110、220kV 线路半夜到凌晨，尤其是凌晨发生的闪络跳闸事故，有时查不到故障点，该类跳闸在 4 ~ 6 月份期间，基本是鸟粪、鸟巢杂草等引发的短路跳闸，且鸟害跳闸多数会重合成功。在 11 月 ~ 来年 3 月份期间，基本是污闪跳闸，且污闪跳闸多数是重合不成，且污秽闪络跳闸绝缘子串上肯定有闪络烧伤现象。

5. 采用防鸟效果好的塔型是减少鸟害事故的基础

送电线路鸟害事故基本发生在直线悬垂串处，线路设计若采用两侧横担头斜撑叉铁较少的塔型，使候鸟不容易在绝缘子串挂点处站在栖息或筑鸟巢，可减少部分鸟害跳闸事故和运行维护工作量。如 110kV 同塔双回 ZS、ZGU 型塔，其横担头绝缘子串挂点处由两块 ∠75mm × 6mm 的角钢，吃水面朝上，由于此处角钢少且平整，候鸟无法在此筑鸟巢，连站立栖息都有一定的困难；而 J7815 型单回路塔，两边相的绝缘子串挂点由 4 块角钢支撑，没有平面结构，候鸟类也不会在此筑鸟巢，更无法在此处栖息排泄鸟粪，但对中相挂点仍需采用防鸟挡板或防鸟措施，以防止候鸟类在挂点处筑鸟巢或站立栖息排泄鸟粪造成中相鸟害跳闸。

6. 改变直线塔绝缘子串的悬挂形式可防线路鸟害事故

鸟害事故一是由候鸟排泄鸟粪且通过绝缘子串桥接或跳接空气间隙而发生短路跳闸；二是筑鸟巢的杂草、长导电物等下挂，在潮湿的天气下（雾）桥接或搭接绝缘子串后引发的短路跳闸；三是鸟类啄吃鱼类、田鼠等时内脏类下挂短接部分绝缘子串后跳闸。因此鸟害跳闸几乎均需绝缘子串桥接、跳接或短接部分绝缘子串距离，若将直线塔的绝缘子"I"串悬挂方式改为"V"串悬挂，则带电导线正上方因无悬挂点角钢叉铁，候鸟无法筑鸟巢，即使候鸟在带电导线正上方的横担上栖息排泄鸟粪，由于对下方带电导线间为纯空气间隙，即使鸟粪高电导率，但下泄的鸟粪不可能完全连接，鸟粪因无绝缘子串的桥接，基本不会造成线路跳闸。

7. 为什么多数防鸟措施其效果不佳

针对候鸟在横担绝缘子串悬挂处筑鸟巢，栖息或排泄稀鸟粪，以前人们在横担头安装风动式带镜子驱鸟器，以镜子反光和风吹转动来驱赶鸟；安装防鸟刺，以不让鸟站在横担头；安装高科技的超声波驱鸟器，用超声波驱赶；将整个横担刷上防鸟油漆，原理油漆内有导电物，在电场作用下油漆会释放出电磁波使鸟类难受而不在上面筑鸟巢和栖息停留；采用三合板制作成封堵式防鸟装置，采用尼龙网封堵式防鸟装置，不让候鸟在横担头筑巢等。但有的所谓高科技产品不懂其故障原理而花费了大量的人力、物力和财力。

8. 防止候鸟在绝缘子串悬挂点栖息、排泄鸟粪的有效措施

随着国家注重生态、绿化造林的普及，野外生态环境越来越好，各种鸟类也越来越多，架空线路杆塔上栖息、筑巢已成为部分候鸟的首选，而鸟类筑巢的杂草、金属丝下挂、候鸟在横担挂点处栖息排粪等造成空气间隙短路跳闸也经常发生，为阻止候鸟在横担头挂点处栖息停留，有的单位采取的措施是在横担头绝缘子串挂点处安装众多的防鸟刺，使候鸟在该处栖息、停留不方便，但也给线路下导线检修和更换绝缘子串带来较大的麻烦。

为防止候鸟在横担头绝缘子串挂点处栖息排泄鸟粪而引发线路跳闸，也可在横担侧绝缘子伞盘上安装一块有机玻璃，该挡板的一侧锯开一槽口，安装时插入到位后，用螺丝、有机玻璃小板封口固定，重要的是有机玻璃边缘要超出伞盘边缘 15cm 以上，以防止排泄鸟粪击穿空气间隙而造成线路跳闸。

安装有机玻璃鸟粪挡板效果较好，但成本较高，安装、拆卸麻烦，停电检修作业人员下导线不方便，为此又在某些塔型的横担头革新制作铝合金封堵板，一块、一块插入，在铝合金平面上打孔排水，在横担头挑出 20cm 左右，若候鸟站在此处栖息排粪，下泄鸟粪距绝缘子伞盘外缘大于 15cm 以上，从而避免了鸟粪短接空气间隙跳闸的可能，候鸟若在封堵板平面筑巢，大风容易将鸟巢吹落，实践证明候鸟不再在此处筑鸟巢，由于铝合金插板强度大，线路作业人员站在板上安全，在横担头绝缘子串挂点处向外挑出约 20cm（使鸟排泄稀鸟粪时的距离大于相电压空气间隙击穿距离），在挑出板上刷写"禁止踩踏"警示语，以防人员踩踏坠落，该封堵板在线路停电检修作业人员下导线不需拆除封堵板，更换绝缘子串时拆开封堵板，以利安装提升导线在横担上的受力固定点。

9. 安装人工引鸟巢措施

为防止鸟类对送电线路的威胁，保护人与野生动物的和平相处，采取"疏"的原理，派人上塔将悬垂绝缘子串横担挂点处的鸟巢整体往塔身主材边移位，并在原筑巢处安装上防鸟设施。如多股钢绞线制成树枝状散开的鸟刺，醒目颜色的风车旋转式驱鸟装置，反光镜式的惊鸟装置，铝合金封堵板等，使鸟类不能在悬垂绝缘子串横担挂点处站立栖息、排泄鸟粪和筑草巢等。同时运用鸟类领地生存法则原理，在塔身内人为安装了许多人工引鸟筑巢架，诱导候鸟到塔身内人工筑巢架内筑巢，目前有部分候鸟已在移位后的鸟巢架内筑巢，成功地解决了输电线路鸟害隐患，使输电线路鸟害故障得到了有效控制，最终形成线路安全运行，鸟类繁衍生息，人、鸟、线和谐共处。

五、干字形耐张铁塔中相跳线风偏放电的防范措施

1. 耐张干字形铁塔中相跳线对塔身放电的原因

早期输电线路 220kV 转角耐张塔采用 67TD-35 型、36 型、37 型"桥形"塔，该塔形因塔头桥形支撑连接点较薄弱、中相跳线上跳悬挂在塔顶受防雷保护角限制易遭雷击等缺陷，逐步退出使用。此后 110～220kV 输电线路多采用 GJ 干字形 7837、7838 转角塔，而早期塔形的中相导线耐张挂点设计在转角内侧的塔身主材上，造成整基塔的受力分布不理想，后期将中相导线耐张挂点水平移入至塔身中间部位，平移耐张挂点后的 GJ 干字形转角塔的受力较合理，但由于中相跳线悬挂点仍采用单铰链外挑悬挂，造成小转角的耐张塔存在安全上的隐患。

GJ 干字形转角塔原中相导线耐张挂点在内角侧的主材上，其跳线单点悬挂在架空地线横担外侧的

角铁上，偏松的跳线弛度不会对塔身主材发生风偏放电事故。而平移 700mm 改挂在塔身中间时，原设计的跳线角钢承托扁担长度（3m）、单铰链悬挂点等仍为原样，改变了跳线对塔身主材的距离，特别是小转角的跳线或跳线施工尺寸较大时，在受到横向阵（劲）风的吹压下，会引发跳线与塔身距离不足而放电跳闸。

经校核，转角小于 30°的 GJ 干字形耐张塔（包括直线耐张）的中相导线跳线悬挂方式，必须进行防风偏反事故技术改造，同时对大于 30°的转角，应严格控制跳线长度，由于采用单铰链悬挂，跳线自重轻且无张力，受风压后易随风压摇晃、扭转，防止跳线太长而发生摇摆对塔身放电。

2. 干字形转角塔风偏放电隐患改造措施

在 GJ 干字形耐张塔中相跳线悬挂点即架空地线横担的两块支架主材∠80×6（106 号、107 号塔材）组成挑出的避雷线挂点外侧 80cm 处，横向在地线横担上加装两块 1.5m 长的∠75×5 角钢，将原单悬挂点改为双悬挂点，如图 GYSD00805002-1 所示，将原 3m 的跳线角钢承托扁担增长至 5m，使跳线每侧都增加 1m 的悬空承托支撑距离，增大耐张挂点平移后跳线悬链线最低处对塔身的水平距离，对跳线串绝缘子增加片数以提高泄漏比距，解决跳线绝缘子串清扫困难的缺陷，实现线路专业减人增效的目的；同时解决了原跳线单点铰链任风压随意晃摆的缺点。

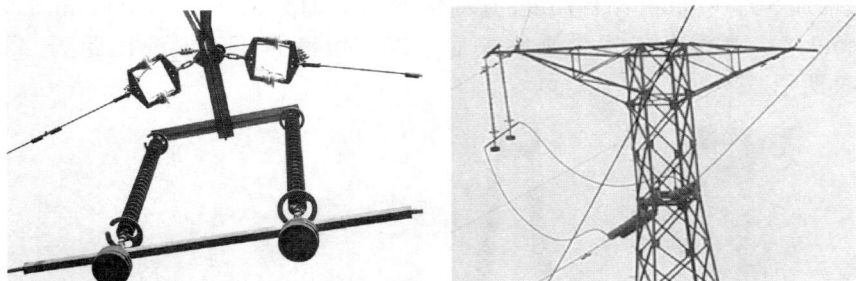

图 GYSD00805002-1　将单铰链悬挂装置改造为双串

六、悬垂双联绝缘子串污耐压下降和复合绝缘子芯棒脆断的反事故措施

1. 绝缘子悬垂双串容易污闪跳闸的原因

DL/T 5092—1999《110～500kV 架空送电线路设计技术规程》第 8.0.1 条文说明：绝缘子组合可由几个分支组成，整个组合称为"串"，其中分支称"联"。多联绝缘子串一般用于重要跨越、大垂直档距情况或耐张串。我国输电线路外绝缘早期采用瓷绝缘子，且不采用金属招弧角保护瓷绝缘子串，在线路故障时，故障电流从瓷绝缘子本体通过，当串中存有劣化绝缘子时，会引起劣化瓷绝缘子钢帽炸裂而导线掉串。为防止带电导线掉串，设计规定输电线路重要跨越、特大档距和耐张串采用双联或多联绝缘子串，以防止断联后再扩大事故。500kV 董王线、江黄线都发生过双联悬垂串中断一联，因另一串支撑而避免了导线落地。

硅橡胶复合绝缘子的材质属有机物，因长棒阻性原因，导线端复合绝缘子在强电场下会因老化龟裂、电蚀穿孔而发生芯棒脆断掉串，目前线路设计有跨越或特大档距时采用双联绝缘子串，以免除带电导线掉串落地。对玻璃绝缘子，因产品特性和自爆后有 80%额定荷载的残锤强度特征，因此玻璃绝缘子使用在重要跨越等处，可不采用双联绝缘子串，一来可减少绝缘子投资造价，二来可免除悬垂双联串污耐压降低的隐患。

国家电网公司武汉高压研究院在 20 世纪 90 年代初就对绝缘子串的污耐压进行了试验和论证，得出结论：悬垂平行双联绝缘子串的污耐压值要比悬垂单联绝缘子串的污耐压值降低 6%～10%（苏联在 20 世纪 80 年代也对悬垂单、双串绝缘子进行污耐压的试验论证，结果是双串污耐压值要比悬垂单串绝缘子污耐压值降低 7%～13%），也就是说，悬垂双串的污耐压要比相同结构高度（数量）的单串绝缘子降低 10%左右。这主要是由于双联平行悬挂的绝缘子串所处的电磁场与悬垂单串绝缘子的电磁场是不等的，双联串因邻近悬挂一串同样污秽的绝缘子，在大雾天泄漏电流向上爬行脉冲过程中，若上冲或爬行受阻时，其上冲的脉冲电流会沿临近串绝缘子表面交叉飞弧跳跃上行而贯通击穿通道，从而发生绝缘子串闪络（污闪）跳闸事故。事实证明：多数线路污闪跳闸基本是悬垂双串上引发的。

2. 悬垂双串污耐压降低的弥补措施

架空线路设计人员采用双联串时是按机械荷载考虑，不考虑双联串污耐压降低的现实，双联串若要按 10% 弥补污耐压，设计要重新校核塔头（窗）的风偏距离，所以线路设计的双联与单联均考虑相同的泄漏比距。

220kV 及以下线路悬垂串的二联板的两挂点间距一般为 400mm；500kV 线路的悬垂串二联板的两挂点间距一般为 450mm。国家电网公司武汉高压研究院曾对双联悬垂串间距 450、550mm 直至 650mm 等不同二联板间距进行 $U_{50\%}$ 耐压试验，分析试验数据后发现，随着导线端挂点间距的不断拉开，绝缘子串的 $U_{50\%}$ 也相应提高，当导线侧挂点的间距增至大于 650mm 时，双联串结构的绝缘子串 $U_{50\%}$ 和单串绝缘子的 $U_{50\%}$ 基本一致。

对运行的老旧送电线路平原区域悬垂双联串为弥补污耐压降低约 10% 的措施，可将导线侧两线夹拉开"八字形"悬挂改造，若双联串采用下垂式悬垂线夹时，在改八字形悬挂中，可优化采用上扛式悬垂线夹，上扛式悬垂线夹系将 1 号、4 号子导线提升在盘形玻璃绝缘子的上方，即两子导线可替代均压环作用，将下挂式悬垂线夹改为上扛式悬垂线夹，在导线对地距离保持不变情况下，能腾空约500mm 距离，可增加 3 片 170mm 结构高度的玻璃绝缘子，即原 25 片/串（170mm 结构高度），几何泄漏比距为 2.75cm/kV，改为上扛式悬垂线夹后，28 片/串的几何泄漏比距为 3.08cm/kV，如图GYSD00805002-2 所示。

图 GYSD00805002-2　原悬垂双联串改为八字形双联串

如图 GYSD00805002-2 所示，将原 500kV 电压等级的 45cm 间距拉开至 100cm 左右间距（同样110kV 拉开 70cm 左右间距；220kV 拉开 80cm 左右间距），在山区较清洁的区域，由于全线外绝缘配置一般都采用同一种绝缘子型号，山区段的线路悬垂双联串的泄漏比距裕度较大，运行单位不可机械地考虑弥补污耐压而盲目拉开改造，若在山区将悬垂双联串拉开改造会使连续上山档或两侧档距严重不均的杆塔的两串绝缘子存在受力不均的隐患。

3. 硅橡胶复合绝缘子高压端电蚀穿孔和芯棒脆断的原因

复合绝缘子整枝含芯棒、伞裙和护套均为全绝缘，它不同于盘形绝缘子串那样存在着钢帽、钢脚等金属件（电容大），属极间电容量极小的长杆绝缘结构，所以其电压分布极不均匀，电压仍等级越高的线路上越明显，如 500kV 线路，其导线侧约 6% 长度的复合绝缘子串上要承受 25% ~ 30% 的运行电压，这种情况在长串绝缘子及电压等级越高时越明显。

根据国家电网公司武汉高压研究所《500kV 线路绝缘子串分布电压的现场实测与分析》的结论：线路绝缘子无论单串或双串，中相串的分布电压总比边相串更不均匀；中相串靠近导线第一片绝缘子的分布电压比边相串的导线侧第一片约高 10%，即 1.1 倍。所以运行线路上的双串平行悬垂复合绝缘子串和中相单联复合绝缘子串更容易发生电蚀穿孔、芯棒碳化脆断事故。

以 500kV 为例，复合绝缘子在两端安装上均压环后，其 55% 的芯棒上承担 100% 的工作电压（中间段分布电压很低），由于均压环均不罩住硅橡胶伞裙，高压端第一片伞裙处的分布电压仍处于 30 ~ 38kV/cm 间，使复合绝缘子金具与芯棒及护套等材料之间的界面处空气容易发生电离，产生过大的泄漏电流造成局部过热，导致硅橡胶成树枝状放电，使硅橡胶护套等加速电老化和树枝状贯通、电蚀穿孔，造成电蚀处的界面直接与大气接触。在电场作用下产生电晕，使空气中的氮气与氧气反应，产生亚硝酸酐，它与水蒸气发生电化学反应生成亚硝酸，腐蚀或电老化环氧树脂芯棒，造成芯棒脆断而线路掉线的重大事故，全国已发生数十起 500kV 复合绝缘子芯棒脆断或掉串事故。

4. 防止复合绝缘子芯棒脆断的措施

为解决复合绝缘子导线端分布电压超标而容易电晕、放电，刺穿硅橡胶护套发生电蚀穿孔隐患，运行单位可改变绝缘子串的组合方式，即将 500kV 原结构高度 4450mm 的复合绝缘子，特殊加工成 3450mm 长度，计算的 1000mm 长度，可采用在横担侧装上一片 ϕ360mm 盘径、170mm 结构高度、550mm 爬电距离的大盘径标准型玻璃绝缘子，在导线端装上 5 片同样型号的玻璃绝缘子（6 片玻璃绝缘子长 1020mm），如图 GYSD00805002-3 所示。

图 GYSD00805002-3　下挂式悬垂线夹和上扎式线夹加片八字形改造

组合串的结构高度与原复合绝缘子相当，即高压端的强电场由无机材料的玻璃绝缘子承担，有机物的复合绝缘子远离强电场，大部分污耐压由中间的复合绝缘子承担，将原平行双联悬垂串导线端挂点拉开 100cm 间距成八字形悬挂，以弥补运行线路上平行双联串污耐压降低的现实。

西安交通大学电气绝缘研究中心对上述运行线路挂网的玻璃、复合绝缘子组合串进行了模拟仿真计算，共按三种绝缘子结构的 9 种组合方式计算，结果纯复合绝缘子的导线端硅橡胶伞裙表面最大电场强度已达到或超过硅橡胶表面上最大电场强度 500V/mm 的设计要求，最佳组合方式是采用上扎式悬垂线夹，复合绝缘子与横担端 1 片、导线端 5 片玻璃绝缘子组合结构，此时导线端复合绝缘子伞裙表面的最大电场强度最大只有 165V/mm，且其均压环表面的最大电场强度也只有 0.27V/mm。线路边相复合绝缘子从 318kV（有效值）总电压中共承担了 172kV（54%），6 片玻璃绝缘子共承担 146kV（46%），导线侧第二片玻璃绝缘子承担了最大 29 kV（有效值）电压。比下挂式悬垂线夹的复合绝缘子与横担端 1 片、导线端 5 片玻璃绝缘子组合串的导线侧第一片 48kV 电压分布值减少了 19kV，体现了上扎式线夹取消均压环后的均压效果。

国网电力科学研究院高电压研究所同时对挂网运行的组合串在实验室内，按三种绝缘子结构计 23 种绝缘子组合串方式进行试验、检测验证其电压分布值，纯复合绝缘子导线端 2 大 2 小伞段（17cm）的电位分布值达到 41%（超电晕起始值），导线端 4 大 4 小伞段的电位分布值达到 64%，即复合绝缘子沿串电压分布极不均匀。最佳组合方式仍为复合绝缘子与横担端 1 片、导线端 5 片玻璃绝缘子且采用上扎式线夹组合结构，实验室试验和检测为导线端复合绝缘子 2 大 2 小伞段（17cm）的电位分布值由原 41%降低至 11%，其导线侧第二片玻璃绝缘子的电压分布值在 20 kV 以下。

运行单位针对优化后的玻璃、复合绝缘子组合串的仿真理论计算和实验室真型试验检测结论，组织员工采用国网电科院检测用的绝缘子电压分布检测仪，对挂网运行的 500kV 纯复合绝缘子进行分布电压值的实测，结果高压端（导线侧）均压环处的第一片与第二片大伞裙间的分布电压在 32 ～ 37kV 之间，而串中间第 24 ～ 25 片伞裙间的分布电压值只在 1.1 ～ 1.7kV 之间，两者间分布电压值相差约 20 ～ 30 倍。对优化组合串检测后得出，导线端复合绝缘子均压环处的电压分布值已降低至 24kV 以下，导线侧的玻璃绝缘子电压分布值均在 20kV 以下，从实际运行线路上验证了理论计算和实验室试验的结果。将超高压线路纯复合绝缘子改造成为玻璃、复合绝缘子组合串，解决了硅橡胶护套因强电场发生树枝状贯通、电蚀穿孔，环氧树脂芯棒暴露在大自然中而发生电老化使芯棒脆断而掉串的恶性事故。

5. 外绝缘"V"串布置悬挂时防止风压下钢脚别弯掉串措施

目前为优化线路走廊和增加线路外绝缘的泄漏比距，线路外绝缘已按"V"串布置，由于复合绝缘子系长棒型结构，当导线受横向风压时，受压侧的复合绝缘子不能像盘形绝缘子串那样，每片绝缘子的球碗结构（铰链结构）均会产生转动位移分解荷载，在强大的横向风压荷载下，极易引发 W 销（R 销）变形失效、钢脚别弯脱出碗头掉串等事故。

同时为防止超高压复合绝缘子导线端因场强高而引发的硅橡胶电蚀或树枝状贯通，造成芯棒脆断事故和复合绝缘子"V"串布置受风压造成的钢脚、碗头脱出事故，设计时可采用玻璃与复合绝缘子组合方式，如 500kV 线路，横担侧挂 1~2 片 170 mm×550 mm 的绝缘子，中间连接长 5 470 mm 的定制复合绝缘子，导线端连接 6 片 170 mm×550 mm 的绝缘子，加上子导线以上金具（长度为 345 mm），总串长为 7.175m，解决了"V"串复合绝缘子受横向风压时钢脚比武脱出碗头掉串事故的发生。如图 GYSD00805002-4 所示。

图 GYSD00805002-4　玻璃、复合绝缘子组合串

七、67TD 桥型耐张跳线扁担上加装接地装置以防停电线路感应电伤害

1. 停电线路上产生感应电并伤害检修人员的原因

随着电网发展越来越快，输电线路随着出线走廊及变电站的增加也越来越多，多数采用同杆并架或临近平行架设，因输电线路电磁场的自感、互感原因，带电线路会对上方绝缘避雷线和临近的停电检修线路上产生较高的感应电压，由于个别员工对单回路停电线路上会产生感应电原理不清楚，从而对线路作业人员构成很大的安全威胁。近几年国内已多次发生登杆作业人员感应触电事故。

绝缘避雷线或停电线路上产生的感应电，来源于平行、交叉的相邻带电线路的影响。它由空间电容耦合产生的静电感应电压和空间交变磁场耦合产生的电磁感应电压两部分组成。一般来讲，带电线路上方的绝缘避雷线、同杆并架或临近平行的另一回停电线路，由于上述影响，将感应产生约数千至数万伏静电感应电压（这如同变压器原理，下方或临近的带电导线（线路输电），中间空气绝缘，上方绝缘避雷线和停电线路导线上将感应出电压、电流）。当带电线路电压一定时，产生的静电感应电压大小与两导体的间距成反比。

输电线路输送交流负荷电流，所产生的交变磁通将有部分磁链着上方绝缘避雷线或临近平行的另一回停电线路上。该类导线上将产生互感电动势，沿线累加起来的互感电动势可达数十至上百伏。当有电与无电导线的间距一定时，停电线路上的磁感应电压高低与线路输送的负荷电流以及平行长度成正比。

与地悬空且绝缘的导线上存在感应电压是客观的（无论静电感应还是电磁感应），它不单单只会使作业人员发生"麻电"感觉，甚至会致人于死地。即使此类停电线路挂上接地线后，感应电压趋向于零，但接地线上仍源源不断地流有感应电流。分析这类感应电损害事故发生的主要原因有：

（1）作业人员对感应电危害性认识不足，普遍认为只会发生较严重的"麻电"现象。

（2）作业人员在杆塔上工作没有安全带保护，以致人体误碰带有感应电压物体瞬间，感应电对人瞬时放电而使人失控造成高空坠落。

（3）处在输电线路电磁场内的停电线路导线上或上方绝缘避雷线上，始终产生感应电，即使在绝缘避雷线或停电线路导线上挂好接地线，这类接地回路上也始终源源不断地流有感应电流。所挂接地线一经拆开，感应电压即刻恢复。

（4）违反 DL 409—1991《电业安全工作规程（电力线路部分）》中挂、拆接地线的规定且未采取有效的防范措施。

为防止线路停电检修时作业员工免遭感应电的伤害，除应严格执行工作地段两端接地封网和较长线路应在中间合理加挂接地线的规定以外，还补充规定停电线路检修作业人员必须每人携带一副单相式自拆自挂的个人保安线，作业员工下导线前，必须在工作相导线上挂好个人保安线后才能下导线工作。挂、拆接地线应严格遵照先接接地端，后接导线端的顺序，拆时相反。人体不得碰触接地线。

2. 检修人员下 67TD 桥形耐张中相跳线作业时防止感应电损害的措施

作业员工站在输电线路直线塔横担头悬垂串处往导线上挂设个人保安线，因保安线的夹具卡口是与导线直径配合，挂设较方便，对在耐张塔上检修，跳线成悬链线状时个人保安线可轻松夹卡在跳线上。但早期的 67TD 桥形耐张塔中相跳线和干字型中相跳线，其跳线是固定卡钩在∠50×5 角钢扁担上，此类塔型线路停电检修，检修员工要下中相跳线设备上检修和清扫绝缘子前，用个人保安线短接跳线角钢扁担时，保安线的导线夹具无法夹卡住∠50×5 角钢扁担，检修作业员工往往将个人保安线搭在铁扁担上，爬下后用手打开卡具夹角钢，爬下或检修、清扫中铁扁担晃动会使保安线脱开，造成跳线串上检修员工工作中失去个人保安线的保护，为解决检修作业中感应电对人身伤害的隐患，制作了"L"形接地装置，即采用 60×6 铝排制作"L"形，钻好孔贴在跳线角钢扁担下方用螺栓连接固定，"L"形上部贴上两块 5cm 宽铝排铆钉固定后锉成半圆形，制成如 ϕ20mm 左右圆棒，如图 GYSD00805002-5 所示。

线路停电检修时，作业人员在塔顶先将个人保安线夹具夹在"L"上部三层铝排铆制成且锉成半圆形的铝板装置上，检修人员再沿中相跳线绝缘子串下到跳线扁担角钢上，彻底消除了桥形耐张塔中相跳线在停电检修中，作业人员爬下导线工作时易被感应电损害的重大安全隐患。

八、架空地线（钢绞线）紧线的防滑措施

1. 钢绞线紧线器跑线、镀锌层损伤的原因

架空线路避雷线一般采用镀锌钢绞线，因其材质硬度高，在架设架空地线紧线中，双桃

图 GYSD00805002-5　桥形耐张跳线扁担装有"L"形连接装置

形紧线器经常在弛度合格比印划线时，发生卡不住钢绞线而产生跑线现象，特别是在弛度合格空中开断钢绞线尾线备做耐张楔形线夹时，受力钢绞线在受开断振动中的影响，经常会发生钢绞线跑线或滑动现象，严重时开断的尾线在跑线张力下发生击打塔头施工人员的人身事故。

目前线路施工架设多采用外包施工，在紧架空避雷线时，甲方（运行单位驻工地代表）有时不在现场，由于双桃形架空地线紧线器的下部为直线状，当地线弛度符合时，钢绞线张力较大，有时过牵引或扣住在塔头开断钢绞线时，往往发生架空地线滑动（跑线），施工单位为方便施工和防止架空地线跑线、滑动等造成返工，往往错误地采用"狗头式"紧线器，狗头紧线器上桃下圆柱上开有钢痕，钢痕槽口非常锋利，紧线中卡口钢痕会深深地卡入钢股内，造成钢绞线镀锌层和钢股严重损伤，竣工验收中若不注意检查，今后运行中损伤的架空避雷线会加速生锈腐蚀。

狗头式紧线器是拉线杆塔在制作拉线时的紧线工具，紧线器卡口虽然锋利，但地面人工作业制作拉线时调整受力小，对钢绞线镀锌层损伤不大。

2. 防止架空钢绞线紧线时跑线、卡伤镀锌层的措施

为解决架设避雷线时紧线器跑线、滑动和杜绝镀锌钢绞线损伤现象，可取一只 NX 楔形线夹（楔形线夹靠芯子与槽将钢绞线紧密压紧，越拉越紧），在线夹本体的一侧用铣床铣成一长缺口，宽度比紧线规格的钢绞线宽一点，能高空作业放入钢绞线即可，在人为锯开楔形线夹的缺口面，上下两侧各焊接一只 M16 的螺帽，要求焊接的两只螺帽处于一条轴心线上。塔顶安装自制紧线器时，作业人员将所紧钢绞线从缺口处放入在楔形线夹的主线侧，副线侧放入一根 2m 长的钢绞线，将楔形线夹芯子插紧，在自制紧线器后端将线夹芯子大头方向的钢绞线副线头人为往下折歪点，增加摩擦力以防副线跑线，自制紧线器前端用两只元宝夹头紧固锁住，以保证在紧线中钢绞线副线不滑动，最后用一只 M16 的螺杆从焊接的螺帽旋入另一只螺帽连接，此螺栓的作用是防止楔形线夹紧线受力后，造成楔形线夹缺口变形涨开钢绞线跑线的隐患，如图 GYSD00805002-6 所示。

该自制紧线器方法简单，紧线中安全可靠，又不损伤钢绞线，是线路运行检修工人聪明智慧的结晶。

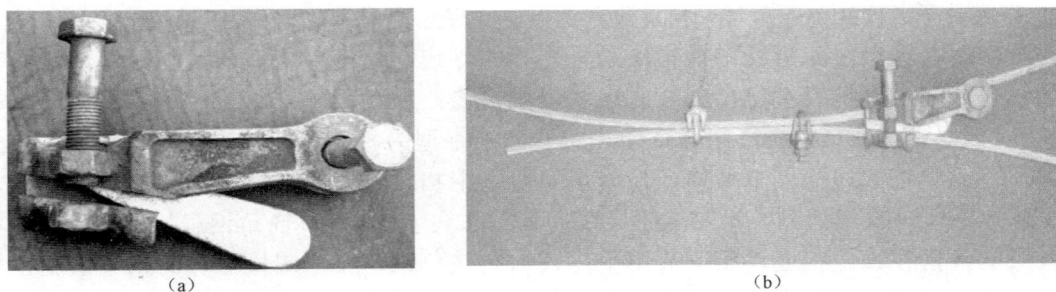

图 GYSD00805002-6 楔形线夹紧线器

（a）开口式楔形线夹紧线器；（b）安装好的楔形线夹紧线器

九、导线耐张跳线并沟线夹的加固处理

输电线路小牌号导线（LGJ-240 及以下）的耐张跳线连接，传统的采用并沟线夹连接，由于并沟线夹为铝合金材料制作，一只并沟线夹由三块铝夹板螺栓分别固定，经常会发生接触电阻大而过热引发导线熔断事故。

小牌号导线基本为 110kV 线路，主供 110kV 终端变压器，一旦发生并沟线夹处导线发热熔断，势必造成限电或变电站全停，社会影响较大，其次 110kV 线路停电困难，备用通道少，按 DL/T 741—2001《架空送电线路运行规程》要求每年检查紧固并沟线夹无法完成，为减少检查紧固并沟线夹停电工作量，运行单位可在小牌号导线线路的耐张跳线上，原两只并沟线夹中间加装一只楔形弹簧线夹，以增加跳线连接通流能力，如图 GYSD00805002-7 所示。

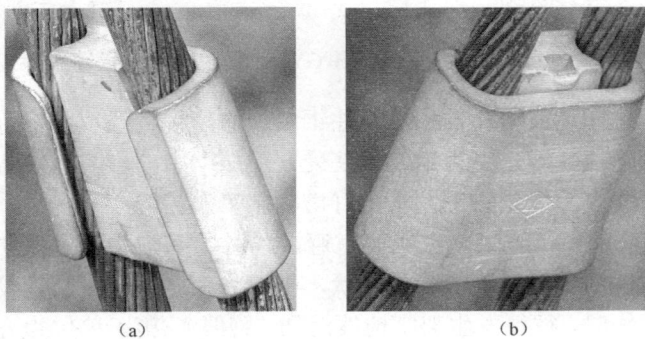

图 GYSD00805002-7 补装的楔形弹簧线夹和安装后的锁定销

（a）加装的楔形弹簧线夹；（b）楔形弹簧线夹的锁定销

经过在运行的老旧线路耐张跳线并沟线夹间加装楔形弹簧线夹后，此类线路的停电检查紧固工作量大幅度下降，耐张跳线至今未发生导线熔断事故。对新建线路应取消并沟线夹而全部采用楔形弹簧线夹。

【思考与练习】

1．为什么小牌号导线的耐张跳线并沟线夹处经常会发生导线熔断事故？

2．采用预绞式螺旋条修补损伤导线的优点有哪些？

3．在横担头安装防鸟刺有什么优缺点？

4．超高压线路采用玻璃、复合绝缘子组合串有哪些优点？

5．为什么降低杆塔接地电阻值对预防绕击跳闸效果不大？

6．在杆塔上加装塔顶、塔身防雷拉线有哪些效果？

第十部分

输电线路生产管理及信息系统应用

第二十八章 设备中心

模块 1 基础维护 (GYSD01001001)

【模块描述】本模块包含线路交叉跨越标准距离维护、混合线路维护单位设置等内容。通过功能描述、图形提示、操作过程详细介绍，掌握线路基础维护的应用。

【正文】

输电线路基础维护内容主要包含交叉跨越标准距离维护、混合线路维护单位设置两大部分。

一、线路交叉跨越标准距离维护

1. 功能描述

本模块用于维护不同电压等级和不同类别的被跨越物对应的标准距离，这些标准距离在登记架空线路的交叉跨越台账时，将作为交叉跨越实例标准距离的默认值。

2. 功能菜单

设备中心>>基础维护>>线路交叉跨越标准距离维护。

3. 操作介绍

线路交叉跨越标准距离维护的界面如图 GYSD01001001-1 所示。

		电压等级	被跨物分类	标准距离(m)
1	☐	750kV	500kV线路	12.0
2	☐	750kV	110(66)kV线路	12.0
3	☐	750kV	330kV线路	12.0
4	☐	500kV	500kV线路	8.5
5	☐	500kV	330kV线路	8.5
6	☐	750kV	220kV线路	12
7	☐	330kV	500kV线路	8.5
8	☐	35kV	500kV线路	8.5
9	☐	35kV	330kV线路	5.0
10	☐	35kV	220kV线路	4.0
	☑	35kV	一级通信线	3.0
12	☐	750kV	35kV线路	12.0

图 GYSD01001001-1 线路交叉跨越标准距离维护的界面

新建：点击"新建"按钮新建一条空记录，选择电压等级和被跨越物，填写现场测量计算后的标准距离，点击"保存"按钮后完成即可。

4. 注意事项

在登记架空线路的交叉跨越台账时，交叉跨越的标准距离将作为交叉跨越台账实例数据的标准距离属性的默认值，自动默认到新建的交叉跨越台账。

二、混合线路维护单位设置

1. 功能描述

混合线路维护单位设置用于对混合线路的维护权限进行分配，对于架空线路、电缆分开管理的机构设置，由架空线路一方首先建立线路台账，然后授权给电缆一方，由谁授权应按照各公司的管理规定来定，原则上应该由运行单位的上一级管理部门完成授权。

2. 功能菜单

设备中心>>设备台账管理>>混合线路维护单位设置。

3. 操作介绍

（1）查询。查询包括线路导航树的浏览及某条线路已授权的线路班组的查询，打开界面后，点击左侧导航树的线路节点，系统显示该节点所对应线路的已授权维护班组信息，如图 GYSD01001001-2 所示。

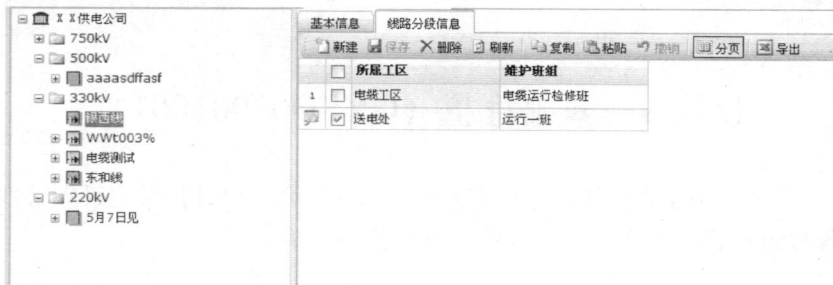

图 GYSD01001001-2　查询界面

（2）授权维护班组。线路导航树中选择一条线路后，点击"新建"按钮，系统首先生成一条空记录，鼠标移到该空记录的"维护班组"列对应的单元格，点击鼠标左键，此时该单元格出现维护班组选择的编辑按钮，如图 GYSD01001001-3 所示。

图 GYSD01001001-3　授权维护班组界面

点击该按钮，在出现的班组选择对话框中选择要授权的班组，点击"确定"按钮后保存。

（3）删除授权。线路导航树中选择一条线路，右侧的[授权维护班组]页中勾选已授权的班组，点击"删除"按钮。

（4）更改授权。线路导航树中选择一条线路，右侧的[授权维护班组]页中选择已授权的班组记录，鼠标移到该记录的"维护班组"列对应的单元格，直接进行更改操作。

4. 注意事项

（1）主界面的导航树只能导航混合线路。

（2）如果架空、电缆线路由同一基层单位统一维护，则混合线路的维护单位一般不需要额外的授权，如果架空与电缆的维护班组不同，也允许授权。

【思考与练习】

1. 线路基础维护主要包括哪些内容？

2. 架空、电缆线路混合时如何进行维护？

模块 2　输电设备台账维护（GYSD01001002）

【模块描述】本模块包含输电线路含跨区域线路合并、维护班组变更管理、线路台账维护等内容。通过功能描述、操作介绍和注意事项，掌握输电设备台账维护和管理。

【正文】

输电设备台账维护包含跨区域线路合并、线路维护班组变更管理、线路台账维护、杆塔台账维护、导线台账维护、地线台账维护、线路金具台账维护、线路交叉跨越台账维护、绝缘子台账维护、防污检测点台账、线路特殊区域台账管理、电缆台账维护、电缆公共设施维护、杆塔接地装置台账维护等内容。本模块主要介绍含跨区域线路合并、线路维护班组变更管理、线路台账维护，其他项目的台账维护方法基本相同，本模块就不一一介绍。

一、跨区域线路合并

1. 功能描述

跨区域线路合并既支持完全手动方式的合并,也支持按线路名称或线路调度编号进行自动合并,支持对失误的合并进行取消合并的功能;该模块允许地市、网省公司、网公司以及总部各层面对线路进行合并,支持自下而上的方式对同一条线路进行多次合并。

线路合并时,该线路上各维护单位维护的杆塔将合并到一起,经过一次或多次合并,最终形成线路完整的杆塔列表。合并后,各级维护单位进行杆塔导航时,仍然只能导航该维护单位维护范围内的杆塔,并不会因为合并而出现不在用户范围内的杆塔。

线路合并后,用户在未合并前维护的各种记录,比如缺陷、故障、检测记录、检修记录等,不会因为合并而丢失。

2. 功能菜单

设备中心>>设备台账管理>>跨区域线路合并。

3. 操作介绍

(1)查询。主界面的上半部分列出了已合并的线路列表,该列表为登录用户所在的部门合并的所有跨区域线路列表,非登录用户所在的部门合并的线路不包含在内,列表的上方提供了线路名称、线路编号、电压等级,可通过这三个过滤条件对所列已合并线路进行查询过滤,如图 GYSD01001002-1 所示。

图 GYSD01001002-1 查询界面

(2)未合并线路提示。主界面的下半部分列出了所有未合并的跨区域线路列表,这些线路首先是跨区域的(线路台账是否跨区域参数的值为"是");其次,线路未被合并,再者线路的维护班组为登录用户所在单位的下属(包括直接或间接的)班组。

(3)手动合并。点击"手动合并"按钮,弹出如图 GYSD01001002-2 所示的对话框。

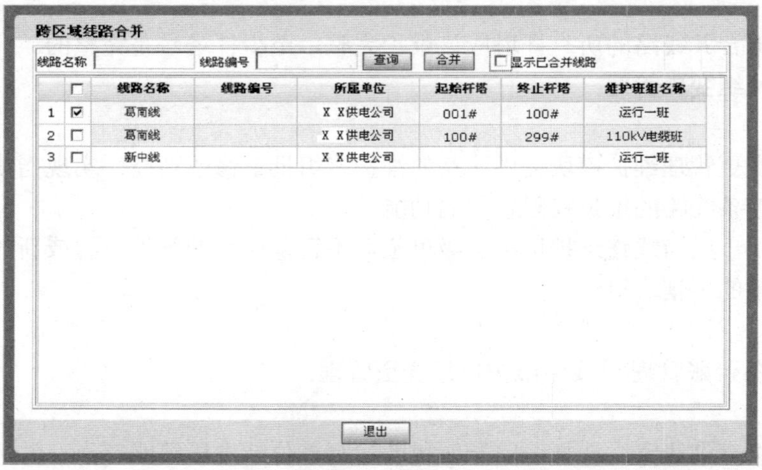

图 GYSD01001002-2 手动合并界面

该对话框首先列出所有未合并线路，列出的线路范围与前面的"未合并线路提示"列出的线路相同，对话框的上部还提供了"线路名称"、"线路编号"两个筛选条件及一个"显示已合并线路"复选框，其中两个筛选条件用来根据名称或线路编号过滤跨区域线路，而"显示已合并线路"复选框用来显示已经合并的线路，原因是线路可能会被多次合并。

对话界面上选择两条以上的线路，点击"合并"按钮，即可实现所选线路的手动合并，合并后这些线路的杆塔将被合并到一起，并将杆塔号最小的那条线路作为合并后的线路，其他线路在相关的应用中将被隐藏。

（4）自动合并。主界面点击"自动合并"按钮，弹出如图 GYSD01001002-3 所示的对话框。

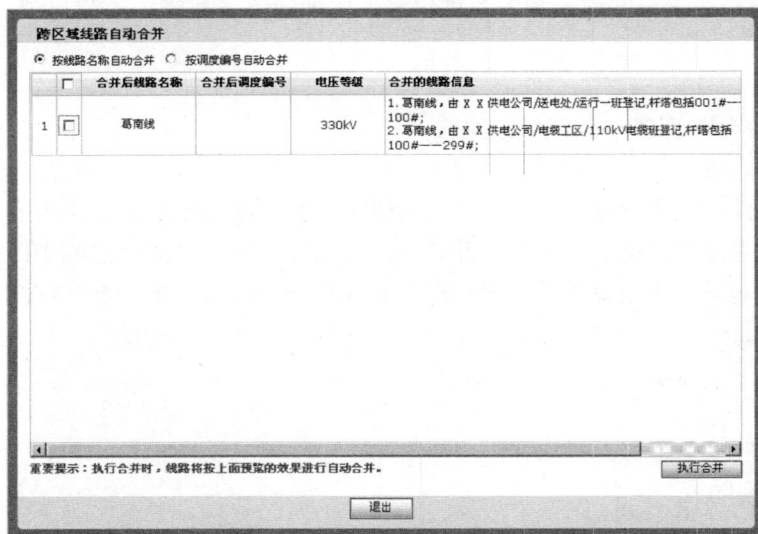

图 GYSD01001002-3　自动合并界面

对话框的上部有两个单选按钮，分别是"按线路名称自动合并"、"按调度编号自动合并"，列表显示区域则是合并后预览效果，选中 "按线路名称自动合并"单选按钮，预览列表中将对相同名称的线路进行合并后的预览，选中 "按调度编号自动合并"单选按钮，预览列表中将对相同调度编号的线路进行合并后的预览，图 GYSD01001002-3 中为选中 "按线路名称自动合并"后的预览效果示例，系统找到两条同名线路，线路名称为"葛南线"，这两条线路合并后会变成一条线路，所以在预览列表中它们占据表格的同一行。

对话框中勾中希望合并的预览行，点击右下方的"执行合并"按钮，系统自动将该预览行中归并好的线路（显示在"合并的线路信息"列）进行合并，合并的执行效果与手动合并一致。

4．注意事项

进行合并前，被合并线路的所有杆塔应该维护完整，至少杆塔号是完整的。

二、线路维护班组变更管理

1．功能描述

线路维护班组变更管理维护模块提供线路的维护班组批量修改功能，实现当线路的实际维护班组发生变更时，进行整条线路的维护权限转移的功能。

该模块维护权限一般为线路维护班组上级单位，不管是原来的维护班组或新的维护班组，都是该上级单位直接或间接的下辖班组。

2．功能菜单

设备中心>>设备台账管理>>线路维护班组变更管理。

3．操作介绍

（1）按维护班组查询线路。选择线路导航树的运行单位或电压等级节点，并选择维护班组查询条件，点击"查询"按钮，执行结果如图 GYSD01001002-4 所示。

图 GYSD01001002-4　按维护班组查询线路界面

（2）修改线路维护班组。导航树右侧的线路列表中勾选一条以上的线路，点击"修改维护班组"按钮，出现班组选择对话框，该对话框中选择新的维护班组，点击"确定"按钮即可，班组选择对话框如图 GYSD01001002-5 所示。

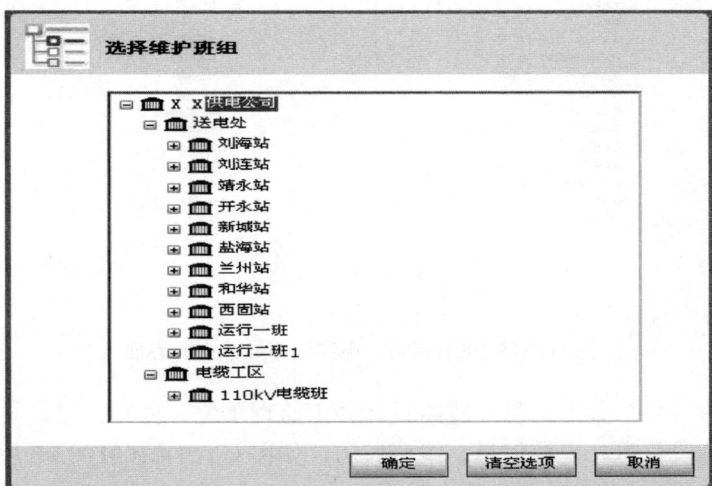

图 GYSD01001002-5　班组选择对话框

三、线路台账维护

1. 功能描述

线路台账维护模块提供新建、修改、删除线路台账的功能，架空线路的台账信息基本上都可以在此模块上维护完整，其中包括线路的杆塔、耐张段、杆塔绝缘子、金具、拉线、附属设施、线路导地线、同杆多回杆塔等信息。

线路台账维护模块内嵌了线路履历的查询功能，履历查询功能包括线路的基本信息的统计、线路相序图、缺陷记录、故障记录、检测记录、检修记录等查询功能。

2. 功能菜单

设备中心>>设备台账管理>>线路台账维护。

3. 操作介绍

（1）线路导航。线路按运行单位→电压等级→线路的树型导航方式进行导航，导航树的线路节点分为三类：架空线路、电缆线路、混合线路，选择不同类别的线路节点时，右侧显示的数据区域是不同的，其中架空线路显示的内容包括基本信息、线路设计施工监理单位、杆塔信息、导线信息、地线信息、线路同杆信息、运行分段信息、线路履历，如图 GYSD01001002-6 所示。

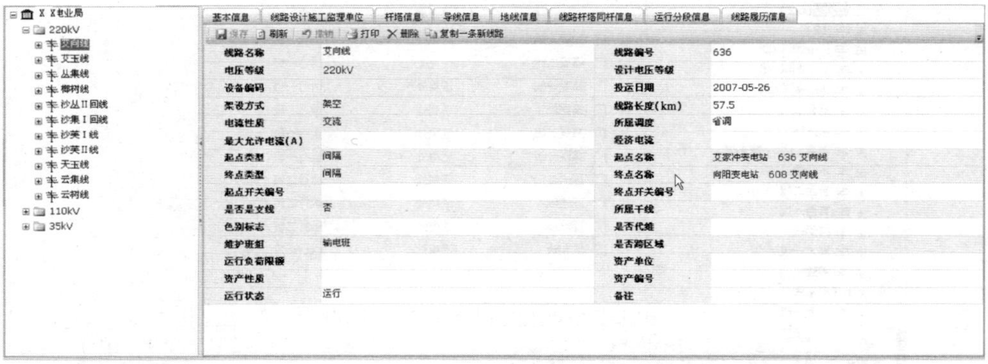

图 GYSD01001002-6 线路导航界面

电缆线路显示的内容包括基本信息、线路设计施工监理单位电缆信息、线路履历，如图 GYSD01001002-7 所示。

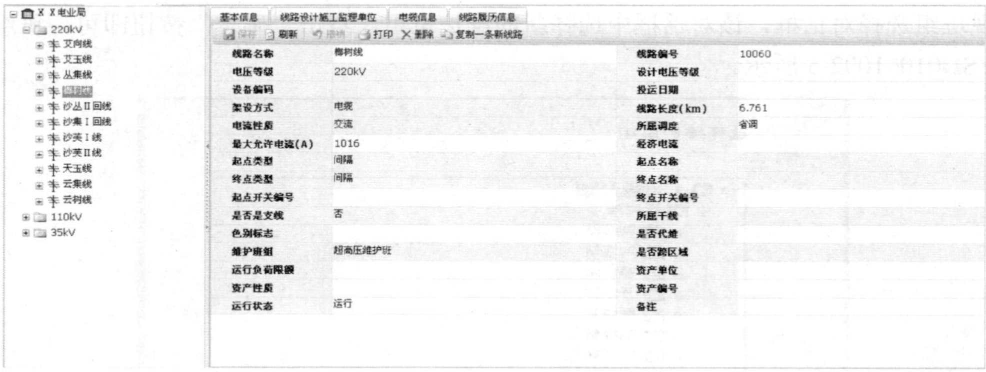

图 GYSD01001002-7 电缆线路显示内容界面

混合线路显示的内容包括基本信息、线路设计施工监理单位、杆塔信息、导线信息、地线信息、线路同杆信息、运行分段信息、电缆信息、线路履历，如图 GYSD01001002-8 所示。

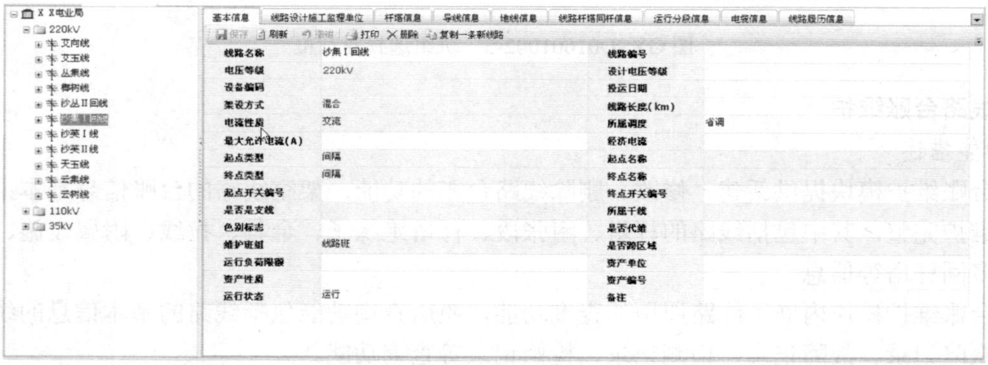

图 GYSD01001002-8 混合线路显示内容界面

（2）显示退役线路。默认情况下，线路导航树及线路列表只显示处于运行状态的线路。导航树中选择运行单位或电压等级节点，右侧数据区的上部有一个"显示退役线路"开关，点击该开关，导航树及线路列表中将显示处于退役状态的线路，同时开关的文本变成"不显示退役线路"，再次点击该开关，导航树及线路列表中将只显示处于运行状态的线路。

（3）新建线路。导航树中选择运行单位或电压等级节点，才能新建线路，选择以上任意一种节点，点击"新建"按钮，系统出现新建线路对话框，如图 GYSD01001002-9 所示。

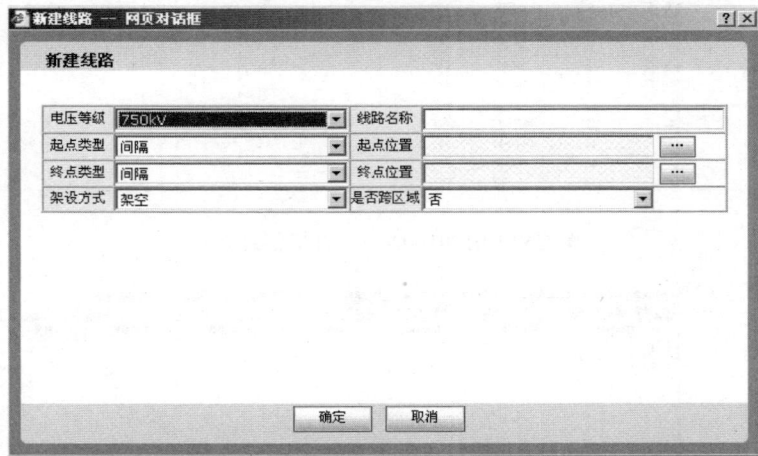

图 GYSD01001002-9 新建线路界面

该对话框列出的所有属性为新建线路时必须填写的属性，一旦填写完毕将不能修改，操作时一定要细心。对话框中选择的线路起点及终点包括三种选项："间隔"、"杆塔"、"电缆 T 接头"，其中"杆塔"、"电缆 T 接头"在新建一条支线时被选择，"电缆 T 接头"表示新建一条电缆支线。

（4）注意。选择线路的起点或终点间隔时，被选间隔必须为输电出线间隔，并且间隔的电压等级与线路电压等级必须相同。

（5）维护线路的设计施工监理单位。导航树中选择线路节点，切换到"线路设计施工监理单位"页，可以对所选线路添加设计单位、施工单位、监理单位、建设单位，也可以直接修改或删除已维护的单位，界面如图 GYSD01001002-10 所示。

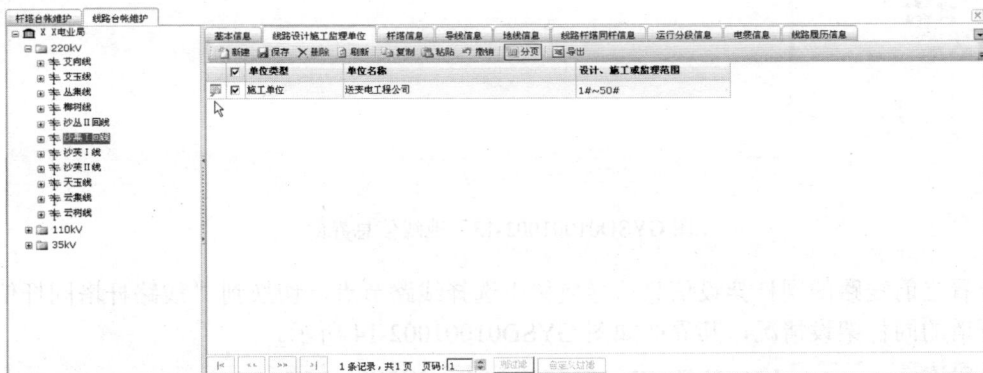

图 GYSD01001002-10 线路设计施工监理单位界面

（6）维护线路杆塔。在导航树中选择线路节点，切换到"杆塔信息"页，维护该线路的杆塔台账，包括批量生成杆塔号、导入塔型数据、批量修改杆塔参数、批量复制杆塔等操作，其界面如图 GYSD01001002-11 所示。

（7）维护导线信息。导航树中选择线路节点，切换到"导线信息"页，维护该线路的导线信息，其界面如图 GYSD01001002-12 所示。

（8）维护地线信息。导航树中选择线路节点，切换到"地线信息"页，维护该线路的地线信息，其界面如图 GYSD01001002-13 所示。

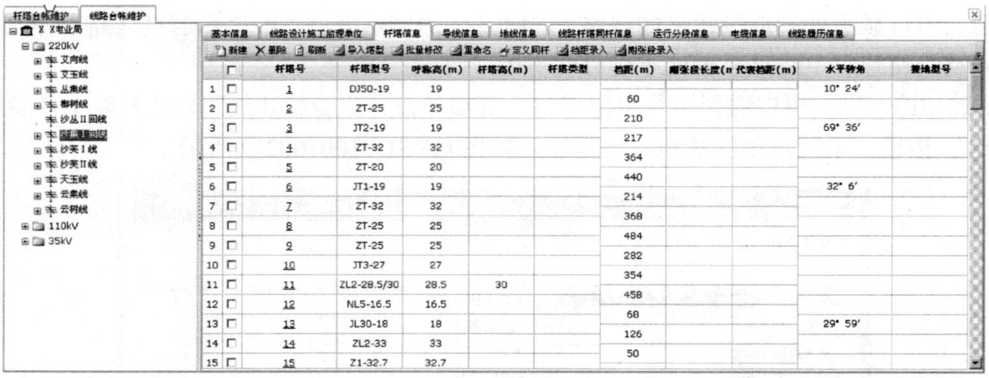

图 GYSD01001002-11 杆塔信息界面

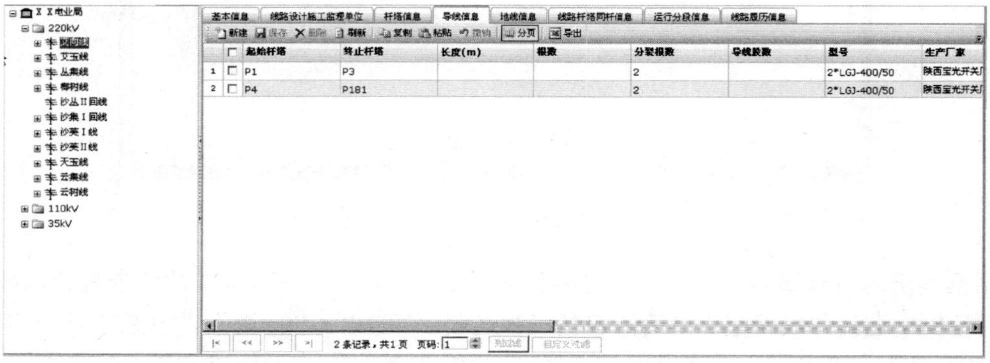

图 GYSD01001002-12 导线信息界面

图 GYSD01001002-13 地线信息界面

（9）查看当前线路的同杆架设信息。导航树中选择线路节点，切换到"线路杆塔同杆信息"页，查看线路杆塔的同杆架设情况，其界面如图 GYSD01001002-14 所示。

图 GYSD01001002-14 线路杆塔同杆信息界面

（10）线路履历。导航树中选择线路节点，切换到"线路履历信息"页，可以查询线路的基本信息、相位图、缺陷记录、检修记录等，其界面如图 GYSD01001002-15 所示。

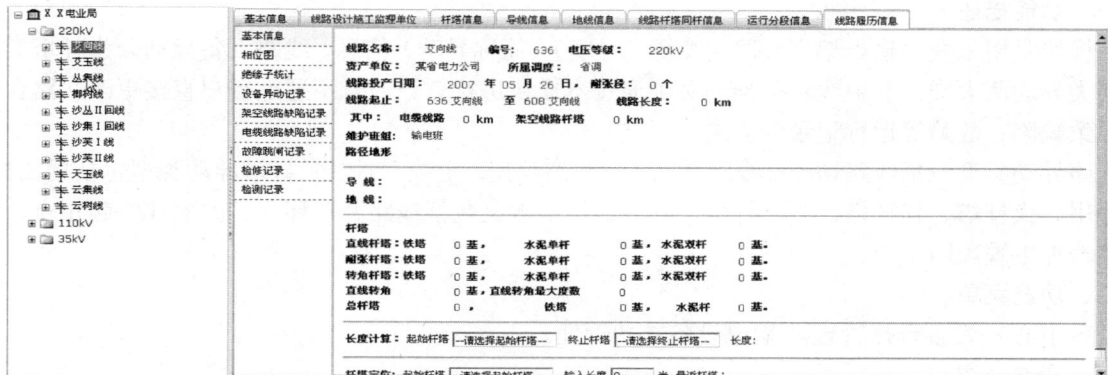

图 GYSD01001002-15　线路履历信息界面

线路履历基本信息页的线路长度，表示本单位运行的长度，根据杆塔档距累加得出，针对跨区域线路，是动态可变的。如用户为工区用户，则该长度为工区运行范围内的长度；如果为网省公司用户，则该长度为网省公司运行范围内的长度。

线路履历基本信息页统计的各种数据中，带有下画线的、蓝色字体的信息是可点击项，点击下划线对应的文本或数字，弹出与此文本或数字对应的详细信息对话框以显示具体的内容。

如果为混合线路，线路履历基本信息页的线路长度为架空长度与电缆长度之和，其中电缆长度根据电缆段的长度累加得出，如果电缆段是分相建的，则计算的长度为三相累加长度的平均值。

4．注意事项

（1）线路台账维护只能授权给线路的运行班组人员，其他人员不可以授权，否则会引起线路不能导航的情况发生。

（2）在维护线路的各种设备台账时，要注意维护顺序问题，首先要将杆塔以及杆塔的各种信息维护完整，然后再维护绝缘子、金具、附属设施、导线、地线等信息。

（3）挂在导地线上的杆塔金具，例如间隔棒，归入小号侧杆塔进行维护；杆塔上的档距属性，也归入小号侧维护，如 1 号~2 号杆塔的档距，登记在 1 号杆塔上。

（4）耐张段自动统计执行前，必须将每基杆塔的杆塔类型（包括直线、耐张）及档距维护完整，尤其杆塔类型不能为空，否则生成的耐张段信息将不正确。

（5）杆塔型号需要预先通过杆塔型号参数库模块进行维护，才能在登记杆塔台账时进行导入。

（6）绝缘子型号、导/地线型号等各种型号的数据维护，请参阅相关的相关说明。

（7）班组用户登录本模块，进行线路导航时，左侧导航树中出现的线路，为该用户所在的基层单位（工区或县局）下的所有线路，而不是用户所在地市局下的所有线路，即如果地市局包含两个工区（例如架空与电缆分属不同的工区维护），则一个工区不导航另一工区维护的线路。

（8）非用户班组维护的线路、杆塔，可以导航查看，不能进行修改。

（9）线路履历中的相序图查询功能，基于该线路的每基杆塔的相序属性生成，因此所有杆塔的相序属性必须完整并正确维护，才能看到准确的相序图。

【思考与练习】

1．线路台账维护通常包括哪些内容？

2．为什么说线路履历中的"线路长度"是动态的？

模块 3　输电设备变更（GYSD01001003）

【模块描述】本模块包含输电线路杆塔类变更和线路类变更等内容。通过功能描述、图形提示、操作流程和步骤介绍、注意事项，掌握输电线路设备变更（异动）管理的应用。

【正文】

一、功能描述

本模块是用来登记输电架空线路的变更（异动）（简称异动）信息，线路设备异动分为杆塔类异动和线路类异动两大类，其中线路类异动必须通过本模块进行登记，若不通过登记直接更改线路台账将可能导致缺陷、故障等运行记录的丢失。

线路异动类型包括线路切改、线路升降压、线路停用、更换导地线；杆塔异动类型包括增加杆塔、杆塔停用、换杆塔、移杆塔、升高杆塔，其中线路切改又包括线路开口环入、改变线路起止点、线路合并及增加电缆段四小类。

二、功能菜单

设备中心>>设备台账管理>>输电设备异动管理。

三、操作介绍

输电设备异动管理的初始界面如图 GYSD01001003-1 所示。

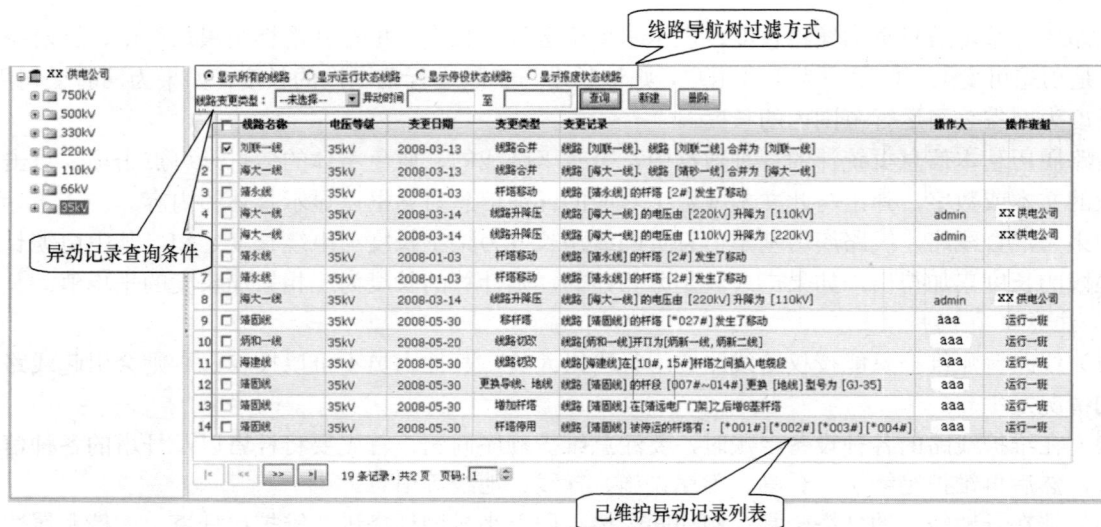

图 GYSD01001003-1　输电设备异动管理的初始界面

（1）查询异动记录。线路导航树过滤分四种方式，即显示所有线路、显示运行状态线路、显示停役线路、显示报废线路，只能选择其中的一种方式进行导航，切换导航方式只需点击对应的单选按钮即可。

已维护的异动记录查询，首先选择导航树中的运行单位、电压等级或线路节点，然后选择数据区顶部的线路变更类型或异动时间条件，点击"查询"按钮执行查询。

（2）新建异动记录。左侧导航树中选择线路节点，条件区的异动类型下拉框选择异动类型，并点"新建"，系统弹出相应的异动信息填写对话框，通过这些对话框来登记异动记录，并更改相应的线路或杆塔台账。

下面就线路异动和杆塔异动分别举例描述本模块是如何操作的。

1. 线路异动

线路变更异动类型包括线路切改、线路升降压、线路停用、更换导地线，下面以线路切改为例来说明是如何实现的。

（1）线路开剖。条件区的异动类型下拉菜单选择"线路切改"，点击"新建"按钮，在出现的线路切改对话框中，选中"线路开剖"即开口环入单选按钮，点击"下一步"按钮，如图 GYSD01001003-2 所示。然后出现线路开剖对话框，如图 GYSD01001003-3 所示。

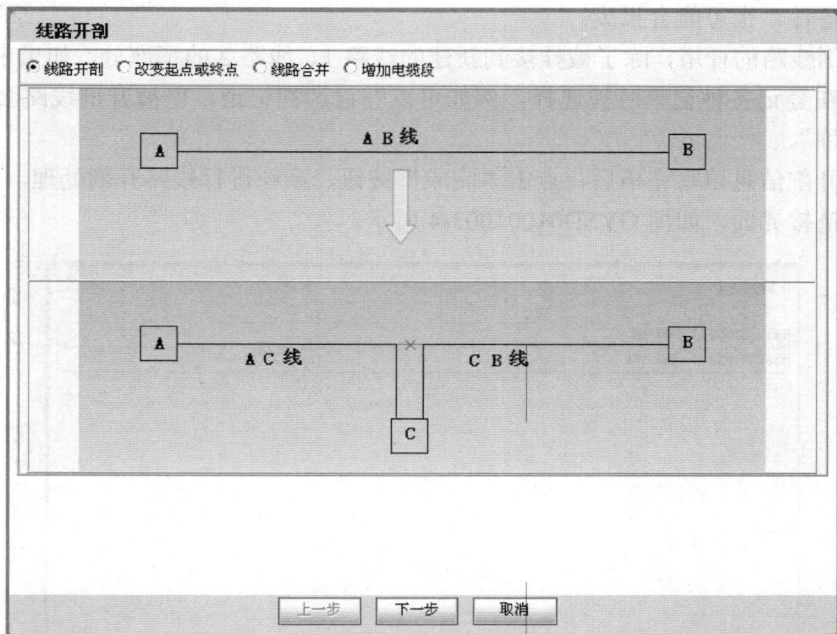

图 GYSD01001003-2　新建线路开剖界面

图 GYSD01001003-3　线路开剖对话框

　　开剖后一条线路将被拆成两条新线路，也可能拆除中间部分杆塔，同时新建部分环入杆塔，由于被开剖线路上的杆塔被切改到两条新环入变电站的线路上，所以这些杆塔一般需要重新编号，整个过程比较复杂，单纯通过对话框的形式来更改台账，会使该对话框的操作变得很复杂，难以使用，所以，系统提供基本的拆分线路、重新挂接杆塔到新线路、拆除杆塔等必须具有的开剖处理界面操作，其他台账相关的操作，如填写新建的线路参数信息、重命名杆塔号、添加杆塔等，需要切换到线路台账维护模块完成，开剖操作完成后，系统提供线路超链接快捷的切换方式，以方便用户维护完整的线路及杆塔台账信息。

　　图 GYSD01001003-3 中所示的线路 1、线路 2 为开剖后新生成的线路，每条线路通过选择的方式均可以从被开剖线路挂接一部分杆塔，图的下半部被切改线路用来选择开剖时拆除的杆塔，这些杆塔可能会成为备品备件，也可能会报废。

注意：被开剖线路的杆塔，除了被挂接到新建的线路1、线路2的那部分，如果未被选择为拆除，这些杆塔仍能够在登记各种记录时被选择，例如可以登记巡视记录，但被开剖线路会被改名为"原+切改前的线路名称"。

所有的线路开剖信息填写完毕后，点击"完成"按钮，系统进行线路开剖处理，处理完成后，出现两条新线路的链接界面，如图 GYSD01001003-4 所示。

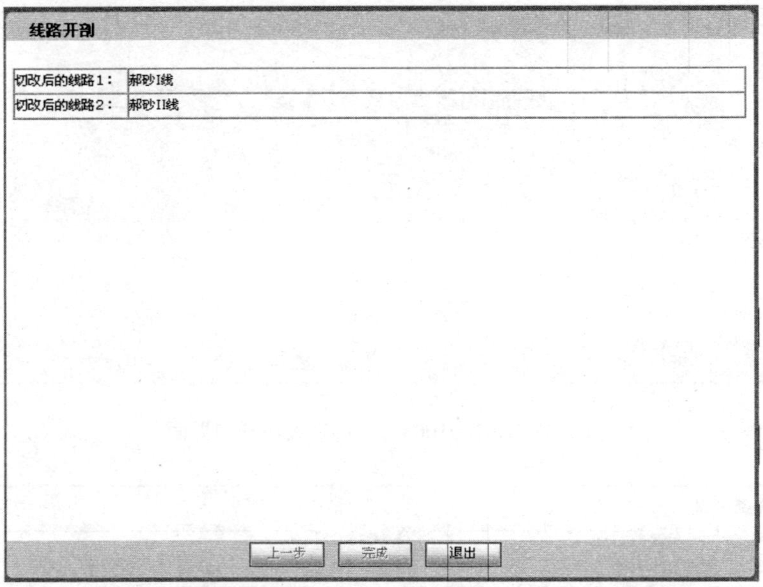

图 GYSD01001003-4　线路开剖处理完成后的界面

点击任意一条线路链接，系统弹出该线路的台账信息对话界面，用户通过该界面进行线路参数信息填写、添加杆塔、重命名杆塔号等操作，如图 GYSD01001003-5 所示。

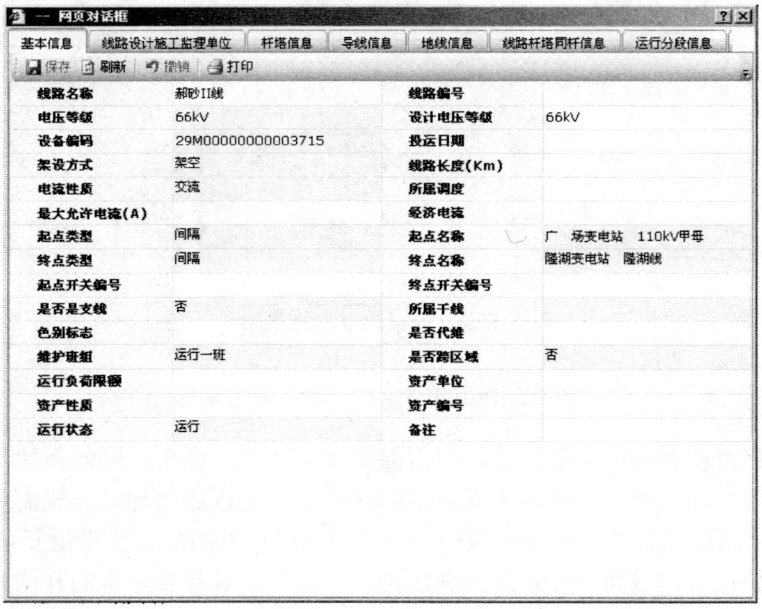

图 GYSD01001003-5　线路开剖处理后的线路链接界面

（2）改变线路起点、终点。条件区的异动类型下拉框选择"线路切改"，点击"新建"按钮，在出现的线路切改对话框中选中"改变起点或终点"单选按钮，点击"下一步"按钮，出现改变线路的起点或终点对话框，如图 GYSD01001003-6 所示。

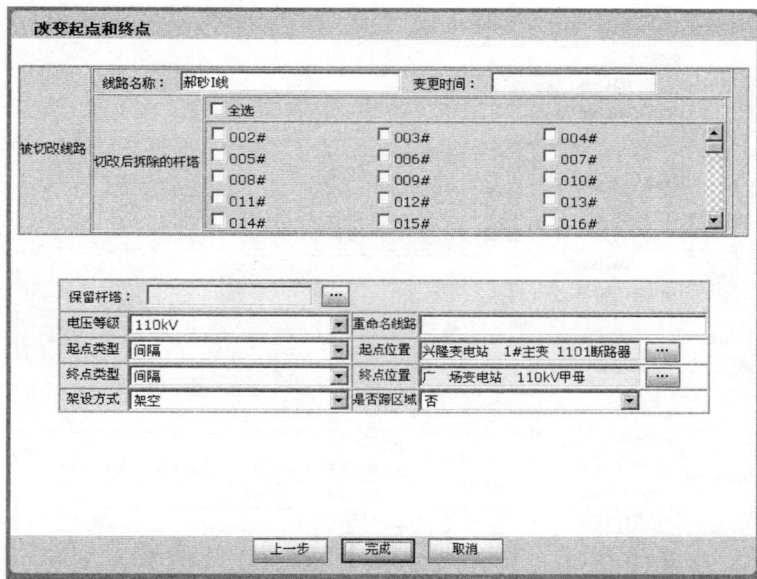

图 GYSD01001003-6　改变线路起点、终点界面

改变线路的起点或终点，除了要更改线路的起点位置、终点位置外，也可能会拆除被更改位置端的部分杆塔，并在被更改位置端新建部分杆塔，也可能会对杆塔重新编号，整个过程相对比较麻烦，单纯通过对话框的形式来更改台账，会使该对话框的操作变得很复杂，难以使用，所以，系统提供基本的更改线路起点终点、拆除杆塔等必需的操作支持，其他台账相关的操作，如重命名杆塔号、添加杆塔等，需要切换到线路台账完成，改变线路的起点或终点操作执行完后，系统直接弹出线路台账对话界面，以方便用户维护完整的线路及杆塔台账信息。

改变线路的起点或终点的对话框如图 GYSD01001003-6 所示，其上半部分为切改时拆除杆塔的选择区域，用户以勾选的方式进行选择；对话框的下半部分为编辑起点位置、终点位置以及保留杆塔的选择区域，其中保留杆塔是指改变起点或终点时，哪段杆塔被留在了线路上。

注意：选择保留杆塔后，不在所选范围内的杆塔，如果未勾选为拆除，这些杆塔仍能够在登记各种记录时被选择，例如可以登记巡视记录，并且通过线路名为"原+切该前线路名称"的方式导航。

线路起点、终点、保留杆塔、拆除的杆塔等信息填写完毕后，点击"完成"按钮，系统进行改变线路的起点终点处理，处理完成后，弹出线路的台账信息对话界面，用户通过该界面进行线路参数信息填写、添加杆塔、重命名杆塔号等操作。

（3）线路合并。在条件区的异动类型下拉菜单选择"线路切改"，点击"新建"按钮，在出现的线路切改对话框中选中"线路合并"单选按钮，点击"下一步"按钮，出现线路合并对话框，如图 GYSD01001003-7 所示。

线路合并的功能是将两条线路合并成一条，这就意味着需要新建一条线路，该线路的杆塔来自被合并的两条线路，对台账本身来说，一般需要针对合并后的线路新建杆塔、对杆塔重新编号、填写新建线路的相关参数、拆除杆塔等操作，单纯通过合并对话框的形式来实现更改台账是很难做到的，所以，系统提供基本的选择被合并线路及被合并杆塔、拆除杆塔等必须的操作支持，其他台账相关的操作，如重命名杆塔号、添加杆塔等，需要切换到模块 GYSD01001002"线路台账维护"中完成，合并操作完成后，系统直接弹出线路台账对话界面，以方便用户维护完整的线路及杆塔台账信息。

线路合并对话框（如图 GYSD01001003-7 所示）分为三部分区域，即线路1、线路2、合并后线路。其中线路1、线路2区域选择被合并的两条线路、被合并的杆塔范围、拆除的杆塔，合并后线路区域新线路的名称、起止点等概要信息。

注意：被合并的线路1、线路2的杆塔，除了被选择合并到新线路上的，以及拆除的杆塔外，其他杆塔仍能够在登记各种记录时被选择，例如可以登记检测记录时选择，并且通过线路名为"原+切改前线路名称"的方式导航。

模
块
3

GYSD01001003

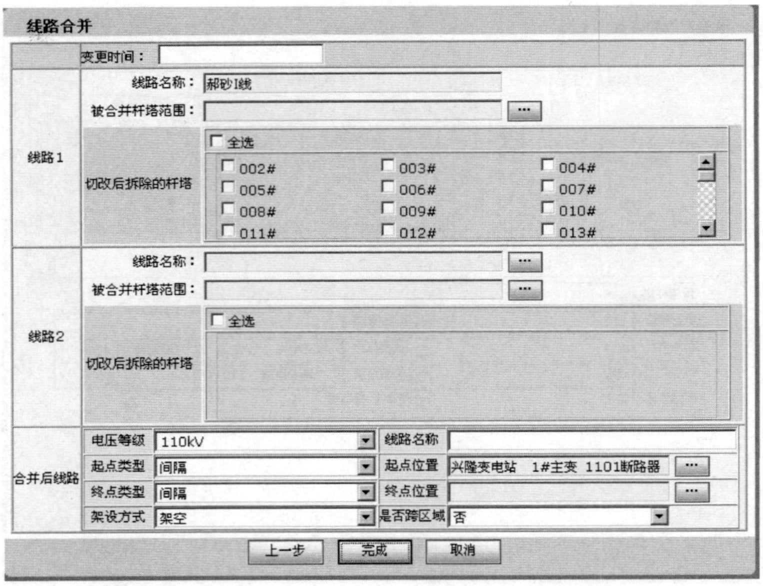

图 GYSD01001003-7 线路合并界面

被合并线路以及合并后线路的相关信息填写完毕后，点击"完成"按钮，系统进行线路合并处理，处理完成后，弹出合并后线路的台账信息对话界面，用户通过该界面进行线路参数信息填写、添加杆塔、重命名杆塔号等操作。

（4）增加电缆段。条件区的异动类型下拉框选择"线路切改"，点击"新建"按钮，在出现的线路切改对话框中选中"增加电缆段"单选按钮，点击"下一步"按钮，出现增加电缆段对话框，如图 GYSD01001003-8 所示。

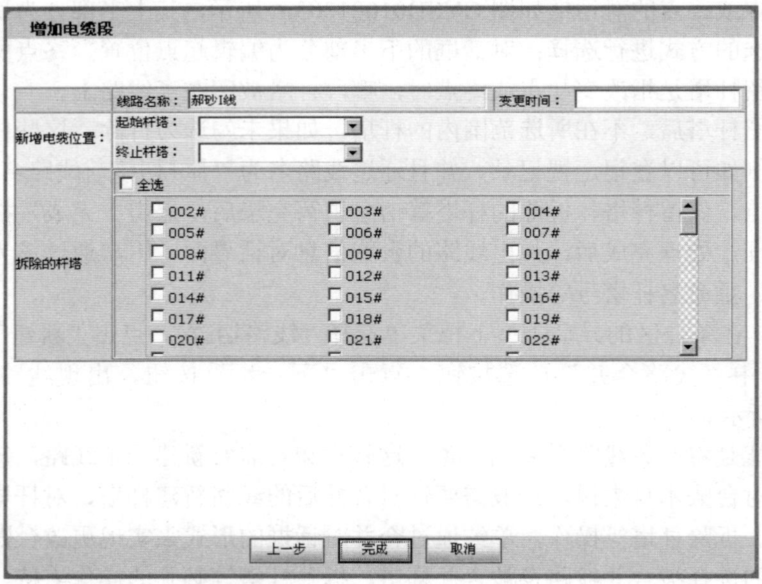

图 GYSD01001003-8 增加电缆段界面

增加电缆段的主要功能是在两基杆塔之间敷设一段电缆，伴随的操作就是将敷设电缆后，电缆段两端杆塔之间的其他杆塔拆除。

增加电缆段的对话框如图 GYSD01001003-8 所示，它能提供电缆段起止位置（即电缆段两端杆塔）、拆除杆塔的选择功能。

电缆段起止位置以及拆除的杆塔选择完毕后，点击"完成"按钮，系统进行增加电缆段处理，处理完成后，弹出电缆段信息填写对话框，以方便用户登记电缆段台账，如图 GYSD01001003-9 所示。

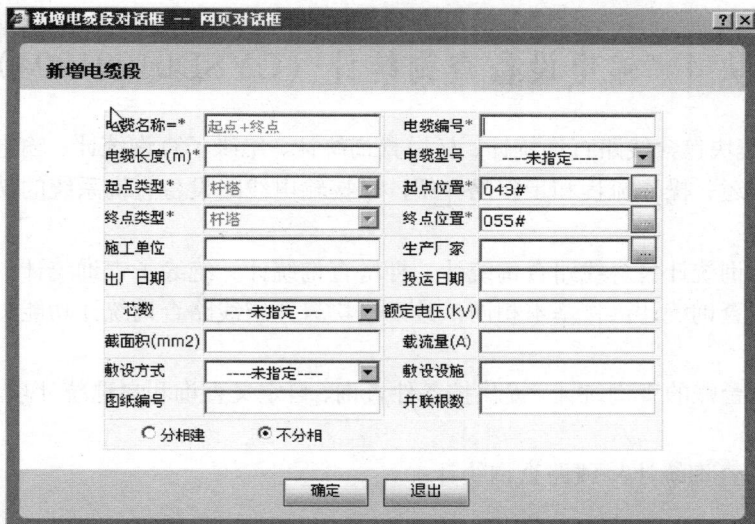

图 GYSD01001003-9　电缆段信息填写对话框

注意：电缆段台账一般归属电缆班维护，架空方不应该维护这些信息，因此通常应该点击"退出"按钮，直接退出该对话框即可。

2．杆塔变更异动

杆塔变更异动主要有增加杆塔、杆塔停用、换杆塔、移杆塔、升高杆塔等，现以增加杆塔为例来说明本模块是如何实现的。

增加杆塔提供在一条线路上增加若干基杆塔的功能，增加杆塔操作执行后仅生成相应的杆塔号信息，其他内容需要切换到输电线路设备台账模块维护中进一步填充。

线路导航树中选择线路节点，在条件区的异动类型下拉菜单选择"增加杆塔"，点击"新建"按钮，出现增加杆塔对话框中，界面如图 GYSD01001003-10 所示。

填写完相关内容后点击"确定"按钮，点击增加杆塔对话框的"保存"按钮即可。

四、注意事项

（1）线路切改时，线路缺陷记录、各种检测记录、线路交叉跨越等带有杆塔信息的记录将跟随杆塔移到异动后的线路。

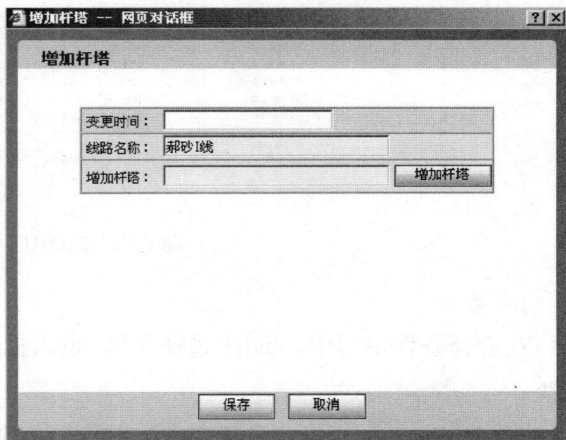

图 GYSD01001003-10　增加杆塔界面

（2）设备异动时，拆除的杆塔仍然留在系统内，并没有删除，后续应用可以访问这些杆塔以便进一步处理，比如放入备品库、提出报废单等。

（3）设备异动时，从线路移除但并未拆除的杆塔，系统仍然纳入运行、检修的范围内，在登记其他记录时被选择，导航这些杆塔，仍然与运行中的杆塔方式相同，采用线路导航树的方式，只是线路节点的名称被定义为"原+异动前线路名称"。

（4）设备异动时，如果执行异动后被异动的线路上没有杆塔，该线路被置为"报废"状态，通常这些线路不能再导航，也不在查询统计范围内。

（5）设备异动过程中，所有对设备台账进行的更改不可逆。操作时，尤其线路类的异动，对各种信息的填写，务必精确；否则，一旦异动完成，无法恢复被更改的台账。

【思考与练习】

1．线路异动和杆塔异动通常包括哪些内容？

2．输电设备异动管理有哪些注意事项？

模块 4 输电设备查询统计 （GYSD01001004）

【模块描述】本模块包含线路查询统计、杆塔查询统计、绝缘子查询统计、输电设备异动查询统计等内容。通过功能描述、操作流程和步骤的介绍，掌握输电线路设备查询系统的功能及应用。

【正文】

输电线路设备查询统计包含线路查询统计、杆塔查询统计、绝缘子查询统计、输电设备异动查询统计等内容。由于其查询统计操作基本相同，故本模块只介绍线路查询统计功能。

一、功能描述

该模块用于线路台账的查询统计，提供按条件查询、自定义查询和自选统计项目进行统计等功能。

二、功能菜单

设备中心>>设备查询统计>>线路查询统计。

三、操作介绍

线路查询统计界面主要分为两个区域，即查询统计条件区域和线路数据列表，如图 GYSD01001004-1 所示。

图 GYSD01001004-1 线路查询统计界面

1. 查询

在选择条件填写中，点击"选择单位"输入框，系统自动显示单位选择界面，如图 GYSD01001004-2 所示。

图 GYSD01001004-2 选择单位界面

用户选择一个单位后，点击“确定”按钮，系统自动将用户选择的单位填入单位输入框中。电压等级、投运年限可以通过下拉框选择填写。线路名称支持模糊查询，用户只需输入线路名称的某个字符，即可查询到相关线路。用户维护完查询条件后，点击“查询”按钮，数据列表区中显示符合查询条件的线路，如图 GYSD01001004-3 所示。

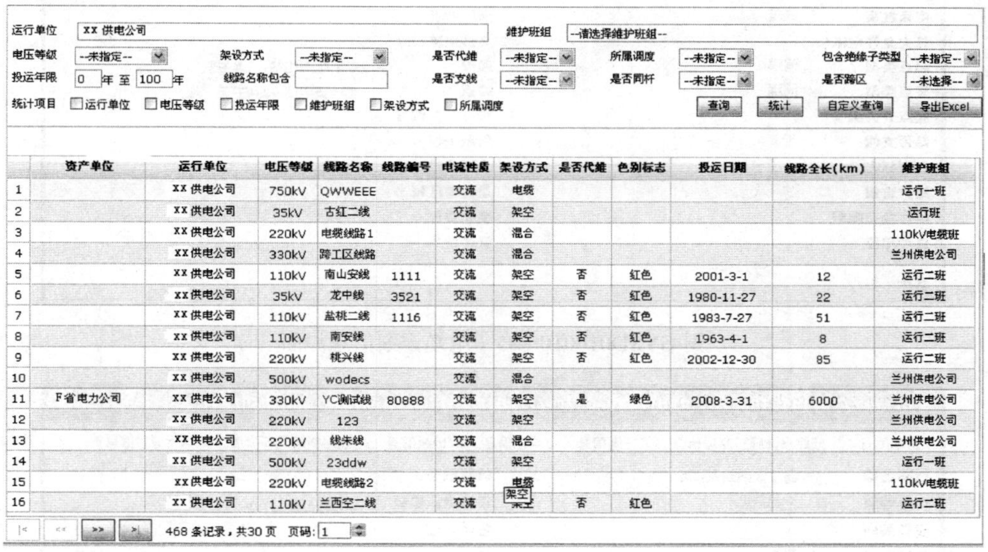

	资产单位	运行单位	电压等级	线路名称	线路编号	电流性质	架设方式	是否代维	色别标志	投运日期	线路全长(km)	维护班组
1		XX 供电公司	750kV	QWWEEE		交流	电缆					运行一班
2		XX 供电公司	35kV	古红二线		交流	架空					运行班
3		XX 供电公司	220kV	电缆线路1		交流	混合					110kV电缆班
4		XX 供电公司	330kV	跨工区线路		交流	混合					兰州供电公司
5		XX 供电公司	110kV	南山安线	1111	交流	架空	否	红色	2001-3-1	12	运行二班
6		XX 供电公司	35kV	龙中线	3521	交流	架空	否	红色	1980-11-27	22	运行二班
7		XX 供电公司	110kV	盐桃二线	1116	交流	架空	否	红色	1983-7-27	51	运行二班
8		XX 供电公司	110kV	南安线		交流	架空	否	红色	1963-4-1	8	运行二班
9		XX 供电公司	220kV	桃兴线		交流	架空	否	红色	2002-12-30	85	运行二班
10		XX 供电公司	500kV	wodecs		交流	混合					兰州供电公司
11	F省电力公司	XX 供电公司	330kV	YC测试线	80888	交流	架空	是	绿色	2008-3-31	6000	兰州供电公司
12		XX 供电公司	220kV	123		交流	架空					兰州供电公司
13		XX 供电公司	220kV	线朱线		交流	混合					兰州供电公司
14		XX 供电公司	500kV	23ddw		交流	架空					运行一班
15		XX 供电公司	220kV	电缆线路2		交流	电缆					110kV电缆班
16		XX 供电公司	110kV	兰西空二线		交流	架空	否	红色			运行二班

468 条记录，共30 页　页码：1

图 GYSD01001004-3　查询界面

数据列表中的一行数据表示一条记录，单击“线路名称”可以查看该线路的详细信息界面，根据线路架设方式的不同，线路详细信息显示的内容也不同，分如下三种情况。

（1）架空线路，如图 GYSD01001004-4 所示。

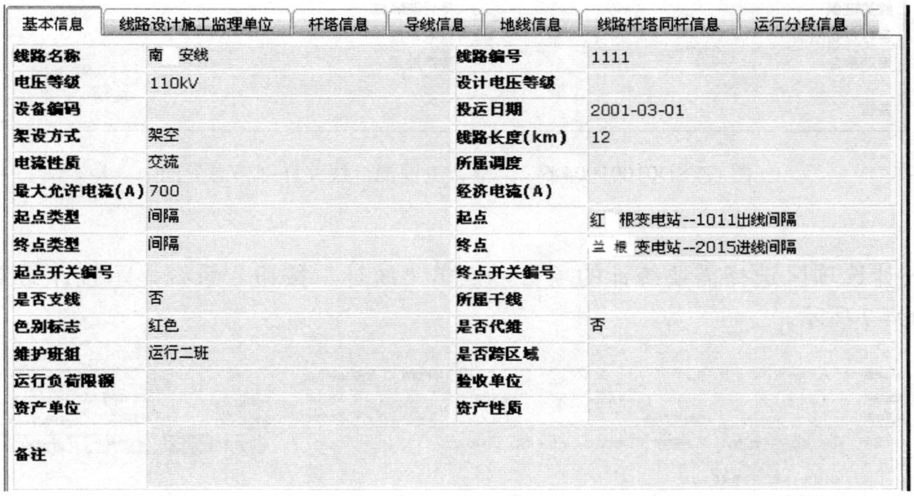

线路名称	南　安线	线路编号	1111
电压等级	110kV	设计电压等级	
设备编码		投运日期	2001-03-01
架设方式	架空	线路长度(km)	12
电流性质	交流	所属调度	
最大允许电流(A)	700	经济电流(A)	
起点类型	间隔	起点	红　根变电站--1011出线间隔
终点类型	间隔	终点	兰 根 变电站--2015进线间隔
起点开关编号		终点开关编号	
是否支线	否	所属干线	
色别标志	红色	是否代维	否
维护班组	运行二班	是否跨区域	
运行负荷限额		验收单位	
资产单位		资产性质	
备注			

图 GYSD01001004-4　架空线路详细信息界面

界面显示线路的基本信息界面、线路设计施工监理单位、杆塔信息、导线信息、地线信息、线路杆塔同杆信息、运行分段信息、线路履历信息，通过点击各分页可查询到相应的信息记录。

（2）电缆，如图 GYSD01001004-5 所示。

界面显示线路的基本信息、线路设计施工监理单位、电缆信息，通过点击各分页可查询到相应的信息记录。

（3）架空、电缆混合线路，如图 GYSD01001004-6 所示。

界面显示线路的基本信息、线路设计施工监理单位、杆塔信息、导线信息、地线信息、线路杆塔同杆信息、运行分段信息、线路履历信息、电缆信息，通过点击各分页可查询到相应的信息记录。

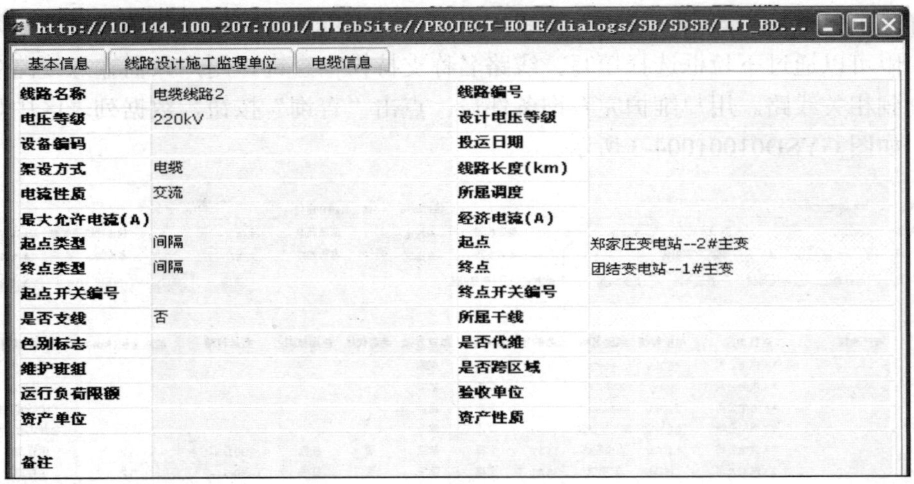

图 GYSD01001004-5 电缆详细信息界面

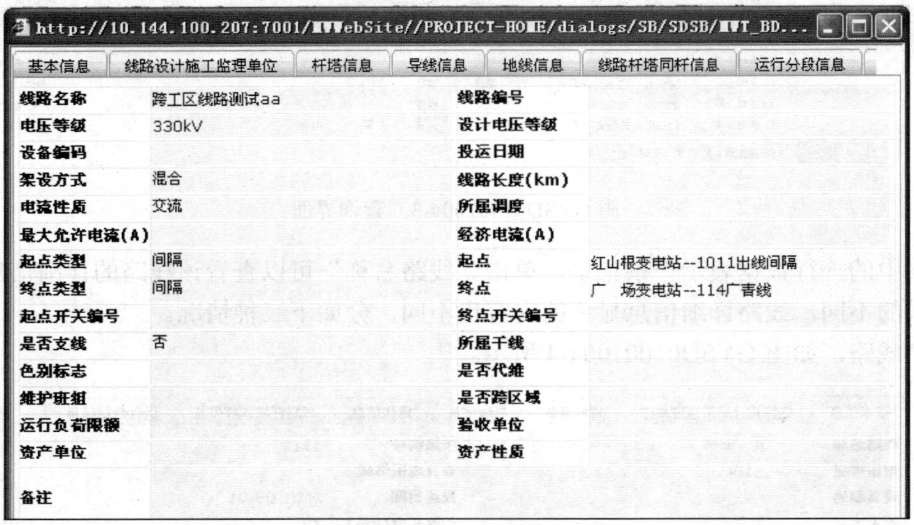

图 GYSD01001004-6 架空、电缆混合线路详细信息界面

2. 统计

用户在统计选项区选择需要统计的项目，点击"统计"按钮。系统显示统计结果界面，如图 GYSD01001004-7 所示。

图 GYSD01001004-7 统计结果界面

双击统计数据列表中的一行，系统弹出与该统计行匹配的线路列表对话框，如图 GYSD01001004-8 所示。

图 GYSD01001004-8　线路列表对话框

3. 自定义查询

点"自定义查询"按钮，打开自定义查询页面。用户可以选择项目、比较符和条件值来进行查询，比较符包括"包含"、"以××开头"、"以××结尾"和"="等，如图 GYSD01001004-9 所示。

图 GYSD01001004-9　自定义查询界面

4. 更改每页显示的记录数

查询结果是分页显示的，默认情况下，每页显示九条记录，查询时，为了一次查看更多条记录，可以改变单页显示的记录数，在查询结果列表右下方的"单页记录数"编辑框中输入数值，点击"设置"按钮，即可改变每页显示的记录数，如果记录的内容显示不下，系统将出现滚动条，如图GYSD01001004-10所示。

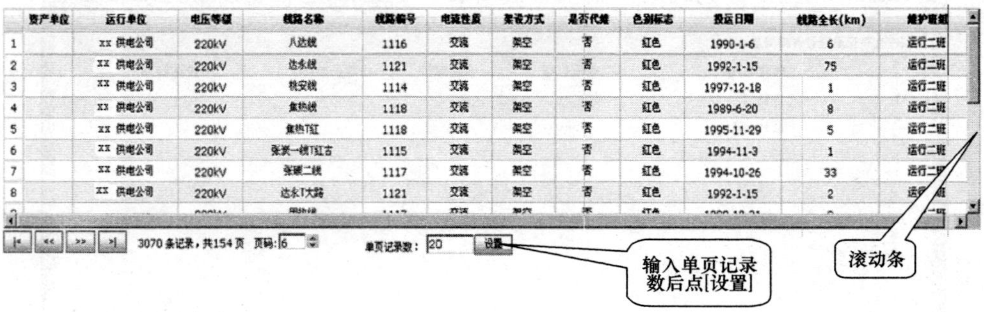

图 GYSD01001004-10　更改每页显示的记录数页面

5. 注意事项

单页记录数不能太大，最好不要超过 50，否则，因为浏览器的承受能力有限，系统将会变得很慢。

【思考与练习】

1. 输电设备查询统计通常包括哪些内容？
2. 线路查询统计应包括哪些功能？有哪些注意事项？

第二十九章 运行、检修管理

模块 1 周期性工作管理（GYSD01002001）

【模块描述】本模块包含输电架空线路巡视周期的制定、工作维护和输电架空线路的超周期工作提示、到期工作查询统计等内容。通过要点介绍、图文结合、操作流程及步骤讲解，掌握输电架空线路巡视周期性的管理方法。

【正文】

一、输电架空线路巡视周期制定

（一）功能介绍

架空线路巡视周期制定用于设置输电架空线路的巡视周期及初始化最后巡视时间（以后巡视时间由登记巡视记录时自动更新）。

（二）功能菜单

运行工作中心 >> 周期性工作管理 >>>线路巡视周期制定。

（三）操作介绍

1. 查询

架空线路巡视周期制定界面的左侧显示线路导航树，右侧显示线路的巡视周期记录。选中线路导航树上不同的节点，右侧会同步显示符合线路条件巡视周期记录。

（1）选中企业部门节点，右侧显示线路的运行单位等于选中节点的线路的巡视周期记录。

（2）选中电压等级节点，右侧显示线路的运行单位等于选中节点的上级节点，并且线路的电压等级等选中节点线路的巡视周期记录。

（3）选中线路节点，右侧仅显示该线路的巡视周期记录。

参考图 GYSD01002001-1 所示。

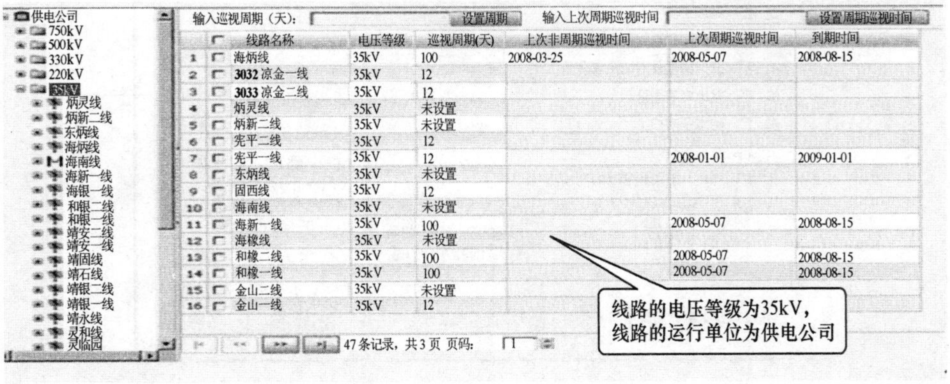

图 GYSD01002001-1 查询界面

2. 设置巡视周期

选中要设置巡视周期的记录，在输入巡视周期编辑框中输入要设置的周期时间，点击"设置周期"按钮，即将所选记录的巡视周期设置为指定值。

3．设置周期巡视时间

选中要设置上次巡视时间的记录，在输入上次周期巡视时间的编辑框中输入要设置的周期时间，点击"设置周期巡视时间"按钮，即将所选记录的上次周期巡视时间设置为指定的值。同时自动计算 t 和更新到期时间。

（四）注意事项

架空线路的巡视周期维护完成后，在进行架空线路的巡视记录登记（模块为"运行工作中心>>设备巡视管理>>架空输电线路巡视记录登记"）时，系统会自动提示巡视到期线路，以便根据到期线路自动生成巡视记录。

二、输电架空线路周期工作维护

（一）功能介绍

架空线路周期工作维护用于设置线路周期工作的工作周期、提前报警时间及初始化最后一次工作时间（之后登记检修、检测记录时自动更新）。

（二）功能菜单

运行工作中心　>>　周期性工作管理　>>　线路周期工作维护。

（三）操作介绍

1．查询

登录界面后，页面的左侧显示线路导航树，以线路的电压等级分组。在导航树中选择一个电压等级或具体的线路，右侧的线路周期工作列表中就会显示出符合线路条件的周期工作，更改工作类型的值，同样会执行查询操作，过滤出指定工作类型的线路周期工作。

2．添加

左侧导航树首先选择一条线路，条件区选择工作类型，然后点击"添加"按钮，系统将按所选线路及工作类型添加一条周期工作记录，用户填写周期及最后工作时间，再保存即可。

3．批量添加

执行批量添加操作时，首先要选中线路或电压等级节点。点击"批量添加"按钮，弹出批量添加周期工作界面，如图 GYSD01002001-2 所示。

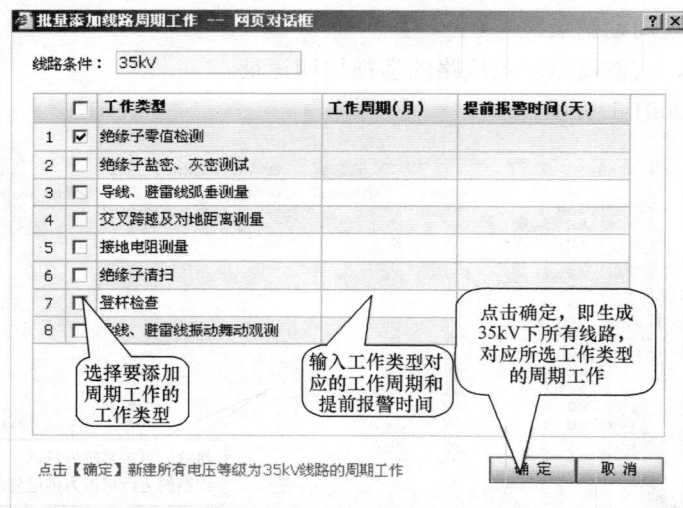

图 GYSD01002001-2　批量添加界面

4．批量修改

执行批量修改操作时，首先要选中线路或电压等级节点。点击"批量修改"按钮，弹出批量修改周期工作界面，如图 GYSD01002001-3 所示。

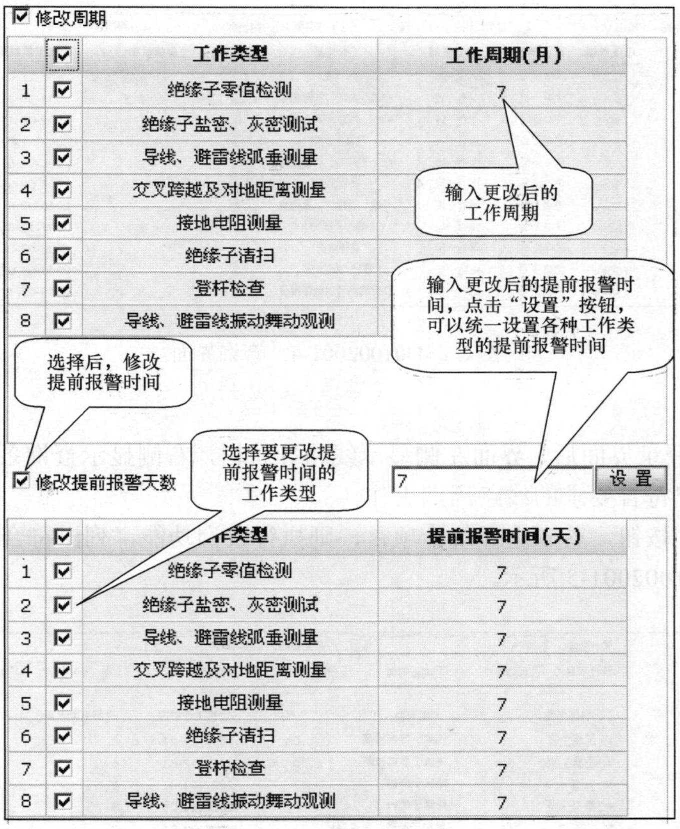

图 GYSD01002001-3 批改修改周期工作界面

（四）注意事项

（1）如果一条线路在指定工作类型的周期工作已经维护，不允许再次进行维护，但可以通过批量修改功能来更新工作周期或提前报警时间，也可以通过删除该记录进行重新维护。

（2）工作周期维护后，后续的架空线路到期工作提示应用（模块为"运行工作中心>>周期性工作管理>>架空线路超周期工作提示"）、架空线路到期工作查询统计应用（模块为"运行工作中心>>周期性工作管理>>架空线路到期工作查询统计"），将根据该工作周期进行周期提示及查询统计。

三、输电架空线路超周期工作提示

1．功能介绍

通过该模块可查看架空线路周期工作信息，以不同颜色显示超周期、未超周期已报警等状态的线路周期工作。

2．功能菜单

功能菜单：运行工作中心 >> 周期性工作管理 >> 线路超周期工作提示。

3．操作介绍

查询：线路超周期工作提示模块提供以线路条件（运行单位、电压等级或指定线路）、维护班组、周期状态（超周期、未超周期已报警、未超周期）、工作类型为条件查询线路周期工作。

选择线路导航树节点、维护班组、周期状态和工作类型，点击查询，即可过滤出符合条件的线路周期工作信息，如图 GYSD01002001-4 所示。

四、输电架空线路到期工作查询统计

1．功能介绍

线路到期工作查询统计模块提供对线路到期工作查询和统计功能，并且提供以 EXCEL 文本格式输出查询或统计结果。

2．功能菜单

运行工作中心>>周期性工作管理>>线路到期工作查询统计。

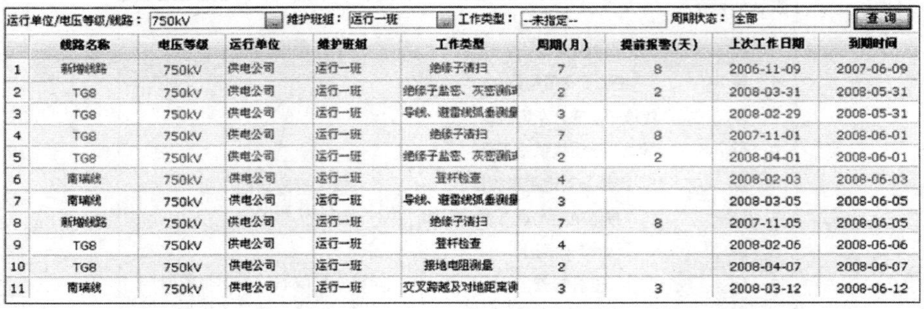

	运行单位/电压等级/线路：750kV　　维护班组：运行一班　　工作类型：--未指定--　　周期状态：全部　　[查询]							
	线路名称	电压等级	运行单位	维护班组	工作类型	周期(月)	提前报警(天)	上次工作日期	到期时间
1	新增线路	750kV	供电公司	运行一班	绝缘子清扫	7	8	2006-11-09	2007-06-09
2	TG8	750kV	供电公司	运行一班	绝缘子盐密、灰密测试	2	2	2008-03-31	2008-05-31
3	TG8	750kV	供电公司	运行一班	导线、避雷线弧垂测量	3		2008-02-29	2008-05-31
4	TG8	750kV	供电公司	运行一班	绝缘子清扫	7	8	2007-11-01	2008-06-01
5	TG8	750kV	供电公司	运行一班	绝缘子盐密、灰密测试	2	2	2008-04-01	2008-06-01
6	南瑞线	750kV	供电公司	运行一班	登杆检查	4		2008-02-03	2008-06-03
7	南瑞线	750kV	供电公司	运行一班	导线、避雷线弧垂测量	3		2008-03-05	2008-06-05
8	新增线路	750kV	供电公司	运行一班	绝缘子清扫	7	8	2007-11-05	2008-06-05
9	TG8	750kV	供电公司	运行一班	登杆检查	4		2008-02-05	2008-06-06
10	TG8	750kV	供电公司	运行一班	接地电阻测量	2		2008-04-07	2008-06-07
11	南瑞线	750kV	供电公司	运行一班	交叉跨越及对地距离测	3	3	2008-03-12	2008-06-12

图 GYSD01002001-4　查询界面

3. 操作介绍

（1）查询统计。　登录界面后，界面左侧显示线路导航树，右侧显示查询条件和查询结果。通过组合各项条件，可过滤出符合要求的线路周期工作。

点击"查询统计"按钮，若未选择统计项目，则执行查询功能，列出符合条件的线路周期工作。执行结果如图 GYSD01002001-5 所示。

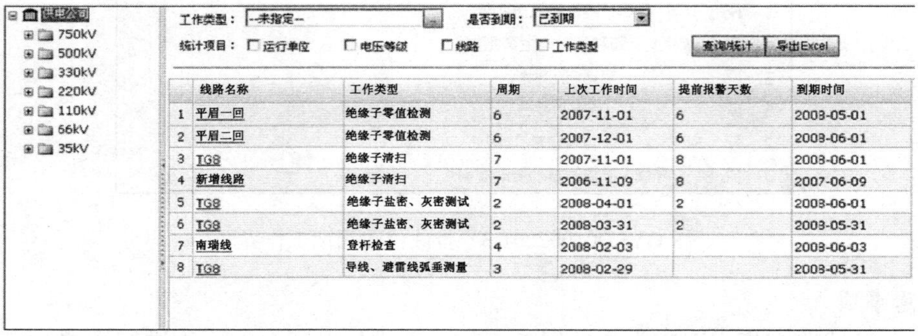

图 GYSD01002001-5　查询统计执行结果界面

（2）若选择统计项目，则执行统计功能，以选择的统计项目为统计项，统计线路周期工作，执行结果如图 GYSD01002001-6 所示。

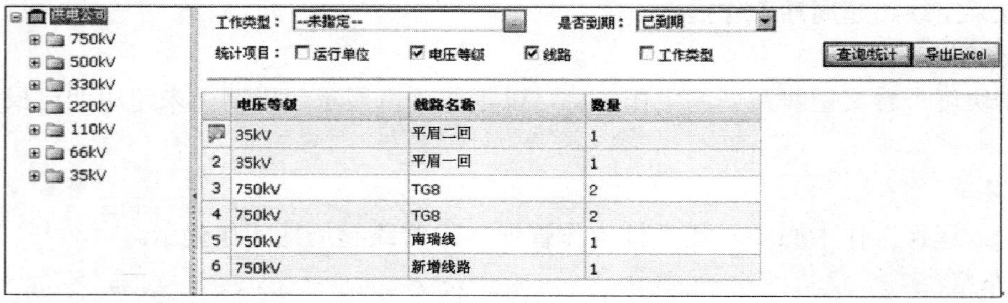

图 GYSD01002001-6　统计线路周期工作执行

【思考与练习】

1. 简述输电架空线路巡视周期制定的操作方法。

2. 简述输电架空线路周期工作维护的操作方法。

模块 2　生产运行记录管理（GYSD01002002）

【模块描述】本模块包含输电架空线路故障记录的登记、查询统计和输电线路检测记录的登记、查询统计等内容。通过功能介绍、图文结合、操作说明及步骤讲解，掌握输电架空线路生产运行记录的管理方法。

【正文】

一、输电线路故障记录的登记、查询统计

（一）输电故障记录登记

1. 功能介绍

该模块提供线路故障记录的登记、删除、修改等功能。登记故障记录时，可以选择关联变电已登记的故障记录，根据变电故障记录生成线路的故障记录，并导入变电登记的保护动作相关信息；当故障是由缺陷引起的时，允许直接登记缺陷并进入缺陷处理流程。

2. 功能菜单

运行工作中心 >> 生产运行记录管理 >> 输电故障记录登记。

3. 操作介绍

（1）已维护故障记录查询。输电故障记录登记界面提供了跳闸时间、故障发生地点、故障性质、跳闸原因等查询条件，选择条件后点击"查询"按钮执行查询，不论是否选择线路作为查询条件，查询结果都不是完全依赖线路过滤，而是按故障记录的登记班组过滤，故障记录的主界面如图 GYSD01002002-1 所示。

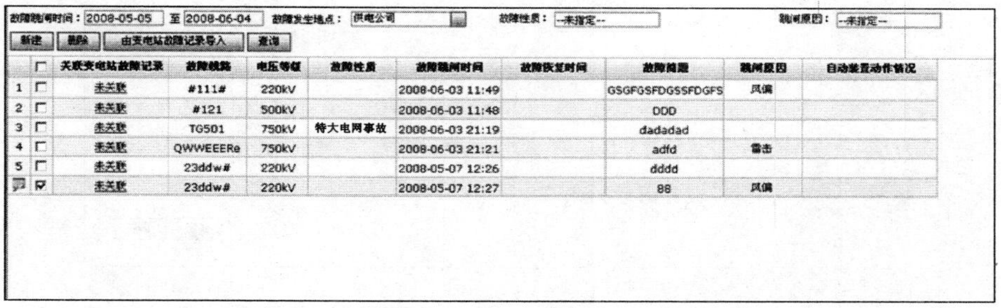

图 GYSD01002002-1　已维护故障记录查询

（2）添加故障记录。在图 GYSD01002002-1 所示界面中点击左上方的"新建"按钮，出现故障记录登记对话框，如图 GYSD01002002-2 所示。通过该对话框可手工填写一条故障记录，界面中天气情况、跳闸原因、责任原因、技术原因等项目的操作内容说明如下。

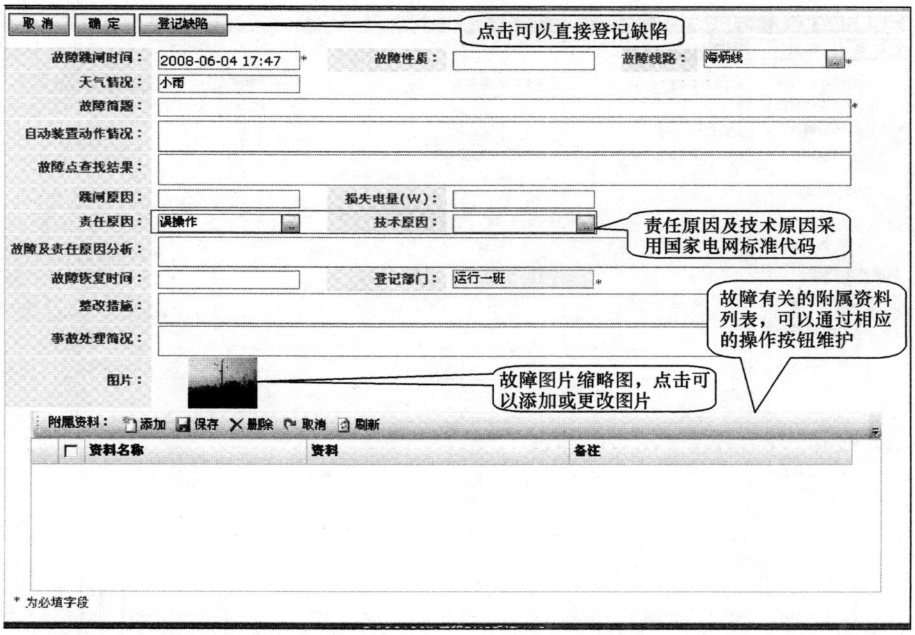

图 GYSD01002002-2　添加故障记录界面

　　1）天气情况：下拉选择，下拉条目在"系统管理>>公共代码维护模块>>公共代码树的公共>>天气"节点下维护。

　　2）跳闸原因：下拉选择，下拉条目在"系统管理>>公共代码维护模块>>公共代码树的输电>>跳闸原因"节点下维护。

　　3）责任原因：树型选择，树节点在"标准中心>>公共标准库>>故障（缺陷）责任原因模块"中维护。

　　4）技术原因：树型选择，树节点在"标准中心>>公共标准库>>故障（缺陷）技术原因模块"中维护。

　　5）登记部门：系统自动填充，填充的值为登录人所在的班组。

　　6）图片：故障的主要图片，需要加多个图片时在"附属资料"框中点击"添加"按钮进行。

　　（3）导入变电故障记录。在图 GYSD01002002-1 所示界面中，单击"由变电站故障记录导入"按钮，系统弹出变电故障记录选择对话框，如图 GYSD01002002-3 所示。

图 GYSD01002002-3　导入变电故障记录界面

　　点击对话框上部的"运行单位/变电站"、"故障时间"两个过滤条件，选择过滤条件后点击"查询"按钮，可按条件过滤。从对话框中选择一条变电故障记录，点击"确定"按钮，出现输电故障记录填写对话框，如图 GYSD01002002-4 所示。对话框中的天气、故障问题、故障跳闸时间、自动装置动作情况等均已通过所选的变电故障记录生成，手工再填写其他内容即可。

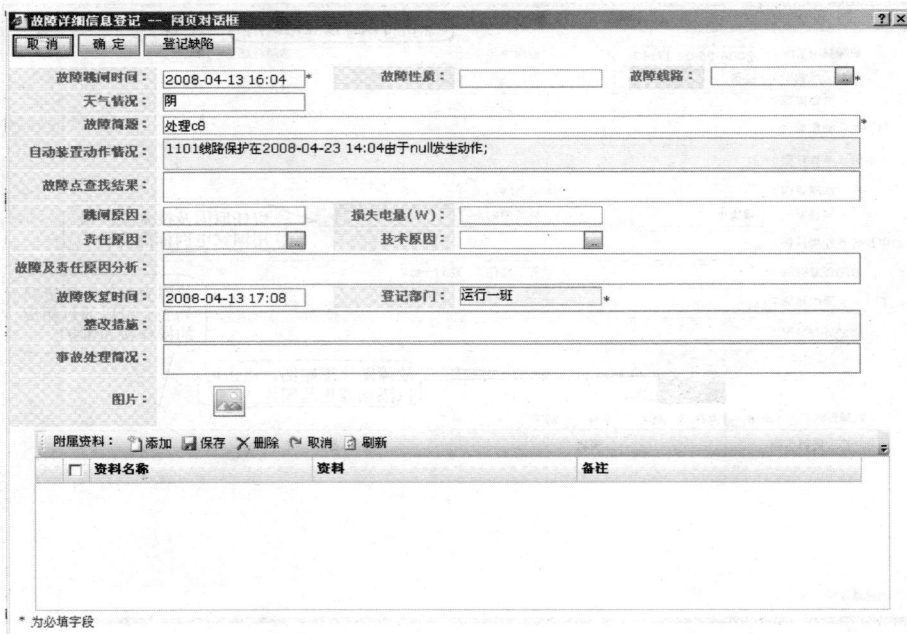

图 GYSD01002002-4　故障记录填写对话框

（4）查看关联的变电故障记录。在图 GYSD0100202-1 所示界面中显示的已维护故障记录列表的第一列，为关联的变电故障记录查看链接显示栏，如果故障记录是从变电故障导入的，该栏显示"已关联"，点击该栏的链接，可查看变电故障详细信息。

（二）输电故障记录查询统计

1. 功能介绍

输电故障记录查询统计模块提供以常用的查询条件和统计项目，查询或统计故障信息等功能，同时可以通过 EXCEL 文本输出查询或统计结果。

2. 功能菜单

运行工作中心 >> 生产运行记录管理 >> 输电故障记录查询统计。

3. 操作介绍

登录界面后，界面上部分显示常用的查询条件和统计项目，如图 GYSD01002002-5 所示。通过组合各项条件，可过滤出符合要求的线路故障记录。

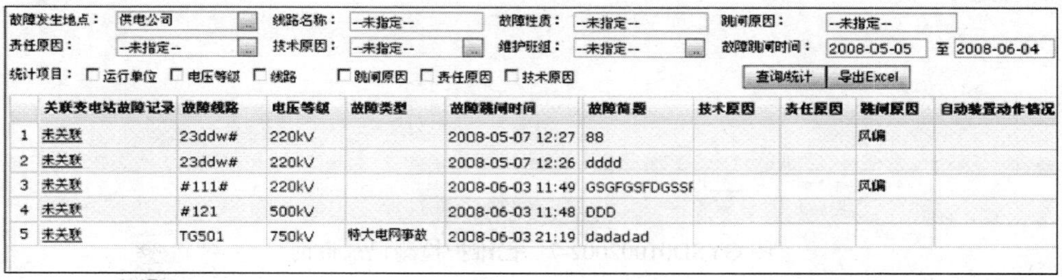

图 GYSD01002002-5　查询统计执行结果界面

点击"查询统计"按钮，若未选择统计项目，则执行查询功能，列出符合条件的线路故障记录。

若选择统计项目，则执行统计功能，以选择的统计项目为统计项，统计线路故障记录，执行结果如图 GYSD01002002-6 所示。

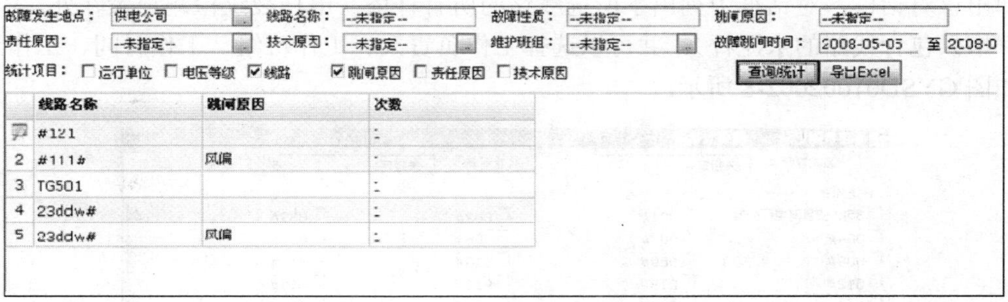

图 GYSD01002002-6　统计线路故障结果界面

二、输电架空线路检测记录登记、查询统计

（一）输电架空线路检测记录登记

1. 功能介绍

该模块用来登记架空输电线路的各种检测记录，包括接地电阻测量记录、绝缘子盐密（灰密）测量记录、架空线路红外测温记录、交叉跨越及对地测量记录、导地线弧垂测量记录、地埋金属部件锈蚀检测记录、覆冰观测记录、瓷绝缘子零值（玻璃自爆）检测记录、复合绝缘子龟裂老化检查记录、复合绝缘子憎水性丧失检测记录、复合绝缘子机械强度检测记录、杆塔倾斜测量记录、电杆裂纹检测记录、导地线振动舞动观测记录等。

在登记检测记录时，对不合格的记录允许直接登记缺陷，一条检测记录允许登记多条缺陷记录，当缺陷流程未启动时，允许修改及删除检测记录对应的缺陷记录。

保存新登记的检测记录时，如果检测为周期性的，系统将根据新登记检测记录的检测时间刷新对应线路的检测周期，刷新时从系统中找出同一条线路、同一种检测类型检测记录的最大检测时间，刷新线路的最后工作时间，删除检测记录时也会做同样的处理。

2. 功能菜单

运行工作中心 >> 生产运行记录管理 >> 输电架空线路检测记录登记。

3. 操作介绍

（1）已维护检测记录查询。不同工作类型的检测记录，所包含的记录格式不相同，查询已维护的检测记录时，必须首先选择工作类型，然后再选择线路或时间条件，点击"查询"按钮。如图GYSD01002002-7所示。

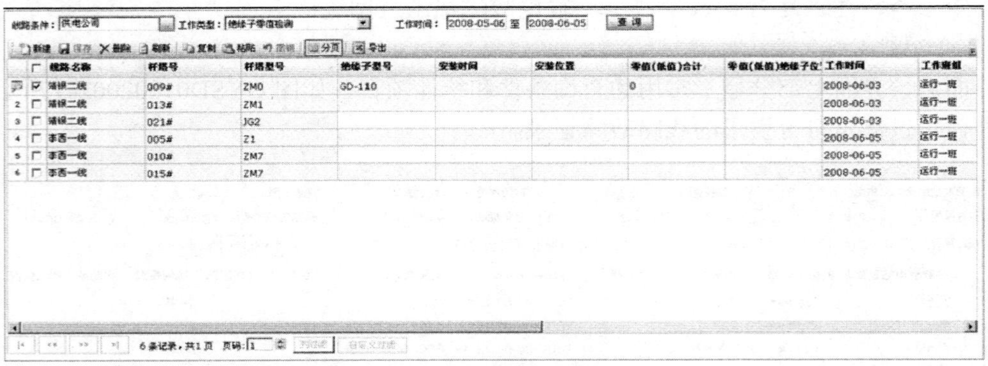

图 GYSD01002002-7 已维护检测记录查询

（2）添加检测记录。添加检测记录时要首先选择线路及工作类型，然后点击"新建"按钮，根据不同的工作类型，新建时有系统有以下几种响应。

1）弹出批量选择杆塔对话框：添加接地电阻测量记录、架空线路红外测温记录、地埋金属部件锈蚀检测记录、覆冰观测记录、瓷绝缘子零值（玻璃自爆）检测记录、复合绝缘子龟裂老化检查记录、复合绝缘子憎水性丧失检测记录、复合绝缘子机械强度检测记录、杆塔倾斜测量记录、电杆裂纹检测记录时，弹出该对话框，对话框中列出了所选线路的所有杆塔（电杆裂纹检测记录除外，添加该记录时列出的杆塔只包含线路的水泥杆），并可以选择工作负责人、工作班组、工作时间、工作人员属性，具体界面如图 GYSD01002002-8 所示。

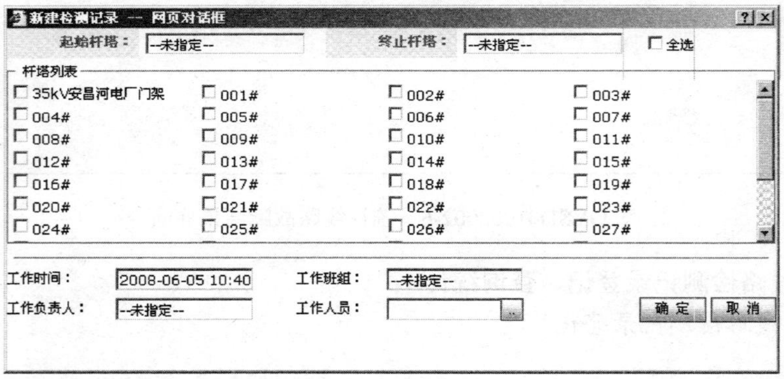

图 GYSD01002002-8 批量选择杆塔对话框

操作时首先勾选杆塔，也可以通过选择对话框的起始杆塔、终止杆塔自动勾选一段杆塔，或勾中"全选"选择全部杆塔，再填写工作负责人、工作班组、工作时间、工作人员，点击"确定"按钮，系统根据勾选的杆塔批量生成检测记录。

2）弹出批量选择杆段对话框：添加导地线弧垂测量记录时，弹出该对话框，对话框与批量选择杆塔对话框类似，列出了所选线路的所有相邻杆段，并提供选择工作负责人、工作班组、工作时间、工作人员功能，具体界面如图 GYSD01002002-9 所示。

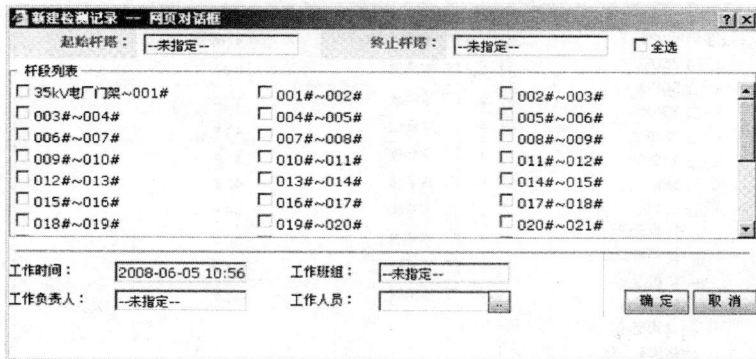

图 GYSD01002002-9　批量选择杆段对话框

操作时首先勾选杆段，也可以通过选择对话框的起始杆塔、终止杆塔自动勾选一定范围内的杆段，或勾中"全选"选择全部杆段，再填写工作负责人、工作班组、工作时间、工作人员，点击"确定"按钮，系统根据勾选的杆段批量生成检测记录。

3）弹出批量选择交叉跨越对话框：添加交叉跨越及对地测量记录时，弹出该对话框，对话框以表格的形式列出了所选线路的所有交叉跨越，并提供选择工作负责人、工作班组、工作时间、工作人员功能，具体界面如图 GYSD01002002-10 所示。

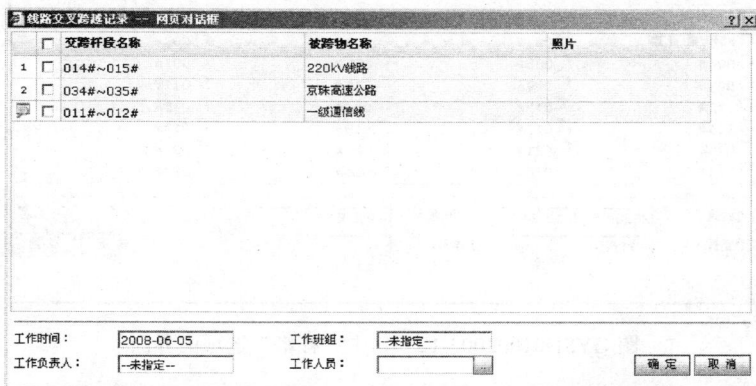

图 GYSD01002002-10　批量选择交叉跨越对话框

操作时首先勾选所测量的交叉跨越，再填写工作负责人、工作班组、工作时间、工作人员，点击"确定"按钮，系统根据勾选的交叉跨越信息批量生成检测记录。

4）弹出批量选择防污检测点对话框：添加绝缘子盐密、灰密测量记录时，弹出该对话框，对话框以表格的形式列出了登录人所辖线路的所有已维护防污检测点，并提供选择工作负责人、工作班组、工作时间、工作人员功能，对话框左上侧为线路导航树，通过该导航树导航已维护防污检测点，具体界面如图 GYSD01002002-11 所示。

操作时首先勾选多个检测点，可以点击标题行的复选框勾选表格中的全部检测点，再填写工作负责人、工作班组、工作时间、工作人员，点击"确定"按钮，系统根据勾选的检测点批量生成检测记录。

5）弹出批量选择杆塔或杆段对话框：添加其他检测记录时，弹出该对话框，对话框包含了批量选择杆塔及杆段两种选项，这两种选项是互斥的，每次只能选择其中的一种，对话框也提供选择工作负责人、工作班组、工作时间、工作人员功能，勾中"杆塔"选项的界面如图 GYSD01002002-12 所示，勾中"杆段"选项的界面样式如图 GYSD01002002-13 所示。

操作时首先勾选杆塔或杆段，也可以通过选择对话框的起始杆塔、终止杆塔自动勾选一定范围内的杆塔或杆段，或勾中"全选"选择全部杆塔或杆段，再填写工作负责人、工作班组、工作时间、工作人员，点击"确定"按钮，系统根据勾选的杆塔或杆段批量生成检测记录。

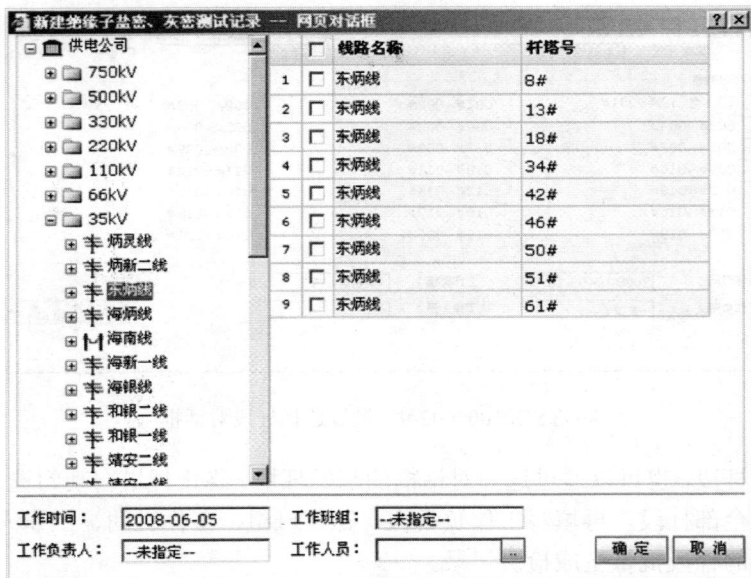

图 GYSD01002002-11 批量选择防污检测点对话框

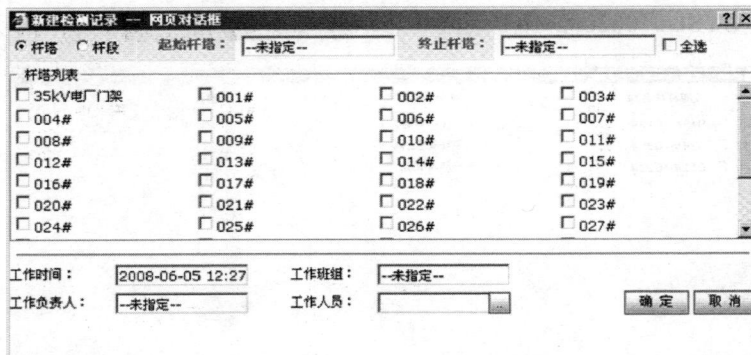

图 GYSD01002002-12 勾中"杆塔"选项的界面

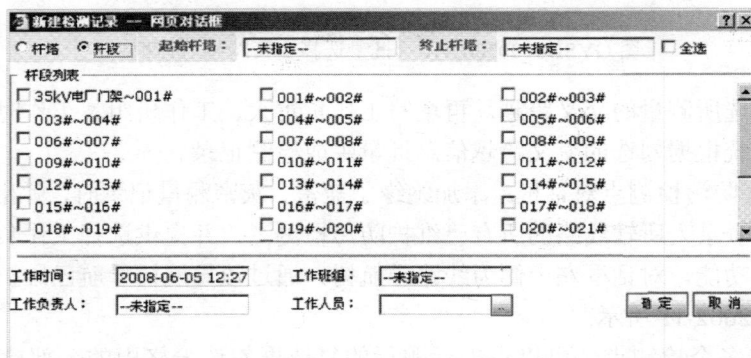

图 GYSD01002002-13 勾中"杆段"选项的界面

6）直接生成一条新记录：添加导地线振动舞动观测记录时，系统直接成一条新的空白记录，用户通过修改该空白记录填写完整的记录。

（3）修改检测记录。在图 GYSD01002002-7 所示主界面的检测记录查询结果列表中，选中一条检测记录，在该记录的最左侧将出现记录详细信息查看图标" 🖻 "，点击该图标，系统弹出记录的详细信息对话框，通过该对话框来修改检测记录。图 GYSD01002002-14 所示为绝缘子盐密（灰密）测试记录的修改对话框。

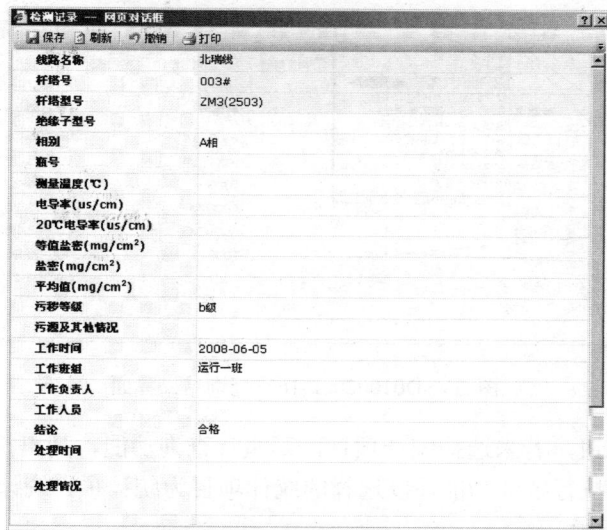

图 GYSD01002002-14　绝缘子盐密（灰密）测试记录修改对话框

（4）登记缺陷记录。在图 GYSD01002002-7 所示主界面的检测记录查询结果列表中，选中一条检测记录，滚动到该记录的最后一列，该列标题为"关联缺陷信息"，点击该栏的链接，可查看已登记缺陷记录或添加缺陷记录，具体界面如图 GYSD01002002-15 所示。

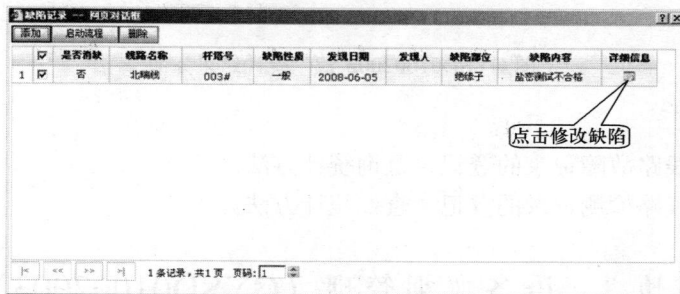

图 GYSD01002002-15　登记缺陷记录界面

点击该对话框上部的"添加"或"删除"按钮进行缺陷的添加或已维护缺陷的删除，点击列表的"详细信息"列的图标查看及修改缺陷，点击对话框上部的"启动流程"按钮启动勾选缺陷的流程。

（5）删除检测记录。在主界面的检测记录查询结果列表中，选中若干条检测记录，点击"删除"按钮，删除时系统将级联删除该检测记录对应的缺陷记录，如果缺陷流程已启动，系统给出提示，如果用户强制删除，系统仅删除检测记录本身及未启动流程的缺陷记录，而不删除该检测记录对应的已启动流程的缺陷记录。

（二）输电架空线路检测记录查询统计

1. 功能介绍

架空线路检测记录查询统计模块，提供对各种检测工作类型的检测记录以常用的查询条件和统计项目进行查询和统计。

2. 功能菜单

运行工作中心 >> 生产运行记录管理 >> 输电架空线路检测记录查询统计。

3. 操作介绍

登录界面后，首先选择工作类型的值，指定查询该工作类型的检测记录。界面左侧显示线路导航树，右侧为查询条件和结果显示框，如图 GYSD01002002-16 所示。通过组合各项条件，可过滤出符合要求的线路检测记录。

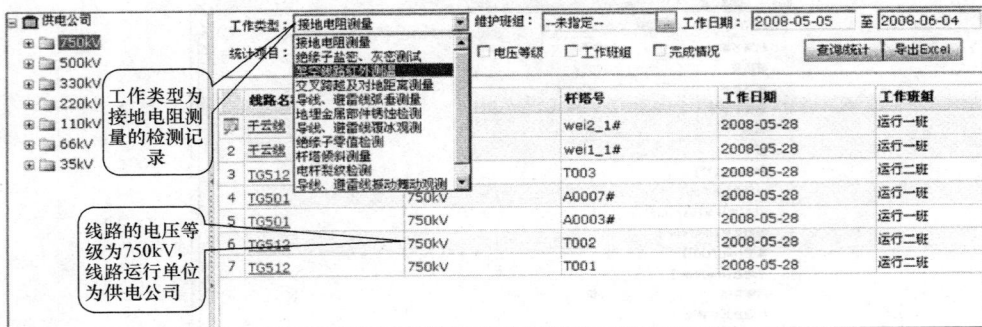

图 GYSD01002002-16 查询结果界面

点击"查询统计"按钮，若未选择统计项目，则执行查询功能，列出符合条件的线路检测记录。

若选择统计项目，则执行统计功能，以选择的统计项目为统计项，统计线路检测记录，执行结果如图 GYSD01002002-17 所示。

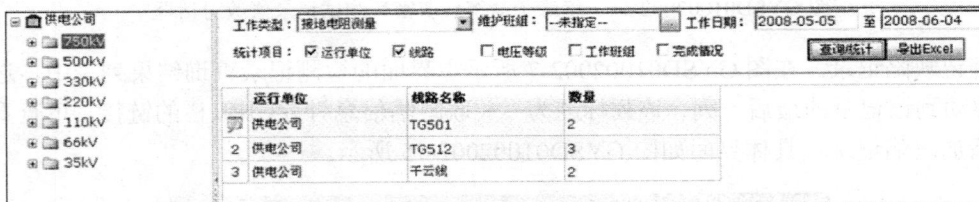

图 GYSD01002002-17 统计结果界面

【思考与练习】

1. 简述输电架空线路故障记录的登记、查询统计方法。
2. 简述输电架空线路检测记录的登记、查询统计方法。

模块 3 设备巡视管理 (GYSD01002003)

【模块描述】本模块包含输电架空线路故障记录的登记、查询统计和输电线路检测记录的登记、查询统计等内容。通过功能介绍、图文结合、操作说明及步骤讲解，掌握输电架空线路设备巡视的管理方法。

【正文】

一、输电架空线路巡视到期提示

1. 功能介绍

该模块提供向输电运行班组人员提示定期巡视到期线路的功能。提示的到期线路为登录人所在班组维护范围内的线路，并以不同的颜色标出超期线路的超周期时间范围。

2. 功能菜单

运行工作中心>>设备巡视管理>>架空输电线路巡视到期提示。

3. 操作介绍

登录界面后，界面默认显示本班组维护范围内、截止到当前时间的到期或超期的线路，为了查出今后某个时间哪些线路到期，可更改到期提示上方的"截止日期"查询条件，并点击"查询"按钮，以显示符合条件的到期巡视记录，如图 GYSD01002003-1 所示。

4. 注意事项

（1）本模块应只授权给线路的运行班组人员，其他人员不可以授权，否则会导致无内容的提示。

（2）线路的巡视周期，必须预先进行维护，否则无法正常提示。

（3）线路的上次定期巡视时间，是通过巡视记录自动更新的，如果不及时登记巡视记录，将导致不准确的提示。

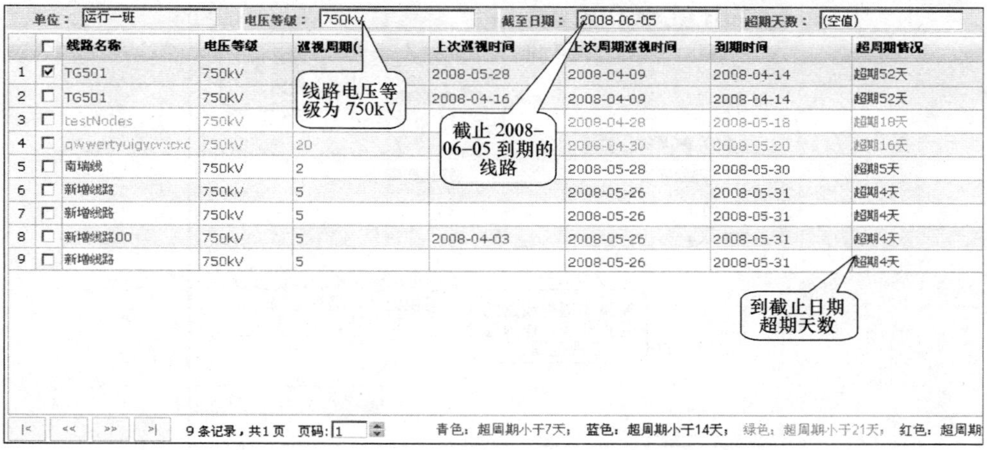

图 GYSD01002003-1　输电架空线路巡视到期查询界面

二、输电架空线路巡视记录登记

1. 功能介绍

该模块提供登记架空线路巡视记录、根据巡视到期的线路批量生成定期巡视的巡视记录等功能，若在巡视过程发现缺陷或外部隐患，可直接登记缺陷及外部隐患记录，登记的缺陷及外部隐患记录自动与相应的巡视记录建立关联关系，查询巡视记录时可以直接查看发现的缺陷及外部隐患记录。

登记定期巡视记录时，系统后台将根据该巡视记录的巡视时间，自动更新对应线路的上次周期巡视时间，据此系统进行架空输电线路的巡视到期提示。

2. 功能菜单

运行工作中心 >> 设备巡视管理 >> 架空输电线路巡视记录登记。

3. 操作介绍

（1）已登记巡视记录查询。主界面提供了工作时间、巡视类型、电压等级作为可选的查询条件，选择若干查询条件，点击"查询"按钮，系统将根据这些查询条件查询出登录人员所在班组已维护的巡视记录，如图 GYSD01002003-2 所示。

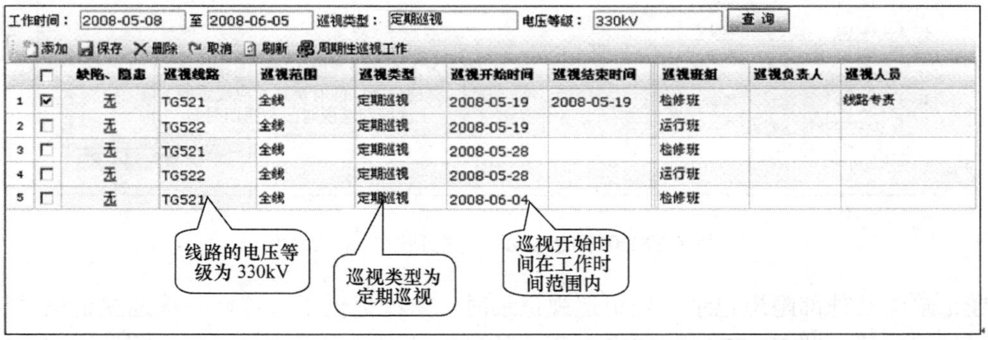

图 GYSD01002003-2　已登记巡视记录查询界面

（2）新建巡视记录。在图 GYSD01002003-2 所示的主界面上点击"添加"按钮，系统弹出线路及巡视范围选择对话框，对话框的默认巡视范围为全线，如图 GYSD01002003-3 所示。

非全线巡视时，首先点击"杆塔范围或特殊区段、危险点区段"单选按钮，然后点击"添加"按钮，杆塔范围表格中选择起始及终止杆塔或自动跳出特殊区段、危险点区段起始及终止杆号，如果巡视了非连续的几段杆塔范围，可以多次添加以选择多段杆塔。

杆塔范围选择完毕后，点击"确定"按钮，系统根据所选的线路及杆塔范围生成一条新的巡视记录，该巡视记录的巡视班组默认为所选线路的维护班组，巡视负责人默认所选线路的设备主人，如果所选线路设备主人没有填写，则直接默认为登录人。

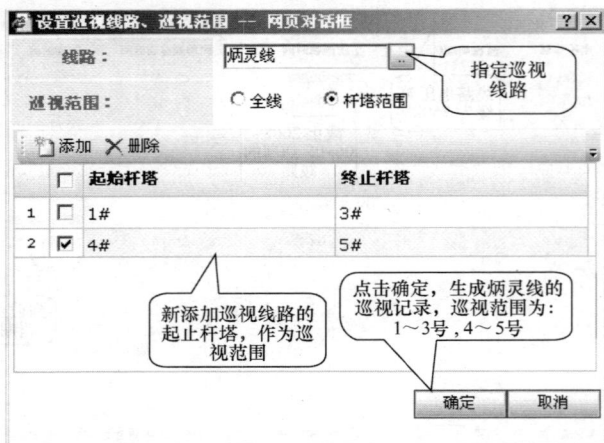

图 GYSD01002003-3　新建巡视记录界面

（3）通过巡视到期线路生成巡视记录。　在图 GYSD01002003-2 所示的主界面上点击"周期性巡视工作"按钮，系统弹出巡视到期线路对话框，对话框中勾选若干条到期线路，然后点击"确定"按钮，系统根据所勾选的线路生成若干条定期巡视记录，巡视班组及巡视人员的默认值与通过纯手工添加巡视记录的一致，生成的巡视记录的巡视时间默认为当前时间，生成后用户在此基础上进行修改即可。巡视到期线路的界面如图 GYSD01002003-4 所示。

图 GYSD01002003-4　巡视到期线路的界面

（4）登记缺陷及外部隐患记录。登记巡视记录时，系统提供了直接针对该巡视记录登记对应的缺陷及隐患记录的功能。图 GYSD01002003-2 所示的已维护巡视记录列表中每一行巡视记录的第一栏，为缺陷及外部隐患记录链接显示列，如果该巡视记录从未登记过缺陷及外部隐患记录，则该栏链接文本显示"未登记"，否则显示"已登记"。

点击缺陷及外部隐患记录链接显示栏的超链接，系统弹出缺陷及外部隐患记录登记对话框，该对话框有两页，每页的上半部分别显示与巡视记录相关的、已登记的缺陷及外部隐患记录，页面的下半部显示对应线路的历史缺陷记录及外部隐患记录，切换到相应页，点击"添加"按钮，即可登记缺陷或外部隐患记录。登记缺陷和隐患记录后，系统将登记的缺陷记录、外部隐患记录组合成一段文本写回巡视记录的缺陷情况，在缺陷流程处理过程中，进行消缺登记时，系统将根据缺陷所关联的巡视记录，将消缺信息写回巡视记录的"处理情况"列。缺陷及外部隐患记录的登记界面如图 GYSD01002003-5

和图 GYSD01002003-6 所示。

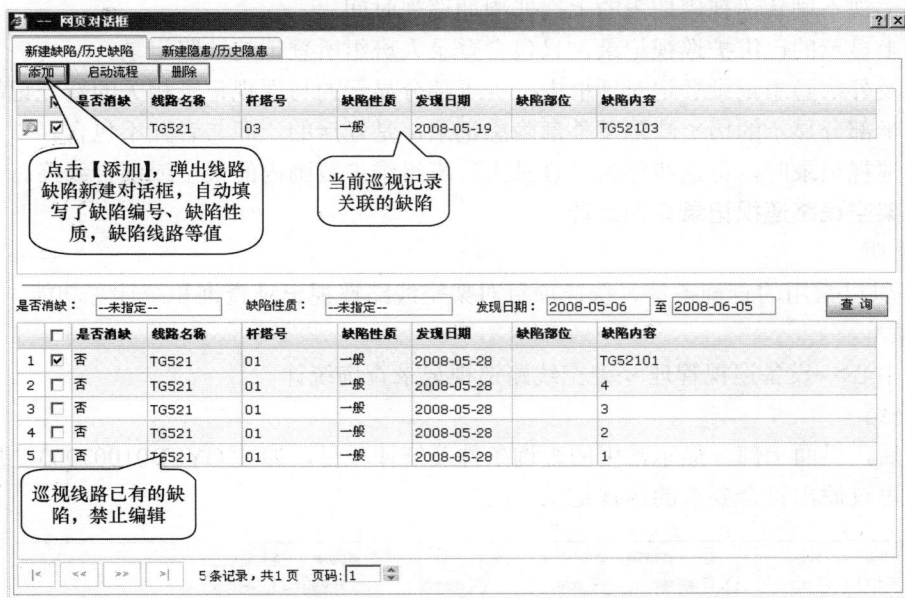

图 GYSD01002003-5 登记缺陷界面

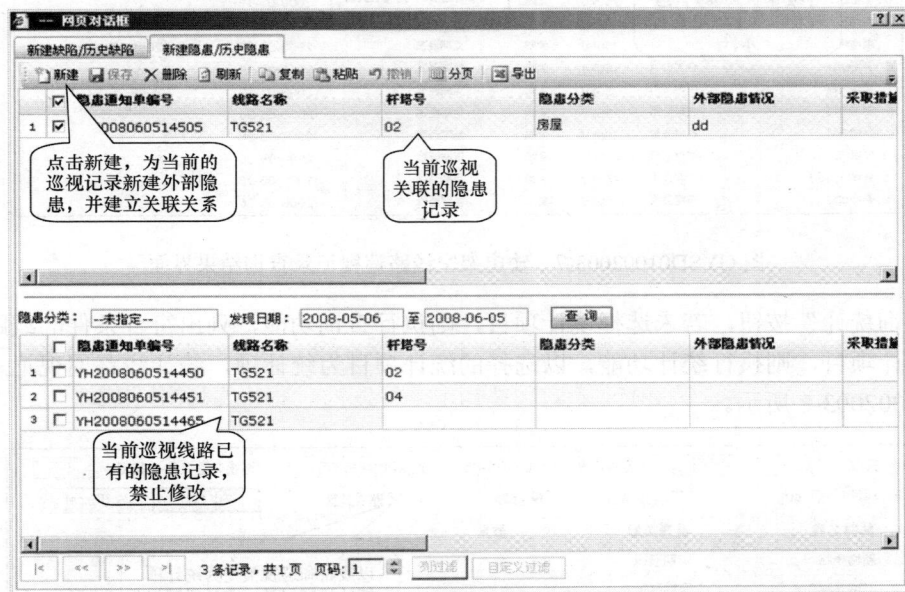

图 GYSD01002003-6 外部隐患记录界面

（5）删除巡视记录。在图 GYSD01002003-2 所示的已维护巡视记录列表中，勾选一条巡视记录，点击"删除"按钮，系统将删除被勾选的巡视记录，如果巡视记录关联了缺陷或外部隐患记录，对应的缺陷及外部隐患记录也将被删除，但如果缺陷已消除或缺陷流程已启动，则该缺陷将不被删除。

4. 注意事项

（1）架空输电线路巡视记录登记只能授权给线路的运行班组人员，其他人员不可以授权，否则在刷新线路定期巡视的最后巡视时间时将不能正常刷新，到期线路提示也不正确。

（2）巡视周期表中上次周期巡视时间的刷新，是取同线路定期巡视的所有巡视记录的最大时间进行刷新的，而不是只按当前修改或登记的巡视记录的时间直接刷新，刷新时取的最大时间为巡视记录的开始时间；上次非周期巡视时间的刷新逻辑相同，取的时间为同线路非周期巡视（巡视类型不是"定期巡视"）所有巡视记录的最大开始时间，本模块对巡视周期的管理是粗线条的，当周期巡视不是全线巡视时，同样会刷新线路的周期巡视时间。

（3）周期巡视不刷新巡视周期表的上次非周期巡视时间。

（4）界面上显示的已维护巡视记录，只包含登录人班组所登记的缺陷记录。

（5）缺陷及外部隐患记录登记对话框中，上半部分显示的与巡视记录相关的新登记缺陷或外部隐患记录，与下半部分显示的历史缺陷及外部隐患记录，是互斥的，即二者互不包含。

（6）填写巡视记录时，可选线路为（登录人）班组维护范围内的架空或混合线路。

三、输电架空线路巡视记录查询统计

1. 功能说明

该模块提供以常用的查询条件、统计项目对架空线路巡视记录查询和统计等功能。

2. 功能菜单

运行工作中心>>设备巡视管理>>架空线路巡视记录查询统计。

3. 操作介绍

登录界面后，界面上部分显示常用的查询条件及统计项目，如图 GYSD01002003-7 所示。通过组合各项条件，可过滤出符合要求的巡视记录。

图 GYSD01002003-7　输电架空线路巡视记录查询结果界面

点击"查询统计"按钮，若未选择统计项目，则执行查询功能，列出符合条件的线路巡视记录。

若选择统计项目，则执行统计功能，以选择的统计项目为统计项，统计线路巡视记录，执行结果如图 GYSD01002003-8 所示。

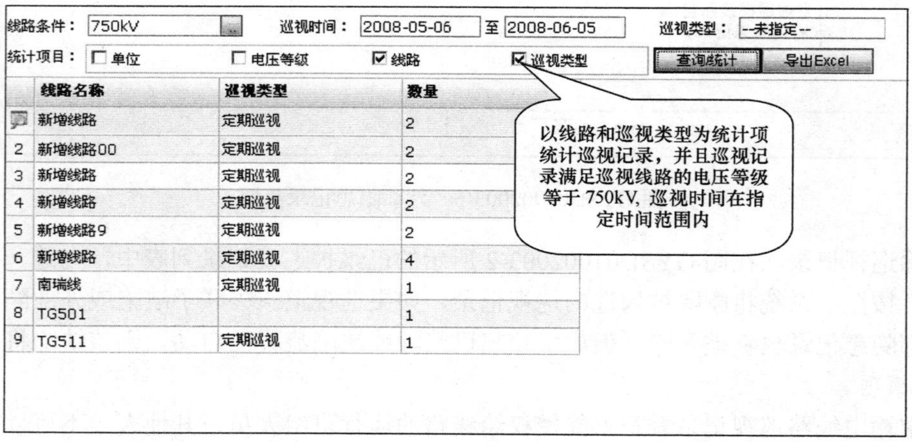

图 GYSD01002003-8　线路巡视记录统计结果界面

【思考与练习】

1. 简述输电架空线路巡视到期提示操作的注意事项。

2. 简述输电架空线路巡视记录登记和查询统计的操作方法。

模块4　缺陷管理（GYSD01002004）

【模块描述】本模块包含输电架空线路缺陷处理流程、缺陷查询统计、缺陷两率统计和外部隐患记录登记、查询统计等内容。通过功能介绍、图文结合、操作说明及步骤讲解，掌握输电架空线路缺陷管理的方法。

【正文】

一、缺陷处理

输电架空线路的缺陷处理关键流程包括班组缺陷登记、专业所专工审核、领导审核、地市局生技审核专业所专工消缺工作安排、检修班组消缺登记、运行班组缺陷验收七个环节，具体处理流程如图GYSD01002004-1所示。

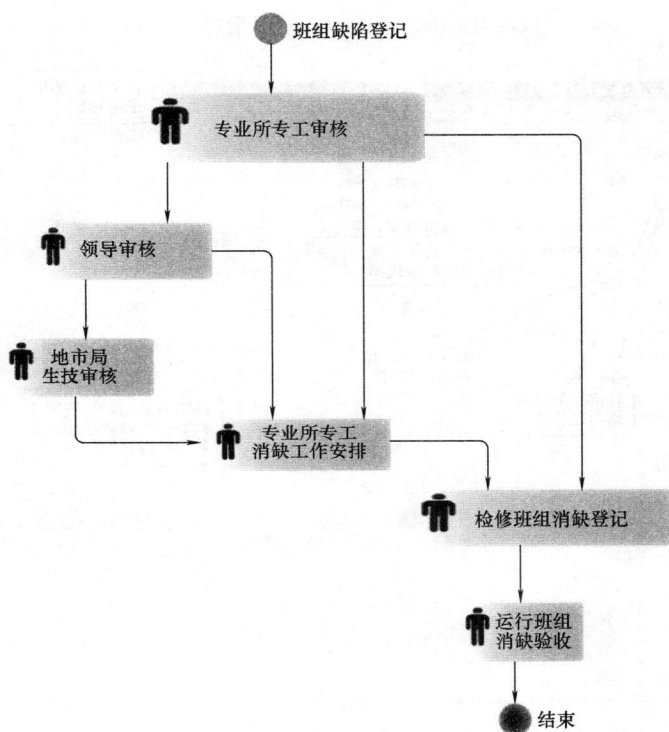

图 GYSD01002004-1　缺陷处理流程

（一）架空线路缺陷登记

1. 功能介绍

该模块提供架空线路缺陷记录的登记、流程启动以及已维护缺陷的查询功能。

2. 功能菜单

运行工作中心 >> 缺陷管理 >> 架空线路缺陷登记。

3. 操作介绍

（1）已维护缺陷记录查询。缺陷记录登记的主界面提供了线路、缺陷性质、发现日期等查询条件，选择条件后点击"查询"按钮执行查询，查询的结果只包含登录人班组所登记的缺陷记录，缺陷记录登记的主界面如图 GYSD01002004-2 所示。

查询结果中灰色字体的缺陷记录表示已消缺，红色的为流程已启动但缺陷未消除的记录，黑色表示新登记未启动流程的记录。

（2）查询结果排序。点击查询结果表格的标题栏，根据所点击标题栏的内容进行升序或降序排序。

（3）添加缺陷记录。点击图 GYSD01002004-2 所示界面上的"新建"按钮，出现缺陷记录登记对话框，按照对话框内容进行选择填报，如图 GYSD01002004-3 所示。

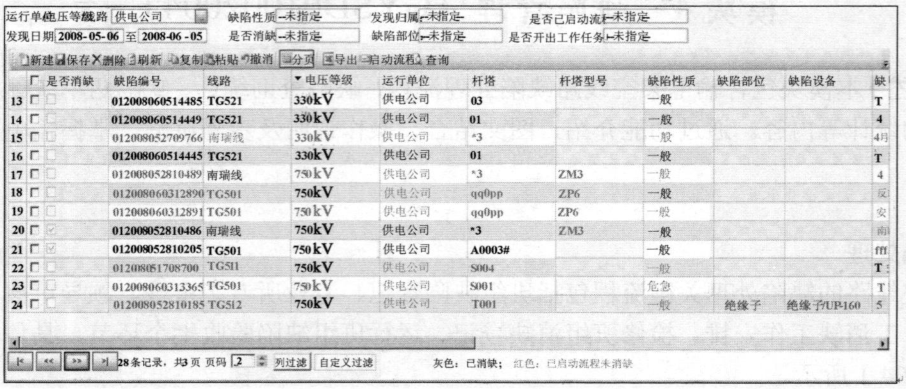

图 GYSD01002004-2　缺陷记录登记主界面

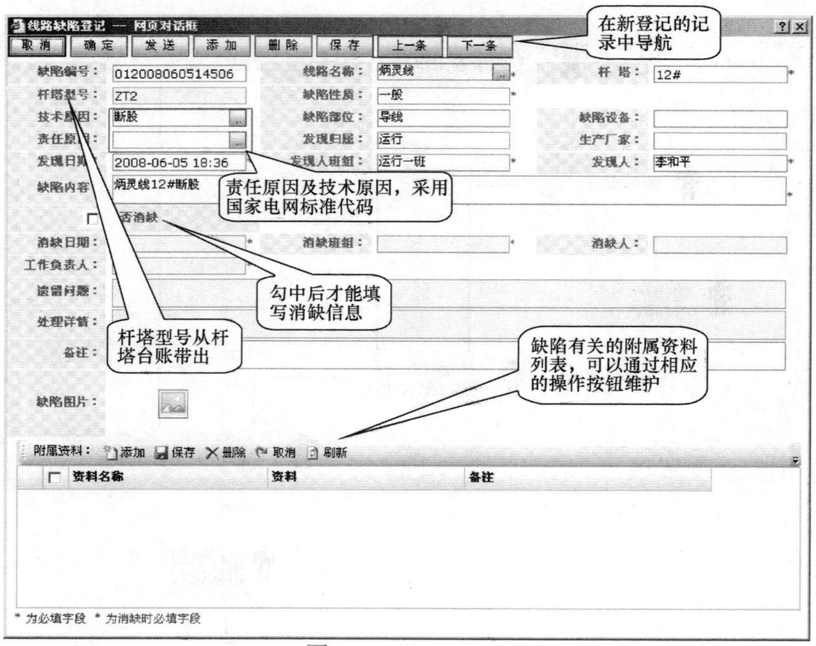

图 GYSD01002004-3　添加缺陷记录界面

（4）修改缺陷记录。在图 GYSD01002004-2 所示的主界面上，勾选若干条新登记的缺陷记录，被勾中记录的最左侧出现记录修改图标 "　"，点击该图标，在出现的对话框中进行修改，如图 GYSD01002004-4 所示。

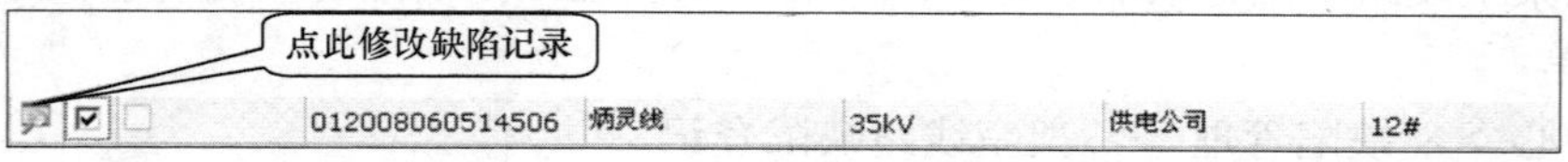

图 GYSD01002004-4　修改缺陷记录界面

（5）删除缺陷记录。在图 GYSD01002004-2 所示主界面上，勾选若干条新登记的缺陷记录，点击"删除"按钮即可。

（6）启动流程。在图 GYSD01002004-2 所示主界面上，勾选若干条新登记的缺陷记录，点击"启动流程"按钮，出现的流程发送对话框中选择发送环节及发给人，确定后对应的缺陷流程被启动，可以一次发送多条缺陷记录。

4. 注意事项

（1）登记直接消除的缺陷，不允许启动缺陷流程。

（2）缺陷流程启动后，不允许修改及删除。

（3）填写缺陷记录时，可选线路为（登录人）维护班组范围内的架空或混合线路。

（4）巡视时发现的缺陷记录可以在登记巡视记录直接进行登记、线路检测时的不合格记录，在登记检测记录时直接登记缺陷，在检修过程中发现的缺陷，可在登记检修记录时直接登记缺陷。

（二）运行单位专业工程技术人员缺陷审核

1. 功能介绍

运行单位专工审核提供对班组上报的缺陷进行缺陷重新定性、将缺陷添加到任务池、继续上报缺陷或直接将缺陷发给班组进行消缺处理等功能。

2. 功能菜单

待办任务列表>> 缺陷管理 >> 专工审核。

3. 操作介绍

（1）进入专业所专工缺陷审核界面。登录系统后，在系统主页的待办任务列表中，选择一条待审核的架空线路缺陷记录，并点击"操作"栏的"处理工作流"图标，进入缺陷流程处理界面。在专业所专工审核流程环节，用户可更改缺陷性质、缺陷技术原因、缺陷责任原因，即可对缺陷进行重新定性，在缺陷审核时，可以给缺陷预安排工作时间，并按该时间将缺陷添加到任务池。

（2）发送任务。缺陷审核完后，专工发送缺陷到下一环节时，有两种选择，一种是直接发送给班组进行消缺，即发送到消缺登记环节，另一种是发给专业所领导进行审核。

4. 注意事项

（1）缺陷添加到任务池之前，必须先填写计划工作时间。

（2）发送之后未添加到任务池的缺陷，可以在任务池管理模块中将该缺陷添加到任务池，或者在缺陷流程的专业所专工消缺工作安排环节，将缺陷添加到任务池。

（三）专业所领导审核

1. 功能介绍

在专业所领导审核流程环节，用户可更改缺陷性质、缺陷技术原因、缺陷责任原因，即可对缺陷进行重新定性。

2. 功能菜单

待办任务列表>> 缺陷管理 >> 领导审核。

3. 操作介绍

（1）进入专业所领导审核界面。登录系统后，在系统主页的待办任务列表中，选择一条待审核的架空线路缺陷记录，并点击"操作"栏的"处理工作流"图标，进入缺陷流程处理界面。

（2）发送任务。缺陷审核完后，专业所领导发送缺陷到下一环节时，有两种选择，一种是返回给专工进行消缺工作安排，另一种是发给地市局生技部门进一步进行审核。

（四）地市局生技审核

1. 功能介绍

在地市局生技审核流程环节，用户可更改缺陷性质、缺陷技术原因、缺陷责任原因，即可对缺陷进行重新定性。

2. 功能菜单

待办任务列表>> 缺陷管理 >> 地市公司生技部门审核。

3. 操作介绍

（1）进入地市公司生技部门审核界面。登录系统后，在系统主页的待办任务列表中，选择一条待审核的架空线路缺陷记录，并点击"操作"栏的"处理工作流"图标，进入缺陷流程处理界面。

（2）发送任务。缺陷审核完后，发送缺陷给专工进行消缺工作安排。

（五）专工消缺工作安排

1. 功能介绍

专业所专工消缺工作安排环节提供将缺陷添加到任务池或向班组开工作任务单直接安排消缺任务

的功能。

2. 功能菜单

待办任务列表>> 缺陷管理 >> 专工消缺安排。

3. 操作介绍

（1）进入专业所专工消缺工作安排界面。登录系统后，在系统主页的待办任务列表中，选择一条待审核的架空线路缺陷记录，并点击"操作"栏的"处理工作流"图标，进入缺陷流程处理界面。

在专业所专工消缺工作安排流程环节，用户可以给缺陷预安排工作时间，并按该时间将缺陷添加到任务池，或者直接针对该缺陷开工作任务单，指定工作班组，也可开写工作票，如果缺陷需要停电，还可在任务单上开停电申请并启动停电申请流程。

（2）创建工作任务单。对于紧急的缺陷，可以点击界面上的"工作任务单"按钮，以创建工作任务单并安排消缺班组，对话框中的工作任务、班组工作任务的受理内容，根据缺陷内容自动填充，工作地点，取缺陷记录对应的线路进行填充。

（3）发送任务。缺陷添加到任务池后，手工发送该缺陷到消缺登记环节。

4. 注意事项

（1）缺陷添加到任务池之前，必须先填写计划工作时间。

（2）发送之后未添加到任务池的缺陷，可以在任务池管理模块中将该缺陷添加到任务池。

（3）创建工作任务单时，系统后台会将该缺陷转化为一条临时任务添加到任务池，并针对该临时任务创建任务单。

（六）检修班组消缺登记

1. 功能介绍

在检修班组消缺登记流程环节，用户可填写消缺日期、消缺人、消缺班组、遗留问题等消缺信息，填写完毕后将缺陷发给运行班组进行验收。

2. 功能菜单

待办任务列表>> 缺陷管理 >> 班组消缺登记。

3. 操作介绍

（1）进入检修班组消缺登记界面。登录系统后，在系统主页的待办任务列表中，选择一条待消除的架空线路缺陷记录，并点击"操作"栏的"处理工作流"图标，进入缺陷流程处理界面。

（2）发送任务。缺陷消缺信息填写完毕后，发送缺陷给运行班组进行验收。

4. 注意事项

（1）发送缺陷时，如果该缺陷是通过巡视记录登记的，消缺结果将回填到巡视记录的"处理情况"列，如果巡视记录对应多个缺陷，回填以追加的方式实现，每条缺陷将自己的消缺结果追加到前一条的后面。

（2）发送缺陷时，如果该缺陷是通过检测记录登记的，消缺结果将回填到检测记录的"处理情况"、"处理日期"列，如果检测记录对应多个缺陷，处理情况回填以追加的方式实现，处理日期则按覆盖式方式回填，每次回填会覆盖上一条缺陷回填的日期。

（七）运行班组消缺验收

1. 功能介绍

在运行班组消缺登记流程环节，用户可填写验收日期、验收人。填写完毕后结束缺陷的整个流程。

2. 功能菜单

待办任务列表>> 缺陷管理 >> 消缺验收。

3. 操作介绍

（1）进入运行班组消缺验收界面。登录系统后，在系统主页的待办任务列表中，选择一条待验收的架空线路缺陷记录，并点击"操作"栏的"处理工作流"图标，进入缺陷流程处理界面。

（2）发送任务。验收日期、验收人填写完毕后，结束缺陷流程。

二、输电架空线路缺陷查询统计

1. 功能介绍

架空线路缺陷查询统计提供以常用的查询条件和统计项目，对架空线路缺陷记录进行查询和统计，同时提供以图形显示统计结果的功能。

2. 功能菜单

运行工作中心 >> 缺陷管理 >> 架空线路缺陷查询统计。

3. 操作介绍

登录缺陷查询统计界面后，界面上部分显示常用的查询条件及统计项目。通过组合各项条件，可过滤出符合要求的架空线路缺陷记录。

点击“查询统计”按钮，若未选择统计项目，则执行查询功能，列出符合条件的架空线路缺陷记录（已经消除缺陷的以灰色显示，已启动流程未消除缺陷以蓝色显示）；若选择统计项目，则执行统计功能，以选择的统计项目为统计项，统计架空线路缺陷记录。

三、输电架空线路缺陷两率统计

1. 功能介绍

本模块用于查看指定时间范围内，架空线路缺陷的消缺率和及时率。对一般、严重和紧急缺陷均提供消缺的统计，但是只提供对严重和紧急缺陷的及时率统计，严重缺陷在一周内消缺即为及时，紧急缺陷在 24h 内消缺即为及时，一般缺陷不存在及时率。

2. 功能菜单

运行工作中心>>缺陷管理>>架空线路缺陷两率统计。

3. 操作介绍

（1）两率统计。登录界面后，界面上部分显示常用的统计条件：运行单位、年度、季度和月份，季度和月份只允许选择一个，若选择季度，即统计缺陷的发现时间在指定年度和季度范围内的缺陷记录；若选择月份，即统计缺陷的发现时间在指定年度和月份范围内的缺陷记录。编辑运行单位时，弹出单位导航树，选中单位，即统计该单位下缺陷记录的消缺率和及时率，如图 GYSD01002004-5 所示。

	运行单位	缺陷性质	发现起数	消缺起数	消缺率	及时率
1	供电公司	危急	3	0	0%	0%
2	供电公司	严重	5	0	0%	0%
3	供电公司	一般	37	13	35.14%	
4		总计	45	13	28.89%	

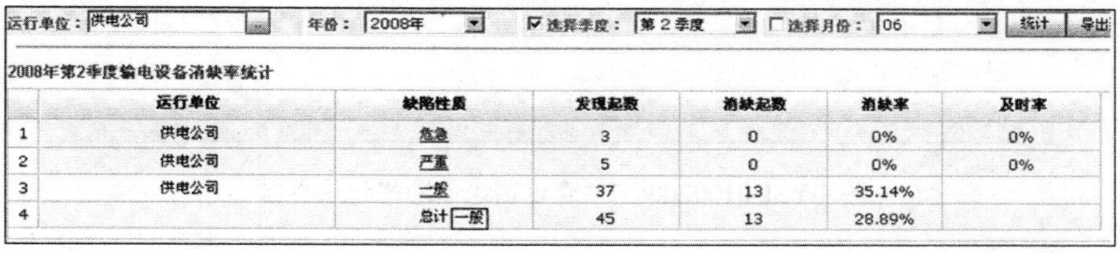

图 GYSD01002004-5　两率统计界面

（2）查看详细信息。执行消缺率和及时率统计后，选中一条统计结果，点击缺陷性质，即显示该记录包含的每一条线路的消缺率和及时率情况，如图 GYSD01002004-6 所示。

	运行单位	缺陷性质	发现起数	消缺起数	消缺率	及时率
1	供电公司	危急	3	0	0%	0%
2	供电公司	严重	5	0	0%	0%
3	供电公司	一般	37	13	35.14%	
4		总计	45	13	28.89%	

消缺率详细信息

	运行单位	电压等级	线路名称	缺陷性质	发现起数	消缺起数	消缺率	及时率
1	供电公司	750kV	2	一般	1	0	0%	
2	供电公司	750kV	南瑞线	一般	4	2	50%	
3	供电公司	750kV	TG501	一般	3	0	0%	
4	供电公司	750kV	TG501	一般	1	1	100%	
5	供电公司	750kV	TG511	一般	1	0	0%	
6	供电公司	750kV	TG512	一般	2	[illegible]	[illegible]	
7	供电公司	750kV	千云线	一般	[illegible]	[illegible]	[illegible]	
8	供电公司	500kV	WWt003%	一般	2	[illegible]	[illegible]	
9	供电公司	500kV	#121	一般	1	[illegible]	[illegible]	

图 GYSD01002004-6　查看详细信息界面

模块4 GYSD01002004

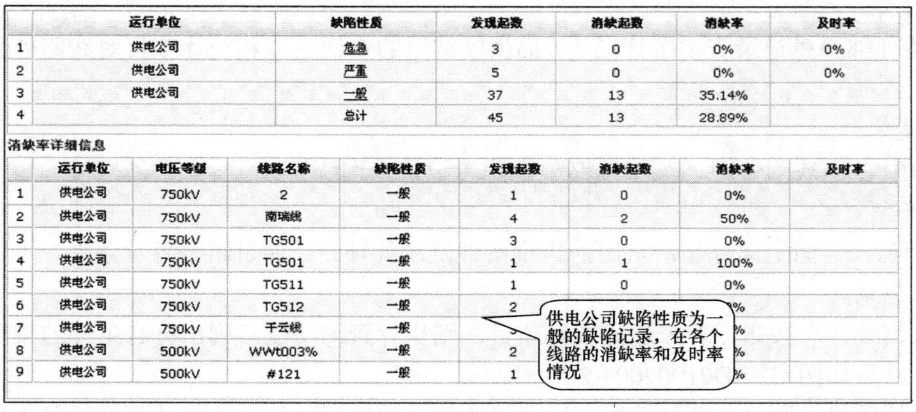

四、输电架空线路外部隐患记录登记

1. 功能介绍

架空线路外部隐患记录登记用于登记架空线路的外部隐患，隐患记录可以具体到杆塔，同时提供以常用的查询条件过滤隐患记录。

2. 功能菜单

运行工作中心>>设备缺陷管理>>架空线路外部隐患记录登记。

3. 操作介绍

（1）查询。登录界面后，根据默认的查询条件查询外部隐患记录，默认的查询条件为：①登记班组等于当前登录人员所在班组；②隐患的发现日期在至当前时间一月范围以内；③隐患线路的运行单位为线路导航树的根节点。切换线路导航树选中节点作为线路条件如下：

1）选中运行单位节点：即查询该运行单位下所有线路的外部隐患记录。

2）选中电压等级节点：即查询运行单位等于选中电压等级节点的父节点，并且电压等级等于选中节点的所有线路的外部隐患记录。

3）选中线路节点：即查询该线路的外部隐患记录。

组合线路和其他查询条件，点击"查询"按钮，查询需求的隐患记录，如图 GYSD01002004-7 所示。

图 GYSD01002004-7 查询需求的隐患记录界面

（2）新建。新建架空线路外部隐患记录，首先必须选中线路节点，在图 GYSD01002004-7 所示的界面中点击"新建"按钮，即创建该线路的外部隐患记录，记录自动填写隐患通知单编号、线路名称（禁止修改）、发现日期、发现人班组、发现人的值。

五、输电架空线路外部隐患记录查询统计

1. 功能介绍

架空线路外部隐患记录查询统计模块，提供以常用的查询条件和统计项目对线路外部隐患记录查询和统计。

2. 功能菜单

运行工作中心>>缺陷管理>>架空线路外部隐患记录查询统计。

3. 操作介绍

登录界面后，界面上部分显示常用的查询条件及统计项目。通过组合各项条件，可过滤出符合要求的外部隐患记录。

点击"查询统计"按钮，若未选择统计项目，则执行查询功能，列出符合条件的架空线路外部隐患记录。执行结果如图 GYSD01002004-8 所示。

若选择统计项目，则执行统计功能，以选择的统计项目为统计项，统计架空线路外部隐患记录，执行结果如图 GYSD01002004-9 所示。

图 GYSD01002004-8 架空线路外部隐患记录查询结果界面

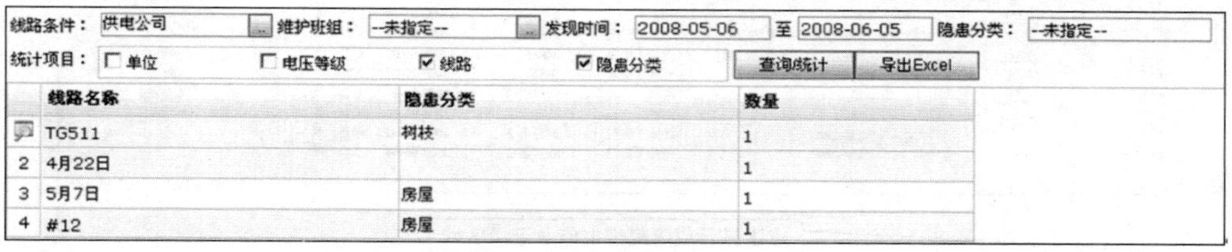

图 GYSD01002004-9 架空线路外部隐患统计结果界面

【思考与练习】

1. 简述输电架空线路缺陷处理关键流程的操作方法。

2. 简述输电架空线路缺陷的查询统计、缺陷两率统计的操作方法。

3. 简述输电架空线路外部隐患记录登记、查询统计的操作方法。

模块 5 检修试验管理（GYSD01002005）

【模块描述】本模块包含输电架空线路检修记录登记、查询统计及带电作业查询统计等内容。通过功能介绍、图文结合、操作说明及步骤讲解，掌握输电架空线路检修试验管理的方法。

【正文】

一、输电架空线路检修记录登记

1. 功能介绍

该模块用来登记输电架空线路的检修记录,检修记录可以在任务池中工作任务的基础上进行登记,也可以直接手工添加,在登记检修记录时可以挂接相应的检修报告,对具有带电作业性质的检修记录,可填写对应的带电作业登记表。

2. 功能菜单

运行工作中心 >> 设备检修试验管理 >> 架空线路检修记录（带电作业）登记。

3. 操作介绍

（1）查询。检修记录主界面显示三种记录，即任务池中的工作任务、已维护检修记录、已维护的带电作业记录，界面上定义了两组查询条件来查询这三种记录，如图 GYSD01002005-1 所示。

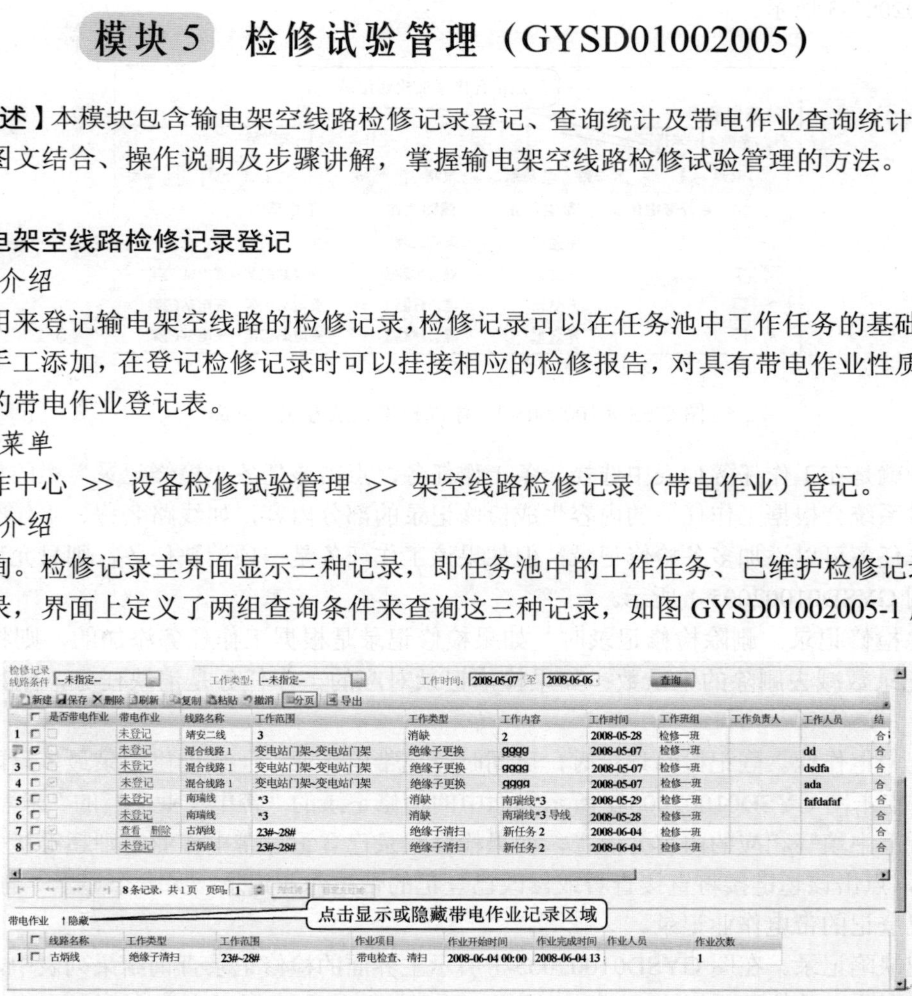

图 GYSD01002005-1 检修记录主界面

在两组查询条件中分别选择一些条件，并点击"查询"按钮即可查询对应的记录，其中带电作业是依附检修记录的，即列出的带电作业记录是与查询出的检修记录相关联的记录。

因为一个界面包含了三种记录，限于屏幕空间，所以页面采用了上下滚动的方式，如果想查看已维护的带电作业记录，需要滚动到页面的底部，其中带电作业记录的内容可以通过开关隐藏或显示，如图 GYSD01002005-2 所示。

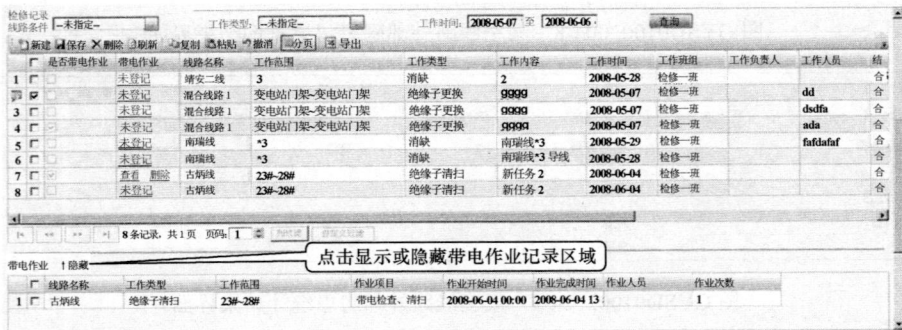

图 GYSD01002005-2 隐藏或显示带电作业记录界面

（2）添加检修记录。添加检修记录有两种方式，一种是点击检修记录数据区的"新建"按钮进行添加，这种添加是纯手写的方式，系统先点击生成一条空白记录行，用户再填充相应的内容即可，如图 GYSD01002005-3 所示。

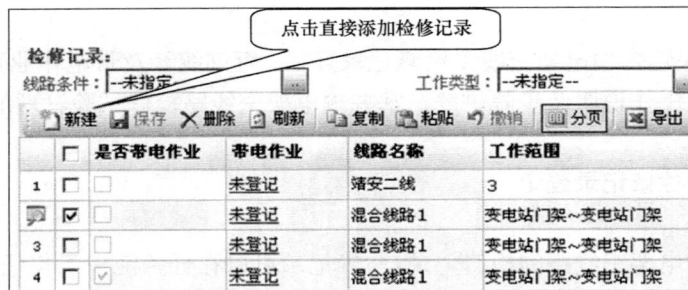

图 GYSD01002005-3 添加检修记录方法一界面

另外一种就是在工作任务列表中选择一条工作任务，点击该任务"检修记录"栏的相应链接进行添加，添加时系统会根据工作任务的内容生成检修记录的部分内容，如线路名称、工作类型、工作范围，一条工作任务可以添加多条检修记录，但如果该工作任务是一项消缺任务，则只允许添加一条检修记录，如图 GYSD01002005-1 所示。

（3）删除检修记录。删除检修记录时，如果检修记录是根据工作任务添加的，则将工作任务的已登记检修记录数减去删除的记录数；如果检修记录对应的工作任务是消缺任务，则禁止删除检修记录。

（4）登记带电作业。登记检修记录时，可同时登记带电作业，一条检修记录最多只能登记一条带电作业记录。点击图 GYSD01002005-1 所示界面中的检修记录的"带电作业"栏的"未登记"超链接，在出现的对话框中填写相应的内容并保存，如果检修记录已登记过带电作业，则超链接为两个，一个显示"查看"，点击该超链接将直接查看或修改已登记的带电作业记录，另一个显示"删除"，点击该超链接删除已登记的带电作业记录。

（5）登记缺陷记录。在图 GYSD01002005-1 所示主界面的检修记录查询结果列表中，选中一条检修记录，滚动到该记录的最后一列，该列标题为"关联缺陷信息"，点击该列的链接，可查看已登记缺陷记录或添加缺陷记录，具体界面如图 GYSD01002005-4 所示。

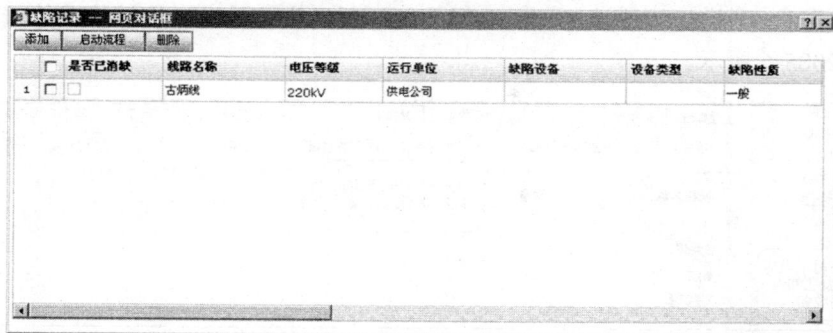

图 GYSD01002005-4 登记缺陷记录界面

点击该对话框上部的"添加"及"删除"按钮进行缺陷的添加及已维护缺陷的删除，点击对话框上部的"启动流程"按钮启动勾选缺陷的流程，有关缺陷登记的详细使用说明，请参考"架空线路缺陷登记"模块相应内容。

（6）挂接检修报告。检修记录可以挂接试验报告，点击图 GYSD0100205-1 所示界面中的检修记录 "修试报告"栏的单元格，该单元格将出现一个编辑按钮，点击该编辑按钮，可链接本地的检修报告到检修记录。

二、输电架空线路检修记录查询统计

1．功能介绍

主要提供架空线路检修记录的查询和统计。

2．功能菜单

运行工作中心>>检修试验管理>>架空线路检修记录查询统计。

3．操作介绍

登录界面后，默认查询出指定时间范围内的检修记录，指定的时间范围为截至当前时间一月范围内。界面左侧显示线路导航树，切换选中节点作为线路条件。

（1）选中运行单位节点。即查询该运行单位下线路的检修记录。

（2）选中电压等级节点。首先查找电压等级节点的父节点（运行单位），查找该运行单位下的且电压等级等于所选节点的线路的检修记录。

（3）选中线路节点。即查询该线路的检修记录。

工作类型条件也以导航树形式显示：

（1）选中根节点。工作类型条件为空。

（2）选中分组节点（更换、维修、其他）。查找该节点包含的所有工作类型的检修记录。

（3）选中具体的工作类型。查找该工作类型的检修记录。

组合线路条件和工作类型条件，可过滤出符合要求的线路检修记录。

点击"查询统计"，若未选择统计项目，则执行查询功能，列出符合条件的线路检修记录，执行结果如图 GYSD01002005-5 所示。

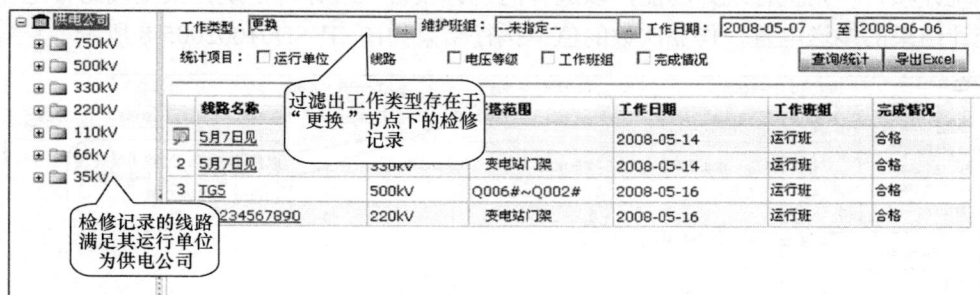

图 GYSD01002005-5 线路检修记录查询结果界面

若选择统计项目，则执行统计功能，以选择的统计项目为统计项，统计线路检修记录，执行结果如图 GYSD01002005-6 所示。

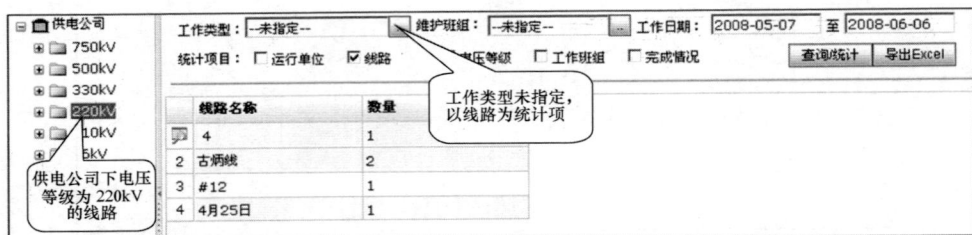

图 GYSD01002005-6 线路检修记录统计结果界面

三、输电架空线路带电作业查询统计

1. 功能介绍

架空线路带电作业查询统计模块，用于查询和统计架空线路带电作业情况。

2. 功能菜单

运行工作中心 >> 检修试验管理 >> 架空线路带电作业查询统计。

3. 操作介绍

登录界面后，默认查询出指定时间范围内的带电作业记录，指定的时间范围为截至当前时间一月范围内。界面左侧显示线路导航树，切换选中节点作为线路条件。

（1）选中运行单位节点。即查询该运行单位下线路的带电作业记录。

（2）选中电压等级节点。首先查找电压等级节点的父节点（运行单位），查找该运行单位下的且电压等级等于所选节点的线路的带电作业记录。

（3）选中线路节点。即查询该线路的带电作业记录。

作业项目以下拉菜单列表显示，可查询指定作业项目的带电作业。组合线路条件和其他条件，可过滤出符合要求的线路带电作业记录。

点击"查询统计"按钮，若未选择统计项目，则执行查询功能，列出符合条件的架空线路带电作业。执行结果如图 GYSD01002005-7 所示。

图 GYSD01002005-7 架空线路带电作业查询结果界面

若选择统计项目，则执行统计功能，以选择的统计项目为统计项，统计架空线路带电作业，并计算出每个统计结果的多送电量、作业次数的值，执行结果如图 GYSD01002005-8 所示。

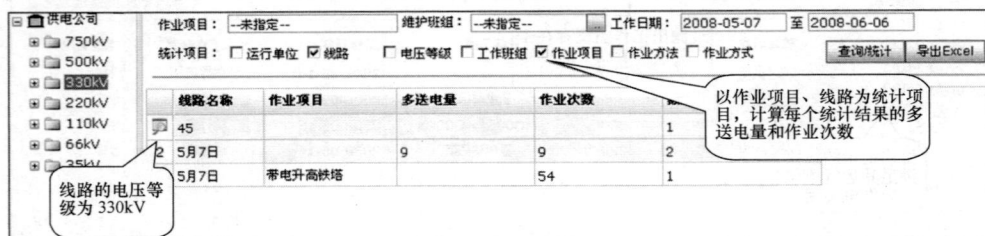

图 GYSD01002005-8 架空线路带电作业统计结果界面

【思考与练习】

1. 简述输电架空线路检修记录登记、查询统计的操作方法。

2. 简述输电架空线路带电作业查询统计的操作方法。

模块6　工作票管理（GYSD01002006）

【模块描述】本模块包含线路工作票管理、工作票查询、工作票统计及工作票日志等内容。通过功能介绍、图文结合、操作说明及步骤讲解，掌握输电架空线路工作票管理的方法。

【正文】

一、工作票管理

线路工作票管理的关键流程包括工作票填写、工作票签发、工作票接收打印、工作票终结四个环节，具体处理流程如图GYSD01002006-1所示。

（一）工作票填写

1. 功能介绍

该模块提供工作负责人或签发人起草工作票功能，并提供使用典型票或历史票功能。

2. 功能菜单

运行工作中心>>工作票管理>>工作票管理。

3. 操作介绍（以线路第一种工作票为例）

（1）新建工作票。新建工作票有多个入口，可以通过工作票管理菜单中新建工作票，也可以通过工作任务单模块去新建工作票，下面分别介绍这两种方式。

1）从工作票管理菜单中新建工作票。在主页菜单栏中，选择菜单"运行工作中心>>工作票管理>>工作票管理"，进入工作票管理界面，如图GYSD01002006-2所示。

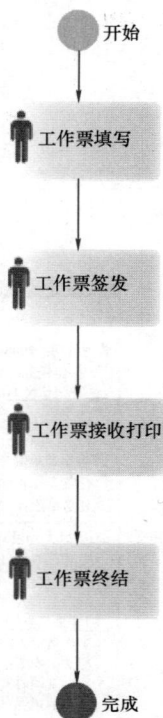

图 GYSD01002006-1　线路工作票管理流程

图 GYSD01002006-2　工作票管理界面

点击"新建"按钮，在弹出的窗口中选择票类型、线路名称，如图GYSD01002006-3所示。也可以从工作任务单中取任务进行开票，系统允许没有任务单的工作票。

2）从工作任务单新建工作票。如图 GYSD01002006-4 所示，当弹出工作任务单界面后，填写完必要信息后，点击"工作票"按钮，将新建工作票。

（2）利用典型票开票。从工作票的分类树中选择"典型票"节点，系统将典型票显示在右侧列表中。选中想要利用的历史票后，点击"复制"按钮，系统复制一张工作票放到当前登录用户的"草稿箱"中。用户通过点击票分类树的"草稿箱"按钮便可找到新复制出来的工作票。

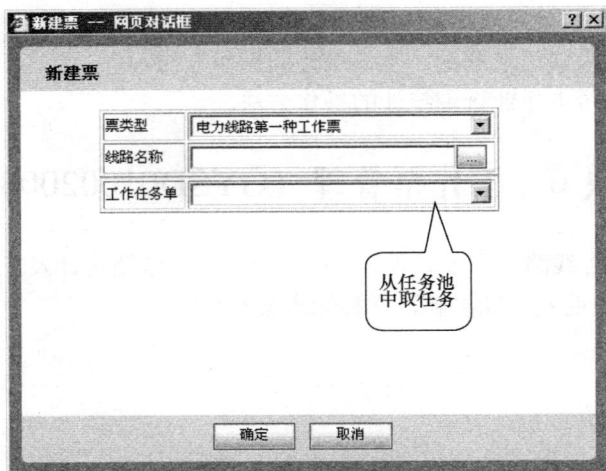

图 GYSD01002006-3　新建工作票界面

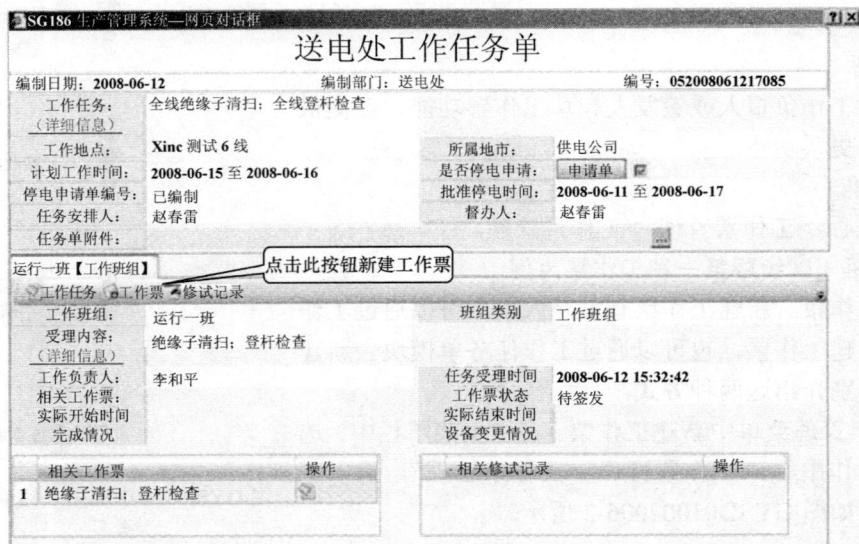

图 GYSD01002006-4　从工作任务单新建工作票界面

（3）利用历史票开票。从工作票的分类树中选择"存档票"节点，系统将存档的工作票显示在右侧列表中。选中想要利用的存档票后，点击"复制"按钮，系统复制一张工作票放到当前登录用户的"草稿箱"中。用户通过点击票分类树的"草稿箱"按钮便可找到新复制出来的工作票。系统复制存档票时，只复制历史票中工作负责人填写的内容（工作单位、工作班组、工作班组成员、计划工作时间除外）。

（4）新建危险点附票。在填写工作票时，点击工具条上的"建附票"按钮，在弹出的界面中选择危险点附票后，点击确定按钮，系统新生成一张危险点附票。在填写危险点时，点击右键，选择"选择危险点"菜单，系统显示危险点库，此时可以从危险点库中勾选危险点和预控措施到当前填写的危险点附票中，如图 GYSD01002006-5 和图 GYSD01002006-6 所示，然后点击"保存"按钮，将危险点附票信息保存。

（5）新建工作票安全措施附图。在填写工作票时，点击工具条上的"建附票"按钮，在弹出的界面中选择工作票安全措施附图后，点击确定按钮，系统新生成一张安全措施附图。用户可以将用WINDOWS 绘图工具或其他绘图工具绘制的图形剪辑复制后粘贴到此处。

（6）工作票发送。工作负责人或签发人填写完整工作票后，便可点击"发送"按钮，并选择将要发送的签发人，系统将工作票发送给指定的签发人。

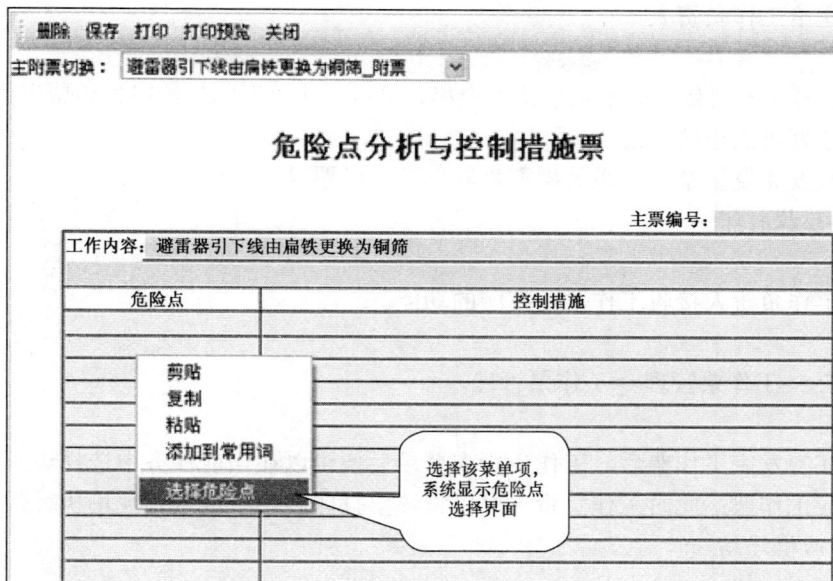

图 GYSD01002006-5 新建危险点附票界面

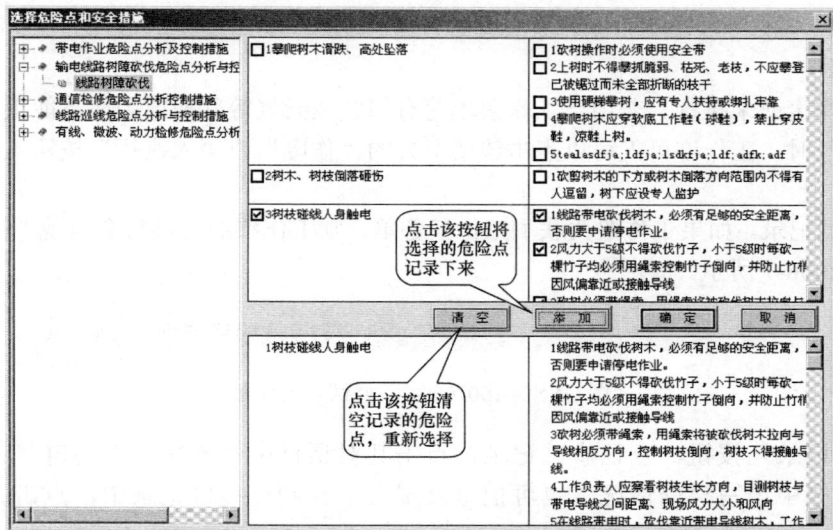

图 GYSD01002006-6 危险点库界面

（二）工作票签发

1. 功能介绍

该模块提供工作票签发人签发工作票功能。

2. 功能菜单

运行工作中心>>工作票管理>>工作票管理。

3. 操作介绍

（1）查找待签发工作票。在工作负责人申请签发成功后，工作签发人登录后可以在首页的当前任务中选中该票点击"处理流程"按钮进入该票面操作相应内容；也可以在自己的收件箱中找到该票，双击票名称进入票面完成签发操作。当前任务中也可以通过点击"查看流程图"或"查看日志"按钮，进行流程图或日志的查看。

（2）签发工作票。工作签发人打开工作票，确认工作票内容填写无误后，点击票中"工作票签发人签名"处，系统显示电子签名界面，界面的签名人默认为当前登录人，签发人只需输入正确密码，便可完成工作票的签发操作（签发日期系统自动设置为当前服务器时间）。在签发完后可以点击"发送"

按钮将工作票发送给工作负责人。

4. 注意事项

（1）签发人在签票的时候，如果发现票不合格，可以点击“退回”按钮将该票退回给工作负责人，由负责人重新修改好再次申请签发。

（2）签发人签发完发生票时，系统根据规则自动生成票号。

（三）工作票接收打印

1. 功能介绍

该模块提供工作负责人接收工作票并打印的功能。

2. 功能菜单

运行工作中心>>工作票管理>>工作票管理。

3. 操作介绍

工作签发人在签发完工作票后，工作负责人登录后便可以在当前任务中选择该票，点击“处理流程”按钮打开相应工作票；此时工作负责人可以将该票打印出，带纸票到现场执行。

（四）工作票回填终结

1. 功能介绍

该模块提供将打印后在纸票上填写的信息回填录入到系统中的功能。

2. 功能菜单

运行工作中心>>工作票管理>>工作票管理。

3. 操作介绍

（1）工作票作废或未执行。若由于工作票填写有问题或天气等其他原因而不能正常开工，导致工作取消或延期执行时，工作许可人可以点击该票上方的“作废”或“未执行”按钮，将该票作废或转成未执行票。

（2）填写修试记录。如果工作票关联了工作任务单，则工作票的工具将会出现“修试记录”按钮，如图 GYSD01002006-7 所示。

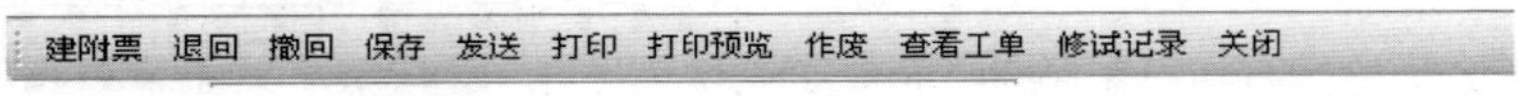

图 GYSD01002006-7 修试记录界面

点击“修试记录”按钮，登记修试记录，点击其对话框中“未登记”超链登记检修记录，在下面的检修记录栏中填写检修情况，也可把检修报告下挂到该检修记录中，点击“保存”按钮保存检修记录。

（3）工作票回填终结。工作负责人在现场施工完成后，将打印后填写的内容回填录入到系统中，点击“发送”按钮将该票转成存档票，该票整个流程结束，并产生已执行章。回填工作票是为了保证系统中工作票数据的完整性，便于后续工作票审核和查询统计，如图 GYSD01002006-8 所示。

11. 工作票终结

11.1 现场所挂的接地线编号 ______ 共 ____ 组，已全部拆除、带回。

11.2. 工作终结报告：

终结报告方式	工作许可人	工作负责人	终结报告时间
派人送达	输电管理员	李和平	年 月 日 时 分
派人送达			年 月 日 时 分

12. 备注　　章：已执行

（1）指定专责监护人 ______ 负责监护 ______（地点及具体工作）

指定专责监护人 ______ 负责监护 ______（地点及具体工作）

指定专责监护人 ______ 负责监护 ______（地点及具体工作）

（2）其他事项：

图 GYSD01002006-8 回填工作票

二、工作票查询

1. 功能介绍

该模块提供根据查询条件对工作票进行查询的功能。

2. 功能菜单

运行工作中心>>工作票管理>>工作票查询。

3. 操作介绍

在主界面菜单栏中，进入工作票查询界面，如图 GYSD01002006-9 所示。

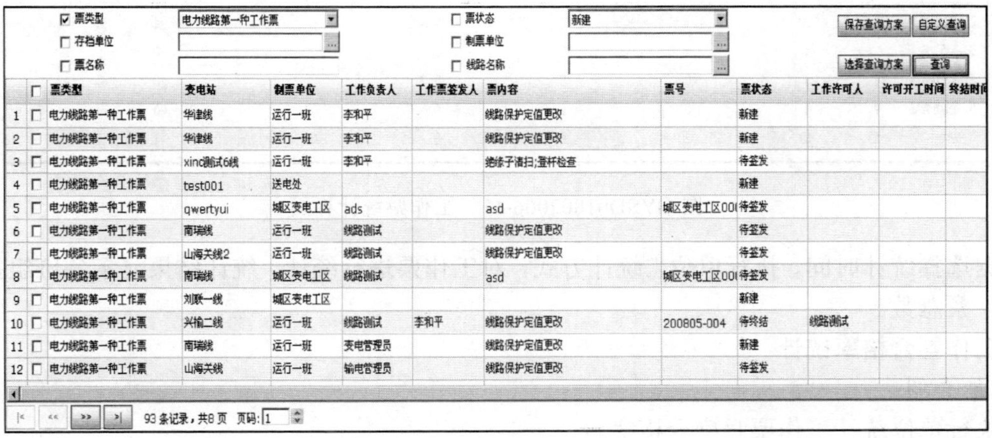

图 GYSD01002006-9 工作票查询界面

通过条件区选择查询条件（票类型、票状态、存档单位、制票单位、票名称、线路名称），如图 GYSD01002006-10 所示。对于查询结果，用户可以双击打开后进行浏览；如果当前登录人具有修改票的权限，在查询结果中打开票后还可以修改票内容。也可通过自定义查询，点击"自定义查询"按钮，在页面中选择条件，然后点击"确定"按钮。也可以将经常使用的查询条件保存为查询方案，在以后的查询中直接点击"选择查询方案"按钮，选择具体方案进行查询即可。保存的查询方案为私有，每个用户只能使用自己保存的查询方案。

图 GYSD01002006-10 查询条件选择界面

三、工作票统计

1. 功能介绍

该模块提供根据时间、执行单位对工作票进行统计的功能。

2. 功能菜单

运行工作中心>>工作票管理>>工作票统计。

3. 操作介绍

在主界面菜单栏中，进入工作票统计界面，如图 GYSD01002006-11 所示。

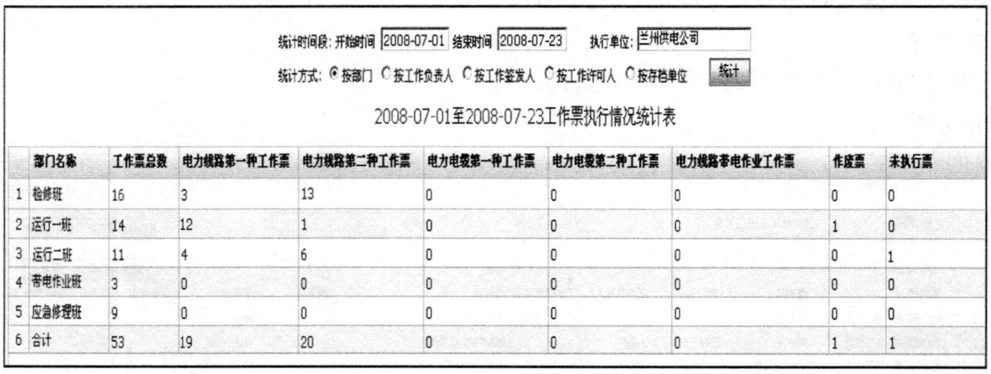
统计时间段：开始时间 2008-07-01 结束时间 2008-07-23　执行单位：兰州供电公司
统计方式：按部门 按工作负责人 按工作签发人 按工作许可人 按存档单位　统计

2008-07-01至2008-07-23工作票执行情况统计表

	部门名称	工作票总数	电力线路第一种工作票	电力线路第二种工作票	电力电缆第一种工作票	电力电缆第二种工作票	电力线路带电作业工作票	作废票	未执行票
1	检修班	16	3	13	0	0	0	0	0
2	运行一班	14	12	1	0	0	0	1	0
3	运行二班	11	4	6	0	0	0	0	1
4	带电作业班	3	0	0	0	0	0	0	0
5	应急修理班	9	0	0	0	0	0	0	0
6	合计	53	19	20	0	0	0	1	1

图 GYSD01002006-11　工作票统计界面

可根据选择统计时间、执行单位，统计方式，对工作票进行统计，统计结果显示各班组执行票数、作废票数、票总数。

四、工作票合格率统计

1. 功能介绍

根据执行单位统计工作票月度合格率。

2. 功能菜单

运行工作中心>>工作票管理>>工作票合格率统计。

3. 操作介绍

在主界面菜单栏中，进入工作票合格率统计界面，如图 GYSD01002006-12 所示

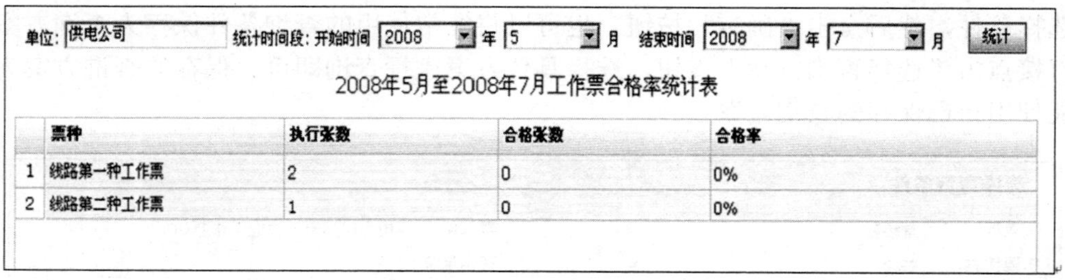
单位：供电公司　统计时间段：开始时间 2008 年 5 月　结束时间 2008 年 7 月　统计

2008年5月至2008年7月工作票合格率统计表

	票种	执行张数	合格张数	合格率
1	线路第一种工作票	2	0	0%
2	线路第二种工作票	1	0	0%

图 GYSD01002006-12　工作票合格率统计界面

可根据选择执行单位、统计时间段，对工作票合格率进行统计。

五、工作票日志

1. 功能介绍

对于工作票的一些重要操作，系统都以日志的方式记录下来，通过该模块，用户可以查询对于一张工作票的所有重要操作。

2. 功能菜单

运行工作中心>>工作票管理>>工作票统计。

3. 操作介绍

在主界面菜单栏中，进入工作票日志查询界面，如图 GYSD01002006-13 所示。

【思考与练习】

1．简述线路工作票管理关键流程环节及相应的操作方法。

2．简述线路工作票查询、工作票统计及工作票日志的操作方法。

图 GYSD01002006-13　工作票日志查询界面

第三十章　参数维护统计报表

模块1　任务池（GYSD01003001）

【**模块描述**】本模块包含输电任务池管理和查询统计。通过功能描述、图形提示、操作过程详细介绍和注意事项，掌握输电任务池管理的应用。

【**正文**】

一、输电任务池管理

1．功能描述

该模块提供输电检修工作任务的维护功能，可以勾选周期性的工作入池、也可以将未消除缺陷或未完成的工作任务添加入池。

任务池管理模块还提供了下月到期、明年到期任务以及未入池缺陷的入池提示功能，可以直接勾选这些提示的记录加入池中。

2．功能菜单

计划任务中心>>任务池>>输电任务池管理。

3．操作介绍

打开菜单进入输电任务池维护界面，如图 GYSD01003001-1 所示。

图 GYSD01003001-1　输电任务池维护界面

用户可以设置查询条件，点击"查询"按钮查询已维护的输电工作任务。

（1）新建。点击"新建"按钮，填写新增任务的相应信息，带有星号的为必填信息，如图 GYSD01003001-2 所示。

图 GYSD01003001-2　新建任务界面

选中要修改的记录，点击"💬"图标，可以对任务进行修改，如图 GYSD01003001-3 所示。

任务等级*	一般任务	是否停电任务*	是
线路名称*	古炳线	工作类型*	绝缘子清扫
工作内容*	新建任务		
计划开始时间*	2008-06-04	计划结束时间*	2008-07-04
工作班组*	送电处	工作范围*	23#~25#
备注			

保存　取消

图 GYSD01003001-3　修改任务界面

（2）周期性检修计划入池。点击"周期性检修任务入池"按钮，选中要添加的任务，点击"入池"按钮完成添加到任务池的功能，如图 GYSD01003001-4 所示。

到期截至时间：2008-07-04　工作类型：--未指定--　过滤

		线路名称	电压等级	工作类型	工作周期(月)	上次检修时间	到期时间
1	☑	TG8	750kV	登杆检查	4	2008-02-06	2008-06-06
2	☐	TG8	750kV	绝缘子清扫	7	2007-11-20	2008-06-20
3	☐	新增线路	750kV	绝缘子清扫	7	2007-11-23	2008-06-23
4	☐	TG8	750kV	绝缘子清扫	7	2007-11-01	2008-06-01
5	☐	新增线路	750kV	绝缘子清扫	7	2007-11-20	2008-06-20
6	☐	新增线路	750kV	绝缘子清扫	7	2007-11-20	2008-06-20
7	☐	南瑞线	750kV	绝缘子清扫	7	2007-11-20	2008-06-20
8	☐	南瑞线	750kV	登杆检查	4	2008-02-03	2008-06-03
9	☐	新增线路	750kV	绝缘子清扫	7	2006-11-09	2007-06-09

|< << >> >| 9条记录，共1页 页码：1

入池　取消

图 GYSD01003001-4　周期性检修计划入池界面

（3）未完成任务入池。点击"未完成任务入池"按钮，选中要添加的任务，点击"入池"按钮完成添加到任务池的功能，也可以点击"取消该任务"超链接中取消选中的任务，如图 GYSD01003001-5 所示。

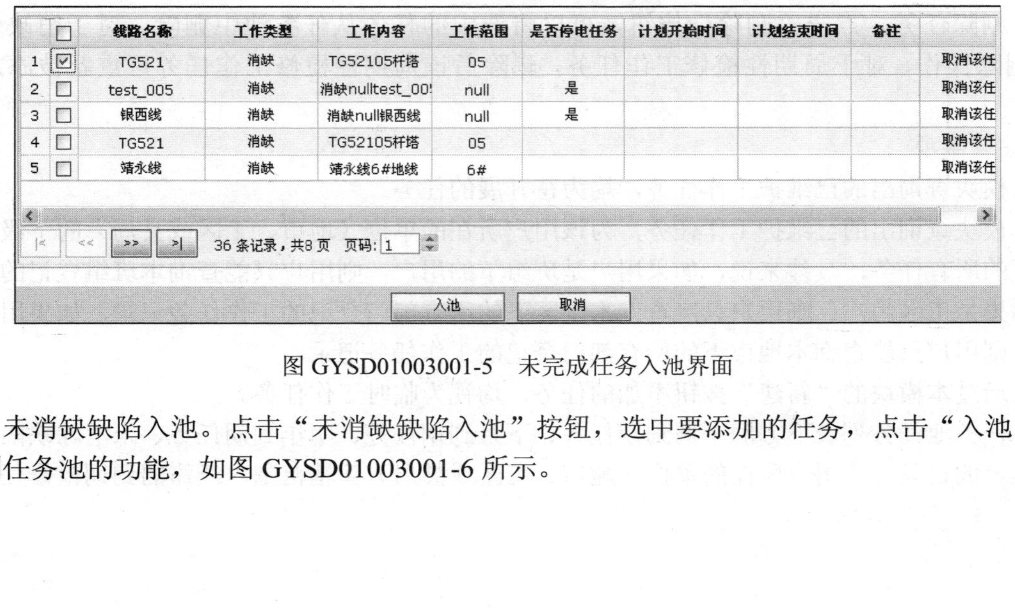

		线路名称	工作类型	工作内容	工作范围	是否停电任务	计划开始时间	计划结束时间	备注	
1	☑	TG521	消缺	TG52105杆塔	05					取消该任
2	☐	test_005	消缺	消缺nulltest_00!	null	是				取消该任
3	☐	银西线	消缺	消缺null银西线	null	是				取消该任
4	☐	TG521	消缺	TG52105杆塔	05					取消该任
5	☐	嵇永线	消缺	嵇永线6#地线	6#					取消该任

|< << >> >| 36条记录，共8页 页码：1

入池　取消

图 GYSD01003001-5　未完成任务入池界面

（4）未消缺缺陷入池。点击"未消缺缺陷入池"按钮，选中要添加的任务，点击"入池"按钮完成添加到任务池的功能，如图 GYSD01003001-6 所示。

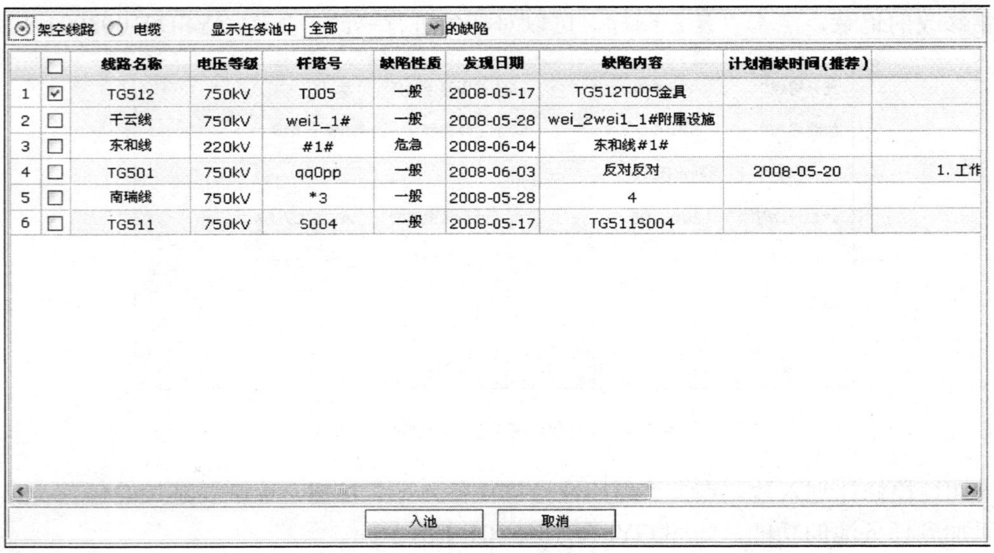

架空线路 电缆 显示任务池中 全部 的缺陷

		线路名称	电压等级	杆塔号	缺陷性质	发现日期	缺陷内容	计划消缺时间(推荐)	
1	☑	TG512	750kV	T005	一般	2008-05-17	TG512T005金具		
2	☐	千云线	750kV	wei1_1#	一般	2008-05-28	wei_2wei1_1#附属设施		
3	☐	东和线	220kV	#1#	危急	2008-06-04	东和线#1#		
4	☐	TG501	750kV	qq0pp	一般	2008-06-03	反对反对	2008-05-20	1. 工作
5	☐	南瑞线	750kV	*3	一般	2008-05-28	4		
6	☐	TG511	750kV	S004	一般	2008-05-17	TG511S004		

入池 取消

图 GYSD01003001-6 未消缺缺陷入池界面

列表上方有“架空线路”及“电缆”两个选项，分别是针对架空线路缺陷及电缆缺陷，选择不同的选项，可以显示相应的未入池的缺陷记录。

列表中的“计划消缺时间”由系统默认给出，默认为任务池中和当前缺陷同一条线路的最早工作任务所属的计划开始时间。对于列表中每一条缺陷记录，可以查看任务池中同线路最早的工作任务，还可以查看任务池中同线路上的所有工作任务。选中要添加的任务，点击“入池”按钮便可将未消除缺陷添加到任务池。在添加之前，必须输入“计划消缺时间”，否则系统给出提示。

（5）同线路任务整合。点击“同线路任务整合”按钮进入同线路任务整合界面，如图GYSD01003001-7 所示。

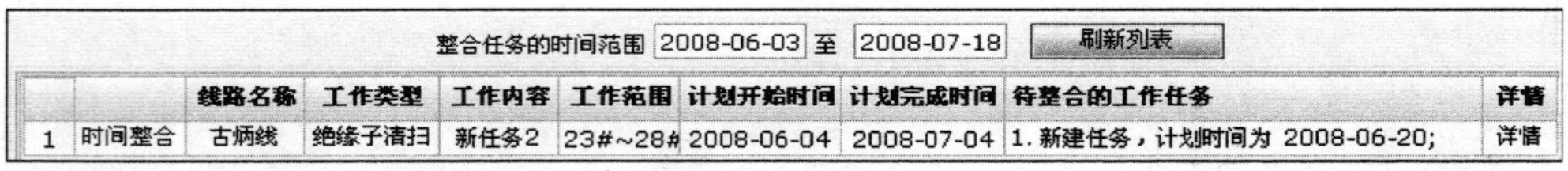

整合任务的时间范围 2008-06-03 至 2008-07-18 刷新列表

		线路名称	工作类型	工作内容	工作范围	计划开始时间	计划完成时间	待整合的工作任务	详情
1	时间整合	古炳线	绝缘子清扫	新任务2	23#~28#	2008-06-04	2008-07-04	1. 新建任务，计划时间为 2008-06-20;	详情

图 GYSD01003001-7 同线路任务整合界面

列表中每一条记录显示同一条线路上的所有待开展任务，其中“工作类型”、“工作内容”、“工作范围”、“计划开始时间”、“计划完成时间”为同线路计划开始时间最早的工作任务的属性，“待整合的工作任务”为该线路上其他的工作任务，点击“详情”按钮可以查看线路上所有任务的详细信息，点击“时间整合”按钮可以修改本条对应的所有工作任务的计划开始时间和计划完成时间。

（6）删除任务。点击“删除”按钮，可以将选中的任务从任务池中删除。对于消缺任务，系统禁止删除操作，对于周期性检修工作任务，删除后该周期性检修工作任务可重新被添加到任务池中。

4. 注意事项

（1）模块查询出的已维护工作任务，均为待开展的任务。

（2）模块查询出的已维护工作任务，为该用户所在的单位（地市、工区或县局）的下级单位或部门登记下的所有任务，具体来说，如果用户是班组下的用户，则用户只能查询本班组登记的工作任务记录，如果是工区用户，则用户只能查询本工区下的所有部门登记的工作任务记录，如果用户是地市级用户，则用户只能查询本地市下的所有部门登记的工作任务记录。

（3）通过本模块的“新建”按钮添加的任务，均视为临时工作任务。

（4）任务池任务列表下方的下周到期任务、下月到期任务、明年到期任务、未消除缺陷的提示区域，所提示的记录为该用户所在的单位（地市、工区或县局）管辖范围内线路的到期检修任务或未消除的缺陷，运行（检测）到期任务不包含在内，所谓检修任务，是指工作类型的根类型为“检修”的任务。

（5）任务池下方的下周到期任务、下月到期任务、明年到期任务、未消除缺陷的提示的区域，是动态的，任何一种提示区域无记录，则该提示区域将消失。

（6）任务池下方的未消除缺陷的提示区域所显示的缺陷，为专工已审核但未添加到任务池的缺陷，并且在任务池中至少发现一条同线路的其他工作任务，所谓专工已审核，是指该缺陷已经缺陷流程的专业所专工审核。

（7）无论是缺陷还是周期性检修工作，被添加到任务池后，不能被再次添加。

（8）缺陷流程环节中的也提供了将缺陷添加到任务池的功能，如果在缺陷流程处理时通过这些功能将缺陷添加到任务池，则本模块将不能再次添加，入池提示也不再显示该缺陷记录。

（9）对于临时性任务，可以修改其任何一个属性信息；对于周期检修任务、未完成任务、未消除缺陷任务，只能修改“计划开始时间”、“计划结束时间”、“工作班组”、“备注”等信息。

二、输电任务池查询统计

1．功能描述

查看输电任务池情况。

2．功能菜单

计划任务中心>>任务池>>输电任务池查询统计。

3．操作介绍

（1）查询。打开菜单进入输电任务池查询统计界面，如图 GYSD01003001-8 所示。

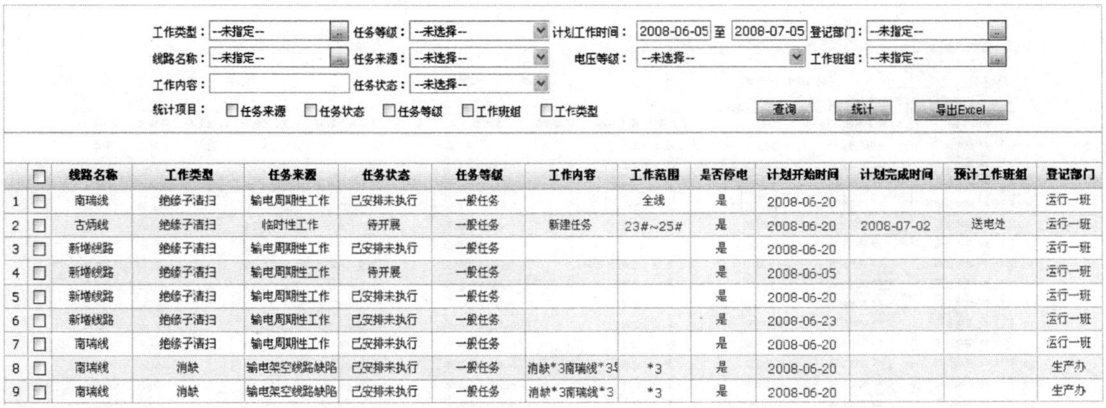

	线路名称	工作类型	任务来源	任务状态	任务等级	工作内容	工作范围	是否停电	计划开始时间	计划完成时间	预计工作班组	登记部门
1	南瑞线	绝缘子清扫	输电周期性工作	已安排未执行	一般任务		全线	是	2008-06-20			运行一班
2	古炳线	绝缘子清扫	临时性工作	待开展	一般任务	新建任务	23#~25#	是	2008-06-20	2008-07-02	送电处	运行一班
3	新增线路	绝缘子清扫	输电周期性工作	已安排未执行	一般任务			是	2008-06-20			运行一班
4	新增线路	绝缘子清扫	输电周期性工作	待开展	一般任务			是	2008-06-05			运行一班
5	新增线路	绝缘子清扫	输电周期性工作	已安排未执行	一般任务			是	2008-06-20			运行一班
6	新增线路	绝缘子清扫	输电周期性工作	已安排未执行	一般任务			是	2008-06-23			运行一班
7	南瑞线	绝缘子清扫	输电周期性工作	已安排未执行	一般任务			是	2008-06-20			运行一班
8	南瑞线	消缺	输电架空线路缺陷	已安排未执行	一般任务	消缺*3南瑞线*3	*3	是	2008-06-20			生产办
9	南瑞线	消缺	输电架空线路缺陷	已安排未执行	一般任务	消缺*3南瑞线*3	*3	是	2008-06-20			生产办

图 GYSD01003001-8　输电任务池查询界面

用户可根据工作类型、任务等级、计划工作时间、登记部门、线路名称、任务来源、电压等级、工作班组、工作内容、任务状态等条件选项查询出符合条件的输电任务情况。红色表示为开展的工作任务，绿色表示已安排未执行的工作任务，灰色表示已完成的工作任务。

（2）统计。也可对任务来源、任务状态、任务等级、工作班组等项作出相应的统计。

（3）导出。点击“导出 EXCEL”按钮，将查询统计出的数据导入到 EXCEL 文档并打印。

【思考与练习】

1．输电线路任务池添加有哪几种方式？

2．输电线路任务池管理需注意哪些事项？

模块 2　输电检修计划管理（GYSD01003002）

【模块描述】本模块包含输电年度计划管理、输电月计划管理、输电工作计划管理等内容。通过功能描述、图形提示、操作介绍，掌握输电线路检修计划管理的应用。

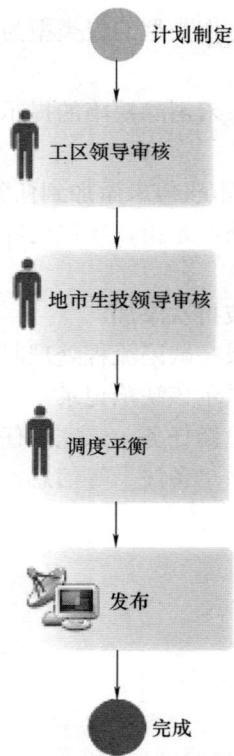

图 GYSD01003002-1 输电年度检修计划流程

【正文】

一、输电年度计划管理

（一）输电年度检修计划流程

输电年度检修计划流程，如图 GYSD01003002-1 所示。

（1）工区生产办人员制定输电年度检修计划。

（2）工区领导审核年度检修计划。

（3）地市公司生技领导审核年度检修计划。

（4）地市调度审核平衡年度检修计划。

（二）输电年度检修计划制定

1. 功能描述

用于输电年度检修计划的制定、修改。

2. 功能菜单

计划任务中心>>主网检修计划管理>>输电年计划制定。

3. 操作介绍

（1）过滤。系统默认过滤出时间段内当前用户制定所有年计划，用户可以设置过滤条件点击"过滤"按钮即可，如图 GYSD01003002-2 所示。

（2）新增。点击"新增"按钮，弹出任务选择界面，如图 GYSD01003002-3 所示。

		申请单位	施工单位	线路	是否停电	停电范围	调度单位	工作内容	工作班组	计划开工时间	计划完工时间	计划天数	申报人	计划状态
1		XX供电公司	XX供电公司	2211222444	是	全线		220KVI 号门架		2008-05-27	2008-05-28	1	admin	计划制定
2		XX供电公司	XX供电公司	新增线路	是	全线		null绝缘子清扫		2008-06-05	2008-06-06	1	admin	计划制定
3		XX供电公司	XX供电公司	23456	是	全线		101~1118广和		2008-05-18	2008-05-30	12	admin	计划制定
4		XX供电公司	XX供电公司	电缆线路	否	全线		2消缺		2008-05-12	2008-05-12	0	admin	计划制定
5		XX供电公司	XX供电公司	新增线路	是	全线		null绝缘子清扫		2008-06-13	2008-06-14	1	admin	计划制定
6		XX供电公司	XX供电公司	新增线路9	是	全线		null绝缘子清扫		2008-12-05	2008-12-06	1	admin	计划制定
7		XX供电公司	XX供电公司	南瑞线	是	全线		null绝缘子清扫		2008-06-03	2008-06-04	1	admin	计划制定
8		XX供电公司	XX供电公司	TG8	是	全线		null登杆检查		2008-05-27	2008-06-23	27	admin	计划制定
9		XX供电公司	XX供电公司	电缆线路111	否	全线		2消缺		2008-05-12	2008-05-12	0	admin	计划制定
10		XX供电公司	XX供电公司	新增线路	是	全线		null绝缘子清扫		2008-06-20	2008-06-21	1	admin	计划制定
11		XX供电公司	XX供电公司	新增线路	是	全线		null绝缘子清扫		2008-06-23	2008-06-24	1	admin	计划制定
12		XX供电公司	XX供电公司	新增线路	是	全线		null绝缘子清扫		2008-05-25	2008-05-26	1	admin	计划制定
13		XX供电公司	XX供电公司	新增线路	是	全线		null绝缘子清扫		2008-06-05	2008-06-06	1	admin	计划制定
14		XX供电公司	XX供电公司	aatlhdsew001	是	全线		null, nullnull.		2008-05-06	2008-05-07	1	admin	计划制定

图 GYSD01003002-2 输电年度检修计划过滤界面

	变电站/线路	工作范围	设备名称	工作类型	是否停电任务	计划开始时间	计划完成时间	任务来源
☑	新增线路00			绝缘子清扫	是	2008-12-05		输电周期性工作
☐	新增线路			绝缘子清扫	是	2008-06-20		输电周期性工作
☐	新增线路			绝缘子清扫	是	2008-06-20		输电周期性工作
☐	新增线路9			绝缘子清扫	是	2008-12-05		输电周期性工作
☐	新增线路9	技防设备		电缆终端绝缘子清	是	2008-06-02	2008-07-02	临时性工作
☐	新增线路	全线		绝缘子清扫	是	2008-05-29	2008-06-28	输电周期性工作
☐	南瑞线	全线		绝缘子清扫	是	2008-06-20		输电周期性工作
☐	南瑞线	*3		消缺	是	2008-06-20		输电架空线路缺阵
☐	南瑞线	*3		消缺	是	2008-06-20		输电架空线路缺阵
☐	TG8			登杆检查	是	2008-05-30	2008-06-29	输电周期性工作
☐	TG9			绝缘子清扫	是	2008-12-05		输电周期性工作
☐	qrtrgtyuireweq			金具更换	是	2008-05-13		输电周期性工作
☐	WWt003%	3#		消缺	是	2008-05-27		输电架空线路缺阵
☐	WWt003%	3#	3#	消缺		2008-05-27	2008-05-27	输电架空线路缺阵
☐	test001	A011#	A011#	消缺		2008-05-13	2008-05-13	未完成的计划任务

图 GYSD01003002-3 任务选择界面

选择要生成计划的任务，点击"添加到计划"按钮即可。

（3）查看详细。选择计划，点击"🗨"查询，可以查看当前计划的详细信息以及相关任务信息；可对处于制定状态的计划信息可进行修改、削减和增加计划相关任务等操作。修改信息后，点击"保存"按钮数据即可。

（4）合并。选择计划，点击"合并"按钮，系统可将相同线路的计划合并为一条新计划并替换所选计划。

（5）发送。选择计划，点击"发送"按钮弹出迁移选择对话框，选择要发送的用户，点击"发送"按钮将计划发送到计划流程下一环节。

（三）年度检修计划审核

1. 功能描述

用于年度检修计划领导审核，提供年度计划的修改、回退、审核、时间平衡、发送等功能；提供对已审核年度计划的查看功能。

2. 功能菜单

计划任务中心>>主网检修计划管理>>年度检修计划审核。

3. 操作介绍

（1）过滤。选择"已审核计划"单选按钮，点击"过滤"按钮，查询时间段内当前用户已审核过的计划，如图 GYSD01003002-4 所示。

图 GYSD01003002-4 已审核计划查询结果界面

（2）查看详细。选择"待审核计划"，点击"查询"按钮，弹出计划修改界面，用户可对计划信息修改，填写审核意见。

（3）审核。在年度检修计划审核页面，选择多条待审核的计划，点击"审核"按钮弹出审核意见填写界面，填写审核意见，点击"确定"按钮即可。

（4）时间平衡。点击"时间平衡"按钮弹出批量修改计划时间界面，如图 GYSD01003002-5 所示。

图 GYSD01003002-5 批量修改计划时间界面

选择要调整时间的计划，设置计划时间，然后点击"确定"按钮即可。

（5）发送。选择计划，点击"发送"按钮弹出迁移选择对话框，选择要发送的用户，点击"发送"按钮将计划发送到计划流程下一环节。

（6）回退。选择计划，点击"回退"按钮弹出回退迁移选择对话框，选择要回退的用户，点击"发送"按钮将计划回退到指定流程环节。

（四）年度检修计划调度审核

1. 功能描述

用于年度检修计划调度审核工作。提供对待审核计划的审核、时间平衡功能，提供对已审核过计划信息的查看功能。

2. 功能菜单

计划任务中心>>主网检修计划管理>>年度检修计划审核。

3. 操作介绍

（1）过滤。选择"已审核计划"单选按钮，点击"过滤"按钮，查询时间段内当前用户已审核过的计划，如图 GYSD01003002-6 所示。

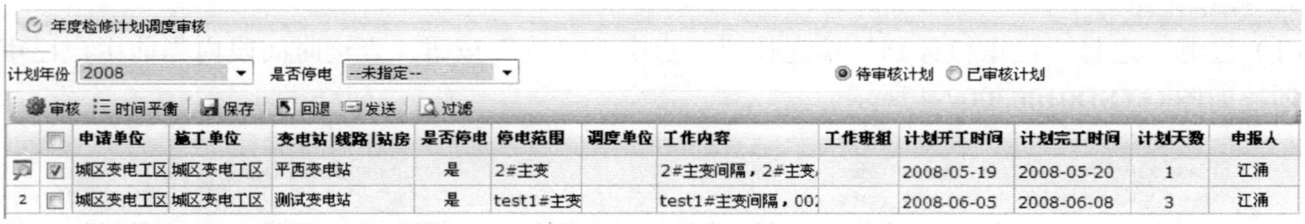

图 GYSD01003002-6　已审核计划查询结果界面

（2）查看详细。选择"待审核计划"，点击"查询"按钮，弹出计划修改界面，用户可对计划信息时间调整，填写审核意见。

（3）审核。在年度检修计划调度审核界面，选择多条待审核的计划，点击"审核"按钮弹出审核意见填写界面，填写审核意见，点击"确定"按钮即可。

图 GYSD01003002-7　输电月度检修计划流程

（4）时间平衡。点击"时间平衡"按钮弹出批量修改计划时间界面，选择要调整时间的计划，设置计划时间，然后点击"确定"按钮即可。

（5）发送。选择计划，点击"发送"按钮弹出迁移选择对话框，将计划发布。

（6）回退。选择计划，点击"回退"按钮弹出回退迁移选择对话框，选择要回退的用户，点击"发送"按钮将计划回退到指定流程环节。

二、输电月计划管理

（一）输电月度检修计划流程

输电月度检修计划流程如图 GYSD01003002-7 所示。

（1）工区生产办人员制定计划。

（2）工区领导审核月检修计划。

（3）调度审核平衡月检修计划。

（二）输电月度检修计划制定

1. 功能描述

用于输电月度检修计划的制定、修改。

2. 功能菜单

计划任务中心>>主网检修计划管理>>输电月度检修计划制定。

3. 操作介绍

（1）过滤。系统默认过滤出时间段内当前用户制定所有月计划，用户可以设置过滤条件点击“过滤”按钮过滤计划，如图 GYSD01003002-8 所示。

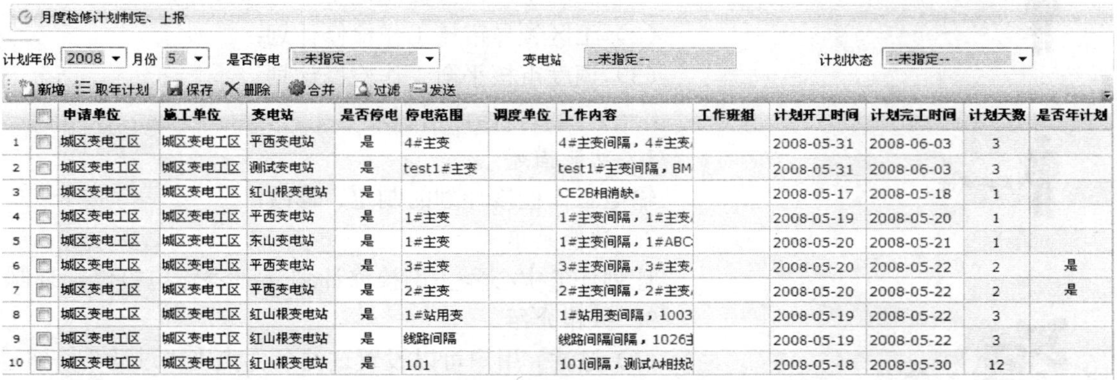

	申请单位	施工单位	变电站	是否停电	停电范围	调度单位	工作内容	工作班组	计划开工时间	计划完工时间	计划天数	是否年计划
1	城区变电工区	城区变电工区	平西变电站	是	4#主变		4#主变间隔，4#主变		2008-05-31	2008-06-03	3	
2	城区变电工区	城区变电工区	测试变电站	是	test1#主变		test1#主变间隔，BM		2008-05-31	2008-06-03	3	
3	城区变电工区	城区变电工区	红山根变电站	是			CE2B相消缺。		2008-05-17	2008-05-18	1	
4	城区变电工区	城区变电工区	平西变电站	是	1#主变		1#主变间隔，1#主变		2008-05-19	2008-05-20	1	
5	城区变电工区	城区变电工区	东山变电站	是	1#主变		1#主变间隔，1#ABC		2008-05-20	2008-05-21	1	
6	城区变电工区	城区变电工区	平西变电站	是	3#主变		3#主变间隔，3#主变		2008-05-20	2008-05-22	2	是
7	城区变电工区	城区变电工区	平西变电站	是	2#主变		2#主变间隔，2#主变		2008-05-20	2008-05-22	2	是
8	城区变电工区	城区变电工区	红山根变电站	是	1#站用变		1#站用变间隔，1003		2008-05-19	2008-05-22	3	
9	城区变电工区	城区变电工区	红山根变电站	是	线路间隔		线路间隔间隔，1026主		2008-05-19	2008-05-22	3	
10	城区变电工区	城区变电工区	红山根变电站	是	101		101间隔，测试A相技改		2008-05-18	2008-05-30	12	

图 GYSD01003002-8　输电月度检修计划过滤界面

（2）取年计划：月度计划制定上报与年度计划制定上报流程基本一致，不同的是，月度计划可以取已发布的年计划，点击“取年计划”按钮弹出年计划选择界面，如图 GYSD01003002-9 所示。

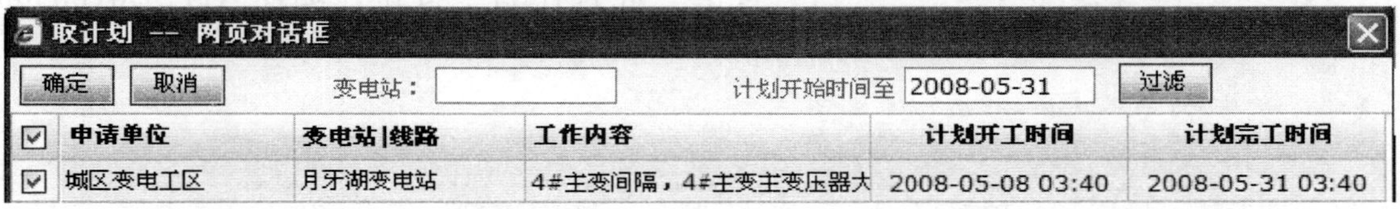

	申请单位	变电站|线路	工作内容	计划开工时间	计划完工时间
☑	城区变电工区	月牙湖变电站	4#主变间隔，4#主变主变压器大	2008-05-08 03:40	2008-05-31 03:40

图 GYSD01003002-9　取年计划界面

选择年计划，点击“确定”按钮将年计划加入当前月即可。

（3）月度计划的新增、上报流程，与年度计划上报流程基本一致，不再描述。

（三）月度检修计划审核

1. 功能描述

用于月度检修计划领导审核，提供月度计划的审核、时间平衡、计划信息的修改、计划回退、计划发送功能，提供对已审核过计划信息的查看功能。

2. 功能菜单

计划任务中心>>主网检修计划管理>>月度检修计划审核。

3. 操作介绍

具体流程参考年度计划审核。

（四）月度检修计划调度审核

1. 功能描述

用于月度检修计划调度审核，提供月度计划的审核、时间平衡功能，提供对已审核过计划信息的查看功能。

2. 功能菜单

计划任务中心>>主网检修计划管理>>输电月度检修计划调度审核。

3. 操作介绍

具体操作流程参考年度计划调度审核。

三、输电工作计划管理

根据地域以及管理方式的不同，工作计划可以作为日计划、周计划、旬计划，具体按各地的实际情况进行调整。

图 GYSD01003002-10 输电工作检修
计划流程

输电工作检修计划流程如图 GYSD01003002-10 所示（当前流程为标准版系统提供流程，用户可通过工作流平台自定义流程环节）。

（1）工区生产办人员制定工作检修计划；

（2）工区领导审核工作检修计划；

（3）调度审核平衡工作检修计划。

（一）输电工作计划制定

1. 功能描述

输电工作检修计划的制定、修改。

2. 功能菜单

计划任务中心>>主网检修计划管理>>输电检修计划制定。

3. 操作介绍

（1）过滤。用户可以设置过滤条件点击"过滤"按钮过滤计划，如图 GYSD01003002-11 所示。

（2）新增。第一种方式是先在任务池中维护计划，操作步骤和输电年度计划制定一样；第二种方式是取审批后下发的月度计划，操作如下。

1）点击"取月计划"按钮，如图 GYSD01003002-12 所示。

图 GYSD01003002-11 输电工作计划过滤界面

图 GYSD01003002-12 取月计划界面

2）选择相应的月度计划，点击"确定"按钮加入当前工作计划中。

（3）发送。点击"发送"按钮，所选工作计划进入审核流程，可参考输电年度计划的审批流程。

（二）工作检修计划审核

1. 功能描述

用于工作计划领导审核，提供工作计划的审核、时间平衡、计划信息的修改、计划回退、计划发送功能，提供对已审核过计划信息的查看功能。

2. 功能菜单

计划任务中心>>主网检修计划管理>>输电检修计划审核。

3. 操作介绍

工作计划的审核流程处理可参考年计划审核。

（三）工作计划调度审核

1. 功能描述

用于工作计划调度审核，提供工作计划的审核、时间平衡功能；提供对已审核过计划信息的查看功能。

2．功能菜单

计划任务中心>>主网检修计划管理>>输电检修计划调度审核。

3．操作介绍

工作计划的调度审核流程处理可参考年度计划调度审核。

【思考与练习】

1．简要描述输电线路年度计划的流程。

2．检修计划的调度审核主要提供哪些功能？

模块 3　输电停电申请单登记（GYSD01003003）

【模块描述】本模块包含输电停电申请单登记、审批等内容。通过操作过程详细介绍，掌握输电停电申请单的应用。

【正文】

1．功能描述

用于输电停电申请单的登记，提供输电停电申请单的登记、审批等功能。

2．功能菜单

计划任务中心>>停电申请单>>输电停电申请单登记。

3．操作介绍

（1）查询。用户可以设置过滤条件点击"查询"按钮查询停电申请单，如图 GYSD01003003-1 所示。

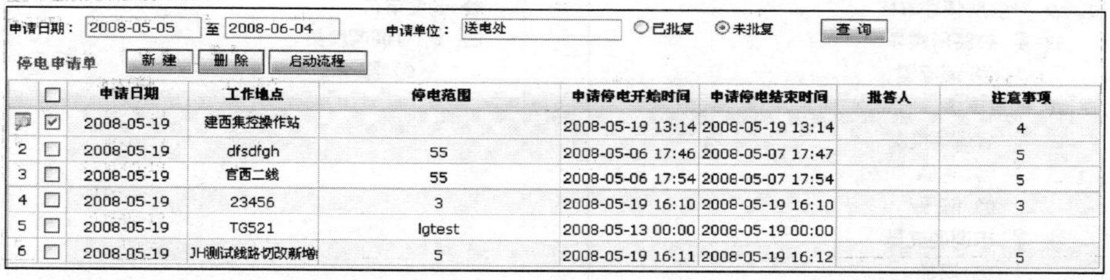

图 GYSD01003003-1　停电申请单查询界面

（2）新建。点击"新建"按钮，进入新建界面，如图 GYSD01003003-2 所示。

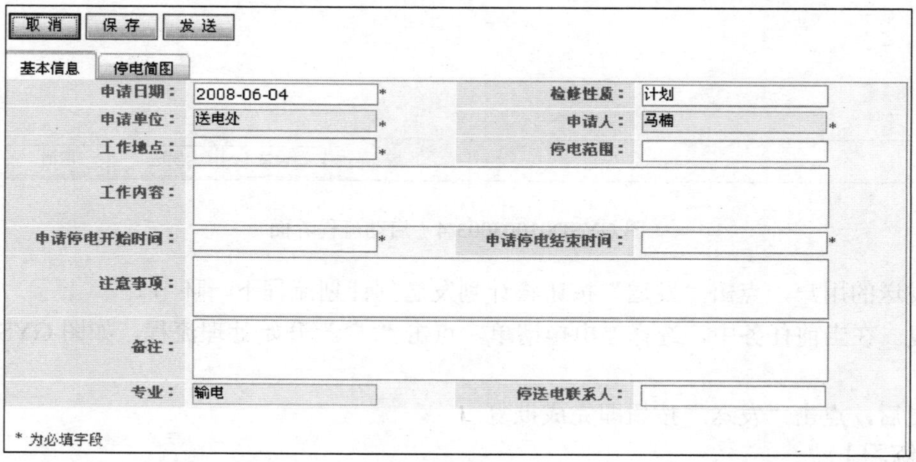

图 GYSD01003003-2　新建界面

（3）查看详细。在图 GYSD01003003-1 所示的查询界面中，选择申请单，点击 📝 可以查看所选的基本信息和停电简图，可以修改申请单内容并启动流程，如图 GYSD01003003-3 所示。

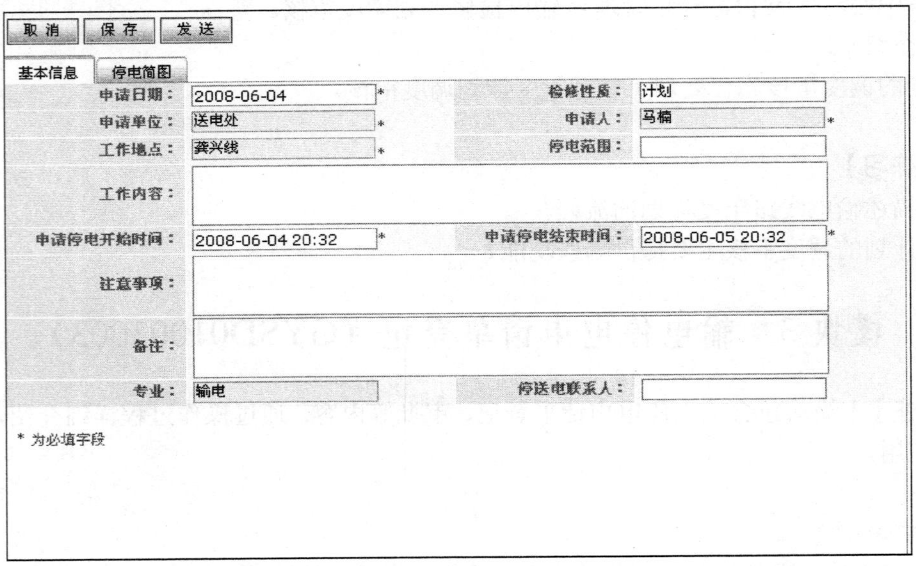

图 GYSD01003003-3 修改申请单界面

（4）启动流程。在图 GYSD01003003-1 所示的查询界面中，选择申请单，点"启动流程"按钮，进入审批流程，如图 GYSD01003003-4 所示。

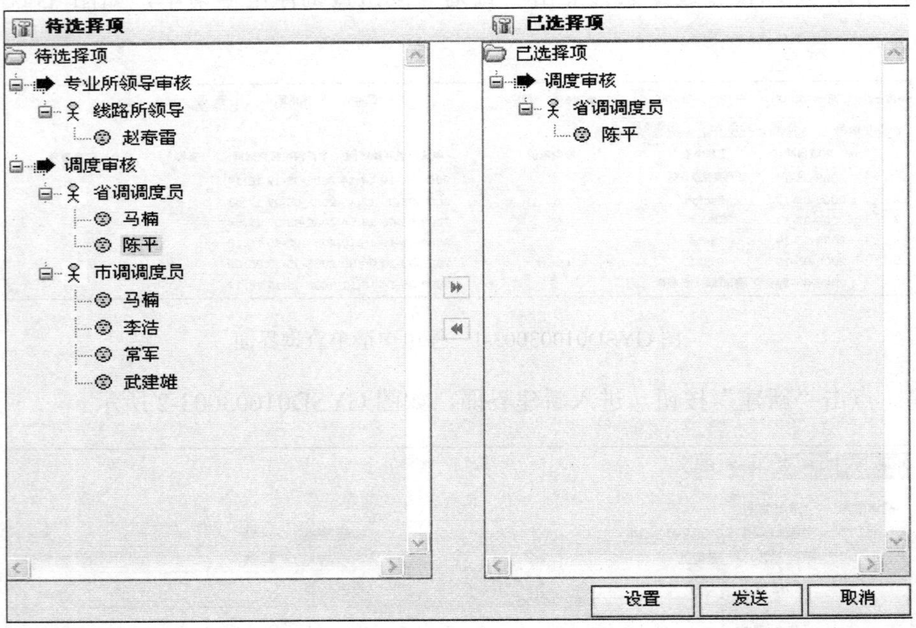

图 GYSD01003003-4 启动流程界面

选择要发送的用户，点击"发送"按钮将计划发送到计划流程下一环节。

（5）批复。在当前任务中，选择停电申请单，点击" 🖨 "开始处理流程，如图 GYSD01003003-5 所示。

完成批复后，点击"发送"按钮即完成批复。

【思考与练习】

1. 输电线路停电申请单主要包括哪些字段？

2. 简要描述输电线路停电申请流程。

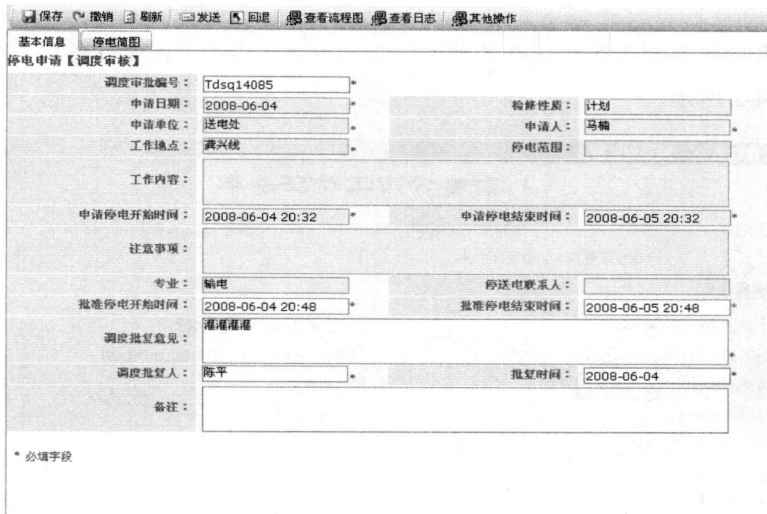

图 GYSD01003003-5　批复界面

模块4　工作任务单管理（GYSD01003004）

【模块描述】本模块包含输电工作任务单分配、班组受理、处理等内容。通过功能描述、操作和注意事项介绍，掌握输电线路工作任务单的管理方法。

【正文】

一、工作任务单分配

（一）功能描述

该模块提供输电工作任务单创建及派发功能。创建工作任务单时，首先选择计划任务或临时任务，同时需要指定受理任务的工作班组，一个任务单可以对应多条计划或多条临时任务，在创建工作任务单时可以关联停电申请单或创建停电申请单，也可以开写工作票。

在进行任务单创建时，允许选择的计划任务为周（旬）工作计划（在系统中称为"输电工作计划"，是比月度工作计划更具体的计划），这些输电工作计划必须是调度发布后且尚未开写工作任务单的计划。

（二）功能菜单

计划任务中心>>工作任务单管理>>工作任务单分配（输）。

（三）操作介绍

打开菜单进入输电工作任务单分配界面，如图 GYSD01003004-1 所示。

图 GYSD01003004-1　输电工作任务单分配界面

1. 新建任务单

在工作计划或临时任务中选择要建任务单的计划或任务，点击"新建任务单"按钮进入新建界面，如图 GYSD01003004-2 所示。

图 GYSD01003004-2 新建任务界面

该界面的操作内容说明如下：

（1）编制日期。由系统自动生成，取计算机的当前时间，并且不能修改。

（2）编制部门。由系统自动给出，如果为线路工区下的用户，所取的编制部门为线路工区。

（3）编号。指工作任务单的编号，由系统自动生成。规则为业务分类（这里指检修，分类号为05）+编制日期（年月日）+流水号。

（4）工作任务。根据"选择任务"对话框自动生成，取值为工作范围+工作类型，如果所选的任务多个，则之间用逗号分隔。

在图 GYSD01003004-2 所示界面中点击"工作任务"下方的"选择任务"链接，出现如图 GYSD01003004-3 所示的对话框。

图 GYSD01003004-3 工作任务选择界面

该对话框列出与工作任务单相对应的工作任务列表，在此基础上还可以针对所选的任务单添加其他的临时任务或工作计划，或者移除一项或几项与工作任务单对应的工作任务。

1）选择临时任务：在图 GYSD01003004-3 所示对话框中点击"选择任务"按钮，系统弹出对话框，用户可以选择其中的任务加入任务单，选择临时任务的界面如图 GYSD01003003-4 所示。

2）选择计划任务：选择方式与临时任务相似，在图 GYSD01003004-3 所示界面中点击"选择计划"按钮，系统弹出所有已发布待开展的工作计划选择对话框，用户可以选择其中的任务加入任务单，如图 GYSD01003004-5 所示。

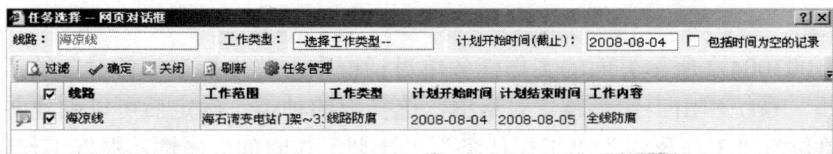

图 GYSD01003004-4 选择临时任务界面

图 GYSD01003004-5 选择计划任务界面

（5）工作地点。根据所选的工作任务自动生成，取工作任务对应的线路。

（6）所属地市。根据登录人自动给出。

（7）计划工作时间。根据所选的工作任务自动默认，并允许修改，其中开始时间取所有工作任务的最小开始时间，结束时间取所有工作任务的最大结束时间。

（8）任务安排人。自动生成，取登录人姓名。

（9）检修性质。下拉选择，检修性质的编码根据国家电网公司相关标准确定。

2. 登记或链接停电申请单

在图 GYSD01003004-2 所示界面的工作任务单对话框中，首先勾中"申请单"右侧的复选框，然后再点击"申请单"按钮，系统出现停电申请单添加或链接界面，该界面首先列出同线路的所有已维护未链接到任务单的停电申请列表，以便于用户选择并链接到任务单上。界面中点击"新建"按钮，可以针对任务单登记停电申请，界面中选择一条已维护的停电申请单，点击"选择"按钮，可以链接所选的停电申请到任务单上，如图 GYSD01003004-6 所示。

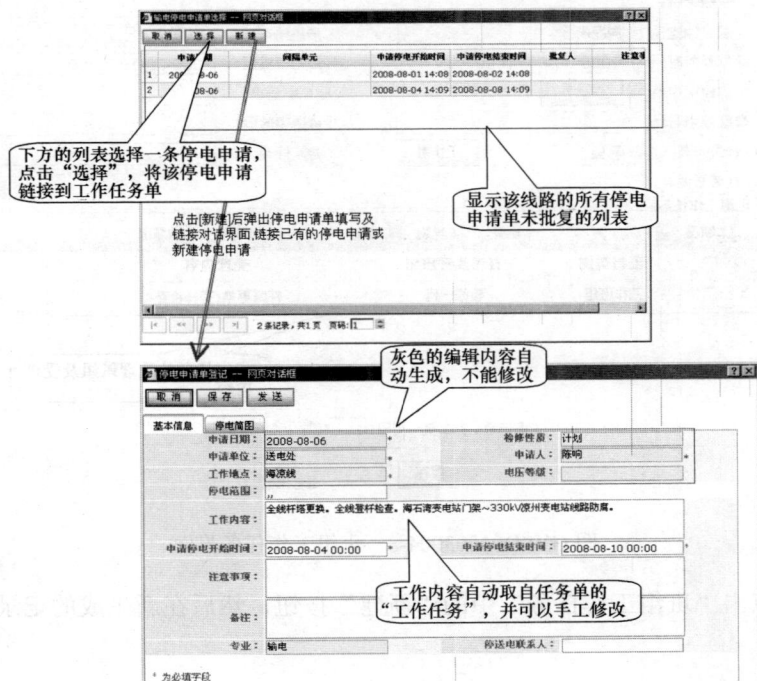

图 GYSD01003004-6 停电申请界面

3. 开写工作票

在图 GYSD01003004-2 所示界面的工作任务单对话框中，首先指定任务对应的工作班组，然后点击"工作票"按钮，系统弹出工作票新建对话框，选择票的种类，确定后可以创建并填写工作票。新建的工作票的"单位"、"工作班组"、"工作任务"、"计划工作时间"属性，根据工作任务单自动带出，部分工作票的票面如图 GYSD01003004-7 所示。

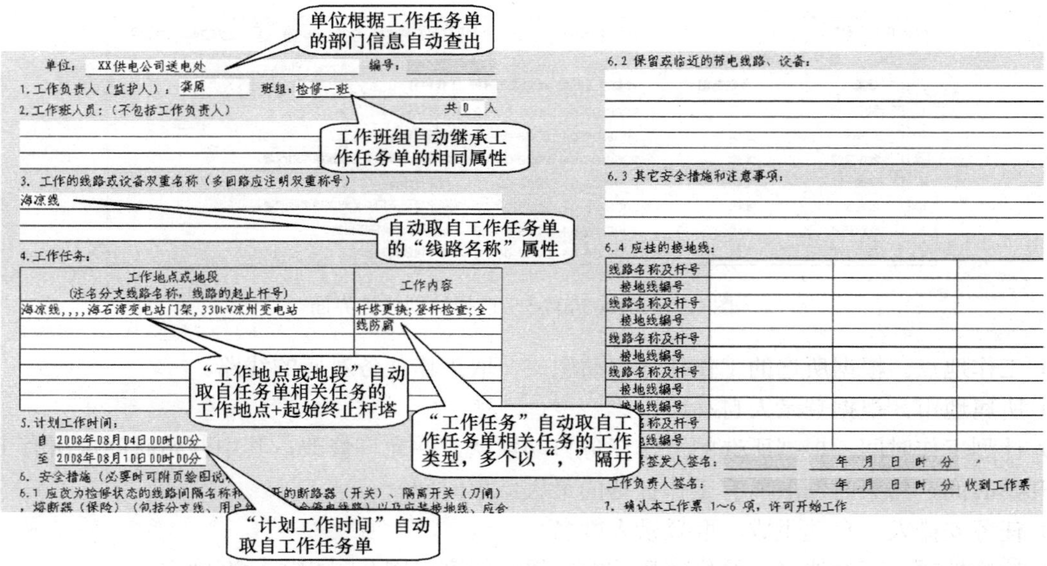

图 GYSD01003004-7 部分工作票票面

4. 指定任务的受理班组

工作任务单的任务及时间等内容填写完毕后，通过图 GYSD01003004-2 所示界面下方的"班组工作任务"数据区域来指定工作班组，如图 GYSD01003004-8 所示。

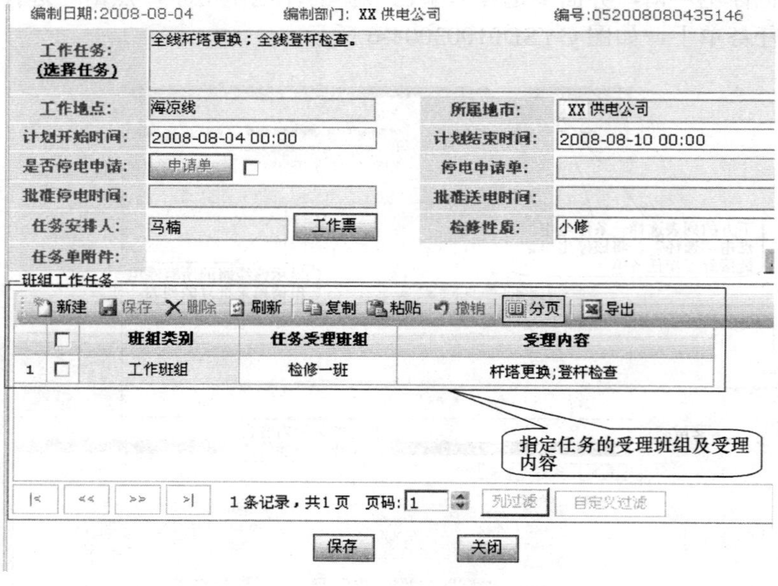

图 GYSD01003004-8 班组工作任务界面

对话框中首先点击"班组工作任务"中的"新建"按钮，然后在新生成的记录上选择任务受理班组、受理内容。

5. 派发班组

在图 GYSD01003004-1 所示的主界面上勾选一条或多条尚未派发给班组的工作任务单，点击"派发班组"按钮即可。

6. 招回任务

对于已派发给工作班组的任务，如果这些班组尚未进行接受，可以对任务单执行招回操作，点击图 GYSD01003004-1 所示主界面中的"招回任务"，系统提示是否确认招回，用户点击"确定"按钮后执行。

（四）注意事项

（1）模块查询出的工作计划，均为调度发布且未对其开写工作任务单的计划。

（2）模块查询出的临时任务，为待开展的任务，即尚未对其开写工作任务单。

（3）新建任务单选择工作计划或临时任务时，可以选择多条工作计划或多条临时任务，但这些工作计划或临时任务必须是同一条线路的。

（4）在对班组指定受理的工作内容时，同一条工作任务，可以指定给不同的工作班组。

（5）在图 GYSD01003004-1 所示主界面上选择工作计划或临时任务新建工作任务单时，工作计划及临时任务可以同时选。

（6）任务单上开写工作票时，必须首先指定工作班组，未指定工作班组的工作任务单禁止开工作票。

（7）不管任务单有多少个工作班组，该任务单只能开写一张工作票，如果需要开多张工作票，任务单发给班组后，由各班组受理任务单后再分别开票。

（8）一张工作任务单只能链接或创建一张停电申请单，链接后的停电申请单，不能再被其他工作任务单链接，可链接的停电申请单，可通过"计划任务中心>>停电申请单>>输电停电申请单登记模块"维护，详见 GYSD01003003 模块中的操作。

（9）任务单招回时，该任务单必须尚未关闭，招回后的工作任务单，不能再进行任何其他操作，即该任务单被封掉，其对应的工作任务被重新放入池中。

二、工作任务单班组受理

1. 功能描述

该模块提供对派发到班组的工作任务单进行受理操作的功能，通过该模块班组可受理专工派发的工作任务单并指定工作负责人，对已安排的工作任务单可提供任务处理功能，在进行任务单的工作任务处理中，还可以开工作票、填写检修记录等。

2. 功能菜单

计划任务中心>>工作任务单管理>>工作任务单班组受理（输）。

3. 操作介绍

打开菜单进入工作任务单受理界面，如图 GYSD01003004-9 所示。

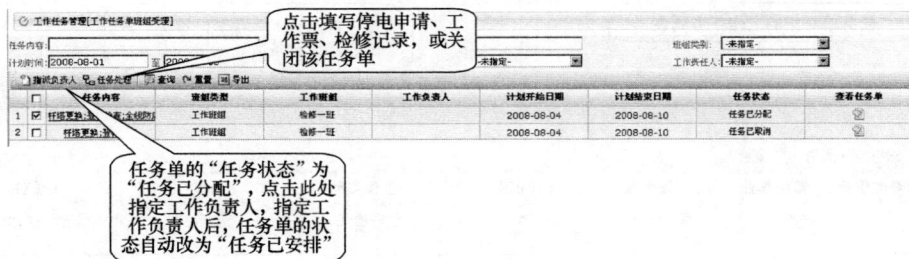

图 GYSD01003004-9　工作任务受理界面

（1）查询。输入或选择计划工作时间、任务状态等查询条件，点击"查询"按钮，查询出符合条件的工作任务单信息。

（2）指派负责人。在工作任务单列表中勾选一条已分配的任务单，点击"指派负责人"按钮，弹出工作负责人选择对话框，选择负责人，点击"确定"按钮即可。

（3）任务处理。在工作任务单列表中勾选一条已安排的工作任务单，点击"任务处理"按钮，系统弹出任务处理界面进行相应操作，如图 GYSD01003004-10 所示。

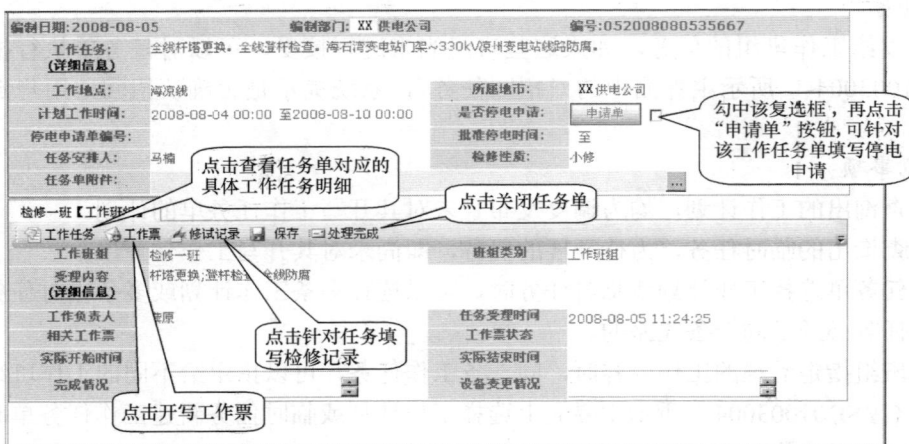

图 GYSD01003004-10　任务处理界面

（4）登记或链接停电申请单。在图 GYSD01003004-10 所示的工作任务单界面中，首先勾中"停电申请单"右侧的复选框，然后再点击"申请单"按钮，系统出现停电申请单添加或链接界面，点击"新建"按钮，可以针对任务单登记停电申请，界面中选择一条已维护的停电申请单，点击"选择"按钮即可，如图 GYSD01003004-6 所示。

（5）开写工作票。在图 GYSD01003004-10 所示的任务处理界面中，点击"工作票"按钮，系统弹出工作票新建对话框，对话框会问是否要创建一条相关工作票，如点确定，系统又弹出工作票新建对话框，对话框中选择票的种类（如第一种工作票还是第二种工作票），确定后就可以创建并填写工作票。

（6）填写检修记录。在图 GYSD01003004-10 所示的任务处理界面中，点击"修试记录"按钮，系统出现检修记录登记对话框，如图 GYSD01003004-11 所示。

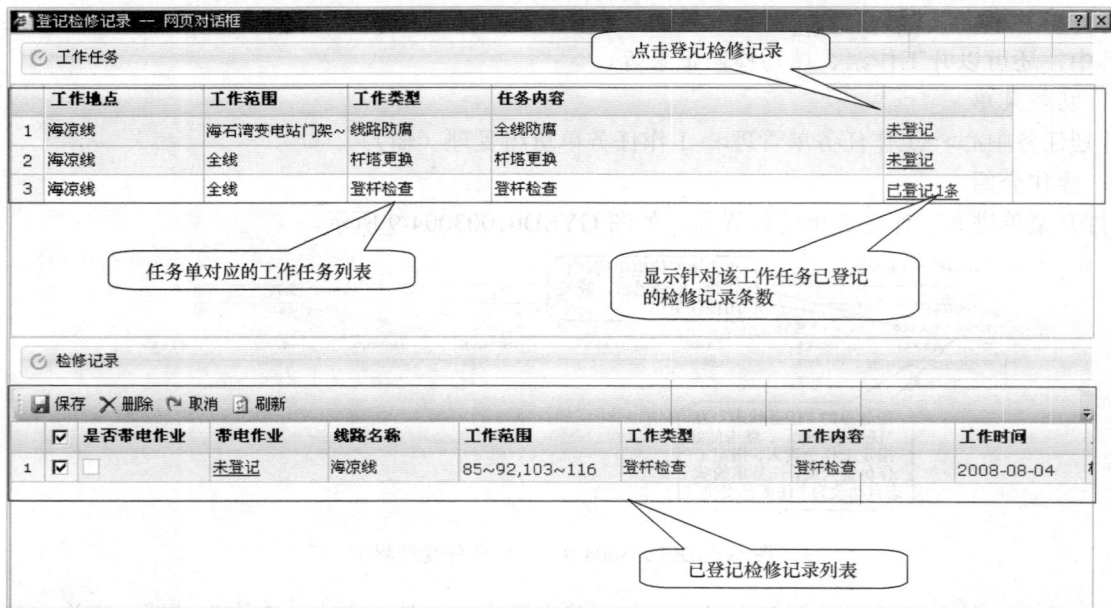

图 GYSD01003004-11　检修记录登记对话框

操作时按对话框提示的相关内容进行填写即可，对话框上部列出任务单对应的所有工作任务，下方列出了已维护的检修记录列表。根据实际情况，检修记录的其他属性还可以进行修改。

登记检修记录时，还可以在检修记录的基础上登记带电作业工作记录，或直接登记在检修过程中新发现的缺陷。具体操作参见"运行工作中心→检修试验管理→输电架空线路检修记录登记"模块。

（7）处理完成。在任务处理对话框中，点击"处理完成"按钮即可。如果工作票未终结，系统将拒绝关闭该工单。

4. 注意事项

（1）在图 GYSD01003004-9 所示的主界面查询出的工作任务单，为专责派发给本班组（登录人所在的班组）的任务单，未派发的任务单不能查到。

（2）一张工作任务单只能链接或创建一张停电申请单，链接后的停电申请单，不能再被其他工作任务单链接，可链接的停电申请单，可通过"计划任务中心>>停电申请单>>输电停电申请单登记模块"维护，具体操作参见模块 GYSD01003003。

（3）受理工作任务单时，每张任务单最多只能开一张工作票。

（4）指定工作负责人后，任务单的状态自动改为"任务已安排"。

（5）在登记检修记录或工作票之前，必须首先指定工作负责人，否则系统禁止登记检修记录或工作票的操作。

三、工作任务单处理

1. 功能描述

工作任务单处理，除了没有"指定工作负责人"功能，其他功能与"工作任务单受理模块"完全相同，该模块提供任务单指定工作负责人以后，工作负责人进行开工作票、登记检修记录以及关闭工单等的操作处理功能。

2. 功能菜单

计划任务中心>>工作任务单管理>>工作任务单处理（输）。

3. 操作介绍

具体操作参考"工作任务单班组受理（输）"中的"开工作票"、"任务处理"、"填写检修记录"、"关闭工单"的相关操作。

【思考与练习】

1. 工作任务单分配模块使用过程中应注意哪些问题？

2. 工作任务单班组受理模块主要提供哪些功能？

第十一部分

新技术的应用

第三十一章　地理信息系统及雷电定位系统在线路中的应用

模块 1　地理信息系统应用简介 （GYSD00501001）

【模块描述】本模块涉及地理信息系统概述、组成、主要功能。通过概念描述、功能介绍，了解地理信息系统组成、主要功能，熟悉地理信息系统的应用情况。

【正文】

人类进入文明社会以来，纸质地图一直是人类用于描述存在于地球空间上各类现象的一种非常重要的手段。随着电子计算机的问世和迅猛发展，使用计算机来描述、模拟和分析地球空间上的这些规律成为可能，由此诞生了地理信息系统（Geographical Information System，GIS）。地理信息系统就是地球信息学方法的一种重要的实现手段，是多学科技术集成的基础平台。地理信息系统是门新兴科学技术，自从这门技术出现以来，其应用越来越广泛和深入。

一、概述

1. 基本概念

信息就是现实世界状态的反映，是用文字、数字、符号、语言等介质来表示事件、事物、现象等意义和内容，它不随载体的物理形式的改变而改变，具有客观性、实用性、可传输性和共享性等特征。

数据是信息的符号表示，是对某目标进行定性、定量描述的原始材料，包括数字、文字、符号、图形、图像等。信息用于物理介质有关的数据表达，而数据中包含的意义就是信息，信息和数据密不可分。

地理信息是指与所研究对象的空间地理分布有关的信息，是对表达地理特征与地理现象之间关系的地理数据的解释。

地理数据是各种地理现象和特征间关系的符号化表示，包括空间位置、属性特征和时间特征三部分，它们构成了地理空间分析的三大基本要素。

系统是指具有特定功能的相互有机联系的许多要素所构成的一个整体。

信息系统则指是具有采集、存储、管理、分析和表达数据能力并且可以回答客户一系列问题的系统。计算机时代的信息系统部分或全部由计算机系统支持，一般由计算机硬件、软件、数据和客户四个主要要素组成。

2. 地理信息系统的概念

地理信息系统是一门空间信息科学，具有空间分析和模型分析功能。地理信息系统的外观表现为计算机软硬件系统，其内涵则是由计算机程序和地理数据组织而成的地理空间模型，从中可以提取地理系统各个不同侧面、不同层次的空间和时间特征，也可以将自然发生或思维规划的过程加在这个数据模型之上，取得对自然过程的分析和预测信息，用于管理和决策。

地理信息系统的概念有三层含义：

（1）地理信息系统是一门新兴交叉学科。地理信息系统是集计算机科学、地理学、测绘学、遥感学、环境科学、城市科学、空间科学、信息科学、应用数学和管理科学为一体的新兴交叉学科。

（2）地理信息系统是一项综合性的高新技术。地理信息系统是运用地理模型对地理空间数据进行综合分析、预测未来和模拟现实的一项技术。地理信息系统技术包括数据采集、存储、管理、空间分析方法、专题分析模型、系统集成技术和地理专家系统等。

国家电网公司生产技能人员职业能力培训专用教材

（3）地理信息系统是一个特殊的计算机信息系统。地理信息系统是在计算机软硬件支持下用于采集、处理、检索、模拟、分析和表达地理空间数据的计算机信息系统。它由计算机软硬件、地理数据、系统开发、管理和使用人员以及计算机网络组成，有数据采集和编辑、数据管理和组织、应用分析、结果显示输出及数据更新五大功能，能够由地理空间数据提供高层信息为管理和决策服务。

所谓的地理信息系统通常指的是以数字地图（或电子地图）为基础的地理信息系统。

二、地理信息系统的组成

同一般信息系统一样，地理信息系统也包括硬件系统、软件系统、地理数据、系统的组织管理人员和开发人员以及计算机网络等组成部分。

1. 硬件系统

硬件系统是计算机系统中的实际物理装置的总称，是地理信息系统的物理外壳。硬件系统包括计算机主机、数据存储设备、数据输入/输出设备以及通信传输设备等。

（1）计算机主机。数据和信息处理、加工和分析的设备，其主要部分由执行程序的中央处理器和主存储器构成，包括大型机、中型机、小型机、工作站和微机等。

（2）数据存储设备。包括软盘、硬盘、磁带、光盘、存储网络等及其相应的驱动设备。

（3）数据输入设备。除键盘、鼠标和通信端口外，还包括数字化仪、扫描仪、解析和数字摄影测量仪以及全站仪、地理信息系统接收机等其他测量仪器。

（4）数据输出设备。主要有图形/图像显示器、矢量/栅格绘图仪、行式/点阵/喷墨/彩色喷墨打印机、激光印字机等设备。

（5）通信传输设备。即在网络系统中用于数据传输和交换的光缆、电缆及附属设备。其中大多数硬件是计算机技术的通用设备，而有些设备则在 GIS 中得到了广泛应用，如数字化仪和扫描仪等。

2. 软件系统

软件系统是指挥硬件运作的各种必需的程序，是地理信息系统的灵魂，由计算机系统软件、地理信息系统基础软件、地理信息系统二次开发软件和其他应用分析程序部分组成。

（1）计算机系统软件。它是地理信息系统日常工作所必需的，包括操作系统、系统库编程语言和库程序以及一些标准软件，如图形处理程序、数据库管理系统等。

（2）地理信息系统基础软件。能够提供给客户进行二次开发的地理信息系统基础平台，是地理信息系统核心软件，包括数据输入、数据处理、管理、结果显示输出和空间分析等部分。目前市场中主要有 Arc/Info、ArcGIS、MapInfo、MGE、Geomedia、Geostar 和 MapGIS 等商用 GIS 基础软件。

（3）地理信息系统二次开发软件。指针对不同客户，不同功能需求，不同管理和运作方式，基于地理信息系统基础软件平台上的二次开发软件可为实现客户的特定要求提供开发环境（或语言），如 ArcView 的 Avenue 语言、Arc/Info 的 AML 语言、Mapinfo 的 MapBasic 语言等。许多地理信息系统基础软件平台还支持用现代高级语言（如 Visual Basic、Visual C++、Java 和 Dephi 等）编程实现地理信息系统应用功能。

（4）其他应用分析程序。是系统开发人员或客户根据地理专题图与区域分析模型编制的用于某种特定应用任务的程序，是系统功能的扩充和延伸，一般可挂靠于原系统。

3. 地理数据

地理数据是地理信息系统研究和作用的对象，是指以空间位置为存在和参照的自然、社会和人文经济景观数据，包括空间数据和属性数据，可以是图形、图像、文字、表格和数字等。空间数据表达了现实世界经过模型抽象后的实质性内容，即地理空间实体的位置、大小、形状、方向以及拓扑几何关系等；属性数据是与地理实体相关的地理变量和地理意义，是实体的属性描述数据。空间数据和属性数据密切相联，共同构成地理数据库，用于系统的分析、检索、表示和维护。地理数据库的建立和维护是一项非常复杂的工作，技术含量高，投入大，是地理信息系统应用项目开展的关键内容之一。

4. 系统开发、管理和使用人员

尽管现代计算机和 GIS 技术已相当先进，但人始终是人机系统中的最重要的因素。仅有系统的软件、硬件和数据还不能构成完整的地理信息系统，需要人进行系统组织、管理、维护和数据更新、完善功能，并灵活采用地理分析模型提供多种信息，为研究和决策服务。同时还需要整个组织进行全盘规划，协调各部门内部的相关业务，使建立的地理信息系统既能适应多方面服务的要求，又能与现有的计算机及其他设备相互补充，同时周密规划地理信息系统项目的方案及过程以保证项目的顺利实施。地理信息系统专业人员是应用成功的关键，而强有力的组织则是系统运行的保障。

一个完整的 GIS 项目应包括项目负责人、系统分析设计人员、系统开发人员、系统维护人员、系统管理人员和客户等。

5. 计算机网络

计算机网络利用通信线路将分布在不同地理位置上的具有独立功能的计算机系统或其他智能外设有机地连接起来，它包含下面三个主要的组成部分。

（1）若干台主机。用于向客户提供服务。

（2）通信子网。由一些专用的节点交换机和连接这些节点的通信链路组成。

（3）一系列协议。这些协议是为在主机之间或主机和子网之间的通信而用的。

计算机网络常见的拓扑结构（连接方式）有星形（Star）、环状（Ring）、总线（Lainear OR Bus）和树形（Tree）等。

三、地理信息系统的功能及特点

（一）地理信息系统的基本功能

地理信息系统处理地理信息的功能强大，贯穿数据采集—分析—应用的全过程，其基本功能至少包括以下几个方面。

1. 数据采集和编辑

数据采集是对系统外部的原始数据（多种来源、多种形式）进行必要的编码和写入数据库的操作过程。

数据采集的方式与所使用的设备密切相关，常用的几种方式如下。

（1）数字化方式。

（2）鼠标及键盘输入方式。

（3）磁盘、光盘方式。

（4）对电子地图等也可以用网络传输输入。

在地理信息系统的数据输入过程中，通过各种输入设备采集到的数据难免产生或引入一些差错，这就要求地理信息系统对空间数据和属性数据应具备编辑功能以修正所出现的错误。通常，大多数地理信息系统的数据编辑是比较耗时的交互式处理过程。对空间数据有图幅定向、文件管理、图形编辑（修正、增加、删除和更新）、生成拓扑关系、图形修饰与几何计算、图幅拼接等编辑功能；对属性数据则有修改、增加、删除和更新、数据库结构的修改以及与空间数据关联的编辑功能。无论是空间数据编辑，还是属性数据编辑，均需要建立简便易用、直观的对话窗口以便于人机交互。

2. 数据存储和组织管理

数据存储是将输入的数据以某种格式记录在计算机内部或外部存储介质（磁盘或光盘）上；数据存储的方式与数据文件的组织密切相关，它取决于如何建立记录的逻辑顺序，即确定存储的地址，以便提高数据存取的速度。

空间数据库的数据量大，空间数据与属性数据不可分离，而且数据应用面广。因而，须对数据库进行有效地管理，使数据冗余量小，数据与应用程序相对独立，选择合适的数据结构和数据模型。

由于空间数据往往关联诸多的属性数据地图，大量的属性数据通常采用关系型数据库与空间数据库分别存储的方法，也可通过公共识别符或者建立一个程序将空间数据与属性数据连接起来。

3. 应用分析

地理信息系统应用分析是在系统操作运算功能的支持下或建立专门软件来实现的，包括基本空间分析和模型分析，如图 GYSD00501001-1 所示。

地理信息系统最基本的分析功能有查询、检索、统计和计算功能，这些功能是其他自动化信息系统也具有的。空间分析是地理信息系统的核心功能，也是地理信息系统与其他自动化信息系统的根本区别，包括叠置分析、缓冲区分析、拓扑空间查询、空间集合分析等。而模型分析是指在地理信息系统支持下，应用相应的数学模型分析和解决问题的方法，也是地理信息系统应用深化的标志，如最佳网络分析、土地适应性分析和电网潮流分析等。

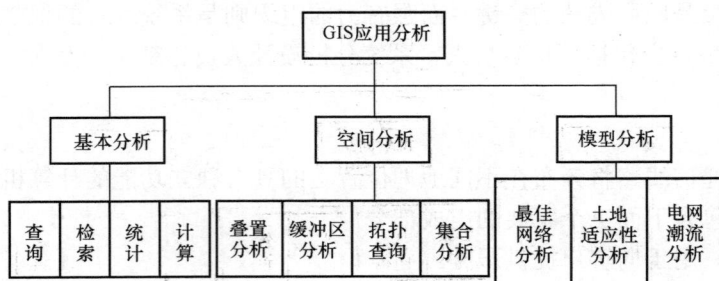

图 GYSD00501001-1　地理信息系统应用分析

4. 数据显示、结果输出

数据显示是中间处理过程和最终结果的屏幕显示，包括图形数据的数字化与编辑以及操作分析过程的显示；结果输出有专题地图、图表、表格和报告等各种类型的硬拷贝图形，其中屏幕显示也是结果输出的一种。目前输出设备有显示器、绘图仪、打印机、磁盘和光盘等，如图 GYSD00501001-2所示。

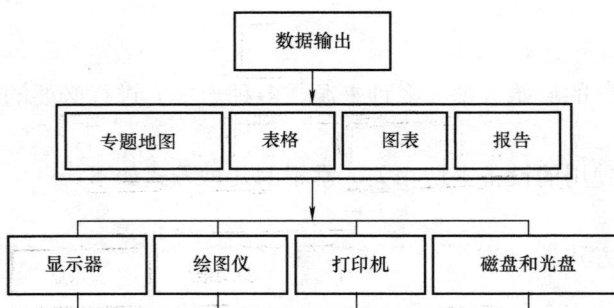

图 GYSD00501001-2　数据显示和结果输出

5. 数据更新

数据总是随着时间变化的，因此地理信息系统应具有数据更新功能，才能较真实地反映现实情况，提供准确的决策依据，也可建立地理数据的时间序列，满足动态分析的要求。数据更新即通过删除、修改、再插入等一系列操作以新的数据或记录替换数据文件或数据序列中相对应的数据或记录。但现实中地理信息系统的数据更新往往有时滞性，实时通信和 3S（RS、GPS 和 GIS）集成的研究正在努力缩小这种时滞性。

（二）地理信息系统的特点

地理信息系统具备以下基本特点。

1. 统一的地理基础

地理信息系统之所以区别于一般的信息系统就在于所处理的是地理信息。地理信息需要一个空间定位框架，即共同的地理坐标和平面坐标系统，才能更好地表达信息，从而支持空间问题的处理和决策。因此，地理信息系统要建立统一的地理基础，包括统一的地理投影、统一的地理坐标系统和统一的地理编码系统。

2. 数据规范化

地理信息系统的数据来源多，形式多样，因而需将数据进行分级、分类、规范化和标准化，将其纳入一个特定投影和比例的参考坐标系统，使其适应于计算机的输入/输出要求，便于进行社会经济和自然资源环境要素之间的对比和相互分析。目前许多地理信息系统基础软件系统都提供了多种常见的投影及其相互转换的功能。

3. 多维结构

在通常的二维数据结构中引入第三维（高程）和第四维（时间），便于为决策部门提供实时显示、多层次分析和动态分析等功能。

4. 空间分析

以地理模型分析方法为手段，采用各种空间关系运算进行空间分析和多要素综合分析，能够产生与这些要素相关的、综合的新信息，为决策提供服务。这是常规方法难以得到的。

5. 预测、模拟

在空间分析的基础上，采用数字和统计的方法，通过历史资料和数字模型的建立对事物进行定量分析，并对事物的未来作出判断和预测，尤其是对实时信息进行实时动态监测或预测。另外，还可以通过进行常规或非常规的数字模拟实验（空间过程演化模拟），为重大决策提供科学依据。

四、地理信息系统在电力系统中的应用

面对越来越密集的电网、复杂的电力设备、时刻变化的负荷信息、不断变迁的道路和建筑，传统的电网管理方式已经很难满足电网建设和安全经济运行的要求。为了实现电网改造和发展的合理规划，提高电能质量和供电可靠性，降低线损，提高电力设备运行的安全性、经济性，需要将现代化的计算机和通信技术用于电网的管理，将各种图形、地图、数据信息统一共享。

因此 GIS 在供电企业生产管理中得到越来越广泛的应用。

地理信息系统在电力系统中的应用主要体现在发电、输变电、配电和电力营销等各重要环节。从实际情况看，电网的各种信息与空间地理环境有着密切联系，利用 GIS 技术管理和处理这些信息，对于提高电力系统生产效率、管理质量和科学决策水平具有十分重要的现实意义。

输电线路是位于地理空间中的人工构建物，其线路距离长，通过地区的地理条件比较复杂，与其他众多电力线路、通信线路等交叉跨越，并且通常会通过居民区、公园和其他特殊区域。输电线路及其杆塔位置与地理空间位置密切相关，特别是在垂直方向上的层次信息尤为重要，这使得二维地理信息系统无法达到其管理的需求。近年来，计算机图形学的发展和计算机硬件性能的成倍提高使得三维表现技术日益完善，通过这些技术能够构造更接近于现实的三维地表模型和各类设备模型，使得 GIS 系统从二维向三维发展。

GIS 在输变电工程中具有广泛的应用，主要包括输变电工程的系统规划、勘测设计、施工建设和电网运行管理等方面。

（1）规划管理。规划部门在基础地形数据库和相关的专题数据库基础上，可利用 GIS 进行线路或电网的规划，并初步统计该线路的各种经济、技术指标，从而确定选线的可行性。同时可对工程费用作初步预算，以便向勘测和设计部门提供经济合理的线路路径方案。

（2）工程设计。在规划成果的基础上，进一步完善空间数据库，形成以三维地面模型为载体的各种专业的详细数据库，使设计部门能实时方便地获取丰富、详细的定量和定性数据，从而有助于进行选线和自动排位，并将设计数据入库。依据设计成果，最后可向投资方提供各种准确可靠的经济技术指标，向施工部门提供各种详细的施工数据和施工环境数据。

（3）工程施工。在施工阶段，可以准确、快速地从设计成果中获取有关设计数据、交通状况等指标，并可进行工程的监督，把握施工进度。同时还应及时地对施工完成的数据进行采集、编辑、入库，作为最终线路数据，直接为电网的运行维护和管理提供支持。

（4）运行管理。由于系统中已经建立了基于实际地理位置的电网空间数据库（如线路走向图、杆塔分布图、交叉跨越等）和属性数据库以及相关的技术资料，因此在运行维护阶段，可以多方式方便快捷地查询任一输电线路的有关数据资料，包括线路的电压等级、连接方式、起止点、回路数、路径长度、导线型号等设备属性，并可直观地在三维场景中显示耐张段；多方式方便快捷地查询输电线路任一杆塔的空间位置及其单线图、结构图、杆塔材料表等信息，可查看实物图像及相关文档；可对线路运行与检修的技术资料进行功能强大的管理，查询线路运行管理的有关规程规定、技术生产指标图表、线路维护、检修技术记录等，形象地提供历史上发生事故的类型、次数和位置等信息；依据这些实际数据和电网运行的数据（如电流、电压），进行各种管理和分析，为电网调度和决策提供服务。

地理信息系统在我国电力行业的应用起步较晚，而且主要围绕供电企业应用，但近几年发展很快。目前，全国许多供电企业相应开展了电力地理信息系统项目建设，有的项目已经进入初步实用化阶段，有的在进行了 20 世纪 90 年代中后期的试点工作后，又陆续向全方位应用发展。所建系统已从过去的主要应用集中在配电系统管理功能方面，向输电系统、客户服务系统、客户管理系统、用电营业系统、配电管理系统以及地理信息系统和 EMS/SCADA、配电自动化系统相互结合的综合应用发展。一些发电企业也陆续开展了地理信息系统在发电企业中的应用开发。

【思考与练习】

1. 什么叫地理信息系统？地理信息系统有哪些基本功能？
2. 地理信息系统有哪些组成部分？
3. 输变电 GIS 应用主要包括哪些方面？

模块 2　雷电定位系统在线路中的应用（GYSD00501002）

【模块描述】本模块涵盖雷电定位系统的概念、工作原理、电网雷电监测网的构成、设备维护与管理。通过要点讲解、功能介绍、图形举例，熟悉雷电定位系统。

【正文】

雷击跳闸是输电线路运行中经常遇到的一种故障，每年占各类跳闸总数的 40%～70%。雷击跳闸不仅危及线路的安全运行，甚至会给线路造成很大的伤害或埋下隐患，因此必须尽快查找到故障点，以检验电网继电保护装置的工作状态和准确性及输电设备的运行状态并加以排除。以前电子管继电保护装置时在查找输电线路故障点时，判据往往是在 70%范围内立体搜索，浪费了很多人力、物力和时间。

应用雷电定位系统可快速并比较准确的定位雷击点，系统对雷电的各种参数（雷电流幅值、极性、数量、时间等）进行测定和记录，运行单位根据记录参数选择靠近故障跳闸时间的参数作为故障查巡的依据，大幅度缩小了故障查巡的范围，减轻了巡查员工的劳动强度和运行单位的工作效率。

一、雷电定位系统简介

1. 雷电定位系统的定义

雷电定位系统（LLS）是应用现代雷电监测技术，探测雷电活动规律、落雷点及雷电物理参数的一整套装置。它能够对雷电活动实施全自动、大面积、高精度监测，遥测雷电发生的时间、地点、峰值、极性、次数，并以分时彩色图形显示雷电运动轨迹。由于雷电定位系统能够对雷电进行实时并比较准确的测定，目前已被广泛地应用到电力系统输电线路的运行管理中。

2. 雷电定位系统的指标

评价雷电定位系统，有两个关键性技术指标，即定位误差和探测率。我国电网采用的雷击定位误差标准小于 1km、探测率大于 90%。1997 年和 1998 年广东火箭引雷试验的结果与国际公认的火箭引雷试验检测指标相一致。因此，这两项指标可作为现阶段检验区域雷电定位系统功效最基本的技术指标。

3. 雷电的技术参数

雷电主要技术参数有雷电日、雷电数、地面落雷密度、雷电流幅值概率等，这些参数均可在雷电定位系统中查询或统计出来。

（1）雷电日（雷暴日）。雷电日是指在一天当中只要听到一个雷电声即统计为一个雷电日，它对地闪雷、回击雷和云闪雷不作区分（云闪雷对输电线路基本无影响），单位为天。雷电日可以按一个地区（地域）统计，也可以沿输电线路走廊统计，并以一年为一个统计周期。通常，雷电日超过 40 天的地区，可视为多雷区。

（2）雷电数。雷电数一般指在一个区域内一年中所发生雷暴的数量，单位为次。

（3）落雷密度。落雷密度是指一年内单位土地面积上的落雷次数，即地闪雷和云闪雷，单位为次/$(a \cdot km^2)$。地面落雷密度统计可按一个地区（地域）计算，也可按一条线路实际所覆盖的地面面积（线路长度×线路走廊宽度）计算。

（4）雷电流幅值概率。雷电流幅值概率是指某一时段内、某一区域，不同雷电流（幅值）出现的几率，常用特定的数学曲线来表达。如某省 2006 年检测到的 50%负极性雷电流概率值为 23kA，50%正极性雷电流概率值为 27kA。按 DL/T 620《交流电气装置的过电压保护和绝缘配合》的雷电流幅值概率 $\lg P=-1/88$ 公式计算，其 50%雷电流概率幅值为 26.5kA，与运行的雷电定位系统统计的雷电流概率值较接近。

二、雷电定位系统工作原理

雷电发生时伴有强光、声和电磁辐射，其中电磁辐射会形成电磁辐射场，非常适合大范围监测。电磁辐射场主要以低频/甚低频（LF/VLF）沿地球表面传播，其传播的范围直径可达数百千米或更长，这取决于当时雷电的放电能量。雷电放电的表现形态有对地闪络和云间闪络。对地闪络能危害地面物体，由主放电和后续放电构成。现代光学观测表明 50%以上后续放电在接近地面时会脱离主放电通道，形成新的对地放电点。

雷电定位系统是由多个监测站同时对雷电电磁辐射场测量，并排除云间闪络信号，专门对已形成的对地闪络现象进行定位。监测站利用宽频（1kHz～1MHz）天线系统和专门设计的电子电路，识别对地闪络信号，并对其每次返击波的峰值进行采样，使测量值与返击波形成的开始部分相对应，并使电离层折射和反射的影响最小，理论上可保证测量雷击点和雷电流峰值的准确性。

雷电定位的方法目前有定向法、时差法、综合定位法等几种，其中综合法使用最为广泛，我国电网 90%以上都是采用此种方法。

三、电网雷电监测网的构成

1. 雷电定位系统的构成

雷电定位系统主要由雷电监测站、数据处理及系统控制中心（中心站）、用户工作站（雷电显示终端站）以及必要的通信系统构成，如图 GYSD00501002-1 所示。

雷电监测站，主要由电磁天线、雷电波波形识别及处理单元、GPS 时钟单元、保护单元及通信、电源等设备构成，其外形如图 GYSD00501002-2 所示。雷电监测站的主要功能是测定雷电波的特征值，并将每次雷击闪络发生的时间、地点、方向、强度等即时数据发送到中心站。中心站则对各监测站发来的信息进行分析处理和定位计算，然后将结果发送给用户工作站，存入数据库，并通过雷电信息服务器发布到网络上。

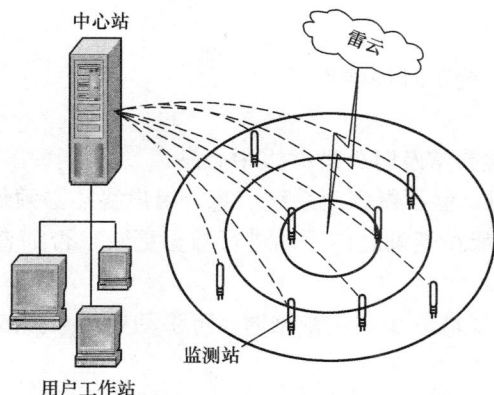

图 GYSD00501002-1　雷电定位系统构成示意图

图 GYSD00501002-2　雷电监测站

2. 雷电定位系统的联网

一个地区的雷电定位系统监测站是有限的，因此中心站得到的数据或信息量也有限并影响到定位的准确性。若将各相邻区域雷电定位系统边际监测站的信息共享，即可进行互补，减小盲区。因此，实现雷电定位系统联网将是一个必然的趋势，并可使雷电定位系统进一步得到优化，向更科学、更合理的方向发展。

从 2004 年开始，我国着手实施全国雷电定位系统联网工程，到 2008 年底我国雷电定位系统已基本覆盖我国大片地区。

四、雷电定位系统的运行维护与管理

1. 雷电定位系统的设备维护

（1）中心站（PA）。

1）中心站应明确管理部门（通常为调度通信部门），设专人对雷电定位系统服务器进行维护，定期对中心站、监测站和通信通道进行检查。其他人员未经授权不得使用服务器，发现问题及时通知有关单位（部门）进行处理。

2）雷雨季节前进行一次全系统的检查和维护，确保雷电定位系统正常运行。

3）在雷雨季节，每天定时对中心站设备进行检查巡视，及时监视和接收监测站的故障报警。

4）闪电定位软件会自动接收、记录各监测站的信息，在监测站中断（故障）时，以 5min 一个周期进行提示音报警。维护人员应首先判断是否为网络故障，若为网络故障应及时与通信部门联系处理，若否应立即通知监测站维护人员对探测仪进行复位处理。倘若 5min 内没有恢复正常，维修人员应及时对监测站进行软件修复或硬件更换处理。

5）雷雨季节，每月对搜集到的雷电数据进行整理核对，妥善保存历史数据。对雷电原始数据及定位数据每年都应留存。

6）及时更改、添加输电线路信息，及时进行软件升级。

7）每年对雷击跳闸线路的系统预测信息、查询状态下的电子地图及发生跳闸的杆塔、相位等情况，全部制成电子文本并存档。

8）监视雷电系统的运行情况并建立运行记录。运行记录包括系统运行情况、故障发生时间与处理结果等，每年对线路走廊或本地区雷电发生情况进行统计分析。

（2）监测站（TDF）。

1）监测站通常由所在地供电部门负责管理，并应设专人维护（主要是电源），定期对监测站进行巡视检查，发现故障及时上报中心站或经中心站同意后进行简单处理。中心站则根据故障情况派人或邀请厂家进行处理。

2）为保证雷电监测站与中心站通信畅通，发现通信通道有问题应及时上报中心站并由中心站与有关单位联系处理。

3）每年雷雨季节前，对设备运行情况进行一次全面检查，适时更换探头硅胶干燥剂。在雷雨季节中，每月对监测站进行一次巡视检查。

4）各地监测站除紧急情况外，不得退出运行。

5）经常检查并与电网调度部门核对计时钟，及时校正时钟秒数。

（3）终端站（LIS）。

1）终端站由维护人员负责设备的日常维护，发现异常及时处理并报中心站。

2）经授权的用户终端可以登录系统查询雷电信息，但不得修改系统信息。用户终端必须每天 24h 开机才能保证数据的及时更新，建议在雨季每天开机或在查询之前手动进行数据更新，否则查询的结果不能保证准确与可靠。

3）在雷雨季节，每天对终端站进行一次检查，当发现缺少雷电数据时，可手动更新数据或向中心站请求人工远传数据，补齐雷电数据。

4）线路发生雷击跳闸后，应及时在终端站上进行定位查询，并尽快将查询结果反馈给有关部门，以指导线路运行单位对故障点的查巡。

5）中心站（调度通信部门）根据检查和确认的线路雷击故障，打印雷击故障地理图、进行统计分析和存档。

6）为保证雷电分析显示终端正常运行，终端站维护人员应每月将终端站运行及故障处理情况报中心站。

7）终端站维护人员应及时对系统软件进行升级。

2. 雷电定位系统的技术管理

（1）应建立的技术资料。

1）监测站选址报告、现场安装接线图、原理图和调（测）试记录。

2）制造厂提供的资料（包括设备的技术资料、使用说明书、合格证等）。

3）设备运行记录（如运行日志、现场测试记录等）。

4）设备故障和处理记录。

5）软件备份介质。

6）电力设施、线路杆塔等地理位置资料。

7）雷击故障查询记录和图例（包括故障线路、开关跳闸时间、雷击点、线路巡查结果及有关资料等）。

（2）雷电定位系统运行考核主要指标。

1）监测站可用率。

2）雷击故障探测准确率。

3）雷电定位误差。

五、雷电定位系统在输电线路中的应用

现以某省电网雷电定位系统为例，介绍雷电定位系统在输电线路中的应用。其他地区，由于软、硬件等方面的原因，可能存在表现形式上的差别，但基本功能和内容是相近的。

1. 雷电参数查询

（1）查询模式。雷电参数查询，根据系统网络结构型式的不同，有三种模式：专线终端、B/S 网络终端、C/S 网络终端。

专线终端指以专用通信通道（电缆）接收雷电数据的终端，如果距离远，则必须使用调制解调器。专线终端，它的实时性较好，可提供完整的统计功能，缺点是必须有专用通道。

B/S 网络终端指浏览器/服务器方式的终端。客户端无须安装程序，使用通用的浏览器从网络即可访问雷电定位系统网站，并可查询雷电数据，优点是不需安装程序。

C/S 网络终端指客户机/服务器方式的终端。客户机需安装应用程序，通过网络读取服务器数据。优点是无须专用通道，只要可以访问雷电服务器即可。相比 B/S 网络终端，由于有安装程序，又配有电子地图，可以方便地进行地图的放大、缩小等操作。

该省电网采用的是 B/S 网络终端查询模式。

（2）查询方法。首先进入局域网，点击雷电定位系统服务器网址，输入"用户名"及"密码"后即可打开雷电定位系统主页。雷电定位系统的主界面如图 GYSD00501002-3 所示。

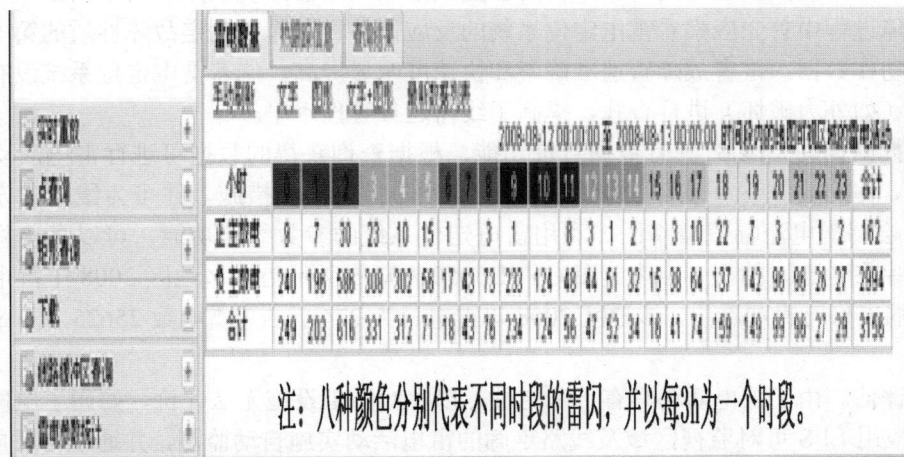

图 GYSD00501002-3　雷电定位系统主界面图

586

图 GYSD00501002-3 反映的是某省 2008 年 8 月某日 24h 内发生雷电闪络的情况，从中可以看出，这一天的雷电活动主要集中在该省的东部山区。

主页界面上分有三个区域：功能区、雷闪地理位置显示区和信息输出区。功能区包括图层管理、实时重放、点查询、矩形查询、下载、线路缓冲区查询及雷电参数统计等选项。其中，图层管理包括地理层、探测站层、输电线路层、雷电信息层、查询缓冲层等多个层面，通过操作可以显示所有层，也可按需要（勾选）显示相应的图层。因此，查询时应首先确定图层。在雷电地理位置显示区，可从电子地图上看到雷电发生的具体位置及其已发生雷电的分布情况。雷电信息输出区，可以将雷电的各种信息，用表格、文字、图形等形式显示出来，并可转储为 EXCEL 表格文件，用起来十分方便。

2. 雷电定位系统主要用途及应用实例

（1）快速定位故障点。与传统方法相比，LLS 可在较短的时间内（秒级）确定出雷击故障点位置，使巡线效率大大提高。

例如：2008 年 8 月 12 日 0 时 14 分，220kV××线发生跳闸并重合成功。查询雷电定位系统，在相应的时间段里该线路遭受雷击的范围是在 296～302 号塔之间。经巡线检查发现 300 号塔遭受雷击，该塔上的绝缘子有烧伤痕迹。查询情况如图 GYSD00501002-4 所示。从图中可以看出，300 号塔附近遭受到第 5 号雷的雷击，雷击电流为–178.8kA。

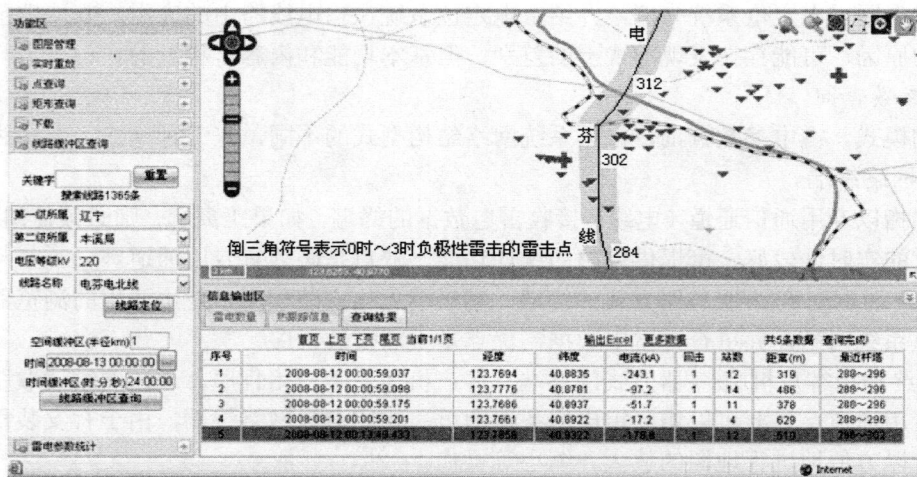

图 GYSD00501002-4　220kV 电芬线遭受雷击查询情况

（2）辅助故障性质判定。以往发生线路事故，特别是在雷雨季，由于参考继电保护动作大致判断故障查巡范围，因范围大，巡视员工多，有时查巡质量或判据会出现误判。自采用雷电定位系统后，在处理电网故障过程中首先应察看雷电定位系统的反应，并将其作为判定故障性质的第一手段，同时结合继电保护动作数据，雷害故障查巡准确率和快速度明显提高。倘若雷电定位系统没有任何反应，再按其他故障（如外力破坏）进行查找，提高了线路运行管理水平。

（3）雷电数据查询。LLS 具有数据查询功能，根据查询获得的数据可进行雷电活动规律分析，雷击统计报表、划分雷击区，实施预警发布，制定预防雷害事故措施，并可为线路建设与改造提供依据。例如，绘制雷电流幅值概率图。利用雷电定位系统的参数统计功能，可以直接将所选地区的雷电流幅值概率图绘制（拷贝）出来。图 GYSD00501002-5 所示为××地区 2008 年雷电流幅值概率图。从图中顶端表格可直观看出，该地区 2008 年雷电日为 274 天、总雷电数 25625 次、最大雷电流为 600kA。

（4）防雷评估。由于雷电活动具有不确定性，以往对防雷设施无法评价，妨碍了电网防雷措施的实施与改进。应用 LLS 可对监视区域及线路走廊的雷电活动实施自动监测，并通过对雷电强度、雷击密度、频度的统计分析和对比，完成对防雷设施的功效评估。

根据 LLS 提供的各种数据，可方便地找出线路的"易击段"、"易击塔"及防雷设施存在的问题等，从而为线路设计及运行提供参考或依据。

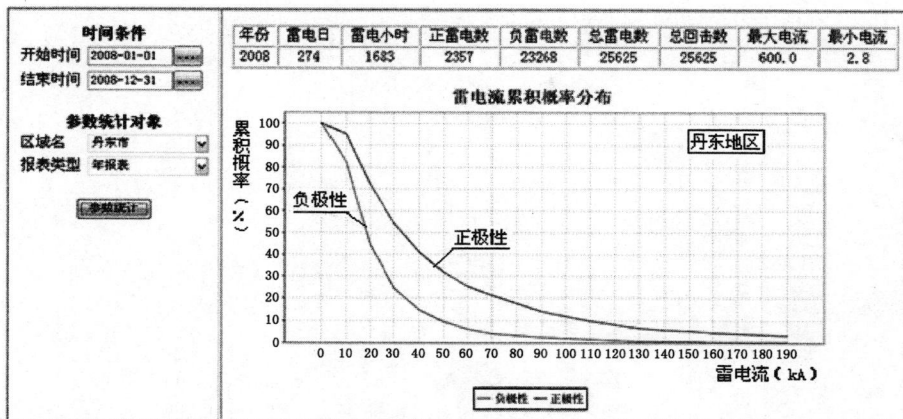

图 GYSD00501002-5　××地区 2008 年雷电流幅值概率图

（5）线路雷闪预警。闪电定位软件根据实时测定的雷电数据，与多站图形终端上输电线路的地理信息相结合，以两个值域为计算条件进行自动筛选，实时判断哪条线路、哪基杆塔可能遭受雷击并进行声音报警，提示工作人员提前做好准备，在调度告知某条线路跳闸时能快速响应。

（6）存在的不足部分。目前雷电定位系统与电网调度部门为两个部门，关键是采用的软件属不同软件商，两个系统的原子钟计时有差异（即不同步），且雷电定位系统观察站若故障停运再启动，时间计时不能与调度记录时钟同步（不能精确到秒级），造成电网调度记录故障时间在雷电定位系统中有时查到没有落地雷，而过几秒钟的线路沿线会有几段有落雷点，增加了查巡工作量。

【思考与练习】

1．雷电定位系统是如何构成的？

2．雷电定位系统联网意义何在？

3．雷电定位系统管理应建立哪些技术资料？运行考核主要指标有哪些？

4．雷电定位系统有哪些主要功能？

第十二部分

输电线路继电保护及自动装置

第三十二章　线路保护装置的原理及应用

模块 1　线路保护装置的任务及要求（ZY0100101001）

【模块描述】本模块介绍输电线路保护的任务、线路保护的种类以及对输电线路保护的要求。通过知识介绍、原理讲解，了解线路保护的基本情况。

【正文】

一、继电保护装置的任务

电力系统是否安全稳定运行与国民经济、人民生活密切相关。电力系统继电保护是电力系统中重要的组成部分和关键的自动化技术措施，它的主要功能是在电力系统发生故障和出现异常情况时能保证电力系统的安全稳定运行。

1. 电力系统的故障和异常运行方式

电力系统由发电机、变压器、输配电线路、用电设备等诸多电气元件构成。这些元件由于自然环境、制造质量、运行维护水平等原因可能诱发各种故障和出现不正常的运行方式。

电力系统运行中可能出现的故障主要是各种相间短路、接地短路、一相或两相断线、相关元件绕组的匝间短路等。常见的不正常运行状态主要是超过额定值运行的过负荷、过电压、过励磁、频率过高或低于额定值运行的低电压、频率过低、电力系统振荡及发电机失步等。故障的危害如下。

（1）由于短路电流通过电气设备，使电气设备直接受到损害，造成系统部分客户停电。

（2）短路会使电力系统的电压和频率下降，影响客户的正常生产。

（3）系统发生振荡、同期受到破坏时，会引起系统解列，造成大面积停电。

2. 继电保护装置的任务

当被保护的电气设备发生故障时，保护装置迅速动作，把故障的线路或设备从电力系统中切除，最大限度地保证其他非故障元件继续运行，以消除或减少故障引起的后果。

当电气设备出现不正常运行状态时，保护装置动作，发出警告信号，并根据不同情况作不同的处理。

由于我国架空线路的外绝缘配置采用节约型原则，220kV 及以下电压等级的绝缘子串长度几乎等同外过电压控制的空气间隙，造成雷害事故频发，同时无法提高泄漏比距，雷害故障基本是瞬间故障，为提高电力系统的供电可靠性，应根据不同情况确定是否切除故障元件的断路器和如何实现自动重合。如图 ZY0100101001-1 中，若在 BC 线路上 k2 点发生短路时，应由断路器 QF4 和 QF5 处的继电保护装置控制 QF4 和 QF5 跳闸，即切除故障线 BC，保证 BC 线以外的其他非故障部分继续运行。之后，应由自动装置重新将 QF4 和 QF5 合上，如果 BC 线路上的故障为瞬时性故障时，则 BC 线路又可恢复供电。

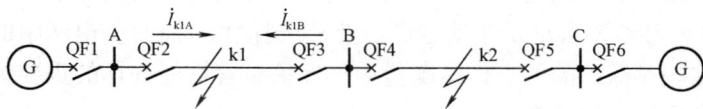

图 ZY0100101001-1　简单双电源网络

二、对继电保护的基本要求

对于所有动作于断路器跳闸的继电保护装置来说，为了完成其特定的功能必须在技术上满足动作的选择性、速动性、灵敏性、可靠性等基本要求。

1. 选择性

继电保护装置有选择性是指当电力系统发生故障时保护装置仅切除其故障元件,尽可能地缩小停电范围和保证其他非故障部分继续正常供电运行。例如,在图 ZY0100101001-2 中,所有断路器处均安装保护。当在 k1 点发生短路时由断路器 QF5 处保护动作使 QF5 跳闸,切除故障元件 BC 线路,保证非故障元件继续运行。又如,k2 点短路时,由 QF1 和 QF2 处的保护动作使 QF1 和 QF2 跳闸,切除其所在线路为有选择性。k3 点短路时,由 QF6 处保护动作跳 QF6 为有选择性。但是,可能出现 k3 点短路时 QF6 处保护不动作或 QF6 断路器拒动作,这时由 QF5 处保护动作跳 QF5,切除 BC 线路仍为有选择性。QF5 处保护的这种作用被称为远后备保护作用,即 QF5 处保护为 QF6 处保护的远后备保护。

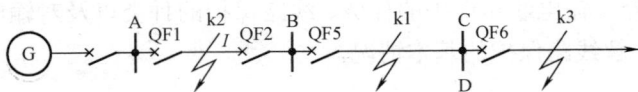

图 ZY0100101001-2　有选择性保护示意图

2. 速动性

继电保护装置动作迅速对用户、电气设备、电力系统的稳定等都有很大的好处。保护快速切除故障使电力系统中承受短路电流的电气设备减少发热时间和故障点可能燃起的电弧的维持时间,使电气设备损坏程度尽量减少。快速切除故障可有效防止单相故障发展成相间故障,暂时性故障发展成永久性故障。因此,继电保护快速动作也是继电保护装置一个重要的性能指标。

3. 灵敏性

灵敏性指的是继电保护装置对故障的反映能力。灵敏性一般用灵敏系数 K_{sen} 来衡量,不同的继电保护装置对灵敏系数的要求各不相同,校验灵敏性的方法也不相同。

对于反应物理量上升而动作的保护而言,其灵敏系数为

$$K_{sen} = \frac{保护范围内金属短路时故障参数的最小计算值}{保护的整定值}$$

对于反应物理量下降而动作的保护而言,其灵敏系数为

$$K_{sen} = \frac{保护的整定值}{保护范围内金属短路时故障参数的最大计算值}$$

灵敏系数计算时故障参数的最大和最小值的计算应考虑实际对保护灵敏性最不利的保护运行方式、最不利的短路类型和最不利的短路点进行计算。

4. 可靠性

继电保护装置的可靠性是指对于其规定保护范围内的故障应 100%地动作,而对于其他非保护范围内的故障以及系统元件在正常运行状态时应 100%地不动作。继电保护装置应该动作而未动作称保护拒动;继电保护装置不应该动作时却发生的动作称保护误动。

以上四项基本要求,贯穿整个继电保护内容的始终。要注意四项基本要求间的矛盾与统一,例如,强调快速性时,可能会影响到可靠性和选择性;强调选择性时可能会影响到快速性。所以,继电保护装置的上述各项指标一般应尽量满足,但在不同情况下也可能有不同的要求。有些情况下要求保护有很高的选择性,但有时也可能要求满足速动性而舍弃其选择性,而有些电网中的保护动作速度则要求不一定很高等。以上这些对保护的要求也是衡量继电保护装置性能好坏的重要指标。

三、输电线路上常用的保护种类

1. 反映相间短路的电流电压保护

在电力系统中,输电线路发生相间短路故障时,线路中的电流突然增大,母线电压突然下降。利用电流突然增大这一特征,当电流超过规定值时引起电流继电器动作的保护,就是线路的电流保护。根据保护的工作原理,电流保护又分为定时限过流保护,反时限过流保护及电流速断保护。

2. 方向过电流保护

随着电力系统的发展，出现了双侧电源的线路和环形网络，只靠动作时限不同来实现选择性要求的过流保护在这种情况下往往不能获得选择性，如图 ZY0100101001-3 所示。

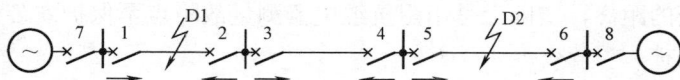

图 ZY0100101001-3 双侧电源线路加装方向元件的必要性

当线路发生故障时，应从线路两侧把线路跳开，故线路两端均装设断路器及相应的过流保护。按着一般过流保护要求，当 D1 点短路时，应使

$$t_2 < t_3 < t_5 \quad (\text{设 } t_3 = t_4; \quad t_5 = t_6; \quad t_1 = t_2)$$

当 D2 点短路时，则要求

$$t_2 > t_3 > t_5$$

上述动作时限上的要求是互相矛盾的，这说明了一般过流保护无法满足选择性的要求。

为实现保护的选择性，各过流保护上均需加装一方向元件，以构成方向过流保护。

3. 输电线路的接地保护

（1）中性点直接接地系统的接地保护。在中性点直接接地系统中，当发生一点接地故障即单相接地短路时，产生的短路电流很大，故中性点直接接地系统又称为大接地电流系统。

在中性点直接接地系统中，线路接地短路故障占所有故障次数中的大多数，采用专门的零序电流保护可以提高保护的灵敏度和动作的迅速性，因此在直接接地系统中除装设反应相间故障的保护外还装设反应接地故障的零序保护装置。

（2）中性点非直接接地系统的接地保护。中性点不接地或经消弧线圈接地的系统在发生单相接地时，不产生大的短路电流，只有比较小的接地电容电流，故称这类系统为小接地电流系统或非直接接地系统。

中性点非直接接地的系统中发生单相接地时并不破坏系统线电压的对称性，因此系统可以带着这个接地点短时间运行。接地保护装置可作用于信号，运行人员根据接地信号，采取措施加以消除。

4. 距离保护

随着电力系统的发展，出现了一些新的特点：容量大、电压高、距离长、负荷重、结构复杂、参量变化范围大、运行稳定性要求高等，致使简单的电流电压保护往往不能满足保护的基本要求。

在多电源的复杂电网中，简单的电流电压保护包括方向过流保护就不能保证有选择地切除故障，如图 ZY0100101001-4 所示。

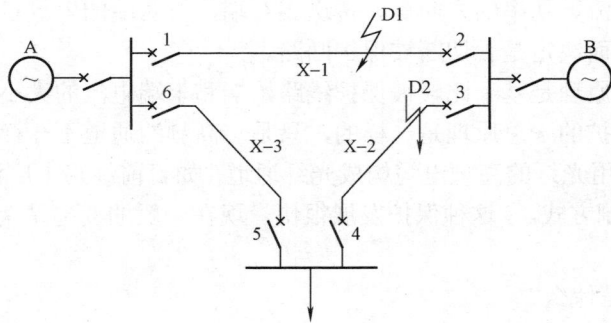

图 ZY0100101001-4 多电源复杂电网方向过流保护保证不了选择性示意图

假定各条线路两端均装设方向过流保护 1、2；3、4；5、6。各保护的动作时间分别用带数字下角的 t 表示。在线路 X-1 上 D1 点发生短路时，根据选择性要求，应使 $t_4 > t_2$，而当线路 X-2 上 D2 点短路时，根据选择性要求，则应使 $t_2 > t_4$ 显然，在 D1 点与 D2 点短路时，为实现选择性对保护时限整定的要求是互相矛盾的。这说明在图 ZY0100101001-4 所示的电网中，方向过流保护已经保证不了选择性的要求。

模块 1

ZY0100101001

所谓距离保护，就是反应故障点至保护安装处的距离，并根据距离的远近而确定动作时间的一种保护装置。当短路点距保护安装处近时，保护装置动作时间短，当短路点距保护安装处远时，保护装置的动作时间就加长，以此保证动作的选择性。因为线路的长短即距离与线路的阻抗成正比，所以测量故障点至保护安装处的距离，实际上是用阻抗继电器测量故障点至保护安装处之间的阻抗。因此，距离保护又称为阻抗保护。

5．双回线路的差动保护

在具有相同阻抗的双回线路上广泛采用横差动保护装置，它的原理是比较流过两线路的电流相位和数值。如图 ZY0100101001-5 所示双回线路，其阻抗相等，即 $Z_I = Z_{II}$ 在正常运行和外部例如 D1 点短路时，双回线路的电流相位及数值都相同，即 $I_I = I_{II}$，见图（a）。在一回线路 D2 点发生短路时，从图（b）可知，在 A 端两条线路上电流 I_I 与 I_{II} 数值不等，$I_I > I_{II}$。在 B 端 I_I' 与 I_{II} 相位相反。因此根据正常运行，外部短路和在一条线路上发生故障时电流分布的不同可构成横差动保护。

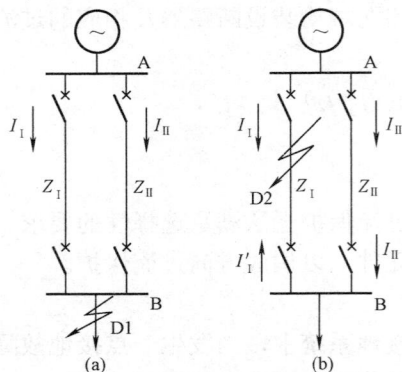

图 ZY0100101001-5　双回线外部及内部短路时电流的分布
（a）外部短路；（b）内部短路

6．线路高频保护

高频保护是一种能保护输电线路全长的速动保护，适用于中长距离的重要输电线路上。它由安装在被保护线路两端的两套装置组成。高频保护是由高频电流来实现线路两端的两套保护之间的联系的，而这种联系是保护正确工作所必需的。

高频保护的工作原理：将线路两端的电流相位或功率方向转化为高频信号，然后利用输电线路本身构成高频电流通道，将此信号送至对端，以比较两端电流的相位或功率方向的一种保护装置。由于应用高频电流进行联系，而此高频电流可由被保护线路本身来传送，因此就不需要敷设专门的导线或电缆了。

目前广泛采用的高频保护有高频闭锁方向保护、高频闭锁距离保护、高频闭锁零序电流保护及电流相位差动高频保护。

7．线路光纤纵差保护

为实现线路全长范围内故障无时限切除，所以必须采用纵联保护原理作为输电线路的保护。输电线路的纵联差动保护（习惯简称纵差保护）就是用某种通信通道将输电线两端的保护装置纵向连接起来，将各端的电气量（电流、功率的方向等）传送到对端，将两端的电气量比较以判断故障在本线路范围内还是在线路外，从而决定是否切断被保护回路。

纵联差动保护的基本原理是基于比较被保护线路始端和末端电流的大小和相位原理构成的。

光纤保护也是高频保护的一总原理是一样的，只是与高频的通道不一样，一个事利用输电线路的载波构成通道；一个是利用光纤的高频电缆构成光纤通道，如目前线路上广泛应用的 OPGW 光缆。光纤通信广泛采用 PCM 调制方式。这种保护发展很快，现在一般的变电站全是光纤，经济又安全。

【思考与练习】

1．继电保护的任务是什么？

2．电力系统对继电保护的基本要求？

3．输电线路常用的保护分哪些种类？

模块 2　线路保护装置的原理及应用（1）（ZY0100101002）

【模块描述】本模块内容包含三段电流保护、电压速断保护以及方向电流保护的原理及用途。通过要点介绍、原理讲解，了解线路电流、电压、及方向电流保护的工作原理。

【正文】

一、线路相间故障的电流保护

电力系统发生故障和出现不正常运行状态时，很多物理量将发生变化和出现一些正常运行状态时没有的特征分量或故障分量。继电保护为了正确识别电力系统中的故障和不正常运行方式，必需提取电力系统中这些变化量和特征分量。然后可利用这些变化量和特征分量构成各种原理的继电保护装置。

1. 电流保护的原理

图 ZY0100101002-1 所示为一双电源网络。

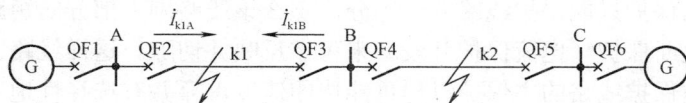

图 ZY0100101002-1　简单双回路电路

正常运行时，系统中各元件流过的电流在额定值或额定值附近。当 AB 线路上 k1 点发生短路时，从电源到故障点之间的所有元件上流过的电流一般将大大增加。利用这个特点，用电流测量元件抽取增大了的电流并与某预先给的定值进行比较，再与其他元件可构成反应电流增大而动作的电流保护。

2. 瞬时电流速断保护

为提高系统并列运行的稳定性，保证向重要用户可靠供电，要求保护装置快速切除故障。因此，在电气设备和线路上，应装设快速动作的继电保护。

在被保护线路上发生短路时，流过保护安装点的短路电流值，随短路点的位置不同而变化。在线路的始端短路时，短路电流值最大；短路点向后移动，短路电流将随线路阻抗的增大而减小，直至线路末端短路时短路回路的阻抗最大，短路电流最小。短路电流值还和系统的运行方式及故障类型有关。图 ZY0100101002-2 中的曲线 1 表示在最大运行方式下三相短路时，线路各点短路电流变化的曲线。曲线 2 则为最小运行方式下两相短路时，短路电流变化的曲线。

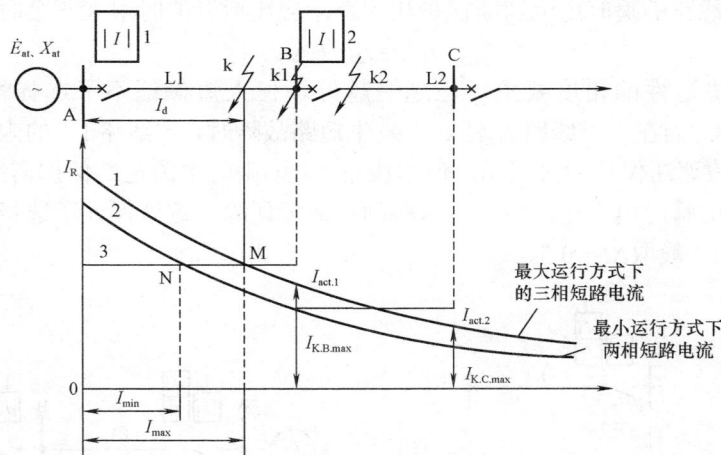

图 ZY0100101002-2　瞬时电流速断保护范围分析图

由于本线路末端 k1 点短路和下一线路始端的 k2 点短路时，其短路电流是相等的（因 k1 离 k2 很近，两点间的阻抗约等于零）。如果要求在被保护线路的末端短路时，保护装置能够动作，那么，在下一线路始端短路时，保护装置不可避免地也将动作。这样，就不能保证应有的选择性。为了保证动作的选择性，将保护范围严格地限制在本线路以内，就应使保护的动作电流 $I_{act.1}$ 大于最大运行方式下线路末端三相短路时的短路电流 $I_{K.B.max}$，即

$$I_{act.1} > I_{K.B.max} \qquad\qquad (\text{ZY0100101002-1})$$

$$I_{act.1} = K_{rel} I_{K.B.max}$$

式中　K_{rel}——可靠系数，当采用电磁型电流继电器时，取 $K_{rel} = 1.2 \sim 1.3$。

显然，保护的动作电流按躲过线路末端最大短路电流来整定，可保证在其他运行方式和短路类型下，其保护范围均不致于超出本线路的范围。但是，按式（ZY0100101002-1）整定的结果如图ZY0100101002-2 中的直线 3，保护范围就必然不能包括被保护线路的全长。

瞬时电流速断保护（电流保护Ⅰ段）的灵敏度可用其保护范围占线路全长的百分数来表示。通常在最大运行方式下，保护区达线路全长的 50%，在最小运行方式下发生两相短路，能保护线路全长的15%～20%，即可装设。

3. 限时电流速断保护

上述瞬时电流速断保护只能保护线路的一部分，那么该线路剩下部分的短路故障必须依靠另一种电流保护即限时电流速断保护（电流保护Ⅱ段）来可靠反映并切除。这样线路上的电流保护第Ⅰ段和第Ⅱ段共同构成整个被保护线路的主保护以尽可能快的速度可靠并有选择性地切除本线路上任一处包括被保护线路末端的相间短路故障。

限时电流速断保护的保护范围分析：根据限时电流速断保护的主要作用可以确定其测量元件的整定值必须遵循以下原则。

（1）在任何情况下限时电流速断保护均要能保护本线路的全长。也就是说，限时电流速断保护的动作电流必须小于本线路末端短路的最大电流值。

（2）为了保证在相邻下一线路出口处短路时保护的选择性，本线路的限时电流速断保护在动作时间和动作电流两个方面必须和相邻线的瞬时电流速断保护配合，即限时电流速断保护的动作电流必须大于相邻线的瞬时电流速断保护的动作电流，限时电流速断保护的动作时间应大于相邻线的瞬时电流速断保护的动作。

$$I^{\text{II}}_{\text{act.1}} > I^{\text{I}}_{\text{act.2}}$$

$$I^{\text{II}}_{\text{act.1}} = K_{\text{re1}} I^{\text{I}}_{\text{act.2}}$$

（ZY0100101002-2）

式中 K_{re1}——可靠系数，考虑到非周期分量的衰减取 1.1～1.2。

保护范围分析如图 ZY0100101002-3 所示，由图可知，为获得动作的选择性，限时电流速断保护的动作时限需与下一线路的瞬时电流速断保护相配合，应比后者的时限大一个时限级差 Δt，即

$$t^{\text{II}}_1 = t^{\text{I}}_2 + \Delta t$$

时限级差 Δt 从快速性的角度要求，应越短越好，但太短保证不了选择性。其时限配合如图ZY0100101002-4 所示。当在下一线路首端 k 点发生短路故障时，本线路 L1 的限时电流速断保护和下一线路 L2 的瞬时电流速断保护同时起动，但本线路 L1 的限时电流速断保护需经过 t^{II}_1 的延时才能跳闸，而下一线路 L2 的瞬时电流速断保护瞬时跳闸将故障切除，这就保证了选择性。要做到这一点，Δt 应在 0.3～0.6s 间，一般取 $\Delta t = 0.5$s。

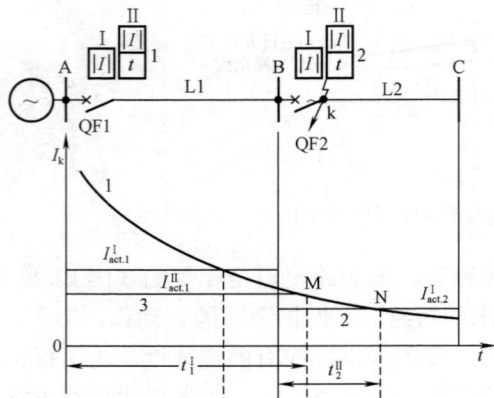

图 ZY0100101002-3 限时电流速断保护的保护范围分析

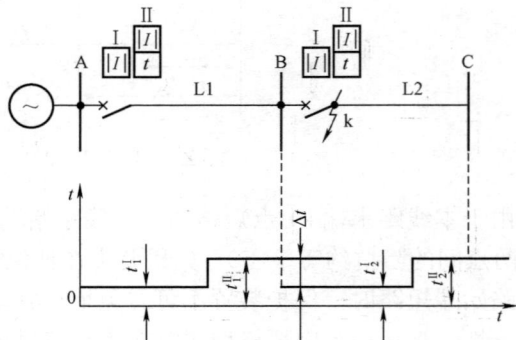

图 ZY0100101002-4 限时电流速断保护与瞬时电流速断保护的时限配合

4. 定时限过电流保护

定时限过电流保护又称电流保护第Ⅲ段，它的作用是作本线路主保护的后备保护即近后被保护，

并做相邻下一线路的后背保护即远后备保护。其动作电流按躲过最大负荷电流整定，动作时限按保证选择性的阶梯时限特性整定。接线图同于限时电流速断保护。但由于保护范围和保护的作用不同，其动作电流和动作时限则不同。

定时限过电流保护的工作原理：输电线路上发生短路时，其重要特征之一就是电流大大增加，定时限过电流保护装置就是根据这一特征构成的。所谓定时限过电流保护是将被保护设备的电流接入过电流继电器，当电流超过规定值（即保护装置的整定值）时就动作，并以一定的时间（即保护选择性配合所需的时限）动作于断路器跳闸的一种保护装置。

定时限过电流保护是电流保护中的一种。现以图 ZY0100101002-5 所示的单侧电源供电的辐射形网为例来说明其工作原理。过电流保护装置 1、2、3 分别装于线路 L—1、L—2、L—3 电源侧。每套保护装置主要保护本线路和由该线路直接供电的变电所母线。

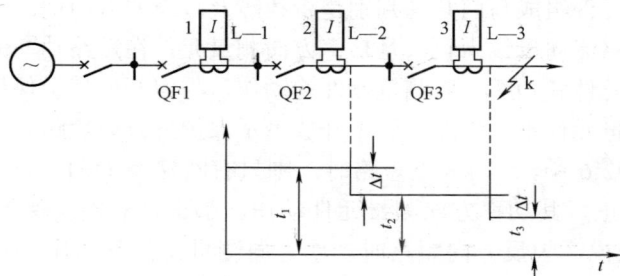

图 ZY0100101002-5 单电源辐射电网定时限过流保护配置和时限特性

假设在线路 L—3 上 k 点发生短路，短路电流由电源经过线路 L—1、L—2、L—3 流到故障点 k。一般情况下，短路电流大于保护装置 1、2、3 的动作值，所以三套保护装置同时起动，但按选择性要求，只应由离故障点最近的保护装置 3 动作于断路器 QF3 跳闸。断路器 QF3 跳开后，短路电流消失，保护装置 1 及 2 的电流继电器都应立即返回。上述各套过电流保护装置动作选择性的配合，是靠各套保护装置整定不同的动作时间来保证的，即各套保护装置中电流继电器动作后，都经过各自的时间继电器经不同的延时后，再动作于断路器跳闸。时限的配合必须满足以下要求，即

$$t_1 > t_2 > t_3 \qquad\qquad \text{(ZY0100101002-3)}$$
$$t_2 = t_3 + \Delta t$$
$$t_1 = t_2 + \Delta t = t_3 + 2\Delta t$$

各套保护装置时限的大小是从用户到电源逐级增加的，越靠近电源的保护，其动作时间越长，它好比一个阶梯，故称为阶梯形时限特性。

二、线路相间故障的电压保护

电压保护原理与电流保护原理类似，因此电流保护及电压速断保护通常以电流保护原理作为介绍，只是两种保护的测量元件因测量对象不同而导致接线方式不同，电压保护测量元件采用并联方式获取电压量，而电流保护采用串联方式获取电流量，通常情况下过电流保护要带低电压闭锁来获取较高的灵敏度。

三、线路相间故障的方向电流保护

电力系统中的实际网络常为双电源网络、单电源环网及多电源网络等。对于这些复杂网络，上述保护往往无法满足性能要求。

如在图 ZY0100101002-6 所示两端电源的线路上，为了切除线路上的故障必须在线路两侧均装设断路器及相应的保护。在图 ZY0100101002-6 中，若 M 侧为小电源，N 侧为大电源，用三段式电流保护进行选择性、灵敏性分析即可发现一些问题。

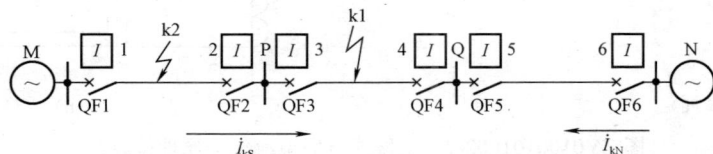

图 ZY0100101002-6 两侧电源辐射形电网

在图 ZY0100101002-6 中，以断路器 QF3 的电流保护为分析对象。在 k1 点短路时流过 QF3 电流从母线到线路；在 k2 点短路时流过 QF3 的电流从线路到母线，k1 点短路和 k2 点短路流过 QF3 的短路电流数值都有可能达到保护的动作值。因为电流保护不能判别电流的方向，所以在 k1 点和 k2 点短路 QF3 的电流保护都有可能动作。但在 k2 点短路时，根据选择性的要求 QF3 的保护是不应该动作的，如若动作，这是无选择性的动作（图中其他断路器存在同样的问题）。

又如在图 ZY0100101002-6 中，对于断路器 QF2 和 QF3 处的电流保护第Ⅲ段的动作时间进行整定时也会出问题。当 k1 点短路时，按满足选择性要求应 $t_2 > t_3$，而 k2 点短路时，按满足选择性又要求 $t_3 > t_2$，这种矛盾的要求对保护来说无法实现。为此，人们提出了新的保护原理即方向电流保护。

1. 方向电流保护的原理

为了解决上述矛盾，若考虑在图 ZY0100101002-6 中每个断路器的电流保护中增加一个功率方向测量元件，它与电流测量元件组成与门共同判别是否故障及故障的方向性。设短路功率（或电流）从母线流向线路为正，而线路流向母线为负，且功率方向测量元件在短路功率为正时动作，短路功率为负时不动作。当电流测量元件和功率方向测量元件均动作，与门开放表示保护正方向短路；若电流测量元件动作而功率方向测量元件不动作，与门不开放表示保护反方向短路。

如在图 ZY0100101002-6 中，当 k2 点短路时，则只有断路器 QF1、QF2、QF4、QF6 处电流保护流过的短路功率方向为正，其功率方向测量元件动作。那么，对电流保护第 1 段（如断路器 QF3 处的电流保护第 1 段）来说，因反方向短路时功率方向测量元件不动作，其整定值就只需躲过正方向线路末端（即 Q 母线）短路电流最大值，而不必躲过反方向短路（P 母线短路）的最大短路电流整定。由于反方向短路（P 母线短路）的最大短路电流大于正方向线路末端（即 Q 母线）短路电流最大值，因而降低了电流测量元件的整定值而提高了灵敏度且由功率方向测量元件保证了选择性。对于断路器 QF2、QF3 处的电流保护的第Ⅲ段在整定时间上已不再存在配合关系，而仅功率方向相同的断路器 QF1、QF3、QF5 处的电流保护第Ⅲ段的动作时间之间配合，断路器 QF2、QF4、QF6 处电流保护第Ⅲ段的动作时间之间配合，即按阶梯原则应满足 $t_1^{Ⅲ} > t_3^{Ⅲ} > t_5^{Ⅲ}$，$t_6^{Ⅲ} > t_4^{Ⅲ} > t_2^{Ⅲ}$ 就完全可以满足保护的选择性。

这种增加了功率方向测量元件的电流保护即为方向电流保护。因此，方向电流保护是一种利用短路时电流增大和保护安装处短路功率方向的特点而构成的保护。它仅在电流保护的基础上增加了功率方向测量元件。故在双电源网络或其他复杂网络中，常可以采用带方向的三段式电流保护（称三段式方向电流保护）以满足网络对保护的各种性能要求。

2. 方向电流保护的构成

三段式方向电流保护的构成可用图 ZY0100101002-7 所示的单相原理逻辑框图来说明。图（a）中 1、2、3 分别为方向电流保护Ⅰ、Ⅱ、Ⅲ段的电流测量元件，当各自的输入电流大于等于其动作电流时有输出；4 为功率方向测量元件（简称方向元件），当功率方向为正时有输出，如在被保护线路正方向短路时保护安装处的短路功率为正，它会动作；5、6、7 为与门；8、9 分别为方向电流保护第Ⅱ、Ⅲ段的延时元件，当其延时到达后才有输出；10、11、12 分别为方向电流保护第Ⅰ、Ⅱ、Ⅲ段的信号

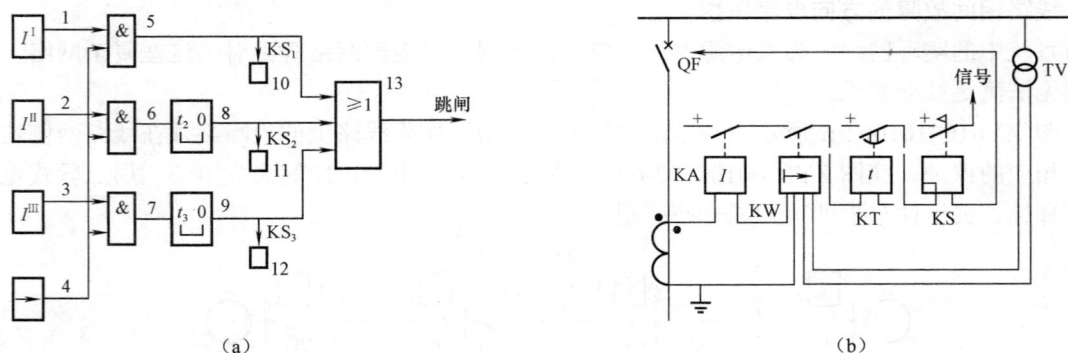

图 ZY0100101002-7 三段式方向电流保护原理接线图

（a）逻辑框图；（b）原理接线图

元件；13 为或门。图（b）中 KW 为功率方向继电器，KA 为电流继电器。由 KW 判别功率的方向，KA 判别电流的大小。只有在正向范围内故障，KW、KA 均动作，断路器才断开故障。

例如在图（a）中发生相间短路时，相间的功率方向测量元件 4 和 A、B 两相的 I 段电流测量元件 1 都会动作有输出，故相间的与门 5 均输出信号元件 10 发 I 段保护动作信号，并通过或门 13 送出跳闸信号，同理 II、III 动作过程相似。

图（b）中 KW 为功率方向继电器，KA 为电流继电器。由 KW 判别功率的方向，KA 判别电流的大小。只有在正向范围内故障，KW、KA 均动作，断路器才断开故障。

为简化保护接线和提高保护的可靠性，电流保护每相的第 I、II、III 段可共用一个功率方向测量元件以简化保护的接线。实际上各断路器处电流保护并非一定都需要装功率方向测量元件，而仅在用动作电流、动作时间都不满足选择性时才加功率方向测量元件。

3. 方向元件的加装原则

双端电源（或单电源环网）线路上的电流保护，加装方向元件是为了保证动作的选择性。若不装方向元件，也不会造成无选择性误动的，则不必装方向元件。对各段保护在什么情况下加装方向元件，应进行具体分析。

（1）瞬时电流速断。当保护安装处反向短路故障，通过保护的电流大于瞬时电流速断保护的动作电流时，瞬时电流速断保护必须加装方向元件。否则会造成无选择性动作。

（2）带时限电流速断。反向电流瞬时速断保护区末端短路故障，流过本保护的电流小于带时限电流速断保护的动作电流时，可不加装方向元件。否则需加装方向元件。

（3）定时限过流保护。在同一母线上的保护，动作时间最长的过电流保护可不装设方向元件。在图 ZY0100101002-8 中，各断路器过电流保护的动作时间如图所示。因此，只需在 QF2 和 QF5 上加装方向元件就能满足过电流保护选择性的要求。

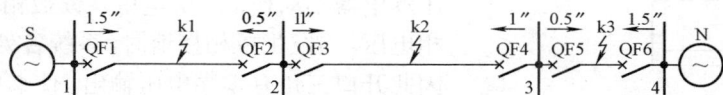

图 ZY0100101002-8　方向电流保护元件的分析图

设在图 ZY0100101002-8 中各 QF 上均装有过电流保护，根据上述原则，在母线 1 上 QF1 的过电流保护动作时间最长；在母线 2 上 QF3 的过电流保护动作时间最长；在母线 3 上 QF4 的过电流保护动作时间最长；在母线 4 上 QF6 的过电流保护动作时间最长，因此 QF1、QF3、QF4、QF6 的过电流保护均不需加装方向元件。可分别假设 k1、k2、k3 点短路，分析保护动作都能满足选择性。

四、三段式电流保护的保护范围

在一般情况下，保护的 I 段只能保护本线路全长的 70%～80%。II 段保护的保护范围为本线路的全长并延伸至下一级线路的一部分。它是 I 段保护的后备段。III 段保护是 I、II 段保护的后备段，它应能保护本线路和下一段线路的全长，并再延伸至下一段线路的一部分。

【思考与练习】

1. 过电流保护是如何保证选择性和速动性的？
2. 在输电线路上瞬时电流保护、限时电流保护和定时限电流保护是怎样配合使用的？
3. 双侧电源或单电源环网的线路电流保护为什么要加装方向元件？

模块 3　线路保护装置的原理及应用（2）（ZY0100101003）

【模块描述】本模块内容包含线路纵差保护、零序保护、距离保护及高频保护。通过原理讲解、要点介绍，掌握保护动作对应的线路的故障类型及故障区段的初步分析判断。

【正文】

一、输电线路接地故障的保护

1. 大接地电流系统中的接地保护

接地故障是电力系统中架空线路上出现最多的一类故障，尤其是单相接地故障几乎占所有接地故障的90%。对于大接地电流系统中的单相接地故障会产生很大的零序电流，反映零序电流增大而构成的保护称为零序电流保护。与相间短路的电流保护相同，零序电流保护也采用阶段式。三段式零序电流保护由瞬时零序电流速断（零序Ⅰ段）、限时零序电流速断（零序Ⅱ段）、零序过电流（零序Ⅲ段）组成。这三段保护在保护范围、动作值整定、动作时间方面的配合与三段式电流保护类似。

2. 小接地电流系统中的接地保护

小接地电流系统发生单相接地时，由于故障点电流很小，三相线电压仍然对称，对负荷供电影响小，因此一般情况下，要求保护装置只发信号，而不必跳闸（允许再继续运行1~2h），只在对人身和设备的安全有危险时，才动作于跳闸。小接地电流系统单相接地的保护方式有无选择性的绝缘监视装置、零序电流保护、零序功率方向保护。

（1）绝缘监视装置。绝缘监视装置是利用单相接地时出现零序电压的特点构成的，其原理接线如图ZY0100101003-1所示。电压互感器的二次侧有两组绕组，其中一组接成星形，接三只电压表用以测量各相对地电压；另一组接成开口三角形，以取得零序电压。过电压继电器接在开口三角形的开口处，用来反应系统的零序电压并接通信号回路。

正常运行时，系统三相电压对称，无零序电压，过电压继电器不动作，三块电压表读数相等，分别指示各自的相电压。当发生单相接地时，系统各处都会出现零序电压，因此开口三角有零序电压输出，使继电器动作并起动信号继电器发信号。为了知道哪一相发生了接地故障可以通过电压表读数来判别，接地相对地电压为零，非故障相电压

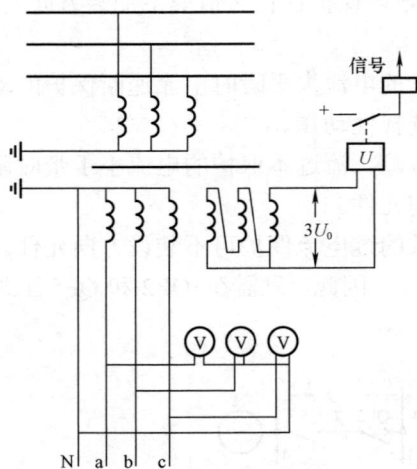

图ZY0100101003-1　绝缘监视装置原理接线

升高到线电压。

（2）零序电流保护。当发生单相接地时，故障线路的零序电流是所有非故障元件的零序电流之和，当出线较多时，故障线路零序电流比非故障线路零序电流大，利用这个特点可以构成有选择性的零序电流保护。

保护的原理接线如图 ZY0100101003-2 所示。保护装置通过零序电流互感器取得零序电流，电流继电器用来反映零序电流的大小并动作于信号。采用零序电流互感器，其不平衡电流较小，电流继电器的整定值按不平衡电流和自身的电容电流整定，从而提高了保护的灵敏系数。

发生单相接地时，故障线路的零序电流大，保护动作发信号，非故障线路的零序电流较小，保护不动作，因此零序电流保护是有选择性的。

（3）零序功率方向保护。利用故障线路与非故障线路零序功率方向不同的特点，可以构成有选择性的零序功率方向保护，其原理接线图如图 ZY0100101003-3 所示。图中零序功率方向继电器输入 $3U_0$ 和 $3I_0$。

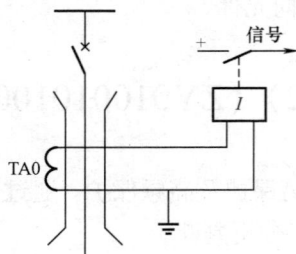

图ZY0100101003-2　用零序电流互感器构成的接地保护

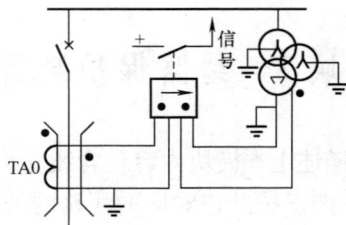

图ZY0100101003-3　零序功率方向保护原理接线图

发生接地故障时，故障线路的零序电流滞后于零序电压 90°，若使零序功率方向继电器的最大灵敏角为 90°，则此时保护装置能灵敏动作；非故障线路的零序电流超前零序电压 90°，零序电流落入非动作区，保护不动作。

二、输电线路的距离保护

1. 距离保护的作用和工作原理

前面讨论的电流保护，其保护范围或灵敏度受系统运行方式变化的影响很大。严重时电流速断保护可能没有保护范围，过电流保护的灵敏度小于 1。随着电力系统的不断扩大、电压等级的增高，系统运行方式的变化越来越大，电流保护无法满足灵敏度的要求。

在远距离重负荷输电线上，通过的最大负荷电流接近甚至超过线路末端短路时的短路电流，这时过流保护满足不了灵敏度的要求。此外方向过流保护的动作时限按"阶梯原则"整定，因此往往具有较长的动作时限，满足不了快速动作的要求，为系统稳定所不允许。至于电流速断保护虽能快速切除故障，但只能保护线路的一部分，且保护区受系统运行方式的影响，在某些运行方式下，速断保护范围将变得很小，甚至没有保护区。

距离保护可以保证在任何复杂接线电网中有选择地切除故障，并且有足够的快速性和灵敏度。受系统运行方式的影响小因此在高压、超高压电网中广泛采用距离保护。

以图 ZY0100101003-4 为例分析距离保护的基本原理。

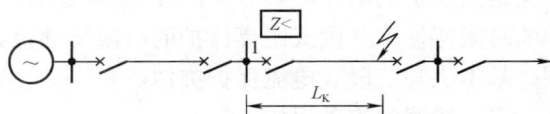

设在图的 1 号断路器上装有距离保护，正常运行时保护安装处的测量阻抗 Z_{m} 为

图 ZY0100101003-4　距离保护工作原理分析接线图

$$Z_{\mathrm{m}} = \frac{U_{\mathrm{m}}}{I_{\mathrm{m}}} = Z_1 L + Z_{\mathrm{Ld}} \qquad \text{(ZY0100101003-1)}$$

式中　U_{m}——测量电压；

　　　I_{m}——测量电流；

　　　Z_1——线路单位长度的阻抗值；

　　　L——线路长度；

　　　Z_{Ld}——负荷阻抗。

当被保护线路发生故障时

$$Z_{\mathrm{m}} = \frac{U_{\mathrm{m}}}{I_{\mathrm{m}}} = Z_1 L_{\mathrm{K}} \qquad \text{(ZY0100101003-2)}$$

式中　L_{K}——故障点到保护安装处的距离。

比较式（ZY0100101003-1）和式（ZY0100101003-2）可知，故障时的测量阻抗明显变小，且故障时的 Z_{m} 大小与故障点到保护安装处间的距离 L_{K} 成正比。将 Z_{m} 与自保护安装处至保护区末端之间的阻抗即整定阻抗进行比较，当测量阻抗大于整定阻抗时，说明短路点在保护区外，保护不动作；而当测量阻抗小于整定阻抗时，说明短路点在保护区内，保护动作。只要测出故障点到保护安装处阻抗的大小，也就等于测出了故障点到保护安装处的距离。所以，距离保护实质上是反应阻抗降低而动作的阻抗保护。

图 ZY0100101003-5　三段式距离保护原理框图

2. 距离保护的构成

与电流保护类似，距离保护一般也是由三段式构成，其构成的原理性框图如图 ZY0100101003-5 所示，各主要元件的作用如下。

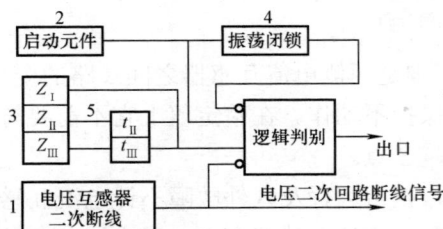

（1）电压二次回路断线闭锁元件。由式（ZY0100101003-1）和式（ZY0100101003-2）可知，当电压二次回路断线时 $U_{\mathrm{m}} = 0$，$Z_{\mathrm{m}} = 0$，保护会误动作。为防止电压二次回路断线时保护的误动作，当出现电压二次回路断线时可将距离保护闭锁。

（2）启动元件。被保护线路发生短路时，立即起动保护装置，以判别被保护线路是否发生故障。

（3）Ⅰ、Ⅱ、Ⅲ段测量元件 Z_I、Z_{II}、Z_{III}，用来测量故障点到保护安装处阻抗的大小（距离的长短），以判别故障是否发生在保护范围内，决定保护是否动作。

测量元件是距离保护的核心元件。测量元件一般是有方向性的。早期的距离保护装置中的测量元件一般由阻抗继电器来担任，例如，有整流型阻抗继电器、晶体管型阻抗继电器、集成电路型阻抗继电器等。在微机型距离保护装置中，阻抗测量元件是由软件来实现的。

（4）振荡闭锁元件。振荡闭锁元件是用来防止当电力系统发生振荡时距离保护的误动作。在正常运行或系统发生振荡时，振荡闭锁装置可将保护闭锁；而当系统发生短路故障时，解除闭锁开放保护。所以振荡闭锁元件又可理解为故障开放元件。

（5）时间元件。根据保护间配合的需要，为满足选择性而设的必要延时。正常运行时，启动元件 Z_I、Z_{II}、Z_{III} 均不动作，距离保护可靠地不动作。

当被保护线路发生故障时，启动元件启动、振荡闭锁元件开放，Z_I、Z_{II}、Z_{III} 测量故障点到保护安装处的阻抗，在保护范围内故障，保护出口跳闸。

3. 三段式距离保护的时限特性

距离保护的动作时限 t_{op} 与保护安装处到短路点间的距离的关系，即 $t_{op}=f(Z_m)$ 的关系为距离保护的时限特性。三段式距离保护的时限特性也具有阶梯特性。距离保护第Ⅰ、Ⅱ、Ⅲ段之间的配合原则，基本上与三段式电流保护类似。

三、线路的差动保护

前面讲述的阶段式保护，为了满足选择性，第Ⅰ段保护只能保护线路首端的一部分，不能瞬时切除被保护线路每一点的故障。随着输电线路电压的升高，输送容量的增大，为保证系统的稳定性，要求能瞬时切除被保护线路每一点的故障。差动保护能满足这一要求。

1. 输电线路纵联差动保护

（1）基本工作原理。纵联差动保护是将被保护线路两侧的电量连接起来，通过比较被保护的线路始端与末端电流的大小及相位构成的保护，如图 ZY0100101003-6 所示。在线路两侧装设有性能和变比完全相同的电流互感器。被保护线路上发生短路和被保护线路外短路，线路两侧电流大小和相位是不相同的。通过比较线路两侧电流大小和相位，可以区分是线路内部短路，还是线路外部短路。

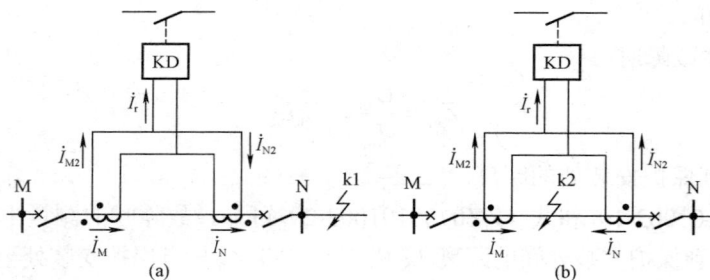

图 ZY0100101003-6 线路纵联差动保护原理图
（a）区外故障电流分布；（b）区内故障电流分布

纵联差动保护测量线路两侧的电流并进行比较，它的保护范围是两侧电流互感器之间线路的全长。在内部故障时，保护瞬时动作，快速切除故障。外部故障时，保护不动作。在整定值上它不需要与相邻线路的保护配合，这是比单端测量的电流保护及距离保护优越之点。

（2）纵联差动保护的不平衡电流。在上述分析保护原理时，正常运行及区外故障不计电流互感器的误差，流入差动继电器中的电流 $I=0$，这是理想的情况。实际上电流互感器存在励磁电流，并且两侧电流互感器的励磁特性不完全一致，则在正常运行或外部故障时，会有一个不平衡电流流入差动继电器，在保护整定时应躲过不平衡电流。

（3）对纵联差动保护的评价。纵联差动保护是测量两端电气量的保护，能快速切除被保护线路全线范围内故障，不受过负荷及系统振荡的影响，灵敏度较高。它的主要缺点是需要装设同被保护线路一样长的辅助导线，增加了投资。同时为了增强保护装置的可靠性，要装设专门的监视辅助导线是否完好的装置，以防当辅助导线发生断线或短路时使纵差动保护误动或拒动。

2. 平行线路横联方向差动保护

电力系统中常采用双回线供电方式。平行线路是指参数相同且平行供电的双回线路，采用这种供电方式可以提高供电可靠性，当一条线路发生故障时，另一条非故障线路仍可正常供电。为此，要求保护能判别出平行线路是否发生故障及哪条线路故障。横联方向差动保护的动作性能恰能满足这个要求。

（1）横联方向差动保护工作原理。所谓平行线路，是指线路长度，导电材料等都相同的两条并列连接的线路，通常两条线路并联运行，只有在其中一条线路发生故障时，另一条线路才单独运行。这就要求保护在平行线路同时运行时能有选择地切除故障线路，保证无故障线路正常运行。

如图 ZY0100101003-7 所示，现以单侧（M 端）电源线路为例来说明保护的工作原理。

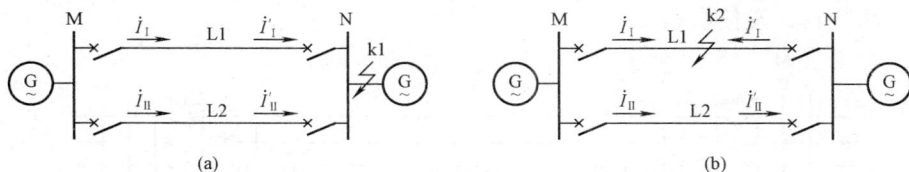

图 ZY0100101003-7　平行线路横联方向差动保护原理图
（a）正常运行或保护区外短路；（b）保护区内部短路

正常运行或保护区外短路时 $\dot{I}_{\mathrm{I}}-\dot{I}_{\mathrm{II}}=0$；保护区内部短路时 $\dot{I}_{\mathrm{I}}-\dot{I}_{\mathrm{II}}\neq 0$；线路 I 短路时 $\dot{I}_{\mathrm{I}}-\dot{I}_{\mathrm{II}}\geqslant 0$；线路 II 短路时 $\dot{I}_{\mathrm{I}}-\dot{I}_{\mathrm{II}}\leqslant 0$。电流差是否为零可作为平行线路有无故障的依据。

要判断哪条线路短路，则需要判断电流差的方向，以这一原理去实现的差动保护称为横联方向差动保护。

（2）对横联方向差动保护的评价。横差保护在双回线运行故障时能保证有选择性动作，且动作迅速，接线简单。缺点是有一回线停止运行时，保护要退出工作，有死区和相继动作区。横差保护不能反应外部故障，也不能作为双回线在单回线运行时的保护，故需要装设后备保护。

3. 平行线路的电流平衡保护

横联方向差动保护用在电源侧时灵敏度往往不能满足要求，因为电流测量元件反应的是两线路电流的差值（及不平衡电流）。根据这一特点可采用电流平衡保护。

（1）电流平衡保护的基本工作原理。电流平衡保护是平行线路横联方向差动保护的另一种形式，它的工作原理是比较平行线路两回线中电流幅值大小。

电流平衡保护的基本工作原理可用图 ZY0100101003-8 说明。图中 KAB 是一个双动作的电平衡继电器，当平行线路正常运行或外部故障时，通过 KAB 两线圈 N1 和 N2 的电流幅值相等，"天平"处在平衡状态，保护不动作。当线路 L1 故障时（如 k1 点故障），则 $I_1 > I_1'$ KAB 的右侧触点闭合，跳开 QF1 切除 L1 的故障；当线路 L2 故障时，KAB 的左侧触点闭合，跳开 QF2 切除 L2 的故障。

实际应用中，平衡继电器考虑的问题较多。

（2）对电流平衡保护的评价。电流平衡保护主要有以下优缺点：

1）本身有判别故障线路能力，不需引入功率方向继电器。

2）接线简单，动作迅速、灵敏度较高。

3）有相继动作区，但较横差方向保护的相继动作区小。

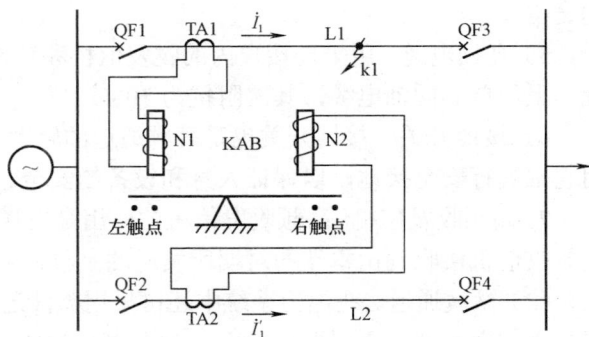

图 ZY0100101003-8　电流平衡保护的工作原理图

4）根据其工作原理，不能在单电源平行线受电端使用。因为单侧电源平行线路的任一回线故障时，对受电端保护来说，两回线中的电流只有方向的差别，而幅值大小总是相等的，故保护不能动作。

四、高频保护

1. 高频保护的基本原理

高频保护是用高频载波代替二次导线，传送线路两侧电信号，所以高频保护的原理是反应被保护线路首末两端电流的差或功率方向信号，用高频载波将信号传输到对侧加以比较而决定保护是否动作。高频保护与线路的纵联差动保护类似，正常运行及区外故障时，保护不动，区内故障全线速动。目前广泛采用的高频保护有高频闭锁方向保护、高频闭锁距离保护、高频闭锁零序电流保护及电流相位差动高频保护。

2. 载波通道的构成原理

（1）输电线路高频通道。输电线路应用比较广泛的载波通道是"导线—大地"制。如图ZY0100101003-9所示，主要的组成设备有高频阻波器、耦合电容器、结合滤波器、高频电缆、保护间隙、接地开关、高频收、发信机。

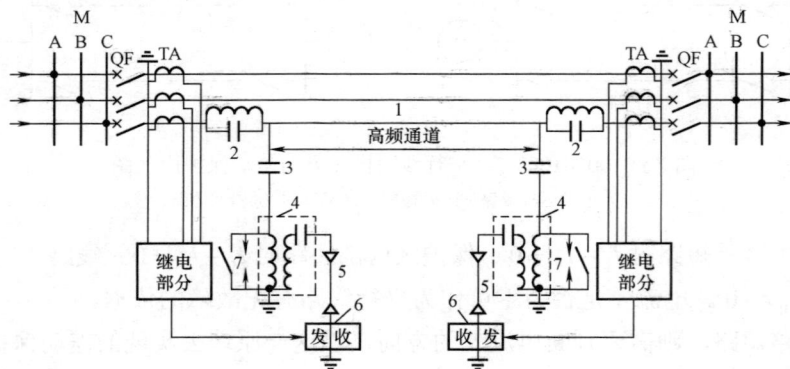

图 ZY0100101003-9 "相—地"回路高频通道构成接线图
1—输电线—相导线；2—高频阻波器；3—耦合电容器；4—连接滤波器；5—高频电缆；
6—高频收发信机；7—放电间隙、接地开关

1）高频阻波器。高频阻波器是由电感线圈和可调电容组成的并联谐振回路，当其谐振频率为选用的载波频率时，它所呈现的阻抗最大。对工频电流而言，高频阻波器的阻抗仅是电感线圈的阻抗，因而工频电流可畅通无阻，不会影响输电线路正常传输。

2）耦合电容器。它是一个高压电容器，电容很小，对工频电压呈现很大的阻抗，使收发信机与高压输电线路绝缘，载频信号顺利通过。耦合电容器与结合滤波器组成带通滤波器，对载频进行滤波。

3）结合滤波器。它是一个可调节的空心变压器，与耦合电容器共同组成带通滤波器，结合滤波器起着阻抗匹配的作用，可以避免高频信号的电磁波在传输过程中发生反射，并减少高频信号的损耗，增加输出功率。

4）保护间隙。保护间隙是高频通道的辅助设备。用它来保护高频电缆和高频收发信机免遭过电压的袭击。

5）高频电缆。用来连接户内的收发信机和装在户外的结合滤波器。为屏蔽干扰信号，减少高频损耗，采用单芯同轴电缆，其波阻抗为 100Ω。

6）接地开关。接地开关也是高频通道的辅助设备。在调整或检修高频收发信机和结合滤波器时，用它来进行安全接地，以保证人身和设备的安全。

7）高频收发信机。高频收发信机的作用是发送和接收高频信号。发信机部分是由继电保护来控制。高频收信机接收到由本端和对端所发送的高频信号。经过比较判断之后，再动作于跳闸或将它闭锁。

（2）微波通道。在电力系统中还可采用微波通道。微波的频段在 300～30000MHz 之间，我国继电保护用的微波通道所用微波频率一般为 2000MHz。

微波通道的示意如图 ZY0100101003-10 所示。微波信号由一端的发信机发出，经连接电缆送到天线发射，再经过空间的传播，送到对端的天线，被接收后，由电缆送到收信机中。微波信号传送距离一般不超过 40～60km，若超过这个距离，就要增设微波中继站来转送。

微波通道与电力输电线路没有直接的联系，这样线路上任何故障都不会破坏通道的工作，所以不论是内部或外部短路故障时，微波通道都可以传送信号，而且不存在工频高压对人身和二次设备的不安全问题，输电线路的检修和运行方式的改变也不影响通道的工作。

利用微波通道构成的继电保护称为微波保护。

3. 高频通道的工作方式

（1）正常时无高频电流方式正常运行时，高频通道中无高频电流通过，当电力系统故障时，发信机由启动元件启动发信，通道中才有高频电流出现。这种方式又称为故障时发信方式。其优点是可以减少对通道中其他信号的干扰，可延长收发信机的寿命。其缺点是要有启动元件，延长了保护的动作时间，需要定期启动发信机来检查通道是否良好。目前广泛采用这一方式。

图 ZY0100101003-10　微波通道示意
1—定向天线；2—连接电缆；3—收发信息；4—继电部分

（2）正常时有高频电流方式。正常运行时，发信机发信，通道中有高频电流通过。故这种方式又称长期发信方式。其优点是使高频通道经常处于监视状态下，可靠性较高。保护装置中无需设置收发信机的启动元件，使保护简化，并可提高保护的灵敏度。其缺点是收发信机的使用年限减少，通道间的干扰增加。

（3）移频方式。正常运行时，发信机发出 f_1 频率的高频电流，用以监视通道及闭锁高频保护。当线路发生短路故障时，高频保护控制发信机移频，发出 f_2 频率的高频电流。移频方式能经常监视通道情况，提高通道工作的可靠性，加强了保护的抗干扰能力。

五、故障类型及故障区段的初步判断

线路故障跳闸后，应根据继电保护和自动重合装置的动作情况来初步判断故障类型及区段，以便尽快查出故障点。

（1）如果线路跳闸后，自动重合闸成功，说明是瞬时性故障，如雷击、鸟害、大风等；如果自动重合闸装置重合后复跳，说明是永久性故障，如倒杆塔、断线、瓷质绝缘子掉串等。

（2）如果是过电流速断保护的 I 段（电流速断）动作，故障点一般在保护安装处的线路首端。如果是过电流保护的 II、III 段动作，故障点可能发生在线路全长的范围内，重点在线路末端。

（3）如果是零序保护动作，说明线路发生了单相接地故障，其保护的分段动作范围与过电流保护大体相同。

（4）如果是距离保护动作，说明线路发生了单相接地或相间短路故障，其保护的分段动作范围与过电流保护大体相同。

（5）如果是高频保护动作，说明线路发生了单相接地或相间短路故障。

（6）如果带有方向元件的保护动作，则故障点发生在本线路以内。

根据上述保护动作情况故障判断时，如结合天气、运行情况及故障录波器的波形图来考虑可能会更加准确。

【思考与练习】

1. 大接地电流系统的零序保护是如何构成的？
2. 距离保护是根据什么原理构成的？
3. 横联方向差动保护有哪些评价？
4. 简述高频保护的基本原理。

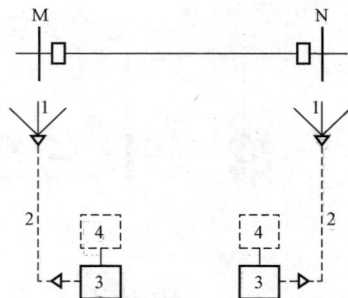

第三十三章　故障测距及自动装置

模块 1　故障保护测距（ZY0100102001）

【模块描述】本模块包含保护测距和录波测距两部分内容。通过原理讲解、要点介绍，掌握使用保护测距提供的参数对输电线路故障进行分析、判断。

【正文】

一、保护测距原理及特点

输电线路继电保护的任务是：当输电线路发生足以损坏设备或危及系统安全运行的故障时，继电保护装置应能可靠动作，使故障线路的断路器跳闸，切除故障点，防止事故扩大，以确保系统中非故障部分继续正常供电；同时测出故障点距变电站的距离，协助线路运行人员快速、准确地找到故障点。

距离保护是从根本上解决电力系统运行方式对继电保护中故障点定位与判别影响的一种方法，从实现保护原理上看，距离保护与电流保护并无不同之处，但距离保护中用来判断故障位置的量是测量保护装设处与故障点之间的距离实现的。距离是一个非电气量，所以理论上距离的测量虽然不免存在误差，但不会受电力系统运行方式的影响。

距离保护要求系统发生故障时，必须实现快速测距；目前，计算机和计算技术已得到相当发展，进行故障测距已有可能，但对继电保护而言，要求测量简单快速，实现起来有困难。目前，实际使用中距离保护的距离测量是通过阻抗测量实现的，用阻抗测量实现的距离保护称为阻抗保护，习惯上称为距离保护。

在以阻抗测量实现的距离保护中，对故障实行测量功能的是阻抗继电器，在图 ZY0100102001-1

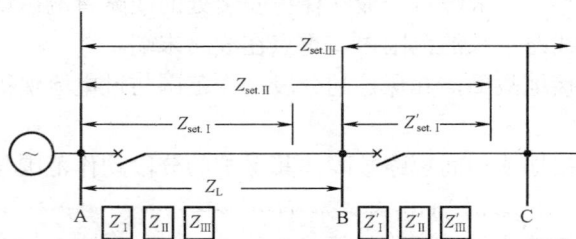

图 ZY0100102001-1　距离保护工作原理

中以 Z 表示，图中输入电压为 $\dot{U}_{m}$，输入电流为 $\dot{I}_{m}$，所测量出的阻抗 Z_{m} 称为感受阻抗，如感受阻抗同线路短路阻抗成比例，则阻抗继电器能实现距离测量。同电流保护装置一样，也由三段式构成。

1. 距离保护Ⅰ段

距离保护Ⅰ段同电流速断保护一样，它不带动作延时，依靠阻抗测量取得动作选择性。不同的是，其整定阻抗按被保护线路全长的阻抗决定，距离保护Ⅰ段可以保护全线 85%～90% 的部分。距离保护Ⅰ段保护区较长，且较恒定，同其他的以定量测量取得动作选择性的保护相比是其最大的优点。

2. 距离保护Ⅱ段

其工作原理同电流保护Ⅱ段，即电流延时速断保护。距离保护Ⅰ段虽然能保护被保护线路大部分（85%）且保护范围稳定，但全线仍有 15% 范围不被保护，所以距离保护装置仍必须配备后备保护段。

距离保护Ⅱ段与下一段线路瞬时保护配合，能对被保护线路上距离保护Ⅰ段不能保护的部分起保护作用，并带有动作延时。对被保护线路而言，配备了距离保护Ⅰ段和Ⅱ段后，对全线已能起可靠的保护作用，但是，在一般的线路距离保护装置中仍配备距离保护Ⅲ段。

3. 距离保护Ⅲ段

距离保护Ⅲ段除了能对下一段线路起远后备保护功能外，它是距离保护中最灵敏的距离测量单元，可以启动距离保护装置逻辑程序，实现闭锁，瞬时固定等功能。距离保护Ⅲ段，相当于电流保护中过电流保护，它对短路位置的选择性是由阶段延时取得的，对同一串线路而言，距离保护Ⅲ段同电流保护动作快速性是相同的，但是灵敏性不同。过电流保护动作定值是按避开最大负荷电流整定，从数值上讲，负荷阻抗与负荷电流是对应的。但对阻抗来说除阻抗值外，还应考虑阻抗角，由于负荷阻抗角与线路短路阻抗角相差很大，前者一般小于30°，后者视线路额定电压不同可自60°直到接近90°，只要选用动作阻抗值对相角灵敏的阻抗继电器就可使距离保护Ⅲ段取得较大的动作灵敏性。

同电流保护Ⅲ段过电流保护相比，距离保护Ⅲ段保护区较稳定，作为被保护线路近后备，内部故障时有较高的灵敏度，对下一段线路亦能起较好的远后备保护作用。

三段式距离保护装置同三段电流保护装置一样，是典型的以定量测量来判断故障位置的保护装置，它们有着共同的缺点，依靠定量测量，故不能保护线路全长，所以它不能构成被保护线路全线快速保护，实际上也不能作为高压及超高压线路主保护。但是，它们也有一个共同优点：能对相邻线路起远后备保护作用。三段式距离保护装置多用作高压及超高压线路后备保护装置。

二、故障录波测距与保护测距的区别

故障录波测距与保护测距的测量虽然都同系统发生故障后，故障点与观测点之间的距离有关，但距离保护中只要判断故障点处于保护区内或区外，而故障录波测距则要确定实际距离，所以两者在实现方法和要求上有很大的不同。

1. 测量方法不同

由于距离保护要实时快速进行故障判断，距离保护受电力系统结构和运行方式的影响很大。所以它的动作特性要有合理的形状，不能只从（阻抗）测量数值来判断故障状态，这就使得在测量方法上两者有很大的不同点。

故障录波测距采用的测量方法是数值计算，以阻抗测量原理工作的测距装置就是算出短路阻抗。而距离保护中测量元件（阻抗继电器）实行的是比较，用比较器对比较量进行比较来实行故障判断，不需要计算出短路阻抗是多大。

2. 测量精确度要求不同

继电保护中测量元件测量精确度是限定的。对距离保护中阻抗继电器而言阻抗测量数值静态测量误差不大于10%，暂态误差不大于5%，也就是认为保护综合误差不大于15%，误差相当一部分是由互感器（电流互感器和电压互感器）产生的，这一误差由阻抗继电器整定值（实际上是距离保护装置Ⅰ段）在整定时加以考虑。

对故障测距来说15%数值误差是太大了，从这一点上看距离保护中阻抗继电器的测量精确度不能满足故障测距的要求，故障测距必须有更高的测量精确度才能起到最基本的作用，比较准确地算出故障点的位置，指导线路巡视人员尽快找到故障点，所以它的测量精度越高越好。

3. 测量实时性要求不同

距离保护中测量元件必须进行实时测量而且要求动作快速，而故障录波测距根据它的功能并不要求进行快速的测量，这就使得故障录波测距可以躲过故障发生起始时的过渡过程，提高测量的准确性，还可在永久故障情况下断路器跳开线路后进行测量。

三、故障录波测距的技术要求

同继电保护测量元件相比，对故障录波测距的精确度要求要高得多。测量精确度以误差表示，分为相对误差和绝对误差两种。阻抗继电器阻抗测量，其精确度以相对误差表示，而故障测距元件的测量相对误差要小得多，按现行制造厂要求在5%以内。继电保护测量元件一般不要求绝对误差，而故障测距对绝对误差却是一个重要要求，因为它就决定了线路故障点时的查巡范围。按目前一般规定高压架空线故障测距绝对误差在1~2km之间，这时较长的输电线来说是一个相当高的指标。

作为测量装置，调试方便是一个主要要求。为了使用方便，测距应自动能够完成，测量应依靠随故障产生的信号源，最好不需要另加的信号源。

四、故障录波测距分类及方法

故障录波测距方法从测距原理区分为阻抗法、行波法和电压法三种。

1. 阻抗法

利用阻抗测量线路故障距离，首先根据采样系统采集到的模拟量如电压、电流的幅值、相位等根据一定的算法来求得保护安装处感受到的阻抗，然后结合定值中的项目如每公里的正序电阻、正序电抗、零序电阻、零序电抗可以求得保护安装处距离故障点的大致距离；其次，结合根据各个分量计算的故障距离的差异判断影响测量精度的原因，采取不同的算法和原理排除干扰，得出相对准确的故障距离。

影响阻抗法测距测量精确性的因素有故障点的弧光电阻、三相线路互感、不对称短路时故障点完好相的残余电压、系统振荡、超高压线路三相阻抗不平衡等。

2. 行波法

电力系统中由于运行状态的突然变化会产生暂态的电压和电流行波，行波测距就是根据行波在架空导线上至故障点间的传输时间来进行故障测距，因为行波在架空线路中传输速度基本不受线路结构等情况的影响，也与电力系统运行方式无关，所以理论上测量精确度很高，这类方法适合于长距离输电线路测距。行波法测距的困难是行波的捕捉和处理，随着计算技术和信息处理技术的发展，行波测距具有较大的发展和应用前景，目前已广泛应用于超高压输电线路中。由于电压互感器的磁滞效应和避雷器对测量端电压的影响，在目前的技术条件下电压行波无法获取，所以一般采用电流行波测距。行波分析方法分单端法和双端法。

3. 电压法

线路上发生短路故障时，沿线电压值对短路位置很敏感，因为发生故障时，电压最低点就是故障点，所以分析发生故障后沿线电压分布是判断故障位置可用的方法；但是线路上各点电压实际上不可测的，所以只有通过计算才能确定沿线电压分布。由于目前计算技术的发展，线路故障后算出沿线电压分布已相对容易。

五、输电线路故障的分析、判断

输电线路发生故障后，调度部门会及时通知线路运行管理部门，并提供线路保护测距或故障录波测距的距离。线路运行管理部门接到通知后，就首先根据保护装置的动作情况，结合天气情况、季节性特点、特殊区域划分、线路结构和存在的隐患等分析、判断可能发生故障的性质，然后根据线路保护测距推算出线路发生故障的大致位置，确定故障线路的巡查范围和重点。

【思考与练习】

1. 距离保护由哪几段构成？各有什么功能？
2. 故障录波测距与保护测距的不同点有哪些？
3. 故障录波测距方法从测距原理上分为哪几种？

模块 2 输电线路的自动重合闸 ARC（ZY0100102002）

【模块描述】本模块涉及自动重合闸的原理、综合自动重合闸的应用，以及自动重合闸与继电保护配合等知识。通过原理讲解、要点介绍，了解自动重合闸的原理和作用。

【正文】

输电线路上发生的故障大多数是瞬时性故障，若线路因故障被断开以后再进行一次合闸，其恢复供电的成功可能性是相当大的，因此电网设计将自动重合闸装置作为输电线路防雷害故障的措施之一。自动重合闸装置就是自动、迅速地将被切除的线路断路器重新自动投入的一种自动装置，简称 ARC。

根据电力系统运行资料的统计，输电线路 ARC 的动作成功率（重合闸成功的次数/总的重合次数）一般可达 60%~90%，可见采用自动重合闸装置可以明显提高电网供电的可靠性。

一、自动重合闸装置的作用

电力系统中的故障大多数发生在输电线路上，输电线路故障按其性质可以分为瞬时性故障和永久性故障两种。在发生瞬时性故障时，故障由继电保护动作断开电源后，故障点的短路电弧在电动力和热应力的作用下自行拉长飘移而熄灭，故障自行消除（即外绝缘恢复）。此时，若重新合上线路断路器，就能恢复正常供电。而在发生永久性故障时，故障线路电源被断开之后，故障点的绝缘强度不能恢复，故障仍然存在，即使重新合上断路器，又要被继电保护装置再次动作断开。

输电线路上采用自动重合闸装置的作用可归纳如下：

（1）提高输电线路供电可靠性，减少瞬时性故障的停电次数，这对单侧电源的单回线路尤为显著。

（2）对于双端供电的高压输电线路，可提高系统并列运行的稳定性。

（3）可以纠正由于断路器本身机构不良或继电保护误动作而引起的误跳闸。

由于自动重合闸装置本身的成本很低、工作可靠、结构简单，在电力系统中得到了广泛的应用。但是，采用自动重合闸装置后，对系统也会带来不利影响，当重合于永久性故障时，系统再次受到短路电流的冲击，可能引起系统振荡；同时，断路器在短时间内连续两次切断短路电流，使断路器的工作条件恶化。因此，自动重合闸的使用有时受系统和设备条件的制约。

二、对自动重合闸的基本要求

（1）动作要迅速。在满足短路点去游离（即介质恢复绝缘能力）所需的时间和断路器、传动机构等准备好再次动作所必须的时间的前提下，自动重合闸的动作时间应尽可能的短。因为，故障后从断路器断开到自动重合闸发出合闸指令的时间愈短，用户的停电时间就可以相应缩短，影响也就相应减小。

（2）优先采用由控制开关的位置与断路器位置不对应的原则来启动自动重合闸。只要控制开关在合闸位置而断路器实际上在断开位置，就立即起动自动重合闸，这样可以保证在非正常操作情况下，不论何种原因使断路器跳闸后，都可以进行一次重合；而当用手动操作控制开关使断路器跳闸以后，控制开关与断路器的位置仍然是对应的，因此自动重合闸就不会启动。

（3）手动跳闸时不应重合。当运行人员手动操作控制开关或通过遥控装置使断路器跳闸时，属于正常运行操作，自动重合闸不应动作。

（4）手动合闸于故障线路时，继电保护动作使断路器跳闸后不应重合。因为在手动合闸前，线路上还没有电压，如果合闸到已存在故障的线路，则多为永久性故障，即使重合也不会成功。

（5）自动重合闸装置的动作次数应符合预先的规定。如一次式自动重合闸就应该只动作一次，当重合于永久性故障而再次跳开以后，就不应该再动作。

（6）自动重合闸动作后，应自动复归，准备好再次动作。这对于雷击机会较多的线路是非常必要的。

（7）自动重合闸应能在动作后或动作前，加速继电保护的动作。自动重合闸与继电保护相互配合，可加速切除故障；自动重合闸还应具有手动合于故障线路时加速继电保护动作的功能。

（8）可自动闭锁。当断路器处于不正常状态（如气压或液压降低）不能实现自动重合闸时，或某些保护动作不允许自动合闸时，应将自动重合闸闭锁。

三、自动重合闸的基本类型

自动重合闸的类型很多，根据不同特征，通常可分为以下几类。

1. 三相一次自动重合闸

三相自动重合闸是指不论在输电线路上发生单相短路还是三相短路时，继电保护装置均将三相断路器同时跳开，然后启动自动重合闸同时合三相断路器的方式。一般只允许自动重合闸动作一次，称为三相一次自动重合闸。

2. 单相自动重合闸

所谓单相自动重合闸，就是指输电线路上发生单相接地故障时，保护动作只断开故障相的断路器，然后进行单相重合。如果故障是暂时性的，则重合成功，便可以恢复三相供电。如果故障是永久性的，而系统又不允许长期非全相运行，重合后保护动作，使三相断路器跳闸，不再进行重合。

3. 综合自动重合闸

综合自动重合闸，就是将单相自动重合闸和三相自动重合闸功能综合在一起，当线路发生单相接地短路时，采用单相自动重合闸方式工作；当线路发生相间短路时，采用三相自动重合闸方式工作；综合考虑这两种自动重合闸方式的装置叫做综合自动重合闸装置。综合自动重合闸的运行方式有单重、三重、综重、直跳四种，电网调度基本采用选单相重合方式。

4. 自动重合闸其他分类方法

按运用的线路结构可分为单侧电源线路自动重合闸、双侧电源线路自动重合闸。双侧电源线路自动重合闸又可分为快速自动重合闸、非同期自动重合闸、检定无压和检定同期的自动重合闸等。

本模块重点介绍单侧电源线路的三相一次自动重合闸。

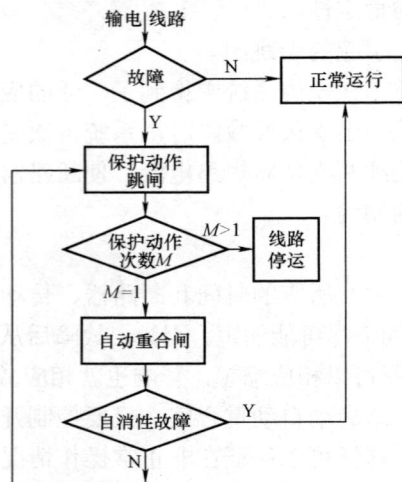

图 ZY0100102002-1　单侧电源线路的三相
一次自动重合闸工作流程图

四、单侧电源线路的三相一次自动重合闸

1. 自动重合闸工作流程

单侧电源线路的三相一次自动重合闸的工作流程，如图 ZY0100102002-1 所示。

2. 自动重合闸的构成

在电力系统中，三相一次自动重合闸方式应用十分广泛。三相一次自动重合闸装置一般由启动元件、时间元件、一次合闸脉冲元件和执行元件等部分组成。启动元件的作用是当断路器跳闸动之后，使自重合闸的时间元件开始工作；时间元件的作用是为了保证断路器跳闸后，在故障点有足够的去游离时间和断路器及传动机构能恢复准备再次动作的时间；一次合闸脉冲元件用来保证自动重合闸装置只能重合一次；执行元件则是将自动重合闸动作信号送至合闸电路和信号回路，使断路器重新合闸，并发信号让值班人员知道自动重合闸已经动作。

3. 三相一次自动重合闸装置

三相一次自动重合闸装置接线展开图如图 ZY0100102002-2 所示。它是按不对应原理启动的、具有后加速保护动作性能的三相一次自动重合闸装置。图 ZY0100102002-2（a）中虚框内为 DH-2A 型重合闸继电器内部接线，其内部由时间继电器 KT、中间继电器 KM、电容 C、充电电阻 R4、放电电阻 R6 及信号灯 HL 组成。

KCT 是断路器跳闸位置继电器，当断路器处于断开位置时 KCT 的线圈通过断路器辅助动断触点 QF1 及合闸接触器 KMC 的线圈而励磁，KCT 的动合触点闭合。由于 KCT 线圈电阻的限流作用，流过 KMC 中电流很小，此时 KMC 不会动作去合断路器。

KCF 是防跳继电器，用于防止因 KM 的触点粘住时引起断路器多次重合于永久性故障线路。KAT 是加速保护动作的中间继电器，它具有瞬时动作，延时返回的特点。KS 是表示重合闸动作的信号继电器。SA 是手动操作的控制开关，触点的通断情况如图 ZY0100102002-2（b）所示。ST 用来投入或退出重合闸装置。

4. 三相一次自动重合闸装置原理图

三相一次自动重合闸的实现元件有电磁型、晶体管型、集成电路型及微机型等，它们的工作原理是相同的，只是实现方式不同。图 ZY0100102002-3 所示为单侧电源送电线路的三相一次自动重合闸的工作原理框图，其主要由重合闸启动、重合闸时间、一次合闸脉冲、手动跳闸后闭锁、手动合闸于故障时保护加速跳闸等元件组成。

（1）重合闸启动。当断路器由继电保护动作跳闸或其他非手动原因而跳闸后，重合闸均应启动。一般使用断路器的辅助常闭触点或者用合闸位置继电器的触点构成，在正常情况下，当断路器由合闸位置变为分闸位置时，立即发出启动指令。

（2）重合闸时间。启动元件发出启动指令后，时间元件开始记时，达到预定的延时后，发出一个短暂的合闸命令，这个延时即重合闸时间，可以对其整定。

（3）一次合闸脉冲。当达到延时时间后，它立即发出一个可以合闸脉冲命令，并开始记时，准备重合闸的整组复归，复归时间一般为 15～25s；在这个时间内，即使再有重合闸时间元件发出命令，它也不再发出可以合闸的第二次命令。此元件的作用是保证在一次跳闸后有足够的时间合上（瞬时性故障）和再次跳开（永久性故障）断路器，而不会出现多次重合。

（4）手动跳闸后闭锁。当手动跳开断路器时，也会启动重合闸回路，为消除这种情况造成的不必要合闸，常设置闭锁环节，使其不能形成合闸命令。

（5）重合闸后加速保护跳闸回路。对于永久性故障，在保护选择性的前提下，尽可能地加快故障的再次切除，需要保护与重合闸配合。当手动合闸到带故障的线路上时，保护跳闸，故障一般是因为检修时的接地线未拆除、缺陷未修复等永久性故障，不仅不需要重合，而且还要回还保护的再次跳闸。

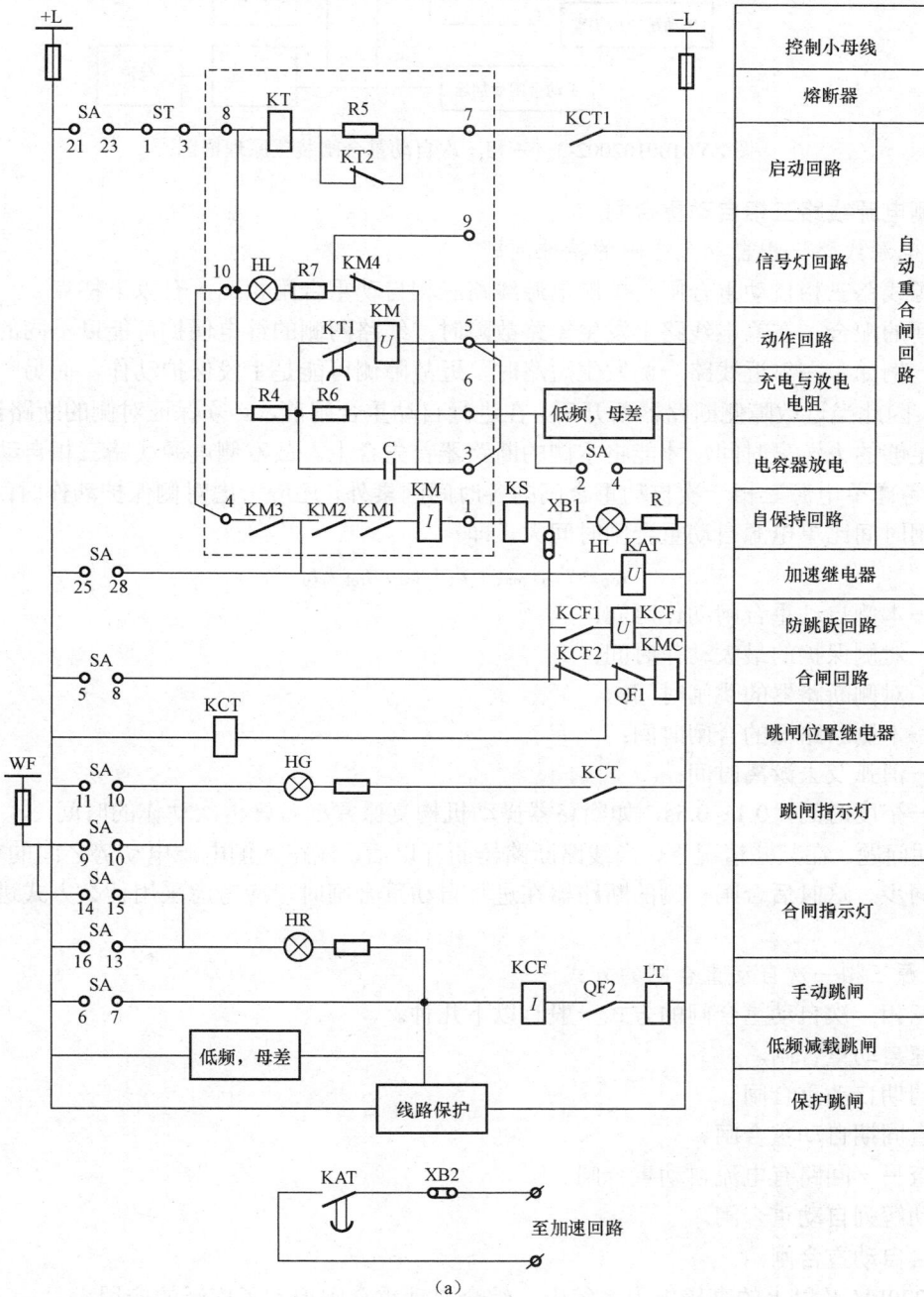

操作状态		手动合闸	合闸后	手动跳闸	跳闸后
SA触点号	2–4	–	–	–	×
	5–8	×	–	–	–
	6–7	–	–	×	–
	21–23	×	×	–	–
	25–28	×	–	–	–

（b）

图 ZY0100102002-2　DH-2A 型三相一次自动重合闸装置接线展开图

（a）自动重合闸装置接线展开图；（b）SA 控制开关触点通、断情况×号表示接通

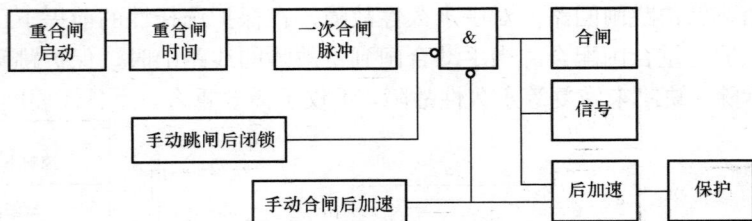

图 ZY0100102002-3　三相一次自动重合闸装置原理框图

五、双侧电源线路三相自动重合闸

1. 双侧电源线路三相自动重合闸的特殊问题

双侧电源线路三相自动重合闸与单侧电源线路三相自动重合闸相比，有以下特点。

（1）时间的配合。在输电线路上发生短路故障时，线路两侧的继电保护可能以不同的时限断开两侧的断路器，例如，在靠近线路一侧发生短路时，近故障侧可能是 I 段保护动作，而另一侧可能是 II 段保护动作。因此当近故障侧断路器断开后，在进行自动重合闸前，必须保证对侧的断路器已经断开，且故障点有足够的去游离时间，才能将本侧的断路器首先合上。故双侧电源线路三相自动重合闸的动作时间 t_{op} 除考虑单电源三相一次自动重合闸的各时间因素外，还应考虑对侧保护动作时间的影响。它的自动重合闸时间比单电源自动重合闸时间大，即

$$t_{op} = t'_{op \cdot max} + t'_t + t_{re} + t_{rel} - t_n$$

式中　t_{op}——本侧自动重合闸动作时间；

　　　$t'_{op \cdot max}$——对侧保护的最大动作时间；

　　　t'_t——对侧断路器的跳闸时间；

　　　t_n——本侧断路器的合闸时间；

　　　t_{re}——消弧及去游离时间；

　　　t_{rel}——裕度时间，0.1～0.5s，如断路器操动机构复原并准备好再次动作的时间。

（2）同期问题。在某些情况下，当线路断路器断开以后，线路两侧电源电动势之间的夹角会摆开，有可能失去同步。这时后合闸一侧的断路器在进行自动重合闸时，应考虑采用什么方式进行自动重合闸的问题。

2. 双电源三相一次自动重合闸的方式

双电源三相一次自动重合闸的方式一般有以下几种。

（1）快速自动重合闸。

（2）非同期自动重合闸。

（3）检查同期自动重合闸。

（4）检查另一回路有电流自动重合闸。

（5）自动解列自动重合闸。

六、综合自动重合闸

在我国 220kV 及以上的高压电力系统中，综合自动重合闸得到了广泛的应用。

综合自动重合闸装置除了必须装设选相元件外，还应该装设故障判别元件（简称判别元件），用它来判别故障是接地故障，还是相间故障。由于在单相接地故障时，某些高压线路保护（如相差高频保护）也会动作，使三相跳闸，如果综合自动重合闸装置中不装设判别元件，就会在发生单相接地故障时发生跳三相的后果。

我国电力系统采用的判别元件，一般是由零序电流继电器和零序电压继电器构成的。线路发生相间短路时，由于不存在零序电流和零序电压，所以判别元件不动作，由继电保护启动三相跳闸回路使三相断路器跳闸。接地短路时，由于有零序电流和零序电压，判别元件会动作，继电保护在选相元件判别短路是单相接地短路，还是两相接地短路后，将决定跳单相还是跳三相。判别元件与继电保护、选相元件配合的逻辑电路如图 ZY0100102002-4 所示。

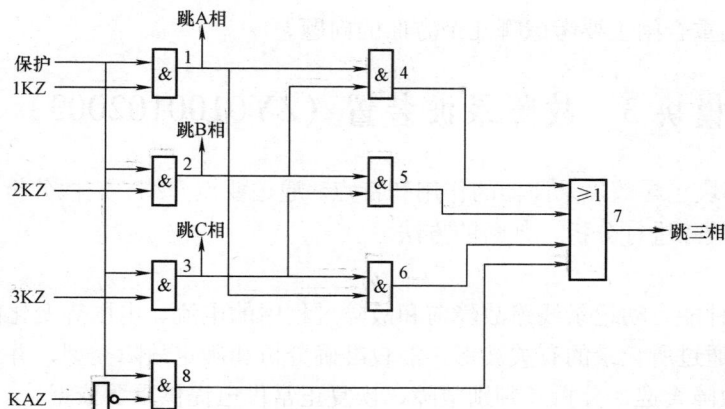

图 ZY0100102002-4　保护、选相元件和判别元件的配合逻辑回路

1KZ、2KZ、3KZ—三个反应 A、B、C 单相接地短路的阻抗选相元件；KAZ—判别是否发生接地短路的零序电流元件

当线路发生相间短路时，没有零序电流，判别元件 KAZ 不动作，继电保护通过与门 8 跳三相断路器。当线路发生接地短路时，故障线上有零序电流，判别元件 KAZ 动作，闭锁与门 8，不能直跳三相断路器。如果是单相接地短路，则仅一个选相元件动作，与门 1、2、3 中之一开放，跳单相；如果两个选相元件动作，则说明发生了两相接地短路，与门 4、5、6 中之一开放，保护将跳三相断路器。

七、自动重合闸与继电保护配合

为了能尽量利用重合闸所提供的条件以加速切除故障，继电保护与之配合时，一般采用如下两种方式。

（1）重合闸前加速保护简称前加速，如图 ZY0100102002-5 所示。

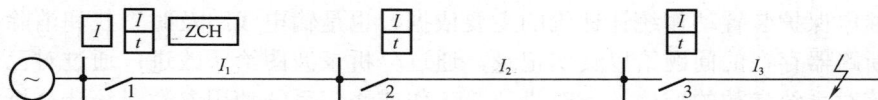

图 ZY0100102002-5　重合闸前加速保护

输电线路 L1、L2、L3 上任一点故障，保护 I 速断动，跳开 QF1（断路器）后，ZCH（自动重合闸）加速重合，若成功，则恢复正常供电；若不成功，则选择性动作。

优点：快速切除故障，设备少。

缺点：永久性故障、再次切除故障的时间可能很长；安装 ZCH 的 QF 多时，若 QF 拒动，将扩大停电范围。它主要应用于 35kV 及以下线路。

（2）重合闸后加速保护简称后加速，如图 ZY0100102002-6 所示。

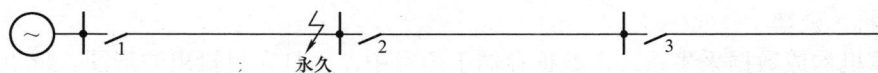

图 ZY0100102002-6　重合闸后加速保护

每条线路上均装有选择性的保护和 ZCH。第一次故障时，保护按有选择性的方式动作跳闸，若是永久性故障，重合后则加速保护动作，切除故障。第一次短路时，保护 I、II 段动作，ZCH 重合，之后保护 I 段瞬时动作。

优点：第一次跳闸时有选择性的动作，再次切除故障的时间加快，有利于系统并联运行的稳定性。

缺点：第一次动作时间可能带时限。它应用于 35kV 以上的高压网络中。

【思考与练习】

1．对自动重合闸装置有哪些基本要求？

2．什么叫重合闸前加速？什么叫重合闸后加速？

3．什么是综合自动重合闸？

4．采用综合自动重合闸主要考虑哪几个方面的问题？

模块 3　故障录波装置（ZY0100102003）

【模块描述】本模块包含故障录波器的作用和特点。通过要点介绍、定性分析，掌握利用故障录波器提供的数据对线路故障进行分析、判断的方法。

【正文】

故障录波器是一种能自动记录线路故障前和故障过程中的电流、电压等变化的波形、时间和断路器动作情况的装置。通过所记录的有关波形，能较准确分析和确定故障类型，并计算出故障点的大致范围（距离数），为故障查巡、分析及判别故障、恢复正常供电提供重要依据。

目前，故障录波器已在电网中得到了广泛应用，它不仅能将故障时的录波数据保存在存储器中，而且还可通过微机故障录波器的通信接口，将记录的故障录波数据远传至调度部门，通过专用分析软件对故障情况进行认真分析，为调度部门及时分析处理事故、线路运行维护部门查找和消除事故等提供科学依据。

一、故障录波装置的作用

故障录波器的工作原理是在正常情况下不起动或只进行数据采集，当系统发生故障或振荡时进行录波，正是由于这种具备自动记录电力系统发生故障及振荡的功能，为分析系统事故提供了科学依据，因此该装置对提高系统安全运行水平极为重要。其主要作用有：通过故障录波器的录波和分析，找出事故原因，制定反事故措施；为查找故障点提供科学依据；积累运行经验，提高运行水平；根据故障录波情况的统计分析，对故障性质及概率的统计有了科学数据，以便制定某些技术政策；通过查看、分析故障录波，对继电保护误动、拒动的原因及保护原理存在的缺陷问题，能及时发现，以便改进；故障录波图是继电保护装置动作统计评价的主要依据，也是输电线路及时查找和消除故障点的重要依据之一；对断路器存在的问题给以真实记录，通过分析录波图给予改进；通过对已查证落实故障点的录波，可核对系统参数的准确性，改进计算工作或修正系统使用参数；统计分析系统振荡时有关参数。

二、国内故障录波器的发展情况

1．胶片式故障录波器

国内最早在电力系统中大量实际应用的录波装置是胶片式故障录波器。该装置的原理是以振子将交流电量转换为一定摆动幅度的光点，以运动的胶片将摆动的光点记录并还原成波形图。其特点是录波环节多、容量小、没有时标、无记忆能力、数据读取误差大；启动速度慢，不能记录故障开始后 10～20ms 的波形；由于感光胶卷长度的限制，只能采取定长记录方式；感光胶卷的置换、冲洗、运送等环节容易造成录波失败，因而可靠性不高。

2．早期微机录波器

以单板计算机构成数据采集系统，数据存储于内存中，由打印机输出波形图。特点是容量小、无存储能力，由于内存有限，只能采取定长记录方式；虽然省去了感光胶卷的置换、冲洗、运送过程，但打印失败或连续启动将丢失录波数据，可靠性未得到实质性的提高。

3．新型微机录波器

以单片计算机或 DSP 数字处理器构成数据采集系玩，以工控机作为数据存储、管理分析单元。特点是记忆功能强、存储容量大、能进行故障记时、故障类型判别、故障参数和事件顺序记录、能实现数据远传和便于进行后台分析。为保证记录时间的准确性，目前，GPS 已应用于微机故障录波器的对时系统。GPS（全球定位系统）是美国新一代无线电导航系统，在用于移动定位导航的同时，GPS 还可用于标准授时；它采用卫星通信技术，由 24 颗在空间运行的 GPS 卫星发出信号，在地球表面任一地点任一时刻都可以接收到足够多的信号用于精确计算接收器所在当前空间位置和时间。

三、故障录波的分析

现代故障录波装置是由微机来实现的，集故障动态记录、分析计算、结果输出于一体的专用成套装置。除了记录所采集的录取量的实时动态变化过程外，并能根据记录的电流、电压、开关量，对有关元件的有功、无功、非周期分量、系统频率的变化及故障距离进行计算，输出分析结果。其分析有相量分析、序量分析、谐波分析、阻抗分析和非周期分析。

如图 ZY0100102003-1 所示，根据故障录波数据可以准确地测量故障电压、电流、功率方向，保护动作时间、重合闸时间、收发信状态、以及断路器的跳、合闸时间，分析保护动作正确性。其中保护动作时间为故障起始至保护装置动作出口的时间，断路器的跳闸时间为保护装置动作出口至故障电流切断的时间，重合闸动作时间为保护返回至重合闸出口的时间。

从图 ZY0100102003-1 中可知，故障发生在 B 相，从故障开始经过 30ms 断路器跳闸，至 649ms 断路器重合；具体的故障电流、故障测距是通过故障录波装置本身的分析计算得出。

二次侧：电压比例尺 7.85 V/mm，电流比例尺 2.82 A/m

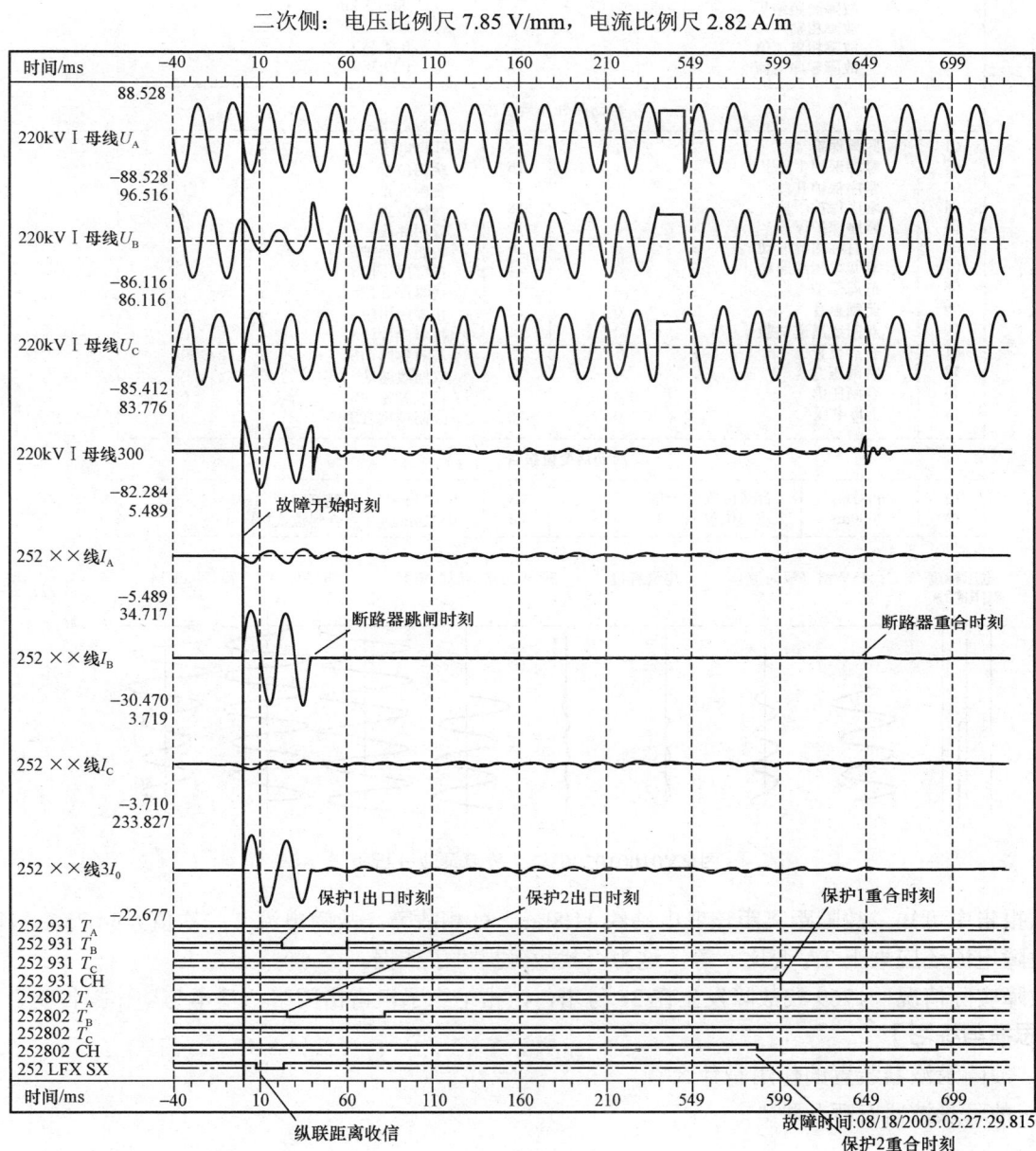

图 ZY0100102003-1　故障录波图示例

四、故障录波分析报告

当线路发生故障后，故障录波装置根据其记录的数据，通过分析计算输出故障报告，可从中得到线路故障发生的时间、故障相别、故障电流、故障测距等线路运行维护单位需了解的信息，为分析线路故障的大致位置、发生的可能原因、程度和及时查找、消除线路故障提供依据。故障录波分析报告样式如图 ZY0100102003-2 所示。

RCS-941A　　　　(V2.00)高压线路成套保护装置——动作报告
==
厂站名:南继保　　线路:001769　　装置地址:013　　管理序号:00004010　　打印时间:10-03-04 00:32

动作序号	045	启动绝对时间	2010-03-03 22:32:41:030
序号	动作相	动作相对时间	动作元件
01		00019ms	零序过流Ⅰ段
02		00022ms	距离Ⅰ段动作
03		01658ms	重合闸动作

故障测距结果	0011.8 km
故障相别	C
故障相电流值	034.75 A
故障零序电流	029.38 A

启动时开入量状态

01	距离保护	: 1	15	Ⅱ母电压	: 0
02	零序保护Ⅰ段	: 1	16	跳闸位置	: 0
03	零序保护Ⅱ段	: 1	17	合闸位置1	: 1
04	零序保护Ⅲ段	: 1	18	合闸位置2	: 0
05	零序保护Ⅳ段	: 0	19	收相邻线	: 0
06	不对称相继速动	: 0	20	投距离保护S	: 1
07	双回线相继速动	: 0	21	投零序Ⅰ段S	: 1
08	低周保护	: 0	22	投零序Ⅱ段S	: 1
09	闭锁重合	: 0	23	投零序Ⅲ段S	: 1
10	双回线通道试验	: 0	24	投零序Ⅳ段S	: 0
11	合后位置	: 1	25	不对称速动S	: 0
12	跳闸压力	: 0	26	双回线速动S	: 0
13	合闸压力	: 0	27	投低频保护S	: 0
14	Ⅰ母电压	: 0	28	投闭锁重合S	: 0

启动后变位报告

01	00035ms	合闸位置1 1→0	03	01672ms	跳闸位置 1→0
02	00080ms	跳闸位置 0→1	04	01729ms	合闸位置1 0→1

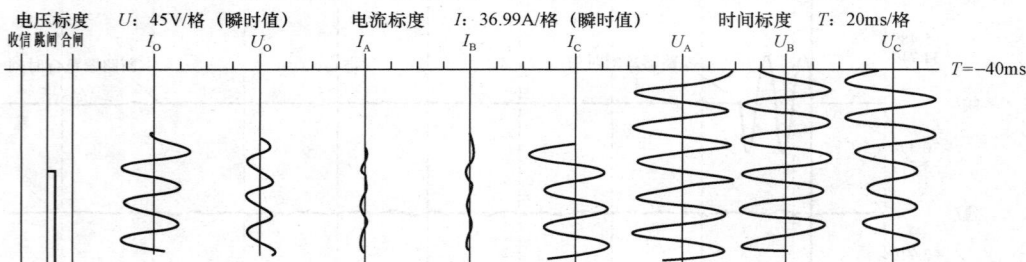

电压标度　　U：45V/格（瞬时值）　　电流标度　　I：36.99A/格（瞬时值）　　时间标度　　T：20ms/格
收信 跳闸 合闸　　I_O　　U_O　　I_A　　I_B　　I_C　　U_A　　U_B　　U_C

T=-40ms

图 ZY0100102003-2　故障录波分析报告

从报告中可知，故障距离距该变电站约 11.8km，C 相故障，故障电流（二次值）34.75A（注意：实际故障电流还应乘上 TA 变比）等，这为查找故障提供了依据。

故障实际情况：1769 线故障发生在 38 号塔，C 相绝缘子串雷击闪络，基本与动作报告吻合。

【思考与练习】

1. 故障录波器装置的作用是什么？
2. 故障录波器有哪几种？

第十三部分

线路的运行
要求、事故预防及维护

第三十四章　线路的运行要求及事故预防

模块 1　线路的运行要求（ZY0100201001）

【模块描述】本模块介绍导线、架空地线、绝缘子、金具、杆塔、基础、拉线、接地装置及附属设施等元件的运行要求。通过要点讲解、问题分析，掌握输电线路运行标准及要求。

【正文】

输电线路由杆塔、基础、拉线、导线、架空地线、绝缘子、金具、接地装置及附属设施等元件组成，部分元件在线路竣工验收中已按设计和规程要求检测和校核，有的缺陷现状已存在且已经过多年运行，其存在的缺陷也无扩大的趋势，如某直线塔的横担歪斜度已超标准要求的 1%，运行多年无发展趋势，且该横担也无法调整，因此运行单位对安全运行存在隐患的缺陷应重点关注和做好监控措施。

一、杆塔、基础和拉线的运行要求

1. 杆塔的运行要求

杆塔是输电线路的主要部件，用以支持导线和架空地线，且能在各种气象条件下，使导线对地和对其他建筑物、树木植物等有一定的最小容许距离，并使输电线路不间断地向用户供电。对杆塔的要求如下。

（1）杆塔的倾斜、杆（塔）顶挠度、横担的歪斜程度不超过表 ZY0100201001-1 规定的范围。

表 ZY0100201001-1　　　　　　杆塔倾斜、横担歪斜的最大允许值

类　别	钢筋混凝土电杆	钢管杆	角　钢　塔	钢管塔
直线杆塔倾斜度 （包括挠度）	1.5%	0.5% （倾斜度）	0.5%（50m 及以上高度铁塔） 1.0%（50m 以下高度铁塔）	0.5%
直线转角杆最大挠度		0.7%		
转角和终端杆 66kV 及 以下最大挠度		1.5%		
转角和终端杆 110～220kV 最大挠度		2%		
杆塔横担歪斜度	1.0%		1.0%	0.5%

（2）转角、终端杆塔不应向受力侧倾斜，直线杆塔不应向重载侧倾斜，拉线杆塔的拉线点不应向受力侧或重载侧偏移。

（3）对铁塔的要求

1）不准有缺件、变形（包括爬梯）和严重锈蚀等情况发生。镀锌铁塔一般每 3～5 年要求检查一次锈蚀情况。

2）铁塔主材相邻结点弯曲度不得超过 0.2%，保护帽的混凝土应与塔角板上部铁板结合紧密，不得有裂纹。

3）铁塔基准面以上两个段号高度塔材连接应采用防卸螺母（铁塔地面 8m 以下必须进行防盗）。

（4）对钢筋混凝土电杆的要求

1）预应力钢筋混凝土杆不得有裂纹。普通钢筋混凝土杆保护层不得腐蚀、脱落、钢筋外露、酥松和杆内积水等现象，纵向裂纹的宽度不超过 0.1mm，长度不超过 1m，横向裂纹宽度不得超过 0.2mm，长度不超过圆周的 1/2，每米内不得多余三条。

2）对钢筋混凝土电杆上端应封堵，放水孔应打通。如果已发生上述缺陷不超过下列范围时可以进行补修。

a．在一个构件上只容许露出一根主筋，深度不得超过主筋直径的 1/3，长度不得超过 300mm。

b．在一个构件上只容许露出一圈钢箍，其长度不得超过 1/3 周长。

c．在一个钢圈或法兰盘附近只容许有一处混凝土脱落和露筋，其深度不得超过主筋直径的 1/3，宽度不得超过 20mm，长度不得超过 100mm（周长）。

d．在一个构件内，表面上的混凝土坍落不得多于两处，其深度不得超过 25mm。

（5）杆塔标志的要求。

1）线路的杆塔上必须有线路名称、杆塔编号、相位以及必要的安全、保护等标志，同塔双回、多回线路塔身和各相横担应有醒目的标识，确保其完好无损和防止误入带电侧横担。

2）高杆塔按设计规定装设的航行障碍标志。

3）路边或其他易遭受外力破坏地段的杆塔上或周围应加装警示牌。

2．基础的运行要求

杆塔基础是指建筑在土壤里面的杆塔地下部分，其作用是防止杆塔因受垂直荷载，水平荷载及事故荷载等产生的上拔、下压甚至倾倒。杆塔基础运行要求如下。

（1）不应有基础表面水泥脱落、钢筋外露（装配式、插入式）、基础锈蚀、基础周围保护土层流失、凸起、塌陷（下沉）等现象。

（2）基础边坡保护距离应满足设计规定要求。

（3）对杆塔的基础，除根据荷载和地质条件确定其经济、合理的埋深外，还须考虑水流对基础土的冲刷作用和基本的冻胀影响；埋置在土中的基础，其埋深应大于土壤冻结深度，且应不小于 0.6m。

（4）对混凝土杆根部进行检查时，杆根不应出现裂纹、剥落、露筋等缺陷。

（5）杆根回填土一定要夯实，并应培出一个高出地面 300~500mm 的土台。

（6）铁塔基础大部分是混凝土浇制的基础，要求不应有裂开、损伤、酥松等现象。一般情况，基础面应高出地面 200mm。

（7）处在道路两侧地段的杆塔或拉线基础等应安装有防撞措施和反光漆警示标识。

（8）杆塔、拉线周围保护区不得有挖土失去覆盖土壤层或平整土地掩埋金属件现象。

3．拉线的运行要求

拉线的主要作用加强杆塔的强度，确保杆塔的稳定性，同时承担外部荷载的作用力。拉线的运行要求如下。

（1）拉线一般应采用镀锌钢绞线，钢绞线的截面积不得小于 $35mm^2$。拉线与杆塔的夹角一般采用 $45°$，如受地形限制可适当减少，但不应小于 $30°$。

（2）拉线不得有锈蚀、松劲、断股、张力分配不均等现象。

（3）拉线金具及调整金具不应有变形、裂纹、被拆卸或缺少螺栓和锈蚀。

（4）拉线棒直径比设计值大 2~4mm，且直径不应小于 16mm。根据地区不同，每五年对拉线地下部分的锈蚀情况作一次检查和防锈处理。

（5）检查拉线应无下列缺陷情况。

1）镀锌钢绞线拉线断股，镀锌层锈蚀、脱落。

2）利用杆塔拉线作起重牵引地锚，在杆塔拉线上拴牲畜，悬挂物件。

3）拉线基础周围取土、打桩、钻探、开挖或倾倒酸、碱、盐及其他有害化学物品。

4）在杆塔内（不含杆塔与杆塔之间）或杆塔与拉线之间修建车道。

5）拉线的基础变异，周围土壤突起或沉陷等现象。

（6）X 拉线交叉处应有空隙，不得有交叉处两拉线压住或碰撞摩擦现象。

二、导线与架空地线的运行要求

导线是电力线路上的主要元件之一，它的作用是从发电厂或变电站向各用户输送电能（主要包括汇集和分配电能）。导线不仅通过电流，同时还承受机械荷载。

架空地线又称避雷线，它架设在导线的上方，其作用是保护导线不受直接雷击。

1. 导线间的水平距离

正常状态，电力线路在风速和风向都一定的情况下，每根导线都同样地摆动着。但在风向，特别是风速随时都在变化的情况下，如果线路的线间距离过小，则在档距中央导线间会过于接近，因而发生放电甚至短路。

对 1000m 及其以下的档距，其水平线间距离可由式（ZY0100201001-1）决定

$$D = 0.4L_k + U_n/110 + 0.65\sqrt{f} \qquad \text{（ZY0100201001-1）}$$

式中　D——水平线间距离，m；

　　　L_k——悬垂绝缘子串长，m；

　　　U_n——线路额定电压，kV；

　　　f——导线最大弧垂，m。

一般情况下，使用悬垂绝缘子串的杆塔，其水平距离与档距的关系，可采用表 ZY0100201001-2 所列的数值。

表 ZY0100201001-2　　　使用悬垂绝缘子串的杆塔，其水平距离与档距的关系

水平线间距离（m）		3.5	4	4.5	5	5.5	6	6.5	7	7.5	8	8.5	10	11
标称电压（kV）	110	300	375	450										
	220	—	—			440	525	615	700					
	330	—	—	—	—	—	—	—	—	525	600	700		
	500	—	—	—	—	—	—	—	—	—	—	—	525	650

注　表中数值不适用于覆冰厚度 15mm 及以上的地区。

2. 导线垂直排列时，其线间距离（垂直距离）除了应考虑过电压绝缘距离外，还应考虑导线积雪和覆冰使导线下垂以及覆冰脱落时使导线跳跃的问题

导线垂直排列垂直距离可采用 $\frac{3}{4}D$。使用悬垂绝缘子串的杆塔，其垂直线间距离不得小于表 ZY0100201001-3 所列的数值。

表 ZY0100201001-3　　　使用悬垂绝缘子串杆塔的最小垂直线间距离

标准电压（kV）	110	220	330	500
垂直线间距离（m）	3.5	5.5	7.5	10.0

导线三角排列的等效水平线间距离，宜按式（ZY0100201001-2）计算

$$D_x = \sqrt{D_p^2 + \left(\frac{4}{3}D_z\right)^2} \qquad \text{（ZY0100201001-2）}$$

式中　D_x——导线三角排列时的等值水平线间距离，m；

　　　D_p——导线水平投影距离，m；

　　　D_z——导线垂直投影距离，m。

表 ZY0100201001-4　　　上下层相邻导线间或架空地线与相邻导线间的水平位移　　　　　　m

标准电压（kV）	110	220	330	500
设计冰厚 10mm	0.5	1.0	1.5	1.75
设计冰厚 15mm	0.7	1.5	2.0	2.5

覆冰地区上下层相邻导线间或架空地线与相邻导线间的水平偏移，如无运行经验，不宜小于表 ZY0100201001-4 所列数值。

设计冰厚 5mm 地区，上下层相邻导线间或架空地线与相邻导线间的水平偏移，可根据运行经验适当减少。

在重冰区，导线应采用水平排列。架空地线与相邻导线间的水平偏移数值，宜较表 ZY0100201001-4

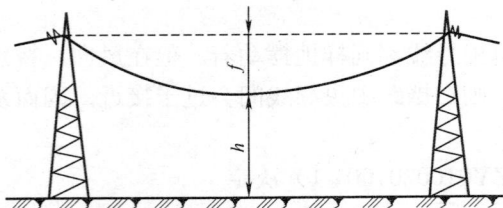

图 ZY0100201001-1 导线的弧垂和限距

中"设计冰厚 15mm"栏内的数值至少增加 0.5m。

3. 导线的弧垂

导线架设在杆塔上,由于导线的自重及紧线的拉力,紧起后形成弧垂,如图 ZY0100201001-1 所示。图中的 f 称为导线的弧垂(或弛度),表示为:当导线悬挂点等高时,连接两悬挂点之间的水平线与导线最低点之间的垂直距离。

弧垂的大小直接关系线路的安全运行。弧垂过小,导线受力增大,当张力超过导线许可应力时会造成断线;弧垂过大,导线对地距离过小而不符合要求,在有剧烈摆动时,可能引起线路短路。

弧垂大小和导线的质量、空气温度、导线的张力及线路档距等因素有关。导线自重越大,导线弧垂越大;温度高时弧垂增大;温度低时,弧垂缩小;导线张力越大,弧垂越小;线路档距越大,弧垂越大。

弧垂的大小和各因素的关系可用式(ZY0100201001-3)表示

$$f = \frac{gl^2}{8\sigma_0} \tag{ZY0100201001-3}$$

式中　f ——导线弧垂,m;

l ——线路档距,m;

g ——导线的比载,N/(m·mm^2)。

$$\sigma_0 = \frac{T_0}{A} \tag{ZY0100201001-4}$$

式中　σ_0 ——导线最低点的应力,N/mm^2;

T_0 ——导线最低点的张力,N;

A ——导线的截面,mm^2。

工程上根据式(ZY0100201001-3)和式(ZY0100201001-4)计算,制作了弧垂表。

4. 导线对地距离及交叉跨越

为了保证电力线路运行可靠,防止发生危险,因此规定了导线对地面或建筑物之间的距离 h,称为安全距离或限距,如图 ZY0100201001-1 所示。

在导线最大弧垂时,导线对地面最小容许距离见表 ZY0100201001-5。

表 ZY0100201001-5　　　　　　导线对地面最小容许距离　　　　　　m

地区类别	线路电压(kV)				
	66~110	220	330	500	750
居民区	7.0	7.5	8.5	14.0	20.0
非居民区	6.0	6.5	7.5	11.0(10.5)	16.0
交通困难地区	5.0	5.5	6.5	8.5	12.0

注　1. 居民区是指工业企业地区、港口、码头、火车站、城镇、村庄等人口密集地区,以及已有上述设施规划的地区。

2. 非居民区是指除上述居民区以外,虽然时常有人、车辆或农业机械到达,但未建房屋或房屋稀少的地区。500kV 线路对非居民区 11m 用于导线水平排列,10.5m 用于导线三角排列。

3. 交通困难地区是指车辆、农业机械不能到达的地区。

导线在最大风偏时,与房屋建筑的最近凸出部分间的距离,不应小于表 ZY0100201001-6 的数值。

表 ZY0100201001-6　　　　导线在最大风偏时和房屋建筑的容许距离　　　　m

线路电压(kV)	66~110	220	330	500	750
垂直距离	5.0	6.0	7.0	9.0	11.0
水平距离	4.0	5.0	6.0	8.5	10.0

线路经山区，导线距峭壁、突出斜坡、岩石等的距离不能小于表表 ZY0100201001-7 的数值。

表 ZY0100201001-7 　　　　　　　　导线风偏时与突出物的容许距离 　　　　　　　　　　　m

线路经过地区	线路电压（kV）				
	66～110	220	330	500	750
步行可以到达的山坡	5.0	5.5	6.5	8.5	10.0
步行不能到达的山坡、峭壁和岩石	3.0	4.0	5.0	6.5	8.0

当架空输电线路与通信线、电车线、电话线、电力线或其他管索道交叉时，输电线路应从上方跨越。当输电线路互相交叉时，电压高的线路应在上方通过，其安全距离不应小于表 ZY0100201001-8 和表 ZY0100201001-9 的数值。

表 ZY0100201001-8 　　　　　　输电线路与铁路、公路、电车道交叉或接近的基本要求 　　　　　　　　m

项　目		铁　路		公　路	电车道（有轨及无轨）	
导线或避雷线在跨越档内接头		不得接头		高速公路，一级公路不得接头	不得接头	
最小垂直距离（m）	线路电压（kV）	至轨顶	至承力索或接触线	至路面	至路面	至承力索或接触线
	66～110	7.5	3.0	7.0	10.0	3.0
	154～220	8.5	4.0	8.0	11.0	4.0
	330	9.5	5.0	9.0	12.0	5.0
	500	14.0 16.0（电气铁路）	6.0	14.0	16.0	6.5
	750	20.0	7.0	18.0	20.0	8.0

表 ZY0100201001-9 　　　输电线路与河流、弱电线路、电力线路、管道、索道交叉或接近的基本要求 　　　m

项　目		通航河流		不通航河流		弱电线路	电力线路	管　道	索　道
导线或避雷线在跨越档内接头		不得接头		不限制		一级不得接头	220kV 及以上不得接头	不得接头	不得接头
最小垂直距离	线路电压（kV）	至5年一遇洪水位	至遇高航行水位最高船桅顶	至5年一遇洪水位	冬季至冰面	至被跨越线	至被跨越线	至管道任何部分	至索道任何部分
	66～110	6.0	2.0	3.0	6.0	3.0	3.0	4.0	3.0
	154～220	7.0	3.0	4.0	6.5	4.0	4.0	5.0	4.0
	330	8.0	4.0	5.0	7.5	5.0	5.0	6.0	5.0
	500	10.0	6.0	6.5	11.0	8.5	8.5（6）	7.5	6.5
	750	12.0	8.0	9.0	14.0	12.0	12.0	11.0	11.0

5. 导线、架空地线的连接

输电线路的每个耐张段长度均不相同，导线架设过程中，除少量作连引外，大部分在耐张杆塔处都采取断引的方式。此外，导线在制造时，每轴线都有一定的长度，所以在导线的架设当中，接头是不可避免的。导线在连接时，容易造成机械强度和电气性能的降低，因而带来某种缺陷。由于这种缺陷，经过长期运行，会发生故障，所以在线路施工时，应尽量减少不必要的接头。

导线和架空地线的接头质量非常重要，导线接头的机械强度不应低于原导线机械强度的 95%，导线接头处的电阻值或电压降值与等长度导线的电阻值或电压降值之比不得超过 1.0 倍。

6. 线路运行规程对导线与架空地线的要求

（1）导、架空地线线由于断股、损伤减少截面积的处理标准按表 ZY0100201001-10 的规定。作为运行线路，导线表面部分损伤较多，主要承力部分钢芯未受损伤时，可以采取补修方法，应避免将未损伤的承力钢芯剪断重接，而且补修后应达到原有导线的强度及导电能力。但当导线钢芯受损或导线铝股或铝合金股损伤严重，整体强度降低较大时应切断重压。

表 ZY0100201001-10 　　　　导线、架空地线断股、损伤造成强度损失或减少截面积的处理

线 别	处 理 方 法			
	金属单丝、预绞式补修条补修	预绞式护线条、普通补修管补修	加长型补修管、预绞式接续条	接续管、预绞丝接续条、接续管补强接续条
钢芯铝绞线 钢芯铝合金绞线	导线在同一处损伤导致强度损失未超过总拉断力的 5%且截面积损伤未超过总导电部分截面积的 7%	导线在同一处损伤导致强度损失在总拉断力的 5%～17%，且截面积损伤在总导电部分截面积的 7%～25%	导线损伤范围导致强度损失在总拉断力的 17%～50%，且截面积损伤在总导电部分截面积的 25%～60%； 断股损伤截面超过总面积 25%切断重接	导线损伤范围导致强度损失在总拉断力的 50%以上，且截面积损伤在总导电部分截面积的 60%及以上
铝绞线 铝合金绞线	断损伤截面积不超过总面积的 7%	断股损伤截面积占总面积的 7%～25%； 断股损伤截面积占总面积的 7%～17%	断股损伤截面积占总面积的 25%～60%； 断股损伤截面积超过总面积的 17%切断重接	断股损伤截面积超过总面积的 60%及以上
镀锌钢绞线	19 股断 1 股	7 股断 1 股； 19 股断 2 股	7 股断 2 股； 19 股断 3 股切断重接	7 股断 2 股以上； 19 股断 3 股以上
OPGW	断损伤截面积不超过总面积的 7%（光纤单元未损伤）	断股损伤截面占总面积的 7%～17%，光纤单元未损伤（修补管不适用）		

注　1. 钢芯铝绞线导线应未伤及钢芯，计算强度损失或总铝截面损伤时，按铝股的总拉断力和铝总截面积作基数进行计算。

　　2. 铝绞线、铝合金绞线导线计算损伤截面时，按导线的总截面积作基数进行计算。

　　3. 良导体架空地线按钢芯铝绞线计算强度损失和铝截面损失。

　　4. 如断股损伤减少截面虽达到切断重接的数值，但确认采用新型的修补方法能恢复到原来强度及载流能力时，亦可采用该补修方法进行处理，而不作切断重接处理。

（2）导线、架空地线表面腐蚀、外层脱落或呈疲劳状态时，应取样进行强度试验。若试验值小于原破坏值的 80%应换线。

（3）一般情况下设计弧垂允许偏差：110kV 及以下线路为 +6%、−2.5%，220kV 及以上线路为 +3.0%、−2.5%。

（4）一般情况下各相间弧垂允许偏差最大值：110kV 及以下线路为 200mm，220kV 及以上线路为 300mm。

（5）相分裂导线同相子导线的弧垂允许偏差值：垂直排列双分裂导线为 +100mm、0，其他排列形式分裂导线：220kV 为 80mm，330kV、500kV 为 50mm。垂直排列两子导线的间距宜不大于 600mm。

（6）导线的对地距离及交叉距离符合表 ZY0100201001-5～表 ZY0100201001-9 的要求。

（7）OPGW 接地引线不允许出现松动或对地放电。

在运行规程中弧垂允许偏差值是以验收规范的标准为基础，负误差没有放宽，正误差适当加大而提出的。对地距离及交叉跨越的标准是根据多年积累的运行经验以及《电力设施保护条例》、《电力设施保护条例实施细则》中的规定提出的。

三、绝缘子与金具的运行要求

架空电力线路的导线，是利用绝缘子和金具连接固定在杆塔上的。用于导线与杆塔绝缘的绝缘子，在运行中不但要承受工作电压的作用，还要受到过电压的作用，同时还要承受机械力的作用及气温变化和周围环境的影响，所以绝缘子必须有良好的绝缘性能和一定的机械强度。

1. 对绝缘子的要求

（1）各类绝缘子出现下述情况时，应进行处理。

1）瓷质绝缘子伞裙破损、瓷质有裂纹、瓷釉烧坏。

2）玻璃绝缘子自爆或表面裂纹。

3）棒形及盘形复合绝缘子（伞裙、护套）破损或龟裂，断头密封开裂、老化；复合绝缘子憎水性降低到 HC5 及以下。

4）绝缘横担有严重结垢、裂纹，瓷釉烧坏、瓷质损坏、伞裙破损。

5）绝缘子偏斜角。

　　直线杆塔的绝缘子串顺线路方向的偏斜角（除设计要求的预偏外）大于 7.5°，且其最大偏移值大于 300mm，绝缘横担端部位移大于 100mm；双联悬垂串为弥补污耐压降低而采取"八字形"挂点除外。

　　（2）绝缘子质量不允许出现下述情况。

　　1）外观质量。绝缘子钢帽、绝缘件、钢脚不在同一轴线上，钢脚、钢帽、浇筑混凝土有裂纹、歪斜、变形或严重锈蚀，钢脚与钢帽槽口间隙超标。

　　2）盘型绝缘子绝缘电阻 330kV 及以下线路小于 300MΩ，500kV 及以上线路小于 500MΩ；且盘型瓷绝缘子分布电压为零或低值。

　　3）锁紧销脱落变形。

　　2. 对金具的要求

　　（1）金具质量。金具发生变形、锈蚀、烧伤、裂纹，金具连接处转动不灵活，磨损后的安全系数小于 2.0（即低于原值的 80%）时应予处理或更换。

　　（2）防振和均压金具。防振锤、阻尼线、间隔棒等防振金具发生位移，屏蔽环、均压环出现倾斜与松动时应予处理或更换。

　　（3）接续金具。跳线引流板或并沟线夹螺栓扭矩值小于相应规格螺栓的标准扭矩值；压接管外观鼓包、裂纹、烧伤、滑移或出口处断股、弯曲度不符合有关规程要求；跳线联板或并沟线夹处温度高于导线温度 10℃；接续金具过热变色；接续金具压接不实（有抽头或位移）现象，所有这些情况应予及时处理。

四、接地装置的运行要求

　　架空线路杆塔接地对电力系统的安全稳定运行至关重要，降低杆塔接地电阻是提高线路耐雷水平，减少线路雷击跳闸率的主要措施。

　　1. 接地装置的运行要求

　　（1）检测的工频接地电阻值（已按季节系数换算）不大于设计规定值，见表 ZY0100201001-11。

　　（2）多根接地引下线接地电阻值不出现明显差别。

　　（3）接地引下线不应出现断开或与接地体接触不良的现象。

　　（4）接地装置不应有外露或腐蚀严重的情况，即使被腐蚀后其导体截面积不低于原值的 80%。

　　（5）接地线埋深必须符合设计要求，接地钢筋周围必须回填泥土并夯实，以降低冲击接地电阻值。

表 ZY0100201001-11　　　　　　　　　　水平接地体的季节系数

接地射线埋深（m）	季节系数	接地射线埋深（m）	季节系数
0.5	1.4～1.8	0.8～1.0	1.25～1.45

　　注　检测接地装置工频接地电阻时，如土壤较干燥，季节系数取较小值；土壤较潮湿时，季节系数取较大值。

　　2. 杆塔接地装置的运行及维护

　　架空线路杆塔的接地装置，因运行环境恶劣，极易受到腐蚀和外力破坏，经对架空输电线路杆塔接地的多年追踪调查，发现输电线路的接地主要存在以下问题。

　　（1）腐蚀问题。容易发生腐蚀的部位如下。

　　1）接地引下线与水平或垂直接地体的连接处，由于腐蚀电位不同极易发生电化学腐蚀，有的甚至会形成电气上的开路。

　　2）接地线与杆塔的连接螺丝处，由于腐蚀、螺丝生锈，用表计测量，接触电阻非常高，有的甚至会形成电气上的开路。

　　3）接地引下线本身，由于所处位置比较潮湿，运行条件恶劣，运行中若没有按期进行必要的防腐保护，则腐蚀速度会较快，特别是运行十年以上的接地线，应开挖检测接地钢筋腐蚀和截面损失现象。

　　4）水平接地体本身，有的埋深不够，特别是一些山区的输电线路杆塔，由于地质基本为石层，或土层薄、埋深有的不足 30cm，回填土又是用碎石回填，土中含氧量高，极容易发生吸氧腐蚀；在酸性土壤中的接地体容易发生吸氧腐蚀；在海边的接地体容易发生化学和电化学腐蚀。

（2）外力破坏问题。对于架空线路杆塔的接地装置，特别是接地线，外力破坏是一个需值得注意的问题，据对某 110kV 线路杆塔接地装置的调查，全线有 60%的杆塔接地装置被破坏，如接地引下线被剪断、接地极被挖走等，对该线路的安全稳定运行造成了很大的影响。因而对架空线路的杆塔接地装置需定期巡视和维护，特别要注意以下几方面的巡视检查和维护工作。

1）定期巡视检查杆塔的接地引下线是否完好，如被破坏应及时修复，应定期进行防腐处理。

2）定期检查接地螺栓是否生锈，与接地线的连接是否完好，螺丝是否松动，应保证与接地线有可靠的电气接触。

3）检查接地装置是否遭到外力破坏，是否被雨水冲刷露出地面。并每隔五年开挖检查其腐蚀情况。

4）对杆塔接地装置的接地电阻进行周期性测量，检测方法必须符合辅助测量射线与杆塔人工敷设接地线 0.618 系数型式，检测得到的工频接地电阻应与季节系数换算后等同或小于设计值，若超标应及时改造。

五、附属设施的运行要求

（1）所有杆塔均应标明线路名称、杆塔编号、相位等标识；同塔多回线路杆塔上各相横担应有醒目的标识和线路名称、杆塔编号、相位等。

（2）标志牌和警告牌应清晰、正确，悬挂位置符合要求。

（3）线路的防雷设施（避雷器）试验符合规程要求，架空地线、耦合地线安装牢固，保护角满足要求。

（4）在线监察装置运行良好，能够正常发挥其监测作用。

（5）防舞防冰装置运行可靠。

（6）防盗防松设施齐全、完整，维护、检测符合出厂要求。

（7）防鸟设施安装牢固、可靠，充分发挥防鸟功能。

（8）光缆应无损坏、断裂、弧垂变化等现象。

【思考与练习】

1. 什么是杆塔基础？其功能是什么？

2. 什么是导线弧垂？其大小与哪些条件有关系？

3. 杆塔、基础和拉线的运行要求有哪些？

4. 导线和架空地线的运行要求有哪些？

5. 绝缘子和金具的运行要求有哪些？

6. 线路接地装置的运行要求有哪些？

模块 2　线路的事故预防（ZY0100201002）

【模块描述】本模块介绍线路事故的分类及其对线路造成的危害。通过要点讲解、原因分析，掌握正确的分析线路故障类型，准确的判断故障原因的方法。

【正文】

架设在野外的架空输电线路，长年经受自然条件和四周环境的影响，输电设备易发生雷害、鸟害、污闪、冰闪和外力破坏等事故，在运行中应加强巡视和维护，预防事故的发生。

一、线路事故分类

（1）自然因素的影响。

（2）外界环境的影响。

（3）线路本身存在的缺陷。

二、各类事故造成的线路危害

1. 自然因素的影响

（1）大风的影响。超过设计风速的大风或龙卷风，会使悬垂绝缘子串倾斜，导线弧垂与通道两侧构筑物、树竹木等风偏距离不足，空气绝缘间隙变小，易发生短路、导线烧断事故。风力超过杆塔机械强度时，使杆塔倾斜、损坏、导线振动、跳跃、碰线，也可能引起短路使断路器速断跳闸。

（2）雨的影响。毛毛细雨将使脏污绝缘子闪络、放电，损坏绝缘子。倾盆大雨将使河水暴涨、山洪爆发、山体滑坡，造成倒杆、断线。

（3）雷电影响。雷雨季节，线路遭受雷击，雷电过电压使绝缘子闪络、烧伤或击穿爆炸，造成断路器跳闸。

（4）大雾影响。大雾天气，空气相对湿度较大，绝缘子沿面闪络电压降低，发生闪络、放电、损坏绝缘子，严重时发生击穿闪络，将造成大面积停电。

（5）大雪影响。狂风暴雪天气，导线应力和负重增大，易发生倒杆、断线事故；冰消雪融时，绝缘子易发生闪络现象。

（6）覆冰影响。线路导线上发生严重覆冰时，会使导线荷载增加，发生断线或倒塔事故。导线覆冰不均匀脱落时，将造成导线跳跃产生张力差，严重时拉垮杆塔事故。绝缘子串严重覆冰会因泄漏电流而发生沿面闪络事故。

（7）气温和湿度影响。导线具有热胀冷缩性，导线张力随气温高低而变化。夏季气温较高时，导线伸张、弧垂变大，易造成交叉跨越处放电、接地短路事故。湿度对放电的影响也是显而易见的。

（8）大气污秽影响。架空线路经过水泥厂、砖瓦厂、火电厂等粉尘污秽区、冶炼厂、化工厂等污秽区或沿海盐雾地区等，空气中漂浮的尘埃、含有各种导电离子的灰尘、盐雾等逐渐积累或在强电场下，吸附于绝缘子的上、下表面上，当大气湿度在 90%及以上时，绝缘子串表面泄漏电流增大及脉冲频率快速上升中，泄漏电流沿绝缘子串贯穿而跳闸，污秽事故会造成电网大面积停电。

2．外界环境的影响

（1）不同地区的线路受环境条件的影响各不相同，化工、冶炼区的线路受到污染容易发生闪络放电。

（2）城镇周边线路易受天线、风筝、气球、旗杆等外物的影响。

（3）农村常有把牲畜拴在电杆上，因牲畜在电杆上擦痒会摇动电杆，轻易造成短路事故。

（4）河道四周的线路易受冲刷。

（5）路边的线路易受车撞，线下作业吊车的吊臂碰到线路引起短路，甚至断线。

（6）树林靠近线路，大风时倒落在线路上，造成倒杆、断线事故。电力线路下面或两侧树梢轻易碰触导线，造成接地、火花或短路等。

（7）鸟类在杆塔上筑巢、停落、鸟粪、在导线四周打鸟等，均可能造成线路接地或短路事故。

（8）偷盗塔材、拉线造成倒杆塔事故。

（9）山林火灾、山区采石放炮等引发线路跳闸。

3．线路本身存在的缺陷

线路施工时，使用不合格的材料和工艺方法错误，以及杆塔结构设计或安装不合格，都可能在运行中造成事故。在设计中由于路径和气象条件选择不当，在运行中也会发生断线或倒杆事故。杆塔形式的选择和定位的错误，就可能导致在运行中导线对边坡放电的事故。

线路个别元件由于运行年久、材质老化，使电气和机械强度降低，又未及时检修，也会发生事故。

三、线路事故预防

（一）把握季节和环境特点，做好相应的反事故措施

1．防污

确定线路污区等级，采用爬电距离大且形状系数好的盘形绝缘子（最好大爬距普通玻璃绝缘子）或复合绝缘子配置新建线路或更换调爬运行线路，对几何泄漏比距等级基本满足要求的运行线路，应及时检测运行绝缘子串的盐密值，来判断是否要在雾季或者气温 0℃左右的雨雪季节来临前，停电清扫污段的绝缘子串，以防止线路污闪事故发生。

2．防雷

在雷雨季节到来之前，应做好防雷设备的试验检查和安装工作，并要按周期测试接地装置的电阻

以及更换损坏的绝缘子（包括零值、低值绝缘子）和不合格的接地体。

3. 防暑

在高温季节到来之前，应检查各相导线的弧垂，以防因气温增高和高峰负荷时，弧垂增大而发生事故。

4. 防寒

在严寒季节到来之前，应注重导线弧垂，过紧的应加以调整以防断线，同时检查和调整杆塔拉线。

5. 防冻

在大雪季节，应注重导线上覆雪、覆冰情况，及时清除导线上的覆雪、覆冰，防止断线。

6. 防风

在风季到来之前，要加固拉线及电杆基础，调整各相导线弧垂，清理线路四周杂物及四周的树木，以免树枝碰导线造成事故。

7. 防汛

在汛期到来之前，对在河流四周冲刷以及四周挖土造成杆基不稳的电杆，要采取各种防止倒杆的措施。

8. 防鸟

防止鸟害是电力线路维护中季节性很强的一项任务，装防鸟风车、防鸟环、反射镜、防鸟针板等，使鸟类惊吓，无法在杆（塔）上筑巢、栖息。

9. 防电晕

在导线、跳线两端加装球形附件，在耐张线夹与绝缘子碗头连接处采用线夹穿钉开口销封闭装置，减少高压设备曲率半径小的部位暴露在空气中，防止电晕产生。

10. 防山林火灾

（1）为了预防林区架空输电线路火灾事故，重点强调应严格执行《森林防火条例》。

（2）对通过林区的架空输电线路，应加强巡视和维护，电力线与树木间距离应符合《电力设施保护条例》的有关规定。距离不足者，应督促有关林业部门按规定及时砍伐。在森林防火期内应适当增加特巡次数，严防由于树木与电力线路距离不够放电引起森林火灾。

（3）新建（改建）线路通过林区应充分考虑森林火灾对线路造成的威胁，对运行中的线路通道内砍伐完的树木，应及时清理，以防发生火灾。

（4）通过林区的架空输电线路的通道宽度应符合现行设计标准的要求，不符合要求的不得验收送电。

（5）进入林区工作的电业工作人员应熟悉《森林防火条例》及相关防火知识，加强教育和培训，提高作业人员遵纪守法的自觉性和防火、灭火操作能力。

（6）进入林区进行线路作业时，其车辆、作业用具的使用以及作业方法等均应符合《森林防火条例》的有关规定。

（7）与林业部门建立互警机制，及时互通信息，确保在发生紧急情况时双方能够协同动作，采取有效的应对措施。

11. 防跳线连接点发热烧损

停电检修采用扭矩扳手按相应规格螺栓的标准扭矩值检查紧固，线路超过50%输送负荷时，可采用红外测温方式复核跳线连接点扭矩情况，应注意测温工作应在无背景光源和仪器有效检测距离内进行。

（二）加强线路巡视，确保线路健康运行

（1）定期巡视：一般情况下每月巡视一次，在春天鸟害事故多，夏季抗旱、排涝用电高峰时，可随季节的变化适当增加巡视次数。

（2）特殊巡视：当气候急剧变化（大风、暴雨、浓雾、导线覆冰等），碰到自然灾难（地震、洪水、森林火灾等），以及有重大的政治节日活动时作为非常情况，应增加巡视次数。

（3）故障巡视：线路出现故障，发生跳闸或接地现象时，应及时组织巡视检查。

（4）夜间巡视：为了检查线路绝缘子有否电晕、污秽放电火花和导线跳线连接点发热（红）等现象，最好选择在无月光夜晚线路负荷超过导线额定电流 50%以上时进行，每半年巡视一次。

（三）加强输电线路反事故措施，防止事故发生

要做到输电线路安全无事故运行，除了加强线路管理、严格执行现场规程、实施电力设施保护之外，还必须抓紧做好反事故措施。

加强设计审查，保证施工质量，加强检修管理，提高运行水平是保证线路安全可靠运行的有效方法。主要的措施有以下几个方面。

1. 把好基础质量关

（1）加强设计审核。运行单位要参加设计审查，提供运行经验和有关测量试验数据，并从生产实际出发提出设计要求。设计部门要听取运行部门的意见和要求，特别要注意地形和气候的影响。设计部门往往较多考虑的是线路钢耗比等本体造价投资，较少考虑线路安全运行裕度，部分线路往往是建成投运之时，就是运行单位技术改造开始，如线路外绝缘调爬，树竹木区或村镇边档中加塔或升高原杆塔等。

（2）施工要符合设计。施工单位不能擅自更改设计标准，施工要符合设计要求。特别注意杆塔基础的埋深、混凝土基础浇制质量、预制基础的规格和安装位置、拉线装置的规格和埋深、回填土的夯实程度。对埋设在松软地、沙地、低畦地和洪水可能冲刷处的杆塔，以及山坡可能会发生滑坡或石灰岩地区杆塔，要检查是否采取了相应的措施：增加基础埋深，采用重力式基础，增加卡盘或拉线，另设防洪设施等。凡是不按设计和施工工艺标准施工的杆塔基础均应作为缺陷，要及时处理。

（3）加强原材料和设备的验收。施工单位和运行部门都要加强对原材料和设备的验收工作，发现有不符合设计和出厂要求的产品，不准投入工程使用。要注意不错用钢材，不随便代用，不用没有产品合格证、没有产品商标或者制造厂不明的产品。新型器材、设备和新型杆塔必须经试验、鉴定合格后方能使用，在试用的基础上逐步推广应用。

（4）运行单位把好验收关。监理人员必须监督每个隐蔽工程的施工，运行单位竣工验收应上塔抽查导线、架空地线的耐张压接管质量，杆塔、绝缘子、各种金具等施工工艺和地面核查接地工程的埋深及回填土是否符合要求。

（5）清理线路通道。新线路投运前，基建部门要组织力量将通道清理完毕。

2. 提高检修质量

线路检修必须按确定的周期和项目以及状态检修相结合进行。检修工作结束后，运行人员根据检修要求进行质量验收，特别是导线跳线连接点的检查紧固核查。若发现不符合质量要求，必须返工重修。

3. 防止倒杆塔事故

（1）杆塔歪扭。对杆塔轻微歪扭，应进行定期观察，并作好记录，注意发展情况。必要时，进行强度验算和分析，根据情况进行处理。

（2）叉梁处理。对于混凝土杆叉梁发生歪扭、凸肚、下滑时，要进行处理。对原来是混凝土叉梁经验算可换成钢叉梁。

（3）混凝土杆裂缝。混凝土杆发生裂缝，应进行定期观察和记录，注意发展情况。必要时，采取堵缝或换杆措施。

（4）杆塔部件锈蚀。杆塔及拉线的地下部分，由于地下水和土壤的腐蚀作用，会使其逐渐损坏。尤其在化工厂、造纸厂等有腐蚀性的污水处或地下水本来就有腐蚀性的地方安装了拉线棒，10 年左右就会严重腐蚀。我国南方，黄土丘陵地区，由于土壤酸性高，对金属零件的腐蚀也很严重。新线路投运，用不了几年，铁件的地上部分完全良好，但地下部分却已经锈蚀了，镀锌件只要一开始锈蚀，速度很快。有时用油漆防腐，其效果反而更好。

混凝土杆里面的钢筋也有锈蚀问题。特别严重的是两节混凝土杆的焊接或连接处。有一条 1958 年投运的 220kV 线路，在两节 9m 杆段焊接头的上方，钢筋严重锈蚀，螺旋筋已全部烂光，$10 \times \phi 10mm$ 主筋均烂剩 4.6mm 左右，钢筋表面坑坑洼洼，截面损失达 60%，这种混凝土杆只运行了 21 年，就被迫换杆塔、补强。

铁塔锈蚀主要是未镀锌的铁塔。这种铁塔在 5～10 年内就必须油漆一次，锈蚀比较严重的是靠近地面的一节。有的塔材，投运 20 年左右，就发现锈蚀穿孔。镀锌铁塔也有锈蚀问题，关键是镀锌质量。

严重锈蚀的杆塔部件、拉线和拉线棒，应及时更换，不应再拷铲油漆，以免造成假象而危及杆塔强度。

（5）防偷盗部件。加强巡视检查，防止杆塔部件（特别是杆塔拉线、塔材）被盗，一经发现应及时补齐。同时在新建线路的杆塔从基准面以上两个主材段号采用防盗螺栓或铁塔地面以上 8m 防盗，对运行的老旧线路塔材偷盗易发生段按照轻重缓急更换成防盗螺栓。

（6）基础不稳。施工未按设计进行或周围环境变动，造成杆塔基础埋深不够；线路经过松软土地或水田，设计施工中未采取可靠措施；雨季低洼积水，山洪暴发冲刷杆塔基；冬季施工时，用冻土作回填，又未踏实和培土，春天解冻时土层下沉等原因造成基础不稳。在大风、雨季、覆冰或洪水冲刷时，就很容易发生倒杆（塔）事故。所以经常检查杆根培土，及时发现埋深不够，也是防止倒杆塔的重要措施。

4. 防止断导线、架空地线

（1）防止导线过负荷运行。线路长期过负荷会导致导线的机械强度降低和永久性变形，在导线张力大时可能引起断线或因弛度过大致使对交叉跨越物放电而烧（断）线。对经常过负荷并发生多次断股的导线，应及时更换与负荷相适应的线号，对交叉距离不足者应及时采取措施。

（2）导线腐蚀。影响导线腐蚀的因素除气温、湿度、雨量外，线材本身的质量和污秽的类型更为关键。

引起腐蚀的污秽气体有硫酸、H_2S、Cl_2 等。当这些气体以及各种盐类污秽物溶于水时，这种溶液对导线会起腐蚀作用。

在污秽地区，一般应对运行 10 年以上的架空导线锈蚀情况进行检查或强度抽样试验，锈蚀严重或强度不符合要求时应及时更换。

（3）对运行 15 年左右的架空地线，应抽样检查其脆性情况，对明显发脆且频繁断股者，应及时调换。

（4）对大跨越、大档距、平原开阔地等要检查导线、架空地线振动情况，必要时，应进行测振或改善防振措施。属振动断股的导线，其断股处几乎都是锐利状的截面断裂，没有"缩颈拔光"现象，其断面组织一般呈贝壳花纹。

（5）导地线连接处故障。要加强对跳线引流板和并沟线夹的检测复核扭矩值，导线接续管检查管口有否松散、断股和灯笼泡现象，发现问题应及时采取有效措施进行处理。

5. 防止雷害事故

（1）接地装置。接地装置必须按运行规程要求，定期进行检查和测量，不合格者应及时进行处理。

（2）空气间隙。新建线路改变设计理念，按照线路设计规程各电压等级大气过电压和内过电压确定导线对杆塔的空气间隙，尽量减少空气间隙击穿电压和绝缘子串闪络电压的配合比（原为 0.85 左右），如 220kV 线路在确保 1.9m 带电体对杆塔间距的情况下，将绝缘子片数增加至 18～19 片/串长，即大幅增加了绝缘子串的绝缘水平，提高了线路耐雷水平，又可使绝缘子串的泄漏距离 4.0kV/cm 及以上，免除了线路污闪事故的发生。

（3）线路交叉跨越距离。对交叉跨越距离要有测量记录，对不符合规程要求，及时进行处理。

6. 防止绝缘子事故

（1）确定污秽等级的绝缘子选用。进行环境污秽情况调查和等值附盐密度测量，结合运行经验，划分污秽等级，选择和调整与污秽等级相适应的绝缘泄漏比距，在污秽地区应采用有效的防污绝缘子型号。

（2）确定清扫周期。对污秽区，应结合运行经验，按照各运行单位的防污闪工作管理制度的规定，确定清扫周期。在春季来临之前，清扫一次，并确保清扫质量。

（3）适当轮换绝缘子。对运行年限较长且难以清扫的绝缘子，应轮换处理。对钢脚锈蚀的绝缘子，锈蚀严重者也应及时更换。

（4）加强检测工作。对运行年数较长，绝缘子劣化率（一般指瓷、复合绝缘子）较高的线路要加强检查测量工作。

7. 防止外力破坏

（1）认真贯彻"电力设施保护条例"，加强保卫力量，争取地方政府和公安部门的支持，积极开展反外力破坏的宣传教育工作，确保线路安全运行。

（2）加强运行人员责任意识。对运行人员要加强责任感教育，对后果严重、性质恶劣的外力破坏事故，应向当地公安部门及时报告。

（3）群众护线。有的地方组织群众护线时，抓"三个落实"和"五个结合"。三个落实就是组织、思想和任务落实。五个结合是指运行人员巡视和护线活动相结合；护线和民兵工作相结合；护线和治保工作相结合；护线和学校工作相结合；护线和护林、护路相结合。

为了线路健康运行，在设计、安装时做到充分考虑，还应加强线路巡视检查、定期检修、运行维护治理，认真落实反事故措施工作，设专职人员负责巡线、护线，不定期组织培训、考核，提高职工专业技能、强化责任心；巡线人员应按规定进行巡视，检查线路健康状况，找出存在缺陷和问题，以便制订检修计划，将事故消灭在萌芽状态，以确保线路安全、经济、可靠地运行。

四、案例分析

1. 故障现象

2004 年 10 月 21 日 7 时 16 分，220kV 某线路双高频、零序Ⅰ段保护动作，线路跳闸，B 相故障，重合成功，测距显示故障点距变电站 6.4km。

故障发生后，立即组织对 220kV 某线路进行重点巡视，巡视地段为 10～30 号杆塔之间。巡视后发现 220kV 某线路 15 号铁塔（GJ3—21）接地线上有明显的放电痕迹，17 号和 19 号杆接地线上也有轻微的放电痕迹，据 15 号塔下村民反映：早上 7 时左右 15 号塔上发生过巨响。

风停后又安排人员登塔进行检查和测量，发现 15 号塔引流线上及杆塔上有明显的放电痕迹，并且导线上也有烧伤麻点。

2. 故障原因分析

10 月 21 日，该地区出现大风恶劣天气，根据对某线路在线监测系统显示，现场主风向为西北风，最大瞬时风速为 19.2m/s（8 级风）。测量中相引流线与塔身的最小电气距离为 2.3m，满足 DL/T 5092—1999《110～500kV 架空送电线路设计技术规程》带电部分与杆塔构件最小间隙 1.90m 的要求。某线路 15 号耐张塔原转角度数为 68°35′22″，改造后线路转角度数有变化，还利用原塔。跳闸的主要原因是中相引流线跳线在强西北风的作用下，发生偏转对塔身风偏过度造成放电。而微地形（线路走向）强对流恶劣自然天气是造成此次跳闸的主要原因。另外，利用原有的转角塔，角度不是十分合适，横担不在线路转角的内角平分线上，导致引流线过长，大风造成引流线摆动过大，引起绝缘距离不足，是跳闸的次要原因（定性为一类障碍）。

3. 故障处理方法

在 220kV 某线路 15 号塔架空地线横担上，对塔头进行改造，将一串吊瓶改为独立的两串复合绝缘子吊瓶并加 3 片重锤，利用两个绝缘子串将跳线固定，控制引流线的摆动范围，防止线路再次跳闸。

4. 防范措施

（1）在线路改造的设计过程中，如需利用原来转角杆塔，角度发生变化时，必须校验（如大风天气时，引流线与杆塔的空气间隙是否满足要求）。

（2）通过微地形区域的输电线路设计，必须经过充分的论证，考虑其对新建线路的适用性，如线路走向、引流跳线的空间位置及微气象条件等因素的影响，对于干字形杆塔，应采取防范措施，即将原跳线悬挂点铰链式单串改造为间距大于 60cm 的双联串挂点，以控制单铰链挂点的跳线扁担随风压转动接近塔材放电事故。

（3）加强对新建线路引流线电气绝缘距离的验收，发现问题及时处理，避免线路跳闸情况发生。

【思考与练习】

1．简述引起线路事故的原因。

2．简述自然因素影响的故障类型。

3．试述外界环境影响的故障类型。

4．输电线路反事故措施主要有哪几方面？

模块 3　防止倒杆塔和断线事故（ZY0100201003）

【模块描述】本模块包含防止倒杆塔和断线事故的措施及重点地段防护措施等。通过要点介绍、流程讲解、案例分析，掌握输电线路倒杆塔和断线事故的预防和处理方法。

【正文】

输电线路发生倒杆塔和断线事故属电力生产恶性事故，不仅影响面大而且恢复送电时间很长，同时对人们的日常生活造成伤害，还会使国民经济造成重大损失，因此应尽可能避免这类事故的发生。

一、预防倒杆塔和断线事故

（一）预防倒杆塔事故

1．加强设计、基建和验收等前期管理

（1）必须严格执行 GB 50545—2010《110kV～750kV 架空输电线路设计规范》和 GB 50061—2010《66kV 及以下架空电力线路设计规范》（新修订）等标准和相关文件的规定。

（2）线路设计应充分考虑地形和气象条件的影响，路径选择应尽量避开重冰区、导线和架空地线易舞动区、采矿塌陷区等特殊区域，合理选取杆塔形式，确保杆塔强度满足使用条件的要求。

（3）220kV 及以上电压等级的运行线路拉 V 塔或拉猫塔连续基数不宜超过三基、拉门塔连续基数不宜超过五基，运行中不满足要求的应进行改造（新建线路应全线采用自立塔型）。加强对拉线塔的保护和维护，拉线塔本体和拉线下部金具应采取可靠的防盗、防外力破坏措施。在有拉线塔的线路附近还应设立警示标志。

（4）跨越高铁、高速公路等重要跨越的运行线路应改造成孤立档。

（5）大跨越、覆冰区档距严重不均匀段应采取缩小耐涨段架设和改造。

（6）严格按设计及有关施工验收规范进行线路施工和验收，隐蔽工程应经监理人员或质检人员验收合格后方可隐蔽，否则不得转序进行杆塔组立和放线。

（7）新建线路扩初审查时，设计单位应积极听取运行单位的意见，对部分运行环境较差的地段，采取提高杆塔强度的设计修改，不能单考虑工程造价的钢耗率、混凝土耗率，以提高少量杆塔的强度。

2．加强特殊区域巡视和危险点管理

（1）对可能遭受洪水、冰凌、暴雨冲刷（冲撞）的杆塔应采取可靠的防冲刷措施，杆塔基础的防护设施应牢固，基础周围排水沟应能够可靠排水。

（2）加强对线路杆塔的检查巡视，发现问题及时消除。线路遭受恶劣天气危害时应组织人员进行特巡，当线路导线和架空地线发生覆冰、飓风、舞动时应做好观测记录（如录像、拍照等），并对杆塔进行检查。

（3）线路铁塔主材连接螺栓、地面以上两段（至少）所有螺栓以及盗窃多发区铁塔横担以下各部螺栓均应采取防盗措施。在风口地带或季风较强地区，新建线路杆塔除按要求采用防盗螺栓外，其余螺栓应采取防松措施。对运行中的杆塔也应按此要求进行改造和完善，并做好日常巡视及检查，必要时可增加防风拉线。

（4）在严寒地区，线路设计时应充分考虑基础冻胀问题，并不宜采用金属基础。灌注桩基础施工应严格按设计和工艺标准进行，避免出现断桩和冻胀等质量事故。对运行中的杆塔，若基础已发生冻胀，应采取换土等有效措施进行处理。

3．加强老设备升级改造

对锈蚀严重的铁塔、拉线以及混凝土杆钢圈等应及时进行防腐处理或更换。

（二）预防断线和掉线事故

1. 从设计方面考虑预防断线和掉线

（1）导线、架空地线的选择，除应满足设计规程的一般规定外，尚应通过短路热稳定、动稳定校验，确保导线、架空地线具有足够的通流能力和机械强度，且温升不超过允许值。

（2）导线、架空地线接续、连接金具及绝缘子金具组合中各种部件的选用（在风振严重地区，导线、架空地线线夹宜选用耐磨型线夹）应符合相关标准和设计的要求。

（3）新建线路遇有重要交叉跨越，如跨越铁路、高速公路或高等级公路、110kV 及以上电压等级线路、通航河道以及人口密集地区等，应采用具有独立挂点的双串绝缘子和双线夹悬挂导线并考虑弥补双联串污耐压下降措施，档内导线、架空地线不允许有接头。运行中的线路，凡不符合上述要求的应进行改造。

2. 从加强线路巡视和危险点管理预防断线和掉线

（1）在年检及日常巡视工作中，应认真检查导线、架空地线及相关金具是否满足运行标准，不满足要求应及时处理或更换。同时加强预试周期性工作管理，提高检修质量。建立检修质量监察机制，提高职工责任意识。

（2）线路验收或停电检修，应对跳线引流板、并沟线夹金具采用扭矩扳手按相应规格螺栓的扭矩标准值检查紧固，40m 检测距离内的导线连接点可应用红外测温技术，在输电线路导线输送额定电流50%以上时，红外测温方式监测导线跳线引流连接金具的发热情况，发现问题及时处理。应特别关注架空地线复合光缆（OPGW）的外层线股断股问题。

（3）用复合光缆（OPGW）作为架空地线，容易发生外层线股断股，处理方法采用预绞丝进行补修，并应严格按有关规定进行补修，断股数量超过规定时，应更换复合光缆（OPGW）。

（4）加强零值、低值或破损瓷绝缘子的检测工作，防止因线路故障发生劣化瓷绝缘子钢帽炸裂掉线事故。

（5）加强复合绝缘子的送检工作，特别是机械强度和端部密封情况的检查。复合绝缘子不宜使用在耐张水平串，以减轻检修作业的劳动强度。严禁作业人员踩踏复合绝缘子方式上下导线。

（6）加强对大跨越段线路的运行管理，按期进行导线、架空地线测振工作，发现动弯应变值超标应及时进行分析，查找原因并妥善处理。

（7）对重冰区和导线、架空地线易舞动区的线路应加强巡视和监测，具体防范措施如下。

1）处于重冰区的线路，应按照 Q/GDW 182—2008《中重冰区架空送电线路设计技术规定》（试行）进行设计，对档距大小不等的直线塔应改为耐张塔、减小出现杆塔档距不均现象或适当增加导线、架空地线、金具等的承载能力。

2）对设计冰厚取值偏低、抗冰能力弱而又未采取防覆冰措施的位于重冰区的线路应进行改造，尤其是跨越峡谷、风道、垭口等的高海拔地区线路，使其具备相应的抗冰能力。

3）对覆冰厚度超过设计冰厚的线路，可采取如下的措施预防冰害事故。

a. 消除导线上覆冰：①大电流融冰法；②机械除冰法；③被动除冰法。

b. 防止绝缘子覆冰闪络：①增大绝缘子的伞间距离；②改变绝缘子串的安装形式；③在绝缘子串之间插入大伞径绝缘子，以阻断冰桥的形成。

4）导线舞动多发地区的线路，可采取如下预防措施。

a. 已加装防舞装置的线路，应加强对防舞装置的观测和维护，对超过设计冰风阈值发生的舞动应及时采取应对措施。

b. 对已发生过舞动的线路，应及时进行检查和维修，并积极开展防舞研究，采取防舞措施（如加装防舞装置），以降低舞动发生的几率，减小舞动造成的损失。

c. 未加装防舞装置的线路，舞动易发季节到来时，运行部门应加强观测，并制定应急预案。

d. 加装防舞装置的同时应考虑防微风振动的要求，并进行必要的防震试验或现场测试，确保线路的安全运行。

（8）在腐蚀严重地区，应采用耐腐蚀导线、架空地线。

二、线路倒杆塔和断线事故预想及处理

做好事故预想并制定相应的抢修方案，可以最大限度地减少线路突发事故造成的损失，最快地恢复线路正常运行。事故预想与事故抢修机制应同时建立，发生事故时两者需同时启动并运作。

1. 建立事故抢修机制

（1）线路运行单位应建立健全线路突发事故的抢修机制，以保证突发事故出现时快速组织抢修与处理。抢修机制包括抢修指挥系统及人员组成、通信手段及联络方式、作业机具、车辆、抢修材料的准备等。

（2）抢修工器具、照明设施及通信工具应设专人保管、维护，并定期进行检查，使之处于完好可用状态。

（3）线路运行单位应结合实际制定典型事故抢修预案，抢修预案的确立应经本单位生产主管部门审核批准。典型事故抢修预案一经批准，应尽快组织落实，使每个抢修人员都能熟悉抢修过程及所担负的任务和职责。

2. 预案编制要点

（1）线路倒杆塔抢修预案编制要点。

1）各运行单位在正常情况下应储备有事故抢修杆塔，其数量可根据本单位实际情况自定（抢修塔最少1~2基、抢修杆可更多一些）。抢修杆塔的强度性能应符合《110kV~500kV线路紧急事故抢修杆塔技术条件》的要求，并应具备"结构简单，安装方便，重量较轻，通用性强"等特点。

2）事故抢修杆塔应设专人保管，塔材（包括塔脚、塔身、横担等）、螺栓应配备齐全，摆放整齐，并采取防雨、防潮、防盗等措施。在室外储备混凝土电杆，应防止碰撞。

3）事故抢修杆塔入库前必须进行试组装，组装无误后拆下，将全部构（配）件进行清点、编号，有规则地放入库房并进行登记造册。

4）按事故抢修杆塔的不同型式，制定严密、有效的施工组织方案。方案中应规定在事故抢修状态下，塔材出库（搬运）、装车、卸车的顺序；现场组立时，每个施工人员的任务、工作部位、施工方法、要求和注意事项等。上述施工组织方案，在正常时期，应通过实际训练（演习）让所有施工人员都能熟练掌握抢修作业的施工方法，使预案真正具有实效性。

5）事故抢修过后，应尽快用常规塔替换抢修塔，抢修塔被换下后应重新清点入库，以备再用。

6）其他抢修材料（如金具、绝缘子等）平时均应做好储备，需要时应保障供给。

（2）导线、架空地线断线抢修预案编制要点。

1）抢修器材的准备。各运行单位在正常情况下，应根据所维护线路的实际情况配备相应的事故抢修用导地线及其接续金具，其备用数量应满足紧急断线事故处理的需要。备品的技术性能应符合有关规范或标准的要求，并经抽检试验合格。特殊情况下使用非定型金具，应有足够的运行经验并试验合格。

2）单根导线、架空地线断线处理，应按下面两种情况分别制定：一种是不需增加导线只进行接续；另一种是需要部分换线并接续。

3）连接导线、架空地线的接续金具主要有爆压管和钳压管（连接方式又分为搭接或对接两种），此外还有预绞式（螺旋线接续条）、插入式导线连接器等。在编制断线抢修预案时，其施工方法及使用的工器具、材料必须与所选用的金具相对应。

4）导线、架空地线接续施工，不论采用何种方法必须指定专人进行。从事该项施工作业的人员必须经过专门的培训，经考试合格并获取相应专业施工资格证书。

5）导线、架空地线接续的施工质量应符合GB 50233《110~500kV架空送电线路施工及验收规范》的有关要求。

三、倒杆塔和断线事故处理注意事项

（1）当发生恶劣天气、外力破坏等情况造成线路倒杆、断线事故后，第一接报人应立即逐级上报有关领导，事故辖区负责人应立即赶赴事故现场，并保护现场。

（2）通知和组织人员认真巡查线路，并立即封锁现场，并立即与调度部门联系停下事故相关线路电源。

（3）应急指挥组负责人接报后，应问明情况，制定抢修方案，并立即备好抢修物资，赶赴现场待命，当安全措施完备后，实施抢修。

（4）当发生人员触电时，第一赶到事故现场者，应立即使用正确方法使触电者脱离电源，并就地实施心肺复苏抢救，同时马上向 120 医疗部门求助。

（5）输电线路倒杆塔和断线应急措施的实施，采取使用合格的工器具，按照应急预案内容进行操作。

（6）在应急抢修中要认真执行《国家电网公司电力安全工作规程》（电力线部分）关于在事故抢修时保证人身安全的组织措施和技术措施，确保应急抢修中的人身安全。

四、案例分析

1. 故障现象

2008 年 1 月 10 日开始，我国华中、华东部分地区出现长时间持续的大强度、大范围低温雨雪冰冻天气，导致湖南、江西、浙江、安徽、湖北等地电网发生倒塔、断线、舞动、覆冰闪络等多种灾害，对电网安全稳定运行带来严重影响，尽管防冰、除冰、融冰等技术手段在降低灾害损失方面发挥了有效作用，但还是造成国家电网公司直接财产损失达 104.5 亿元。

2. 故障原因分析

（1）由于受到多种因素的制约，线路路径选择不尽合理。新建线路大多数位于海拔较高地区或穿越高山、大岭，容易形成大高差、大档距、不均匀覆冰等覆冰倒塔、断线的客观诱发条件。

（2）连续近 20 天的低温阴雨天气，造成导地线上结冰厚度大大超过设计要求。

（3）设计对分裂导线的纵向不平衡张力取值小，没有按断一相导线冲击力校核铁塔颈部强度，造成轻覆冰铁塔抗纵向过载能力偏弱。

3. 故障处理方法

（1）线路规划尽可能降低线路的平均海拔，避开重冰区。

（2）修改设计标准，提高防范水平。

1）最先破坏的铁塔提高一个冰厚等级重建，将覆冰厚度设计值由原来 15mm 改为 20mm，并按 25mm 冰厚验算；按 20mm 冰厚设计的重冰区杆塔，将原来设计由 20mm 提高到 30mm 进行改建，并按 40mm 冰厚验算。

2）相对高耸、突出、暴露或山区风道、垭口、抬升气流的迎风坡等较易覆冰的微地形区段，以及相对高差较大、连续上下山等局部地段的线路，按照 20mm 冰厚改造，并按 25mm 冰厚验算。

3）增大分裂导线纵向不平衡张力百分比的设计要求，提高直线塔颈部的机械强度。

4）对较长的耐张段，在耐张段的中间适当位置设立耐张塔或加强型直线塔，以避免由于倒塔引起连锁破坏，耐张段不宜超过 3km。

5）对重冰区线路档距严重不均匀的直线塔，改为直线耐张塔，将导线不均匀脱冰造成的纵向不平衡张力差冲击力由耐张塔承担。

6）对覆冰严重的区域的钢芯铝绞线，其钢芯提高 1~2 个标准等级，特殊严重覆冰的地段可采用合金导线，并加强金具与架空地线的强度，架空地线覆冰比导线增加 5~10mm。

7）重冰区线路绝缘子采用大一个机械强度型号，以防止导线覆冰荷载拉脱掉串。

【思考与练习】

1. 如何防止倒杆塔和断线事故？

2. 倒杆塔和断线事故的预案编写包括哪些内容？

模块 4　防止污闪事故（ZY0100201004）

【模块描述】本模块包含线路污秽等级的确定、防止污闪事故措施和防污闪的技术管理等。通过原因分析、概念描述、图表对比、案例分析，掌握对输电线路的污闪事故的分析、预防和解决的方法。

【正文】

一、输电线路污闪事故发生的原因及其危害

各种污秽物质的性质不同，对架空线路的影响也不同。普通的灰尘容易被雨水冲刷掉，所以对绝缘性能影响不大。可是工业粉尘附着在绝缘子表面上形成一层薄膜，就不易被雨水冲掉，因此对绝缘影响极大。煤烟中的氧化硅、氧化铝和硫，水泥厂喷出飞尘中的氧化钙和氧化硅，盐雾中的氯化钠（NaCl）等污秽物质在干燥时，电阻很大，导电不好，对线路安全运行没有很大危险。但在空气湿度95%（雾、雨雪）的潮湿天气里，绝缘子表面污物吸收水分而呈离子状态，此时电导大为增加，泄漏电流也急剧增加。泄漏电流大小与积污量、污秽物的导电性能、污层吸潮性能的强弱以及水的导电性能有关。当泄漏电流增加时，绝缘子表面某些污层较薄的地方或潮湿程度较轻的地方，尤其像直径最小的绝缘子钢脚附近电流密度大的地方，局部污秽表面首先发热而烘干，形成高电阻的干燥带。此干燥带的电压迅速升高，如果空气的耐压强度低于加在干燥带上的电压，则在干燥带上首先发生局部放电。而潮湿空气又继续将干燥带的污秽物充分潮湿，泄漏电流继续增大，周而复始，泄漏电流的脉冲速度不断加快，继而贯通整片绝缘子发生闪络，乃至发展迫使所有绝缘子表面快速贯通放电而形成污闪事故。

污闪放电是涉及电、热和化学现象的错综复杂的变化过程。一般而言，可将污闪过程分成四个阶段：

（1）绝缘表面积污；

（2）绝缘表面湿润；

（3）局部放电的产生——污秽物烘干——充分潮湿——烘干——充分潮湿；

（4）绝缘子串表面脉冲式泄漏电流不断快速局部放电的发展并导致贯通绝缘子串闪络。

二、污秽等级的划分

一般来说，运行单位应在管辖区域内确定绝缘子串污秽监测点，定期将运行线路的绝缘子污秽监测点或不带电悬挂的污秽监测点连续积污 3～5 年后清洗检测得出附盐密度，按防污闪规定划分设备外绝缘的污秽等级，绘制本地区污区分布图，指导本单位线路的防污闪工作。划分污秽等级应根据管辖区域的污湿特征、运行经验并结合绝缘子表面累积污秽物质的"饱和"等值附盐密三个因素综合考虑后，按表 ZY0100201004-1 的规定划分外绝缘的污秽等级，绘制污区分布图，并报网省公司批准后实施。当三者不一致时，应依据运行经验决定。运行经验主要根据现有运行线路外绝缘的污闪跳闸事故记录、周围地理情况和气象特点、采用的防污秽措施等情况综合考虑。

划分污秽等级的饱和等值附盐密应以运行绝缘子连续积污 3 年及以上的附盐密为准。同时应根据不断积累的污湿特征、运行经验和饱和等值附盐密测量结果，有计划地滚动修改污区分布图并报网省公司批准后实施。

表 ZY0100201004-1　　　　　　　　输电线路污秽分级标准

污秽等级	污　湿　特　征	盐密（mg/cm²）线　路	爬电比距（cm/kV）220kV 及以下	爬电比距（cm/kV）330kV 及以上
0	大气清洁地区及离海岸盐场 50km 以上无明显污染地区	≤0.03	1.39（1.60）	1.45（1.60）
I	大气轻度污染地区，工业区和人口低密集区，离海岸盐场 10～50km 地区。在污染季节中干燥少雾（含毛毛雨）或雨量较多时	>0.03～0.06	1.39～1.74（1.60～2.00）	1.45～1.82（1.60～2.00）
II	大气中等污染地区，轻盐碱和炉烟污秽地区，离海岸盐场 3～10km 地区，在污闪季节中潮湿多雾（含毛毛雨）但雨量较少时	>0.06～0.10	1.74～2.17（2.00～2.50）	1.82～2.27（2.00～2.50）
III	大气污染较严重地区，重雾和重盐碱地区，近海岸盐场 1～3km 地区，工业与人口密度较大地区，离化学污源和炉烟污秽 300～1500m 的较严重污秽地区	>0.10～0.25	2.17～2.78（2.50～3.20）	2.27～2.91（2.50～3.20）
IV	大气特别严重污染地区，离海岸盐场 1km 以内，离化学污源和炉烟污秽 300m 以内的地区	>0.25～0.35	2.78～3.30（3.20～3.80）	2.91～3.45（3.20～3.80）

注　1. 附盐密值是在普通悬式绝缘子 XP—70 型（X—4.5 型）及 XP—160 型所组成的悬垂串上测得。

　　2. 爬电比距数值是按绝缘子几何爬电距离和额定电压计算得出。爬电比距是指外绝缘的泄漏距离对系统额定线电压之比，它是根据标准型悬式绝缘子运行经验总结出来的。当采用半导体釉绝缘子时，爬电比距应另行考虑。爬电比距以前称为泄漏比距。

线路运行、检修单位应按规定要求开展线路外绝缘附盐密测量工作，以作为指导线路清扫周期和污区分布等级图滚动调整的依据。

三、输电线路污闪事故的特点及判别

1. 污闪事故的特点

（1）污闪事故一般均是在工频运行电压长时间作用下发生。

（2）污闪可造成大面积、长时间停电事故，由于污秽绝缘子串充分潮湿，严重时污耐压将降至绝缘子湿闪电压的 20%左右，污闪电弧无法熄灭，常常造成自动重合不成功，成为电力系统重大灾害之一。

（3）季节性强，往往冬末春初发生，干燥的冬天积聚了较多污秽，初春润物的细雨大雾促使闪络发生。一天之中，又以傍晚到清晨较易发生污闪。大雾、毛毛细雨、凝露、毛雨加雪是污闪最易发生的天气。

（4）污闪会导致绝缘子伞盘炸裂损坏，劣化瓷绝缘子钢帽炸裂导线掉串，从而造成长时间的停电事故。

（5）直线串绝缘子比耐张绝缘子容易污闪，实践证明同等爬距下耐张水平绝缘子污闪几率不大，原因是水平悬挂容易被雨水或风冲刷，特别是耐张水平串采用普通型，自洁性能好且积污轻。

（6）直线双串绝缘子比单串绝缘子易污闪，特别是 500kV 带均压环的双串绝缘子，原因是双联串污耐压要比单串降低约 10%。

（7）绝缘子串有覆冰、积雪现象时，在冰雪消熔时更容易发生闪络。

2. 雷击闪络或污闪的判别

（1）雷击闪络或污闪在绝缘子上留下的闪络痕迹并有十分明显的区别。污闪的电弧总是从绝缘子局部沿面放电开始，在最终阶段才使绝缘子附近空气间隙击穿，如图 ZY0100201004-1（a）所示。输电线路污闪是在工频电压下发生的，污闪只在绝缘子串两端各 1~2 片绝缘子上留下明显闪络痕迹，只有重复污闪才会造成整个绝缘子串均有闪络痕迹，甚至造成绝缘子破碎或绝缘子钢脚、钢帽烧伤。雷击时，由于雷电流大，一般沿绝缘子串表面爬闪，而污闪多为跳闪（沿绝缘子串两端或每隔几片绝缘子闪络）。

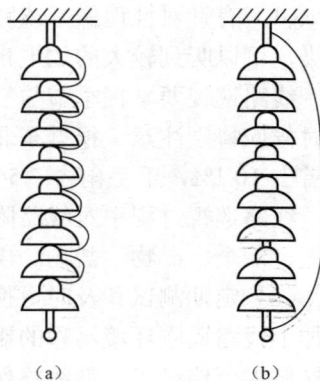

图 ZY0100201004-1 污闪现象
（a）沿面放电；（b）击穿

（2）将雷击与污闪在导线上留下的烧伤痕迹相比较，污闪留下的痕迹比较集中，甚至仅在线夹上或靠近线夹的导线上留下痕迹，但污闪形成和作用时间很长，烧伤导线虽小但严重。雷击闪络往往在线夹到防震锤之间导线留下痕迹，雷电流大但作用时间短，导线烧伤面积大但烧伤程度相对轻。

（3）雷击与污闪的天气条件是不同的，污闪空气潮湿度在 95%左右。

四、输电线路污闪事故的影响因素

1. 大气污染

随着城乡工业的迅速发展大气污染越来越严重，气象条件（包括酸雨、酸雾等）越来越恶劣，特别是火电厂、水泥厂、钢铁厂、化工厂及矿山等工业排出的大量气、液、固态污染物，随着气压、风速、温度等条件的变化形成严重的污染源。致使绝缘子表面长期遭受污染和积污，当其表面污秽层充分受潮后，绝缘电阻快速下降，泄漏电流增加，污秽烘干电阻增大，充分潮湿后泄漏电流增加，从而导致闪络事故发生。

天气出现覆冰、覆雪时，对绝缘子的污闪电压有不同的影响，经过有关科研部门的试验研究，绝缘子先污染后结冰时在相同的爬距下，无论在冻结状态还是在融化状态下其污闪电压可提高，若冰在充分融化时其耐受电压不变。通常情况下由于冰雪在空气中往往是受到污染后冻结在绝缘子上，这时其耐受电压值最低，极易发生闪络事故。

2. 鸟粪污染

虽然鸟粪污秽的盐密度不高，由于鸟粪排在绝缘子串上表面，缩短了绝缘子的有效爬距，使绝缘

子在正常工作电压下更容易发生污闪事故。

3. 海拔高度的影响

高海拔环境下大气压强较低，所以极易发生放电现象，并且电弧较粗，在交流过零后，电路极易发生电弧重燃，较难熄灭，所以在高海拔、低气压下运行的输变电设备应加强其绝缘（规程规定在海拔超过 1000m 以上时，海拔每增高 300m，放电空气间隙增大 3%）。

4. 绝缘爬距、结构、材料的影响

绝缘子爬距、结构及材料与污闪电压密切相关，一般情况下，污闪电压随爬距的增大而增加。绝缘子的结构形状直接影响绝缘子的防污性能，合理的结构设计，其表面光滑，不易形成涡流，积污量较小，提高了污闪电压。目前的盘形绝缘子基本采用不加大伞盘直径而增加爬电距离，造成形状系数较差的钟罩深菱形或钟罩形，若加大伞盘直径再增加爬电距离的大爬距普通型绝缘子，其有效爬电比距好。

5. 绝缘串长度（有效泄漏距离）的影响

一般情况下，绝缘串长度（有效泄漏距离）与污闪电压成线性关系，但是由于受绝缘子串同杆塔架构距离的影响而产生的邻近效应，所以绝缘子串长（有效泄漏距离）与污闪电压之间在高电压下存在饱和现象，绝缘串长度（有效泄漏距离）与污闪电压不成线性关系。

五、防止输电线路污闪事故的措施

目前比较有效的防污秽技术措施如下。

1. 加强运行维护

（1）有针对性地做好线路巡视。在线路巡视过程中，要注意多听、多看。白天巡线，绝缘子严重污染，可以听到较大的放电声。

线路巡视要掌握季节与气象。在多雾的季节，下毛毛雨和融雪时，尤其是有露水时，早气温较低的时候应特别注意。根据东北有关资料分析，发生污闪的气象条件雾露占 48.57%，融雪占 20.25%，降雪占 10.1%，毛毛雨占 7.54%。

线路巡视过程中对线路附近污染源情况应特别注意，化工厂污染特别容易引起污闪跳闸，其次是水泥、冶金、矿物、盐场、煤烟等。

（2）定期测试和及时更换不良绝缘子。线路如果存在不良绝缘子，线路绝缘水平就要相应降低，再加上线路周围环境污秽的影响，就容易发生污秽事故。因此，必须对瓷绝缘子进行定期测试，及时更换低零值绝缘子，使线路保持正常绝缘水平。一般两年测试一次。对盘形玻璃绝缘子，在雾季前必须及时更换自爆绝缘子，恢复绝缘子串的泄漏比距。

（3）做好重污区段绝缘子的及时清扫。输电线路运行规程对重污区的运行要求作出了以下特殊要求。

1）重污区线路外绝缘应配置足够的爬电比距，并留有裕度。

2）应选点定期测量盐密，且要求检测点比一般地区多，必要时建立污秽实验站，以掌握污秽程度、污秽性质、绝缘子表面积污速率及气象变化规律。

3）污闪季节前，应确定污秽等级、检查防污闪措施的落实情况，污秽等级与泄漏比距不相适应时，应及时调整绝缘子串的泄漏比距、调整绝缘子类型或采取其他有效的防污闪措施。

4）防污清扫工作应根据盐密值、积污速度、气象变化规律等因素确定周期及时安排清扫、保证清扫质量。污闪季节中，可根据巡视及检测情况，临时增加清扫。

5）应建立特殊巡视责任制，在恶劣天气时进行现场特巡，发现异常及时分析并采取措施。

6）做好测试分析，掌握规律，总结经验，针对不同性质的污秽物选择相应有效的防污闪措施，临时采取的补救措施要及时改造为长期防御措施。

2. 做好防污工作

（1）定期清扫绝缘子。定期进行绝缘子表面的清扫，是保持绝缘子绝缘良好的方法之一。清扫工作一般每年一次，对于污区要区别污区等级，增加清扫次数。停电清扫效率高，速度快。对于那些没有条件停电的线路，可以带电清扫，在清扫同时，要详细检查绝缘子有无裂纹、损伤、闪络烧伤、零值和其他缺陷，发现零值绝缘子要及时更换。

在严重污秽地区，如有充足的水源，可采用带电水冲洗，也可采用带电气吹或带电机械清扫。

（2）采用耐污绝缘子（如图 ZY0100201004-2 所示）。采用特制的耐污绝缘子是防污闪有效的办法之一。耐污绝缘子有两个优点：①双层裙边爬电距离大，如 XWP—7 每片爬电距离达 410mm，比 X—4.5 加长 110mm。也就是说，换用耐污绝缘子可以增加泄漏比距，以适应污区对泄漏比距的要求；②内裙边是一个斜平面，自洁性能好，不易积污。

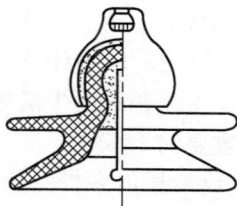

图 ZY0100201004-2　耐污悬式绝缘子

（3）增加绝缘子片数。如果不采用耐污型绝缘子，增加普通绝缘子片数，也是改善防污性能的一个有效措施。但要注意到它的合理性、可靠性和经济性。特别在污染严重情况下，单纯增加绝缘子片数，并不一定能有效地提高它的污闪电压。

（4）绝缘子表面涂上一层涂料或半导体釉。绝缘子外表面覆盖一层半导体釉的绝缘子，由于泄漏电流的发热效应，可以起到烘干潮湿的作用，防止污闪，延长清扫周期。此外还可改善绝缘子串的电压分布，提高电晕电压，防止无线电干扰。这种绝缘子，已有多年运行经验，反映良好。

绝缘子表面加涂憎水性涂料，可以提高抗污能力。当下小雨、小雪时，绝缘子表面的水分会结成水珠，而不是连成一片，因而可以增加绝缘电阻，减少泄漏电流，提高闪络电压。

采用涂料绝缘子，运行中将增加维护工作量，故除严重污秽地区外，一般不宜大量采用。涂料绝缘子在有效期内可以不作清扫，但有的地区应适当增加水冲洗，以延长涂料寿命，提高抗污性能。

有资料认为，爬电比距可比原来增加 20%左右，污闪电压能提高 50%以上，是较好的防污措施。

（5）采用复合绝缘子。复合绝缘子是高分子材料复合结构，芯棒用高强度玻璃钢引拔棒，承担外力机械负载，也是内绝缘的主要部分。硅橡胶制造的护套和伞裙是外绝缘，保护芯棒免受光照和潮湿等大气环境的侵蚀，增长泄漏路径，提高湿闪和污闪性能。

（6）对设计的悬垂双联串进行污耐压降低弥补工作，采用加片会使绝缘子串风偏距离不够，有效的方法是将双联串导线侧改为各自悬垂线夹固定导线，即改"八字形"悬挂，将导线侧两线夹的间距拉开至 60cm 以上，国家电网电力科学研究院试验证明，双联串导线侧间距大于 60cm 时，其污耐压等同单串。

3. 加强管理

建立输电线路经过地区的气象日志，掌握污闪规律，做好划分污级及污区的工作。

4. 利用科技

采用防污新技术新产品，大力加强污闪的科研工作。

六、防污闪技术管理

防污闪技术管理包括了盐密和灰度测定及分析机构；划分污秽等级、绘制污秽等级分布图；合理配置电瓷外绝缘爬距；清扫绝缘子；采用防污涂料；控制污源；加强绝缘子选型和质量检查；配电装置防污选择；污闪事故统计及分析资料；污闪组织机构、明确责任和建立技术档案管理等十几个方面。这充分说明了线路季节性事故预防中，防污秽的工作重要性，各运行单位必须按防污闪技术管理的十几个方面逐条落实，并结合本部门线路运行工作制定防污措施，健全档案管理，力争将污闪事故减少到最低程度。

七、案例分析

1. 故障现象

某地区的气候较干燥，化肥厂、农药厂、火力发电厂以及其他化工产品企业等排出的烟尘及废气，长久形成的污秽物质附着在绝缘子表面。积累后又形成薄膜，且不易被雨水冲洗掉，一旦在空气潮湿的气候条件下，就会形成导电层而引起闪络事故。

据调查，2003 年，某地区电网跳闸事故中，主要是污闪事故。2003 年 7 月 7 日，天下毛毛细雨，某发电厂 500 kV 联络变压器高压套管闪络，造成电厂 220 kV 母线、两个变电站与主网解列，且造成电厂 220 kV 母线，两个 220 kV 变电站全停及用户停电。事故损失负荷 30MW，低频减载负荷 50 MW，共计 80MW。

以上显见，输电线路污闪事故的发生，可直接导致用户长时间停电，致使供电可靠率下降，从而给工农业生产和居民生活用电带来负面影响。所以，减少或杜绝污闪事故，对输电线路的安全可靠运行至关重要。

2. 故障原因分析

根据以上调查结果，认真分析污闪发生的原因，具体如下。

（1）空气湿度大。在空气湿度大且无风或微风的自然条件下，绝缘子的绝缘水平降低，表面的泄漏电流增大。此时，污闪是引起故障的主要因素。

（2）泄漏比距小。计算泄漏比距采用额定电压与实际运行电压不符。通常，系统电压高出额定电压的 10%左右，也就是说，计算的泄漏比距比实际低 10%左右，故污闪必然会出现。

（3）绝缘子不能满足污秽要求。以往常采用普通绝缘子和防污绝缘子，这两种绝缘子的耐压层，只有几片或十几片混凝土浇筑层厚度，一旦出现零值绝缘子，耐压水平就会降低，从而影响泄漏电流的变化，出现污闪。

（4）周边环境污染。随着工农业的发展，尤其是化肥、农药、化工等行业的兴起，其排放的污染物日益增多，致使线路周边的环境污染日趋恶化。

3. 故障处理方法

（1）线路路径避开污秽区。在保证经济合理、施工方便的条件下，设计选定的线路路径应尽量避开污秽等级高的化工厂、发电厂、冶金厂、煤窑等。

（2）根据环境确定污秽等级和计算泄漏比距。根据线路沿线的污秽资料，结合国家电网公司颁发的《电网污区分布图》，对线路所在地区划分污秽等级；根据 GB 50545—2010《110kV～750kV 架空输电线路设计规范》中有关架空电力线路环境污秽等级规定，准确计算绝缘子泄漏比距，按各种绝缘子的形状系数换算成有效泄漏比距；根据以往教训，即线路环境污秽等级为二级，那么，计算泄漏比距时就选定三级。

（3）选用满足要求的绝缘子。采用有机复合绝缘子，有机复合绝缘子由硅橡胶整体制成，从而构成了一个整体耐压层。所以，其污闪电压是瓷绝缘子的 2～3 倍，其结构为不可击穿型，且不用清扫。

（4）在摇摆角符合要求的前提下，可以增加绝缘子片数来调整爬距。

（5）根据污秽等级和线路电压等级，确定绝缘子的清扫和轮换周期。

【思考与练习】

1. 污秽的来源有哪些？试述污秽绝缘子沿面放电的形成过程。

2. 输电线路污秽等级怎样划分？

3. 简述防止污秽的技术措施包括哪些内容。

模块 5　防止复合绝缘子损坏事故（ZY0100201005）

【模块描述】本模块涵盖复合绝缘子的基本特性、运行特点、事故危害以及损坏事故防范措施等。通过定性分析、图表对比、图形示例、案例分析，掌握防止复合绝缘子损坏事故发生的措施和方法。

【正文】

一、复合绝缘子基本特性

（1）机械性能优越。芯棒由环氧玻璃纤维热混合挤压制成，其抗拉强度为普通钢的 1.5 倍，是高强瓷的 3～4 倍，轴向拉力特别强，并具有较强吸振能力，抗震阻尼性能很高，为瓷绝缘子的 1/7～1/10。但复合绝缘子的机械强度薄弱点在芯棒与钢脚压接处，此处是两种材料靠压接而成，因此复合绝缘子的机械性能优越只体现在芯棒上。

（2）抗污闪性能好。复合绝缘子具有憎水性，新复合绝缘子在下雨时伞形波纹表面不会沾湿形成水膜，呈水珠状滴落，不易构成导电通道，其污闪电压较高，为同电压等级瓷绝缘子的三倍，适合在重污区使用。随着硅橡胶有机物在紫外线和电场的作用下，憎水性能会逐年下降，在长时间阴雨天憎水性能不易恢复，运行多年的复合绝缘子有时会发生不明原因闪络跳闸而查不出故障原因。

（3）耐电蚀性优异。绝缘子表面漏电闪络形成不可逆性劣变起痕现象，一般标准为不低于 4.5 级（即 4.5kV），而复合绝缘子为 6~7 级。

（4）结构稳定性好。一般瓷悬式绝缘子是内胶装配结构，电化腐蚀，运行中会产生低零值绝缘电阻，而复合绝缘子为外胶装配结构，其内心为实心棒绝缘材料，不存劣化合击穿，不会出现零值绝缘子。

（5）线路运行效率高。复合绝缘子风雨自洁性好，又不产生零值绝缘子，复合绝缘子一般不安排清扫，缩短检修、停电时间。

（6）质量轻。复合绝缘子自身质量轻，运输、施工作业中，可大大减轻工作人员劳动强度。

（7）复合绝缘子的缺点和不足。

1）复合绝缘子价格高。

2）复合绝缘子承受径向（垂直于中心线）应力很小，使用于耐张杆绝缘子严禁踩踏，或任何形式径向荷重，否则将导致折断，增加了线路检修人员工作的劳动强度。

3）复合绝缘子施工或平时运行时严禁硬物跌落、碰擦，因其伞部为硅橡胶，质比较柔嫩，极易损伤而破坏密封性，导致绝缘性能下降。

4）复合绝缘子芯棒与钢脚金具压接只能承受轴向拉力，该压接处的抗蠕变性能差，适合使用在悬垂串上。当使用在耐张水平串时，芯棒金具压接处的受力即要承受导线轴向张力（拉力），又要承受导线振动传递来的波浪式上下折力，还要承受因同心圆绞制导线的自然扭转、摇摆等交变力的作用，后两种力长期作用在芯棒钢脚压接处容易损坏它的抗蠕变性能，致使该处密封损坏而发生芯棒脆断事故。

5）复合绝缘子不适用在多雷区，原因是同等结构高度的绝缘子串，各电压等级的复合绝缘子耐雷水平比盘形绝缘子降低 7%~25%。

6）复合绝缘子属长棒阻性产品，它不同于盘形绝缘子每片含有自身电容，因此复合绝缘子的电位分布极不均匀（自身电容越大，串电压分布越均匀），在超高压线路上容易发生硅橡胶电蚀穿孔、芯棒脆断掉串事故。

7）复合绝缘子不适用在悬垂 V 串方式，原因是 V 串悬挂导线在受横担风压时，盘形绝缘子 V 串受压串的每个绝缘子均有钢帽钢脚连接点位移分解风压，而长棒式复合绝缘子只有上下钢帽碗头和钢脚碗头两处位移分解风压，容易使钢脚别弯或锁紧销损坏造成钢脚脱出掉串。

8）由于硅橡胶属有机物，虽然产品添加了防老化剂，但由于玻璃、瓷材料属无机物，在大自然中不会老化，因此复合绝缘子的寿命比玻璃和瓷材的绝缘子寿命短，所以产品全寿命管理效果差。

二、复合绝缘子运行特点

线路常用绝缘子主要有盘形瓷绝缘子、盘形玻璃绝缘子和长棒型复合绝缘子。通过对线路用复合绝缘子与瓷（玻璃）绝缘子相比较，在电气性能、防污性能等方面都具有明显的优势。

1. 电气性能

（1）雷击闪络。同等结构高度的瓷（玻璃）绝缘子串和复合绝缘子串的雷电冲击 50%放电电压相比。各电压等级复合绝缘子的雷电冲击 50%放电电压要比瓷（玻璃）绝缘子串降低 7%~25%，即复合绝缘子的耐雷水平差。

（2）零值问题。一般悬式瓷（玻璃）绝缘子为内胶装结构，钢脚嵌入瓷球头内部。内胶装使用粘合剂，因为瓷（玻璃）、混凝土、钢脚的热膨胀系数各不相同，当瓷（玻璃）绝缘子受到冷热变化时，各部件热膨胀系数的差异将使瓷（玻璃）件受到较大的压应力和剪切应力，故瓷绝缘子容易破损和钢帽内瓷件（头部）产生微裂纹而成低零值绝缘子；玻璃会产生伞盘爆裂失去部分爬电距离。复合绝缘子属于不可击穿结构，因此不存在零值问题。所以瓷（玻璃）绝缘子存在零值击穿、零值检测和零值更换的问题，而复合绝缘子没有这样的问题，但按 DL/T 864《标称电压高于 1000V 交流架空线路用复合绝缘子使用导则》的规定，复合绝缘子每 2～3 年登塔检查硅橡胶老化龟裂、破损、粉化、密封处损坏和检测憎水性能，运行 8～10 年按批次更换三支送电科院作机械强度和污耐压性能试验，其日常维护工作量也不少。

（3）耐污性能。瓷（玻璃）绝缘子表面为高能面，被水浸润后形成连续水膜，同时受到污秽的作用，易发生污闪现象，因此日常运行中要采用人工清扫或者涂抹硅橡胶涂料的措施。若瓷、玻璃绝缘子按复合绝缘子的结构高度配置片数时，其耐污闪水平可增加较多，如 110kV 可配 8.6 片，泄漏比距可达 3.68cm/kV；220kV 可配 15.5 片，泄漏比距可达 3.27cm/kV。

复合绝缘子的构成材料是硅橡胶材料，伞裙护套表面为低能面，因此具有良好的憎水性和憎水迁移性。即使处于潮湿污秽的环境中，在复合绝缘子伞裙表面也不会形成连续的水膜，只有相互独立的水珠颗粒，因此复合绝缘子具有良好的耐污性能。特别适合使用在重污区地段，虽在经过一定的运行年限后复合绝缘子憎水性会变差，但相对于瓷质绝缘子，其耐污性能仍是很高的。

2. 机械性能

复合绝缘子所使用的玻璃纤维芯棒的轴向抗拉强度很高，一般都在 600MPa 以上，目前最新采用的 ECR 耐酸型芯棒的抗拉强度在 1000MPa 以上，这么高的强度是瓷绝缘子的 5～10 倍，但复合绝缘子采用的是环氧树脂芯棒与钢脚金具两种不同材料压接工艺，虽然该压接将芯棒与金具成为一个整体，提高了复合绝缘子机械强度，但两种材料的抗蠕变性能差，钢脚或压接部位就是复合绝缘子的抗拉强度，其芯棒抗拉强度再高也无法弥补该短板处。

3. 抗老化性能

瓷质绝缘子有近百年的运行经验，其抗老化能力较强。在投入运行后相当长的时间内，如不因机械受力等原因致使少量绝缘子钢帽内瓷件产生微裂纹而发生低零值，其余可不用考虑老化及更换的问题。玻璃绝缘子有近 80 年运行经验，玻璃件的质量是熔融体，除少量绝缘子因玻璃件内含有瑕疵或钢化不均而产生伞裙爆裂而减少爬电距离，但其自爆后残锤强度需在额定荷载的 80% 以上，不会发生钢帽炸裂掉串事故，其余玻璃绝缘子可使用数十年。

复合绝缘子属于有机材料绝缘子，在运行中受到大气、高低温、紫外线、强电场或其他一些因素的影响，伞裙护套中的有机材料会发生老化、劣化现象，从而造成复合绝缘子绝缘性能的降低，影响到复合绝缘子的使用寿命。

三、复合绝缘子事故危害

复合绝缘子事故的原因基本包括：①绝缘子的电气损坏，如闪络、界面击穿等。这些损坏现象多发生在早期产品上，主要原因是选材、工艺都不够成熟等。②机械方面的损坏，主要包括脆断、台风等因素导致芯棒折断等。这类事故后果严重，可能导致电网发生恶性事故。

（一）复合绝缘子的电气损坏（界面击穿、不明原因闪络）

1. 界面击穿（内击穿）

界面击穿（也叫内击穿）的发生是由复合绝缘子的界面或芯棒存在缺陷，但击穿的具体原因提出两种可能：一种是因绝缘子缺陷处的局部场强过高导致局部放电形成碳化通道并逐渐发展成贯穿性击穿；另一种是护套或端部密封破坏，水分沿界面或芯棒的缺陷进入绝缘子内部，导致内击穿。

内击穿是复合绝缘子事故中的一种恶性事故，它不像其他的闪络事故一样往往可以重合成功，一旦发生这类事故，就可能造成线路全线停运，影响到正常的输送电。

从图 ZY0100201005-1 可以看出，芯棒沿轴向炸成贯穿的两半，局部段炸成多个部分，击穿面大面积烧黑，击穿面邻近的芯棒部分已呈疏松状。

内击穿是一种渐进性的故障类型，从出现故障隐患到事故发生往往要经历很长一段时间，如何防止内击穿事故的发生，应从以下几方面着手。

（1）在使用复合绝缘子上要严格把关，使用质量和工艺都优异的产品。

（2）在日常的运行当中一定要加强运行巡视，利用红外成像技术，检测跟踪发热异常的复合绝缘子，如果发现发热点温度持续升高或发热点转移，应立即采取其他相应的措施。

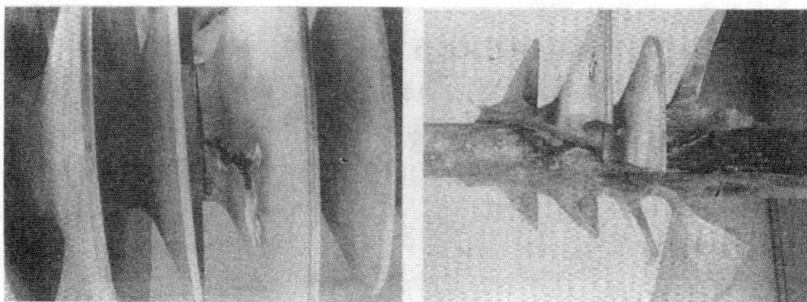

图 ZY0100201005-1 某线路发生内击穿后复合绝缘子照片

（3）复合绝缘子均压环设计不当也是造成内击穿的原因之一。棒形悬式复合绝缘子轴向电场分布是极不均匀的，采用合适的均压环可以很好地改善和均匀轴向电场。由于我国没有复合绝缘子均压环的设计、制造标准（盘形绝缘子有均压环的行业制造标准），因此目前复合绝缘子均压环都不考虑罩入保护硅橡胶伞裙和护套，无法起到良好的均压效果。

2. 复合绝缘子发生不明原因的闪络

（1）复合绝缘子发生不明原因的闪络分析。

1）复合绝缘子属于不击穿全绝缘棒形绝缘子（细长型），沿复合绝缘子轴向形成了极不均匀的电场分布，不均匀电场的放电电压低于均匀电场，在其他直接原因的配合下复合绝缘子更容易形成闪络。

2）综合地区气温的差别、形成随机性变化很强的环境因素，使复合绝缘子绝缘表面结构间隙闪络的概率进一步增大。

3）复合绝缘子外绝缘材料本质的区别、性能的差异、芯轴尺寸的不同等，都能直接或间接地增大产品表面结构间隙闪络的概率。

4）运行中异物飘至复合绝缘子附近或附着在复合绝缘子上，也是造成复合绝缘子不明闪络的原因之一，常见的异物包括鸟粪、带金属丝的风筝线、锡箔纸、塑料绳、塑料袋等。闪络后由于上述异物被电弧烧毁、被风吹走或因其他原因离开复合绝缘子表面，在未发现证据的情况下往往被视为不明原因闪络。

5）除上述原因之外，不明原因还有如过电压问题、局部气候气象问题、鸟害问题等。只有认真调研与观察，才能多的找出其闪络的真正原因。

6）复合绝缘子产品出厂验收运行单位从没要求检测硅橡胶的含量（硅橡胶含量约50%），当硅橡胶含量少于标准要求时，复合绝缘子的产品寿命和憎水性能都大幅降低。

发生不明闪络都是在地表面潮湿、昼夜温差大的季节和午夜到凌晨风力小的一段时间，将引起伞裙边缘间隙闪络。通常情况下复合绝缘子发生闪络，在大电弧作用下，会使输电线路跳闸并重合闸动作，这样复合绝缘子可以恢复正常工作。

（2）防止复合绝缘子发生不明原因的闪络措施。

1）采用质量好和检测合格的复合绝缘子。

2）加强复合绝缘子运行巡视工作，防止异物、地区气温的差别、复杂地貌与自然气候条件相互作用等外界因素对线路造成危害。

（二）机械损坏事故（芯棒断裂、芯棒脆断）

1. 复合绝缘子芯棒断裂

（1）复合绝缘子芯棒断裂分析。复合绝缘子芯棒断裂是由于芯棒外硅橡胶护套硬物穿破、电蚀穿孔或压接处密封圈损坏，大气中带微酸性水分从破损处侵入玻璃纤维芯棒，在电磁场长时间的作用下发生电老化使玻璃纤维丝腐蚀变脆，复合绝缘子芯棒脆断多数发生在导线端第 2～4 片伞裙处。电网发生的复合绝缘子脆断现象主要有以下三个特点。

1）脆断往往发生在复合绝缘子场强集中的高压端，如某起脆断事故是因为均压环装反导致绝缘子很快发生脆断。放电可能是导致脆断的主要原因，可以通过改变均压环的设计使复合绝缘子端部场强尽可能均匀，从而降低脆断发生的可能性。

2）发生脆断的复合绝缘子一般都存在护套或者端部密封破损的情况。目前厂家对端部密封也采用了应用于护套、伞裙的高温硫化硅橡胶，并对端部加强了密封设计，能够很好地降低脆断发生的几率。

3）目前所有脆断均发生在 E 纤维制成的普通芯棒上。最新研制出的无硼纤维（Electrical Grade Corrosion，ECR）耐酸芯棒具有比普通芯棒更好的耐酸性能，因此可以大大降低脆断发生的可能性。但不是所有 ECR 纤维芯棒都具有很好的耐酸性能，所以应选用耐应力腐蚀性能较好的耐酸芯棒。

（2）防止复合绝缘子芯棒脆断的措施。

1）采用压接等连接工艺先进的产品。

2）采用耐酸芯棒复合绝缘子。

3）复合绝缘子端部采用高温硫化硅橡胶和多层密封工艺。

4）开展挂网复合绝缘子现状调查和加强巡视。

5）对于大档距、高落差、重要跨越点和重点线路进行单串改双串、双悬垂串、V 形串或八字形串绝缘子，并尽可能采用双独立挂点。

6）对偶尔发生脆断事故，应结合复合绝缘子具体使用年限、运行情况以及抽检情况，逐步替换早期老型号的复合绝缘子。

复合绝缘子脆断虽然危害较大，但发生概率较小。采取上述措施虽然不能完全避免脆断的发生，但也能够将脆断概率降低到较低的水平，使得脆断不再成为令人担忧的问题。

2．机械强度下降

由于机械强度下降造成复合绝缘子掉串的事故，在电网并不多见。但随着复合绝缘子运行年限的增长，复合绝缘子机械强度下降的问题将是电网输电线路安全运行的一大威胁。因此运行单位应按 DL/T 864 规定的运行维护要求执行。

（三）其他故障

其他故障如污闪、憎水性（憎水迁移性）、雷击闪络、鸟害、安装损坏等。

1．复合绝缘子耐污性能及憎水性能

（1）复合绝缘子的污闪的分析。新复合绝缘子耐污闪能力强，但随着输电线路长期运行，硅橡胶的表面憎水性能有程度不同的下降，有时甚至暂时丧失憎水性能，污闪性能明显降低，影响复合绝缘子憎水性能恢复的主要因素如下。

1）伞裙的硅橡胶材料配方不同，其憎水恢复率也不同。

2）复合绝缘子连续受潮的时间越长，恢复憎水性所需时间越长。

3）环境温度低，憎水性恢复较慢；环境温度高，则憎水性恢复较快。

4）绝缘子表面粗糙度高的，憎水性恢复较慢。运行时间长的旧绝缘子比新绝缘子憎水性恢复慢，材料的老化亦会影响憎水性的恢复。

5）发生闪络且有烧痕的绝缘子，其憎水性恢复明显减慢。虽然在试验中仍然可能通过各项电气试验，但在一定的气候条件下，特别是湿度大、温度低的气候环境下，闪络的概率明显增大。因此，复合绝缘子在一定的气候条件下，发生污秽闪络是完全有可能的。但是，从全国线路污秽统计数据来看，与瓷、玻璃绝缘子相比，复合绝缘子由污闪造成的故障次数要明显低得多。

（2）防止复合绝缘子的污闪的措施。

1）按 DL/T 864 的要求，分批次抽样更换下送电试院进行耐污性能的试验。

2）改进方法主要有两种：①适当增加复合绝缘子的串长（加长复合绝缘子安装前进行风偏校验，主要考虑间隙圆）。②对棒行绝缘子增加伞数或采用特殊伞形。

2．复合绝缘子的覆冰及冰闪

（1）复合绝缘子的覆冰及冰闪的分析。输电线路绝缘子表面覆冰或被冰凌桥接后，绝缘强度下降，泄漏距离缩短。在融冰过程中冰体表面或冰晶体表面的水膜会很快溶解污秽物中的电解质，提高融冰水或冰面水膜的导电率，引起绝缘子串电压分布的畸变，从而降低覆冰绝缘子串的闪络电压。有关试验数据表明，覆冰越重、电压分布畸变越大，绝缘子串两端特别是高压端绝缘子承受电压百分数越高，随着冰水导电率的增大，泄漏电流也在不断增大，最终贯通闪络跳闸。

（2）防止复合绝缘子冰闪故障的措施。

1）对微气象、覆冰及重污区双串绝缘子，有选择地（针对 ZM 塔）进行倒 V 形改造，可使倾斜的绝缘子串上覆冰不贯通，当熔冰时不易发生冰闪故障。但采用 V 串时，线路受横向风压时，它不同盘形绝缘子串那样每个钢脚均会位移分解，极易发生复合绝缘子钢脚别弯或锁紧销损坏而掉串。

2）复合绝缘子加大帽瓶，在原复合绝缘子上方加一大帽瓶，防止塔体污水沿绝缘子遇冷结冰但无法隔离绝缘子串本身冰凌。

3）加特制大盘径硅胶（大小伞、大中小伞）伞裙罩，采用粘贴或热塑等方法，将原普通复合绝缘子与特制大伞盘固定为一体，其优点同大盘径绝缘子，且因直径增大，其防鸟害功能比防绝缘子冰闪更突出。

3. 复合绝缘子的雷击闪络及分析

同等电压等级的输电线路，复合绝缘子因耐雷水平低于盘形绝缘子串，容易发生雷击闪络事故，因此丘陵或山区地段不宜采用复合绝缘子。

例如，某供电局 8 支发生雷击闪络故障的 110kV 电压等级复合绝缘子的干弧距离只有 930mm，而另一供电局全部发生雷击闪络的 12 支复合绝缘子的干弧距离只有 960mm，它们都远小于 IEC 标准要求的 1050mm。可见，干弧距离太短未达标准是造成复合绝缘子雷击闪络的主要原因之一。

4. 复合绝缘子的鸟害

复合绝缘子的鸟害可以分为两种：一种是鸟粪闪络，即通常所说的鸟害闪络；还有一种是鸟叮啄伞裙引起的绝缘子伞裙护套的损坏，此类现象只发生在新建线路未投运前，线路投运后鸟类叮啄伞裙基本不会发生。

（1）复合绝缘子的鸟粪闪络分析。鸟害闪络的实质是鸟粪闪络，这类事故占事故统计中的第二位，近些年来随着动物保护观念的增强，这类事故有增多的趋势，并且这类事故具有一定区域性。

复合绝缘子的鸟害引起线路跳闸形式有两种：一种是鸟粪落在绝缘子上引起的闪络，绝缘子表面有明显的鸟粪痕迹，这种形式是一般意义上的、普遍认可的鸟粪闪络形式，但是由于鸟粪下落时被伞裙遮挡分隔为多段，实际上发生闪络的概率相对较低；在鸟粪闪络中更大的一部分是另一种闪络形式，即鸟粪沿均压环外侧但接近均压环处落下，直接导致上下金具间短路放电，而绝缘子上不留鸟粪痕迹，如图 ZY0100201005-2 所示。

鸟粪闪络的机理可以认为是鸟粪下落的瞬间畸变了绝缘子周围的电场分布，使鸟粪通道与绝缘子高压端之间发生了空气间隙击穿而导致的闪络。并不是或主要不是以前直观认为的由于鸟粪淌落在绝缘子表面导致的沿面污秽闪络。

（2）复合绝缘子鸟叮啄伞裙。新建线路未投运前，会发生鸟叮啄伞裙引起的绝缘子伞裙护套的损坏，最新的调查分析认为，复合绝缘子不同厂家、不同颜色都有鸟叮啄的报道，说明其颜色、气味与鸟类是否叮啄无明显关系。

图 ZY0100201005-2　模拟鸟粪试验示意

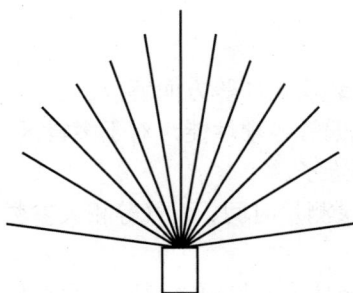

（3）复合绝缘子防鸟害闪络的措施和方法。

1）为解决复合绝缘子鸟害闪络问题，各单位高度重视，将防鸟刺和大伞裙结合起来使用。可以在每只绝缘子顶部正上方安装一只防鸟刺，以防止鸟在绝缘子顶部降落栖息。防鸟刺的直径为 50～60cm，其结构如图 ZY0100201005-3 所示。超大伞裙保护了造成鸟粪闪络的最危险区域，在绝缘子顶部的防鸟刺防止了鸟在绝缘子顶部降落排粪。

图 ZY0100201005-3　防鸟刺结构

2）运行单位要做好鸟害统计工作，包括统计分析鸟害发生的地

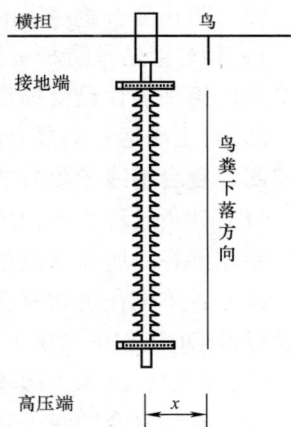

域和气候特征、鸟害发生时间、鸟害涉及的杆塔、绝缘子类型和电压等级、引起跳闸的鸟类等，然后根据自身区域的特点采用有效的防鸟害措施。目前采用的防鸟措施大致有绝缘子串第一片使用大盘径绝缘子或加装超大直径硅橡胶伞裙、横担上安防鸟刺和惊鸟装置等，都取得了很好的效果。图 ZY0100201005-4 所示为一种兼顾防冰雪和防鸟害事故的复合绝缘子。

3）新建线路附近没有运行线路时，采用复合绝缘子经常会发生鸟类叼啄伞裙和护套，目前绝缘子厂家有复合绝缘子保护措施，即复合绝缘子悬挂后，外层的保护措施仍在，当输电线路要带电运行前，统一拉除防护套，复合绝缘子带电运行后再停电检修，鸟类基本不会再叼啄伞裙。

图 ZY0100201005-4 兼顾防冰雪和防鸟害事故的复合绝缘子

5. 复合绝缘子的老化分析

复合绝缘子的老化主要表现为在运行过程中护套、伞裙材料在潮湿、表面放电、紫外线、温度等因素的综合作用下发生不可逆转的憎水性退化、粉化、烧蚀及抗撕强度降低等现象。

6. 复合绝缘子的安装损坏

（1）复合绝缘子的安装损坏的分析。虽然施工以及运输和储存中发生损坏的问题，虽并未影响电网的安全运行，但其潜在影响也不可低估。不能排除可能有若干因施工和运输不当，受到损伤的复合绝缘子已上网运行；也不能排除已发生脆断的复合绝缘子，有些是否因为施工受损所致。

（2）防止复合绝缘子的安装损坏的措施。

1）其对策是预防和更换，首先要进一步规范复合绝缘子的运输、储存及施工措施，严把上网前的质检关，绝不能让已受损伤的复合绝缘子上网运行。

2）对上网运行的复合绝缘子定期巡查检测，发现芯棒损坏的绝缘子及时更换。

四、复合绝缘子事故的防范措施

（1）订货过程中严把招标、验收等环节，确保绝缘子制造质量。由于目前国内外生产厂家很多，质量参差不齐，所以对质量进行监督和检测，确保电网和电力系统的安全运行是十分必要的。

（2）各单位在选购复合绝缘子时，可要求厂家产品通过 IEC 61109 的修订中规定的端部密封渗透试验以及 DL/T 810—2002《±500kV 直流棒形悬式复合绝缘子技术条件》规定的芯棒应力腐蚀试验。

（3）在复合绝缘子运输、存放、安装及检修过程中，严禁人员蹬踏。

（4）安装复合绝缘子时，严禁反装均压环。

（5）大跨越塔或重要的交叉跨越塔应使用双串复合绝缘子（尽可能采用双挂点的双串，但应注意两支绝缘子的受力平衡）。

（6）解决复合绝缘子鸟害问题，可以将防鸟刺和大伞裙结合起来使用。

（7）防止复合绝缘子雷击闪络，可以调整复合绝缘子干弧距离、安装均压环等方面解决。

（8）用复合绝缘子进行反污调爬时，应综合考虑线路的防雷、防风偏等各项性能，对于多雷区或雷电活动特殊强烈地区的且塔头尺寸较小的老旧杆塔暂不宜使用复合绝缘子。

（9）设置一定数量的憎水性监测点，定期检测绝缘子憎水性，并记录测量时间、天气等相关参数，以备综合分析该批产品的外绝缘状况。

（10）利用登检机会就近观察复合绝缘子表面状态，主要观察端部金具护套界面密封胶是否良好，在雨、雾气象条件下，表面憎水性状况、局部放电状况及伞裙表面是否破损、变形，是否出现粉化、裂纹等老化现象，对护套或端部密封有疑虑的，进一步确认后应及时更换。

（11）定期按规程要求换下一定数量复合绝缘子做全面性能试验。

（12）对于已挂网运行的耐张复合绝缘子应高度重视，积累耐张复合绝缘子串的运行经验。

（13）加强复合绝缘子的运行管理工作，由于复合绝缘子没有测零值问题，但登塔检查硅橡胶硬化、龟裂、粉化和检测憎水性能等项目必须按规程要求进行，才能保证电网的安全运行。

（14）加强对复合绝缘子的事故分析、统计工作，不断提高运行经验。

五、案例分析

1. 故障现象

某条 500kV 线路全长 276.44 km，导线为 4×LGJX—400/50，全线共用国产钢化玻璃绝缘子 72005 片，外国可靠公司生产的硅橡胶复合绝缘子 976 串，其中有 60 串用做耐张串，用于直线小转角及直线塔有 16 串和 852 串，该线路自投入运行以来，分别于 1999 年 12 月 16 日和 2001 年 1 月 25 日发生过 N162 塔 B 相边导线的复合绝缘子和 N221 塔 A 相边导线复合绝缘子断裂，都造成导线落地重大事故，发生事故地段分别在某县一水库附近和另一县某镇内山顶上，两处都人烟稀少，四面环山，青山绿水，十几公里范围内无明显污染源。N162 塔 B 相和 N221 塔 A 相的复合绝缘子断裂都发生在靠近导线侧高压端处，其中 N162 塔 B 相复合绝缘子的断裂处距金具约 3mm，N221 塔 A 相的断裂处在金具与芯棒连接处。

2. 故障原因分析

事故巡查表明不属污闪或雷击事故，对发生断裂的复合绝缘子断面进行仔细的外观检查发现，断裂面有三个端面有发黄的旧痕迹，一个端面则是拉断的新痕迹，在端部金具与芯棒连接的密封处发现有密封不良现象，密封处的硅橡胶上发现有水渗透和金具锈蚀的痕迹。断裂位置发生在复合绝缘子导线侧距金具 30mm 处，整个断面呈不规则平台状，约 1/4 面积边缘有拉丝，均压环安装位置及方向符合厂家设计要求，从断裂处测得的复合绝缘子芯棒外护套厚度为 2mm，特征基本符合脆断的特征。

本次事故的原因如下：复合绝缘子的芯棒与金具连接处密封层被破坏或芯棒外护套的硅橡胶层有裂纹，由于 500kV 某线路紧靠水库，空气潮湿，且空气中含盐雾密度较大，500kV 复合绝缘子高压端部电场强度较大，电晕较严重，空气中的氮气及盐雾气体在强电场的作用下电离成氮离子和氯离子，与空气中的水分子结合后生成弱硝酸和弱盐酸，同时大气中含有的其他酸性物质与雨水结合形成弱酸性溶液，通过密封层缺陷处或芯棒外护套硅橡胶层裂纹渗进芯棒，芯棒玻璃纤维在长时间的酸性溶液腐蚀下变脆，形成脆断层，随着时间推移，酸性雨水不断渗入，脆断层不断增大，芯棒有效面积不断减少，待断裂面积达到整个截面的相当比例时，余下部分承受不住导线的重量发生断裂，伴着拉丝现象，产生复合绝缘子脆断。

3. 故障处理方法及防范措施

由于复合绝缘子发生脆断事故的主要原因是芯棒外护套或密封层受损，使得酸性物质渗透进芯棒而产生的。所以应通过对复合绝缘子的生产过程、运输过程、安装过程等方面进行全程质量监控，提高复合绝缘子从生产到应用整个过程的质量。

（1）采用耐酸性材料做复合绝缘子芯棒材料。

（2）改进复合绝缘子包装方式，保证复合绝缘子在运输过程中不受损伤。

（3）改进复合绝缘子安装方法，线路施工单位在安装复合绝缘子时大多采用单点起吊安装方式，要求采用软质布保护起吊绳索绑扎处，垂直起吊以保护复合绝缘子在起吊过程中不与塔身碰撞。

（4）设计采购选择耐酸性芯棒，工厂的产品试验按规程要求进行。

【思考与练习】

1. 复合绝缘子的基本特点是什么？

2. 复合绝缘子的运行特点是什么？

3. 简述复合绝缘子的事故分类。

模块 6 防止覆冰及绝缘子冰闪事故（ZY0100201006）

【模块描述】本模块包含输电线路覆冰的类型、机理、影响因素、危害及防范措施等。通过原理分析、图形举例、案例分析，了解导线覆冰的机理及其对线路运行的危害，掌握输电线路防冰的具体措施。

【正文】

一、输电线路覆冰的类型及其危害

覆冰数据主要包括覆冰类型、覆冰厚度、覆冰密度、冰的粘接力等。我国的气象台站对覆冰数据的采集还不普遍，因此多数覆冰数据要靠输电线路运行维护部门根据线路的覆冰结果、覆冰在线监测数据及设立的专用气象台站进行收集。

输电线路有覆冰和积雪两种情况。导线覆冰可分为白霜、雾凇、混合凇和雨凇四种；积雪可分为干雪和湿雪两种。

白霜形状一般为"针状"或"树枝状"晶体，是地面湿气凝华产生的一种覆冰，对输电线路几乎不构成威胁。雾凇分为软雾凇和硬雾凇两种，导地线及绝缘子上积覆雾凇时，常常是两者并存。雾凇的最明显特征是外观呈"虾尾状"或"松针状"，是冬季高寒高海拔山区输电线路最常见的一种覆冰形式，其颜色为白色，对输电线路危害较大。混合凇是由导线捕获空气中过冷却水滴并冻结而发展起来的一种覆冰形式，以硬冰块的形式出现，透明或不透明，对输电线路危害较大。雾凇和混合凇是由雾中或云中过冷却小水滴引起的，统称为云中覆冰。雨凇是由过冷却雨滴或毛毛雨滴发展起来的，即冻雨覆冰，在工程实际中常将密度大于 $0.9g/cm^3$ 的冰称为雨凇，在雨凇覆冰情况下，粘结到导线或其他物体上的水滴完全冻结之前，过冷却水滴的碰撞连续不断地发生，覆冰是连续增长的，理论上透明的清澈冰，其密度接近理论上纯冰的密度，对输电线路危害较大。

导线积雪是指当温度在 0℃ 左右、风速很小时，"湿雪"粒子与"水体"一起通过"毛细管"的作用相互粘结并粘附到导线表面的现象。空气中的干雪或冰晶很难粘结到导线表面，只有当空气中的雪为"湿雪"时，导线才会出现积雪现象，导线积雪对输电线路危害较小。雨凇及积雪是由冻雨和降雪造成的，总称为降水覆冰。

二、输电线路覆冰机理

在冬季和初春季节，冷暖气流交汇时，易形成逆温层，在这种气候条件下，大气中的部分小水滴是以 0℃ 以下的液态存在的，一旦这种小水滴落在地表低于 0℃ 的物体上，就会积冰。

导线、架空地线覆冰的物理过程是：气温下降至 $-5\sim0℃$，风速为 $3\sim15m/s$ 时，如遇大雾或毛毛雨，过冷却水滴首先在导线、架空地线的表面形成雨凇；如气温升高，例如天气转晴，雨凇开始融化；如天气骤然变冷，气温下降，出现雨雪天气，冻雨或雪则在粘结强度很高的雨凇冰面上迅速生长，形成密度大于 $0.6g/cm^3$ 的较厚的冰层；如温度继续下降至 $-15\sim-8℃$，原有冰层外则积覆雾凇。这种过程导致导线、架空地线表面形成雨凇—混合凇—雾凇的复合冰层。如在这种过程中天气变化，出现多次晴—冷天气，则融化加强了冰的密度，如此反复发展将形成雾凇和雨凇交替重叠的混合冻结物，即混合凇。

导线覆冰首先在迎风面上生长，如风向不发生大的变化，迎风面上覆冰厚度会继续增加。当迎风面覆冰达到一定厚度，其重量足以使导线、架空地线扭转时，导线、架空地线发生扭转现象，重新在迎风的一侧覆冰，不断扭转不断覆冰，最终形成圆形或椭圆形的覆冰。通常截面积较小的导线覆冰呈圆形，截面积较大的导线覆冰呈椭圆形；如导线不扭转（如多分裂导线）则覆冰呈扁平状。

三、输电线路覆冰事故危害

（1）造成断线、断串、断联及倒塔事故。当导地线覆冰折算厚度超过设计覆冰厚度时，导地线、铁塔荷载增加，有时会造成输电线路断线、断串、断联事故。同塔双回或架空地线保护角小（0°~4°）的输电线路，由于地线结冰比导线严重（运行导线输送电流有温度），架空地线下垂接近导线而放电跳闸。

（2）引起导地线舞动。导地线覆冰后，当水平方向的风吹到因覆冰而变为非圆断面的输电导线时，将产生上行空气动力，在一定的条件下，诱发导线产生一种低频（0.1~3Hz）、大振幅（导线直径的5~300倍）的自激振动，这就是导线舞动。导地线长时间的舞动会造成导线间隔棒破损、金具磨损、导地线间距接近放电跳闸、绝缘子破损、杆塔结构受损或拉垮。

（3）脱冰跳跃及不均匀覆冰造成导线张力差拉垮杆塔颈部而倒塔断线。导地线上结有白霜、雾凇、混合凇、积雪等低密度覆冰时，由于粘结松散，在风或者自重的作用下，会不均匀地自动脱落，脱冰侧的导地线失去覆冰造成张力突然变化，导、地线上下跳跃，在导地线下落时的冲击力，会拉垮铁塔颈部（横向拉力最薄弱处）而造成倒塔断线，2008年南方冰灾极大部分杆塔均属拉垮断线。

（4）绝缘子串融冰闪络。运行线路绝缘子覆冰后，绝缘子沿面泄漏电流会使冰层内侧逐步融化，冰层内绝缘子表面水分贯通，泄漏电流增大贯通上下绝缘子表面而造成闪络跳闸。

四、防范输电线路覆冰事故的措施

（一）事故处理原则

根据输电线路覆冰事故现象可以看出，为避免输电线路覆冰事故的发生，就要防止导地线不均匀脱冰引发的倒塔断线、导地线间距接近放电和绝缘子串覆冰贯通融冰闪络，这是输电线路覆冰事故处理一般应遵循的基本原则。

（二）防止覆冰事故的方法和措施

1. 防止导地线覆冰

（1）在导地线上安装防冰环可截住由水滴或雾滴在导线上形成的细小水流，使之离开导线。防冰环通常安装距离是根据导线一个完整的绞扭矩为一个节距。

（2）利用机械方法除冰。利用冰镐、破冰机或铁链在导地线上破冰，清除导地线覆冰。利用机械方法除冰难度大，在国内外尚未广泛应用。

（3）在导线表面涂憎水涂料防冰。涂料防冰可降低冰的附着力，施工简单、成本低，曾是国际上的主攻方向。

（4）采用复合导线防冰。防冰用的复合导线是在普通钢心铝绞线的基础上将钢心与铝线绝缘，利用开关装置切换达到除冰目的。即正常情况下由铝线传送负荷，覆冰季节则利用开关装置切换由钢芯导电，利用钢芯的高电阻、高损耗熔冰或保持导线在冰点以上。目前该技术在国内外未能应用到实际线路。

（5）采用低居里磁热线防冰。低居里磁热线是由铁、镍、铬和硅四元素按一定比例混合在真空中熔炼成合金钢，并冷拔成规定直径的丝材，并在丝材上覆盖一层铝或铜。这种磁热线具有 0℃左右的居里温度，其在磁场中磁感应强度随温度变化，5℃以上时磁感应强度很低，5℃以下时磁感应强度则剧增。将这种磁热线绕在需要融冰的导线上，在传输电流的交变磁场中感生随温度变化的感应磁场的作用下，使磁热线本身产生磁滞损耗和涡流损耗，从而将导线表面温度保持在 0℃以上，达到除冰目的。这种材料虽有明显的除冰效果，但成本高、施工困难，推广使用还有一定困难。

（6）融冰技术。目前，国内外电力系统中的融冰技术主要有以下五种。

1）短路电流融冰。短路融冰需要有较大的电源支撑，电压等级越高、导线截面积越大所需的短路电流越大，但输电线路一旦发生大面积冰雪灾害，系统将变得十分脆弱，不可能专门挤占负荷进行短路融冰，因此次方法仅适用于低电压等级的局部覆冰。在我国 110kV 以下系统中有应用。

2）带负荷融冰。具体方法是在变电站内安装专用融冰自耦变压器，并用两根相互绝缘导线取代原单导线回路，地线亦需与杆塔绝缘。通过自耦变压器分别向单根导线与地线构成的回路提供电流来融化导线和地线上的覆冰。带负荷融冰法需要专用融冰变压器及附属设备，投资大，融冰费用也大，使其推广有困难，这种方法仅适用于一些不能停电的重要线路。

3）增加负荷融冰，就是在导线覆冰前增加线路电流，如双回路线路中，停用的一回线路使用专用融冰，变压器短路供给防冰电流，而另一回路带全部负荷。

4）在覆冰线路上附加直流装置融冰。这种方法在美国、加拿大采用过，还有一些国家准备采用。

5）附加电流脉冲。使环流与负荷电流叠加达到融冰目的。这种方法美、加、法都在进行研究。利用附加脉冲电流使冰融化，并依靠脉冲电动力使冰脱落，是探讨融冰新方法的主要内容，国内尚未使用。

（7）提高输电线路设计标准，即提高分裂导线纵向不平衡张力的百分比，来加强杆塔抗不平衡张力冲击的强度，如单导线线路设计按断一相导线来校核杆塔强度，2008 年南方冰灾中，单根导线线路发生倒塔几乎很少。其次是分裂导线线路如两侧档距严重不均时，可将该直线塔改为耐张塔，避免导线张力差拉垮杆塔颈部。

2. 防止绝缘子串融冰闪络

（1）加装大盘径绝缘子。在悬垂绝缘子串上端加装大盘径绝缘子，可以将横担上流下的冰水与绝缘子串本身的覆冰隔断，从而起到防冰的作用，同时又有一定的防鸟效果。这种措施对一般的降雪、降雾天气有较好的防范作用，但当绝缘子串本身的覆冰较重时，就失去了效果。

（2）绝缘子串插花。在瓷或玻璃悬垂绝缘子串上插花加装大盘径绝缘子、在复合绝缘子上插花增加大直径伞裙，通过这些大绝缘子片或大伞裙插隔使绝缘子串覆冰不能成套管状，使绝缘子沿面泄漏电流融冰时形不成连续短接的水流，避免绝缘子串融冰闪络故障。

（3）V 形或倒 V 形配置悬垂绝缘子。将悬垂绝缘子串 V 形或倒 V 形布置，使绝缘子串倾斜，不仅形不成连续的冰凌，而且能增加绝缘子串的自洁性能，具有良好的防冰效果。

（4）更换复合绝缘子。复合绝缘子具有良好的憎水性和传导热量慢的特性，使其防冰闪性能明显优于瓷和玻璃绝缘子，如再辅助以大盘径绝缘子，则防冰效果更好，且这种措施改造简单、投资小。

（三）事故处理注意事项

防止输电线路覆冰事故的处理方法不能一概而论，在实际工作中要根据不同电压等级、不同覆冰部位、不同严重程度，以及电网和设备的实际情况，从有利安全、便利检修，考虑采用费用低的角度采取合适的方法。

（1）防止导地线覆冰事故处理应注意以下五点问题，概括起来即为"避、抗、溶、改、防"。"避"就是在选择线路路径时，应尽量避免横跨山口、丫口、风口、湖泊等；"抗"就是提高设计标准，抵御冰负荷，保证线路的安全可靠；"融"就是用大电流溶去导线覆冰；"改"即原设计考虑不周，线路受冰害后，改道避开重冰区；"防"即是研究新工艺、新材料，防止导线覆冰。

（2）防止绝缘子串融冰闪络事故处理应注意几点问题。

1）若增加绝缘子串长度时必须重新进行风偏验算，防止改造后引发风偏故障。

2）110kV 及以下电压等级，防冰闪措施应以加装大盘径绝缘子为主，对三级及以上污区，应辅助以更换复合绝缘子的措施。

3）220kV 及以上线路的双串绝缘子配置应尽可能采用 V 形或倒 V 形配置，在满足风偏的前提下，适当增长绝缘子串长。

4）220kV 及以上线路单串绝缘子配置，应采用大盘径绝缘子加插花，220kV 线路以插 1～2 片大盘径绝缘子为宜，500kV 线路以插 3～4 片为宜。三级及以上污区应辅助以更换复合绝缘子的措施。

五、案例分析

1. 故障现象

2008 年冬春交替季节我国长江以南发生了历史罕见的长时间冬雨天气，线路覆冰远远超过设计覆冰厚度，导线覆冰最厚达 110mm，造成上万基输电线路杆塔被压倒或拉倒，导地线断线。

2. 故障原因分析

（1）气象影响是本次覆冰的必备因素。具有足可冻结的温度，即 0℃ 以下保证了水能够凝结成冰；具有较高的湿度，覆冰时大气湿度在 85% 以上，保证了空气中有足够的过冷却水滴；具有可使空气中水滴横向运动的风速，至少在 1m/s 以上，将大量的过冷却水滴源源不断地输向输电线路，与导线、架空地线、绝缘子、杆塔等的表面不断碰撞，并被不断捕获而加速覆冰。

（2）山区地形为线路覆冰提供了气象条件。长江以南的大部分地区湖泊、江河分布密集，高山大岭植被较好、水汽充足、湿度较大，为覆冰提供了良好的气候条件和地形条件。

（3）季节影响和海拔影响促成了本次覆冰的形成。倒春寒气候，冷暖气流交汇频繁，空气湿度较大，湿度条件适宜，海拔高促成了本次覆冰的形成。

（4）持续低温 0℃ 左右阴雨天或伴随高湿度天气，会使人类活动少的丘陵、山区线路结冰不断增加，造成导地线覆冰严重，但天气回暖引起导线不均匀脱冰时，严重的导线张力差拉垮某基杆塔而连续拉倒杆塔。

（5）2008 年大面积冰灾倒塔线路为分裂导线，规程规定的纵向不平衡张力百分比小，即分裂导线线路杆塔不考虑断线冲击，而单根导线线路直线塔的强度是按一相断线冲击校核杆塔强度。

3．故障处理方法及防范措施

（1）国家电网公司迅速启动了有关应急预案，发生覆冰的省电力公司组织人员进行事故抢修，各省电力公司也伸出援助之手，派出应急发电车恢复供电，派来人员帮助事故抢修。

（2）为深刻吸取本次大范围覆冰事故教训，国家电网公司重新修订了有关设计规程，提出差异化设计理念，提高了设计覆冰厚度和分裂导线纵向不平衡张力的百分比，对重要输电线路从源头上提高了防覆冰设防标准。

（3）对因覆冰发生变形、扭曲、垮塌的线路铁塔进行了修复和更换，确保电网安全稳定运行。

【思考与练习】

1．输电线路的覆冰有哪些类型？各有什么特点？

2．绝缘子融冰闪络的机理是什么？

3．输电线路覆冰的气候、地形特点各是什么？

模块 7　防止鸟害危害（ZY0100201007）

【模块描述】本模块介绍输电线路鸟害类型、机理、特点及防范措施等。通过要点介绍、图形举例、案例分析，熟悉鸟害的特点，掌握防鸟害的方法。

【正文】

输电线路架设在野外，常年受大自然的侵袭和人类活动的影响，绝大多数电网故障都发生在输电线路上，鸟害事故逐年上升，目前已处在线路故障的第二、三位，因此做好防鸟害措施是输电线路运行单位的重要工作之一。

一、输电线路鸟害的类型及其危害

鸟害闪络大体上有三种类型：一种是鸟粪（或动物内脏肠）闪络，即鸟类栖息在杆塔横担上排泄粪便（或鼠、鱼肠），粪便（或鼠、鱼肠）沿绝缘子串或绝缘子串外侧下落，短接了导线与横担间的空气间隙，引起放电，鸟害故障多属于这种。第二种是鸟巢短路，即鸟将巢筑在杆塔横担上，其筑巢材料短接了部分绝缘子串，在夜晚、凌晨空气潮湿时，造成间隙不足放电，这种现象多发生在 110kV 及以下线路上。第三种是大型鸟类栖息在杆塔上，在栖息或起飞时，翼展宽度大，造成杆塔构件与带电部分绝缘距离不足，通过鸟类身体放电，这种情况比较少见。不论哪一种鸟害闪络，都会引起输电线路故障跳闸，因此对输电线路安全运行危害严重。

二、输电线路鸟害原因

1．鸟粪闪络

鹤、鹭等鸟类的主食是鱼虾或螺蛳等水产，它们在越冬迁徙或栖息停留在线路杆塔的横担、架空地线上，鸟粪故障一般发生在傍晚、半夜或凌晨，此时空气潮湿，排泄鸟粪会沿绝缘子串表面或外侧下落，鸟粪的电导率一般为 $3000 \sim 8000\mu s/cm$，如稀鸟粪达到一定长度并呈连续状态时，就有可能引发鸟粪短接空气间隙闪络跳闸。鸟害故障与鸟类活动的周围环境有关，如鸟害地段一般是丘陵与农田的交界处，人类活动少，杆塔周围有湿地、水塘、水库或水田等，鸟害闪络前没有任何征兆，闪络时也极少为人所见，只能在事后进行分析判断。清华大学曾通过实验室鸟粪模拟试验，证实稀鸟粪排泄造成绝缘子串闪络的全部发展过程。

2．鸟巢短路

输电线路的杆塔多位于荒郊野外，且一般是所处地区的最高构筑物，鸟类喜欢居住于高处，因此线路杆塔也就成了鸟类筑巢的首选目标，尤其是喜鹊、乌鸦、隼类等体形适中的鸟类，更喜欢将巢筑在输电线路杆塔上。由于这些中体形鸟类的筑巢材料长度一般不会超过 1m，因此对于 220kV 及以上线路不会构成较大的威胁，而110kV及以下线路的绝缘子长度较小，更容易被筑巢材料短接，因此也更易出现鸟巢材料短路引发的线路故障。

鸟的筑巢材料一般是软草、小树枝、小木棍等木质材料，但有时也会利用少量的废弃铁丝、导电包装绳等材料。鸟巢搭建或使用过程中，会有个别的枝条跌落或下垂，当鸟巢筑在横担挂线点附近时，这些枝条就有可能短接绝缘子或空气间隙。如果枝条为金属物，在跌落或下垂过程中就会引起放电，造成线路跳闸；如软草、木质枝条等下挂，在阴雨天气受潮后，短接部分空气间隙而导致线路跳闸。

三、输电线路鸟害事故现象

鸟粪闪络是一种空气间隙被短接、组合间隙被击穿的放电跳闸现象，输电线路上均为单相接地故障。发生闪络后一般有如下现象。

（1）导线灼伤。鸟类栖落位置一般在横担上，排泄的稀粪便会作自由落体运动，有时受风的影响，也可能稍微倾斜，但基本方向还是自上而下，因此，鸟粪闪络发生在垂直方向，多数为沿悬垂绝缘子串外侧闪络。悬垂线夹外侧200～1500mm范围内，上表面有长度在1000mm左右的灼伤痕迹，呈分布散乱的银白色亮点，中间有时会夹杂遗留鸟粪，如图ZY0100201007-1所示。

图ZY0100201007-1　导线灼伤痕迹

（2）绝缘子灼伤。候鸟栖息在绝缘子串挂点处横担上，排泄的稀鸟粪有时会沿绝缘子串下落，部分绝缘子上有散落的鸟粪痕迹。悬垂绝缘子串由于连接金具的存在，通常横担侧第一片绝缘子（或伞裙）对绝缘子串外侧100～150mm处的距离小于横担对该处的距离，因此，发生鸟粪闪络后，多数情况下，横担侧第一片绝缘子或伞裙的上表面会有明显灼伤痕迹，如图ZY0100201007-2所示。有时横担侧第一片绝缘子或伞裙不会被灼伤，而在横担侧的构件上会找到灼伤痕迹。

图ZY0100201007-2　横担侧第一片绝缘子或伞裙被灼伤痕迹

（3）其他现象。多数鸟粪闪络时，鸟粪会遗留在横担、地面或其他构件上，但有时当鸟是从架空地线或地线横担上排泄粪便时，且排泄量较小时，粪便不一定遗留在横担上，地面上也不易找到鸟粪痕迹。

四、输电线路鸟害事故处理

1. 事故处理原则

鸟害故障是季节性、地段范围明显的事故，且是种突发性、动态的事件，故障前缺乏征兆，因此预防起来比较困难。目前主要通过增加防止鸟类栖落的设施、加强鸟类活动观察等手段来防范鸟害。

2. 鸟害事故的防范措施和方法

科学、合理地划定鸟害区，便于有针对性地采取防鸟措施。鸟害区的划定，一方面要结合历史的鸟害故障分布情况，另一方面必须通过艰苦、细致的观察、调查，了解鸟类习性，掌握鸟类活动规律，才能做到科学合理。鸟类观察一般由专题调查小组或巡视人员在现场观察，通过录像、照片、笔记等形式进行记录。

调查有两个方面：一方面是现场调查，由运行单位组织人员对输电线路沿线居民及其他人员，调查鸟的种类、生活习性、活动规率、在线路及杆塔上的栖息情况等；另一方面是请教有关鸟类动物专家，了解鸟类的具体特性。通过观察、调查等各种手段，就可以根据鸟类的不同特点、可能对输电线路造成的危害，采取相应的方法。

（1）识别鸟类。通过观察、调查，分清鸟类，尤其是喜食水产（鱼虾、螺蛳）和小动物的鸟类，要去野外观察它们的吃食、行为和活动的位置等，以便采取相应的防范措施。

（2）分清鸟害形式。鸟害分为鸟粪闪络、鸟巢材料短接绝缘子、大鸟短路三种，鸟害形式不同，防范措施也不同。输电线路发生的鸟害故障有鸟粪闪络和鸟巢材料下挂短接空气间隙故障，因此防鸟害的重点是防止鸟粪短接和鸟巢材料下挂短接。

（3）掌握鸟类活动规律。引发鸟粪闪络较多的鸟类主要是鹳类、鹭类、喜鹊、乌鸦、猫头鹰等。鹳、鹭类喜欢活动于湖泊、水库、沼泽地和水田等处，鹳类一般体形较大，食量大，摄入水分多，粪便一次排泄量多，极易造成 220kV 及以上线路发生鸟粪闪络，鹭类个体虽小，但排泄的稀粪便导电率高，因此位于上述地带的线路杆塔要特别注意防止鸟粪闪络。喜鹊、乌鸦、老鹰、猫头鹰等属于中体形鸟类，一般不会造成鸟粪闪络，但容易发生鸟巢材料下挂短接或吃食小动物鼠类时，内脏肠等下挂短接故障。

3．防止鸟害措施

防止鸟害主要是防止鸟类在杆塔上栖落，防止鸟类在杆塔上栖落的方法分两类：一类是静态防鸟设施，即在线路绝缘子串挂点横担处安装防鸟刺，驱赶鸟在此处栖息停留，防止它们在栖息时排泄鸟粪和吃食小动物，还有防鸟网、防鸟漆等。另一类是动态防鸟设施，如在横担上安装会发出声响、反射光线、风力旋转或超声波等装置，以驱赶或惊吓鸟类。

（1）安装鸟刺。鸟刺是将一束钢绞线或直径为 2～3mm 的钢丝一端固定在一起，一般股数为 10～20 股较为合适，另一端均匀散开，呈半球形分布，将固定端用螺栓或其他方式固定在杆塔绝缘子串悬挂点上方。

（2）加装防鸟网。在电杆横担绝缘子串悬挂点处加装网状物，使鸟在此处落脚造成鸟爪缠绕而达到驱赶作用。

（3）涂刷带磁性防鸟漆、安装超声波驱鸟器等高科技产品，实践证明该类高科技产品使用在输电线路上，长期使用会失去效果。

（4）挂小红旗、挂风铃、防鸟滚轮、转动风车、安装惊鸟牌、感应储能鸣响惊鸟装置等，此类装置有的在安装的头两天有一定的驱赶惊吓作用，几天后基本失去防范作用。

（5）防止鸟粪下落装置。在绝缘子串挂点处横担下方安装大隔板或在横担侧绝缘子上加装一片超大盘径绝缘子或大盘径硅橡胶裙罩，防止鸟粪下落造成短接跳闸。

（6）防止鸟类在横担绝缘子串挂点处筑鸟巢。及时清除绝缘子上端或绝缘子上的鸟窝。在绝缘子挂点处安装光滑挡板，使鸟类筑的鸟巢容易被风吹落或不易在该处筑窝。

（7）在塔身内斜叉铁较多的位置（避开绝缘子串悬挂点处）安装人工鸟巢，促使繁殖期内鸟类在人工鸟巢内繁衍生息。

五、案例分析

1．故障现象

2002～2004 年，某省电力公司 220kV 输电线路共发生鸟害故障 28 次，其中 8～12 月发生 22 次，占故障总数的 79%。

2．故障原因分析

（1）鸟粪闪络的季节特点明显。根据统计发现鸟害故障集中在秋冬季节，秋季及初冬季节是鸟类的主要觅食期。这个季节，正值农作物成熟期，鱼虾、昆虫数量也迅速达到高峰，为鸟类提供了大量的食物；鸟类食物增加，进食量增大，排泄量也会增大；气候逐渐趋于寒冷，鸟类在大量进食后易出现消化系统疾病，导致其粪便的粘稠度增大，在排泄过程中形成不间断的粪便通道。

（2）鸟粪闪络的时间特性明显。多数鸟类一般在凌晨觅食前排出大量的粪便，因此鸟粪闪络故障多出现在这段时间。候鸟迁徙时，一般利用白天飞翔赶路，晚上栖息，栖息时出于安全考虑，喜欢在线路杆塔等制高点，同样增加了晚上发生鸟粪闪络的几率。根据统计发现，68%以上的鸟粪闪络故障发生在凌晨 0~7 时，20%的鸟粪闪络发生在晚上 20~24 时；其他时间发生的鸟粪闪络仅为 12%。

（3）鸟粪闪络的区域特性强。鸟害统计表明，涉水觅食鸟类造成的鸟粪闪络占到鸟粪闪络次数的 80%以上。一方面，因为涉水觅食鸟类的体形一般较大，如鹳类体高可达 100cm 左右，因此单只鸟一次排泄的粪便量较大，不仅能短接 220kV 线路的空气间隙，有时甚至能短接 500kV 线路的空气间隙。另一方面，以水生动植物为食的鸟类，由于其进食过程中水分摄入较多，故粪便含水量也较高，黏稠度比较适中，粪便更易形成连续通道。涉水觅食鸟类一般活动于沼泽、湿地、池塘、水库等附近地区，这些地区通常是鸟害多发区。

3. 故障处理方法及防范措施

根据发生鸟害故障特点看出，该省电力公司 80%以上鸟害故障为鹳类等涉水鸟类的鸟粪闪络造成的，因此采用安装鸟刺的方法防止鸟类在杆塔上栖落，只要安装位置恰当、覆盖范围有效，就能取得良好的防鸟害效果。

【思考与练习】

1. 鸟害有哪几种类型？

2. 鸟粪闪络的形成机理是什么？

3. 防止鸟粪闪络有哪些措施？

模块 8 防止雷害事故（ZY0100201008）

【模块描述】本模块包含雷电知识、线路设计耐雷水平计算及防雷措施等。通过原理分析、要点讲解和案例分析，熟悉雷电的特性及对输电线路的危害，掌握线路耐雷水平的计算及防雷措施的选用方法。

【正文】

输电线路架设在野外，其杆塔基本是地面上的凸出物，遭受雷害是对输电线路构成影响最多的一种自然现象，特别在我国南方多雷山区，雷击跳闸占线路总跳闸次数的比例，有的高达 70%，是输电线路发生故障的主要原因，因此如何降低或减少输电线路雷害故障是线路运行单位的首要职责。

一、输电线路雷害事故的类型及其危害

输电线路雷害事故的类型主要有以下几种情况。

（1）雷电击中架空地线或杆塔顶时，雷电流下泄中会引起塔头电位升高，其电位大于绝缘子串 $U_{50\%}$ 时，雷电流沿绝缘子串对导线放电，该现象被称为反击雷。造成绝缘子闪络主要与雷电流大小、杆塔形式、接地电阻、绝缘子空气间隙及塔顶电压有关。一般用杆塔的反击耐雷水平进行描述。

（2）雷电击中输电线路导线时，雷电流在导线上传输，雷电流能量一般通过导线上的电晕损失、与相邻导线的耦合作用消减雷电波波峰。但在导线上传输过程中，由于导线波阻抗的存在，在导线上形成一个雷电流引起的高电位，当雷电引起的电压大于绝缘子串雷电耐受冲击电压时，雷电流沿绝缘子串对横担放电，该种绝缘子闪络被称为绕击闪络。造成绝缘子闪络主要与线路架空地线保护角大小、雷电流大小和绝缘子串耐受电压有关。一般用杆塔绕击耐雷水平描述。

（3）感应过电压。雷云在先导阶段时会在导线上感应出不同的电荷，雷云与线路小于 65m 时，会被架空地线或杆塔所吸引而击中线路本体，当雷云对 65m 外的凸出物放电中和后，导线上的异性电荷失去束缚快速向两侧流动而产生感应电，当导线电位大于绝缘子串耐受电压时，导线感应电沿绝缘子串对横担闪络接地。雷电感应过电压最大为 300~400kV，可使 60cm 空气间隙击穿，因此对 66kV 以上（5 片绝缘子）输电线路没有危害，在有架空地线的输电线路上，由于地线对导线有屏蔽效应，导线上感应过电压值将下降至 KU_g。

（4）雷电流击在架空地线或者复合光缆上时，由于雷电流电量（库仑）转移，产生的热量造成架空地线或者光缆断股。

二、输电线路雷害事故原因

当雷电流通过杆塔向大地释放雷电流时，因杆塔存有波阻抗，造成杆塔顶部电位升高，若绝缘子挂点侧（横担）电位高于导线侧，形成电位差，则沿绝缘子串对导线放电致使绝缘子串闪络。

三、输电线路雷害事故现象

输电线路遭雷击跳闸，其绝缘子串会产生电弧闪络痕迹或伞盘击碎，由于系统多选择单相重合模式，多数雷击故障能重合成功，若为瓷绝缘子串时，雷击会造成低零值瓷绝缘子钢帽炸裂导线掉串事故。

四、输电线路雷害事故处理

（一）事故处理原则

在线路设计时已经考虑的防雷措施，主要有自动重合闸、避雷线、接地装置等，但实际运行过程中，针对不同的运行环境、不同的运行工况可能还需进一步采取防雷措施。

（二）事故处理方法、步骤

1. 降低接地电阻

在多雷区，如是联络线路或重要线路，杆塔接地电阻最好能处理到 10Ω 以下，因为只有这样才能提高线路的耐雷水平，有效地限制雷击跳闸率，从而保证电网的安全稳定运行。在土壤电阻率高的山区，由于受地质、地势等条件的限制，架空线路的杆塔接地装置的工频接地电阻往往达不到要求，而杆塔接地电阻对提高线路耐反击雷水平，降低雷击跳闸率又十分重要，因此运行单位应采取有效的降阻措施。

要降低杆塔的工频接地电阻，首先要做好以下工作：①做好地质、地势调查，了解杆塔工频接地电阻超标的原因，看杆塔所处的位置是处在什么样的地形，实地勘测土层的情况和土质情况。②测试杆塔周围的土壤电阻率，看四周是否有土壤电阻率低的地方可以利用，再测试不同深度的土壤电阻率，看地下有无可以利用的低电阻率的地层。根据实地调查勘测的情况，采取经济有效的降阻措施。

降低输电线路遭受反击雷的措施主要是降低冲击接地电阻值，即回填接地沟时，应做到敷设的接地线周围必须是泥土并夯实，致使雷电流下泄中增大接地体的直径而快速释放。

2. 巡视检查和维护

对架空线路的杆塔接地装置要定期巡视和维护，特别要做好以下几方面的巡视检查和维护工作。

（1）定期巡视检查杆塔的接地引下线是否完好，如被破坏应及时修复，应定期进行防腐处理。

（2）定期检查接地螺栓是否生锈，与接地线的连接是否完好，螺丝是否松动，应保证与接地线有可靠的电气接触。

（3）检查接地装置是否遭到外力破坏，是否被雨水冲刷露出地面，至少要按 20 年的周期开挖检查其腐蚀情况。

（4）每年在冬季土壤干燥时应测量杆塔接地装置的接地电阻并按 DL/T 621《交流电气装置的接地》中的要求进行季节系数的换算，如换算后的工频接地电阻值超过设计值应及时改造。

3. 加装线路型避雷器

在雷电易击区杆塔可适当加装线路型避雷器。选用线路型避雷器时应考虑以下几个问题。

（1）确定安装杆塔的雷击性质，属绕击还是反击。遭受反击雷的杆塔，应三相全部安装；遭绕击雷的杆塔，如位于山的向阳坡的杆塔，可在下山坡侧的导线安装；500kV 线路雷击基本是绕击，则应在边相安装，可节约费用。

（2）线路型避雷器必须选用带间隙的避雷器，原因是线路型避雷线在现场没有试验电源和不可能长时间停电进行避雷器的预防性试验，带串联间隙的避雷器将平时所承受的电压限制在一个很低的范围，带空气间隙的避雷器本体没有运行电压，可延长避雷器的寿命。

4. 加装耦合地线

加挂耦合地线虽不能大幅度降低绕击率，但能在雷击杆塔时起到分流作用和耦合作用，降低杆塔绝缘上所承受的电压，同时在山区大档距段，导线下方的耦合地线可将部分雷云引至本体上，提高线路的耐雷水平。实践检验，耦合地线对 110kV 线路防雷作用还是比较明显的。

5. 加强绝缘

增加绝缘子片数或长度，可提高一些耐雷水平。对于常规的线路杆塔，运行单位可按常规复合绝缘子的结构高度尽量采用和配足盘形绝缘子片数，以增加绝缘子串的耐雷水平。

6. 同塔双回线路差绝缘配置

对于 110kV 及 220kV 同塔架设线路，常常会出现双回线路同时雷击闪络跳闸，对电网的安全危害极大。运行单位可在两回线的其中一回线路绝缘子串加装防雷招弧角，线路雷击时，金属间隙小的回路先闪络放电（金属招弧角保护了电弧不经过绝缘子串），闪络后的导线相当于耦合地线，增加了对另一回导线的耦合作用，减少了两回线同时闪络跳闸的概率。

7. 加装横担侧向避雷针或加装塔顶防雷拉线

根据线路雷击理论，雷云小于 65m 时会被吸引至杆塔上来，由于杆塔的耐雷水平基本是绝缘子串的 5~8 倍，在横担上安装侧向避雷针和加装塔顶防雷拉线后，屏蔽了部分导线，可将本杆塔周围的雷云吸至塔身中和下泄，使部分原绕击雷转化为反击雷，减少了线路雷击跳闸。

8. 采用新型接地体

（1）电解离子接地极，如图 ZY0100201008-1 所示，将垂直接地体制成管状，在管内填充高碳离子化合物晶体，管体采用铜、钢等材料制成，管外部再施以填充剂。管内部填充材料含有特制的电离子化合物，加入可逆性缓释填充剂。这种填充剂具有吸水、放水、可逆的特点。当它吸水时，可以吸收自身 100 ~ 500 倍的水分，当外部环境干燥缺水时，又可以完全释放拥有的水分，达到周边水分平衡，这种可逆反应，保证了壳层内环境的有效湿度，保证了接地电阻的稳定。通过这种方式产生的离子吸收大地水分后，可以通过潮解作用，将活性电解离子有效释放

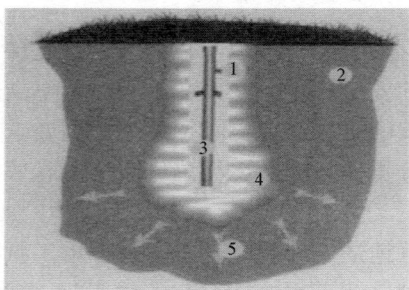

图 ZY0100201008-1　电解离子接地极示意图
1—电解离子接地极；2—现有土壤；3—专用填充剂；
4—离子向周围扩散；5—扩大土壤的导电范围

到周围的土壤中，使接地极成为一个离子发生装置，从而改善周边土质使之达到接地要求。接地极外部填充剂通过与其内部电解离子填充剂的相互作用产生针对壳层土壤的化学处理，降低壳层土壤的电阻率，同时在缓释接地极与大地土壤之间，形成了一个过渡带，增大了接地极的等效截面积和土壤的接触面积，消除了接地体与土壤之间的接触电阻，改善了地中的电场分布，填充剂良好的渗透性能，深入到泥土及岩缝中，形成树根网状，增大了地中的泄流面积。安装时，在选好的杆塔附近根据接地极的长度钻一垂直地面的孔洞，用水调合填充剂成浆糊状倒入事先钻好的孔中；将接地极植入孔洞中，接地极顶部与地平面平齐；接好引出线与杆塔的接地引下线连接；将其余填充剂填在接地极周围至接地极顶端 100mm 时止，测量接地电阻，达到接地要求后，用土填盖在电极周围。

（2）接地模块，如图 ZY0100201008-2 所示。接地模块是一种以非金属导电材料为主的接地体，它由导电性、化学稳定性好的非金属料、金属接地体、电解质和吸湿剂组成。接地模块增大了接地体本身的散流面积，减小了接地体与土壤之间的接触电阻，具有强吸湿保湿能力，使其周围附近的土壤电阻率降低，介电常数增大，层间接触电阻减小，耐腐蚀性增强，因而能获得较小的接地电阻和较长的使用寿命。接地模块可进行垂直埋置或水平埋置，埋置深度不宜小于 0.6m，一般为 0.8 ~ 1.0m；采用几个模块并联埋置时，模块间距不宜小于 4.0m；接地模块的极芯互相并联或与地线连接时，必须进行焊接，要求用同一种金属材料焊接，

图 ZY0100201008-2　接地模块

焊接长度应不小于 100mm，不允许虚焊、漏焊；应在焊接处清除焊渣，涂上一层沥青或防腐漆，以防极芯腐蚀；回填应采用细粒土为填料，回填时应分层操作，填 300mm 填料后，适量加水并夯实，再填料、加水和夯实，直至与地表齐平。吸湿 72h 后，用地阻仪测量工频接地电阻。

9. 防范措施

输电线路遭受雷击跳闸后，运行单位应按杆塔接地线和检测接地电阻的辅助射线 0.618 比例正确检测接地电阻值，按 DL/T 620《交流电气装置的过电压保护和绝缘配合》中附录 C17 的耐雷水平计算

公式校核雷击杆塔的耐雷水平，以便有的放矢地采用防范措施。

（三）事故处理注意事项

1. 接地装置改造应注意以下事项

（1）输电线路尽可能采用水平接地体，少用垂直接地体。采用水平接地体时，要充分考虑到接地体之间的屏蔽作用，不宜分裂太多。为减少相邻接地体的屏蔽作用，垂直接地体的间距不应小于其长度的两倍，水平接地体的间距不宜小于 5m。水平接地体敷设应平直，埋深不得小于原设计值，至少应在 600mm 以上，遇到倾斜地形时应沿等高线敷设。

（2）除接地引下线与杆塔的连接处外，接地体连接处必须采用焊接，不应采用并沟线夹等连接方式。圆钢之间搭接，焊接长度不小于 6 倍圆钢直径，并双面施焊；扁钢之间搭接，焊接长度不小于带宽的 2 倍，并四面施焊；圆钢与扁钢之间搭接，焊接长度不小于 6 倍圆钢直径，并双面施焊。接地引下线及接地体不应使用钢绞线。

2. 运行维护应注意的问题

（1）接地引下线与水平或垂直接地体的连接处，由于腐蚀电位不同，极易发生电化学腐蚀，有的已经形成开路状态。接地线与杆塔的连接螺丝处，由于腐蚀、螺丝生锈，用表计测量，接触电阻非常高，有的已形成电气上的开路。

（2）接地引下线本身，由于所处位置比较潮湿，运行条件恶劣，运行中又没有按期进行必要的防腐保护，因而腐蚀速度较快，特别是运行 10 年以上的接地线，运行单位应采取开挖检查引下线钢筋腐蚀受损情况。

（3）水平接地体本身，有的埋深不够，特别是一些山区的输电线路杆塔，由于地质为石头，或土层薄、埋深有的不足 300mm，回填土又是用碎石回填、土中含氧量高，极容易发生吸氧腐蚀，在酸性土壤中的接地体容易发生析氢腐蚀；在海边的杆塔容易发生化学和电化学腐蚀。

（4）防止接地引下线和接地体的外力破坏问题。对于架空线路杆塔的接地装置，特别是接地线，外力破坏是一个特别值得注意的问题。有的接地引上线被剪断，有的接地极被挖走，对该线路的安全稳定运行造成了很大的影响。

3. 避雷器的选型

线路型避雷器预防性试验问题存在一个难题，即线路型避雷器均装设在线路杆塔上，不可能从地面上进行试验，一般需拆除后集中试验。这一方面大大增加了工作量，另一方面也增加了停电时间，对电网的可靠性有较大影响。如长期不进行预防性试验，又增大了安全风险，许多地区已屡屡发生了避雷器爆炸现象。因此线路型避雷器应采用纯空气间隙或带复合绝缘子支撑件型式，不宜采用避雷器本体带运行单位的电站型避雷器。

五、案例分析

1. 故障现象

2008 年 6 月 16 日 13 时，某供电分公司 220kV 铺向线光差、光距动作掉闸，重合成功，A 相雷击故障，故障测距 1.7km，现场登塔检查发现 220kV 铺向线 5 号 SZ2—33 型塔 A 相大盘径绝缘子、单联碗头有明显放电痕迹，均压环上有两处拇指般大小的闪络痕迹，复合绝伞裙表面不同程度呈白色电弧烧伤痕迹，架空地线、接地引线良好。

2. 故障原因分析

（1）铺向线故障铁塔 5 号为 SZ2—33 型铁塔，塔高 49m，避雷线保护角为 19.79°，导线垂直排列，绝缘子为复合绝缘子（山东淄博泰光电力器材厂）一只，接地电阻 3Ω，接地形式为深浅埋结合加放射线形式。线路故障时雷电定位系统显示 6 月 16 日 12 时 59 分，东经 112°39′24″，北纬 39°37′44″有雷电活动一次，雷电流幅值为 −55.4kA，与 5 号铁塔地理位置吻合。

（2）经对该铁塔计算耐雷水平，证明由于直击雷引起的线路跳闸故障。

3. 故障处理方法及防范措施

复测铺向线 5 号塔接地电阻值为 3Ω，在合格范围内；带电更换闪络的绝缘子，检查导线未损伤；在 220kV 铺向线 4 号、5 号、6 号分别加装线路避雷器。

【思考与练习】

1. 绕击和反击有什么不同？
2. 防止绕击的主要措施有哪些？
3. 防止反击的主要措施有哪些？
4. 举例计算本单位实际运行线路杆塔的耐雷水平？

模块 9   防止采空塌陷事故（ZY0100201009）

【模块描述】本模块介绍输电线路采空区塌陷事故的原因、类型、危害及防范。通过要点讲解、特点分析、图形示例，熟悉采空区塌陷事故现象，掌握事故处理的原则、方法、步骤、注意事项和事故的防范措施。

【正文】

输电线路架设在有地下矿藏的区域内，当地下矿藏采空区发生塌陷或引发地质移动滑坡时，会对地面上的输电线路造成严重的威胁，轻则为电杆迈步、拉线受力不均、塔顶挂点处结构拉裂、杆塔倾斜、塔材弯曲、横担偏移、拉裂等，重则会发生铁塔拉垮、电杆倒杆乃至导地线断线等恶性事故。

一、输电线路采空区塌陷事故的类型及其危害

地下矿层采空后形成的空间称为采空区，采空区发生塌陷，其对地表的影响首先是不均匀沉降，有的地方下沉值大，有的地方下沉值小，架设在不均匀沉降区的杆塔基础或拉线基础会随之出现不均匀沉降，就会发生杆塔倾斜、断线、倒杆塔等采空区塌陷事故。以最常见的煤炭采空区为例，介绍输电线路采空区塌陷事故的四种主要类型。

1. 杆塔倾斜

采空区塌陷造成杆塔倾斜后，导线因绝缘子串有一定的长度，可自行调节部分不平衡张力，因此轻微的倾斜不会对导线横担造成较大危害，如图 ZY01002009-1（a）所示。

塔头架空地线由于直接悬挂在塔身上，其挂点的调节长度没有导线绝缘子串那样的裕度，杆塔倾斜后架空地线因其悬垂线夹握力作用，导致架空地线悬垂线夹偏移而拉裂塔顶结构，如图 ZY0100201009-1（b）所示。严重的可拉断架空地线或地线横担。同时因杆塔倾斜的方向与架空地线拉力方向相反，铁塔主材或混凝土杆体会出现挠度。

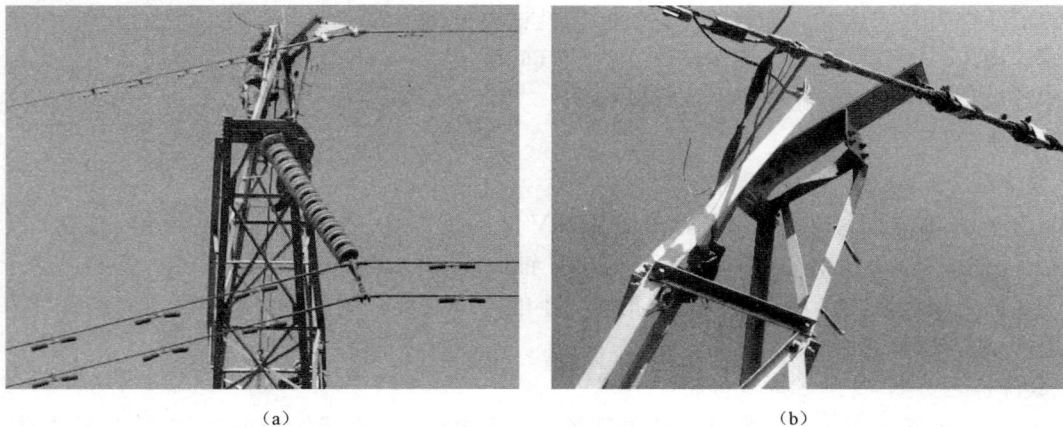

(a)   (b)

图 ZY0100201009-1   采空区铁塔倾斜引起的绝缘子、悬垂线夹偏移及架空地线横担受损

(a) 绝缘子串及架空地线悬垂线夹偏移；(b) 架空地线横担受损

2. 杆塔位移

采空区塌陷不仅使地表出现倾斜，而且会使杆塔位置出现水平位移，这种位移同样会使绝缘子串和架空地线悬垂线夹出现偏移，其后果与杆塔倾斜一样。

3. 导线和架空地线间距变化

无论是杆塔倾斜或杆塔位移，均会使导线和架空地线出现不平衡张力，造成导地线的间距变化，在风力或覆冰作用下，极可能引发架空地线对下方导线间距接近而空气击穿而跳闸。

4. 倒杆塔

事实上多数采空区塌陷一般不会发生倒杆塔，但在采深采厚比偏小、煤层倾角过大、山区线路、坚硬顶板边缘等情况下有可能发生倒杆塔事故。

二、输电线路采空区塌陷事故原因

当矿产采挖完形成采空区后，打破了原有的应力平衡，上覆岩层失去支撑，产生移动变形，直到破坏塌落即采空区发生塌陷，其对地表的影响随之不均匀沉降，杆塔就会出现倾斜。

（一）平坦地形采空区塌陷特点

1. 地表移动盆地

在开采影响到地表以后，受采动影响的地表从原有的标高向下沉降，从而在采空区上方地表形成一个比采空区面积大得多的沉陷区域，这种地表沉陷区域称为地表移动盆地，或称下沉盆地，如图 ZY0100201009-2 所示。

当采空区达到一定范围后，最大下沉值将不再增加而形成一个平底的下沉盆地。当开采工作面停止推进后，地表移动和变形并不会马上停止，而要延续一段时间，然后才能稳定，形成最终的移动盆地，此时的移动盆地称为静态移动盆地。

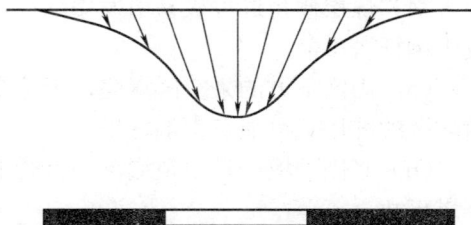

图 ZY0100201009-2　地表下沉盆地主剖面图

2. 裂缝及台阶

在地表移动盆地的外边缘区，地表可能产生裂缝。地表裂缝一般平行于采空区边界发展。地表裂缝的形状为楔型，地面开口大，随深度的增大而减小，一般裂缝深度不大于 5m，如图 ZY0100201009-3 所示。但在岩石直接露出地表的情况下，裂缝深度可达数十米。有时在采空区周围的地表形成环形破坏堑沟。在急倾斜煤层条件下，地表可能出现裂缝群或台阶。

3. 塌陷坑

塌陷坑多出现在急倾斜煤层开采条件下。但当煤层较浅时，缓倾斜或倾斜煤层开采，地表有非连续性破坏时，也可能出现漏斗状塌陷坑，如图 ZY0100201009-4 所示。

图 ZY0100201009-3　地表裂缝

图 ZY0100201009-4　塌陷坑

（二）山区地表移动有许多不同平地的特点

山区地表移动不会像平地那样出现移动盆地，在同样的地质采矿条件下，山区地表移动的影响范围一般比平地偏大，其移动角和影响范围的大小与相应的地形特征有关；在近水平煤层开采条件下，山区开采影响范围内的地表移动与变形采空区中心，最大水平移动可能大于最大下沉值；当山区地表坡度较大，山区受采动的地表就可能出现非连续性的移动和破坏。山区近水平煤层开采引起的非连续性移动和破坏形式主要有塌陷坑、塌陷槽和采动滑坡。

因此，位于山区的输电线路杆塔受采空区的影响更大，一旦采空区发生塌陷，首先其水平位移就大于平地，如出现塌陷坑、塌陷槽和采动滑坡还可能导致倒杆塔、断线事故。

三、输电线路采空区塌陷事故现象

无论是地表移动盆地、裂缝及台阶还是塌陷坑，都能对输电线路造成严重威胁，轻则杆塔倾斜，重则会发生断杆、拉弯塔身和耐张横担拉裂乃至倒杆塔断线事故。

（1）杆塔倾斜和杆塔位移最直接的现象就是直线杆塔的绝缘子串和地线悬垂线夹偏移。

（2）采空区塌陷输电线路的导地线间距变化尤其是架空地线反映更为明显，表现为杆塔一侧架空地线弧垂增大，另一侧减小。对于弧垂减小的一侧，导地线之间距离加大，对于弧垂增大的一侧，导地线之间距离缩小。

（3）当采深采厚比偏小时且煤层厚度较大时，一旦采空区出现塌陷，对地表塌陷和倾斜的影响非常大，这时杆塔可能出现严重倾斜，如一旦出现导地线断裂或横担断裂，杆塔就可能被拉倒。同时地表塌陷和倾斜严重时会导致杆塔基础根开发生严重变化，从而引起杆塔构件大量变形，其承载力大幅降低，这也是引起倒杆塔的一个重要原因。

（4）煤层倾角过大极易引发塌陷坑、台阶裂缝及山体滑坡，如杆塔位置正好处于这些地段，就会发生倒杆塔事故。

（5）山区下方的采空区塌陷，无论煤层倾角多大，受地形的影响，都有可能出现山体滑坡，位于滑坡区的杆塔就可能发生倒杆塔。

（6）坚硬顶板一旦出现塌落，就会形成台阶式裂缝，如果杆塔正好位于台阶附近，就可能发生倒杆塔事故。

四、输电线路采空区塌陷事故处理

（一）事故处理原则

防止采空区塌陷最基本的原则是避开压矿区及采空区，在实际情况有些地段很难避开这些区域时，尽可能合理选择线路路径、合理选择塔型、采用释放型悬垂线夹、采用大板基础和采用加长地脚螺栓将采空区的危害降低到最小程度，通过安装在线监测装置，及时发现采空区塌陷，对杆塔倾斜治理。

（二）防止地陷区域输电线路受损的措施

1. 科学优化采空区输电线路设计方案

（1）合理选择线路路径。通过大量细致的勘测和调查工作，详细勘测调查压矿及采空区情况，调查清楚矿产顶板性质与结构，采深、采厚、采深采厚比等基本参数，开采企业的开采规划及进度，采掘方式等，以便能最大限度地选择合理路径。选择相对平坦的地形、采深采厚比较大的地段、稳定的采空区、开采面中央作为杆塔位。

（2）合理选择塔型。拉线杆塔倾斜后基本不受地面倾斜产生的不均匀沉降影响，其本身具有一定弹性变形能力，因此对杆塔的倾斜有缓冲作用，修正处理也最简单，应优先选择拉线塔。

（3）采用大板基础。为防止根开发生改变，使其相对位置固定，设计可采用大板基础。运行单位应与采矿企业建立动态联系。

（4）直线杆塔上采用释放型悬垂线夹。当杆塔因地面塌陷而发生倾斜后，导线、架空地线两侧张力不平衡后弧垂会发生变化，当某侧导线、架空地线张力大于悬垂线夹的握力时，释放线夹的船体会脱离金属挂板上的悬挂轴而脱落，导线落在释放线夹船体下的滑轮上自由滑动，使导线张力迅速释放，可大大减轻杆塔在塌陷倾斜事故情况下所承受的导线、架空地线张力荷载。

（5）铁塔基础采用加长地脚螺栓。地脚螺栓的长度加长，增加其调整长度，采空区铁塔基础出现不均匀沉降后，运行单位可采用垫高塔脚板处理方法。

（6）运行单位应与采矿企业建立协作机制，及时掌握采掘进度对地表可能造成的影响，提前采取预防措施，降低采空区塌陷对输电线路的危害。

（7）安装杆塔倾斜在线监测装置。可以及时发现杆塔倾斜，及时采取防范措施，防止发展为事故。

2. 杆塔倾斜治理

（1）释放导地线张力。杆塔倾斜后，为防止架空地线断裂、地线横担受损或导地线短路，应首先打开直线杆塔导地线悬垂线夹，使两侧导地线应力平衡。

（2）调整塔脚板。当铁塔出现倾斜后，通过调整塔脚板高度的方法是最简单的扶正铁塔方法。

（3）更换塔脚板。如未采用加长地脚螺栓或地脚螺栓不足以调平塔腿，可以采用更换塔脚板的办法扶正铁塔。

（4）调整基础。在根开变化及杆塔倾斜值较小时，也采用调整基础根开和垫高基础的方法调平基础和恢复根开。

（5）更换杆塔。如通过上述方法无法修正，或杆塔变形严重，超过允许变形值，则需要更换杆塔。

（三）事故处理注意事项

（1）由于双回线及多回线同塔架设时，一旦采空区塌陷影响到线路的安全运行，将可能同时造成多条线路同时发生事故，对电网的安全威胁较大，因此在压矿区及采空区建设线路时，尽可能选择单回线路。

（2）更换杆塔应按选择路径的方法选择塔位。

（3）调整基础时，在抬升基础前，必须用枕木等将基础四周固定，防止在抬升过程中根开再次改变；在底部垫入混凝土预制块前，一定要将基础的四个角支撑好，防止液压设备出现故障伤及作业人员；底部垫入的混凝土预制块数量应充足，并摆放整齐，防止基础出现滑移。

五、案例分析

1. 故障现象

2006 年，某供电分公司 220kV 线路位于煤矿采空区的 82 号铁塔发生倾斜，其中 B 腿向外测位移 20cm，下沉 25cm，塔头中心偏移达 80cm。

2. 故障原因分析

82 号铁塔为 ZB2—36.7 型自立铁塔，位于煤矿采空区，由于采空区塌陷和地表不均匀沉降造成铁塔倾斜。

3. 故障处理方法及防范措施

该线路紧急停运，对铁塔基础进行开挖扶正处理，在采空区线路铁塔安装倾斜测试装置，并且缩短采空区线路巡视周期，加强运行监护，最终将采空区线路迁移到地质稳定区域。

【思考与练习】

1. 采空区对输电线路有什么危害？

2. 杆塔倾斜后首先应采取什么措施？

3. 对设计位于采空区的杆塔应提前采取什么措施？

模块 10　防止风偏事故（ZY0100201010）

【模块描述】本模块包含输电线路风偏概念、类型、形成原因、风偏验算及防范措施等。通过概念描述、原理分析和案例分析，了解不同风偏类型的形成及特点，掌握防范风偏方法。

【正文】

一、输电线路风偏事故的类型及其危害

风偏事故是在风的作用下导线与地电位体之间或其他相导线的空气间隙小于大气击穿电压而造成的事故。风偏事故的主要类型有直线杆塔绝缘子对塔身或拉线放电，耐张干字塔中相绕跳线对塔身放电，导线对通道两侧建（构）筑物或边坡、树竹木等放电现象。风偏事故均能造成线路故障跳闸，风偏故障不能消除或发生相间短路时，会扩大故障范围。

二、输电线路风偏事故原因

输电线路导线、架空地线呈悬链线状，设计会按一定的风速设计架设导线、架空地线，当风速超过设计风速时会造成导线对塔身、线路风偏区外的树木、建筑物等放电；新建线路架设中施工单位未按设计要求复核弛度、边坡距离和砍伐风偏距离不足的树竹木，竣工验收运行单位没有全部复核导线弛度和通道两侧的建（构）筑物、边坡、树竹木风偏距离等；运行中为增加泄漏比距将绝缘子串加长，在未超过设计风速下导线对塔身等接地体放电；跳线制作偏长且跳线串为单铰链挂点，在未超过设计风速下跳线对塔身放电；运行管理中对通道两侧的建筑（构）筑物未及时进行测量校核风偏距离，在未超过设计风速下导线对通道内后建的建（构）筑物或树木距离不足放电等。

三、输电线路风偏事故现象

1. 直线杆塔绝缘子串对塔身或拉线放电

直线杆塔绝缘子串在水平风荷载作用下导线摇摆，使其与地电位体之间的空气间隙减小形成的单相接地短路故障。

影响导线水平偏移的因素主要有水平风荷载、垂直档距、水平档距、绝缘子串长等。

根据图 ZY01002010-1 所示，绝缘子串摇摆角计算公式为

$$\alpha = \tan^{-1} \frac{g_1 l_{\mathrm{v}}}{g_4 l_{\mathrm{h}}} \qquad （\text{ZY0100201010-1}）$$

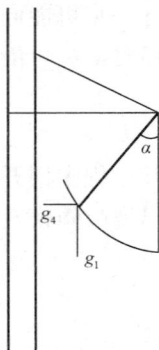

图 ZY0100201010-1　绝缘子串摇摆角荷载

式中　g_1——电线单位长度垂直荷载，kN/m；

g_4——电线单位长度水平风荷载，kN/m；

l_{h}——杆塔水平档距，m；

l_{v}——杆塔垂直档距，m。

在设计风速之内发生的风偏一般为垂直档距小即垂直荷载轻引起其摇摆角增大。还有就是绝缘子串长增加后摇摆角虽然不变但空气间隙变小而造成故障。

2. 耐张干字塔中相绕跳线对塔身放电

主要是由于施工时跳线太长或跳线架单挂点在风的作用下左右摇摆造成跳线对塔身空气间隙不够形成的单相接地短路故障。

3. 导线对通道两侧建（构）筑物或边坡距离不足放电

输电线路导线在水平风荷载作用下导线摇摆，使其与导线两侧的建（构）筑物或边坡、树竹木等空气间隙减小形成的单相放电接地故障。

4. 导线与导线之间放电

施工架设中未按设计要求架设，致使不同相导线弧度不同，档距中间导线在水平风荷载作用下导线摇摆频率不同，使导线与不同相导线之间的空气间隙减小形成的两相短路故障，另外导线排列方式需在前后档变化时易出现地线对导线或导线相间放电。

四、输电线路风偏事故的防范措施

1. 事故处理原则

输电线路风偏事故主要是大风作用下，导线对其他电位体之间的空气间隙小于空气击穿间隙，因此处理风偏事故就必须正确计算检查塔头的空气间隙；在线路周围有边坡或新建建筑物构筑物时，应进行测量建（构）筑物的高度和验算导线风偏情况下对周围建筑物、构筑物、边坡的空气间隙。

2. 风偏事故处理方法和措施

（1）对运行线路改变设计的直线绝缘子串应进行杆塔验算工作电压空气间隙。新建线路在投运前应对干字形耐张跳线逐基验算。验算时适当增加风速，保证留有裕度。若需对运行线路直线绝缘子加片等工作前，必须进行验算合格后方可实施。

凡为平面结构的直线杆塔都可用正面间隙圆图来确定塔头尺寸或检查空气间隙。间隙圆的画法是以各种电压下的计算条件，算出绝缘子串的摇摆角。以每一种情况绝缘子风偏的极限位置为圆心，以每一电压下的最小空气间隙长度加弧垂修正值加 0.1m 为半径画圆就得到正面间隙圆，图 ZY0100201010-2 所示为自立式铁塔间隙圆。此类铁塔的特点是塔头纵向（沿线路方向）宽度不大，只需根据绝缘子串长度及悬垂绝缘子串的风偏角，并适当考虑塔身边缘导线弧垂的影响，在杆塔正面图上绘出间隙圆即可。L_{K} 为绝缘子串长，φ_1、φ_2、φ_3 和 R_1、R_2、R_3 分别为雷电过电压、操作过电压及工频过电压下的绝缘子串风偏角和间隙距离。δ_1、δ_2、δ_3 分别为考虑塔身边缘导线弧垂影响而引入的数值。间隙圆与塔头单线图轮廓线不应相切，应留 0.1m 左右的裕度，这主要是考虑杆塔单线图与制造图的差别、制图误差及实际杆塔组装误差的影响。

（2）档距中间对地电位体的空气间隙，在投运前应进行验算，未进行验算的可能存在问题的档距需补充验算，并留存验算资料。

（3）运行线路通道内和两侧的新建建筑物、构筑物或堆物时，要与当事人取得联系，了解工程施工方案，经交叉跨越验算合格后方可准许施工。对弧垂大于保护区单边宽度 1.5 倍的线路，即使保护区外新建建筑物也应进行验算。

（4）220kV 及以上电压等级干字形铁塔中相绕跳线悬垂绝缘子串应采用双挂点固定，导线采用并沟线夹固定在一起，跳线不得留得太长，以悬垂串向内倾斜 5°～9° 为宜，如图 ZY010020101010-3 所示。110kV 干字形耐张塔跳线挂点原为单铰链式，运行单位可改造为双挂点，以杜绝跳线对塔身风偏放电。

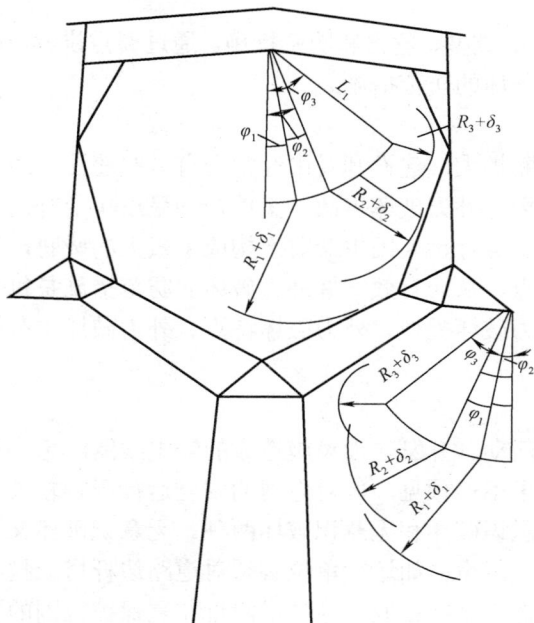

图 ZY0100201010-2　自立式塔正面间隙圆

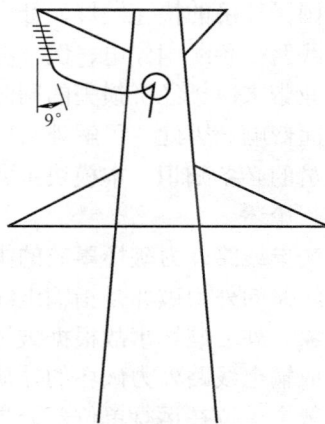

图 ZY0100201010-3　干字形塔中相跳线
绝缘子串安装图

（5）工程竣工验收要严格进行弧垂测量，必须满足验收规范要求。特别是导线排列方式改变的档内弧垂，运行单位应对每相导线进行测量，复核线间距离，弧垂误差应达到有关规程的规定，确保此类导地线变化档发生间距不足放电事故。

（6）新建线路竣工验收必须对每档通道内的建（构）筑物、树竹木和边坡、悬崖进行风偏测量和校核，运行中通道内或两侧新增的此类现象也应及时测量校核，以防止风偏距离不足发生放电事故。

3．事故处理注意事项

（1）塔头空气间隙所用的计算气象条件，规程规定以工频电压下的间隙为最小，雷电过电压下为最大。但因它们的计算气象条件不同，所产生的风偏距离也不同，三种电压情况都可能成为控制条件。三种电压下的气象条件组合可根据设计选择的气象条件决定。

（2）导线风偏后对建筑物、构筑物、边坡、树木的允许距离可查现行运行规程。

五、案例分析

1．故障现象

2008 年 8 月 12 日 12 时 24 分，某供电分公司 220kV 线路发生故障跳闸，经故障登塔巡视发现 112 号铁塔导线对铁塔塔头放电，导线悬垂线夹和塔身有明显的对应放电痕迹。

2．故障原因分析

112 号铁塔为 ZM1—24 型自立铁塔，故障时当地气候时大风天气，瞬时风速达 32m/s，经画出该自立式铁塔正面间隙圆，计算得出结论为：塔头电气距离裕度小，在超设计风速情况下造成导线风偏对铁塔塔头放电。

3. 故障处理方法及防范措施

对 ZM1 型自立铁塔进行风偏验算，对不满足要求的铁塔进行改 V 形串或加装下拉横担方式，防止导线风偏故障的发生。

【思考与练习】

1. 输电线路风偏的原因是什么？
2. 输电线路风偏有哪些类型？
3. 如何防范风偏？

模块 11　防止外力破坏事故（ZY0100201011）

【模块描述】本模块介绍输电线路外力破坏事故的类型、危害和防范措施。通过要点讲解、原理分析，了解外力破坏的原因、特点和危害，掌握外力破坏的防范措施。

【正文】

随着国民经济的快速发展，社会建设的规模不断扩大，建设开发中经常会有一些违法、违章行为造成输电线路设备跳闸停电、倒（杆）塔或部分损坏等外力破坏事故、案件，并呈逐年上升的趋势，给供电企业带来巨额经济损失的同时，也对电网安全运行、人民生命财产构成了极大的威胁，造成了极坏的负面影响。因此，了解外力破坏的类型及特点，从而有效掌握外力破坏的防范措施是每一位线路运行人员的必备知识。本模块主要从输电线路外力破坏类型、外力破坏特点、外力破坏主范措施三个方面进行论述。

一、输电线路外力破坏事故的类型

输电线路的外力破坏是指输电线路沿线的人类活动、开发建设设施造成的输电线路隐患、故障甚至事故现象。外力破坏事故根据破坏程度不同，后果不可预见，但对电网的安全运行影响较大。

从造成输电线路外力破坏的性质分，可分为有意识破坏和无意识破坏两种。无意识破坏又可分为两类，即肇事单位在运行单位部分失责状态下的电气肇事，如运行单位必须对道路边杆塔或拉线应做好防撞装置及涂刷反光漆，在易盗区杆塔上加装防盗措施；在取土区杆塔附近布置保护范围的警示牌等。反之是在电力设施符合规程规定的状态下，肇事单位因不懂电力行业要求而造成的吊机碰线、异物短路、导线下方燃烧短路、爆破炸伤导地线及杆塔、交叉跨越短路、开挖作业、机械碰撞杆塔及拉线等类型。有意识外力破坏主要有偷盗电力设备、人为短路等类型。

按造成输电线路外力破坏的现象可分为盗窃破坏、机械破坏、异物短路破坏、燃烧爆破破坏、交跨碰线破坏五大类。

1. 盗窃破坏

（1）盗窃铁塔塔材和拉线。盗窃铁塔塔材是输电线路外力破坏案件中最多的一种，拆卸螺栓是盗窃塔材最常见的一种盗窃方式，即使杆塔、拉线防盗设施齐全有效，也有用钢锯切割或氧焊切割盗窃塔材，但这种方式较为少见，一般是团伙作案才采用这种方式。拉线被盗属常见外力破坏形式，全国每年都会发生为数不少的拉线被盗引发的倒杆塔事故。

（2）盗窃导线。导线被盗多属团体作案，盗窃分子一般选择退役线路、新建线路或停电检修数日线路，前两种线路偷盗不会被立即发现，逃离现场的时间充足。

2. 机械施工破坏

（1）施工机械碰线。施工机械碰线是最常见的外力破坏形式，如有塔吊、吊车、混凝土泵车、打桩机、自卸车等。

（2）其他管线施工碰线。如其他单位在输电线路临近或穿越其他电力线路、缆车线路、通信线路等架空管线施工展放、紧线过程中，会出现上下弹跳及左右摇摆造成对输电线路导线距离不足或碰线引发放电事故。

（3）开挖或平整土地破坏。开挖破坏主要体现在两个方面：一方面是在地表进行开挖或平整，可能引起滑坡、掩埋杆塔、杆塔倾倒等后果；另一方面是在地下开采作业，可能引起地表塌陷、滑坡等。

3. 异物短路破坏

异物短路也是近年来一种常见的外力破坏，存在非常大的随机性。主要异物类型有广告布、气球飘带、锡箔纸、塑料遮阳布、风筝线及一些轻型包装材料。这些异物一般长度长、质量小、面积大，遇风即可能随风飘荡，当其缠绕到导地线、杆塔上时就可能引发异物放电。对于锡箔纸等导电物质，一旦其短接了导线与其他接地体就会发生放电；对于广告布、塑料遮阳布、风筝线等绝缘物质，即使其短接了导线与接地体也不一定引发线路短路，但如再遭遇雨、雾等气象就极有可能发展为短路事故。

4. 燃烧爆破破坏

（1）山火短路。许多输电线路跨越森林、草原、灌木等，冬春干燥季节，这些地区易发生火险。如大火蔓延到输电线路通道内，因空气在高温下的热游离作用及燃烧后产生的导电颗粒，降低了空气绝缘强度，容易引起输电线路对地或相间短路；燃烧的大火甚至可能将杆塔构件及复合绝缘子烧损，引起倒塔掉线事故。

（2）焚烧及爆竹短路。有的农村收割后就地焚烧秸秆，焚烧后的浓烟极易引发上方输电线路短路。另外在输电线路下方焚烧垃圾、燃放爆竹等行为也易引发输电线路短路。

（3）爆破。输电线路沿线开山炸石、勘探等爆破行为，飞石会损伤导地线、杆塔构件及引起线路跳闸，甚至引起断线事故。

5. 交跨碰线破坏

（1）树（竹）木碰线。树（竹）木碰线也是一种常见的外力破坏。一般有三种情况：①导线与树（竹）木垂直距离不足，当气温升高，导线弛度降低，导致两者的静态距离不足发生短路；②线路两侧的树（竹）木生长高度超过导线高度，遇大风左右摆动、摇晃接近发生放电；③线路两侧生长高度超过导线高度的树（竹）木，农户在砍伐时倾倒发生导线短路。

（2）垂钓碰线。输电线路跨越鱼塘，鱼塘垂钓引起的线路跳闸事故屡见不鲜，由于现在的伸缩型钓鱼竿是碳纤维材料，长度为 6～8m，导电性能比金属还好，鱼竿碰线会造成短路跳闸，且多数会造成电弧灼伤甚至死亡的严重后果。

二、输电线路外力破坏事故的特点

外力破坏引发的线路事故与其他事故相比较，具有以下特点。

（1）破坏性大，不仅能引起设备损坏或停电事故，还常伴随着人身伤亡事故的发生。

（2）季节性强，如树（竹）木碰线一般发生在春季和夏季，垂钓碰线一般发生在夏季或秋季，山火短路事故一般发生在秋季、冬季或者清明等节气时间。

（3）区域性强，如盗窃破坏、机械破坏、异物短路破坏一般发生在城乡结合部、开发区附近或厂房附近，爆破事故一般发生在采石场、大型施工场所等区域。

（4）防范困难，由于输电线路分布点多、面广，一条线路往往经历不同的区域，呈现出不同的区域特征，而且区域环境变化快，不易有效掌握，因此，相对于其他线路事故，外力破坏的防范更加困难。

三、输电线路外力破坏事故防范措施

（1）加大电力设施保护力度。电力部门应利用广播、电视、网络、报纸等各种有效手段，积极宣传和普及电力法律、法规知识，增强群众保护电力设施的意识。电力设施安全保卫部门应积极主动地与当地公安机关交流情况，沟通信息，注重防范，建立电力、公安联保体系，通过快速侦破破坏电力设施案件，打击犯罪分子，清理非法收购点，使盗窃电力设施的犯罪分子得到应有的惩罚、盗窃行为无利可图，营造良好的社会保护环境。

（2）建立政企合作的电力设施保护新模式。目前供电部门是企业，原先的《电力设施保护条例》等管理职能已被转移到政府经贸委下，电力设施保护工作是一项综合性的社会系统工程，一些地方政府部门往往存在偏见，认为电力设施保护是电力部门的事，与己无关，一些执法单位对保护电力设施也缺乏积极性，导致电力设施屡遭破坏。为此，应该积极探索建立政企合作的电力设施保护新模式。如某局通过积极努力，电力设施保护工作得到了地方政府的强力支持，在全国首创"政企合作"的输电设备保护新模式，地方政府发文明确规定各地（县）市安监局为当地电力设施保护的执法主体，将输电

ZY0100201012

设备保护责任纳入各级政府绩效考核，从根本上提高了输电设备隐患整治力度，取得了突出的成效。

（3）建立危险点预控体系和特殊区域管理。线路运行部门应按照各输电设备途径的地理环境及特殊地段，根据外力破坏的类型建立不同的特殊区域，并根据季节性、区域性等特点，制定相应有效的预防控制措施，将其纳入各自的危险点数据库，进行滚动管理。如对开发区、大型施工区等开发建设，应根据实际情况及时发隐患通知书，并缩短巡视周期，待隐患消除后再延长巡视周期；对于毛竹生长季节应根据毛竹速长的特点加强季节性特巡，防患于未然，同时对某些可以采取加塔顶高或升高改造杆塔处，运行单位应积极采取措施，由于竹类的生长高度基本固定，采用升高杆塔措施能一劳永逸地取消该危险点的方法之一。

（4）对于申请临时用电的施工单位，电力部门内部应采取联手协防的措施，由生技、营销部门联合下文，明确下属供电营业所在接纳施工单位的用电申请流程中，增加输电线路运行单位在申请流程表中的审查签发栏，由线路运行单位核查施工现场有否危及线路安全运行隐患，若建筑施工项目是有规划且批准的合法工程时，虽然是建在线路通道内时，供电单位与施工用电单位应签订防护措施（措施由输电运行单位审核）、责任归属和停电整顿条件和流程，并缴纳责任保证金，从而促使施工单位控制塔吊、钢筋的对带电导线的安全距离。

（5）加强设备本体防外力破坏水平。如对防止偷盗事故发生的是杆塔、拉线本体，应积极做好防盗措施。如杆塔本体可根据实际情况提高杆塔防盗螺栓的安装高度，甚至可将塔身段全部安装成防盗螺栓；为防范拉线 UT 形线夹被盗，可在 UT 形线夹螺栓上安装防盗装置；为防止树木风偏碰线，可根据需要在档距间增加直线塔顶高或原塔升高改造，从而一次性消除该隐患，减少线路巡视工作量。

（6）加大线路警示牌的安装与维护工作。主要包括两个方面内容：一是必须确保杆塔本体杆号牌、警示牌的规范和完整；二是在线路通道危险点附近应及时安装、更新相应的警示标志，如发现有在杆塔周围取土的隐患时，应及时布置"严禁取土"警示标志，并用安全围栏做好相应的区域管理；在线路交跨鱼塘、水库时，应在线路下方或沿线安装"严禁垂钓"等警示标志，并应在各个路口安装相应的警示标志。通过规范、及时、必要的警示标志，可以大大降低外力故障发生率。同时按民法高危险度行业法律责任的要求，对每个鱼塘业主和村委会，邮寄电力设施隐患通知书，告之高压线路的危害性，如何防范的措施等，以规避企业风险。

（7）积极探索在线监控等新型防外力破坏技术。各线路运行部门应根据实际需求，积极应用输电线路危险点在线实时监控、防盗报警等新技术，建立外力破坏危险点的实时监控平台。某局针对近些年来输电线路走廊内影响输电设备安全运行的各类威胁、隐患问题日益突出，自 2005 年开始实施输电线路危险点在线实时监控系统的开发和应用，及时发现并迅速处置了塔基被挖等重大隐患，实现了输电线路危险点的实时监控，从而可以全面及时地掌控输电设备危险点的风险度，减少了运行维护工作量，降低了生产成本，提高了输电线路供电可靠性。

（8）建立健全群众护线员制度，加强对群众护线员队伍的动态管理，组成一支能深入基层，熟悉乡情的乡（镇）的、以线路沿线居民为主的护线员队伍。群众护线员是对专职护线工作的一种有益补充，通过工程技术人员定期给义务护线员讲授输电线路维护知识课，利用护线员居住在线路附近、地理环境熟悉、线路设备可随时监控的有利条件，建立奖惩分明的激励机制，充分发挥义务护线员对输电设备巡查、报警的积极性，及时弥补了野外设备大部分时间无人看管的现状，可以大幅度提高设备安全健康运行。

【思考与练习】

1．外力破坏有哪些类型？

2．防范外力破坏有哪些措施？

模块 12 防突发性事故（ZY0100201012）

【模块描述】本模块包含地质、地震、洪涝、恶劣气象等突发性灾害的有关知识及防范措施等。通过概念描述、定性分析，了解不同灾害的特点及预防措施，掌握如何应对突发性灾害事故的方法。

【正文】

大自然界发生突发性事故，对输电线路会造成重大影响，虽然有时运行单位没有办法采取有效的防范措施，但对局部的突发事件还是应预先采取一定的防范手段。

一、输电线路突发性事故的类型及其危害

1. 地质灾害

地质灾害是一种常见的自然灾害，主要有山崩、滑坡、泥石流、地裂缝、地面沉降、地面塌陷、水土流失等。地质灾害不同于地震灾害，往往有一定时间的预兆，只要采取措施及时，就可能取得积极的效果。

地质灾害防治工作应当坚持预防为主、避让与治理相结合和全面规划、突出重点的原则。地质灾害发生前可能会出现以下自然现象。

（1）多年不涌的泉水复活了，或泉水（井水）突然干枯、井（钻孔）水位突变、水色突然浑浊或翻砂、冒气等异常现象。

（2）动植物异常，如蛇挡道，蚯蚓上路乱窜，蚂蚁成群结队携幼搬迁上树，猪、狗、牛、羊、鸡等惶恐不安、不入窝圈不入睡，老鼠乱窜，植物形态发生变化，树林枯萎或歪斜等现象。

（3）泥石流的前兆有暴雨和连续降雨；河水突然断流或洪水突然增大，并夹有较多的柴草和树木；沟谷深处变昏暗并伴有巨大轰鸣声或轻微振动感。

（4）滑坡的前兆有山坡前部或后缘出现裂缝；坡脚处土体突然上隆；房屋地板、墙壁出现裂缝，墙体歪斜；干涸泉突然冒水或泉水突然干枯、浑浊，池塘水或水田水突然下降或干涸植物枯萎或歪斜等。

发生山崩、滑坡、泥石流、地裂缝、地面沉降、地面塌陷等现象，对架设在此类区域的输电线路会产生登塔断线、杆塔被埋、基础位移或开裂、拉线受力不均等，严重影响输电线路的安全运行。

2. 地震

地震是破坏力极强的突发性自然灾害，地震烈度共分为12级，5级以上才会造成破坏。1976年唐山7.6级大地震，极震区烈度达11~12级，北京、天津的烈度则为6~7级。

地震发生时产生的地震波引起对地面建筑物、构筑物的破坏。地震对建筑物、构筑物的破坏，主要是由地震力通过地震波起作用的。由于输电线路杆塔建构为桁架交接结构，这种特性使其具有较强的抵抗摇晃的能力，因此地震本身对输电线路杆塔的影响并不很大，烈度为八级及以下的地震对其基本没有太大影响。但对位于山区或河床线路来说，因地震引发的次生灾害可能对其造成严重影响。如山体滑坡、地表裂缝、喷砂冒水等现象，可能引起线路杆塔滑落、倒杆塔、倾斜、塔材变形等。

3. 洪涝灾害

洪涝灾害中有洪水浸泡、冲刷和山区伴随发生的泥石流等。一般情况下，洪涝灾害发生有三个条件：大量降雨；碎屑散状的土质；山间或山前沟谷地形。

洪涝灾害对输电线路的危害有，处在江河边的杆塔易被洪水冲刷，造成基础覆盖土缺失而倒杆断线；低洼地内洪水浸泡，使线路运行无法进入；山区、沟内若发生山洪暴发则易造成线路倒塔断线事故。

4. 恶劣气象

强风暴是对输电线路威胁最大的一种自然灾害，强风暴导致的高压输电线路和输电塔破坏的事故时有发生，其中对输电线路运行维护难度最大的是飑线风。飑线就是多个雷暴单体连接在一起成为线状的过程，都会带来强对流天气，包括雷雨、大风、冰雹甚至龙卷风。飑线通常来讲就是多个雷暴单体排成的狭长云带，长度可能会有几十到几百公里，持续的时间通常是4~10h，我国一般发生有台风和龙卷风。此类灾害会发生铁塔扭曲、倒杆塔和导线对线路两侧的建筑物、树竹木或山崖峭壁距离不足放电跳闸或耐张跳线对塔身放电。

冻雨是初冬或冬末春初时节见到的一种天气现象。当较强的冷空气南下遇到暖湿气流时，冷空气像楔子一样插在暖空气的下方，近地层气温骤降到零度以下，湿润的暖空气被抬升，当雨滴从空中落下来时，由于近地面的气温很低，在杆塔、导地线及树木、植被、道路等表面冻结一层晶莹透亮的薄冰，若输电线路上覆冰严重，有时会压垮杆塔或断线；当导线上结成偏心结有月牙形（或扇形、D形等不规则形状成气动敏感型）的覆冰，在地形适合、吹有大于 45°风时，导线会发生长时间的舞动，造成相间短路、间隔棒损坏、金具磨损等事故；当气候转暖过程中，导线会不均匀脱冰，造成档距两侧张力差而拉折杆塔等事故。

二、输电线路突发性事故处理

1. 地震后应急措施

地震发生后，运行单位应及时组织对输电线路的巡查，对地震造成输电杆塔基础开裂、护坡毁坏、拉线砸毁、滑坡等隐患要立即采取临时措施，防止汛期洪水可能引起的倒杆事故。对地震时发生跳闸的线路逐一进行排查，查明跳闸部位和原因；其他线路或重点区段要仔细巡查，检查线路杆塔基础、拉线和周边运行环境，切实掌握线路运行状况，积极应对震后次生灾害，保证线路安全稳定运行；对于杆塔基础出现裂缝的要及时进行采取土建维修措施，严防震后雨水渗入造成基础沉降，威胁杆塔基础稳定，情况严重的要制定改造方案，及早整治，确保线路安全运行。做好有关地震造成输电设施影响、破坏资料（包括图片）的收集、存留和数据统计，以便下一步分析。

2. 防治泥石流危害

（1）根据预报某地即将在数小时内发生泥石流，要及时对被危害区的输电线路设施进行监测，有条件应及时采取加固措施。

（2）新建或改造线路在选择杆塔位置时，要避开沟道凹岸或面积小而低的凸岸及陡峭的山坡下，放置在距村镇较近的低缓山坡或高于 10m 的平台地上，切忌建在较陡山体的凹坡处，以免出现坡面坍塌。

（3）当前 3 日及当日的降雨累计达到 100mm 时，要密切注意监测，提前采取加固措施。

（4）在泥石流发生过程中，应按预先制定的泥石流事故应急预案开展工作，紧急加固或抢修各类临时防护工程，排除险情，严防出现重复灾害等。

3. 防止恶劣气象对输电线路的危害

以目前的科学技术水平还做不到对恶劣气象的主动防御，只能依靠提高设计等级、增强输电线路对恶劣气象的抵御水平来防治。这需要运行单位依靠积累运行经验、气象数据等基础资料，对线路经过区域作出一个合理的、科学的评价，划分出特出区域，制定可行的预防措施运行防范，对可能发生恶劣气象的地段进行特殊设计，提高设计水平。

三、应急措施

1. 建立完善的应急组织体系

应急组织体系主要包括领导组、应急办公室、相关部门等。应急体系中最重要的是明确各级部门及人员的责任，以便能在突发事故抢修中形成一个快速反应、有效协作的组织，加快抢修和处理速度。另外，应急组织体系必须有详细的联系方式，尤其是应急救援队伍名称及联系方式、应急处置专家姓名及联系方式、与相关的社会急救部门签订的应急支援协议及联系方式。

2. 编制详尽的应急预案

应急预案是指针对可能发生的各类突发事故，按其性质制定应急预案，规定相关事故的修复方法、人员组织、工器具、设备的规格、数量、存放地点、安全措施和车辆运输、后勤保障等。应急预案主要由总则；应急处置基本原则；事件类型和危险程度分析；事件分级；应急组织机构及职责；预防与预警；信息报送；应急响应；后期处置；应急保障；培训和演练；附则等。

3. 应急演练

应急演练是针对本单位突发事件专项应急预案及其他专项预案中涉及自身职责而组织的应急演练。其目的是在一个部门或单位内针对某一个特定应急环节、应急措施或应急功能进行检验，并达到熟练的目的。应急演练应以实战演练为主，由相关参演单位和人员，按照突发事件应急预案或应急程序，以程序性演练或检验性演练的方式，运用真实装备，在突发事件真实或模拟场景条件下开展演练活动。以次来检验应急队伍、应急抢修装备等资源的调动效率以及组织实战能力，提高应急处置能力。

4. 应急物资与装备

应急物质与装备是抢险、抢修必不可少的，不仅要储备充足，而且要存放合理，便于调配和运输。输电线路抢修用主要物资和装备有抢修塔、各型号导线、架空地线、绝缘子、金具等。注意储备时各类型号及规格合理搭配，有些不常用的物资应有其他替代储备。主要装备有运输车辆、施工机具、吊车等，对于不具备储备条件的应与相关单位签订合作协议，建立有效联系机制，以便应急时可以随时调运。

四、案例分析

1. 故障现象

2007 年 6 月，我国西南地区连降暴雨，山洪爆发，造成多处山体滑坡等泥石流灾害频繁发生，大量工农业设施遭受严重破坏，位于北阴山的 4 条 110kV 输电线路共发生倒杆塔断线故障 26 基，严重影响正常供电。

2. 故障原因分析

进入汛期以来，西南地区连降暴雨，持续时间长达二十多天，北阴山南麓由于乱坎乱伐和采矿破坏山体，造成本次泥石流发生，直接影响工农业和电力、通信等基础设施大范围损坏。

3. 故障处理方法及防范措施

对损坏的输电线路组织抢修；建立完善的应急组织体系，编制详尽的应急预案，开展应急演练，配备应急物资与装备，确保发生突发事件后及时组织应对。

【思考与练习】

1. 地质灾害主要有哪些，对输电线路有什么危害？

2. 地震可能对输电线路造成哪些危害？

3. 应急演练的目的是什么？

第三十五章 线路的日常维护与检测

模块 1 线路的检测（1）（ZY0100202001）

【模块描述】本模块涵盖输电线路运行中常见的检测工作。通过原理讲解、要点介绍、案例分析、掌握导线连接器的检测、绝缘子盐密测试和绝缘子低零值测试的检测方法、标准和要求。

【正文】

一、导线连接器的检测

输电线路导线连接器（接续管、耐张压接管、跳线引流板和并沟线夹）是导线元件最薄弱处，压接管是工程施工中的重要隐蔽工程，特别是现在施工单位多数采用高空平衡挂线方法，因此耐张压接管的压接尺寸和压接工艺较难控制，监理人员几乎不可能旁站监理。针对跳线连接点属电流致热型设备，当引流板施工未清理杂质、导电脂未涂、光面、毛面搭接和螺栓紧固未按相应规格螺栓扭矩值紧固等，在运行中会因接触电阻增大等原因引起连接点过热甚至熔断，造成断线事故。因此，新建线路竣工验收和停电检修时应认真检查跳线连接点状况，采用扭矩扳手按相应规格螺栓的标准扭矩值紧固，在线路输送额定荷载 30%以上时，采用红外测温仪器抽测运行检测距离 50m 以内的跳线引流板、并沟线夹，以使跳线连接点发热隐患能及时发现和处理。

（一）按扭矩值检测跳线连接设备

1. 检测原则及注意事项

新建输电线路竣工验收和停电检修时，运行单位应杜绝以往那种人均一把 25cm 的活动扳手检查紧固连接螺栓的原始粗糙方法，应落实专人采用扭矩扳手按相应规格螺栓的标准扭矩值检查紧固跳线引流板或并沟线夹，以标准数量值控制此类电流致热型设备发热。

2. 红外检测一般原则

（1）一般检测。

1）被检测的输电线路输送负荷必须在线路额定输送电流 30%以上方可开展红外测温工作。

2）红外检测一般先用红外热像仪对所有应测试部位进行全面扫描，发现热像异常部位，然后对异常部位和重点被检测设备进行详细测温。

3）应充分利用红外设备的有关功能达到最佳检测效果，如图像平均、自动跟踪等。

4）环境温度发生较大变化时，应对仪器重新进行内部温度校准（有自校除外），校准按仪器的说明书进行。

5）被测线路的跳线连接点高度必须在测温仪器的空间分辨率内（即有效检测距离）。

6）正确选择被测物体的辐射率（金属导线及金属连接选 0.9）。

（2）精确检测。

1）针对不同的检测对象选择不同的环境温度参照体。

2）测量设备发热点、正常相的对应点及环境温度参照体的温度值时，应使用同一仪器相继测量。

3）检测时风速必须满足规程要求，超过风速检测的发热温度没有换算系数换算。

4）不得在晴天检测，阴天检测时被测设备背后不得有附加光源进入检测仪镜头内。

5）作同类比较时，要注意保持仪器与各对应测点的距离一致，方位一致。

6）正确输入大气温度、相对湿度、测量距离等补偿参数，并选择适当的测温范围。

7）应从不同方位进行检测，求出最热点的温度值。

8）记录异常设备的实际负荷电流和发热相、正常相及环温度境参照体的温度值。

（3）检测周期。

1）一般情况下对正常运行输电线路每年检测一次。若线路输送荷载小于导线额定输送电流 30% 以下时，检测电流致热型跳线连接金具效果不大。

2）对重负荷线路、运行环境差线路应适当增加监测次数。

3. 红外检测注意事项

（1）环境温度一般不宜低于 5℃、空气湿度一般不大于 85%，不应在有雷、雨、雾、雪环境下进行检测，风速超过 0.5m/s 情况下检测需按有关换算系数换算成实际发热温度。

（2）红外热像仪应图像清晰、稳定，具有较高的温度分辨率和测量精确度，空间分辨率满足实测距离的要求。例 DL/T 664《带电设备红外诊断应用规范》附录 F 要求的红外测温应采用长焦镜头不大于 0.7mrd（毫弧度）的规定，则针对 LGJ－400/35 压接管其有效检测距离约为 64m，若采用常规镜头则有效检测距离只为 40m 以内。

（3）检测电压致热的设备应在日落之后或阴天进行；检测电流致热的设备最好在设备负荷高峰状态下且环境温度大于 30℃时进行，一般不低于额定负荷的 50%。

（4）应避免将仪器镜头直接对准强烈高温辐射源（如太阳），以免造成仪器不能正常工作及损伤。

（5）红外测温仪应放置在阴凉干燥，通风无强烈电磁场的环境中，应避免油渍及各种化学物质沾污镜头表面及损伤表面。

（二）红外检测操作要求

（1）红外热像仪在开机后，需进行内部温度校准，在图像稳定后即可开始。

（2）打开镜头盖，对准目标，调整热像仪镜头的焦距并进行自动校正后获得清晰的目标热像。

（3）通过调整仪器位置，将目标物体移至屏幕中十字测温点上，屏幕右上角所显示的温度即为测温点处目标的温度。

（4）当检测到目标物体出现发热异常时，应变换位置和角度重新进行复测，并将数据和红外热像记录下来，存入存储装置，以备分析。

（三）红外检测中异常情况及其处理原则

红外检测中发现设备发热异常后应立即进行分析，按照相关规定进行诊断和确认缺陷类型，并在缺陷确认以后立即向本单位运行专责和领导汇报，并在最短时间内提供红外报告和红外热相图谱，以备上级部门组织相关人员进行分析处理。

（四）案例

某电力公司 220kV××线 14 号塔跳线引流板红外测温工作

某电力公司送电工区对 220kV××线 14 号塔跳线引流板进行红外测温，检测仪器采用 T6—P 红外热像仪，经检测 A 相、C 相跳线引流板温度无异常，检测中发现 B 相跳线大号侧引流板温度异常，达 60.9℃（环境温度 28℃，导线表面温度 31.5℃）。经登塔检查判断为跳线连接部位在长期遭受机械振动、抖动或在风力作用下摆动，导致引流板螺丝松动。采取带电紧固引流板螺栓处理后，经复测发热现象消除。

二、绝缘子盐密测试

绝缘子自然污秽的现场污秽度主要通过测量线路现场的参照绝缘子（指普通盘形悬式绝缘子）表面的等值盐密和灰密来确定，需要时应对污秽物的化学成分进行分析。测量分析的目的是为确定绝缘子的配置。

（一）绝缘子等值盐密和灰密测试原则及注意事项

1. 测试等值盐密和灰密一般原则

（1）测量时间和周期。现场污秽度按相关规定的方法，在参照绝缘子经连续 3~5 年积污后测量其表面等值盐密和灰密，污秽取样时间应选择在年积污期结束时进行。

（2）测量点的选择。线路宜在城镇或污源点附近根据区域或污区范围大小选取适当的、有代表性

ZY0100202001

的测点，其他一般地区应每隔 5km 选一个测点，并根据测量结果划分线路污秽等级。

如果测量盐密是用于判断线路和电瓷设备是否清扫，盐密测量点应选在最严重的污秽地段内。

（3）测量片数的选取。使用不带电绝缘子串时，应在 7 片参照绝缘子串上进行测量，为避免端部影响也可使用 9 片串，参照绝缘子串悬挂高度尽可能与线路绝缘子等高；使用带电绝缘子时，需选择参照绝缘子串，应利用停电检修或带电作业的方式将绝缘子落地进行测量，可全串逐片进行，也可在整串上、中、下部各取两片进行。

（4）等值盐密和灰密的确定。

1）等值盐密的计算。测量污水的电导率和温度，测量应在充分搅拌污水后进行。对于高溶解度的污秽物，搅拌的时间可短些，如几分钟；对于低溶解度的污秽物，一般需要较长时间的搅拌，如 30～40min。

按式（ZY0100202001-1）进行电导率的校正

$$\sigma_{20} = \sigma_\theta[1 - b(\theta - 20)] \qquad \text{（ZY0100202001-1）}$$

$$b = -3.2 \times 10^{-8}\theta^3 + 1.032 \times 10^{-5}\theta^2 - 8.272 \times 10^{-4}\theta + 3.544 \times 10^{-2} \qquad \text{（ZY0100202001-2）}$$

式中　θ ——溶液温度，℃；

σ_θ——在温度 θ℃下的体积电导率，S/m；

σ_{20}——在温度 20℃下的体积电导率，S/m；

b ——取决于温度 θ 的因数。

绝缘子表面等值盐密（ESDD）按式（ZY0100202001-3）和式（ZY0100202001-4）计算

$$S_a = (5.7\sigma_{20})^{1.03} \qquad \text{（ZY0100202001-3）}$$

$$ESDD = \frac{S_a \cdot V}{A} \qquad \text{（ZY0100202001-4）}$$

式中　σ_{20}——在温度 20℃下的体积电导率，S/m；

$ESDD$——等值盐密，mg/cm²；

V ——蒸馏水的体积，cm³；

A ——绝缘子的绝缘体表面面积，cm²。

如果分开测量绝缘子上下表面的等值盐密，其平均值可按式（ZY0100202001-5）计算

$$ESDD_v = \frac{ESDD_t \times A_t + ESDD_b \times A_b}{A} \qquad \text{（ZY0100202001-5）}$$

式中　$ESDD_t$——绝缘子上表面的 $ESDD$，mg/cm²；

$ESDD_b$——绝缘子上表面的 $ESDD$，mg/cm²；

A_b ——绝缘子上表面的面积，cm²；

A_t ——绝缘子下表面的面积，cm²；

A ——绝缘子上下表面总表面积，cm²。

2）灰密的计算。首先对过滤纸（1.6m 级或更小）称重，然后对测量了等值盐密后的污水使用漏斗滤纸过滤（如时间过长，可采用真空过滤），再将过滤纸和残渣一起烘干，最后称重。灰密按式（ZY0100202001-6）计算

$$NSDD = 1000 \times \frac{W_f - W_i}{A} \qquad \text{（ZY0100202001-6）}$$

式中　$NSDD$ ——非溶性沉积物密度 mg/cm²；

W_f ——在干燥条件下含污秽过滤纸的重量，g；

W_i ——在干燥条件下过滤纸自身的重量，g；

A ——绝缘子表面面积，cm²。

2. 绝缘子等值盐密和灰密测试注意事项

（1）清洗绝缘子用的塑料盆、量筒、搪瓷杯、毛刷、烧杯等用前必须充分清洁，以避免引起测试误差。

（2）清洗绝缘子的污液注意不要散失，用刷子在盛污液的容器中搅拌，使污物充分溶解，以提高测量的准确性。

（3）测试用的电极要一用一清洗，即在每测试一份污秽液后一定要用蒸馏水清洗，再测试下一份污秽液，以免影响测试的准确性。

（4）为保证测量结果的准确、可靠，在拆取绝缘子及运输、测试过程中，对拆取后的绝缘子，要装入专门的盒内运输和保管，尽量保持瓷件表面污秽的完整性。

（二）绝缘子等值盐密和灰密测试操作要求

（1）在拆取绝缘子及测试等作业过程中，操作人员尽可能戴医用的清洁手套，应尽量不抓、拿、沾污绝缘子，以减少污秽损失。

（2）清洗时一般在原绝缘子安装地点进行，将清洗用的蒸馏水盛于搪瓷杯中，用镊子夹住浸过蒸馏水的纱布反复擦洗绝缘子表面的污秽（清洗范围除铁脚及浇装水泥面以外的全部瓷表面），再将纱布上的污秽全部洗在水中，擦洗绝缘子时纱布不要蘸很多水，否则容易造成污液流失，影响测试结果的准确性。

（3）将擦洗绝缘子所得的污液按普通悬式绝缘子方法测出污液电导率。洗下的污液应全部搜集在干净的容器内，毛刷或其他清洗工具仍浸在污液内，以免清洗工具带走部分污液。将污液充分搅拌，待污液充分溶解后，用电导仪或其他测量仪器对污液进行测量，并同时测量污液的温度。

（三）盐密测试中异常情况及其处理原则

盐密测试中发现盐密值异常后应进行分析，并从测试取样、用水量、擦拭方式、测量仪器、盐密值计算等操作流程方面进行具体排查分析，如无异常则按照相关规定将测试报告上报上级部门进行分析处理。

（四）案例

输电线路绝缘子盐密测试作业

（1）测量器材：电导率仪用 DDS—11 型、DDS—11A 型、DDB—6200 型或其他经过校验的类似仪表。另还需量筒、搪瓷杯、镊子、纱布和干净的 0.5~1.0 寸的毛刷、脱脂棉、小盆、温度计（0~100℃）、蒸馏水（电导率不超过 10μS/cm）等。

（2）以擦洗普通悬式（X—4.5）型绝缘子为例，用 300mL 蒸馏水盛入盆中（水量可分两次用），干净的毛刷将瓷件表面（除铁脚及浇装水泥面以外）上污秽物全部清洗水中。将洗下的污液全部收集在干净的搪瓷杯内，毛刷仍浸在污液内，以免毛刷带走污垢。将污液充分搅拌，待污物充分溶解后，用电导仪测量污液的电导率，并同时测量污液的温度，然后再根据公式计算出被测绝缘子表面的等值附盐密度值。

三、瓷绝缘子低零值测试

瓷质绝缘子经过一段时间运行之后，在机械负荷和温度变化的作用下，逐渐失去了它的绝缘性能，这种现象称为绝缘子的衰老，亦称低值或零值绝缘子。如不能及时发现、更换，绝缘子会发生部分收缩或膨胀而产生内力，这种内力会使绝缘子发生爆裂，减弱绝缘子的电气强度，使绝缘子发生击穿，甚至发生掉串。目前对瓷质绝缘子通常采用停电绝缘电阻检测法和带电分布电压法、接地电阻法检测，早期用火花间隙放电听声音法检测劣化瓷绝缘子，由于采用固定的放电间隙去检测分布电压值相差 5 倍以上绝缘子，其技术原理粗糙，实践证明，用火花间隙法检测出的低零值绝缘子多数在绝缘子串中间，而运行线路零值炸裂则基本是导线侧的 1~2 片，火花间隙法目前几乎淘汰，现在采用的语音式分布电压测试原理如图 ZY0100202001-1 所示。

（一）语音式分布电压检测绝缘子一般原则和注意事项

1. 判定低零值绝缘子一般原则

（1）测量时两金属探针应逐片进行，将探针与钢帽和伞盘下的钢脚钢帽处搭接，语音分布电压检测仪工作，通过光纤从操作杆内传递至后部，发出"XX"电压值声。

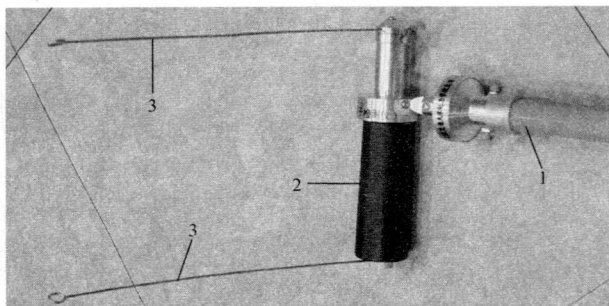

图 ZY0100202001-1 语音式分布电压检测低零值绝缘子测试原理图

1—绝缘操作杆；2—分布电压检测仪；3—金属探针

（2）测量时另一员工记录发出的每片分布电压值，与 DL/T 626《劣化盘形悬式绝缘子检测规程》中的相应位置绝缘子标准电压值，明显小于标准值属劣化。

2. 语音式分布电压检测注意事项

（1）带电检测应在晴朗、干燥的天气中进行。

（2）检测前，应对语音式检测器进行检查，保证完好。

（3）检测前对绝缘操作杆进行分段绝缘检测，绝缘操作杆的最小有效绝缘长度不准小于《国家电网公司电力安全工作规程》（线路部分）表 10-2 的规定。

（4）作业人员操作绝缘操作杆时应戴清洁、干燥的手套，防止绝缘工具在使用中脏污和受潮。

（5）串中零值绝缘子片数少于《国家电网公司电力安全工作规程》（线路部分）规定的零值绝缘子片数和少于 3 片绝缘子/串应停止检测和不得检测。

（二）语音式分布电压值法检测操作要求

（1）测量绝缘子前，检查校核语音分布电压检测仪是否完好。

（2）测量时，把两个端头（金属探针）分别搭在绝缘子串其中一片绝缘子上铁帽和下铁脚上，可听到检测仪播出的该片分布电压值声音，与规程中该电压等级、该位置的绝缘子标准电压值核对，可得出低值或零值的结果。

（3）检测操作时，应从靠近导线的绝缘子开始，逐片向横担侧进行。

（4）检测时如发现有低值或零值绝缘子时应再次核实，另一作业人员做好检测的每片记录。

（三）语音式分布电压值法检测中异常情况及其处理原则

检测操作中如发现同一串的绝缘子中，零值绝缘子片数达到表 ZY0100202001-1 的规定时，应立即停止检测，详细做好记录和上报。

表 ZY0100202001-1 一串绝缘子中允许零值绝缘子片数

电压等级（kV）	63（66）	110	220	330	500	750
串中绝缘子片数（片）	5	7	13	19	28	29
串中零值片数（片）	2	3	4	5	6	5

注 若绝缘子串片数超过该表规定时，零值绝缘子片数可相应增加。

（四）绝缘电阻检测仪

绝缘电阻检测仪可停电逐片检测瓷绝缘子有否低零值，也可按装在绝缘操作杆上同语音式分布电压检测方法一样，带电检测时，该检测仪会自动记录每片绝缘子的电阻值，只有记录检测的顺序即可，工作结束后，将检测仪中的数据倒入计算机并检查核对。

（五）语音式分布电压检测瓷绝缘子案例

输电线路带电检测绝缘子作业

某电力公司采用语音式分布电压值法对 110kV 线路进行带电检测绝缘子作业，作业人员在对某直线塔 A 相绝缘子串（7 片）由导线侧向横担侧逐片检测时发现有 3 片低于标准电压分布值的瓷绝缘子，作业人员立即停止检测，并向工作监护人汇报和详细做好记录。随后将 A 相绝缘子串带电更换，更换下的劣化绝缘子采用绝缘电阻检测仪进行校核，该 3 片瓷劣化绝缘子的绝缘电阻为 100MΩ、220MΩ 和 56MΩ，属低零值绝缘子，继续检测时若串中还有低零值绝缘子，则会更降低该绝缘子串的绝缘水平。因此带电测试采用短接绝缘子片的检测作业，发现同一串绝缘子中零值绝缘子片数达到表 ZY0100202001-1 的规定，作业人员应立即停止检测，以最大限度确保输电线路的安全。

【思考与练习】

1．红外测温作业中发现连接器发热异常情况，其处理原则是什么？

2．进行绝缘子盐密测试作业，在操作方面有哪些要求？

3．采用短接绝缘子片法带电检测绝缘子，应注意哪些事项？

4．为什么火花间隙法带电检测瓷绝缘子零值技术上不标准？

模块 2　线路的检测（2）（ZY0100202002）

【模块描述】本模块介绍交叉跨越限距和弧垂的测量、合成绝缘子憎水性现场检测。通过方法介绍、要点讲解、图表对比、图形示例，掌握正确的检测方法、标准和要求。

【正文】

一、交叉跨越限距和弧垂的测量

（一）架空线路交叉跨越限距测量

交叉跨越限距是指架空输电线路导线之间及导线对邻近设施（如对地或对交跨物等）的最小距离。架空输电线路在竣工投运验收中，运行单位都对各种限距进行复核且符合设计要求，但线路在运行过程中，随着线路通道周围的生产活动和树竹木的自然生长，各限距的实际值均会发生变化，当限距达不到设计规定值时，将对线路的安全运行构成威胁。因此，运行单位必须对通道内和两侧建筑物、交叉穿越的弱电线路及树竹木等观察或测量与运行线路在各种条件下的限距，使之满足设计要求。

1．交叉跨越限距测量一般原则和注意事项

（1）限距测量一般原则。

1）测量交叉跨越限距的方法一般有目测法、直接测量法和仪器测量法等方法。

2）在线路巡视过程中，巡视人员可采用目测的方法，检查导线之间、导线对地和对交叉跨越物的限距。

3）当目测法怀疑某些限距不符合规定时，必须采用其他方法，如直接测量法和仪器测量法等方法进行测量校验。

（2）限距测量注意事项。

1）雨雾天气禁止用直接测量法进行测量。

2）绝缘测量杆（绝缘绳）应保持干燥，并定期做耐压试验。

3）抛扔测量绳时，应防止测量绳在架空线上互相缠绕而无法取下。

2．交叉跨越限距测量操作方法

（1）直接测量法。直接测量法就是利用绝缘测量杆或绝缘测量绳直接对限距进行测量。

1）绝缘测量杆测量。测量限距时，可将绝缘测量杆立于被测线路的下方，直接读取数据。

2）绝缘测量绳测量。绝缘测量绳在绳的一端连接一个有一定质量金属测锤，测量绳上以每米为尺度做上标记以便观察测距。测量限距时，利用测锤的质量将测绳抛于被测线路导线上，然后根据测绳上的标记，直接读取数据。

（2）仪器测量法。仪器测量法就是利用经纬仪或全站仪及其他测量仪器，对线路交叉跨越限距进行非接触式测量。以下主要介绍用经纬仪进行导线交叉跨越限距的测量方法。

测量导线交叉跨越距离时，可将经纬仪架设在交叉角近似等分线的适当位置上。调整好仪器，并在被测线路交叉点垂直下方立好塔尺。先读取中丝 h 和视距 s，然后沿垂直方向转动望远镜筒，使镜筒内"十"字分划线的横线分别切于导线交叉点的上线和下线，从而得到两个垂直角 θ_1 和 θ_2，如图

ZY0100202002-1 所示。

经纬仪至交叉点的水平距离

$$s = 100L \qquad\qquad (\text{ZY0100202002-1})$$

交叉点间的垂直距离

$$H_1 = s\,(\tan\theta_2 - \tan\theta_1) \qquad\qquad (\text{ZY0100202002-2})$$

式中　s——经纬仪与被测点的水平距离，m；

　　　100——视距常数；

　　　L——视距丝在塔尺上所切刻度数，m；

　　　H——交跨下导线对地面高度，m；

　　　θ_1、θ_2——导线交叉点上线、下线的垂直角。

（二）架空线弧垂的测量

1. 架空线弧垂测量一般原则

测量架空线弧垂常用的方法有四种，即等长法、异长法、角度法及平视法。在施工实际中，为了操作简便、减少观测前的计算工作量及便于掌握弧垂的实际误差范围，通常优先选用等长法、异长法观测架空线的弧垂。当受客观条件限

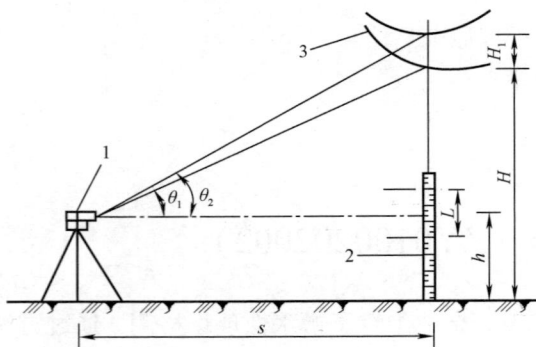

图 ZY0100202002-1　用经纬仪测量交叉跨越距离示意图
1—仪器；2—塔尺；3—交跨导线

制，不能采用上述两种方法观测弧垂时，则选用角度法观测弧垂。在上述三种弧垂观测方法均不能达到弧垂观测的允许误差范围时，最后才考虑用平视法测定架空线的弧垂。

2. 架空线弧垂测量操作方法

以下就线路运行中弧垂观测最基本的方法，即角度法观测弧垂的操作方法进行介绍。

角度法观测弧垂如图 ZY0100202002-2 所示，其中 A、B 为悬点，A 点为低悬点，A'为 A 在地面的垂直投影；a 为仪器中心至 A 点的垂直距离；θ 为仪器视线与导线相切的垂直角，即为观测角；α 为仪器视线与 B 的垂直角；l 为档距，h 为高差。

由式（ZY0100202002-3）计算出观测档的 f 值

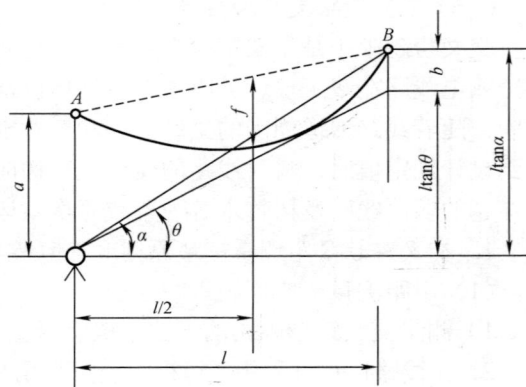

图 ZY0100202002-2　档端角度法观测弧垂

$$f = \frac{1}{4}\left(\sqrt{a} + \sqrt{a - l\tan\theta \pm h}\,\right)^2 \qquad\qquad (\text{ZY0100202002-3})$$

当弧垂观测角 θ 为仰角时，式中 h 前取"+"号，θ 角为俯角时，式中 h 前取"−"号。

（三）交叉跨越限距和弧垂换算

架空线路的导线弧垂随温度的变化而变化，测量线路限距和弧垂不一定在最高气温下进行，故所测得的数据一般不是最小限距或最大弧垂。因此在测量上述数据时，应及时记录测量时的气温和风速，以便对其进行必要的换算。输电线路导线在最大计算弧垂下，对地面的最小距离（限距）不应小于表 ZY0100202002-1 的规定值。

表 ZY0100202002-1　　　　　　导线对地面最小距离

地　区 ＼ 线路电压（kV）	110	220	330	500	750
居民区（m）	7.0	7.5	8.5	14	19.5
非居民区（m）	6.0	6.5	7.5	11	15.5（13.7）
交通困难地区（m）	5.0	5.5	6.5	9	11

注　括号内距离用于人烟稀少的非农业耕作区。

（四）案例

1. 案例 1 架空导线对建筑物净空距离的测量

如图 ZY0100202002-3 所示，将经纬仪架设在横线路方向的适当位置。调整好仪器，将塔尺分别立在导线垂直下方的 A 点和房屋最高点 B 点的地面上。测量并标出经纬仪至建筑物的水平距离 s_1 和经纬仪至导线的水平距离 s_2，然后在测量建筑物高度角 θ_1 和导线高度角 θ_2。由式（ZY0100202002-4）计算出导线对建筑物的净空距离

$$H = \sqrt{(s_1 - s_2)^2 + (s_2 \tan\theta_2 - s_1 \tan\theta_1)^2}$$ （ZY0100202002-4）

2. 案例 2 架空导线弧垂的测量

如图 ZY0100202002-4 所示，将经纬仪架设在 A 杆塔导线悬挂点垂直下方地面处，调整好仪器，找出水平线后使望远镜筒的十字分划线横线与被测架空导线顺线相切，测得 θ_1 角，再转动望远镜筒，使望远镜筒的十字分划线横线与 B 杆塔同一导线的悬挂点相切，测得 θ_2 角。然后查出或测出 A、B 两杆塔的水平距离 s，可得出

$$b = s(\tan\theta_2 - \tan\theta_1)$$ （ZY0100202002-5）

量取经纬仪高度 h，根据 A 杆塔组装图计算出 a 值，再将 a、b 值代入式（ZY0100202002-6），便可计算出所测架空导线的弧垂 f 值。

$$f = \frac{1}{4}(\sqrt{a} + \sqrt{b})^2$$ （ZY0100202002-6）

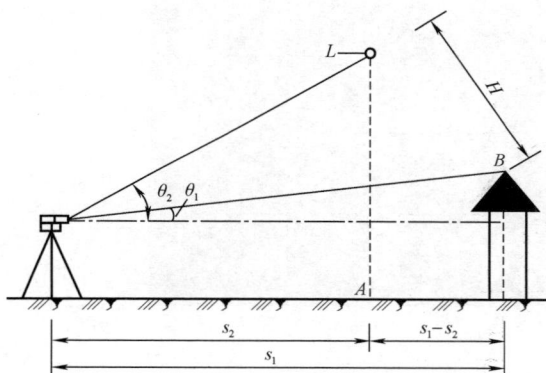

图 ZY0100202002-3 用经纬仪测量导线对
建筑物的净空距离

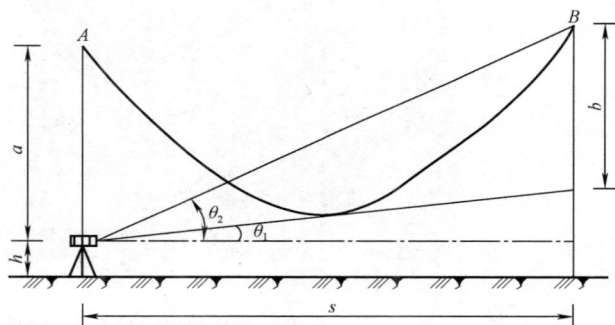

图 ZY0100202002-4 用经纬仪测量架空导线的弧垂

二、复合绝缘子憎水性现场检测

1. 憎水性检测判断准则

复合绝缘子憎水性现场检测一般采用喷水分级法即 HC 法，该法将复合绝缘子材料表面的憎水性状态分成六个憎水性等级，分别表示为 HC1 ~ HC6，憎水性分级标准及典型状态详见表 ZY0100202002-2 和所附的憎水性分级示意图 ZY0100202002-5。

表 ZY0100202002-2　　　　　　　试品表面水滴状态与憎水性分级标准

HC 值	试品表面水滴状态描述
1	只有分离的水珠，大部分水珠的后退角 $\theta_r \geqslant 80°$
2	只有分离的水珠，大部分水珠的后退角 $50° < \theta_r < 80°$
3	只有分离的水珠，水珠一般不再是圆的，大部分水珠的后退角 $20° < \theta_r < 50°$
4	同时存在分离的水珠与水带，完全湿润的水带面积小于 2cm²，总面积小于被试区域面积的 90%
5	完全湿润总面积 >90%，仍存在少量干燥区域（点或带）
6	整个被试区域形成连续的水膜

HC1

HC2

HC3

HC4

HC5

HC6

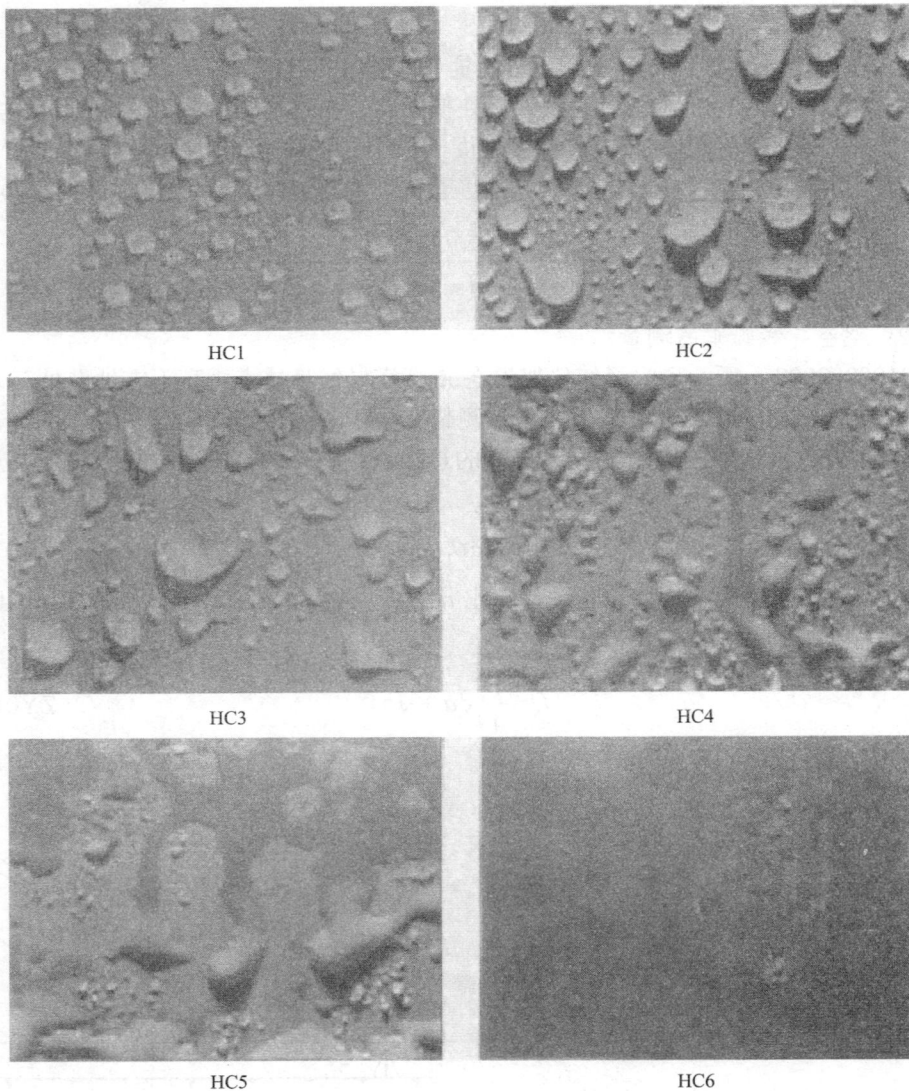

图 ZY0100202002-5　复合绝缘子憎水性分级的典型状态

2. 憎水性检测操作方法

（1）喷水装置的喷嘴距试品 25cm，每秒喷水 1 次，每次喷水量为 0.7~1mL，共喷射 25 次，喷射角为 50°~70°，喷水后表面应有水分流下。喷射方向尽量垂直于试品表面。

（2）绝缘子表面受潮情况应为六个憎水性等级（HC）中的一种，根据憎水性分级示意图和等级判断标准表进行憎水性等级判断，憎水性分级值（HC 值）应在喷水结束后 30s 内完成。

3. 憎水性检测注意事项

图 ZY0100202002-6　新复合绝缘子憎水性状态

（1）检测时试品与水平面呈 20°~30°倾角，复合绝缘子表面测试面积应在 50~100cm²之间。

（2）检测作业需选择晴好天气进行，若遇雨雾天气，应在雨雾停止四天后进行。

4. 新复合绝缘子憎水性状态（如图 ZY0100202002-6 所示）

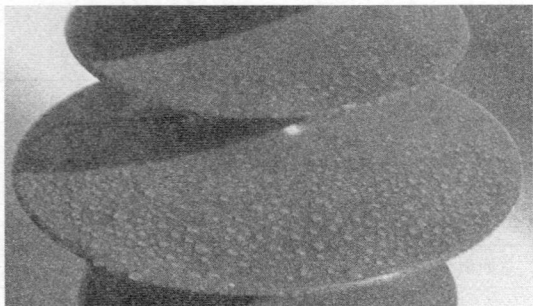

【思考与练习】

1. 什么是架空线路交叉跨越限距？其测量方法主要有几种？

2. 简述异常法测量架空线弧垂的方法和步骤。

3. 复合绝缘子的憎水性等级分为几个等级，应如何判定？

4. 长时间阴雨天气复合绝缘子线路为什么会发生不明原因的闪络跳闸？

模块3　线路日常维护（1）（ZY0100202003）

【模块描述】本模块包含补装塔材、螺栓，和喷涂杆号牌的工作程序及相关安全注意事项等。通过对工艺流程及注意事项的介绍，熟悉和掌握作业前的准备工作、作业中的危险点预控、工艺标准和质量要求。

【正文】

输电线路架设在野外，常年受大自然的侵袭和人类活动的影响，金属材料易发生锈蚀、金属部件会产生损坏、丢失或被盗等，因此运行单位平时需进行维护、更换和补缺。

一、塔材、螺栓的补装

（一）补装准备工作

1. 作业人员要求

作业人员共5人，工作负责人（监护人）1人，作业人员4人。各作业人员随工作进程由负责人指派担任相应工作，工作人员必须经培训合格，持证上岗。

2. 技术准备

（1）根据任务查阅相关设计图纸，明确有关技术要求及质量标准。

（2）编制施工作业指导书，内容包括安装程序、质量要求、工艺方法及注意事项等。

（3）进行安全、技术交底，分析危险点，并做好组织分工。

3. 机具准备

冲孔机、角钢切割机等工器具应在工作之前仔细检查，并确认完好无损。主要安全工具、工器具准备见表ZY0100202003-1。

表ZY0100202003-1　　　　　补装塔材、螺栓所需要的工器具

序号	名　称	型　号	单位	数量	备　注
1	安全帽		顶	5	
2	安全带	双控、背带式	副	4	
3	钢卷尺		把	2	
4	速差自控器	TXS-5	只	若干	
5	传递绳	ϕ18mm×30m	条	4	
6	脚扣		副	2	适用于混凝土杆
7	活动扳手	25cm	把	2	
8	冲孔机	CKJ型	台	1	
9	角钢切割机	JQJ型	台	1	
10	桶袋		个	若干	
11	扭矩扳手		把	1	复核连接螺栓扭矩值
12	防盗套筒	视现场情况确定	只	若干	

4. 材料准备

按需要准备螺栓、角钢等材料，具体见表ZY0100202003-2。

表 ZY0100202003-2   补装塔材、螺栓所需要的材料

序号	名　称	型　号	单位	数　量	备　注
1	螺栓	φ16mm	副		
2	螺栓	φ20mm	副		
3	螺栓	φ24mm	副	按实际需要配置	
4	角钢		根		或按图纸加工好
5	角钢	根据实际确定	根		
6	防锈漆		桶	1	
7	毛刷		把	1	

（二）补装方法及工艺要求

1. 补装方法

作业人员对现场丢失的塔材、螺栓的数量和规格尺寸进行统计、测量，根据杆塔设计图纸选择角钢的规格尺寸，利用角钢切割机、冲孔机进行加工，然后在现场进行补装。

2. 工艺要求

（1）塔材安装方向根据设计要求进行，当设计无规定时，其切水面应朝下安装。

（2）作业人员采用螺栓连接构件时，螺杆应与构件面垂直，螺栓头平面与构件间不应有空隙；螺母拧紧后，螺杆露出螺母的长度应满足规程要求（对单螺母不应小于两个螺距，对双螺母可与螺母持平）；必须加垫者，每端不宜超过两个。

（3）螺栓的穿入方向应符合下列要求。

1）立体结构：

a. 水平方向者由内向外。

b. 垂直方向者由下向上。

2）平面结构：

a. 顺线路方向者由送电侧向受电侧或按统一方向。

b. 横线路方向者由内向外，中间由左向右（面向受电侧）或按统一方向。

c. 垂直方向者由下向上。

（4）连接螺栓应逐个紧固，其扭紧力矩不应小于表 ZY0100202003-3 中的规定。

表 ZY0100202003-3   螺　栓　扭　矩　值

螺栓规格（mm）	扭矩值（N·cm）	
	4.8 级	6.8 级
φ16	8000	10000
φ20	10000	12500
φ24	25000	31250

（三）作业危险点及控制措施

作业危险点及控制措施见表 ZY0100202003-4。

表 ZY0100202003-4   作业危险点及控制措施

序号	危　险　点	控　制　措　施
1	高处坠落	攀登杆塔时注意检查脚钉是否牢固可靠，攀登中双手抓牢牢固构件。杆塔上作业必须使用双保险安全带，戴安全帽。安全带要系在牢固构件上，防止安全带被锋利物伤害，系安全带后，要检查扣环是否扣好，杆塔上作业转位时双手不得持带任何物件，副保险绳应高挂低用
2	感应电或天气伤害	作业时应天气良好，工作中若遇雷、雨、5 级以上大风或其他威胁作业人员安全时，工作负责人可根据具体情况，临时停止工作。塔上人员脚穿导电鞋
3	人员触电	作业人员登杆时应仔细核对线路名称、杆塔号和标志，作业中作业人员活动范围及所携带的工具、材料等与带电导线最小距离不得小于《国家电网公司电力安全工作规程（电力线路部分）》中表 5-1 的规定

续表

序号	危险点	控制措施
4	物件打击	现场人员必须戴好安全帽，杆塔上作业人员防止掉东西，使用的工具、材料等要装在工具袋内，并用绳索传递，不得乱扔；杆塔下防止行人逗留，必要时设围栏标识和警示；起吊工器具用绳索应绑牢，杆下人员应注意配合人员的站位，不得站在作业点下方

（四）补装注意事项

（1）作业时应防止扭伤、摔伤、高空坠落、落物伤人等。

（2）安装前应对角钢冲孔面、切割面进行防腐处理。

（五）现场清理

工作结束后应回收废弃角钢，清理现场杂物，做到工完场清。

二、杆号牌的喷涂

（一）喷涂准备工作

1. 作业人员要求

作业人员共 2 人，工作负责人（监护人）1 人，作业人员 1 人。工作人员必须经培训合格，持证上岗。

2. 技术准备

（1）熟悉技术资料、设计图纸，明确有关技术要求及质量标准。

（2）编制施工作业指导书，包括喷涂程序、质量要求、工艺方法及注意事项。

（3）进行技术交底、组织分工。

3. 材料准备

作业前按需要准备喷涂杆号所需材料，并对每瓶自喷漆作试喷检测，具体见表 ZY0100202003-5。

表 ZY0100202003-5　　　　　　　喷涂作业所需工具、材料

序号	名　称	型　号	单　位	数　量	备　注
1	安全带		副	1	
2	脚扣		副	1	混凝土杆使用
3	自喷漆（黑白黄绿红）		瓶	视基数而定	
4	砂纸		张	10	
5	抹布		块	2	视工作量增减
6	杆号名称板		张	1	
7	相序板		张	1	

4. 喷涂环境要求

为减少涂层吸水受潮程度，降低附着力，喷涂工作应选择在空气湿度 85% 以下，无风沙、雨雪、霜冻及大雾的天气进行。

（二）喷涂方法及工艺要求

（1）作业前应核对线路名称、杆号、相序无误。

（2）按规定方向、位置、尺寸进行喷涂。

（三）作业危险点及控制措施

作业危险点及控制措施见表 ZY0100202003-6。

表 ZY0100202003-6　　　　　　　作业危险点及控制措施

序号	危险点	控制措施
1	雷、雨、雪、大风或其他因素威胁作业人员安全	工作中若遇雷、雨、雪、5 级以上大风或其他威胁作业人员安全时，工作负责人可根据具体情况停止工作
2	高处坠落	作业人员攀登杆塔时注意检查脚钉是否牢固可靠，在杆塔上作业时，必须使用双保险安全带，戴安全帽。安全带要系在牢固构件上，防止安全带被锋利物伤害，系安全带后，要检查扣环是否扣好，杆塔上作业转位时，不得失去安全带保护
3	喷错线路名称、杆号、相序	喷涂作业前应认真核对线路名称、杆号和相序无误后方可喷涂

（四）喷涂注意事项

喷涂作业时严禁吸烟，同时应防止喷漆喷到人身及脸部。

【思考与练习】

1．简述补装塔材、螺栓的准备工作、安装方法及工艺要求。

2．简述杆号牌喷涂工作的环境要求、工艺要求及作业危险点分析及控制措施。

模块 4　线路日常维护（2）（ZY0100202004）

【模块描述】 本模块包含拉线调整、线路通道维护及相关安全注意事项等。通过对工艺流程及注意事项的介绍，熟悉作业前的准备工作，掌握作业中的危险点预控、工艺标准和质量要求。

【正文】

输电线路架设在野外，常年受大自然的侵袭和人类活动的影响，金属材料易发生锈蚀、金属部件会产生损坏、变动等，线路通道内违章建筑、升高建（构）筑物和树竹木生长等，因此运行单位平时需进行维护通道和更换、调整杆塔拉线等。

一、拉线调整

1．调整准备工作

（1）作业人员要求。作业人员共 4 人，工作负责人（监护人）1 人，作业人员 3 人。工作人员必须经培训合格，持证上岗。

（2）调整前检查。调整前应检查杆身倾斜和拉线松紧情况、塔基及拉线基础周围地势、地貌情况。

（3）技术准备。

1）核对线路双重名称、杆塔号。

2）检查所用工具规格是否配套。

3）检查杆身倾斜及拉线松紧程度。

（4）机具准备。根据杆塔拉线形式准备合格配套的防盗工具及拉线调整工器具，具体见表 ZY0100202004-1。

表 ZY0100202004-1　　　　　　　　拉线调整所需工器具

序号	名　称	型　号	单位	数量	备　注
1	经纬仪		台	1	视情况确定是否需要
2	活动扳手	25cm	把	2	可根据需要调整
3	钳子		把	2	
4	防盗工具	UT-1	套	1	可根据需要调整
5	防盗工具	UT-4	套	1	

（5）材料准备。准备相应数量合格配套的拉线防盗螺帽。

2．拉线调整方法及工艺标准

（1）拉线调整方法。

1）用防盗工具卸掉防盗螺帽。

2）用活动扳手调整拉线，同时通过经纬仪等注意观察杆身倾斜情况。

3）调整拉线完毕后，拉线的松紧程度要满足规程要求，并做好记录。

4）调整拉线完成后，应重新做好防盗措施。

（2）工艺标准。

1）调整后组合拉线的各根拉线应受力均衡，拉线与拉棒应呈一直线。

2）X 形拉线的交叉点处应留足够的空隙，避免相互摩擦。

3）NUT 型线夹带螺母后螺杆必须露出螺纹，并应装设防盗螺帽。

3. 作业危险点及控制措施

作业危险点及控制措施见表 ZY0100202004-2。

表 ZY0100202004-2　　　　　　　作业危险点及控制措施

序号	危 险 点	控 制 措 施
1	雷、雨、雪、大风或其他因素威胁作业人员安全	工作中若遇雷、雨、雪、5 级以上大风或其他威胁作业人员安全时，工作负责人可根据具体情况临时停止工作
2	杆身倾倒	调整拉线时，应对称进行，不得四根拉线同时调整。带电调整拉线必须在统一指挥下进行，并应设专人监护，专人监测杆塔倾斜情况，保持对带电体的安全距离
3	高处坠落	杆塔上有人工作时严禁调整拉线

4. 注意事项

（1）拉线调整作业应在无大风、雷雨、雪、大雾等良好天气里进行。

（2）调整过程中遇特殊情况如拉线下把锈死、杆身倾斜严重等必须及时上报。

二、线路通道维护

线路通道维护是指对输电线路沿线环境影响线路安全的情况进行巡视、检查和处理，及时发现和消除线路运行安全隐患的一项重要工作。做好线路通道维护工作应根据线路运行的特点及运行规程的要求，了解和掌握线路健康水平、线路防护区及沿线、季节等情况，划分特殊区域图表，并根据季节性和危害性制定重点维护计划，采取相应措施，确保线路安全运行。

1. 维护准备工作

（1）作业人员要求

作业人员共 3 人，工作负责人（监护人）1 人，作业人员 2 人。工作人员必须经培训合格，持证上岗。

（2）维护工具、器材准备见表 ZY0100202004-3。

表 ZY0100202004-3　　　　　　　巡视维护所需工器具、材料

序号	名 称	型 号	单 位	数 量	备 注
1	通信工具		部	3	
2	望远镜		只	3	
3	巡线仪（PDA）		台	3	
4	个人工具		套	3	根据需要配置
5	砍刀		把	3	
6	笔		支	3	
7	隐患通知书		本	1	
8	警示牌		块	若干	

2. 线路通道维护方法及工艺标准要求

（1）线路通道维护方法。

1）工作负责人进行工作前"三交三查"。

2）工作成员在工作负责人（监护人）监护下进行通道维护。

3）班组成员根据实际做好记录。

（2）工艺标准要求。

1）发现杆塔上有架设电力线、通信线、广播线以及安装各类装置等，应责令违章单位和个人拆除并恢复原状。

2）发现杆塔及拉线基础周围有取土、打桩、钻探、开挖或倾倒酸、碱、盐及其他有害化学物品等作业行为，应签发违反《电力设施保护条例》隐患通知书制止，责令违章单位和个人恢复原状，必要时设置安全围栏和警示牌。

3）发现线路保护区有兴建建筑物、构筑物、厂房、加油站或堆放可燃、易爆物品和其他影响安全供电的物品等作业行为，应签发违反《电力设施保护条例》隐患通知书制止，责令违章单位和个人拆除违章建筑、清除可燃易爆物品。

4）发现线路保护区内有种植树、竹及其他可能影响线路安全运行的植物，应签发违反《电力设施保护条例》隐患通知书制止，要求违章单位和个人移植或改种其他低矮树种，并设置警示牌，对影响线路安全运行的树竹依法进行修剪或砍伐。

5）发现线路保护区内有进行农田水利建设及打桩、钻探、开挖、地下采掘等作业行为，应签发违反《电力设施保护条例》隐患通知书制止，提醒违章单位和个人注意保持足够安全距离，必要时设置安全围栏和警示牌。

6）发现线路保护区内有进入或穿越保护区的超高车辆、机械等，应签发违反《电力设施保护条例》隐患通知书制止，提醒施工单位和司机注意保持足够安全距离，并设置限高标志和警示牌。

7）发现线路附近 500m 区域内有施工爆破、开山采石，在线路两侧各 300m 区域内放风筝、线路保护区内有鱼塘等行为，应签发违反《电力设施保护条例》隐患通知书制止，责令封闭采石场，提醒民众注意保持足够安全距离，并设置警示牌。

8）发现线路巡视、检修时使用的道路、桥梁有冲毁、损坏，应及时上报进行维修。

3. 作业危险点及控制措施

作业危险点及控制措施见表 ZY0100202004-4。

表 ZY0100202004-4　　　　　　　　作业危险点及控制措施

序号	危 险 点	控 制 措 施
1	雷雨、雪、大雾、酷暑、大风等恶劣天气巡视维护易造成人身伤害	（1）遇到雷电时，应远离线路或暂停巡视，以保证巡视人员的人身安全。 （2）大风天巡视应沿线路上风侧前进。 （3）暑天、大雪天不得单人巡视。 （4）暑天巡视要采取措施防止中暑，带足水及防暑药品。
2	偏僻山区巡视、维修巡线道时防止马蜂、毒蛇等动物攻击	偏僻山区必须有两人进行，应有防止马蜂、毒蛇等动物侵袭的措施，并携带必要的通信、防身工具和药品
3	砍伐、修剪树木时发生高空坠落、落物砸伤或触电	上树砍、剪树木时，不应攀抓脆弱和枯死的树枝。禁止攀登已经锯过或砍伐过的未断树木，并正确使用安全带。砍伐靠近带电线路的树木时，采用绳索对树木的倾倒方向进行控制，树木、绳索不得接触导线；树枝接触高压带电导线时，严禁直接用手去取；人和绳索应与导线保持足够的安全距离
4	发现危及线路安全运行的危急缺陷时，不立即汇报，可能造成设备重大损坏	巡视中发现危及线路安全运行的缺陷或隐患，应及时处理、汇报

4. 注意事项

（1）按期或根据具体情况加强巡视，确保巡视到位率和质量，及时发现和掌握线路保护区内出现的各种危及线路安全运行的情况。

（2）对邻近或进入线路保护区作业的施工单位，如吊装货物、铲土、架线、移栽树木、放炮、堆放杂物等，应预先进行《中华人民共和国电力法》、《电力设施保护条例》等法律、法规的宣传，发放安全告知书、隐患通知书等书面文件，必要时签订保证线路安全运行协议书。同时应加强线路巡视和看护，督促施工单位落实安全措施。

【思考与练习】

1. 简述拉线调整的作业程序、作业危险点及控制措施。

2. 简述线路通道维护标准的主要内容有哪些？

第三十六章　日常维护、检测作业指导书的编写

模块 1　补装螺栓、塔材作业指导书（ZY0100203001）

【模块描述】本模块包含补装螺栓、塔材作业对人员要求，施工机具、器材准备，作业流程控制及工艺质量要求，作业危险点分析及控制措施和执行情况评估等。通过内容讲解、流程分析，掌握正确编写补装螺栓、塔材作业指导书方法。

【正文】

编制补装螺栓、塔材作业指导书是为了规范本作业的程序和人员的作业行为，实施对现场作业安全、质量的全过程可控、在控。

一、输电线路补装螺栓、塔材作业人员的技术要求

1. 人员要求

输电线路补装螺栓、塔材作业人员必须是有输电线路工作经验，经《国家电网公司电力安全工作规程（线路部分）》考试合格的人员。

2. 技术要求

（1）熟悉并掌握杆塔塔材的受力分析和计算。

（2）熟悉并掌握各类规格螺栓的扭矩值。

（3）熟悉并掌握杆塔组装作业的技术要求。

二、输电线路补装螺栓、塔材的要求

（1）查阅杆塔图纸，找出塔材的加工尺寸。

（2）加工缺材，如打孔、镀锌或刷漆等不可在现场进行。

（3）制定现场安装困难的措施或安装方法。

三、补装螺栓、塔材作业指导书编写内容

根据国家电网公司《现场标准化作业指导书编制导则》的要求，本模块中补装螺栓、塔材作业指导书的编写结构由封面，适用范围，引用文件，修前准备，作业程序，竣工，消缺记录，验收总结，指导书执行情况评估和附录十项内容组成。

1. 封面

由作业线路名称、编号、编写人及时间、审核人及时间、批准人及时间、作业工期、编写部门七项内容组成。

2. 适用范围

按补装螺栓、塔材工作程序对作业指导书的应用范围做出具体的规定。

3. 引用文件

明确编写作业指导书所引用的法规、规程、标准、设备说明书及企业管理规定和文件。

4. 修前准备

（1）人员要求。

1）规定作业人员的精神状态良好。

2）规定作业人员的资格，包括作业技能、安全资质和特殊工种资质等。

3）规定作业人员的劳动保护着装、个人安全工具和劳保用品配置等要求。

（2）补装螺栓、塔材工器具。本次补装螺栓、塔材作业所需的工具、器材和安全工具等。

（3）危险点分析及预控措施。分析作业过程存在的危险点及控制措施。

（4）其他安全措施。描述作业过程的其他安全注意事项。

（5）作业分工。明确作业人员所承担的具体作业任务。

5. 作业程序

（1）开工。

1）规定办理开工前应检查落实的内容。

2）规定开工会的内容。

3）规定须签字的人员。

（2）作业内容及标准。针对每一项作业内容，明确作业标准、操作安全措施及注意事项，作业人员履行签字手续。

6. 竣工

规定补装螺栓、塔材工作结束后的注意事项，如清理工作现场等。

7. 工作记录

记录本次补装螺栓、塔材作业的消缺情况和螺栓扭矩数据。

8. 验收总结

（1）记录消缺结果，对补装螺栓、塔材的质量、工艺做出整体评价。

（2）记录存在问题及处理意见。

9. 对本工作的作业指导书执行情况评估

（1）对指导书的符合性、可操作性进行评价。

（2）对不可操作项、修改项、遗漏项、存在问题做出统计。

（3）提出改进意见。

10. 附录

描述相应的附件如杆塔图纸、螺栓扭矩值等。

四、作业指导书范本

1. 封面

作业指导书的封面如图 ZY0100203001-1 所示。

```
                                         编号：Q/×××

         ×××kV×××线补装螺栓、塔材作业指导书

         编写：_____      ____年____月____日

         审核：_____      ____年____月____日

         批准：_____      ____年____月____日

         作业日期：  年  月  日  时至   年  月  日  时

                    ××供电公司×××
```

图 ZY0100203001-1　封面

2. 适用范围

本作业指导书针对××kV××线补装螺栓、塔材工作编写而成，仅适用于该项工作。

3. 引用文件

GB 50233—2005　《110～500kV 架空送电线路施工及验收规范》

国家电网安监[2009]664 号《国家电网公司电力安全工作规程（线路部分）》

国家电网生技[2005]172 号《国家电网公司 110（66）kV～500kV 架空输电线路运行规范》

国家电网生技（2005）173 号《国网公司 110（66）kV～500kV 架空输电线路检修规范》

国家电网公司《预防 110（66）kV～500kV 架空输电线路事故措施》

国家电网生[2004]503 号《国家电网公司现场标准化作业指导书编制导则（试行）》

4. 修前准备

由现场勘察、人员要求、安全用具及工器具、材料、危险点及控制措施、安全措施和作业分工七项内容组成，具体内容如下。

（1）现场勘察。工作票签发人根据线路工区安排的工作任务，组织工作负责人和相关人员进行现场勘察，填写现场勘察记录，具体内容见表 ZY0100203001-1。

表 ZY0100203001-1　　　　　　　现场勘察内容

√	序号	现场勘察内容	责任人	备注
	1	了解杆塔周围环境、地形状况，统计丢失的塔材、螺栓规格尺寸和数量，确定作业人员配置要求、使用的工具和材料等		
	2	分析存在的危险点并制定预控措施		
	3	确定作业方案		

（2）人员要求见表 ZY0100203001-2。

表 ZY0100203001-2　　　　　　　人　员　要　求

√	序号	内　　容	责任人	备注
	1	作业人员应情绪稳定精神集中，身体状况良好		
	2	作业人员必须经培训合格，持证上岗		
	3	作业人员应着装整齐，个人安全工具和劳保用品应佩戴齐全		
	4	工作负责人（专职监护人）具有带电作业实践经验		

（3）安全用具及工器具。开展本次作业所需的安全工具、一般工器具等，具体内容见表 ZY0100203001-3。

表 ZY0100203001-3　　　　　　　安全用具及工器具

√	序号	名　　称	型号/规格	单　位	数　量	备　注
	1	安全帽		顶	5	
	2	安全带		副	4	
	3	钢卷尺		把	2	
	4	速差自控器	TXS-5	只	4	
	5	传递绳	φ18mm×30m	条	4	
	6	脚扣		副	2	水泥杆用
	7	活动扳手	25cm	把	2	
	8	冲孔机	CKJ 型	台	1	机械式或电动式
	9	角钢切割机	JQJ 型	台	1	机械式
	10	桶袋		个	若干	
	11	扭力扳手		把	若干	

（4）材料。开展本次作业所需的装置性材料、消耗性材料等，具体内容见表 ZY0100203001-4。

表 ZY0100203001-4　　　　　　　材　　料

√	序号	名　　称	型号/规格	单　位	数　量	备　注
	1	螺栓	φ16mm	副	按实际需要配置	
	2	螺栓	φ20mm	副		

模块 1

ZY0100203001

续表

√	序号	名　称	型号/规格	单位	数　量	备　注
	3	螺栓	$\phi24mm$	副		
	4	角钢	$\angle30\times40$	根	按实际需要配置	
	5	角钢	$\angle40\times50$	根		
	6	防锈漆		桶	1	
	7	毛刷		把	1	

（5）危险点及控制措施见表 ZY0100203001-5。

表 ZY0100203001-5　　　　危 险 点 及 控 制 措 施

√	序号	危险点	控 制 措 施
	1	误登杆塔	登塔前必须仔细核对线路双重命名、杆塔号，无误后方可上塔
	2	人员触电	按电压等级保持人身、工器具与带电体足够的安全距离。穿导电鞋或静电防护服，以防止感应电触电
	3	高空坠落	登塔时应手抓主材；有防坠装置的应正确使用；上、下塔或塔上转位时，双手不得持带任何工具物品；塔上作业时不得失去安全带的保护。人员后备保护绳不得低挂高用
	4	掉物伤害	工具、材料应装在工具袋内，物品用绳索传递并绑牢，塔下防止行人逗留，地面人员不得站在作业点下方

（6）安全措施见表 ZY0100203001-6。

表 ZY0100203001-6　　　　安 全 措 施

√	序号	安 全 措 施
	1	作业时应天气良好，工作中若遇雷、雨、5级以上大风或其他威胁作业人员安全时，工作负责人可根据具体情况，临时停止工作
	2	攀登杆塔时注意检查脚钉是否牢固可靠，登塔或塔上转位时双手不得持有任何物件，杆塔上作业时，必须使用双保险安全带，戴安全帽。安全带要系在牢固构件上，防止安全带被锋利物伤害，系安全带后，要检查扣环是否扣好
	3	严禁无监护单人登杆塔作业，现场人员必须戴好安全帽
	4	所有工器具必须经检验测试合格，方可使用

（7）作业分工见表 ZY0100203001-7。

表 ZY0100203001-7　　　　作 业 分 工

√	序号	作 业 内 容	分组负责人	作业人员
	1	工作负责人1人，负责现场指挥工作		
	2	杆上技工1~2名负责起吊、安装塔材、螺栓		
	3	地面技工1~2名负责传递工器具、材料等配合工作		

5. 作业程序

（1）开工内容见表 ZY0100203001-8。

表 ZY0100203001-8　　　　开 工 内 容

√	序号	内　容	作业人员签字
	1	履行开工手续	
	2	"三交三查"即宣读工作票、作业任务、危险点及安全措施、安全注意事项、任务分工并提问作业人员	
	3	作业前对安全用具、工器具、材料进行清点检查	

（2）作业内容及标准见表 ZY0100203001-9。

表 ZY0100203001-9　　　　　　作 业 内 容 及 标 准

√	序号	作业内容	作业步骤及工艺质量要求	安全措施注意事项	责任人签字
	1	核对现场	(1) 核对线路双重命名、杆塔号。 (2) 核对现场情况	(1) 由登塔人员核对，工作负责人确认。 (2) 由工作负责人核对	
	2	检测工具	(1) 对安全用具、绳索及专用工具进行外观检查。 (2) 对绝缘工具进行分段绝缘电阻检测	(1) 外观检查合格无损伤、变形、失灵。 (2) 用 2500V 绝缘电阻表对绝缘绳检测（电极宽 2cm、极间宽 2cm）	
	3	登塔	(1) 核对线路名称杆号无误后，作业人员分别携带传递绳、桶袋、螺栓等登上杆塔，到达工作位置后系好安全带，放置传递绳至地面。 (2) 工作负责人严格监护	(1) 攀登杆塔时注意检查脚钉是否牢固可靠，登塔时双手不得持有任何物件。 (2) 监护从专职监护，不得直接操作	
	4	补装螺栓、塔材	(1) 作业人员对现场丢失的塔材、螺栓的数量和规格尺寸进行统计、测量，根据杆塔设计图纸选择角钢的规格尺寸，利用角钢切割机、冲孔机进行加工，然后进行补装。 (2) 在地面技工的配合下将待装角钢、螺栓起吊至合适位置后进行安装，安装方法及工艺质量要求如下： 1) 作业人员采用螺栓连接构件时，螺杆应与构件面垂直，螺栓头平面与构件间不应有空隙；螺母拧紧后，螺杆露出螺母的长度应满足规程要求（对单螺母不应小于两个螺距，对双螺母可与螺母持平）；必须加垫者，每端不宜超过两个。 2) 工艺要求：补装塔材、螺栓作业时，螺栓的穿入方向应符合下列要求。 a.立体结构：水平方向者由内向外；垂直方向者由下向上。 b.平面结构：顺线路方向者由送电侧向受电侧或按统一方向；横线路方向者由内向外，中间由左向右（面向受电侧）或按统一方向；垂直方向者由下向上。 3) 连接螺栓应逐个紧固，其扭紧力矩不应小于表 ZY0100202003-3 中规定。	(1) 在杆塔上作业时，必须使用双保险安全带，安全带要系在牢固构件上，防止安全带被锋利物伤害，系安全带后，要检查扣环是否扣好，杆塔上作业转位时抓紧塔材，双手不得持有任何物件。 (2) 塔材起吊过程中须注意帮扎牢靠，杆塔上作业人员防止掉东西，使用的工具、材料等要装在工具袋内，并用绳索传递，不得乱扔；杆塔下防止行人逗留，必要时设围栏标识和警示；塔下人员注意站位，起吊过程中避免掉物伤害。 (3) 塔下工作人员负责控制好起吊绳索和角钢等物件，注意保持好与临近带电线路的安全距离。 (4) 作业人员后备保护绳不得低挂高用	
	5	返回地面	(1) 安装结束后，整理工器具材料，确认设备上无其他工具和材料。 (2) 塔上工作人员携带桶袋、绳索等工器具回到地面		

6. 竣工

竣工验收内容见表 ZY0100203001-10。

表 ZY0100203001-10　　　　　　竣 工 验 收 内 容

√	序号	验 收 内 容	负责人员签字
	1	检查螺栓、塔材连接紧固、完好	
	2	检查线路设备上有无遗留的工具、材料	
	3	检查核对安全用具、工器具数量	
	4	回收废弃角钢，清理现场杂物，做到工完场清	

7. 消缺记录

消缺记录中应记录本次作业所消除的缺陷，格式见表 ZY0100203001-11。

表 ZY0100203001-11　　　　　　消 缺 记 录

√	序号	缺 陷 内 容	消除人员签字

8. 验收总结（见表 ZY0100203001-12）

表 ZY0100203001-12　　　　　　　　验　收　总　结

序号		验　收　总　结
1	验收评价	
2	存在问题及处理意见	

9. 指导书执行情况评估（见表 ZY0100203001-13）

表 ZY0100203001-13　　　　　　　　指导书执行情况评估

评估内容	符合性	优		可操作项	
		良		不可操作项	
	可操作性	优		修改项	
		良		遗漏项	
存在问题					
改进意见					

10. 附录（根据需要添加）

【思考与练习】

1. 补装螺栓、塔材作业指导书编写结构包含哪几方面的内容？
2. 简述补装螺栓、塔材作业中对人员要求、工具器材准备及作业危险点及控制措施的内容和要求。

模块 2　调整拉线作业指导书（ZY0100203002）

【模块描述】本模块包含调整拉线作业对人员要求、环境要求，施工工具、器材准备，作业流程控制及工艺质量要求，作业危险点分析及控制措施和执行情况评估等。通过内容讲解、举例分析，掌握正确编写调整拉线作业指导书方法。

【正文】

编制调整拉线作业指导书是为了规范本作业的程序和人员的作业行为，保证调整拉线工作的有效进行，及时掌握杆塔拉线调整中的有关注意事项，实施对现场作业安全、质量的全过程可控、在控。

一、输电线路调整拉线作业人员的技术要求

1. 人员要求

输电线路杆塔拉线调整人员必须是有输电线路工作经验，能熟练操作杆塔拉线调整工作，并经《国家电网公司电力安全工作规程（线路部分）》考试合格的人员。

2. 技术要求

（1）熟悉并掌握杆塔拉线制作的技术、工艺要求。

（2）熟悉并掌握杆塔拉线受力分析原理。

二、输电线路杆塔拉线调整要求

（1）调整后的杆塔拉线受力均匀。

（2）调整后的 X 拉线的交叉处应留有空隙，防止摩擦。

（3）杆塔上有人员时不得调整拉线。

三、杆塔拉线调整作业指导书编写内容

根据国家电网公司《现场标准化作业指导书编制导则》的要求，本模块中调整拉线作业指导书的编写结构由封面、适用范围、引用文件、修前准备、作业程序、竣工、消缺记录、验收总结、指导书执行情况评估和附录十项内容组成。编写内容及格式如下。

1. 封面

由作业名称、编号、编写人及时间、审核人及时间、批准人及时间、作业工期、编写部门七项内容组成。

2. 适用范围

按杆塔拉线调整工作程序对作业指导书的应用范围做出具体的规定。

3. 引用文件

明确编写作业指导书所引用的法规、规程、标准、设备说明书及企业管理规定和文件。

4. 修前准备

（1）人员要求。

1）规定作业人员的精神状态良好。

2）规定作业人员的资格，包括作业技能、安全资质和特殊工种资质等。

3）规定作业人员的劳动保护着装、个人安全工具和劳保用品配置等要求。

（2）调整拉线工器具。本次杆塔拉线调整作业所需的工具、器材等。

（3）危险点及控制措施。分析作业过程存在的危险点及控制措施。

（4）其他安全措施。描述作业过程的其他安全注意事项。

（5）作业分工。明确作业人员所承担的具体作业任务。

5. 作业程序

（1）开工。

1）规定办理开工前应检查落实的内容。

2）规定开工会的内容。

3）规定须签字的人员。

（2）作业内容及标准。针对每一项作业内容，明确作业标准、操作安全措施及注意事项，作业人员履行签字手续。

6. 竣工

规定杆塔拉线调整工作结束后的注意事项，如清理工作现场、清点工器具等。

7. 工作记录

记录本次拉线调整作业的详细情况。

8. 验收总结

（1）记录拉线缺陷消除的结果，对拉线调整的质量和工艺做出整体评价。

（2）记录存在问题及处理意见。

9. 对本工作的作业指导书执行情况评估

（1）对指导书的符合性、可操作性进行评价。

（2）对不可操作项、修改项、遗漏项、存在问题做出统计。

（3）提出改进意见。

10. 附录

描述相应的附件。

四、作业指导书范本

1. 封面

作业指导书的封面如图 ZY0100203002-1 所示。

2. 适用范围

本作业指导书针对××kV××线调整拉线工作编写而成，仅适用于该项工作。

3. 引用文件

GB 50233—2005　《110～500kV 架空送电线路施工及验收规范》

DL/T 741—2001　《架空输电线路运行规程》

国家电网安监[2009]664 号《国家电网公司电力安全工作规程（线路部分）》

国家电网生技[2005]172 号《国家电网公司 110（66）kV～500kV 架空输电线路运行规范》

国家电网生技[2005]173 号《国网公司 110（66）kV～500kV 架空输电线路检修规范》

692

```
                                               编号：Q/×××

         ×××kV×××线调整拉线作业指导书

     编写：_____  ____年____月____日
     审核：_____  ____年____月____日
     批准：_____  ____年____月____日
     作业日期： 年 月 日 时至  年 月 日 时

                     ××供电公司×××
```

图 ZY0100203002-1 封面

国家电网生[2004]503 号《国家电网公司现场标准化作业指导书编制导则（试行）》

4. 修前准备

由现场勘查、人员要求、安全用具及工器具、材料、危险点及控制措施、安全措施和作业分工七项内容组成，具体内容如下。

（1）现场勘查内容见表 ZY0100203002-1。

表 ZY0100203002-1　　　　　　　　　现场勘查内容

√	序号	现场勘查内容	责任人	备注
	1	了解杆塔周围环境、地形状况，明确缺陷部位和拉线松弛或锈蚀程度、地形、地质状况等，确定作业人员配置要求、使用的工具和材料等		
	2	分析存在的危险点并制定控制措施		
	3	确定作业方案		

（2）人员要求见表 ZY0100203002-2。

表 ZY0100203002-2　　　　　　　　　人员要求

√	序号	内容	责任人	备注
	1	作业人员应情绪稳定精神集中，身体状况良好		
	2	作业人员必须经培训合格，持证上岗		
	3	作业人员应着装整齐，个人安全工具和劳保用品应佩戴齐全		
	4	工作负责人（专职监护人）具有带电作业实践经验		

（3）安全用具及工器具见表 ZY0100203002-3。

表 ZY0100203002-3　　　　　　　　安全用具及工器具

√	序号	名称	型号/规格	单位	数量	备注
	1	钳子		把	2	
	2	活动扳手	25cm	把	2	
	3	防盗工具	UT-1	套	1	
	4	防盗工具	UT-4	套	1	
	5	线锤		只	1	
	6	拉线紧线器		套	若干	
	7	榔头	2磅	把	1	

注 若需拆开拉线锲型线夹时，应准备临时拉线的工具和登塔工具等。

（4）材料见表 ZY0100203002-4。

表 ZY0100203002-4 材 料

√	序号	名　称	型号/规格	单位	数量	备注
	1	防盗螺帽	$\phi16mm$	只	若干	
	2	防盗螺帽	$\phi20mm$	只	若干	
	3	防盗螺帽	$\phi24mm$	只	若干	
	4	防盗圈		只	若干	

（5）危险点及控制措施见表 ZY0100203002-5。

表 ZY0100203002-5 危险点及控制措施

√	序号	危险点	控 制 措 施
	1	杆身倾倒	工作前应先检查所有拉线、拉棒的锈蚀情况，若拉线、拉棒锈蚀严重或拉线锚型线夹重新制作时，应先打好临时拉线，防止在调整时突然断裂

（6）安全措施见表 ZY0100203002-6。

表 ZY0100203002-6 安 全 措 施

√	序号	内　容
	1	工作中若遇雷、雨、雪、5级以上大风或其他威胁作业人员安全时，工作负责人可根据具体情况临时停止工作
	2	调整拉线时应对角同时进行调整。带电调整拉线必须在统一指挥下进行，保持对带电体的安全距离，并应设专人监护
	3	杆塔上有人工作时严禁调整拉线

（7）作业分工见表 ZY0100203002-7。

表 ZY0100203002-7 作 业 分 工

√	序号	作 业 内 容	分组负责人	作业人员
	1	工作负责人1人，负责现场指挥工作及监护		
	2	工作人员3名，1人负责观测杆塔倾斜情况，2人负责调整拉线		

5. 作业程序

（1）开工内容见表 ZY0100203002-8。

表 ZY0100203002-8 开 工 内 容

√	序号	开 工 内 容	作业人员签字
	1	履行开工手续	
	2	"三交三查"即宣读工作票、作业任务、危险点及安全措施、安全注意事项、任务分工并提问作业人员	
	3	作业前对安全用具、工器具、材料进行清点检查	

（2）作业内容及标准见表 ZY0100203002-9。

表 ZY0100203002-9 作 业 内 容 及 标 准

√	序号	作业内容	作业步骤及标准	安全措施注意事项	责任人签字
	1	核对现场	（1）核对线路双重命名、杆塔号。（2）核对现场情况	由工作负责人核对	
	2	检查杆身倾斜和拉线松紧情况	（1）检查杆身倾斜和拉线松紧情况。（2）检查杆基及拉线基础周围地势、地貌情况		

续表

√	序号	作业内容	作业步骤及标准	安全措施注意事项	责任人签字
	3	调整拉线	（1）用防盗工具卸掉拉线防盗螺帽。 （2）用活动扳手调整拉线时应两边同时进行调整，并注意观察杆身倾斜情况。 （3）调整拉线完毕后，拉线的松紧程度要满足规程要求，特殊情况（如拉线金具螺栓锈死、杆身倾斜严重等）须及时上报。 （4）安装拉线防盗螺帽，整理工器具材料，作业结束	（1）工作中若遇雷、雨、雪、5级以上大风或其他威胁作业人员安全时，工作负责人可根据具体情况临时停止工作。 （2）调整拉线时应对角同时进行调整。带电调整拉线必须在统一指挥下进行，保持对带电体的安全距离，并应设专人监护。 （3）U形螺栓的可调裕度应不少于1/2螺纹长度。 （4）X拉线的交叉处不得有摩擦现象	

6. 竣工验收内容（见表 ZY0100203002-10）

表 ZY0100203002-10　　　　　　　　竣 工 验 收 内 容

√	序号	竣 工 验 收 内 容	负责人员签字
	1	调整后拉线的松紧程度满足规程要求	
	2	防盗螺栓连接紧固、完好	
	3	检查核对工器具数量	
	4	作业结束后清理现场杂物，保持现场清洁，做到工完场清	
	5	做好检修消缺记录并存档	

7. 消缺记录（见表 ZY0100203002-11）

表 ZY0100203002-11　　　　　　　　消 缺 记 录

√	序号	缺 陷 内 容	消除人员签字

8. 检修工作验收总结（见表 ZY0100203002-12）

表 ZY0100203002-12　　　　　　　　检 修 工 作 验 收 总 结

序号		验 收 总 结
1	验收评价	
2	存在问题及处理意见	

9. 指导书执行情况评估（见表 ZY0100203002-13）

表 ZY0100203002-13　　　　　　　　指导书执行情况评估

评估内容	符合性	优		可操作项	
		良		不可操作项	
	可操作性	优		修改项	
		良		遗漏项	
存在问题					
改进意见					

10. 附录（根据需要添加）

【思考与练习】

1. 拉线调整作业指导书的编写结构包含哪几方面的内容？

2. 简述拉线调整作业中作业程序、危险点及控制措施的内容和要求。

模块3　线路砍伐树木作业指导书（ZY0100203003）

【模块描述】本模块包含线路砍伐树木作业对人员要求，砍伐所需工具、器材准备，作业流程控制及质量要求，作业危险点分析及控制措施和执行情况评估等内容。通过举例分析，掌握正确编写线路砍伐树木作业指导书方法。

【正文】

编制砍伐树木作业指导书是为了规范本作业的程序和人员的作业行为，保证砍伐树木工作的有效进行，及时掌握砍伐树木中的有关注意事项，实施对现场作业安全、质量的全过程可控、在控。预防树竹木碰线事故的发生。

一、输电线路，砍伐树木作业人员的技术要求

1. 人员要求

输电线路砍伐树木作业人员必须是有输电线路工作经验，并经《国家电网公司电力安全工作规程（线路部分）》考试合格的人员。

2. 技术要求

（1）熟悉并掌握树木砍伐工具的性能。

（2）熟悉并掌握线路通道内树木倾倒的原理。

二、输电线路树木砍伐要求

（1）输电线路上山坡侧树竹木砍伐时，应防止倒向导线。

（2）油锯作业应注意操作安全。

（3）上树砍伐应不得手抓被砍伐过的树枝。

（4）上树砍伐应使用安全带。

三、导线跳线连接点红外测温作业指导书编写内容

根据国家电网公司《现场标准化作业指导书编制导则》的要求，本模块中线路砍伐树木作业指导书的编写结构由封面、适用范围、引用文件、修前准备、作业程序、竣工、工作记录、验收总结、指导书执行情况评估和附录十项内容组成。编写内容及格式如下。

1. 封面

由作业名称、编号、编写人及时间、审核人及时间、批准人及时间、作业工期、编写部门七项内容组成。

2. 适用范围

按树木砍伐工作程序对作业指导书的应用范围做出具体的规定。

3. 引用文件

明确编写作业指导书所引用的法规、规程、标准、设备说明书及企业管理规定和文件。

4. 修前准备

（1）人员要求。

1）规定作业人员的精神状态良好。

2）规定作业人员的资格，包括作业技能、安全资质和特殊工种资质等。

3）规定作业人员的劳动保护着装、个人安全工具和劳保用品配置等要求。

（2）砍伐工器具。本次树竹木砍伐作业所需的安全、工器具等。

（3）危险点及控制措施。分析作业过程存在的危险点及控制措施。

（4）其他安全措施。描述作业过程的其他安全注意事项。

（5）作业分工。明确作业人员所承担的具体作业任务。

5. 作业程序

（1）开工。

1）规定办理开工前应检查落实的内容。

2）规定开工会的内容。

3）规定须签字的人员。

（2）作业内容及标准。针对每一项作业内容，明确作业标准、操作安全措施及注意事项，作业人员履行签字手续。

6. 竣工

规定树竹木砍伐工作结束后的注意事项。如清理工作现场、清点工器具等。

7. 工作记录

记录本次树竹木砍伐作业的详细情况及树竹木对导线距离等。

8. 验收总结

（1）记录砍伐作业结果，对砍伐清障工作的质量做出整体评价。

（2）记录存在问题及处理意见。

9. 指导书执行情况评估

（1）对指导书的符合性、可操作性进行评价。

（2）对不可操作项、修改项、遗漏项、存在问题做出统计。

（3）提出改进意见。

10. 附录

描述相应的附件。

四、作业指导书范本

1. 封面

作业指导书的封面如图 ZY0100203003-1 所示。

```
                                          编号：Q/×××

        ×××kV×××线砍伐树木作业指导书

   编写：_____    ____年____月____日
   审核：_____    ____年____月____日
   批准：_____    ____年____月____日
   作业日期：   年   月   日   时至   年   月   日   时
```

图 ZY0100203003-1　封面

2. 适用范围

本作业指导书针对××kV××线树木砍伐工作编写而成，仅适用于该项工作。

3. 引用文件

电力设施保护条例和电力设施保护条例实施细则

DL/T 741—2001　《架空输电线路运行规程》

国家电网安监[2009]664 号《国家电网公司电力安全工作规程》（线路部分）

国家电网生技[2005]172 号《国家电网公司 110（66）kV-500kV 架空输电线路运行规范》

国家电网生[2004]503 号《国家电网公司现场标准化作业指导书编制导则（试行）》

4. 修前准备

（1）人员要求见表 ZY0100203003-1。

表 ZY0100203003-1　　　　　　　　人 员 要 求

√	序号	内　容	责任人	备　注
	1	作业人员应情绪稳定精神集中，身体状况良好		
	2	作业人员必须经培训合格，持证上岗		

√	序号	内　　容	责任人	备　注
	3	作业人员应劳动保护着装整齐，个人安全工具和劳保用品应佩戴齐全		
	4	工作负责人（专职监护人）具有带电作业实践经验		

（2）安全用具及工器具见表 ZY0100203003-2。

表 ZY0100203003-2　　　　　安 全 用 具 及 工 器 具

√	序号	名　　称	型号/规格	单位	数量	备　注
	1	安全带		副	2	上树人员人均一副
	2	安全帽		顶	7	
	3	砍刀		把	2	
	4	斧头		把	2	
	5	油锯		台	2	
	6	白棕绳或绝缘绳	$\phi18\text{mm}\times30\text{m}$	条	2	根据现场需要配备
	7	梯子		架	1	根据现场需要配备

（3）危险点及控制措施见表 ZY0100203003-3。

表 ZY0100203003-3　　　　　危 险 点 及 控 制 措 施

√	序号	危险点	控 制 措 施
	1	人身触电	在线路带电情况下，砍伐靠近线路的树木时，工作负责人必须在工作开始前，向全体人员说明：电力线路有电，人员、树木、绳索应与导线保持相应足够的安全距离；树枝接触或接近高压带电导线时，应将高压线路停电或用绝缘工具使树枝远离带电导线至安全距离。此前严禁人体接触树木；大风天气，禁止砍剪高出或接近导线的树木
	2	高处坠落	上树砍伐树木要使用安全带，安全带要系在砍伐口的下方，防止被割、锯或砍断；上树工作人员站稳把牢，不可攀抓脆弱和枯死的树枝，不应攀登已经锯过的未断的树木，不应攀登较细且高的树木
	3	倒树砸伤	砍剪的树木下面和倒树范围内应有专人监护，不得有人逗留，防止砸伤行人；上树修剪树枝人员应防止掉东西，所修剪树枝要断时通知地面人员注意，同时利用绳索控制树倒方向；在路边和行人较多的地方砍树时，应设围栏
	4	马蜂蜇伤	砍剪树木时，应防止马蜂等昆虫或动物伤人，带上药品等
	5	用具伤人	使用钢锯、油锯和电锯的作业，应由熟悉机械性能和操作方法的人员操作。使用时，应先检查所能锯到的范围内有无铁钉等金属物件，以防金属物件飞出伤人

（4）安全措施见表 ZY0100203003-4。

表 ZY0100203003-4　　　　　安 全 措 施

√	序号	内　　容
	1	树枝接触高压带电导线时，严禁直接用手去取；人和绳索应与导线保持足够的安全距离
	2	使用梯子时要有一定的坡度，并要有专人扶持或绑牢

（5）作业分工见表 ZY0100203003-5。

表 ZY0100203003-5　　　　　作 业 分 工

√	序号	作业内容	分组负责人	作业人员
	1	工作负责人1人，负责现场指挥和安全监护工作		
	2	工作人员6名，负责树木砍伐		

5. 作业程序

（1）开工工作内容见表 ZY0100203003-6。

表 ZY0100203003-6　　　　　　　　　　开 工 内 容

√	序号	开 工 内 容	作业人员签字
	1	履行开工手续	
	2	"三交三查"即宣读工作票、交待作业任务、危险点及安全措施、安全注意事项、任务分工并提问作业人员	
	3	作业前对安全用具、工器具、材料进行清点检查	

（2）作业内容及标准见表 ZY0100203003-7。

表 ZY0100203003-7　　　　　　　　　　作 业 内 容 及 标 准

√	序号	作业内容	作业步骤及质量要求	安全措施注意事项	责任人签字
	1	核对现场	核对现场情况	由工作负责人核对	
	2	上树修剪树枝	（1）上树砍、剪树木时，应注意马蜂，并使用安全带。不应攀抓脆弱和枯死的树枝及已经锯过或砍伐过的未断树木。 （2）上树修剪树枝应自上而下修剪或砍伐。 （3）砍剪后的树木应该保证在其一个生长周期内的最终生长高度仍能满足上述要求	（1）砍伐靠近带电线路的树木时，采用绳索对树木的倾倒方向进行控制，树木、绳索不得接触导线；树枝接触高压带电导线时，严禁直接用手去取；人和绳索应与导线保持足够的安全距离。 （2）上树砍、剪树木时，不应攀抓脆弱和枯死的树枝。禁止攀登已经锯过或砍伐过的未断树木，并正确使用安全带。使用梯子上树时，应检查梯子与地面接触处有无下陷坍塌、滑动的迹象，必须在梯子两侧有专人扶靠。 （3）为防止树木倒落在导线上，应设法用绳索将树木拉向与导线相反方向，绳索应有足够的长度，以免拉绳人员被倒落的树木砸伤；砍剪的树木下面和倒树范围内应有专人监护，不得有人逗留，防止砸伤行人。 （4）上树前应检查是否有蚂蜂窝，如有应采取可靠的安全措施	
		地面砍伐	（1）在树木的倒落方向绑好两条控制绳索，绳索应有足够的长度，以免拉绳人员被倒落的树木砸伤，拉绳还应固定在相应的铁钎上。 （2）在树木的倒落方向侧锯树，深度达树木直径的1/3时止。然后在另一侧锯树，锯口要比对侧锯口高20mm左右。 （3）紧绳索，继续锯树，当深度接近树木直径的2/3时，锯树人躲开，用力拉紧绳索，使树木按要求的方向倒落。 （4）不得多人在同一处对向砍伐或在安全距离不足的相邻处砍伐。树木倾倒的安全距离为其高度的1.2倍。 （5）砍树时，锯口应在树木离地面100～200mm处		
		现场作业安全监护	（1）倒树范围内应有专人监护，不得有人逗留，防止砸伤行人。 （2）自作业开始至作业结束，安全监护人必须始终在作业现场对作业人员进行不间断的安全监护		

6. 竣工

砍伐作业竣工验收内容见表 ZY0100203003-8。

表 ZY0100203003-8　　　　　　　　　　竣 工 验 收 内 容

√	序号	竣工验收内容	负责人员签字
	1	砍伐后复测树木与带电导线的水平距离和垂直距离满足规程要求	
	2	清理现场，防止山火引燃干枯树枝造成线路跳闸故障	
	3	检查核对工器具数量	
	4	作业结束后清理现场杂物，保持现场清洁，做到工完场清	
	5	做好消缺记录并存档	

7. 消缺记录（见表 ZY0100203003-9）

表 ZY0100203003-9　　　　　　　　　　消 缺 记 录

√	序号	缺 陷 内 容	消除人员签字

8．验收总结（见表 ZY0100203003-10）

表 ZY0100203003-10 验 收 总 结

序号		验 收 总 结
1	验收评价	
2	存在问题及处理意见	

9．指导书执行情况评估（见表 ZY0100203003-11）

表 ZY0100203003-11 指导书执行情况评估

评估内容	符合性	优	可操作项	
		良	不可操作项	
	可操作性	优	修改项	
		良	遗漏项	
存在问题				
改进意见				

10．附录（根据需要添加）

【思考与练习】

1．砍伐树木作业指导书的编写结构包含哪几方面的内容？

2．简述砍伐树木作业中的危险点及控制措施的内容和要求。

模块 4 线路名称、杆号喷涂作业指导书（ZY0100203004）

【模块描述】本模块包含线路名称、杆号喷涂作业对人员要求、环境要求，工具、器材准备，作业流程控制及工艺质量要求，作业危险点分析及控制措施和执行情况评估等。通过举例分析，掌握正确编写线路名称、杆号喷涂作业指导书方法。

【正文】

编制线路名称、杆号喷涂作业指导书是为了规范本作业的程序和人员的作业行为，保证线路名称、杆号喷涂工作的有效进行，及时掌握线路名称、杆号喷涂工作中的有关注意事项，使现场作业安全、质量的全过程可控、在控。预防人身伤害事故的发生。

一、输电线路线路名称、杆号喷涂作业人员的技术要求

1．人员要求

输电线路名称、杆号喷涂作业人员必须是有输电线路工作经验，经《国家电网公司电力安全工作规程（线路部分）》考试合格的人员。

2．技术要求

熟悉并掌握所辖输电线路的情况。

二、线路名称、杆号喷涂作业指导书编写内容

根据国家电网公司《现场标准化作业指导书编制导则》的要求，本模块中线路名称、杆号喷涂作业指导书的编写结构由封面、适用范围、引用文件、修前准备、作业程序、竣工、工作记录、验收总结、指导书执行情况评估和附录十项内容组成。

1．封面

由作业名称、编号、编写人及时间、审核人及时间、批准人及时间、作业工期、编写部门七项内容组成。

2．适用范围

按线路名称、杆号喷涂工作程序对作业指导书的应用范围做出具体的规定。

3. 引用文件

明确编写作业指导书所引用的法规、规程、标准、设备说明书及企业管理规定和文件。

4. 修前准备

（1）人员要求。

1）规定作业人员的精神状态良好。

2）规定作业人员的资格，包括作业技能、安全资质和特殊工种资质等。

3）规定作业人员的劳动保护着装、个人安全工具和劳保用品配置等要求。

（2）测量工器具。本次线路名称、杆号喷涂作业所需的安全工器具和材料等。

（3）危险点及控制措施。分析作业过程存在的危险点及控制措施。

（4）其他安全措施。描述作业过程的其他安全注意事项。

（5）作业分工。明确作业人员所承担的具体作业任务。

5. 作业程序

（1）开工。

1）规定办理开工前应检查落实的内容。

2）规定开工会的内容。

3）规定须签字的人员。

（2）作业内容及标准。针对每一项作业内容，明确作业标准、操作安全措施及注意事项，作业人员履行签字手续。

6. 竣工

规定线路名称、杆号喷涂工作结束后的注意事项。如清理工作现场、清点工器具等。

7. 工作记录

记录本次线路名称、杆号喷涂作业的详细情况。

8. 验收总结

（1）记录线路名称、杆号喷涂工作的结果，对作业质量和工艺做出整体评价。

（2）记录存在的问题及处理意见。

9. 指导书执行情况评估

（1）对指导书的符合性、可操作性进行评价。

（2）对不可操作项、修改项、遗漏项、存在问题做出统计。

（3）提出改进意见。

10. 附录

描述相应的附件。

三、作业指导书范本

1. 封面

作业指导书封面如图 ZY0100203004-1 所示。

```
                                        编号：Q/×××
          ×××kV×××线路名称、杆号喷涂作业指导书

          编写：_____      ____年____月____日
          审核：_____      ____年____月____日
          批准：_____      ____年____月____日
          作业日期：  年  月  日  时至   年  月  日  时

                    ××供电公司×××
```

图 ZY0100203004-1　封面

2. 适用范围

本作业指导书针对×××kV×××线路名称、杆号喷涂工作编写而成，仅适用于该项工作。

3. 引用文件

GB 50233—2005　《110~500kV 架空送电线路施工及验收规范》

DL/T 741—2001　　《架空输电线路运行规程》

国家电网安监[2009]664 号《国家电网公司电力安全工作规程（线路部分）》

国家电网生技[2005]172 号《国家电网公司 110（66）kV~500kV 架空输电线路运行规范》

国家电网生[2004]503 号《国家电网公司现场标准化作业指导书编制导则（试行）》

4. 修前准备

（1）人员要求见表 ZY0100203004-1。

表 ZY0100203004-1　　　　　　　人 员 要 求

√	序号	内　容	责任人	备　注
	1	作业人员应情绪稳定精神集中，身体状况良好		
	2	作业人员必须经培训合格，持证上岗		
	3	作业人员应劳动保护着装整齐，个人安全工具和劳保用品应佩戴齐全		
	4	确定工作负责人		

（2）安全用具及工器具见表 ZY0100203004-2。

表 ZY0100203004-2　　　　　　安 全 用 具 及 工 器 具

√	序号	名　称	型号/规格	单位	数量	备　注
	1	安全带		副	1	
	2	安全帽		顶	2	
	3	脚扣		把	1	适用于混凝土杆

（3）材料见表 ZY0100203004-3。

表 ZY0100203004-3　　　　　　　　材　　料

√	序号	名　称	型号/规格	单位	数量	备　注
	1	自喷漆（黑白黄绿红）		瓶	视基数而定	
	2	砂纸		张	10	
	3	抹布		把	2	
	4	杆号名称板		张	1	
	5	相序板		张	1	

（4）危险点及控制措施见表 ZY0100203004-4。

表 ZY0100203004-4　　　　　　危 险 点 及 控 制 措 施

√	序号	危险点	控 制 措 施
	1	高处坠落	作业人员攀登杆塔时注意检查脚钉是否牢固可靠，在杆塔上作业时必须使用双保险安全带，戴安全帽。安全带要系在牢固构件上，防止安全带被锋利物伤害，系安全带后，要检查扣环是否扣好，杆塔上作业转位时，双手不得持带任何物件

（5）安全措施见表 ZY0100203004-5。

表 ZY0100203004-5　　　　　　　安 全 措 施

√	序号	内　容
	1	工作中若遇雷、雨、雪、5 级以上大风或其他威胁作业人员安全时，工作负责人可根据具体情况停止工作
	2	喷涂作业前应认真核对线路名称、杆号、相序、方向及位置无误后方可喷涂

模块 4

ZY0100203004

（6）作业分工见表 ZY0100203004-6。

表 ZY0100203004-6 作 业 分 工

√	序号	作业内容	分组负责人	作业人员
	1	工作负责人1人，作业人员1名		

5. 作业程序

（1）开工工作内容见表 ZY0100203004-7。

表 ZY0100203004-7 开 工 内 容

√	序号	开 工 内 容	作业人员签字
	1	履行开工手续	
	2	"三交三查"即宣读工作票、交待作业任务、危险点及安全措施、安全注意事项、任务分工并提问作业人员	
	3	作业前对安全用具、工器具、材料进行清点检查	

（2）作业内容及标准见表 ZY0100203004-8。

表 ZY0100203004-8 作 业 内 容 及 标 准

√	序号	作业内容	作业步骤及标准	安全措施注意事项	责任人签字
	1	核对现场	（1）核对线路双重命名、杆塔号。 （2）核对现场情况	由工作负责人核对	
	2	线路名称、杆号喷涂	（1）作业前应核对线路名称、杆号、相序。 （2）按规定方向、位置、尺寸进行喷涂。 （3）为增加油漆附着力，喷涂工作应选择在空气湿度85%以下，无风沙、雨雪、霜冻及大雾的天气进行。 （4）喷涂作业前应认真核对线路名称、杆号、相序、方向及位置无误后方可喷涂	（1）工作中若遇雷、雨、雪、5级以上大风或其他威胁作业人员安全时，工作负责人可根据具体情况停止工作。 （2）作业人员在杆塔上作业时，必须使用双保险安全带，戴安全帽。安全带要系在牢固构件上，防止安全带被锋利物伤害，系安全带后，要检查扣环是否扣好，杆塔上作业转位时，双手不得持带任何物件	

6. 竣工（验收内容见表 ZY0100203004-9）

表 ZY0100203004-9 竣 工 验 收 内 容

√	序号	竣 工 验 收 内 容	负责人员签字
	1	工作结束后应再次核对所喷涂的线路名称、杆号、相序及方向和位置无误	
	2	做好工作记录并存档	

7. 消缺记录（见表 ZY0100203004-10）

表 ZY0100203004-10 消 缺 记 录

√	序号	缺 陷 内 容	消除人员签字

8. 验收总结（见表 ZY0100203004-11）

表 ZY0100203004-11 验 收 总 结

序号	验 收 总 结	
1	验收评价	
2	存在问题及处理意见	

9. 指导书执行情况评估（见表 ZY0100203004-12）

表 ZY0100203004-12　　　　　　　　指导书执行情况评估

评估内容	符合性	优		可操作项	
		良		不可操作项	
	可操作性	优		修改项	
		良		遗漏项	
存在问题					
改进意见					

10. 附录（根据需要添加）

【思考与练习】

1. 线路名称、杆号喷涂作业指导书的编写结构包含哪几方面的内容？
2. 简述喷涂作业中的步骤及危险点分析及控制措施的内容和要求。

模块 5　红外线测温作业指导书（ZY0100203005）

【模块描述】本模块包含对导线连接器、引流板、并沟线夹等接头红外线测温作业对人员要求，测试工具、器材准备，作业流程控制及质量要求，作业危险点分析及控制措施和执行情况评估等。通过举例分析，掌握正确编写红外线测温作业指导书方法。

【正文】

编制输电线路红外线测温作业指导书是为了规范红外测温工作的程序和测温人员的操作行为，保证红外测温工作的有效进行，及时掌握红外测温仪器在检测中的有关注意事项，以便在正确使用仪器和线路运行情况下，有效发现连接点发热缺陷，预防导线发热熔断事故的发生。

一、输电线路红外测温操作人员的技术要求

1. 人员要求

输电线路红外测温操作人员必须是有输电线路工作经验，能熟练操作红外测温仪器，并经《国家电网公司电力安全工作规程》（线路部分）考试合格的人员。

2. 技术要求

（1）熟悉并掌握红外线原理、仪器空间分辨率即有效检测距离的计算。

（2）熟悉并掌握红外测温时的天气、环境对测温的影响和换算原理。

（3）熟悉并掌握野外红外测温应注意的事项和导线输送荷载计算原理，检测发现的发热隐患能分析、判定缺陷性质，确保红外测温工作的质量。

二、输电线路红外检测要求

（1）输电线路导线连接点属电流致热型发热，因此红外测温必须在大负荷下进行，且不得在导线额定输送电流的30%以下检测。

（2）正确选择被测设备的辐射率，特别要考虑金属材料表面氧化对选取辐射率的影响。

（3）线路检测选择中、长焦距镜头，检测前按被测连接点的高度校核镜头的空间分辨率是否符合要求（即在有效检测距离内检测）。

（4）检测时风速大于 0.5m/s 时停止测量（风速超过时没有换算系数）。

（5）红外测温镜头不得对准附加光源（即被测设备后不得有太阳光或照明光源）。

三、导线连接器

（1）线路设计将导线接续管按机械强度考虑，验收标准是大于导线破断力的95%以上，因此接续管压接严密，且接触面积大于导线表面积，电阻率小于导线，导线电流属集肤效应，接续管直径和表面积均远大于导线，散热效果好，运行中从没有发生过因接续管发热而造成导线拔出，发生导线拔出掉线的均是由于压接尺寸不对称，因此导线接续管不需要红外测温，只需巡视中观察接续管口有否断股、灯笼泡状松开等现象。

（2）导线跳线连接点的引流板、并沟线夹，设计不考虑机械强度，加上平时紧固采用活动扳手，是否连接好没有数据标准，因此竣工验收或平时停电检修应采用扭矩扳手按相应规格连接螺栓的标准扭矩值核查连接是否良好，采用红外测温来检测扭矩是否合格。

四、导线跳线连接点红外测温作业指导书编写内容

根据国家电网公司《现场标准化作业指导书编制导则》的要求，导线跳线连接点红外测温作业指导书的编写结构由封面、适用范围、引用文件、修前准备、作业程序、竣工、工作记录、验收总结、指导书执行情况评估和附录十项内容组成。

1. 封面

由作业名称、编号、编写人及时间、审核人及时间、批准人及时间、作业工期、编写部门七项内容组成。

2. 适用范围

按红外测温工作程序对作业指导书的应用范围做出具体的规定。

3. 引用文件

明确编写作业指导书所引用的法规、规程、标准、设备说明书及企业管理规定和文件。

4. 修前准备

（1）人员要求。

1）规定作业人员的精神状态良好。

2）规定作业人员的资格，包括作业技能、安全资质和特殊工种资质等。

3）规定作业人员的劳动保护着装、个人安全工具和劳保用品配置等要求。

（2）测量工器具。本次红外测温作业所需的测量工具、器材等。

（3）危险点及控制措施。分析作业过程存在的危险点及控制措施。

（4）其他安全措施。描述作业过程的其他安全注意事项。

（5）作业分工。明确作业人员所承担的具体作业任务。

5. 作业程序

（1）开工。

1）规定办理开工前应检查落实的内容。

2）规定开工会的内容。

3）规定须签字的人员。

（2）作业内容及标准。针对每一项作业内容，明确作业标准、操作安全措施及注意事项，作业人员履行签字手续。

6. 竣工

规定检测工作结束后的注意事项，如清理工作现场、清点仪器等。

7. 工作记录

记录本次测试作业的详细数据。

8. 验收总结

（1）记录测量结果，对检测质量做出整体评价。

（2）记录存在问题及处理意见。

9. 指导书执行情况评估

（1）对指导书的符合性、可操作性进行评价。

（2）对不可操作项、修改项、遗漏项、存在问题做出统计。

（3）提出改进意见。

10. 附录

描述相应的附件。

五、作业指导书范本

1. 封面

作业指导书封面如图 ZY0100203005-1 所示。

```
                                        编号：Q/×××

         ×××kV×××线红外测温作业指导书

      编写：_____    _____年_____月_____日

      审核：_____    _____年_____月_____日

      批准：_____    _____年_____月_____日

      作业日期：  年  月  日  时至   年  月  日  时


               ××供电公司×××
```

图 ZY0100203005-1　封面

2. 适用范围

本作业指导书针对×××kV×××线红外测温工作编写而成，仅适用于该项工作。

3. 引用文件

DL/T 664—2008《带电设备红外诊断应用规范》

国家电网安监[2009]664 号《国家电网公司电力安全工作规程》（线路部分）

国家电网生[2004]503 号《国家电网公司现场标准化作业指导书编制导则（试行）》

国家电网生[2004]634 号《国网公司 110（66）kV～500kV 架空输电线路技术标准》

国家电网生技[2005]172 号《国家电网公司 110（66）kV～500kV 架空输电线路运行规范》

4. 修前准备

（1）人员要求见表 ZY0100203005-1。

表 ZY0100203005-1　　　　　人　员　要　求

√	序号	内　　容	责任人	备　注
	1	作业人员应情绪稳定精神集中，身体状况良好		
	2	作业人员必须经培训合格，持证上岗		
	3	作业人员劳动保护着装整齐，个人安全工具和劳保用品应佩戴齐全		

（2）安全用具及工器具见表 ZY0100203005-2。

表 ZY0100203005-2　　　　　安全用具及工器具

√	序号	名　　称	型号/规格	单位	数量	备　注
	1	红外热像仪	T6-P	台	1	
	2	遮阳伞		把	1	
	3	安全带		根	1	登塔备用

（3）危险点分析见表 ZY0100203005-3。

表 ZY0100203005-3　　　　　危　险　点　分　析

√	序号	内　　　　容
	1	野外道路差，夜间能见度差或照明设备等原因造成测量人员摔伤仪器损坏
	2	测温仪器操作方法不当，造成仪器不能正常工作及损伤
	3	被测设备超过有效检测距离，检测人员登塔测量易高处坠落
	4	被测设备超过有效检测距离，检测人员登塔测量易人员触电含感应电伤害

（4）危险点控制措施见表 ZY0100203005-4。

表 ZY0100203005-4　　　　　　　危 险 点 控 制 措 施

√	序号	内　　容
	1	检测在天气良好，风速小于 0.5m/s 下工作，夜间无足够的照明设备不得工作
	2	避免将仪器镜头直接对准强烈高温辐射源（如太阳或夜间照明灯光），以免造成仪器不能正常工作及损伤，强烈阳光下应使用遮阳伞。雷雨、冰雹、浓雾、大雪、大风、风力大于 0.5m/s、湿度大于 85%时等天气不得红外测温
	3	攀登杆塔时注意检查脚钉是否牢固可靠，应注意登杆节奏，一步步踏稳抓牢后方可继续。在杆塔上作业时，必须使用双保险安全带，戴安全帽，脚穿导电鞋。安全带要系在牢固构件上，防止安全带被锋利物伤害，系安全带后，要检查扣环是否扣好，杆塔上作业转位时，双手抓塔材并不得持任何物件
	4	严禁无监护单人登杆塔作业。作业时作业人员活动范围及所携带的工具、材料等与带电导线最小距离不得小于相关规定

（5）作业分工见表 ZY0100203005-5。

表 ZY0100203005-5　　　　　　　作 业 分 工

√	序号	作 业 内 容	分组负责人	作业人员
	1	工作负责人 1 人，作业人员 1 名		

5. 作业程序

（1）开工工作内容见表 ZY0100203005-6。

表 ZY0100203005-6　　　　　　　开 工 内 容

√	序号	开 工 内 容	作业人员签字
	1	履行开工手续	
	2	宣读作业任务、危险点及安全措施、安全注意事项、任务分工并提问作业人员，作业人员签字	
	3	作业前对检测仪器进行检查	
	4	对登高安全工具进行检查	

（2）作业内容及标准见表 ZY0100203005-7。

表 ZY0100203005-7　　　　　　　作 业 内 容 及 标 准

√	序号	作业内容	作业步骤及质量要求	安全措施注意事项	责任人签字
	1	红外测温	（1）检测人员核对线路名称、杆号无误后开始工作。 （2）按杆塔高度选择适当的位置，在测温仪有效距离内尽量靠近测试目标。 （3）风速大于 0.5m/s 时测温数值无法换算。 （4）打开镜头盖，调整热像仪镜头的焦距进行校正，获得清晰的目标热像后进行检测。 （5）检测时应逐相进行。 （6）当检测发现引流板发热异常时，应变换位置和角度进行复测，将数据和红外热像记录、存储，以便进行诊断、分析	（1）攀登杆塔时注意检查脚钉是否牢固可靠，杆塔上作业中使用双保险安全带，戴安全帽和穿导电鞋。杆塔上转位时双手不得持带任何物件。 （2）塔上红外测温作业须设专人监护。人员及所携带的工具、材料等与带电导线最小距离不得小于相关规定。 （3）暑天测试必须由两人进行，采取必要措施防止中暑。 （4）测试操作中应避免将仪器镜头直接对准太阳，以免造成仪器不能正常工作及损伤，必要时应使用遮阳伞	

6. 竣工（见表 ZY0100203005-8）

表 ZY0100203005-8　　　　　　　竣 工 验 收 内 容

√	序号	竣 工 验 收 内 容	负责人员签字
	1	工作结束后应再次核对所测试的线路名称、杆号、相序及位置无误	
	2	做好工作记录并存档	

7. 工作记录（见表 ZY0100203005-9）

表 ZY0100203005-9 工 作 记 录

序号	线路名称杆号	A 相温度		B 相温度		C 相温度		测试人	测量日期	测量时气温	导线温度
		大号侧	小号侧	大号侧	小号侧	大号侧	小号侧				

8. 验收总结（见表 ZY0100203005-10）

表 ZY0100203005-10 验 收 总 结

序号	验 收 总 结	
1	验收评价	
2	存在问题及处理意见	

9. 指导书执行情况评估（见表 ZY0100203005-11）

表 ZY0100203005-11 指导书执行情况评估

评估内容	符合性	优		可操作项	
		良		不可操作项	
	可操作性	优		修改项	
		良		遗漏项	
存在问题					
改进意见					

10. 附录（被测设备材料的辐射率）

【思考与练习】

1. 线路红外测温作业指导书的编写结构包含哪几方面的内容？

2. 简述红外测温作业中的操作步骤、危险点及控制措施的内容和要求。

3. 为什么导线接续管不会产生接头发热现象？

模块 6 接地电阻测量作业指导书（ZY0100203006）

【模块描述】本模块包含接地电阻测量作业对人员要求，测量工具、器材准备，作业流程控制及质量要求，作业危险点分析及控制措施和执行情况评估等。通过举例分析，掌握正确编写接地电阻测量作业指导书方法。

【正文】

根据国家电网公司《现场标准化作业指导书编制导则》的要求，测量杆塔接地电阻作业指导书的编写结构由封面、适用范围、引用文件、修前准备、作业程序、竣工、工作记录、验收总结、指导书执行情况评估和附录十项内容组成。

一、编写内容简述

1. 封面

由作业名称、编号、编写人及时间、审核人及时间、批准人及时间、作业工期、编写部门七项内容组成。

2. 适用范围

按工作程序对作业指导书的应用范围做出具体的规定。

3. 引用文件

明确编写作业指导书所引用的法规、规程、标准、设备说明书及企业管理规定和文件。

4. 修前准备

（1）人员要求。

1）规定作业人员的精神状态良好。

2）规定作业人员的资格，包括作业技能、安全资质和特殊工种资质等。

3）规定作业人员的劳动保护着装、个人安全工具和劳保用品配置等要求。

（2）测量工器具。本次作业所需的测量工具、器材等。

（3）危险点及控制措施。分析作业过程存在的危险点及控制措施。

（4）其他安全措施。描述作业过程的其他安全注意事项。

（5）作业分工。明确作业人员所承担的具体作业任务。

5. 作业程序

（1）开工。

1）规定办理开工前应检查落实的内容。

2）规定开工会的内容。

3）规定须签字的人员。

（2）作业内容及标准。

针对每一项作业内容，明确作业标准、操作安全措施及注意事项，作业人员履行签字手续。

6. 竣工

规定工作结束后的注意事项，如清理工作现场、清点仪器等。

7. 工作记录

记录本次测试作业的详细数据。

8. 验收总结

（1）记录测量结果，对检测质量做出整体评价。

（2）记录存在问题及处理意见。

9. 指导书执行情况评估

（1）对指导书的符合性、可操作性进行评价。

（2）对不可操作项、修改项、遗漏项、存在问题做出统计。

（3）提出改进意见。

10. 附录

描述相应的附件。

二、作业指导书范本

1. 封面

作业指导书封面如图 ZY0100203006-1 所示。

编号：Q/×××

×××kV×××线接地电阻测量作业指导书

编写：_____   ____年____月____日

审核：_____   ____年____月____日

批准：_____   ____年____月____日

作业日期： 年 月 日 时至   年 月 日 时

×××供电公司×××

图 ZY0100203006-1　封面

2. 适用范围

本作业指导书针对×××kV×××线接地电阻测量工作编写而成，仅适用于该项工作。

3. 引用文件

GB 50233—2005　　《110～500kV 架空送电线路施工及验收规范》

DL/T 5092—1999　　《110～500kV 架空送电线路设计技术规程》

DL/T 621—1997　　《交流电气装置的接地》

DL/T 887—2004　　《杆塔工频接地电阻测量》

DL/T 475—2006　　《接地装置特性参数测量导则》

国家电网安监[2009]664 号《国家电网公司电力安全工作规程（线路部分）》

国家电网生[2004]503 号《国家电网公司现场标准化作业指导书编制导则（试行）》

国家电网生[2004]634 号《国网公司 110（66）kV～500kV 架空输电线路技术标准》

国家电网生技[2005]172 号《国家电网公司 110（66）kV～500kV 架空输电线路运行规范》

4. 修前准备

（1）人员要求见表 ZY0100203006-1。

表 ZY0100203006-1　　　　　　　　　**人 员 要 求**

√	序号	内　　容	责任人	备　注
	1	作业人员应情绪稳定精神集中，身体状况良好		
	2	作业人员必须经培训合格，持证上岗		
	3	作业人员应劳动保护着装、个人安全工具和劳保用品等应佩戴齐全		

（2）安全用具及工器具见表 ZY0100203006-2。

表 ZY0100203006-2　　　　　　　**安 全 用 具 及 工 器 具**

√	序号	名　　称	型号/规格	单　位	数　量	备　注
	1	摇表式接地电阻测试仪	ZC-8	台	1	需配套各引线
	2	榔头	5 磅	把	1	
	3	扳手	25cm	把	2	
	4	平锉	25cm	把	1	
	5	砂布	80 号	张	若干	
	6	导电脂			若干	

注　查阅并摘录本次检测各杆塔的接地电阻设计值、接地线长度和埋设深度带至现场。

（3）危险点及控制措施见表 ZY0100203006-3。

表 ZY0100203006-3　　　　　　　　**危 险 点 及 控 制 措 施**

√	序号	危 险 点	控 制 措 施	
	1	雷电活动或其他因素威胁作业人员安全	工作中若遇雷云在杆塔上方活动或其他威胁工作班人员安全时，工作负责人（小组负责人）应停止测量工作并撤离现场	
	2	人员触电	测量过程中，检测人员裸手不得触击绝缘电阻表接线头，防止电击	

（4）其他安全措施见表 ZY0100203006-4。

表 ZY0100203006-4　　　　　　　　　**其 他 安 全 措 施**

√	序号	内　　容	
	1	工作过程中必须持识别标记卡仔细核对线路双重命名、杆塔号，确认无误后，方可进行测试	
	2	作业天气和人员要求必须符合规程要求的作业条件和规定	

（5）作业分工见表 ZY0100203006-5。

表 ZY0100203006-5　　　作 业 分 工

√	序号	作 业 内 容	小组负责人	作业人员
	1	工作负责人1人，可分多个小组，每小组工作人员2人，1人为小组负责人（监护人），1人作业		

5. 作业程序

（1）开工工作内容见表 ZY0100203006-6。

表 ZY0100203006-6　　　开 工 内 容

√	序号	开 工 内 容	作业人员签字
	1	履行开工手续	
	2	宣读作业任务、危险点及安全措施、安全注意事项、任务分工并提问作业人员，作业人员签字	
	3	作业前对检测仪器进行检查	

（2）作业内容及标准见表 ZY0100203006-7。

表 ZY0100203006-7　　　作 业 内 容 及 标 准

√	序号	作业内容	作业步骤及质量要求	安全措施注意事项	责任人签字
	1	放线	（1）两根接地测量导线彼此相距5m。 （2）按本杆塔设计的接地线长度 L，布置测量辅助射线为 $2.5L$ 和 $4L$，或电压辅助射线应比本杆塔接地线长20m，电流辅助射线比本杆塔接地线长40m。 （3）将接地探针用砂纸擦拭干净，并使接地测量导线与探针接触可靠、良好。 （4）探针应紧密不松动地插入土壤中20cm以上且应与土壤接触良好		
	2	拆除接地引下线	用扳手将与杆塔连接的所有接地引下线螺栓拆除，并保持接地网与杆塔处于断开状态	在断开接地体与杆塔连接时，两手不得同时触及断开点两端，防止感应电触电	
	3	接线	（1）将接地引下线用砂纸擦拭干净，以确保连接可靠。 （2）将接地测量射线与E、P、C正确连接		
	4	测量	（1）将仪表放置水平，检查检流计是否指在中心线上，否则可用调零器调整指在中心线上。 （2）将倍率标度指在最大倍率上，慢慢摇动发电机摇把，同时拨动测量标度盘使检流计指针指在中心线上。 （3）当检流计指针接近平衡时，加大摇把转速，使其达到120r/min以上，调整测量标度盘使指针指在中心线上。 （4）如测量标度盘的读数小于1时，应将倍率标度置于较小标度倍数上，再重新调整测量标度盘以得到正确的读数。 （5）用测量标度盘的读数乘以倍率标度的倍数即为所测杆塔的工频接地电阻值，按季节系数换算后为本杆塔的实际工频接地电阻值	测量过程中，裸手不得触碰绝缘电阻表接线头，防止触电	
	5	恢复连接	测量结束，拆除绝缘电阻表，恢复接地体与杆塔连接，清除连接体表面的铁锈，并涂抹导电脂。确保所有接地引下线全部复位，并紧固牢固	在恢复接地体与杆塔连接时，两手不得同时触及断开点两端，防止感应电触电	

6. 竣工（见表 ZY0100203006-8）

表 ZY0100203006-8　　　竣 工 验 收 内 容

√	序号	竣 工 验 收 内 容	负责人员签字
	1	由工作负责人验收合格后工作结束	
	2	做好测量记录并归档，将电阻值不合格杆塔上报待处理	

7. 工作记录（见表 ZY0100203006-9）

表 ZY0100203006-9　　　工 作 记 录

√	序号	线路名称、杆号	接地电阻设计值（Ω）	换算后的接地电阻实测值（Ω）				季节系数	测量日期	测量人员签字
				A	B	C	D			

8. 验收总结（见表 ZY0100203006-10）

表 ZY0100203006-10 验 收 总 结

序号		验 收 总 结
1	验收评价	
2	存在问题及处理意见	

9. 指导书执行情况评估（见表 ZY0100203006-11）

表 ZY0100203006-11 指导书执行情况评估

评估内容	符合性	优		可操作项	
		良		不可操作项	
	可操作性	优		修改项	
		良		遗漏项	
存在问题					
改进意见					

10. 附录

【思考与练习】

1. 接地电阻测量作业指导书的编写结构包含哪几方面的内容？

2. 简述接地电阻测量作业中的操作步骤、危险点及控制措施的内容和要求。

3. 为什么仪表的辅助测量电压射线比杆塔接地线长 20m、电流线长 40m 测量方法等同 4L 和 2.5L 射线检测方式？

4. 为什么输电线路检测杆塔接地电阻值不需要戴绝缘手套？

模块 7 憎水性测试作业指导书（ZY0100203007）

【模块描述】 本模块包含憎水性测试作业对人员要求，测试工具、器材准备，作业流程控制及质量要求，作业危险点分析及控制措施和执行情况评估等。通过举例分析，掌握正确编写憎水性测试作业指导书方法。

【正文】

复合绝缘子有着很强的耐污性能，其特性就是硅橡胶有憎水性能，由于硅橡胶属有机物材料，在自然界受紫外线和电磁场的作用，有机材料会产生劣化，失去憎水性能，为及时掌握复合绝缘子的耐污性能，确保重污区复合绝缘子不因憎水性丧失而发生不明原因的跳闸事故，运行单位应对其憎水性能进行检测。

一、输电线路复合绝缘子憎水性能检测操作人员的技术要求

1. 人员要求

输电线路复合绝缘子憎水性能检测操作人员必须是有输电线路工作经验，能熟练操作憎水性能检测要求，并经《国家电网公司电力安全工作规程（线路部分）》考试合格的人员。

2. 技术要求

（1）熟悉并掌握憎水性能的水珠形状和描述要求。

（2）熟悉并掌握硅橡胶憎水性能检测要求的天气、环境对测温的影响和原理。

（3）熟悉并掌握硅橡胶憎水性能丧失、迁移性能等技术原理。

二、输电线路复合绝缘子憎水性能检测要求

（1）喷水装置的喷嘴距试品 25cm，每秒喷水 1 次，每次喷水量为 0.7~1mL，共喷射 25 次，喷射角为 50°~70°，喷水后表面应有水分流下。喷射方向尽量垂直于试品表面。

（2）绝缘子表面受潮情况应为六个憎水性等级（HC）中的一种，根据憎水性分级示意图和等级判断标准表进行憎水性等级判断，憎水性分级值（HC 值）应在喷水结束后 30s 内完成。

（3）检测时试品与水平面呈 20°～30°倾角，复合绝缘子表面测试面积应在 50～100cm²之间。

（4）检测作业需选择晴好天气进行，若遇雨雾天气，应在雨雾停止四天后进行。

三、复合绝缘子憎水性能检测作业指导书编写内容

根据国家电网公司《现场标准化作业指导书编制导则》的要求，复合绝缘子憎水性能检测作业指导书的编写结构由封面、适用范围、引用文件、修前准备、作业程序、竣工、工作记录、验收总结、指导书执行情况评估和附录十项内容组成。

1. 封面

由作业名称、编号、编写人及时间、审核人及时间、批准人及时间、作业工期、编写部门七项内容组成。

2. 适用范围

按检测复合绝缘子憎水性能工作程序对作业指导书的应用范围做出具体的规定。

3. 引用文件

明确编写作业指导书所引用的法规、规程、标准、设备说明书及企业管理规定和文件。

4. 修前准备

（1）人员要求。

1）规定作业人员的精神状态良好。

2）规定作业人员的资格，包括作业技能、安全资质和特殊工种资质等。

3）规定作业人员的劳动保护着装、个人安全工具和劳保用品配置等要求。

（2）测量工器具。本次复合绝缘子憎水性能检测作业所需的测量工具、器材等。

（3）危险点及控制措施。分析作业过程存在的危险点及控制措施。

（4）其他安全措施。描述作业过程的其他安全注意事项。

（5）作业分工。明确作业人员所承担的具体作业任务。

5. 作业程序

（1）开工。

1）规定办理开工前应检查落实的内容。

2）规定开工会的内容。

3）规定须签字的人员。

（2）作业内容及标准。针对每一项作业内容，明确作业标准、操作安全措施及注意事项，作业人员履行签字手续。

6. 竣工

规定检测工作结束后的注意事项，如清理工作现场、清点仪器等。

7. 工作记录

记录本次测试作业的详细数据。

8. 验收总结

（1）记录测量结果，对检测质量做出整体评价。

（2）记录存在问题及处理意见。

9. 指导书执行情况评估

（1）对指导书的符合性、可操作性进行评价。

（2）对不可操作项、修改项、遗漏项、存在问题做出统计。

（3）提出改进意见。

10. 附录

描述相应的附件。

四、作业指导书范本

1. 封面

作业指导书封面如图 ZY0100203007-1 所示。

编号：Q/×××

×××kV×××线憎水性测试作业指导书

编写：＿＿＿＿＿　＿＿＿年＿＿＿月＿＿＿日

审核：＿＿＿＿＿　＿＿＿年＿＿＿月＿＿＿日

批准：＿＿＿＿＿　＿＿＿年＿＿＿月＿＿＿日

作业日期：　　年　月　日　时至　　年　月　日　时

×× 供电公司 ×××

图 ZY0100203007-1　封面

2. 适用范围

本作业指导书针对 ××kV×× 线憎水性测试工作编写而成，仅适用于该项工作。

3. 引用文件

DL/T 864—2004　《标称电压高于 1000V 交流架空线路用复合绝缘子使用导则》

国家电网安监[2009]664 号《国家电网公司电力安全工作规程（线路部分）》

国家电网生[2004]503 号《国家电网公司现场标准化作业指导书编制导则（试行）》

国家电网生[2004]634 号《国网公司 110（66）kV～500kV 架空输电线路技术标准》

国家电网生技[2005]172 号《国家电网公司 110（66）kV～500kV 架空输电线路运行规范》

4. 修前准备

（1）人员要求见表 ZY0100203007-1。

表 ZY0100203007-1　　　　　　　　　人 员 要 求

√	序号	内　　容	责任人	备　注
	1	作业人员应情绪稳定精神集中，身体状况良好		
	2	作业人员必须经培训合格，持证上岗		
	3	作业人员劳动保护着装整齐，个人安全工具和劳保用品应佩戴齐全		

（2）安全用具及工器具见表 ZY0100203007-2。

表 ZY0100203007-2　　　　　　　安 全 用 具 及 工 器 具

√	序号	名　　称	型号/规格	单位	数量	备　注
	1	压力喷水瓶		台	1	
	2	放大镜		副	1	
	3	照相机		台	1	
	4	安全带		根	2	脚扣备用
	5	导电鞋		双	2	

（3）危险点分析见表 ZY0100203007-3。

表 ZY0100203007-3　　　　　　　危 险 点 分 析

√	序号	内　　容
	1	喷水装置未按规定对绝缘子进行喷射，导致绝缘子表面喷射不均匀，影响憎水性等级判断
	2	塔上作业人员感应电伤害和高空坠落
	3	喷壶喷水或照相时安全距离未保持

（4）安全措施及操作程序见表 ZY0100203007-4。

模块
7

ZY0100203007

表 ZY0100203007-4　　　　　　　　安全措施及操作程序

√	序号	内　容
	1	喷水装置的喷嘴应距试距绝缘子约 25cm，每秒喷水 1 次，共喷射 25 次，喷射方向尽量垂直于试品表面，喷水结束后 30s 内按照憎水性等级判断标准（HC）表和憎水性分级示意图进行读取
	2	塔上人员脚穿导电鞋，登塔及塔上转位时双手抓紧塔材且不得持带任何物件
	3	作业人员及工具材料与带电导线最小距离不得小于《安规》表 2 的规定

（5）作业分工见表 ZY0100203007-5。

表 ZY0100203007-5　　　　　　　　作　业　分　工

√	序号	作　业　内　容	分组负责人	作业人员
	1	工作负责人 1 人，工作人员 1 人，1 人监护，1 人作业		

5. 作业程序

（1）开工工作内容见表 ZY0100203007-6。

表 ZY0100203007-6　　　　　　　　开　工　内　容

√	序号	开　工　内　容	作业人员签字
	1	履行开工手续	
	2	宣读作业任务、危险点及安全措施、安全注意事项、任务分工并提问作业人员，作业人员签字	
	3	作业前对检测仪器进行检查	
	4	对登高安全工具进行检查	

（2）作业内容及标准见表 ZY0100203007-7。

表 ZY0100203007-7　　　　　　　　作　业　内　容　及　标　准

√	序号	作业内容	作业步骤及质量要求	安全措施注意事项	责任人签字
	1	喷射准备	准备好检测所需的喷水装置、测量尺、放大镜。喷水装置采用质量较好的压力喷壶，调节好出雾状水流	喷射角的校验调整：在距喷水装置喷嘴 25cm 处立一张纸，喷射方向垂直于该纸喷水 10～15 次，形成的湿斑直径在 25～35cm 之间为合适	
	2	憎水性检测	喷水装置喷嘴距运行的复合绝缘子 25cm，约每秒喷水 1 次，共喷射 25 次，喷射方向尽量垂直于硅橡胶表面，HC 值判定应在喷射结束后 30s 内读取	喷水装置应按规定对运行绝缘子横担侧伞裙表面进行喷水，绝缘子表面应均匀喷射，以免影响憎水性等级判断	
	3	憎水性等级判断	按复合绝缘子六个憎水性等级分级示意图	将喷壶喷的水珠状用照相机拍照，以对照判定	

6. 竣工（见表 ZY0100203007-8）

表 ZY0100203007-8　　　　　　　　竣　工　验　收　内　容

√	序号	竣工验收内容	负责人员签字
	1	由工作负责人验收合格后工作结束	
	2	做好测试记录和喷洒的憎水性能拍照并归档	

7. 工作记录（见表 ZY0100203007-9）

表 ZY0100203007-9　　　　　　　　工　作　记　录

√	序号	线路名称、绝缘子相位号	憎水性等级判断	测量日期	测量人员签字

模块 7

ZY0100203007

8. 验收总结（见表 ZY0100203007-10）

表 ZY0100203007-10 验 收 总 结

序号	验 收 总 结	
1	验收评价	
2	存在问题及处理意见	

9. 指导书执行情况评估（见表 ZY0100203007-11）

表 ZY0100203007-11 **指导书执行情况评估**

评估内容	符合性	优		可操作项	
		良		不可操作项	
	可操作性	优		修改项	
		良		遗漏项	
存在问题					
改进意见					

10. 附录（憎水性分级标准及示意图）

试品表面水滴状态与憎水性分级标准见表 ZY0100203007-12，复合绝缘子憎水性分级的典型状态如图 ZY0100203007-2 所示。

表 ZY0100203007-12 **试品表面水滴状态与憎水性分级标准**

HC 值	试品表面水滴状态描述
1	只有分离的水珠，大部分水珠的后退角 $\theta_r \geqslant 80°$
2	只有分离的水珠，大部分水珠的后退角 $50° < \theta_r < 80°$
3	只有分离的水珠，水珠一般不再是圆的，大部分水珠的后退角 $20° < \theta_r < 50°$
4	同时存在分离的水珠与水带，完全湿润的水带面积 $<2cm^2$，总面积小于被试区域面积的 90%
5	完全湿润总面积 $>90\%$，仍存在少量干燥区域（点或带）
6	整个被试区域形成连续的水膜

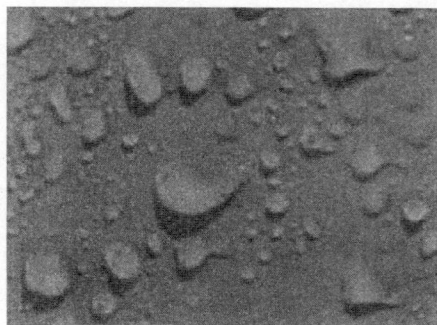

HC1

HC2

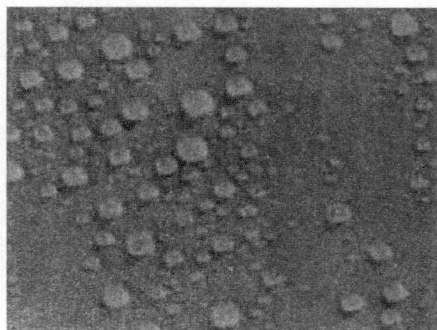

HC3

HC4

图 ZY0100203007-2 复合绝缘子憎水性分级的典型状态（一）

HC5　　　　　　　　　　　HC6

图 ZY0100203007-2　复合绝缘子憎水性分级的典型状态（二）

【思考与练习】

1. 绝缘子憎水性测试作业指导书的编写结构包含哪几方面的内容？

2. 简述憎水性测试作业中的操作步骤、危险点及控制措施的内容和要求。

第十四部分

线路巡视检查及运行管理

第三十七章 线路巡视及运行管理

模块1 定期巡视（ZY0100301001）

【模块描述】本模块介绍线路正常定期巡视的目的、周期、流程和一般规定，巡视项目及要求，正常巡视和特殊区域中的危险点分析。通过要点讲解、流程介绍，掌握线路本体、辅助设施及外部环境状况，及时发现缺陷和威胁线路的隐患，为线路检修提供依据。

【正文】

架空输电线路的运行监视工作，主要采取巡视和检查的方法。通过巡视与检查，掌握线路运行状况及周围环境的变化，以便及时消除缺陷和隐患，预防事故的发生，并确定线路检修内容。

一、定期巡视目的与周期

1. 定期巡视目的

线路巡视，通常也称正常巡视，目的是为了全面掌握线路各部件的运行状况和沿线情况，及时发现设备缺陷和沿线隐患情况，并为线路维修提供依据和设备状态评估提供准确的信息资料。

线路巡视按目的不同大致可分为定期巡视、故障巡视、特殊巡视、直升机巡视等几种。

2. 定期巡视周期

DL/T 741—2010《架空输电线路运行规程》规定：输电线路的定期巡视周期为每月一次。但随着运行设备的不断增多，提高劳动效率的需求不断加剧，状态检修、状态维护的开展势在必行，且国家电网公司以国家电网生[2008]269 号文《关于印发国家电网公司设备状态检修管理规定（试行）和关于规范开展状态检修工作意见的通知》已在全国推广。因此，输电线路的定期巡视也应作相应调整，但这种调整需要可靠的状态评价做支撑，必须在全面掌握输电线路运行状况基础上的调整。根据周期的长短不同，巡视周期的调整可分为两类，即延长周期和缩短周期。对于位于交通不便、人员难以到达、地质稳定且长期运行经验表明没有盗窃电力设施等外力破坏可能的地区，可适当延长周期；对于建立了完善护线组织的地区，也可适当延长巡视周期。对位于城乡结合部等易受外力破坏、风口或垭口等特殊气象、特殊污秽区域等地区，则应根据实际情况缩短巡视周期。以上所述可称之为"状态巡视"，状态巡视还应结合在线监测设施的监测数据进行调整，对于在线监测设施齐全有效的线路，也可适当延长巡视周期。

二、线路巡视的方式

输电线路的巡视方式主要有两种：一种是班组集中巡视，另一种是单人或双人包干巡视。

班组集中巡视的流程为：将被巡视线路根据人员构成、地形地貌特征、交通状况等划分为若干巡视段，将班组成员按技术技能水平等划分为若干个巡视组，与巡视段相对应，一般为两人一组，对于地形平坦、人烟稠密的地区也可一人一组，进行某一条线或某一个区段的集体巡视。

单人或双人包干巡视流程：根据巡视人员对线路的熟悉程度及各自的技术技能水平等实际情况，将整条线路或一段线路按责任划分的形式分配到每位巡视人员，巡视人员根据巡视时间计划的安排自行到巡视点进行巡视。

定期巡视计划无论是班组集中或是包干巡视，均由运行专职负责编制，并确保巡视计划的完整性和准确性。同时定期巡视计划经线路工区主管生产主任批准后，按月度生产计划形式下发到班组执行。在计划编制过程中，应结合线路实际运行状况，并充分考虑线路的周边地质地貌、巡视人员的总体技能、技术水平、交通条件等情况制定详细的巡视计划。

三、设备巡视的主要内容

1. 线路通道及周边环境变化的巡查

按照电力设施保护条例有关各电压等级保护区的规定，线路巡视时应查看通道内有无违章建筑，导线与建（构）筑物安全距离不足等。通道内或附近有无树木（竹林）与导线安全距离不足等；线路下方或附近有无危及线路安全的施工作业等；线路附近有无烟火现象，有无易燃、易爆物堆积等。线路通道内有无新建或改建电力、通信线路、道路、铁路、索道、管道等。线路杆塔基础保护设施有无坍塌、淤堵、破损等。有无由于地震、洪水、泥石流、山体滑坡等自然灾害引起通道环境的变化。巡视、维修时使用巡线道、桥梁有无损坏等。沿线保护区内有无新出现的污染源或污染加重等。线路通道内或附近采动影响区有无裂缝、坍塌等情况。线路附近有无放风筝、危及线路安全的漂浮物。线路跨越鱼塘有无警示牌。有无采石（开矿）、射击打靶、藤蔓类植物攀附杆塔等。

2. 设备本体的检查

（1）地基与基面。检查有无回填土下沉或缺土、水淹、冻胀、堆积杂物等。

（2）杆塔基础。检查有无破损、酥松、裂纹、漏筋、基础下沉、保护帽破损、边坡保护不够等。

（3）杆塔。检查有无杆塔倾斜、主材弯曲、地线支架变形、塔材、螺栓丢失、严重锈蚀、脚钉缺失、爬梯变形、土埋塔脚等；有无混凝土杆未封顶、破损、裂纹等。

（4）接地装置。检查接地有无断裂、严重锈蚀、螺栓松脱、接地带丢失、接地带外露、接地带连接部位有雷电烧痕等。

（5）拉线及基础。检查拉线金具等有无被拆卸、拉线棒严重锈蚀或蚀损、拉线松弛、断股、严重锈蚀、基础回填土下沉或缺土等。

（6）绝缘子。检查其有无伞裙破损、严重污秽、有放电痕迹、弹簧销缺损、钢帽裂纹、断裂、钢脚严重锈蚀或蚀损、绝缘子串顺线路方向倾角大于 7.5° 或 300mm。

（7）导线、地线、引流线、屏蔽线、OPGW。检查有无散股、断股、损伤、断线、放电烧伤、导线接头部位过热、悬挂漂浮物、弧垂过大或过小、严重锈蚀、有电晕现象、导线缠绕（混线）、覆冰、舞动、风偏过大、对交叉跨越物距离不够等。

（8）线路金具。检查有无线夹断裂、裂纹、磨损、销钉脱落或严重锈蚀；均压环、屏蔽环烧伤、螺栓松动；防振锤跑位、脱落严重锈蚀、阻尼线变形、烧伤；间隔棒松脱、变形或离位；各种连板、连接环、调整板损伤、裂纹等。

3. 附属设备的检查

检查防雷装置，如避雷器有无动作异常、计数器失效、破损、变形、引线松脱；放电间隙有无变化、烧伤等。防鸟装置有无破损、变形、螺栓松脱；有无动作失灵、褪色、失效等。各种监测装置有无缺失、损坏、功能失效等。杆号、警告、防护、指示、相位等标识有无缺失、损坏、字迹或颜色不清、严重锈蚀等。航空警示器材中的高塔警示灯、跨江线彩球有无缺失、损坏、失灵。防舞防冰装置有无缺失、损坏等。ADSS 光缆有无损坏、断裂、弛度变化等。

四、线路巡视的危险点及安全注意事项

1. 正常巡视中的危险点

从不明深浅的水域和薄冰通过容易造成生命危险，因此巡视中应尽可能绕行桥梁；偏僻山区、夜间巡视容易发生迷路、摔跌，应由两人进行，夜间巡视必须配备照明工具，暑天和大雪天巡视必要时由两人进行，在林区线路巡视时，要注意防火；巡视时，不宜穿凉鞋，防止扎脚；经过村庄、果园等可能有狗的地方先喊话，必要时应预备棍棒，防止被狗咬伤；经过草丛、灌木等可能有蛇的地方，应边走边打草，防止被蛇咬伤；雨雪天巡线时，应采取防滑措施；巡线时应远离深沟、悬崖；巡视时应注意蜂窝，不要靠近、惊扰；单人巡视时，禁止攀登杆塔；巡视时应遵守交通法规，不得翻越高速公路护栏；线路巡视人员发现导线断落地面或悬在空中时，应设法防止行人靠近断线地点 8m 以内，并迅速报告领导和调度等候处理；巡视时遇有雷电，应远离线路或暂停巡视，防止雷电伤人；在线路防护区内需要砍伐树木、毛竹时，必须按 DL/T 741—2010《架空输电线路运行规程》的相关规定做好安全技术措施。

2. 特殊区域巡视中的危险点

巡视工作应有两人进行并配备必要的防护工具和药品，防止受伤后无法自救；行走时，应注意观察地面，防止猎人埋设的铁丝套；有危险动物出没的地区巡视，应有防止动物伤害的措施，如木棒、哨子等；夜间巡视应沿线路外侧进行，应有足够照明工具，条件允许时配备夜视仪；应有良好的联络工具，无移动信号的地区应配备卫星电话或对讲机；登杆塔巡视必须由两人及以上进行，并注意保持安全距离；采空区巡视应注意观察地面，防止踩空和掉入裂缝；经过行洪区应绕行；穿越粉尘严重的厂矿附近时应防止粉尘迷眼；穿越化工厂矿等区域时应有防毒防护措施，必要时佩戴防毒面具；发现塔材被盗，测量长度超过 2m 的塔材时应由两人进行，并注意检查塔材螺栓固定情况；塔材被盗数量较多影响到杆塔稳定时，不得攀登杆塔；发现拉线装置被盗，对拉线必须采取固定措施，处理时应防止拉线与导线距离太近而放电；注意观察线路走廊两边的建筑物、构筑物等，防止高空落物伤人；穿越开山放炮区域时应注意落石伤人；不得穿越靶场等射击区域；在强风天气应远离杆塔正下方，防止杆塔构件脱落伤人；导地线覆冰时，不应沿导地线正下方行走，防止脱冰伤人，导地线舞动时应远离线路；覆冰时不得攀登杆塔；有雷电活动时严禁接打手机，远离高大的树木或构筑物，不要高举金属物品指向天空，不得攀登杆塔；在高山大岭巡视遇有雷电活动时，应及时撤离，雷云距离较近时应立即就地匍匐，待雷云远离后方可站立；沿庄稼地行走时必须穿着长袖工作服，防止花粉过敏；经过秋收地域时注意划伤、扎伤。

【思考与练习】

1. 线路巡视周期调整的依据主要有哪些？

2. 环境和地貌的检查内容有哪些？

3. 正常巡视有哪些危险点？

模块 2　故障巡视 (ZY0100301002)

【模块描述】本模块介绍故障巡视目的、巡视的准备、巡视过程中的注意事项和雷击、风偏、鸟粪闪络、污闪、覆冰等典型故障现象及特点。通过要点讲解，掌握线路故障巡视的技能及要求。

【正文】

一、线路故障、夜间和特殊巡视的目的

1. 故障巡视

故障巡视是指线路跳闸后，为迅速找出跳闸原因而进行的巡视。故障巡视不同于正常巡视，其目的单一，就是为了查找故障点及故障原因，所有巡视均围绕故障展开，而不是对线路进行普遍性巡视。

2. 夜间巡视

夜间巡视主要是为了弥补白天巡视过程中难以观察到的设备缺陷和异常情况，一般以线路设备的"热"缺陷及部件异常的火花放电、电晕等为巡查重点。

3. 特殊巡视

特殊巡视是在气候剧烈变化、自然灾害、外力影响、异常运行和其他特殊情况时，为及时发现线路的异常现象及部件的变形损坏情况而进行的巡视。特殊巡视应根据需要及时进行，一般巡视全线、某线段或某部件，并根据不同情况进行某一侧重点的巡查。

二、线路故障、夜间、特殊巡视的准备工作

1. 故障巡视的准备工作

当线路发生跳闸或故障后，运行单位先根据电网继电保护动作情况、相关参数、结合相关的在线监控装置与当时的气象条件，以往故障发生并巡查到的经验等来分析判断线路故障的可能情况并确定巡查方案。根据巡查方案制定相关的危险点预控、个人工器具配备、人员组织与分工。

（1）重合闸装置的动作情况。根据重合闸装置的动作情况确定故障性质，即为永久性故障还是瞬时故障，故障发生的可能位置等，确定是否要准备后续抢修力量。

（2）保护测距。当前采用的微机保护得到的保护测距或故障录波测距相对准确，误差一般不超过 1~3km。线路跳闸后，必须先根据保护测距或故障录波测距结合线路档距分布情况初步判断故障点位置，确定巡视重点区段，一般以保护测距点位置向两侧扩展 1~5km 作为重点巡视区段。一般保护装置均为两端（变电站）配置，因此可能存在两端测距不一致的情况；遇到这种情况时，一定要结合两端的测距及运行经验进行综合判断，巡视重点段应将两端的测距均包含进来。如运行经验表明总是一端保护测距的误差小、另一端保护测距的误差大，也可以将误差小的一端作为主要判据。

722

（3）气象条件及地形地貌。一般情况下，一半以上的线路故障是由恶劣气象引发，不同的恶劣气象可能引发不同类型的线路故障；如大风可能引发线路风偏故障，雷雨可能引发线路雷击故障，持续大雾可能引发线路污闪、降雪、冻雨可能引发线路覆冰及绝缘子冰闪故障、春秋季的半夜、凌晨或傍晚容易引发鸟害故障等。地形、地貌对线路故障的影响也比较大。如位于突出山顶的杆塔容易遭受雷击，位于风口的杆塔容易发生风偏故障，海拔高的杆塔容易出现覆冰，临近污染源的线路容易出现污闪、丘陵、农田交界处且人类活动较少处容易发生鸟害等。因此，线路跳闸后，需根据线路所处地区的气象条件及地形地貌对线路故障类型作出初步判断，有重点地进行巡视。

（4）在线监测系统。随着科技水平的不断提高及状态检修的不断发展，线路在线监测系统的种类不断增多，功能不断完善，应用越来越广。线路在线监测系统主要的种类有气象监测、雷电定位监测、覆冰监测、防盗报警、视频监测、污秽（脉冲泄漏电流）监测、杆塔倾斜监测、导线温度监测等十几种。这些在线监测系统可以提供实时的线路现场运行数据及环境变化数据，根据这些数据可以对线路故障类型、故障点作出更准确的判断。如根据雷电电位系统可以找出线路跳闸当时线路附近所有的落雷情况，并根据雷电对线路的相对距离和雷电流幅值大小判断出可能引发线路故障杆塔是反击雷还是绕击雷；根据线路覆冰在线监测装置可以判断出线路覆冰的厚度及重量；根据污秽在线监测装置根据检测到的泄漏电流脉冲频率值和脉冲电流量值可判断出绝缘子的积污程度；根据杆塔倾斜在线监测装置可以判断出杆塔倾斜的角度、塔头偏移的距离等。

（5）线路缺陷隐患。有的线路故障是由于线路缺陷和隐患的发展而引发的，如金具磨损、绝缘子积污、杆塔构件被盗、线路附近施工作业等，因此及时掌握线路的缺陷、隐患能避免一部分线路故障。这些缺陷、隐患均有一个发展的过程，有的可能已得到处理，有的受停电限制、处理周期等大原因未能及时消除，因此线路跳闸后要及时了解线路所存在的缺陷和隐患，判断线路故障是否由这些缺陷和隐患引发。

（6）确定巡查方案。当线路发生故障时，应根据线路故障信息、当时的气象条件、故障巡查的时间确定故障巡查方案，是进行地面巡查还是登杆塔检查；因为不同的巡查方案有不同的要求，如人员配备、工器具的携带、工作票或任务单的签发等均有所区别。

2. 夜间巡视的准备工作

在污闪故障频发期、高温季节线路输送额定负荷达到 60%以上时，在没有月光的时间组织人员进行夜巡工作。

（1）根据巡视计划，组织熟悉线路路径、熟悉设备运行状况的作业人员及驾驶员，并根据巡视范围、巡视区域的地理环境合理配备工作人员。

（2）配备必要的个人安全用具及观测设备，如红外热像仪、温度计、照相机、照明设备等。

（3）签发工作任务单、制定巡视作业指导书。

3. 特殊巡视的准备工作

（1）根据季节性特征、外力影响、异常运行和其他特殊情况，制定单独的特殊巡查方案。

（2）根据巡查方案合理组织人员及巡查范围，并配备适合恶劣天气行驶的车辆。

（3）配备必要的个人安全用具及观测设备，如望远镜、照相机、测高仪等。

（4）签发工作任务单、制定巡视作业指导书。

三、巡视过程中的注意事项

1. 准备必要的工具材料

（1）故障巡视。不但要求找到故障点和故障原因，而且要全面真实地记录故障现象、测量相关数据，为分析故障和采取防范措施提供数据和依据。因此，故障巡视要携带一些记录故障现象、测量数据的工具，如用照相机或摄像机记录故障现场、故障杆塔、故障点地形地貌、放电点、闪络绝缘子等；用 GPS 定位仪测量故障的坐标、海拔；用接地电阻测试仪测量故障杆塔的接地电阻。

对于重合复跳的故障，为减少停电时间，迅速恢复送电，应根据对故障类型的初步判断，分析引起故障的原因及可能出现的后果，提前准备好必要的抢修工具和材料。如判断可能发生绝缘子闪络时，应准备好更换绝缘子所需的链条滑车、双勾紧线器、连接金具、新绝缘子等工具材料；如判断可能出现导线损伤或断线时，应准备好新导线、卡线器、绞磨、预绞丝、铝包带、压接工具、接续管等工具材料。

（2）夜间巡视。主要检查导线跳线连接金具有无发热现象、绝缘地线放电间隙有无放电火花、绝缘子表面是否有电晕或脏污火花放电等异常现象。对于放电火花或弧光主要靠人的眼睛来观察，而设备的"热"缺陷主要靠红外测温仪，电晕现象靠紫外成像仪来进行识别和分析，同时夜巡必须有照明设备方可进行，因此上述仪器和设备是夜巡的必备工具。

（3）特殊巡视。在特殊气象条件、危险点控制、外力、特殊运行等情况时，为了全面真实地记录设备运行情况，为分析缺陷、隐患、异常和采取防范措施提供数据和依据，照相机或摄像机是必备携带工具。而对于不同的巡查方案，针对巡查重点不同其携带的工具也有所不同，如特殊运行方式时主要携带测高仪与红外测温仪，树木速长期巡视主要携带激光测高仪等。

2. 安全注意事项

随着社会及城乡规划的不断发展，输电线路的走廊受到很大制约，杆塔高度不断增加，许多故障现象通过地面巡视已很难发现；随着现代电网的不断升级，电力系统的自动化水平不断提高，切除故障的时间越来越短，故障点也越来越不明显。因此现在多数故障，特别是超高压输电线路的故障点必须采用登塔检查才能被找到；为此，线路跳闸后要考虑到登塔巡视。巡视人员要携带安全带等登高工具，如220kV线路登杆检查应穿导电鞋、330kV及以上线路登杆检查应穿导电鞋和防止感应电的静电屏蔽服或均压服。故障巡视时不宜采用单人巡视，至少要两人一组巡视，不仅是保证人身安全的需要，也是准确判定故障点和故障原因的需要。

无论何种巡视时，巡线应沿线路外角侧进行，以免导线落地伤人，同时巡视小组负责人应根据现场实际情况，补充必要的危险点分析和预控内容。

3. 向沿线居民了解情况

输电线路传输距离远，分布范围广，维护半径大，仅靠运行维护人员很难及时发现线路的突发性缺陷及隐患，因此许多供电企业都建立了护线组织，聘用线路沿线的居民参与巡线护线工作。这些护线人员紧邻线路，对线路周边环境、气候的变化以及线路缺陷的掌握非常及时，因此线路出现跳闸后，或需进行特殊巡视时，应及时与这些护线人员取得联系，以了解现场情况和线路周边的环境变化，对故障点的查找、故障类型的判断及第一手信息资料的掌握有很大帮助。

如输电线路短路跳闸时，短路电流可达几千安到几十千安，产生强烈的光和热（电弧温度可达10000℃以上），使周围的空气急剧膨胀震动，发出巨大的响声，离线路故障点较近的居民都可能听到这种响声。因此在故障巡视时，即使没有建立护线组织，巡线人员应向沿线居民或农户询问是否听到巨大响声和看到什么现象等，以便帮助巡线人员快速找到故障点。

四、典型故障现象

1. 雷击

雷击形式有直击、反击、绕击和感应雷击四种。线路设计时，线路档距中央导线与架空地线间的距离按雷击档距中央时不致击穿导、地线间的空气间隙来确定，而且国内外的长期运行经验表明，雷击架空地线档距中央引起导、地线空气间隙闪络是非常罕见的。感应雷电压一般不大于300kV，对66kV以上的线路不会发生感应雷击故障；反击一般发生在一基杆塔多相或相邻杆塔多相上；绕击一般发生在一基或相邻杆塔的单相上，下山坡侧或者开阔地带边相以绕击居多，上山坡侧和中相以反击居多；雷电流幅值在30kA及以下者绕击居多，雷电流幅值在40kA以上者反击居多。无论哪种雷击故障类型，主要表现为绝缘子附近的空气间隙击穿；雷击故障的重合成功率较高，尤其是220kV及以上线路，一般在90%以上。常见雷击故障有以下现象。

（1）导线或金具对横担构件放电。常见现象为线夹出口至防震锤范围内的导线有断续或连续性的放电痕迹，连接金具上有点状或块状的电弧烧伤斑点，横担构件的下平面有放电痕迹。此现象常见于500kV线路，500kV线路的导线一般为四分裂导线，导线侧第一片绝缘子低于导线，悬垂线夹距横担的距离更短，因此主放电点出现在悬垂线夹上，而横担侧第一片绝缘子的碗头只是由于电弧的漂移，形成一个灼伤点。横担上的挂线板向下伸出横担，且由于其有明显的尖端，受集肤效应的影响，放电点出现在塔材上，而横担侧绝缘子未出现放电。由于电弧存在漂移性，因此有时在中间的绝缘子也可能出现灼伤点。

（2）第一片绝缘子对导线放电。常见现象为绝缘子表面有较明显的电弧烧伤痕迹（釉面损伤形状为块状），绝缘子钢帽有点状或块状的电弧烧伤斑点，对于玻璃绝缘子其表面为块状的烧伤痕迹，内层可见较为明显的格状裂纹。这种现象较为多见，因为导线侧的绝缘子具有隔离作用，将悬垂线夹等金具隐藏在其盘径以内，因此主放电点会出现在悬垂线夹出口外的导线上。横担侧塔材未伸入横担下方或深入不够，电弧会绕过横担侧第一片绝缘子的上表面直接对碗头放电。

（3）复合绝缘子均压环之间放电。常见现象为复合绝缘子表面有较明显的电弧烧伤痕迹（颜色一般为灰白色），绝缘子上端硅橡胶护套有电弧烧伤痕迹（颜色一般为灰白色），均压环受损较轻微的常见为点状的放电斑点，较严重的为均压环有明显的破损或穿孔现象。均压环有两个作用，即均匀分布电压的作用和保护间隙的作用。保护间隙的作用相当于国外广泛采用的招弧角，起保护绝缘子不被电弧烧伤的作用。由于各电压等级的复合绝缘子均压环的配置不同，其放电现象也不同。对于 500kV 线路，配置有两个均压环，因此主放电点一般在两个均压环上，因电弧的漂移，有时中间的伞裙也可能出现灼伤。对于 220kV 线路，导线侧配置有一个均压环，因此导线侧主放电点在均压环上，横担侧主放电点在绝缘子碗头上。对于 110kV 线路，一般不配置均压环，因此表现为绝缘子两端的金属部分放电。

（4）导线直接对横担放电。造成这种情况的原因有两种：一种是同塔架设双回路杆塔，绝缘子串较长，超过上方导线对下方横担之间的距离，雷击后导线直接对下方横担放电；另一种是耐张杆塔的绕跳线不符合工艺要求，对杆塔的距离小于绝缘子串长，雷击后绕跳线直接对杆塔构件放电。

（5）耐张串闪络。一般耐张绝缘子串雷击后，闪络绝缘子片数较悬垂绝缘子多，绝缘子串基本上是逐片闪络。如耐张串是双联配置，则有时闪络绝缘子片集中在其中一串上，有时分布在两串绝缘子，且位置前后错开。如引流线的施工工艺不规范，则有可能出现导线侧第 2~4 片绝缘子直接对引流线放电的情况。

（6）低零值瓷绝缘子爆裂。如发生雷击闪络的绝缘子串上正好有低零值瓷绝缘子，则可能出现低零值绝缘子钢帽爆裂的情况，并导致掉线或断串事故。这种现象的发生主要是因为瓷绝缘子的钢帽、钢脚浇铸部位中混杂有水分，雷击闪络时产生的电弧温度极高，水分被迅速加热，发生膨胀，将钢帽炸裂导线落地。

（7）玻璃绝缘子遭受雷击后，轻者玻璃件表面被电弧灼伤，去掉烧伤层后，因玻璃伞盘为熔融体，水分仍不会进入伞盘，绝缘随即恢复，不影响绝缘子的安全运行，重者强大的雷电流击碎伞盘，使绝缘子串的泄漏比距减少，但因自爆后的残余强度达绝缘子额定荷载的 80% 以上，不会发生掉串事故，但绝缘子串中的自爆片若影响耐污等级时，必须在雾季到来前更换完成。

2. 风偏

风偏故障常见有三种形式，即导线对杆塔构件放电、导地线线间放电和导线对周边物体放电。导线对杆塔构件放电分两种情况，一种是直线杆塔上导线对杆塔构件放电，另一种是耐张杆塔的跳线对杆塔构件放电。风偏故障一般表现为重合不成功，或重合成功后短时间再次跳闸。

导线或跳线因垂直荷载不足，在大风作用下对杆塔构件放电，这种放电现象的特点是：绝缘子不被烧伤或导线侧 1~2 片绝缘子烧伤轻微；导线、导线侧悬垂线夹或防振锤烧伤痕迹明显，直线杆塔的导线放电点比较集中；跳线放电点比较分散，分布长度约有 0.5~1m；在杆塔间隙圆对应的杆塔构件上会有烧伤且烧伤痕迹明显，因电场分布的不均匀性，杆塔构件的主放电多在脚钉、角钢端部等突出位置。220kV "干字形" 耐张塔的中相跳线易发生风偏，多表现为跳线对耐张串横担侧第一片绝缘子放电。

导地线在风力作用下发生舞动造成的故障一般发生在长度较大的档距中央，虽然导线上放电痕迹较长，但由于档距较大时的情况大多出现在山区，放电点距地面距离较大，所以较难发现。此类故障的发生一般有几个影响因素：档距较大，一般在 500m 以上；导地线弛度不平衡即不符合设计弧垂值，大多是架空地线弛度太大；地形特殊，属微气象区，短时风力较大；属于覆冰区，覆冰脱落时引起导线跳跃。由于故障点距地面距离远，这种故障的查找必须非常仔细，并在顺光的条件下才可能发现，必要时应借助高倍望远镜查找故障点。

设计时一般会考虑到对边坡、建筑物等的风偏距离，有时测量未对某树木、悬崖复核高程，造成未达到设计风速下导线对此类物件风偏放电，故障巡查需多天后才能发现树木、植被枯黄，导线对周边物体放电多发生在线路运行期间种植的树木、新组立的其他杆塔、堆物点等，这类故障一般发生在导线对地距离小的位置，查找相对容易。导线上会有长度超过 1m 的放电痕迹，对应的其他物体也会有明细放电痕迹，物体的放电痕迹一般为烧焦状的黑色。

3. 鸟粪闪络

鸟粪闪络有以下几个特点：多发生于河道、沼泽地、水库、养鱼池、油料作物地等食物、水源充足的地区；多发生于悬垂绝缘子串上；多发生在夜晚和凌晨。鸟粪闪络与雷击闪络均属于空气间隙击穿，因此在故障现象上颇为相似。直线杆塔鸟粪闪络时，在杆塔横担、导线、绝缘子串及部分金具上有烧伤痕迹；耐张杆塔的鸟粪闪络主要发生在直跳跳线与横担之间，烧伤点表现在横担下方和直跳跳线上方。鸟粪闪络故障一般均能在故障杆塔的横担上和对应的地面上找到鸟粪痕迹。

4. 污闪

污闪的主要特点是沿绝缘子表面放电，因此发生污闪后，大部分绝缘子表面都会有不同程度烧伤，一般放电通道形成的烧伤痕迹不会呈直线，而是不规则分布在绝缘子表面。金具及绝缘子的钢帽、钢脚等连接部分也可能有轻微烧伤痕迹，导线一般不会有明显烧伤痕迹。污闪一般发生在盐密值或灰密值偏高的重污区，且绝缘爬距较低的线路上，瓷质、玻璃钢绝缘子易发生污闪，复合绝缘子因有较好的憎水性不易发生污闪。瓷质绝缘子发生污闪后痕迹明显，玻璃钢绝缘子痕迹不明显，放电点的玻璃表面有轻微变色，用硬物可蹭下一层薄玻璃。发生污闪后，即使重合成功或试送成功，故障绝缘子的放电声音也与正常绝缘子不同，正常绝缘子的放电声音是规律的"沙沙"声，故障绝缘子的放电声是"嗞嗞"声。

另外连续多天阴雨天时，有时复合绝缘子线路会发生不明原因的跳闸事故，原因是运行数年的复合绝缘子憎水性临时丧失，发生故障跳闸。

5. 覆冰

线路覆冰有两种类型，一种是导线、架空地线覆冰；另一种是绝缘子串覆冰，对应的危害有三种，一种是导线、架空地线覆冰后发生短路、断线甚至倒杆塔；一种是绝缘子串覆冰冰凌桥接在泄漏电流下冰凌柱内存有水，处在绝缘子表面引起融冰闪络。还有一种为导线覆冰弧垂增大，与交跨物或树木的距离不足造成单项接地故障。

五. 典型异常及隐患

1. 沿线通道环境

随着城市的不断扩建、各类工业区的发展、通道内的建房等，使得线路通道环境逐渐恶劣。对于施工作业频繁，常有起重机、混凝土泵车、打桩机等大型机械活动的区域易发生碰线事故，因此对于该类的安全隐患，除了加强监控外，还应在工程开工前与施工单位签订安全供施工用电协议，控制线路沿线建筑施工碰线事故，巡视中向施工单位发放《安全告知书》、设置警示标志牌，并向沿线居民和施工人员宣传《电力法》、《电力设施保护条例》等法律法规，增强沿线居民及施工人员的电力设施保护意识，起到群防群治的效果。

2. 防洪设施

在洪涝泛滥的多发时期，容易出现山体滑坡、河流变道、临近河流的杆塔防洪堤受冲刷等。如位于山区的线路一般都存在边坡问题，持续降雨会造成边坡的不稳定，引发塌方甚至泥石流，造成杆塔被埋、倾倒等事故。因此应注意基础回填土、内外边坡、防洪设施的检查。

3. 设备"热"缺陷

随着线路设备长期运行及状态检修的开展，导线跳线连接金具的发热现象也时常发生。如跳线引流板中含有杂物或螺栓松动水汽结凝，并沟线夹螺栓松动等，会造成接触电阻增大接头温度升高，易发生设备事故。因此应根据《预试规程》的规定及时进行红外检测，并采用相对温差判别法，依照电流致热设备缺陷诊断判据判断输电导线跳线连接金具是否存在发热缺陷以及缺陷的性质。同时分析同一设备在不同时期的检测数据（例如温升、相对温差和热谱图），找出设备致热参数的变化趋势和变化

模块 2

ZY010030100

速率，以判断设备是否正常。

【思考与练习】

1. 故障类型判断的主要依据有哪些？
2. 低零值绝缘子有什么危害？
3. 绝缘子污闪后，表面有什么特点？
4. 鸟粪闪络有什么特点？

模块 3　特殊巡视（ZY0100301003）

【模块描述】 本模块介绍线路特殊季节、特殊区域、特殊运行方式等特殊巡视。通过要点讲解、特点分析、图表对比，掌握线路特殊巡视的技能及要求。

【正文】

特殊巡视是在气候剧烈变化、自然灾害、外力影响、异常运行和其他特殊情况时，为及时发现线路的异常现象及部件的变形损坏情况而进行的巡视。

特殊巡视应根据需要及时进行，一般巡视全线、某线段或某部件。特殊巡视的种类很多，本节主要针对特殊季节、特殊区域和特殊运行方式下需要注意的问题做一简述。

一、季节性特殊巡视

我国地大物博，面积大，各种气候情况均有，具有大陆性季风气候显著和气候复杂多样两大特征。冬季盛行偏北风，夏季盛行偏南风，四季分明，雨热同季。每年 9 月到次年 4 月间，干寒的冬季风从西伯利亚和蒙古高原吹来，由北向南势力逐渐减弱，形成寒冷干燥、南北温差很大的状况。夏季风影响时间较短，每年的 4~9 月，暖湿气流从海洋上吹来，形成普遍高温多雨、南北温差很小的状况。四季的划分，天文学上以春分（3 月 1 日前后）、夏至（6 月 22 日前后）、秋分（9 月 23 日前后）、冬至（12 月 21 日前后）分别作为四季的开始。

1. 春季

春季的气候特征主要有多风、干燥、气候变化剧烈、雨量偏少等特点。

（1）多风使导线承受较长时间的风荷载，风力、风向的频繁变化使连接金具，特别是悬垂绝缘子串的连接金具长期受到磨损；导线的长时间摆动使杆塔的横向荷载不断变化，还容易导致杆塔螺栓的松动；当风力较大、温度较低时，导线张力增大，弧垂减小，还容易发生风偏跳闸。因此春季应注意检查金具的磨损情况、杆塔螺栓的紧固情况，同时大风天气也是现场观察杆塔摇摆角是否合适的最佳时间。

（2）干燥的气象容易导致发生山火甚至森林火灾，因此应及时检查、清理杆塔周围的秸秆、垃圾等易燃物，防止发生火灾后引发倒杆塔事故。有火情在线监测系统的，应密切注意线路周围的火情变化，及时采取防范措施，防止发生山火短路。

（3）北方的初春气候变化剧烈，有时会出现持续大雾，需及时检查绝缘子积污情况，防止发生大面积污闪；有时会出现雨夹雪的恶劣气象，需注意监测导地线及绝缘子覆冰情况。

（4）春季的气温逐步回暖，降雨偏少，是一年当中最好的施工季节和植树季节，同时也是树木的速长期。现代化施工大量使用高大机械，在线路附近作业时，极易引发外力破坏事故。因此春季应注意线路走廊的巡视，特别是通过城镇、园区、公路等地段的线路，及时发现和掌握线路走廊及两侧的施工隐患。同时要注意线路走廊及两侧的树木、毛竹生长及植树情况，防止有危及线路安全运行的树竹和种植高大树木，将来影响到线路的安全运行。

2. 夏季

夏季气候有雷雨多、短时大风频繁、温度高、雨水及台风多、施工建筑频繁等特点。

（1）输电线路的雷击跳闸主要集中在夏季，架空地线和接地网是防止雷击的主要措施，夏季需特别注意接地连接的检查，防止出现连接断开，引发雷击故障；同时需及时检查线路型避雷器、消雷器等的工作状况，使其保持在良好状态。

（2）夏季空气对流强烈，常出现短时雷雨大风，容易引发线路风偏故障，需注意微气象区及摇摆角偏小的杆塔检查。树木快速生长，导线与树木之间的距离缩小，在大风条件下易发生对树风偏，需及时测量树线距离及修剪树木。同时沿海及靠近沿海区域的台风较多，在线路特巡时需注意线路通道区域内农作大棚的固定或作必要的拆除，并及时与大棚户主联系并告知相关的安全注意事项。

（3）南方夏季的梅雨季节里降雨偏多是洪涝泛滥的多发时期，容易出现山体滑坡、河流变道、临近河流杆塔防洪堤受冲刷等；北方部分杆塔位于湿陷性黄土中，当基础底面以下的土质受水浸泡后，承载力下降，易引起杆塔基础下沉、杆塔倾斜的现象；位于山区的线路一般都存在边坡问题，持续降雨会造成边坡的不稳定，引发塌方甚至泥石流，造成杆塔被埋、倾倒等事故；因此应注意基础回填土、内外边坡、防洪设施的检查。

（4）夏季是用电高峰，线路负荷增加，同时由于夏季气温高，导线负荷大等造成导线弧度出现增大，需及时检查、测量交叉跨越距离，防止发生交叉跨越短路；同时导线跳线均采用螺栓连接，容易造成跳线引流板、并沟线夹因输送大负荷而致热烧坏，应根据线路的实际运行状况和输送负荷情况开展导线跳线连接处红外测温工作。

（5）春夏季也是鸟类的繁殖期和候鸟的迁栖期，在这过程中往往会因鸟类筑巢而造成筑巢材料、鸟粪短路引起线路跳闸故障，因此要做好线路防鸟害的特巡工作。

3. 秋季

秋季气候主要有少雨干燥，鸟类活动多的特点。

（1）南方秋季多发生强对流天气，雷害事故经常发生，雷害故障巡视内容如上。

（2）秋季气候干燥，森林低矮植被已大致枯萎，树木较为干燥易引起火灾，故在线路特巡时应注意森林防火，特别是档距较大的线路段，对于档距中间的树木应重点控制，并及时检查、清理杆塔周围的杂草、垃圾等易燃物，防止发生火灾后引发倒杆塔事故。

（3）候鸟的幼鸟经过一个夏季也基本成熟，鸟类数量出现阶段性增多，多数是候鸟迁徙引发的鸟害故障，这也是秋季鸟粪闪络偏多的一个原因，因此秋季需及时检查防鸟设施，防止鸟粪闪络故障频发。

4. 冬季

冬季的气候主要有低温、多雾、多雪、积污周期长等特点。

（1）多雾、积污周期长的特点会导致污闪，因此需及时检查、监测绝缘子的污秽变化及污源变化，采取防污闪措施。

（2）低温、多雪以及冻雨会导致线路导地线及绝缘子覆冰，容易发生绝缘子串冰闪、舞动、倒塔断线等事故，需及时检查防冰设施；对于混凝土电杆，需及时检查排水设施，防止冻涨。

（3）根据近几年的统计结果看，冬季易发生塔材、拉线被盗现象，严重时会引起杆塔倾倒，因此防盗设施也是冬季的重点检查对象。

二、特殊区域巡视

1. 重污区

重污区重点注意绝缘子积污情况和污源变化情况两个方面。绝缘子污秽主要通过外观检查及污秽度测量，及时掌握积污情况，为采取防污闪措施提供依据。污源变化直接影响到污区等级的变化，因此要及时掌握污源变化情况，特别是在工业园区、开发区等易出现新厂矿的地区，不仅要掌握污源分布，还应调查清楚污源性质，如主要排放物的成分、酸碱度、污液中存有的各类导电离子等；不仅要考虑其对绝缘子积污的影响，而且要考虑其对杆塔、导地线、绝缘子等的腐蚀影响。

对于水泥厂、石灰场等粉尘类厂矿需注意其产生的粉尘对绝缘子表面的影响，重点检查绝缘子表面有无异物凝结情况；对于化工厂及制药厂，重点检查其对杆塔构件、导地线及复合绝缘子的腐蚀影响及异物凝结情况；对于金属类制品厂（如金属镁厂、电解铝厂、铸造厂等），主要检查绝缘子表面的金属堆积情况；对于盐类厂矿重点注意盐密变化情况。

2. 多雷区

线路发生雷击闪络时，低零值瓷绝缘子的存在可能造成导线或架空地线的掉线，扩大线路事故。

ZY0100301003

因此雷击区除重点检查架空地线、接地引下线、接地网、线路型避雷器、消雷器等防雷设施外，还应按周期检测瓷绝缘子（包括架空地线绝缘子）。

接地引下线的连接不良和接地电阻过高会直接导致线路的耐雷水平下降，因此是防雷设施检查的重点。安装有线路型避雷器时，还需定期对计数器数据记录，一方面检验线路型避雷器的动作情况，检验其安装的必要性；另一方面掌握雷电活动情况，为今后新建线路设计提供指导。

3. 鸟类活动区

通过对鸟类活动区的巡视，掌握本地区主要鸟类的分布情况及其活动规律，为采取针对性防鸟措施提供指导。对于鸟粪和鸟巢材料下挂引起的闪络，除了开展防鸟害特巡之外还应深入掌握鸟类习性。防鸟措施种类较多，主要有防鸟刺、防鸟风车、天敌仿真模型、声光惊鸟装置、超声波防鸟装置等，各类防鸟设施的有效性也需通过巡视与经验的积累来确认。

4. 易受外力破坏区

根据外力破坏的类型，易受外力破坏区又分为易盗区、易碰线区、山火易发区、异物区等。易盗区是指经常发生电力设施或其他设施被盗情况的区域，对易盗区，需重点检查防盗设施的有效性。易碰线区是指施工作业频繁，常有起重机、混凝土泵车等大型机械活动的区域，对易碰线区重点巡视线路周围环境的变化，施工作业范围、方向的变化。山火易发区是指森林、灌木茂密，经常发生火灾的区域，对山火易发区重点检查导线近地点植物生长情况，杆塔周围易燃物的堆积情况等，并及时清理。异物区主要指砖厂、塑料大棚、垃圾场等易出现飘浮物的地区，对异物区主要检查易飘浮物的固定情况，防止大风将异物挂在导地线上，对线路周围无人管理的垃圾场要及时清理或掩埋易飘浮物。

对外力破坏区，除加强巡视外，还应积极发展群众护线员，装设警示警告标志，向沿线居民宣传《电力法》、《电力设施保护条例》等法律法规，增强沿线居民的电力设施保护意识，起到群防群治的效果。

5. 树木区

树木区主要指线路通过的林区、苗圃、果园、防护林带等区域。对树木区，重点注意树木与导线之间的距离变化，在确定导线与树木之间安全距离时，要考虑导线可能出现的最大弧垂及最大风偏情况下，导线与树木之间的电气安全距离应符合表 ZY0100301003-1 的规定。

表 ZY0100301003-1　　　　导线与树木之间的电气安全距离

距　离　（m） 电压等级（kV）	500	220	110
最大弧垂时垂距	7.0	4.5	4
最大风偏时净距	7.0	4.0	3.5

巡视人员还需要掌握本区域内主要树种的最终自然生长高度和生长速度，南方要特别注意春季毛竹的生长，以便及时采取防范措施。树木的自然生长高度与气候、环境等诸多因素有关，但一般情况下主要树种的最终自然生长高度和生长速度可参考表 ZY0100301003-2 的数据。

表 ZY0100301003-2　　　　主要树种成熟龄平均高度

树种	杨柳树	油松	杉木	落叶松	桦树 山杨	毛竹	苹果梨树	枣、核桃 柿子树	其他树种
高度（m）	30	15	25	25	20	25	8	15	12
生长速度（m/y）	1.2	0.3	1.0	0.35	0.6—0.8	1.0/天	—	0.3—0.35	0.5

6. 微气象区

微气象区主要包括强风区和重冰区。

强风区是指山顶、风口和深沟等易产生比同一区域风速更大的局部地区，最突出的是两条交叉山脉所形成的喇叭状山谷，风沿着谷口向谷地运动，易形成气象学上所指的狭管效应，风力不断加强。

北方某地山区线路多次发生大风倒塔事故，其地形地貌均符合狭管效应。强风区线路应重点检查杆塔螺栓的紧固情况及杆塔构件完整情况，杆塔螺栓松动、杆塔构件丢失直接影响到杆塔强度，在巨大风力的作用下更容易发生倒塔事故。对强风区的线路杆塔，在线路设计审查或验收时，还应适当提高验算风速（至少提高 10%），校核其摇摆角能否满足要求，不满足时应提前采取防风偏措施。

重冰区是指覆冰厚度超过 20mm 的区域。导地线覆冰对输电线路的影响非常大，轻则导致导地线短路，重则发生倒塔断线事故。重冰区巡视应重点检查杆塔螺栓的紧固情况及杆塔构件完整情况，防止杆塔强度下降；及时掌握气候变化，预见可能出现的覆冰后果；收集覆冰数据，为今后的设计、运行积累经验；观察绝缘子覆冰、融冰现象，防止发生绝缘子融冰闪络。检查主要是对易覆冰区域气候变化情况和该区域线路抗覆冰能力的检查。巡视要点：塔材有无丢失螺栓是否松动、金具是否损坏；绝缘子上覆冰有无引起短路闪烁的危险；覆冰的导地线有无可能混线、断线；线路加装的防冰、隔冰装置是否有效；同时要观察风力大小、积雪厚度和覆冰类型。

7. 洪水冲刷区

主要是对处在山谷口、河道旁和水库下游区域线路杆塔的巡视。巡视人员应检查基础回填土是否牢固充足；山区丘陵地段的暗水道有无侵蚀塔基的隐患；基础护坡是否坚固、山腰杆塔有无防洪措施；河水有无改道冲刷杆塔的可能；受洪雨浸泡的杆塔基础有无滑坡塌方的危险；河堤、水库出险是否会危及线路。

8. 采空区

采空区是指地下矿产被开采以后形成的空洞区域。多数采空区在矿产被开采以后就会立即出现塌陷，引发地表下沉、位移，也有个别采空区短期不会出现塌陷，在地下水位发生变化或出现地震等灾害时才会塌陷。随着社会能源需求的不断增长，矿产开发规模不断扩大，采空区对输电线路的影响越来越大。据北方某省的统计，每年用于处理采空区线路的投资已超过千万。采空区对输电线路杆塔的影响主要是基础的不均匀沉降和滑坡。采空区巡视除了检查基础下沉、根开变化、杆塔倾斜、杆塔位移等设备本体缺陷外，还应掌握采空区的开采厚度、采厚比、开采速度、开采方向等各种参数，依此作为评估采空区对线路杆塔的影响程度及采取防范措施的依据。

三、特殊运行方式巡视

当电网运行方式发生改变时，必然会出现负荷流向、负荷分配的变化，也就意味着有的输电线路所传输的负荷将出现变化。负荷变小对线路没有影响，而负荷变大则会对线路产生不利影响。当负荷增长较大时，对线路的影响主要表现在接头过热、导线弧度增大、对地距离变小等。当导线接头连接不良时可能发生接头烧断的事故；当导线弧度较大时可能发生对地短路；当线路过负荷时可能导致导线出现永久变形。因此在改变运行方式前，要及时对线路进行特巡，重点检查导线接头的连接情况和交叉跨越距离；在改变运行方式过程中要及时测量导线的接头温度变化和交叉跨越距离变化，防止发生断线和交叉跨越短路。

【思考与练习】

1. 特殊巡视主要有哪几类？
2. 冬季巡视的重点是什么？
3. 易受外力破坏区应重点巡视什么？
4. 特殊运行方式下应注意巡视哪些内容？

模块 4　直升机巡线（ZY0100301004）

【模块描述】 本模块介绍直升机巡线的特点、装备、方法等内容。通过要点讲解、图形示例，了解直升机巡线的有关技术。

【正文】

随着科技的不断进步，电力系统装备水平越来越高，利用直升机巡视线路已越来越普遍。直升机巡线最早开始于 20 世纪西方发达国家，我国在 20 世纪 80 年代，华北、河南、湖北都进行过直升机巡线的试飞，由于当时技术条件和经济实力的限制，试飞后都停顿了下来。20 世纪末，我国经济高速发展，超高压大容量输电线路越建越多，线路走廊穿越的地理环境更加复杂，如经过大面积的水库、湖泊和崇山峻岭，给线路维护带来很多困难。因此 2000 年以后，华北地区再次研究引进直升机巡线，主要用于巡视 500kV 输电线路。我国的直升机巡视虽然起步较晚，但发展迅速，目前全国各地基本都开展了输电线路直升机巡视作业。

一、直升机巡视的特点

直升机巡视具有巡视速度快、视角广、巡视半径大、装备先进等优点，其特点如下。

1. 检测全面

检测范围广，效果好。直升机巡线可以携带大量的检测设备，如 CEV 电子巡线系统、高速可见光摄像机、高稳定望远镜、红外热像仪、紫外线电晕、导线损伤探测仪、激光测距仪和激光三维空间扫描仪等。能判断线路通道、铁塔、金具、导地线、绝缘子等缺陷，也能进行接点过热、异常电晕、导地线内部损伤、绝缘距离等测量和零劣质绝缘子判断。与人工巡视相比，可以更加详细、准确、全面的反映电网设备的健康水平，为电网的安全稳定运行提供强有力的保障。由于直升机居高临下，不受地面物体的遮拦，又可全方位移动，加之配备有高清晰度摄像机进行影像记录，可以发现肉眼、地面巡视无法发现的设备缺陷且方便地进行事后的反复检查。

2. 巡线速度快、不受地域的影响

人工巡线的速度受地理环境的影响较大，特别是在高原、高寒、山地和高海拔等交通不便的地区，其信息反馈的周期都很长，远远不能满足大功率、远距离安全输电的要求。而直升机巡线则能快速完成空中巡查、监测等工作，做到巡视速度与地域无关，巡视信息当天就能做出反应，巡视效率几十倍的提高，保证管理人员能够及时掌握电网设备的实际情况，在最短时间内做出有针对性的反应，采取最有效的措施，确保电网安全稳定运行。同时，也可以大大减轻线路巡视人员的劳动强度，降低人工成本。

3. 数据可以储存，且处理速度快

由于直升机巡线所采集到的信息已全部数字化，因此一方面可以通过互联网将信息传递到需要的地方，另一方面可以由计算机来对这些数据进行处理、储存和管理，根据数据准确判断设备内部隐患，从而达到快捷、无差错和便于查询，极大地提高管理效率和故障处置的反应速度，进而提高线路设备的健康水平。

4. 提高安全性

众所周知，飞机的安全性远远大于汽车的安全性，因此从安全方面考虑，人工巡线除了存在汽车正常行驶时可能导致的安全问题以外，还存在着山路、河流等自然地理条件引发的安全隐患；而直升机巡线则可大大降低这两方面的安全问题，最大可能的保障巡线人员的生命安全。

5. 不足之处

不足之处是每次升空飞行需向国家空管部门申请飞行计划，稍差点天气或有对流天气无法飞行；飞行检测的数据量大，没有专业的运行软件自动对照、判别，挑选设备缺陷和所在位置（线路通道障碍容易判别）；突发性事故不能及时巡查等。

二、直升机巡视的主要装备和功能

（一）直升机巡视主要装备

主要有机载设备、机载软件、地面应急巡检指挥车车载设备及车载软件设备组成。

1. 机载设备

由吊舱、全景观测仪、GPS 天线、飞行姿态检测仪天线、北斗卫星天线、射频天线、数传电台天线、一体化操作平台及集成机柜等组成，如图 ZY0100301004-1 所示。

（1）吊舱由转塔和陀螺稳定系统组成，内部安装可见光摄像机、全数字动态红外热像仪及紫外摄像机三个光学传感器，用于拍摄高清图像和高清视屏，如图 ZY0100301004-1（a）所示。

（2）全景观测仪。由全景云台与全景摄像机组成，主要负责拍摄全景图像和测量巡检线路与交跨物距离的工作。

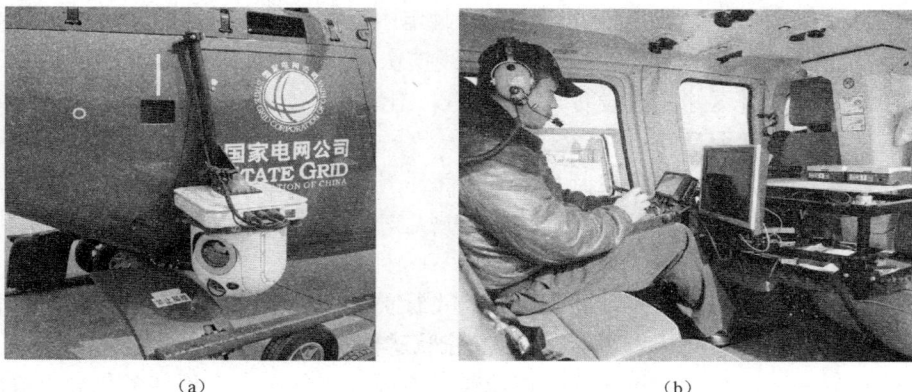

图 ZY0100301004-1　直升机巡视设备
（a）陀螺稳定吊舱；（b）一体化操作平台

（3）GPS 天线。负责测量直升机的位置、海拔信息等数据。

（4）飞行姿态检测仪天线。负责测量直升机的航向、俯仰、横滚等参数。

（5）北斗卫星天线。负责巡视航线的设定，用于直升机导航。

（6）射频天线。负责读取待检线路、杆塔的相关信息。

（7）数传电台天线。负责传送图文资料、短信、视频影像。

（8）一体化操作平台。主要用于人机交换的功能，如图 ZY0100301004-1（b）所示。

（9）集成机柜。主要负责机载设备控制和数据传输。

2．机载软件

机载软件主要由控制系统、采集系统、存储系统、智能诊断系统和三维导航系统五大系统组成。分别完成机载系统的手动及自动控制的拍摄、巡检数据的采集、巡检数据的存储、巡检数据的实时智能诊断、巡检过程中的三维导航等工作。

3．地面应急巡检指挥车车载设备

主要由后处理 PC、任务规划 PC、数据存储阵列、网络交换机、数传电台、UPS 不间断电源及地面监控指挥服务器等组成。

4．车载软件

车载软件主要由地面监控指挥系统和后处理系统两大系统组成，用于线路巡检前的任务规划、巡检过程中的地面监控指挥以及巡检后的数据后处理工作。

（二）直升机机载设备的主要功能

一般的直升机机载设备主要有陀螺稳定吊舱、红外成像仪、可见光摄像机、机内操作平台四大主要部件组成，其余设备还有陀螺稳定望远镜、长焦数码相机、紫外成像仪、激光测距仪等，可根据巡视的目的进行选择配置。吊舱安装在飞机外部，操作平台安装在机舱内。

1．陀螺稳定吊舱

利用其防抖及随动的功能，可基本消除直升机飞行中所带来的抖动及方向变化，以方便锁定目标。

2．红外成像仪和可见光摄像机

通过将红外成像仪与可见光摄像机内置在陀螺稳定吊舱内，利用红外成像仪或紫外成像仪可以对线路上的导线接续管、耐张管、跳线线夹、导地线线夹、连接金具、防震锤、绝缘子等进行拍摄，飞行结束后使用专用软件分析数据，判断其是否正常。利用望远镜、照相机、机载可见光镜头检查记录杆塔、导地线、金具、绝缘子等部件的运行状态、线路走廊内的树木生长、地理环境、交叉跨越等情况。

3．机内操作平台

操作平台包括遥控手柄、笔记本电脑、显示器、DV 录放像机、GPS 仪、电源与信号控制箱组成。巡线员在机舱内通过操作平台可方便的控制红外成像仪与可见光摄像机对输电线路进行检测。

国外直升机电力作业采用的仪器设备包括 CEV 电子巡线系统；高速可见光摄像机、红外热像仪、电晕探测仪、X 射线探测仪、导线损伤探测仪、接触电阻检测仪、绝缘子检测仪；绝缘子带电水冲洗设备；直升机等电位带电作业工具设备（包括导地线损伤开断压接工具；激光三维空间扫描设备）等。现在我国也正在研究和引进这些先进设备，有些已投入使用。

三、直升机巡视系统运用及特点

直升机巡视系统是一套以计算机控制为主、人工干预为辅的智能巡检系统，使用该系统巡线可以提高质量和效益、降低成本，具体可分为巡检任务规划、智能巡检、地面后处理三个阶段。

1. 巡检任务规划

可以在地面指挥人员的决策系统帮助下，帮助飞行员和巡检人员模拟巡检线路，优化巡检路径。前期工作又分为巡检资料导入（导入巡检线路的基础资料，如杆塔经纬度、塔形、绝缘子型号、导地线型号等相关信息）——巡检参数设置——巡检路径生成及预览——巡检任务包导出等环节。

2. 智能巡检

具备采集自动化、诊断智能化、存储数字化三个技术特点。

（1）采集自动化。系统采用相对空间位置计算、飞机姿态测量、部件空间位置建模、电力线悬垂线计算等技术，实现巡检目标的自动跟踪，能自动跟踪到导地线、绝缘子、连接金具、杆塔等设备，进行自动智能化诊断，发现缺陷并抓拍缺陷部位的高清图片。

（2）诊断智能化。智能诊断软件先将所有管辖线路的杆塔经纬度输入，将间隔棒等金具正常运行状况纳入软件，诊断系统以并行流水线诊断方式管理对比判别，以异步方式与机载采集系统接口，实现将采集到的两路高清与两路标清进行部件识别和缺陷的智能诊断及交跨物测距。缺陷诊断除了红外热缺陷诊断、紫外缺陷诊断、还有可见光部件识别缺陷诊断，其主要采用先识别缺陷，然后采用纹理分析的方法诊断出如导线断股、异物附着、绝缘子自爆、杆塔锈蚀等缺陷。而全景交跨物测距，是采用单目的连续图像，辅助 GPS 等参数，测量出导线到交跨物的距离。

（3）存储数字化。采用特定的无损压存储技术实时将线路杆塔信息、全数字巡检视频数据、智能诊断后的缺陷图片按实际巡检的杆塔号进行分类，存储到机载的固态阵列中。

3. 后处理

将所有采集到的巡检数据信息进行同步智能分析与图片分析。

四、直升机巡视方法

1. 准备工作

巡视前，首先要对输电线路的基础数据进行收集整理，对准备巡视线路的杆塔进行 GPS 定位，以方便制定飞行航线；为便于从空中寻找目标和准确记录，在准备巡视线路的杆塔顶部要安装醒目的航空标志牌，正面应背对飞行方向；编写飞行作业方案和组织指挥与保障计划，编制航巡方案，确定巡检时间、航巡路径及起降场地；根据电网输电线路运行工作实际情况和具体地理位置情况，确定航巡重点线路及重点部位；与空管部门协商飞行航线等事宜，待获得批准后，在良好天气下方可开始巡视作业。

2. 人员要求

直升机巡视一般由两名巡视人员共同进行（直升机驾驶员除外），一名巡视人员操作对线路目测和录像，另一名航检员操作防抖望远镜对线路进行检查。参加直升机巡视的人员身体状况应符合飞行要求，没有恐高症、高血压等不适于飞行的症状；参加直升机巡视的人员应经过专门的培训，熟悉直升机飞行的有关要求及注意事项，熟练掌握搭载设备的使用方法。

3. 巡视过程

直升机巡视时，应沿被巡视线路的斜上方飞行，距地面高度为杆塔上方 10m 左右，距线路水平距离 10 m 左右，如图 ZY0100301004-2 所示。直升机巡视速度一般为 20～30km/h，也可根据巡视目的的不同进行调整或悬停，返航速度一般应在 190～230km/h。录像时应使被测导线始终位于荧屏中央，避免脱靶；摄像机与航向相对保持 45°夹角，瞄准前方导线和杆塔，进行连续性录像，摄像机应将每一基杆塔的附件作为检测目标进行跟踪录像，同时注意录像效果，应在背阳光侧观察，防止阳光反射。当发现有缺陷或疑点时，直升机应靠近被检测目标，并作短暂悬停，进行仔细观测。可通过话筒以语音方式将异常情况随时录制于磁带上，便于在线路检测结束后，重放录像磁带时，复查、分析线路设备存在的缺陷情况，确定缺陷所在地段和杆塔号。

图 ZY0100301004-2　直升机巡视照片

4．巡视重点

直升机巡视的目的在于弥补地面巡视的不足和提高巡视效率，因此巡视时要有重点进行，不能等同于地面巡视。一般应将地面巡视难以发现的缺陷作为巡视重点，如导地线断股、损伤，导线间隔棒异常，复合绝缘子芯棒发热解剖现象，如图 ZY0100301004-3 所示，各类绝缘子闪络痕迹，导线接头发热，金具磨损及销子完好情况等。

(a)　　　　　　　　　　　　　　　　　(b)

图 ZY0100301004-3　复合绝缘子局部发热及解剖照片
(a) 复合绝缘子芯棒发热照片；(b) 芯棒解剖照片

【思考与练习】

1．直升机巡视主要搭载哪些设备，各有什么作用？

2．直升机巡视航速、高度及与线路的角度有什么要求？

3．直升机巡视与地面巡视的重点有什么不同？

模块 5　典型巡视方法（ZY0100301005）

【模块描述】本模块涵盖几种典型的线路巡视检查方法。通过要点归纳，掌握线路巡视检查的技巧。

【正文】

线路巡视检查方法有多种，一般是通过巡视人员双眼、望远镜、检测仪器、仪表等对输电线路设备进行巡查，以便及时发现设备缺陷和危及线路安全的因素，并尽快予以消除，预防事故的发生。

线路巡视可分为登杆塔巡视和地面巡视。登杆塔巡视是对地面检查巡视的一种补充，由于登杆塔巡视时，人与设备的距离近，视线的角度变化范围大，可及时发现地面巡视中无法发现或较难发现的杆塔、金具等缺陷。地面巡视包括正常、夜间和特殊巡视等，可全面掌握线路各部件的运行情况和沿线环境的变化情况。不论何种巡视，都需要掌握其检查方法，这关系到设备缺陷能否及时被发现，对输电线路的安全运行非常重要。

一、巡视步骤

巡视人员在巡视过程中如果不按一定的次序巡视，就会重复往返、顾此失彼，降低巡视效率和质量，因此应将各项巡视内容进行划分和排序，形成合理的观察顺序和行走路线。输电线路的巡视一般采用由远及近的巡视方法，即从巡视出发位置开始，一直到杆塔下全方位、全过程对线路环境、杆塔、拉线周围状况、通道异常、设备缺陷等进行检查。巡视检查中应注意结合太阳光的方向，尽量沿顺光方向观察杆塔上的部件。

巡视时，一般先在远离杆塔的位置观察线路周围环境、地貌变化；在向杆塔位置行进途中，注意观察杆塔及绝缘子的倾斜，导地线弧垂、导线分裂间距、异物悬挂、线路通道内的作业及树木等异常；到达杆塔位置注意检查杆塔各部件缺陷和两侧档距内有无影响线路安全的外界因素；沿线路向下一基杆塔行进途中，注意观察通道内的树木、建筑物、构筑物、边坡等对导线的安全距离及导、地线断股、间隔棒等金具状况。

二、几种典型的线路巡视检查方法介绍

1. 杆塔检查方法

（1）应自上而下或自下而上逐段检查，不应遗漏。对于地质不良地区或采空区，应检查铁塔塔材是否变形，以肉眼可分辨的挠度为准；主材变形的应将脸部紧贴在主材上，沿主材向上看，检查有无挠度。铁塔结构一般为对称结构，塔材短缺可根据对比塔材是否对称来检查；新短缺的塔材在与其他塔材的交叉处会留有新印迹，明显区别于铁塔的整体色彩；塔材的锈蚀通过观察塔材是否变红来判断。螺栓的紧固程度一般用力矩扳手检查，预先按不同规格的螺栓在力矩扳手上设置不同的力矩值，当紧固力矩达到该设定值后，会听到"咔"声；有经验的巡线工也有用脚踩踏角钢检查是否有螺栓振动声来判断塔材是否松动，这种方法一般用于检查螺栓普遍松动的情况。防盗设施的检查除了外观检查外，还应定期使用扳手拆卸的办法来检查其有效性。当发现绝缘子串倾斜或地表裂缝时，应检查铁塔的倾斜，一般使用经纬仪来检查。

（2）钢筋混泥土电杆裂纹的检查一般在距离杆根 5～10m 的距离检查；混凝土电杆的挠度检查应将脸部紧贴在杆体上，沿杆体向上看，检查鼓或凹的现象；有叉梁的混凝土电杆应注意检查叉梁是否对称，各连接处是否有位移现象；混凝土杆的外附接地引下线应牢固固定在杆体上；当发现绝缘子串倾斜或地表裂缝时，应检查电杆的倾斜，一般使用经纬仪来检查。

（3）拉线的受力变化检查可以通过观察各条拉线的弧垂是否相同来判断，也可以用手逐条振动拉线来检查其松紧程度是否相同；拉线的 UT 形螺栓必须有防盗设施并有效。

2. 绝缘子、金具检查方法

（1）绝缘子可从地面使用望远镜检查耐张绝缘子的锁紧销是否短缺，有两种方法：一种是巡视人员站在顺光侧，沿锁紧销轴心方向 45°范围以内，避开其他绝缘子、金具等遮挡，能看到锁紧销的端部是否露出，能看到端部，则说明锁紧销存在，否则锁紧销短缺。另一种方法是利用绝缘子球窝连接处的透光来检查绝缘子的锁紧销是否短缺，对于 W 形锁紧销，沿锁紧销安装方向的轴心观察光线是否通透，如通透则表明无锁紧销，否则说明有锁紧销。

（2）绝缘子闪络主要通过颜色变化来检查，根据杆塔高度的不同，一般在距离杆塔 10～50m 的位置用望远镜来检查。瓷绝缘子闪络后，表面釉质被灼伤，灼伤处会出现中心白边缘黑的灼斑；悬垂串的瓷绝缘子主要通过观察瓷裙边缘的变化来判断是否闪络。污秽玻璃绝缘子闪络后，受高温及氧化的作用，其灼伤点比其他部位洁净；洁净的玻璃绝缘子表面灼伤难以发现，主要通过观察绝缘子碗头部位的放电点来判断，放电点一般有硬币大小，银色发亮。复合绝缘子的灼伤较为明显，颜色发白，灼伤伞裙明显区别于其他部位。

（3）金具的大部分缺陷需通过登杆塔检查来发现，地面巡视主要检查其销子是否齐全。站在与销子穿向成直线的位置用望远镜检查销钉穿孔的通透性来判断销子是否存在，距离近时也可以直接用望远镜来观察销子是否存在。

（4）对于 220kV 及以上线路，在杆塔下还应注意听放电声，如放电声偏大则说明金具高电位侧金具有异常或绝缘子脏污严重，应注意检查金具是否有尖刺，均压环、屏蔽环是否正常，绝缘子表面是否积污严重。

3. 弧垂变化检查方法

从地面检查导地线弧垂变化一般要站在杆塔正下方来观察，导线弧垂点应在一个平面上；钢绞线型架空地线的弧垂应小于导线弧垂；如档距中间有高地，也可在高地上水平观察其弧垂平衡状况。分裂导线的间距变化应在线路的外侧来观察，分裂子导线的间距是否均匀，有无变大或变小的现象。导地线断股应在线路外侧行进时顺光观察，出现散股的断股容易发现，其断裂处会与主线分离，形成小分叉。特别要注意无间隔棒的分裂导线的巡查，防止间距小于设计值时在某一运行时段发生导线缠绕、碰击、鞭打现象。

三、典型巡视口诀

有经验的巡线工人积累了不少的线路巡视经验，现举例如下，以供参考。

1. 三十二句口诀

沿线巡视要仔细，发现情况现场记，树木障碍建筑物，桥梁便道均注意；
每走五十米处站，抬头扫视导地线，交叉限距和弧度，断股接头放电声；
行至距杆五十米，细看倾斜和位移，横担不正叉梁歪，滑坡污源和外力；
杆塔周围转一圈，基础护坡和拉线，跳线金具绝缘子，杆上部件看个遍；
寻至杆根上下看，叉梁鼓肚土壤陷，裂纹挠曲须留神，不要忽视接地线；
铁塔巡视更简单，各处连接靠螺栓，基础地脚和塔材，节板包铁最关键；
夏季树木最危险，登杆两米前后看，交叉距离要吃准，观察站在角分线；
特殊区域抓重点，定点巡视攻难关，吃苦耐劳好同志，发现隐患保安全。

2. 四季口诀

春季多风线舞动，巧用舞动查险情，沿线群众植树忙，防护区内控栽树。
夏季到来多雷雨，注意基础和接地，温高导线弧度变，各类交叉勤查看。
秋有霜露气候潮，绝缘干净才可靠，鸟类数量要增加，及时检查防鸟刺。
冬季降雪线覆冰，特殊区域要多去，农家温室种蔬菜，劝其绑扎塑料棚。

3. 查看绝缘子锁紧销口诀

杆塔等高要停步，先望钢帽大口处，反复观察看不清，百米以外看亮度。
钢帽中间有黑点，表明销子在里面，钢帽窝里亮堂堂，销子一定掉出孔。

4. 天气口诀

晴天注意看空中，雨后注意杆裂缝，风天注意导线摆，雾天捕捉放电声。

【思考与练习】

1. 远离线路的地方应重点巡视哪些项目？
2. 到达杆塔位置应重点观察什么？
3. 如何检查导地线弧垂变化？

模块 6　线路特殊区域的划分（ZY0100301006）

【模块描述】本模块介绍线路各种特殊区域的划分，特殊区域线路的运行、维护以及线路运行环境治理。通过要点讲解、定性分析，掌握位于特殊区域的线路维护和状态分析的技能。

【正文】

特殊区域是指输电线路处于特殊的运行环境或气象条件等区域，特殊的环境或气象对输电线路产生特定的不良影响，可能经常造成线路某一类型的故障或隐患。

一、特殊区域的分类

输电线路应根据沿线地形、地貌、环境、气象条件等特点，结合运行经验划分线路特殊区域。根据地形、地貌、环境的不同，线路特殊区域可分为重污区、洪水冲刷区、不良地质区、盗窃多发区、易受外力破坏区、鸟害多发区、跨树（竹）林区、人口密集区等；根据气象条件的不同，线路特殊区域可分为重冰区、多雷区、导线易舞动区、微气象区等。本节只介绍一些典型的特殊区域。

特殊区域的划定需要通过收集大量的基础资料和长时间的实践运行经验积累才能实现，由于特殊区域的地形、地貌、环境、气象条件等不同，所需收集的主要资料也不同，因此收集资料必须要有针对性和重点；对于特殊气象条件要选择距线路最近的气象台站，在气象部门覆盖不到的地区或需要积累特殊气象数据的地区，如覆冰区，可专门建立气象站，重污区可监控绝缘子串的盐密和灰密等。

二、特殊区域的划分原则和运行、维护要求

（一）多雷区

对于同一个地区而言，由于地形关系，有的地方落雷密度高，有的地方落雷密度低，将落雷密度高且经常引起雷击跳闸的地域称为多雷区，因此多雷区是相对的。

1. 划分原则

目前，输电线路除雷电定位系统外，还缺乏有效的雷电监测系统，因此多雷区的划分应以雷电定位系统为主要参考依据；由于雷电定位系统统计的数据量很大，即使采用网格法统计多年的数据，还是难以找出其明显的分布规律。因此在划分多雷区时，要考虑气象统计数据、地形地貌影响、雷电定位系统统计及运行经验等多方面的因素，并遵循以下几个原则。

（1）雷电定位系统中的统计样本应剔除对输电线路影响较小的落雷，如雷电流幅值小于某一限值后就可不再统计，这样更能找出对输电线路有影响的落雷，可更准确地区分多雷区。

（2）应充分采用现有输电线路的运行经验，雷击跳闸集中的地段应划为多雷区。

（3）输电线路雷击跳闸多发生在高山大岭，划分多雷区时应充分考虑地形地貌、金属矿产储矿区等对雷击的影响。

（4）由于气象台站的监测资料年限长，可作为划分多雷区的参考依据，但不能作为主要判据。

2. 运行、维护要求

（1）做好气象数据的统计与分析工作。在气象学上表征雷电的参数有雷暴季节、雷暴持续期、雷暴月、雷暴日、雷暴小时等，要通过对气象部门提供的数据进行统计分析，积累本地区输电线路的气象资料，但由于气象部门的雷暴日是采用耳听雷声方法，即是一天内听到一个或数千个雷声，均统计为一个雷暴日。同时多数雷是云闪雷，它对输电线路没什么影响，而地闪雷则会造成输电线路跳闸，因此气象资料只能部分可参考。

（2）维护好雷电定位系统。现在，雷电定位监测技术及其系统已广泛应用于国内外电网，是当前观测雷电的主要技术平台。自1993年第一套雷电定位系统在安徽电网投入工程应用以来，国家电网公司于2006年就已建成覆盖20个省域的雷电监测网。雷电定位系统能提供雷电实时监测、雷击故障点快速查询、雷雨季节事故鉴别等功能；同时，雷电定位测量的地闪发生时间、位置、雷电流幅值、极性等数据以及长期积累资料也成为雷电参数统计的重要基础资料，它比我国推荐的跳闸率高近十倍，但与世界各国推荐的雷击跳闸率几乎相等，这对输电线路防雷起到非常重要的作用，也扭转了为什么我国输电线路实际跳闸高的看法，因此要确保雷电定位系统的正常使用。

（3）做好输电线路特殊地形地貌杆塔的防雷工作。山区线路应根据地形及当地的主要风向进行判断，一般为当地夏季主要风向的特殊地形杆塔（如山顶的杆塔、爬坡线路、位于阳坡半山腰的杆塔及跨越江河、峡谷等地形的大跨越等）易遭受雷击，且多数是绕击雷；位于平地、旷野的线路，主要受杆塔高度的影响，一般是周围地形的至高点，且由于线路杆塔良好的接地及金属构件，更容易成为雷电释放的首选目标；临近水域的线路（如处在河床河湾地带、溪岸、湖泊及水库边缘以及临江的

山顶或山坡等）由于其具有较低的土壤电阻率和接地电阻，也易吸引雷电，而易遭受雷击；不同性质岩石的分界地带，尤其是在土壤电阻率发生突变的地带（如从铁矿石、铜矿石等蕴藏区及其过渡到其他岩石的边缘）也易遭受雷击。通过新建线路采取小或负地线保护角、运行线路安装横担侧向针、加装耦合地线、塔顶防雷拉线、避雷器及改善接地电阻等针对性措施，降低输电线路的雷击跳闸率。

（二）鸟害区

鸟类是自然生态系统的重要组成部分，它们在维护生态平衡、丰富全球生物多样性方面有着重要作用。全世界共有 9000 多种鸟类，它们随地理区域、种类、性别、成幼等的不同，而在形态、习性等方面千差万别。鸟类以其美丽多彩的羽毛、婉转动听的鸣声、多姿多样的体态，为我们的生活环境增添绚丽色彩和诗情画意，赋予大自然以蓬勃生机和活力。但对于长期暴露于大自然的输电线路来说，是很多鸟类栖息、筑巢的理想场所，从而经常影响到输电线路的安全运行。

1. 划分原则

鸟害故障有鸟粪闪络、鸟巢杂草短接部分空气间隙、鸟啄未带电线路的新复合绝缘子等形式。鸟粪闪络主要是体形较大的鸟或鹭类在横担绝缘子串挂点处停留或起飞时排粪造成，范围较大且有一定的随机性；鸟巢材料短路主要是由于鸟类筑巢的材料下挂、并在空气潮湿的时节因空气间隙不足造成，大多发生在 220kV 及以下线路上，且具有普遍性；鸟啄新复合绝缘子主要发生在不带电的新建线路上；绝缘子串伞盘上的鸟粪污闪发生的几率较小，需要有足够多的鸟粪才有可能。

鸟害故障随地区差异造成的故障也有所不同，鸟害区域划分主要根据本地区线路所处的环境、易引起鸟害的鸟类活动踪迹和习性、鸟害故障等实际情况进行。如线路杆塔是否处于河、塘附近，是否适合鸟类生存的基本条件；本地主要的鸟类有哪些，其习性又有哪些；主要的鸟害故障（是鸟粪闪络还是鸟巢短路）；这些都是划分鸟害区域的重要依据。

2. 运行、维护要求

（1）要通过分析本地区鸟害故障的原因，主要是由鸟粪或鸟巢引起的故障，根据不同的塔型结构，制定有针对性的防鸟害措施。

（2）观察本地区鸟的种类及活动习性，了解鸟类活动的规律，采取预防措施。

（3）加强鸟类活动区域的巡视，及时消除影响线路安全送电的隐患。对于鸟巢材料下挂，应通过巡视及时发现并进行处理拆除或移位等，同时在塔身内（下方无导线处）搭设人工鸟巢措施，致使鸟类在人工鸟巢内生养繁衍；对于鸟类栖息排泄稀鸟粪闪络，可通过安装防鸟刺、在绝缘子串挂点处安装挡板等措施，使鸟类无法停留在导线上方或排泄的鸟粪无法下挂与导线形成通道。

（三）重污区

污秽等级划分为 a、b、c、d、e 五个污秽等级，污秽等级应根据典型环境和合适的污秽评估方法、运行经验并结合其表面的现场污秽度（SPS）三个因素综合考虑划分，当三者不一致时，应依据运行经验确定；重污区是指污秽等级在 d 级（重污秽）和 e 级（非常重污秽）的污区。

1. 划分原则

如何判别线路途径区域内那些地段是属于重污区，首先要学会对绝缘子表面自然污秽物、污秽环境进行的分类，并根据现场污秽度（SPS）即饱和等值盐密（ESDD）和饱和灰密（NSDD）的测量，现场等值盐度（SES）的试验结果（即盐雾试验时的盐度在相同绝缘子和相同电压条件，产生的泄漏电流脉冲数、电流峰值与现场自然污秽条件下的泄漏电流的脉冲数、电流峰值基本相同，目前各厂家的泄漏电流监控仪均不报泄漏电流脉冲数和脉冲电流值，所报警的是对污闪现象无效果的稳态电流值），通过相应现场污秽度评估与典型环境污湿特质进行比较，确定污区分级。

（1）绝缘子表面自然污秽物分类。

1）A 类污秽物。指含有不溶物（或非水溶性）的固体污秽物附着于绝缘表面，当受潮时污秽物导电。A 类污秽物可通过测量等值盐密和灰密来表征其特性，其普遍存在于内陆、沙漠或工业污染区，同时沿海地区绝缘子表面形成的盐污层，在露、雾或毛毛雨的作用下，也可视为 A 类污秽。

2）B 类污秽物。指液体电解质附着于绝缘表面，通常也含有少量不溶物。B 类污秽物可通过测量导电率或泄漏电流来表征其特性，也可通过测量等值盐密和灰密来表征其特性，主要存在于沿海地区，海风携带盐雾直接沉降在绝缘表面上；通常化工企业排放的化学薄雾以及大气严重污染带来的具有高电导率的大雾与毛毛雨也可列为此类。实际上，纯 B 类污秽是很少存在的。绝缘子表面的所谓 B 类污秽物通常总是 A 类和 B 类污秽物的混合物。盐雾与化工气体排放物沉降前绝缘子表面已受到污染；特别是在城市、工业区及其周边形成的高电导率的大雾与毛毛雨（或称湿沉降），通常都是叠加在绝缘子表面已有的污层上。

（2）污染环境分类。

1）沙漠型环境。污秽层通常含有缓慢溶解的盐，不溶物含量高，属 A 类污秽。

2）沿海型环境。沿海岸波浪激起飞沫、海雾以及台风带来的海水微粒最具代表性，通常气象条件下海岸波浪激起飞沫影响距离不远，海雾影响可远至海岸数公里或 10 km 以上，台风影响更可至海岸数十千米。此类污秽层多由溶解度高的可溶盐组成，相对不溶物含量偏低，通常在高电导率雾作用下迅速形成 B 类污秽层。

3）工业型环境。靠近工业污染源，因污染源类型的不同，绝缘子表面污秽层或含有较多的导电微粒如金属粒子，或含有易溶于水的氮氧化物（NO_x）和硫酸类（SO_x）气体形成的高溶解度的无机盐，或水泥、石膏等低溶解度的无机盐。此类污秽多属 A 类。

4）农业型环境。位于远离城市与工业污染的农业耕作区，污秽源以土壤扬尘（A 类）及农用喷洒物（B 类）为主。绝缘子表面污秽层可能含有高溶解度的盐也可能含有低溶解度的盐（如化肥、农药、鸟粪、土壤中的盐分与可溶性有机物）。通常此类污秽中不溶物含量较多，属 A 类污秽。

（3）饱和污秽度。相关标准规定等值盐密和灰密的测量周期为 3~5 年，实质上就是用饱和污秽度取代年度最大等值盐密。测试现场污秽度的绝缘子可使用与 XP—160 型瓷绝缘子爬距相近的 XP—70 瓷绝缘子和 LXP—70、LXP—160 玻璃绝缘子。并用上述绝缘子全表面等值盐密和灰密的平均值表示，也就是绝缘子表面的灰盐比，如图 ZY0100301006-1 所示。

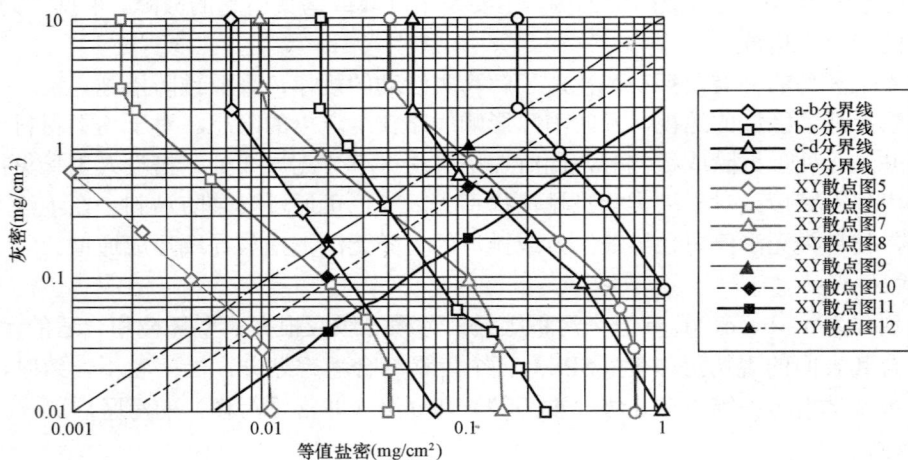

图 ZY0100301006-1　绝缘子表面的灰盐比

1）饱和等值盐密。其的获取方法包括通过不清扫线路的实际测试，在实际线路或试验站悬挂不带电绝缘子串进行 3~5 年连续积污试验（要同时进行带电系数的研究），进行年清扫率的测试。其数值由 20℃时的电导率 σ_{20} 计算得到等值盐密（EDSS）。

2）饱和灰密。将测试饱和绝缘子等值盐密及灰密和现场污秽度的相互关系等值盐密的溶液通过过滤、沉淀物烘干、称重等环节得到的绝缘子表面每平方厘米的污秽物毫克数。

（4）划分依据。

1）重污区与相应典型环境污湿特征的描述，见表 ZY0100301006-1。

表 ZY0100301006-1　　典型环境污湿特征与相应现场污秽度评估示例

示例	典型环境的描述	现场污秽度分级	污秽类型
E1	人口密度大于 10000 人/km² 的居民区和交通枢纽； 距海、沙漠或开阔干地 3km 内； 距独立化工及燃煤工业源 0.5～2km 内； 乡镇工业密集区及重要交通干线 0.2km； 重盐碱（含盐量 0.6%～1.0%）地区	d 重	A A/B A/B A A
E2	距比 E5 上述污染源更长的距离（与 c 级污区对应的距离），但： • 在长时间（几星期或几月）干旱无雨后，常常发生雾或毛毛雨； • 积污期后期可能出现持续大雾或融冰雪的 E5 类地区； • 灰密为等值盐密 5～10 倍及以上的地区	d 重	A A A
E3	沿海 1km 和含盐量大于 1.0% 的盐土、沙漠地区； 在化工、燃煤工业源区内及距此类独立工业源 0.5km； 距污染源的距离等同于 d 级污区，且： • 直接受到海水喷溅或浓盐雾； • 同时受到工业排放物如高电导废气、水泥等污染和水汽湿润	e 很重	A/B A/B B A/B

2）污秽区分界处的等值盐密。很轻污秽区（原清洁区）与轻污秽区（Ⅰ区）、轻污秽区与中等污秽区（Ⅱ区）、中等污秽区与重污秽区（Ⅲ区）、重污秽区与很重污秽区（Ⅳ区）分界处的等值盐密分别为 0.03mg/cm²、0.05 mg/cm²、0.1 mg/cm² 和 0.25 mg/cm²。污秽区等级分界见表 ZY0100301006-2。

表 ZY0100301006-2　　　　　污秽区等级分界表

污秽等级	等值盐密（mg/cm²）	爬电比距（cm/kV）
a	0.025	1.7
b	0.025～0.05	2.0
c	0.05～0.1	c1=2.3、c2=2.5
d	0.1～0.25	d1=2.8、d2=3.0
e	> 0.25	e1=3.2、e2=3.5

2. 运行、维护要求

（1）根据划分原则认真、仔细地进行污区划分，并制作电网污区分布图。对运行设备根据污区划分等级进行详细校核，对尚未达到污秽等级相应外绝缘水平的设备应登记造册，并及时提出整改计划，逐步改造。

（2）在污闪高发的前期，应做好绝缘子的检测工作，并对不良或自爆绝缘子进行及时的更换。

（3）对重污区地段的线路设备，应重点注意绝缘子结污情况和污源变化情况，不仅要掌握污源分布，还应调查清楚污源性质为设备改造提供信息资料。

（4）对重污区地段的线路设备，加强盐、灰密的测试工作，并利用在线监控装置进行时时监控，及时提出绝缘子清扫计划，预防污闪的发生。

（四）覆冰区

对输电线路覆冰形成主要影响的有海拔高度、地形地貌、风速、湿度、温度、覆冰形状、覆冰种类、覆冰密度等。在划分覆冰区时重点应结合运行经验、实测气象资料、海拔等进行综合分析，得出科学合理的结果，既要避免对覆冰考虑不足而在恶劣气象条件下给输电线路及电网造成重大损失，又要避免设计覆冰太厚，大幅度增加建设投资规模。

1. 划分原则

Q/GDW 179—2008《110～750kV 架空输电线路设计技术规定》对覆冰区进行了如下划分。

（1）轻冰区　10mm 及以下。

（2）中冰区　大于 10mm 小于 20mm。

（3）重冰区　大于 20mm 及以上。

基本冰厚按以下重现期确定。

1）750kV 输电线路 50 年；

2）500kV 输电线路及其大跨越 50 年；

3）110kV～330kV 输电线路及其大跨越 30 年。

如沿线的气象与典型气象区接近，宜采用典型气象区所列数值。

在划分覆冰区时应遵守以上规定。对于某一区域的覆冰划分，需综合海拔、气象因素、地形地貌、覆冰观测等资料进行。有覆冰观测资料的，应采用频率分析法确定冰厚，其线型可采用 P－Ⅲ型分布或 Ⅰ 型极值分布；无覆冰资料的可采用调查分析法确定设计冰厚。送电线路冰区划分应依据充分，着重对冰区分界点和特殊地形点的分析研究，做到冰区划分合理，能真实沿线的覆冰情况。

2. 运行、维护要求

（1）摸清本地区线路海拔高度对线路覆冰的影响。就条件相同的地区尤其对雾凇来说，一般海拔越高越易覆冰，覆冰也越厚，海拔高程较低处其冰厚虽较薄，且多为雨凇或混合冻结。一般来说每一个地区都有一个起始结冰的海拔高程，即凝结高度，我国导地线覆冰凝结高度的分布特点是西高东低，北高南低；在凝结高度以上，随着高程的增加，覆冰厚度也随之增加。海拔越高，如果湿度条件适宜，过冷却雾滴出现的机会增多，雾凇日数也随之增加，这只是就一般情况而言。对于一次具体的结冰过程，就不一定是结冰随海拔高程增加。但相同的地理环境下，海拔越高，覆冰越重。但在遭遇冻雨气象时，海拔高度的影响就基本消失了；如 2008 年南方冰灾中，海拔高度对线路覆冰的影响相对较小，是普遍性覆冰。

（2）了解地形地貌对线路覆冰的影响。导线覆冰与线路走向有关，东西走向普遍较南北走向的导线覆冰严重；由于冬季多为北风或西北风，导线为南北走向时风向与导线轴线基本平行，单位时间与单位面积内输送到导线上的水滴及雾粒较东西走向的导线少得多；导线为东西走向时风与导线约成 90°夹角，从而使导线覆冰最为严重；导线覆冰与风向几乎成正弦关系，东西走向的导线不仅覆冰严重，而且导地线在覆冰后，由于不均匀覆冰的影响，可能会诱发覆冰舞动。

（3）了解覆冰的机理，收集本地气象资料。影响导线覆冰的气象因素主要有四种，即空气温度、风速风向、空气中或云中过冷却水滴直径、空气中液态水含量，这四种因素的不同组合确定了导线覆冰类型。雨凇覆冰通常温度较高，一般在 $-5～0℃$ 之间，水滴直径一般在 $10～40μm$ 之间；雾凇覆冰温度较低，一般在 $-15～-10℃$ 之间，水滴直径在 $1～20μm$ 之间；混合凇覆冰介于雨凇和雾凇之间，温度范围为 $-9～-3℃$，水滴直径在 $5～35μm$ 之间；随着空气温度的升高，雾粒直径变大，相应液水含量增加。在覆冰过程中，风对导地线覆冰起着重要的作用，它将大量过冷却水滴源源不断地输向送电线路，与导线相碰撞，被导线捕获而加速授冰。当具备了形成覆冰的温度和水汽条件后，除了风速的大小对覆冰有影响外，风向也是决定导线覆冰轻重的重要参数；风向与导线平行或与导线之间的交角小于 45°时覆冰较轻；风向与线路垂直或与导线之间的交角大于 45°时覆冰比较严重。但覆冰形成过程中，风向不是固定不变的，总有一些时间风与电线有一定夹角。特别是雨凇覆冰过程中，水滴运动有垂直分量，与导线总成某些交角。

在了解上述原理后，应分析本地区线路的气象情况，对处于覆冰区域的运行线路，特别是在符合覆冰气象条件的时期加强巡视观察，以及时掌握线路覆冰情况，采取相应的措施加以防范，如两侧档距严重不均匀时，可将直线塔改为直线耐张，以杜绝因导线不均匀脱冰造成直线塔颈部拉折损坏的倒塔事故；对处于该区域的新建线路提出建议，档距不均匀时，设计成耐张塔，经过严重覆冰地段选择线路走廊时，应尽量避免导线呈东西走向，防止发生线路覆冰事故。

【思考与练习】

1. 主要的特殊区域类型有哪些？

2. 目前多雷区的划定主要依据什么？

3. 重污区划分的主要依据是什么？

模块 7　线路运行技术管理（ZY0100301007）

【模块描述】 本模块包含线路运行的计划管理、缺陷管理、新设备管理等内容。通过要点介绍，掌握线路运行管理的要点、运行管理的要求，正确的做好运行管理工作。

【正文】

线路运行技术管理就是指计划管理、缺陷管理、新设备管理和技术资料管理等。送电线路的安全运行情况同它的运行技术管理紧密相连，运行技术管理是安全运行的基础；基础工作是认真的、扎实细致的工作，基础工作的好坏直接影响到线路的安全运行。

一、计划管理

输电线路的计划管理是对线路运行管理过程实行全面综合管理的一种科学方法，是确保线路安全运行，降低设备事故率的一项有效的管理方法。

1. 计划管理的目的

输电线路计划管理的目的是为了使运行人员能按月度完成线路巡视、检测和反措计划，掌握线路各部件运行情况及沿线情况，及时发现设备缺陷和威胁线路安全运行的情况。

2. 计划工作的内容

输电线路计划工作的内容主要是围绕线路安全运行而开展的工作，包括巡视、检测、消缺、大修和反措等。计划管理的重点内容（如状态巡视计划、预防事故措施计划、大修计划等）需根据上一年度的设备评估、设备的实际健康状况及周期试验等内容，制定下一年度的总体设备运维计划。为此需结合设备情况和季节特点，制定年度、季度和月度工作计划，以指导运行工作，编制带电作业程序，针对缺陷填报周、日缺陷处理计划。

（1）年度计划内容。

1）主要是结合设备运行的季节性特点，制订不同季节的反事故措施计划，并制订出执行反事故措施时间，减少设备的事故发生，确保设备的安全运行。

2）结合设备预防性检查试验周期，制定检查试验计划。

3）结合设备情况，制定年度大修、设备更改计划。

4）结合工作人员情况、设备运行状况，制定年度培训计划。

5）结合全年工作情况，做好年度工作总结和设备运行分析。

（2）季度计划内容。

1）季度计划主要是依据年度计划，结合季节性特点及设备运行状态编制季度工作。

2）季度计划必须结合季节性事故特点，制定完成年度反事故措施计划。

3）每季未应总结本季度各项工作完成情况，并对设备运行进行分析。

（3）月度计划内容。

1）月度计划就是具体的执行计划，必须制定详细，并有具体实施时间。

2）月度的设备巡视计划（一般应安排在每月上中旬），结合设备情况、季节情况安排细巡或重点巡视。

3）月度的缺陷消除计划（一般应安排在中下旬），主要消除遗留缺陷，同时对当月的部分缺陷也可结合安排。

4）月度计划安排还应结合年度、季度计划，安排反措施计划和预防性检查试验工作。

5）每月未应做好当月工作总结，并对设备运行状况进行分析，提出下月的工作计划。

6）缺陷处理临时计划根据单位带电作业装备和人员情况，及时处理带电部分的缺陷。

3. 如何编写计划

（1）设备运行管理计划的编制，主要就是对设备巡视、缺陷消除、反措执行和预防性检查试验做出合理安排。

（2）计划名称（即标题）。对于运行管理，主要以运行班站的工作为主；其包括巡视、消缺、预防性检查试验三方面。

（3）计划正文。计划正文是计划的主体，它包括为什么要制订该计划，计划要完成哪些任务，如何去做，具体措施，达到什么目的，完成时间等。正文一般可分为以下三部分。

1）前言，简要叙述计划的目的和依据。

742

2）内容，陈述计划要完成的任务、达到的质量标准和要求，对计划内容要按主次分条叙述清楚。

3）实施计划措施，必须写清楚，对于人员配备、时间安排等，具体措施必须明确，必要时应召集工作人员开会讨论。

4）日期。一般写在正文最后一行的右下方（也可按各局要求、加入编、审、批等）。

二、缺陷管理

加强设备缺陷管理，制定设备缺陷管理细则，其目的是对巡视发现的设备缺陷进行分类排列，以便有计划地对不同类型、不同严重程度的缺陷进行及时消除，保持设备健康水平，从而确保线路的安全运行。

1. 线路缺陷的分类

线路缺陷分为线路本体缺陷、附属设施缺陷和外部隐患三大类，各自含义如下。

（1）本体缺陷。本体缺陷是指组成线路本体的全部构件、附件及零部件，包括基础、杆塔、导地线、绝缘子、金具、接地装置、拉线等发生的缺陷。

（2）附属设施缺陷。附属设施缺陷是指附加在线路本体上的线路标识、安全标志牌及各种技术监测及具有特殊用途的设备（例如：雷电测试、绝缘子在线监测设备、外加防雷、防鸟装置等）发生的缺陷。

（3）外部隐患。外部隐患是指外部环境变化对线路的安全运行已构成某种潜在性威胁的情况，如在保护区内违章建房、种植树（竹）、堆物、取土以及各种施工作业等。

2. 缺陷级别

线路的各类缺陷按其严重程度，分为三个级别。

（1）危急缺陷。危急缺陷指缺陷情况已危及线路安全运行，随时可能导致线路发生事故，既危险又紧急的一类缺陷。此类缺陷必须尽快消除，或临时采取确保线路安全的技术措施进行处理，随后消除。如导线损伤面积超过总面积的25%、复合绝缘子芯棒受损、杆塔基础被洪水冲坏等。

（2）严重缺陷。严重缺陷指缺陷情况对线路安全运行已构成严重威胁，短期内线路尚可维持安全运行，情况虽危险，但紧急程度较上类缺陷次之的一类缺陷。此类缺陷应在短时间内消除，消除前须加强监视。如铁塔倾斜超过1%、预应力电杆纵向、横向裂纹超过规程规定等。

（3）一般缺陷。一般缺陷指缺陷情况对线路的安全运行威胁较小，在一定期间内不影响线路安全运行的一类缺陷。此类缺陷应列入年度、季度检修计划中加以消除。

3. 线路缺陷的传递

线路缺陷的发现途径主要来源于四个方面，即巡线人员发现的缺陷、检修人员在杆上作业时发现的缺陷（个别部件在杆下不易发现）、预防性检查试验中发现的缺陷（绝缘子检测、接地电阻摇测等）和其他人员发现的缺陷。

（1）上报缺陷。

1）巡线人员在巡视中发现的缺陷，应详细记录在巡视任务单中，并对缺陷进行分类定性。对于巡视中发现的一般缺陷，可在月末生产会上向班站汇报；对于重大和危急缺陷，应及时向运行班站和线路工区有关领导汇报，相关领导及专责人员应亲临现场鉴定，并采取相应措施，防止事故发生。对于巡视发现的缺陷，应及时登录到计算机。

严重缺陷一经发现，应于当天报告给送电（线路）工区或供电公司、超高压输（变）电公司（局）生产主管部门，送电（线路）工区应立即组织技术人员到现场进行鉴定，如确属"严重缺陷"，应立即安排处理并报上级生产主管部门；供电公司、超高压输（变）电公司（局），只要认定是"严重缺陷"，应立即安排处理不必再行上报。

危急缺陷一经发现，应立即报本单位生产主管部门和上级生产管理部门，经分析、鉴定确认是危急缺陷，应确定处理方案或采取临时安全技术措施，送电（线路）工区应立即实施并进行处理。供电公司、超高压输（变）电公司（局）的生产主管部门，除安排危急缺陷处理的同时，亦应报所属区域电网、省（自治区、直辖市）电力有限公司生产管理部门并接受其指示。

2）检修人员在杆塔上检修时发现的一般缺陷可在检修时消除，发现的重大、危急缺陷应及时向检修班长和相关领导汇报，由相关领导确定处理意见。检修人员所发现的缺陷，不论是否消除，均应认真填写检修回单，通知运行班站，同时将缺陷登录到计算机。

3）对于预防性检查试验发现的缺陷，检测人员应认真填写检测回单，通知运行班站，同时将缺陷登录到计算机。

4）对于其他人发现的缺陷，接收汇报人应及时通知相关班站或有关领导，相关班站应及时到现场进行缺陷等级的判别并加以落实，对重大或紧急缺陷应及时向分管领导汇报，并将缺陷登录到计算机。

（2）缺陷审核和审批。

1）线路工区生技科缺陷管理专职应对生产管理系统 MIS 系统中上报的缺陷（可根据缺陷描述、缺陷图片）进行认真审核。对于一般的运行类缺陷，直接分配运行班组进行消缺处理，对于检修类缺陷则提交检修专职安排。

2）线路工区生技科检修专职在线路缺陷处理前应及时通知缺陷管理专职，了解线路缺陷状况，缺陷管理专职在生产管理系统中对应处理的缺陷进行审批，并填写相应的缺陷单传递给检修专职。

（3）消除缺陷。

1）对于设备上发现的缺陷，应按不同缺陷类别，安排运行班站、检修班组按计划进行消除。

2）一般缺陷的处理应结合缺陷情况，由运行班站和检修班按计划进行处理。

对于一般轻微缺陷（如地面上补加脚钉、螺丝、螺帽等），通道内交叉跨越、树木（不合格跨越、线下树木联系）问题，可在月度巡视计划中安排巡线人员进行处理。

对于一般缺陷（如塔上补加塔材、补加接地、地面接地连接等），通道内砍伐超高、线下树木，可由运行班站在月度消缺计划中安排处理。

对于一般性杆塔上缺陷，按线路工区生产计划安排检修班进行处理，带电部分的缺陷安排带电作业班在良好天气下及时处理。

3）对于重大缺陷，应由线路工区安排检修班或运行班站临时采取安全措施，然后制定完善的方案后，再结合停电或带电进行处理，处理期限一般不超过一周（最多一个月），缺陷未消除前，必须加强监视巡查。

4）危急缺陷应申请临时检修，由检修班及时进行处理，处理期限通常不应超过 24h。

所有缺陷消除后，应由消除班站登录到计算机进行缺陷消除，相关运行班站应核实缺陷记录是否消除，实行闭环管理。

（4）缺陷消除后的验收。

1）设备上一般缺陷消除后，运行班站应在一个定期巡视周期内进行检查，检查缺陷消除是否按规范要求标准进行处理，并将巡视结果向班站汇报。

2）重大缺陷处理应结合现场检修进行，应边检修边验收。

3）危急缺陷处理应结合现场检修进行，应边检修边验收。

（5）缺陷管理流程。如图 ZY0100301007-1 所示。

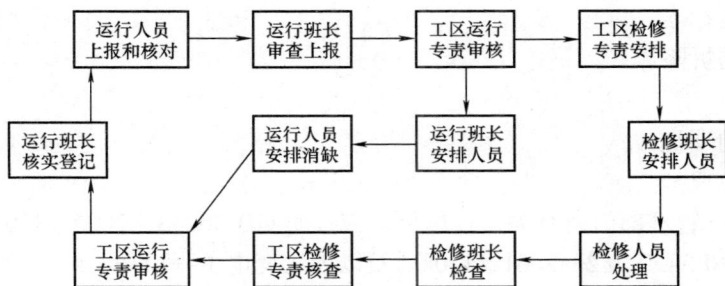

图 ZY0100301007-1　缺陷管理流程图

三、新设备管理

新设备投运前，运行单应必须先组织管理班站熟悉线路设计施工图纸，熟悉设计的技术标准、施工要求，便于对新线路设备的验收、资料验收和线路管理。

1. 施工资料移交和验收

（1）工程竣工后，线路运行单位应先验收施工单位移交的各种资料。

1）设计变更通知单。

2）原设备、材料出厂质量合格证及出厂试验报告。

3）代用材料清单。

4）工程试验报告及记录。

5）未按设计施工的各项明细表及附图。

6）施工缺陷明细表及附图。

（2）工程竣工后，施工单位应将各种施工记录移交运行单位。

1）隐蔽工程验收检查记录。

2）杆塔挠度和偏移测量记录。

3）架设工程施工记录。

4）导地线接头和修补位置及数量记录。

5）引流线弛度及对杆塔各部分的电气间隙记录。

6）线路对跨越物距离及对建筑物接近距离的检查记录。

7）接地电阻测量记录。

8）混凝土块强度耐压试验记录。

9）交叉跨越检查记录。

10）线路杆塔位复测记录和分坑记录。

11）线路通道障碍物，清理情况及青苗赔偿等记录。

2. 设备验收

在施工单位自检的基础上，线路工程验收应按以下步骤进行。

（1）对施工中的隐蔽工程进行验收，检查是否达到设计要求且符合施工工艺规定。隐蔽工程是指竣工后看不见而无法检查的工程项目，应在隐蔽前进行检查。隐蔽工程的验收一般由建设单位代表（即甲方驻工地代表）、监理进行施工现场验收。运行单位可选派熟悉输电线路设计、施工及验收规范，并掌握线路工程质量检测方法的人员作为运行单位代表，参与有关建设管理部门或监理单位组织的阶段性质量检查及验收。

（2）中间检查验收或施工阶段性的验收，如基础、杆塔组立、架线等。中间检查验收是在施工单位完成一个或数个部分项目（如基础、杆塔组立、架线、接地埋设等）后进行。

（3）竣工检查验收。竣工检查验收应在全工程或其中一段各部分工程全部结束后进行。除中间验收检查所列各项外，竣工验收检查时还应检查下列项目。

1）中间验收检查中有关问题的处理情况。

2）障碍物的情况。

3）杆塔上的固定标志。

4）临时接地线的拆除。

5）各项记录。

6）遗留未完成的项目。

3. 新设备运行管理

（1）各级线路生产管理部门及有关运行单位，应按照 GB 50233—2005《110～500kV 架空送电线路施工及验收规范》和 DL/T 782—2001《110kV 及以上送变电工程启动及竣工验收规程》的规定，对新建工程做好中间验收、竣工验收和启动投运工作。对不符合设计、施工及验收规范或不满足线路安全运行要求，验收的不合格工程项目，应限期整改；整改后仍不合格者，有关运行单位可暂不接收，直至整改合格。

（2）运行单位应参加线路工程竣工验收会议，根据竣工验收实际情况和存在问题，提出须要整改的意见或建议，竣工验收会议应将其记入会议纪要中。

（3）在新线路投运后一年的试运行期间，线路运行单位应加强巡视、检测，对发现的问题应协同设计、施工单位认真分析，各负其责，积极处理。

四、输电线路的评级管理

架空输电线路评级是掌握和分析设备状况，加强设备管理，有计划地提高线路健康水平的有效措施。通过线路评级可以及时发现线路存在的问题并及时进行处理，使其保持健康完好的状态，实现安全、经济、稳定运行的目的。

（一）线路评级的原则

线路评级应根据设备实际运行状况，按线路评级标准的要求并结合运行经验进行，在具体评定一个设备单元的级别时，应综合衡量线路组件的运行状况，以线路单元总体的健康水平为准。

（二）线路评级的分类和单元划分

（1）线路评级的分类。按其健康状况分为一类、二类和三类，其中一、二类线路为完好线路，三类线路为不良线路。不同电压等级输电线路的完好率，指同一电压等级线路中完好线路占参评线路的百分数。

（2）线路评级以条为单位，支线或 T 接线路应包括在一条线路中；同杆架设的双、多回线路，以每回线路为一个单元；共用一只出线开关的所有回路，按一个单元统计。

（3）每个单元的构成包括基础、杆塔、导地线，绝缘子、金具、防雷与接地装置（含线路避雷器、耦合地线、可控避雷针等）、拉线以及线路标示、安全标志牌等材料（设备）；此外，还应包括金属构件表面防腐层的实效性。

线路投入运行后安装的防鸟设施以及各种监测装置，不在此限。

（三）线路评级办法

线路评级工作每半年进行一次，由各供电公司、超高压输（变）电公司（局）组织有关人员进行。

（四）线路评级标准

1. 一级线路

一级线路指线路技术性能良好，能保证线路长期安全经济运行的线路。

（1）杆塔及基础。

1）铁塔结构完好，塔材仅有轻微锈蚀，铁塔主材无弯曲、断裂现象，塔材各部件连接牢固，螺栓齐全，塔身倾斜不超过 1.0%（50m 及以上高塔不超过 0.5%）。铁塔基础牢固，防洪设施完好。

2）钢筋混凝土杆钢筋无腐蚀、露筋，表面无空洞、酥松等现象，预应力杆无裂纹，非预应力杆裂纹宽度不超过 0.2mm。

（2）导地线。

1）导地线无金钩、松股、烧伤缺陷，断股处理符合规程要求，接头良好，有防振措施；

2）导地线弛度符合 DL/T 741—2010《架空输电线路运行规程》要求，交叉跨越及各部空气间隙符合有关规程要求。地线仅有轻微锈蚀。

（3）绝缘子和金具。

1）瓷绝缘子表面无裂纹、击穿、烧伤痕迹；复合绝缘子憎水性在 C_2 级以上，铁件完好无裂纹，锌层仅轻微脱落和锈蚀；绝缘子串连接可靠，整串偏移不超过规定值，线路外绝缘有效泄漏比距在雾季来临前满足电网污秽等级要求。

2）线路各部金具齐全、安装可靠、强度符合要求，防振锤安装可靠，各部销钉完好，无代用品。

（4）防雷、接地装置和拉线。

1）防雷设施安装符合设计要求。各部空气间隙、绝缘配合、架空地线保护角、绝缘地线放电间隙均符合有关规程要求。接地装置完好，接地电阻值合格。

2）拉线装置完备，无松动、松股、断股现象。锚具、螺帽齐全，拉线和拉线棒仅有轻微锈蚀，拉线基础无下沉、塌方、缺土现象。

（5）其他。线路防护区、巡线通道均符合有关法律、法规、规程要求，线路标识及各种安全标志牌齐全。巡视、测试、检修工作均能按周期进行，运行、检修、试验等资料和记录齐全，且与现场实际情况相符。

2．二级线路

二级线路指技术性能基本良好，个别构件、零部件虽存在一般缺陷，可以保证在一定期限内安全经济运行的线路。

（1）杆塔及基础。

1）铁塔结构完整，塔材略有锈蚀，铁塔主材无断裂、明显弯曲现象，螺栓齐全，个别螺栓可有松动现象。塔身倾斜不超过 1.0%（50m 及以上高塔不超过 0.5%），铁塔基础牢固、完好，防洪设施完好。

2）钢筋混凝土杆线路，虽个别电杆的运行状况不完全满足 DL/T 741—2001《架空送电线路运行规程》要求，但尚能保证安全运行。

（2）导地线。

1）导地线无金钩、松股、烧伤等缺陷，断股已做好处理，接头无裂纹、鼓包、烧伤痕迹，有防振措施。

2）导地线弛度基本符合 DL/T 741—2010《架空输电线路运行规程》要求，交叉跨越及各部空气间隙基本符合有关规程要求，不影响线路安全运行。地线可有一般锈蚀。

（3）绝缘子和金具。

1）瓷绝缘子表面无裂纹、击穿，铁件完好无裂纹，仅有轻微锈蚀，复合绝缘子憎水性在 C_3 级以上，绝缘子串连接可靠，整串偏移不超过规定值，线路外绝缘有效泄漏比距在雾季来临前满足电网污秽等级要求。

个别绝缘子有烧伤破损现象，但不影响安全运行，瓷绝缘子虽有零值和玻璃绝缘子有自爆，但不超过有关规程规定，瓷质劣化绝缘子应及时更换。

2）线路各部金具齐全，安装可靠，强度符合要求，防振锤安装可靠。

（4）防雷、接地装置和拉线。

1）防雷设施齐全，基本符合设计要求。各部空气间隙、绝缘配合、架空地线保护角、绝缘地线放电间隙基本符合有关规程要求，接地装置基本完好，接地电阻值基本合格。

2）拉线装置完备，基本无松股、断股现象。锚具螺帽齐全，拉线和拉线棒虽有一般锈蚀，但强度满足要求，拉线基础无明显下沉、塌方、缺土现象。

（5）其他。线路防护区、巡线通道均符合规程要求，线路标识及安全标志牌基本齐全。巡视、测试、检修工作均能按周期进行，运行、检修、试验等主要资料齐全，且与现场实际相符。

3．三级线路

三级线路指线路的技术性能不能达到一、二级线路标准要求，或主要设备有重大缺陷，已影响到安全经济运行的线路。

（五）线路等级评级

根据线路评级的结果，综合衡量线路组件（设备）的状况，评定线路等级。有针对性地提出线路升级方案和确定下一年度大修、技术改进项目。

五、技术资料管理

1．技术资料管理的目的

技术管理是安全运行的基础。送电线路安全运行情况好坏，与日常的技术管理工作有直接关系；只有加强技术管理工作，才能不断地总结经验教训，贯彻"预防为主"的方针，提高设备的安全运行水平。

2．技术资料管理要求

运行单位必须建立、积累与生产运行有关的技术档案（信息资料），并应符合如下要求。

（1）保持完整、准确，并与现场实际相符合。

（2）保持连续性且具有历史追溯性。

（3）保持有专人负责原始资料汇总、同类资料统计、资料储存与检索。

（4）及时搜集大修、更改、新建投产线路的全部资料并及时充实到原始资料中去。

3. 各种规程、技术资料

（1）中华人民共和国主席令　第 60 号　中华人民共和国电力法

（2）中华人民共和国国务院令　第 239 号　电力设施保护条例

（3）中华人民共和国国家经济贸易委员会/中华人民共和国公安部　第 8 号　电力设施保护条例实施细则

（4）中华人民共和国国务院　电网调度管理条例

（5）电力工业部生[1996]374 号　电业生产人员培训制度

（6）电力工业部第 3 号令　电网调度管理条例实施办法

（7）水利电力部生字　带电作业技术管理制度

（8）国家电网生[2006]935 号　架空输电线路管理规范（试行）

（9）GB 50233—2005 110～500kV 架空送电线路施工及验收规范

（10）DL 409—1991 电业安全工作规程（电力线路部分）

（11）DL/T 782—2001 110kV 及以上送变电工程启动及竣工验收规程

（12）DL/T 741—2001 架空输电线路运行规程

（13）DL/T 5092—1999 110～500kV 架空送电线路设计技术规程

（14）DL/T 620—1997 交流电气装置的过电压保护和绝缘配合

（15）DL/T 887—2004 杆塔工频接地电阻测量

（16）国家电网公司　电网调度管理规程

（17）浙江省电力公司　架空送电线路状态维修技术规范

4. 设计、施工技术资料

（1）批准的设计文件和图纸。

（2）路径批准文件和沿线征用土地协议。

（3）与沿线有关单位订立的协议、合同（包括青苗、树木、竹林赔偿，交叉跨越，房屋拆迁等协议）。

（4）施工单位移交的资料和施工记录。

1）符合实际的竣工图（包括杆塔明细表及施工图）。

2）设计变更通知单。

3）原材料和器材出厂质量的合格证明或检验记录。

4）代用材料清单。

5）工程试验报告或记录。

6）未按原设计施工的各项明细表及附图。

7）施工缺陷处理明细表及附图。

8）隐蔽工程检查验收记录。

9）杆塔偏移及挠度记录。

10）架线弧垂记录。

11）导线、避雷线的连接器和补修管位置及数量记录。

12）跳线弧垂及对杆塔各部的电气间隙记录。

13）线路对跨越物的距离及对建筑物的接近距离记录。

14）征（占）用地、交叉跨越、砍伐树木、通航河道桅杆高要求等同牵涉到单位、部门的协议书（复印件）。

15）接地电阻测量记录。

5. 送电线路运行技术资料

（1）线路技术参数（即线路概况一览表）。

（2）线路基本情况（杆塔明细）。

（3）线路主要参数变更记录。

（4）线路污秽情况记录表。

（5）保护间隙变化及调整记录。

（6）交叉跨越情况记录。

（7）工程竣工验收交接情况。

（8）线路检修记录。

（9）线路故障跳闸记录。

（10）接地电阻测量记录。

（11）设备重大缺陷记录。

6. 各种记录

（1）运行工作日志。

（2）运行分析记录。

（3）缺陷记录。

（4）绝缘保安工具检测记录。

（5）登高起重工具试验记录。

（6）安全活动记录。

（7）杆塔倾斜测量记录。

（8）混凝土杆裂缝检测记录。

（9）绝缘子检测记录。

（10）导线连接器测试记录。

（11）导线、地线震动测试和断股检查记录。

（12）导线弧垂、限距和交叉跨越测量记录。

（13）钢绞线及地埋金属部件锈蚀检查记录。

（14）接地电阻检测记录。

（15）绝缘子附盐密值测量记录。

（16）导线、地线覆冰、舞动观测记录。

（17）雷电观测记录。

（18）防洪点检查记录。

（19）培训记录。

（20）线路跳闸、事故及异常运行记录。

（21）电力设施保护条例安全隐患告知书及安全协议。

【思考与练习】

1. 运行单位应有哪些标准、规程和规定？

2. 线路缺陷是如何分类的？

3. 运行单位应有哪些生产技术资料？

4. 线路设计、施工技术资料包括哪些方面？

5. 计划管理的目的是什么？

6. 架空线路评级的意义是什么？

模块 8　运行分析（ZY0100301008）

【模块描述】 本模块包含运行分析、设备缺陷、事故异常专题分析等。通过要点讲解，掌握线路运行分析的要点，提高线路运行分析的能力。

【正文】

一、运行分析的目的

送电线路在运行过程中，由于种种原因（如气象条件、外界影响、输送容量等），会发生这样或那样的问题，危及线路的安全运行。为此，应通过对线路的运行状况、存在缺陷和发生的异常或事故等进行分析，以便及时掌握线路的运行状况及缺陷发展变化规律，制定针对性的防范措施，确保线路安全运行。

运行分析的准确性是衡量巡视人员技术水平的重要标志，是保证线路安全运行的重要环节，一定要高度重视，认真做好。

二、运行分析的时间

（1）线路运行单位每年至少应组织两次运行分析会，运行班站每月组织一次线路运行分析会，对线路运行状况进行分析，找出设备存在的主要问题，提出防范措施。

（2）对于设备缺陷、事故及障碍、特殊区段线路的专题运行分析，不受时间限制，应结合线路设备缺陷的变化、故障原因及季节性特殊情况，及时对设备进行分析，并提出相应防范措施。

三、运行分析的主要内容

运行分析的主要内容包括运行维护工作情况分析、线路缺陷情况分析、事故及异常情况分析和专题分析。

1. 运行维护（包括巡视、检测）工作情况分析

主要通过对运行人员的巡线维护工作质量、预防性检查的工作质量分析，以提高运行人员在线路巡视、预防性检查的工作质量。

（1）对运行人员巡视维护工作质量的分析，主要是研究分析如何提高巡线维护质量，在技术上、管理上的措施和巡线维护计划完成情况等。

1）首先是对线路专责维护人的技术能力、业务水平和工作能力进行分析，找出其工作差距，便于工作安排时进行指导，以便于工作能力提高。

2）其次是对运行人员维管设备的运行状况、线路通道情况结合季节特点进行分析，查找可能发生的设备故障，并对原因进行发展趋势分析，以便在运行维护中重点监视。

3）最后安排巡视时，要结合运行人员工作素质、所维管线路状况、不同季节特点，在周期性巡视安排时提出设备重点检查的部位、检查方法，以促使运行人员巡视中能及时发现设备异常，提高巡视质量，按时完成计划。

（2）对预防性检查检测工作质量的分析，研究分析如何提高检查检测的工作质量在技术上、管理上的措施。

设备预防性检查是周期性的，其目的是为了减少季节性故障的发生，故应对所维管的设备进行分析，分析不同季节设备易产生的季节性故障，对所维管设备按不同电压等级、不同线路、不同部件结合不同季节超前计划安排。

对所检查的设备部件发现异常时，首先应分析检查时的气象、环境是否有影响，而后在天气良好的情况下重新进行复查，以确保检查质量。

对于复查确有异常的部件，结合其对设备安全运行的影响，进行认真分析以确定该部件的检查周期，对所检查的设备部件发生异常时应缩短检查周期，增加检查次数，以及时发现设备部件变化速率，为设备反事故措施提供可靠的依据。

2. 线路缺陷情况分析

主要通过线路设备各种缺陷的分析，研究设备缺陷产生的原因、发展的趋势，从中找出各类缺陷产生的普遍规律，制定相应的预防措施和消除缺陷的时间、方法、措施。

分析时先将缺陷进行归类，看其是线路本体、附属设施或外部隐患中的那一类，是属于施工、运行、设备部件内在问题等哪种情况造成的缺陷，然后将继续发展会影响设备安全运行的缺陷作为主要分析，而对于长期运行不会影响设备安全运行的缺陷作为次要分析。

（1）一般缺陷。

1）影响设备安全的缺陷。此类缺陷主要表现在导线、避雷线、绝缘、杆塔及基础和外部隐患方面，缺陷表现初期不影响设备运行，但随着运行时间、气候、环境条件的变化可加速缺陷的发展，致使其发展为影响设备安全的重大或紧急缺陷。对于这类缺陷应根据线路运行状况、设备各部件情况、气候

和环境变化情况分析产生的原因、发展的速率和趋势，分析缺陷产生的普遍规律。

2）不影响设备安全运行的缺陷。此类缺陷主要表现为附属设施、杆塔上固定装置方面，缺陷基本不影响设备运行，随着运行时间、气候、环境条件的变化，缺陷也不会加速发展为影响设备安全的缺陷。对于这类缺陷应根据线路附属设施状况、装置部件情况分析产生的原因。

（2）重大缺陷。此类缺陷主要表现在导线、避雷线、绝缘、杆塔及基础和外部隐患方面，发现时虽在短期内对线路安全运行威胁不大，但随着运行时间、气候、环境条件的变化可加速发展为紧急缺陷或造成重大隐患的缺陷。对于这类缺陷应根据线路运行状况、缺陷部件情况、气候和环境变化情况分析产生缺陷的原因、发展的速率，并对缺陷加强监视，注意其变化。

（3）危急缺陷。此类缺陷主要表现在导线、避雷线、绝缘、杆塔及基础和外部隐患方面，缺陷发现时已危及设备安全运行，随时可能引起设备损坏，造成线路事故。对于这类缺陷必须尽快消除或采取必要的安全技术措施进行临时处理，同时根据线路运行状况、缺陷部件情况、气候和环境变化情况分析产生缺陷的原因，提出同类缺陷的防范措施，并开展事故预想。

3. 事故及异常情况分析

主要通过各类事故及异常情况发生时收集的气象、环境、地理条件和事故现场的情况、实物等进行分析，研究事故及异常情况产生的原因，制定反事故措施。

4. 专题分析

主要通过对主要部件的缺陷（如绝缘子劣化、水泥杆裂缝、塔材金具等金属部件锈蚀、导地线断股等）、特殊运行方式、线路季节性的安全威胁和反事故措施执行情况等进行专题分析，找出原因和存在的不足，提出防范措施和改进意见。

四、事故案例分析

【案例1　风偏分析】

1. 故障现象

2005 年 3 月 4 日 15 时 06 分，赤沙变电站 1152 赤拓开关零序 I 动作，断路器跳闸，重合成功。故障为 C 相。

巡视时发现在××省××市的山区，110kV 赤拓线 42~43 号档，C（左）相导线与左边架空地线放电，造成线路跳闸故障。

2. 故障原因分析

由于是边相导线与左边架空地线放电，所以首先对故障点的导线和架空地线弧垂进行测量，实测后发现该档距中央导线与架空地线的距离 $s_1 = 1.243m$，小于 42~43 号档距中央导线与架空地线间的距离设计值 $S \geq 0.012 \times 764 + 1$（m）$\geq 10.168m$ 的要求。

在 2005 年 3 月 4 日××地区天气晴朗，只是该天风较大，故障巡视时了解当地农民，当天故障时风特别大，大风将村民的麦草堆都吹翻了。

由于该线路架空地线采用 GJ—50 型钢绞线、线径 $D_1 = 9mm$，导线采用 LGJ-185/45 型钢芯铝绞线、线径 $D_2 = 19.02mm$，事故后实测该档档距中间导线与架空地线间的斜距离 S 为 1.243m，即架空地线几乎是松弛架设，在大风的作用下，处在两相导线中间的架空地线被风压吹移接近带电导线而发生放电故障。故障原因有以下四点。

（1）由于施工单位施工时未按设计标准紧架空地线弧垂，不满足 DL/T 5092—1999《110~500kV 架空送电线路设计技术规程》9.0.10 条中 $S \geq 0.012L + 1$（m）的规定，使其弧垂过大，与设计要求相差太大，是造成故障的主要原因。

（2）线路验收时不细，验收时未按规范要求测量导线和架空地线弧垂，使施工缺陷未及时发现，同样是造成故障的原因。

（3）人员过失，线路运行一年多，设备巡视检查不细，巡视中不能认真检查导线和架空地线的问题，未能发现该档的架空地线弧垂过大，同样是造成故障的原因。

（4）风，由于该段线路的地形特殊，在赤拓线经过 42~43 号档，其右侧为高山，左侧为一簸箕形的缓坡地，线路档距中间左侧正对渭河川道山口。由于故障线路垂直于河道峡谷口，当气流进入山地峡谷时，气流截面积减小，形成缩口效应，使得风速增加，形成局地强风，造成导线风摆严重情况，是造成故障的自然原因。

3. 采取措施

（1）由于该档经测量导线与架空地线不能满足 DL/T 5092—1999《110～500kV 架空送电线路设计技术规程》9.0.10 条的 $S \geq 0.012L+1$ 值，所以对该档的架空地线弧垂应尽快进行处理，避免同类故障再次发生。

（2）对该线路全线和与该线路同期施工的山区线路的弧垂重新测量，对不满足设计规程要求的均进行处理，避免同类故障在其他档内重复发生。故障分析后对该线路弛度进行测量，除孤立档外，基本均不合格，随后要求施工单位进行了弧垂重新调整。

4. 故障教训

（1）施工时应严格按设计标准安装，施工的技术管理必须到位，同时甲方代表必须认真检查，及时提出存在的问题。

（2）新线路验收时，必须按规范要求对导线和架空地线弛度进行测量，检查施工是否按设计标准安装。

（3）线路运行中，设备巡视检查中应认真观察导线、架空地线弛度，及时发现存在问题，减少故障发生。

（4）特殊区段线路运行状况分析。

针对气候条件、环境影响及其他自然灾害原因，对不同的特殊区段设备进行相应的分析，并结合对特殊区段的分析制定相应的措施。

【案例 2　鸟害分析】

下面详细介绍××电网 1992～2000 年间的鸟害故障分析及采取措施摘录。

1. 概述

1991～2000 年间，本地区 110～330kV 线路由于鸟害引起的线路故障跳闸也逐年增加。为了保证送电线路的安全运行，减少由于鸟害引起的设备跳闸，从设备本体、周围环境、鸟类种群及其活动规律等进行了认真的调查分析，根据分析的原因采取不同的措施。经几年的实践，防鸟措施不断的完善，基本达到防鸟害目的。

2. 鸟害故障统计

××供电局所管辖 110～330kV 送电线路共计 2400km，近十年来送电线路共发生鸟害故障跳闸 31 次，其中 110kV/15 次；330kV/16 次；按年份、月份、电压等级进行详细统计。

3. 鸟害原因分析

由于鸟粪造成绝缘子闪络是一种突发性事件，闪络前没有任何征兆，而且与绝缘子脏污程度没有任何关系。从统计数据中可以看出，送电线路的鸟害故障有以下几个特点。

（1）鸟害发生的地区。由近十年统计看出，110kV 和 330kV 线路鸟害故障发生的地域不同，是有较大的区别。110kV 线路 15 次鸟害，从其发生地点看，多发生在距村庄约 1～2km 地段杆塔上；而 330kV 线路的 16 次鸟害故障均发生在距水源较近的区域，一般在距线路约有 1～2km 范围内的鱼塘、河流、湿地及水库附近。

（2）鸟害发生的时间。由统计可以看出鸟害故障季节时间多集中分布在每年的 10 月下旬至来年的 3 月下旬。这段时间一是庄稼田里的鼠类集中在村庄附近，二是这个季节也是候鸟迁徙时间。

（3）鸟害故障在杆塔上的位置。通过设备故障的情况来看，由鸟害引起的线路跳闸在设备上有三种表现：①绝缘子有一片或几片表面闪络，且绝缘子表面上有大量的白色鸟粪；②均压环与横担间空气间隙击穿，绝缘子表面无闪络痕迹，绝缘子表面有少量的鸟粪，地面上有大量的鸟粪。均压环上有烧伤痕迹；横担有放电烧伤痕迹。③鸟害故障均发生在悬垂绝缘子串和耐张吊线串上方。所发生的鸟害故障中，基本上均在悬垂绝缘子串上，绝大部分在直线杆塔上，也有极少量在耐张杆塔的吊线串上。对于 110kV 线路的 15 次故障，其鸟害在杆塔上未有明显的规律性，在架线杆的三相均有发生。而 330kV 线路上的 16 次故障，其规律性极强，其均发生在架线杆塔的中相位置。

（4）引起线路故障的鸟类。对于以上所发生的鸟害故障，经长期观察发现引起线路故障的鸟类多为猫头鹰、老鹰、白鹭、黑鹳、灰鹤和白鹤六种。

深秋至春季，鼠类多在距村庄附近生存，所以猫头鹰和老鹰在此季节一般在距村庄约 1～2km 的地域活动，多食鼠类和家禽。

白鹭和黑鹳等鸟类，一般在浅水河边的区域活动，所以在鸟害季节，这些鸟多在浅水江河边觅食，食后就在江河边附近的杆塔上栖息。

灰鹤和白鹤属候鸟，由北方迁徙中多在河流、水库、鱼塘和湿地附近生活，以食水中的鱼虾、昆虫、软体动物和水中植物。其白天在水边生活，晚上为防止动物侵袭，多在高大的杆塔上栖息。

4. 鸟害故障跳闸分析

从引起故障的鸟类活动情况和生活习性，跳闸后现场设备损伤部位的分析，鸟粪引起线路故障跳闸的原因有以下两种。

（1）鸟类在栖息的地方距离绝缘子串较近，大量的鸟粪直接附着在上部 2～3 片绝缘子的表面，使绝缘子表面脏污造成绝缘子表面外绝缘降低，从而使绝缘子串的绝缘水平下降。在雨雾等空气湿度较大的情况下，由于鸟粪中的等值盐密较高，瓷绝缘的泄漏比距减小，沿面放电，造成绝缘子闪络，使线路接地跳闸。

（2）候鸟栖息在横担上，虽然没有在绝缘子串的正上方，因其排出的大量粪便是糊状且具有一定的黏性，在下落过程中呈似断非断，似连非连的线状，形成地端——空气——鸟粪——带电体的空气组合间隙。由于鸟粪本身具有一定的导电率，过多的鸟粪破坏了空气绝缘，空气介质被击穿造成组合间隙放电，使线路接地跳闸。××试验研究院的一份试验报告说明，当模拟鸟粪的电导率为 6000μS/cm 污液 100mL，加 70mg 硅藻土，污液距离绝缘子伞裙边缘 15cm 以内倒下，合成绝缘子便发生闪络。即当含有 3500μS/cm 导电率的稀鸟粪排泄形成断断续续的细长下落体沿临近绝缘子串时，将引起绝缘子串的电场畸变，而 13cm 的空气间隙在极不均匀电场下的击穿电压约为 63kV 左右，因此有时线路鸟害跳闸，有时巡查发现绝缘子串伞盘上无鸟粪，而导线或绝缘子串下方地面上则有鸟粪，当鸟粪的导电率较高且鸟粪大量时，没有绝缘子串（V 串时）桥接也会发生鸟粪短接跳闸事故。

5. 鸟害故障的防范措施

面对以上情况，只要能掌握鸟类活动规律，采取有针对性的措施，就可有效地防止鸟害故障发生。因此应对不同电压等级的线路，不同的鸟类采用不同的防鸟措施，以达到有效的防鸟害作用。

（1）认真分析掌握规律。通过对鸟害故障发生的时间、地点、杆塔上的位置，以及引起故障的鸟类生活特点、生理特性等多方面因素综合分析，基本上可以掌握 110kV 和 330kV 设备上鸟类活动的规律。对于引起鸟害故障的鸟类活动地域范围，在杆塔上栖息的位置有了较为详细的了解。但随着环境的变化，鸟类的增多，鸟类活动的区域也将会相应变化，所以应不断掌握鸟类活动的情况，才能采取有效的防范措施。

（2）110kV 防鸟害措施。110kV 的鸟害故障由以上分析知道多由猫头鹰和老鹰引起的，此类鸟深秋至春季多生活在村庄附近，以食鼠类和禽类为主。该类鸟体形较小，长约有 600mm 左右，因其生理特点和生活习性，喜在十多米高的物体上栖息和在空中盘旋，以便于其猎食。所以其多栖息在距村庄 1～2km 的混凝土杆上，且喜卧在横担上。

针对该类鸟腿短喜卧的原因，在 110kV 线路瓷瓶串上方加装用 GJ—70 钢绞线做成的 500mm 长的防鸟刺一个，形成一个 500mm 方园的防护带，使鸟类无法在绝缘子串上方横担上栖息，以防范鸟类在带电导线上方排泄稀鸟粪。这种措施对 110kV 线路水泥杆的防鸟害跳闸效果很显著，基本上杜绝了 110kV 线路的鸟害故障。

（3）330kV 线路混凝土杆防鸟害措施。对于 330kV 线路的鸟害，主要是由白鹭、黑鹳和鹤类鸟引起的，由于该类鸟的生理特点，其身高约 1100～1300mm，喜在无妨碍其飞行的位置降落栖息。330kV 线路的 Z1 型水泥杆边相横担斜度约有 24°，ZM 型铁塔两边相有吊铁和平材相连，不便于鸟的降落和起飞，因此两边相未发生过鸟害故障。而 330kV 线路 16 次故障均发生在 Z1 型混凝土杆和 ZM 型杆塔的中相位置，就是因为这两种杆塔的中相为平材，上方空间良好，便于其栖息。其在塔上排粪时，破坏了空气绝缘间隙，引起设备放电和瓷瓶闪络故障。

　　为此提出在 330kV 线路混凝土杆横担上方 600～700mm 左右处加装两根 GJ—25 的防鸟横拉线以阻止鸟在横担上落栖，从而减少鸟害故障发生，同时也有利于杆上人员操作。经 2000 年 12 月至今的实践，330kV 线路混凝土杆上未发生鸟害，其防鸟的效果较好。

　　由于鸟类活动范围大，其为了生存，总是要寻找适合自己生存的环境，所以对于鸟类活动造成的输电线路故障，应针对不同电压等级、不同杆塔、不同鸟类造成的故障原因进行分析，才能找出有效的防范措施。

五、电力设施保护工作分析

　　对电力设施保护工作的分析，主要有以下几方面。

　　（1）按《电力设施保护条例实施细则》的规定，对线路保护区内有影响线路安全的采矿、爆破、建筑物等进行分析，并采取相应的防范措施。

　　（2）对线路保护区或附近的公路、铁路、水利、市政等施工现场进行分析，结合易产生故障的可能性，安装相应警示标志，并做好保线、护线宣传，防止大型施工机具碰导线引起故障。

　　（3）对靠近公路、乡村道路的扩建及硬化路的修建、施工或所修的道路距杆塔、拉线较近，对杆塔的运行带来隐患进行分析，结合分析采取相应的防撞措施。

　　（4）对线路杆塔易盗窃地段，结合巡视调查、了解线路周围情况，对被盗的杆塔、拉线、接地装置、螺栓、爬梯等情况进行分析，结合易盗设备采取各不相同的防盗措施。

【思考与练习】

　　1．运行分析的目的是什么？

　　2．运行分析的内容有哪些？

　　3．线路缺陷分析的目的是什么？

模块 9　GPS 地面卫星定位系统在巡线中的运用（ZY0100301009）

【模块描述】 本模块介绍 GPS 地面卫星定位系统的原理及其在线路巡视中的应用。通过原理讲解、功能和流程介绍，了解 GPS 地面卫星定位系统的组成及工作原理，掌握应用 GPS 地面卫星定位系统进行线路巡视操作。

【正文】

一、GPS 地面卫星定位系统的构成

　　GPS 系统包括三大部分：空间部分——GPS 卫星星座；地面控制部分——地面监控系统；用户设备部分——GPS 信号接收机。

　　1．GPS 地面卫星定位

　　（1）GPS 卫星星座。GPS 工作卫星及其星座由 21 颗工作卫星和 3 颗在轨备用卫星组成 GPS 卫星星座，记作（21+3）GPS 星座。24 颗卫星均匀分布在 6 个轨道平面内，轨道倾角为 55°，各个轨道平面之间相距 60°，即轨道的升交点赤经各相差 60°。每个轨道平面内各颗卫星之间的升交角距相差 90°，一轨道平面上的卫星比西边相邻轨道平面上的相应卫星超前 30°。

　　位于地平线以上的卫星颗数随着时间和地点的不同而不同，最少可见到 4 颗，最多可见到 11 颗。在用 GPS 信号导航定位时，为了结算测站的三维坐标，必须观测 4 颗 GPS 卫星，称为定位星座。

　　（2）地面监控系统。对于导航定位来说，GPS 卫星是一动态已知点。星的位置是依据卫星发射的星历—描述卫星运动及其轨道的参数算得的。每颗 GPS 卫星所播发的星历，是由地面监控系统提供的。卫星上的各种设备是否正常工作，以及卫星是否一直沿着预定轨道运行，都要由地面设备进行监测和控制。地面监控系统另一重要作用是保持各颗卫星处于同一时间标准—GPS 时间系统。这就需要地面站监测各颗卫星的时间，求出钟差。然后由地面注入站发给卫星，卫星再由导航电文发给用户设备。GPS 工作卫星的地面监控系统包括一个主控站、三个注入站和五个监测站。

　　2．GPS 信号接收机

　　GPS 信号接收机的任务是能够捕获到按一定卫星高度截止角所选择的待测卫星的信号，并跟踪这些卫星的运行，对所接收到的 GPS 信号进行变换、放大和处理，以便测量出 GPS 信号从卫星到接收机天线的传播时间，解译出 GPS 卫星所发送的导航电文，实时地计算出测站的三维位置，位置，甚至三维速度和时间。

二、GPS 地面卫星定位系统在线路巡视中的应用

输电线路架设在野外，每基杆塔均有经纬度，新建线路设计测量定位后，某杆塔即有了坐标（经度、纬度），将新建竣工投运线路的杆塔经纬度输入电子地图内，线路耐张段和杆塔档距均能反映在 GRS 地理信息系统内，该系统已将线路基础资料全纳入管理。

线路工区在日常工作中经常需要到现场进行作业，如日常的巡视作业、故障时的抢修作业等，需要在现场查询设施信息，以前工作人员需携带大量图纸到现场核对，图纸存在查询速度慢、更新不及时、准确性不高等缺点，容易造成工作中出错。同时由于缺乏有效的监督手段，不容易确保工作按期保质保量地完成（如出现漏检、未按规定时间巡视等现象）。

移动巡检系统将原有的信息系统延伸到了工作现场，实现了在任何时候、任何地点随手获得工作所需要的信息的目的，解决了现场工作人员对常用技术资料的查询需要。巡检掌上电脑配置了 GPS（全球卫星定位系统），可通过卫星定位的手段记录定位作业的路线，解决了以往考核工作人员是否到岗到位所缺乏的有效手段等问题，加强了具体工作人员的责任心，真正实现业务的标准化与信息化。系统提供的业务管理功能，能把现场工作人员的工作和企业内部的业务信息管理系统整合在一起。实施本系统能真正提高工作效率、提高工作准确性。

由于 GPS 地面卫星定位系统属军用设施，一般给民用时精确度差点，手持掌上 PDA 定位会产生一定的误差。

电力 GPS 巡检系统是运用地面卫星定位系统 GPS 和掌上电脑，由移动巡线录入和后台系统服务器集中处理数据构成完整的电力线路运行管理系统（也称 PDA 巡检系统）。

1. 工作任务的下载

服务器端主要是用于与数据库连接，管理数据、修改口令，以及完成服务器与 PDA 之间的数据上传/下载，可以满足局域网上任何一台安装该系统的计算机对巡线业务的数据进行查询分析。

（1）巡线业务管理。制定巡线计划，为不同用户制定相应的巡线计划，并生成对应的设备数据。

（2）数据下载。根据不同的巡线人员，将此人员的巡线计划及与此计划相关的线路、杆塔属性，缺陷情况等数据下载到 PDA 上。

（3）查询设备属性。用户可以根据线路名称、杆塔号查询设备的详细属性。

（4）确认用户身份。用户需要输入登录密码来确认使用者身份。

（5）下载用户巡检任务。根据用户登录系统的登录身份从服务器上下载用户巡检任务及相关资料。

（6）巡视到位监督统计。根据杆塔坐标及巡视坐标、巡视时间，统计巡视到位情况。

2. 设备缺陷的录入

（1）提供设备可选缺陷代码。根据当前巡检的不同设备给出相应的常见缺陷代码，用户只需选中代码，相应缺陷即可记录到数据库中。

（2）手写记录缺陷。对于特殊的缺陷，系统提供手写记录的方法作为辅助手段。

（3）缺陷管理。查看线路的缺陷情况，包括新增缺陷记录，缺陷消缺情况。

（4）回写巡线任务完成情况。将用户本次巡检结果上传到服务器数据库中。

3. 设备缺陷上传至生产管理缺陷库

三、功能介绍

巡检系统管理的控制是通过 PC 端的管理控制台来实现的，管理控制台分以下七部分。

1. 系统参数管理

可进行各种常数表值设定，如线路状态的确定，分正常和缺陷两大类。

正常状态是指没有缺陷的状态；缺陷状态是指线路部件或防护条件超过规程规定的标准或达不到技术文件、规范要求的状态。

缺陷状态类型有（具体细条由应用单位自定）：①杆塔上缺陷；②绝缘缺陷；③导线缺陷；④避雷

线缺陷；⑤金具缺陷；⑥外部隐患。

在缺陷的界面下，可以进行修改缺陷类型的名称、添加缺陷新类型和删除某种缺陷类型的操作。

2. 线路管理

可进行线路、地点等信息设定。当一个保线站所辖线路有变化或线路名称有改变时可以添加、修改、删除，也可以对线路的巡线点进行编辑。

3. 人员管理

可进行巡线相关人员信息及权限设定。对巡线人员即手持机使用者个人信息进行编辑、变更或修改，当巡线人员增加时，进行人员的添加。

权限设定：GPS 巡检系统手持机使用者和巡线人员是一一对应关系，只能是使用者在相应的巡线点进行使用，不能混用；管理员有权进行添加和修改。

4. 任务管理

可进行巡线任务安排、查询。获取巡视计划，当巡线任务下达后，可以进行查询，查看任务的执行状况，可对任务进行修改、添加和删除，也可对某条线路的详细情况进行查询。

5. 到位情况统计

可检查巡检到位情况。针对某一个巡线人员进行到位情况检查，选择需要检查的年、月和该巡线人员的登录名，并从允许误差范围 15、30、45m 中选择其中之一，进行确认后即可看到该巡线人员在该月份所巡视的线路名称、地点、标准坐标和巡视时采集的坐标，以及由两坐标算出的误差距离，当误差距离小于最大误差范围时，即可认为该巡视人员到位；大于允许误差范围时，即可认为该巡视人员未到杆位。

6. 数据转换

可将巡检数据输出到用户信息系统。提交巡视记录后，分别将巡视结果、缺陷记录转换到送电线路地理信息系统对应的线路巡视计划库、缺陷库中。同时将 GPS 所测杆塔经、纬度数据转换为北京 54 坐标系下的坐标，并将杆塔坐标（北京 54）及经纬度写入工区杆塔明细库。

7. 修改密码

每位手持机使用者可以对个人密码进行设定修改。

四、操作步骤

1. 维护操作

（1）在线路工区的班站管理系统下制定出巡视计划。

（2）在巡检系统的管理控制台点击任务管理，获取巡视计划。

（3）连接好红外交换机的网络接口，将掌上电脑的红外收发头对红外交换机的红外收发头。

（4）打开掌上电脑的电源，进入巡检系统，点中"电力 GPS 巡检系统"蓝色字条，再点中"维护"菜单。

（5）在"维护"下拉菜单中点"提交记录"，按屏幕提示点"递交任务"将上月的巡视结果提交到服务器进行数据分析和处理。

（6）提交巡视记录后，进行数据转换，分别将巡视结果、缺陷记录从 GPS 巡检系统数据库转换到送电线路地理信息系统对应的线路巡视计划库、缺陷库中。

（7）提交记录结束后，点"下载任务"，按屏幕提示选择月份，确定。再按屏幕提示点"下载任务"清除以前所有数据，将新分配的任务从服务器下载到手持电脑中。

2. 工作现场的操作

（1）到达巡视工作地点，打开手持机的电源，机器自动进入巡检系统的界面，点中"日期"倒▲符号，选择巡线日期并选中。

（2）点中"路线"倒▲符号，选择巡视的线路名称。

（3）点中"地点"倒▲符号，选择巡视的线路杆塔号。

（4）点中"状态"倒▲符号，出现"正常"和"缺陷"两种选择。

1）点"正常"。若巡视中未发现缺陷，点"正常"机器自动提示无缺陷类型，进行下一步。

ZY0100301009

756

点中"下一步"手持机会提示"GPS正在定位"，定位后自动显示线路名称、地点（杆塔号）、巡视人员、定位的经纬度、位置误差、状态正常、缺陷类型无，并提示是否保存。

点保存进一步提示"保存成功"，点"OK"进入查看、删除、修改已有的巡线数据记录界面，在次界面下可对记录进行查看、删除、修改。

2）点"缺陷"。若有缺陷，点"缺陷"，再点缺陷类型选择缺陷的种类，进行下一步。

点中"下一步"手持机会提示"GPS正在定位"，定位后自动显示线路名称、地点（杆塔号）、巡视人员、定位的经纬度、精度因子、位置误差、状态缺陷、缺陷类型的种类，并提示进行"上一步"或"下一步"。

点"下一步"显示缺陷描述、缺陷性质、处理意见、是否委托的界面。

点"缺陷描述"的图标进入缺陷描述的界面，进行缺陷的记录，点确定进行认可。

点"缺陷性质"倒▲符号选择缺陷性质。

点"处理意见"倒▲符号点中处理意见。

点"是否委托"倒▲符号选择"是与否"。

点保存提示"保存成功"，点"OK"进入查看、删除、修改已有的巡线数据记录界面，在次界面下可对记录进行查看、删除、修改。

（5）重复（1）～（4）的步骤进行下一基杆塔的巡视记录。

注：提交工作可以每月进行一次，也可以分开进行多次提交。

五、系统流程

1. 基本管理模式如流程图所示

基本管理模式流程如图 ZY0100301009-1 所示。

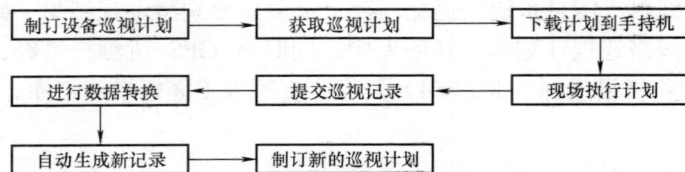

图 ZY0100301009-1　基本管理流程

2. 具体划分

（1）制定设备巡视计划。在保线站生产管理系统中，制定计划日期、巡视人员、线路名称、巡视区段、巡视种类、控制状态、计划任务号。

（2）获取巡视计划。进入巡检系统，在任务管理中调入巡视计划。

（3）下载计划到手持机。通过红外网络，在手持机中选择月份进行任务下载。

（4）现场执行计划。在工作现场，打开手持机进入巡检系统，选择巡视日期、线路名称及工作地点设备编号，根据巡视的状况，选择正常和缺陷两种状态。对于正常状态，GPS定位后显示记录情况；对于缺陷状态，进行缺陷种类选择，GPS定位后显示记录情况，然后对缺陷进行描述记录，区分缺陷的性质、处理意见、是否委托，保存巡视记录。

（5）提交巡视记录。用手持机对巡视的结果进行提交上报。

（6）进行数据转换。提交巡视记录后，分别将巡视结果、缺陷记录转换到送电线路地理信息系统对应的线路巡视计划库、缺陷库中。同时将GPS所测杆塔经、纬度数据转换为北京54坐标系下的坐标，并将杆塔坐标（北京54）及经纬度写入工区杆塔明细库。

【思考与练习】

1. GPS系统的构成？

2. GPS地面卫星定位系统在线路巡视中应用的优点有哪些？

第三十八章　巡视作业指导书的编写

模块 1　输电线路正常巡视作业指导书（ZY0100302001）

【模块描述】本模块包含线路正常巡视作业指导。通过要点讲解、要点归纳、流程介绍，掌握正确编写正常巡视作业指导书方法。

【正文】

编制输电线路的正常巡视作业指导书是为了规范正常巡视工作的程序和巡视人员的作业行为，保证正常巡视工作的安全有序进行，及时掌握线路运行状况及周围环境的变化，以便及时发现和消除缺陷，预防事故的发生。

一、正常巡视的人员素质及要求

1. 人员素质

输电线路巡视人员必须是有输电线路工作经验、通过技能鉴定合格并经《国家电网公司电力安全工作规程（线路部分）》考试合格的人员。

2. 要求

（1）熟悉并掌握管辖线路的技术参数、线路的运行环境及在系统中的接线方式。

（2）熟悉并掌握线路缺陷判别、处理等方面的规定与方法。

（3）认真巡视管辖的线路设备，及时发现缺陷，确保巡视质量。

二、设备巡视要求

1. 设备定期巡视分类

定期巡视有细巡和重点两类，其目的是为了全面掌握线路各部件运行及沿线情况，及时发现设备缺陷和威胁线路安全运行的隐患，并为线路维修和评价提供资料。

（1）细巡。按 DL/T 741—2010《架空输电线路运行规程》规定的巡视内容要求巡视，对危及线路安全的情况及时联系解决。

（2）重点巡视。根据线路的运行状况及季节特点，由运维部门或线路工区统一安排，确定巡视内容，对线路部分设备或特殊地段进行重点检查，包括设备地面部分的消缺与通道清障、交跨测量等工作。

2. 设备巡视周期要求

周期巡视应按规程规定的要求或本单位经过审查批准的线路巡视规定，具体巡视周期各地应结合管辖线路的周围环境、设备和季节变化情况确定，必要时可增加巡视次数，适当调整细巡、重点巡视周期。

三、巡视内容要求

1. 线路本体

（1）地基与基面。有无回填土下沉或缺土、水淹、冻胀、堆积杂物等。

（2）杆塔基础。有无破损、酥松、裂纹、漏筋、基础下沉、保护帽破损、边坡保护不够等。

（3）杆塔。杆塔有无倾斜、主材弯曲、地线支架变形、塔材、螺栓丢失、严重锈蚀、脚钉缺失、爬梯变形、土埋塔脚等；混凝土有无杆未封顶、破损、裂纹等。

（4）接地装置。有无断裂、严重锈蚀、螺栓松脱、接地带丢失、接地带外露、接地带连接部位有雷电烧痕等。

（5）拉线及基础。拉线金具等有无被拆卸、拉线棒严重锈蚀或蚀损、拉线松弛、断股、严重锈蚀、基础回填土下沉或缺土等。

（6）绝缘子。有无伞裙破损、严重污秽、有放电痕迹、弹簧销缺损、钢帽裂纹、断裂、钢脚严重锈蚀或蚀损、绝缘子串顺线路方向倾角大于 7.5° 或 300mm。

（7）导线、地线、引流线、屏蔽线、OPGW。散股、断股、损伤、断线、放电烧伤，导线接头部位有无过热、悬挂漂浮物、弧垂过大或过小、严重锈蚀、电晕现象，导线有无缠绕（混线）、覆冰、舞动、风偏过大、对交叉跨越物距离不够等。

（8）线路金具。线夹有无断裂、裂纹、磨损、销钉脱落或严重锈蚀；均压环、屏蔽环有无烧伤、螺栓松动；防振锤有无跑位、脱落严重锈蚀、阻尼线变形、烧伤；间隔棒有无松脱、变形或离位；各种连板、连接环、调整板有无损伤、裂纹等。

2. 附属设施

（1）防雷装置。避雷器有无动作异常、计数器失效、破损、变形、引线松脱；放电间隙有无变化、烧伤等。

（2）防鸟装置。

1）固定式：有无破损、变形、螺栓松脱。

2）活动式：有无动作失灵、褪色、破损。

3）电子、光波、声响式：有无供电装置失效或功能失效、损坏等。

（3）各种监测装置。有无缺失、损坏、功能失效等。

（4）杆号、警告、防护、指示、相位等标识。有无缺失、损坏、字迹或颜色不清、严重锈蚀等。

（5）航空警示器材。高塔警示灯、跨江线彩球有无缺失、损坏、失灵。

（6）防舞防冰装置。有无缺失、损坏等。

（7）ADSS 光缆。有无损坏、断裂、弛度变化等。

3. 线路通道环境

（1）建（构）筑物。有无违章建筑，导线与建（构）筑物安全距离不足等。

（2）树木（竹林）。树木（竹林）与导线安全是否距离不足等。

（3）施工作业。线路下方或附近有无危及线路安全的施工作业等。

（4）火灾。线路附近有无烟火现象，有无易燃、易爆物堆积等。

（5）交叉跨越。是否出现新建或改建电力、通信线路、道路、铁路、索道、管道等。

（6）防洪、排水、基础保护设施。有无坍塌、淤堵、破损等。

（7）自然灾害。地震、洪水、泥石流、山体滑坡等是否引起通道环境的变化。

（8）道路、桥梁。巡线道、桥梁有无损坏等。

（9）污染源。是否出现新的污染源或污染加重等。

（10）采动影响区。是否出现裂缝、坍塌等情况。

（11）其他。线路附近是否有人放风筝；有无危及线路安全的漂浮物；线路跨越鱼塘有无警示牌；有无采石（开矿）、射击打靶、藤蔓类植物攀附杆塔等。

4. 检查绝缘子、绝缘横担及金具

检查绝缘子、绝缘横担及金具有无下列缺陷和运行情况的变化。

（1）绝缘子与瓷横担脏污，瓷质裂纹、破碎，钢化玻璃绝缘子爆裂，绝缘子钢帽及钢脚锈蚀，钢脚弯曲。

（2）合成绝缘子伞裙破裂、烧伤，金具、均压环变形、扭曲、锈蚀等异常情况。

（3）绝缘子与绝缘横担有闪络痕迹和局部火花放电留下的痕迹。

（4）绝缘子串偏斜超过运行标准（双联串改八字形除外），绝缘横担偏斜。

（5）绝缘横担绑线松动、断股、烧伤。

（6）金具锈蚀、变形、磨损、裂纹，开口销及弹簧销缺损或脱出，特别要注意检查金具经常活动、转动的部位和绝缘子串悬挂点的金具。

（7）绝缘子槽口、钢脚、锁紧销不配合，锁紧销子退出等。

5. 检查防雷设施和接地装置

检查防雷设施和接地装置有无下列缺陷和运行情况的变化。

（1）放电间隙变动、烧损。

（2）避雷器、避雷针等防雷装置和其他设备的连接、固定情况。

（3）线路型氧化锌避雷器动作情况，其连线是否完好。

（4）绝缘避雷线间隙变化情况。

（5）地线、接地引下线、接地装置、连续接地间的连接、固定以及锈蚀情况。

6. 检查附件及其他设施

检查附件及其他设施有无下列缺陷和运行情况的变化。

（1）预绞丝滑动、断股或烧伤。

（2）防振锤移位、脱落、偏斜、钢丝断股，阻尼线变形、烧伤、绑线松动。

（3）相分裂导线的间隔棒松动、位移、折断、线夹脱落、连接处磨损和放电烧伤。

（4）均压环、屏蔽环锈蚀及螺栓松动、偏斜。

（5）防鸟设施损坏、变形或缺损。

（6）附属通信设施损坏。

（7）各种检测装置缺损。

（8）相位、警告、指示及防护等标志缺损、丢失，杆号牌缺损，线路名称、杆塔编号字迹不清。

四、正常巡视作业指导书编写内容

根据国家电网公司《现场标准化作业指导书编制导则》的要求，输电线路正常巡视作业指导书的编写结构由封面、适用范围、引用文件、巡视周期、巡视前准备、巡视卡、巡视记录、指导书执行情况评估和附录九项内容组成。

1. 封面

由作业名称、编号、编写人及时间、审核人及时间、批准人及时间、编写部门六项内容组成。

2. 适用范围

指作业指导书的使用效力，如"本指导书适用于××kV××线××塔至××塔正常巡视工作"。

3. 引用文件

明确编写作业指导书所引用的法规、规程、标准、设备说明书及企业管理规定和文件。

4. 巡视周期

按运维部门或线路工区的统一安排，规定周期内按本指导书全面巡视一次（也可根据线路所处地理情况确定巡视周期时间）。

5. 巡视前准备

巡视前应根据下达的巡视任务，从人员配备及要求、危险点分析及预控措施、工器具及材料方面做好准备工作。

（1）人员配备及要求。

1）集体巡视：工作负责人一名，巡视人员若干。

2）分组（个人）巡视：小组负责人、线路岗位责任人或设备主人1～2名（安规规定禁止单人巡视的情况除外）。

巡视人员应身体健康并按规定着装。

（2）危险点及控制措施。设备巡视前，应结合线路巡视杆塔的路径、地形、巡视道路、天气、季节等特点，从环境意外伤害（如雷雨、雪、大雾、酷暑和大风等天气、巡视通道内枯井、沟坎和动物攻击等）、触电伤害（如带电、交叉跨越、同杆架设、导线断落地面或悬吊在空中等）、高空坠落（如爬树、登塔或高差较大地点等）、交通意外（过公路、铁路、乘车等）方面和山区巡线道私设电网、野猪夹、陷阱等，分析巡视中可能造成巡视人员伤害的各种情况，提出保障安全巡视的防范措施，在下达的巡视作业指导书时提示巡线人员加以注意。

（3）巡视主要工器具及材料。主要从巡视人员的通信联系、巡视质量和可单独处理消除的少量地面缺陷等方面进行配置，主要工器具有通信工具、望远镜、照相机、钳子和扳手、砍刀或手锯、山区用登山棒、防刺鞋、个人安全用具等；主要材料有螺栓、铁丝、防盗帽及巡视记录等。

模块1

ZY0100302001

6. PDA 巡检仪或巡视卡

由巡视项目、巡视标准、缺陷内容与签注栏组成。若是 PDA 巡检仪，则巡检仪内附有全部线路的技术资料。

（1）巡视项目。每基杆塔的巡视内容。一般分线路通道及周边环境变化情况、杆塔本体、附属设施等项目。

（2）巡视标准。每个巡视项目检查和评判的依据。如线路标志"线路双编号齐全醒目，符合国标；警示牌规范统一，悬挂牢固"、杆塔本体"塔材、横担无变形；塔材螺栓齐全、紧固，无锈蚀现象"等。

（3）缺陷内容。详细记录设备缺陷情况。

（4）签注栏。记录每个项目的巡视结果，一般为"√"或"×"。签注栏首行内写明巡视时间。

7. 巡视记录

由巡视日期、巡视线段、巡视人员、备注栏组成。

8. 指导书执行情况评估

执行情况评估要对指导书的符合性、可操作性进行评价，对可操作项、不可操作项、修改项、遗漏项和存在问题做出统计，并提出改进意见。

9. 附录

可根据所巡视设备的跨越情况，确定所填写的跨越物垂直距离。线路与交跨物垂直距离的规定（按电压等级填写）。

五、正常巡视作业指导书格式

1. 封面

巡视作业指导书的封面如图 ZY0100302001-1 所示。

编号：Q/×××

×× kV ×× 线 ×× 塔至 ×× 塔巡视作业指导书

编写：_____ ____ 年 ____ 月 ____ 日

审核：_____ ____ 年 ____ 月 ____ 日

批准：_____ ____ 年 ____ 月 ____ 日

×× 供电公司 ×××

图 ZY0100302001-1 封面

2. 适用范围

本作业指导书适用于 ×× kV ×× 线 ×× 塔至 ×× 塔正常巡视工作。

3. 引用文件

《中华人民共和国电力法》（中华人民共和国主席令第 60 号）

《电力设施保护条例》（中华人民共和国国务院令第 239 号）

《电力设施保护条例实施细则》（中华人民共和国国家经济贸易委员会、中华人民共和国公安部令第 8 号）

GB 50233—2005 《110～500kV 架空送电线路施工及验收规程》

DL/T 741—2001 《架空输电线路运行规程》

DL/T 5092—1999 《110～500kV 架空送电线路设计技术规程》

国家电网公司《110（66）kV～500kV 架空输电线路运行规范》

国家电网公司《预防 110（66）kV～500kV 架空输电线路事故措施》

国家电网生[2006]935 号《架空输电线路管理规范》

国家电网安监[2009]664 号《国家电网公司电力安全工作规程（线路部分）》

4．巡视周期

规定周期内按本指导书全面巡视一次（也可根据线路所处地理情况确定巡视周期时间）。

5．巡视前准备

（1）人员要求见表 ZY0100302001-1。

表 ZY0100302001-1　　　　　　　　人　员　要　求

√	序号	内　　容	备　注
	1	集体巡视：工作负责人一名，巡视人员若干	

（2）危险点及控制措施见表 ZY0100302001-2。

表 ZY0100302001-2　　　　　　　　危　险　点　及　控　制　措　施

√	序号	危险点	控 制 措 施
	1	环境意外伤害	巡线时应穿工作鞋或防刺靴，雨、雪天路滑，慢慢行走，过沟、崖和墙时防止摔伤，不走险路。防止动物伤害，做好安全措施；偏僻山区巡线由两人进行。暑天、大雪天等恶劣天气，必要时由两人进行
	2	防止高空摔跌	不得随意攀登铁塔去处理杆号牌或观察树竹木与导线距离

（3）巡视主要工器具及材料见表 ZY0100302001-3。

表 ZY0100302001-3　　　　　　　　巡视主要工器具及材料

√	序　号	名　　称	规　格	单　位	数　量	备　注
	1	扳手	10～12 吋	把	2	
	2	螺栓	M16	套	5	

6．PDA 巡检仪或巡视卡（见表 ZY0100302001-4）

表 ZY0100302001-4　　　　　　　　PDA 巡检仪或巡视卡

线路名称		导线型号		地线型号		一般绝缘配置	
巡视项目		巡 视 标 准				×月／×日	×月／×日
缺陷内容							

7．巡视记录（见表 ZY0100302001-5）

表 ZY0100302001-5　　　　　　　　巡　视　记　录

巡视日期	巡视区段	巡视人员签名	备　注

8．指导书执行情况评估（见表 ZY0100302001-6）

表 ZY0100302001-6　　　　　　　　指导书执行情况评估

评估内容	符合性	优		可操作项	
		良		不可操作项	
	可操作性	优		修改项	
		良		遗漏项	
存在问题					
改进意见					

9. 附录（见表 ZY0100302001-7）

表 ZY0100302001-7 附　　录

交跨距离（m） 电压等级（kV）	铁　路（至轨顶）	窄轨铁路（至轨顶）	通航河流（最高水位）	通航河流（最高水位至桅顶）	公　路（至路面）	弱电线	电力线

【思考与练习】

1. 定期巡视的周期是如何规定的？
2. 定期巡视的人员资质要求是什么？
3. 定期巡视的安全要求是什么？
4. 定期巡视的作业程序是什么？

模块 2　输电线路故障巡视作业指导书（ZY0100302002）

【模块描述】 本模块包含线路故障巡视作业指导。通过要点讲解、要点归纳、流程介绍，掌握正确编写故障巡视作业指导书方法。

【正文】

编制输电线路故障巡视的作业指导书是为了规范故障巡视工作的程序和巡视人员的作业行为，保证故障巡视工作的安全有序进行，及时查明线路故障的原因、地点及故障情况，以便及时消除故障和恢复线路送电。

一、故障巡视的人员素质及要求

1. 人员素质

输电线路故障巡视人员必须是从事输电线路专业有一定线路工作经验、通过技能鉴定合格并经《国家电网公司电力安全工作规程（线路部分）》考试合格的人员。

2. 要求

（1）熟悉并掌握所管线路的技术参数、线路走径及通道环境情况。

（2）熟悉并掌握所管线路运行状况及存在缺陷。

（3）熟悉故障现象，具备线路故障的识别能力。

（4）按照线路工区及班站的统一安排，认真巡查设备，及时发现故障点并进行故障原因的初步判别，确保巡查质量。

二、设备巡视时间及要求

1. 故障巡视时间

线路发生故障后，无论重合是否成功，均应从故障的情况认真及时分析可能引发故障或事故的各种原因和可能发生的区段，确定巡查方案，并立即组织人员赶赴现场进行故障或事故查线。

2. 故障或事故巡线必须遵守下列要求

（1）故障或事故巡视中，巡视人员应严格遵守《国家电网公司电力安全工作规程（线路部分）》和 DL/T 741—2010《架空输电线路运行规程》的有关规定。

（2）巡线人员应认真完成自己所负责区段的巡视工作，不得中断或遗漏。

（3）巡视人员发现故障点后，应及时汇报，重大事故点应设法保护现场；对可能造成故障的所有物件应搜集带回，并对故障或事故现场情况做好详细记录，必要时画出现场情况草图或照相，作为故障或事故分析的依据和参考。

三、巡视内容及要求

1. 沿线情况

（1）由于线路所经路段的地形不同，发生故障或事故的情况也各不相同，对各种季节性故障的影响也不一样，如雷雨季节的高山路段线路易发生雷击、汛期处于河流附近的线路杆塔易受冲刷倒塔等。

（2）由于线路通道内或线路附近各种超高的树木、广告牌、宣传条幅等物，对于故障的影响是不一样，如超高的树木、广告牌等物易发生接地故障、宣传条幅等物碰线需有一定的风力等。

（3）故障巡视时应结合故障分析要求，对线路沿线可能产生故障的情况进行认真检查。

2．接地装置

检查接地连接螺丝与杆塔连接处有无故障时放电烧伤痕迹。

3．杆塔和拉线

（1）检查杆塔上横担与混凝土杆接触处、横担与绝缘子连接处、架空地线金具连接处有无故障时放电烧伤痕迹。

（2）检查杆塔和拉线上下连接处有无故障时放电烧伤痕迹。

4．绝缘子及金具

（1）检查绝缘子上有无故障时闪络放电烧伤痕迹。

（2）检查玻璃绝缘子、瓷质绝缘子的钢帽上有无故障时放电烧伤痕迹。

（3）检查均压环、屏蔽环、连接金具上有无故障时放电烧伤痕迹。

5．导线及避雷线

（1）检查导线线夹附近、导线上有无故障时放电烧伤痕迹。

（2）检查避雷线线夹内、线夹附近、避雷线上有无故障时放电烧伤痕迹。

6．附属设施及其他

（1）预绞丝、护线条上有无放电烧伤痕迹。

（2）光缆支架上有无故障时放电烧伤痕迹。

7．防雷设施

（1）放电间隙有无变动、烧损。

（2）线路型氧化锌避雷器计数器有无动作情况。

（3）避雷器、避雷针等防雷装置和其他设备的连接、固定情况。

四、巡视的区段

故障或事故发生后，线路管理单位应及时根据调度部门提供的故障或事故信息（故障性质、电流、相位、测距等）和线路存在的隐患，分析线路故障相的排列、金属或非金属接地、单相或相间接地、距变电站的位置等，结合线路档距推算出可能发生故障的杆塔号，并以此为中心向线路两侧各延伸 3～5km 确定为线路故障巡视的区段，安排故障或事故查巡。

五、故障巡视作业指导书的内容

根据国家电网公司《现场标准化作业指导书编制导则》的要求，本模块中输电线路故障巡视作业指导书的编写结构由封面、适用范围、引用文件、巡视前准备、巡视卡和指导书执行情况评估及附录七项内容组成。

1．封面

由作业名称、编号、编写人及时间、审核人及时间、批准人及时间、编写部门六项内容组成。

2．适用范围

指作业指导书的使用效力，如"本指导书适用于××kV××线××塔至××塔故障巡视检查工作"。

3．引用文件

明确编写作业指导书所引用的法规、规程、标准、设备说明书及企业管理规定和文件。

4．巡视前准备

巡视前应根据下达的巡视任务，从人员配备及要求、危险点分析及预控措施、工器具及材料方面做好准备工作。

（1）人员配备及要求。

1）集体地面巡视：工作负责人一名，巡视人员若干。

2）登杆塔分组巡视：工作负责人一名，每组至少两名工作人员，其中一名为小组负责人。

巡视人员应身体健康并按规定着装和配备安全防护用具。

（2）危险点及控制措施。设备巡视前，应结合线路巡视杆塔的路径、地形、巡视道路、天气、季节等特点，从环境意外伤害（如雷雨、雪、大雾、酷暑和大风等天气、巡视通道内枯井、沟坎和动物攻击等）、触电伤害（如带电、交叉跨越、同杆架设、导线断落地面或悬吊在空中等）、高空坠落（如登杆塔或高差较大地点等）、交通意外（过公路、铁路、乘车等）方面分析巡视中可能造成巡视人员伤害的各种情况，提出保障安全巡视的防范措施，在下达巡视作业指导书时提示巡线人员加以注意。

（3）巡视主要工器具及材料。主要从巡视人员的通信联系、巡视质量和巡视人员安全等方面进行配置，主要工器具有通信工具、望远镜、照相机、个人安全用具等；主要材料为巡视记录。

（4）三交三查。工作前，工作负责人检查工作票或任务单所列安全技术措施是否正确完备，并予以补充；工作负责人应召集工作班成员进行"三交三查"，包括交代工作任务、技术措施、安全措施和危险点告知，检查工作人员精神状况、劳动保护着装情况、个人工器具是否完好齐全、危险点预控措施的落实情况；全体工作班成员在明确工作任务、安全技术措施和危险点及防范措施后在工作票或工作任务单上签名。

5. 巡视卡

由巡查项目、巡查标准、故障情况描述与签注栏组成。

（1）巡视项目。规定每基杆塔的巡视内容一般分为沿线情况、接地装置、杆塔和拉线、绝缘子及金具、导线及避雷线、附属设施及其他、防雷设施等项目。

（2）巡查标准。规定每个巡视项目检查和评判的依据：如沿线情况、接地装置、杆塔和拉线、绝缘子及金具、导线及避雷线、附属设施及其他、防雷设施等有无放电烧伤痕迹或异常。

（3）故障情况描述。详细记录设备故障情况，如杆塔号、故障相位和排列位置、故障点损伤情况等，并对巡视范围内发现的设备异常情况一并进行记录。

（4）签注栏。记录每个项目的巡视结果，一般为"√"或"×"，签注栏首行内应写明巡视时间。

6. 指导书执行情况评估

执行情况评估要对指导书的符合性、可操作性进行评价，对可操作项、不可操作项、修改项、遗漏项做出统计，并对巡视中的安全、计划完成、故障情况进行分析，找出故障巡视中存在的问题，并提出改进的防范措施和处理意见。

7. 附录（巡视记录）

（1）填写内容包括工作日期、巡视区段、发现的故障点、当日工作完成情况。

（2）必须正确填写巡视发现的故障点（正确描述缺陷、正确定性、提出处理意见）。

（3）填写必须完整，书写工整、字迹清楚，能清楚反映发现的故障情况。

六、故障巡视作业指导书的格式

1. 封面

故障巡视作业指导书的封面如图 ZY0100302002-1 所示。

编号：Q/×××

×× kV ××线 ××塔至××塔故障巡视作业指导书

编写：＿＿＿＿＿＿　＿＿＿＿年＿＿＿＿月＿＿＿＿日

审核：＿＿＿＿＿＿　＿＿＿＿年＿＿＿＿月＿＿＿＿日

批准：＿＿＿＿＿＿　＿＿＿＿年＿＿＿＿月＿＿＿＿日

××供电公司×××

图 ZY0100302002-1　封面

2. 适用范围

本作业指导书适用于××kV××线××塔至××塔故障巡视工作。

3. 引用文件

《中华人民共和国电力法》（中华人民共和国主席令第六十号）

《电力设施保护条例》（中华人民共和国国务院令第 239 号）

《电力设施保护条例实施细则》（中华人民共和国国家经济贸易委员会、中华人民共和国公安部令第 8 号）

GB 50233—2005《110～500kV 架空送电线路施工及验收规程》

DL/T 741—2010《架空输电线路运行规程》

国家电网安监[2009]664 号《国家电网公司电力安全工作规程（线路部分）》

国家电网生[2006]935 号 《架空输电线路管理规范》

国家电网公司《110（66）kV～500kV 架空输电线路运行规范》

国家电网公司《预防 110（66）kV～500kV 架空输电线路事故措施》

4. 巡视前准备

（1）人员要求见表 ZY0100302002-1。

表 ZY0100302002-1　　　　　　　　　**人 员 要 求**

√	序号	内　　　容	备　注
	1	集体巡视：工作负责人 1 名，巡视人员若干	

（2）危险点及控制措施见表 ZY0100302002-2。

表 ZY0100302002-2　　　　　　　　**危 险 点 及 控 制 措 施**

√	序号	危险点	控 制 措 施
	1	环境意外伤害	巡线时应穿登山鞋或防刺靴，手持登山棒，雨、雪天路滑，慢慢行走，过沟、崖和墙时防止摔伤，不走险路。防止动物或狩猎装置伤害，做好安全措施；偏僻山区巡线由两人进行。暑天、大雪天等恶劣天气，必要时由两人进行
	2	高空坠落	若要登塔巡查，必须有专人监护，登塔时双手不得持有任何物件

（3）巡视主要工器具及材料见表 ZY0100302002-3。

表 ZY0100302002-3　　　　　　　**巡视主要工器具及材料**

√	序号	名　　称	规　格	单　位	数　量	备　注
	1	照相机		只	1	
	2	绝缘安全带		副	1	

（4）三交三查内容见表 ZY0100302002-4。

表 ZY0100302002-4　　　　　　　　　**三 交 三 查 内 容**

√	序号	内　　　容	作业人员签字
	1	履行开工手续	
	2	"三交三查"即宣读工作票、交待作业任务、危险点及安全措施、安全注意事项、任务分工并提问作业人员	
	3	作业前对安全用具、工器具、材料进行清点检查	

5. 巡视卡（见表 ZY0100302002-5）

表 ZY0100302002-5 巡 视 卡

巡查项目	巡 查 标 准	×月／×日	×月／×日
异常情况描述			

6. 指导书执行情况评估（见表 ZY0100302002-6）

表 ZY0100302002-6 指导书执行情况评估

评估内容	符合性	优		可操作项	
		良		不可操作项	
	可操作性	优		修改项	
		良		遗漏项	
存在问题					
改进意见					

7. 附录（巡视记录见表 ZY0100302002-7）

表 ZY0100302002-7 巡 视 记 录

巡 视 日 期	巡 查 区 段	巡视人员签名	备 注

【思考与练习】

1. 故障巡视有什么要求？

2. 故障巡视的区段如何划分？

模块 3 输电线路夜间巡视作业指导书（ZY0100302003）

【模块描述】本模块包含线路夜间巡视作业指导。通过要点讲解、要点归纳、流程介绍，掌握正确编写夜间巡视作业指导书方法。

【正文】

编制输电线路的夜间巡视作业指导书是为了规范夜间巡视工作的程序和巡视人员的作业行为，保证夜间巡视工作的安全有序进行，弥补白天巡视中的不足，及时掌握线路导线跳线连接部分发热、冒火花或绝缘子的污秽放电情况，以便及时发现和消除缺陷，预防事故的发生。

一、人员素质及要求

1. 人员素质

输电线路夜间巡视人员必须是从事输电线路专业有一定线路工作经验、通过技能鉴定合格并经《国家电网公司电力安全工作规程（线路部分）》考试合格的人员。

2. 要求

（1）熟悉夜间巡视的方法，并具备一定的缺陷与线路设备异常情况的判别能力。

（2）按照线路工区或班站安排的夜间巡视区段，认真巡视，确保巡视质量。

（3）应由有经验并熟悉该线路的运行班或检修班成员组成。

（4）夜巡应配备适合夜间行驶的车辆、照明等设备，驾驶员应熟悉夜巡地区。

二、巡视时间及要求

1. 巡视时间

（1）应结合季节性故障特点，在污闪故障频发期，天气为大雾、毛毛小雨的天气进行。

（2）在高温季节，结合设备负荷情况，红外测温应在线路输送额定符合的 60%～80% 下没有月光的时间进行。

2. 巡视要求

（1）夜间巡视中，巡视人员应严格遵守《国家电网公司电力安全工作规程（线路部分）》、DL/T 741—2010《架空输电线路运行规程》和 DL/T 596—1996《电力设备预防性试验规程》的有关规定。

（2）对发现的异常应进行认真观察，并作好详细记录以便分析，对紧急缺陷应立即汇报。

（3）巡线人员应认真完成自己所负责区段的巡视工作，不得中断或遗漏。

（4）夜间巡视至少两人一组，且巡视时必须有照明设备方可进行。

三、巡视内容要求

1. 导线跳线连接处

（1）巡视检查导线跳线连接金具处有无发光发热现象，间隔棒有无过热冒火等。

（2）巡视检查避雷线绝缘放电间隙是否因放电间隙偏小而发生火花放电。

2. 绝缘子及金具

（1）检查高压侧连接金具有无异常及火花放电现象。

（2）检查绝缘子表面是否有电晕或脏污放电等异常现象。

四、巡视区段

（1）线路途径 II、III 级及以上污秽区段。

（2）长期大负荷输送的线路或发生过发热现象的接点区段。

五、夜间巡视作业指导书的内容

根据国家电网公司《现场标准化作业指导书编制导则》的要求，本模块中输电线路夜间巡视作业指导书的编写结构由封面、适用范围、引用文件、巡视前准备、巡视卡和指导书执行情况评估及附录七项内容组成。

1. 封面

由作业名称、编号、编写人及时间、审核人及时间、批准人及时间、编写部门六项内容组成。

2. 适用范围

指作业指导书的使用效力，如"本指导书适用于××kV××线××塔至××塔夜间巡视检查工作"。

3. 引用文件

明确编写作业指导书所引用的法规、规程、标准、设备说明书及企业管理规定和文件。

4. 巡视前准备

巡视前应根据下达的巡视任务，从人员配备及要求、危险点及控制措施、工器具及材料方面做好准备工作。

（1）人员配备及要求。夜间巡视时，工作负责人一名，巡视人员若干，每组一般不得少于两人；巡视人员应身体健康并按规定着装和配备照明及安全防护用具。

（2）危险点及控制措施。设备巡视前，应结合线路巡视区段的路径、地形、巡视道路、天气、季节等特点，在做好平原线路防虫、防蛇和防狗咬、山区线路夜防兽咬和被捕兽工具误伤、私拉电网触电伤害等安全措施的同时，根据现场实际情况，补充必要的危险点分析和预控措施内容（如巡视中应沿线路外角侧进行，以免导线落地伤人等），在下达巡视作业指导书时提示巡线人员加以注意。

（3）巡视主要工器具及材料。主要从巡视人员的通信联系、巡视质量和巡视人员安全等方面进行配置，主要工器具有通信工具、红外热像仪、夜视仪、温度计、照明设备、个人防护用品等；主要材料为巡视记录。

（4）三交三查。工作前，工作负责人检查工作票或任务单所列安全技术措施是否正确完备，并予以补充；工作负责人应召集工作班成员进行"三交三查"，包括交代工作任务、技术措施、安全措施和危险点告知，检查工作人员精神状况、劳动保护着装情况、个人工器具是否完好齐全、危险点控制措施的落实情况；全体工作班成员在明确工作任务、安全技术措施和危险点及防范措施后在工作票或工作任务单上签名。

5. 巡视卡

由巡查项目、巡查标准、缺陷内容与签注栏组成；巡视内容包括本号杆塔及与大号杆塔之间的组成部分。

（1）巡视项目。规定每基杆塔的巡视内容：主要是导线跳线连接处、绝缘子、连接金具（引流板、并沟线夹）、间隔棒及避雷线绝缘放电间隙等项目。

（2）巡查标准。规定每个巡视项目检查和评判的依据：如导线跳线连接处、绝缘子、连接金具、间隔棒及避雷线绝缘间隙等有无电晕火花、接点发热、放电火花等情况。

（3）缺陷内容。详细记录设备的电晕、放电、接点发热等缺陷情况。

（4）签注栏。记录每个项目的巡视结果，一般为“√”或“×”，签注栏首行内应写明巡视时间。

6. 指导书执行情况评估

执行情况评估要对指导书的符合性、可操作性进行评价，对可操作项、不可操作项、修改项、遗漏项做出统计，并对巡视中的安全、计划完成、发现问题进行分析，找出夜间巡视中存在的问题，并提出改进的防范措施和处理意见。

7. 附录（巡视记录）

（1）填写内容包括工作日期、夜间巡视区段、发现的问题、当日工作完成情况。

（2）必须正确填写巡视发现的问题（正确描述缺陷、正确定性、提出处理意见）。

（3）填写必须完整，书写工整、字迹清楚，能清楚反映发现的故障情况。

六、故障巡视作业指导书的格式

1. 封面

故障巡视作业指导书的封面如图 ZY0100302003-1 所示。

编号：Q/×××

××kV××线××塔至××塔夜间巡视作业指导书

编写：________　_____年_____月_____日

审核：________　_____年_____月_____日

批准：________　_____年_____月_____日

××供电公司×××

图 ZY0100302003-1　封面

2. 适用范围

本作业指导书适用于××kV××线××塔至××塔夜间巡视工作。

3. 引用文件

DL/T 741—2010《架空输电线路运行规程》

Q/GDW 168—2008《输变电设备状态检修试验规程》

国家电网安监[2009]664 号《国家电网公司电力安全工作规程（线路部分）》

国家电网生技[2005]172 号《国家电网公司 110（66）kV～500kV 架空输电线路运行规范》

国家电网生[2004]503 号《国家电网公司现场标准化作业指导书编制导则（试行）》

4. 巡视前准备

（1）人员要求见表 ZY0100302003-1。

表 ZY0100302003-1　人　员　要　求

√	序号	内　　容	备　注
	1	集体巡视：工作负责人一名，巡视人员若干，至少两人一组	

（2）危险点及控制措施见表 ZY0100302003-2。

表 ZY0100302003-2　　　　　　　　**危 险 点 及 控 制 措 施**

√	序号	危险点	控 制 措 施
	1	环境意外伤害	做好平原线路防虫、防蛇和防狗咬、山区线路夜防兽咬和被捕兽工具误伤、私拉电网触电伤害等安全措施
	2	摔跌伤害	每人持有照明设施和登山棒

（3）巡视主要工器具及材料见表 ZY0100302003-3。

表 ZY0100302003-3　　　　　　　　**巡视主要工器具及材料**

√	序 号	名 称	规 格	单 位	数 量	备 注
	1	红外热像仪		台	1	
	2	照明设备		副	若干	

（4）三交三查内容见表 ZY0100302003-4。

表 ZY0100302003-4　　　　　　　　**三 交 三 查 内 容**

√	序 号	内 容	作业人员签字
	1	履行开工手续	
	2	"三交三查"即宣读工作票、交待作业任务、危险点及安全措施、安全注意事项、任务分工并提问作业人员	
	3	作业前对安全用具、工器具、材料进行清点检查	

5. 巡视卡（见表 ZY0100302003-5）

表 ZY0100302003-5　　　　　　　　**巡 视 卡**

序号	巡视内容	巡 视 标 准	×月／×日	×月／×日	×月／×日
	缺陷内容				

6. 指导书执行情况评估（见表 ZY0100302003-6）

表 ZY0100302003-6　　　　　　　　**指导书执行情况评估**

评估内容	符合性	优		可操作项	
		良		不可操作项	
	可操作性	优		修改项	
		良		遗漏项	
存在问题					
改进意见					

7. 附录（巡视记录，见表 ZY0100302003-7）

表 ZY0100302003-7　　　　　　　　**巡 视 记 录**

巡视日期	巡视区段	巡视人员签名	备 注

【思考与练习】

1. 夜间巡视的时间有什么规定？

2．夜间巡视的内容是什么？

3．夜间巡视的目的是什么？

模块 4　输电线路特殊巡视作业指导书（ZY0100302004）

【模块描述】本模块包含线路特殊巡视作业指导。通过要点讲解、要点归纳、流程介绍，掌握正确编写特殊巡视作业指导书方法。

【正文】

编制输电线路的特殊巡视作业指导书是为了规范特殊巡视工作的程序和巡视人员的作业行为，保证特殊巡视工作的安全有序进行，在导线结冰、大雾、粘雪、冰雹、河水泛滥、解冻、森林起火、地震以及狂风暴雨等发生后或系统特殊运行方式时，为及时查明线路设备的不正常和部件变形损坏情况，以便及时发现和消除缺陷，预防事故的发生。

一、人员素质及要求

1．人员素质

输电线路特殊巡视人员必须是从事输电线路专业有一定线路工作经验、通过技能鉴定合格并经《国家电网公司电力安全工作规程（线路部分）》考试合格的人员。

2．要求

（1）熟悉并掌握所管线路的技术参数、线路走径及通道环境情况。

（2）应由有经验并熟悉该线路的运行班成员组成。

（3）按照线路工区及班站安排，认真巡视设备，及时发现缺陷和隐患，确保巡视质量。

（4）特殊巡视应配备适合恶劣天气行驶的车辆，驾驶员应熟悉特殊巡视地区。

二、巡视时间及要求

1．巡视时间

特殊巡视一般在气候剧烈变化、自然灾害、外力影响、特殊运行方式和其他特殊情况条件下，及时组织安排巡视。

2．巡视要求

（1）在气候剧烈变化、自然灾害、外力影响、异常运行和其他特殊情况时，应及时对线路进行巡视，以发现线路通道的异常现象及设备部件的缺陷及异常情况。

（2）巡线人员应认真完成自己所负责区段的巡视工作，不得中断或遗漏。

（3）巡视人员发现设备异常后，应做好详细记录，对紧急缺陷应立即汇报。

（4）特殊巡视至少两人一组。

（5）巡视中通过走访群众护线员，了解当地的气候剧烈变化、自然灾害及外力破坏情况。

三、巡视内容要求

1．气候剧烈变化特殊巡查

（1）导、地线上扬、振动、舞动、脱冰跳跃，相分裂导线鞭击、扭绞、黏连等。

（2）绝缘子与绝缘横担是否有覆冰、爬电等异常现象。

（3）跳线与横担空气间隙变化，跳线是否舞动或摆动过大。

（4）导线跳线连接金具过热、变色、变形、滑移。

（5）树木是否对线路运行构成威胁。

（6）附属设施是否完好。

2．自然灾害特殊巡查

（1）杆塔及拉线的基础变异，如周围土壤突起或沉陷，基础裂纹，损坏、下沉或上拔，护基沉塌或被冲刷。

（2）线路附近河道冲刷的变化。

（3）防洪设施是否坍塌或损坏。

（4）拉线松弛、抽筋断股、张力分配不均等。

3. 外力影响特殊巡查

（1）线路防护区内有无进入或穿越保护区的超高机械作业。

（2）在杆塔、拉线基础周围取土、堆土、打桩、钻探、开挖或倾倒酸、碱、盐及其他有害物质。

（3）线路设施是否有被拆盗现象。

（4）防护区内有无兴建建筑物、堆放易燃、易爆物及栽种树木。

（5）导线对地、交叉跨越设施及对其他物体距离的变化。

（6）在线路附近施工爆破、开山采石、上坟烧纸、燃放炮烛、放风筝等。

4. 季节性及特殊区域巡查

（1）台风季节拉线杆塔的拉线拉棒及拉线金具的锈蚀、断股、被盗、松动、塔材有无缺损等情况。

（2）雷电活动频繁区域杆塔接地体是否外露、防雷设施有无损坏。

（3）春季树木、毛竹生长期，在线路通道附近有无危及线路安全及线路导线风偏摆动时，有无可能引起放电的树木、毛竹。

（4）多雨季节杆塔、基础有无被埋、被冲刷或损坏等，防洪设施有无坍塌或破坏。

（5）易火灾区域当地居民有无野外生火危及线路的情况。

5. 特殊运行方式下巡查

（1）导、地线弧垂变化，相分裂导线间距变化。

（2）导线接续金具过热、变色、变形、滑移。

（3）导线对地、交叉跨越设施及对其他物体距离的变化。

四、巡视区段

主要是气候剧烈变化、自然灾害、外力和其他情况影响地域的整条线路或其中的某几段、某元件，包括线路危险控制点。

五、特殊巡视作业指导书的内容

根据国家电网公司《现场标准化作业指导书编制导则》的要求，本模块中输电线路特殊巡视作业指导书的编写结构由封面、适用范围、引用文件、巡视前准备、巡视卡和指导书执行情况评估及附录七项内容组成。

1. 封面

由作业名称、编号、编写人及时间、审核人及时间、批准人及时间、编写部门六项内容组成。

2. 适用范围

指作业指导书的使用效力，如"本指导书适用于××kV××线××塔至××塔特殊巡视检查工作"。

3. 引用文件

明确编写作业指导书所引用的法规、规程、标准、设备说明书及企业管理规定和文件。

4. 巡视前准备

巡视前应根据下达的巡视任务，从人员配备及要求、危险点及控制措施、工器具及材料方面做好准备工作。

（1）人员配备及要求。

1）集体巡视：工作负责人一名，巡视人员若干。

2）分组巡视：小组负责人一名，设备主人一到两名。

巡视人员应身体健康并按规定着装和安全防护用具。

（2）危险点及控制措施。设备巡视前，应结合线路巡视杆塔的路径、地形、巡视道路、天气、季节等特点，从环境意外伤害（如雷雨、雪、大雾、酷暑和大风等天气、巡视通道内枯井、沟坎和动物攻击等）、触电伤害（如带电、交叉跨越、同杆架设、导线断落地面或悬吊在空中等）、高空坠落（如爬树、登塔或高差较大地点等）、交通意外（过公路、铁路、乘车等）方面分析巡视中可能造成巡视人员伤害的各种情况，提出保障安全巡视的防范措施，在下达的巡视作业指导书时提示巡线人员加

模块 4

ZY0100302004

以注意。

（3）巡视主要工器具及材料。主要从巡视人员的通信联系、巡视质量和巡视人员安全等方面进行配置，主要工器具有通信工具、望远镜、照相机、测高仪、个人安全及防护用具等；主要材料有电力警示牌、巡视记录等。

（4）三交三查。工作前，工作负责人检查工作票或任务单所列安全技术措施是否正确完备，并予以补充；工作负责人应召集工作班成员进行"三交三查"，包括交代工作任务、技术措施、安全措施和危险点告知，检查工作人员精神状况、劳动保护着装情况、个人工器具是否完好齐全、危险点预控措施的落实情况；全体工作班成员在明确工作任务、安全技术措施和危险点及防范措施后在工作票或工作任务单上签名。

5. 巡视卡

由巡查项目、巡查标准、缺陷及异常情况描述与签注栏组成。

（1）巡视项目。规定每基杆塔的巡视内容应根据巡查要求的不同，对照巡视重点安排进行。

（2）巡查标准。规定每个巡视项目检查和评判的依据，如线路杆塔本体、塔材、横担有无变形；塔材螺栓是否紧固等。

（3）缺陷及异常情况描述。详细记录线路缺陷及异常情况。

（4）签注栏。记录每个项目的巡视结果，一般为"√"或"×"，签注栏首行内应写明巡视时间。

6. 指导书执行情况评估

执行情况评估要对指导书的符合性、可操作性进行评价，对可操作项、不可操作项、修改项、遗漏项做出统计，并对巡视中的安全、计划完成、发现问题进行分析，找出夜间巡视中存在的问题，并提出改进的防范措施和处理意见。

7. 附录（巡视记录）

（1）填写内容包括工作日期、特殊巡视区段、发现的问题、当日工作完成情况。

（2）必须正确填写巡视发现的问题（正确描述缺陷、正确定性、提出处理意见）。

（3）填写必须完整、书写工整、字迹清楚，能清楚反映发现的故障情况。

六、故障巡视作业指导书的格式

1. 封面

故障巡视作业指导书的封面如图 ZY0100302004-1 所示。

编号：Q/×××

××kV××线××塔至××塔特殊巡视作业指导书

编写：＿＿＿＿＿＿　　　＿＿＿＿年＿＿＿＿月＿＿＿＿日

审核：＿＿＿＿＿＿　　　＿＿＿＿年＿＿＿＿月＿＿＿＿日

批准：＿＿＿＿＿＿　　　＿＿＿＿年＿＿＿＿月＿＿＿＿日

××供电公司×××

图 ZY0100302004-1　封面

2. 适用范围

本作业指导书适用于××kV××线××塔至××塔特殊巡视工作。

3. 引用文件

《中华人民共和国电力法》（中华人民共和国主席令第六十号）

《电力设施保护条例》（中华人民共和国国务院令第 239 号）

《电力设施保护条例实施细则》（中华人民共和国国家经济贸易委员会、中华人民共和国公安部令第 8 号）

GB 50233—2005   《110～500kV 架空送电线路施工及验收规程》

DL/T 741—2010   《架空输电线路运行规程》

国家电网安监[2009]664 号《国家电网公司电力安全工作规程（线路部分）》

国家电网生[2006]935 号   《架空输电线路管理规范（试行）》

国家电网公司《110（66）kV～500kV 架空输电线路运行规范》

国家电网公司预防《110（66）kV～500kV 架空输电线路事故措施》

4. 巡视前准备

（1）人员要求见表 ZY0100302004-1。

表 ZY0100302004-1   人 员 要 求

√	序号	内　容	备　注
	1	集体巡视：工作负责人一名，巡视人员若干，至少两人一组	

（2）危险点及控制措施见表 ZY0100302004-2。

表 ZY0100302004-2   危 险 点 及 控 制 措 施

√	序号	危险点	控 制 措 施
	1	环境意外伤害	巡线时应穿绝缘鞋或绝缘靴，雨、雪天路滑，慢慢行走，过沟、崖和墙时防止摔伤，不走险路。防止动物伤害，做好安全措施；偏僻山区巡线由两人进行。暑天、大雪天等恶劣天气，必要时由两人进行

（3）巡视主要工器具及材料见表 ZY0100302004-3。

表 ZY0100302004-3   巡视主要工器具及材料

√	序号	名　称	规　格	单　位	数　量	备　注
	1	照相机		台	若干	
	2	测高仪		台	若干	

（4）三交三查内容见表 ZY0100302004-4。

表 ZY0100302004-4   三 交 三 查 内 容

√	序号	内　容	作业人员签字
	1	履行开工手续	
	2	"三交三查"即宣读工作票、交待作业任务、危险点及安全措施、安全注意事项、任务分工并提问作业人员	
	3	作业前对安全用具、工器具、材料进行清点检查	

5. 巡视卡（见表 ZY0100302004-5）

表 ZY0100302004-5   巡 视 卡

杆塔型式		导线型号		绝缘配置		档　距	
杆塔呼称高		地线型号		拉线型式		所处地域	
巡视项目		巡 视 标 准				×月　　／　　×日	×月　　／　　×日
缺陷内容							

6. 指导书执行情况评估（见表 ZY0100302004-6）

表 ZY0100302004-6 指导书执行情况评估

评估内容	符合性	优		可操作项	
		良		不可操作项	
	可操作性	优		修改项	
		良		遗漏项	
存在问题					
改进意见					

7. 附录（巡视记录，见表 ZY0100302004-7）

表 ZY0100302004-7 巡 视 记 录

巡视日期	巡视区段	巡视人员签名	备 注

【思考与练习】

1. 特殊巡视的时间有什么要求？
2. 特殊巡视是如何规定的？
3. 特殊巡视的安全要求是什么？

附录 A 《输电线路运行》培训模块教材各等级引用关系表

部分名称	章	模块名称 （模块编码）	模 块 描 述	等 级		
				I	II	III
电力网的 基本知识 及简单计算	电力网基本 知识、参数 及等值电路	电力系统和电力网的 基本知识 （GYSD00101001）	本模块包含电能基本生产过程、电力系统和电力网的组成，介绍电力网和电力系统等基本概念。通过要点介绍、概念解释，了解电能的基本生产过程，熟悉电力网额定电压，掌握对电力系统的基本要求及电力网电气计算的基本概念	√		
		电力网参数和等值电路 （GYSD00101002）	本模块介绍电力网参数和等值电路知识。通过对电力网参数和等值电路知识的分析介绍，掌握线路参数、变压器参数的计算，并能熟练作出等值电路图		√	
		电力网功率和电能 损耗的计算 （GYSD00101003）	本模块涉及电力网功率和电能损耗的计算。通过定义讲解、定量分析和计算举例，了解降低线损的措施，熟悉电力负荷曲线，掌握线路的功率损耗与电能损耗计算、变压器的功率损耗与电能损耗计算		√	
		电力网功率分布与 电压计算 （GYSD00101004）	本模块涉及电力网功率分布与电压计算。通过定义讲解、定量分析和计算举例，能够掌握电力网电压损耗计算、电力网功率分布的计算，熟悉电力网电压调整的方法		√	
		电力网导线截面的选择 （GYSD00101005）	本模块介绍电力网导线截面的选择方法。通过概念介绍、定性分析、计算举例，掌握导线截面选择的程序、方法		√	
	电力系统 过电压及 其预防	电力系统中性点接地方式 （GYSD00102001）	本模块介绍电力系统中性点几种接地方式及使用范围。通过对电力系统中性点几种接地方式的介绍，了解电力系统中性点接地方式的基本概念，掌握系统在不同的接地方式下故障时电位的变化情况及各种接地方式的使用范围			√
		电力系统过电压的产生 （GYSD00102002）	本模块包含气体放电、大气过电压、内部过电压。通过概念描述、原理讲解、定性分析，掌握电力系统各种过电压产生的原因及过程			√
		过电压保护设备 （GYSD00102003）	本模块涉及线路几种常用的过电压保护设备。通过原理讲解、定量分析，掌握各种过电压保护设备的保护原理、保护范围确定以及接地装置的构成及要求			√
		输电线路过电压的 保护措施 （GYSD00102004）	本模块介绍架空输电线路过电压保护与绝缘配合。通过原理讲解和定性分析，掌握避雷线在线路防雷保护中的作用、输电线路的耐雷水平和雷击跳闸的概念、绝缘配合确定的方法，熟悉架空输电线路过电压的保护的措施			√
输电线路 导线受力 分析与计算	输电线路 的基本知识	电力线路的分类与构成 （GYSD00201001）	本模块涵盖电力线路的分类、架空输电线路的构成。通过要点介绍、概念描述，掌握电力线路的种类和架空输电线路的主要构成元件及其作用	√		
		导线和架空地线 （GYSD00201002）	本模块包含导线和架空地线两部分知识。通过概念描述和原理讲解，熟悉导线应具备的特性，掌握导线的常用材料、构成和架空地线的构成、架设的规定	√		
		导线的排列与换位 （GYSD00201003）	本模块介绍导线在杆塔上的各种排列、导线排列方式的选择和导线换位。通过概念描述和原理分析，能够了解导线各种排列方式、导线排列方式的选择依据，熟悉导线换位的原因、要求和有关导线换位的规定	√		
		杆塔 （GYSD00201004）	本模块涉及杆塔类型、特点。通过定义讲解、列表对比，掌握不同杆塔类型的特点、用途	√		
		线路绝缘子 （GYSD00201005）	本模块介绍线路绝缘子的种类、绝缘子的选择。通过概念陈述、图文讲解、计算举例，了解线路对绝缘子的要求，掌握线路绝缘子选择方法	√		
	导线（地 线）弧垂 应力计算	架空输电线路设计 气象条件 （GYSD00202001）	本模块包含气象条件三要素对线路运行的影响、气象条件的组合和典型气象区。通过概念描述和原理讲解，熟悉气象条件三要素对线路运行的影响，正确进行气象条件组合	√		
		导线的机械物理特性 及比载 （GYSD00202002）	本模块包含导线的机械物理特性及比载。通过概念讲解、定量分析、计算举例，掌握导线特性参数的计算和导线各种比载的计算		√	

部分名称	章	模块名称 （模块编码）	模块描述	等级		
				I	II	III
输电线路导线受力分析与计算	导线（地线）弧垂应力计算	导线悬链线解析方程式 （GYSD00202003）	本模块包含导线悬链线解析方程式、导线长度和应力计算式。通过概念描述和原理推导，掌握导线长度和应力计算的基本方法		✓	
		悬点等高弧垂、应力及线长计算 （GYSD00202004）	本模块包含悬点等高弧垂、应力及线长计算。通过概念描述、定量分析、计算举例，熟悉线路的常用名词概念，掌握悬点等高时导线的弧垂、应力及线长计算方法		✓	
		悬点不等高弧垂、应力及线长计算 （GYSD00202005）	本模块包含悬点不等高弧垂、应力及线长计算。通过概念描述、定量分析，掌握悬点不等高时导线弧垂、应力及线长计算方法		✓	
		导线的状态方程式 （GYSD00202006）	本模块包含导线在孤立档距中的状态方程式、连续档的代表档距及状态方程式。通过知识讲解、概念描述、定量分析、计算举例，熟悉引起导线应力变化的根本原因、导线状态方程式的由来，掌握导线在孤立档距中的状态方程式计算及求解方法		✓	
		临界档距 （GYSD00202007）	本模块包含导线的应力与档距及气象条件之间的关系、临界档距的计算、有效临界档距的判别。通过概念描述、原理推导、计算举例，熟悉导线应力随气象条件变化的规律及有效临界档距的判别方法		✓	
		导线机械特性曲线 （GYSD00202008）	本模块介绍导线机械特性曲线。通过概念描述、定义讲解、计算举例，掌握导线机械特性曲线计算程序及制作方法		✓	
		导线的安装曲线 （GYSD00202009）	本模块包含导线的安装曲线、初伸长的处理。通过概念描述、知识讲解、计算举例，掌握导线的安装曲线制作及导线初伸长的处理方法		✓	
		地线最大使用应力的选择 （GYSD00202010）	本模块介绍地线最大使用应力的选择及确定方法。通过概念描述、定量分析、计算举例，了解最大使用应力的确定过程，掌握地线最大使用应力的选择的原则			✓
	断线张力及架空地线支持力计算	导线断线张力的概念与计算 （GYSD00203001）	本模块涉及断线张力的基本概念、断线张力的计算及邻档断线交叉跨越距离校验。通过概念描述、定义讲解、计算举例、列表对比，了解断线张力的基本概念，掌握断线张力计算及邻档断线交叉跨越距离校验过程与方法			✓
		地线支持力的概念与计算 （GYSD00203002）	本模块介绍地线支持力的概念与计算。通过概念描述、定量分析，了解地线支持力的基本概念，掌握地线支持力的计算方法			✓
	导线振动与防振	振动概述 （GYSD00204001）	本模块包含风振动、舞动及次档距振动。通过概念描述、定义讲解，了解有关风振动、舞动及次档距振动		✓	
		风振动的特性与影响因素 （GYSD00204002）	本模块包含风振动的特性与影响因素。通过原理讲解，掌握风振动的特性与影响因素		✓	
		防振措施 （GYSD00204003）	本模块介绍防振锤、阻尼线等防振措施。通过对架空线路防振措施的原理讲解和定量分析，能够了解架空线路目前所采用的防振措施的防振原理，掌握防振锤、阻尼线的计算方法		✓	
输电线路杆塔的结构型式与受力分析	杆塔结构型式及外形尺寸确定	输电线路杆塔的结构型式 （GYSD00301001）	本模块介绍输电线路杆塔的结构型式。通过概念描述，了解输电线路杆塔的结构型式及类型	✓		
		输电线路杆塔几何尺寸的确定 （GYSD00301002）	本模块涉及确定杆塔外形尺寸的基本要求、杆塔呼称高的确定、杆塔头部尺寸的确定。通过概念描述和知识讲解，掌握确定杆塔外形尺寸的基本要求，确定杆塔呼称高及杆塔头部尺寸		✓	
	杆塔荷载的计算条件及其计算	杆塔荷载的计算条件 （GYSD00302001）	本模块包含荷载的分类、荷载计算条件、地线不平衡张力和导线、地线断线张力、荷载系数及各种档距的确定。通过概念描述和知识讲解，了解杆塔荷载的种类及其计算条件，掌握地线不平衡张力和导线、地线断线张力、荷载系数及各种档距的确定方法			✓
		杆塔荷载的计算 （GYSD00302002）	本模块包含风压荷载的计算、垂直荷载的计算、安装的计算及角度合力计算。通过概念描述、定量分析、计算举例，掌握杆塔各类荷载的计算方法			✓
	环截面普通钢筋混凝土构件的受力分析与计算	混凝土和钢筋混凝土 （GYSD00303001）	本模块包含混凝土和钢筋混凝土。通过概念描述和要点讲解，熟悉混凝土和钢筋混凝土的构成及其特性			✓

续表

部分名称	章	模块名称 （模块编码）	模 块 描 述	等 级		
				I	II	III
输电线路杆塔的结构型式与受力分析	环截面普通钢筋混凝土构件的受力分析与计算	轴心受压、受拉构件的计算 （GYSD00303002）	本模块包含轴心受压、受拉构件的计算。通过概念描述和定量分析，能够掌握轴心受压、受拉构件的受力计算方法			√
		受弯构件的计算 （GYSD00303003）	本模块包含受弯构件的极限设计弯矩、受弯构件最大剪应力。通过概念描述、定量分析、计算举例，掌握受弯构件的极限设计弯矩、受弯构件最大剪应力的计算方法			√
		受扭矩和弯扭共同作用的构件 （GYSD00303004）	本模块包含受扭矩和弯扭共同作用的构件计算。通过概念描述、定量分析、计算举例，掌握受扭矩、弯扭共同作用的构件计算方法			√
		偏心受压构件的计算 （GYSD00303005）	本模块涉及大偏心受压构件、小偏心受压构件的计算、构件长细比对计算的影响。通过概念描述、定量分析、计算举例，了解构件长细比对计算的影响，掌握大偏心受压构件、小偏心受压构件的计算方法			√
		压弯构件的计算 （GYSD00303006）	本模块涵盖压弯构件的弯矩计算、构件的强度计算、几种常见受力型式的压弯构件极限设计外弯矩的计算。通过概念描述、定量分析、计算举例，掌握压弯构件的弯矩计算、构件的强度计算过程及方法，熟悉几种常见受力型式的压弯构件极限设计外弯矩的计算方法			√
		构件的刚度、临界压力及裂缝计算 （GYSD00303007）	本模块涉及构件的刚度、临界压力及裂缝计算。通过概念描述、定量分析，了解构件的刚度、临界压力及裂缝的基本概念，掌握构件的刚度、临界压力及裂缝计算方法			√
	常见杆塔的受力分析与计算	无拉线拔梢直线单杆的受力分析 （GYSD00304001）	本模块涵盖正常情况计算、断线情况计算和电杆配筋及强度校验。通过概念描述、要点讲解、定量分析，掌握无拉线拔梢直线单杆的基本受力分析及简单计算方法			√
		拉线直线单杆的受力分析 （GYSD00304002）	本模块涉及拉线内力及截面选择、正常运行情况主杆受力计算、断线情况主杆受力计算。通过概念描述、要点讲解、定量分析，掌握拉线直线单杆的基本受力分析及简单计算的方法			√
		耐张电杆的受力分析 （GYSD00304003）	本模块涉及拉线计算、主杆计算。通过概念描述、要点讲解和定量分析，熟悉耐张电杆的基本受力分析及简单计算的方法			√
		转角电杆的受力分析 （GYSD00304004）	本模块包含拉线计算、主杆计算。通过概念描述、要点讲解和定量分析，掌握转角电杆的基本受力分析及简单计算的方法			√
	常见杆塔基础受力分析与计算	基础概述 （GYSD00305001）	本模块包含基础分类及一般要求、基础极限状态表达式、土的分类及其力学特性。通过概念描述和要点讲解，掌握基础分类及一般要求、基础极限状态表达式，了解土的力学特性			√
		电杆倾覆基础的受力分析 （GYSD00305002）	本模块涉及不带卡盘时的倾覆校验、带一个上卡盘时的倾覆校验、带一个下卡盘时的倾覆校验、带上下卡盘时的倾覆校验、卡盘强度计算。通过概念描述、要点讲解、定量分析和计算举例，掌握电杆倾覆基础的受力分析及计算的方法			√
		下压基础的受力分析 （GYSD00305003）	本模块包含铁塔下压基础的受力分析、电杆底盘的受力分析。通过概念描述、要点讲解、定量分析和计算举例，掌握下压基础的基本受力分析及计算的方法			√
		上拔基础的受力分析 （GYSD00305004）	本模块包含铁塔上拔稳定计算、拉线盘上拔稳定计算。通过概念描述、要点讲解、定量分析和计算举例，掌握铁塔上拔稳定计算、拉线盘上拔稳定计算的方法			√
	输电线路杆塔的定位和校验	输电线路的路径选择 （GYSD00306001）	本模块涉及路径选择的一般原则、路径选择的一般方法和步骤、路径选择的技术要求。通过要点讲解，熟悉路径选择的一般原则，掌握路径选择的一般方法和步骤、路径选择的技术要求			√
		输电线路的平断面图 （GYSD00306002）	本模块介绍定线测量、平断面测量。通过概念陈述、要点讲解和操作过程介绍，了解输电线路的平断面图测量的过程，掌握输电线路的平断面图测量的方法			√
		杆塔的定位和校验 （GYSD00306003）	本模块涵盖定位模板的制作、杆塔定位高度的确定、杆塔定位方法、导线的风偏校验、定位注意事项。通过概念描述、要点讲解、列表对比、操作过程介绍，了解杆塔定位注意事项，掌握杆塔的定位方法，熟悉导线的风偏校验的过程			√

部分名称	章	模块名称 （模块编码）	模 块 描 述	等 级		
				I	II	III
电气识、审图	输电线路电气、施工、安装图纸识读	工程图纸的识读 （TYBZ00503001）	本模块包含输电线路施工图、铁塔的结构及识图、地形图的阅读和应用。通过概念介绍、图文结合，熟悉输电线路工程图纸中的工程术语、名称概念，掌握输电线路工程图纸的识图方法和地形图在输电线路工程中的应用		√	
		图纸审查、会检和技术交底 （TYBZ00503002）	本模块包含图纸审查、会检和技术交底。通过知识讲解、条文解释，掌握图纸审查、会检和技术交底的过程、方法和要求			√
输电线路的测量	测量的基本知识	绪论 （GYSD00601001）	本模块包含测量的一般概念、测量在输电线路工程建设中的任务及作用、名词概念、测量工作的三个基本观测量。通过概念描述、要点讲解，了解测量的一般概念、测量在输电线路工程建设中的任务及作用、测量的常见名词概念、测量工作的三个基本观测量		√	
		水准测量 （GYSD00601002）	本模块包含水准测量原理、水准仪及其使用、水准测量的实施。通过结构分析、功能介绍、操作流程及步骤讲解，掌握水准测量原理、水准仪及其使用		√	
		角度测量 （GYSD00601003）	本模块包含角度测量的概念、光学经纬仪的结构与使用、水平角观测、竖直角观测、电子经纬仪简介。通过概念描述、要点讲解、操作流程及步骤讲解，了解角度测量的概念、电子经纬仪构成，熟悉光学经纬仪的结构。掌握水平角观测、竖直角观测的方法		√	
		距离测量及直线定向 （GYSD00601004）	本模块涵盖钢尺量距、视距测量、视差法测距、三角分析法测距、电磁波测距、直线定向。通过概念描述、原理讲解、流程介绍，掌握钢尺量距、视距测量视差法测距、三角分析法测距、电磁波测距、直线定向		√	
	输电线路的专业测量	架空输电线路设计测量简介 （GYSD00602001）	本模块包含线路路径方案的选择、定线量距、交叉跨越测量、视距断面测量、杆塔定位。通过操作过程介绍、案例讲解，了解线路路径方案的选择的程序和要求，掌握线路定线量距、交叉跨越测量、视距断面测量、杆塔定位的方法			√
		输电线路复测和分坑 （GYSD00602002）	本模块包含线路杆塔桩复测、杆塔基础的分坑、拉线基础分坑和拉线长度的计算、施工基准面的测定。通过概念描述和操作过程讲解，掌握线路杆塔桩复测、杆塔基础的分坑、拉线基础分坑和拉线长度的计算、施工基准面的测定方法			√
		杆塔基础操平找正和杆塔检查 （GYSD00602003）	本模块包含杆塔基础操平找正、钢筋混凝土电杆拨正及杆塔检查。通过概念描述和操作过程介绍、图表对比、计算举例，掌握杆塔基础操平找正、钢筋混凝土电杆拨正及杆塔检查的要求及方法			√
		弧垂的观测及交叉跨越垂距测量 （GYSD00602004）	本模块介绍弧垂的观测及交叉跨越垂距测量。通过概念描述、操作过程详细介绍、计算举例，熟悉各种弧垂的观测方法、过程、适用范围及注意事项，掌握交叉跨越垂距和导线对地距离测量的方法			√
	全站仪及全球定位系统简介	全站仪的基本知识 （GYSD00603001）	本模块涉及全站仪的内部结构、全站仪的分类、光电测距原理、电子测角系统和全站仪的使用。通过概念描述、要点讲解、操作流程介绍，了解全站仪的内部结构、全站仪的类型、光电测距原理、电子测角系统，熟悉全站仪基本使用的方法			√
		全球定位系统简介 （GYSD00603002）	本模块介绍 GPS 系统的组成、GPS 定位原理、作业模式和误差源。通过概念描述、原理讲解，了解 GPS 系统的组成、定位原理、定位作业模式，熟悉影响 GPS 定位精度的因素			√
电气设备及电工测量	低压电器	常用低压电器 （GYSD00901001）	本模块主要介绍了低压开关电器的原理、结构等内容。通过结构介绍、原理分析，能够了解低压开关电器的原理、结构		√	
	高压电器	高压隔离开关、断路器的作用、结构与工作原理 （GYSD00902001）	本模块包含高压隔离开关、断路器的结构原理，灭弧的基本原理。通过结构介绍、原理分析、功能介绍、图形举例，了解高压隔离开关、断路器的结构原理，灭弧的基本原理			√
		互感器的结构、工作原理及其各种接线方式 （GYSD00902002）	本模块包含互感器的结构、工作原理及其各种接线的内容。通过结构介绍、原理分析、图形举例，熟悉电流和电压互感器结构、工作原理及其各种接线			√
	电工测量	常用电工测量 （GYSD00903001）	本模块包含电工测量的基本原理及方法。通过知识讲解、原理分析、操作流程介绍，熟悉测量原理，掌握测量方法		√	

续表

部分名称	章	模块名称 （模块编码）	模 块 描 述	等 级		
				I	II	III
规程、规范 及标准	架空送电线 路相关规 程、规范	DL/T 741—2001《架空送 电线路运行规程》 （GYSD00401001）	本模块包含线路运行的基本要求、线路运行的标准、线路 巡视等内容。通过概念描述、条文解释，能够掌握线路运行 的基本要求、线路运行的标准、线路巡视方法，掌握特殊区 段的运行要求以及线路检测、维修的项目和周期		✓	
		DL/T 5092—1999 《110～500kV 架空送电 线路设计技术规程》 （GYSD00401002）	本模块包含路径和气象条件、绝缘配合、防雷和接地、杆 塔结构等内容。通过概念描述和条文解释，能够掌握输电线 路设计对线路的技术要求和标准			✓
		GB 50233—2005 《110～500kV 架空送电 线路施工及验收规范》 （GYSD00401003）	本模块包含原材料及器材的检验、测量、土石方工程等内 容。通过概念描述和条文解释，掌握架空电力线路施工及验 收的内容、方法和标准		✓	
		《架空输电线路管理规范》 （GYSD00401004）	本模块包含运行管理、缺陷管理、检修管理、技术改造管 理、标准化作业、技术监督、技术管理等内容。通过要点介绍 和条文解释，熟悉架空输电线路管理的主要内容、要求和方法			✓
线路竣工 检查与验收	检查与验收	杆塔工程的检查验收 （GYSD00701001）	本模块包含杆塔工程验收的一般规定、验收项目、标准、 方法等内容。通过知识介绍、图表对比，熟悉验收项目、标 准，掌握验收方法的要求		✓	
		导地线及附件检查验收 （GYSD00701002）	本模块介绍架线工程质量等级评定标准及检查方法。通过 知识介绍、图表对比，掌握导地线及附件检查验收的标准和 方法，达到能够进行导地线及附件检查验收的要求		✓	
		基础及接地工程检查验收 （GYSD00701003）	本模块涉及基础防沉层及防冲刷的要求、接地引下线及接 地网的要求、基础外形及尺寸要求、接地电阻要求等内容。 通过要点介绍，掌握基础及接地工程检查验收标准和方法		✓	
		线路防护区检查验收 （GYSD00701004）	本模块介绍线路防护区检查验收的一般要求、交叉跨越的 距离要求。通过知识介绍、图表对比，掌握验收标准和方 法、能够进行线路防护区检查验收的要求		✓	
	评级与 资料管理	工程验收评级方法 及图纸资料交接 （GYSD00702001）	本模块包含验收检查必须具备的条件、验收评级标准及评 级方法、竣工图及资料移交、输电线路竣工验收作业指导 书。通过要点介绍、图表对比，熟悉工程验收评级方法、工 程资料移交内容的要求			✓
架空线路 状态巡视 及检修	输电线路状 态运行、检 修的基本 概念	架空输电线路运行 检修概念 （GYSD00801001）	本模块包含架空输电线路运行检修基本概念、部分常用线 路专业术语。通过概念描述、知识讲解，了解线路基本概念 和部分常用线路专业术语	✓		
		输电线路巡视、检测、维 护、检修的现状分析 （GYSD00801002）	本模块涵盖线路巡视、检测、维护、检修的现状分析。通 过概念描述、知识讲解、图表对比分析，熟悉输电线路巡 视、检测、维护、检修的现状		✓	
		开展状态运行、检修 的基本要求 （GYSD00801003）	本模块涉及开展输电线路状态运行、检修的基本原则、输 电线路的技术管理、线路设备状态检测和状态评价管理及状 态巡视和检修的技术保证体系。通过概念描述、定义讲解、 图形举例、定量分析，了解开展状态运行、检修基本原则和 技术管理工作，熟悉线路设备状态检测和状态评价管理、状 态巡视和检修的技术保证体系		✓	
	状态巡视	线路巡视的一般项目 及注意内容 （GYSD00802001）	本模块包含线路开展状态巡视应具备的条件、状态巡视项 目、巡视周期及计划的编制。通过概念介绍、要点归纳，熟 悉状态巡视项目、主要内容，掌握状态巡视的管理	✓		
		状态巡视及处理 （GYSD00802002）	本模块包含危险点及特殊区域、状态巡视的组织方式、按 危险点预控开展状态巡视及处理。通过知识讲解、图形举 例、定性分析，掌握线路的危险点及特殊区域、状态巡视的 组织方式、按危险点预控开展状态巡视及处理方法		✓	
	设备状态检 测的项目、 周期及绝缘 子状态检测	设备状态检测的 项目、周期 （GYSD00803001）	本模块包含设备状态检测的项目、周期。通过知识介绍， 了解和掌握设备状态检测的项目、周期	✓		
		绝缘子状态检测 （GYSD00803002）	本模块包含动态确定瓷质绝缘子测试周期、瓷质绝缘子零 值检测实例、绝缘子钢脚腐蚀检查、动态确定复合绝缘子检 查、测试周期。通过知识讲解、原理分析、图形举例，掌握 动态确定瓷质绝缘子测试周期、瓷质绝缘子零值检测方法、 绝缘子钢脚腐蚀检查、动态确定复合绝缘子检查和测试周期		✓	

部分名称	章	模块名称 （模块编码）	模 块 描 述	I	II	III
架空线路状态巡视及检修	污区等级的划分及附盐密测量	污区等级的划分及附盐密测量要求 （GYSD00804001）	本模块包含污区等级划分的基本要求、附盐密值检测的基本工作要求、污液电导率换算成绝缘子串等值附盐密的计算方法。通过知识讲解、原理分析、列表对比，掌握污区等级划分的基本要求、附盐密值检测的基本工作要求、污液电导率换算成绝缘子串等值附盐密的计算方法		✓	
		运行绝缘子附盐密值的测量 （GYSD00804002）	本模块包含绝缘子附盐密值的测试情况、绝缘子累积（饱和）盐密的分析和判断、绝缘子表面泄漏电流监测。通过知识讲解、定性分析、图表对比、图形举例，掌握绝缘子附盐密值的测试情况、绝缘子累积（饱和）盐密的分析和判断、绝缘子表面泄漏电流监测方法		✓	
	设备状态检修原则和方法	热红外成像测温及接地电阻测量 （GYSD00805001）	本模块包含红外测温和红外诊断的基本原理及应用情况、以测温方式核查导线连接器的紧固情况、状态热红外测温管理、杆塔接地装置检测接地电阻。通过知识讲解、图形举例、定性分析，掌握红外测温和红外诊断的基本原理及应用情况、以测温方式核查导线连接器的紧固情况、状态热红外测温管理、杆塔接地装置检测接地电阻方法		✓	
		设备状态检修原则及部分项目状态检修方法 （GYSD00805002）	本模块包含设备状态检修原则、导、地线损伤修补、拉线装置的开挖检查、输电线路综合防雷措施、山区杆塔接地电阻不合格大修改造措施、线路防鸟综合措施，干字型耐张铁塔中跳线风偏放电的防范措施，悬垂双联绝缘子串的反事故措施，改进角钢耐张跳线扁担和防感应电，架空地线（钢绞线）紧线的防滑措施。通过概念描述和工艺介绍，能够掌握设备状态检修原则及部分项目状态检修方法		✓	
输电线路生产管理及信息系统应用	设备中心	基础维护 （GYSD01001001）	本模块包含线路交叉跨越标准距离维护、混合线路维护单位设置等内容。通过功能描述、图形提示、操作过程详细介绍，掌握线路基础维护的应用		✓	
		输电设备台账维护 （GYSD01001002）	本模块包含输电线路含跨区域线路合并、维护班组变更管理、线路台账维护等内容。通过功能描述、操作介绍和注意事项，掌握输电设备台账维护和管理		✓	
		输电设备变更 （GYSD01001003）	本模块包含输电线路杆塔类变更和线路类变更等内容。通过功能描述、图形提示、操作流程和步骤介绍、注意事项，掌握输电线路设备变更（异动）管理的应用		✓	
		输电设备查询统计 （GYSD01001004）	本模块包含线路查询统计、杆塔查询统计、绝缘子查询统计、输电设备异动查询统计等内容。通过功能描述、操作流程和步骤的介绍，掌握输电线路设备查询系统的功能及应用		✓	
	运行、检修管理	周期性工作管理 （GYSD01002001）	本模块包含输电架空线路巡视周期的制定、工作维护和输电架空线路的超周期工作提示、到期工作查询统计等内容。通过要点介绍、图文结合、操作流程及步骤讲解，掌握输电架空线路巡视周期性的管理方法		✓	
		生产运行记录管理 （GYSD01002002）	本模块包含输电架空线路故障记录的登记、查询统计和输电线路检测记录的登记、查询统计等内容。通过功能介绍、图文结合、操作说明及步骤讲解，掌握输电架空线路生产运行记录的管理方法		✓	
		设备巡视管理 （GYSD01002003）	本模块包含输电架空线路故障记录的登记、查询统计和输电线路检测记录的登记、查询统计等内容。通过功能介绍、图文结合、操作说明及步骤讲解，掌握输电架空线路设备巡视的管理方法			✓
		缺陷管理 （GYSD01002004）	本模块包含输电架空线路缺陷处理流程、缺陷查询统计、缺陷两率统计和外部隐患记录登记、查询统计等内容。通过功能介绍、图文结合、操作说明及步骤讲解，掌握输电架空线路缺陷管理的方法			✓
		检修试验管理 （GYSD01002005）	本模块包含输电架空线路检修记录登记、查询统计及带电作业查询统计等内容。通过功能介绍、图文结合、操作说明及步骤讲解，掌握输电架空线路检修试验管理的方法			✓
		工作票管理 （GYSD01002006）	本模块包含线路工作票管理、工作票查询、工作票统计及工作票日志等内容。通过功能介绍、图文结合、操作说明及步骤讲解，掌握输电架空线路工作票管理的方法			✓
	参数维护统计报表	任务池 （GYSD01003001）	本模块包含输电任务池管理和查询统计。通过功能描述、图形提示、操作过程详细介绍和注意事项，掌握输电任务池管理的应用			✓

续表

部分名称	章	模块名称 （模块编码）	模 块 描 述	等级		
				I	II	III
输电线路 生产管理 及信息 系统应用	参数维护 统计报表	输电检修计划管理 （GYSD01003002）	本模块包含输电年度计划管理、输电月计划管理、输电工作计划管理等内容。通过功能描述、图形提示、操作介绍，掌握输电线路检修计划的管理要求			
		输电停电申请单登记 （GYSD01003003）	本模块包含输电停电申请单登记、审批等内容。通过操作过程详细介绍，掌握输电停电申请单的应用			
		工作任务单管理 （GYSD01003004）	本模块包含输电工作任务单分配、班组受理、处理等内容。通过功能描述、操作和注意事项介绍，掌握输电线路工作任务单的管理方法			√
新技术的应用	地理信息系 统及雷电定 位系统在线 路中的应用	地理信息系统应用简介 （GYSD00501001）	本模块涉及地理信息系统概述、组成、主要功能。通过概念描述、功能介绍，了解地理信息系统组成、主要功能，熟悉地理信息系统的应用情况		√	
	地理信息系 统及雷电定 位系统在线 路中的应用	雷电定位系统在 线路中的应用 （GYSD00501002）	本模块涵盖雷电定位系统的概念、工作原理、电网雷电监测网的构成、设备维护与管理。通过要点讲解、功能介绍、图形举例，熟悉雷电定位系统		√	
输电线路 继电保护 及自动装置	线路保护 装置的原理 及应用	线路保护装置的 任务及要求 （ZY0100101001）	本模块介绍输电线路保护的任务、线路保护的种类以及对输电线路保护的要求。通过知识介绍、原理讲解，了解线路保护的基本情况	√		
		线路保护装置的原理 及应用（1） （ZY0100101002）	本模块内容包含三段电流保护、电压速断保护以及方向电流保护的原理及用途。通过要点介绍、原理讲解，了解线路电流、电压、及方向电流保护的工作原理		√	
		线路保护装置的原理 及应用（2） （ZY0100101003）	本模块内容包含线路纵差保护、零序保护、距离保护及高频保护。通过原理讲解、要点介绍，掌握保护动作对应的线路的故障类型及故障区段的初步分析判断			√
	故障测距及 自动装置	故障保护测距 （ZY0100102001）	本模块包含保护测距和录波测距两部分内容。通过原理讲解、要点介绍，掌握使用保护测距提供的参数对输电线路故障进行分析、判断			√
		输电线路的自动 重合闸 ARC （ZY0100102002）	本模块涉及自动重合闸的原理、综合自动重合闸的应用，以及自动重合闸与继电保护配合等知识。通过原理讲解、要点介绍，了解自动重合闸的原理和作用			√
		故障录波装置 （ZY0100102003）	本模块包含故障录波器的作用和特点。通过要点介绍、定性分析，掌握利用故障录波器提供的数据对线路故障进行分析、判断的方法			√
线路的运行 要求、事故 预防及维护	线路的运行 要求及 事故预防	线路的运行要求 （ZY0100201001）	本模块介绍导线、架空地线、绝缘子、金具、杆塔、基础、拉线、接地装置及附属设施等元件的运行要求。通过要点讲解、问题分析，掌握输电线路运行标准及要求	√		
		线路的事故预防 （ZY0100201002）	本模块介绍线路事故的分类及其对线路造成的危害。通过要点讲解、原因分析，掌握正确的分析线路故障类型，准确的判断故障原因的方法	√		
		防止倒杆塔和断线事故 （ZY0100201003）	本模块包含防止倒杆塔和断线事故的措施及重点地段防护措施等。通过要点介绍、流程讲解、案例分析，掌握输电线路倒杆塔和断线事故的预防和处理方法			√
		防止污闪事故 （ZY0100201004）	本模块包含线路污秽等级的确定、防止污闪事故措施和防污闪的技术管理等。通过原因分析、概念描述、图表对比、案例分析，掌握对输电线路的污闪事故的分析、预防和解决的方法			√
		防止复合绝缘子损坏事故 （ZY0100201005）	本模块涵盖复合绝缘子的基本特性、运行特点、事故危害以及损坏事故防范措施等。通过定性分析、图表对比、图形示例、案例分析，掌握防止复合绝缘子损坏事故发生的措施和方法			√
		防止覆冰及绝缘子 冰闪事故 （ZY0100201006）	本模块包含输电线路覆冰的类型、机理、影响因素、危害及防范措施等。通过原理分析、图形举例、案例分析，了解导线覆冰的机理及其对线路运行的危害，掌握输电线路防冰的具体措施			√
		防止鸟害危害 （ZY0100201007）	本模块介绍输电线路鸟害类型、机理、特点及防范措施等。通过要点介绍、图形举例、案例分析，熟悉鸟害的特点，掌握防鸟害的方法			√

部分名称	章	模块名称 （模块编码）	模 块 描 述	等 级		
				I	II	III
线路的运行 要求、事故 预防及维护	线路的运行 要求及 事故预防	防止雷害事故 （ZY0100201008）	本模块包含雷电知识、线路设计耐雷水平计算及防雷措施等。通过原理分析、要点讲解和案例分析，熟悉雷电的特性及对输电线路的危害，掌握线路耐雷水平的计算及防雷措施的选用方法			√
		防止采空塌陷事故 （ZY0100201009）	本模块介绍输电线路采空区塌陷事故的原因、类型、危害及防范。通过要点讲解、特点分析、图形示例，熟悉采空区塌陷事故现象，掌握事故处理的原则、方法、步骤、注意事项和事故的防范措施			√
		防止风偏事故 （ZY0100201010）	本模块包含输电线路风偏概念、类型、形成原因、风偏验算及防范措施等。通过概念描述、原理分析和案例分析，了解不同风偏类型的形成及特点，掌握防范风偏方法			√
		防止外力破坏事故 （ZY0100201011）	本模块介绍输电线路外力破坏事故的类型、危害和防范措施。通过要点讲解、原理分析，了解外力破坏的原因、特点和危害，掌握外力破坏的防范措施			√
		防突发性事故 （ZY0100201012）	本模块包含地质、地震、洪涝、恶劣气象等突发性灾害的有关知识及防范措施等。通过概念描述、定性分析，了解不同灾害的特点及预防措施，掌握如何应对突发性灾害事故的方法			√
	线路的日常 维护与检测	线路的检测（1） （ZY0100202001）	本模块涵盖输电线路运行中常见的检测工作。通过原理讲解、要点介绍、案例分析，掌握导线连接器的检测、绝缘子盐密测试和绝缘子低零值测试的检测方法、标准和要求		√	
		线路的检测（2） （ZY0100202002）	本模块介绍交叉跨越限距和弧垂的测量、合成绝缘子憎水性现场检测。通过方法介绍、要点讲解、图表对比、图形示例，掌握正确的检测方法、标准和要求			√
		线路日常维护（1） （ZY0100202003）	本模块包含补装塔材、螺栓，和喷涂杆号牌的工作程序及相关安全注意事项等。通过对工艺流程及注意事项的介绍，熟悉和掌握作业前的准备工作、作业中的危险点预控、工艺标准和质量要求	√		
		线路日常维护（2） （ZY0100202004）	本模块包含拉线调整、线路通道维护及相关安全注意事项等。通过对工艺流程及注意事项的介绍，熟悉作业前的准备工作，掌握作业中的危险点预控、工艺标准和质量要求		√	
	日常维护、 检测作业指 导书的编写	补装螺栓、塔材 作业指导书 （ZY0100203001）	本模块包含补装螺栓、塔材作业对人员要求、施工机具、器材准备，作业流程控制及工艺质量要求，作业危险点分析及控制措施和执行情况评估等。通过内容讲解、流程分析，掌握正确编写补装螺栓、塔材作业指导书方法			√
		调整拉线作业指导书 （ZY0100203002）	本模块包含调整拉线作业对人员要求、环境要求，施工工具、器材准备，作业流程控制及工艺质量要求，作业危险点分析及控制措施和执行情况评估等。通过内容讲解、举例分析，掌握正确编写调整拉线作业指导书方法			√
		线路砍伐树木作业指导书 （ZY0100203003）	本模块包含线路砍伐树木作业对人员要求，砍伐所需工具、器材准备，作业流程控制及质量要求，作业危险点分析及控制措施和执行情况评估等内容。通过举例分析，掌握正确编写线路砍伐树木作业指导书方法			√
		线路名称、杆号喷涂 作业指导书 （ZY0100203004）	本模块包含线路名称、杆号喷涂作业对人员要求、环境要求，工具、器材准备，作业流程控制及工艺质量要求，作业危险点分析及控制措施和执行情况评估等。通过举例分析，掌握正确编写线路名称、杆号喷涂作业指导书方法			√
		红外线测温作业指导书 （ZY0100203005）	本模块包含对导线连接器、引流板、并沟线夹等接头红外线测温作业对人员要求，测试工具、器材准备，作业流程控制及质量要求，作业危险点分析及控制措施和执行情况评估等。通过举例分析，掌握正确编写红外线测温作业指导书方法			√
		接地电阻测量作业指导书 （ZY0100203006）	本模块包含接地电阻测量作业对人员要求，测量工具、器材准备，作业流程控制及质量要求，作业危险点分析及控制措施和执行情况评估等。通过举例分析，掌握正确编写接地电阻测量作业指导书方法			√
		憎水性测试作业指导书 （ZY0100203007）	本模块包含憎水性测试作业对人员要求，测试工具、器材准备，作业流程控制及质量要求，作业危险点分析及控制措施和执行情况评估等。通过举例分析，掌握正确编写憎水性测试作业指导书方法			√

续表

部分名称	章	模块名称 （模块编码）	模 块 描 述	等 级		
				I	II	III
线路巡视检查及运行管理	线路巡视及运行管理	定期巡视 （ZY0100301001）	本模块介绍线路正常定期巡视的目的、周期、流程和一般规定，巡视项目及要求，正常巡视和特殊区域中的危险点分析。通过要点讲解、流程介绍，掌握线路本体、辅助设施及外部环境状况，及时发现缺陷和威胁线路的隐患，为线路检修提供依据	√		
		故障巡视 （ZY0100301002）	本模块介绍故障巡视目的、巡视的准备、巡视过程中的注意事项和雷击、风偏、鸟粪闪络、污闪、覆冰等典型故障现象及特点。通过要点讲解，掌握线路故障巡视的技能及要求		√	
		特殊巡视 （ZY0100301003）	本模块介绍线路特殊季节、特殊区域、特殊运行方式等特殊巡视。通过要点讲解、特点分析、图表对比，掌握线路特殊巡视的技能及要求		√	
		直升机巡线 （ZY0100301004）	本模块介绍直升机巡线的特点、装备、方法等内容。通过要点讲解、图形示例，了解直升机巡线的有关技术		√	
		典型巡视方法 （ZY0100301005）	本模块涵盖几种典型的线路巡视检查方法。通过要点归纳，掌握线路巡视检查的技巧	√		
		线路特殊区域的划分 （ZY0100301006）	本模块介绍线路各种特殊区域的划分，特殊区域线路的运行、维护以及线路运行环境治理。通过要点讲解、定性分析，掌握位于特殊区域的线路维护和状态分析的技能		√	
		线路运行技术管理 （ZY0100301007）	本模块包含线路运行的计划管理、缺陷管理、新设备管理等内容。通过要点介绍，掌握线路运行管理的要点、运行管理的要求，正确的做好运行管理工作			√
		运行分析 （ZY0100301008）	本模块包含运行分析、设备缺陷、事故异常专题分析等。通过要点讲解，掌握线路运行分析的要点，提高线路运行分析的能力			√
		GPS 地面卫星定位系统在巡线中的运用 （ZY0100301009）	本模块介绍 GPS 地面卫星定位系统的原理及其在线路巡视中的应用。通过原理讲解、功能和流程介绍，了解 GPS 地面卫星定位系统的组成及工作原理，掌握应用 GPS 地面卫星定位系统进行线路巡视操作			√
	巡视作业指导书的编写	输电线路正常巡视作业指导书 （ZY0100302001）	本模块包含线路正常巡视作业指导。通过要点讲解、要点归纳、流程介绍，掌握正确编写正常巡视作业指导书方法			√
		输电线路故障巡视作业指导书 （ZY0100302002）	本模块包含线路故障巡视作业指导。通过要点讲解、要点归纳、流程介绍，掌握正确编写故障巡视作业指导书方法			√
		输电线路夜间巡视作业指导书 （ZY0100302003）	本模块包含线路夜间巡视作业指导。通过要点讲解、要点归纳、流程介绍，掌握正确编写夜间巡视作业指导书方法			√
		输电线路特殊巡视作业指导书 （ZY0100302004）	本模块包含线路特殊巡视作业指导。通过要点讲解、要点归纳、流程介绍，掌握正确编写特殊巡视作业指导书方法			√

参 考 文 献

[1] 曾昭桂．输配电线路运行和检修．北京：中国电力出版社，2007．

[2] 王新学．电力网及电力系统．北京：中国电力出版社，1992．

[3] 周泽存，沈其工，方瑜，王大忠．高电压技术．北京：中国电力出版社，2004．

[4] 王川波．高电压技术．北京：水利电力出版社，1994．

[5] 张永昌．输电线路设计基础．北京：水利电力出版社，1985．

[6] 周振山．高压架空送电线路机械计算．北京：水利电力出版社，1984．

[7] 胡国荣．输电线路基础．北京：中国电力出版社，1993．

[8] 张殿生．电力工程高压送电线路设计手册．北京：中国电力出版社，2003．

[9] 李柏．送电线路施工测量．北京：水利电力出版社，1983．

[10] 唐云岩．送电线路测量．北京：中国电力出版社，2004．

[11] 王洪昌．送电线路施工（高级工）．北京：中国电力出版社，1999．

[12] 黄永红，等．低压电器．北京：化学工业出版社，2007．

[13] 闫和平．常用低压电器应用手册．北京：机械工业出版社，2005．

[14] 庄绍君．维修电工．北京：化学工业出版社，2008．

[15] 卢文鹏．发电厂变电站电气设备．北京：中国电力出版社，2001．

[16] 殷乔民，等．简明农电工实用手册．北京：中国电力出版社，2000．

[17] 于长顺．发电厂电气设备．北京：中国电力出版社，2008．

[18] 谢珍贵．发电厂电气设备．郑州：黄河水利出版社，2009．

[19] 杨咸华．常用电工测量技术．北京：机械工业出版社，2002．

[20] 申忠如，等．电气测量技术．北京：科学出版社，2003．

[21] 智强，等．电工测量与实验．北京：化学工业出版社，2004．

[22] 陶文秋，陈刚，王飞．雷电定位系统在辽宁电网的应用与管理．线路运行技术，2009（1）．

[23] 陈家宏，张勤，冯万兴，方玉河．中国电网雷电定位系统与雷电监测网．高电压技术，2008（3）．

[24] 陶然，熊为群．继电保护自动装置及二次回路．北京：中国电力出版社，2000．

[25] 李火元．电力系统继电保护与自动装置．北京：中国电力出版社，2002．

[26] 曾克娥．电力系统继电保护原理．北京：中国电力出版社，2006．

[27] 罗建华．变电所二次部分．北京：中国电力出版社，2002．

[28] 王清奎．输配电线路运行与检修．北京：中国电力出版社，2007．

[29] 蒋兴良，易辉．输电线路覆冰及防护．北京：中国电力出版社，2002．

[30] 胡毅．输电线路运行故障分析与预防．北京：中国电力出版社，2007．

[31] 阎东，卢明，张柯，吕中宾．输电线路用复合绝缘子运行技术及实例分析．北京：中国电力出版社，2008．

[32] 贾雷亮，陈宝骏．输电线路绝缘子冰闪特征与防范．山西电力，2007（1）：12．